Magnesium
und seine Legierungen

Bearbeitet von

H. Altwicker · A. Bauer · A. Beck · H. Bohner · W. Buchmann
R. Fiedler · G. Gossrau · O. Keinert · P. Menzen · W. Moschel
E. Nachtigall · E. J. de Ridder · W. Schultze · H. Seliger
G. Siebel · P. Spitaler · R. Suchy · H. Vosskühler
W. H. O. Ziegler

Herausgegeben von

Dr.-Ing. E. h. Adolf Beck

Mit 524 Abbildungen

Springer-Verlag Berlin Heidelberg GmbH
1939

ISBN 978-3-642-52559-9 ISBN 978-3-642-52613-8 (eBook)
DOI 10.1007/978-3-642-52613-8

Ursprünglich erschienen bei Julius Springer in Berlin 1939

Vorwort.

Als vor nunmehr fast 3 Jahren die Verlagsbuchhandlung anregte, das Gesamtwissen um die physikalischen und technologischen Eigenschaften des Magnesiums und seiner Legierungen zu sammeln und in handbuchmäßiger Darstellung dem täglich größer werdenden Kreis derjenigen, die irgendwie an diesem Werkstoff interessiert sind, zugänglich zu machen, sprach sie dadurch einen Gedanken aus, den wohl jeder von uns in irgendeiner Form schon selbst gehabt und auch schon mit dem einen oder anderen seiner Kollegen durchgesprochen hatte. Wenn diese Absicht bisher nicht zur Durchführung gekommen ist, so wohl nur aus zwei allerdings sehr triftigen Gründen: Zunächst einmal gab es noch viele Fragen — weniger solche der Verarbeitung und Verwendung als vor allem der physikalischen Eigenschaften —, die noch zu klären waren, um ein einigermaßen abgerundetes Bild zu geben; kurz gesagt, uns allen schien die Zeit für eine zusammenfassende Darstellung noch nicht gekommen zu sein. Die zweite ebenso wichtige Frage, die sofort bei dem leisen Gedanken an eine größere literarische Arbeit auftauchen mußte, war die: Wie soll man die Zeit finden, um neben der beruflichen Überlastung noch in spärlichen Urlaubstagen oder an freien Abendstunden ein Buch zu schreiben? Einer allein hätte es wohl nie fertiggebracht, denn wenn die Geschwindigkeit, mit der ein Manuskript ausgearbeitet wird, geringer ist als die, mit der die Entwicklung des betreffenden Gebietes voranschreitet, so wird das Buch ja nie fertig.

Ich glaube, daß das erste Bedenken, nach dem die Zeit für eine zusammenfassende Darstellung noch nicht reif sei, heute nicht mehr zu Recht besteht. Und was die Frage der beruflichen Inanspruchnahme betrifft, die heute bekanntlich ja immer noch im Anstieg ist, so dachten wir, daß es bei weitgehender Aufteilung des Stoffes an verschiedene Autoren wohl möglich sein müßte, das Werk zu einem guten Ende zu führen. Wenngleich die Gefahren eines solchen „Vielmänner-Buches" bekannt sind, so glaubten wir doch ihnen dadurch begegnen zu können, daß einmal fast alle Autoren im selben Betriebe der I.G. Farbenindustrie Aktiengesellschaft in Bitterfeld tätig sind, und somit die Möglichkeit zum Gedankenaustausch jederzeit gegeben ist, andererseits aber dadurch, daß jeder nur über das Gebiet schrieb, für das er auch im Laboratorium oder Betrieb verantwortlich ist, und schließlich auch noch durch ein straffe Redaktion, bei der mich besonders Herr Dr.-Ing. E. NACHTIGALL, dem ich hierfür besonders danken möchte, in tatkräftiger Weise unterstützte.

Ich glaube, daß wir trotz der weitgehenden Arbeitsteilung die zu leistende Arbeit beinahe unterschätzt haben. Wir wußten aber eines, daß gerade wir die Verpflichtung auf uns nehmen müssen, dieses Buch zu schreiben. Es wird mir niemand Unbescheidenheit vorwerfen, wenn ich glaube feststellen zu können, daß wir über das Magnesium und seine Legierungen vielleicht mehr wissen als sonst jemand. Diese Kenntnisse haben wir versucht, hier, soweit es uns möglich war, niederzulegen und für andere nutzbar zu machen. So wie bei unseren Entwicklungsarbeiten haben wir auch im Buch versucht, die wissenschaftlichen Grundlagen in den Vordergrund zu stellen. Diese genaue Kenntnis, die wir uns in den meisten Fällen erst selbst erringen mußten, hat uns in die Lage versetzt, den Werkstoff beherrschen zu lernen. So wie wir selbst die Physik, die physikalische Chemie, die Röntgenstrukturlehre nie als Luxus betrachtet haben, sondern zusammen mit ihren Nachbarwissenschaften als die *wirkliche Grundlage jedes technischen Fortschrittes*, so bitten wir auch den Leser, die ersten Kapitel des Buches nicht als überflüssiges Beiwerk, sondern als Grundlage für die folgenden Abschnitte anzusehen.

Ich möchte aus diesem Grunde meinen Dank in erster Linie unserem hochverehrten früheren langjährigen Direktor,

Herrn Dr. phil. Dr.-Ing. e. h. G. PISTOR,

aussprechen, der auch auf dem Gebiete des Magnesiums Pionierarbeit geleistet und in weit vorausschauender Art immer und immer wieder die rein wissenschaftliche Erforschung in den Vordergrund gestellt hat. Die Industrie des Magnesiums ist zum großen Teil eines seiner Werke und ich halte es für meine Pflicht, ihm hier an erster Stelle auch im Namen aller Mitarbeiter zu danken.

Es ist mir des weiteren ein aufrichtiges Bedürfnis, dem Reichsluftfahrtministerium und seinem technischen Amt für die Genehmigung zum Abdruck der sich an das Vorwort anschließenden Einführung, die eine kurze Erläuterung der besonders in der Luftfahrtindustrie gebräuchlichen Bezeichnungen enthält, meinen Dank auszusprechen. In Anbetracht der großen Bedeutung der Magnesiumlegierungen für die Luftfahrt wurden die vom RLM eingeführten Kennzahlen auch im Text des Buches zur näheren Bezeichnung der Werkstoffe berücksichtigt.

Ich möchte ferner meinen Kollegen und Mitarbeitern, die trotz der anstrengenden Berufsarbeit ihre freie Zeit zur Verfügung gestellt, und dadurch die Grundlage für das Gelingen des Werkes gelegt haben, danken. Ich glaube, daß wir auf die kameradschaftliche Zusammenarbeit, an der sich neben den Herren unserer Firma noch Herr Obering. BAUER, Cannstatt, und Herr Dr. MENZEN, Rackwitz-Leipzig, beteiligt haben, die ich in diesem Falle glaube ruhig zu den Unseren zählen zu dürfen, stolz sein können. Ich hoffe, daß das Buch sich viele Freunde erwerben wird und uns sowie der Verlagsbuchhandlung Julius Springer, der ich für ihr verständnisvolles Eingehen auf unsere Wünsche und für die rasche und sorgfältige Drucklegung sehr zu Dank verpflichtet bin, noch viel Freude bereiten wird.

Bitterfeld, im September 1939.

A. BECK.

Inhaltsverzeichnis.

Zur Einführung.

Seite

Die Magnesiumlegierungen als Fliegwerkstoffe XV

Rohstoffe und Herstellung.

Von Direktor Dr. phil. W. MOSCHEL, Dr.-Ing. H. SELIGER
und Direktor Dr. phil. R. SUCHY, Bitterfeld.

A. Geschichtliches 1
B. Rohstoffe des Magnesiums 3
1. Vorkommen der Rohstoffe 3
2. Technisch wichtige Rohstoffe und ihre Aufbereitung 4
C. Elektrolytische Herstellung des Magnesiums 6
1. Elektrolyse von wäßrigen bzw. organischen Lösungen der Magnesiumsalze 6
2. Elektrolyse von geschmolzenen Magnesiumsalzen 7
a) Elektrolyse von Magnesiumoxyd in Fluoridschmelzen 7
b) Elektrolyse von Karnallit 7
c) Herstellung von wasserfreiem Magnesiumchlorid 8
d) Elektrolyse von geschmolzenem Magnesiumchlorid 11
D. Thermische Herstellung des Magnesiums 13
1. Reduktion von Magnesiumoxyd mittels Kohle 13
2. Reduktion von Magnesiumverbindungen mittels Kalziumkarbid . . . 15
3. Reduktion von Magnesiumoxyd mittels Aluminium 16
4. Reduktion magnesiahaltiger Rohstoffe mittels Silizium 16
E. Ausblick 17

Physikalische Eigenschaften des Magnesium-Einkristalls und ihre Bedeutung für den Vielkristall.

Von Dr. phil. G. SIEBEL, Bitterfeld.

A. Einleitung 18
Herstellung von Einkristallen 18
B. Physikalische Eigenschaften des Mg-Kristalls 19
1. Anisotropie des Mg-Kristalls 19
2. Verformungsmechanismen, Translation und Zwillingsbildung 20
3. Verfestigung von Mg-Kristallen 24
a) Statische Beanspruchung 24
b) Wechselbeanspruchung 25
c) Legierungsbildung 26
d) Kristallverletzung 28
C. Bedeutung der hexagonalen Struktur für die Eigenschaften des Vielkristalls 29
1. Verfestigung des Vielkristalls 29
2. Verformungstexturen 31

Seite

Metallographie des Magnesiums und seiner Legierungen.

Von Dr.-Ing. H. Vosskühler, Bitterfeld.

A. Schliffherstellung 37
1. Mikroskopische Untersuchungen 37
a) Vorbereitung der Proben 37
b) Schleifen 37
c) Polieren 38
d) Ätzen 40
2. Makroskopische Untersuchungen 41
B. Gefüge des Magnesiums 42
C. Binäre Legierungen 46
Mg-Ag 46. Mg-Al 47. Mg-As 53. Mg-Au 53. Mg-Ba 54. Mg-Be 54. Mg-Bi 55. Mg-Ca 57. Mg-Cd 58. Mg-Ce 59. Mg-Co 60. Mg-Cs 60. Mg-Cu 61. Mg-Fe 62. Mg-Ga 62. Mg-Ge 63. Mg-H 63. Mg-Hg 63. Mg-In 64. Mg-K 65. Mg-La 65. Mg-Li 65. Mg-Mn 67. Mg-N 68. Mg-Na 69. Mg-Ni 69. Mg-O 70. Mg-P 70. Mg-Pb 70. Mg-Pr 71. Mg-S 72. Mg-Sb 72. Mg-Si 73. Mg-Sn 74. Mg-Sr 75. Mg-Tl 75. Mg-W 77. Mg-Zn 77. Mg-Zr 78.
D. Ternäre Legierungen 79
Mg-Ag-Al 79. Mg-Ag-Cd 80. Mg-Ag-Tl 80. Mg-Ag-Zn 80. Mg-Al-Be 80. Mg-Al-Bi 80. Mg-Al-Cd 81. Mg-Al-Cu 82. Mg-Al-Fe 83. Mg-Al-Mn 83. Mg-Al-Ni 84. Mg-Al-Sb 84. Mg-Al-Si 85. Mg-Al-Tl 85. Mg-Al-Zn 86. Mg-Bi-Cu 90. Mg-Bi-Zn 90. Mg-Ca-Si 91. Mg-Ca-Zn 91. Mg-Cd-Pb 92. Mg-Cd-Tl 93. Mg-Cd-Zn 94. Mg-Cu-Ni 95. Mg-Cu-Si 95. Mg-Cu-Sn 96. Mg-Pb-Sb 96. Mg-Pb-Sn 96. Mg-Si-Zn 97. Mg-Sn-Zn 99. Mg-Tl-Zn 100.

Physikalische Eigenschaften.

Von Dr. phil. G. Siebel und Dr.-Ing. H. Vosskühler, Bitterfeld.

A. Physikalische Kenngrößen des Reinmagnesiums 101
B. Rekristallisation 102
C. Volumen 105
1. Spezifisches Gewicht 105
2. Gitterkonstantenänderung durch Mischkristallbildung 107
3. Thermische Ausdehnung 108
D. Thermische Eigenschaften 111
1. Wärmeleitfähigkeit 111
2. Spezifische Wärme, Schmelzwärme, Schmelzpunkt, Siedepunkt, Verdampfungswärme, Dampfdruck 114
3. Diffusion 119
4. Oberflächenspannung 119
5. Bildungswärmen von intermetallischen Verbindungen 119
6. Brennbarkeit 120
E. Elektrische Eigenschaften 122
1. Elektrische Leitfähigkeit 122
2. Thermokraft 128
F. Magnetische Eigenschaften 128
G. Reflexion 129
H. Elektrochemische Eigenschaften 130

Seite

Festigkeitseigenschaften.

Von Dr.-Ing. W. BUCHMANN, Bitterfeld.

I. Festigkeitseigenschaften bei gewöhnlicher Temperatur 131
A. Zugfestigkeit 131
1. Wirkung der Hauptlegierungsbestandteile auf Härte, Zugfestigkeit und Dehnung 131
2. Zugfestigkeit und Dehnung technischer Legierungen 141
a) Allgemeines: Prüfbedingungen, Bruchbild, Bruchdehnung, Gültigkeitsbereich (Probenherkunft und -entnahme), Legierungsbezeichnung 142
b) Technische Gußlegierungen 148
c) Technische Knetlegierungen 150
3. Dehngrenzen technischer Legierungen (Elastizitäts- und Streckgrenzen) 152
a) Allgemeines, Versuchsbedingungen 152
b) Technische Gußlegierungen 153
c) Technische Knetlegierungen 154
d) Konstruktive Bewertung von Dehngrenzen 156
4. Zugelastizitätsmaße technischer Legierungen 158
5. Einfluß von Kaltverformung auf die Zerreißwerte technischer Legierungen 160
6. Zerreißwerte in Werkstücken technischer Lieferformen 161
a) Gußstücke 161
b) Preßgut (Stangen, Profile, Rohre) 167
c) Walzgut (Blecheund Bänder) 171
d) Schmiedestücke 173
B. Druckfestigkeit 174
Druckfestigkeit, Quetschgrenze und Stauchung technischer Legierungen 174
a) Allgemeines: Versuchsausführung, Bruchbild 174
b) Technische Gußlegierungen 175
c) Technische Knetlegierungen 176
C. Biegefestigkeit 178
Biegefestigkeit und Durchbiegung technischer Legierungen . . . 179
a) Allgemeines, Versuchsausführung 179
b) Technische Gußlegierungen 180
c) Technische Knetlegierungen 181
D. Schubfestigkeit (Scher- und Verdrehfestigkeit) 182
1. Scherfestigkeit technischer Legierungen 182
2. Verdrehfestigkeit und Drillgrenzen technischer Legierungen . . . 183
a) Allgemeines 183
b) Verdrehfestigkeit 184
c) Drillgrenzen 184
3. Schubelastizitätsmaß (Gleitmodul) 184
E. Festigkeit von Bauteilen bei zügiger Beanspruchung (Gestaltfestigkeit) 185
1. Kerbwirkung und sonstige Gestalteinflüsse 185
a) Allgemeines 185
b) Festigkeit von Formelementen 186
2. Festigkeitsversuche an ganzen Bauteilen 188
F. Härte, Verschleiß- und Gleiteigenschaften, Verformungskennwerte 189

Seite

1. Härte 189
   a) Allgemeines, Versuchsausführung. 189
   b) Härtewerte technischer Legierungen 190
2. Verschleiß- und Gleiteigenschaften 191
   a) Vergleichende Verschleißversuche 191
   b) Gleiteigenschaften 193
3) Kerbschlagzähigkeit 195
   a) Allgemeines, Probenform 195
   b) Kerbschlagzähigkeit technischer Legierungen 197
4. Sonstige Verformungskennwerte 197
   a) Biegewinkel, Biegehalbmesser 197
   b) Tiefung 198

G. Dauerstandfestigkeit 198
   Kriechen und Dauerstandfestigkeit bei Raumtemperatur; konstruktive Bewertung des Kriechverhaltens von Magnesiumlegierungen 198

H. Dauerschwingungsfestigkeit 201
1. Allgemeines über die Ermüdungseigenschaften von Magnesiumlegierungen 201
   a) Form der Wöhlerlinien, Grenzlastwechselzahlen, Zeit- und Dauerfestigkeit 201
   b) Einfluß der Querschnittsgröße, Unterschied von Biege- und Zugdruckwerten 207
2. Wechselfestigkeit technischer Legierungen 209
   a) Prüfbedingungen, Gültigkeitsbereich (Probenherkunft und -form) 209
   b) Biegewechselfestigkeit technischer Legierungen, Beziehung zwischen Biegewechselfestigkeit und sonstigen Gütewerten. . 210
   c) Verhältnis von Zugdruck- und Verdrehwechselfestigkeit zur Biegewechselfestigkeit 213
3. Kerbempfindlichkeit technischer Legierungen 214
   a) Bestimmung und Gültigkeitsbereich der Kerbempfindlichkeit . 215
   b) Kerbempfindlichkeitszahlen technischer Legierungen; Beziehung zwischen Kerbempfindlichkeit und sonstigen Gütewerten; Einflüsse auf die Kerbempfindlichkeit 217
   c) Kerbempfindlichkeit bei verschiedenen Beanspruchungsarten (Zugdruck- und Verdrehbeanspruchung) 220
4. Wechselfestigkeit und Kerbempfindlichkeit in Werkstücken technischer Lieferformen 220
   a) Gußstücke. 220
   b) Preßgut, Schmiedestücke, Walzgut 221
5. Dauerfestigkeit und Kerbempfindlichkeit technischer Legierungen bei erhöhten Mittelspannungen (Dauerfestigkeitsschaubilder) . . 224
   a) Biegedauerfestigkeit 224
   b) Zugdruck-Dauerfestigkeit 226
6. Dauerfestigkeit von Bauteilen (Gestaltfestigkeit) 228
   a) Dauerfestigkeit von Formelementen (außer Einspannteilen); konstruktive Bewertung der Kerbempfindlichkeit; Einfluß von Querschnittsform und -größe 228
   b) Einfluß von Einspannbedingungen (Reibkorrosion und Gegenmaßnahmen) 231
   c) Oberflächenwirkung 233
   d) Dauerfestigkeitsversuche mit Halbzeug und mit ganzen Bauteilen 234

Seite

7. Korrosionsermüdung 237
a) Allgemeines und Prüfbedingungen 237
b) Korrosionsermüdungswerte technischer Legierungen 238
I. Vergleichende Festigkeitstafeln und Verhältniszahlen . . 239

II. Festigkeitseigenschaften bei tiefen Temperaturen 244
A. Zugfestigkeit und Dehnung 245
B. Schlagzähigkeit und sonstige Verformungskennwerte . . . 246
C. Dauerschwingungsfestigkeit 248

III. Festigkeitseigenschaften bei erhöhten Temperaturen 250
A. Härte, Zugfestigkeit und Dauerstandfestigkeit 250
1. Besondere Wirkung einiger Legierungsbestandteile auf die Warmfestigkeit von Magnesiumlegierungen 250
2. Warmhärte, Warmzugfestigkeit und -streckgrenze technischer Legierungen 252
a) Allgemeines, Abhängigkeit der Warmfestigkeitswerte von den Versuchsbedingungen, Elastizitätsmaß 252
b) Technische Gußlegierungen 254
c) Technische Knetlegierungen 256
3. Kriechverhalten und Dauerstandfestigkeit technischer Legierungen 260
a) Allgemeines, Versuchsausführung und Begriffsbestimmung . . 260
b) Technische Gußlegierungen 262
c) Technische Knetlegierungen; Einfluß der Vorbehandlung . . 266
B. Dauerschwingungsfestigkeit 267
Warmwechselfestigkeit technischer Legierungen 268
a) Allgemeines, Versuchsausführung 268
b) Technische Gußlegierungen 269
c) Technische Knetlegierungen 271

Chemisches Verhalten, Korrosion und Oberflächenschutz.

Von Dr.-Ing. W. SCHULTZE, Bitterfeld.

A. Allgemeines 272
Prüfmethoden 274
B. Die Verfahren zur Verbesserung des Korrosionsverhaltens . 277
C. Einfluß der Legierungsmetalle 278
Mangan 278. Aluminium 281. Zink 284. Silizium 284. Kalzium 285. Zer 285. Kupfer 285. Zinn 286. Kadmium 286. Blei. 287 Nickel, Kobalt 287. Chrom 288. Antimon, Wismut 288. Beryllium 288. Zirkon 289. Silber 289.
D. Das spezielle chemische Verhalten des Magnesiums und der magnesiumreichen Legierungen 292
1. Die Arten der Korrosionserscheinungen 292
a) Bewitterungskorrosion 293
b) Spannungskorrosion 293
2. Die Korrosion in Wässern, Salzlösungen, sauren und alkalischen Elektrolyten 297
3. Verhalten gegen verschiedene Agenzien 299
4. Einfluß korrosionshemmender Stoffe 303
E. Oberflächenschutz 305
1. Metallische Überzüge 305
2. Nichtmetallische Überzüge 305
3. Anstriche 307
F. Konstruktive Maßnahmen, Isolierung 311

Seite

Schmelzen und Gießen. (Mit besonderer Berücksichtigung des Sandgußverfahrens.)

Von Direktor Dr.-Ing. h. c. A. Beck und Dipl.-Ing. P. Spitaler, Bitterfeld.

A. Die Verfahren zur Reinigung der Schmelzen 313
1. Befreiung von nichtmetallischen Verunreinigungen 313
2. Beseitigung von metallischen Verunreinigungen 318
B. Das Schmelzen der Magnesiumlegierungen. 320
1. Öfen und Tiegel 320
2. Temperaturmeßgeräte 321
3. Metalleinsatz 322
4. Schmelzen und Überhitzen 322
5. Gießen 324
6. Tiegelreinigung und -kontrolle 325
C. Die wichtigsten gießtechnischen Eigenschaften der Magnesiumlegierungen und deren Berücksichtigung in der Gießerei 326
D. Die Herstellung von Sandgußstücken aus Magnesiumlegierungen 334
1. Entwurf der Gußstücke 334
2. Formerei und Kernmacherei 336
3. Nachbehandlung der Abgüsse 341
4. Prüfung der Gußstücke 342
5. Betriebszahlen 343

Technologie des Kokillengießens.

Von Dipl.-Ing. P. Spitaler, Bitterfeld.

A. Allgemeines 345
B. Unterschiede des Gießverfahrens gegenüber anderen Metallen 345
1. Gießen 345
2. Eingußtechnik 346
3. Konstruktion der Kokillen 348
4. Beeinflussung der Erstarrungsbedingungen 349
5. Kokillenschlichte 350

Technologie des Spritzgießens.

Von Oberingenieur A. Bauer, Stuttgart-Bad Cannstatt.

A. Entwicklung 352
B. Die heutigen Maschinensysteme 353
C. Wirtschaftlichkeit 358
D. Die Spritzgußformen. 359
E. Die Legierungen und ihre physikalischen Daten 361
F. Größe und Gewicht von Magnesiumspritzgußteilen 361
G. Wandstärken 362
H. Herstellungsgenauigkeit 362
I. Konstruktionsregeln 363
1. Allgemeines 363
2. Hinterschneidungen 363
3. Einspritzbare Bohrungen 364
4. Der Anzug der Magnesiumspritzgußteile 364
5. Gewinde 364
6. Einlagen-Einspritzteile 365

Seite
J. Oberfläche von Spritzgußteilen 366
K. Verwendungsgebiete 367
1. Auto- und Motorradindustrie 367
2. Flugzeugindustrie 368
3. Büromaschinenindustrie 369
4. Optische Industrie 369
5. Elektroindustrie 370
6. Staubsaugerindustrie 371
7. Funkindustrie 371
8. Apparatebau 372
9. Allgemeiner Maschinenbau und andere Industriezweige 373

Technologie des Pressens.

Von Dipl.-Ing. R. Fiedler, Bitterfeld.

A. Die Preßverfahren 374
B. Eigenschaften und Aufbau der Preßlegierungen und deren Abhängigkeit vom Verformungsgrad 375
C. Die Fließvorgänge während der Verformung 379

Technologie des Schmiedens.

Von Oberingenieur Dr.-Ing. H. Altwicker, Bitterfeld.

A. Einleitung 383
B. Rekristallisation 383
C. Kraftbedarf in Abhängigkeit von Reckgrad, Temperatur und Verformungsgeschwindigkeit 385
D. Kristallorientierung unter dem Einfluß von Temperatur und Schmiedeverfahren 387
E. Temperatur- und Ofenfrage 392
F. Verformungsgeschwindigkeit und Maschinenfrage 394
G. Werkzeugfragen 396

Technologie des Walzens.

Von Dr.-Ing. P. Menzen, Rackwitz-Leipzig.

A. Walzen 399
B. Glühen 401
C. Allgemeine Arbeitsbedingungen 401
D. Verformungsbedingungen beim Walzen 402
1. Walztemperatur 402
2. Walzgeschwindigkeit 406
3. Kristallorientierung 407
4. Korngröße 408

Spangebende Bearbeitung.

Von Dipl.-Ing. O. Keinert, Berlin.

A. Allgemeines über die Verspanung der Magnesiumlegierungen 409
1. Beziehungen zwischen Schnittdruck, Spanquerschnitt, Schnittgeschwindigkeit und Meißelform 409
2. Die zweckmäßige Schnittgeschwindigkeit 412
3. Spancharakteristik 413
4. Bearbeitungsfähigkeit der verschiedenen Magnesiumlegierungen . . . 414
5. Schnittemperatur, Trocken- und Naßbearbeitung 414
6. Richtlinien für die Werkzeugherstellung 415

Seite
7. Maßänderung bearbeiteter Teile 416
8. Spänebrände 417
B. Die wichtigsten Arten der spangebenden Verformung 418
1. Drehen 418
2. Fräsen 418
3. Bohren 419
4. Senken 422
5. Gewindeschneiden 422
6. Reiben 423
7. Sägen 423
a) Bandsägen 423
b) Kreissägen 424
8. Feilen 424
9. Schleifen 425
10. Naß- und Trockenschliff 426
C. Zusammenfassung 429

Konstruktionsrichtlinien, stoffgerechte Werkstattbehandlung und Anwendungsbeispiele.

Von Oberingenieur E. J. DE RIDDER, Bitterfeld.

A. Einleitung 430
B. Grundsätzliche Betrachtungen 430
C. Bauteile aus Magnesiumgußlegierungen 434
D. Bauteile aus Magnesiumknetlegierungen 440
1. Profile und Bleche 440
2. Schmiedestücke 444
E. Die korrosionssichere Konstruktion 446
F. Verbindungsarbeiten an Magnesiumlegierungen 448
1. Nieten 448
2. Verschraubungen 449
3. Schweißen 449
a) Autogene Schweißung 449
b) Lichtbogenschweißung 451
c) Druckschweißung 451
d) Punktschweißung 452
G. Spanlose Verformung von Blechen und Profilen 452
H. Die Anwendungsmöglichkeiten des Magnesiums als Konstruktionsbaustoff 454

Magnesium als Legierungselement.

Von Dr. phil. habil. H. BOHNER, Bitterfeld.

A. Magnesium als Legierungszusatz zu Aluminium und Aluminiumlegierungen 460
1. Al-Mg-Legierungen 460
2. Al-Mg-Si-Legierungen 467
3. Al-Cu-Mg-Legierungen 470
4. Al-Si-Mg-Legierungen 476
5. Al-Zn-Mg-Legierungen 477
B. Magnesium als Legierungszusatz zu Schwermetallen 478
1. Eisen 478
2. Nickel 478

Seite
3. Kupfer 479
4. Zink. 479
5. Blei 480
6. Zinn. 482
7. Edelmetalle 482

Die Verwendung des Magnesiums für Pyrotechnik und Thermochemie.

Von Dr. phil. G. GOSSRAU, Bitterfeld.

A. Magnesium als künstliche Lichtquelle 483
B. Magnesium in der Sprengtechnik 485
C. Magnesium für thermochemische Reduktion 485
D. Magnesium als Desoxydationsmittel für Metallschmelzen . . 486

Die wirtschaftliche Bedeutung des Magnesiums 487

Von W. H. O. ZIEGLER, Bitterfeld.

Chemische Analyse von Magnesium und seinen Legierungen.

Von Dr. phil. G. SIEBEL, Bitterfeld.

A. Magnesium 491
1. Silizium 491
2. Kupfer 491
3. Aluminium und Eisen 492
4. Mangan 492
B. Magnesiumlegierungen 493
1. Silizium, Blei, Zinn 493
2. Kupfer 493
3. Kadmium 494
4. Mangan 494
5. Aluminium 494
6. Zink. 495
7. Silber 496
8. Zer 496
9. Zirkon. 496
10. Kalzium 497
11. Eisen 497
12. Chloride 497
13. Nitride 497

Übersicht über Patente betreffend Herstellung, Verarbeitung und Verwendung von Magnesium und Magnesiumlegierungen.

Gruppe I: Herstellung von wasserfreiem Magnesiumchlorid für die Magnesiumelektrolyse 499
Gruppe II: Erzeugung von Magnesiummetall (elektrolytisch und thermisch) 500
Gruppe III: Magnesiumlegierungen 501
Gruppe IV: Schmelzen, Reinigen und Gießen von Magnesium und Magnesiumlegierungen 502
Gruppe V: Knetverarbeitung von Magnesium und Magnesiumlegierungen 503
Gruppe VI: Wärmebehandlung von Magnesiumlegierungen 504
Gruppe VII: Korrosionsschutz durch Oberflächenbehandlung 504
Gruppe VIII: Verwendung und Verarbeitungsverfahren 505

Namenverzeichnis 506
Sachverzeichnis 510

Zur Einführung.

Die Magnesiumlegierungen als Fliegwerkstoffe.

Mit Genehmigung des Technischen Amtes des Reichsluftfahrtministeriums.

Mit Rücksicht auf die besondere Bedeutung, die die Magnesiumlegierungen zufolge ihres geringen spezifischen Gewichtes und ihrer günstigen Festigkeitseigenschaften in der Flugzeugindustrie besitzen, werden im vorliegenden Werk neben den handelsüblichen Markennamen und den vom Deutschen Normenausschuß festgelegten DIN-Bezeichnungen auch die Fliegwerkstoffkennzahlen genannt, die im folgenden kurz erklärt werden sollen.

Die für den Flugzeug- und Flugmotorenbau zugelassenen Baustoffe — die sog. „Fliegwerkstoffe" — sind in einem vom Technischen Amt des Reichsluftfahrtministeriums herausgegebenen Handbuch[1] zusammengefaßt. Der Einteilung der verschiedenen Werkstoffe liegt eine besondere Ordnung zugrunde, nach der jeder Baustoff durch eine bestimmte vierzifferige Zahl — die „Fliegwerkstoff-Kennzahl" — gekennzeichnet ist. Diese Kennzahl bedeutet auch gleichzeitig die Nummer eines diesem Werkstoff zugeordneten „Leistungsblattes", in dem in übersichtlicher Form die wichtigsten technischen Daten des Halbzeuges aufgenommen sind.

Diese vierstellige Kennzahl, der noch eine fünfte Ziffer — die „Zustandszahl" —, die den Werkstoffzustand des Halbzeuges kennzeichnet, angeschlossen werden kann, ist nun wie folgt aufgebaut:

0 000 . 0

Werkstoff-Hauptgruppe ———————————————┘

Werkstoffart innerhalb der Hauptgruppe ——————————┘

Werkstoffzustand ——————————————————————┘

In den Werkstoff-Hauptgruppen bezeichnet die Zahl **3** die Gruppe der Leichtmetalle. Innerhalb der Werkstoffarten dieser Hauptgruppe sind für die Magnesiumlegierungen die Zahlen 500—599 vorgesehen. Die fünfte Ziffer — die Zustandszahl — kennzeichnet den Zustand, in dem sich das Halbzeug auf Grund seiner Herstellung bzw. Vorbehandlung befindet; es bedeutet z. B.:

Zustandszahl 0 ...... ohne Nachbehandlung,
„ 1 ...... geglüht,
„ 2 ...... geglüht und nachgerichtet,
„ 9 ...... behandelt nach besonderen Angaben.

[1] Reichsluftfahrtministerium, Technisches Amt, „Fliegwerkstoff-Handbuch", Beuth-Vertrieb G. m. b. H., Berlin SW 68.

Diese Werkstoffkennzahlen dienen nicht nur zur Benennung der Legierungen, sie sind infolge ihrer Kürze auch geeignet, mit Farbe aufgestempelt oder eingegossen das Halbzeug hinreichend zu bezeichnen.

Bisher sind die folgenden Magnesiumlegierungen als Fliegwerkstoffe zugelassen:

Magnesiumlegierung mit:		Fliegwerkstoff-Kennzahl	Markenbezeichnung I.G.Farbenind. A. G. Elektron	Entspricht DIN 1717 — Legierung
2% Mn	(Sandguß)	3500.0	AM 503	G Mg-Mn
2% Mn	(geschmiedet bzw. gepreßt, gezogen, gewalzt)	3501.1 bzw. . . . 2	AM 503	Mg-Mn
3% Al, 1% Zn	(Sandguß)	3504.0	AZ 31	G Mg-Al 3 Zn
6% Al, 3% Zn	(Sandguß)	3505.0	AZG	G Mg-Al 6 Zn
4% Al, 3% Zn	(Sandguß)	3506.0	AZF	G Mg-Al 4 Zn
$8^1/_2$% Al, $^1/_2$% Zn	(Sandguß)	3507.9	A 9 v	G Mg-Al
8% Al	(Kokillenguß)	3508.0	A 8	G Mg-Al
6% Al, 1% Zn	(geschmiedet bzw. (gepreßt, gezogen, gewalzt)	3510.1 bzw. . . . 2	AZM	Mg-Al 6
8% Al, $^1/_2$% Zn	(gepreßt, geschmiedet)	3515.0	AZ 855	Mg-Al 9

Die Leistungsblätter, die nach den genannten Kennzahlen geordnet sind, enthalten die Festigkeitswerte der Halbzeuge im Anlieferungszustand, die bei der Abnahme durch die Flugzeugindustrie als Mindestwerte Geltung haben. Diese Festigkeiten sind auf die besonderen Zwecke des Flugzeug- und Flugmotorenbaues abgestimmt und stellen entsprechend den hohen Anforderungen gerade dieser Industrie in den meisten Fällen Spitzenwerte dar. Außerdem sind in den Leistungsblättern noch Angaben über Werkstoff- und Oberflächenzustand, Form und Größenverhältnisse, chemische Zusammensetzung, Prüfbedingungen, Verwendbarkeit, über sonstige Eigenschaften und Richtlinien für die Weiterverarbeitung aufgenommen.

Im vorliegenden Werk sind diese Fliegwerkstoff-Kennzahlen überall dort angeführt, wo sich die beschriebenen Zustände und Eigenschaften einer Legierung mit den in den Fliegwerkstoff-Leistungsblättern aufgestellten Bedingungen decken (Abkürzung z. B.: FlW 3510.2). Die bei den Fliegwerkstoffen geforderten Festigkeitswerte sind im Beitrag über Festigkeitseigenschaften[1] angegeben.

---

[1] Siehe S. 166 und 168.

Rohstoffe und Herstellung.

Von W. Moschel, H. Seliger und R. Suchy.

A. Geschichtliches.

Metallisches Magnesium wurde erstmalig von Davy hergestellt, der in der Abhandlung „Electrochemical researches on the decomposition of the earths" vom 30. VI. 1808[1] über seine Versuche berichtete. Nach vielen Mißerfolgen änderte er, einer brieflichen Anregung von Berzelius und Pontin folgend, seine Versuchsanordnung, und es gelang ihm, die Amalgame des Kalziums, Bariums, Strontiums und Magnesiums herzustellen und durch Abdestillieren des Quecksilbers die Metalle zu isolieren. Wie bei den Alkalimetallen leitete er die Namen der Erdalkalimetalle von ihren Oxyden Baryt, Strontian, Kalk und Magnesia ab und nannte sie Baryum, Strontium, Kalzium und Magnium. Der Name „Magnesium" war damals für Mangan in Gebrauch. Die Arbeitsweise war derart, daß das angefeuchtete Erdalkalioxyd mit Zinnober gemischt, die Paste auf ein Platinblech gelegt und mit einer Vertiefung zur Aufnahme eines Quecksilbertropfens versehen wurde. Sodann wurde das Ganze mit Naphtha bedeckt und Platinblech und Quecksilbertropfen mit den Polen einer Voltasäule verbunden. Das am Quecksilberpol gebildete Amalgam wurde in ein Glasrohr gebracht und das Quecksilber abdestilliert. Die Eigenschaften des Magnesiums beschrieb Davy in folgender Weise:

„Das Metall aus Magnesia scheint mit dem Glas zu reagieren, besonders bevor das ganze Quecksilber abdestilliert ist. Bei einem Versuch, bei dem ich die Destillation vor gänzlicher Entfernung des Quecksilbers unterbrach, erschien das Metall als ein fester Körper, der dieselbe weiße Farbe und denselben Glanz wie die anderen Metalle der Erdalkalien aufwies. Es sank sofort ins Wasser unter, obgleich es von Glasbläschen umgeben war, und bildete Magnesia. An der Luft veränderte es sich rasch, indem sich eine weiße Kruste bildete, und schließlich zerfiel es zu einem weißen Pulver, das sich als Magnesia erwies."

Am 15. XII. 1828 legte Bussy der Académie royale ein Muster Magnesium vor, das er durch Reduktion von wasserfreiem Magnesium-

[1] Phil. Trans. roy. Soc. Lond. Bd. 1 (1808) S. 333.

chlorid mit Kalium gewonnen hatte[1]. In der Sitzung der Académie royale am 25. I. 1830 berichtete er ausführlich über die Herstellung von wasserfreiem Magnesiumchlorid aus Magnesia, Kohle und Chlor, eine Reaktion, die schon von OERSTED u.a. zur Herstellung verschiedener anderer Metallchloride verwendet worden war und auf dem auch die heutige Fabrikation des wasserfreien Magnesiumchlorids im Großbetrieb beruht. Er beobachtete auch bereits die Eigenschaft des geschmolzenen Chlormagnesiums, in großen glänzenden Blättern zu erstarren, die sich leicht biegen lassen.

LIEBIG bestätigte 1830 die Versuchsergebnisse von BUSSY und stellte das wasserfreie Magnesiumchlorid durch Zusammenschmelzen des wasserhaltigen Chlorids mit Salmiak dar[2].

Erst etwa 20 Jahre später entdeckte BUNSEN 1852 die elektrolytische Herstellung des Magnesiums aus geschmolzenem Magnesiumchlorid[3]. Die von ihm angewendete Elektrolysezelle stellt einen Tiegel dar, der zwecks Trennung der Elektrolyseprodukte mit einer nicht bis auf den Boden reichenden Scheidewand versehen ist, und entspricht im Prinzip auch den heutigen Zellenkonstruktionen.

Zur Herstellung größerer Metallmengen verwendeten SAINTE-CLAIRE DEVILLE und CARON 1857 die Reduktion des wasserfreien Magnesiumchlorids mit Natrium[4]. Sie destillierten auch zum ersten Male Magnesium im Wasserstoffstrom, um ein reines Metall zu erhalten, und berichteten darüber folgendes:

„Wenn der Wasserstoffstrom lebhaft ist, wird ein Teil des Magnesiums als Staub mit dem aus dem Apparat austretenden Wasserstoff herausgeführt. Entzündet man das Gas, so erhält man eine der schönsten Flammen, die man herstellen kann.“

Die industrielle Entwicklung der Magnesiumherstellung setzte in bescheidenem Umfange am Ende des letzten Jahrhunderts ein, als man nach dem Verfahren von SAINTE-CLAIRE DEVILLE und CARON in Frankreich, England und den Vereinigten Staaten von Amerika sowie auf elektrolytischem Wege in Deutschland geringe Mengen für pyrotechnische Zwecke herstellte. Entscheidend wurde die Entwicklung beeinflußt durch die Arbeiten von PISTOR und seinen Mitarbeitern[5], denen es gelang, in den unter dem Namen „Elektronmetall“ bekannten Legierungen dem Magnesium weite Anwendungsgebiete als leichtestem metallischem Werkstoff zu eröffnen und durch Ausarbeitung geeigneter

[1] J. Pharm. Sci. access. Bd. 15 (1829) S. 30 — Pogg. Ann. Phys. Chem. Bd. 94 (1830) S. 140.

[2] Pogg. Ann. Phys. Chem. Bd. 95 (1830) S. 137.

[3] Ann. Chem. Pharm. Bd. 82 (1852) S. 137.

[4] C. R. Bd. 44 (1857) S. 394 — Ann. Chim. Phys. (3) Bd. 67 (1863) S. 340.

[5] Z. Elektrochem. Bd. 42 (1936) S. 437.

Verfahren die Voraussetzungen für eine wirtschaftliche Gewinnung des Magnesiums zu schaffen.

B. Rohstoffe des Magnesiums.

Bevor ein Überblick über die wichtigsten Herstellungsverfahren des Magnesiums gegeben wird, seien zunächst die für die technische Gewinnung wichtigen Rohstoffe einer Betrachtung unterzogen.

1. Vorkommen der Rohstoffe.

In der Erdkruste ist das Element Magnesium in Form seiner Verbindungen weit verbreitet. Die Zusammensetzung der obersten Schicht bis zu einer Tiefe von 16 km ist im Mittel zu 3,45% MgO berechnet worden. Das der Verwitterung anheimgefallene Magnesiumoxyd reichert sich im Meerwasser an, dessen Durchschnittsgehalt 0,14% Magnesium als Magnesiumchlorid beträgt.

Unter den Verbindungen des Magnesiums sind am stärksten verbreitet die Silikate, von denen besonders der Serpentin mit über 40% Magnesiumoxyd, das Muttergestein des Chrysotilasbestes, zu erwähnen ist. In Deutschland kommt der Serpentin z. B. am Zobten in Schlesien neben Magnesit vor.

Einer der wichtigsten Rohstoffe ist der Magnesit, der vorwiegend aus Magnesiumkarbonat besteht. In Deutschland findet er sich in den Alpen (Steiermark, Kärnten, Tirol) und in bescheidenen Mengen in Schlesien. Weitere große Vorkommen liegen in Jugoslawien, Italien, Rußland und auf den griechischen Inseln (Euböa). Auch in überseeischen Ländern, wie Indien, Mandschukuo und den Vereinigten Staaten von Amerika (Kalifornien, Washington), sind bedeutende Lagerstätten vorhanden.

Allgemeiner verbreitet als der Magnesit ist der Dolomit[1], das Magnesium-Kalziumkarbonat. Seine Zusammensetzung schwankt in weiten Grenzen zwischen der theoretischen des Doppelkarbonats, der des dolomitischen Kalkes und des Kalksteins.

Von den natürlichen oxydischen Magnesiumverbindungen ist der Brucit mit 66—68% Magnesiumoxyd zu nennen, der in Nevada (USA.) große Ablagerungen bildet.

Die mengenmäßig bedeutendsten Magnesiumsalze, die in Salzlagerstätten vorkommen, sind der Kieserit, das Magnesiumsulfat, und der Karnallit, ein wasserhaltiges Magnesium-Kaliumchlorid ($MgCl_2 \cdot KCl \cdot 6\,H_2O$).

Das Meerwasser liefert in den Seesalinen eine Mutterlauge, die hauptsächlich aus Magnesiumchlorid besteht. Aber auch Magnesia wird in

[1] Der Name stammt von dem französischen Mineralogen DOLOMIEU (1750 bis 1800), der dieses Mineral zuerst beschrieben hat.

neuerer Zeit aus Meerwasser durch Ausfällen mit Kalk gewonnen (Kalifornien, England)[1].

Schließlich sind noch die natürlichen Salzsolen zu erwähnen, die ebenfalls Magnesiumsalze enthalten und sich vor allem in den Vereinigten Staaten von Amerika in größeren Mengen finden.

2. Technisch wichtige Rohstoffe und ihre Aufbereitung.

Von den angeführten Rohstoffen haben die folgenden besondere Bedeutung für die Gewinnung des Magnesiums erlangt:

a) Magnesit,

b) Dolomit,

c) Karnallit bzw. die bei seiner Verarbeitung auf Kaliumchlorid entfallende Magnesiumchloridlauge,

d) Salzsole.

Der Magnesit dient vornehmlich als Ausgangsmaterial für die elektrolytische Herstellung des Magnesiums. Einen Überblick über seine chemische Beschaffenheit an mehreren Lagerstätten gibt Zahlentafel 1.

Zahlentafel 1

Vorkommen	MgO %	$Al_2O_3 + Fe_2O_3$ %	CaO %	SiO_2 %	CO_2 %
Schlesien	45,0	0,6	0,2	3,5	49,0
Tirol	44,6	1,5	2,5	2,5	47,0
Griechenland . . .	45,7	1,0	0,3	2,5	47,0
Frankreich	46,2	0,4	1,4	1,9	48,5
USA. (Washington)	44,8	1,5	0,3	1,9	48,0

Aber auch der Dolomit kann für das elektrolytische Verfahren Anwendung finden, wenn vorher die Magnesia vom Kalk abgetrennt wird. In Zahlentafel 2 ist die Zusammensetzung des Dolomits in einigen Vorkommen angegeben.

Zahlentafel 2

Vorkommen	MgO %	CaO %	$Al_2O_3 + Fe_2O_3$ %	CO_2 %	SiO_2 %
Südharz	21,2	30,3	0,5	46,2	0,2
Lahntal	16,7—20,0	31,3—36,1	0,5	45,8	0,5
Dolomiten . . . . . . (Gr. Zinne)	20,9	30,7	0,6	46,7	0,7
USA. (Kelly Island). .	20,2	31,0	0,8	46,6	1,9

Für die chemische Trennung des Dolomits sind verschiedene Wege eingeschlagen worden, deren Zweckmäßigkeit von den örtlichen Bedingungen abhängt und nur von Fall zu Fall entschieden werden kann. Die Trennungsverfahren lassen sich in zwei Gruppen einteilen, von denen

[1] CHESNY: Industr. Engng. Chem. Bd. 28 (1936) S. 383.

die erste auf die Gewinnung von Magnesiumchlorid und die zweite auf die Gewinnung von Magnesiumoxyd hinarbeitet.

Zur ersten Gruppe gehört z. B. das Verfahren, wonach der Dolomit in Salzsäure gelöst und aus der Lösung durch Einleiten von Kohlensäure unter Zusatz von gebranntem Dolomit Kalziumkarbonat ausgefällt wird. Die chemische Umsetzung ist durch die nachstehenden Gleichungen gekennzeichnet:

$$CaCO_3 \cdot MgCO_3 + 4\,HCl \rightarrow CaCl_2 + MgCl_2 + 2\,CO_2 + 2\,H_2O,$$
$$CaCl_2 + MgCl_2 + CaO \cdot MgO + 2\,CO_2 \rightarrow 2\,MgCl_2 + 2\,CaCO_3.$$

Die vom Kalziumkarbonat abfiltrierte Magnesiumchloridlösung kann dann weiter auf wasserfreies Chlormagnesium für die Elektrolyse verarbeitet werden.

Zur zweiten Gruppe der Trennungsverfahren gehört vor allem die Umsetzung von gebranntem Dolomit mit Magnesiumchloridlösung, die aus der anfallenden Chlorkalziumlösung unter Verwendung von Dolomit regeneriert werden kann. Das Verfahren geht also nach folgenden Gleichungen vor sich:

$$Ca(OH)_2 \cdot Mg(OH)_2 + MgCl_2 \rightarrow 2\,Mg(OH)_2 + CaCl_2,$$
$$CaCl_2 + CaO \cdot MgO + 2\,CO_2 \rightarrow MgCl_2 + 2\,CaCO_3.$$

Ein weiterer Weg beruht darauf, daß man die beim Ammoniak-Sodaverfahren entstehende Ammonchloridlösung statt mit Kalk mit Dolomit destilliert nach der Gleichung:

$$Ca(OH)_2 \cdot Mg(OH)_2 + 2\,NH_4Cl \rightarrow Mg(OH)_2 + CaCl_2 + 2\,NH_4(OH).$$

Auch die Lösung des Dolomits in Salpetersäure und Ausfällung des Magnesiumhydroxyds mittels gebranntem Dolomit unter gleichzeitiger Gewinnung einer Kalksalpeterlösung ist vorgeschlagen worden.

Bei den letzteren Trennungsverfahren hängt die Durchführbarkeit im technischen Maßstab von der Filtrierbarkeit und Auswaschbarkeit des Magnesiumhydroxyds ab, und dementsprechend beziehen sich die in zahlreichen Patentschriften beschriebenen Maßnahmen hauptsächlich auf die Erzielung eines gut filtrierbaren Niederschlages.

Schließlich wäre noch die Auslaugung des Kalkes aus dem Dolomit mittels Zuckerlösung oder Phenol zu erwähnen. Aus der Kalziumsaccharat- bzw. phenolatlösung wird der Kalk durch Kohlensäure gefällt, und nach Abfiltrierung des Kalziumkarbonats wird das Lösungsmittel wiedergewonnen.

Für das thermische Verfahren der Magnesiumherstellung kann der Dolomit, ebenso wie der Magnesit, unmittelbar im gebrannten Zustand angewendet werden. Durch das Brennen dieser Rohstoffe werden die Kohlensäure und etwa vorhandene Feuchtigkeit ausgetrieben.

Für die Magnesiumelektrolyse haben auch der Karnallit sowie die bei seiner Umarbeitung auf Kalziumchlorid verbleibende, als „Endlauge“ bezeichnete Magnesiumchloridlösung mit 25% $MgCl_2$ und geringen Gehalten an KCl und $MgSO_4$ erhebliche Bedeutung erlangt. Wenn auch in neuerer Zeit die Aufarbeitung des Karnallits zugunsten anderer Kalirohsalze zurückgegangen ist, entfallen in der Kaliindustrie noch immer beträchtliche Mengen Endlauge. Der Karnallit muß vor seiner Verwendung für die Elektrolyse entwässert werden, was ohne besondere Schwierigkeiten durch Trocknen und nachträgliches Schmelzen möglich ist.

Natürliche Salzsolen, die 4% $MgCl_2$, 11% $CaCl_2$ und 11% NaCl enthalten, werden durch die Dow Chemical Comp., Midland (USA.), zur elektrolytischen Magnesiumgewinnung verwendet.

C. Elektrolytische Herstellung des Magnesiums.

Für die Technik der Magnesiumherstellung hat das thermische Verfahren bisher nur geringe Bedeutung erlangt. Der Grund hierfür ist in den großen apparativen Schwierigkeiten zu erblicken, die der Durchführung dieses chemisch einfachsten Verfahrens im großtechnischen Maßstab entgegenstehen. Die Grundlage für die industrielle Gewinnung des Magnesiums bildet heute fast ausschließlich das elektrolytische Verfahren, das in der Elektrolyse von geschmolzenen Magnesiumsalzen, insbesondere des Chlorids, beruht.

1. Elektrolyse von wäßrigen bzw. organischen Lösungen der Magnesiumsalze.

Es hat nicht an Versuchen gefehlt, Magnesium aus seinen Salzen in wässerigen oder organischen Medien durch Elektrolyse herzustellen. Ähnlich wie beim Aluminium sind jedoch alle diese Versuche ohne Erfolg geblieben. Es ist bisher weder durch Anwendung der verschiedensten Stromdichten noch durch Zusätze von Schutzkolloiden od. dgl. gelungen, eine Abscheidung von metallischem Magnesium in diesen Medien zu erhalten. Angesichts der Tatsache, daß es gelingt, Zink trotz seines unedlen Potentials in stark schwefelsaurer Lösung elektrolytisch zu gewinnen, kann dieser Weg zwar nicht als grundsätzlich aussichtslos bezeichnet werden. Es besteht jedoch wenig Hoffnung, daß für die beiden Leichtmetalle Aluminium und Magnesium in absehbarer Zeit ein ähnlich einfacher Weg gefunden wird. In jüngster Zeit angestellte Versuche, mit Hilfe von Ultraschall die Überspannung des Wasserstoffs an diesen beiden Metallen so zu erhöhen, daß eine Abscheidung ermöglicht wird, sind ebenfalls erfolglos gewesen[1].

[1] Schmid, G.: Angew. Chem. Bd. 51 (1938) S. 391.

2. Elektrolyse von geschmolzenen Magnesiumsalzen.

Das Verfahren der Elektrolyse geschmolzener Magnesiumsalze ist einerseits durch die Erkenntnis der schädlichen Auswirkungen jeglichen Wassergehaltes im Elektrolyten und andererseits durch die Schwierigkeiten der vollständigen Entwässerung des Magnesiumchlorids in verschiedener Richtung beeinflußt worden.

a) Elektrolyse von Magnesiumoxyd in Fluoridschmelzen.

Zunächst versuchte man diese Schwierigkeiten gänzlich zu umgehen und nach dem Vorbild der Aluminiumelektrolyse auch das Magnesium durch Elektrolyse von Magnesiumoxyd, das verhältnismäßig einfach rein und wasserfrei zu erhalten ist, in Fluoridschmelzen zu erzeugen. Wenn auch in einigen Fluoridgemischen eine gewisse Löslichkeit von Magnesiumoxyd besteht, so ist diese doch im Vergleich zu der des Aluminiumoxyds im Kryolith gering, so daß es wesentlich schwieriger ist, eine örtliche Verarmung des Elektrolyten an Magnesiumoxyd zu vermeiden. Hinzu kommt, daß die geeigneten Fluoridgemische ein hochschmelzendes Eutektikum bilden, so daß die Arbeitstemperatur ganz wesentlich über dem Schmelzpunkt des Magnesiums liegt. Das hohe spezifische Gewicht der hauptsächlich aus Bariumfluorid bestehenden Gemische bewirkt ein sofortiges Aufsteigen des abgeschiedenen Magnesiums an die Oberfläche des Bades. Um seine Verbrennung zu verhindern, mußten besondere Schutzvorrichtungen getroffen bzw. gekühlte Kathoden angewendet werden, oder man führte das Verfahren in zwei Stufen durch, wozu z. B. Aluminium oder Kupfer als flüssige Kathoden am Boden des Elektrolyseurs dienten. Die zahlreichen Patente von KÜGELGEN und SEWARD[1] u. a. zeigen, daß man eine Behebung der auftretenden Schwierigkeiten in mannigfacher Weise versucht hat. Die Erprobung des Verfahrens im industriellen Maßstab in den Vereinigten Staaten von Amerika hat jedoch nach einigen Jahren zum Verlassen dieses Weges geführt. Von verschiedenen Seiten sind inzwischen wieder Versuche in dieser Richtung aufgenommen und, wie die Literatur[2] zeigt, bis in die jüngste Zeit fortgeführt worden. Es ist jedoch kein Verfahren bekanntgeworden, das zur großtechnischen Durchführung der Elektrolyse von Magnesiumoxyd in Fluoridschmelzen ermutigen könnte.

b) Elektrolyse von Karnallit.

Das erste in technischem Umfang durchgeführte Verfahren war das der Aluminium- und Magnesiumfabrik[3] in Hemelingen bei Bremen,

---

[1] USA.-Patent 880489, 880760, 881934 (1908) u. a.

[2] HARVEY: Trans. Amer. electrochem. Soc. Bd. 47 (1925) S. 327. — GRUBE: Z. Elektrochem. Bd. 33 (1927) S. 481; Bd. 36 (1930) S. 129.

[3] DRP. 115015 (1899), 328413 (1915).

die den in Deutschland in großen Mengen bergmännisch gewonnenen Karnallit durch Vertrocknung und nachfolgendes Einschmelzen entwässerte und im Schmelzfluß elektrolysierte. Dieses Verfahren wurde später von der Chemischen Fabrik Griesheim-Elektron weiter durchgebildet, und seine Ausführung in Bitterfeld ist viele Jahre die einzige industrielle Gewinnungsmethode des Magnesiums geblieben. In neuerer Zeit ist es wieder durch die Wintershall A.G. aufgenommen worden. Bei der Empfindlichkeit jedes elektrolytischen Verfahrens gegenüber Verunreinigungen des Elektrolyten ist es selbstverständlich, daß an den Karnallit besondere Anforderungen gestellt werden mußten. Es sei hier auf die einschlägige Literatur, insbesondere die Arbeiten von OETTEL, verwiesen[1]. Die Zersetzung des Chlormagnesiums führt zu einer Verarmung desselben im Elektrolyten. Je nach der verwendeten Badspannung, die maßgebend von der Zellenkonstruktion abhängt, kann die Elektrolyse bis zu einem Gehalt von 8—12% Magnesiumchlorid durchgeführt werden, ohne daß eine Abscheidung von Kalium und damit ein Stromverlust eintritt. Um der Verarmung entgegenzuwirken, muß die Elektrolyse entweder zeitweise unterbrochen oder das bei seiner Anreicherung auskristallisierende Chlorkalium vor Zufügung neuen Karnallits entfernt werden. Die Schwierigkeiten, die diese Maßnahmen mit sich bringen, die hohen Anforderungen an die Reinheit des Rohstoffes sowie die Notwendigkeit, das zurückgewonnene Chlorkalium zu reinigen oder als minderwertiges Produkt abzustoßen, setzen der Karnallitelektrolyse eine wirtschaftliche Grenze.

c) Herstellung von wasserfreiem Magnesiumchlorid.

Mit zunehmender Bedeutung der Magnesiumgewinnung ist deshalb in verstärktem Maße nach Wegen gesucht worden, das in der Elektrolyse ausschließlich der Zersetzung unterliegende Magnesiumchlorid als solches in brauchbarer Form zur Beschickung der Zelle zu verwenden. Zwar ist es grundsätzlich möglich, auch eines der Chloridhydrate, z. B. das Dihydrat ($MgCl_2 \cdot 2\,H_2O$), der Elektrolyse unmittelbar zuzuführen, und es sind Vorschläge für eine zweckmäßige Arbeitsweise gemacht worden[2]. Es kann hierbei jedoch nicht vermieden werden, daß sich Hydroxylgruppen, wahrscheinlich in Form eines basischen Salzes, an der Elektrolyse beteiligen und zu erheblichen Stromverlusten und starkem Anodenverschleiß führen. Man griff deshalb das Problem der Entwässerung von wasserhaltigem Magnesiumchlorid, wie es bei der Verarbeitung des Karnallits auf Chlorkalium als Endlauge entfällt, wieder auf. Es ist bekannt, daß die Entwässerung des Hydrats des Chlormagnesiums bis zur Stufe des Dihydrats ($MgCl_2 \cdot 2\,H_2O$) zweck-

[1] Z. Elektrochem. Bd. 2 (1895) S. 394.

[2] USA.-Patent 1567318 (1923); Frz. P. 693387 (1930).

mäßig in mehreren Arbeitsgängen erfolgt, bis dahin jedoch bei sachgemäßer Ausführung praktisch ohne Zersetzung vor sich geht. Die weitere Entwässerung, insbesondere die Entfernung des letzten Mols Wasser, kann nur unter besonderen Vorsichtsmaßnahmen ohne starke Zersetzung des Hydrats in Salzsäure und Magnesiumoxyd erreicht werden. Neben der Erhitzung im Vakuum, die wegen der apparativen Schwierigkeiten und wahrscheinlich hohen Kosten technisch noch nicht durchgeführt worden ist, sind es vor allem drei Wege, die beschritten wurden:

α) Entwässerung in Gegenwart von trockenem Chlorwasserstoffgas,

β) Entwässerung in Gegenwart von Ammonchlorid,

γ) Entwässerung durch Elektrolyse in kaliumchloridhaltigen Salzgemischen, insbesondere im verarmten Elektrolyten selbst.

Das erste Verfahren ist von der Chemischen Fabrik Griesheim-Elektron[1] während des Krieges in technischem Umfang durchgeführt worden und wird, soweit bekannt, heute noch von der Dow Chemical Comp., Midland, dem bisher einzigen Magnesiumerzeuger in den Vereinigten Staaten von Amerika, mit einigen Änderungen angewandt[2]. Es hat sich gezeigt, daß man nach diesem Verfahren einerseits kein völlig wasserfreies Chlormagnesium erhält, und daß andererseits die Rückführung des Chlorwasserstoffgases und seine dafür notwendige Trocknung eine starke Belastung apparativer und finanzieller Art darstellen. Dieses Verfahren hat sich daher nur dort halten können, wo durch die Gewinnung wertvoller Nebenprodukte, das Vorhandensein billigster Energien und eine genügende Verwendung der anfallenden nassen Salze die Nachteile des Verfahrens wirtschaftlich getragen werden können, wie es offenbar in den Vereinigten Staaten von Amerika der Fall ist. In Deutschland mußte dieses Verfahren nach dem Kriege zugunsten der Karnallitelektrolyse, die damals als einziger praktischer Prozeß zur Verfügung stand, wieder verlassen werden.

Das zweite Verfahren der Entwässerung des wasserhaltigen Chlormagnesiums in Gegenwart von Ammonchlorid ist an verschiedenen Stellen im halbtechnischen Maßstab durchgeführt und erprobt worden. Zwar gelingt es, durch Trocknung und nachfolgendes Einschmelzen des sog. Ammonkarnallits ein wasserfreies Produkt zu erhalten. Jedoch hat sich eine gewisse Zersetzung des Chlormagnesiums nicht ganz vermeiden lassen, die eine nachfolgende Reinigung des Produktes vor seiner Verwendung notwendig macht. Der für die Wirtschaftlichkeit des Verfahrens ausschlaggebende Stickstoffverlust, der die Regenerierung des beim Schmelzprozeß verdampfenden Ammonchlorids wegen dessen teilweiser Aufspaltung nur unvollständig gestattet, führte neben schwerwiegenden apparativen Bedenken zum Verlassen dieses Verfahrens.

---

[1] DRP. 389510 (1922). [2] DRP. 450469 (1925).

Das dritte Verfahren sucht die angeführten Schwierigkeiten zu umgehen und lehnt sich an die bekannte Entwässerung des Karnallits an[1]. Ein Teil des verarmten Elektrolyten wird der Zelle in gewissen Zeitabschnitten entnommen und mit einem Hydrat des Magnesiumchlorids, z. B. mit dem Tetrahydrat ($MgCl_2 \cdot 4\,H_2O$), versetzt. Durch vorsichtiges Eintragen des Hydrats wird der Elektrolyt an Magnesiumchlorid angereichert und der Elektrolyse wieder zugeführt. Leider gelingt es auch auf diesem Wege nicht, die Entwässerung ohne Zersetzung des Magnesiumchlorids durchzuführen, so daß der Elektrolyt nach der Anreicherung vom Magnesiumoxyd befreit und dieses der Wiederverarbeitung, z. B. mit Salzsäure, zugeführt werden muß. Auch benötigt die für die Umwälzung größerer Elektrolytmengen erforderliche Erhitzung, die aus Gründen des Materialangriffs elektrisch erfolgt, einen recht erheblichen Energieaufwand, der die Wirtschaftlichkeit des Verfahrens in Frage stellt.

Die Schwierigkeiten der Gewinnung wasserfreien Chlormagnesiums aus wasserhaltigen Verbindungen veranlaßten die Technik, ein anderes Verfahren für die großindustrielle Herstellung zu entwickeln. Seine Grundlage bildet die seit langem bekannte Umsetzung von Magnesiumoxyd mit Kohle und Chlor nach den bekannten Reaktionen

$$MgO + C + Cl_2 \rightarrow MgCl_2 + CO$$

bzw.

$$2\,MgO + C + 2\,Cl_2 \rightarrow 2\,MgCl_2 + CO_2.$$

Als Ausgangsmaterial dient Magnesit oder aus Magnesiumverbindungen, z. B. Dolomit, hergestellte Magnesia, die mit geeigneten Reduktionsmitteln versetzt und mit dem aus der Elektrolyse entfallenden Chlor bei höheren Temperaturen zur Umsetzung gebracht wird. Die anfangs unter Bildung von Kohlensäure verlaufende zweite Reaktion führt infolge der starken Wärmetönung zu einer Steigerung der Temperatur des Reaktionsgutes, die ihrerseits dann die bei höherer Temperatur bevorzugte, durch Kohlenoxydbildung gekennzeichnete erste Reaktion bewirkt. Beide Reaktionen sind stark exotherm und gestatten, die Umsetzung praktisch ohne Zufuhr äußerer Wärme durchzuführen. Die technische Durchbildung dieses Verfahrens, die ein sorgfältiges Studium der die Umsetzung beeinflussenden Faktoren erforderte, ist von der I.G. Farbenindustrie A.G. in den Jahren 1924—1929 vorgenommen worden und in einer Reihe von Patenten niedergelegt[2]. Es ist selbstverständlich, daß hierfür auch eine ganze Reihe von materialtechnischen und konstruktiven Aufgaben gelöst werden mußte, auf die hier nicht näher eingegangen werden soll. Wenn gegenwärtig der weitaus größte Teil der gesamten Magnesiumproduktion durch Elektrolyse von wasser-

[1] USA.-Patent 1940620 (1930).

[2] DRP. 450979 (1925), 502646 (1926), 506276 (1928), 509601 (1928) u. a.

freiem Chlormagnesium gewonnen wird, das nach diesem Verfahren hergestellt ist, so kann daraus geschlossen werden, daß mit der technischen Durchbildung auch eine überlegene Wirtschaftlichkeit gegenüber älteren Verfahren erreicht worden ist.

d) Elektrolyse von geschmolzenem Magnesiumchlorid.

Die Technik der Elektrolyse des geschmolzenen Magnesiumchlorids, welche anfänglich in einfachen eisernen Tiegeln oder Wannen, die gleichzeitig als Kathoden dienten und teilweise von außen beheizt wurden, zur Durchführung kam, hat in den letzten Jahren eine zunehmende Verfeinerung erfahren. Es gelingt heute, das Magnesium mit einem Energieaufwand von weniger als 20 kWh/kg zu gewinnen, gegenüber einem solchen von 35—40 kWh/kg in älteren Elektrolyseuren.

Die einfache Anordnung der Aluminiumzelle, bei der das Metall am Boden der Zelle abgeschieden und gesammelt wird, ist zwar auch für Magnesium versucht worden, hat aber nicht zu befriedigenden Ergebnissen geführt. Auch die von ASHCROFT[1] und HULIN[2] vorgeschlagene Zweistufenelektrolyse, in deren erster Stufe man Aluminium oder Blei als schmelzflüssige Bodenkathode verwendet und in deren zweiter Stufe aus der erzeugten Magnesiumlegierung das reine Magnesium gewonnen wird, hat sich nicht einführen können. Die Technik verwendet senkrecht einander in der Zelle gegenüberstehende Elektroden, von denen die Kathode aus Eisen und die Anode aus Kohle oder Graphit gewählt wird. Das an der Kathode abgeschiedene Metall sammelt sich an der Oberfläche des Elektrolyten und wird von dort in gewissen Zeitabständen entfernt. Der Elektrolyt besteht durchweg aus einem Salzgemisch, einerseits um die bei der Schmelztemperatur bereits eintretende Zersetzung des wasserfreien Chlormagnesiums zu verhindern, andererseits um Leitfähigkeit, Viskosität und spezifisches Gewicht in einem der Metallabscheidung günstigen Sinne zu beeinflussen. Zu diesem Zweck setzt man dem Schmelzfluß Chloride, zuweilen auch Fluoride der Alkalien und Erdalkalien zu.

Solange man darauf verzichtet, eine Trennung der beiden Elektrolysenprodukte Magnesium und Chlor vorzunehmen, wofür häufig die Frage der Wiederverwendung des Chlors ausschlaggebend ist, läßt sich die Schmelzflußelektrolyse verhältnismäßig einfach durchführen, und es sind eine ganze Reihe technisch brauchbarer Vorschläge gemacht worden[3]. Man kommt zwar hierbei infolge teilweiser Wiedervereinigung der elektrolytischen Produkte nicht über eine Stromausbeute von einigen 70% hinaus, die bei geschickter Anordnung erzielbare niedrige Bad-

---

[1] Engl. P. 215872 (1923).
[2] Frz. P. 659687 (1927); DRP. 554417 (1927).
[3] Frz. P. 640105 (1927); DRP. 524086 (1928).

spannung hält jedoch den Energiebedarf in erträglichen Grenzen. Bei Trennung der elektrolytischen Produkte können auch im technischen Betrieb Stromausbeuten von 90% und darüber erzielt werden, sofern die Beschickung der Zellen mit völlig reinem, wasserfreiem Chlormagnesium erfolgt. Da es keine Materialien gibt, die bei genügender Stromdurchlässigkeit eine technisch befriedigende Haltbarkeit gegenüber dem geschmolzenenen Salzgemisch als auch den beiden Elektrolysenprodukten aufweisen, sind besondere materialtechnische und konstruktive Voraussetzungen zu erfüllen, um die Elektrolyse gleichzeitig mit hoher Stromausbeute und niedriger Badspannung durchzuführen. Auch hier haben sich die Vorschläge der I.G. Farbenindustrie A.G., des in der Magnesiumproduktion führenden Unternehmens, in der Technik durchgesetzt[1]. Die Trennung erfolgt durch Trennwände aus keramischem Material mit dichtem Scherben, die in mehreren Teilen nach besonderen Bauprinzipien aufgebaut sind und zwischen den parallel angeordneten Elektroden von oben in den Elektrolyten eintauchen[2]. Durch die Unterbringung größtmöglicher Elektrodenflächen im Elektrolyten und Einhaltung bestimmter Verhältnisse zwischen Abstand und Eintauchtiefen der Badelemente sind die Voraussetzungen für bestmögliche Wirtschaftlichkeit der Zelle gegeben. Diese Zellenkonstruktion erlaubt gleichzeitig, das Chlor in konzentrierter Form in den Anodenräumen zu erfassen und der Wiederverwendung, z. B. unmittelbar der Herstellung von wasserfreiem Chlormagnesium, zuzuführen. Man baut in der Regel Zellen von je 20000 A. In neuerer Zeit sollen auch größere Einheiten gebaut worden sein, ohne daß man allerdings etwas über die Vorteile dieser größeren Zellen gehört hätte.

Es ist vielfach versucht worden[3], die Bildung des wasserfreien Chlorids mit der Elektrolyse zu kombinieren, indem man z. B. dem Anodenraum ein Gemisch von Magnesia und Kohle zuführte, das dort mit dem Chlor im statu nascendi reagieren sollte. Tatsächlich erfolgt jedoch die Umsetzung der Magnesia innerhalb des Schmelzgemisches nur in sehr kleinem Maße, so daß bald eine starke Verschmutzung des Elektrolyten mit nicht umgesetzter Magnesia eintritt, die den Gang der Elektrolyse erheblich stört. Aus ähnlichen Gründen haben auch die Vorschläge, aus einem Gemisch von Kohle und Magnesia die Anode selbst herzustellen, die bei guter Reaktionsfähigkeit gleichzeitig hohe Leitfähigkeit und genügende Haltbarkeit besitzen soll, keinen Eingang in die Technik gefunden. Genau wie bei vielen anderen elektrolytischen Prozessen hat es sich auch bei der schmelzflüssigen Elektrolyse des Magnesiums bewährt, möglichst reine Stoffe zur Beschickung des Elektrolyseurs anzuwenden.

---

[1] DRP. 574434 (1929). [2] DRP. 485290 (1927).
[3] Engl. P. 447600 (1935), 452269 (1936).

Der vielfach verbreiteten Ansicht, daß den der Chloridelektrolyse entstammenden Metallen Nachteile anhaften, die seine technologischen Eigenschaften beeinflussen, kann nicht beigepflichtet werden. Wie später näher ausgeführt (s. Beitrag „Schmelzen und Gießen"), ist es durch sachgemäße Behandlung ohne große Schwierigkeiten möglich, jede Spur anhaftenden Salzes zu entfernen und Magnesium von einer Reinheit zu erhalten, wie sie höher bisher von keinem anderen Verfahren erzielt werden kann.

D. Thermische Herstellung des Magnesiums.

Im Gegensatz zum Aluminium ist es seit langem bekannt, daß man Magnesium auch durch unmittelbare Reduktion seiner Verbindungen mit geeigneten Reduktionsmitteln erhalten kann. Man hat sich deshalb viel um eine technische Ausgestaltung des thermischen Verfahrens bemüht, welches die umständliche Vorbereitung der Rohstoffe für die Elektrolyse und die mit dieser selbst gegebenen Begrenzung der Erzeugungseinheit vermeidet. Da in den letzten Jahren unverkennbare Fortschritte auf diesem Wege erzielt worden sind, seien im folgenden die für die Technik aussichtsreichsten thermischen Verfahren mitgeteilt.

Diese Verfahren unterscheiden sich im wesentlichen durch die Art der verwendeten Reduktionsmittel und der dadurch gegebenen Arbeitsbedingungen. Da die Umsetzungen dieser Reduktionsmittel mit den magnesiumhaltigen Rohstoffen oberhalb der Siedetemperatur des Magnesiums vonstatten gehen, kann das Metall durch Destillation vom Rückstand getrennt und in fester oder flüssiger Form kondensiert werden.

1. Reduktion von Magnesiumoxyd mittels Kohle.

Vor allem hat man immer wieder versucht, die Kohle als billigstes Reduktionsmittel für die thermische Gewinnung des Magnesiums nutzbar zu machen. Diese Arbeitsweise besitzt aber eine erhebliche Schwierigkeit, die darin besteht, daß die nach der Gleichung

$$MgO + C \rightleftharpoons Mg + CO$$

verlaufende Reaktion umkehrbar ist. Sie geht erst oberhalb 2000° nach der Seite der Metallbildung vor sich, während bei niederen Temperaturen Magnesiumdampf mit Kohlenoxyd unter Bildung von Magnesiumoxyd und Kohle reagiert[1]. Bei Durchführung des Verfahrens, beispielsweise im elektrischen Lichtbogenofen, ist es also wohl möglich, Magnesiumdampf zu erzeugen, aber während der zu seiner Kondensation erforderlichen Abkühlung läßt sich eine Rückoxydation durch das gleichzeitig gebildete Kohlenoxyd nicht vermeiden. Es wird deshalb auf diese Weise

[1] TREADWELL u. HARTNAGEL: Helv. chim. Acta Bd. 17 (1934) S. 1372. — HANSGIRG: Berg- u. hüttenm. Jb. Bd. 82 (1934) S. 109.

kein kompaktes Metall, sondern ein durch Magnesia und Kohle verunreinigter Magnesiumstaub erhalten.

Um diesem Übelstand zu begegnen, wurde der Vorschlag gemacht, die gasförmigen Reaktionsprodukte mit einem indifferenten Gas im Ofen zu verdünnen[1]. Diese Maßnahme ist jedoch sehr unvollkommen, da selbst bei einem 20fachen Überschuß an Wasserstoff nur ein Staub entsteht, der höchstens 20% Magnesium enthält und sich nicht zu einem homogenen Metall zusammenschmelzen läßt[2]. Auch versuchte man der Schwierigkeit dadurch zu begegnen, daß man die Reaktionsgase schroff abschreckte, indem man sie gegen eine gekühlte, gegebenenfalls bewegte Fläche leitete[3]. Am wirksamsten hat sich das Verfahren der Österr.-Amerik. Magnesit A.G.[4] erwiesen, wonach die Reaktionsgase unmittelbar beim Verlassen des Ofenraumes mit kaltem Wasserstoff vermischt und dadurch rasch auf eine Temperatur von etwa 200° abgekühlt werden. Hierdurch wird die Rückoxydation des Magnesiums so stark unterbunden, daß ein Staub mit einem Metallgehalt von etwa 90% gewonnen werden kann.

Die Österr.-Amerik. Magnesit A.G. hat das Verfahren auch erstmalig in einer größeren Versuchsanlage in Radenthein (Kärnten) durchgeführt, die in einem Kreislauf arbeitet, der schematisch in Abb. 1 dargestellt ist. Für den Reduktionsvorgang dient ein Lichtbogenwiderstandsofen mit Kohleelektroden, in den die brikettierte Mischung von gebranntem Magnesit und Kohle periodisch eingeschleust wird. Das bei der Reaktion entstehende Gemisch von Magnesiumdampf und Kohlenoxyd verläßt den Ofen durch eine seitliche Öffnung, wo durch wassergekühlte Düsen kalter Wasserstoff eingeblasen wird.

Zur Aufarbeitung des Magnesiumstaubes bevorzugt die Österr.-Amerik. Magnesit A.G. ein Verfahren, wonach der Staub einer Destillation unter Inertgasatmosphäre bei gewöhnlichem oder vermindertem Druck unterworfen wird[5]. Die entwickelten Magnesiumdämpfe werden zunächst durch eine Filterschicht oder Staubkammer geleitet, in der die Verunreinigungen zurückgehalten werden[6], und dann an einem geheizten Kondensator vorübergeführt, wo sie sich flüssig niederschlagen[7].

Für die Kühlung der aus dem Ofen austretenden Reaktionsgase sind nach Landis[8] 60—70 m^3 Wasserstoff auf 1 kg Magnesium erforderlich, so daß das vom Magnesiumstaub befreite Gasgemisch nur etwa 1,5% Kohlenoxyd enthält. Dieses Gasgemisch wird in einem Kontakt-

---

[1] Knöfler u. Ledderboge: DRP. 49329 (1889).
[2] Hansgirg: Berg- u. hüttenm. Jb. Bd. 82 (1934) S. 109.
[3] DRP. 563652 (1930), 581590 (1932); Frz. P. 775467 (1934).
[4] Österr. P. 133126 (1931); Frz. P. 741823 (1932).
[5] Österr. P. 134610 (1932); Frz. P. 741823 (1932).
[6] Frz. P. 750183 (1933); Engl. P. 412664, 413222 (1933).
[7] Österr. P. 140560 (1933); Frz. P. 773749 (1934).
[8] Trans. electrochem. Soc. Bd. 72 (1937) S. 308.

ofen mit Wasserdampf behandelt, wobei das Kohlenoxyd zu Kohlensäure oxydiert wird. Die Kohlensäure wird mit Wasser ausgewaschen und der getrocknete, reine Wasserstoff wird in den Prozeß zurückgeführt.

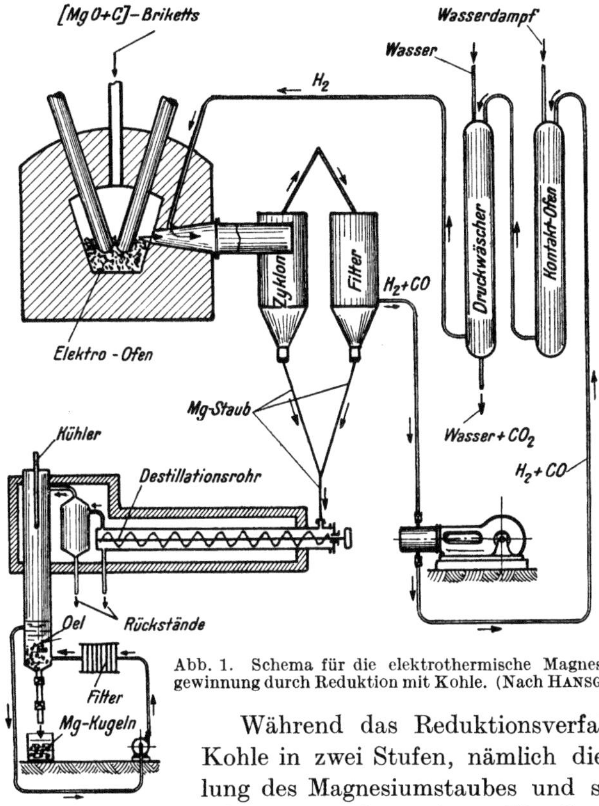

Abb. 1. Schema für die elektrothermische Magnesiumgewinnung durch Reduktion mit Kohle. (Nach HANSGIRG.)

Während das Reduktionsverfahren mit Kohle in zwei Stufen, nämlich die Herstellung des Magnesiumstaubes und seine Aufarbeitung zu kompaktem Metall, unterteilt ist, gelingt es bei Anwendung von Reduktionsmitteln, die keine gasförmigen, sondern feste Oxydationsprodukte liefern, in einem Arbeitsgang ein regulinisches Metall zu gewinnen. Unter diesen Reduktionsmitteln sind in erster Linie Kalziumkarbid, Aluminium und Silizium zu nennen.

2. Reduktion von Magnesiumverbindungen mittels Kalziumkarbid.

Mittels Kalziumkarbid lassen sich sowohl Magnesiumoxyd und -chlorid als auch Magnesiumsulfat im Vakuum zwischen 1200 und 1600° zu metallischem Magnesium reduzieren[1]. Beispielsweise verlaufen die Reduktionen von Magnesiumoxyd und -chlorid nach den Gleichungen

$$MgO + CaC_2 \rightarrow Mg + CaO + 2\,C$$

und

$$MgCl_2 + CaC_2 \rightarrow Mg + CaCl_2 + 2\,C$$

[1] USA.-Patent 1650894 (1926).

derart, daß dampfförmiges Magnesium und ein fester Rückstand von Kohle und Kalziumoxyd bzw. -chlorid entstehen. Durch einen Zusatz von Flußspat können diese Umsetzungen erheblich beschleunigt werden. Als Ausgangsmaterial für die Reduktion mit Kalziumkarbid kann auch Magnesiumsulfid nach dem Verfahren von GARDNER[1] angewendet werden, welches sich eines aus Kalziumchlorid und Aluminiumfluorid bestehenden Flußmittels bedient.

3. Reduktion von Magnesiumoxyd mittels Aluminium.

Die Herstellung von Magnesium durch Reduktion aus Magnesiumoxyd mittels Aluminium wurde zuerst von MATIGNON[2] und später von WALDO[3] in Vorschlag gebracht. Nach einem neueren Verfahren arbeitet die Calloy Ltd., London,[4] derart, daß stückiger Magnesit in ein geschmolzenes Bad von überschüssigem Aluminium eingetragen wird, wobei sich infolge Reduktion des Magnesiumoxyds eine Magnesium-Aluminium-Legierung bildet, aus der das Magnesium durch Destillation gewonnen werden kann. Wegen des hohen Preises für Aluminium dürften diese Verfahren jedoch in der Technik keinen Eingang finden.

4. Reduktion magnesiahaltiger Rohstoffe mittels Silizium.

Ein wesentlich größeres Interesse können diejenigen Verfahren beanspruchen, welche die Reduktion von Magnesit oder Dolomit mit Hilfe von Silizium vornehmen, das zweckmäßig als Ferrosilizium angewendet wird. Als erste wiesen BLEECKER und MORRISON[5] auf diese Umsetzung hin und führten sie in einem Ofen mit Kohleelektroden durch, in welchem das Reaktionsgemisch selbst als elektrischer Widerstand dient. Die Zusammensetzung der Mischung wählten sie derart, daß der bei der Reduktion verbleibende Rückstand als flüssige Schlacke aus dem Ofen abgezogen werden kann. Diese Arbeitsweise hat jedoch den Nachteil, daß sich die Elektrodenkohle mit an der Reaktion beteiligt, wodurch eine teilweise Rückoxydation des Metalldampfes eintritt. Aus diesem Grunde wird auch kein kompaktes Magnesium, sondern nur ein verunreinigter, aber hochprozentiger Metallstaub erhalten. Im Gegensatz zu diesem Verfahren arbeiteten GROSVENOR[6] und später GIRE und FOUQUET[7] auf feste Rückstände hin und benutzten vornehmlich Retortenöfen. Da hierbei die Bildung schädlicher Gase ausgeschlossen ist, erhielten sie das Magnesium in sauberer, regulinischer Gestalt. In den letzten Jahren wurde das Verfahren der Reduktion von Dolomit mit Silizium eingehend von der I.G. Farbenindustrie A.G.[8] bearbeitet, und

[1] Engl. P. 465421 (1937). [2] C. R. Bd. 156 (1913) S. 1157.
[3] USA.-Patent 1379886 (1920); Engl. P. 167164 (1921).
[4] Frz. P. 794716 (1935). [5] USA.-Patent 1311378, 1311379 (1915).
[6] USA.-Patent 1239178 (1916). [7] Frz. P. 733294 (1931), 750977 (1932).
[8] Engl. P. 413606 (1934), 439535, 464438 (1935).

es ist ihr gelungen, einen technischen Weg für seine Durchführung zu finden. Die Umsetzung zwischen Dolomit und Silizium verläuft gemäß der Gleichung

$$2\,MgO \cdot 2\,CaO + Si \rightarrow 2\,CaO \cdot SiO_2 + 2\,Mg$$

derart, daß das im Dolomit enthaltene Kalziumoxyd die entstehende Kieselsäure zu Kalziumorthosilikat absättigt, so daß die Magnesia des Dolomits restlos zur Reduktion gelangt. Die Reaktionsgeschwindigkeit kann durch einen geringen Zusatz an Chloriden und besonders Fluoriden der Alkali- oder Erdalkalimetalle erheblich beschleunigt werden[1].

Die Reduktion magnesiahaltiger Rohstoffe mit Hilfe von Silizium ermöglicht es, in einem Arbeitsgang ein regulinisches Magnesium zu erzeugen, während bei der Reduktion mit Kohle zunächst nur ein magnesiumreicher Staub erhalten wird, der erst durch eine umständliche Weiterverarbeitung in kompaktes Metall übergeführt werden kann. Ein weiterer Vorteil des Verfahrens mit Silizium als Reduktionsmittel beruht darin, daß es nicht die hohe, bei Anwendung von Kohle erforderliche Temperatur von über 2000° benötigt, sondern schon bei 1200—1400° durchführbar ist. Auch ist es nur durch Reduktion mit Silizium möglich, an Stelle des Magnesits den billigeren Dolomit als Ausgangsmaterial zu verwenden.

Von den erwähnten Vorschlägen zur thermischen Herstellung des Magnesiums sind nur die Verfahren der Österr.-Amerik. Magnesit A.G. und der I.G. Farbenindustrie A.G. einer technischen Durchbildung nähergebracht worden. Beide Verfahren sind in größeren Versuchsanlagen geprüft worden, so daß man schon jetzt zum Bau großtechnischer Einheiten schreitet. Da das Schwergewicht der thermischen Magnesiumgewinnung auf appasativer Seite liegt, muß der Erfolg der betrieblichen Anlagen abgewartet werden, bevor ein Urteil über ihre Wirtschaftlichkeit möglich ist.

E. Ausblick.

Es läßt sich heute noch nicht übersehen, in welcher Richtung sich die Technik der Magnesiumherstellung, der die Aufgabe zufällt, die wirtschaftlich günstigsten Vorbedingungen zu finden, in Zukunft entwickeln wird. Sicher ist jedoch, daß auf dem Wege sowohl der thermischen als auch der elektrolytischen Verfahren noch große Möglichkeiten vorliegen, die geeignet sein werden, die Anwendung des Magnesiums und seiner Legierungen nachhaltig zu fördern. Für Deutschland, in dem die industrielle Erzeugung des Magnesiums ihren Ausgang nahm und das in reichem Maße über die Rohstoffe für diesen Werkstoff verfügt, ist die weitere Entwicklung dieses Gebietes von besonderer Bedeutung.

[1] Engl. P. 487836 (1936).

Physikalische Eigenschaften des Magnesium-Einkristalls und ihre Bedeutung für den Vielkristall.

Von G. SIEBEL.

A. Einleitung.

Magnesium kristallisiert hexagonal in der dichtesten Kugelpackung (s. Abb. 4). Daher lassen sich im Gegensatz zu der großen Gruppe der kubischen Metalle die Verformungsvorgänge an Einkristallen[1] besonders leicht studieren. Die physikalischen Eigenschaften des Einkristalles zeigen eine charakteristische Anisotropie, die bei einem regellos erstarrten Kristallhaufwerk praktisch nicht in Erscheinung tritt und sich besonders bei einem durch plastische Verformung orientierten Werkstück stark bemerkbar machen kann, so daß die an Einkristallen gewonnenen Erkenntnisse für die Deutung vieler technologischer Vorgänge und Eigenschaften des Vielkristalls von grundlegender Bedeutung sind.

Herstellung von Einkristallen. Die Herstellung der Mg-Einkristalle kann einmal nach einem Ziehverfahren[2] aus dem Schmelzfluß mit Hilfe eines Graphitrohres, das sich in einem mit Gashahn verschlossenen Eisenrohr befindet oder nach einem Rekristallisationsverfahren erfolgen, indem gleichmäßig feinkörnige Bleche oder besser Drähte kritisch um 0,5% insgesamt gedehnt und dann innerhalb von etwa 6 Tagen einer Glühbehandlung, beginnend bei etwa 350° C bis dicht unter den Schmelzpunkt bzw. Soliduspunkt bei Mischkristallen, unterworfen werden. Während bei den Schmelzflußkristallen zufolge der Wachstumsbedingungen[3] die Basisebene meistens quer zur Kristallachse liegt, zeigen die Rekristallisationskristalle zufolge der Verformungstextur mehr längs der Drahtachse liegende Basisebenen und zeichnen sich durch eine bessere Oberflächenbeschaffenheit im Vergleich zu den Schmelzflußkristallen aus.

---

[1] SCHMID, E., u. W. BOAS: Kristallplastizität. Berlin 1935. Zusammenfassende Darstellung der Einkristallforschung.

[2] SCHIEBOLD, E., u. G. SIEBEL: Z. Physik Bd. 69 (1931) S. 458. Nach einem Verfahren von A. BECK und G. SIEBEL.

[3] NIX, F. C., u. E. SCHMID: Gußtexturen. Z. Metallkde. Bd. 21 (1929) S. 286.

B. Physikalische Eigenschaften des Mg-Kristalls.

1. Anisotropie des Mg-Kristalls.

Die Anisotropie der physikalischen Eigenschaften ist bei Mg-Kristallen bedeutend geringer als bei Cd- und Zn-Kristallen. Die elastischen Konstanten, wie Elastizitäts- und Torsionsmodul, wurden von E. GOENS und E. SCHMID[1] nach einer dynamischen Methode aus Transversal- und Torsionston ermittelt. Abb. 2 zeigt den „Elastizitätsmodulkörper" für Magnesium. Das Maximum des Elastizitätsmoduls liegt in Richtung der hexagonalen Achse und beträgt 5130 kg/mm^2.

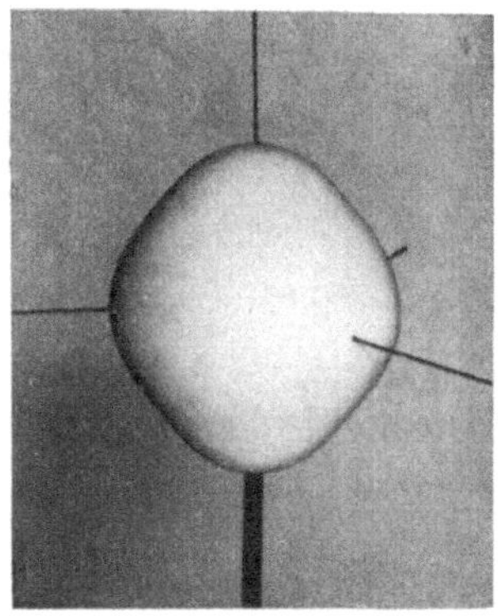

Abb. 2. Elastizitätsmodulkörper des Magnesiumkristalls. (Nach SCHMID-BOAS, Kristallplastizität.)

In einer Richtung, die um 53° 45′ zur hexagonalen Achse geneigt ist, liegt das Minimum des Elastizitätsmoduls mit 4370 kg/mm^2. Der Elastizitätsmodul in Richtung der Basisebene beträgt 4570 kg/mm^2. Der größte Unterschied im Elastizitätsmodul beträgt somit nur 17% und als Mittelwert des Elastizitätsmoduls über die verschiedenen Orientierungen ergibt sich 4600 kg/mm^2.

Mischkristalle mit bis zu 2,3% Zink zeigten innerhalb der Fehlergrenzen von ∾ 1% den gleichen Elastizitätsmodul wie entsprechend orientierte Mg-Kristalle.

Das Maximum des Torsionsmoduls liegt unter 45° zur hexagonalen Achse und beträgt 1828 kg/mm^2. In Richtung der Basisebene und hexagonalen Achse beträgt der Torsionsmodul 1700 kg/mm^2 und damit ergibt sich für die Anisotropie nur etwa 7%.

Die spezifischen elektrischen Widerstände[2] betragen in den ausgezeichneten kristallographischen Richtungen senkrecht und parallel zur hexagonalen Achse:

$$\sigma \parallel = 3{,}77 \cdot 10^{-6}\,\Omega\,\text{cm};\ \sigma \perp = 4{,}54 \cdot 10^{-6}\,\Omega\,\text{cm}$$

und die entsprechenden Temperaturkoeffizienten:

$$0{,}00427 \text{ und } 0{,}00416.$$

Die thermischen Ausdehnungskoeffizienten[3] in den beiden Hauptrichtungen sind folgende:

$$\alpha \parallel = 26{,}4 \cdot 10^{-6} \quad \alpha \,| = 25{,}6 \cdot 10^{-6} \text{ bei } 20\text{—}100\,^\circ\text{C}$$
$$\alpha \parallel = 28{,}7 \cdot 10^{-6} \quad \alpha \,| = 27{,}4 \cdot 10^{-6} \text{ ,, } 100\text{—}200\,^\circ\text{C}.$$

[1] GOENS, E., u. E. SCHMID: Naturwiss. Bd. 19 (1931) S. 376. — SCHMID, E.: Z. Elektrochem. 1931 S. 448.

[2] BRIDGMAN, P. W.: Physic. Rev. Bd. 37 (1931) S. 460. — Proc. Amer. Acad. Bd. 66 (1931) S. 255.

[3] BRIDGMAN, P. W.: Physic. Rev. Bd. 37 (1931) S. 460. — Proc. Amer. Acad. Bd. 67 (1932) S. 29.

Für die Thermokraft[1] gegen Kupfer wurden folgende Werte gefunden:

$$\varepsilon \parallel = 1{,}87 \cdot 10^{-6}\,\mathrm{V/grad} \quad \varepsilon \perp = 1{,}66 \cdot 10^{-6}\,\mathrm{V/grad} \text{ bei 20 bis } 100\,^{\circ}\mathrm{C}.$$

2. Verformungsmechanismen (Translation und Zwillingsbildung).

Bei der plastischen Verformung von Magnesium treten charakteristische Deformationsmechanismen auf, die einmal durch eine Abgleitung (Translation) nach einer bestimmten kristallographischen Ebene

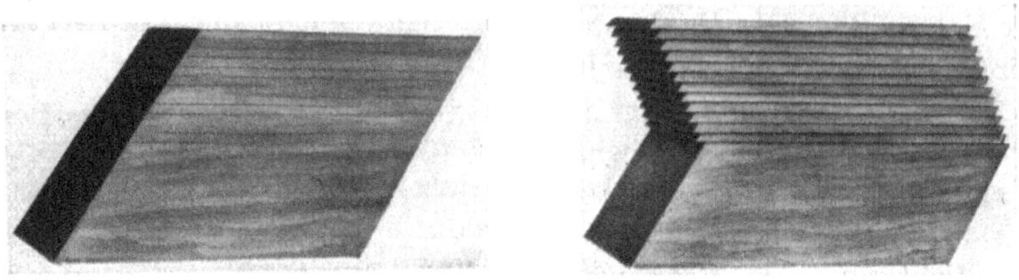

a b

Abb. 3. *a* Modell vor, *b* nach der einfachen Schiebung. Schema der Zwillingsbildung (nach MÜGGE).

und Richtung und ferner durch eine Umklappung (Zwillingsbildung oder einfache Schiebung) des Atomgitters in eine symmetrische Stellung zum Ausgangskristall nach einer Zwillingsebene vor sich geht (Abb. 3).

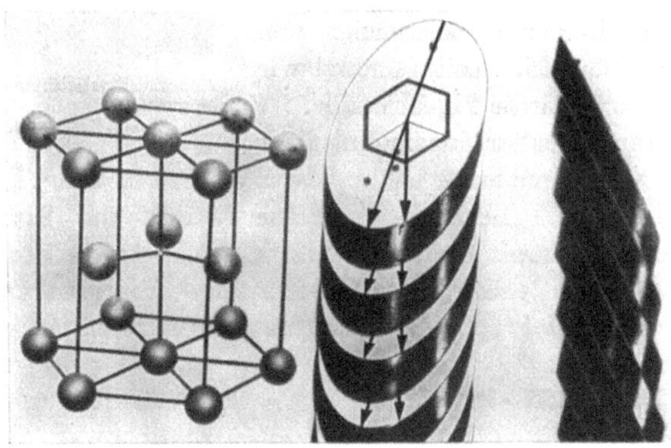

Abb. 4. Atom- und Gleitmodell von einem Mg-Kristall.

Während die Zwillingsbildung nur eine untergeordnete Rolle für die Plastizität spielt, kommt dem Translationsmechanismus die größte Bedeutung zu.

Die Translation[2] findet wie bei allen hexagonalen Metallen nach der dichtest besetzten Ebene der Basis (0001) und in der dichtest be-

[1] BRIDGMAN, P. W.: Physic. Rev. Bd. 37 (1931) S. 460 — Proc. Amer. Acad. Bd. 67 (1932) S. 29.

[2] SCHIEBOLD, E., u. G. SIEBEL: s. Fußnote 2, S. 18. — SCHMID, E., u. G. WASSERMANN: Handb. d. techn. Mech. Bd. 4 II (1931) S. 319.

setzten Richtung der Grundkante des Basissechseckes (digonale Achse I) [1120] statt.

Zufolge des singulären Gleitmechanismus geht der zylindrische Kristall in ein flaches Band über, auf dem die Spuren der Translationsebenen als elliptische Streifen sichtbar sind, was aus den Abb. 4 und 5 hervorgeht.

Nach den Translationsgesetzen ist natürlich die Dehnung stark von der Basisorientierung des Kristalls abhängig, und bei querer Lage der Basis zur Kristallachse wurden bei Zimmertemperatur Dehnungen bis 250% beobachtet.

Nach erschöpfter Basistranslation zerreißt der Kristall je nach der Orientierung nach glatten oder treppenförmig angeordneten Flächen,

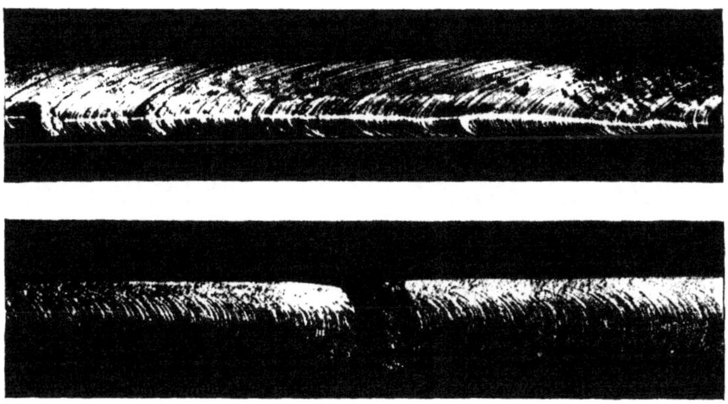

Abb. 5. Gedehnte Mg-Kristalle mit Basistranslationsstreifung. Vergr. × 3.

die in der Hauptsache parallel zu den Translationsellipsen verlaufen, und hier und da wurden auch Zwillingsebenen als Bruchflächen beobachtet (Abb. 4).

Während bei Zimmertemperatur nur ein Gleitsystem in Funktion tritt, kommen bei Temperaturen über 225° C neue Gleitebenen hinzu, so daß die Plastizität des Magnesiums außerordentlich steigt und der von kubischen Metallen sich annähert. Als Gleitebene betätigt sich wahrscheinlich die Pyramidenfläche I Art 1 Ordnung {1011} als die zweitdichtest besetzte Ebene und als Gleitrichtung wieder die Grundkante des Sechseckes [1120]. Abb. 6 zeigt Zylinder einer Elektronlegierung AZM (FIW 3510.2), die zufolge des singulären Gleitsystems nach der Basis bis 212° C[1] beim Stauchen charakteristische Abschiebungsbrüche aufweisen, während oberhalb 212° C neue Gleit-

[1] Der Unterschied von der an Einkristallen gefundenen Temperatur 225 °C erhöhter Plastizität dürfte auf die ungenaue Messung beim Druckversuch zurückzuführen sein.

möglichkeiten hinzukommen und die Zylinder sich plastisch zusammendrücken lassen. Auf dem heißgedehnten Mg-Kristall sind außer den Basistranslationsstreifen schräg verlaufende Streifen als Spuren von Pyramidenebenen zu erkennen. Die Dehnung des Mg-Kristalles nach der Basis nimmt natürlich mit steigender Temperatur zu und erreicht bei 300° C das 3fache des Wertes bei Zimmertemperatur, um dann nochmals infolge der Pyramidengleitung durch Einschnürung des Bandes um das 9fache anzusteigen (Abb. 6).

Ähnlich wie beim Zink und Kadmium geht die mechanische Zwillingsbildung[1] beim Magnesium in der Hauptsache nach einer Pyramidenfläche I Art 2 Ordnung $\{10\bar{1}2\}$ vor sich, und nur in seltenen Fällen

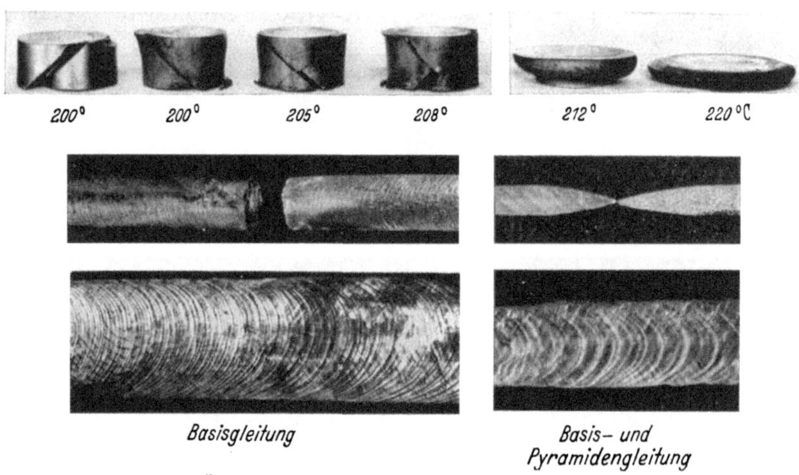

Abb. 6. Sprunghafte Änderung der plastischen Eigenschaften einer Mg-Legierung AZM und Translationsstreifungen von kalt- und heißgedehnten Mg-Kristallen.

traten bei bestimmter Orientierung (Basis nahezu parallel zur Kristallachse) im Zugversuch Zwillingsebenen nach der Pyramidenfläche I Art 1 Ordnung auf $\{1011\}$[2], die allerdings nur eine untergeordnete Rolle bei der Zwillingsbildung spielt. Abb. 7 zeigt Zwillingsstreifen nach diesen beiden Ebenen.

Nimmt man in Analogie zu Zink und Kadmium die Ebene (1012) als zweite Kreisschnittsebene[3] bei der Zwillingsbildung nach (1012) an, so ergibt sich für die Schiebung (Abgleitung einer im Abstand 1 von der Zwillingsebene befindlichen Ebene) der Betrag $s = 0{,}1317$. Das Maximum der Dehnung durch Zwillingsbildung beträgt in der hexagonalen Achse 6,8% und das der Stauchung in der digonalen Achse II

[1] Mathewson, C. H., u. A. J. Phillips, Amer. Inst. Min. Metallurg. Engr., Techn. Publ. Bd. 53 (1928).

[2] Schiebold, E., u. G. Siebel: siehe Fußnote 2, S. 18.

[3] Schmid, E., u. G. Wassermann: Z. Physik Bd. 48 (1928) S. 370.

6,4%. Weiter folgt aus den kristallographischen Vorgängen der Zwillingsbildung, daß diese bei Magnesium in Richtungen, die mit der hexagonalen Achse Winkel bis etwa 50° einschließen, nur bei Zug- und in Richtung

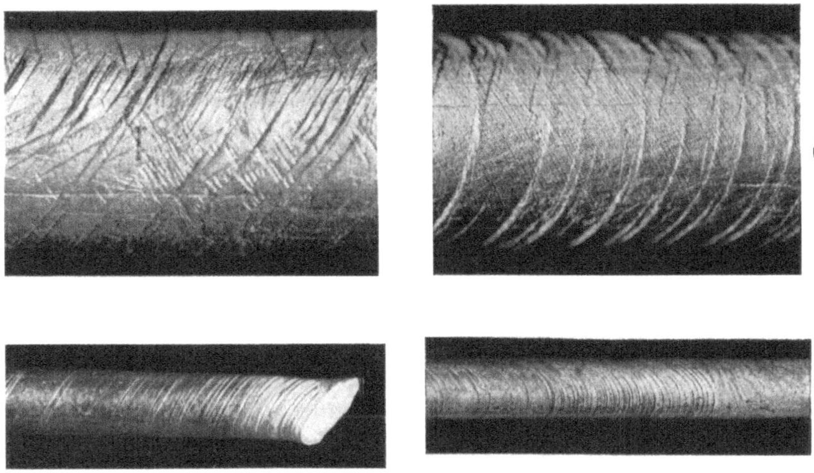

Abb. 7. Mg-Kristalle mit Zwillingsstreifen nach $\{10\bar{1}2\}$ u. $\{10\bar{1}1\}$.

der Basis nur bei Druckbeanspruchung möglich ist. Für dazwischenliegende Orientierungen kann Zwillingsbildung sowohl bei Druck als auch bei Zug eintreten. In Abb. 8 sind die Längenänderungen bei mechanischer Zwillingsbildung in Abhängigkeit von der Orientierung wiedergegeben.

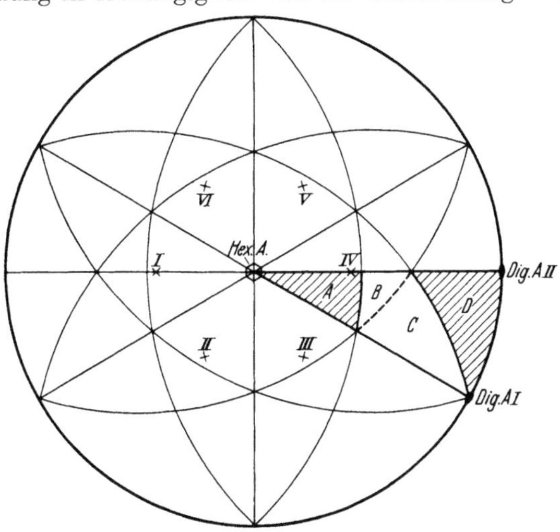

Abb. 8. Orientierungsabhängigkeit der Längenänderung bei der mechanischen Zwillingsbildung von Mg-Kristallen (stereographische Projektion) I—VI. Pole der Zwillingsebenen. *A* enthält alle Richtungen, in denen Zwillingsbildung nach I und VI zu Dehnungen führt. *B* Dehnung bei Zwillingsbildung nach II, III, V und VI. Stauchung nach Zwillingsbildung nach I und IV. *C* Dehnung nach II und V; Stauchungen nach I, III, IV und VI. *D* Stauchung nach I—IV.

3. Verfestigung von Mg-Kristallen.

a) Statische Beanspruchung.

Werden Mg-Kristalle dem Zugversuch unterworfen, so zeichnet sich die Streckgrenze als eine physikalische Größe aus, bei der eine plötzliche starke plastische Verformung des Kristalles einsetzt, und zeigt zufolge des singulären Gleitsystems eine außerordentliche Abhängigkeit von der Orientierung. Für den Beginn der Basistranslation muß eine bestimmte Initialschubspannung von 82,9 g/mm² erreicht werden, die unabhängig von der Orientierung und praktisch auch von der auf die Translationsebene wirkenden Normalspannung ist (Schubspannungsgesetz)[1]. Die Streckgrenze hat bei einer Orientierung von 45° der Basis zur Zugrichtung den geringsten Wert von etwa 160 g/mm², während bei einer Basislage nahezu senkrecht und parallel zur Zugrichtung die Streckgrenze das 40fache erreicht, wie Abb. 9 zeigt.

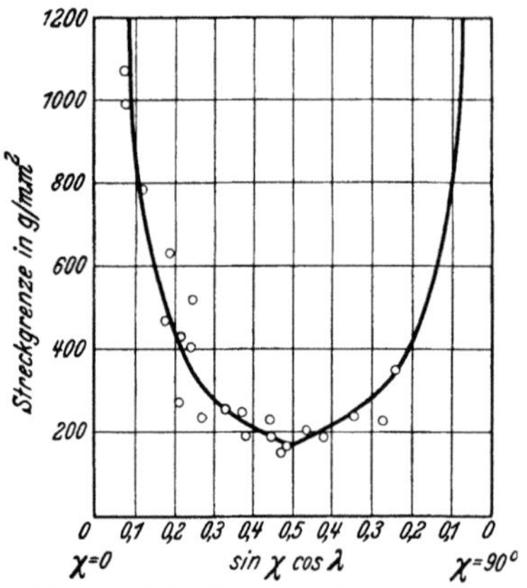

Abb. 9. Orientierungsabhängigkeit der Streckgrenze von Mg-Kristallen. χ Winkel zwischen Zugrichtung und Translationsfläche. λ Winkel zwischen Zugrichtung und Translationsrichtung. (Nach SCHMID-BOAS.)

Mit steigender Temperatur nimmt natürlich die Verfestigung ab und die Abgleitung stark zu, während sich die Dehnungsarbeit mit der Temperatur bis 250° C kaum ändert und etwa 4,40 cal/g[2] beträgt. Für Zink beträgt die mittlere Schubarbeit 0,97 cal/g und für Kadmium 0,24 cal/g und ist ebenfalls praktisch temperaturunabhängig. In Abb. 10 sind eine Reihe von Verfestigungskurven in Abhängigkeit von der Temperatur wiedergegeben. Ferner geht aus den Verfestigungskurven der

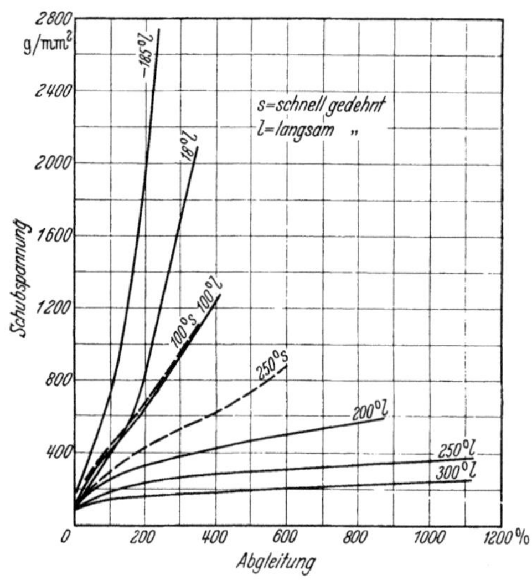

Abb. 10. Verfestigungskurven von Mg-Kristallen in Abhängigkeit von der Temperatur. $s \sim$ schnell gedehnt, $l \sim$ langsam gedehnt. (Nach SCHMID-BOAS.)

[1] SCHMID, E.: Proc. internat. Congr. appl. mech. Delft 1924 S. 342. — SCHMID, E., u. M. POLANYI: Z. Physik Bd. 16 (1923).

[2] Diese Schubarbeit ist 18mal so groß wie die spezifische Wärme bzw. $^1/_{10}$ der Schmelzwärme.

Einfluß der Kristallerholung z. B. bei 100 und 250° C hervor, wenn man die mit einer Dehngeschwindigkeit von 100 g/mm² pro Minute (bis zur Streckgrenze) ermittelten Kurven (ausgezogen) mit denen 100mal größerer Verformungsgeschwindigkeit (gestrichelt) vergleicht. Bei 100° C ist praktisch keine Kristallerholung eingetreten, während bei 250° C ein erheblicher Unterschied in der Verfestigung schnell und langsam gedehnter Kristalle besteht.

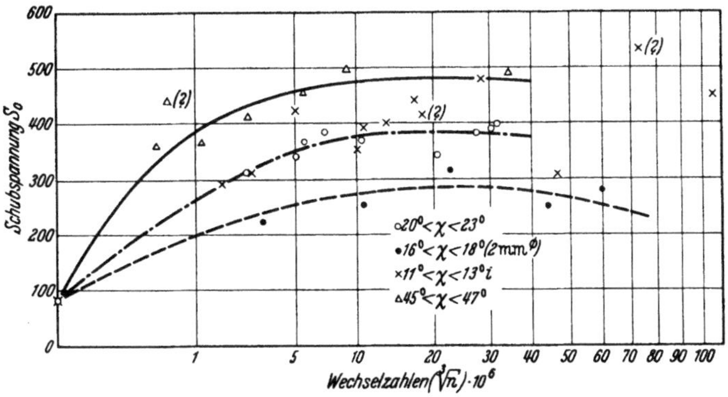

Abb. 11. Änderung der Basisschubfestigkeit mit der Wechselzahl. χ Winkel zwischen Basis und Drahtachse.

b) Wechselbeanspruchung.

Bei der Wechselbeanspruchung[1] treten dieselben Verformungsmechanismen: Translation nach der Basis (0001) und Zwillingsbildung nach (1012) auf wie beim statischen Zugversuch. Mit der Wechselzahl steigt die Schubfestigkeit anfangs an und fällt infolge Zerrüttung des Gleitsystems dann wieder ab, wie Abb. 11 zeigt. Die Dauerbrüche sind zerklüftet und bestehen aus mehreren Flächen, von denen Basisflächen (0001), Prismenflächen (1010) und Pyramidenflächen (1012) und (1011) als *Reiß*flächen beobachtet wurden (Abb. 12). Stoßen 2 große

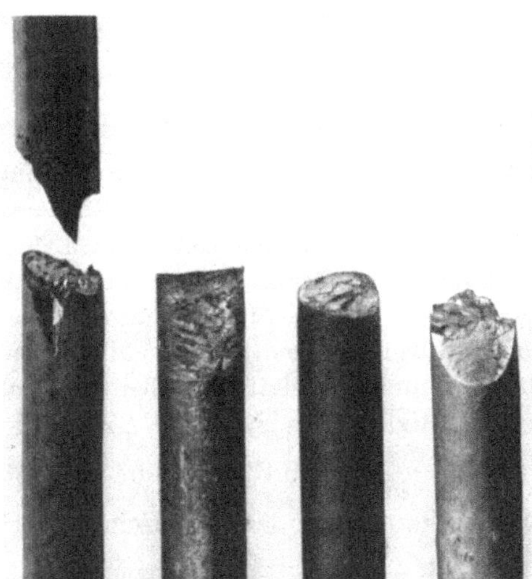

Abb. 12. Dauerbrüche von Mg-Kristallen.

[1] Schmid, E., u. G. Siebel: Metallwirtsch. Bd. 13 (1934) S. 353.

Kristalle zusammen, so beginnt der Ermüdungsbruch immer an den Korngrenzen und geht teilweise auch durch den Kristall.

c) Legierungsbildung.

Ferner kann der Mg-Kristall durch Mischkristallbildung mit Aluminium und Zink erheblich verfestigt werden. Folgende Zahlentafel gibt eine Zusammenstellung über die Anfangs- und Endschubfestigkeiten, die Abgleitung und die Deformationsarbeit (Fläche unterhalb den Verfestigungskurven) bei der Dehnung der Mg-Al- und Mg-Zn-Mischkristalle[1] wieder. Die Initialschubfestigkeit der Basis steigt mit

Zahlentafel 3.

Al-Gehalt		Schubspannung g/mm² in der Basis am		Abgleitung	Deformationsarbeit
At. %	Gew.-%	Beginn der Translation	Ende der Translation	%	cal/g
Al-Gehalt		*So*	*Se*		
0	0	82,9	2100	350	4,09
0,45	0,52	200	2378	276	4,12
1,06	1,18	307	3248	285	5,98
1,81	2,06	435	3770	261	6,31
3,61	4,00	765	5100	253	7,78
5,25	5,80	1107	4698	178	6,04
6,80	7,84	1312	4302	146	4,59
8,78	9,67	1313	2606	157	3,89
Zn-Gehalt					
0	0	82,9	2100	350	4,09
0,19	0,50	178	2299	269	3,81
0,38	1,02	273	2701	287	4,85
0,61	1,62	343	2665	294	5,31
0,87	2,30	428	2522	236	4,18
1,19	3,12	537	2232	230	4,22
1,72	4,56	725	2373	218	4,53

dem Legierungszusatz stetig an und erreicht bei 6,8 At. % (7,5 Gew.-%) Al das 16fache und bei 1,9 At. % (4,5 Gew.-%) Zn das 9fache der Schubfestigkeit von Reinmagnesium mit 82,9 g/mm². Die Endschubfestigkeit und die Deformationsarbeit erreichen bei mittleren Konzentrationen ein Maximum, das bei Mg-Al- ausgeprägter als bei Mg-Zn-Kristallen ist. Abb. 13 zeigt einen Überblick über die Verfestigung durch Legierungsbildung und Translation, wobei V_{Leg} aus dem Quotienten der Initialschubfestigkeit der Basis der Legierung und der des Reinmagnesiums $\left(V_{\text{Leg}} = \frac{So_{\text{Leg}}}{So}\right)$ und V_{Tr} aus dem Quotienten der Endschubfestigkeit der Legierung und der Initialschubfestigkeit der Legierung $V_{\text{Tr}} = \frac{Se_{\text{Leg}}}{So_{\text{Leg}}}$ ermittelt wurden. In Abb. 14 sind die maximalen Verfestigungen, die

[1] SCHMID, E., u. H. SELIGER: Mg-Al; Mg-Zn. Metallwirtsch. Bd. 11 (1932) S. 409.

aus dem Produkt der Legierungs- und Translationsverfestigung erhalten wurden, $\left(V_{\text{Leg}} \cdot V_{\text{Tr}} = \frac{So_{\text{Leg}}}{So} \cdot \frac{Se_{\text{Leg}}}{So_{\text{Leg}}} = \frac{Se_{\text{Leg}}}{So}\right)$ und die Deformationsenergien wiedergegeben. Es ist auffallend, daß die maximale Verfestigung nicht bei der Sättigungskonzentration, sondern bei mittleren Konzentrationen liegt und bei Mg-Al 3mal so groß wie bei Mg-Zn-Legierungen ist. Die spezifische, auf gleiche Atomkonzentrationen bezogene Verfestigung ist allerdings bei Mg-Zn größer als bei Mg-Al, was wahrscheinlich auf das größere Atomvolumen von Zink zurückzuführen ist. Für ternäre Mg-Al-Zn-Mischkristalle[1] lassen sich die Verfestigungen recht gut aus den Eigenschaften der binären Legierungen errechnen, wenn man annimmt, daß die Verfestigung durch die Zusatzmetalle additiv ist.

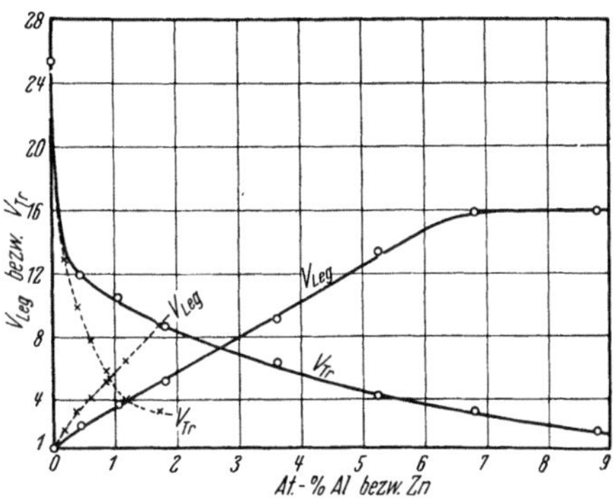

Abb. 13. Translations- und Legierungsverfestigung von: ——— Mg-Al- und - - - - - - Mg-Zn-Kristallen. (Nach SCHMID-BOAS.)

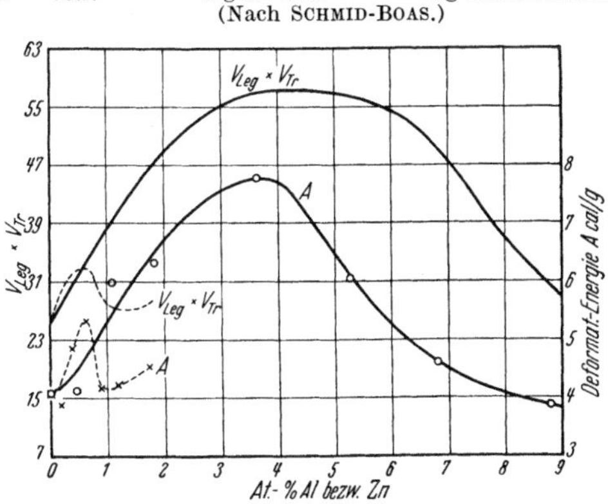

Abb. 14. Maximale Verfestigung und Deformationsarbeit von: ——— Mg-Al- und - - - - - - - Mg-Zn-Kristallen. (Nach SCHMID-BOAS.)

Der Einfluß der thermischen Vergütung[2] auf die kritische Schubfestigkeit einer Mg-Al-Legierung geht aus Abb. 15 hervor. Mg-Al-Kristalle mit 10% Al wurden nach der Homogenisierung bei 218% angelassen und die kritische Schubfestigkeit in Abhängigkeit von der Anlaßdauer bestimmt. Ferner wurde durch Vergleich der Gitterkonstanten des Mischkristalls

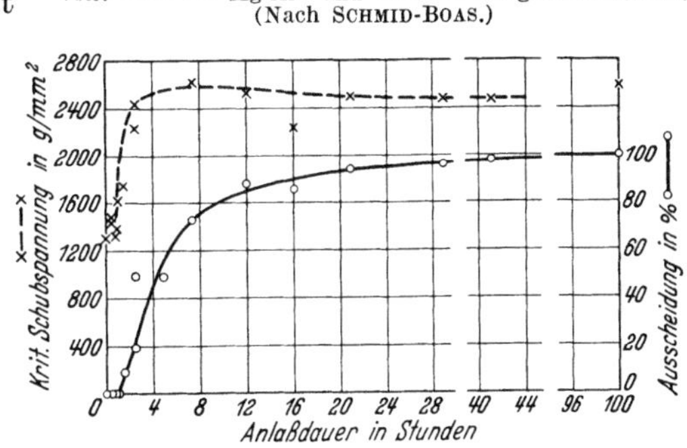

Abb. 15. Schubverfestigung und Ausscheidung von Mg-Al-Einkristallen (10% Al) bei 218%. (Nach SCHMID-BOAS.)

[1] SCHMID, E., u. G. SIEBEL: Metallwirtsch. Bd. 11 (1932) S. 577.
[2] SCHMID, E., u. G. SIEBEL: Metallwirtsch. Bd. 13 (1934) S. 765.

mit derjenigen des Gleichgewichtszustandes die prozentuale Ausscheidung ermittelt. Es zeigte sich, daß Verfestigung und Ausscheidung nach einer gewissen Inkubationszeit gleichzeitig beginnen, wobei die Verfestigung sehr schnell einem Höchstwert zustrebt, um dann infolge der Koagulation der ausgeschiedenen Kristallart allmählich abzufallen.

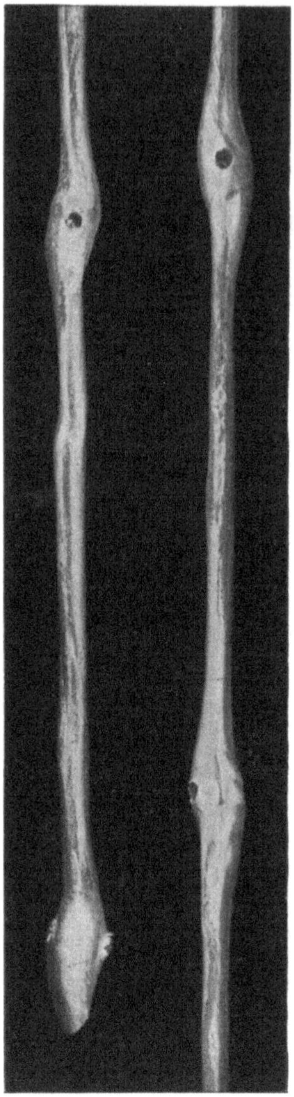

Abb. 16. Kristallverfestigung durch Bohrlöcher. (Nach SCHMID-BOAS.)

d) Kristallverletzung.

Schließlich sei noch eine Verfestigung erwähnt, die durch Beschädigungen[1] des Kristalles, z. B. durch Bohrlöcher oder durch Längsriefen an der Kristalloberfläche hervorgerufen wird. Abb. 16 zeigt

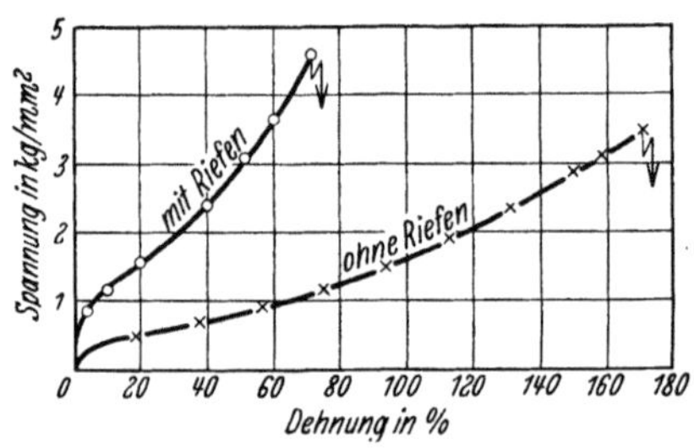

Abb. 17. Verfestigungskurven von Mg-Kristallen mit und ohne Längsriefen. (Nach SCHMID-BOAS.)

mit Bohrlöchern versehene Mg-Kristalle, die an diesen Stellen trotz einer Querschnittsverminderung von etwa 35% im Vergleich zum Ausgangszustand eine starke Verfestigung aufweisen, so daß die Brüche neben den Bohrlöchern erfolgen. Aus Abb. 17 ist die Verfestigung von Mg-Kristallen durch Längsriefen zu ersehen. Durch diese Beschädigungen wird das singuläre Gleitsystem derart behindert, daß eine Verfestigung an diesen Stellen eintritt, während bei kubischen Gleitsystemen der Bruch immer an den Stellen größter Querschnittsverminderung erfolgt.

[1] SCHMID, E.: Z. Elektrochem., s. Fußnote 1, S. 19.

C. Bedeutung der hexagonalen Struktur für die Eigenschaften des Vielkristalls.

1. Verfestigung des Vielkristalls.

Vergleicht man die aus gittertheoretischen Betrachtungen errechneten Festigkeitswerte von Einkristallen mit den wirklichen Werten, so muß man feststellen, daß letztere um mehrere Größenordnungen unterhalb den theoretischen Werten liegen. Bis heute ist es noch nicht möglich, diese großen Unterschiede befriedigend zu erklären, da die Kenntnisse über die auftretenden Gitterkräfte noch unzureichend sind. Beim Übergang vom Einkristall auf den Vielkristall ist es trotz des großen Beobachtungsmaterials über die Verformungsvorgänge und die

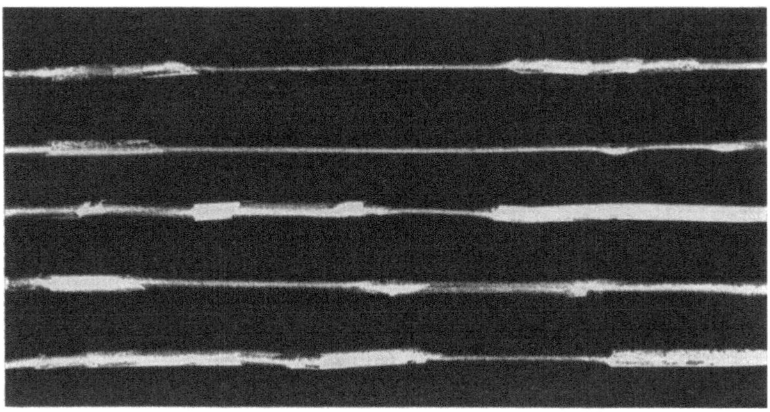

Abb. 18. Mg-Drähte mit verschieden gedehnten Kristallen.

mechanischen Eigenschaften des Einkristalls nur in einigen Fällen möglich, in denen eine regellose Orientierung vorliegt und der Einfluß der Korngrenzen nur gering ist, die Festigkeitseigenschaft des Vielkristalls einigermaßen zu berechnen. Dagegen können aus den Eigenschaften des Einkristalls die Vorgänge bei der plastischen Verformung (Gefügeregelung) und die Eigenschaften des orientierten Vielkristalls nicht nur erklärt, sondern auch die maximal zu erreichenden Eigenschaften geschätzt werden. So haben gerade im Falle des hexagonalen Magnesiums die Erkenntnisse des Einkristalls dem Technologen wertvolle Winke gegeben, die technologischen Verfahren der Eigenart des Metalles anzupassen und die Qualität des Werkstoffes zu verbessern.

Beim Vielkristall sind die plastischen Vorgänge der einzelnen Kristalle im Verband wesentlich verwickelter als beim frei gedehnten Kristall. Bei der Reckung werden solche Kristalle, deren Basis nahezu unter 45° zur Beanspruchungsrichtung liegt, sich zuerst verformen, während die mit paralleler und senkrechter Basislage sich nicht verformen können, sondern nur stark verspannt werden. Abb. 18 zeigt aus wenigen Kristallen bestehende Mg-Drähte nach der Dehnung. Man erkennt, daß die am günstigsten orientierten Kristalle sich zu einem flachen Band gedehnt haben, während die Korngrenzen und die ungünstig liegenden Nachbarkristalle sich kaum verändert haben.

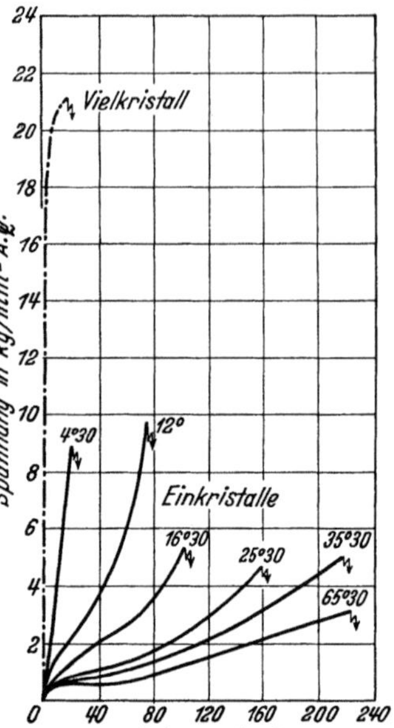

Abb. 19. Verfestigungskurven von verschieden orientierten Mg-Kristallen im Vergleich zum Vielkristall. Die Winkel bedeuten die Orientierung der Basis zur Kristallachse. (Nach SCHMID-BOAS.)

Liegen derartig verschieden orientierte Kristalle nicht nur hintereinander, sondern auch nebeneinander, so können sich die gut dehnbaren Kristalle nicht zu einem Band ausdehnen und sind durch die verspannten Nachbarkristalle und Korngrenzen an der freien Gestaltsänderung stark behindert. An den Korngrenzen müssen deshalb besonders starke Verkrümmungen und Verspannungen stattfinden, was auch aus der erhöhten Rekristallisationsfähigkeit an den Korngrenzen hervorgeht. Ferner tritt in den verspannten Kristallen leicht Zwillingsbildung auf, wodurch der Vielkristall natürlich viel stärker verfestigt wird als der Einkristall.

Abb. 19 zeigt eine Reihe von Verfestigungskurven verschieden orientierter Mg-Kristalle[1] im Vergleich zum Vielkristall, der eine weit größere Verfestigung und geringere Dehnung als die Einkristalle aufweist.

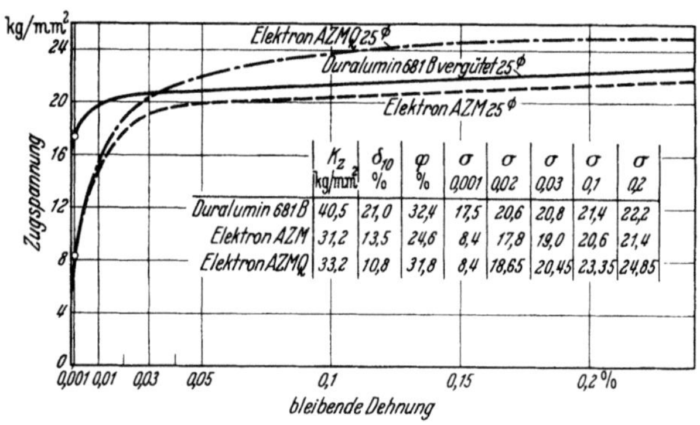

	K_z kg/mm²	δ_{10} %	φ %	σ 0,001	σ 0,02	σ 0,03	σ 0,1	σ 0,2
Duralumin 681 B	40,5	21,0	32,4	17,5	20,6	20,8	21,4	22,2
Elektron AZM	31,2	13,5	24,6	8,4	17,8	19,0	20,6	21,4
Elektron AZMQ	33,2	10,8	31,8	8,4	18,65	20,45	23,35	24,85

Abb. 20. Zugspannung-Dehnung-Schaubild von Duralumin und Elektron AZM gepreßt.

[1] SCHMID, E.: Z. Physik Bd. 31 (1930) S. 892. — SCHMID, E., u. G. SIEBEL: Z. Elektrochem., s. Fußnote 1, S. 19.

Vergleicht man Spannung-Dehnung-Kurven von Mg-Legierungen[1] mit denen von Al-Legierungen, so tritt das verschiedenartige Kristallverhalten des hexagonalen und kubischen Systems deutlich in Erscheinung. In Abb. 20 sind einige Spannung-Dehnung-Kurven der Elektronlegierung AZM (6,3% Al, 1% Zn, 0,3% Mn) und Duralumin wiedergegeben.

Man erkennt, daß bei Elektron zufolge der leichten Dehnbarkeit einiger besonders günstig orientierter Kristalle schon frühzeitig eine bleibende Verformung stattfindet, während die Nachbarkristalle teilweise stark verspannt bzw. verfestigt werden und teilweise erst bei viel höheren Spannungen ins Gleiten kommen. Erst wenn die Spannung von 8 auf etwa 21 kg/mm² erhöht wird, findet ein gleichmäßiges Dehnen

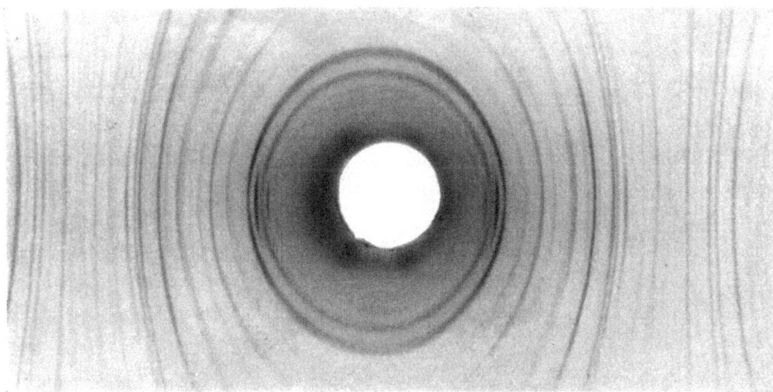

Abb. 21. Debye-Scherrer-Aufnahme von gepreßtem Elektronmetall. AZM (FlW 3510.2)-Stäbchen um die Preßrichtung gedreht. ↑ Preßrichtung, Cu-Strahlung.

statt, wie es beim Duralumin bei einer viel geringeren Spannungserhöhung von 18 auf 22 kg/mm² schon eintritt. Es zeigt sich, daß die Verfestigung der Magnesiumlegierungen viel stärker als bei Aluminiumlegierungen ist, und die Spannung-Dehnung-Kurve einer nach besonderem Verfahren gepreßten Legierung AZM Q überschneidet sogar bei einer Dehnung von 0,032% die Kurve von Duralumin. Dieser Erscheinung muß der Konstrukteur bei der Beurteilung eines Werkstoffes besonders Rechnung tragen.

2. Verformungstexturen.

Beim Pressen[2], Ziehen[2] und Walzen[3] von vielkristallinem Material findet die plastische Verformung hauptsächlich durch Basistranslation

[1] SCHMIDT, W.: Z. Metallkde. Bd. 23 (1931) S. 54.

[2] SCHIEBOLD, E., u. G. SIEBEL: Siehe Fußnote 2, S. 18. — SCHMID, E., u. G. WASSERMANN: Naturwiss. Bd. 17 (1929) S. 312. — MORELL, L. G., u. J. D. HANAWALT: Physics Bd. 3 (1932) S. 161.

[3] SCHIEBOLD, E., u. G. SIEBEL: Siehe Fußnote 2, S. 18. — SCHMID, E., u. G. WASSERMANN: Metallwirtsch. Bd. 9 (1930) S. 699. — CAGLIOTI, V., u. G. SACHS: Metallwirtsch. Bd. 11 (1932) S. 1.

statt und die Basisebene gleitet mit steigendem Verformungsgrad immer mehr parallel zur Fließrichtung des Materials. Aus der Debye-Scherrer-Aufnahme (Abb. 21) geht die Orientierung einer normalgepreßten Elektronstange der Legierung AZM (FlW 3510.2) hervor.

Die Basisebene liegt mit einer geringen Streuung in der Preßrichtung und eine ausgezeichnete kristallographische Richtung ist bei heißgepreßten Mg-Legierungen nicht vorhanden. Dagegen zeigen besonders kalt (unter 300° C) gepreßte Mg-Legierungen[1] und ferner kaltnachgezogene Drähte[2], daß nicht nur die Basis, sondern auch eine kristallographische Richtung digonale Achse II. Art [1010] als Resultierende

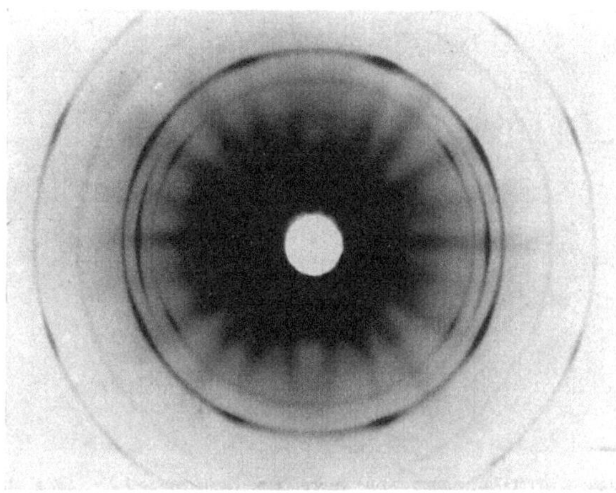

Abb. 22. Debye-Scherrer-Aufnahme der gepreßten Elektronlegierung AM 537. Cu-Strahlung, $R = 40$ mm, ↑ Preßrichtung.

der Gleitrichtungen [1120] in der Verformungsrichtung liegen. In Abb. 22 ist eine Debye-Scherrer-Aufnahme der bei etwa 280° C gepreßten Elektronlegierung AM 537 (∾ 1,5% Mn ∾ 0,5% Ce) wiedergegeben.

Derartig orientiertes Preßmaterial zeigt ganz erhebliche Unterschiede der zug- und druckelastischen Eigenschaften. Während die Streckgrenze einer normal gepreßten AZM-Stange etwa 20—22 kg/mm² beträgt, hat die Quetschgrenze nur einen Wert von 12—14 kg/mm². Aus den kristallographischen Vorgängen bei der Zwillingsbildung erklärt sich dieses verschiedene Verhalten bei Zug und Druck so, daß parallel der Basisebene, d. h. der Preßrichtung, Zwillingsbildung nur unter Druck vor sich gehen kann, wodurch eine niedrige Quetschgrenze

---

[1] Nach unveröffentlichten Versuchen von G. Siebel.

[2] Schiebold, E., u. G. Siebel: Siehe Fußnote 2, S. 18.

bedingt ist, während bei Zug diese unmöglich ist (Abb. 8 und 23). Nach geeigneten Preßverfahren[1] gelingt es, durch Erzeugung eines feinen Kornes und einer geringen Kaltverfestigung eine Blockierung

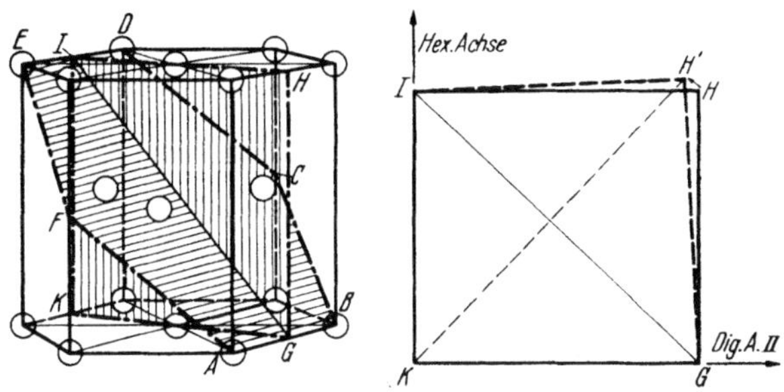

Abb. 23. Schema der mechanischen Zwillingsbildung nach {1012} von Magnesium.

der Zwillingsbildung und damit eine Erhöhung der Quetschgrenze zu erzielen, die annähernd gleich der Streckgrenze ist.

Der Einfluß der Zwillingsbildung bei orientierten Mg-Legierungen auf die mechanischen Eigenschaften kann sich ferner beim Richten, z. B. von Preß- und Walzmaterial, bemerkbar machen. Werden gepreßte Stangen auf Schrägwalzen stark gerichtet[2], so tritt zufolge der Torsions- und Druckspannungen Zwillingsbildung auf, wodurch je nach der Einstellung der Richtwalzen Verdickungen der Stange bis zu 3,5% und ein Abfall der Elastizitätsgrenze von $\sigma_{0,02} = 21\ \mathrm{kg/mm^2}$ auf $\sim 9\ \mathrm{kg/mm^2}$ hervorgerufen werden. Gleichzeitig findet natürlich eine Verkürzung der Stange statt.

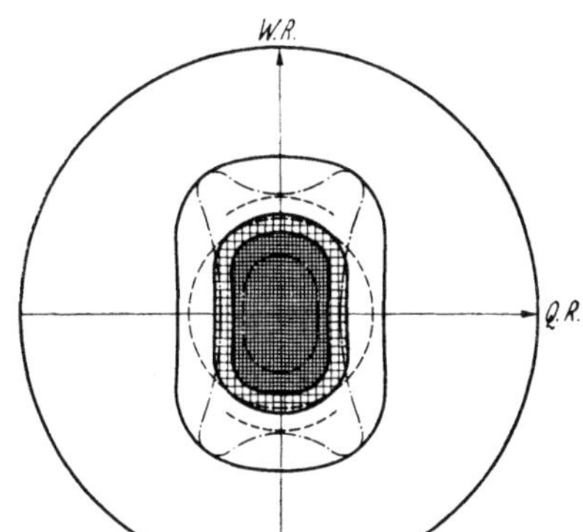

Abb. 24. Walztextur von Magnesium- und AM 503-Blechen (FlW 3501.2) ——— G. Siebel; — · — · V. Caglioti u. G. Sachs; - - - - - - E. Schmid u. G. Wassermann.

In Magnesiumblechen liegt die Basis zufolge des Gleitmechanismus hauptsächlich in der Blechebene. Nach den Untersuchungen von E. Schiebold und G. Siebel und ferner von V. Caglioti und G. Sachs hat die Basisebene im allgemeinen größere Streuungen um die Querrichtung als um die Walzrichtung, während nach E. Schmid und G. Wassermann diese Unterschiede geringer sind. Abb. 24 zeigt die Walztexturen von Rein-Mg-Blechen und einem AM 503-Blech (FlW 3501.2), das um 90% kaltgewalzt worden

[1] Schmidt, W.: Z. Metallkde. Bd. 23 (1931) S. 54; 1933 S. 231. Nach Versuchen von J. Ruhrmann und H. Bothmann.

[2] Nach Versuchen von H. Bothmann.

war. Aus den Debye-Scherrer-Aufnahmen wurden 3 Intensitätsstufen für die Belegungsdichte der Basisebene unterschieden, die durch verschieden starke Schraffierung hervorgehoben sind. Aus der größeren Streuung der Basisebene um die Querrichtung erklären sich auch die höheren Werte für Festigkeit und Streckgrenze in der Querrichtung, während die größte Dehnung allerdings in der Walzrichtung liegen sollte. Folgende Zahlentafel enthält die mechanischen Eigenschaften[1] von AM 503-Blechen mit verschiedenen Kaltwalzgraden in Walz- und Querrichtung des Bleches.

Zahlentafel 4.

Kaltwalzgrad in %	Festigkeit σ_{zB} kg/mm²	Streckgrenze $\sigma_{0,2}$ kg/mm²	Dehnung σ %
20 längs	22,7	16,3	3,4
20 quer	27,1	18,3	8,2
40 längs	21,5	15,0	5,9
40 quer	26,6	17,9	10,3
60 längs	21,6	13,3	9,1
60 quer	26,2	16,2	15,2
90 längs	21,1	11,3	16,7
90 quer	24,6	13,6	26,4

Bei den stark kaltgewalzten Blechen liegt in der Walzrichtung eine digonale Achse II [1010], wie folgende Abb. 25 zeigt.

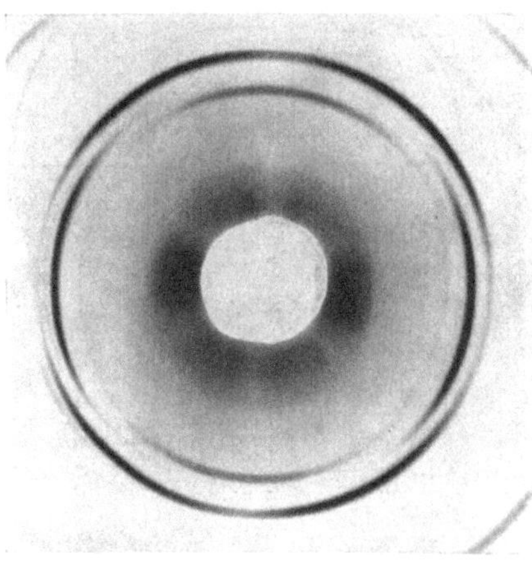

Abb. 25. Debye-Scherrer-Aufnahme in Walzrichtung von AM 503 mit 90% Kaltwalzgrad Cu-Strahlung, $R = 40$ mm.

Glühversuche an kaltgewalzten Blechen bis dicht unter den Schmelzpunkt zeigten, daß nach der Rekristallisation die Walztextur praktisch erhalten bleibt und keine besondere Rekristallisationslage beobachtet werden konnte. Der aus röntgenographischen Rückstrahlaufnahmen gefundene Rekristallisationsbeginn lag bei stark kaltgewalzten AM 503-Blechen (über 30% Kaltwalzgrad) bei 110—120° C und bei AM 537-Blechen (über 30% Kaltwalzgrad) bei 240—250° C.

Wie oben schon erwähnt wurde, kann die Basislage in Magnesiumblechen durch Hin- und Herbiegen des Bleches, wie es beim Richten mit stark angestellten Rollen in einer Blechrichtmaschine vor sich geht,

[1] Nach unveröffentlichten Versuchen von P. Menzen.

erheblich beeinflußt werden, indem auf der Druckseite Zwillingsbildung eintritt. Bei einem 120maligen Durchgang durch eine Rollenrichtmaschine[1] stieg die Dehnung in der Walzrichtung um das 3,5fache, in der Querrichtung um das 1,9fache. Die Streckgrenze nahm in der Walzrichtung um etwa 65% und in der Querrichtung um etwa 12% ab.

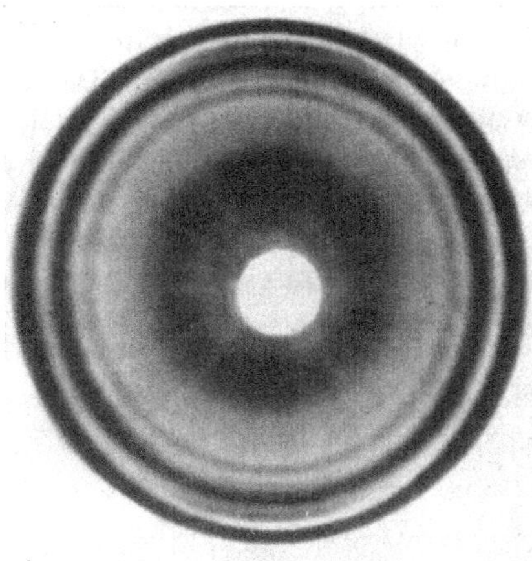

Abb. 26. ⊥ Walzebene.

Ferner tritt beim Richten zufolge der Zwillingsbildung eine erhebliche Verkürzung in der Walzrichtung und Verdickung des Bleches ein, während sich die Blechbreite nicht ändert. So verkürzte sich ein Elektronblech der Legierung AM 503 von 2 m Länge und 2 mm Stärke bei 100maligem Richten um etwa 60 mm. Beim Richten macht sich die Zwillingsbildung durch ein knisterndes Geräusch bemerkbar. Röntgenographisch[2] konnte ebenfalls die durch Zwillingsbildung entstandene neue Basislage festgestellt werden. Abb. 26 und 27 zeigen Debye - Scherrer - Aufnahmen senkrecht zur Walzebene und von einer Blechprobe, die senkrecht zur Walzrichtung unter Drehen durchleuchtet wurde. Während bei senkrechter Durchleuchtung von normalgewalzten Mg-Blechen keine Basisreflexionen zu sehen sind, treten nach dem Richten in der Walzrichtung neue Basislagen auf, die nur durch Zwillingsbildung entstanden sein können.

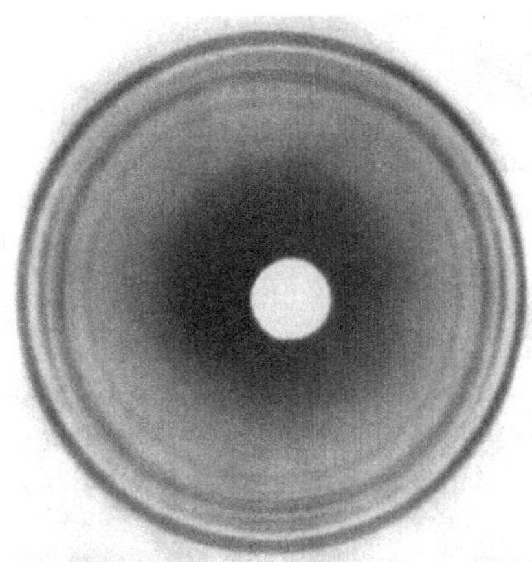

Abb. 27. Um die Walzrichtung gedreht. Debye-Scherrer-Aufnahmen von einem etwa 120mal gerichteten AM 503-Blech. Cu-Strahlung $R=45$ mm.

Beim Schmieden von Magnesiumlegierungen spielen sich natürlich dieselben plastischen Vorgänge wie beim Pressen und Walzen ab, so

[1] Böhme, G.: Über die hexagonale Struktur des Magnesiums und ihre Bedeutung für die mechanische Technologie und konstruktive Verwendung des Elektronmetalls. Diss. T. H. Hannover 1934.

[2] Siebel, G.: In G. Böhmes Diss. s. Fußnote 1, S. 35.

daß ein einseitig geschmiedeter Block eine bestimmte Basislage in der Fließrichtung hat. Aus der Orientierung lassen sich die verschiedenen zug- und druckelastischen Eigenschaften parallel und senkrecht zur Schmiederichtung ohne weiteres erklären, wie es schon bei gepreßten Stangen ausgeführt wurde. Die unter 45° zur Stauchrichtung entnommenen Proben zeigen die gleiche Quetsch- und Streckgrenze, da bei dieser Orientierung die Gleitung nach der Basis sich leicht betätigen kann, und demzufolge sind diese Werte auch besonders niedrig. Auf Grund dieser Erkenntnisse wurden besondere Schmiedeverfahren entwickelt, die im Beitrage „Technologie des Schmiedens" ausführlich beschrieben werden.

Metallographie des Magnesiums und seiner Legierungen.

Von H. Vosskühler.

A. Schliffherstellung.

Über die Herstellung und Ätzung von Schliffen der Magnesiumlegierungen liegen in der Literatur verschiedene Angaben vor, auf die in diesem Zusammenhang nur hingewiesen werden soll[1–6].

1. Mikroskopische Untersuchungen.

a) Vorbereitung der Proben.

Bei dem Heraussägen von Proben für die Schliffuntersuchung aus größeren Stücken heraus ist darauf zu achten, daß nach dem Absägen genügend Material von der Schliffoberfläche abgetragen wird. Durch die beim Sägen stattfindende Deformation wird oft eine Verzwillingung hervorgerufen, die zu Irrtümern Anlaß geben kann, wenn die Schlifffläche noch in der verformten Zone liegt.

Schliffe, die randscharf werden sollen, spannt man zweckmäßig in Klammern aus Magnesiumlegierungen ein; ebenso verfährt man mit Blechen und dünnwandigen Profilen.

b) Schleifen.

Da Magnesiumlegierungen leicht und gut zu bearbeiten sind, ist auch die Herstellung der Schliffe verhältnismäßig schnell und einfach zu bewerkstelligen. Das Schleifen geschieht auf den üblichen rotierenden Schleifscheiben. Gute Erfahrungen liegen mit horizontalen Scheiben vor, die in der Minute 1300—1400 Umdrehungen machen.

In bekannter Weise wird auf den verschiedenen Papiersorten vom Groben bis Feinen geschliffen (70, 100, 1 F, 0, 00, 3/0, 4/0), wobei auf einem Papier so lange behandelt wird, bis die Kratzer der vorhergehenden

---

[1] Schmidt, W.: Z. Metallkde. Bd. 19 (1927) S. 452—455.

[2] Pulsifer, H. B.: Proc. Inst. Met. Div. 1928, S. 461—482.

[3] Gann, J. A.: Amer. Inst. min. metallurg. Engr. Met. Div. 1929, S. 309—332.

[4] Blumenthal, A.: Zeiß-Nachr. 1934 Nr 6 S. 28—34.

[5] Busch, H.: Gießerei Bd. 23 (1936) S. 290—295.

[6] Portevin, A., u. P. Bastien: Réactifs d'Attaque Métallographique. Paris 1937.

gröberen Sorte verschwunden sind. Im allgemeinen ist es bei den üblichen Elektronlegierungen nicht notwendig, die ganze Reihenfolge der Papiere anzuwenden. In den meisten Fällen genügt ein Grobschleifen mit Sorte 70 oder 100 und ein Feinschleifen mit Sorte 1 F. Zweckmäßig ist es allerdings dabei, die Papiere von Zeit zu Zeit mit Paraffin zu bestreichen.

Abb. 28. Manganeinschlüsse in AM 503 (FlW 3501.2). (Vergr. ×200)

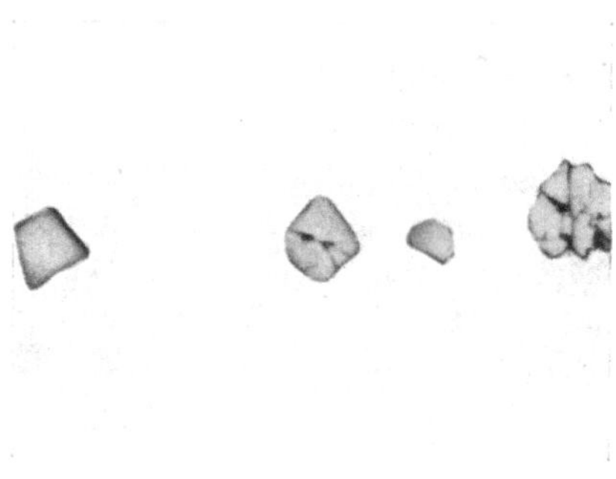

Abb. 29. Manganeinschlüsse in AM 503 (FlW 3501.2). (Vergr. ×1000)

Abb. 30. Manganeinschlüsse in AM 503 (FlW 3501.2), falsch poliert. (Vergr. ×200)

c) Polieren.

Das Polieren geschieht in üblicher Weise auf einer mit Poliertuch bespannten horizontal laufenden Scheibe mit etwa 700—800 Umdrehungen in der Minute. Als Poliermittel dient in Wasser aufgeschlämmte Tonerde oder Magnesia usta. Um ein Anlaufen der Schliffe beim Polieren mit Wasser zu vermeiden, empfiehlt GANN[1], die Tonerde bzw. Magnesia usta in einer 0,001 normalen Natronlauge aufzuschlämmen. BUSCH[2] benutzt an Stelle der Natronlauge Seifenwasser. Beide Verfahren haben sich als zweckmäßig erwiesen.

Hat man Schliffe herzustellen, die infolge des Vorliegens sehr unedler intermetallischer Verbindungen bereits von Wasser angegriffen werden — wie es z. B. bei der Konstitutionsforschung oft der Fall ist —, schlämmt man das Poliermittel zweckmäßig in Alkohol auf.

Zu langes Polieren und zu starkes Andrücken des Schliffes an die Polierscheibe muß vermieden werden, da sonst eine Reliefpolitur entsteht. Bei Preß- und Walzmaterial läßt sich die Reliefbildung einigermaßen vermeiden, wenn man senkrecht zur Walz- und Preßrichtung poliert.

[1] Siehe Fußnote 3, S. 37. [2] Siehe Fußnote 5, S. 37.

Eine besonders unangenehme Erscheinung des zu langen Polierens und zu starken Andrückens der Schliffe bei Verwendung von viel Wasser macht sich bei den harten Einschlüssen bemerkbar; es sind dies Mangan bei der Elektronlegierung AM 503 und Manganaluminid bei den Aluminium und Mangan enthaltenen Legierungen. Die Abb. 28 zeigt in 200facher Vergrößerung und die Abb. 29 an einigen ausnahmsweise großen Kristallen in 1000facher Vergrößerung, wie die Mangan-einschlüsse in AM 503-Preßmaterial nach richtigem Polieren aussehen, während bei zu langem Polieren, insbesondere wenn nur in einer Richtung poliert wird, die Einschlüsse gelockert und schließlich herausgerissen werden, wobei die sog. „Kometenschweife“ entstehen (Abb. 30).

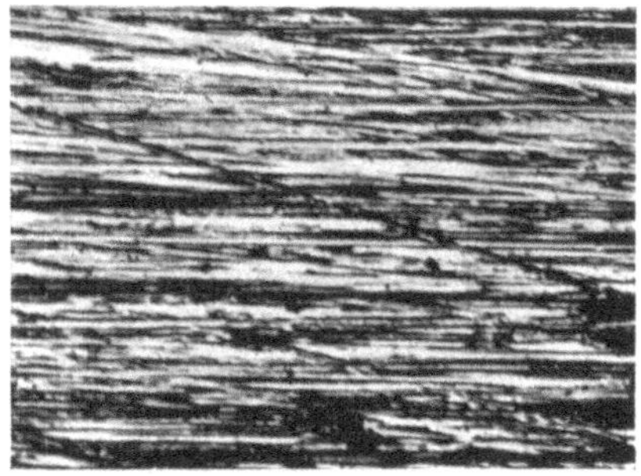

Abb. 31. AM 503-Preßmaterial (FlW 3501.2) mit Papier 3/0 geschliffen. (Vergr. × 200)

Dem Polieren auf rotierenden Scheiben ist in allen Fällen ein Polieren von Hand auf einer mit Poliertuch bespannten Planglasscheibe vorzuziehen. In etwa 2—5 Minuten wird dabei eine einwandfreie Schliffoberfläche erzielt.

Nach dem Polieren wird der Schliff je nach der Art des anzuwendenden Ätzmittels mit Alkohol und Warmluft getrocknet oder gleich ohne zu trocknen zum Ätzen gegeben.

Bei einigen Legierungen ist es möglich, den Poliervorgang durch ein einfaches Beizen zu ersetzen. Es sind dies alle homogenen Legierungen und die Legierungen, die keine Phasen unterschiedlicher Löslichkeit enthalten. Die Wirkung der Beizung beruht darauf, daß die vom Schleifen her vorhandenen Erhöhungen bevorzugt aufgelöst werden; man erhält dann eine bereits mehr oder weniger stark angeätzte, aber glatte Oberfläche, die, wenn nötig, normal weitergeätzt werden kann.

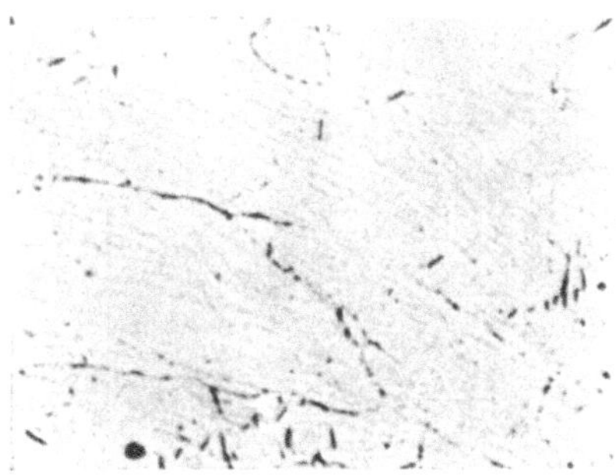

Abb. 32. AM 503-Preßmaterial (FlW 3501.2) nach dem Schleifen gebeizt. (Vergr. × 200)

In Abb. 31 ist die Oberfläche eines Schliffes (AM 503 Preßmaterial) nach dem Schleifen mit Papier 3/0 gezeigt und in Abb. 32 derselbe Schliff, nachdem die das Polieren ersetzende Beizung mit einer etwa 15proz. alkoholischen Salpetersäure vorgenommen worden ist. Die Beizdauer beträgt 30—60 Sekunden.

Ein Beispiel für eine ungefähr 10% Al enthaltende Legierung zeigen die Abb. 33 und 34. Die Oberfläche nach dem Schleifen entspricht der Abb. 31; nach dem Beizen sind die Riefen verschwunden (Abb. 33) und durch die übliche Ätzung wird dann das Gefüge normal entwickelt (Abb. 34).

Abb. 33. V lw-Preßmaterial nach dem Schleifen gebeizt. (Vergr. ×200)

Dieses Verfahren läßt sich anwenden bei den Elektronlegierungen AM 503, AM 537, Z 1, AZ 31 und CM und ferner bei A 9 V und V lw, sofern die Legierungen vollkommen homogen sind. Die dabei erhaltenen Bilder entsprechen in ihrer Klarheit nicht in allen Fällen der sorgfältig polierter Schliffe, sind aber für die normale Betriebskontrolle und ähnliches vollständig ausreichend. Die Fertigstellung eines solchen Schliffes dauert etwa 5 Minuten.

d) Ätzen.

Magnesiumlegierungen werden von Alkalien nur sehr schwer, von Säuren aber sehr leicht angegriffen. Aus diesem Grunde sind als Ätzmittel in erster Linie nur Agenzien mit schwach saurem Charakter geeignet. Die gebräuchlichsten und in der Literatur oft empfohlenen Ätzmittel lassen sich in großen Zügen in vier Gruppen einteilen:

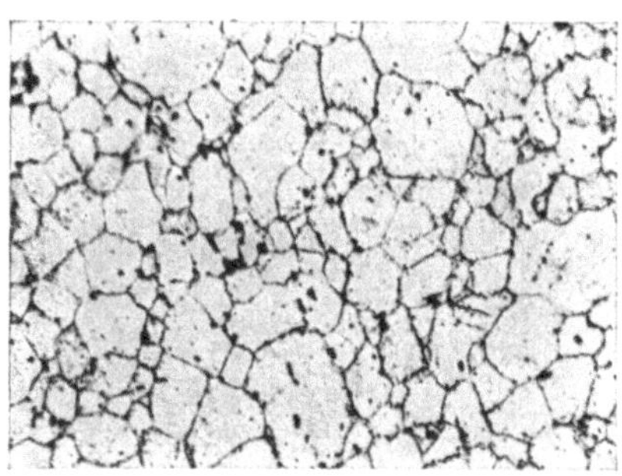

Abb. 34. V lw-Preßmaterial nach dem Schleifen gebeizt und geätzt. (Vergr. ×200)

1. Organische Säuren in wässerigen Lösungen. Als Beispiele seien genannt: 2proz. Oxalsäure, 3proz. Essigsäure (evtl. mit Zusatz von Wasserstoffsuperoxyd), 2proz. Weinsäure, 4proz. Pikrinsäure, Zitronensäure und Ameisensäure.

2. Anorganische Säuren in organischen Lösungsmitteln. 0,5- bis 2proz. Salpetersäure in Alkohol, 2proz. Salzsäure in Alkohol, 1proz. Phosphorsäure in Glyzerin oder Alkohol, 4 Tropfen Tinoffeffs Reagens[1] in 10 cm³ Alkohol, 1—10proz. Flußsäure in Alkohol.

3. Wässerige Salzlösungen. Als geeignete Ätzmittel dieser Art sind bisher in der Literatur nur 5—10proz. Ammoniumchlorid-, Ammoniumnitrat- und Kaliumchromatlösungen angegeben.

[1] 96 Teile Salpetersäure und 4 Teile Chromsäure.

4. Übrige Ätzmittel. Hier ist zu nennen die Flußsäure, die, da sie Reinmagnesium bekanntlich nicht angreift, beim Vorliegen heterogener Bestandteile für Legierungen oft mit Erfolg angewandt wird. Ferner gehören hierher alle Kombinationen der Gruppe 1 und 2, so z. B. ein Ätzmittel, bestehend aus einem Teil Salpetersäure, 75 Teilen Diäthylenglykol und 24 Teilen Wasser; eine wässerige Lösung mit 3% Essigsäure und 0,5% Salpetersäure; ein Gemisch von Zitronensäure und Salpetersäure in Glyzerin und ähnliches mehr.

Wie aus dieser Aufzählung hervorgeht, haben sich für Magnesiumlegierungen charakteristische und spezielle Ätzmittel, wie sie bei anderen Legierungen bekannt sind, bisher nicht eingeführt. Wesentlich ist eben nur, daß ein schwach wirkendes Agens zur Anwendung kommt. Am meisten angewendet dürfte eine etwa 1proz. alkoholische Salpetersäure sein. Außer mit dieser liegen noch gute Erfahrungen vor mit einer 2proz. wässerigen Oxalsäure, die besonders gut auf die Korngrenzen anspricht.

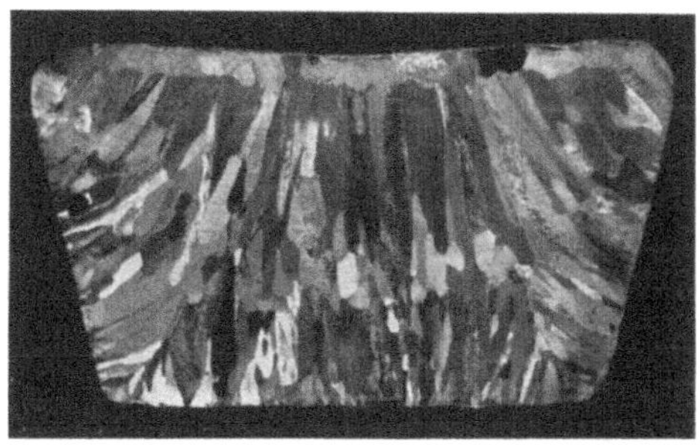

Abb. 35. Makrogefüge einer Magnesium-Massel. (Vergr. ×1)

Die Ätzung wird im allgemeinen mit einem Wattebausch vorgenommen. Die Ätzdauer richtet sich nach Legierung und Ätzmittel, sie beträgt zwischen Bruchteilen einer Sekunde und einer Minute.

2. Makroskopische Untersuchungen.

Die makroskopische Ätzung wird angewandt, um einen Überblick über die Korngröße zu bekommen, sofern diese ein bestimmtes Maß nicht unterschreitet, oder aber um Zeilen und Fließstrukturen sichtbar zu machen.

Abb. 36. Makrogefüge einer grobkörnigen Magnesium-Legierung. (Vergr. ×1)

Als Ätzmittel werden empfohlen: 10proz. Essigsäure, Chromsäurelösungen (evtl. heiß), Pikrinsäure, Ammoniumchlorid und Ammoniumpersulfat. Die Ätzung erfolgt zweckmäßig mit Wattebausch.

Die klarsten Ätzbilder erhält man auf polierten bzw. geschwabbelten Flächen; im allgemeinen genügt aber nach dem Schleifen ein Blankbeizen mit Salpetersäure, um eine einwandfreie Oberfläche zu erhalten.

Selbstverständlich brauchen Werkstücke, deren Außenhaut geätzt werden soll, nicht besonders vorbehandelt zu werden.

Abb. 37. Makrogefüge einer feinkörnigen Magnesium-Legierung. (Vergr. ×1)

In den Abb. 35—38 sind Beispiele für die Korngrößenätzung mit den gesättigten Lösungen von Ammoniumchlorid und Ammoniumpersulfat gezeigt. Die Ätzdauer betrug 5—10 Minuten. Die Vorbehandlung geschah durch Grobschleifen und Blankbeizen mit Salpetersäure.

Die Abb. 35 zeigt einen Querschnitt durch eine Reinmagnesiummassel. Die Abb. 36 und 37 zeigen Beispiele für eine grobe und eine feinkörnige Legierung. In Abb. 38 ist der Querschnitt einer gepreßten Stange mit 25 mm ⌀ dargestellt, die nach einer Kaltverformung rekristallisierend geglüht wurde. Man erkennt den Einfluß der Kaltverformung an der verschieden ausgebildeten Kristallgröße.

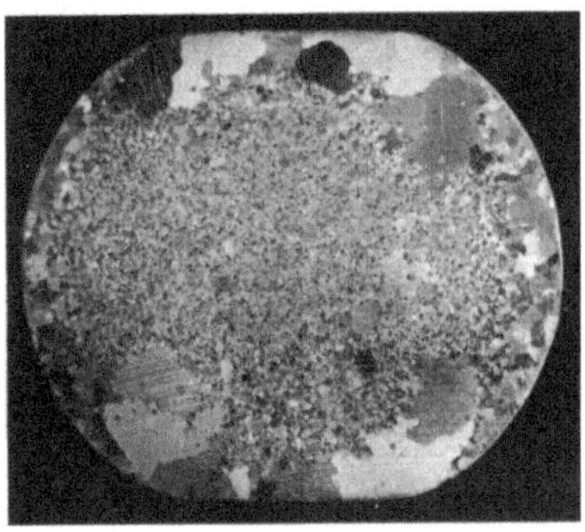

Abb. 38. Makrogefüge einer gepreßten Magnesium-Legierung, nach Kaltverformung rekristallisiert. (Vergr. ×2)

Für die Ätzung auf Fließstruktur bringt die Abb. 39 ein Beispiel; es handelt sich um den Faserverlauf bei einem Schmiedestück. Geätzt wurde in einer 2proz. Ammoniumpersulfatlösung während 2 Minuten.

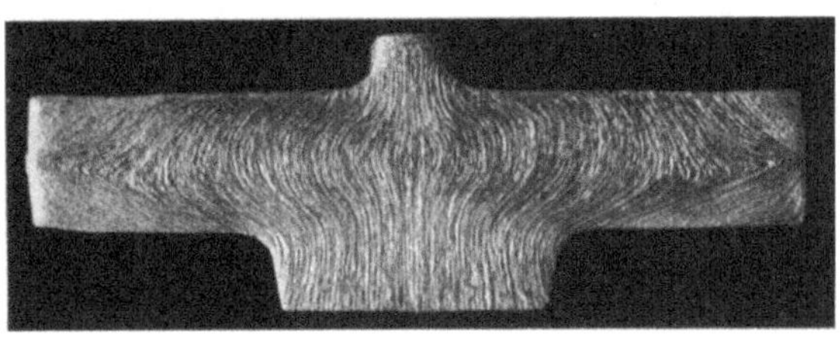

Abb. 39. Faserverlauf in einem Schmiedestück. (Vergr. ×1)

B. Gefüge des Magnesiums.

Da das technische Magnesium meistens einen Reinheitsgrad von etwa 99,8% und darüber besitzt, ist der Anteil der Verunreinigungen sehr gering, so daß eine Identifizierung der einzelnen Gefügebestandteile auf Schwierigkeiten stößt, insbesondere da sich der auf die Verunreinigungen entfallende Prozentsatz von 0,2% auf bis zu sechs einzelne Bestandteile verteilen kann. Als Fremdelemente kommen in Frage: Aluminium, Kalzium, Eisen, Mangan, Phosphor und Silizium.

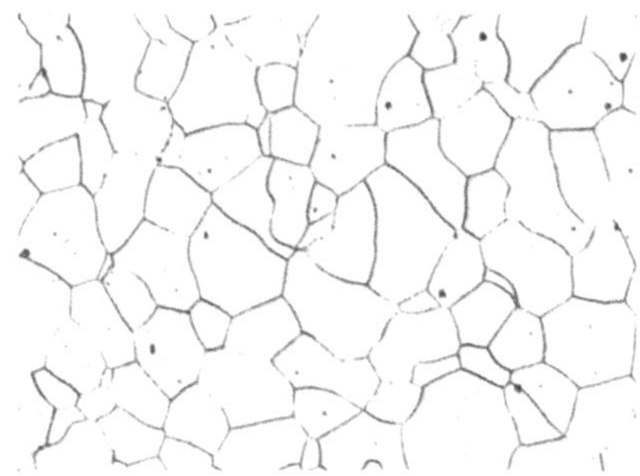

Abb. 40. Magnesiumblech. (Vergr. ×100)

Abb. 41. Magnesium gegossen. (Vergr. ×50)

Abb. 42. Magnesium + 0,30% Fe (Guß). (Vergr. ×1000)

Es soll im folgenden gezeigt werden, in welcher Weise diese Elemente im Gefüge erscheinen, wenn man sie in etwas größerer Menge, als sie im technischen Magnesium enthalten sind, reinstem Magnesium einzeln zusetzt.

Zunächst zeigen die Abb. 40 und 41 Gefügebilder von reinem Magnesium. In Abb. 40 ist das Gefüge eines rekristallisierten Magnesiumbleches dargestellt; Abb. 41 gibt das Gefüge des gegossenen Metalles wieder. Interessant ist die in einem Korn aufgetretene Verzwillingung.

Aluminium. Infolge seiner verhältnismäßig hohen Löslichkeit im Magnesium tritt das als Verunreinigung anwesende Aluminium nicht als besonderer Gefügebestandteil auf.

Eisen. Die Abb. 42 zeigt den Schliff einer Legierung mit 0,30% Fe. Die Summe der übrigen Verunreinigungen betrug 0,0085%. An einigen Stellen des Schliffes finden sich wohlausgebildete Dendriten von grauer Farbe, die als Eisen angesprochen werden müssen. In der Mehrzahl der Fälle findet man kleinere Kristalle, wie sie ebenfalls in der Abb. 42 zu sehen sind. Diese Formen sind im technischen Magnesium höchst selten zu finden und erklären sich im vorliegenden Fall aus dem etwa 10mal höheren Eisengehalt und der besonderen Herstellungsart dieser Legierung.

Im technischen Magnesium äußert sich die Anwesenheit von Eisen im ungeätzten bzw. schwach geätzten Zustand gemäß Abb. 43. Man erkennt kleine Kristalle, die von einem Saum umgeben sind. Da die Anzahl dieser Kristalle mit steigendem Eisengehalt zunimmt, handelt es sich offensichtlich um einen Gefügebestandteil, der wahrscheinlich reines Eisen darstellt. Bei unsachgemäßer Herstellung der Schliffe oder bei zu starker Ätzung, die oft zur Kenntlichmachung anderer Gefügebestandteile notwendig ist, werden die Eisenkristalle herausgelöst, und im Mikroskop erkennt man die Stellen, an denen sich vorher Eisen befand, an dem Vorhandensein von Löchern (Abb. **44**).

Abb. 43. Elektrolysemagnesium mit 0,038% Fe (Guß). (Vergr. × 1000)

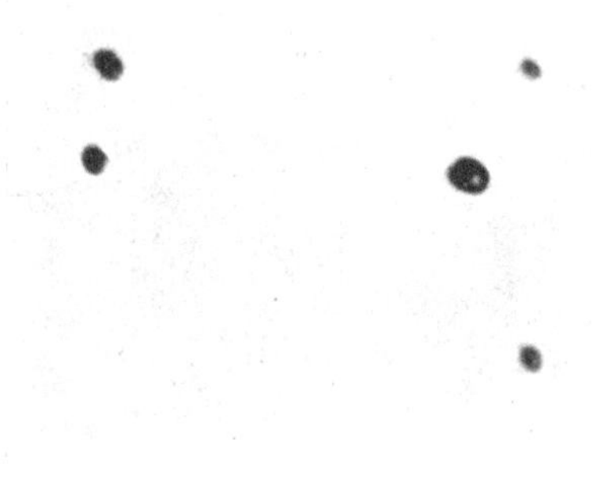

Abb. 44. Wie Abb. 43, jedoch stark geätzt. (Vergr. × 1000)

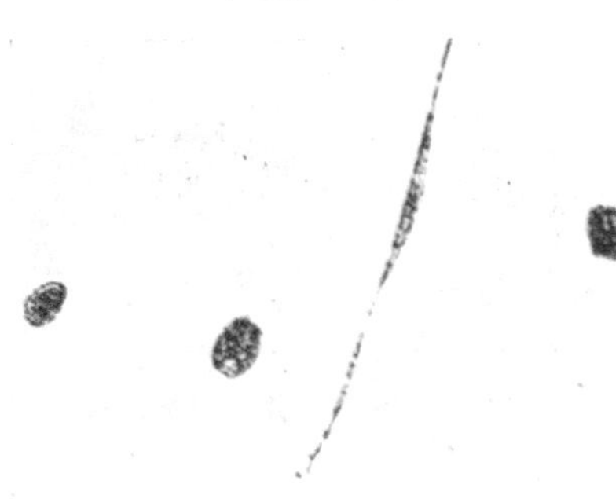

Abb. 45. Magnesium + 0,41% Ca (Guß). (Vergr. × 1000)

Kalzium. Kalzium ist bis zu etwa 0,8% im Magnesium löslich, macht sich jedoch je nach den Abkühlungsbedingungen bei weit geringeren Mengen (etwa 0,2%) im Schliffbild bemerkbar. Die Abb. 45 zeigt in 1000facher Vergrößerung Reinmagnesium mit einem Zusatz von 0,41% Ca; die Summe der übrigen Verunreinigungen betrug 0,06%. Man erkennt einige tropfenförmig ausgebildete Bestandteile, die aus dem Mg-Mg_2Ca-Eutektikum bestehen. *Gelegentlich* findet sich auch entlang den Korngrenzen angeordnetes Eutektikum, wie es die Abb. 45 ebenfalls zeigt. Die dort wiedergegebene Stelle des Schliffes enthält mehr Kalzium, als dem Durchschnitt entspricht.

Mangan. Der geringe Mangangehalt des technischen Magnesiums tritt nicht als besonderer Gefügebestandteil in Erscheinung. Erst bei höheren Gehalten, wie sie etwa der Legierung AM 503 entsprechen, findet sich reines Mangan gemäß Abb. 46 im Schliffbild, das bei unrichtiger Herstellung der Schliffe aus der Schliffoberfläche herausgelöst wird und dann ähnlich wie Eisen (Abb. 44) Löcher hinterläßt.

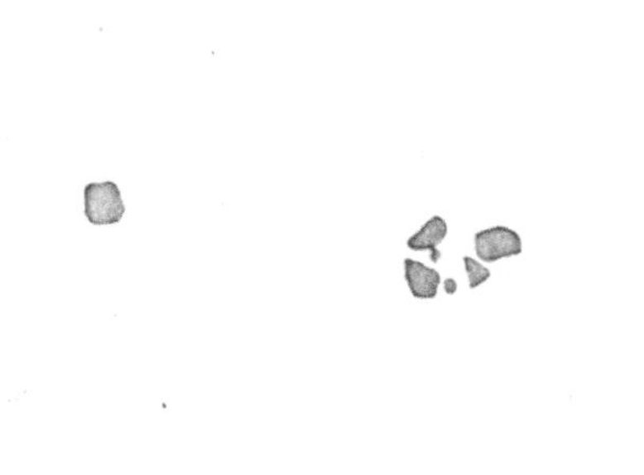

Abb. 46. Magnesium + 1,8 % Mn (Guß). (V. × 1000)

Oxyd. Die Anwesenheit von Oxydhäuten erkennt man entsprechend Abb. 47 bereits im ungeätzten Zustand. Die Oxydhäute liegen entlang den Korngrenzen, die unsauber und nicht mehr als glatte Linien erscheinen, oder sie finden sich an einzelnen Stellen zusammengeballt, wie die Abb. 47 ebenfalls erkennen läßt.

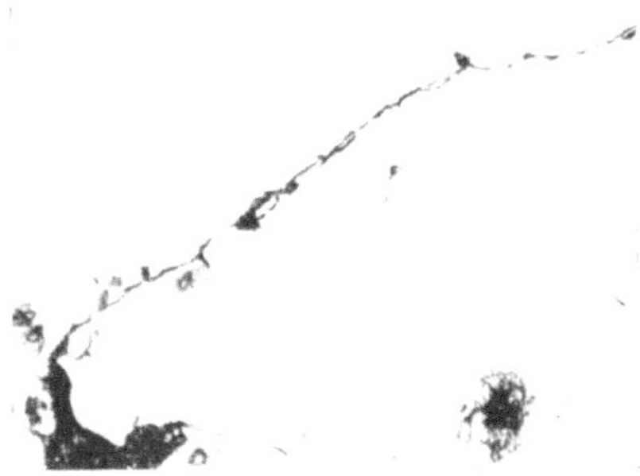

Abb. 47. Oxydhäute. (Vergr. × 200)

Phosphor. Gibt man reinstem Magnesium etwa 0,1 % P zu, so beobachtet man im Schliffbild Hohlräume, die ursprünglich von einer wohlausgebildeten offenbar hexagonalen Kristallart ausgefüllt waren. Die Abb. 48 zeigt einen solchen Hohlraum, deren Größe innerhalb eines Schliffes stark schwankt. Um welche Kristallart es sich hier handelt, ist nicht bekannt. Mg_3P_2 scheidet wohl aus, da dieser salzartigen Verbindung nach ZINTL und HUSEMANN[1] ein kubisches Gitter zugeordnet ist.

Abb. 48. Magnesium + 0,094 % P (Guß). (V. × 1000)

Silizium. Dieses Element macht sich bereits bei sehr geringen Gehalten in Form der Verbindung Mg_2Si im Schliffbild bemerkbar. Die Abb. 49 zeigt gegossenes Magnesium mit 0,06 % Si. Kennzeichnend für das Silizid ist seine Anordnung entlang den Korngrenzen.

[1] ZINTL, E., u. E. HUSEMANN: Z. phys. Chem. Abt. B Bd. 21 (1933) S. 138—155.

Abb. 49. Magnesium + 0,06 % Si (Guß). (Vergr. × 1000)

C. Binäre Legierungen.

Die binären Zustandsschaubilder sind nach den Symbolen der Elemente alphabetisch geordnet.

Bei ihrer Darstellung schien es zweckmäßig, sich nicht nur auf den technisch allein interessierenden magnesiumreichen Teil der Diagramme zu beschränken, da oft auch die Kenntnis der magnesiumarmen Legierungen von Wert ist, wenn es sich z. B. um die Herstellung von Vorlegierungen und ähnlichem handelt.

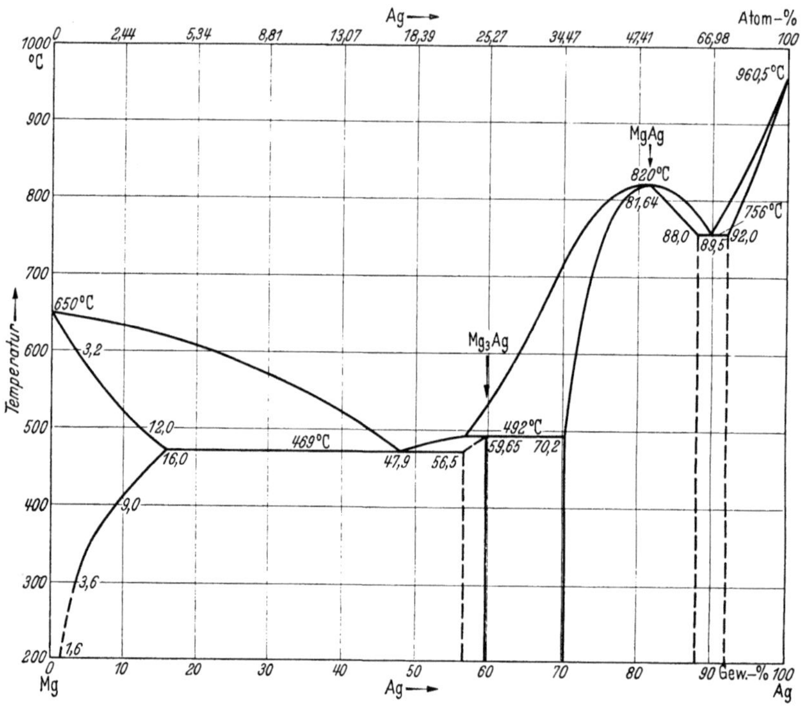

Abb. 50.

Mg-Ag. Das vollständige Zustandsschaubild wurde von ZEMCZUZNY[1] ausgearbeitet und der thermische Befund durch Gefügebeobachtungen bestätigt. Die thermische Nachprüfung des Zustandsschaubildes bis 60% Ag durch PAYNE und HAUGHTON[2] an 5 Legierungen bestätigt die Ergebnisse von ZEMCZUZNY. Die magnesiumreichste Verbindung Mg_3Ag (59,65% Ag) entsteht bei 492° in peritektischer Reaktion und bildet mit Magnesium ein Eutektikum bei 47,9% Ag und 469°[3] (Abb. 50).

[1] ZEMCZUZNY, S. F.: Z. anorg. allg. Chem. Bd. 49 (1906) S. 400—414.
[2] PAYNE, R. J. M., u. J. L. HAUGHTON: J. Inst. Met. Bd. 60 (1937) S. 351—356.
[3] PAYNE und HAUGHTON geben 48,6% Ag und 472° an.

Die Löslichkeit des Silbers in Magnesium, über die ZEMCZUZNY keine Angaben macht, wurde gleichzeitig von HUME-ROTHERY und BUTCHERS[1] und PAYNE und HAUGHTON[2] durch Gefügebeobachtung bestimmt. In die Abb. 50 ist die Solidus- und Löslichkeitslinie nach HUME-ROTHERY und BUTCHERS, die eine etwas höhere Löslichkeit als PAYNE und HAUGHTON angeben, aufgenommen. Für die höhere Löslichkeit spricht die von SMIRNOW und KURNAKOW[3] angegebene Isotherme der elektrischen Leitfähigkeit, die an bei 400° sorgfältig ins Gleichgewicht gebrachten Proben ermittelt wurde. Nach derselben

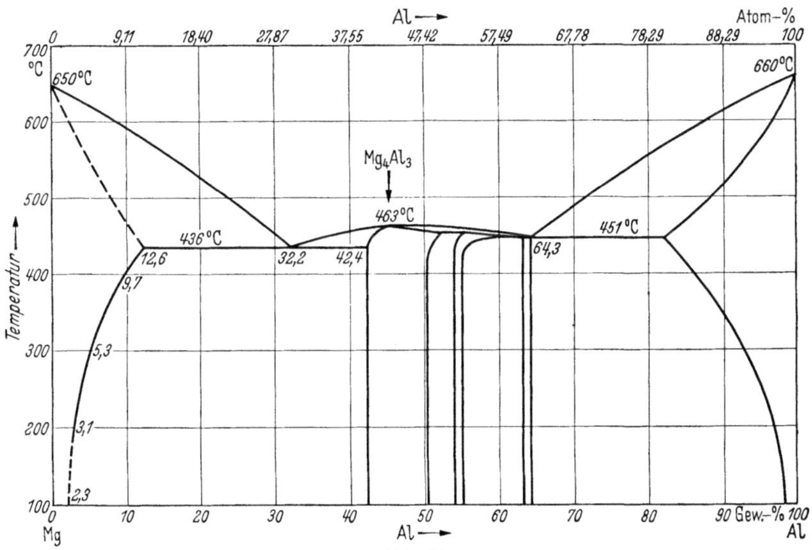

Abb. 51.

Untersuchung wurde auch die Löslichkeit von Mg_3Ag für Magnesium in die Abb. 50 aufgenommen.

AGEEW und KUZNETZOW[4] haben in einer nicht im Original zugänglichen Arbeit das Zustandsschaubild röntgenographisch untersucht. Die Löslichkeit des Silbers wird geringer gefunden, als in der Abb. 50 angegeben ist. Bei 200° beträgt sie 0,9% und bei 440° 12,1%. Mg_3Ag hat ein hexagonales Gitter mit 8 Atomen in der Einheitszelle. Sein Homogenitätsbereich erstreckt sich bis 53,4% Ag.

Mg-Al. Dem in Abb. 51 gezeichneten Zustandsschaubild liegen in bezug auf die Liquiduslinie die thermischen Untersuchungen von

[1] HUME-ROTHERY, W., u. E. BUTCHERS: J. Inst. Met. Bd. 60 (1937) S. 345—350.

[2] PAYNE, R. J. M., u. J. L. HAUGHTON: J. Inst. Met. Bd. 60 (1937) S. 351—356.

[3] SMIRNOW, W. I., u. N. S. KURNAKOW: Z. anorg. allg. Chem. Bd. 72 (1911) S. 31—54.

[4] AGEEW, N. W., u. V. G. KUZNETZOW: Ref. J. Inst. Met. Metallurg. Abstr. Bd. 4 (1937) S. 613.

GRUBE[1], HANSON und GAYLER[2], KAWAKAMI[3] und HUME-ROTHERY und RAYNOR[4] zugrunde. Nach GRUBE und KAWAKAMI besteht bei der Verbindung Mg_4Al_3 (45,41% Al) ein flaches Maximum und die Untersuchungen von HANSON und GAYLER lassen ebenfalls eine Deutung in diesem Sinne zu, so daß die Existenz von Mg_4Al_3, die neuerdings in einer nicht im Original zugängigen Arbeit von KURNAKOW und MIHEEVA[5] bestätigt wurde, gesichert erscheint.

Der Ablauf der Reaktionen ist im Gebiet zwischen 40—70% Al nach den Angaben von KAWAKAMI gezeichnet. Danach treten außer der Verbindung Mg_4Al_3, die nach beiden Seiten Mischkristalle bildet, noch zwei weitere Phasen auf, denen KAWAKAMI die Formeln MgAl (52,58% Al) und Mg_5Al_8 (63,96% Al) zuschreibt, die aber wohl nur als Endglieder einer Mischkristallreihe aufgefaßt werden müssen. Damit finden ältere Messungen von HALSTEAD und SMITH[6], die in diesem Konzentrationsbereich ebenfalls 3 Phasen feststellten, ihre Bestätigung. Hiermit in Übereinstimmung sind die röntgenographischen Befunde von LAVES, LÖHBERG und RAHLFS[7] und RIEDERER[8] und die Untersuchungen von KÖSTER und DULLENKOPF[9], die die 3 Phasen mikroskopisch nachweisen konnten. Da die Erstarrung der Schmelzen

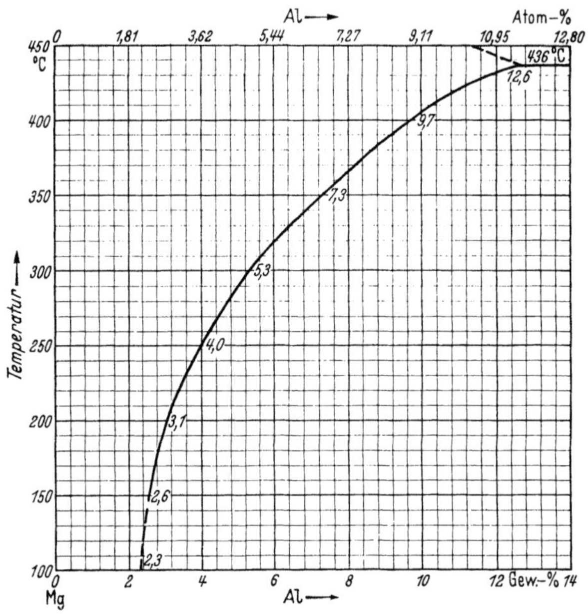

Abb. 52.

[1] GRUBE, G.: Z. anorg. allg. Chem. Bd. 45 (1905) S. 225—237.
[2] HANSON, D., u. M. L. V. GAYLER: J. Inst. Met. Bd. 24 (1920) S. 201—227.
[3] KAWAKAMI, M.: Kinzoku no Kenkyu Bd. 10 (1933) S. 532—534.
[4] HUME-ROTHERY, W., u. G. V. RAYNOR: J. Inst. Met. Bd. 63 (1938) S. 201—226.
[5] KURNAKOW, N. S., u. V. I. MIHEEVA: Ref. J. Inst. Met. 1938 Juliheft 252.
[6] HALSTEAD, T., u. D. P. SMITH: Trans. Amer. electrochem. Soc. Bd. 49 (1926) S. 291—312.
[7] LAVES, F., K. LÖHBERG u. P. RAHLFS: Nachr. Ges. Wiss. Göttingen, math.-phys. Fachgr. IV, Neue Folge Bd. 1 Nr. 7.
[8] RIEDERER, K.: Z. Metallkde. Bd. 28 (1936) S. 312—317.
[9] KÖSTER, W., u. W. DULLENKOPF: Z. Metallkde. Bd. 28 (1936) S. 309—312.

jedoch nach KÖSTER und DULLENKOPF nach einem instabilen Gleichgewicht erfolgen kann, ist es möglich, daß nur zwei Phasen auftreten, wie sie z. B. bei einem Diffusionsversuch von BUNGARDT[1] gefunden wurden[2].

Die Löslichkeitslinie in Abb. 52 wurde nach den röntgenographischen Untersuchungen von SCHMID und SELIGER[3] und SCHMID und SIEBEL[4] gezeichnet. Die von SALDAU und SERGEEV[5] angegebene höhere Löslichkeit (196° = 4,7%; 285° = 6,8%; 336° = 8,4%; 370° = 10,0%; 435° = 14,1%) konnte nach orientierenden mikroskopischen Versuchen des Verfassers bei 430° nicht bestätigt werden; danach liegt die Löslichkeit bei dieser Temperatur zwischen 11,30 und 12,49% Al in Übereinstimmung mit der in Abb. 52 gezeichneten Linie. Eine neuere röntgenographische Bestimmung von ZAHAROVA[6] ergab bei den Temperaturen von 150, 218 und 300° eine Löslichkeit von 2,0, 3,3 bzw. 6,2% Al[7].

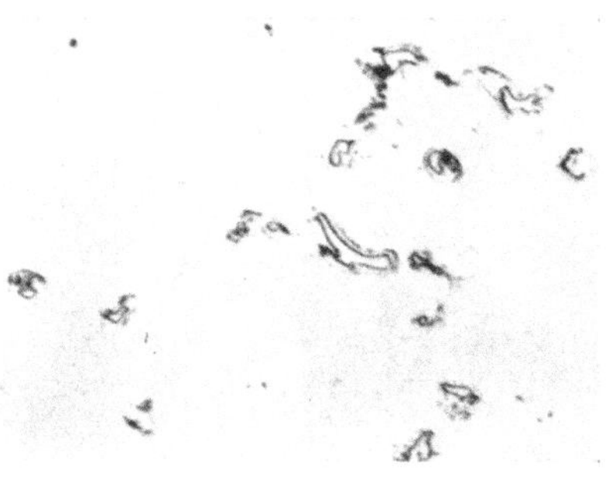

Abb. 53. AZ 31-Sandguß (FlW 3504.1). (Vergr. ×200)

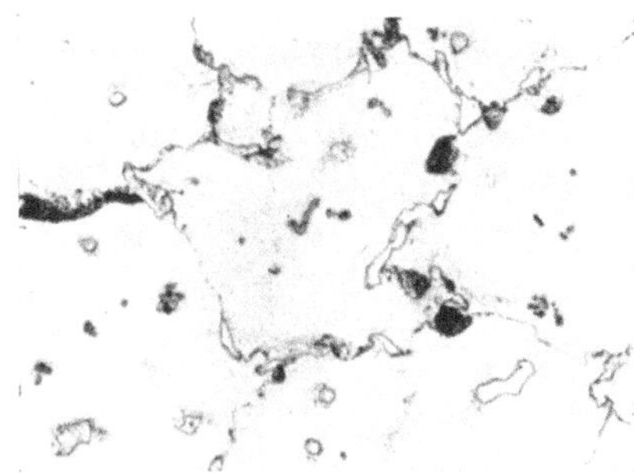

Abb. 54. A 8-Sandguß. (Vergr. ×200)

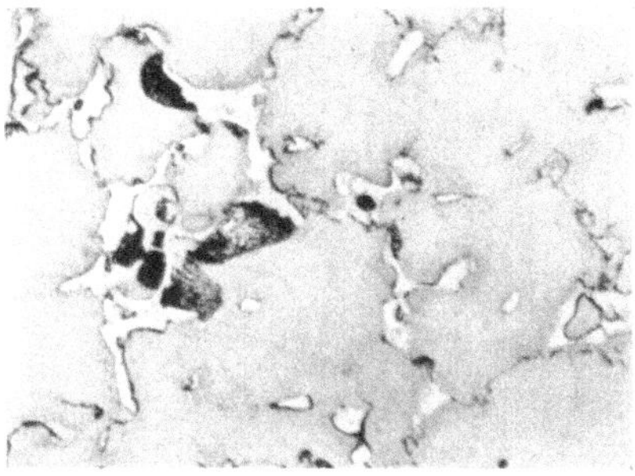

Abb. 55. A 9-Sandguß. (Vergr. ×200)

[1] BUNGARDT, W.: Luftf.-Forschg. Bd. 14 (1937) S. 204—208.

[2] Auf eine neuere Darstellung des Gebietes zwischen etwa 40 und 70% Al, die von F. LAVES und K. MOELLER [Z. Metallkde. Bd. 30 (1938) S. 232 bis 235] gegeben wurde, konnte nicht mehr eingegangen werden.

[3] SCHMID, E., u. H. SELIGER: Metallwirtsch. Bd. 11 (1932) S. 409—411 u. 421—424.

[4] SCHMID, E., u. G. SIEBEL: Z. Physik Bd. 85 (1933) S. 36—55.

[5] SALDAU, P. J., u. L. N. SERGEEV: Ref. J. Inst. Met. Metallurg. Abstr. Bd. 1 (1934) S. 563.

[6] ZAHAROVA, M. F.: Ref. J. Inst. Met. (1938) Juliheft 252.

[7] Eine genaue Bestimmung der Soliduslinie durch Gefügebeobachtung [HUME-ROTHERY, W., u. G. V. RAYNOR: J. Inst. Met. Bd. 63 (1938) S. 201—226] ergab einen etwa geradlinigen Verlauf zwischen dem Schmelzpunkt des Magnesiums und dem Punkt maximaler Löslichkeit.

Die meisten der gebräuchlichen Magnesiumlegierungen gehören zu den binären Magnesium-Aluminium-Legierungen, sofern man den geringen Mangan-Gehalt von etwa 0,3% unberücksichtigt läßt und einen geringen Zink-Gehalt bis maximal 1% zuläßt. Wie aus der Abb. 121 zu sehen ist, wird die für die binären Legierungen geltende Löslichkeitslinie durch Zusatz von 1% Zn nur unwesentlich verschoben.

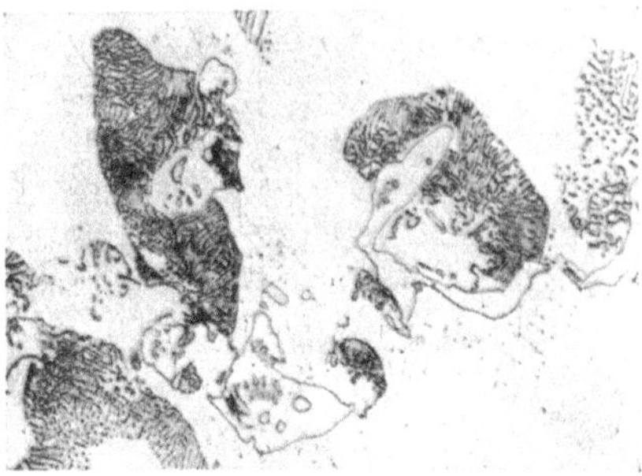

Abb. 56. A 8-Sandguß. (Vergr. × 500)

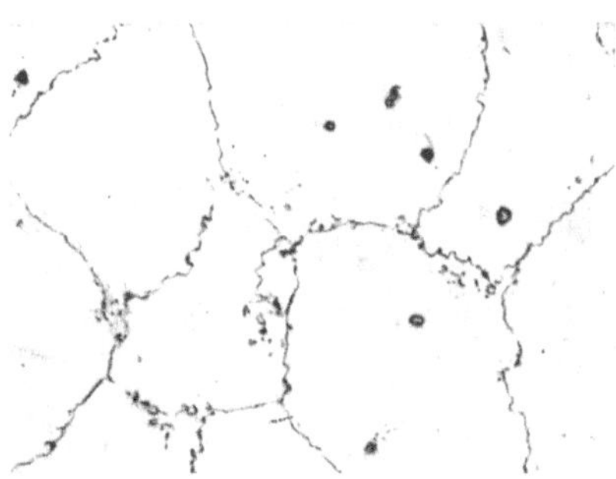

Abb. 57. A 9 V-Sandguß (FlW 3507.9), schnell abgekühlt. (Vergr. × 200)

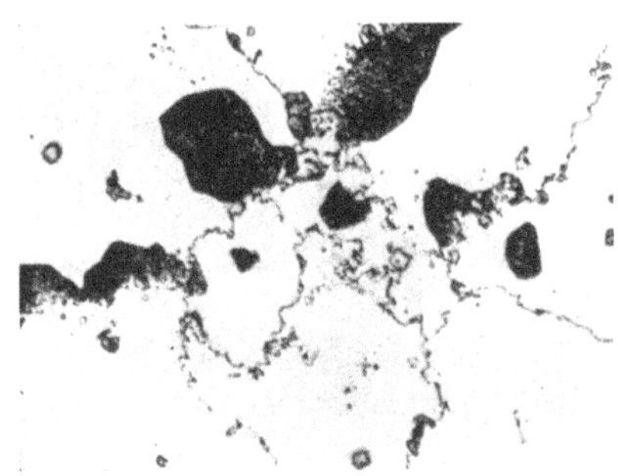

Abb. 58. A 9 V-Sandguß (FlW 3507.9), langsam abgekühlt. (Vergr. × 200)

In den Abb. 53—55 sind zunächst Gefügebilder der *Elektron-Sandgußlegierungen* AZ 31 (3% Al, 1% Zn, 0,3% Mn), A 8 (8% Al, 0,5% Zn, 0,3% Mn) und A 9 (8,5% Al, 0,5% Zn, 0,3% Mn) in 200facher Vergrößerung wiedergegeben. Man sieht, daß mit steigendem Gehalt an Zusatzmetall die Menge der Ausscheidungen zunimmt. Selbstverständlich kann für jede einzelne Legierung die Menge der Ausscheidungen mit der Erstarrungsgeschwindigkeit usw. schwanken. So wird z. B. bei Elektron AZ 31 oft ein Gefüge beobachtet, das nahezu homogen ist und kaum Ausscheidungen zeigt.

Nach dem Zustandsdiagramm sollte man erwarten, daß die Legierungen primär aus Mischkristallen bestehen und die Restschmelze eutektisch erstarrt. Diese eutektische Erstarrung wird aber bei den Magnesiumlegierungen in keinem Fall beobachtet, sondern an Stelle des Eutektikums kristallisiert in jedem Fall die Verbindung Mg_4Al_3 bzw. ihr Mischkristall (entartetes Eutektikum). Die in den Schliffbildern dunkel geätzten Stellen entstehen nach beendeter Erstarrung beim weiteren Abkühlen durch Zerfall der übersättigten Mischkristalle. In der Abb. 56 ist eine solche Stelle bei A 8 in 500facher Vergrößerung gezeigt. In der Nähe der groben Kristalle von Mg_4Al_3 ist der Mischkristall naturgemäß am stärksten an Aluminium gesättigt und hier beginnt eine Art eutektischen Zerfalls in einen dem Gleichgewicht entsprechenden Mischkristall und die dunkel geätzten Lamellen von Mg_4Al_3.

Unter anderen läßt sich z. B. die Elektronlegierung A 9 durch eine homogenisierende Glühung in ihren Festigkeitseigenschaften verbessern (A 9 V). Erfolgt die Abkühlung nach der Glühung schnell (z. B. dünnwandige Gußstücke), erhält man ein vollkommen homogenes Gefüge (Abb. 57), erfolgt sie jedoch langsam, so kann stellenweise eine Entmischung beobachtet werden, wie es die Abb. 58 zeigt. Beide Gefüge sind bei A 9 V zulässig.

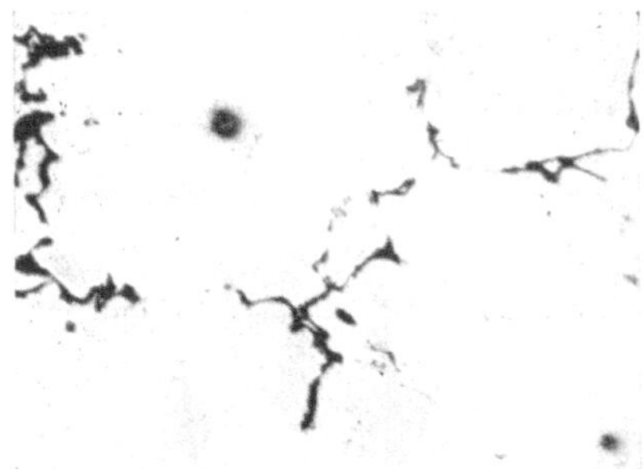

Abb. 59. A 9 V-Sandguß (FlW 3507.9), überhitzt. (Vergr. × 200)

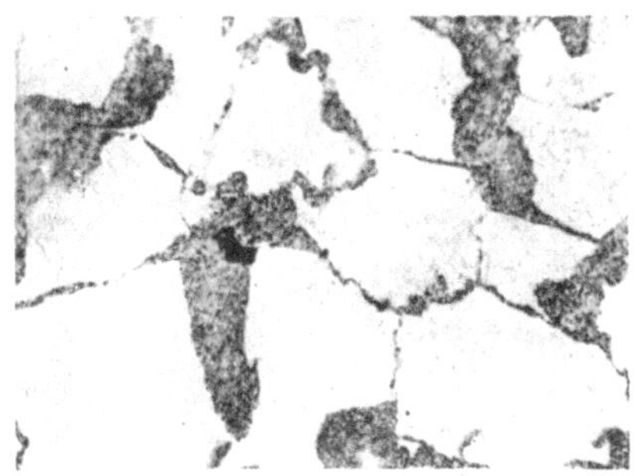

Abb. 60. A 9 H-Sandguß. (Vergr. × 200)

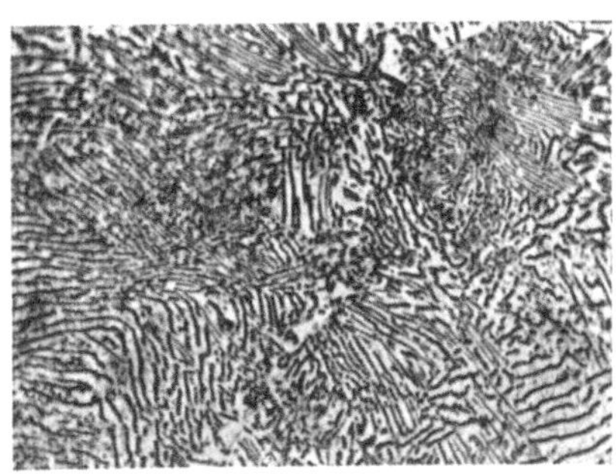

Abb. 61. A 9 H-Sandguß. (Vergr. × 1000)

In Abb. 59 ist das Schliffbild eines bei der Vergütung überhitzten A 9-Sandgußstabes gezeigt; der Schliff ist ungeätzt. Steigt die Temperatur nur wenig über die eutektische Horizontale bei 436°, so schmelzen zunächst die im Gußzustand immer vorhandenen eutektischen Zerfallsgebiete; ferner reagiert die Verbindung Mg_4Al_3, deren Anwesenheit ja dem Gleichgewichtszustand nicht entspricht, trotz ihres Schmelzpunktes von 463° mit dem Mischkristall unter Bildung des dem Gleichgewicht entsprechenden Eutektikums von 436°. Im Schliffbild beobachtet man dann an den Stellen Hohlräume, an denen sich vorher Mg_4Al_3 befand.

An der Elektronlegierung A 9 V läßt sich durch 12stündiges Anlassen bei 200° oder eine ähnliche Behandlung eine Ausscheidungshärtung vornehmen. Dabei zerfällt, von den Korngrenzen ausgehend, der übersättigte Mischkristall, wie es die Abb. 60 zeigt. Bei starker

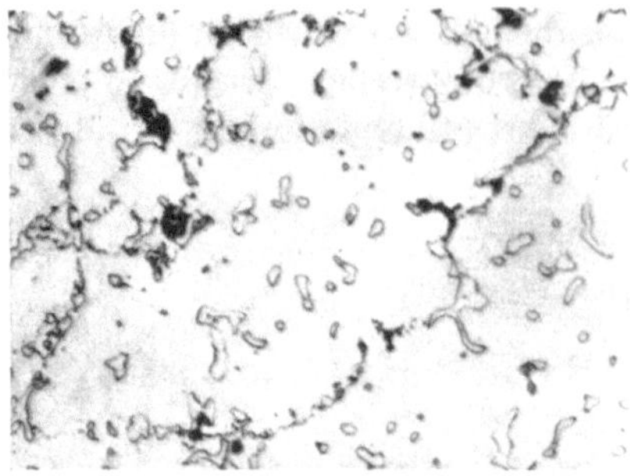

Abb. 62. AZ 91-Kokillenguß. (Vergr. × 200)

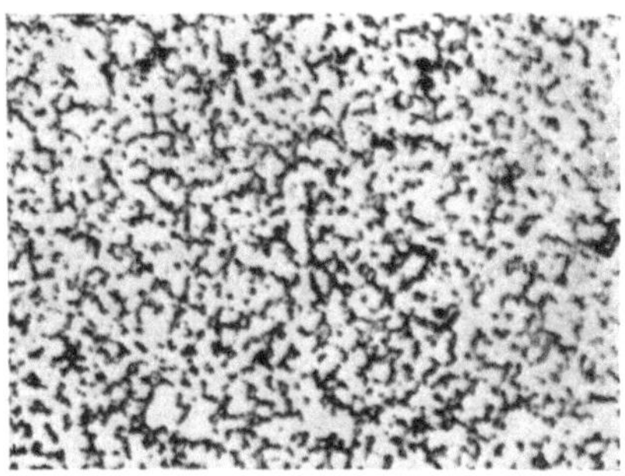

Abb. 63. AZ 91-Spritzguß. (Vergr. × 200)

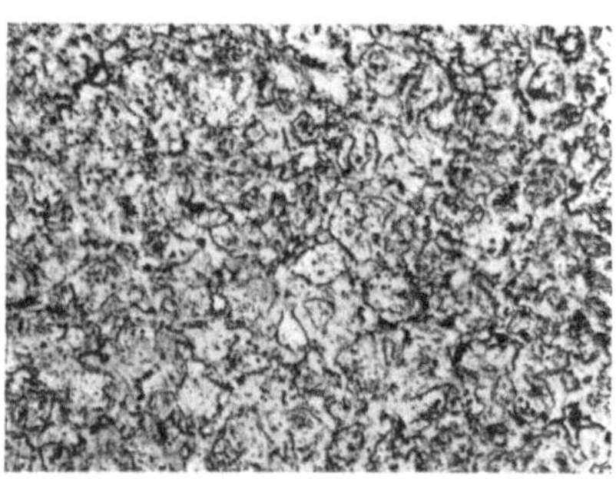

Abb. 64. A 8-Spritzguß. (Vergr. × 500)

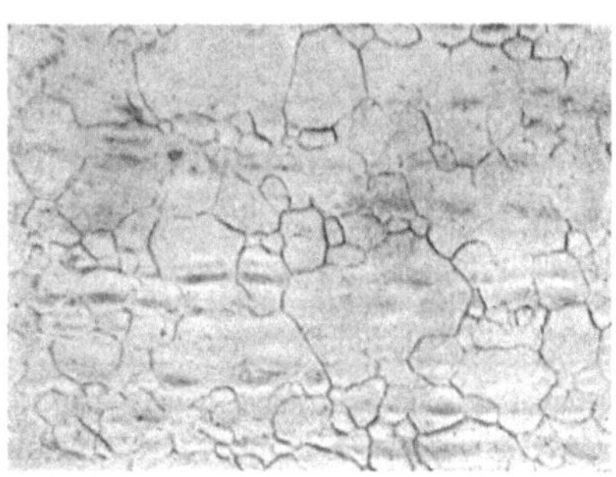

Abb. 65. AZ 31 gepreßt. (Vergr. × 500)

Vergrößerung (Abb. 61) ist die lamellare Anordnung der Ausscheidungen zu erkennen.

Die *Elektron-Kokillengußlegierungen* A 8 (8% Al, 0,5% Zn, 0,3% Mn) und AZ 91 (9,5% Al, 0,5% Zn, 0,3% Mn) unterscheiden sich vom Sandguß nur durch ihr feineres Korn. In Abb. 62 ist das Gefüge für Elektron AZ 91 in 200facher Vergrößerung gezeigt.

Für den *Elektron-Spritzguß* erhält man Gefüge gemäß Abb. 63 (AZ 91) mit enorm feinem Korn. Bei stärkerer Vergrößerung, wie Abb. 64 für Elektron A 8 zeigt, erkennt man die infolge der schnellen Erstarrung nicht zum Ausgleich gekommenen Kristallseigerungen.

In den Abb. 65—67 sind die Gefüge für drei *gepreßte Elektronlegierungen* AZ 31 (3% Al, 1% Zn, 0,3% Mn), AZM (6% Al, 1% Zn, 0,3% Mn) und A Z 855 (8% Al, 0,5% Zn, 0,3% Mn) wiedergegeben; die Legierungen bestehen aus Mischkristallen.

Eine Preßlegierung mit 10% Al kann in drei Zuständen hergestellt werden (V 1, V 1w, V 1h), ähnlich wie die Sandgußlegierung Elektron A 9, A 9 V, A 9 H. Im nichtwärmebehandelten Preßzustand (V 1, Abb. 68) erkennt man die Zeilen von Mg_4Al_3. Nach einer homogenisierenden Wärmebehandlung besteht das Gefüge aus Mischkristallen (V1w, Abb. 69), und nach einer Anlaßbehandlung dieses Zustandes unterhalb der

Löslichkeitslinie zeigt das Gefüge den Zerfall der Mischkristalle an (V 1 h, Abb. 70).

Für die in der Hauptsache als *Schmiedelegierung* verwandte Elektronlegierung AZ855 (8% Al, 0,5% Zn, 0,3% Mn) zeigt die Abb. 71 ein Beispiel. Das Material für den Schliff wurde einem größerem Schmiedestück entnommen und zeigt die erhebliche Feinkörnigkeit dieses Zustandes.

Da die Gefüge der *gewalzten Elektronlegierungen* AZM (6 Al, 1 Zn, 0,3 Mn) und AZ 31 (3 Al, 1 Zn, 0,3 Mn) nur aus Mischkristallen bestehen, sind sie hier nicht besonders wiedergegeben, insbesondere da an anderer Stelle ein Gefügebild von AZM gezeigt wird (s. Abb. 440).

Mg-As. Bekannt ist die Existenz der Verbindung Mg_3As_2 (67,25% As), die nach NATTA und PASSERINI[1] bei 800° schmilzt; sie hat nach ZINTL und HUSEMANN[2] ein kubisch-raumzentriertes Gitter, entsprechend den C-Sesquioxyden Sc_2O_3-Sm_2O_3 mit der Gitterkonstanten 12,33 Å und 80 Atomen im Elementarkörper. Mg_3As_2 ist von nichtmetallischem Aussehen und besitzt eine intensiv braunrote Farbe.

Mg-Au. Die Legierungen des Magnesiums mit Gold sind von

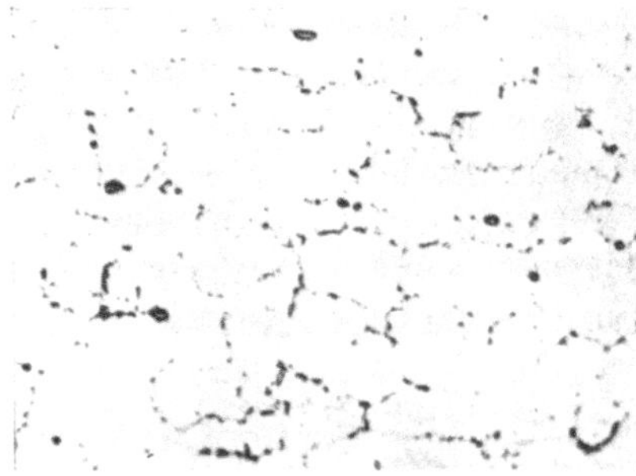

Abb. 66. AZM gepreßt (FlW 3510.2). (Vergr. × 500)

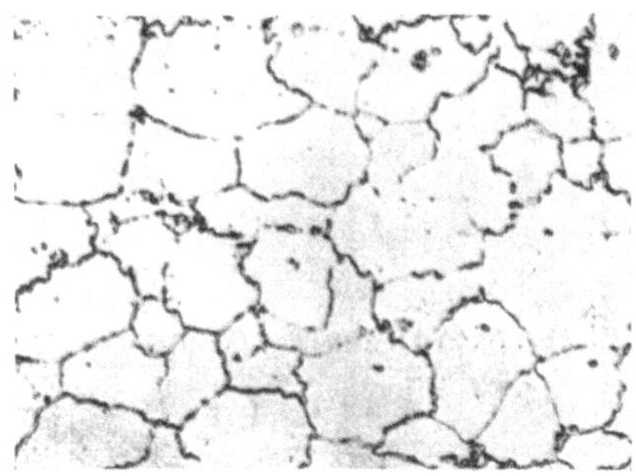

Abb. 67. AZ855 gepreßt (FlW 3515.0). (Vergr. × 500)

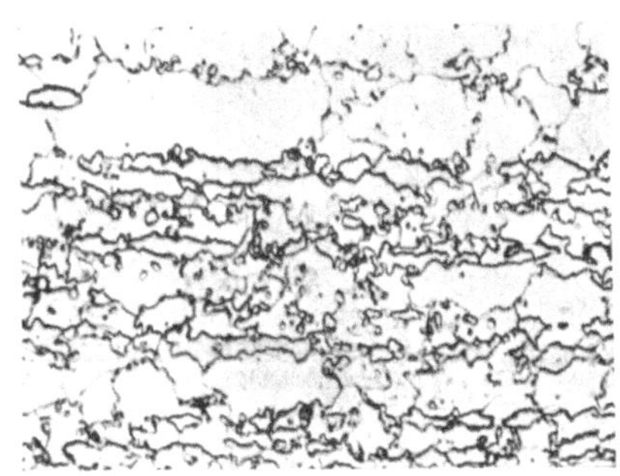

Abb. 68. V 1 gepreßt. (Vergr. × 500)

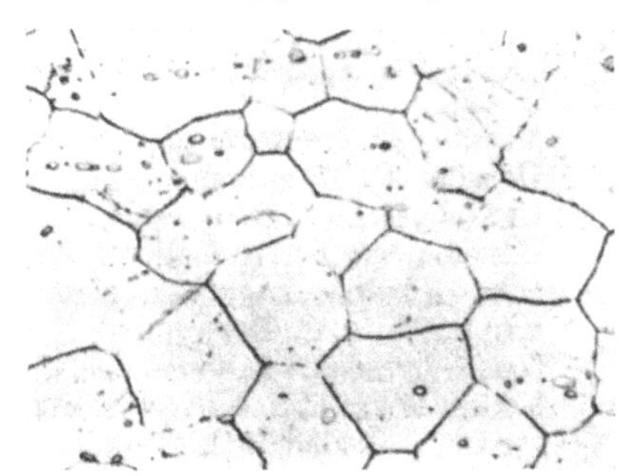

Abb. 69. V1w gepreßt. (Vergr. × 500)

[1] NATTA, G., u. L. PASSERINI: Gazz. chim. ital. Bd. 58 (1928) S. 541 bis 550.

[2] ZINTL, E., u. E. HUSEMANN: Z. physik. Chem. Abt. B Bd. 21 (1933) S. 138—155.

VOGEL[1] und URASOW[2] unabhängig voneinander untersucht worden. Die dabei aufgetretenen Unterschiede wurden in einer gemeinsamen Arbeit[3] klargestellt. Das Zustandsschaubild in Abb. 72 ist nach den Werten von URASOW gezeichnet, da dieser eine größere Zahl von Abkühlungskurven (107) aufnahm und sämtliche Legierungen analysierte. Danach bildet Magnesium mit der Verbindung Mg_3Au (73,02% Au), die bei 818° direkt aus der Schmelze kristallisiert, ein Eutektikum bei 576° und 38% Au. Die von HANSEN[4] auf Grund von Analogieschlüssen mit dem Diagramm Magnesium-Kupfer vermutete geringe Löslichkeit wurde von HUME-ROTHERY und BUTCHERS[5] durch mikroskopische Untersuchungen bestätigt. Danach wird bei der eutektischen Temperatur von 576° etwa 0,8% Au in feste Lösung aufgenommen. Die Löslichkeit nimmt in nicht näher angegebener Weise mit der Temperatur ab.

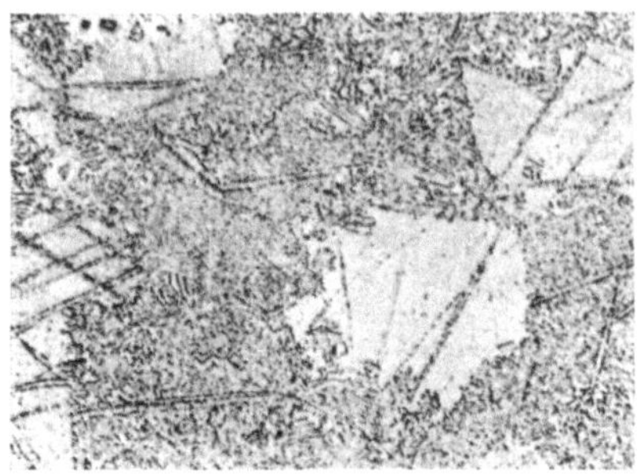

Abb. 70. V l h gepreßt. (Vergr. × 500)

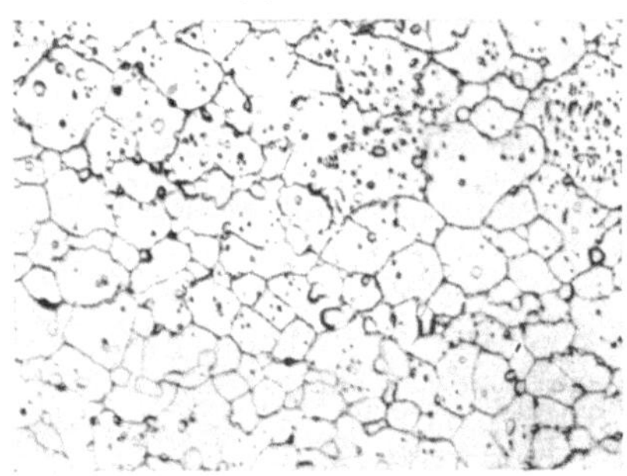

Abb. 71. AZ 855, Schmiedestück (FlW 3515.0). (Vergr. × 500)

Mg-Ba. Bis etwa 80% Ba haben GRUBE und DIETRICH[6] neuerdings das Zustandsschaubild untersucht. Ihre Ergebnisse sind in der Abb. 73 dargestellt. Die Verbindung Mg_9Ba (38,56% Ba), die in peritektischer Reaktion aus einer Schmelze mit etwa 30% Ba und der sich ebenfalls peritektisch bildenden Verbindung Mg_4Ba (58,54% Ba) bei 704° entsteht, bildet mit Magnesium ein Eutektikum bei 13,8% Ba und 618°. Über eine Löslichkeit des Bariums im Magnesium ist nichts bekannt; jedenfalls dürfte sie geringer als 1% sein.

Mg-Be. OESTERHELD[7], KROLL und JESS[8] und PAYNE und HAUGHTON[9]

1 VOGEL, R.: Z. anorg. allg. Chem. Bd. 63 (1909) S. 169—183.
2 URASOW, G. G.: Z. anorg. allg. Chem. Bd. 64 (1909) S. 375—396.
3 URASOW, G. G., u. R. VOGEL: Z. anorg. allg. Chem. Bd. 67 (1910) S. 442—447.
4 HANSEN, M.: Der Aufbau der Zweistofflegierungen, 1936. S. 236.
5 HUME-ROTHERY, W., u. E. BUTCHERS: J. Inst. Met. Bd. 60 (1937) S. 345—350.
6 GRUBE, G., u. A. DIETRICH: Z. Elektrochem. Bd. 44 (1938) S. 755—767.
7 OESTERHELD, G.: Z. anorg. allg. Chem. Bd. 97 (1916) S. 1—40.
8 KROLL, W., u. E. JESS: Wiss. Veröff. Siemens-Konz. Bd. 10 (1931) S. 29—30.
9 PAYNE, R. J. M., u. J. L. HAUGHTON: J. Inst. Met. Bd. 49 (1932) S. 363—364.

haben Versuche durchgeführt, Magnesium mit Beryllium zu legieren. In keinem Falle, selbst beim Zusammengeben der flüssigen Metalle, war

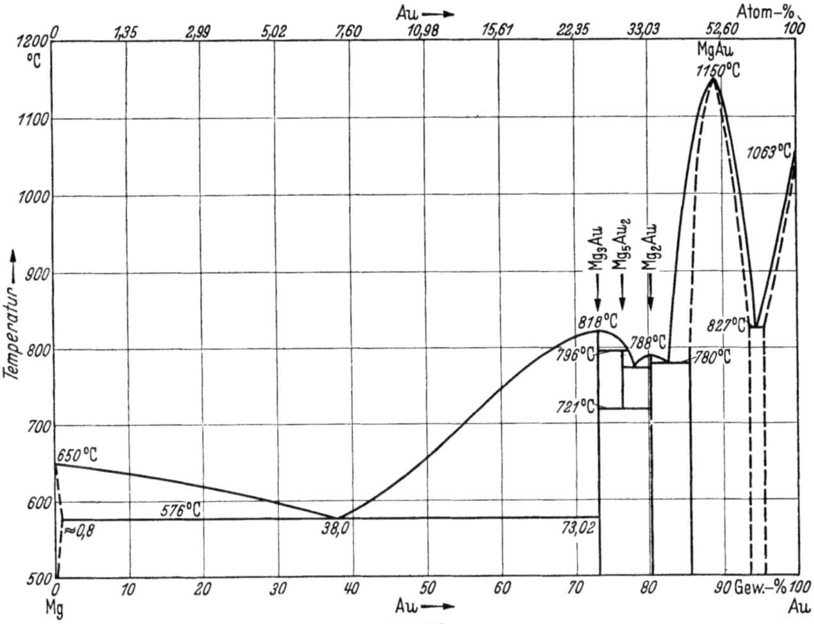

Abb. 72.

es möglich, eine Legierungsbildung zu beobachten. PEREDELSKI[1] gibt an, daß Beryllium in geringer Menge (etwa 0,05% Be) von Magnesium in fester Lösung aufgenommen wird.

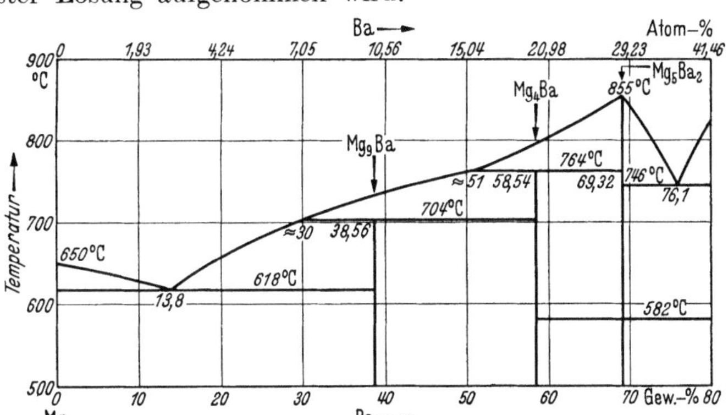

Abb. 73.

Mg-Bi. GRUBE[2] stellte das erste Zustandsschaubild der Magnesium-Wismut-Legierungen auf. Die Ergebnisse einer Neubearbeitung durch

[1] PEREDELSKI, K. W.: Legkije Metally Bd. 5 (1936) S. 39—45.

[2] GRUBE, G.: Z. anorg. allg. Chem. Bd. 49 (1906) S. 83—87.

GRUBE, MOHR und BORNHAK[1] mit Hilfe der thermischen Analyse und Bestimmung des elektrischen Widerstandes sind in Abb. 74 dargestellt.

Die Verbindung Mg_3Bi_2 (85,14% Bi), deren α-Modifikation nach ZINTL und HUSEMANN[2] ein Gitter entsprechend der A-Struktur der Lanthaniden — Sesquioxyde Sm_2O_3 — La_2O_3 mit den Gitterkonstanten $a = 4{,}666$ Å und $c = 7{,}401$ Å zukommt, kristallisiert bei 823° aus der Schmelze und wandelt sich bei 700° in die bei Zimmertemperatur be-

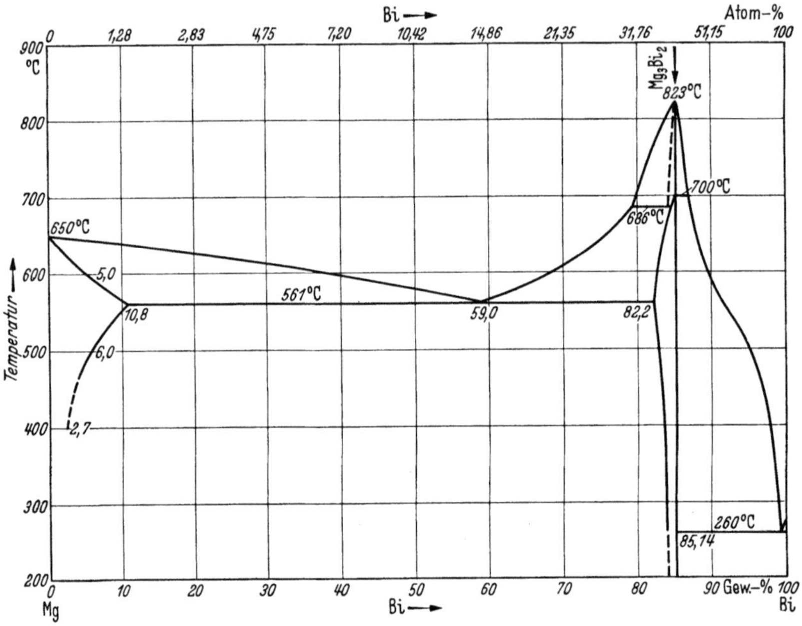

Abb. 74.

ständige α-Modifikation um. Sie bildet mit Magnesium ein Eutektikum, dessen Zusammensetzung bei 59,0% Bi und dessen Temperatur bei 561° liegt.

Den Nachweis für das Bestehen eines Mischkristallgebietes auf der Magnesiumseite erbrachte STEPANOW[3] durch Bestimmung der Isothermen der elektrischen Leitfähigkeit. Diesen Messungen kommt jedoch keine quantitative Bedeutung zu, da die gemessenen Proben dem Gleichgewichtszustand nicht entsprachen. GRUBE, MOHR und BORNHAK[1] legten durch Aufnahme von Temperaturwiderstandskurven die Löslichkeits- und Soliduslinie fest.

[1] GRUBE, G., L. MOHR u. R. BORNHAK: Z. Elektrochem. Bd. 40 (1934) S. 143 bis 150.

[2] ZINTL, E., u. E. HUSEMANN: Z. physik. Chem. Abt. B Bd. 21 (1933) S. 138 bis 155.

[3] STEPANOW, N. I.: Z. anorg. allg. Chem. Bd. 78 (1912) S. 25—29.

Mg-Ca. Das Zustandsschaubild der Magnesium-Kalzium-Legierungen wurde erstmalig von BAAR[1], später von PÂRIS[2] und neuerdings vom Verfasser[3] im magnesiumreichen Gebiet untersucht. Hierbei wurde das Schmelzmaximum der Verbindung genau festgelegt. Es liegt bei 45,18% Ca entsprechend der Formel Mg_2Ca. Mg_2Ca hat nach WITTE[4] ein Gitter wie $MgZn_2$, wobei die Kalzium-Atome die Plätze des Magnesiums und die Magnesium-Atome die Plätze des Zinks einnehmen. Die Gitterkonstante beträgt $a = 6{,}22$ Å, $c = 10{,}10$ Å, $c/a = 1{,}62$ Å.

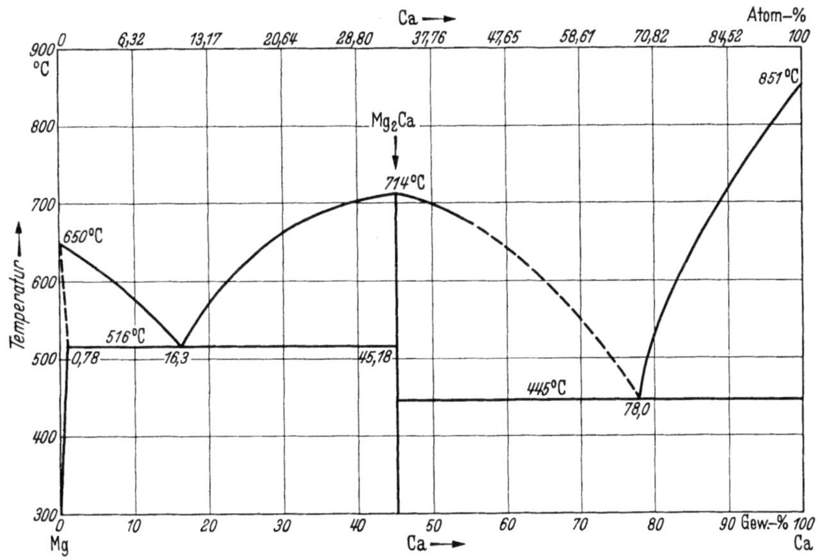

Abb. 75.

Das Schaubild in Abb. 75 ist bis 55% Ca nach den Angaben des Verfassers gezeichnet; der Kurvenast zwischen 78 und 100% Ca ist der Arbeit von BAAR entnommen, während das Zwischenstück (55 bis 78% Ca) gestrichelt gezeichnet wurde, da sowohl die Werte von BAAR als auch die von PÂRIS zu hoch liegen und eine sinngemäße Führung der Kurve nicht ermöglichen. Zwischen Magnesium und der Verbindung, deren Schmelzpunkt zu 714° ermittelt wurde, liegt ein Eutektikum bei 16,3% Ca und 516°.

HAUGHTON[5] hat ebenfalls die Magnesium-Kalzium-Legierungen (bis 27% Ca) untersucht. Er findet in Übereinstimmung mit dem Ver-

---

[1] BAAR, N.: Z. anorg. allg. Chem. Bd. 70 (1911) S. 362—366.

[2] PÂRIS, R.: Publ. scientif. et techn. du ministère de l'air Bd. 45 (1934) S. 39 bis 41.

[3] VOSSKÜHLER, H.: Z. Metallkde. Bd. 29 (1937) S. 137—138.

[4] WITTE, H.: Naturwiss. Bd. 25 (1937) S. 795.

[5] HAUGHTON, J. L.: J. Inst. Met. Bd. 61 (1937) S. 241—246.

fasser für die eutektische Konzentration 16,2% Ca und für die eutektische Temperatur 517 ± 1°.

Die Löslichkeit des Kalziums in Magnesium wurde von HAUGHTON[1] und vom Verfasser[2] untersucht. In Abb. 76 ist die nach eigenen Versuchen ermittelte Löslichkeitslinie dargestellt, da ihr gegenüber der von HAUGHTON gefundenen höheren Löslichkeit (1,8% Ca bei der eutektischen Temperatur) die größere Wahrscheinlichkeit aus in der Originalarbeit mitgeteilten Gründen zukommt.

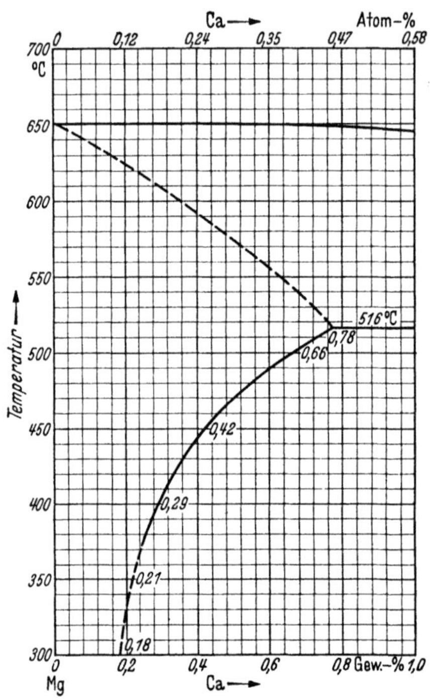

Abb. 76.

Mg-Cd. Die Erstarrungsvorgänge bei den Magnesium-Kadmium-Legierungen wurden von HUME-ROTHERY und ROWELL[3] ermittelt; die Liquiduslinie wurde nach Abkühlungskurven, die Soliduslinie durch Gefügebeobachtung festgelegt. Die Reaktionen im festen Zustand klärten GRUBE und SCHIEDT[4] durch Messung des elektrischen Widerstandes und der thermischen Ausdehnung der Legierungen (Zustandsschaubild s. Abb. 77). Als magnesiumreichste „Verbindung" entsteht beim Abkühlen einer Legierung mit 60,64% Cd im festen Zustand bei 150° Mg_3Cd, indem der Mischkristall dieser Zusammensetzung von der statistischen Atomverteilung in geordnete Verteilung übergeht, wie aus den auf den Röntgenaufnahmen auftretenden Überstrukturlinien ersichtlich ist[5].

Die von HUME-ROTHERY und ROWELL gefundene, in peritektischer Reaktion aus der Schmelze entstehende Verbindung $MgCd_2$ (90,24% Cd) konnte röntgenographisch weder von NATTA[6] noch von DEHLINGER[5] bestätigt werden. RIEDERER[7] gelang es neuerdings, diese Verbindung

[1] HAUGHTON, J. L.: J. Inst. Met. Bd. 61 (1937) S. 241—246.
[2] Siehe Fußnote 3, S. 57.
[3] HUME-ROTHERY, W., u. S. W. ROWELL: J. Inst. Met. Bd. 38 (1927) S. 137 bis 154.
[4] GRUBE, G., u. E. SCHIEDT: Z. anorg. allg. Chem. Bd. 194 (1930) S. 190—222.
[5] DEHLINGER, U.: Z. anorg. allg. Chem. Bd. 194 (1930) S. 223—238.
[6] NATTA, G.: Ann. Chim. appl. Bd. 18 (1928) S. 135—188.
[7] RIEDERER, K.: Z. Metallkde. Bd. 29 (1937) S. 423—426.

röntgenographisch nachzuweisen; sie entsteht durch langes Glühen in der Nähe des Schmelzpunktes.

Aus Beobachtungen im Dreistoffsystem Magnesium-Cadmium-Blei und durch Neuauswertung der vorliegenden Arbeiten entwickelt JÄNECKE[1] ein neues Schaubild, nach dem sich aus der Schmelze insgesamt 5 feste Phasen ausscheiden. Demgemäß werden außer der schon bekannten peritektischen Reaktion bei 357° drei weitere Peritektika angenommen bei etwa 20 Atom-% Cd (530°), bei etwa 40

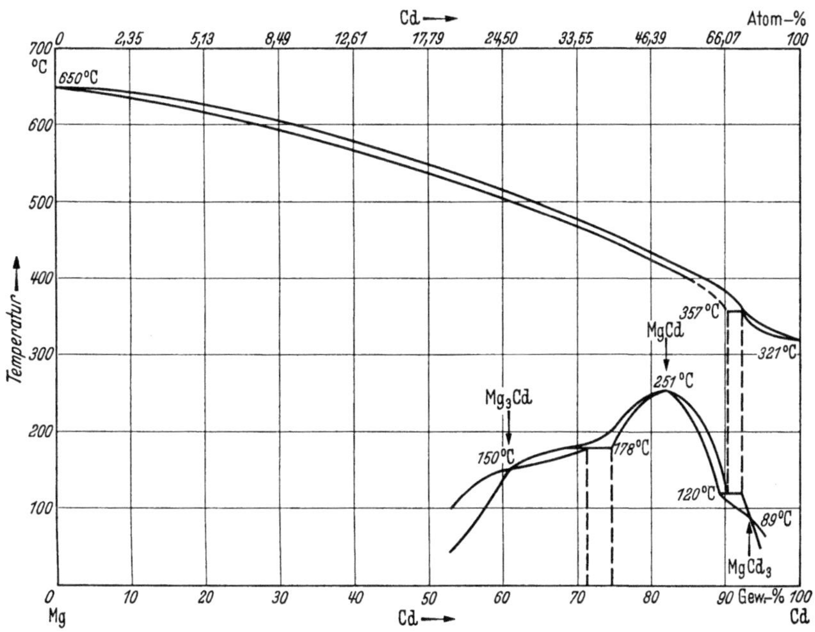

Abb. 77.

Atom-% Cd (442°) und bei etwa 80 Atom-% Cd (331°). Die von diesen Reaktionen ausgehenden schmalen heterogenen Gebiete schließen bei tieferen Temperaturen sinngemäß an die bekannten Reaktionen im festen Zustand an.

Mg-Ce. Eine vollständige Untersuchung der Magnesium-Zer-Legierungen wurde von VOGEL[2] durch Aufnahme von Abkühlungskurven und Gefügebeobachtungen durchgeführt. In der Abb. 78 ist das Zustandsschaubild wiedergegeben. Den Temperaturangaben der zerreichen Legierungen kommt keine quantitative Bedeutung zu infolge der Unreinheit des von VOGEL verwandten Zers[3]. Der magnesiumreiche

[1] JÄNECKE, E.: Z. Metallkde. Bd. 30 (1938) S. 424—429.
[2] VOGEL, R.: Z. anorg. allg. Chem. Bd. 91 (1915) S. 277—298.
[3] VOGEL findet für den Schmelzpunkt des Zers 840 statt 630°.

Teil des Zustandsbildes bis 40% Ce ist nach den Angaben von HAUGHTON und SCHOFIELD[1] ergänzt.

Der an Magnesium reichsten Verbindung kommt die Formel Mg_9Ce

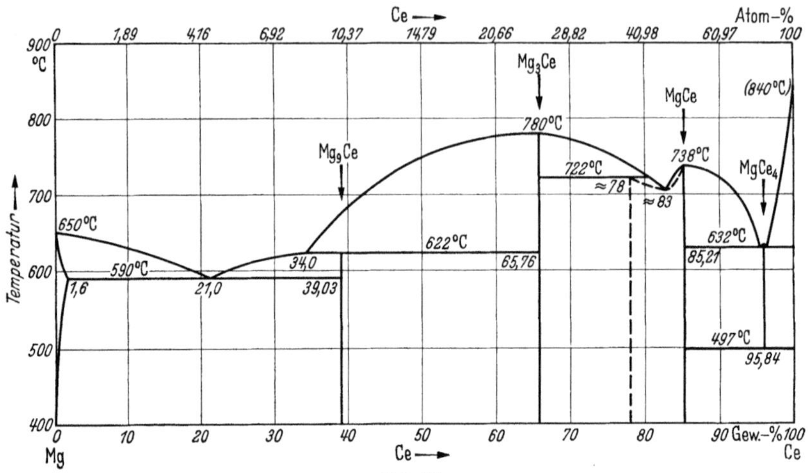

Abb. 78.

(39,03% Ce) zu; sie entsteht in peritektischer Reaktion bei 622° aus Schmelze und Mg_3Ce (65,76% Ce). Zwischen Magnesium und Mg_9Ce liegt ein Eutektikum bei 590° und 21,0% Ce.

Die von HAUGHTON und SCHOFIELD durch Gefügeuntersuchung ermittelte Löslichkeit von Zer in Magnesium ist in Abb. 79 wiedergegeben.

Mg-Co. WETHERILL[2] hat die magnesiumreichen Legierungen bis 4,7% Co thermisch und mikroskopisch untersucht (Abb. 80). Der Schmelzpunkt der Legierungen fällt vom reinen Magnesium bis zu einem eutektischen Punkt, dessen Temperatur 635° beträgt und dessen Zusammensetzung bei ungefähr 5% Co liegt.

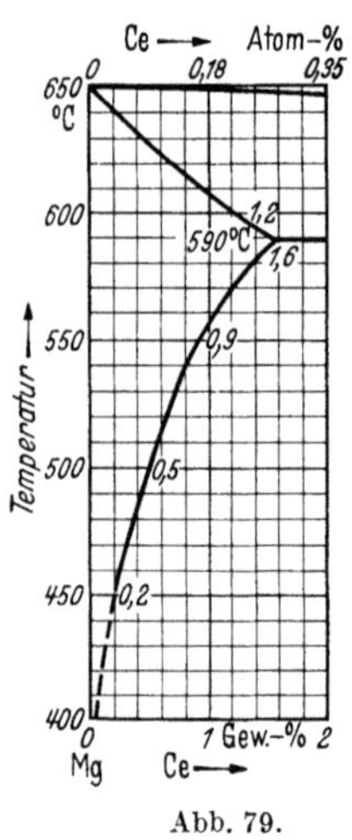

Abb. 79.

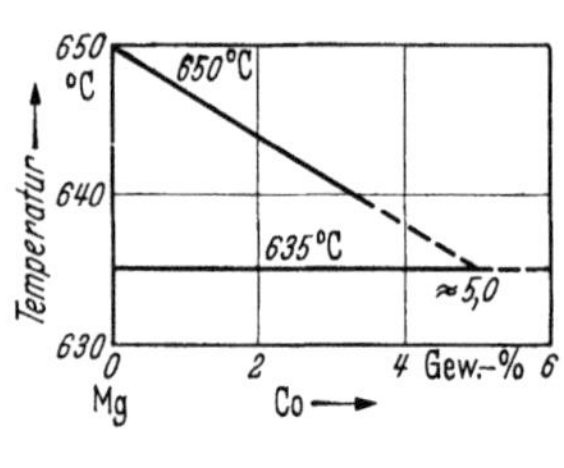

Abb. 80.

Mg-Cs. Angaben über Magnesium-Zäsium-Legierungen sind in der Literatur nicht zu finden. Auf Grund des Verhaltens von Magnesium zu Lithium, Natrium und Kalium muß geschlossen werden, daß

[1] HAUGHTON, J. L., u. T. H. SCHOFIELD: J. Inst. Met. Bd. 60 (1937) S. 339—344.

[2] WETHERILL, J. P.: Met. and Alloys Bd. 6 (1935) S. 153—155.

weder im festen noch im flüssigen Zustand die beiden Metalle ineinander löslich sind.

Mg-Cu. Das Zustandsschaubild in Abb. 81 ist nach URASOW[1], SAHMEN[2] und JONES[3] gezeichnet. Als magnesiumreichste Verbindung kristallisiert bei 568° Mg_2Cu (56,65% Cu) direkt aus der Schmelze; sie hat nach GRIMME und MORRIS-JONES[4] ein hexagonales Gitter mit 8 Molekülen in der Zelle; die Gitterkonstante beträgt $a = 5{,}281$ Å, $c/a = 3{,}464$ Å. Das von Magnesium und Mg_2Cu gebildete Eutektikum liegt bei 485°, der eutektische Punkt bei 30,7% Cu.

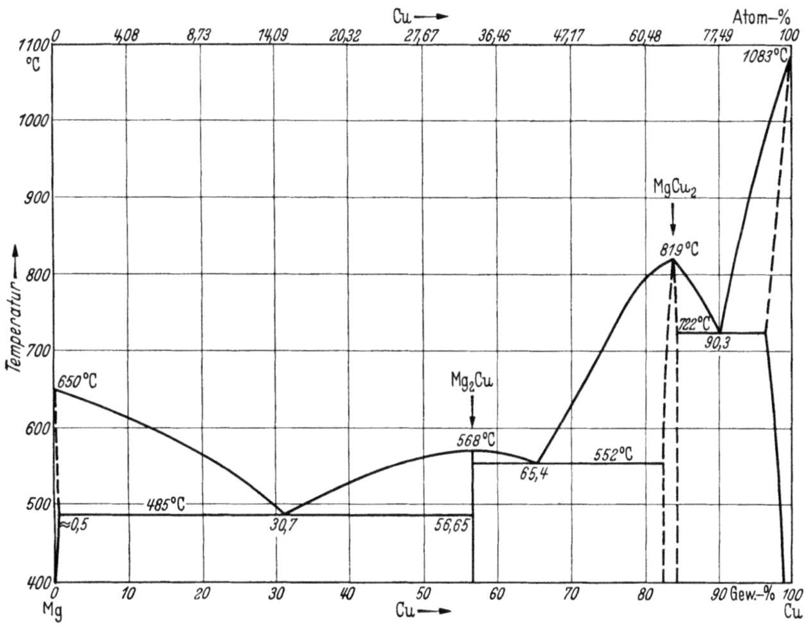

Abb. 81.

Das Lösungsvermögen des Magnesiums für Kupfer ist sehr gering. HANSEN[5] bestimmte die Löslichkeitslinie durch Gefügebeobachtung. Seine Ergebnisse sind: bei der eutektischen Temperatur ∾ 0,5%; bei 400° ∾ 0,2%; bei 300° ∾ 0,1% Cu. Eine etwas höhere Löslichkeit geben STEPANOW und KORNILOFF[6] an (480° = 0,55% Cu; 400° = 0,30% Cu; 300° = 0,20% Cu).

[1] URASOW, G. G.: J. russ. phys.-chem. Ges. Bd. 39 (1907) S. 1566—1581.
[2] SAHMEN, R.: Z. anorg. allg. Chem. Bd. 57 (1908) S. 26—33.
[3] JONES, W. R. D.: J. Inst. Met. Bd. 46 (1931) S. 395—419.
[4] GRIMME, G., u. W. MORRIS-JONES: Philos. Mag. Bd. 7 (1929) S. 1113—1134.
[5] HANSEN, M.: J. Inst. Met. Bd. 37 (1927) S. 93—100.
[6] STEPANOW, N. J., u. J. J. KORNILOFF: Trudi Nauchno Issledovatelskogo Instituta Legkhi Metallov Bd. 1/2 (1932) S. 57 [Ref. Met. Ind. Bd. 50 (1937) S. 5].

Mg-Fe. Magnesium vermag weder im festen noch im flüssigen Zustand Eisen zu lösen; deswegen kann Eisen auch als Tiegelmaterial für Magnesiumschmelzen angewendet werden.

Die von JONES[1] gemachte Beobachtung, daß bereits bei Eisengehalten von 0,10% ein Eutektikum beobachtet wird, dessen einer Bestandteil wahrscheinlich eine magnesiumreiche Magnesium-Eisen-Verbindung ist, kann entsprechend den Abb. 42 und 43 nicht bestätigt werden.

Mg-Ga. PUŠIN und MICIČ[2] haben das erste vollständige Zustandsschaubild der Magnesium-Gallium-Legierungen durch Aufnahme von

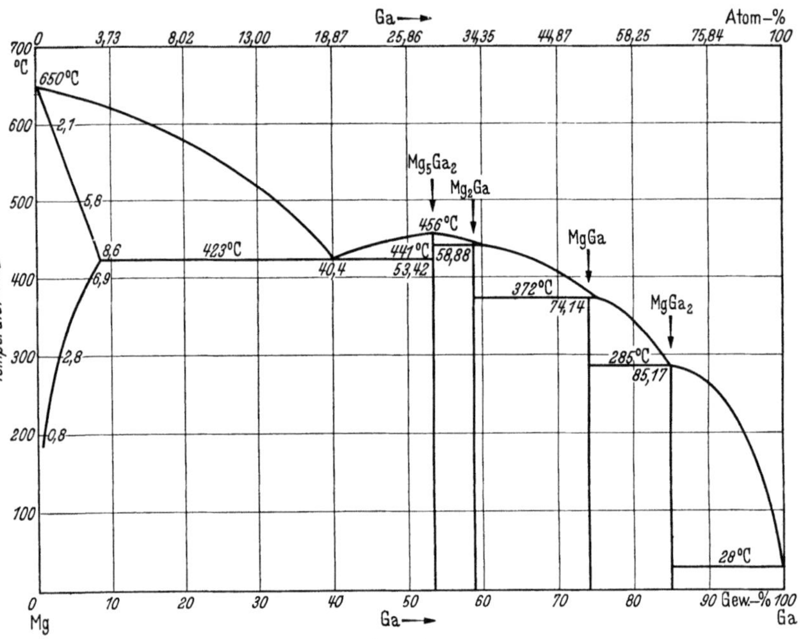

Abb. 82.

Abkühlungskurven aufgestellt, und HUME-ROTHERY und RAYNOR[3] haben später den magnesiumreichen Teil des Zustandsschaubildes bis 43,8% Ga neu untersucht (Abb. 82). Die dabei gefundenen 4 intermetallischen Verbindungen wurden bereits röntgenographisch von WECKERLE[4] beobachtet. Als magnesiumreichste Verbindung kristallisiert bei 456° Mg_5Ga_2

[1] JONES, W. R. D.: Metallurgist (Suppl. to Engineer) Bd. 11 (1938) S. 157—158.

[2] PUŠIN, N. A., u. O. D. MICIČ: Z. anorg. allg. Chem. Bd. 234 (1937) S. 229—232.

[3] HUME-ROTHERY, W., u. G. V. RAYNOR: J. Inst. Met. Bd. 63 (1938) Bd. 201 bis 226.

[4] WECKERLE, K.: Inaug.-Diss. Freiburg i. Br. 1935. Über die Struktur der magnesiumreichsten Verbindung macht WECKERLE keine Angaben. Mg_2Ga besitzt nach den Angaben von WECKERLE einen Homogenitätsbereich zwischen 56 und 63% Ga.

(53,42% Ga) direkt aus der Schmelze. Sie ist nach HAUCKE[1] rhombisch raumzentriert mit 28 Atomen in der Zelle ($a = 13{,}72$ Å, $b = 7{,}0$ Å, $c = 6{,}02$ Å). Diese Verbindung bildet mit Magnesium ein Eutektikum bei 40,4% Ga und 423°.

Beobachtungen über das Lösungsvermögen von Magnesium für Gallium wurden zuerst von KROLL[2] gemacht; eine Legierung mit 4,6% Ga zeigt Anlaßeffekte, sie muß also beim Erhitzen und Abkühlen eine temperaturabhängige Löslichkeitslinie schneiden. Eine genaue Bestimmung der Löslichkeits- und Soliduslinie nahmen HUME-ROTHERY und RAYNOR[3] auf mikrographischem Wege vor; die von ihnen mitgeteilten Ergebnisse sind in der Abb. 82 verwendet worden.

Mg-Ge. Von den Legierungen des Magnesiums mit Germanium ist nur die Existenz der Verbindung Mg_2Ge (59,90% Ge) bekannt; sie wurde von ZINTL und KAISER[4] durch Erhitzen der entsprechenden Metallmengen im Kohletiegel auf 1000° hergestellt; sie besitzt ein kubisch-flächenzentriertes Gitter vom Fluorittyp; die Gitterkonstante beträgt 6,378 Å.

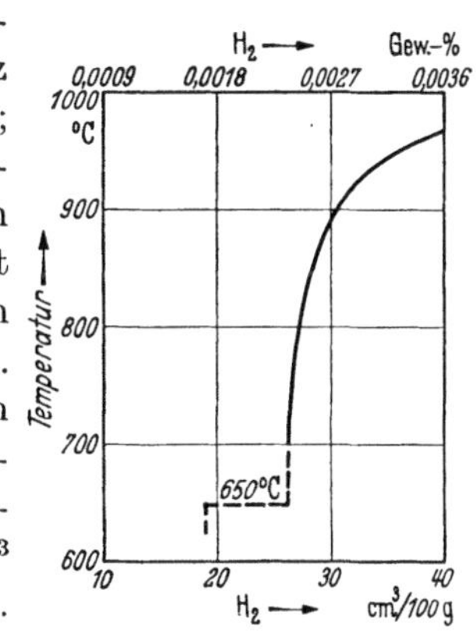

Abb. 83.

Mg-H. Die Löslichkeit von Wasserstoff in Magnesium wurde von WINTERHAGER[5] orientierend bestimmt. Dicht oberhalb des Schmelzpunktes können gemäß Abb. 83 etwa 26 cm³ H_2 von 100 g Metall aufgenommen werden. Mit steigender Temperatur nimmt die Löslichkeit zu.

Beim Übergang vom flüssigen in den festen Zustand nimmt die Löslichkeit um etwa 6 cm³/100 g ab. Sie beträgt im festen Zustand bei der Temperatur des Schmelzpunktes noch etwa 20 cm³/100 g.

Mg-Hg. CAMBI und SPERONI[6], SMITS und BECK[7] und DANILTSCHENKO[8] haben mit Hilfe der thermischen Analyse das Zustandsschaubild entworfen. Ihre Angaben stimmen im wesentlichen überein. Die Abb. 84 zeigt das nach den Angaben der genannten Forscher konstruierte Zustandsschaubild. Magnesium bildet mit einer in peritektischer Reaktion

[1] HAUCKE, W.: Naturwiss. Bd. 26 (1938) S. 577—578.
[2] KROLL, W.: Metallwirtsch. Bd. 11 (1932) S. 435—437.
[3] Siehe Fußnote 3, S. 62.
[4] ZINTL, E., u. H. KAISER: Z. anorg. allg. Chem. Bd. 211 (1933) S. 125—131.
[5] WINTERHAGER, H.: Aluminium-Arch. Bd. 12 (1938).
[6] CAMBI, L., u. G. SPERONI: Atti Accad. naz. Lincei, Roma Bd. 24 I (1915) S. 734—738.
[7] SMITS, A., u. R. P. BECK: Proc. Kon. Acad. Wetensch. Amsterd. Bd. 23 (1921/22) S. 975—976.
[8] DANILTSCHENKO, P. T.: J. russ. phys.-chem. Ges. Bd. 62 (1930) S. 975—988.

bei 508° aus Schmelze und Mg_2Hg (80,50% Hg) entstehenden Verbindung der Formel Mg_3Hg (73,33% Hg) ein Eutektikum bei 64,5% Hg und 448°.

Eine Bestimmung der Löslichkeit von Quecksilber in Magnesium wurde noch nicht vorgenommen.

Mg-In. Bis etwa 62% In wurde das Zustandsschaubild, das in Abb. 85 dargestellt ist, von HUME-ROTHERY und RAYNOR[1] untersucht.

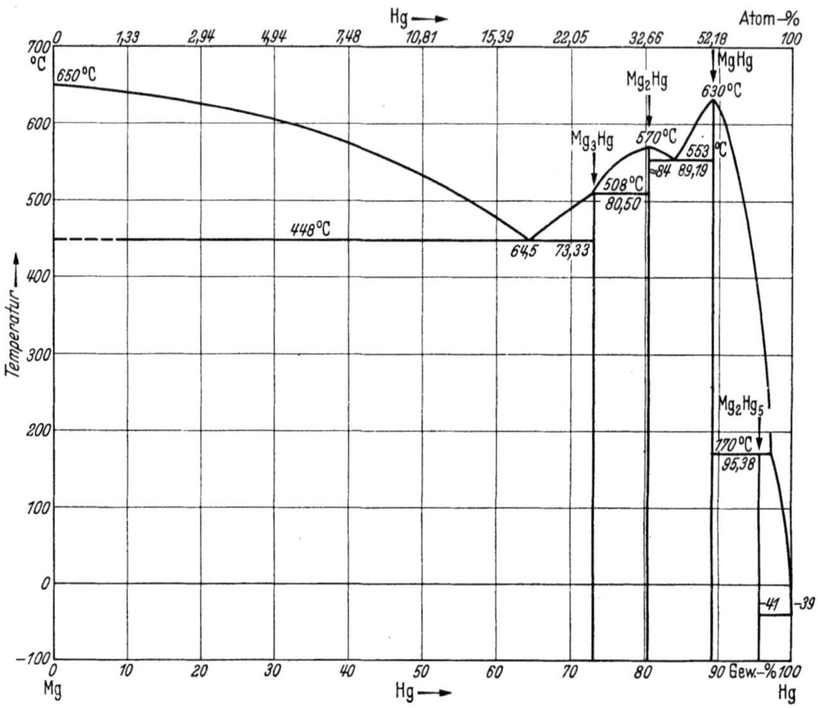

Abb. 84.

Indium löst sich bis zu einer bei 484° verlaufenden Horizontalen im Magnesium. Offenbar erleidet der zweite Gefügebestandteil bei 327° eine Umwandlung, wie aus dem Knick in der Löslichkeitslinie bei dieser Temperatur hervorgeht. Hierüber werden aber von HUME-ROTHERY und RAYNOR keine Angaben gemacht. Unterhalb 327° zeigt die Löslichkeitslinie den normalen Verlauf.

Nach einer röntgenographischen Untersuchung von HAUCKE[2] bestehen vier intermediäre Kristallarten, nämlich Mg_5In_2 (65,37% In),

[1] HUME-ROTHERY, W., u. G. V. RAYNOR: J. Inst. Met. Bd. 63 (1938) S. 201 bis 226.

[2] HAUCKE, W.: Naturwiss. Bd. 26 (1938) S. 557—578.

Mg_2In (70,23% In), MgIn (82,51% In) und $MgIn_2$ (90,42% In). Magnesium vermag Indium in feste Lösung aufzunehmen.

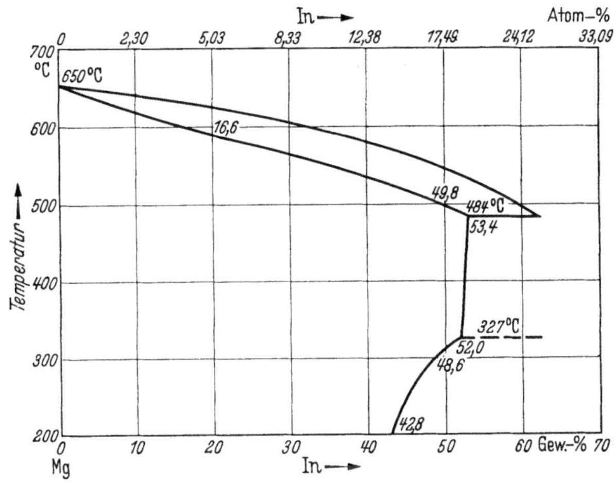

Abb. 85.

Mg-K. Nach SMITH[1] sind Magnesium und Kalium weder im flüssigen noch im festen Zustand ineinander löslich; demzufolge besteht das Zustandsschaubild (Abb. 86) aus zwei horizontalen Graden bei den Temperaturen der Schmelzpunkte der reinen Metalle.

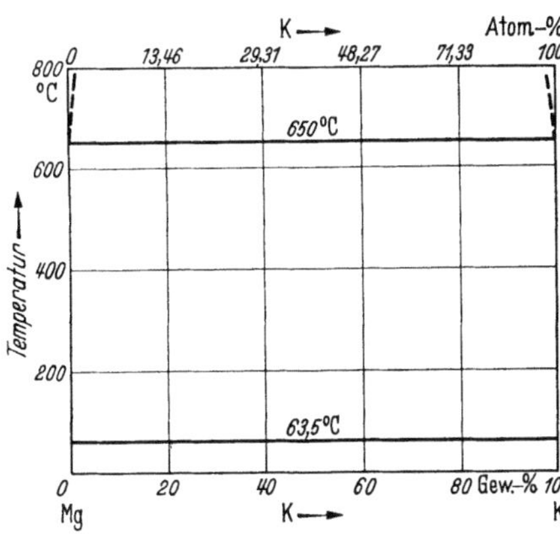

Abb. 86.

Mg-La. Die Legierungen des Magnesiums mit Lanthan wurden von CANNERI[2] mit Hilfe der thermischen Analyse untersucht (Abb. 87). Danach bildet Magnesium mit der bei 662° durch Reaktion einer Schmelze von 33,3% La mit der Verbindung Mg_3La (65,57% La) entstehenden Verbindung Mg_9La (38,83% La) ein Eutektikum bei 15% La und 571°. Ob Magnesium Lanthan in fester Lösung aufzunehmen vermag, ist noch nicht untersucht worden.

Mg-Li. Die Arbeiten von GRUBE, v. ZEPPELIN und BUMM[3], HENRY

[1] SMITH, D. P.: Z. anorg. allg. Chem. Bd. 56 (1908) S. 113—114.

[2] CANNERI, G.: Metallurg. ital. Bd. 23 (1931) S. 803—823.

[3] GRUBE, G., H. v. ZEPPELIN u. H. BUMM: Z. Elektrochem. Bd. 40 (1934) S. 160—164.

und CORDIANO[1] und SALDAU und SCHAMRAY[2] stimmen im wesentlichen überein (Abb. 88). Das von GRUBE, v. ZEPPELIN und BUMM bei 592°

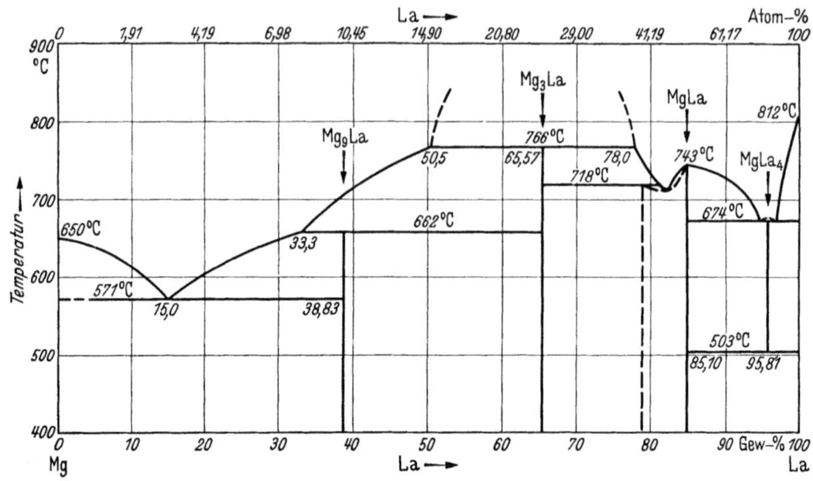

Abb. 87.

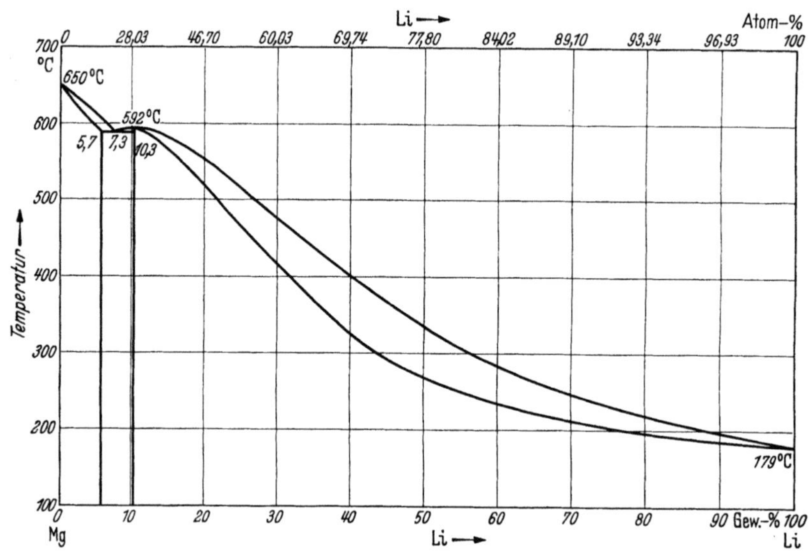

Abb. 88.

gefundene flache Maximum liegt bei der Konzentration Mg_5Li_2 (10,25% Li); SALDAU und SCHAMRAY finden es bei der Konzentration

[1] HENRY, O. H., u. H. V. CORDIANO: Trans. Amer. Inst. min. metallurg. Engr. Inst. Met. Div. Bd. 111 (1934) S. 319—332.

[2] SALDAU, P., u. F. SCHAMRAY: Z. anorg. allg. Chem. Bd. 224 (1935) S. 388—398.

Mg_2Li (12,49% Li). Da nach ZINTL[1] in dem Zustandsschaubild nur 2 Reihen von Mischkristallen bestehen und ein neues Gitter bei den angeführten Konzentrationen nicht gefunden wurde, können diese einfachen Atomverhältnissen entsprechenden Konzentrationen Mg_5Li_2 und Mg_2Li nicht als Verbindungen, sondern nur als Endglieder einer Mischkristallreihe aufgefaßt werden.

HENRY und CORDIANO nehmen auf Grund ihrer Ergebnisse an Stelle der in Abb. 88 zwischen 5,7 und 10,3% Li gezeichneten Eutektikalen eine peritektische Reaktion an, bei der der magnesiumreiche Mischkristall mit Schmelze reagiert unter Bildung eines lithiumreicheren Mischkristalles.

Die Löslichkeit des Lithiums im Magnesium beträgt nach mikroskopischen und röntgenographischen Untersuchungen von HOFMANN[2] in guter Übereinstimmung mit GRUBE, v. ZEPPELIN und BUMM 5,7% und ist von der Temperatur unabhängig.

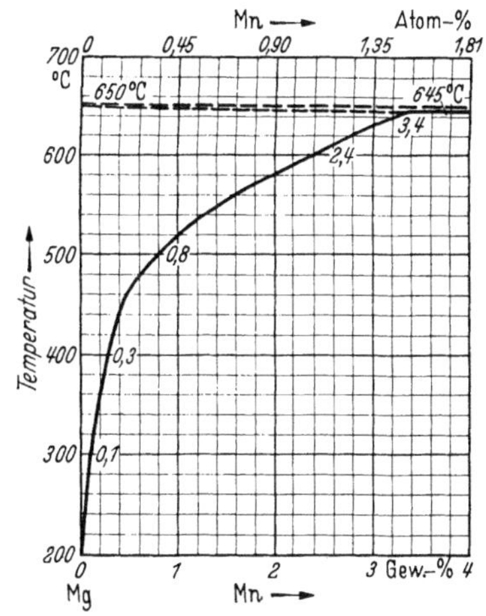

Abb. 89.

Mg-Mn. In Abb. 89 ist die Löslichkeit des Mangans im Magnesium nach den röntgenographischen Untersuchungen von SCHMID und SIEBEL[3] dargestellt. Die maximale Löslichkeit von 3,4% bei der eutektischen Temperatur von 645° steht in guter Übereinstimmung mit einer Arbeit von BAKKEN und WOOD[4], die aus Gefügebeobachtungen auf eine Löslichkeit von mindestens 3,2% Mn schließen.

Der oberhalb der Löslichkeitslinie auftretende zweite Bestandteil ist — wie aus unveröffentlichten röntgenographischen Untersuchungen von SIEBEL aus dem Jahr 1929 hervorgeht — reines Mangan. Eine Bestätigung dieses Befundes geben BACHMETEW und GOLOWCHINOW[5], die diesen zweiten Bestandteil als β-Mangan identifizieren.

Im Widerspruch dazu steht eine thermische und mikroskopische Untersuchung von SAWAMOTO[6]; danach bildet sich in peritektischer Reaktion bei 726° eine neue Phase der Zusammensetzung Mg_9Mn

[1] Freundliche private Mitteilung von Herrn Prof. E. ZINTL über unveröffentlichte Versuche.

[2] HOFMANN, W.: Z. Metallkde. Bd. 28 (1936) S. 160—163.

[3] SCHMID, E., u. G. SIEBEL: Metallwirtsch. Bd. 10 (1931) S. 923—925.

[4] BAKKEN, H. E., u. V. WOOD: Amer. Soc. Stl. Treat. Handbook 1929 S. 560.

[5] BACHMETEW, E. F., u. J. M. GOLOWCHINOW: Ref. J. Inst. Met. Metallurg. Abstr. Bd. 2 (1935) S. 577.

[6] SAWAMOTO, H.: Suiyokwai-Shi (Trans. Min. Met. Alumni Assoc.) Bd. 8 (1935) S. 763—768.

(20,06% Mn), während bei 648° eine Eutektikale mit einem eutektischen Punkt bei etwa 1% Mn verlaufen soll. Gegen diesen eutektischen Punkt bei 1% Mn spricht die von SCHMID und SIEBEL ermittelte maximale Löslichkeit von 3,4% bei der eutektischen Temperatur.

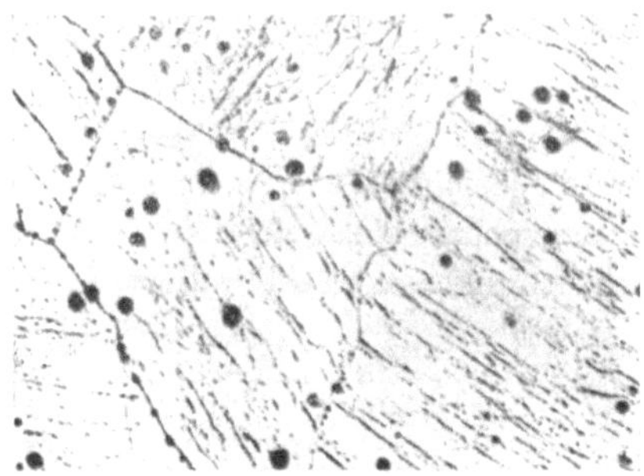
Abb. 90. AM 503, Sandguß (FlW 3500.0). (Vergr. × 100)

Von den binären Magnesium-Mangan-Legierungen besitzt Elektron AM 503 (FlW 3500/01) mit etwa 1,9% Mn technische Bedeutung als Knetlegierung und als Sandgußlegierung. Die Abb. 90 und 91 geben kennzeichnende Gefügebilder für Sandguß und Preßmaterial wieder. Der Sandguß erstarrt homogen, während das Knetmaterial bei der weit unterhalb der Löslichkeitslinie liegenden Preß- und Walztemperatur heterogen wird. Die beim Sandguß (Abb. 90) in den einzelnen Körnern vorhandenen Anätzungen dürften wohl als Wachstumserscheinungen zu deuten sein. Nach einer homogenisierenden Glühbehandlung verschwinden sie, ohne daß eine Änderung der elektrischen Leitfähigkeit eintritt — ein Zeichen, daß aufbaumäßig eine Änderung nicht stattgefunden hat. Während beim Sandguß infolge seiner Homogenität eine elektrische Leitfähigkeit von nur $14—15 \cdot 10^4 \cdot \mathrm{Ohm}^{-1} \cdot \mathrm{cm}^{-1}$ gefunden wird, liegt sie beim Knetmaterial infolge seiner Heterogenität bei etwa 20.

Abb. 91. AM 503, gepreßt (FlW 3501.2). (Vergr. × 200)

Mg-N. Mit Stickstoff bildet Magnesium ein Nitrid von der Formel Mg_3N_2 (27,74% N) von gelblicher Farbe, das nach den Untersuchungen von ZINTL und HUSEMANN[1] und v. STACKELBERG und PAULUS[2] die kubische Struktur des Mg_3P_2 und Mg_3As_2 mit der Gitterkonstante $a = 9{,}95$ Å besitzt. Die Bildungswärme des Mg_3N_2 ($3\,Mg_{fest} + N_{2\,gasf.} = Mg_3N_{2\,fest}$) beträgt nach NEUMANN, KRÖGER und KUNZ[3] 115,1 kcal/Mol.

---

[1] ZINTL, E., u. E. HUSEMANN: Z. physik. Chem. Abt. B. Bd. 21 (1933) S. 138—155.

[2] STACKELBERG, M. v., u. R. PAULUS: Z. physik. Chem. Abt. B Bd. 22 (1933) S. 305—322.

[3] NEUMANN, B., C. KRÖGER u. H. KUNZ: Z. anorg. allg. Chem. Bd. 207 (1932) S. 138—141.

Mg-Na. Das Gleichgewichtsschaubild der Magnesium-Natrium-Legierungen (Abb. 92) wurde von MATHEWSON[1] ausgearbeitet. Danach wird der Schmelzpunkt des Magnesiums durch ungefähr 2% Na auf 638° erniedrigt. Im übrigen sind beide Metalle im festen Zustand nicht ineinander löslich, im flüssigen Zustand nur zwischen 1 und 2% auf jeder Seite.

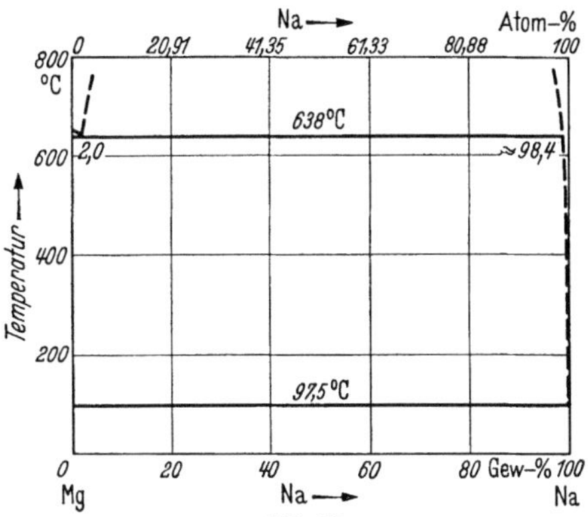

Abb. 92.

Mg-Ni. Das Zustandsschaubild der Magnesium-Nickel-Legierungen in Abb. 93 ist dargestellt nach den Werten von VOSS[2], die neuerdings auf der Magnesiumseite bis zu etwa 55% Ni von

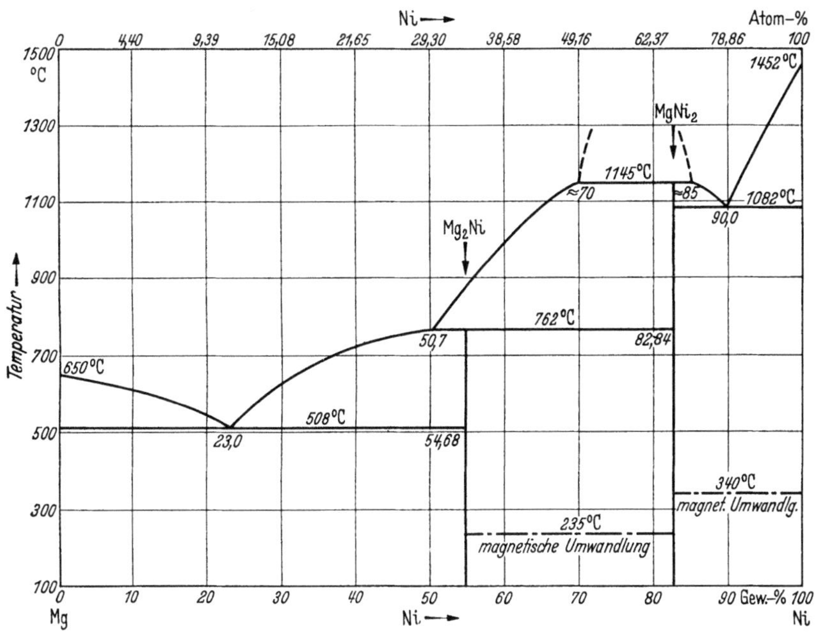

Abb. 93.

HAUGHTON und PAYNE[3] überprüft worden sind. Danach bildet die in peritektischer Reaktion bei 762° entstehende Verbindung Mg_2Ni (54,68% Ni) mit Magnesium ein Eutektikum bei 23,0% Ni und 508°.

---

[1] MATHEWSON, C. H.: Z. anorg. allg. Chem. Bd. 48 (1906) S. 193—195.
[2] VOSS, G.: Z. anorg. allg. Chem. Bd. 57 (1908) S. 61—67.
[3] HAUGHTON, J. L., u. R. J. M. PAYNE: J. Inst. Met. Bd. 54 (1934) S. 275—283.

Die Löslichkeit von Nickel in Magnesium ist nach den Ergebnissen von HAUGHTON und PAYNE kleiner als 0,1% bei 500°.

Mg-O. MgO (39,68% O) kristallisiert kubisch-flächenzentriert im NaCl-Typ mit einer Gitterkonstante[1] von 4,19 Å. Die Dichte beträgt im Mittel nach Angaben verschiedener Autoren[2] 3,57.

MgO schmilzt nach KANOLT[3] bei 2800°. Für die Bildungswärme ($Mg_{fest} + {}^1/_2\, O_{2\,gasf.} = MgO_{fest}$) fanden ROTH und BECKER[4] 145,8 kcal/Mol.

Mg-P. Mit Phosphor bildet Magnesium die nichtmetallische Verbindung Mg_3P_2 von leuchtend gelber Farbe; Mg_3P_2 besitzt nach ZINTL

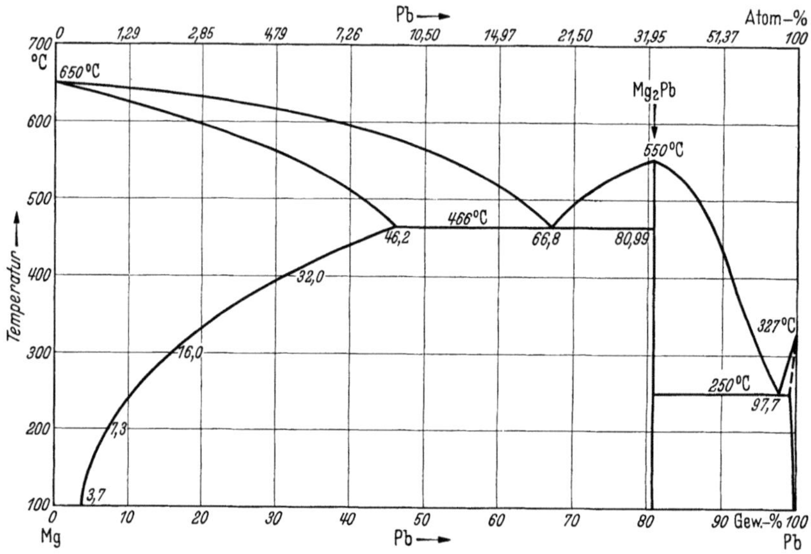

Abb. 94.

und HUSEMANN[5] ein kubisches Gitter entsprechend den C-Sesquioxyden Sc_2O_3-Sm_2O_3; die Gitterkonstante beträgt 12,33 Å; die Elementarzelle enthält 16 Moleküle Mg_3P_2.

Mg-Pb. Das in Abb. 94 dargestellte Gleichgewichtsschaubild ist nach den Arbeiten von GRUBE[6], KURNAKOW und STEPANOW[7] gezeichnet

---

[1] SCHIEBOLD, E.: Z. Kristallogr. Bd. 56 (1921) S. 430.

[2] Siehe GMELINS Handbuch der anorg. Chemie, 8. Aufl., System-Nr. 27, Teil B, S. 19—20. 1937.

[3] KANOLT, C. W.: Z. anorg. allg. Chem. Bd. 85 (1914) S. 1—19.

[4] ROTH, W. A., u. G. BECKER: Z. physik. Chem. Abt. A Bd. 159 (1932) S. 1—26.

[5] ZINTL, E., u. E. HUSEMANN: Z. physik. Chem. Abt. B Bd. 21 (1933) S. 138 bis 155.

[6] GRUBE, G.: Z. anorg. allg. Chem. Bd. 44 (1905) S. 117—130.

[7] KURNAKOW, N. S., u. N. J. STEPANOW: Z. anorg. allg. Chem. Bd. 46 (1905) S. 177—193.

und nach eigenen Versuchen[1] ergänzt; danach sinkt der Schmelzpunkt des Magnesiums durch Zusatz von Blei bis zu einem eutektischen Punkt, der bei 66,8% Pb und 466° liegt. Die bei 550° aus der Schmelze kristallisierende Verbindung Mg_2Pb (80,99% Pb) hat nach ZINTL und KAISER[2] ein kubisch-flächenzentriertes Gitter vom Fluorittyp mit einer Gitterkonstanten von $a = 6{,}836$ Å.

Daß eine Löslichkeit des Bleies in Magnesium besteht, geht aus den von STEPANOW[3] gemessenen Isothermen der elektrischen Leitfähigkeit hervor. HANSEN[4] brachte zuerst den mikroskopischen Nachweis für

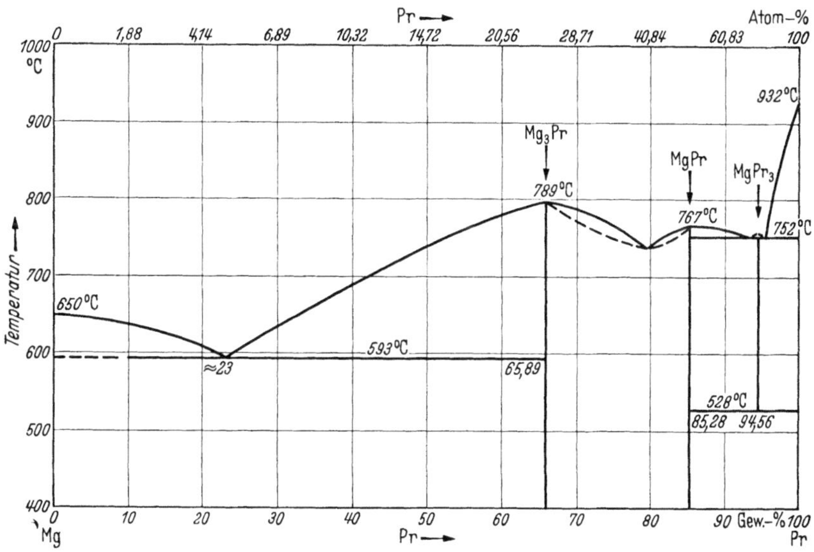

Abb. 95.

das Bestehen eines ziemlich ausgedehnten Mischkristallgebietes (26% bei der eutektischen Temperatur). Eine Neubestimmung[1] der Löslichkeit durch Leitfähigkeitsmessungen ergab die in Abb. 94 eingezeichnete Löslichkeitslinie.

Mg-Pr. Das Zustandsschaubild der Magnesium-Praseodym-Legierungen in Abb. 95 ist nach den thermischen und mikroskopischen Beobachtungen von CANNERI[5] entworfen. Magnesium und die magnesiumreichste Verbindung Mg_3Pr (65,89% Pr) bilden zusammen ein Eutektikum, dessen Konzentration bei etwa 23% Pr und dessen Tem-

[1] VOSSKÜHLER, H.: Z. Metallkde. Bd. 31 (1939) S. 109–111.
[2] ZINTL, E., u. H. KAISER: Z. anorg. allg. Chem. Bd. 211 (1933) S. 125—131.
[3] STEPANOW, N. J.: Z. anorg. allg. Chem. Bd. 60 (1908) S. 209—229; Bd. 78 (1912) S. 11—13.
[4] HANSEN, M.: Der Aufbau der Zweistofflegierungen, S. 865. 1936.
[5] CANNERI, G.: Metallurg. ital. Bd. 25 (1933) S. 250—252.

peratur bei 593° liegt. Mg_3Pr besitzt nach ROSSI und LANDELLI[1] ein kubisches Gitter mit einer Gitterkonstanten von 7,37 Å.

Versuche zur Bestimmung der Löslichkeit von Praseodym in Magnesium liegen noch nicht vor.

Mg-S. MgS (56,88% S) bildet sich oberhalb 600° aus den Elementen. Das Gitter ist nach BROCH[2] kubisch-flächenzentriert (NaCl-Typ) mit einer Gitterkonstanten von 5,190 Å und einer Dichte von 2,66.

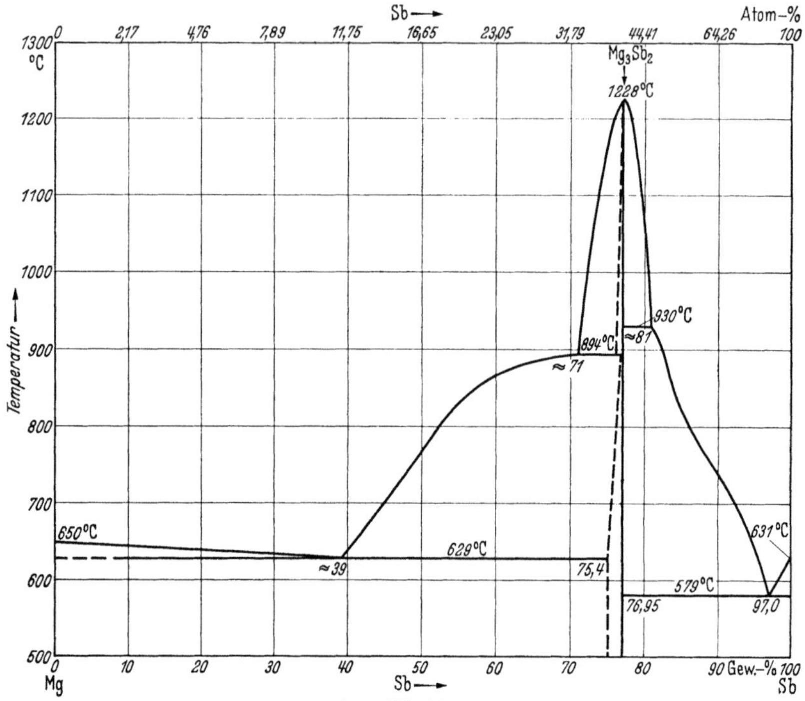

Abb. 96.

Der Schmelzpunkt[3] liegt oberhalb 2000°. Die Bildungswärme ($Mg_{fest} + S_{fest} = MgS_{fest}$) beträgt nach DEL FRESNO[4] 79,4 kcal/Mol.

Mg-Sb. Dem in Abb. 96 gezeichneten Zustandsschaubild liegen die Arbeiten von GRUBE[5], ABEL, REDLICH und SPAUSTA[6] und GRUBE und

[1] ROSSI, A., u. A. LANDELLI: Atti R. Accad. Lincei, Roma Bd. 19 (1934) S. 415—420.

[2] BROCH, E.: Z. physik. Chem. Bd. 127 (1927) S. 446—454.

[3] TIEDE, E., u. A. SCHLEEDE: Ber. Bd. 53 (1920) S. 1717—1721.

[4] FRESNO, C. DEL: Z. Elektrochem. Bd. 36 (1930) S. 163—165.

[5] GRUBE, G.: Z. anorg. allg. Chem. Bd. 49 (1906) S. 87—91.

[6] ABEL, E., O. REDLICH u. F. SPAUSTA: Z. anorg. allg. Chem. Bd. 190 (1930) S. 79—89.

BORNHAK[1] zugrunde. Als intermetallische Verbindung kristallisiert Mg_3Sb_2 (76,95% Sb) bei 1228° direkt aus der Schmelze. Bei 930° besitzt die Verbindung einen Umwandlungspunkt, der zur Magnesiumseite hin infolge Mischkristallbildung auf 894° erniedrigt wird. Magnesium und Mg_3Sb_2 bilden ein Eutektikum, dessen Temperatur 629° und dessen Konzentration etwa 39% Sb beträgt.

Das Gitter der bei Zimmertemperatur beständigen Form von Mg_3Sb_2 entspricht nach ZINTL und HUSEMANN[2] der trigonalen A-Struktur der Lanthaniden-Sesquioxyde Sm_2O_3-La_2O_3 mit den Gitterkonstanten $a = 4{,}573$ Å und $c = 7{,}229$ Å.

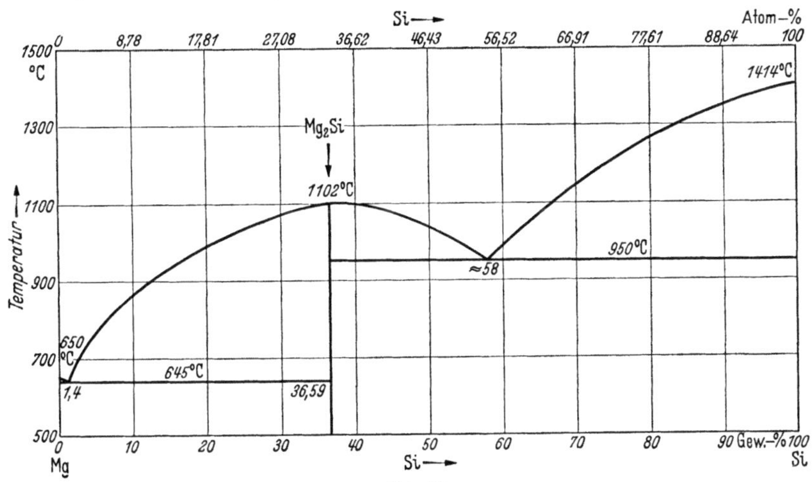

Abb. 97.

Über eine Löslichkeit des Antimons im Magnesium ist noch nichts bekannt.

Mg-Si. Das Zustandsschaubild in Abb. 97 ist nach den Angaben von VOGEL[3] und SCHMIDT[4] gezeichnet. Nach den Untersuchungen von WÖHLER und SCHLIEPHAKE[5] liegen die Temperaturen zwischen 15 und 85% Si etwa 20—30° tiefer. Der Schmelzpunkt von Mg_2Si (36,59% Si) beträgt nach VOGEL 1102°, nach WÖHLER und SCHLIEPHAKE 1070°. VOGEL findet für das Mg-Mg_2Si-Eutektikum 645°, WÖHLER und SCHLIEPHAKE 625°. Die eutektische Temperatur von 645° hat SCHMIDT bestätigt; die Konzentration des Mg-Mg_2Si-Eutektikums wird von ihm zu 1,4% Si angegeben.

---

[1] GRUBE, G., u. R. BORNHAK: Z. Elektrochem. Bd. 40 (1934) S. 140—142.

[2] ZINTL, E., u. E. HUSEMANN: Z. physik. Chem. Abt. B Bd. 21 (1933) S. 138 bis 155.

[3] VOGEL, R.: Z. anorg. allg. Chem. Bd. 61 (1909) S. 46—53.

[4] SCHMIDT, W.: Z. Metallkde. Bd. 19 (1927) S. 452—455.

[5] WÖHLER, L., u. O. SCHLIEPHAKE: Z. anorg. allg. Chem. Bd. 151 (1926) S. 11—20.

SAWAMOTO[1] und ELCHARDUS[2] haben neuerdings den magnesiumreichen Teil der Legierungen untersucht. SAWAMOTO findet den eutektischen Punkt bei 2,4% Si und 632°; ELCHARDUS gibt 3,2% Si und 640° an. Außerdem teilt ELCHARDUS die Existenzmöglichkeit eines instabilen Silizides der Formel Mg_4Si (22,39% Si) mit, das mit Magnesium ein instabiles System mit einem eutektischen Punkt bei 2,7% Si und 575° bildet.

Das Gitter von Mg_2Si ist nach OWEN und PRESTON[3] kubisch-flächenzentriert (Flußspattyp) mit einer Gitterkonstanten von $a = 6{,}391$ Å. Die $\text{Dichte}_{\text{ber.}}$ beträgt 1,95 g/cm³.

MANNCHEN[4] hat auf Grund von Messungen der elektrischen Leitfähigkeit und der Wärmeleitfähigkeit geschlossen, daß Magnesium Silizium in feste Lösung aufzunehmen vermag. Eine experimentelle Bestimmung der Löslichkeitslinie wurde noch nicht durchgeführt.

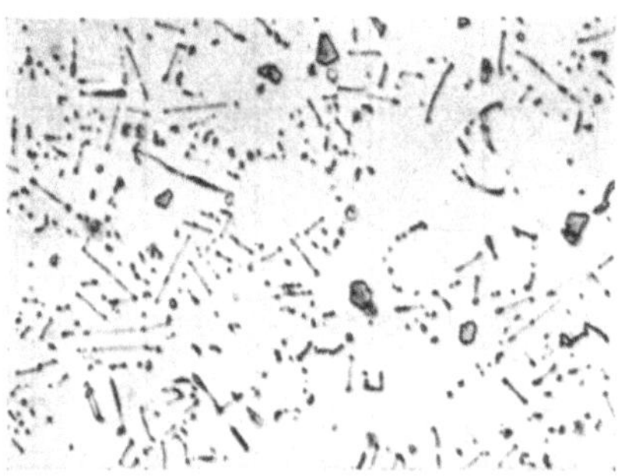

Abb. 98. CMSi, Sandguß. (Vergr. ×200)

Die dem eutektischen Punkt bei 1,4% Si entsprechende Legierung besitzt unter der Bezeichnung Elektron CMSi Bedeutung als Sandgußlegierung. Die Abb. 98 zeigt ein kennzeichnendes Gefüge für CMSi-Sandguß in 200facher Vergrößerung.

Mg-Sn. GRUBE[5], KURNAKOW und STEPANOW[6] und HUME-ROTHERY[7] haben Magnesium-Zinn-Legierungen durch Aufnahme von Abkühlungskurven untersucht. Die Abb. 99 ist nach den Werten von HUME-ROTHERY gezeichnet. Als einzige Verbindung kristallisiert Mg_2Sn (70,93% Sn) bei 778° direkt aus der Schmelze; Mg_2Sn bildet mit Magnesium ein Eutektikum bei 560° und 36,4% Sn. Die Verbindung hat nach ZINTL und KAISER[8] ein kubisch-flächenzentriertes Gitter vom Fluorittyp mit der Gitterkonstanten von $a = 6{,}765$ Å.

Daß Magnesium Zinn in feste Lösung aufnimmt, zeigen die von STEPANOW[9] gemessenen Isothermen der elektrischen Leitfähigkeit. Den

[1] SAWAMOTO, H.: Suiyokwai-Shi Bd. 8 (1935) S. 713—727.
[2] ELCHARDUS, E.: Publ. sci. techn. Ministère de l'air Bd. 70 (1935) S. 1—129.
[3] OWEN, E. A., u. G. D. PRESTON: Proc. Phys. Soc. Bd. 36 (1924) S. 343—345.
[4] MANNCHEN, W.: Z. Metallkde. Bd. 23 (1931) S. 193—196.
[5] GRUBE, G.: Z. anorg. allg. Chem. Bd. 46 (1905) S. 76—84.
[6] KURNAKOW, N. S., u. N. J. STEPANOW: Z. anorg. allg. Chem. Bd. 46 (1905) S. 181—184.
[7] HUME-ROTHERY, W.: J. Inst. Met. Bd. 35 (1926) S. 336—347.
[8] ZINTL, E., u. H. KAISER: Z. anorg. allg. Chem. Bd. 211 (1933) S. 125—131.
[9] STEPANOW, N. J.: Z. anorg. allg. Chem. Bd. 78 (1912) S. 13—17.

Verlauf der Sättigungslinie stellten GRUBE und VOSSKÜHLER[1] durch Messung des elektrischen Widerstandes und der thermischen Ausdehnung fest; diese Bestimmung bedarf allerdings noch einer Nachprüfung.

Mg-Sr. Nach eigenen Untersuchungen[2] des Zustandsschaubildes bis 40% Sr kristallisiert gemäß Abb. 100 die Verbindung Mg_9Sr (28,59% Sr) bei 606° direkt aus der Schmelze. Sie bildet mit Magnesium ein Eutektikum bei 18,4% Sr und 582°.

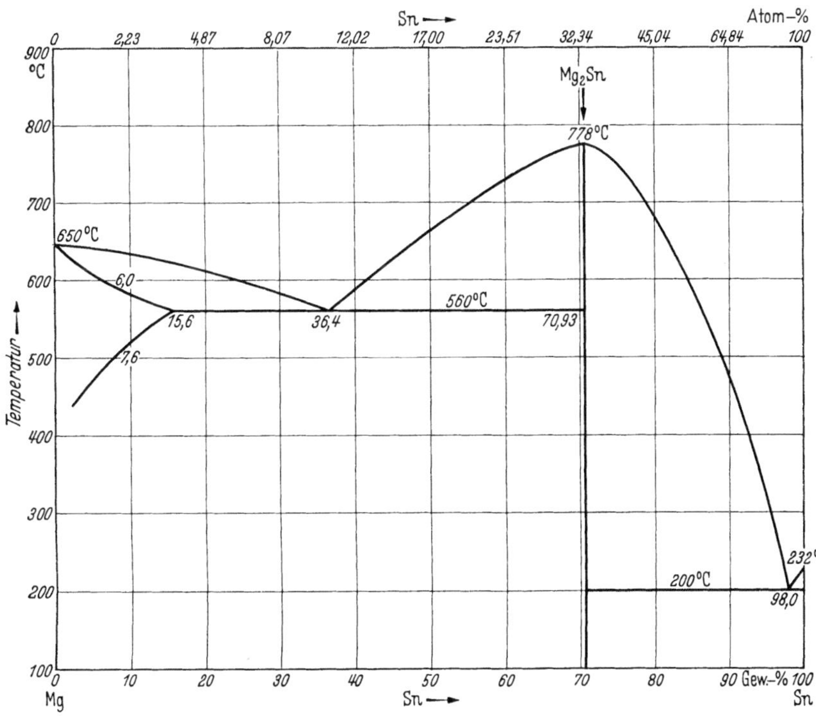

Abb. 99.

Das Lösungsvermögen des Magnesiums für Strontium liegt bei Temperaturen von 450—570° zwischen 0,11 und 0,15% Sr.

Mg-Tl. Eine ältere Untersuchung von GRUBE[3] wurde von GRUBE und HILLE[4] nachgeprüft und in einigen Punkten richtiggestellt. Neuerdings haben HUME-ROTHERY und RAYNOR[5] die Legierungen bis 75% Tl

[1] GRUBE, G., u. H. VOSSKÜHLER: Z. Elektrochem. Bd. 40 (1934) S. 566—570.
[2] VOSSKÜHLER, H.: Metallwirtsch. Bd. 18 (1939) S. 377—378.
[3] GRUBE, G.: Z. anorg. allg. Chem. Bd. 46 (1905) S. 84—93.
[4] GRUBE, G., u. J. HILLE: Z. Elektrochem. Bd. 40 (1934) S. 101—106.
[5] HUME-ROTHERY, W., u. G. V. RAYNOR: J. Inst. Met. Bd. 63 (1938) S. 201 bis 226.

neu untersucht. In Abb. 101 ist das Zustandsschaubild dargestellt. Der Schmelzpunkt des Magnesiums wird durch Zusatz von Thallium bis zu der eutektischen Temperatur von 405° und der eutektischen Konzentration von 73,7% erniedrigt. Der zweite Bestandteil dieses Eutektikums ist die Verbindung Mg_5Tl_2 (77,07% Tl), die bei 413° direkt aus der Schmelze kristallisiert. Eine röntgenographische Bestätigung der von GRUBE und HILLE angegebenen Phasen lieferte WECKERLE[1]. Nach HAUCKE[2] besitzt Mg_5Tl_2 dieselbe Struktur wie Mg_5Ga_2, nämlich ein rhombisch-raumzentriertes Gitter.

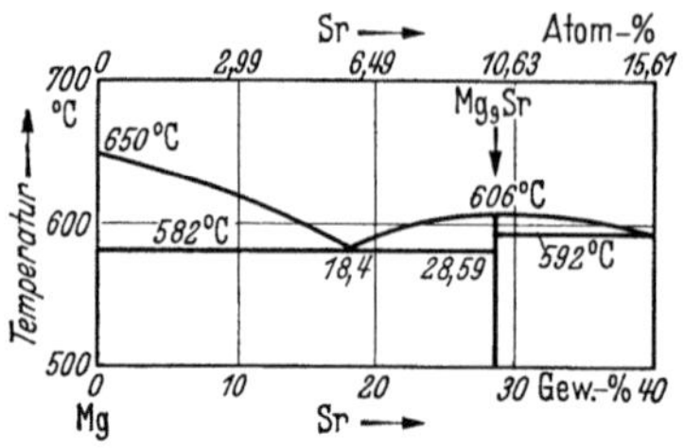

Abb. 100.

Magnesium vermag weitgehend Thallium in feste Lösung aufzunehmen, wie schon GRUBE und HILLE festgestellt haben. Allerdings wurde die Löslichkeitslinie nur durch einen Punkt belegt (Leitfähigkeitsmethode), so daß eine eingehende Bestimmung notwendig erschien.

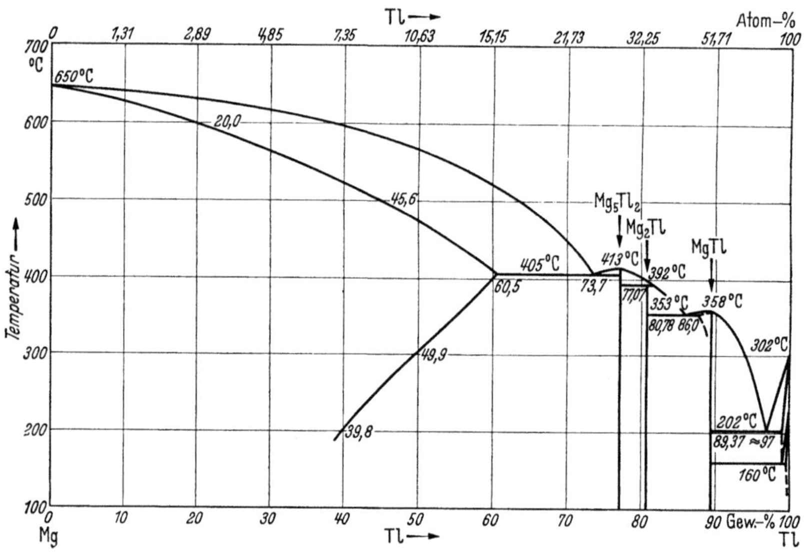

Abb. 101.

Diese wurde von HUME-ROTHERY und RAYNOR durch Gefügebeobachtung ausgeführt. Dabei ergibt sich eine größere Löslichkeit, als sie GRUBE und HILLE feststellten. Ebenso wurde die Solidusline bei höheren Temperaturen gefunden. Die maximale Löslichkeit beträgt

[1] WECKERLE, K.: Inaug.-Diss. Freiburg i. Br. 1935.
[2] HAUCKE, W.: Naturwiss. Bd. 26 (1938) S. 577—578.

60,5% Tl. Die Solidus- und Löslichkeitslinie ist in Abb. 101 nach den Angaben von HUME-ROTHERY und RAYNOR eingezeichnet.

Mg-W. KREMER[1] berichtet über vergebliche Versuche, Magnesium mit Wolfram zu legieren. Danach scheint weder geschmolzenes noch festes Magnesium Wolfram aufzunehmen.

Mg-Zn. CHADWICK[2] und HUME-ROTHERY und ROUNSEFELL[3] haben den Aufbau der Magnesium-Zink-Legierungen mit der Methode der thermischen Analyse und durch Gefügebeobachtung untersucht. Die gut übereinstimmenden Werte der beiden Arbeiten sind zur Konstruktion des Gleichgewichtsschaubildes in Abb. 102 benutzt worden.

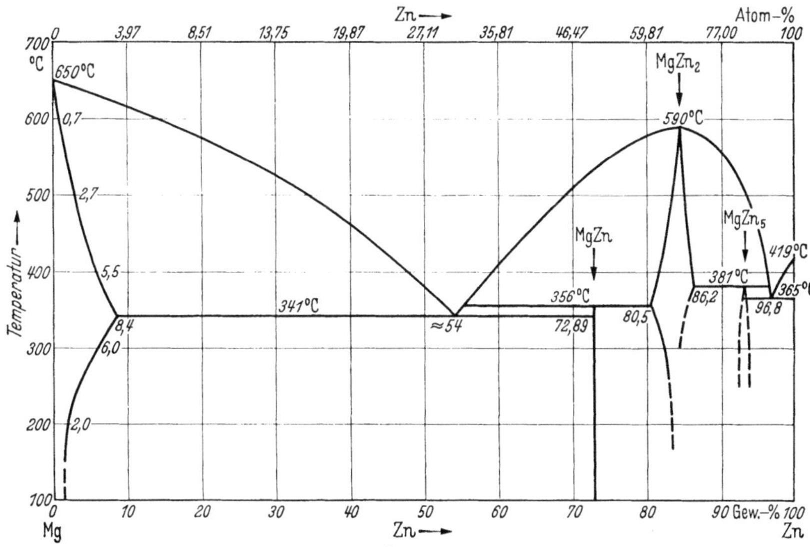

Abb. 102.

Die bei 590° aus der Schmelze kristallisierende Verbindung $MgZn_2$ (84,32% Zn) setzt sich bei 356° in peritektischer Reaktion mit einer zinkarmen Schmelze unter Bildung der Verbindung MgZn (72,89% Zn) um[4]. Diese bildet mit Magnesium bzw. dessen gesättigtem Mischkristall ein Eutektikum, dessen Konzentration bei etwa 54% Zn und 341° liegt.

Während CHADWICK für die Verbindungen $MgZn_2$ und $MgZn_5$ (93,08% Zn) einen geringen Homogenitätsbereich angibt, konnten HUME-

[1] KREMER, D.: Abh. Inst. Metallhütt. u. Elektromet. Techn. Hochsch. Aachen Bd. 1 (1916) S. 8—9.

[2] CHADWICK, R.: J. Inst. Met. Bd. 39 (1928) S. 285—298.

[3] HUME-ROTHERY, W., u. E. O. ROUNSEFELL: J. Inst. Met. Bd. 41 (1929) S. 119—138.

[4] Diese Reaktion wird von M. I. ZAHAROWA und A. B. MLADZEEWSKIY nicht bestätigt [Izv. Sektora Fiziko-Khimicheskogo Analiza Bd. 9 (1936) S. 193—202].

ROTHERY und ROUNSEFELL eine Mischkristallbildung nicht beobachten. Eindeutig geht jedoch das Vorhandensein von Mischkristallen aus den von GRUBE und BURKHARDT[1] aufgestellten Isothermen der elektrischen Leitfähigkeit hervor und die von ihnen gemessenen Temperatur-Widerstandskurven lassen eine Festlegung der Löslichkeitsgrenzen zu. BOTSCHWAR und WELITSCHKO[2] bestätigen die Mischkristallbildung.

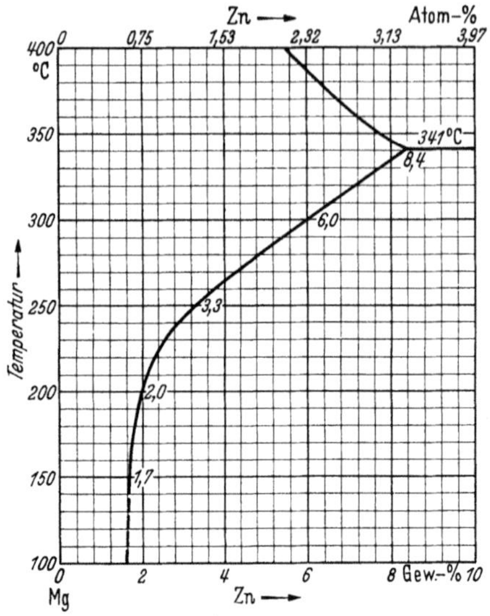

Abb. 103.

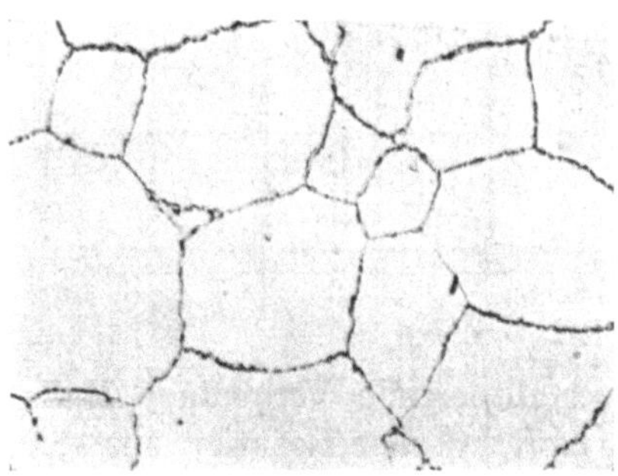

Abb. 104. Z 1 b, gepreßt. (Vergr. × 200)

Die Gitterkonstante von MgZn bestimmte TARSCHISCH[3,4] zu $a = 5{,}33$ Å, $c = 8{,}58$ Å, $c/a = 1{,}61$ Å.

Die Löslichkeit des Zinks im Magnesium, für deren Vorhandensein bereits die von STEPANOW[5] aufgestellten Isothermen der elektrischen Leitfähigkeit sprachen, wurde von verschiedenen Autoren untersucht. In Abb. 103 ist die Löslichkeitslinie nach einer röntgenographischen Untersuchung von SCHMID und SELIGER[6] dargestellt.

Von den binären Magnesium-Zink-Legierungen wird eine Legierung mit etwa 4% Zn unter der Bezeichnung Elektron Z1b (4,3Zn) als Knetmaterial verwandt. Ihr Gefüge in 200facher Vergrößerung geht aus der Abb. 104 hervor; es besteht aus Mischkristallen.

Mg-Zr. Nach orientierenden Versuchen von SIEBEL[7] findet bei einer Temperatur in unmittelbarer Nähe des Magnesiumschmelzpunktes eine peritektische Reaktion statt. Bei 0,26% Zr mündet, von höheren

[1] GRUBE, G., u. A. BURKHARDT: Z. Elektrochem. Bd. 35 (1929) S. 315—332.
[2] BOTSCHWAR, A. A., u. I. P. WELITSCHKO: Z. anorg. allg. Chem. Bd. 210 (1933) S. 164—165.
[3] TARSCHISCH, L.: Z. Kristallogr. Bd. 86 (1933) S. 423—438.
[4] Vgl. dazu L. W. MCKEEHAN: Z. Kristallogr. Bd. 91 (1935) S. 501—503.
[5] STEPANOW, N. I.: Z. anorg. allg. Chem. Bd. 78 (1912) S. 22—25.
[6] SCHMID, E., u. H. SELIGER: Metallwirtsch. Bd. 11 (1932) S. 409—411.
[7] Unveröffentlicht.

Temperaturen kommend, die Liquiduslinie in die Peritektikale ein. Diese Liquiduslinie steigt sehr steil an und biegt erst bei Temperaturen von etwa 1000° zu höheren Zirkongehalten ab.

Für den festen Zustand ergibt sich nach einigen Versuchen des Verfassers[1] aus Messungen der elektrischen Leitfähigkeit eine Mischkristallbildung, die bei 500° gleich oder größer als 0,8% ist; bei 400° ist sie kleiner als 0,1% Zr.

D. Ternäre Legierungen.

Die ternären Schaubilder sind nach den Symbolen der zweiten und dritten Bestandteile alphabetisch geordnet. Sofern es notwendig erschien, ist in einer ersten Abbildung die Aufteilung der gesamten Konzentrationsebene nach beendeter Erstarrung wiedergegeben. In der Hauptabbildung ist immer nur die Magnesiumecke dargestellt. Eutektische, peritektische und Mischkristallkonzentrationen sind, sofern es sich um die Randsysteme handelt, mit kleinen Buchstaben (*e*, *p*, *m*), sofern die Konzentrationen im ternären Bereich liegen, mit großen Buchstaben (*E*, *P*, *M*) gekennzeichnet.

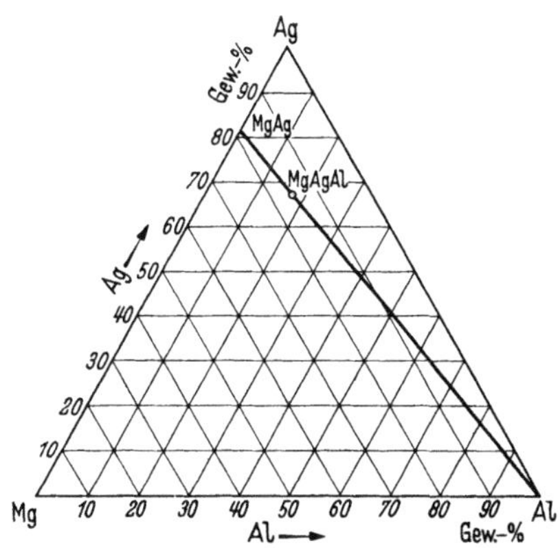

Abb. 105.

Die Kurven doppelt gesättigter Schmelzen tragen zwei Pfeile, die Kurven einfach gesättigter Schmelzen einen Pfeil. Die Grenzen der Vierphasenebenen sind durch strichpunktierte Linien angedeutet. Sofern eine solche Linie mit der Grundlinie des Konzentrationsdreiecks zusammenfällt, ist die Grundlinie gezeichnet.

Mg-Ag-Al. Otani[2] hat den Schnitt Al-MgAg (81,64% Ag) durch Aufnahme von Abkühlungskurven, durch Messung des elektrischen Widerstandes und Gefügebeobachtung untersucht und festgestellt, daß derselbe quasibinär ist (Abb. 105).

Bei 570° entsteht auf diesem Schnitt in peritektischer Reaktion aus Schmelze und einem magnesium- und silberreichen Mischkristall eine ternäre Verbindung der Formel MgAgAl (15,28% Mg, 67,78% Ag, 16,94% Al). Zwischen dieser Verbindung und dem aluminiumreichen Mischkristall erstreckt sich eine Eutektikale bei 538° mit einem eutekti-

[1] Unveröffentlicht.

[2] Otani, B.: Kinzoku no Kenkyu Bd. 10 (1933) S. 262—276.

schen Punkt bei etwa 30% Al. Eine neuere Arbeit von NISHIMURA und SAWAMOTO[1] war nicht mehr zugänglich.

Mg-Ag-Cd. Der Schnitt Mg-$AgCd_3$ (75,76% Cd) wurde von LAVES und MOELLER[2] untersucht. Der Schnitt ist nicht quasibinär. Es besteht eine lückenlose Mischkristallreihe zwischen Magnesium und $AgCd_3$. Ähnlich wie im binären System Magnesium-Kadmium wurden auch hier Umwandlungen im festen Zustand bei 50 Atom-% Mg beobachtet.

Mg-Ag-Tl. Die Löslichkeit von Silber und Thallium in Magnesium bei 380° wurde von KÖSTER und KAM[3] metallographisch bestimmt (Abb. 106). Die Löslichkeit für Silber wird durch Thalliumzusatz verringert. Sie beträgt im binären System etwa 10% Ag (nach Abb. 50 7,5%) und nimmt bei 10, 20 bzw. 30% Tl auf 7,5, 5,5 bzw. 4,5% Ag ab.

Die Temperatur der eutektischen Dreiphasenumsetzung fällt mit steigendem Thalliumgehalt. Sie beträgt im Randsystem Magnesium-Silber 469° und sinkt bei 10, 20 bzw. 30% Tl auf 458, 446 bzw. 432°.

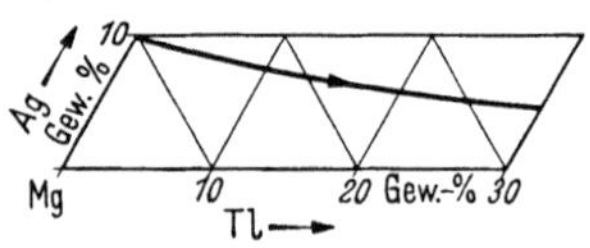

Abb. 106.

Mg-Ag-Zn. Der Schnitt $MgZn_2$-$MgAg_2$ wurde von WITTE[4] bis 60 Mol-% $MgAg_2$ untersucht; er scheint quasibinär zu sein. Es muß jedoch darauf hingewiesen werden, daß die Existenz einer Verbindung der Formel $MgAg_2$ nicht bekannt ist und auch höchst unwahrscheinlich ist.

Mg-Al-Be. MASING und DAHL[5] haben die Aluminiumecke des Dreistoffsystems durch Ausarbeitung zweier Schnitte bei den konstanten Aluminiumgehalten von 80 und 90% untersucht. Anhaltspunkte für den Aufbau der magnesiumreichen Legierungen ergeben sich dabei nicht.

Mg-Al-Bi. Das System wurde gleichzeitig von MASING und REINBACH[6] und SCHEIL und GLAUNER[7] untersucht (Abb. 107). Zwischen der γ-Phase (hier als Mg_4Al_3 bezeichnet) und Mg_3Bi_2 besteht ein quasibinärer Schnitt mit einem eutektischen Punkt e_3 bei 453°. Von den drei binären Eutektika ausgehend, treffen sich drei Kurven doppeltgesättigter Schmelzen im ternären eutektischen Punkt E (31% Al, 0,5—1% Bi) bei 435°. Bei dieser Temperatur ist die Schmelze E im Gleichgewicht mit M_1, M_2 und Mg_3Bi_2.

---

[1] NISHIMURA, H., u. H. SAWAMOTO: Suiyokwai-Shi (Trans. Min. Met. Alumni Assoc.) Bd. 9 (1938) S. 645—654.

[2] LAVES, F., u. K. MOELLER: Z. Metallkde. Bd. 29 (1937) S. 185—189.

[3] KÖSTER, W., u. K. KAM: Z. Metallkde. Bd. 31 (1939) S. 84.

[4] WITTE, H.: Z. angew. Mineral. Bd. 1 (1937) S. 83—92.

[5] MASING, G., u. O. DAHL: Wiss. Veröff. Siemens-Konz. Bd. 8 H. 1 (1929) S. 248—254.

[6] MASING, G., u. R. REINBACH: Z. Metallkde. Bd. 30 (1938) HV. S. 61—63.

[7] SCHEIL, E., u. B. GLAUNER; Z. Metallkde. Bd. 31 (1939) S. 76—79.

In dem dargestellten Teildreieck verlaufen noch zwei weitere doppeltgesättigte Kurven, nämlich s_1s_2, die Grenze des vom Randsystem Aluminium-Wismut ausgehenden Gebietes der Nichtmischbarkeit im

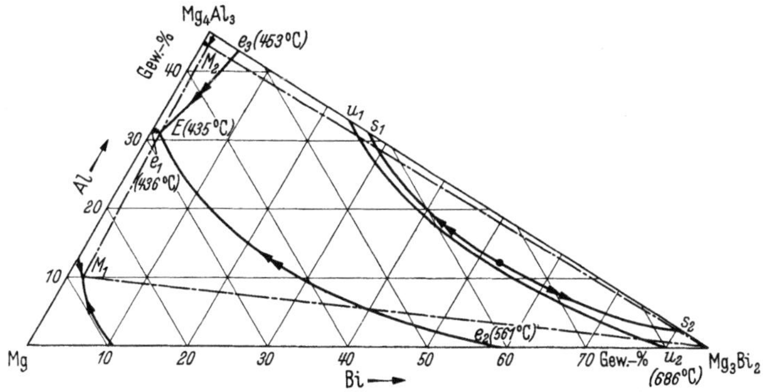

Abb. 107.

flüssigen Zustand und die bei etwa konstanter Temperatur verlaufende Kurve u_1u_2, auf der die Schmelze doppeltgesättigt ist an α- und β-Mg_3Bi_2.

Mg-Al-Cd. Valentin und Chaudron[1], Haughton und Payne[2], Köster und Dullenkopf[3] und Riederer[4] haben das Zustandsschaubild untersucht, und Jänecke[5] hat die Ergebnisse nach neuen Gesichtspunkten ausgewertet.

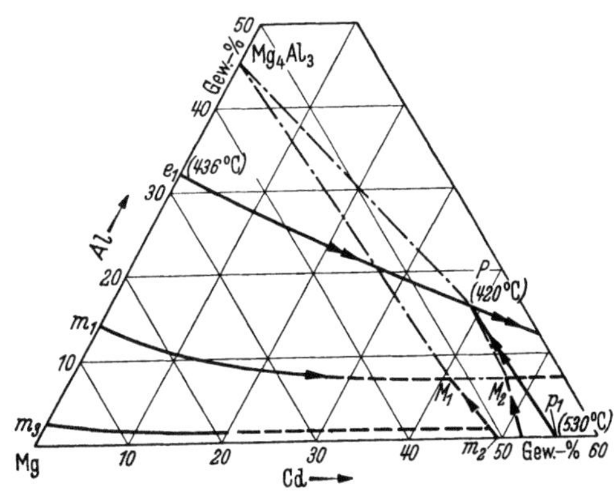

Abb. 108.

Der magnesiumreiche Teil der Legierungen ist in Abb. 108 dargestellt. Von dem binären Eutektikum e_1 verläuft eine Kurve doppelt gesättigter Schmelzen, deren Temperatur mit wachsendem Kadmiumgehalt nur langsam abnimmt, zum Punkt P (46% Mg, 16% Al, 38% Cd), in den von p_1 aus eine zweite Kurve einmündet. In peritektischer Umsetzung

[1] Valentin, J., u. G. Chaudron: Rev. Mét. Bd. 23 (1926) S. 295—309 — s. auch C. R. Bd. 180 (1925) S. 61—63. — Valentin, J.: Chim. et Ind. Bd. 16 (1926) Sondernummer 3 II S. 458.

[2] Haughton, J. L., u. R. J. M. Payne: J. Inst. Met. Bd. 57 (1935) S. 287—296.

[3] Köster, W., u. W. Dullenkopf: Z. Metallkde. Bd. 29 (1937) S. 202—204.

[4] Riederer, K.: Z. Metallkde. Bd. 30 (1938) S. 15—16.

[5] Jänecke, E.: Z. Metallkde. Bd. 30 (1938) S. 424—429.

reagiert hier die Schmelze P bei 420° mit dem Mischkristall M_1 unter Bildung von M_2 und Mg_4Al_3.

Der Raum der ternären Magnesiummischkristalle erstreckt sich längs der Magnesium-Kadmium-Seite; er wird dargestellt durch die Kurve $m_1M_1m_2$, der Schnittspur der Solidusfläche mit der Löslichkeitsfläche und der Kurve m_3m_2, der Schnittspur der Löslichkeitsfläche mit der Konzentrationsebene bei Raumtemperatur.

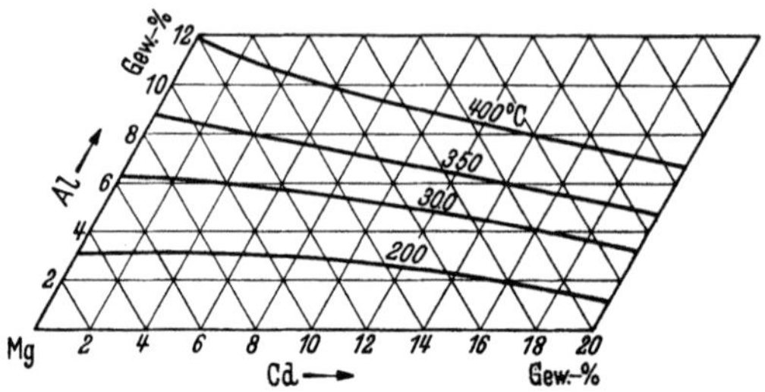

Abb. 109.

Die von Haughton und Payne auf metallographischem Wege durchgeführte Bestimmung der Löslichkeitsfläche ist in Abb. 109 dargestellt durch Projektion der Löslichkeitsisothermen auf die Konzentrationsebene. Die für die binäre Löslichkeitslinie von Aluminium in Magnesium geltenden Werte sind dabei nach Abb. 52 richtiggestellt. Die von Köster und Dullenkopf durch Aufnahme von Temperatur-Widerstandskurven an zwei Schnitten ermittelte Löslichkeit führt zu geringeren Werten, wie die Zahlentafel 5 zeigt.

Zahlentafel 5.

Sättigungs-temperatur in °C	Sättigungskonzentration	
200	5% Cd; 2,3% Al	10% Cd; 1,7% Al
300	5 „ „ 4,0 „ „	10 „ „ 3,1 „ „
350	5 „ „ 5,5 „ „	10 „ „ 4,4 „ „
400	5 „ „ 8,1 „ „	10 „ „ 6,8 „ „

Mg-Al-Cu. Der aluminiumreiche Teil des Zustandsschaubildes im Dreieck Mg_4Al_3-Al-Al_2Cu, auf den hier nicht näher eingegangen wird, wurde von Vogel[1] und Fuss[2] untersucht. Die Konstitution der magnesiumreichen Legierungen haben Portevin und Bastien[3] mit Hilfe von Abkühlungskurven und durch Gefügebeobachtungen erforscht und die erhaltenen Ergebnisse durch Messung der Festigkeitseigenschaften und der elektrischen Leitfähigkeit bestätigt[4]. Nach einer ausführlichen Zusammenfassung von Bastien[5] ergibt sich für das Viereck Mg-Mg_4Al_3-$Mg_2Al_2Cu_3$-Mg_2Cu das in Abb. 110 dargestellte Schaubild.

---

1 Vogel, R.: Z. anorg. allg. Chem. Bd. 107 (1919) S. 265—307.
2 Fuss, V.: Z. Metallkde. Bd. 16 (1924) S. 24—25.
3 Portevin, A., u. P. Bastien: C. R. Bd. 195 (1932) S. 441—443.
4 Portevin, A., u. P. Bastien: C. R. Bd. 196 (1933) S. 693—696.
5 Bastien, P.: Publ. sci. techn. Ministère de l'air Bd. 20 (1933) S. 1—91.

Das untersuchte Gebiet wird durch einen quasibinären Schnitt zwischen Magnesium und einer bei 880° unzersetzt schmelzenden ternären Verbindung mit der Zusammensetzung $Mg_2Al_2Cu_3$ (18,4% Al, 64,9% Cu) in zwei Dreiecke mit je einem ternären Eutektikum auf-

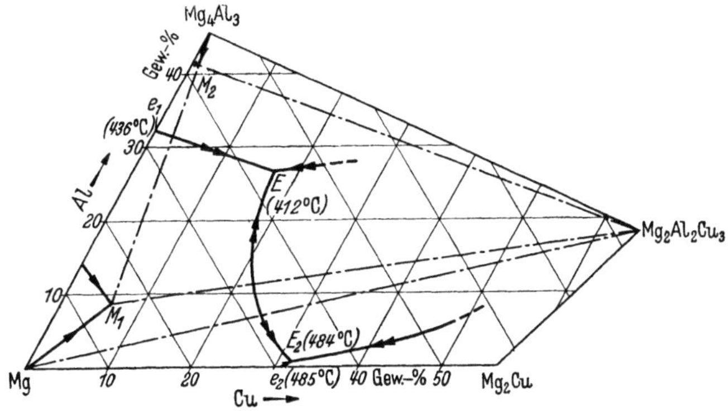

Abb. 110.

geteilt. Die ternäre eutektische Schmelze *E* (26,5% Al, 17,0% Cu) steht bei 412° im Gleichgewicht mit einem magnesiumreichen Mischkristall M_1 (8,8% Al, 6,2% Cu), einem Mg_4Al_3-reichen Mischkristall M_2 (41,4% Al, 0,6% Cu) und der ternären Verbindung $Mg_2Al_2Cu_3$. Die ternäre eutektische Schmelze E_2 (0,5% Al, 32,0% Cu) ist bei 484° im Gleichgewicht mit Mg, $Mg_2Al_2Cu_3$ und Mg_2Cu.

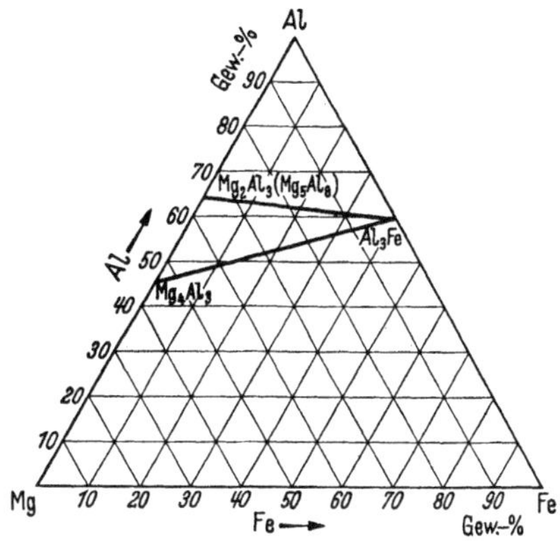

Abb. 111.

Mg-Al-Fe. Nach einer Untersuchung von Fuss[1] bestehen in diesem Diagramm die beiden mit Hilfe des Klärkreuzverfahrens ermittelten quasibinären Schnitte Mg_4Al_3-Al_3Fe (40,83% Fe) und Mg_2Al_3 - Al_3Fe (Abb. 111).

Mg-Al-Mn. Die von Leemann und Hanemann[2] durchgeführten Untersuchungen an aluminiumreichen Legierungen mit Magnesiumgehalten bis zu 35,5% und Mangangehalten bis zu 12% lassen keine Rückschlüsse auf die magnesiumreichen Legierungen zu. Eine neuere Arbeit von Imaki[3] war nicht mehr zugänglich.

[1] Fuss, V.: Z. Metallkde. Bd. 16 (1924) S. 24—25.

[2] Leemann, W. G., u. H. Hanemann: Aluminium-Arch. Bd. 9.

[3] Imaki, A.: Suiyokwai-Shi (Trans. Min. Met. Alumni Assoc.) Bd. 9 (1938) S. 665—668.

Mg-Al-Ni. Fuss[1] stellte nach dem Klärkreuzverfahren die Existenz des quasibinären Schnittes Mg_2Al_3-Al_3Ni (42,04% Ni) fest (Abb. 112).

Mg-Al-Sb. Loofs-Rassow[2] und Guertler und Bergmann[3] haben das Zustandsschaubild untersucht; beide Arbeiten stimmen im wesent-

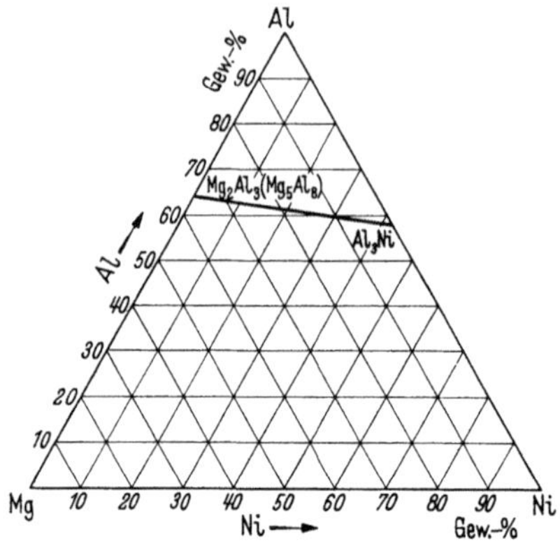

Abb. 112.

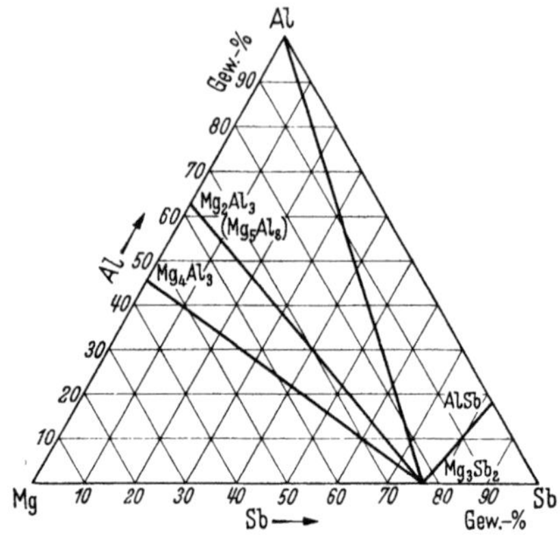

Abb. 113.

lichen überein. In Abb. 113 ist die Aufteilung des Grunddreiecks durch die vier als quasibinär erkannten Schnitte Mg_3Sb_2-Mg_4Al_3, Mg_3Sb_2-Mg_2Al_3, Mg_3Sb_2-Al und Mg_3Sb_2-AlSb dargestellt. Entlang dem Schnitt Mg_3Sb_2-Al wird ein Gebiet der Nichtmischbarkeit im flüssigen Zustand beobachtet, das fast das ganze Viereck Mg_4Al_3-Al-AlSb-Mg_3Sb_2 umfaßt.

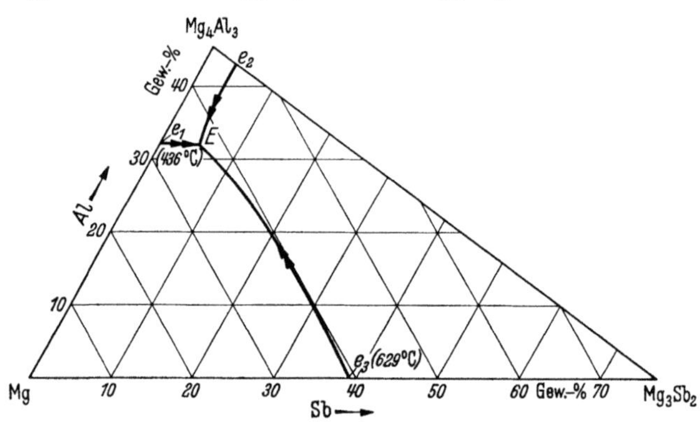

Abb. 114.

Das die magnesiumreichen Legierungen umfassende Teildreieck Mg-Mg_4Al_3-Mg_3Sb_2 ist in Abb. 114 nach Guertler und Bergmann dar-

[1] Fuss, V.: Z. Metallkde. Bd. 16 (1924) S. 24—25.

[2] Loofs-Rassow, E.: Haus-Z. Aluminium 1931 S. 20—32.

[3] Guertler, W., u. A. Bergmann: Z. Metallkde. Bd. 25 (1933) S. 81—84 u. 111—116.

gestellt. Die Abbildung gibt nur ein ungefähres Bild über die Ausdehnung der primären Erstarrungsflächen. Bei der nichtbekannten Temperatur des ternären eutektischen Punktes E, dessen genaue Konzentration ebenfalls unbekannt ist, ist E im Gleichgewicht mit Mg, Mg_4Al_3 und Mg_3Sb_2 bzw. deren Mischkristallen.

Mg-Al-Si. Über dieses Diagramm liegen Untersuchungen von LOSANA[1] und SAWAMOTO[2] vor. Es existieren nach LOSANA die drei quasibinär-eutektischen Schnitte Al-Mg_2Si, Mg_2Al_3-Mg_2Si und Mg_4Al_3-Mg_2Si gemäß Abb. 115. Ternäre Verbindungen wurden nicht beobachtet.

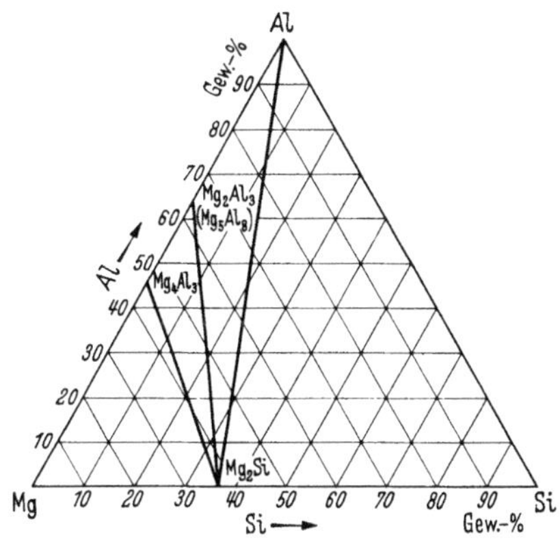

Abb. 115.

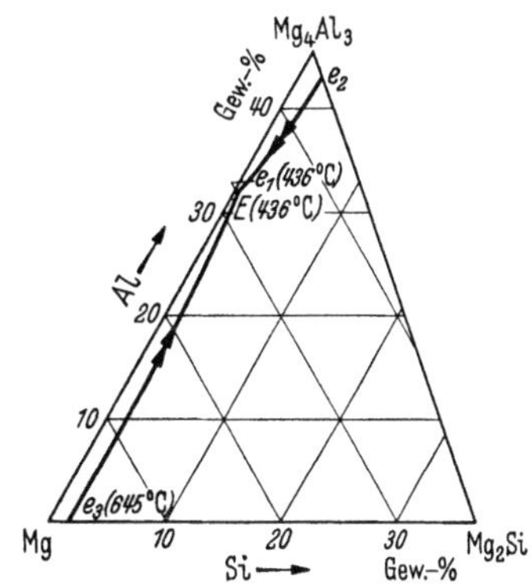

Abb. 116.

Im Teildreieck Mg-Mg_4Al_3-Mg_2Si treffen sich, praktisch beim binären Eutektikum zwischen Magnesium und Mg_4Al_3, zwei Kurven doppelt gesättigter Schmelzen, die von zwei binär-eutektischen Punkten in den Randsystemen Mg-Mg_2Si und Mg_4Al_3-Mg_2Si ausgehen, bei einer Temperatur von 436°, die der Temperatur des binären Eutektikums Mg-Mg_4Al_3 entspricht (Abb. 116). Im Punkt E besteht ein Gleichgewicht: Schmelze $E \rightleftarrows$ Mg + Mg_4Al_3 + Mg_2Si. Auf die Wiedergabe des von LOSANA in der Magnesium-Ecke angegebenen Löslichkeitsraumes kann verzichtet werden, da die mit etwa 0,8% Si angegebene Löslichkeit im binären Schaubild Magnesium-Silizium sicherlich zu hoch angenommen ist und sich dementsprechend die ternäre Löslichkeit ändern muß.

Mg-Al-Tl. Die magnesiumreichen Legierungen dieses Schaubildes wurden im Teilgebiet Mg-Mg_4Al_3-Mg_5Tl_2 von KÖSTER und WAGNER[3] untersucht. Ihre Ergebnisse finden sich in Abb. 117.

Der Schnitt Mg_4Al_3-Mg_5Tl_2 erwies sich als quasibinär-eutektisch mit einem eutektischen Punkt bei 28% Mg, 7% Al, 65% Tl und 398°. Von

---

[1] LOSANA, L.: Metallurg. ital. Bd. 23 (1931) S. 367—382.
[2] SAWAMOTO, H.: Suiyokwai-Shi Bd. 8 (1935) S. 713—727.
[3] KÖSTER, W., u. E. WAGNER: Z. Metallkde. Bd. 30 (1938) S. 338—342.

den drei Randsystemen fallen die Kurven doppelt gesättigter Schmelzen bis zum Punkt E bei 395°, bei der ein Gleichgewicht zwischen Schmelze E und den drei Mischkristallen M_1 (52% Mg, 5% Al, 43% Tl), M_2 (51,5% Mg, 39,5% Al, 9% Tl) und M_3 besteht. Die Kurven $m_1 M_1 m_2$ und $m_3 M_2 m_4$ sind die Schnittspuren der Löslichkeitsflächen der Mg- bzw. Mg_4Al_3-Mischkristalle mit der Solidusfläche. Sie geben die maximale Löslichkeit an. Die Mischkristallbildung von Mg_5Tl_2 ist nur sehr gering. Da die Löslichkeit der Mg- und Mg_4Al_3-Mischkristalle temperaturabhängig ist, weitet sich mit fallender Temperatur das unterhalb der Vierphasenebene $M_1 M_2 M_3$ liegende Dreiphasengebiet auf, indem der Punkt M_1

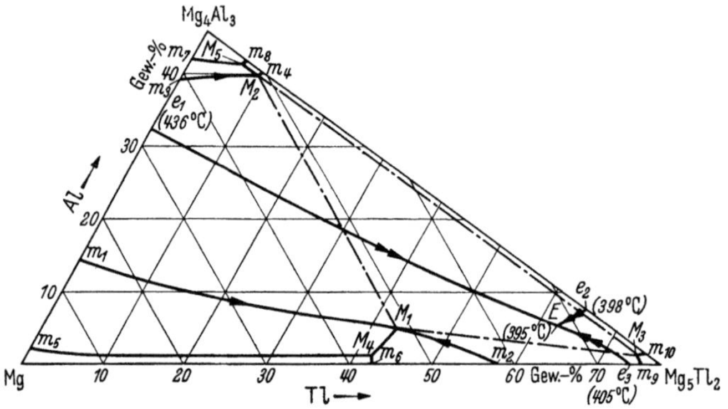

Abb. 117.

sich auf der Linie $M_1 M_4$ nach M_4 und der Punkt M_2 sich auf der Linie $M_2 M_5$ nach M_5 bewegt.

Bei Raumtemperatur ergibt sich also ein Dreiphasengebiet, das das nicht besonders eingezeichnete Dreieck $M_5 M_4 M_3$ umfaßt und aus Mischkristallen von Mg, Mg_4Al_3 und Mg_5Tl_2 besteht. Da die Kurven $m_5 M_4 m_6$ und $m_7 M_5 m_8$ der Schnittspur der Löslichkeitsflächen mit der Konzentrationsebene bei Raumtemperatur entsprechen, sind die Gebiete Mg$m_5 M_4 m_6$ und $m_7 M_5 m_8$ Mg_4Al_3 Einphasengebiete. Infolge der Mischkristallbildung von allen drei Komponenten müssen noch drei Zweiphasengebiete existieren. Sie werden begrenzt durch $m_5 M_4 M_5 m_7 m_5$, $m_6 m_9 M_3 M_4 m_6$ und $m_8 m_{10} M_3 M_5 m_8$ und enthalten Mg- + Mg_4Al_3-Mischkristalle bzw. Mg- + Mg_5Tl_2-Mischkristalle bzw. Mg_4Al_3- + Mg_5Tl_2-Mischkristalle.

Mg-Al-Zn. Das Zustandsschaubild ist von KÖSTER und Mitarbeitern[1, 2, 3] neu untersucht worden und es soll hier nur auf ihre Arbeiten Bezug genommen werden. Die Aufteilung des Konzentrations-

[1] KÖSTER, W., u. W. WOLF: Z. Metallkde. Bd. 28 (1936) S. 155—158.
[2] KÖSTER, W., u. W. DULLENKOPF: Z. Metallkde. Bd. 28 (1936) S. 309—312.
[3] KÖSTER, W., u. W. DULLENKOPF: Z. Metallkde. Bd. 28 (1936) S. 363—367.

dreieckes bei Raumtemperatur geht aus der Abb. 118 hervor. Es existiert eine ternäre peritektische Kristallart, der nach LAVES, LÖHBERG und WITTE[1] die ungefähre Zusammensetzung $Mg_3Al_2Zn_3$ (22,6% Mg, 16,7% Al, 60,7% Zn) zukommt; sie hat ein kubisch-raumzentriertes Gitter mit der Gitterkonstanten $a = 14{,}16$ Å und 161 Atomen in der Zelle. In dem Diagramm existieren drei quasibinäre Schnitte eutektischer Art, nämlich Mg_4Al_3-$Mg_3Al_2Zn_3$, Al-$Mg_3Al_2Zn_3$, Al-$MgZn_2$ und ein quasibinärer Schnitt mit peritektischer Reaktion: $Mg_3Al_2Zn_3$-$MgZn_2$. Magnesium ist bei Raumtemperatur mit den drei Kristallarten Mg_4Al_3, $Mg_3Al_2Zn_3$ und MgZn im Gleichgewicht. In der Magnesiumecke laufen drei Zweiphasengebiete zusammen (Mg

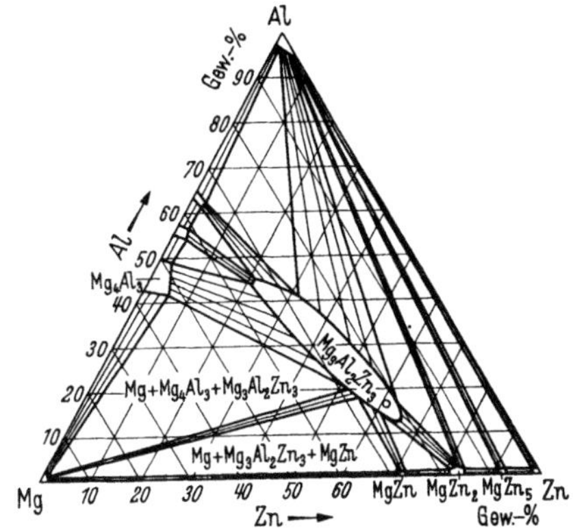

Abb. 118.

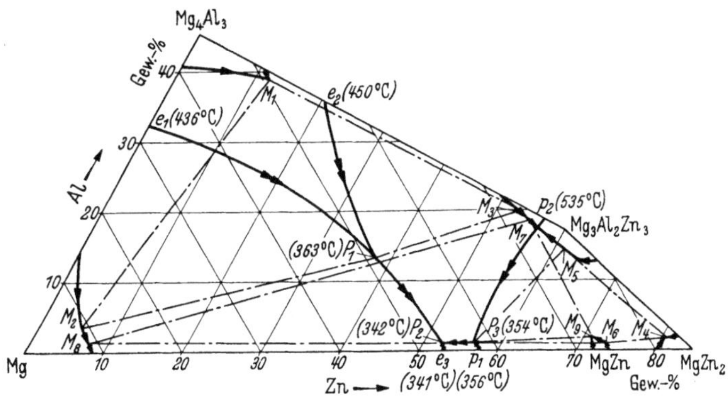

Abb. 119.

$+Mg_4Al_3$; $Mg+Mg_3Al_2Zn_3$; Mg + MgZn), die durch zwei Dreiphasengebiete ($Mg+Mg_4Al_3+Mg_3Al_2Zn_3$; $Mg+Mg_3Al_2Zn_3+$MgZn) getrennt sind.

In Abb. 119 ist der Verlauf der Schmelzgleichgewichte der magnesiumreichen Legierungen im Teilgebiet Mg-Mg_4Al_3-$Mg_3Al_2Zn_3$-$MgZn_2$ dargestellt. Von den Kurven der doppelt gesättigten Schmelzen werden fünf Flächen primärer Kristallisation begrenzt (Zahlentafel 6):

Zahlentafel 6.

Kristallart	Fläche
Mg	$e_1 P_1 P_2 e_3$ Mg e_1
Mg_4Al_3	$e_2 P_1 e_1$ Mg_4Al_3 e_2
$Mg_3Al_2Zn_3$. . . .	$p_2 P_3 P_2 P_1 e_2 p_2$
$MgZn_2$	$p_2 P_3 p_1$ $MgZn_2$ p_2
MgZn.	$p_1 P_3 P_2 e_3 p_1$

[1] LAVES, F., K. LÖHBERG u. H. WITTE: Metallwirtsch. Bd. 14 (1935) S. 793—794.

Die Beziehungen der Kristallarten zueinander werden durch drei Vierphasenumsetzungen geregelt:

Von den beiden eutektischen Randsystemen Mg-Mg_4Al_3 und Mg_4Al_3-$Mg_3Al_2Zn_3$ kommen von den eutektischen Punkten e_1 und e_2 zwei Kurven doppelt gesättigter Schmelzen, die sich im Punkt P_1 treffen; hier findet bei 363° die Reaktion $P_1 + M_1 \rightleftarrows M_2 + M_3$ statt. Die Kante M_1M_2 der Vierphasenfläche liegt weit vom Randsystem Mg-Mg_4Al_3 entfernt, weil der Magnesiummischkristall etwa 5,5% Zn und der Mg_4Al_3-Mischkristall 12% Zn aufzunehmen vermag. Die Zusammensetzung des Punktes M_2 entspricht etwa 3,5% Al und 5,5% Zn.

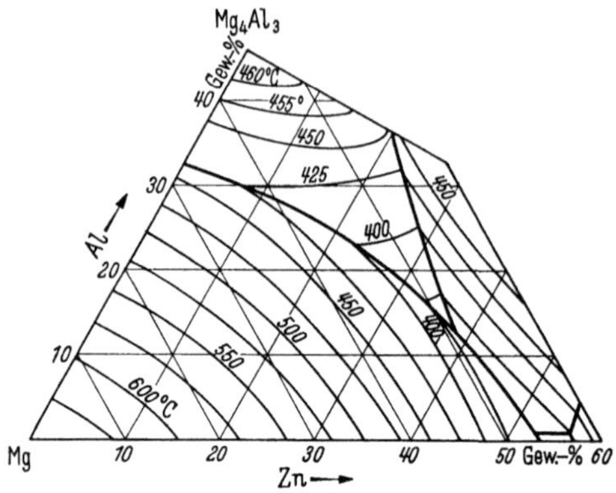

Abb. 120.

Von der Vierphasenebene bei 363° und einer dritten Vierphasenebene bei 354°, auf der sich die Reaktion $P_3 + M_4 \rightleftarrows M_5 + M_6$ abspielt, kommen zwei Kurven doppelt gesättigter Schmelzen, die sich bei 342° im Punkt P_2 treffen; hier vollzieht sich die Reaktion $P_2 + M_7 \rightleftarrows M_8 + M_9$. Von P_2 mündet das Schmelzgleichgewicht in das binäre eutektische Gleichgewicht e_4 ein.

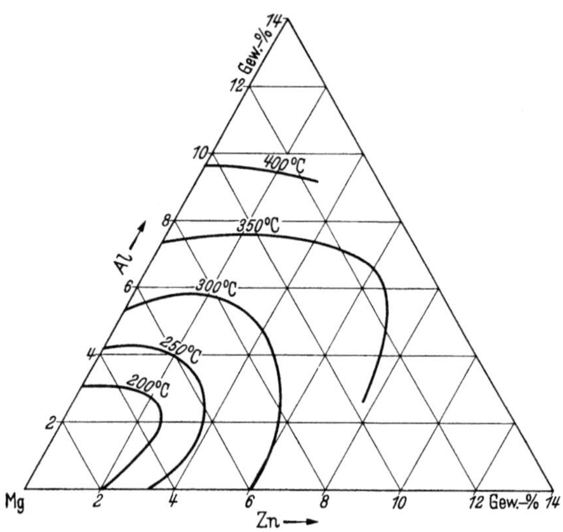

Abb. 121.

Wegen der Wichtigkeit des ternären Schaubildes für die Elektrongußlegierungen ist in Abb. 120 noch die Schmelzfläche der magnesiumreichen Legierungen dargestellt.

In Abb. 121 ist nach einer noch nicht abgeschlossenen Arbeit von Schmid und Siebel[1] die röntgenographisch ermittelte Löslichkeitsfläche der ternären magnesiumreichen Mischkristalle durch Projektion iso-

[1] Schmid, E., u. G. Siebel: Unveröffentlicht.

thermer Schnitte auf die Konzentrationsebene dargestellt. Für die Randsysteme wurden die röntgenographischen Bestimmungen der Löslichkeitslinie zugrunde gelegt (s. Abb. 52 und 103). Es ergibt sich eine starke Aufweitung des Mischkristallgebietes bei den ternären Legierungen.

Zu ähnlichen Ergebnissen kommen SALDAU und Mitarbeiter[1, 2]. Aus einem Referat der nicht im Original zugänglichen Arbeiten ergeben sich folgende Werte:

Zahlentafel 7.

Sättigungstemperatur °C	Sättigungskonzentration			
	% Al	% Zn	% Al	% Zn
20	1,1	1,6	3,9	1,31
250	2,45	2,85	4,84	1,66
300	2,30	2,75	—	—
325	—	—	6,57	2,14
350	4,30	4,60	7,57	2,50
400	3,04	4,0	—	—

Eine von SERGEEW[3] durchgeführte Bestimmung der Löslichkeitsfläche bei 20, 250 und 350° war im Original nicht zugänglich. Im Referat werden Angaben nicht gemacht.

Von den technisch wichtigen Elektronlegierungen sind bei diesem System die Sandgußlegierungen AZF und AZG zu besprechen, die bei Zinkgehalten von 3% 4 bzw. 6% Al enthalten. In Abb. 122 ist ein Gefügebild von Elektron AZG wiedergegeben; es entspricht in seinem Aufbau dem in Abb. 54 gezeigten Bild von A 8 Sandguß; der höhere Zinkgehalt tritt bei den ternären Legierungen nicht als besonderer Gefügebestandteil in Erscheinung. Auf die Wiedergabe eines Bildes für Elektron AZF kann verzichtet werden, da es dem AZG sehr ähnlich ist. — Das auch für die Legierung AZG empfohlene Spannungsfreiglühen besteht in einer etwa 2—4stündigen Glühung bei etwa 280—320°; das Gefüge wird dabei gemäß Abb. 123 verändert. Eine 500fache Vergrößerung

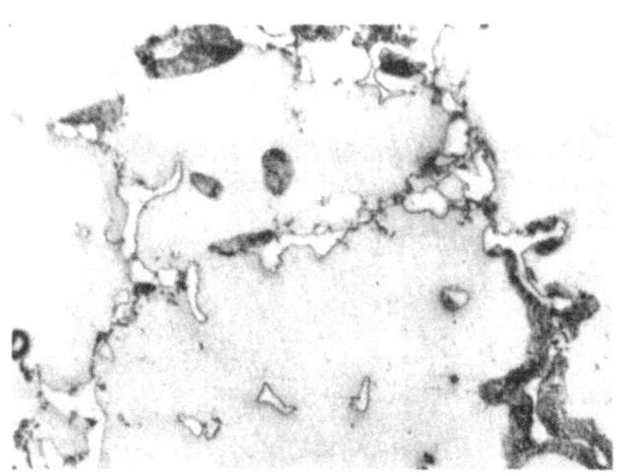

Abb. 122. AZG-Sandguß (FlW 3505.0). (Vergr. × 200)

[1] SALDAU, P. J., u. V. S. SOKOLOW: Ref. J. Inst. Met. Metallurg. Abstr. Bd. 1 (1934) S. 417.

[2] SALDAU, P. J., u. N. I. KORENEW: Ref. J. Inst. Met. Metallurg. Abstr. Bd. 1 (1934) S. 417.

[3] SERGEEW, L. N.: Ref. J. Inst. Met. 1938 S. 260.

zeigt, daß die Ausscheidungen in diesem Fall koagulieren (Abb. 124), während sie bei 200° in lamellarer Anordnung auftreten (Abb. 125).

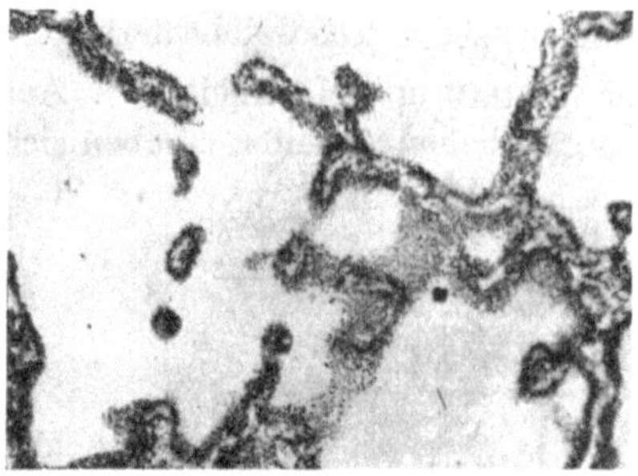

Abb. 123. AZG-Sandguß, 4 Stunden bei 320°. (Vergr. × 200)

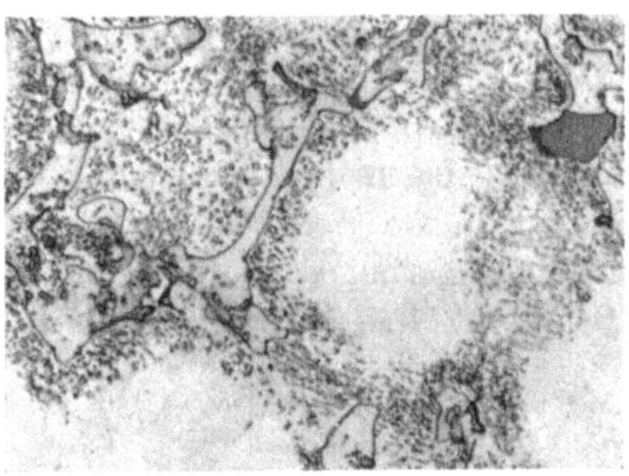

Abb. 124. AZG-Sandguß, 4 Stunden bei 320°. (Vergr. × 500)

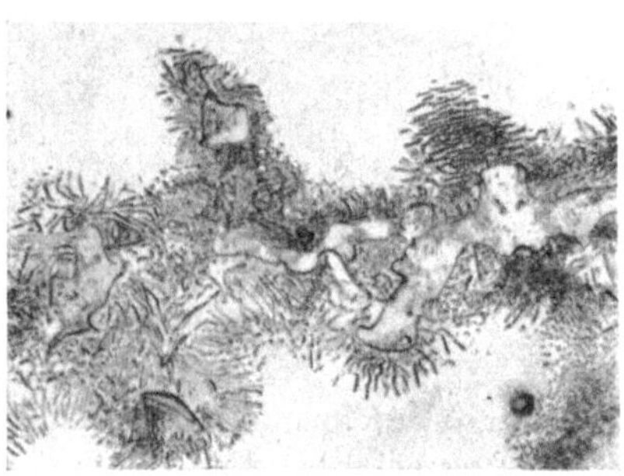

Abb. 125. AZG-Sandguß, 10 Stunden bei 200°. (Vergr. × 500)

Mg-Bi-Cu. Das System Magnesium-Wismut-Kupfer wurde von MEISSNER[1] an sieben Legierungen untersucht, wobei sich die Untersuchung hauptsächlich auf magnesiumarme Legierungen beschränkt. Als wesentlich ist festzustellen, daß eine ternäre Verbindung existiert. Eine Legierung mit 8,38% Mg, 47,80% Bi und 43,82% Cu schmilzt bei 873°; sie besteht zum größten Teil aus dieser Verbindung, der wahrscheinlich ein etwas höherer Magnesiumgehalt zukommt. Legierungen mit höherem Magnesiumgehalt boten bei der Untersuchung infolge peritektischer Gleichgewichtsstörungen Schwierigkeiten.

Mg-Bi-Zn. Der Aufbau der Magnesium-Wismut-Zink-Legierungen im Teilbereich Mg-Mg_3Bi_2-MgZn ist in Abb. 126 nach SCHEIL und GLAUNER[2] dargestellt. Beim Punkt E (339°), der in unmittelbarer Nähe des binären Eutektikums e_2 liegt, stehen Mischkristalle M (92% Mg, 1% Bi, 7% Zn), α-Mg_3Bi_2 und MgZn mit Schmelze E im Gleichgewicht. Die Schmelze P reagiert bei 352° mit $MgZn_2$ unter Bildung von MgZn und α-Mg_3Bi_2.

Der $\alpha \rightleftarrows \beta$-Umwandlung von Mg_3Bi_2 entspricht die Linie u_1U. Die im System Wismut-Zink beobachtete Mischungslücke ragt noch in den in Abb. 126 dargestellten Teilbereich hinein. Sie schließt sich entsprechend S_1S_2.

[1] MEISSNER, K. L.: Z. Metallkde. Bd. 14 (1922) S. 175—176.
[2] SCHEIL, E., u. B. GLAUNER: Z. Metallkde. Bd. 31 (1939) S. 80—81.

Mg-Ca-Si. Aus einer Arbeit von BOTSCHWAR und LUNEW[1] läßt sich entnehmen, daß eine Legierung mit 13,8% Ca und 2,0% Si im Gefüge

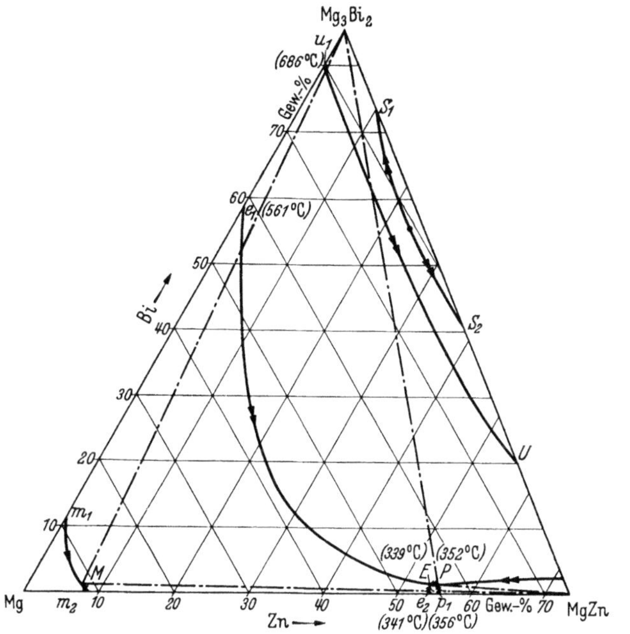

Abb. 126.

Magnesium, Mg_2Si und das Eutektikum von Mg + Mg_2Ca enthält.

Mg-Ca-Zn. Eine eingehende Untersuchung der Magnesium-Kalzium-Zink-Legierungen hat PÂRIS[2] durch Aufnahme von Abkühlungskurven an 189 verschiedenen Legierungen durchgeführt. In Abb. 127 ist nach seinen Angaben die Aufteilung der Konzentrationsebene nach erfolgter Erstarrung wiedergegeben, wobei an Stelle der von PÂRIS gefundenen Verbindung Mg_5Ca_3 die inzwischen richtiggestellte Formel Mg_2Ca eingesetzt wurde (s. Abb. 75). Bei 23,0%

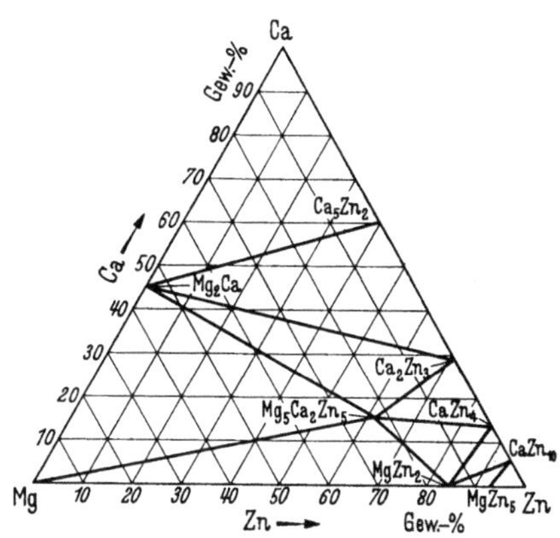

Abb. 127.

[1] BOTSCHWAR, A. M., u. F. A. LUNEW: Zvetnye Metally Bd. 6 (1931) S. 1135—1139.

[2] PÂRIS, R.: Publ. sci. Ministère de l'air Bd. 45 (1934) S. 1—86 — s. auch C. R. Bd. 197 (1933) S. 1634—1636. — MONDAIN-MONVAL, P., u. R. PÂRIS: 14. Congrès chim. ind., S. 1—5. Paris 1934.

Mg, 15,16% Ca und 61,84% Zn besteht eine bei 495° unzersetzt schmelzende Verbindung der Formel $Mg_5Ca_2Zn_5$. Die Schnitte Mg_2Ca-Ca_5Zn_2 und $MgZn_2$-$CaZn_{10}$ erwiesen sich als quasibinär. Aus der Abbildung geht hervor, daß die magnesiumreichen Legierungen, je nachdem ob sie oberhalb oder unterhalb des Schnittes Mg-$Mg_5Ca_2Zn_5$ liegen, außer Magnesium und $Mg_5Ca_2Zn_5$ noch Mg_2Ca bzw. $MgZn_2$ enthalten können.

In Abb. 128 ist der Verlauf der Kurven der doppeltgesättigten Schmelzen der magnesiumreichen Legierungen angegeben. Im Teildreieck Mg-Mg_2Ca-$Mg_5Ca_2Zn_5$ liegt bei 400° und einer Konzentration von 55,5% Mg, 16,0% Ca, 28,5% Zn der ternäre eutektische Punkt E_1,

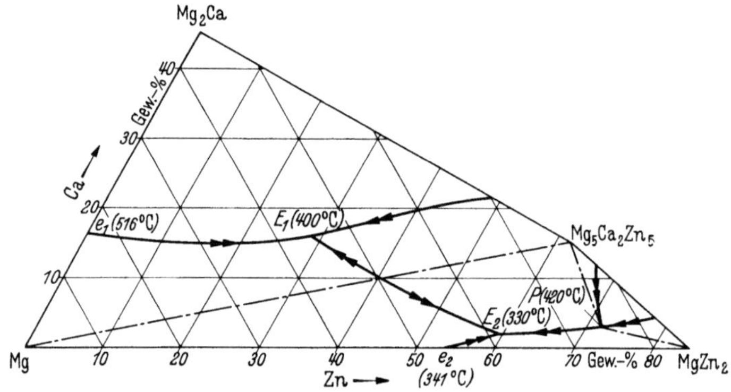

Abb. 128.

bei dem die Schmelze E_1 beim Abkühlen in Mg, Mg_2Ca und $Mg_5Ca_2Zn_5$ zerfällt. Im Teildreieck Mg-$Mg_5Ca_2Zn_5$-$MgZn_2$ reagiert bei 420° die zinkreiche Schmelze P (25% Mg, 3% Ca, 72% Zn) in peritektischer Reaktion mit $CaZn_4$ (86,71% Zn) unter Bildung von $MgZn_2$ und $Mg_5Ca_2Zn_5$. Im Punkt E_2 (38,5% Mg, 2% Ca, 59,5% Zn) treffen sich bei 330° drei Kurven doppeltgesättigter Schmelzen, bei dem sich die folgende eutektische Reaktion vollzieht:

$$\text{Schmelze } E_2 \rightleftarrows \text{Mg} + Mg_5Ca_2Zn_5 + MgZn_2.$$

Mg-Cd-Pb. Über diese Legierungen liegt bisher nur eine Untersuchung von JÄNECKE[1] vor, deren Ergebnis im magnesiumreichen Teil des Diagramms in Abb. 129 dargestellt ist. Von den im Gesamtdiagramm beobachteten peritektischen und eutektischen Reaktionen fällt die peritektische Umsetzung:

$$P_1 + M_1 \rightleftarrows M_2 + Mg_2\text{Pb bei } 435°$$

in das dargestellte Teildiagramm. Dem Punkt P_1 entspricht eine Zusammensetzung von etwa 29% Mg, 36% Cd und 35% Pb.

[1] JÄNECKE, E.: Z. Metallkde. Bd. 30 (1938) S. 390—395.

Die magnesiumreichen Legierungen bestehen aus Mischkristallen, deren Grenzkonzentration noch nicht festgelegt ist.

Mg-Cd-Tl. KÖSTER und WAGNER[1] haben den Aufbau des Teildreiecks Mg-$MgCd_2$-Mg_5Tl_2 durch Ausarbeitung von drei durch die Magnesium-Ecke gehende Schnitte aufgeklärt[2] (Abb. 130). Der Verlauf der bei den binären Magnesium-Kadmium-Legierungen beobachteten Reaktionen im festen Zustand ist dabei unberücksichtigt geblieben.

Von den Randsystemen kommen zwei Kurven doppelt gesättigter Schmelzen. Die doppeltgesättigten Schmelzen längs der Kurve pP sind im Gleichgewicht mit $MgCd_2$ und Mischkristallen längs m_1M_1.

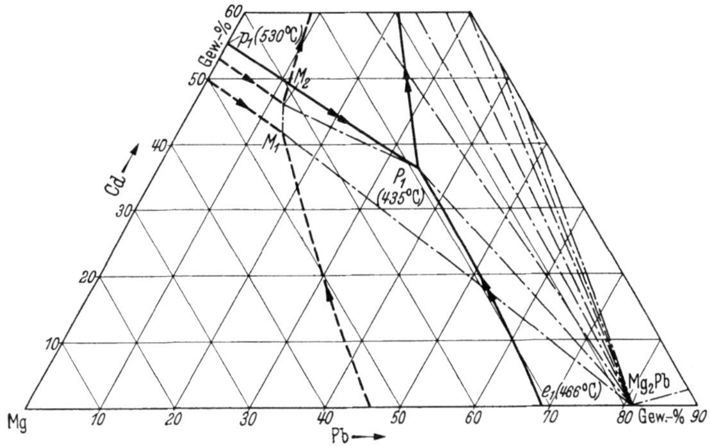

Abb. 129.

Auf der Kurve eP sind die Schmelzen im Gleichgewicht mit Mg_5Tl_2 und Mischkristallen längs m_2M_1. Beide Kurven schneiden sich im Punkt P, der einer Vierphasenumsetzung bei 320° mit folgender Gleichung entspricht:

$$\text{Schmelze } P + \text{Mischkristall } M_1 \rightleftarrows MgCd_2 + Mg_5Tl_2.$$

Die Zusammensetzung des an der Vierphasenumsetzung teilnehmenden Mischkristalles M_1 beträgt etwa 18% Mg, 50% Cd, 32% Tl. Mit sinkender Temperatur erweitert sich die Vierphasenebene, indem der Schnittpunkt M_1 der die Ebene nach der Magnesiumecke begrenzenden Linien $MgCd_2$-M_1 und Mg_5Tl_2-M_1 sich auf der Linie M_1M_2 nach M_2 verschiebt. Die gestrichelt gezeichnete Kurve $m_3M_2m_4$ gibt die für Raumtemperatur geltende Löslichkeit an, die allerdings nicht genau bestimmt wurde.

---

[1] KÖSTER, W., u. E. WAGNER: Z. Metallkde. Bd. 30 (1938) S. 335—338.

[2] Das von JÄNECKE neu aufgestellte binäre Schaubild Magnesium-Kadmium (s. S. 59) war bei Erscheinen der Arbeit noch nicht bekannt.

Die Aufteilung der Konzentrationsebene bei Raumtemperatur ist folgende: Im Gebiet Mg $m_3M_2m_4$ bestehen nur Magnesium-Mischkristalle. Das in die Abbildung nicht eingezeichnete Dreieck $MgCd_2$-Mg_5Tl_2-M_2 enthält als Dreiphasenraum die Phasen $MgCd_2$, Mg_5Tl_2 und Mischkristall M_2. Zwischen diesem Dreieck und der Kurve $m_3M_2m_4$

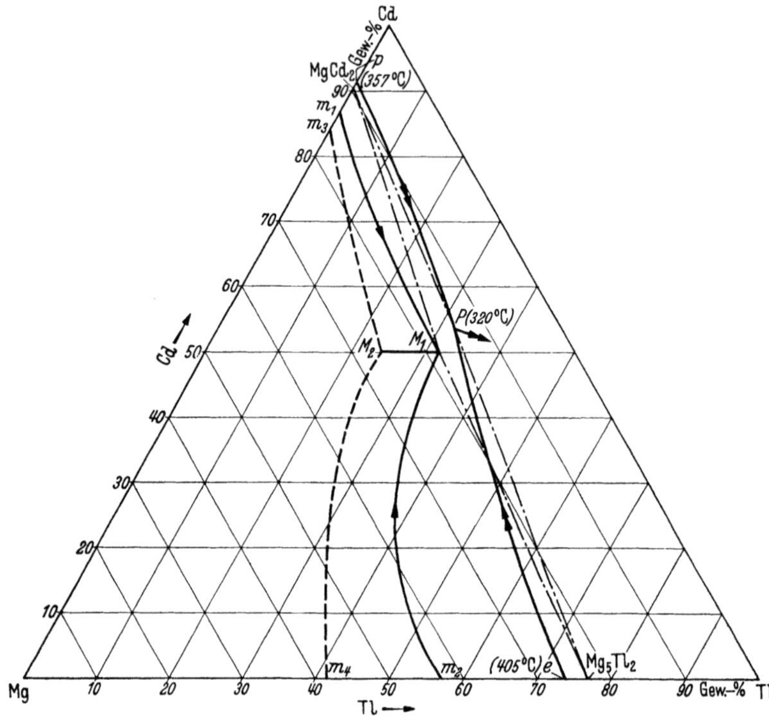

Abb. 130.

bestehen zwei Zweiphasengebiete, die auf der Kadmiumseite $MgCd_2$ + Mischkristalle m_3 bis M_2 und auf der Thalliumseite Mg_5Tl_2 + Mischkristalle M_2 bis m_4 enthalten.

Mg-Cd-Zn. Die Magnesium-Kadmium-Zink-Legierungen wurden von Bruni, Sandonnini und Quercigh[1] und von Bruni und Sandonnini[2] untersucht. Da zur Zeit ihrer Untersuchungen die binären Randsysteme noch nicht vollständig bekannt waren, entsprach das von ihnen gezeichnete Diagramm nicht den tatsächlichen Verhältnissen. Jänecke[3] hat deshalb ihre Versuchsergebnisse neu ausgewertet und ein

---

[1] Bruni, G., C. Sandonnini u. E. Quercigh: Z. anorg. allg. Chem. Bd. 68 (1910) S. 73—90.

[2] Bruni, G., u. C. Sandonnini: Z. anorg. allg. Chem. Bd. 78 (1912) S. 273—297.

[3] Jänecke, E.: Z. Metallkde. Bd. 30 (1938) S. 424—429.

neues Schaubild entworfen. Der magnesiumreiche Teil ist in Abb. **131** dargestellt.

Im Punkt P treffen sich drei Kurven doppeltgesättigter Schmelzen. Die Schmelze P (etwa 34,5% Mg, 36,9% Cd, 28,6% Zn) reagiert bei 340° mit Mischkristall M_1 unter Bildung von M_2 und MgZn. Noch nicht geklärt ist die beim Punkt X stattfindende Reaktion, deren Temperatur noch nicht genau bekannt ist; sie liegt jedenfalls in der Nähe von 340°.

Entlang der Magnesium-Kadmium-Seite bestehen die Legierungen aus Mischkristallen, bei höheren Zinkgehalten sind sie zweiphasig und enthalten magnesiumreiche Mischkristalle und MgZn.

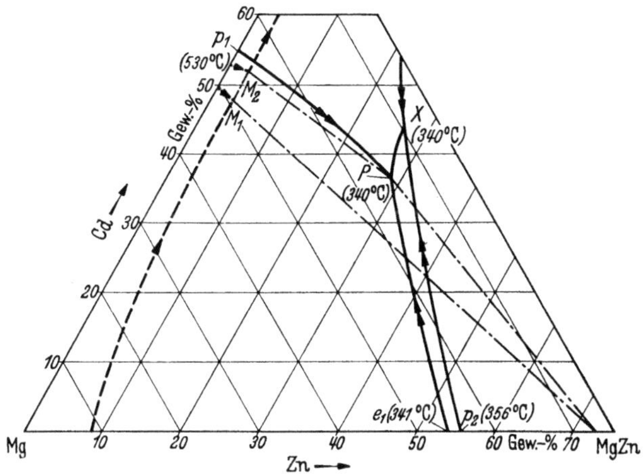

Abb. 131.

Mg-Cu-Ni. Jones und Wolfe[1] untersuchten die Festigkeitseigenschaften von Guß- und Knetmaterial bis etwa 10% Cu + Ni.

Über den Aufbau der Legierungen wird mitgeteilt, daß eine geschmiedete und 200 Stunden bei 450° geglühte Legierung mit 0,025% Cu und 0,025% Ni einen zweiten Bestandteil enthielt. Auf Grund des Isomorphismus zwischen Kupfer und Nickel wird vermutet, daß dieser zweite Bestandteil ein Mischkristall zwischen Mg_2Cu und Mg_2Ni ist.

Mg-Cu-Si. Portevin und Bonnot[2] haben den Aufbau der ternären Magnesium-Kupfer-Silizium-Legierungen nach dem Klärkreuzverfahren erforscht. Auf dem Schnitt Mg_2Si-Cu besteht eine ternäre Verbindung mit der Zusammensetzung Mg_2Cu_3Si (71,32% Cu, 10,49% Si); ihr Schmelzpunkt ist 927°. Wie die Abb. **132** zeigt, bildet diese Verbindung mit Mg_2Cu, $MgCu_2$, Cu, Cu_3Si und Si quasibinäre Schnitte. Das Ergebnis einer etwas näheren Untersuchung des Viereckes Mg-Mg_2Cu-

---

[1] Jones, W. R. D., u. K. J. B. Wolfe: J. Inst. Met. Bd. 62 (1938) S. 155—174.

[2] Portevin, A., u. M. Bonnot: C. R. Bd. 196 (1933) S. 1603—1605.

Mg_2Cu_3Si-Mg_2Si ist in Abb. 133 dargestellt. Von den beiden quasibinären Schnitten Mg_2Cu-Mg_2Cu_3Si mit einem in der Nähe von Mg_2Cu liegenden, bei 565° schmelzenden Eutektikum e_3 und Mg_2Cu_3Si-Mg_2Si mit dem Eutektikum e_4 bei etwa 59% Cu und 15% Si bei 857° fallen die Temperaturen der doppeltgesättigten Schmelzen bis zum Punkt P (38% Cu, 0,6% Si), dem die peritektische Reaktion

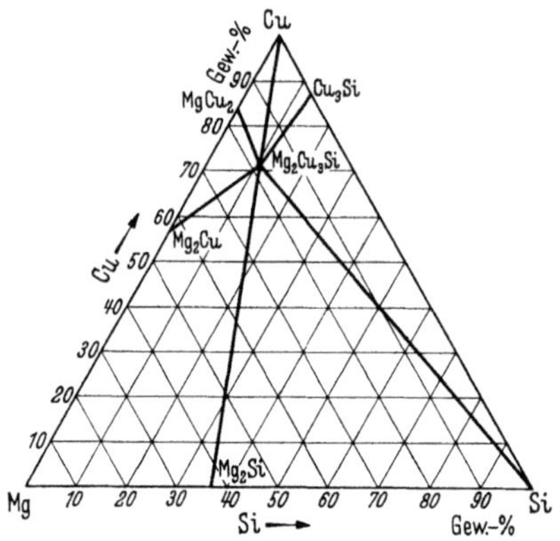

Abb. 132.

$$\text{Schmelze } P + Mg_2Cu_3Si \rightleftarrows Mg_2Cu + Mg_2Si$$

bei 508° entspricht.

Von P (508°), e_1 (485°) und e_2 (645°) fallen die Kurven bis zum Punkt E (32,5% Cu, 0,4% Si), bei dem sich bei 479° die eutektische Reaktion

$$\text{Schmelze } E \rightleftarrows Mg + Mg_2Cu + Mg_2Si$$

vollzieht.

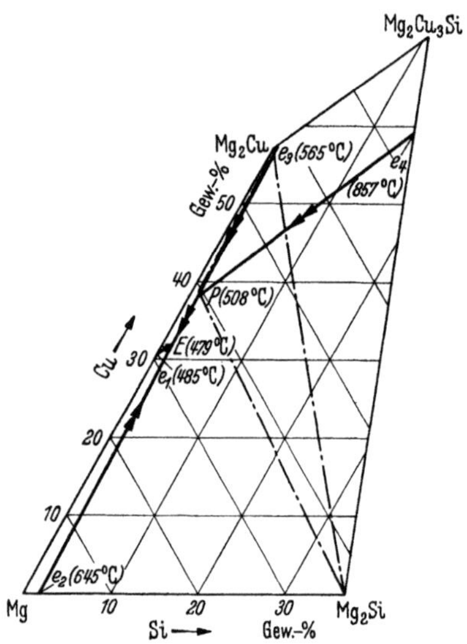

Abb. 133.

Mg-Cu-Sn. DAHL[1] hat die Kupferseite des wahrscheinlich quasibinären Schnittes Cu-Mg_2Sn untersucht. Bei etwa 22% Mg_2Sn und 690° liegt ein eutektischer Punkt, von dem aus die Schmelzkurve ansteigt bis zum Schmelzpunkt einer ternären Verbindung, über deren Zusammensetzung nichts bekannt ist.

Mg-Pb-Sb. ABEL, REDLICH und SPAUSTA[2] stellen fest, daß der Schnitt Mg_3Sb_2-Pb quasibinär-eutektisch ist (Abb. 134) mit einem eutektischen Punkt bei 3,2% Mg, 86,2% Pb, 10,6% Sb und einer Temperatur von 248°. Einer genaueren Untersuchung wurde nur das hier nicht interessierende Teildreieck Pb-Mg_3Sb_2-Sb unterzogen.

Mg-Pb-Sn. Von v. VEGESACK[3] wurde das vollständige Schaubild aufgestellt. Der Schnitt Mg_2Pb-Mg_2Sn ist quasibinär-peritektisch, wobei

[1] DAHL, O.: Wiss. Veröff. Siemens-Konz. Bd. 6 (1927) S. 229—232.

[2] ABEL, E., O. REDLICH u. F. SPAUSTA: Z. anorg. allg. Chem. Bd. 190 (1930) S. 79—89.

[3] VEGESACK, A. v.: Z. anorg. allg. Chem. Bd. 54 (1907) S. 367—416.

auf der Mg_2Pb-Seite sich ein Mischkristallgebiet bis 19,5% Mg, 78,0% Pb und 2,5% Sn ausdehnt; auf der Mg_2Sn-Seite wird ein erheblicher Löslichkeitsbereich beobachtet, der bis 22% Mg, 57% Pb und 21% Sn reicht. Der Verlauf der Schmelzgleichgewichte ist in dem durch den quasibinären Schnitt Mg_2Pb-Mg_2Sn begrenzten Teildreieck in Abb. 135 dargestellt. Der Punkt P, der in der Nähe des binären Eutektikums Mg-Mg_2Pb und bei annähernd gleicher Temperatur liegt, entspricht dem Gleichgewicht

$$\text{Schmelze } P + Mg_2Sn\text{-Mischkristall} \rightleftarrows Mg + Mg_2Pb\text{-Mischkristall } M.$$

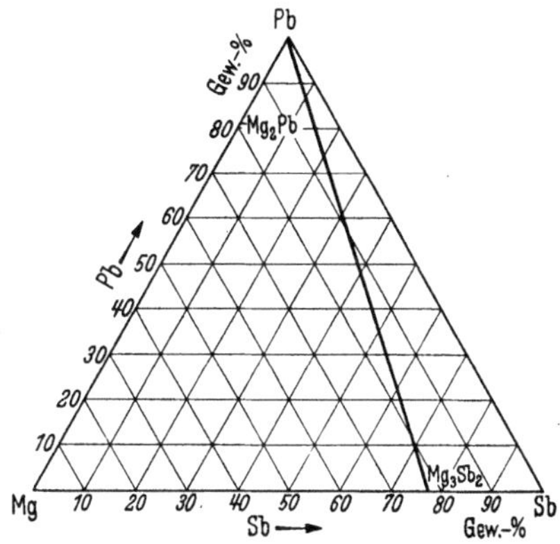

Abb. 134.

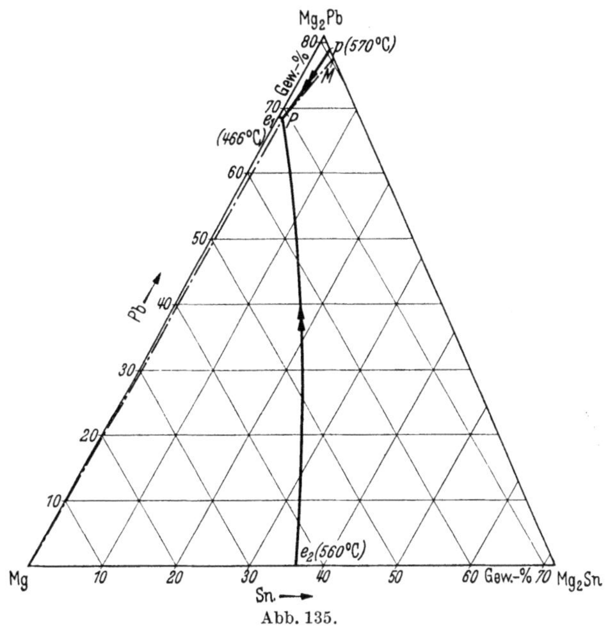

Abb. 135.

Das Diagramm muß in der Magnesium-Ecke infolge der in den beiden binären Systemen beobachteten erheblichen Löslichkeit ergänzt werden.

Mg-Si-Zn. Sander und Meissner[1] haben nach dem Klärkreuzverfahren die Existenz der quasibinären Schnitte Mg_2Si-Zn und Mg_2Si-$MgZn_2$

[1] Sander, W., u. K. L. Meissner: Z. Metallkde. Bd. 15 (1923) S. 180—183; Bd. 16 (1924) S. 12—17.

festgestellt (Abb. 136). Eine eingehendere Untersuchung der Legierungen stammt von ELCHARDUS[1]; seine Ergebnisse sind in das Teildreieck Mg-Mg_2Si-$MgZn_2$ eingezeichnet (Abb. 137). Drei Kurven doppelt-

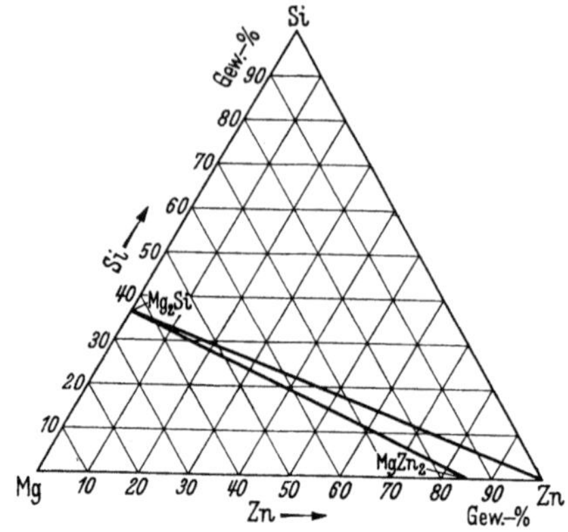

Abb. 136.

gesättigter Schmelzen treffen sich im Punkt *E* bei der Zusammensetzung 52,95% Mg, 2,05% Si, 45,0% Zn und einer Temperatur von 335°. Sie kommen von den Punkten e_1 (3,2% Si und 640° nach ELCHARDUS), e_2 (54% Zn und 341°) und einem dritten Punkt, der in dem nicht näher

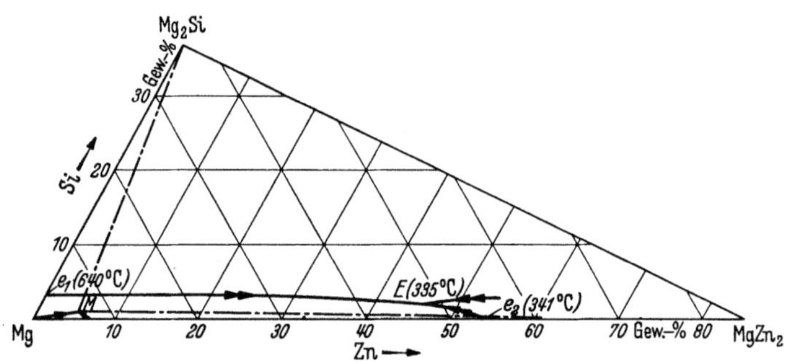

Abb. 137.

untersuchten Gebiet liegt. Bei der Temperatur des ternären eutektischen Punktes *E* steht die Schmelze im Gleichgewicht mit einem magnesiumreichen Mischkristall *M* (93,95% Mg, 0,95% Si, 5,10% Zn) der Verbindung Mg_2Si und einer zinkreichen Kristallart.

Gemäß dem von ELCHARDUS angegebenen instabilen binären Diagramm Magnesium-Silizium wird auch ein instabiles ternäres Diagramm angegeben, worauf aber hier nicht näher eingegangen werden soll.

[1] ELCHARDUS, E.: Publ. sci. techn. Ministère de l'air Bd. 70 (1935) S. 1—131. — Siehe auch E. ELCHARDUS u. P. LAFITTE: C. R. Bd. 197 (1933) S. 1125—1127; Bd. 200 (1935) S. 1938—1940.

Mg-Sn-Zn. Das ternäre Zustandsschaubild Magnesium-Zinn-Zink wurde von OTANI[1] vollständig ausgearbeitet. Aus den Abbildungen seiner

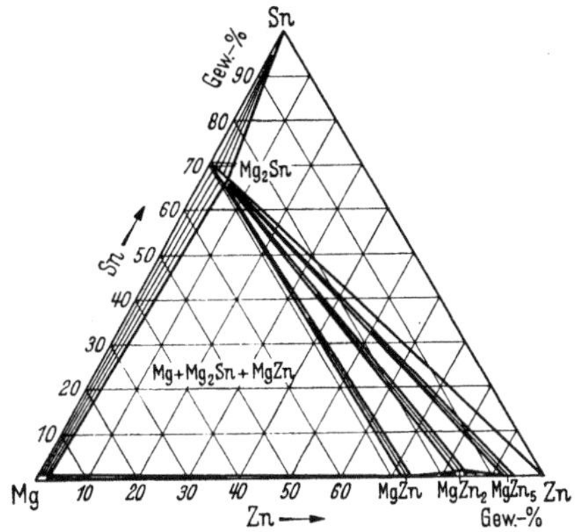

Abb. 138.

in japanischer Schrift veröffentlichten Arbeit läßt sich entnehmen, daß die beiden Schnitte Mg_2Sn-Zn und Mg_2Sn-$MgZn_2$ quasibinär-eutektisch

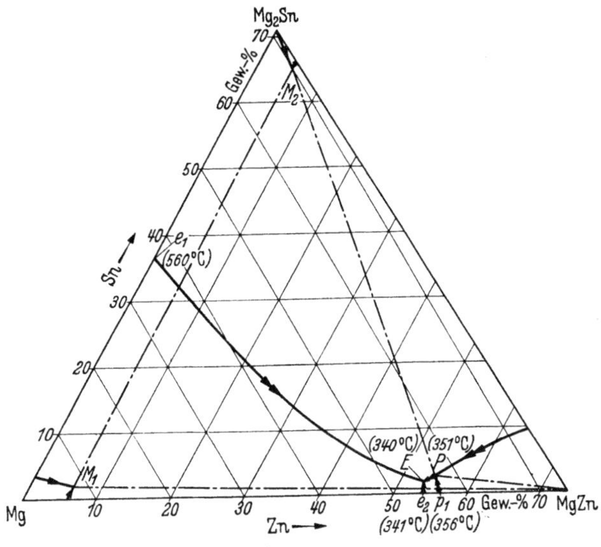

Abb. 139.

sind. Eine Aufteilung des Konzentrationsdreieckes nach beendeter Erstarrung zeigt die Abb. 138. Der Verlauf der Erstarrung ist in Abb. 139 dargestellt, wobei das binäre Magnesium-Zink-Diagramm gemäß Abb. 102

[1] OTANI, B.: Tetsu to Hagane Bd. 19 (1933) S. 566—574.

dargestellt wurde. Beim Punkt P (45% Mg, 53% Zn, 2% Sn) vollzieht sich bei 351° eine peritektische Reaktion, indem Schmelze P mit $MgZn_2$ unter Bildung von Mg_2Sn (bzw. M_2) und MgZn reagiert. Im ternären eutektischen Punkt E (46,3% Mg, 53,2% Zn, 0,5% Sn) zerfällt bei 340° die Schmelze E in M_1, M_2 und MgZn. Die von OTANI angegebene Konzentration des ternären Mischkristalles M_1 dürfte auf Grund der in den binären Diagrammen beobachteten Löslichkeit zu gering angenommen sein.

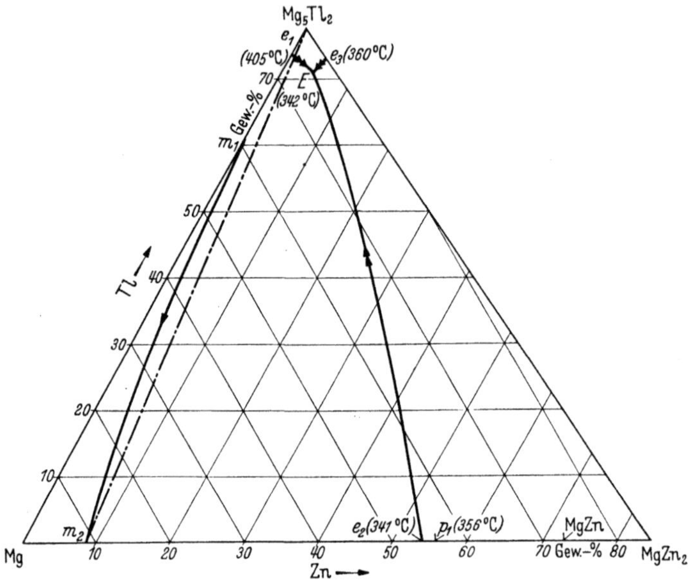

Abb. 140.

Mg-Tl-Zn. Nach einer Untersuchung von KÖSTER und KAM[1] ist der Schnitt Mg_5Tl_2-$MgZn_2$ quasibinär-eutektisch mit einem eutektischen Punkt e_3 bei etwa 22% Mg, 73% Tl und 5% Zn und 360°. Der in Abb. 140 dargestellte Teilbereich ist demnach von drei eutektischen Randsystemen begrenzt. Im Punkt E bei 342° (etwa 25% Mg, 71% Tl, 4% Zn) kristallisiert das ternäre Eutektikum. Die eutektische Ebene wird begrenzt durch die Linien Mg_5Tl_2-m_2-$MgZn_2$-Mg_5Tl_2.

Die zur Bildung der Verbindung MgZn führende peritektische Reaktion bei 356° macht sich im ternären System nicht besonders bemerkbar.

Entlang der Magnesium-Thallium-Seite erstreckt sich ein schmaler Einphasenraum.

---

[1] KÖSTER, W., u. K. KAM: Z. Metallkde. Bd. 31 (1939) S. 82—84.

Physikalische Eigenschaften.

Von G. SIEBEL und H. VOSSKÜHLER.

A. Physikalische Kenngrößen des Reinmagnesiums.

In folgender Zahlentafel sind die wichtigsten physikalischen Kenngrößen des Reinmagnesiums zusammengestellt, die zum Teil in den nachfolgenden Abschnitten noch eingehender behandelt werden.

Zahlentafel 8. Physikalische Kenngrößen des Reinmagnesiums.

Kurzzeichen . . . . Mg
Ordnungszahl 12
Massenzahlen der Isotopen 24; 25; 26
Relative Häufigkeit der Isotopen 77 11,5 11,1%
Atomgewicht 24,32
Atomvolumen . . . . 13,99 cm^3/g-Atom
Spezifisches Gewicht (Dichte im Mittel)
bei 20° C, 99,9% Reinheitsgrad . . . . 1,738 g/cm^3
Kristallform; hexagonal-holoedrisch (dihexagonaldipyramidale Symmetrieklasse).
Kristallgitter; sublimiertes Mg, bei 25° C (hexagon. dichteste Kugelpackung)

$$a = 3{,}2028_0 \pm 0{,}00003 \text{ ÅE.}$$ [1]
$$c = 5{,}1998_3 \pm 0{,}00005 \text{ „}$$
$$c/a = 1{,}6235_3 \pm 0{,}0003 \text{ „}$$

Raumgruppe . . . . D_{6h}^4

$$\text{Basis: } (0,\ 0,\ 0) \pm (\tfrac{1}{3}\ \tfrac{2}{3}\ \tfrac{1}{2}).$$

Elastizitätsmodul . . . . 4500 kg/mm^2
Torsionsmodul . . . . 1800 „
Elastische Parameter:

	11	33	44	12	13	
Hauptelastizitätsmodul S_{ik}.	22,15	19,75	60,3	−7,7	−4,93	$10^{-13}\,cm^2\,dyn^{-1}$
Hauptelastizitätskonstante c_{ik} . . .	5,85	6,10	1,66	2,5	2,08	$10^{11}\,dyn \cdot cm^{-2}$

Kompressibilität (Einkristall):

$\parallel$ und $\perp$ zur hexagon. Achse bei 20° C bis 5000 kg/mm^2

$$(-\Delta l/l_0) \parallel = 9{,}65 \cdot 10^{-7} p - 6{,}5 \cdot 10^{-12} p^2 \ *$$
$$(-\Delta l/l_0) \perp = 9{,}76 \cdot 10^{-7} p - 8{,}5 \cdot 10^{-12} p^2$$

Kompressibilität (Vielkristall) von 1 — 12000 kg/mm^2

$$\text{bei } 30°\text{ C} - \Delta v/v_0 = 29{,}60 + 10^{-7} p - 20{,}3 \cdot 10^{-12} p^2 \ *$$
$$\text{„ } 75°\text{ C} - \Delta v/v_0 = 29{,}97 \cdot 10^{-7} p - 18{,}0 \cdot 10^{-12} p^2$$

[1] JEVINS, A., M. STRAUMANNIS u. K. KARLSONS: Z. phys. Chem. Abt. B Riga Bd. 40 (1938) S. 347—356.
* Gmelins Handb. d. anorg. Chemie, 8. Aufl., Syst.-Nr. 27, S. 218—219. 1937.

POISSONsche *Zahl*		$= 0{,}33$
Schallgeschwindigkeit		4800 m/sec
Elektrische Leitfähigkeit	bei 20° C	$21—22{,}9 \cdot 10^4\ \mathrm{cm}^{-1}\ \Omega^{-1}$
Temperaturkoeffizient des elektrischen Widerstandes von 0—100° C im Mittel		$386 \cdot 10^{-5}$
Wärmeausdehnungskoeffizient	von 0—100°C	$25{,}5 \cdot 10^{-6}$
Wärmeleitfähigkeit	bei 20°C	$>0{,}35$ cal, cm^{-1}, $°\mathrm{C}^{-1}$, sec^{-1}
Spezifische Wärme	bei 25,4°C	0,25 cal, g^{-1} $°\mathrm{C}^{-1}$
Schmelzpunkt		650° C
Schmelzwärme	99,93% Mg	46,5 cal/g
Schwindmaß (von 650° C fest —20° C)		2%
Volumenänderung beim Erstarren		3,97%
Siedepunkt		1097 ± 3°C
Verdampfungswärme beim Siedepunkt		32000 cal/g-Atom
Sublimationswärme bei 650°C		33962 cal/g-Atom
Verbrennungswärme		145,8 kcal/g-Atom
Normalpotential (bezogen auf Normalwasserstoffelektrode)		etwa —2,5 V

B. Rekristallisation.

Bei der Entfestigung kaltverformter Metalle mit steigender Temperatur unterscheidet man im wesentlichen die beiden Vorgänge der Kristallerholung und der Rekristallisation. Bei der Kristallerholung nähern sich die durch Kaltverformung erhöhten Festigkeitseigenschaften zufolge der thermischen Bewegung der Gitterpunkte *stetig* den Ausgangswerten, ohne daß eine Kornneubildung eintritt. Die Rekristallisation kann in mehreren Stufen vor sich gehen und ist im wesentlichen dadurch gekennzeichnet, daß eine *Kornneubildung* stattfindet und die mechanischen Eigenschaften sich *sprunghaft* ändern. Von diesen beiden Vorgängen hängen natürlich die Verformungsbedingungen und somit die technologischen Eigenschaften eines Werkstoffes in hohem Maße ab.

Die Kristallerholung ist beim Magnesium wie beim Aluminium bei Raumtemperatur sehr gering. Bei schnell und langsam gedehnten Mg-Kristallen und beim sukzessiven Dehnen mit eingeschalteten Ruhepausen wurden bei Raumtemperatur Kristallerholungen von nur 12 bis 17%[1] festgestellt.

Nach Untersuchungen von G. TAMMANN und K. L. DREYER[2] erholen sich elastische Spannung, Biegezahl, der elektrische Widerstand und die Thermokraft von Mg-Blechen in einem Temperaturintervall von 20—200° C bzw. von 100—300° C, und der Wendepunkt der Erholungskurven liegt bei 90—150° C. Um 25% kaltgewalzte Mg-Bleche zeigten erst nach einer Glühung bei 210° C ein feines Rekristallisationskorn (etwa 1000 pro mm²). Bei 400° C trat eine erhebliche Grobkornbildung (40 pro mm²) ein, während bei 300° C das Korn nur wenig gewachsen war (500 pro mm²).

[1] Nach unveröffentlichten Versuchen von E. SCHMID und G. SIEBEL.

[2] TAMMANN, G., u. K. L. DREYER: Ann. Physik Bd. 19 (1934) S. 687.

Der Rekristallisationsbeginn hängt natürlich stark von der Kaltverformung und der Zusammensetzung der Legierung ab. Z. JEFFRIES, R. S. ARCHER[1] geben als niedrigste Temperatur für den Beginn der Rekristallisation von Mg 150° C an. Bei den Elektronlegierungen AM 503 (2% Mn) und AM 537 (2% Mn, 0,2% Ce) wurden mittels röntgenographischer Rückstrahlaufnahmen bei Kaltwalzgraden über 30% Re-

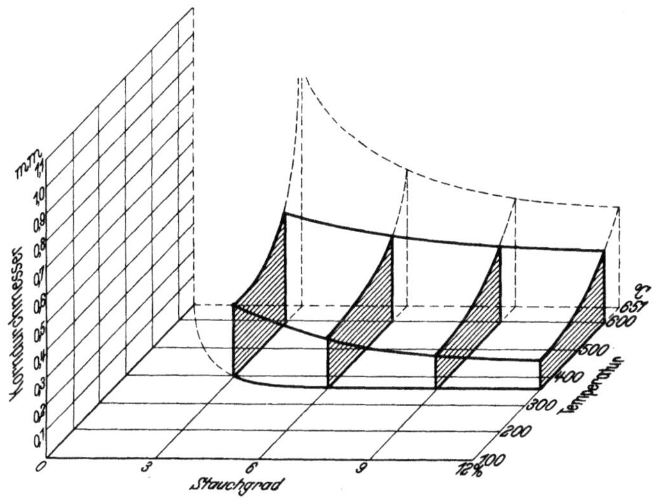

Abb. 141. Rekristallisationsdiagramm des Magnesiums (nach FELDMANN: Metallwirtsch. 1938).

kristallisationstemperaturen[2] von 110—120 bzw. 240—250° C festgestellt. Bei Kaltwalzgraden über 70% zeigten beide Legierungen bei 500° C eine starke Grobkornbildung (Sammelkristallisation).

Auch das Intervall der Rekristallisation[3] kann stark von der Zusammensetzung abhängen, wie folgende Zahlentafel 9 zeigt, die röntgenographische Untersuchungen über Beginn und Ende der Rekristallisation der Elektronlegierungen AM503 und AZM wiedergibt.

Bei AM 503 ist der Rekristallisationsbereich besonders groß.

Zahlentafel 9. Rekristallisationsbeginn und -ende von AM 503 und AZM-Blechen.

Legierung	Walzgrad %	Rekristallisations- Beginn °C	Rekristallisations- Ende °C	Intervall °C
AZM	6	245	308	63
	17	233	303	70
AM 503	8	230	450	220
	43	140	420	280
	57	130	420	290

[1] JEFFRIES, Z., u. R. S. ARCHER: Chem. metall. Engng. Bd. 26 (1923) S. 343.
[2] Nach unveröffentlichten Versuchen von G. SIEBEL.
[3] BUNGARDT, W., K. BUNGARDT u. E. SCHIEDT: Metallwirtsch. Bd. 17 (1938) S. 1270.

Einen ungefähren Überblick über die Änderung der Korngröße mit dem Kaltwalzgrad und der Glühtemperatur geben die Rekristallisationsdiagramme. Abb. 141 zeigt ein derartiges Diagramm, das nach I. FELDMANN[1] in der Weise aufgestellt wurde, daß Reinmagnesiumproben (99,78% Mg, 0,1% Na, 0,08% Fe, 0,04% Mn) um 3, 6, 9 und 12% gestaucht und dann 30 Minuten den jeweiligen Temperaturen unterworfen wurden. Nach W. GUERTLER (s. auch S. 383) führen Kaltverformungen

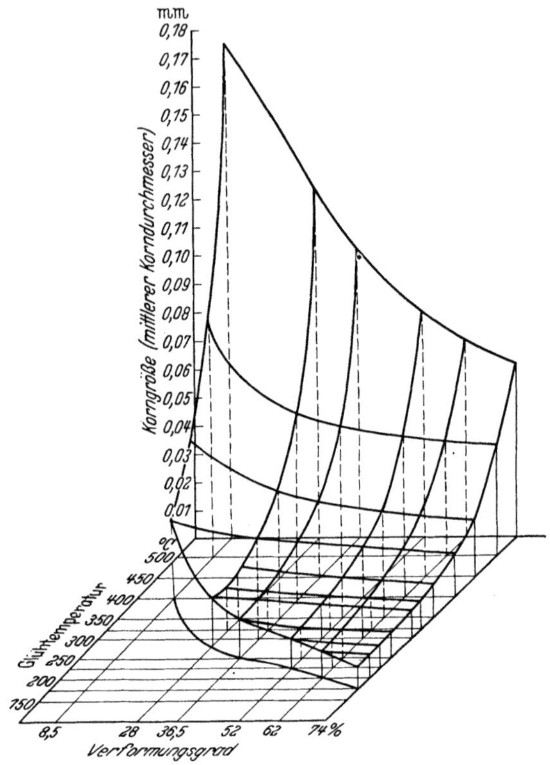

Abb. 142. Rekristallisationsdiagramm von Elektron AZM (nach BOTSCHWAR und SSAWITZKI).

von Mg bei 2—4% zu besonders grobem Korn. A. A. BOTSCHWAR und E. M. SSAWITZKI finden ebenfalls bei 2,5% Kaltverformung von Magnesium eine starke Grobkornbildung. Allerdingsdürfte der kritische Reckgrad[2] bei etwa 0,5% Gesamtdehnung liegen, wie Rekristallisationsversuche zur Herstellung von Mg-Einkristallen ergeben haben. Auch bei Mg-Legierungen änderte sich der kritische Reckgrad nur wenig.

[1] FELDMANN, I.: Wied. Inst. Met. Bd. 1 (1934).
[2] SIEBEL, G., in Veröffentl. von W. SCHMIDT: Z. Metallkde. 1933 S. 234.

Abb. 142 gibt das Rekristallisationsdiagramm[1] für Elektron AZM wieder. Zylindrische Proben (20 mm hoch, 16 mm ⌀) wurden mittels einer Presse durch eine zylindrische Matrize gepreßt, und als Maßstab der Verformung gilt der Verpressungsgrad, der bis 74 % durchgeführt werden konnte. Die Anlaßdauer betrug 1 Stunde. Aus dem Diagramm geht hervor, daß die Korngröße verhältnismäßig wenig vom Verformungsgrad und der Glühtemperatur abhängt. Eine starke Kornvergrößerung wurde sowohl beim Mg als auch bei Elektron AZM oberhalb 450° festgestellt, so daß diese Temperatur als obere Grenze der Glühbehandlung von AZM angegeben wird.

C. Volumen.

1. Spezifisches Gewicht.

Magnesium. Das spezifische Gewicht des Magnesiums kann für 20° im Mittel zu etwa 1,738 angegeben werden. Die für den Schmelzpunkt bestimmten Werte sind in Zahlentafel 10 zusammengestellt. Als Mittelwert ergibt sich für den festen Zustand 1,666, für den flüssigen Zustand 1,584, wobei zu bemerken ist, daß die Einzelwerte für den festen Zustand stark streuen.

Zahlentafel 10. Spezifisches Gewicht des Magnesiums beim Schmelzpunkt.

D_{fest}	$D_{fl.}$	Beobachter
1,70	1,599	Arndt u. Plötz[2]
1,6468	1,5804	Endo[3]
1,642	1,572	Edwards u. Taylor[4]
1,693	1,590	Engelhardt[5]
—	1,575	Pascal u. Gaidou[6]
1,649	1,585	Pelzel u. Sauerwald[7]
—	1,588	Grothe u. Mangelsdorff[8]

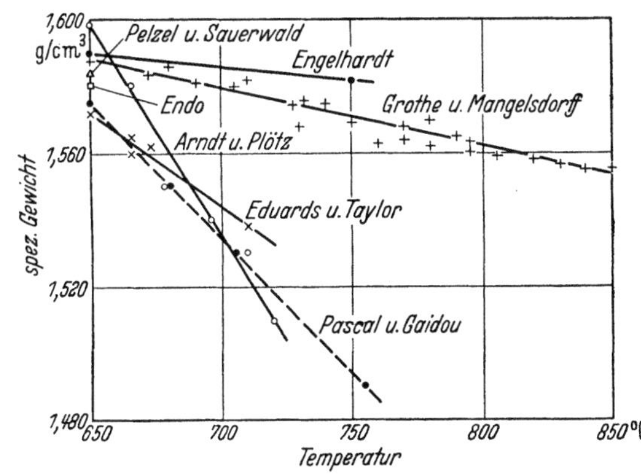

Abb. 143. Spez. Gewicht des flüssigen Magnesiums von 650—850°.

Die von verschiedenen, in Zahlentafel 10 angeführten Autoren für das flüssige Magne-

[1] Botschwar, A. A., u. E. M. Ssawitzki: Zwetnyje Metally Bd. 12 (1937) Nr. 5/6 S. 99—102.

[2] Arndt, K., u. G. Plötz: Z. phys. Chem. Bd. 130 (1927) S. 184—186.

[3] Endo, H.: Bl. chem. Soc. Japan Bd. 2 (1927) S. 131—134.

[4] Edwards, J. D., u. C. S. Taylor: Trans. Amer. Soc. Steel Treating Bd. 17 (1930) S. 131.

[5] Engelhardt, V.: Handb. der techn. Elektrochemie Bd. 3 (1934) S. 178.

[6] Pascal, P., u. M. Gaidou, in R. de Fleury: Publ. scient. techn. Ministère de l'air Bd. 75 (1935) S. 1—103.

[7] Pelzel, E., u. F. Sauerwald: Metallwirtsch. Bd. 16 (1937) S. 1155.

[8] Grothe, H., u. C. Mangelsdorff: Z. Metallkde. Bd. 29 (1937) S. 352—353.

sium ermittelte Abhängigkeit des spezifischen Gewichtes von der Temperatur zeigt die Abb. 143.

Binäre Legierungsreihen. Die für einige binäre Legierungsreihen ermittelte Abhängigkeit des spezifischen Gewichtes von der Zusammensetzung ist in Abb. 144 dargestellt. Die Reihe Magnesium—Kupfer wurde von COOK und JONES[1] an geschmiedeten Proben gemessen, die Reihe Magnesium—Silizium von HOFMANN[2] aus den Gitterkonstanten errechnet und die übrigen Reihen in eigenen Versuchen[3] an gepreßten und geglühten Drähten ermittelt. Es wurde nur auf Bestimmungen an geknetetem Material zurückgegriffen, da bei den gegossenen Legierungen je nach der angewandten Gießmethode mehr oder weniger zahlreich vorhandene Mikrolunker ein zu geringes spezifisches Gewicht vortäuschen.

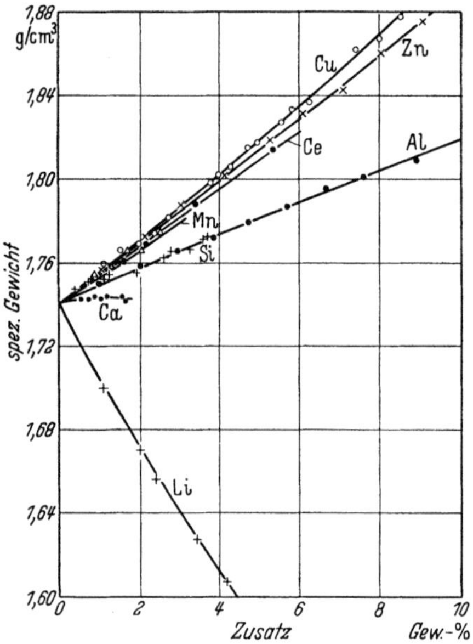

Abb. 144. Spez. Gewicht einiger binärer Legierungsreihen bei 20° (nach Messungen von COOK und JONES, HOFMANN und VOSSKÜHLER).

Zahlentafel 11. Spezifisches Gewicht der Elektronlegierungen bei 20°.

	Legierung Elektron	Legierung FlW	Spezifisches Gewicht
Gepreßt	AM 503	3501.2	1,774
	AM 537	—	1,769
	Z 1 b	—	1,802
	AZ 21	—	1,769
	AZ 31	—	1,777
	AZM	3510.2	1,803
	AZ 855	3515.0	1,807
	V 1	—	1,804
	V 1 w	—	1,831
	V 1 h	—	1,821
Sandguß	AM 503	3500.0	1,762
	CMSi	—	1,748
	AZ 31	3504.0	1,781
	AZF	3506.0	1,826
	AZG	3505.0	1,838
	A 8	—	1,799
	A 9	—	1,814
	A 9 v	3507.9	1,817
	A 9 h	—	1,807
Kokillenguß	A 8	3508.0	1,802
	AZ 91	—	1,819
Spritzguß	A 8	—	1,764
	AZ 91	—	1,801

Elektronlegierungen. Die Zahlentafel 11 enthält die an den Elektronlegierungen bei 20° ermittelten spezifischen Gewichte (Einzelmessungen).

[1] COOK, W. T., u. W. R. D. JONES: J. Inst. Met. Bd. 38 (1927) S. 103 bis 125.
[2] HOFMANN, W.: Z. Metallkde. Bd. 28 (1936) S. 160—163.
[3] VOSSKÜHLER, H.: Unveröffentlicht.

2. Gitterkonstantenänderung durch Mischkristallbildung.

Durch Mischkristallbildung ändert sich die Gitterkonstante in der Weise, daß durch Zusätze, deren Atomradius größer als der des Magnesiums ist, die Gitterkonstante mit dem Gehalt steigt und umgekehrt abnimmt. So bewirken Al, Zn und Mn mit den Atomradien 1,43, 1,33 und 1,29 ÅE. bei der Mischkristallbildung mit Magnesium, dessen Atomradius

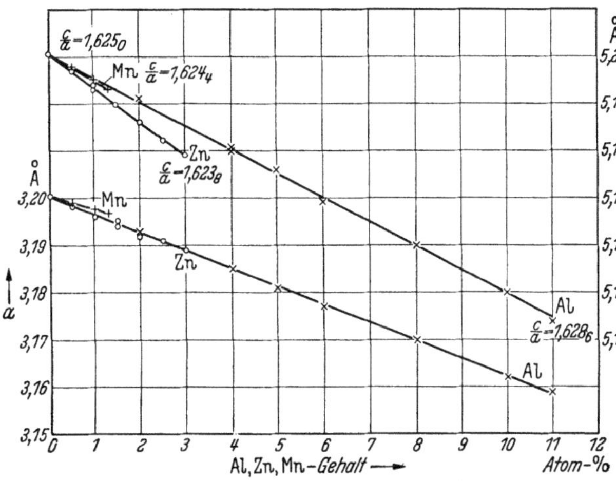

Abb. 145. Gitterkonstantenänderung durch Mischkristallbildung (nach SCHMID, SELIGER und SIEBEL).

1,62 beträgt, eine Abnahme der Gitterkonstanten. Abb. 145 zeigt die Gitterschrumpfungen[1], die beim Zink größer als beim Aluminium sind, während Manganzusätze nicht die entsprechende Wirkung haben. Das Achsenverhältnis c/a ändert sich hierbei nur wenig, wie die bei den höchsten Konzentrationen angegebenen Zahlen zeigen.

Abb. 146 zeigt die Änderung der Gitterkonstanten bei Mg-Li-Mischkristallen[2]. Es tritt auch hier eine Gitterschrumpfung ein, da Lithium einen Atomradius von 1,56 ÅE. hat. Da der Gitterparameter für die c-Achse schneller fällt als für die a-Achse, nimmt das Achsenverhältnis c/a mit steigendem Li-Gehalt bis auf 1,606 ab, so daß die hexagonale Kugelpackung weitgehend verzerrt wird.

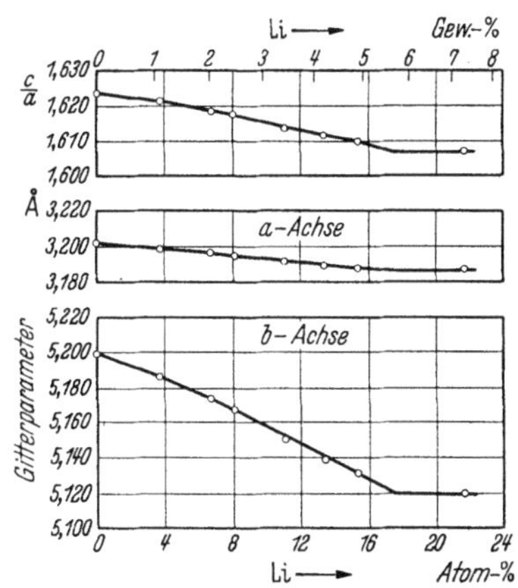

Abb. 146. Gitterkonstantenänderung bei Magnesium-Lithium-Mischkristallen (nach HOFMANN: Z. Metallkde. 1936).

[1] SCHMID, E., H. SELIGER u. G. SIEBEL: Z. Elektrochem. 1931 S. 65.
[2] HOFMANN, W.: Z. Metallkde. 1936 S. 161.

3. Thermische Ausdehnung.

Magnesium. In der Zahlentafel 12 sind die von verschiedenen Autoren[1—4] in Abhängigkeit von der Orientierung ermittelten Ausdehnungskoeffizienten zusammengestellt.

Zahlentafel 12.
Abhängigkeit des Ausdehnungskoeffizienten von der Orientierung.

Temperaturbereich °C	$\alpha_{\parallel} \cdot 10^6$	$\alpha_{\perp} \cdot 10^6$	Beobachter
15 —35	27,1	24,3	BRIDGMAN
23,5—100	23,8	23,5	SHINODA
20 —100	27,5	26,1	GOENS u. SCHMID
50 —250	29,3	27,7	HANAWALT u. FREVEL

Daraus geht hervor, daß der Ausdehnungskoeffizient parallel zur hexagonalen Achse größer ist als senkrecht dazu. Die von HODGMAN[5], JUBITZ[6], HIDNERT und SWEENEY[7] gemachten Beobachtungen, daß gewalztes bzw. gepreßtes Magnesium (in der Verformungsrichtung gemessen) stets einen kleineren Ausdehnungskoeffizienten besitzt als Gußmaterial, stimmen damit überein. Dasselbe gilt für Legierungen.

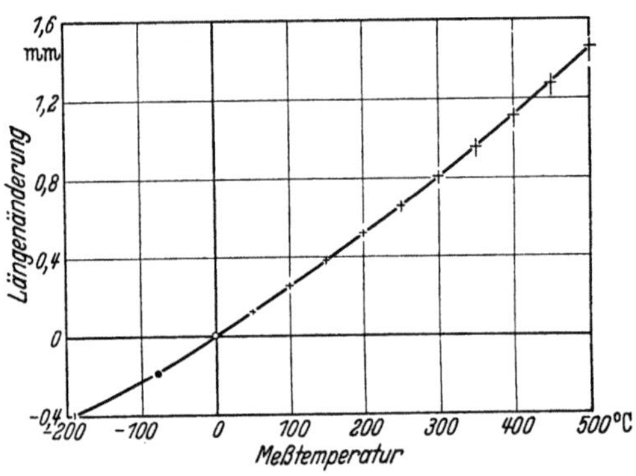

Abb. 147. Längenänderung des Magnesiums mit der Temperatur.

Für regellos orientiertes Magnesium ist in Abb. 147 die Abhängigkeit der Längenänderung von der Temperatur nach Angabe verschiedener Forscher[8—15] dargestellt, wobei

[1] BRIDGMAN, P. W.: Proc. Amer. Acad. Bd. 67 (1932) S. 29—41.
[2] SHINODA, G.: Mem. Sci. Kyoto Univ. A Bd. 17 (1934) S. 27—30.
[3] GOENS, E., u. E. SCHMID: Phys. Z. Bd. 37 (1936) S. 385—391.
[4] HANAWALT, J. D., u. L. K. FREVEL: Z. Kristallogr. Abt. A Bd. 98 (1937) S. 84—88.
[5] HODGMAN, C. D.: Phys. Rev. (2) Bd. 15 (1920) S. 219.
[6] JUBITZ, W.: Z. techn. Phys. Bd. 7 (1926) S. 522—527.
[7] HIDNERT, P., u. W. T. SWEENEY: Bur. Stand. J. Res. Bd. 1 (1928) S. 717 bis 792.
[8] HOLBORN, L., K. SCHEEL u. F. HENNING: Wärmetabellen. Braunschweig 1919.
[9] EBERT, H.: Z. Phys. Bd. 47 (1928) S. 712—722.
[10] HIDNERT, P., u. W. T. SWEENEY: Siehe Fußnote 7, S. 108 (dortselbst Zusammenstellung der älteren Literatur).
[11] GRUBE, G., u. A. BURKHARDT: Z. Elektrochem. Bd. 35 (1929) S. 315—332.
[12] GRASSHOFF, H.: Diss. Stuttgart 1929.
[13] MOHR, L.: Diss. Stuttgart 1931.
[14] AUSTIN, J. B.: Physics Bd. 3 (1932) S. 240—267.
[15] GRUBE, G., u. H. VOSSKÜHLER: Z. Elektrochem. Bd. 40 (1934) S. 566—570.

die Werte auf eine Ausgangslänge des Probestabes von 100 mm bei 0° umgerechnet sind. Der Streubereich der Messungen ist durch die senkrechten Striche dargestellt, die waagerechten Striche deuten die Mittelwerte an. Aus der durch die Mittelwerte gelegten Kurve lassen sich folgende mittleren linearen Ausdehnungskoeffizienten entnehmen (Zahlentafel 13).

Zahlentafel 13. Mittlerer linearer Ausdehnungskoeffizient des Magnesiums zwischen 0 und 500°.

Temperaturbereich in °C	0—100	0—200	0—300	0—400	0—500
$\alpha \cdot 10^6$	25,5	26,2	27,0	27,8	29,0

Die Längenänderungen des gegossenen und gepreßten Magnesiums zwischen 20 und 500° lassen sich nach HIDNERT und SWEENEY[1] durch folgende Gleichungen wiedergeben:

$$\text{gegossen: } L_t = L_0\,[1 + (24{,}94\,t + 0{,}00946\,t^2)\,10^{-6}]$$
$$\text{gepreßt: } L_t = L_0\,[1 + (24{,}66\,t + 0{,}00976\,t^2)\,10^{-6}]$$

Binäre Legierungsreihen. Nach PORTEVIN und LE CHATELIER[2] unterscheidet sich die thermische Ausdehnung der Magnesiumlegierungen nicht wesentlich von der des reinen Magnesiums. Sie wird größer bei Zusatz von Zink und Blei; sie wird geringer bei Anwesenheit von Kupfer, Nickel und wahrscheinlich auch Silizium, ebenso soll Aluminium wirken, wenn der Aluminiumgehalt die Löslichkeitslinie nicht übersteigt.

ELCHARDUS[3] findet für die binären Magnesium-Silizium- und Magnesium-Zink-Legierungen (wärmebehandelter Guß) die Werte der Zahlentafel 14.

Zahlentafel 14. Mittlerer linearer Ausdehnungskoeffizient $\alpha_{20-100°}$ der Mg-Si- und Mg-Zn-Legierungen nach ELCHARDUS ($\alpha_{Mg} = 25{,}90 \cdot 10^{-6}$).-

% Si	$\alpha_{20-100°}$	% Zn	$\alpha_{20-100°}$
2	$25{,}2 \cdot 10^{-6}$	2	$26{,}6 \cdot 10^{-6}$
4	$25{,}0 \cdot 10^{-6}$	4	$26{,}5 \cdot 10^{-6}$
6	$23{,}7 \cdot 10^{-6}$	6	$26{,}44 \cdot 10^{-6}$
8	$23{,}0 \cdot 10^{-6}$	9	$26{,}24 \cdot 10^{-6}$
10	$22{,}65 \cdot 10^{-6}$	12	$26{,}02 \cdot 10^{-6}$
		15	$25{,}7 \cdot 10^{-6}$

Der Ausdehnungskoeffizient wird also durch Siliziumzusatz zum Magnesium verringert, während er durch einen geringen Zinkzusatz zunächst größer wird, um dann mit weiter steigendem Zinkgehalt langsam abzunehmen. Die Ausdehnungskoeffizienten für die magnesium-

[1] Siehe Fußnote 7, S. 108.
[2] PORTEVIN, A., u. F. LE CHATELIER: C. R. Bd. 182 (1926) S. 382—384.
[3] ELCHARDUS, E.: Publ. scient. techn. Ministère de l'air Bd. 70 (1935) S. 1—131.

reichen ternären Magnesium-Silizium-Zink-Legierungen werden von ELCHARDUS ebenfalls angegeben.

Zusätze von Wismut[1] und Zinn[2] erniedrigen mit steigenden Gehalten den Ausdehnungskoeffizienten.

Von HIDNERT und SWEENEY[3] wurden Magnesiumlegierungen mit 4—10% Al sowohl im gegossenen als auch im gepreßten Zustand untersucht. Die Ausdehnungskoeffizienten sind vom Aluminiumgehalt praktisch unabhängig. Auch ein geringer Manganzusatz zu den binären Legierungen verändert die Werte nicht wesentlich.

Ein Zinkzusatz zum Magnesium erhöht, wie die Messungen von GRUBE und BURKHARDT[4] zeigen, den Ausdehnungskoeffizienten sehr stark.

Elektronlegierungen. Der Ausdehnungskoeffizient der Elektronlegierungen wurde von BUNGARDT und SCHAITBERGER[5] gemessen. Die in der Zahlentafel 15 mitgeteilten Werte sind Mittelwerte aus den Kurven der Erhitzung im Anlieferungszustand, der folgenden Abkühlung und Wiedererhitzung.

Zahlentafel 15. Mittlerer linearer Ausdehnungskoeffizient der Elektronlegierungen (nach BUNGARDT und SCHAITBERGER).

Legierung			Ausdehnungskoeffizient $\alpha \cdot 10^6$ im Temperaturbereich		
	Elektron	FlW	20°–100°	20°–200°	20°–300°
gepreßt	AM 503	3501.2	26,1	26,9	27,7
	AM 537	—	26,4	27,3	27,9
	Z 1 b	—	26,8	27,4	28,3
	AZ 31	—	26,1	27,1	27,9
	AZM	3510.2	26,0	27,3	28,0
	V 1	—	26,1	27,2	27,8
	AZ 855	3515.0	26,3	27,1	27,6
Sandguß	AM 503	3500.0	26,6	27,3	27,7
	CMSi	—	26,1	26,9	27,6
	AZF	3506.0	26,2	27,5	28,0
	AZG	3505.0	26,4	27,6	28,3
	A 8	—	26,2	27,2	28,1
	A 9 v	3507.2	26,8	28,1	28,7
	AZ 91	—	26,1	27,0	27,8
Kokillenguß . .	A 8	3508.0	26,4	27,4	28,4
	AZ 91	—	26,0	27,1	27,7

[1] MOHR, L.: Siehe Fußnote 13, S. 108.
[2] GRUBE, G., u. H. VOSSKÜHLER: Siehe Fußnote 15, S. 108.
[3] Siehe Fußnote 7 S. 108.
[4] GRUBE, G., u. A. BURKHARDT: Siehe Fußnote 11, S. 108.
[5] BUNGARDT, W., u. G. SCHAITBERGER: Siehe F. BOLLENRATH in Werkstoff Magnesium 1939 S. 19.

D. Thermische Eigenschaften.

1. Wärmeleitfähigkeit.

Reines Magnesium. Die von verschiedenen Forschern[1—11] ermittelten Werte für die Wärmeleitfähigkeit sind in Abb. 148 zusammengestellt, und sofern nähere Angaben über den Reinheitsgrad usw. vorliegen, sind diese in Zahlentafel 16 gemacht.

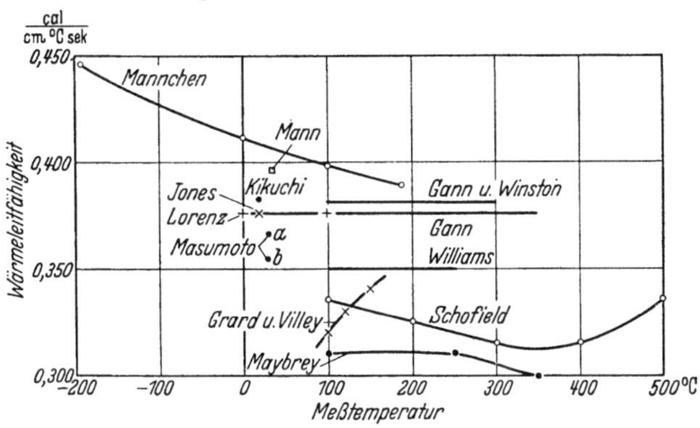

Abb. 148. Wärmeleitfähigkeit des Magnesiums bei verschiedenen Temperaturen.

Zahlentafel 16. (Angaben zu Abb. 148.)

Beobachter	Zustand	Wärmebehandlung	Analyse
Williams	?	?	99,98% Mg
Masumoto	gegossen	a) keine b) 30 Min. 450°	0,06% Al + Fe 0,18% Si
Schofield	gezogen	geglüht u. langsam erkaltet	99,6% Mg
Maybrey	?	5 Std. 530°	0,031% Si 0,014% Fe + Al 0,012% Cu
Gann u. Winston .	?	?	99,9% Mg
Mannchen	Kokillenguß	keine	äußert reines Mg
Kikuchi	?	im Vakuum geglüht	reines Mg
Mann.	gepreßt	keine	technisches Mg

[1] Lorenz, L.: Wied. Ann Bd. 13 (1881).
[2] Gann, J. A.: Trans. Amer. Soc. Steel Treating Bd. 2 (1921/1922) S. 610.
[3] Williams, H. M.: Magnesium Handbook. Niagara Falls 1923 S. 31.
[4] Masumoto, H.: Sci. Rep. Tôhoku Univ. Bd. 13 (1925) S. 229—242.
[5] Schofield, F. H.: Proc. roy. Soc. A Bd. 107 (1925) S. 206—227.
[6] Grard, C., u. J. Villey: C. R. Bd. 185 (1927) S. 856—858.
[7] Maybrey, H. J.: Met. Ind. Bd. 33 (1928) S. 5—6.
[8] Gann, J. A., u. A. W. Winston: Industr. Engng. Chem. Bd. 19 (1928) S. 1193—1201.
[9] Mannchen, W.: Z. Metallkde. Bd. 23 (1931) S. 193—196.
[10] Kikuchi, R.: Sci. Rep. Tôhoku Univ. Bd. 21 (1932) S. 585—593.
[11] Mann, K. E.: 1939 unveröffentlicht.

Unter Berücksichtigung der Tatsache, daß die Werte von SCHOFIELD[1] an einem sehr unreinen Magnesium gemessen wurden, die Werte von MAYBREY[2] aus methodischen Gründen zu tief liegen und der von GRARD

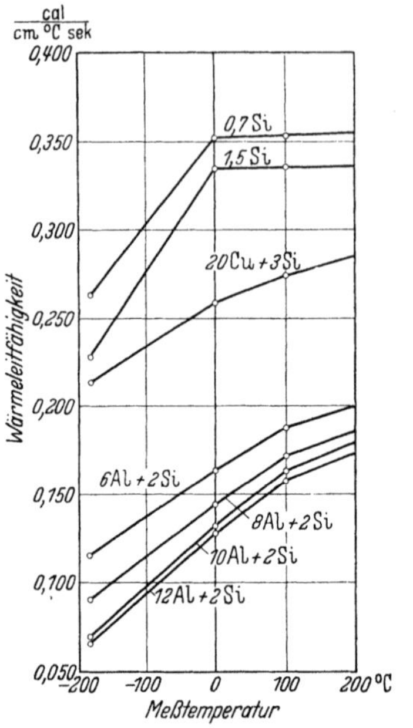

Abb. 149. Wärmeleitfähigkeit der Si, Cu + Si und Al + Si enthaltenden Magnesiumlegierungen (nach Messungen von MANNCHEN).

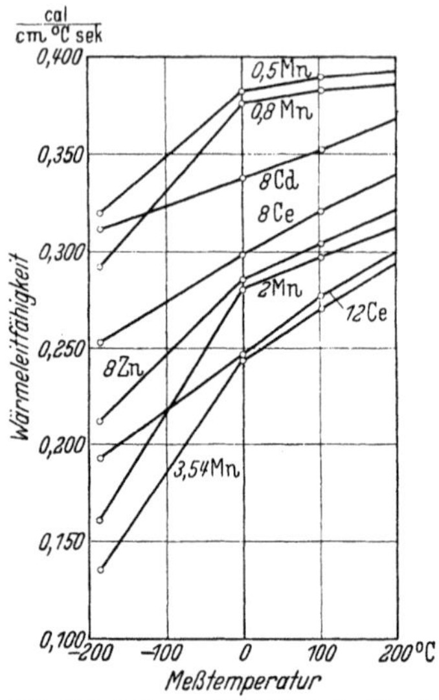

Abb. 150. Wärmeleitfähigkeit der Mn, Ce und Cd enthaltenden Magnesiumlegierungen (nach Messungen von MANNCHEN).

und VILLEY[3] angegebene Kurvenverlauf sicher nicht richtig ist, kann man annehmen, daß der exakte Wert für die Wärmeleitfähigkeit bei Raumtemperatur nicht unter 0,35 liegt. Aber auch die übrigen Angaben streuen so erheblich, daß es vorläufig noch gewagt erscheint, einen Mittelwert zu bilden.

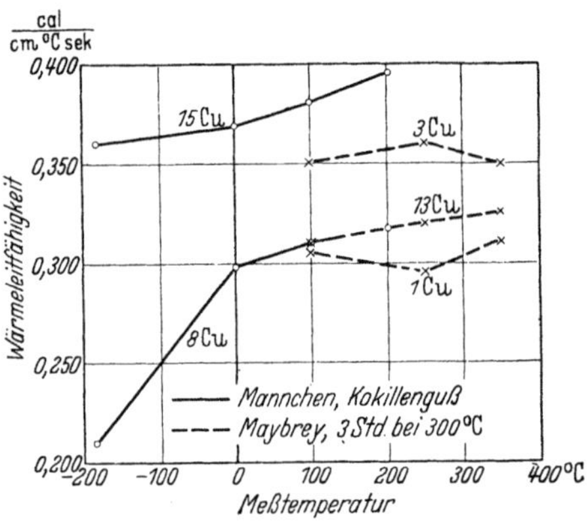

Abb. 151. Wärmeleitfähigkeit der Magnesium-Kupfer-Legierungen (nach Messungen von MANNCHEN und MAYBREY).

Verschiedene Legierungen. In den Abb. 149—152 sind Meßergebnisse von MANNCHEN[4], MAYBREY[2] und ELFLEIN[5] an Magnesiumlegierungen in Abhängigkeit von der Temperatur dargestellt. Die Werte von MANNCHEN wurden an nichtwärmebehandeltem Kokillenguß

[1] Siehe Fußnote 5, S. 111. [2] Siehe Fußnote 7, S. 111.
[3] Siehe Fußnote 6, S. 111. [4] Siehe Fußnote 9, S. 111.
[5] ELFLEIN, M.: Forsch.-Arb. Metallkde., Röntg.metallogr. Bd. 23 (1937) S. 37 u. 58.

ermittelt, Elflein mißt Sandguß im Gußzustand, und Maybrey gibt nur an, daß seine Legierungen 3 Stunden bei 300° geglüht wurden. Bei allen Legierungen steigt die Leitfähigkeit im Gegensatz zum reinen Magnesium mit der Temperatur an.

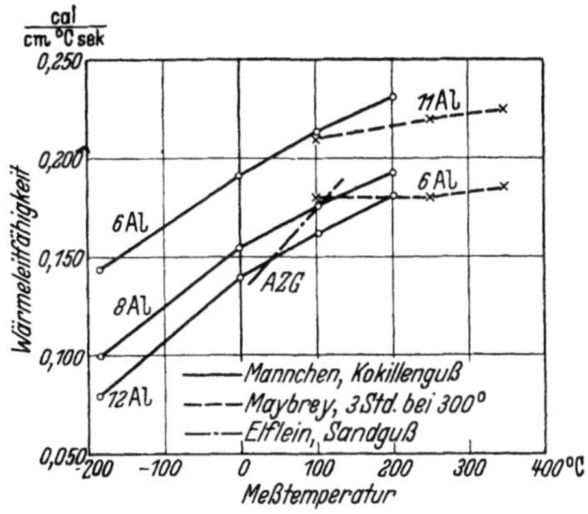

Abb. 152. Wärmeleitfähigkeit der Magnesium-Aluminium-Legierungen und von Elektron AZG (nach Messungen von Mannchen, Maybrey und Elflein).

Ähnlich wie die elektrische Leitfähigkeit (Abb. 161) nimmt auch die Wärmeleitfähigkeit des Magnesiums durch Legierungsbildung ab. Die in dieser Beziehung auswertbaren Messungen sind in Abb. 153 zusammengestellt. Durch Aluminium, Zinn, Mangan und Silizium wird die Wärmeleitfähigkeit stark herabgedrückt, während Kupfer, Nickel, Silber,

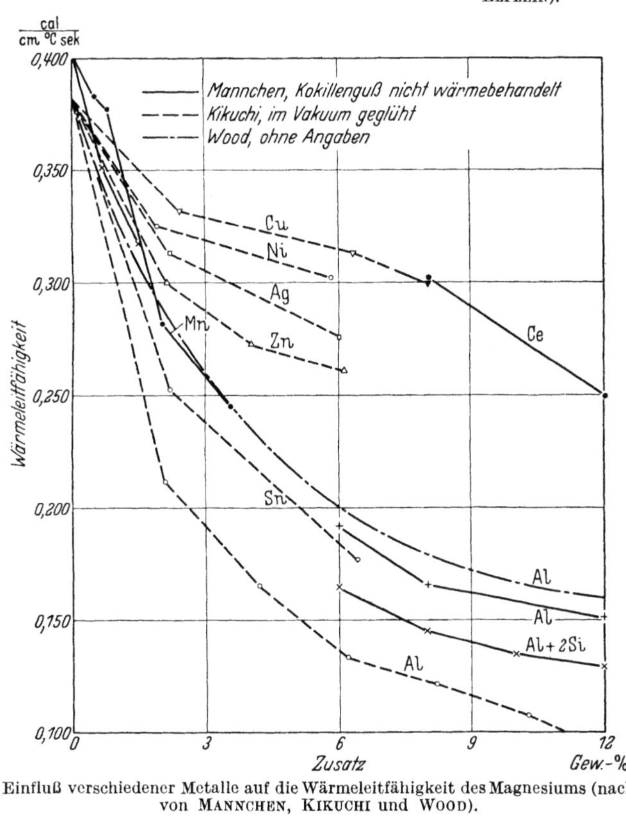

Abb. 153. Einfluß verschiedener Metalle auf die Wärmeleitfähigkeit des Magnesiums (nach Messungen von Mannchen, Kikuchi und Wood).

Zink und Zer weniger ungünstig wirken. Die Messungen von MANNCHEN an Magnesium-Aluminium-Legierungen sind in guter Übereinstimmung mit den Angaben von WOOD[1]. Die für diese Legierungen von KIKUCHI ermittelten, um einiges tiefer liegende Werte lassen sich durch die vorausgegangene Homogenisierungsglühung erklären.

Die Legierungen, die in den Abb. 149—153 nicht dargestellt werden konnten, da sie entweder nicht in Abhängigkeit von der Temperatur gemessen wurden oder nur eine einzelne Konzentration untersucht wurde, sind in der Zahlentafel 17 zusammengestellt.

Zahlentafel 17. Wärmeleitfähigkeit der in den Abb. 149—153 nicht dargestellten Legierungen in cal/cm · °C · sec.

Legierung: Gewichtsprozent	Zustand	Temperatur °C	Wärmeleitfähigkeit	Beobachter
4 Cu	gegossen	100	0,36	GRARD u. VILLEY
4 Cu	geschmiedet	100	0,36	
2,45 Al + 3,65 Cu	?	100	0,27	GRARD u. VILLEY
4,7 Al + 2,1 Cu	?	100	0,20	
6 Al + 3 Zn + 0,4 Cu	im Vakuum geglüht	29,4	0,146	KIKUCHI
4 Al + 1 Cd + 1 Sn + 1 Zn	im Vakuum geglüht	22	0,133	KIKUCHI
4 Al + 2 Cd + 1 Sn + 0,5 Zn		22,1	0,151	
4 Al + 2 Cd + 2 Sn		30,1	0,133	
4 Al + 1 Cd + 1 Sn		22,1	0,166	

Elektronlegierungen. Die Zahlentafel 18 enthält die von verschiedenen Forschern für die Elektronlegierungen ermittelten Werte für die Wärmeleitfähigkeit bei oder in der Nähe der Raumtemperatur.

Bei den vergüteten Legierungen A 9, A 9 v und A 9 h bzw. V 1, V 1 w und V 1 h zeigt sich wie bei der elektrischen Leitfähigkeit (siehe S. 126 u. 127), daß die homogenisierten Legierungen den niedrigsten, die bei etwa 200° entmischten Legierungen den höchsten Wert für die Wärmeleitfähigkeit zeigen. Ebenso ist der Wert für Sandguß AM 503 (homogen) niedriger als der Wert für die gepreßte Legierung (heterogen) bei derselben Zusammensetzung.

In Übereinstimmung mit Abb. 153 zeigt sich, daß die aluminiumfreien Legierungen die höchsten Werte für die Wärmeleitfähigkeit ergeben.

2. Spezifische Wärme, Schmelzwärme, Schmelzpunkt, Siedepunkt, Verdampfungswärme, Dampfdruck.

Es liegen für die spez. Wärmen von Magnesium die verschiedensten Meßergebnisse vor, von denen besonders die von T. J. POPPEMA,

[1] WOOD, R. T.: Metals Handbook. Amer. Soc. Met. 1936 S. 1210—1214.

Zahlentafel 18.
Wärmeleitfähigkeit der Elektronlegierungen bei Raumtemperatur.

	Legierung		Wärmeleitfähigkeit in cal/cm · sec · °C		
	Elektron	FIW	MANN[1]	BUNGARDT u. SCHAITBERGER[2]	ELFLEIN[3]
Sandguß	CMSi	—	0,364	—	—
	AM 503	3500.0	0,31	—	—
	AZF	3506.0	0,225	0,21	—
	AZG	3505.0	—	0,19	0,14
	A 9	—	0,205	—	—
	A 9 v	3507.9	0,185	—	—
	A 9 h	—	0,22	—	—
Kokillenguß . .	A 8	3508.0	0,19	—	—
	AZ 91	—	0,19	—	—
gepreßt	AM 503	3501.2	0,34	0,32	—
	AM 537	—	0,35	—	—
	Z 1 b	—	0,32	—	—
	AZ 31	—	0,25	—	—
	AZM	3510.2	0,195	0,14	—
	V 1	—	0,13	0,13	—
	V 1 w	—	—	0,11	—
	V 1 h	—	0,22	0,18	—
geschmiedet . .	AZ 855	3515,0	0,19	—	—

F. M. JAEGER[4] angeführt seien. Der Reinheitsgrad des Mg war etwa 99,93%. In folgender Zahlentafel sind die spez. Wärmen als Mittelwerte zwischen 0° und den verschiedenen Temperaturen t wiedergegeben:

Zahlentafel 19.
Mittlere spez. Wärme in Abhängigkeit von der Temperatur.

t °C	99,81	247,12	349,45	456,24	550,22
$\bar{c}_p$	0,2466	0,2539	0,2600	0,2653	0,2702

Aus diesen Mittelwerten wurden von denselben Forschern folgende spez. Wärmen und die Atomwärmen C_p nach der Formel

$$C_p = 5{,}8637 + 0{,}25585 \cdot 10^{-2}\, t - 0{,}1148 \cdot 10^{-8} \cdot t^2$$

errechnet.

Zahlentafel 20. Spezifische Wärme und Atomwärme von Magnesium.

t °C	0	100	200	300	400	500	600
c_p	0,2413	0,2518	0,2624	0,2729	0,2834	0,2939	0,3045
C_p	5,864	6,120	6,375	6,631	6,887	7,143	7,398

[1] MANN, K. E.: Unveröffentlicht; gemessen nach der von F. FÖRSTER [Z. Metallkde. Bd. 28 (1936) S. 337—340)] angegebenen Methode.

[2] BUNGARDT, W., u. G. SCHAITBERGER: siehe F. BOLLENRATH in Werkstoff Magnesium 1939 S. 19.

[3] Siehe Fußnote 5, S. 112.

[4] POPPEMA, T. J., u. F. M. JAEGER: Proc. Acad. Amsterdam Bd. 38 (1935) S. 514.

Für geschmolzenes Mg wurde zwischen 650—750° C eine mittlere spez. Wärme von $\bar{c}_p = 0{,}266$[1] gefunden.

Für den einatomigen Mg-Dampf wird für alle Temperaturen von K. K. KELLEY[2] eine spez. Wärme von $c_p = 0{,}2043$ angegeben. Die spez. Wärmen einiger intermetallischer Magnesiumverbindungen sind in folgender Zahlentafel zusammengestellt.

Zahlentafel 21. Spez. Wärmen intermetallischer Mg-Verbindungen.

Interm. Verb.	Zusammensetzung % %	Temp. °C	Wärme Spez. c_p	Schrifttum
Mg_2Si.	63,2 Mg 36,8 Si	17—100	0,2190	SCHIMPF, H.: Z. phys. Chem. Bd. 71 (1910) S. 257
Mg_3Sb_2	23,3 Mg 76,7 Sb	17—100	0,0946	
$MgZn_2$	15,7 Mg 84,3 Zn	17—100	0,1156	
$MgCu_2$	16,1 Mg 83,9 Cu	18—100	0,1160	SCHÜBEL, P.: Z. anorg. Chem. Bd. 87 (1914) S. 81
Mg_2Cu	43,3 Mg 56,6 Cu	18—100	0,1574	
$MgNi_2$	17,2 Mg 82,8 Ni	18—100	0,1255	
$MgNi_2$	17,2 Mg 82,8 Ni	18—300	0,1350	

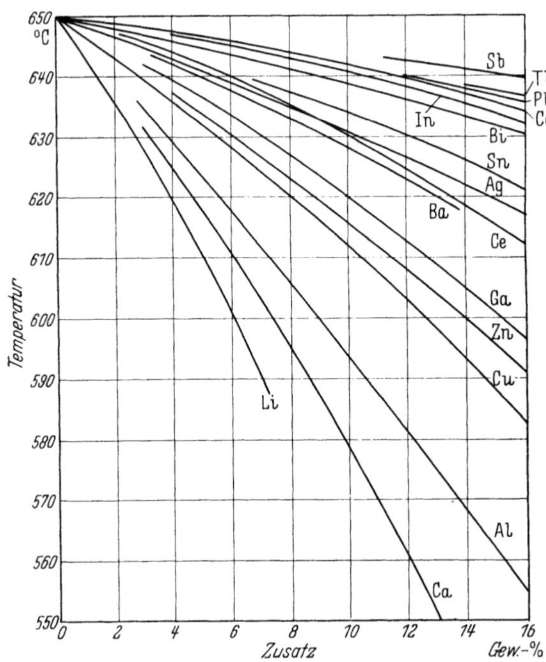

Abb. 154. Liquiduslinien verschiedener binärer Magnesiumlegierungen.

Die Schmelzwärmen von Mg zeigen stark abweichende Werte, von denen der Wert 46,5 cal/g[1] angegeben sei, der für Reinmagnesium von 99,93% kalorimetrisch gefunden wurde.

Für die Verdampfungs- und Sublimationswärme von Mg werden ebenfalls sehr verschiedene Werte angegeben. Nach EUCKEN[3] beträgt die Verdampfungswärme beim Siedepunkt des Mg 32000 cal/g-Atom. F. F. COLEMAN und A. EGERTON[4] geben für die Sublimationswärme beim Schmelzpunkt 33962 cal/g-Atom an.

[1] AWBERY, J. H., u. E. GRIFFITHS: Proc. phys. Soc., Lond. Bd. 38 (1925/26) S. 395 — Rev. Trav. chim. Bd. 55 (1936) S. 495.

[2] Bl. Bur. Mines 1935 Nr. 383 S. 65.

[3] EUCKEN, A.: Metallwirtsch. Bd. 15 (1936) S. 65.

[4] COLEMAN, F., u. A. EGERTON: Phil. Trans. roy. Soc. A Bd. 234 (1934/35) S. 198.

Der Schmelzpunkt von Mg mit dem Reinheitsgrad 99,99% wird von einer ganzen Reihe von Forschern mit 650° C angegeben.

Um einen Überblick über die Schmelzpunktsänderungen mit steigenden Zusätzen zu bekommen, sind in Abb. 154 und 155 die Liquidus- und Soliduslinien der wichtigsten binären Mg-Legierungen eingezeichnet.

Der Dampfdruck des Mg ist beim Schmelzpunkt schon so hoch, daß Mg leicht im Vakuum sublimiert bzw. destilliert und auf diese Weise gereinigt[1] werden kann. Der Tripelpunkt wird sehr verschieden angegeben. Von J. HÉRENGUEL[2] wurde der Dampfdruck beim Schmelz-

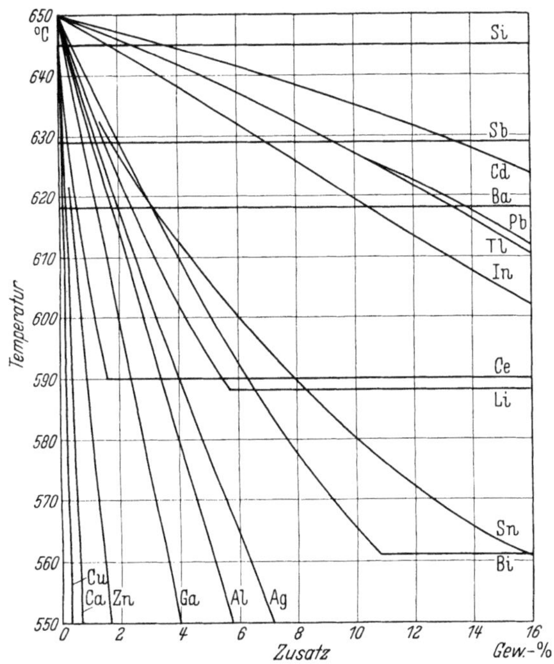

Abb. 155. Soliduslinien verschiedener binärer Magnesiumlegierungen.

punkt zu 1,5 mmg Hg gemessen. A. EUCKEN[3] berechnet den Tripelpunkt etwas unter 3 mm Hg. Nach LEITGEBEL[4] liegt der Tripelpunkt höher, wie aus Abb. 156 hervorgeht, in der der Dampfdruck in Abhängigkeit von der Temperatur wiedergegeben ist. Der Siedepunkt von Reinmagnesium[5] wurde nach diesen Untersuchungen mittels Platin-Platinrodium-Thermoelement zu 1097 ± 3° C gefunden und stimmt mit den meisten angegebenen Werten recht gut überein. Die Abhängigkeit des

[1] KAUFMANN, W., u. P. SIEDLER: Z. Elektrochem. Bd. 37 (1931) S. 492.
[2] Publ. scient. techn. Ministère de l'Air 1936 Nr. 93 S. 6.
[3] EUCKEN, A.: L. B. Erg.-Bd. 3 (1936) S. 2334.
[4] LEITGEBEL, W.: Metallwirtsch. Bd. 14 (1935) S. 267—270.
[5] LEITGEBEL, W.: Z. anorg. Chem. Bd. 202 (1931) S. 312.

Dampfdruckes von der Temperatur von 650—1127° C läßt sich nach EUCKEN[1] durch die Gleichung

$$\log p = -(7610/T) - 1{,}020 \log T + 11{,}61$$

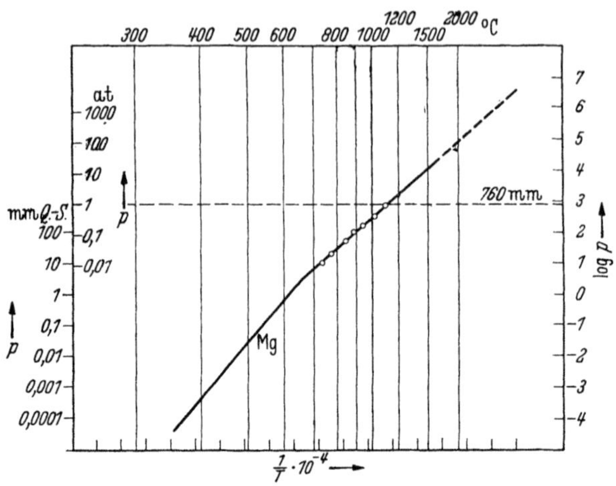

Abb. 156. Dampfdruckkurve des Magnesiums (nach LEITGEBEL).

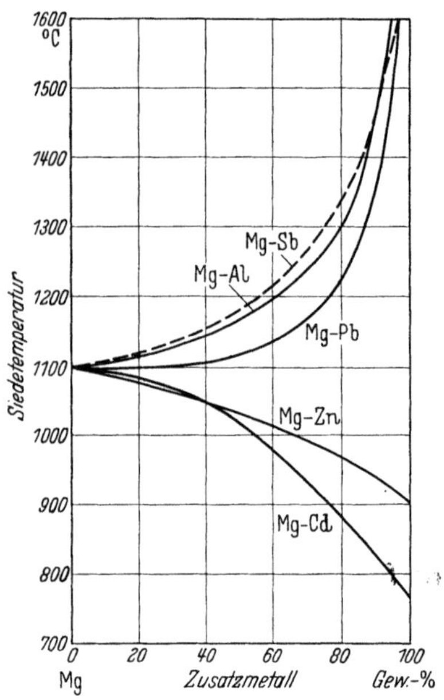

Abb. 157. Siedepunkte verschiedener binärer Magnesiumlegierungen (nach LEITGEBEL).

ausdrücken, die vollkommen die von H. HARTMANN und R. SCHNEIDER[2] gemessene Dampfdruckkurve wiedergibt.

Von einer Reihe von binären Mg-Legierungen sind von LEITGEBEL[3] die Siedepunkte gemessen worden, um einen Überblick über die Siedepunktserhöhung zu bekommen und ferner zu untersuchen, welche Legierungen sich leicht und welche sich schwer durch Destillation trennen lassen. Abb. 157 zeigt die Siedepunkte einiger binärer Mg-Legierungen in Abhängigkeit von der Konzentration. Aus den Siedekurven läßt sich nichts Genaues über die Siedepunktserhöhung sagen, die bei Zusatz geringer Mengen des Fremdmetalls von dem Atomgewicht abhängig zu sein scheint. Die Siede-

[1] EUCKEN, A.: Metallwirtsch. Bd. 15 (1936) S. 64.
[2] HARTMANN, H., u. R. SCHNEIDER: Z. anorg. Chem. Bd. 180 (1929) S. 279.
[3] Siehe Fußnote 5, S. 117.

kurven zeigen kein Maximum, so daß es möglich ist, diese Elemente durch Destillation voneinander zu trennen.

3. Diffusion.

Der Diffusionskoeffizient[1] des Mg in Al in schmelzflüssigem Zustand beträgt bei 670° C 5,25 cm²/Tag und bei 700° C 6,52 cm²/Tag.

Bei tieferen Temperaturen sind von W. BUNGARDT und F. BOLLENRATH[2] Diffusionsversuche von Mg in Al durchgeführt worden. Die Diffusionskoeffizienten betrugen im Mittel:

$$\text{bei } 420^\circ\text{ C } D = 6{,}6 \cdot 10^{-6}\text{ cm}^2/\text{Tag}$$
$$\text{,, } 520^\circ\text{ C } D = 4{,}5 \cdot 10^{-4}\text{ ,,}$$

Durch einen Zinkzusatz von 2,7% zu Al wurde der Diffusionsausgleich des Mg in Al verzögert, und die Diffusionskoeffizienten betragen:

$$\text{bei } 420^\circ\text{ C } D = 3{,}6 \cdot 10^{-6}\text{ cm}^2/\text{Tag}$$
$$\text{,, } 520^\circ\text{ C } D = 1{,}9 \cdot 10^{-4}\text{ ,,}$$

H. R. FRECHE[3] hat noch Diffusionsversuche von Mg und Si in Al durchgeführt und kommt zu dem Ergebnis, daß die Diffusionsgeschwindigkeit von Mg in Al bei 450° C etwa von derselben Größenordnung ist wie die von Si in Al bei 510° C.

Von W. SEITH, E. HOFER und H. ETZOLD[4] wurde die Diffusion von Mg in Pb bei 154 und 210° C untersucht. Mit Hilfe der Spektralanalyse wurde die Abhängigkeit der Konzentration von der Eindringungstiefe bestimmt. Es ergab sich eine Diffusionsgeschwindigkeit von $2 \cdot 10^{-4}$ cm²/Tag.

4. Oberflächenspannung.

Die Oberflächenspannung von Mg wurde von V. G. GIVOV[5] nach der Tropfenmethode in Argon bei 681° C zu 563 erg/cm² und bei 894° C zu 502 erg/cm² bestimmt und verläuft zwischen diesen Temperaturen linear.

5. Bildungswärmen von intermetallischen Verbindungen.

Die Bildungswärme der intermetallischen Verbindungen gibt ein ungefähres Maß für die Affinität der reagierenden Stoffe, und in folgender

---

[1] BELOSERSKI, N. A.: Light Metals (russ. Lepkiji Metally) Bd. 6 (1937) Nr. 10 S. 18—22.

[2] BUNGARDT, W., u. FR. BOLLENRATH: Z. Metallkde. 1938 S. 377—383.

[3] FRECHE, H. R.: Metals Techn. Bd. 3 (1936) S. 13 — Trans. Amer. Inst. min. metallurg. Engrs. Publ. Bd. 174.

[4] SEITH, W., E. HOFER u. H. ETZOLD: Z. Elektrochem. Bd. 40 (1934) S. 323; Bd. 41 (1935) S. 874.

[5] GIVOV, V. G., ref. Inst. Met. Bd. 4 (1937) S. 581.

Zahlentafel 22 sind die Bildungswärmen[1] pro Grammatom einer Reihe von intermetallischen Verbindungen zusammengestellt.

Zahlentafel 22. Bildungswärmen verschiedener Mg-Verbindungen.

Intermetallische Verbindung	Bildungswärmen kcal pro 1 Grammatom	Intermetallische Verbindung	Bildungswärmen kcal pro 1 Grammatom
Mg_3Pr	2,8	MgCd	4,6
MgLa	2,9	Mg_4Ca_3	6,1
Mg_3La	3,2	MgCe	6,5
MgPr	4,1	Mg_4Al_3	7,0
$MgZn_2$	4,2	Mg_2Sn	20
Mg_3Ce	4,3		

Auffallend ist die hohe Bildungswärme der Verbindung Mg_2Sn, die nach dem Fluorittyp kristallisiert und einen Übergang zu den salzähnlichen Verbindungen darstellt.

6. Brennbarkeit.

Über die Feuergefährlichkeit und Brennbarkeit des Magnesiums[2] herrschen vielfach falsche Vorstellungen, so daß es geboten erscheint, dieses Problem hier kurz zu erörtern (s. auch S. 417). Bei der Betrachtung unterscheidet man zweckmäßig kompakte Stücke, Späne und Staub.

Abb. 158. Brandversuch an einem mit Benzin gefüllten Elektrontank (nach DE RIDDER).

Kompakte Teile (Fertigteile, grobstückiger Abfall, Blechverschnitt) sind vollkommen gefahrlos. Sie können (z. B. durch ein Streichholz) nicht zur Entzündung gebracht werden. Beim Erhitzen über den Schmelzpunkt verbrennt nur das geschmolzene Metall, ohne daß der Brand auf die nicht über den Schmelzpunkt erhitzten Teile übergreift. Abb. 158 zeigt einen Tank[3], der zur Hälfte mit Benzin gefüllt war und dann mit einer Lötlampe örtlich erhitzt

[1] BILTZ, W.: Z. Metallkde. 1937 S. 73—79.

[2] KREMER: Reichsarb.-Bl. 1938 III S. 190—195. — RUHE, H.: Reichsarb.-Bl. 1938 III S. 195—201. — RAUSCHER, E.: Z. VDI Bd. 82 (1938) S. 856—858.

[3] RIDDER, E. DE: In WGL-Jb. 1929.

wurde. Soweit der Kegel der Flamme reichte, ist das Metall geschmolzen und der Inhalt des Behälters ausgebrannt. Im übrigen ist der Tank vollkommen unversehrt geblieben.

Bei Brandversuchen[1] an Motorhauben aus Aluminium und Elektron in einem künstlich erzeugten Luftstrom (Vergaserbrand) konnte kein Unterschied zwischen beiden Metallen festgestellt werden. In beiden Fällen waren die Hauben dort, wo sie von der Flamme getroffen wurden, geschmolzen, ohne daß ein weiterer Brand stattgefunden hätte.

Späne, wie sie beim Hobeln, Bohren, Drehen, Fräsen und Sägen anfallen, sind brennbar; sie können mit einem Streichholz zur Entzündung gebracht werden, da bei der Kleinheit der Teilchen die zugeführte Wärmemenge nicht fortgeleitet werden kann und der Span auf diese Weise über den Schmelzpunkt erhitzt wird. Die dabei erzeugte Verbrennungswärme reicht aus, den nächstliegenden Span zur Entzündung zu bringen, und so schreitet die Verbrennung von Span zu Span fort.

LENZE, METZ u. RUBENS[2] haben Bearbeitungsversuche an Elektronblöcken durch Abdrehen, Abstechen, Sägen und Bohren vorgenommen. Selbst beim Arbeiten unter ungünstigsten Bedingungen gelang es nicht, die Späne zur Entzündung zu bringen. Die Temperatur der Drehspäne betrug nach rohen Versuchen etwas über 100°.

Es kann gelegentlich doch vorkommen, daß beim Drehen auf der Drehbank eine Entzündung eintritt. Wenn mit stumpfen Werkzeugen gearbeitet wird, der Vorschub zu gering gewählt wird und bearbeitete Flächen an der Schneide des Werkzeuges umlaufen, also solche Vorgänge stattfinden, die nicht mehr als spanabhebend bezeichnet werden können, sondern mehr ein Reiben des Werkzeuges am Werkstück darstellen, dann kann bei ungünstigen Verhältnissen durch Reibung mehr Wärme erzeugt werden, als durch Leitung abgeführt wird und die Temperatur über den Schmelzpunkt steigen.

Spänebrände sind vollkommen harmlos. Die Späne brennen langsam und ruhig ab, sofern sie trocken sind. Lebhafter wird der Brand bei Anwesenheit von Feuchtigkeit und Wasser, da der dabei entstehende Wasserstoff die Verbrennung fördert.

Staub. Die gefährlichste Form des Magnesiums ist der Staub, wie er beim Schleifen und Polieren anfällt. In seiner Gefährlichkeit unterscheidet sich der Magnesiumstaub nicht von anderen Staubarten, wie Kohlen-, Holz-, Aluminiumstaub usw., deren Neigung zur Verursachung von Staubexplosionen bekannt ist. Beim Magnesium liegt die untere

---

[1] Siehe Fußnote 3, S. 120.

[2] LENZE, METZ u. RUBENS: Jber. chem.-techn. Reichsanst. Bd. 8 (1930) S. 8—10.

Explosionsgrenze bei etwa 30 mg/l[1], ähnlich dem für Aluminium angegebenen Wert[2, 3].

Untersuchungen über die Selbstentzündlichkeit von Magnesiumpulver wurden von LENZE, METZ und RUBENS[4] durchgeführt. Besonders fein verteiltes Magnesiumpulver entzündet sich beim Erhitzen an Luft nicht leichter als gröberes Pulver oder Späne. Die Entzündungstemperatur liegt zwischen 500 und 550°. Bringt man das Pulver bei Raumtemperatur mit Wasser zusammen, so tritt eine geringe Temperaturerhöhung ein, die jedoch nicht genügt, eine Selbstentzündung hervorzurufen. Wasser von 50° zu Pulver gleicher Temperatur gebracht, bewirkt ebenfalls eine nur geringe Temperaturerhöhung der obersten Pulverschicht von etwa 4°. Läßt man Wasser von 50° in die Mitte einer mit Pulver gefüllten Büchse (ebenfalls 50°) zulaufen, wird Oxydation, verbunden mit einer Temperaturerhöhung um etwa 35°, beobachtet. Natürlich reicht diese Temperatur nicht aus, eine Selbstentzündung hervorzurufen.

E. Elektrische Eigenschaften.

1. Elektrische Leitfähigkeit.

Reines Magnesium. Der elektrische Widerstand des Magnesiums ist von der Orientierung abhängig; er ist nach SCHMID[5] gemäß Abb. 159 eine lineare Funktion des $\cos^2 \varphi$, wobei φ den Winkel zwischen der hexagonalen Achse und der Stromrichtung bedeutet. Bei 18° ist er senkrecht zur hexagonalen Achse $4{,}54 \cdot 10^{-6} \cdot \Omega \cdot$cm, parallel dazu $3{,}77 \cdot 10^{-6} \cdot \Omega \cdot$cm. Die zugehörigen Temperaturkoeffizienten sind 0,00416 und 0,00427.

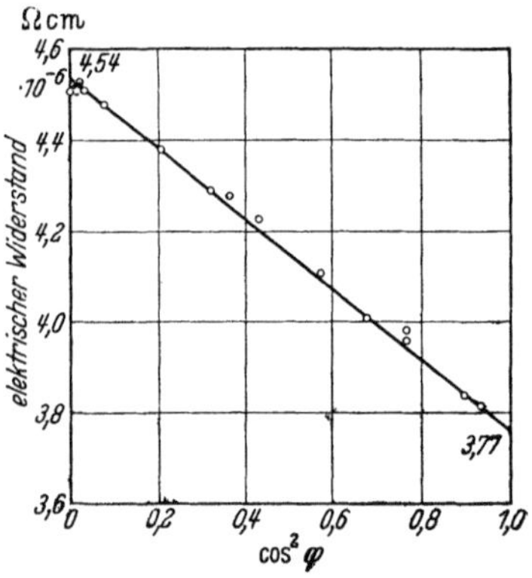

Abb. 159. Abhängigkeit des elektrischen Widerstandes von der Orientierung (nach SCHMID).

Da die Orientierung der Basisebene in die Verformungsrichtung mit zunehmender Verformung größer wird, findet man vom Guß über Preßmaterial zum gewalzten Blech eine Zunahme des Widerstandes nach Zahlentafel 23.

Außer von der Orientierung hängt der Widerstand natürlich noch vom

[1] BORNHAK, R.: Unveröffentlicht.
[2] GLIWITZKY, W.: Z. VDI Bd. 80 (1936) S. 687—692.
[3] MASON, R. B., u. C. S. TAYLOR: Industr. Engng. Chem. Bd. 29 (1937) S. 626 bis 630.
[4] LENZE, METZ u. RUBENS: Jber. chem.-techn. Reichsanst. Bd. 8 (1930) S. 12 bis 14.
[5] SCHMID, E.: Z. Elektrochem. Bd. 37 (1931) S. 447—459.

Reinheitsgrad des Magnesiums ab. Die Natur der Verunreinigungen ist von erheblichem Einfluß auf die Leitfähigkeit. Schwach wirkende Zusätze wie etwa Kadmium und Silber erniedrigen in Mengen von 0,1 % die Leitfähigkeit um etwa 0,1, stärker wirkende Verunreinigungen wie Lithium, Aluminium, Mangan und Zer erniedrigen — ebenfalls bei Gehalten von 0,1 % — um etwa $1{,}0 \cdot 10^4 \cdot \Omega^{-1} \cdot cm^{-1}$ (s. Abb. 161).

Zahlentafel 23. Änderung von Widerstand und Leitfähigkeit des technischen Magnesiums bei 20° mit der Verformung.

Zustand	$\varrho \cdot 10^6 \cdot \Omega^{-1}\,cm^{-1}$	$\varkappa \cdot 10^{-4} \cdot \Omega \cdot cm$
gegossen[1] . . .	4,36—4,49	22,3—22,9
gepreßt[1]	4,43—4,60	21,7—22,6
gewalzt[2]	4,50—4,77	21,0—22,2

In Abb. 160 ist die Änderung der Leitfähigkeit des reinen Magnesiums mit der Temperatur zwischen 0 und 600° zusammengestellt. Die Einzelwerte sind Messungen von GRUBE und Mitarbeitern[3—6] an Kokillenguß entnommen; die größte Abweichung dieser Werte von der gezeichneten Kurve beträgt $\pm 0{,}2 \cdot 10^4 \cdot \Omega^{-1} \cdot cm^{-1}$. Die Werte von NICCOLAI[7] und GRUBE und BURKHARDT[8] passen sich der Kurve nur bis etwa 200° an und weichen dann zu tieferen Leitfähigkeiten ab. Für 20° sind die Leitfähigkeiten nach Zahlentafel 23 (22,3—22,9) eingesetzt. Mit fallender Temperatur nimmt die Leitfähigkeit stark zu. NICCOLAI[7] mißt bei —189° 78,4, STAEBLER[9] bei derselben Temperatur $118 \cdot 10^4 \cdot \Omega^{-1} \cdot cm^{-1}$. Nach Angabe von KEESOM und KOK[10] ist Magnesium bei 0,74° K noch nicht supraleitend.

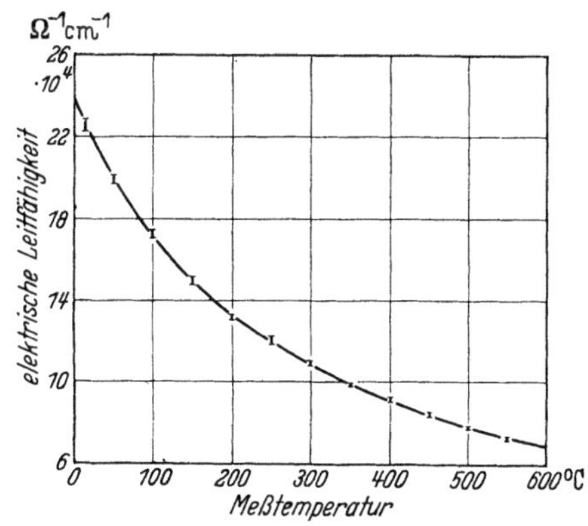

Abb. 160. Abhängigkeit der elektrischen Leitfähigkeit des Magnesiums von der Temperatur.

[1] VOSSKÜHLER, H.: Unveröffentlicht.
[2] MENZEN, P.: Unveröffentlicht.
[3] GRUBE, G., u. E. SCHIEDT: Z. anorg. allg. Chem. Bd. 194 (1930) S. 190 bis 222.
[4] GRUBE, G., L. MOHR u. R. BORNHAK: Z. Elektrochem. Bd. 40 (1934) S. 143 bis 150.
[5] GRUBE, G., H. v. ZEPPELIN u. H. BUMM: Z. Elektrochem. Bd. 40 (1934) S. 160—164.
[6] GRUBE, G., u. H. VOSSKÜHLER: Z. Elektrochem. Bd. 40 (1934) S. 566—570.
[7] NICCOLAI, G.: Atti R. Acad. dei Lincei, Roma (5) Bd. 16 I (1907) S. 906 bis 909.
[8] GRUBE, G., u. A. BURKHARDT: Z. Elektrochem. Bd. 35 (1929) S. 315—332.
[9] STAEBLER, J.: Diss. Breslau 1929 S. 19.
[10] KEESOM, W. H., u. J. KOK: Actes VII. Congr. int. Froid Bd. 2 (1936) S. 178 bis 182.

Aus der in Abb. 160 gezeichneten Kurve errechnet sich der Temperaturkoeffizient des elektrischen Widerstandes zwischen 0 und 100° zu 0,00386. Die in der Literatur[1] angegebenen Messungen in demselben Temperaturbereich schwanken zwischen 0,00372 und 0,00432.

Binäre Legierungsreihen. Abb. 161 zeigt die elektrische Leitfähigkeit einer Reihe von binären Magnesiumlegierungen in Abhängigkeit von der Zusammensetzung. Die Messungen wurden bei 20° an gepreßten Drähten von 5 mm ⌀ durchgeführt; die Drähte wurden dicht unterhalb des

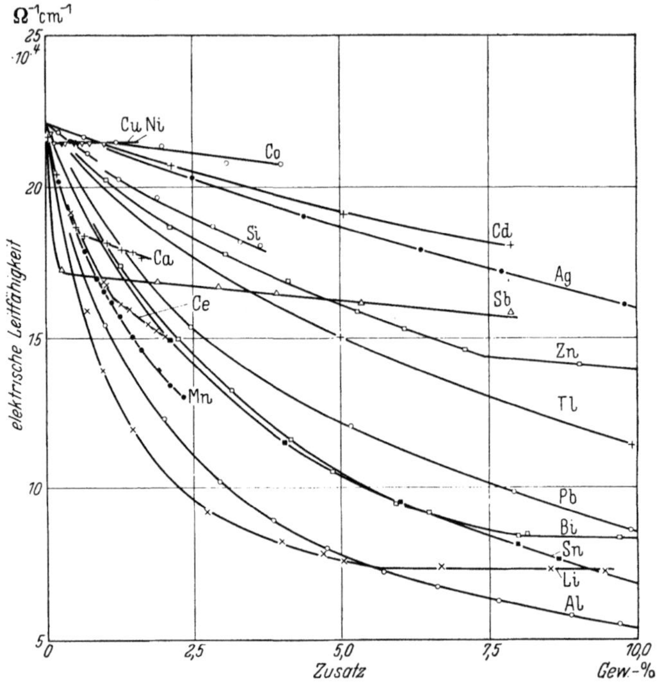

Abb. 161. Elektrische Leitfähigkeit verschiedener binärer Legierungsreihen bei 20° (nach VOSSKÜHLER).

Erweichungspunktes der höchstprozentigen Legierung bis zur Gefügekonstanz geglüht und dann in Wasser abgeschreckt; sie bestehen also soweit wie möglich aus Mischkristallen. Bei einigen Legierungsreihen kommt die Mischkristallgrenze deutlich zum Ausdruck.

Elektronlegierungen. In der Zahlentafel 24 sind Messungen des Widerstandes und der daraus berechneten Leitfähigkeit für 20° mit dem Temperaturkoeffizienten des Widerstandes α_{0-100° für alle Elektronlegierungen wiedergegeben. Innerhalb der einzelnen Gruppen sind die Legierungen nach steigenden Widerständen geordnet; dabei ergibt sich im großen und ganzen eine Abnahme der Temperaturkoeffizienten.

[1] Gmelins Handb. der anorg. Chem., 8. Aufl. (Magnesium S. 265). 1937.

Zahlentafel 24. Widerstand, Leitfähigkeit und Temperaturkoeffizient der Elektronlegierungen (nach VOSSKÜHLER).

	Legierung Elektron	FIW	$\varrho \cdot 10^6 \cdot \Omega^{-1} \cdot cm^{-1}$	$\varkappa \cdot 10^{-4} \cdot \Omega \cdot cm$	$\alpha_0 - 100°$
Knet-material	AM 503	3501.2	5,00— 5,13 (7)	19,5—20,0 (7)	0,00314—0,00351 (2)
	Z 1 b	—	5,80 (1)	17,2 (1)	0,00321 (1)
	AZ 21	—	7,75— 8,27 (46)	12,1—12,9 (46)	0,00185 (1)
	AZ 31	—	8,82— 9,27 (2)	10,8—11,3 (2)	0,00200 (1)
	V 1 h	—	11,67 (1)	8,6 (1)	0,00135 (1)
	AZM	3510.2	13,65—15,18 (46)	6,6— 7,3 (46)	0,00090—0,00101 (2)
	AZ 855	3515.0	15,65 (1)	6,4 (1)	0,00092 (1)
	V 1	—	17,11 (1)	5,8 (1)	0,00074 (1)
	V 1 w	—	18,95 (1)	5,3 (1)	0,00075 (1)
Sandguß	CMSi	—	4,75— 5,20 (2)	19,2—20,9 (2)	0,00327—0,00412 (2)
	AM 503	3500.0	6,80— 6,88 (2)	14,5—14,7 (2)	0,00210—0,00221 (2)
	AZ 31	3504.0	8,93— 9,22 (2)	10,9—11,2 (2)	0,00176—0,00181 (2)
	AZF	3506.0	10,50—10,70 (2)	9,3— 9,5 (2)	0,00147—0,00154 (2)
	AZG	3505.0	12,20 (2)	8,2 (2)	0,00122—0,00126 (2)
	A 9 h	—	13,18 (1)	7,6 (1)	0,00113 (1)
	A 8	—	13,36—13,37 (2)	7,5 (2)	0,00117—0,00119 (2)
	A 9	—	14,12 (1)	7,1 (1)	0,00103 (1)
	AZ 91	—	14,12 (1)	7,1 (1)	0,00107 (1)
	A 9 v	3507.9	15,73—17,10 (3)	5,8— 6,4 (3)	0,00074—0,00083 (3)
Kokillen-guß	A 8	3508.0	14,07 (1)	7,1 (1)	0,00099 (1)
	AZ 91	—	15,94 (1)	6,3 (1)	0,00085 (1)
Spritzguß	A 8	—	13,62 (1)	7,3 (1)	0,00108 (1)
	AZ 91	—	16,04 (1)	6,2 (1)	0,00087 (1)

Die Widerstandswerte von AM 537 entsprachen denen von AM 503; der Temperaturkoeffizient wurde nicht bestimmt.

Die eingeklammerten Zahlen beziehen sich auf die Anzahl der durchgeführten Messungen. In den Fällen, in denen nur eine Messung vorliegt, können die angegebenen Werte naturgemäß noch etwas schwanken.

Wie aus der Zahlentafel zu ersehen ist, wirkt sich ein Zinkgehalt (Legierung Elektron Z 1 b) viel weniger stark auf die Leitfähigkeit aus als ein Aluminiumgehalt. Deswegen läßt sich auch die Leitfähigkeit aller zink- und aluminiumhaltigen Legierungen in Abhängigkeit von ihrem Aluminiumgehalt darstellen, sofern eine besondere Wärmebehandlung nicht vorgenommen wurde. Wie die Abb. 162 zeigt, erhält man bei den höherprozentigen Legierungen, die nach dem Zustandsschaubild sowohl homogen als auch heterogen sein können, für das Knetmaterial die niedrigsten Werte, da beim Knetvorgang eine teilweise, im Sinne einer Leitfähigkeitserniedrigung wirkende Homogenisierung eintritt. Da der Sandguß bei Aluminiumgehalten von 3—4% aufwärts heterogen erstarrt, liegen die Werte für Elektron AZF, AZG, A 8, A 9 und AZ 91 oberhalb der Kurve für das Knetmaterial. Legierungen, die im Guß homogen oder nahezu homogen erstarren, unterscheiden sich vom Knetmaterial gleicher Zusammensetzung nicht (z. B. AZ 31). Die Werte für Kokillenguß liegen infolge seiner etwas geringeren Heterogenität gegenüber dem Sandguß zwischen den Kurven für Knetmaterial und Sandguß.

In ähnlicher Weise wie die Leitfähigkeit verhält sich der Temperaturkoeffizient des elektrischen Widerstandes zwischen 0 und 100° (Abb. 163).

Die Leitfähigkeit und der Temperaturkoeffizient der Aluminium und Zink enthaltenen Legierungen sind bei geringen Konzentrationen

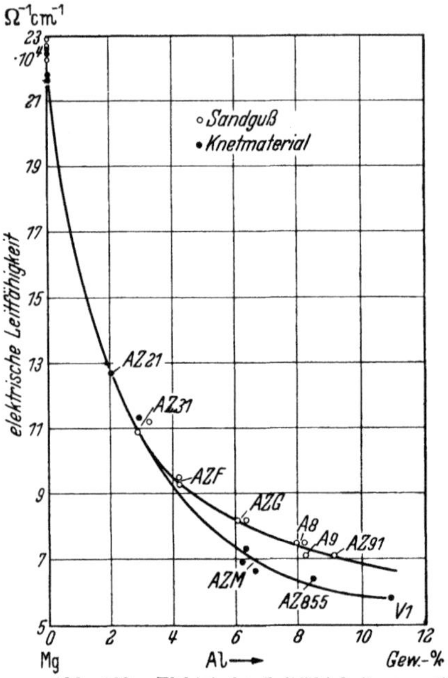

Abb. 162. Elektrische Leitfähigkeit der Al + Zn enthaltenden Elektronlegierungen in Abhängigkeit vom Aluminiumgehalt (nach VOSSKÜHLER).

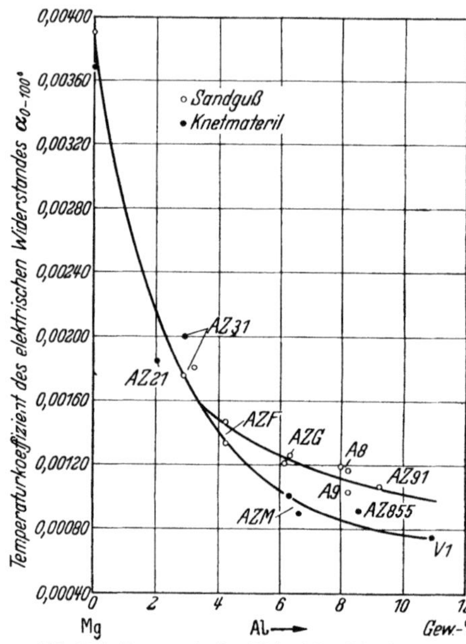

Abb. 163. Temperaturkoeffizient des elektrischen Widerstandes der Al + Zn enthaltenden Elektronlegierungen zwischen 0 und 100° in Abhängigkeit vom Aluminiumgehalt (nach VOSSKÜHLER).

infolge des steilen Abfalls der Kurven sehr stark von der Konzentration abhängig, während bei höheren Gehalten der Gefügezustand von größerem Einfluß auf die Werte ist.

In Abb. 164 sind die Temperatur-Widerstandskurven der Elektronlegierungen bei einer Erhitzungsgeschwindigkeit von 1°/min wiedergegeben. Sie sind insofern von Interesse, als aus ihnen die Temperaturen beginnender Gefügeänderungen entnommen werden können. Ein verzögerter Anstieg bzw. ein Abfall des Widerstandes deutet Entmischungsvorgänge an, während ein verstärkender Anstieg auf die beginnende Homogenisierung hinweist.

Wie stark der Widerstand vom Gefüge abhängt, ist sehr schön an den Knetlegierungen V 1, V 1 w und V 1 h zu sehen, bei denen bei gleicher chemischer Zusammensetzung verschiedene Gefüge durch Glühen hergestellt werden. V 1, der Preßzustand, besitzt noch eine geringe Heterogenität, da beim Pressen nicht die gesamte Verbindung Mg_4Al_3 in Lösung geht. Nachdem diese ungelöste Verbindung durch eine homogenisierende Glühung gelöst wurde (V 1 w), steigt der Widerstand stark an. Nach einer Anlaßbehandlung bei 200° wird der Mischkristall stark entmischt (V 1 h), infolgedessen fällt der Widerstand auf einen Tiefstwert ab. Mit steigender Temperatur nähern sich die Werte der drei Legierungen, bis sie bei 400° praktisch gleich sind. Die Sandgußlegierungen A 9, A 9 v und A 9 h verhalten sich ähnlich.

Beim Vergleich der Kurven für AM 503-Sandguß und Knetmaterial ist festzustellen, daß sich die Sandgußlegierung bei etwa 300° entmischt, während beim Knetmaterial nur schwache Anzeichen hierfür vorhanden sind. Der Grund liegt in der Homogenität des Gußzustandes, die beim Knetmaterial infolge des Knetvorganges unterhalb der Entmischungslinie verlorengeht. Das kommt auch in den Leitfähigkeitswerten bei 20° zum Ausdruck. Der stets homogene

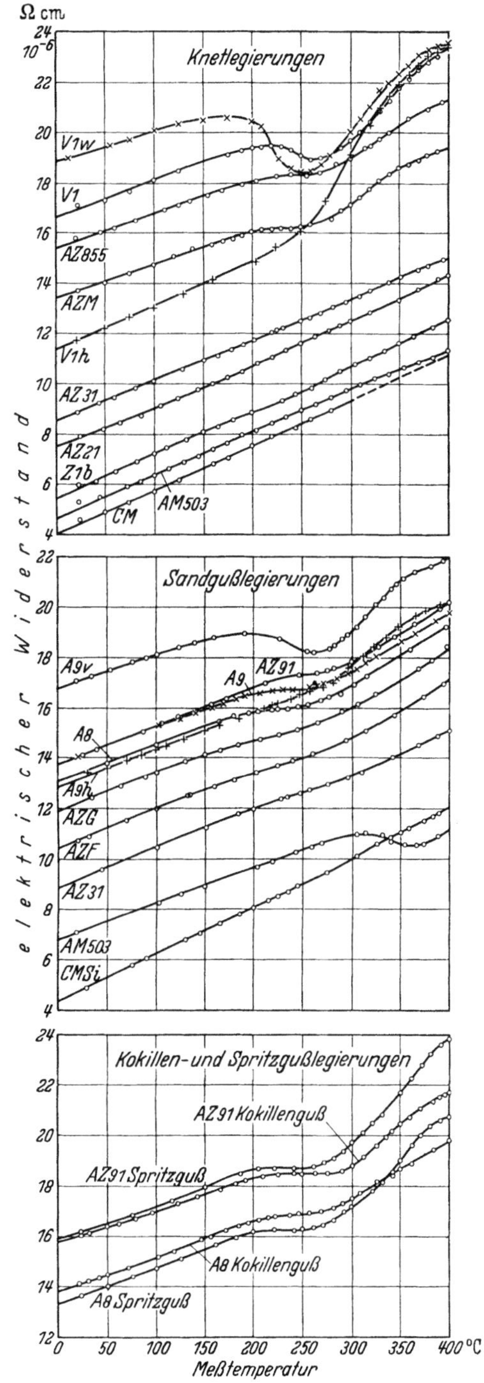

Abb. 164. Temperaturwiderstandskurven der Elektronlegierungen (nach VOSSKÜHLER).

Sandguß hat eine Leitfähigkeit von 14—15, während der Wert für Walz- und Preßmaterial bei etwa $20 \cdot 10^4 \cdot \Omega^{-1} \cdot cm^{-1}$ liegt.

Ganz allgemein läßt sich aus der Abb. 164 entnehmen, daß die stark übersättigten Legierungen sich bei der angewandten Erhitzungsgeschwindigkeit bei etwa 200° zu entmischen beginnen. Bei Legierungen geringeren Gehaltes an Zusatzmetallen ist dieser Effekt nur sehr gering oder gar nicht vorhanden.

2. Thermokraft.

Die Thermokraft — die durch 1° Temperaturerhöhung hervorgerufene Spannung — hat MEISSNER[1] für Kupfer gegen verschiedene Metalle angegeben (polykristallines Material). Die nach seinen Angaben für Magnesium umgerechneten Werte finden sich in der Zahlentafel 25 für die Temperaturgrenze von —0,5 bis +0,5° in 10^{-6} V/°C. Ein positives Vorzeichen bedeutet, daß der Strom an der Warmlötstelle vom fremden Metall zum Magnesium fließt; bei einem negativen Vorzeichen fließt der Strom umgekehrt.

Zahlentafel 25. Differentiale Thermokraft (dE/dt in 10^{-6} V/°C) von Magnesium gegen verschiedene Metalle bei 0° C.

Kombination von Mg mit	Thermokraft	Kombination von Mg mit	Thermokraft	Kombination von Mg mit	Thermokraft
Se . . .	—1000	Rh . . .	—2,9	Ta . . .	+ 0,6
Te . . .	— 400	Ag . . .	—2,8	Pt . . .	+ 2,9
Ge . . .	— 300	Ir . . .	—2,6	Hg . . .	+ 3,0
Sb . . .	— 35	In . . .	—2,6	Na . . .	+ 4,0
Fe . . .	— 16,4	Tl . . .	—2,2	Pd . . .	+ 5,3
Li . . .	— 11,7	W . . .	—1,9	Ca . . .	+ 7,8
Ce . . .	— 7,4	Cs . . .	—0,6	Rb . . .	+ 7,8
Mo . . .	— 6,3	Sn . . .	—0,4	K . . .	+11,3
Zn . . .	— 3,3	Pb . . .	—0,2	Co . . .	+17,1
Cd . . .	— 3,2	Mg . . .	0	Ni . . .	+17,4
Au . . .	— 3,1	Al . . .	+0,2	Bi . . .	+69,8

Die in der Zahlentafel angegebenen Werte gelten für polykristalline Stoffe. Die Thermokraft ist natürlich von der Orientierung abhängig. BRIDGMAN[2] fand für die Kombination Magnesium senkrecht zur hexagonalen Achse gegen Magnesium parallel zur hexagonalen Achse bei 0° eine Thermokraft von $-0{,}20 \cdot 10^{-6} \cdot$ V/°C.

F. Magnetische Eigenschaften.

Magnesium gehört wie das Al zu den schwach paramagnetischen Metallen. Abb. 165 zeigt die spez. Suszeptibilität[3] bei $\mathfrak{H} = 10{,}5 \cdot 10^3$ Ør-

[1] MEISSNER, W.: Wien-Harms' Handb. der Experimentalphysik, Bd. XI. 2. Teil, 1935 S. 421.

[2] BRIDGMAN, P. W.: Proc. Amer. Acad. Bd. 67 (1932) S. 29—41.

[3] HONDA, K.: Sci. Rep. Tôhoku I Bd. 1 (1911/12) S. 30.

sted von Mg-Blech mit 0,0235% Fe. Bis 550° nimmt die spez. Suszeptibilität wahrscheinlich zufolge des Eisengehaltes stark ab und bleibt dann konstant. Bei tiefen Temperaturen (—252,6, —258,8° C) ist der Einfluß[1] des Eisens merkwürdigerweise gering. Mit der Feldstärke nimmt die magnetische Suszeptibilität[2] stark ab.

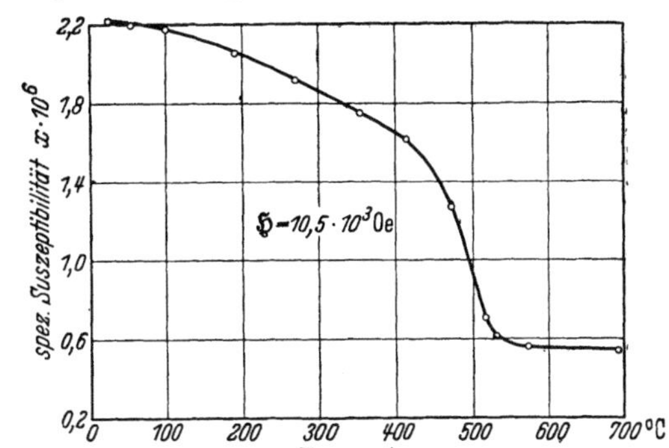

Abb. 165. Spezifische Suszeptibilität von Magnesium (nach HONDA).

G. Reflexion.

Magnesium ist ein stark glänzend silberweißes Metall und zeigt bei normalem Einfall des Lichtes für verschiedene Wellenlängen des polarisierten oder elliptisch polarisierten Lichtes folgendes Reflexionsvermögen *R*. *n* ist der auf Luft bezogene Brechungsindex und *k* der Absorptionskoeffizient. Zum Vergleich sind auch einige Reflexionszahlen für poliertes Aluminium angegeben, die im ultraroten und ultravioletten Gebiet etwas höher liegen, während sie im sichtbaren Gebiet praktisch gleich sind.

Bei der Verbrennung an der Luft gibt Magnesium ein blendend weißes Licht, das bekanntlich für photographische Zwecke verwandt wird. Die photochemische Wirkung des Lichtes wird auf das kontinuierliche Spektrum des weißglühenden MgO und ferner auf das Bandenspektrum

Zahlentafel 26 (s. LANDOLT-BÖRNSTEIN: Erg.-Bd. 1, S. 467).

Oberflächen-zustand	λ mμ	k	n	R % Mg	R % Al
mass.	188	—	—	13	25
„	200	—	—	21	31
„	251	—	—	32	53
„	305	—	—	37	64
„	357	—	—	45	54
kath.	450	—	0,26	—	68
mass.	500	—	—	72	73
„	589,3	4,42	0,37	92,9	72,5
kath.	589,3	—	0,40	—	—
mass.	600	—	—	73	75
kath.	620	—	0,51	—	—
mass.	630	4,6	0,40	93,5	
„	1 μ	—	—	74,0	73
„	2 „	—	—	77,0	
„	3 „	—	—	80,5	88
„	4 „	—	—	83,5	91
„	5 „	—	—	86,0	
„	6 „	—	—	88,0	
„	7 „	—	—	91,0	
„	8 „	—	—	93,0	96,9
„	9 „	—	—	93,0	

[1] HAAS, W. J. DE, u. P. M. VAN ALPHEN: Proc. Acad. Amsterdam Bd. 36 (1933) S. 263.

[2] HONDA, K.: Ann. Physik (4) Bd. 32 (1910) S. 1050.

der freien MgO-Molekeln zurückgeführt. Durch Zuschläge von sauerstoffreichen Salzen kann die Aktivität des Blitzlichtes erheblich erhöht werden (s. S. 484).

H. Elektrochemische Eigenschaften.

Das Normalpotential des Mg, bezogen auf die Normalwasserstoffelektrode, ist wegen der schnellen Deckschichtenbildung kaum einwandfrei zu bestimmen und wurde von R. PH. BECK[1] bei Zimmertemperatur mit Hilfe von Mg-Amalgam in saurer oder neutraler Lösung zu $oE_h = -1{,}856$ bis $-1{,}876$ V gefunden. Dieser Wert ist auf Grund theoretischer Berechnungen zu edel und wird nach verschiedenen Methoden zu etwa —2,5 V berechnet. Legt man ein Normalpotential von —1,55 V zugrunde, so ergibt sich nach der NERNSTschen Formel für Zimmertemperatur ein Lösungsdruck von $8{,}9 \cdot 10^{46}$ at.

Wenn auch das Normalpotential noch nicht mit Sicherheit festliegt, so kann man Mg doch mit einiger Wahrscheinlichkeit folgendermaßen in die elektrochemische Spannungsreihe[2] einreihen:

. . . Ba, Sr, Ca, Mg, Al . . .

Durch Zusätze von Al wird das Potential in 2proz. NaCl-Lösung edler. In Zahlentafel 27[3] sind die Potentiale sofort nach dem Eintauchen in 2proz. NaCl-Lösung und bis zur Erreichung eines Endwertes verschiedener Mg-Al-Legierungen angegeben, die 4 Tage bei 400° C geglüht worden sind. Das Potential wird mit steigendem Al jedoch edler. Durch geringe Mn-Zusätze ändert sich das Potential praktisch nicht.

Nach E. O. KROENIG, S. E. PAWLOW[4] bewirken Mn-Zusätze zu Mg eine Erhöhung des Potentials. Das im Vakuum sublimierte Mg ist um 0,3 V unedler als gewöhnliches Mg mit dem Reinheitsgrad von 99,72%.

Zahlentafel 27. Elektrochemische Potentiale verschiedener Mg-Al-Legierungen in 2proz. NaCl-Lösung.

	Mg	% Al					
		+2	3	4	5	6	8
E_h (sofort) . .	—1,416	—1,356	—1,335	—1,333	—1,330	—1,321	—1,317
E_h (maximal) .	—1,421	—1,364	—1,335	—1,333	—1,331	—1,327	—1,340

[1] BECK, R. PH.: Rev. Trav. chim. Bd. 41 (1922) S. 399.

[2] KREMANN, R., u. R. MÜLLER: Handb. der allgemeinen Chemie, Bd. 8, Teil 1, S. 785. Leipzig 1930.

[3] BOYER, J. A.: Aeronautics 12th annual Rep. nat. Advisory Committee 1926 S. 445.

[4] KROENIG, W. O., u. S. E. PAWLOW: Korrosion u. Metallsch. Bd. 10 (1934) S. 256.

Festigkeitseigenschaften.

Von W. Buchmann.

I. Festigkeitseigenschaften bei gewöhnlicher Temperatur.

Über diejenigen Festigkeitseigenschaften der Magnesiumlegierungen, die technisch am meisten benutzt werden, liegen so zahlreiche Versuchsergebnisse vor, daß eine kritische Auswahl getroffen werden konnte. Bei den technisch seltener benutzten Festigkeitseigenschaften mußte der Verfasser bemüht bleiben, auch Einzelangaben des Schrifttums möglichst zu erfassen; in einigen Fällen konnten Lücken noch durch besondere Versuche geschlossen werden.

Wo im folgenden bei Abbildungen und Zahlentafeln ein Verfasser nicht genannt ist, handelt es sich um allgemeine Versuchsergebnisse aus der Elektronmetall-Versuchsanstalt der I.G. Farbenindustrie A.G. Bitterfeld, die noch nicht veröffentlicht bzw. nicht in einem Bericht eines Verfassers zusammengefaßt sind.

A. Zugfestigkeit.

Für eine vergleichende Beurteilung aller Werkstoffe ist man gewohnt, in erster Linie Zugfestigkeit und Dehnung heranzuziehen. Dadurch ist der Zerreißversuch nach wie vor als der praktisch wichtigste Festigkeitsversuch anzusehen, trotz der Mängel, die seiner üblichen Auswertung zu einer „Zugfestigkeit" vom Standpunkt einer strengeren Festigkeits- und Werkstofflehre anhaften mögen. Der Zerreißversuch ist ebenso die erste Prüfung für Versuchslegierungen, der bei günstigem Ergebnis alle übrigen Prüfungen erst folgen, wie die hauptsächliche Abnahmeprüfung zur Feststellung der Gleichmäßigkeit aller technisch eingeführten Legierungen in ihren sämtlichen Lieferformen.

1. Wirkung der Hauptlegierungsbestandteile auf Härte, Zugfestigkeit und Dehnung.

Die Zugfestigkeit des Reinmagnesiums liegt als Sandguß bei nur 11 kg/mm², nach Knetverformung (stranggepreßt) bei nur 20 kg/mm². Durch geeignete Legierungszusätze lassen sich diese Werte für Gußlegierungen verdreifachen, für Knetlegierungen verdoppeln. Diese technischen Legierungen sind zuerst in Deutschland, und zwar von der Chemischen Fabrik Griesheim-Elektron, später aufgegangen in der

I.G. Farbenindustrie A.G., entwickelt worden. Bereits die ersten dieser technischen Legierungen waren Legierungen mit Al, Zn, Mn und Si, ferner auch Ce, die heute noch als die Hauptlegierungsbestandteile der meisten technischen Zweistoff- und Dreistofflegierungen anzusehen sind.

Aus den Abb. 166—192 ist zu erkennen, in welcher Weise bei den Zweistofflegierungen die *Härte* mit dem Legierungszusatz ansteigt. Nach Abb. 166—174 steigt die *Zugfestigkeit* jedoch nur bis zu einem gewissen Gehalt an Legierungszusätzen mit der Härte an und von da wieder ab. Dies gilt in noch stärkerem Maße von der Dehnung. — Die unterschiedliche Wirkung auf Härte und Zugfestigkeit wird im einzelnen an Hand der Zustandsbilder verständlich, die im Beitrag von H. Vosskühler angegeben und beschrieben sind. Die Legierungselemente sind daher im folgenden in einer solchen Reihenfolge behandelt, daß sich *Gruppen mit ähnlichen Löslichkeitsverhältnissen* ergeben. Die Legierungselemente in diesen Gruppen haben untereinander auch eine gewisse Ähnlichkeit in ihrer Wirkung auf die Festigkeitseigenschaften.

Die Elemente der ersten, wichtigsten Gruppe haben in Mg eine Löslichkeit von einigen Prozent; typischer Vertreter ist Al. Die Elemente der zweiten, kleineren Gruppe sind in viel geringerem Maße, etwas unter 1%, in Mg löslich, z. B. Ce. Bei der dritten Gruppe ist praktisch keine Löslichkeit im festen Zustand vorhanden; typischer Vertreter ist Si. Schließlich sind zu einer vierten Gruppe diejenigen Elemente zusammengefaßt, die sich durch eine besonders hohe Löslichkeit in Mg auszeichnen, wie z. B. Pb.

Aluminium (Abb. 166, 167, 172 und 175) ist das wichtigste Legierungselement des Magnesiums. Die in Mg löslichen Mengen Al härten den Mischkristall erheblich. Die bei höheren Gehalten auftretenden Ausscheidungen der Verbindung Mg_4Al_3 bringen eine weitere Härtesteigerung (Abb. 166, 167 und 175). Die Zugfestigkeit läßt sich durch Mg_4Al_3-Ausscheidungen jedoch nur wenig steigern; bei stärkerer Heterogenität des Gefüges werden die Legierungen spröder. Die Dehnung nimmt dann ab, und die Höchstlastbedingung wird beim

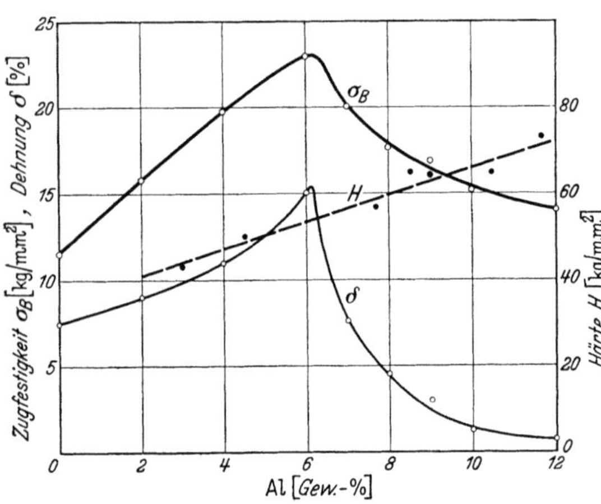

Abb. 166. Wirkung von *Aluminium* in Magnesium-Versuchslegierungen (Sandguß, Gußzustand). Werte für σ_B und δ Mittelwerte aus zahlreichen Versuchen. Nach Versuchen von P. Spitaler (1923 und 1927).

Zerreißversuch unter Umständen nicht mehr erreicht, wodurch auch die Zugfestigkeit abnimmt (Abb. 166, 167 und 172). — Nach Abb. 166 werden bei Gußlegierungen die Höchstwerte an Festigkeit und Dehnung im Gußzustand bereits bei ∾ 6% Al erreicht[1]. Weitere erhebliche Festigkeitssteigerungen sind jedoch möglich, wenn bei Gußlegierungen mit 8 ... 10% Al eine Lösungsglühung (Homogenisierung, „Vergütung") angewandt wird. Eine Lösungsglühung von Gußlegierungen mit weniger als 8% Al (z. B. von Elektron AZG) verbessert auch hier die Gütewerte, wird jedoch in Deutschland kaum gehandhabt; es wird vorgezogen, die verteuernde Wärmebehandlung nur bei den höchstwertigen Gußlegierungen mit höherem Al-Gehalt (z. B. Elektron A 9) anzuwenden. Eine praktisch wirkungsvolle Homogenisierung ist bis zu ∾11% Al möglich; Gußlegierungen mit

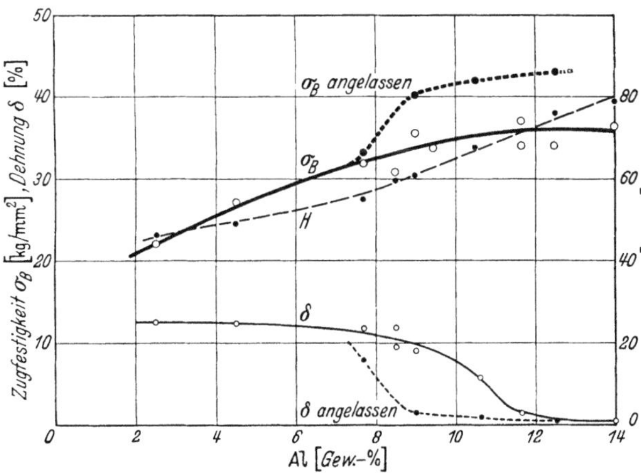

Abb. 167. Wirkung von *Aluminium* in Magnesium-Versuchslegierungen (stranggepreßt; ausgezogen: Preßzustand, punktiert: nach Lösungsglühung 2h 420°/W angelassen 12h 200°). Nach Versuchen von P. SPITALER (1924).

9 . . . 10% Al haben in diesem Zustand (z. B. Elektron A 9 **v**, A 10 **v**) die höchsten erreichbaren Festigkeitswerte. Wird durch eine Anlaßbehandlung aus dem übersättigten Mischkristall solcher Legierungen ein begrenzter Teil des Aluminiums als Mg_4Al_3 wieder zur Ausscheidung gebracht, so läßt sich durch eine solche „Aushärtung" auf Kosten der Dehnung noch eine geringe weitere Festigkeitssteigerung, hauptsächlich aber eine Dehngrenzenerhöhung (s. Abschnitt I, 3) erzielen (z. B. Elektron A 9 **h**, A 10 **h**). —

[1] Zu den Abb. 166—174 ist folgendes zu bemerken: Die Abbildungen sollen lediglich die Wirkung veränderlicher Legierungsgehalte unter den jeweils eingehaltenen Bedingungen zeigen. Die absolute Höhe der in diesen Abbildungen wiedergegebenen Festigkeits- und Dehnungswerte kann kein Anhalt für diejenigen Werte sein, die sich mit den betreffenden Legierungsgehalten bei Einhaltung technisch bewährter Schmelz-, Gieß- und Verformungsbedingungen erreichen lassen.

Bei Knetlegierungen liegt das Höchstmaß an Festigkeit von vornherein bei $\sim$ 10% Al (Abb. 167), da durch die Wärmeanwendung vor und bei der Knetverformung eine (wenn auch bei höheren Gehalten nicht vollkommene) Homogenisierung eintritt. Eine Erhöhung des Al-Gehaltes auf $>$7% bringt jedoch stets Verarbeitungsschwierigkeiten mit sich. — Abb. 167 läßt auch die Wirkung einer Anlaßbehandlung nach vorausgehender Lösungsglühung erkennen; diese Anlaßbehandlung ist so vorgenommen worden, daß eine Heterogenisierung bis nahe an die Grenze der Ausscheidungsfähigkeit erfolgt ist. Praktisch wird bei Legierungen von 8 . . . 10% Al, z. B. Elektron V 1, eine Anlaßbehandlung nur für Sonderzwecke zur Erreichung eines Höchstmaßes an Härte und Streckgrenze angewandt (V 1 **h**), dabei begnügt man sich mit einer milderen Anlaßbehandlung.

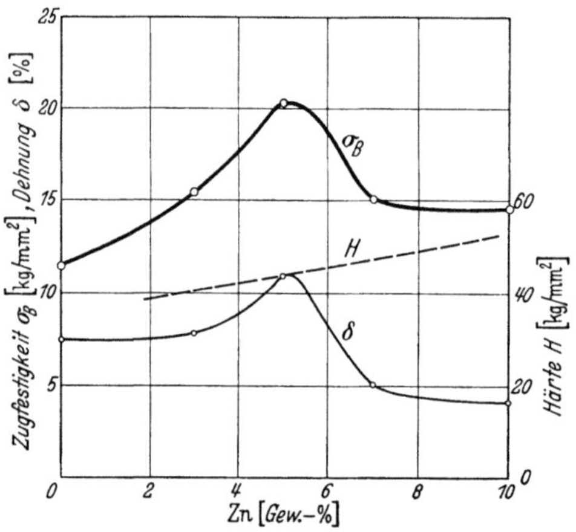

Abb. 168. Wirkung von *Zink* in Magnesium-Versuchslegierungen (Sandguß, Gußzustand). Werte für σ_B und δ Mittelwerte aus zahlreichen Versuchen. Nach Versuchen von P. SPITALER (1927).

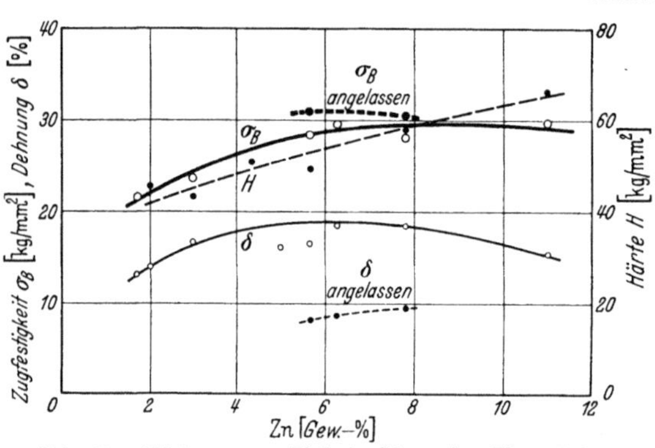

Abb. 169. Wirkung von *Zink* in Magnesium-Versuchslegierungen (stranggepreßt; ausgezogen: Preßzustand, punktiert: nach Lösungsglühung 2h 325°/W angelassen 30h 150°). Nach Versuchen von M. HANSEN (1925).

Zink ist nach Aluminium für hochfeste Legierungen das wichtigste Legierungselement, wenn es hierbei praktisch auch nicht allein, sondern meist mit Aluminium zusammen in Dreistofflegierungen verwendet wird. Der Grund dafür ist, daß nach Abb. 168, 169 und 176 die Festigkeitssteigerung durch Zn-Zusatz geringer ist als durch einen gleich hohen Al-Zusatz, daß Zn-Zusätze jedoch die Dehnung zu verbessern vermögen. Das letztere ist vielleicht kristallographisch begründet. Die Dehnungsverbesserung kommt in Abb. 168 für den Gußzustand von Mg-Zn-Legierungen nur wenig zum Ausdruck, da Mg für Zn eine geringere Löslichkeit hat als für Al, und die Verbindung $MgZn_2$ eine starke Dehnungsverminderung hervorruft. — Die Verhältnisse bei Mg-Zn-Knetlegierungen geben Abb. 169,

173 und 176 wieder, Abb. 169 auch die Wirkung einer Wärmebehandlung. Die Dehnungsverminderung durch Entmischung erscheint krasser als bei Mg-Al-Legierungen, weil im homogenen Preßzustand ja eine Dehnungserhöhung durch den Zinkzusatz eingetreten war. — Die ternären Mg-Al-Zn-Legierungen (z. B. Elektron AZF, AZG, AZ 31, AZ 855) enthalten 0,5 . . . 4% Zn bei 3 . . . 8% Al.

Silber und Zinn haben eine ähnliche Löslichkeit wie Aluminium und Zink und auch eine ähnliche Wirkung auf die Härte (Abb. 177 und 178) und, soweit bekannt, auch auf die Festigkeit; sie werden aber aus Korrosionsgründen vermieden. Auch die in englischen Arbeiten neuerdings bevorzugten Silberzusätze zu Mg-Legierungen mit Al, Cd oder Zn haben in keinem Falle Vorteile gegenüber den in Deutschland eingeführten technischen Legierungen ergeben; solche Zusätze rechtfertigen also nicht die durch sie hervorgerufene Verteuerung der Legierungen.

Antimon und Wismut (Abb. 179 und 180) sind in ihrer Wirkung auf die Festigkeit wohl auch in die bisher besprochene Gruppe zu rechnen. Beide haben eine praktische Bedeutung für Mg-Legierungen nicht erlangt.

Mangan gehört auf Grund des Zustandsbildes in die gleiche Gruppe mit den besprochenen Legierungselementen, es ist jedoch praktisch nicht möglich, mehr als 2,5% Mn in Mg-Legierungen einzuführen. Nach Abb. 170 und 181 ist der Einfluß eines solchen Mn-Gehaltes auf die Festigkeitseigenschaften im gegossenen Zustand gering, wenn auch im gewalzten Zustand von ungefähr 1,5% Mn ab eine größere Festigkeitssteigerung nachgewiesen wird[1]. Tatsächlich sind bei Mg-Mn-Knetlegierungen z. B. durch geeignete Preßbedingungen gute Festigkeitswerte erreichbar (Elektron AM 503), ebenso wenn durch geringe Zusätze von Zer eine Kornfeinung bewirkt wird (Elektron AM 537). — Die wegen ihrer Beständigkeit und Schweißbarkeit geschätzten Mg-Mn-Legierungen enthalten fast 2% Mn; ferner enthalten alle technischen Mg-Legierungen 0,15 . . . 0,3% Mn von der zur Erhöhung der Korrosionsbeständigkeit vorgenommenen Schmelzenbehandlung her (s. Beiträge A. Beck und P. Spitaler sowie W. Schultze, S. 318f. und 278).

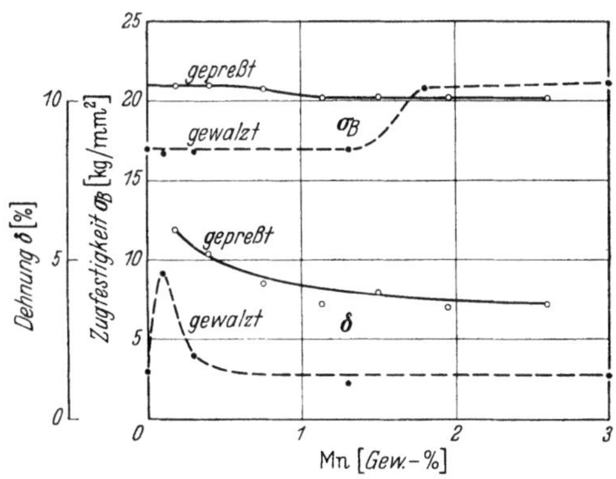

Abb. 170. Wirkung von *Mangan* in Magnesium-Versuchslegierungen (ausgezogen: stranggepreßt; gestrichelt: warmgewalzt). Nach Versuchen von Aitchison (1933) und von Haughton und Prytherch (1937).

Zer. Für Zer hat Magnesium eine weit geringere Löslichkeit als für die in der ersten Gruppe genannten Legierungen, so daß bei höheren

[1] Siehe Fußnote 1, S. 133.

Gehalten fast das gesamte Zer in Form von rundlichen Kristallen der Verbindung $CeMg_9$ vorliegt. Zer erhöht die Härte (Abb. 182) und auch die Zugfestigkeit bei Knetlegierungen erheblich. Bei höheren Zergehalten sinkt die Dehnung stark ab, außerdem bestehen beträchtliche Verarbeitungsschwierigkeiten. Bemerkenswert ist die Wirkung kleiner Zerzusätze, z. B. bei den obenerwähnten niedrig legierten Mg-Mn-Legierungen; der Zergehalt bewirkt hier auf dem Wege über eine Kornfeinung und Änderung der Preßbedingungen eine erhebliche Steigerung der Festigkeit und besonders auch der Dehnung. — Die besondere Wirkung von Zer auf die Warmfestigkeit ist in Teil III ausführlicher behandelt.

Kalzium, das in seiner Löslichkeit dem Zer zu vergleichen ist, kommt als Legierungselement weniger wegen seiner unmittelbaren Wirkung auf die Festigkeit (Abb. 183), sondern wegen gewisser Nebenwirkungen bei der Verarbeitung in Betracht. So bewirken geringe Ca-Gehalte eine Kornfeinung und dadurch auch eine Besserung der Gütewerte, ähnlich wie Ce; ferner wird die Brennbarkeit eingeschränkt. Andererseits macht sich eine gewisse Neigung zum Reißen bemerkbar.

Zirkon kann ähnlich wie Mn nur in geringen Mengen, bis zu ∾1%, zulegiert werden; der Anstieg der Härte ist nach Abb. 184 dabei gering. Wenn sich trotzdem, besonders bei Gußlegierungen, eine Festigkeitssteigerung erzielen läßt, so liegt dies an der starken kornfeinenden Wirkung, welche die von Zer bei Knetlegierungen übertrifft[1]. Durch diese Kornfeinung sind beträchtliche Dehnungssteigerungen möglich, die ihrerseits durch Ausschöpfung der Verfestigungsfähigkeit auch erhöhte Zugfestigkeiten bringen[2]. Außer Zweistofflegierungen mit Zr (Elektron ZA) kommen Dreistoff- und Mehrstofflegierungen mit Zusätzen von Aluminium, Kadmium und besonders Zink (Elektron ZB) in Frage. Auch die Dreistofflegierungen haben noch so hohe Dehnungen, daß eine Aushärtung auf Kosten eines Teils der Dehnung unbedenklich vorgenommen werden kann.

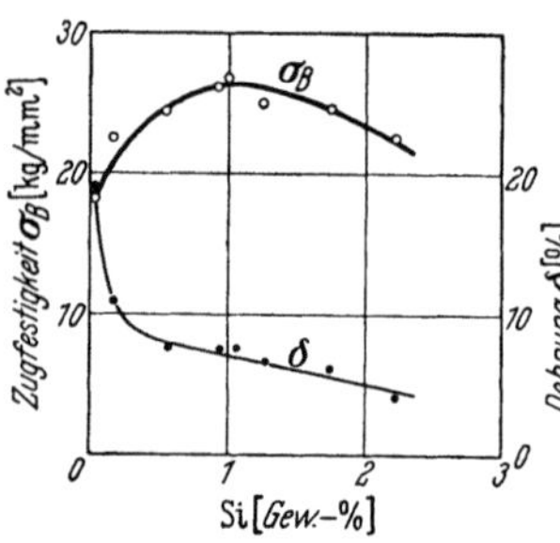

Abb. 171. Wirkung von *Silizium* in Magnesium-Versuchslegierungen (stranggepreßt). Nach Versuchen von W. SCHMIDT (1924).

Silizium ist im Gegensatz zu den beiden vorgenannten Gruppen in Mg unlöslich und in Mg-Legierungen stets als Mg_2Si vorhanden, welches in plattenförmigen Kristallen ausgeschieden ist und dadurch besonders die Härte (Abb. 185) erhöht, während die Festigkeit bei etwa 1% Si infolge des Dehnungsabfalls bereits ihren Höchstwert hat (Abb. 171).

[1] Nach unveröffentlichten Versuchen von FR. SAUERWALD, L. HOLUB und H. EISENREICH.

[2] Vgl. hierzu die Gleichläufigkeit von Zugfestigkeit und Dehnung bei den Mg-Al- und Mg-Zn-Gußlegierungen, Abb. 166 und 168.

Kupfer, Nickel und Kobalt sind ebenso unlöslich wie Silizium, tatsächlich ist ihre Wirkung auf Härte und Festigkeit ähnlich gering (Abb. 186—188). Aus Korrosionsgründen sind sie abzulehnen.

Barium gehört zu der gleichen Gruppe von unlöslichen Legierungselementen. Seinen Einfluß auf die Härte zeigt Abb. 189.

Blei und Kadmium gehören zu denjenigen Legierungselementen, welche wie die der ersten und zweiten Gruppe eine mit der Temperatur absinkende Löslichkeit haben; die Löslichkeitslinie ist jedoch nach höheren Gehalten verschoben, so daß diese Elemente bis zu hohen Gehalten homogene Mischkristalle bilden. Durch beide Elemente wird die Härte erhöht (Abb. 190 und 191); ebenfalls steigt die Festigkeit etwas, die Dehnung stärker (Abb. 174). — Beide Legierungselemente haben nur in Sonderfällen Anwendung gefunden. Besonders dem Kadmium wird für Dreistofflegierungen ein gewisses Interesse entgegengebracht. Cd-Zusätze senken zwar die Löslichkeit von Mg, z. B. für Al; diese Senkung ist aber nur gering, so daß es durch Verwendung dieses oder eines anderen in Mg weitgehend löslichen Legierungsbestandteiles möglich ist, hohe Legierungsgehalte unterzubringen und damit bei noch ausreichender Dehnung Festigkeitswerte zu erreichen, welche die der eingeführten technischen Legierungen noch etwas übertreffen. Hierbei sind aber andere Nachteile in Kauf zu nehmen, weshalb solche Legierungen bislang nicht praktisch eingeführt sind. Die Nachteile bestehen hauptsächlich in erschwerter und verteuerter Verarbeitung, Spannungskorrosionsempfindlichkeit, Kerbempfindlichkeit und einem spezifischen Gewicht, das die Gewichtsvorteile gegenüber Al-Legierungen verringert[1].

Lithium ist in diesem Zusammenhang ebenfalls zu erwähnen, da es eine temperaturunabhängige Löslichkeit von $> 5\%$ hat und deswegen bei den zuletzt erwähnten Legierungsversuchen gern mitverwendet wird.

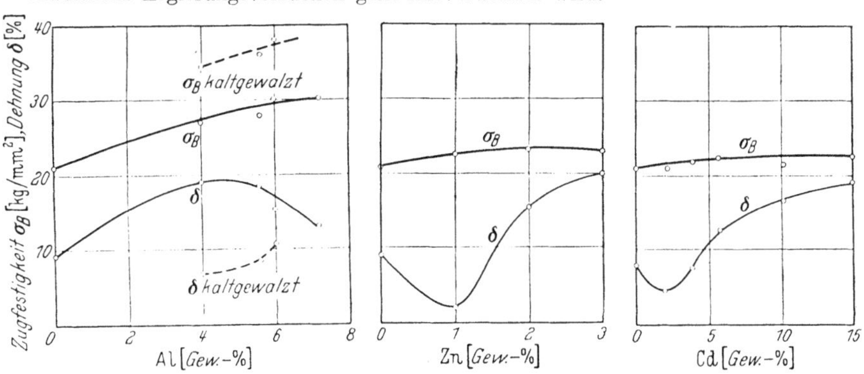

Abb. 172. Aluminium. Abb. 173. Zink. Abb. 174. Kadmium.

Abb. 172—174. Wirkung von *Aluminium, Zink* und *Kadmium* in Magnesium-Versuchslegierungen (gewalzt. In Abb. 172 gestrichelt: 5% kaltgewalzt). Nach Versuchen von HAUGHTON und PRYTHERCH (1937).

[1] Siehe auch K. BUNGARDT: Neuere Fortschritte und Erfahrungen im Ausland über die Eigenschaften von Magnesiumlegierungen. Z. Metallkde. Jg. 29 (1937) S. 325.

Die Abb. 172—174 zeigen nebeneinander die Wirkung der typischen Legierungsbestandteile Al, Zn und Cd auf Festigkeit und Dehnung im gewalzten Blech. Die Abb. 175—192 gestatten einen Vergleich der härtesteigernden Wirkung aller genannten Legierungselemente auf einheitlicher Grundlage. Sämtliche Versuchslegierungen wurden von

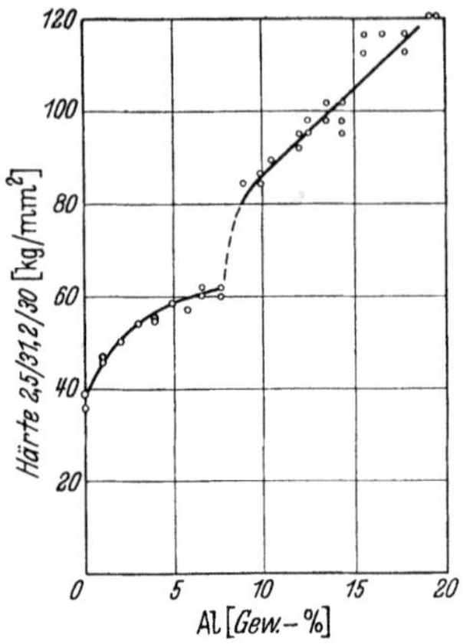

Abb. 175. Aluminium.

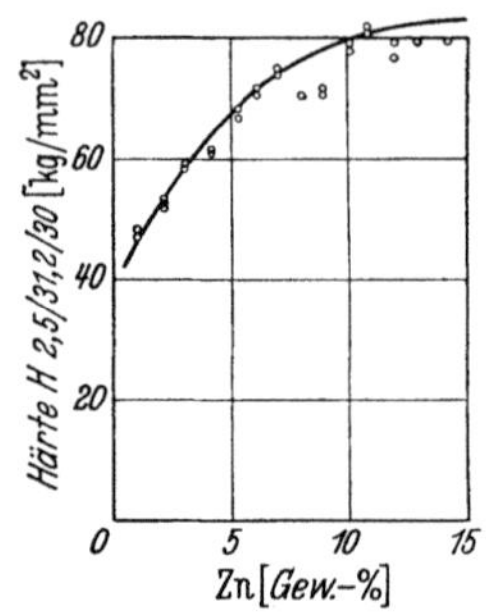

Abb. 176. Zink.

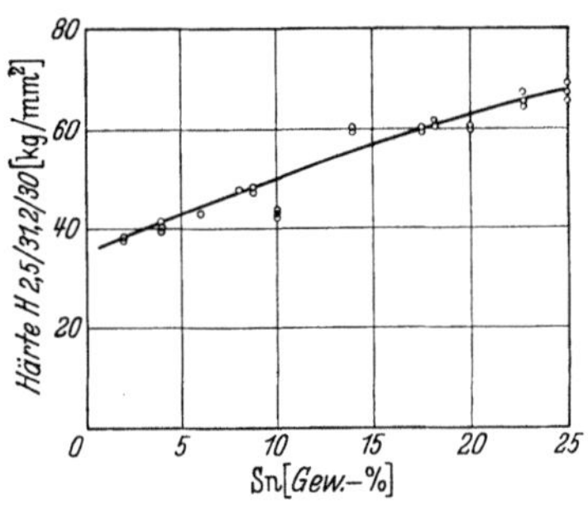

Abb. 177. Zinn.

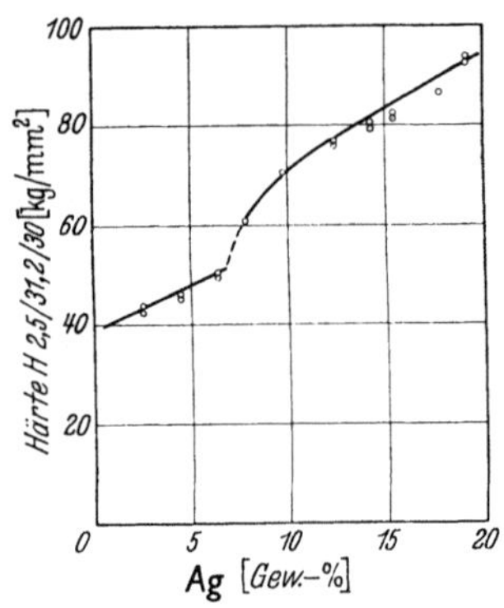

Abb. 178. Silber.

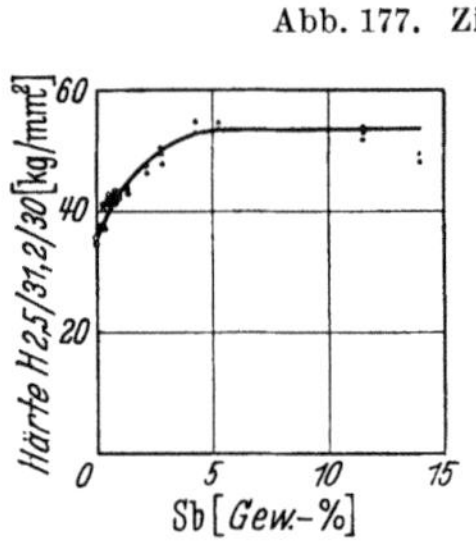

Abb. 179. Antimon.

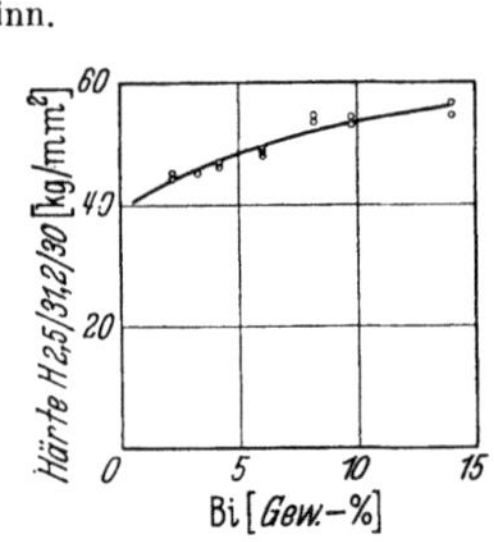

Abb. 180. Wismut.

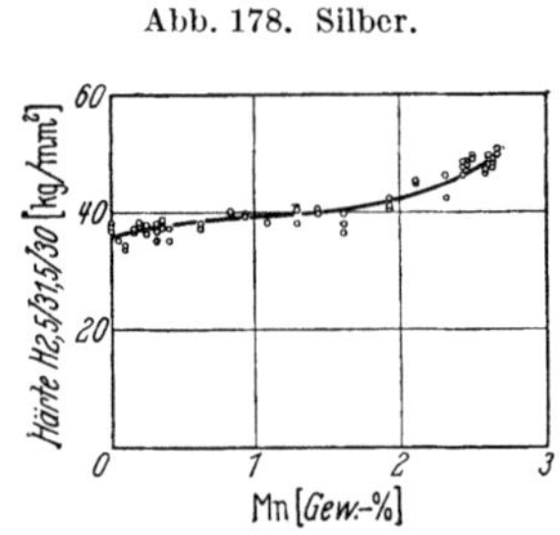

Abb. 181. Mangan.

Abb. 175—181. Wirkung von Legierungselementen mit einigen Prozenten Löslichkeit in Magnesium: *Aluminium, Zink, Zinn, Silber, Antimon, Wismut* und *Mangan*, auf die Härte von Magnesium-Versuchslegierungen (gepreßt). Nach Versuchen gemeinsam mit H. VOSSKÜHLER (1938).

H. Vosskühler unter gleichen Bedingungen verarbeitet (Preßtemperatur $\sim 400°$).

Nach dem Vorstehenden läßt sich die verschiedenartige Wirkung der Legierungsbestandteile auf die Festigkeit nach folgenden drei Gesichtspunkten zusammenfassen:

1. Steigerung der Festigkeit des Mischkristalls. Sie ist ohne Dehnungsverlust möglich, meist sogar mit einer Dehnungszunahme verbunden.

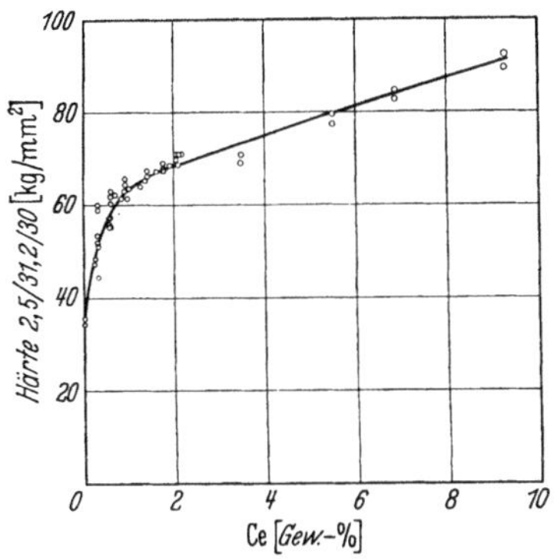

Abb. 182. Zer.

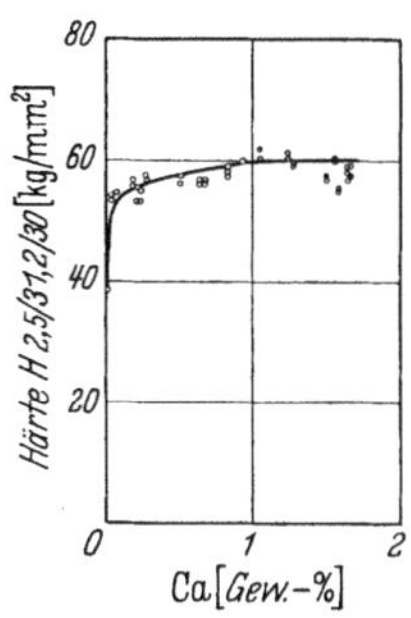

Abb. 183. Kalzium.

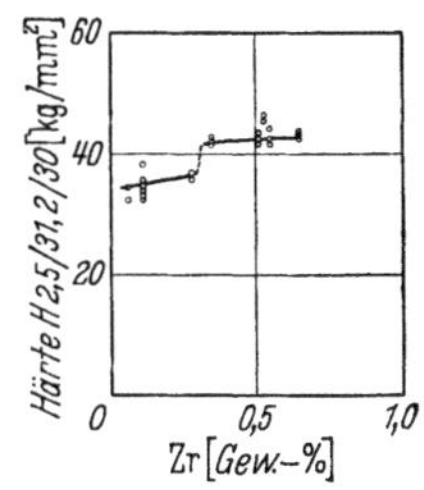

Abb. 184. Zirkon.

Abb. 182—184. Wirkung von Legierungselementen geringer Löslichkeit in Magnesium: *Zer, Kalzium* und *Zirkon*, auf die Härte von Magnesium-Versuchslegierungen (gepreßt). Nach Versuchen gemeinsam mit H. Vosskühler (1938).

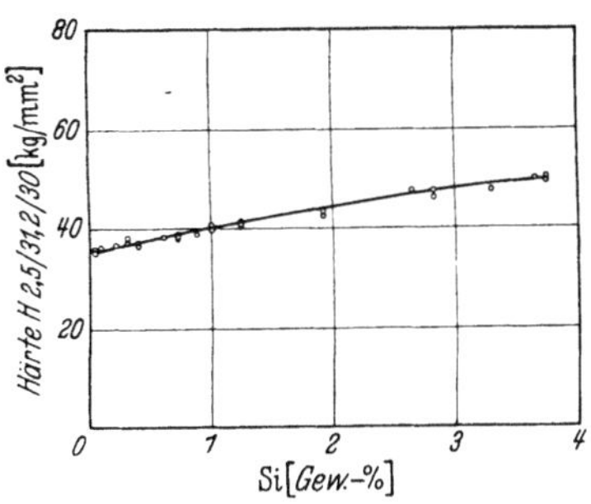

Abb. 185. Silizium.

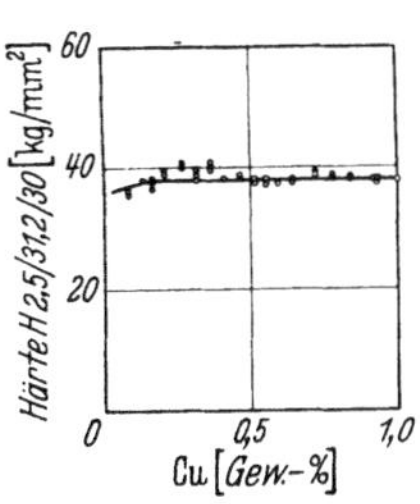

Abb. 186. Kupfer.

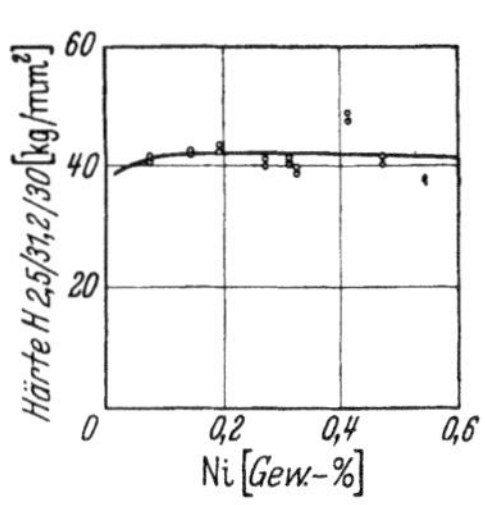

Abb. 187. Nickel.

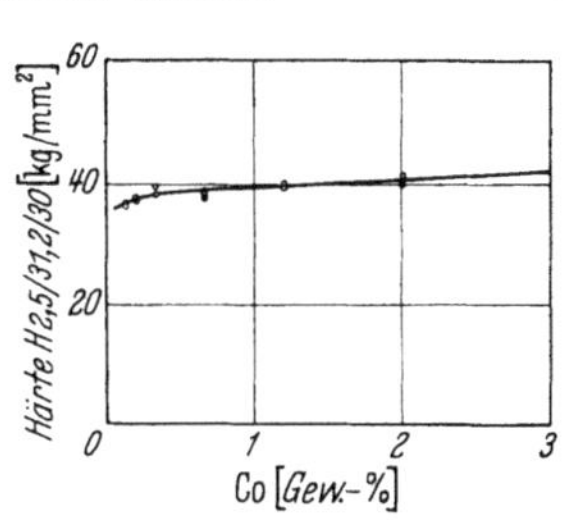

Abb. 188. Kobalt.

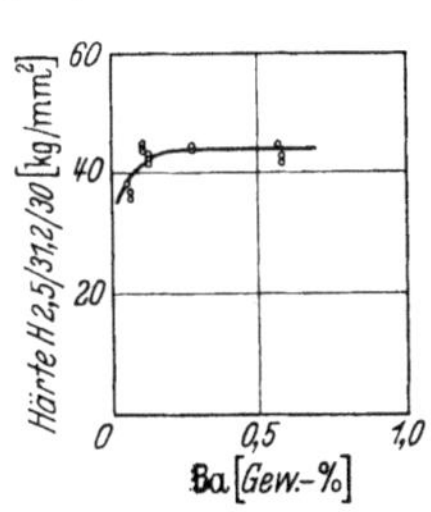

Abb. 189. Barium.

Abb. 185—189. Wirkung von Legierungselementen, die in Magnesium unlöslich sind: *Silizium, Kupfer, Nickel, Kobalt* und *Barium*, auf die Härte von Magnesium-Versuchslegierungen (gepreßt). Nach Versuchen gemeinsam mit H. Vosskühler (1938).

2. Festigkeitssteigerung durch Ausscheidung harter Verbindungen (Aushärtung). Sie erfolgt meist auf Kosten der Dehnung.

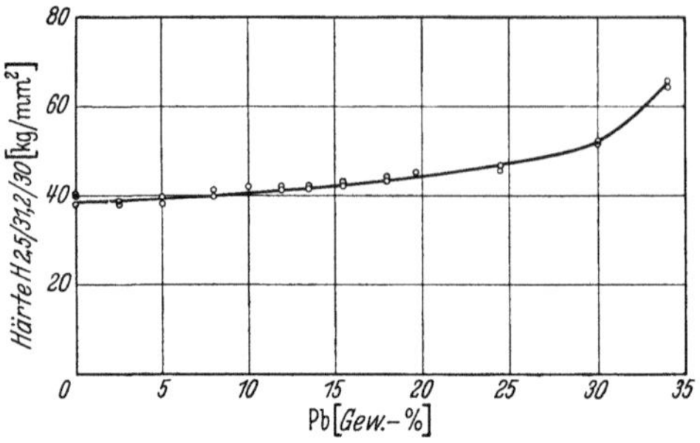

Abb. 190. Blei.

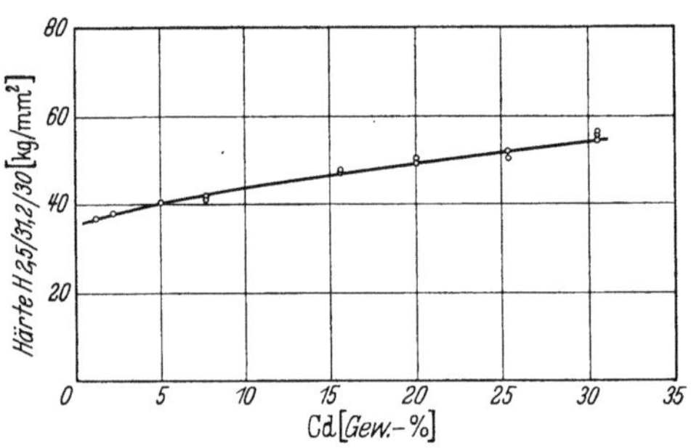

Abb. 191. Kadmium.

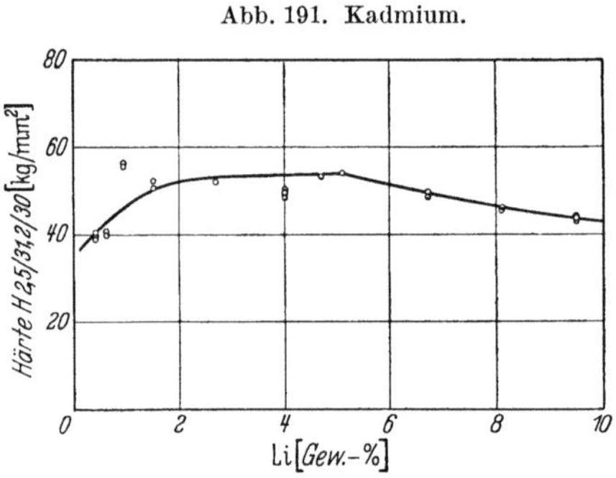

Abb. 192. Lithium.

Abb. 190—192. Wirkung von Legierungsbestandteilen mit besonders hoher Löslichkeit in Magnesium: *Blei*, *Kadmium*, bzw. mit temperaturunabhängiger Löslichkeit: *Lithium*, auf die Härte von Magnesium-Versuchslegierungen (gepreßt). Nach Versuchen gemeinsam mit H. VOSSKÜHLER (1938).

3. Festigkeits- und Dehnungssteigerung durch Nebenwirkungen, wie z. B. durch Kornfeinung (Ce, Ca), Vermeidung von Seigerungen (Zn).

Die vierte Möglichkeit einer Festigkeits- und Dehnungssteigerung durch eine Aushärtung ähnlich der Kaltaushärtung von Al-Cu-Mg-Legierungen ist bei Magnesiumlegierungen bisher nicht bekannt.

Die *technischen Magnesiumlegierungen* sind, wenn man die nichtgewollten Beimengungen außer acht läßt, zum Teil Zweistofflegierungen, zum größeren Teil Dreistofflegierungen; quaternäre und höhere Zusammensetzungen haben sich kaum durchgesetzt. Systematische Untersuchungen über die Abhängigkeit der Festigkeitseigenschaften von den Legierungsgehalten ternärer Legierungen können hier nicht wiedergegeben werden. Es ist jedoch festzustellen, daß sich die Festigkeitseigenschaften der ternären Mg-Legierungen weitgehend aus denen der binären ableiten lassen; für die übrigen Eigenschaften gilt dies nicht in gleichem Maße!

Das *Schrifttum* über systematische Untersuchungen von Härte und Zerreißeigenschaften binärer und ternärer Legierungsgruppen ist im folgenden ohne Anspruch auf Vollständigkeit zusammengestellt[1]. Über die grundlegenden Untersuchungen an den eingeführten, in Deutschland entwickelten Legierungsgruppen

[1] Auszüge s. auch bei K. BUNGARDT, Fußnote 1, S. 157.

ist fast nichts veröffentlicht worden. Zahlreich sind dagegen Veröffentlichungen über großenteils ausländische Untersuchungen an anderen Legierungsgruppen; diese haben bis jetzt allerdings nicht zu Legierungen geführt, welche die bekannten Legierungen übertreffen.

Mg-Al. BASTIEN, P.: Publ. scient. et techn. du ministère de l'air. Nr. 20. Paris 1933. — GANN, J., u. M. E. BROOKS: Met. Ind. Bd. 49 (1936) S. 127. — HAUGHTON, J. L., u. W. E. PRYTHERCH: Magnesium and its Alloys. London 1937.

Mg-Ag. HAUGHTON, J. L., u. W. E. PRYTHERCH: Wie oben.

Mg-Ca. HAUGHTON, J. L., u. W. E. PRYTHERCH: Wie oben.

Mg-Cd. KÖSTER, W., u. E. WAGNER: Z. Metallkde. Jg. 30 (1938) S. 335. — GANN, J.: Ind. Engng. Chem. 1927 S. 1193. — HAUGHTON, J. L., u. W. E. PRYTHERCH: Wie oben. — PRYTHERCH, W. E.: J. Inst. Met. Bd. 56 (1935) S. 133.

Mg-Ce. DUMAS, A., u. F. ROCKAERT: Rev. Aluminium Appl. 1932 S. 1717[1].

Mg-Cu. BASTIEN, P.: Wie oben. — COOK u. JONES: J. Inst. Met. Bd. 36 (1926) S. 157. — DUMAS, A., u. F. ROCKAERT: Wie oben[1]. — GANN, J.: Wie oben.

Mg-Mn. AITCHISON, L.: J. Roy. aeron. Soc. 1933; ferner ebenda Bd. 38 (1934) S. 382. — PRYTHERCH, W. E., u. J. L. HAUGHTON: Wie oben.

Mg-Ni. GANN, J.: Wie oben.

Mg-Si. AITCHISON, L.: Wie oben.[1] — DUMAS, A., u. F. ROCKAERT: Wie oben[1]. — ELCHARDUS, E.: Publ. scient. et techn. du ministère de l'air. Nr. 70. Paris 1935.

Mg-Sn. GANN, J.: Wie oben.

Mg-Zn. DUMAS, A., u. F. ROCKAERT: Wie oben[1]. — ELCHARDUS, E.: Wie oben. — GANN, J.: Wie oben. — HAUGHTON, J. L., u. W. E. PRYTHERCH: Wie oben.

Mg-Al-Ag. PRYTHERCH, W. E., u. J. L. HAUGHTON: Wie oben. — PRYTHERCH, W. E.: J. Inst. Met. Bd. 56 (1935) S. 133.

Mg-Al-Cd. PRYTHERCH, W. E., u. J. L. HAUGHTON: Wie oben. — KÖSTER, W., u. W. DULLENKOPF: Z. Metallkde. Jg. 29 (1937) S. 202.

Mg-Al-Cu. BASTIEN, P.: Wie oben. — PORTEVIN, A., u. P. BASTIEN: C. R. Acad. Sci. Bd. 195 (1932) S. 441; Bd. 196 (1933) S. 693. — GUZZONI, G.: Chim. et Ind. Bd. 17 (1935) S. 382.

Mg-Ca-Ce. PRYTHERCH, W. E., u. J. L. HAUGHTON: Wie oben.

Mg-Cd-Zi. PRYTHERCH, W. E., u. J. L. HAUGHTON: Wie oben. — PRYTHERCH, W. E.: Wie oben.

Mg-Ce-Ni. PRYTHERCH, W. E., u. J. L. HAUGHTON: Wie oben.

Mg-Zn-Si. ELCHARDUS, E.: Wie oben.

2. Zugfestigkeit und Dehnung technischer Legierungen.

Die Abbildungen und Zahlenangaben des vorigen Abschnitts sollten lediglich vergleichsweise die Wirkung der Legierungsbestandteile zeigen und veranschaulichen. Zu den einzelnen Zahlenwerten mußte bemerkt werden, daß sie infolge der jeweiligen Bedingungen bei der Herstellung der Versuchslegierungen nicht mit den Werten übereinstimmen, die bei gleichartigen technischen Legierungen regelmäßig erreicht werden. Wenn nun im folgenden die technischen Legierungen miteinander verglichen werden sollen, so ist dies nur möglich, wenn die Prüfbedingungen völlig gleichgehalten werden, die Auswertung nach gleichen Gesichtspunkten erfolgt und wenn auch die Herstellung und Entnahme der Proben bei Guß- und Knetlegierungen stets unter sich gleich ist.

[1] Zusammengestellt aus unveröffentlichten Bitterfelder Versuchsberichten.

a) Allgemeines: Prüfbedingungen, Bruchbild, Bruchdehnung, Gültigkeitsbereich (Probenherkunft und -entnahme), Legierungsbezeichnung.

Prüfbedingungen. Beim Zerreißversuch ist zunächst die Zerreißgeschwindigkeit zu beachten. Nach der maßgebenden Vorschrift von DIN 1605 darf die *Belastungsgeschwindigkeit* höchstens 1 kg/mm² je Sekunde betragen; es ergibt sich dadurch für technische Magnesium-Gußlegierungen eine Mindestversuchsdauer (bis zur Höchstlast) von durchschnittlich 0,3 min, für technische Magnesium-Knetlegierungen ∾ 0,5 min. Höhere Versuchsgeschwindigkeiten können bei weichen Legierungen lt. Abb. 193 zu hohe Zugfestigkeitswerte ergeben. Die Versuchsdauer darf andererseits aber auch nicht durch zu geringe Belastungsgeschwindigkeiten beliebig in die Länge gezogen werden, da sich bei weichen Legierungen sonst entsprechend niedrige Zugfestigkeitswerte ergeben.

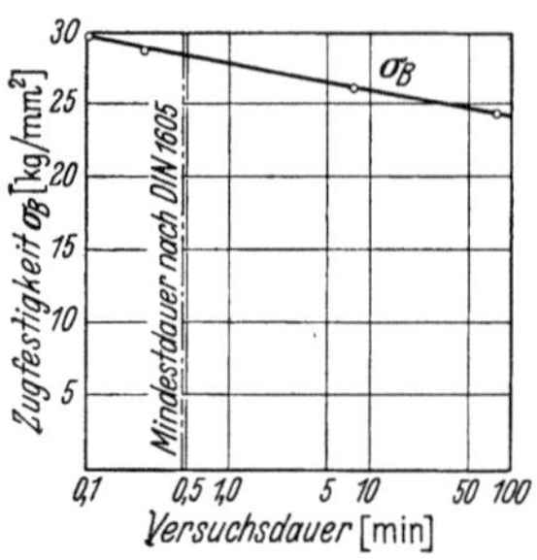

Abb. 193. Einfluß der Versuchsdauer auf das Ergebnis des Zerreißversuchs bei Elektron **AM 503** (Preßzustand). Nach Versuchen von W. BUCHMANN (1938).

Der Zeiteinfluß, der bei weichen Legierungen vorliegt, nimmt nach einem Exponentialgesetz ab; es ergibt sich bei logarithmischem Zeitmaßstab nach Abb. 193 ein gradliniges Absinken der Zugfestigkeit mit steigender Versuchsdauer. Ebenso wie die Zugfestigkeit ist auch die Bruchdehnung von der Versuchsdauer abhängig.

Um gleiche Verhältnisse zu haben, ist stets auf eine Belastungsgeschwindigkeit zu achten, die nahe an der nach DIN 1605 vorgesehenen Belastungsgeschwindigkeit liegt.

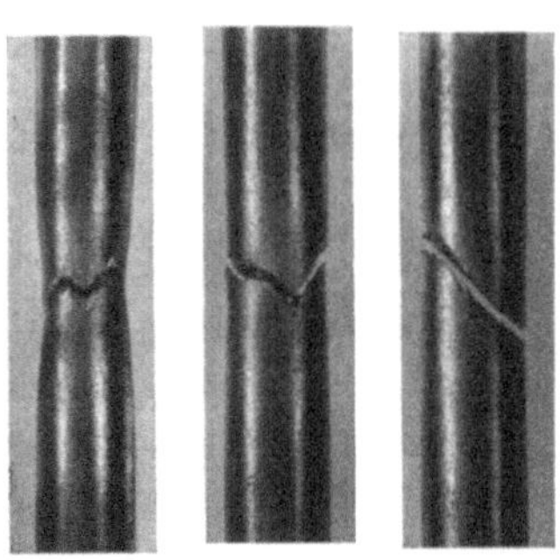

a *b* *c*

Abb. 194. Bruchformen von Zerreißstäben aus einem Schmiedestück Elektron AZ 855. Trotz verschiedener Bruchformen gleichmäßige Zugfestigkeit ($\sigma_B = 31{,}2$ kg/mm²) und Dehnung ($\delta_{10} = 16$, 18 und 16%). Brucheinschnürung $\varphi = 30$, 27 und 24%.

Bruchbild. In Abb. 194 sind 3 Bruchformen nebeneinandergestellt, von denen die linke (*a*) nach der Form der eigentlichen Bruchfläche oft als Trichterbruch bezeichnet wird. Die rechte (*c*) wird „Schubbruch", manchmal auch „Scherbruch" genannt, weil die Bruchfläche in Richtung der Hauptschubspannungen liegt. Die mittlere Bruchform (*b*) ist ein Übergang zwischen den Bruchformen (*a*) und (*c*). Der sog. Schubbruch kommt bei Magnesiumlegierungen häufig vor; bei Stählen kennt man ihn bei hochfesten Stahlsorten und ferner besonders beim kaltverformten Zustand. Die Bruchfläche des Schubbruches hat ein ähnlich glänzendes Aussehen, mit Gleitspuren in der Abgleitrichtung, wie ein Verdrehbruch oder ein Abscherbruch. Man muß jedoch bedenken, daß es sich tatsächlich um einen Trennungsbruch handelt, der in dieser Form zustande kommt, wenn schon nach verhältnismäßig geringen Gleitwegen der Trennwiderstand (die Kohäsion) überschritten wird. Über eigentliche Trennfestigkeitsuntersuchungen an Mg-Legierungen, die diese Verhältnisse klären würden, ist jedoch nichts bekanntgeworden.

Es besteht kein Anhalt dafür, daß der Übergang von der gewöhnlichen Bruchform zum sog. Schubbruch von praktischer Bedeutung ist. Auch kommen beide Bruchformen bei Proben aus dem gleichen Halbzeug, Guß- oder Schmiedestück nebeneinander vor, ohne daß sich die zugehörigen Gütewerte eindeutig unterscheiden. Nur die Einschnürung wird beim Schubbruch vergleichsweise meist etwas geringer gefunden. Der Schubbruch scheint also bevorzugt bei geringer Neigung zu örtlichen Verformungen nach größerer Gleichmaßdehnung zu entstehen.

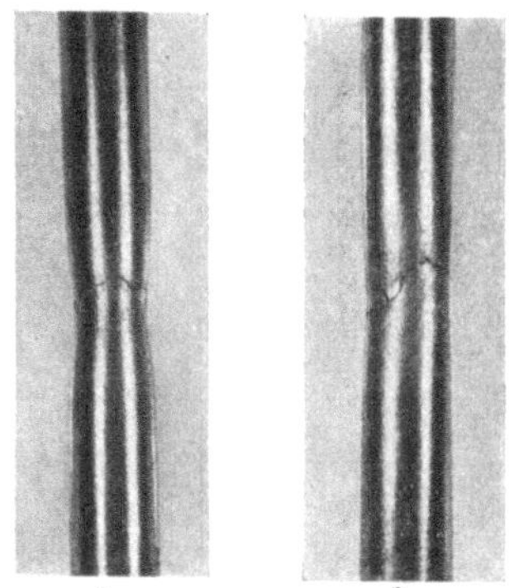

Abb. 195. Zerreißprobe mit abgeflachter Einschnürung infolge einheitlicher Kristallausrichtung (bei Schmiedestücken und Blechen); *a* in Richtung der großen, *b* in Richtung der kleinen Bruchquerschnittsachse aufgenommen.

Für die Beachtung der Brucheinschnürung muß noch auf die zuweilen vorkommende „abgeflachte Einschnürung" hingewiesen werden, die zu einem ovalen Bruchquerschnitt führt (Abb. 195). Die Erscheinung ist die gleiche wie bei der Dehnung eines Einkristallstabes von runder Querschnittsform, bei der man (da ausschließlich Basisgleitung eintritt) flache Bänder erhält (vgl. Beitrag G. Siebel, S. 21). Wenn die abgeflachte Einschnürung bei technischen (Vielkristall-) Proben eintritt, so bedeutet dies lediglich, daß im betreffenden Stück eine mehr oder weniger einheitliche Ausrichtung der Kristalle, ähnlich Abb. 232, vorliegt. Dies ist in Blechen immer und in Schmiedestücken häufig oder sogar meist der Fall.

Bruchdehnung. Bei der Beurteilung ist, wie bei allen Metallen, zu beachten, ob es sich um δ_5 oder δ_{10} — Dehnung auf eine Meßlänge vom 5- oder 10fachen des Stabdurchmessers bzw. $5{,}65 \cdot \sqrt{F_0}$ oder $11{,}3 \cdot \sqrt{F_0}$ — handelt. Bei der kurzen Meßstrecke fällt die Dehnung größer aus, weil der Anteil der Einschnürdehnung sich stärker auswirkt; der Unterschied von δ_5 und δ_{10} ist also von der jeweiligen Einschnürung abhängig. Es ist möglich, δ_5 und δ_{10} bei Kenntnis der Brucheinschnürung gegeneinander umzurechnen. Die hierfür von W. Kuntze aufgestellte Kurventafel (Abb. 196) hat auch für Magnesiumlegierungen Gültigkeit. Es ergibt sich daraus, daß für die meisten Gußlegierungen, bei denen Dehnung und Einschnürung etwa gleich sind und meist unter 12% liegen, praktisch kein Unterschied zwischen δ_5 und δ_{10} besteht (s. auch Zahlentafel 30); die Dehnung ist fast ausschließlich Gleichmaßdehnung. Bei Knetlegierungen, die eine durchschnittliche Einschnürung von 25% bei Dehnungen um 10% haben, ist infolge der örtlichen Einschnürung δ_5 etwa 2 Einheiten höher als δ_{10} (Zahlentafel 31). Die Gleichmaßdehnung — also der Verformungsgrad des nichteingeschnürten gleichmäßig gedehnten Stabteils — kann, wenn sie nicht besonders gemessen wurde, ebenfalls aus Abb. 196 abgegriffen werden.

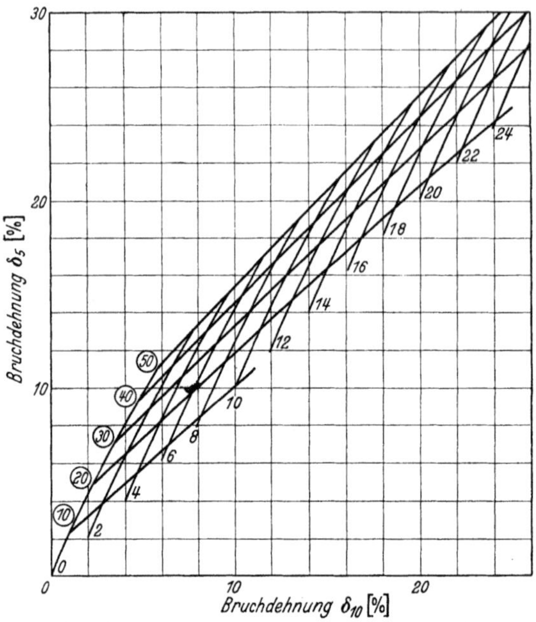

Abb. 196. Gegenseitige Umrechnung von Bruchdehnungen δ_5 und δ_{10} durch Berücksichtigung der Brucheinschnürung ψ (%) = Zahlen in ○. Die Zahlen an den steilen Kurvenscharen geben die Gleichmaßdehnung δ_g (%) an. Nach W. KUNTZE (1935) (Werkstoffhandbuch Nichteisenmetalle).

Bei der englischen Stabform mit 2″ Meßlänge bei 0,564″ Durchmesser erhält man eine Dehnung $\delta_{3,5}$. Hierbei wirkt sich also die Einschnürdehnung noch stärker aus, doch geht aus dem Obigen hervor, daß bei Mg-Legierungen der Unterschied zwischen δ_5 und $\delta_{3,5}$ meist unter 1 Dehnungseinheit liegt.

Gültigkeitsbereich der nachfolgenden Festigkeitsangaben (Probenherkunft und -entnahme). Die für den Vergleich der verschiedenen Mg-Legierungen einheitlich gewählten Bedingungen für die Herkunft der Proben sind folgende:

Proben von *Sandgußlegierungen* sind besonders gegossene Probestäbe von $13^{\varnothing}$ in der Meßstrecke, Anordnung von Anguß und Steigern gemäß Abb. 197; gegossen in grüne Form nach technisch richtiger Schmelzüberhitzung, bei der für Gußstücke der betreffenden Legierung technisch angewandten Gießtemperatur. Proben von *Kokillengußlegierungen* sind Stäbe nach Abb. 198 von $25^{\varnothing}$, gegossen in normal geschlichtete Kokille, ebenfalls unter Einhaltung der technisch angewandten Gießbedingungen. Proben von *Knetlegierungen*

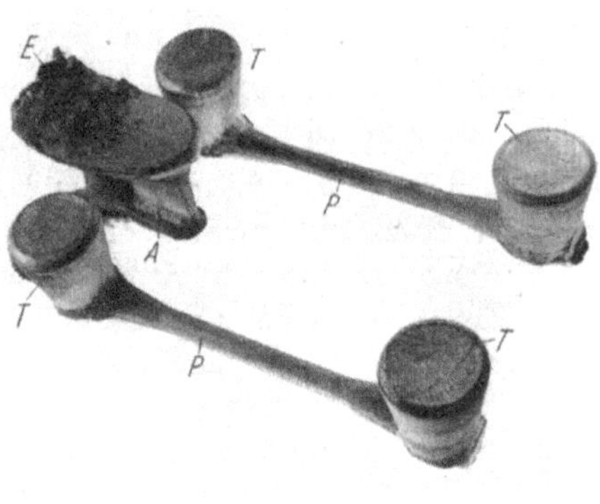

Abb. 197. Gesondert gegossene Sandguß-Probestäbe von $13^{\varnothing}$ (in einigen Fällen $20^{\varnothing}$). *E* Einguß, *A* Anschnitt, *P* Probestäbe, *T* Trichter (Steiger).

sind entnommen aus stranggepreßten Stangen von $\sim 20^{\varnothing}$, die unter normalen, bei den betreffenden Legierungen technisch eingehaltenen Bedingungen verpreßt wurden. Geringere Preßquerschnitte würden in den meisten Fällen etwas höhere, größere Preßquerschnitte niedrigere Werte ergeben (s. Abschnitt 6b); andererseits würden sich auch z. B. durch sehr geringe Preßgeschwindigkeiten, welche in der praktischen Erzeugung unwirtschaftlich und unmöglich sind, höhere Werte erzielen lassen.

Unterlagen für Zahlenangaben. Auch wenn man solche einheitlichen Bedingungen wie die obigen einhält, wird man bei jeder Stahl- oder Nichteisenmetall-Legierung noch „streuende" Festigkeitswerte erhalten, die durch die zugelassene Abweichung vom Analysenrichtwert, durch ebensolche Unterschiede im durchlaufenen Temperaturgang usw. begründet sind. Die Festigkeitswerte der einzelnen Legierungen werden daher, selbst wenn die obigen Voraussetzungen eingehalten werden, erst richtig vergleichbar, wenn man die betreffenden „Streuungen" (besser hieße es: die natürlichen und zugelassenen Abweichungen vom Richtwert) berücksichtigt. Hierzu muß die *Häufigkeitsverteilung* dieser Gütewerte bekannt sein. Den folgenden Zahlenangaben liegen daher Häufigkeitsuntersuchungen zugrunde. Dargestellt sind Häufigkeitsverteilungen in diesem Abschnitt nur als Beispiele — wofür die wichtigsten Legierungen ausgewählt wurden —; die Zahlentafeln enthalten jedoch den niedrigsten (a), häufigsten (b, fettgedruckt) und höchsten (c) Festigkeits- und Dehnungswert.

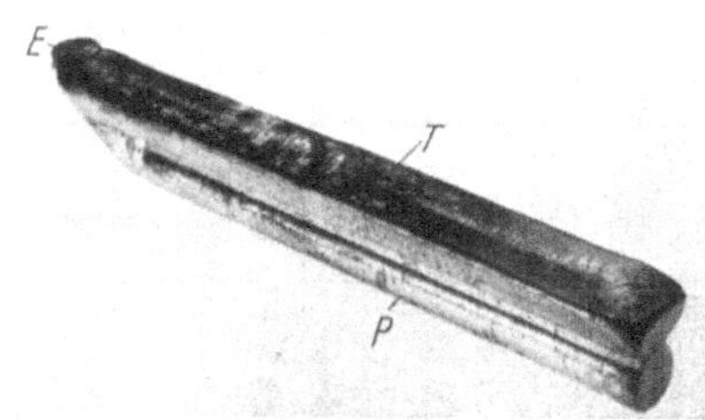

Abb. 198. Kokillenguß-Probestab. *E* Einguß, *P* Probestab, *T* Trichter.

Legierungsbezeichnung. Für die nun folgenden Festigkeitsangaben von technischen, auf dem Markt befindlichen Legierungen ist zum Teil eine Kennzeichnung durch die *Fliegwerkstoff-Kennzahlen*[1] und die *DIN-Bezeichnung* möglich; da aber nicht alle zu beschreibenden Legierungen Fliegwerkstoffe oder Normwerkstoffe sind, ist allgemein noch eine *Kurzbezeichnung* erforderlich, welche die wesentlichen Legierungsbestandteile in Prozent angibt. Die hier gewählte Kurzbezeichnung ist ebenso wie die ähnliche nach DIN 1717 von selbst verständlich; sie läßt ferner erkennen, ob es sich um Sandguß-, Kokillenguß- oder Knetlegierungen handelt, z. B.:

Elektron-Sandguß **AZG** = „G Mg-6 Al, 3 Zn" ($\sim$6% Al, $\sim$3% Zn, Rest Mg),

Elektron-Kokillenguß **AZ 91** = „Kg Mg-$9^1/_2$ Al, $^1/_2$ Zn" ($\sim 9^1/_2$% Al, $\sim {}^1/_2$% Zn, Rest Mg),

Elektron **AZM** = „Mg-6 Al, 1 Zn" ($\sim$6% Al, $\sim$1% Zn, Rest Mg.)

[1] Siehe S. XV.

Zahlentafel 28. Legierungsbezeichnungen technischer Magnesium-Gußlegierungen*.

Leg. Nr.	Legierungsgehalt (Kurzbezeichnung)	Wärmebehandlung	Deutschland: I.G.Farbenindustrie A.-G. **Elektron**	Deutschland: Fliegwerkstoff-Kennzahl	Deutschland: DIN 1717-Legierung	England: Magnesium Elektron Ltd. **Elektron**	England: D. T. D.-Specification	Frankreich: Soc. Gén. du Magnesium	Italien: Elektron S.A. **Elektron**	Vereinigte Staaten: American Magnesium Corp. **AMC-Alloy**	Vereinigte Staaten: The Dow Chemical Corp. **Dowmetal**
1	**G** Mg – 1 Si	—	**CMSi**	—	G Mg-Si	—	—	—	**CMSi**	—	—
2	**G** Mg – 2 Mn	—	**AM 503**	3500.0	G Mg-Mn	**AM 503**	140 A	—	**AM 503**	**AM 403 C**	**M**
3	**G** Mg – 3 Al, 1 Zn	—	**AZ 31**	3504.0	G Mg-Al 3 Zn	**AZ 31**	59 A	**F 3**	**AZ 31**	—	—
4	**G** Mg – 4 Al, 3 Zn	—	**AZF**	3506.0	G Mg-Al 4 Zn	—	59 A	**F 2**	**AZF**	—	—
5	**G** Mg – 6 Al, 3 Zn	— od. entspannt	**AZG**	3505.0	G Mg-Al 6 Zn	**AZG**[1]	59 A	**F 1**	**AZG**	**AM 265 C**[4]	**H**[7]
6	**G** Mg – 8 Al	—	**A 8 K**	—	G Mg-Al	**(A 8)**[2, 1]	59 A	—	**A 8 K**	**(AM 241 C)**[2]	**A**[2, 8]
7	**G** Mg – $8^1/_2$ Al, $^1/_2$ Zn	homogenisiert	**A 9 v**	3507.9	G Mg-Al	—	281	**F T** traité	**A 9 v**	**AM 240 T 4**	—
8		homogenisiert u. ausgehärtet	**A 9 h**	—	G Mg-Al	—	285	**F T** revenu	**A 9 h**	**AM 240 T 6**	—
9	**G** Mg – $9^1/_2$ Al, $^1/_2$ Zn	homogenisiert	**A 10 v**	—	G Mg-Al	**AZ 91** heat treated	281	—	—	—	**G**[9] H. T.
10		homogenisiert u. ausgehärtet	**A 10 h**	—	G Mg-Al	**AZ 91** fully heat treated	285	—	—	**(AM 246 T 6)**[5]	**G, (P)**[10] H. T. A.
11	**G** Mg – $^1/_2$ Zr	—	**ZA**	—	—	—	—	—	—	—	—
12	**G** Mg – 3 Zn, $^1/_2$ Zr	—	**ZB**	—	—	—	—	—	—	—	—
13		ausgehärtet	**ZB h**	—	—	—	—	—	—	—	—
14	**Kg** Mg – 8 Al, $^1/_2$ Zn	—	**A 8**	3508.0	G Mg-Al	**A 8**[1]	59 A	**F 2**	**A 8**	**AM 241 C**[6]	—
15	**Kg** / **Sg** } Mg – $9^1/_2$ Al, $^1/_2$ Zn	—	**AZ 91**	—	G Mg-Al / Sg Mg-Al	**AZ 91**	136 A	**F 10**[3]	**AZ 91**	**AM 230 C**	**(K)**[11] **(G)**[8, 12]

* Eingeklammerte Legierungsbezeichnungen entsprechen den links angegebenen Legierungsgehalten nicht ganz. — [1] Wird auch homogenisiert geliefert (heat treated), D. T. D. 289. — [2] Ohne die besondere Schmelzenbehandlung des A 8 K. — [3] Wird auch homogenisiert geliefert (traité) sowie homogenisiert und ausgehärtet (revenu). — [4] Wird auch homogenisiert geliefert (T 4) sowie homogenisiert und ausgehärtet (T 6). — [5] $\sim 12\%$ Al; wird auch im Gußzustand geliefert. Entsprechend Dowmetal B. — [6] Wird auch homogenisiert geliefert (T 4). — [7] Wird auch homogenisiert geliefert (H. T.) sowie homogenisiert und ausgehärtet (H. T. A.). — [8] Wird auch homogenisiert geliefert (H. T.). — [9] Wird jetzt entweder durch H oder durch P ersetzt. — [10] 10 Al, 1 Zn. — [11] 10 Al, $^1/_2$ Si. — [12] Weitere Kokillengußlegierung: Dowmetal EX ($6^1/_2$ Al, $^1/_4$ Si).

Zahlentafel 29. Legierungsbezeichnungen technischer Magnesium-Knetlegierungen*.

Leg. Nr.	Legierungsgehalt (Kurzbezeichnung)	Wärmebehandlung [1]	Deutschland: I. G. Farbenindustrie A.-G. **Elektron**	Deutschland: Fliegwerkstoff-Kennzahl	Deutschland: Din 1717-Legierung	England: Magnesium Elektron Ltd. **Elektron**	England: D. T. D.-Specification	Frankreich: Soc. Gen. du Magnesium Legierung	Italien: Elektron S. A. **Elektron**	Vereinigte Staaten: American Magnesium Corp. **AMC-Alloy**	Vereinigte Staaten: The Dow Chemical Corp. **Dowmetal**
16	Mg – 2 Mn	—	**AM 503**	3501.1 3501.2	Mg-Mn	**AM 503**	142 118 [2]	**T 2**	**AM 503**	**AM 3 S**	**M**
17	Mg – 2 Mn, $^1/_2$ Ce	—	**AM 537**	—	Mg-Mn	—	—	—	—	—	—
18	Mg – 4 Zn	—	**Z 1 b**	—	Mg-Zn	—	—	—	**Z 1 b**	—	—
19	Mg – 2 Al, 1 Zn	—	**AZ 21**	—	—	—	—	—	—	—	—
20	Mg – 3 Al, 1 Zn	—	**AZ 31**	—	Mg-Al 3	**(A 4)** [3]	120 A [2]	**F 3** **T 28** [2]	**AZ 31**	**(AM 53 S)** [3]	**(F)**
21	Mg – 6 Al, 1 Zn	—	**AZM**	3510.1 3510.2	Mg-Al 6	**AZM**	295 u. 88 B 120 A [2]	**M 1**	**AZM**	**AM 57 S** [4]	**J**
22	Mg – 8 Al, $^1/_2$ Zn	— oder angelassen	**AZ 855**	3515.0	Mg-Al 9	**AZ 855**	88 B	**M 3**	**AZ 855**	**AM 58 S** [4]	—
23	Mg – 10 Al	—	**V 1**	—	Mg-Al 9	—	259	**F 5**	**V 1**	**AM 59 S**	—
24		homogenisiert	**V 1 w**	—	Mg-Al 9	—	—	**F 5 traité**	**V 1 w**	—	—
25		homogenisiert und ausgehärtet	**V 1 h**	—	Mg-Al 9	—	—	**F 5** traité, revenue	**V 1 h**	**AM 59 S-T**	—
26	Mg – 2 Mn, 6 Ce	—	**AM 6**	—	—	—	—	—	—	— [5]	—

* Eingeklammerte Legierungsbezeichnungen entsprechen den links angegebenen Legierungsgehalten nicht ganz. — [1] Wärmebehandlung der Fliegwerkstoffe s. S. XV. — [2] Für Blech. — [3] Mg – 4 Al (als Blechlegierung). — [4] Gesenkgepreßt AM 57 SF bzw. AM 58 SF. — [5] Weitere Knetlegierungen der A.M.C. sind: AM 61 S (Mg – 6 Sn), AM 65 S (Mg – 3 Al, 5 Sn), XAM 67 S (Mg – 4 Zn, 5 Sn).

Die Bezeichnungen nach DIN 1717 sind für die hier erforderliche Beschreibung der Legierungen zum Teil zu ungenau, z. B.:

Elektron **AZM** = „Mg-Al 6“ nach DIN 1717,
= „Mg-6 Al, 1 Zn“ nach unserer Kurzbezeichnung.

In den *Zahlentafeln 28 und 29* sind nun zu diesen Kurzbezeichnungen die deutschen Elektron-Bezeichnungen (I.G. Farbenindustrie A.G.) und außerdem die *Handelsbezeichnungen* der anderen Hersteller von Magnesiumlegierungen zusammengestellt, soweit diese an der Legierungsentwicklung beteiligt sind oder aber Elektronlegierungen in Lizenz übernommen, ihnen aber zum Teil eigene Namen gegeben haben, so daß die Zahlentafeln 28 und 29 den Überblick über die Angaben der verschiedenen Hersteller erleichtern. — Es ist jedoch zu beachten, daß die nachfolgenden Zahlenangaben ausschließlich an den deutschen Elektronlegierungen gewonnen wurden, und daß die Werte der ihnen entsprechenden fremden Legierungen infolge von gewissen Unterschieden der Legierungsgehalte und der Verarbeitungsweise abweichen können.

b) Technische Gußlegierungen.

Die Häufigkeitsverteilung von Zugfestigkeit und Dehnung der beiden wichtigsten Gußlegierungen **AZG** (G Mg-6 Al, 3 Zn) und **A 9 v** (G Mg-$8^1/_2$ Al, $^1/_2$ Zn) zeigen Abb. 199 und 200. Die Listenwerte der I.G. Farben-

Abb. 199. **AZG.**

Abb. 200. **A 9 v.**

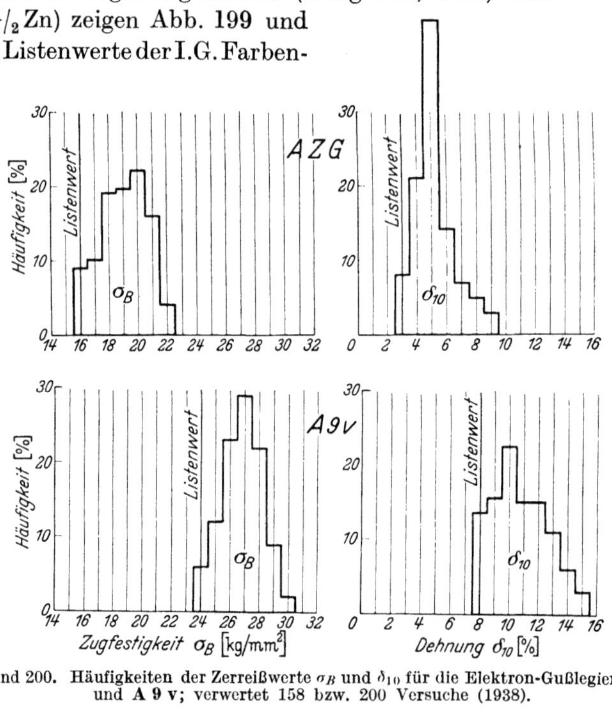

Abb. 199 und 200. Häufigkeiten der Zerreißwerte σ_B und δ_{10} für die Elektron-Gußlegierungen **AZG** und **A 9 v**; verwertet 158 bzw. 200 Versuche (1938).

Zahlentafel 30. Zugfestigkeit, Dehnung und Einschnürung von Elektron-Gußlegierungen[1].

Leg.-Nr.	Elektron-legierung	Kurzbezeichnung	Wärmebehandlung	Zugfestigkeit σ_B kg/mm² a b c	Dehnung 5 δ_5 % a b c	Dehnung 10 δ_{10} % a b c	Einschnürung[2] ψ % a c
1	CMSi	G Mg – 1 Si	—	9 ... **10** ... 16	1 ... **3** ... 6	1 ... **3** ... 6	1 ... 8
2	AM 503	G Mg – 2 Mn	—	7 ... 8 ... 13	3 ... **6** ... 9	3 ... **6** ... 9	5 ... 11
3	**AZ 31**	G Mg – 3 Al, 1 Zn	—	15 ... **17** ... 21	5,5 ... **8,5** ... 13	5 ... 8 ... 13	6 ... 16
4	**AZF**	G Mg – 4 Al, 3 Zn	—	14 ... **18** ... 22	5 ... **7,5** ... 12	4 ... **7** ... 12	7 ... 11
5	**AZG**	G Mg – 6 Al, 3 Zn	— oder 4h 300°/Ofen	16 ... **20** ... 22	3 ... **5** ... 9	3 ... **5** ... 9	4 ... 7
6	A 8 K	G Mg – 8 Al	—	13 ... **16** ... 20	2,5 ... **4** ... 6	2,5 ... **4** ... 6	3 ... 6
7	**A 9 v**	G Mg – 8½ Al, ½ Zn	24h 380 ... 410°/L	24 ... **27** ... 30	7 ... **10** ... 15,5	7 ... **10** ... 15	7 ... 16
8	A 9 h		24h 380 ... 410°/L/ 10h 190°/L	24 ... **27** ... 29	3 ... **4,5** ... 7	3 ... **4,5** ... 7	4 ... 8
9	A 10 v	G Mg – 9½ Al, ½ Zn	24h 385 ... 420°/L	22 ... **27** ... 29	5 ... 9 ... 14	5 ... **9** ... 14	n. b.
10	A 10 h		24h 385 ... 420°/L/ 8h 180°/L	23 ... **27** ... 31	n. b.	1 ... **3** ... 6	n. b.
11	ZA	G Mg – ½ Zr	—	14 ... **17** ... 25	7 ... ∾19 ... 27	8 ... ∾**18** ... 26	∾ 19
12	ZB	G Mg – 3 Zn, ½ Zr	—	18 ... **21** ... 24	6 ... **15** ... 16	5 ... **13** ... 15	∾ 15
13	ZB h		5h 280°	20 28	5 12	5 11	5 ... 15
14	A 8	Kg Mg – 8 Al, ½ Zn	—	19 ... **22** ... 25	5 ... **6** ... 10	5 ... **6** ... 10	7 ... 12
15	**AZ 91**	Kg Mg – 9½ Al, ½ Zn	—	17 ... **20** ... 22,5	2 ... **4** ... 5,5	2 ... **4** ... 5,5	∾**4**

a niedrigster, b häufigster, c höchster Wert.

[1] Sandgußstäbe 13⌀ nach Abb. 197, Kokillengußstäbe 20⌀ nach Abb. 198. — [2] Häufigkeitsuntersuchungen liegen nicht vor.

industrie A.G. sind in beide Abbildungen eingetragen. Man erkennt, daß mit Rücksicht auf die Anforderungen des Konstrukteurs die untersten bei beiden Legierungen vorkommenden Werte angegeben wurden, daß die Listenwerte also niemals unterschritten werden. Bemerkenswert sind besonders die Werte der Legierung A 9 v, welche diejenigen der hochfesten Aluminium-Gußlegierungen erreichen[1]. — *Zahlentafel 30* enthält Zugfestigkeits- und Dehnungswerte aller *Sandgußlegierungen*; die für allgemeine Zwecke ausschließlich in Frage kommenden Legierungen **3**, **4**, **5** und **7** sind fettgedruckt. Alle übrigen Legierungen sind nur in Sonderfällen anzuwenden. Die Legierungen 9—13 sind in Erprobung. — Die Werte der *Kokillengußlegierungen* sind ebenfalls in Zahlentafel 30 angegeben. Hauptlegierung ist Nr. **15**.

c) Technische Knetlegierungen.

Als Beispiel für die Häufigkeitsverteilung von Festigkeits- und Dehnungswerten sind in Abb. 201 und 202 diejenigen von Elektron **AM 503** (Mg-2 Mn) und **AZM** (Mg-6 Al, 1 Zn) angegeben. AZM ist die technisch

Abb. 201. **AM 503.**

Abb. 202. **AZM.**

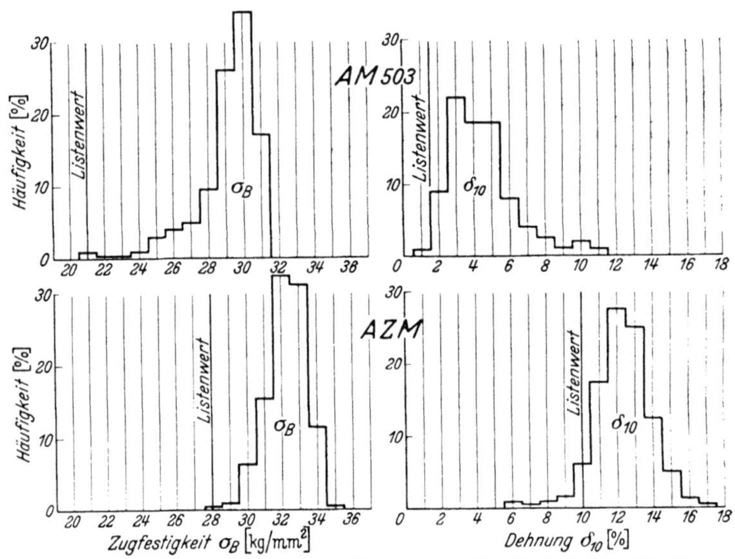

Abb. 201 und 202. Häufigkeiten der Zerreißwerte σ_B und δ_{10} für die Elektron-Knetlegierungen **AM 503** und **AZM**; verwertet 900 bzw. 600 Versuche (1938).

wichtigste der hochfesten Knetlegierungen; AM 503 hat zwar die niedrigsten Festigkeitswerte der technischen Knetlegierungen, ist aber als angriffsbeständigste und am besten schweißbare Legierung unentbehrlich. Fortschritte in ihrer Verarbeitung haben in letzter Zeit Gütewerte

[1] Siehe auch F. Bollenrath: Physikalische und mechanische Eigenschaften der Magnesiumlegierungen, in „Werkstoff Magnesium", Berlin 1938, VDI-Verlag.

Zahlentafel 31. Zugfestigkeit, Dehnung und Einschnürung von Elektron-Knetlegierungen[1].

Leg.-Nr.	Elektron-Legierung	Kurzbezeichnung	Wärmebehandlung	Zugfestigkeit σ_B kg/mm² a	b	c	Dehnung 5 δ_5 % a	b	c	Dehnung 10 δ_{10} % a	b	c	Einschnürung ψ % a	b	c
16	**AM 503**	Mg – 2 Mn	—	21	**30**	31	1	**3**	11	1	**3**	11	1,5		6
17	**AM 537**	Mg – 2 Mn, 1/2 Ce	—	24	**27**	31	4	**23**	26	4	**20**	24	6	**28**	32
18	Z 1 b	Mg – 4 Zn	—	23	**26**	27	10		23	10		20	16		37
19	AZ 21	Mg – 2 Al, 1 Zn	—	24		29	10		19	8		15	23		47
20	**AZ 31**	Mg – 3 Al, 1 Zn	—	24	**27**	30	10	**18**	21	8	**14**	17	23		43
21	**AZM**	Mg – 6 Al, 1 Zn	—	28	**32**	35	8	**14**	20	8	**12**	17	12	**22**	30
22	**AZ 855**	Mg – 8 Al, 1/2 Zn	—	29	**34**	35	8	**13**	17	8	**12**	15	9	**20**	27
23	V 1	Mg – 10 Al	—	33		37	8		11	7		9	16		20
24	V 1 w		∾400°/W	33	**34**	36	8	**11**	13	8	**10**	12	11	**15**	18
25	V 1 h		∾400°/W/ ∾4h 160°	37		42	2		7	2		7	3		5
26	AM 6	Mg – 2 Mn, 6 Ce		22	**26**	27	1		7	1		7	n. b.		

a niedrigster, b häufigster, c höchster Wert. Bei fehlendem Wert b liegen Häufigkeitsuntersuchungen nicht vor.

[1] Stranggepreßt, ∾20⌀.

erreichbar werden lassen, die erheblich über den seitherigen Listenwerten liegen; dies geht auch aus Abb. 201 hervor. Zahlenangaben für sämtliche technischen Knetlegierungen sind in *Zahlentafel 31* enthalten. Auch hier ist im allgemeinen in den Legierungen **16**, **17**, **20**, **21** und **22** zu konstruieren; die übrigen Legierungen sind nur in Sonderfällen anzuwenden. Insbesondere bei Nr. 23—26, in einem gewissen Ausmaß auch bei Nr. 22, muß trotz der vorteilhaft erscheinenden Festigkeitswerte bedacht werden, daß die Verarbeitungsbedingungen schwierig sind und die Einhaltung technologischer Gütewerte teilweise nicht möglich ist. Die Legierungen Nr. 23—25 werden heute meist durch Nr. 22, evtl. im ausgehärteten Zustand, ersetzt. Sie sind hier noch angeführt, um die Wirkung der verschiedenen Gefügezustände bei übersättigten Legierungen zu zeigen.

3. Dehngrenzen technischer Legierungen (Elastizitäts- und Streckgrenzen).

a) Allgemeines, Versuchsbedingungen.

Die Elastizitätsgrenze soll dem Namen nach das Gebiet rein elastischer Formänderungen begrenzen, also den Beginn bleibender Verformungen angeben. Es ist aber seit langem bekannt, daß es eine solche Elastizitätsgrenze im strengen Sinne bei keinem Metall gibt. Man kann daher nur Beanspruchungen angeben, bei denen eine bestimmte, noch meßbare bleibende Dehnung gerade eintritt. An Stelle einer echten Elastizitätsgrenze treten daher Dehngrenzen für (je nach Vereinbarung) 0,001, 0,003, 0,01, 0,02 oder 0,03% bleibende Dehnung. In Deutschland ist es üblich, bei Metallen die 0,02%-Dehngrenze $\sigma_{0,02}$ als „Elastizitätsgrenze“ anzugeben. Dies geschieht im folgenden auch für die Elektronlegierungen.

Die Streckgrenze soll die Beanspruchung angeben, bei der eine praktisch nicht mehr zu vernachlässigende bleibende Dehnung (Streckung) eintritt; dieser Dehnungsbetrag ist ebenfalls zu vereinbaren, sofern der Werkstoff keine „natürliche Streckgrenze“ aufweist, die sich beim Zerreißversuch durch eine plötzliche Streckung ohne weitere Lasterhöhung bzw. — je nach den Federungseigenschaften der Prüfmaschine — sogar unter Lastabfall anzeigt. Als „Streckgrenze“ gilt bei allen Metallen ohne natürliche Streckgrenze die 0,2%-Dehngrenze $\sigma_{0,2}$ (in England wird als „Proof Stress“ eine Spannung $\sigma_{0,1}$ und in USA. als „Yield Strength“ eine Spannung $\sigma_{0,3}$ bezeichnet).

Eine natürliche Streckgrenze (σ_S) haben nur weiche Stähle. Hier fallen $\sigma_{0,02}$, σ_S und $\sigma_{0,2}$ sehr nahe zusammen. Einige Aluminiumlegierungen kommen dem Verhalten des Stahles nahe, bei anderen, sowie besonders bei den Magnesiumlegierungen, sind die verschiedenen Dehngrenzen stärker auseinandergezogen (s. auch Abb. 208 und 209). Dies ist bei den Mg-Legierungen durch eine niedrige Initialschubspannung und hohe Verfestigungsfähigkeit kristallographisch begründet (vgl. Beitrag

G. SIEBEL). — Die Dehngrenzen $\sigma_{0,02}$ und $\sigma_{0,2}$ sind in den folgenden Zahlentafeln, soweit möglich auf Grund von Häufigkeitsuntersuchungen, angegeben.

Versuchsbedingungen. Wird die 0,2%-Dehngrenze mit selbsttätig anzeigenden Geräten bestimmt, so findet man (ebenso wie bei der Streckgrenze von Stählen), daß sie bei hohen Belastungsgeschwindigkeiten, also hohen Verformungsgeschwindigkeiten, ansteigt. Die nachfolgenden Zahlenangaben beruhen jedoch auf Dehnungsfeinmessungen nach Aufbringen einzelner Laststufen; hierbei spielt die Geschwindigkeit, mit der die Laststufen erreicht wurden, keine Rolle. Auch die Zeit, während der die Proben auf einzelnen Laststufen unter Last bleiben, ist im Rahmen des bei solchen Versuchen Vorkommenden bei Magnesiumlegierungen ohne Bedeutung (für lange Zeiten vgl. Abschnitt A VIII: Kriechen bei Raumtemperatur). Anders ist es bei erhöhten Temperaturen (vgl. Abschnitt C I).

b) Technische Gußlegierungen.

Die Abb. 203 und 204 zeigen als Beispiele Spannungs-Dehnungs-Schaubilder der Elektron-Sandgußlegierungen **AZF** und **A 9 v**. *Zahlentafel 32* enthält die Dehngrenzenwerte aller Gußlegierungen. Auch hier ist zu

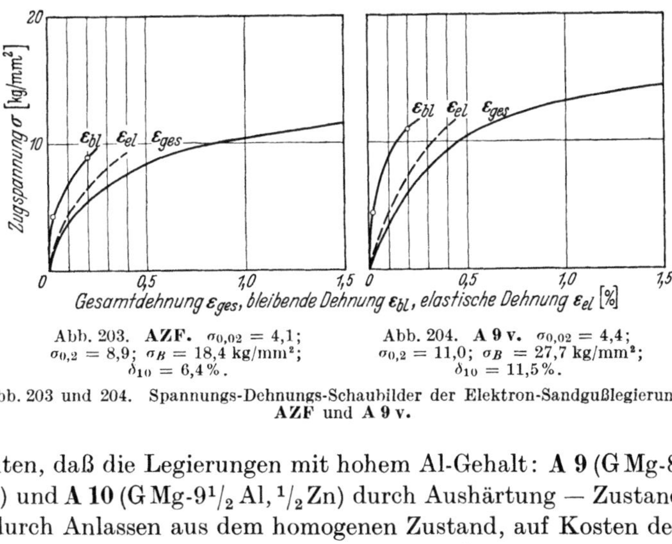

Abb. 203. **AZF.** $\sigma_{0,02} = 4{,}1$; $\sigma_{0,2} = 8{,}9$; $\sigma_B = 18{,}4$ kg/mm²; $\delta_{10} = 6{,}4\,\%$.

Abb. 204. **A 9 v.** $\sigma_{0,02} = 4{,}4$; $\sigma_{0,2} = 11{,}0$; $\sigma_B = 27{,}7$ kg/mm²; $\delta_{10} = 11{,}5\,\%$.

Abb. 203 und 204. Spannungs-Dehnungs-Schaubilder der Elektron-Sandgußlegierungen **AZF** und **A 9 v.**

beachten, daß die Legierungen mit hohem Al-Gehalt: **A 9** (G Mg-8$^1/_2$ Al, $^1/_2$ Zn) und **A 10** (G Mg-9$^1/_2$ Al, $^1/_2$ Zn) durch Aushärtung — Zustand **h** —, also durch Anlassen aus dem homogenen Zustand, auf Kosten der Dehnung eine erhebliche Streckgrenzenerhöhung bei nur geringer Festigkeitserhöhung erfahren. Obwohl die Dehnungen dieser Legierungen Nr. **8** und **10** dann noch über denjenigen hochwertiger vergüteter Al-Gußlegierungen liegen, empfiehlt es sich, bis eingehendere Erfahrungen vorliegen, nur in Sonderfällen von der Aushärtung Gebrauch zu machen. Bei der Legierung **ZB** (G Mg-3 Zn, $^1/_2$ Zr) ist, dank der besonders hohen Dehnung im Gußzustand, auch im ausgehärteten Zustand (Nr. **13**, **ZB h**) eine gute Verformungsfähigkeit vorhanden, so daß hiermit praktische Versuche aussichtsreich erscheinen. ZBh hat eine besonders hohe 0,02-Grenze.

Zahlentafel 32. Dehngrenzen von Elektron-Gußlegierungen[1].

Leg. Nr.[2]	Elektronlegierung	Kurzbezeichnung[3]	Elastizitätsgrenze $\sigma_{0,02}$ kg/mm² (a … c)	Streckgrenze $\sigma_{,02}$ kg/mm² (a … b … c)	Zugfestigkeit σ_B kg/mm² (b)	Dehnung δ_{10} % (b)
1	CMSi	G Mg – 1 Si	2 3,5	5 7	10	3
2	AM 503	G Mg – 2 Mn	1,5 ... 3	1 .... **3** ... 4	8	6
3	**AZ 31**	G Mg – 3 Al, 1 Zn	2,5 ... 4	4,5 .. **5,5** ... 7	17	8
4	**AZF**	G Mg – 4 Al, 3 Zn	3 ... 4	6 ... **8** ... 9	18	7
5	**AZG**	G Mg – 6 Al, 3 Zn	4 ... 5	8 ... **10** ... 12	20	5
6	A 8 K	G Mg – 8 Al	3,5 ... 5	9 ... **11** ... 11	16	3
7	**A 9 v**	G Mg – 8 $^1/_2$ Al, $^1/_2$ Zn	4,5 ... 5,5	10 ... **12** ... 14	27	10
8	A 9 h		n. b.	14,5 ... **16** ... 19	28	4,5
9	A 10 v	G Mg – 9 $^1/_2$ Al, $^1/_2$ Zn	$\sim$ 4,5	10,5 ... **12** ... 13	27	9
10	A 10 h		$\sim$ 9,5	14,5 ... **17** ... 20	27	3
11	ZA	G Mg – $^1/_2$ Zr	$\sim$ 4,5	4 ... **6** ... 7	17	$\sim$18
12	ZB	G Mg – 3 Zn, $^1/_2$ Zr	3 ... 6	6 ... **7** ... 10	21	13
13	ZB h		12 ... 13	15 17,5	$\sim$27	$\sim$8
14	A 8	Kg Mg – 8 Al, $^1/_2$ Zn	$\sim$ 4	9 11	22	6
15	**AZ 91**	Kg Mg – 9 $^1/_2$ Al, $^1/_2$ Zn	$\sim$ 5	11 13	20	4

a niedrigster, b häufigster, c höchster Wert. Bei fehlendem Wert b liegen Häufigkeitsuntersuchungen nicht vor.

[1] Sandgußstäbe 13 ⌀ nach Abb. 197, Kokillengußstäbe 25 ⌀ nach Abb. 198. — [2] Legierungs-Nr. wie in Zahlentafel 28, S. 146. — [3] Wärmebehandlung s. Zahlentafel 30, S. 149.

Bemerkenswert ist die verhältnismäßig hohe Streckgrenze der Kokillengußlegierungen Nr. 15, **AZ 91** (Kg-9 $^1/_2$ Al, $^1/_2$ Zn).

c) Technische Knetlegierungen.

Abb. 205 und 206 zeigen Spannungs-Dehnungs-Bilder der Elektron-Knetlegierungen **AM 503** und **AZ 855**. *Zahlentafel 33* enthält die Dehngrenzenwerte auch der übrigen Knetlegierungen. Von den technisch wichtigsten Legierungen hat Nr. 16, **AM 503** (Mg-2 Mn), eine um durchschnittlich 4 kg/mm² niedrigere Streckgrenze als Nr. 21, **AZM** (Mg-6 Al, 1 Zn) und Nr. 22, **AZ 855** (Mg-8 Al, $^1/_2$ Zn). Eine wesentliche Verbesserung der Legierung AM 503 ist Nr. 17, Legierung **AM 537** (Mg-2 Mn, $^1/_2$ Ce), die bei unverminderter Korrosionsbeständigkeit (aber nicht ganz gleicher Schweißbarkeit) die Streckgrenzen der Legierungen 21 und 22 erreicht. Abb. 207 gibt noch einen Vergleich der Legierungen AM 503 und AM 537. — Für die verschiedenen Zustände der Legierung **V 1** (Mg-10 Al), Legierungen Nr. 23—25, gilt das bereits zur Aushärtung von Gußlegierungen Gesagte; die Anwendung dieser Legierungen kommt nur in Frage, wenn es fast ausschließlich auf hohe Streckgrenze und Härte

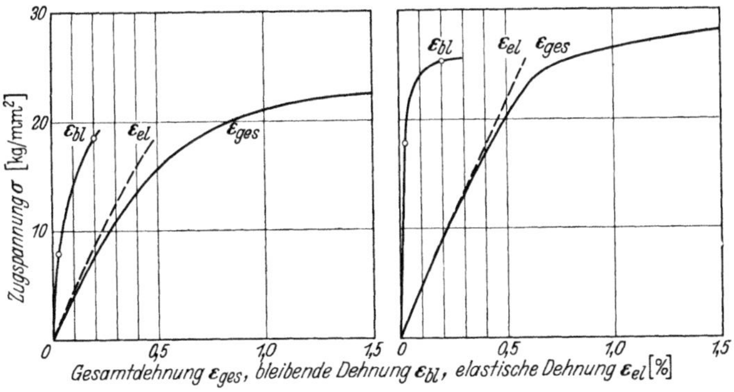

Abb. 205. **AM 503.** $\sigma_{0,02} = 8,0$; $\sigma_{0,2} = 18,5$; $\sigma_B = 27,4$ kg/mm²; $\delta_{10} = 7\%$.

Abb. 206. **AZ 855.** $\sigma_{0,02} = 18,0$; $\sigma_{0,2} = 25,3$; $\sigma_B = 34,4$ kg/mm²; $\delta_{10} = 11,7\%$.

Abb. 205 und 206. Spannungs-Dehnungs-Schaubilder der Elektron-Knetlegierungen **AM 503** und **AZ 855.**

Zahlentafel 33. Dehngrenzen von Elektron-Knetlegierungen[1].

Leg. Nr.[2]	Elektron-legierung	Kurzbezeichnung	Elastizitätsgrenze $\sigma_{0,02}$ kg/mm² a ... c	Streckgrenze $\sigma_{0,2}$ kg/mm² a ... b ... c	Zugfestigkeit σ_B kg/mm² b	Dehnung δ_{10} % b
16	**AM 503**	Mg - 2 Mn	2,5 . . . 12	14 . . . **20** . . . 25	30	3
17	**AM 537**	Mg - 2 Mn, $^1/_2$ Ce	n. b.	17 . . . **21** . . . 30	27	20
18	Z 1 b	Mg - 4 Zn	7 . . . 12	9 15	26	∾ 15
19	AZ 21	Mg - 2 Al, 1 Zn	n. b.	16 20	∾ 26	∾ 14
20	**AZ 31**	Mg - 3 Al, 1 Zn	14 . . . 18	16 . . . **18** . . . 23	27	14
21	**AZM**	Mg - 6 Al, 1 Zn	10 . . . 19	18 . . . **24** . . . 27	32	12
22	**AZ 855**	Mg - 8 Al, $^1/_2$ Zn	10 . . . 19	18 . . . **24** . . . 27	34	12
23	V 1	Mg - 10 Al	22 . . . 24	∾ **28**	∾ 36	∾ 8
24	V 1 w		19 . . . 22	23 . . . **25** . . . 26	34	10
25	V 1 h		19 . . . 27	26 30	∾ 40	∾ 3
26	AM 6	Mg - 2 Mn, 6 Ce	n. b.	19 . . . **23** . . . 24	26	∾ 5

a niedrigster, b häufigster, c höchster Wert. Bei fehlendem Wert b liegen Häufigkeitsuntersuchungen nicht vor.

[1] Stranggepreßt ∾ 20 ⌀. — [2] Legierungs-Nr. wie in Zahlentafel 29, S. 147. — [3] Wärmebehandlung s. Zahlentafel 31, S. 151.

ankommt. Dagegen ist eine milde Anlaßbehandlung von 140 . . . 160° bei der Legierung 22, AZ 855, für Sonderzwecke durchaus zulässig. Durch mehrstündiges Anlassen bei diesen Temperaturen, das auch eine Entspannung bewirkt, erhält man durchschnittlich 2 . . . 3 kg/mm² höhere Streckgrenzenwerte, insbesondere aber werden Streckgrenzenausfälle vermieden.

Es ist für die Knetlegierungen allgemein noch der erhebliche Einfluß einer *Kristallausrichtung* (*Orientierung*) gerade auf die Dehngrenzenwerte

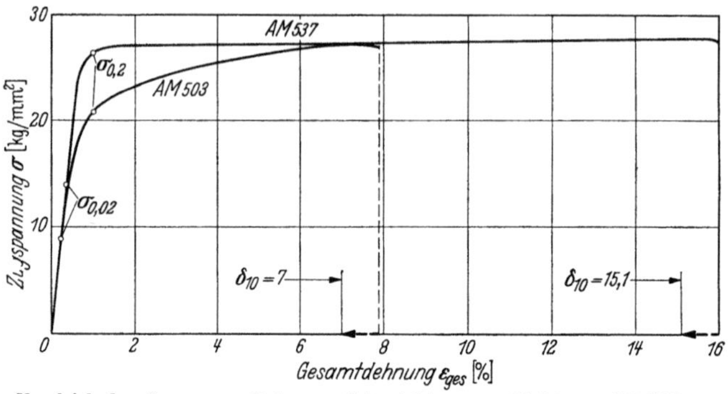

Abb. 207. Vergleich der Spannungs-Dehnungs-Schaubilder von Elektron **AM 503** und **AM 537** (Preßzustand). Bei erhöhten Dehngrenzen hat AM 537 doppelte Bruchdehnung.

zu erwähnen (s. Beitrag G. SIEBEL). Praktische Auswirkungen sind jedoch für die Zahlenangaben in diesem Abschnitt nicht anzuführen, da diese ausschließlich Längswerte von einheitlich hergestellten Preßstangen 20⌀ sind. Auf den Einfluß der Ausrichtung wird deshalb in den Abschnitten 6b und 6d (Preßgut, Schmiedestücke) erst näher eingegangen; dabei ist auch auf den Beitrag von H. ALTWICKER zu verweisen.

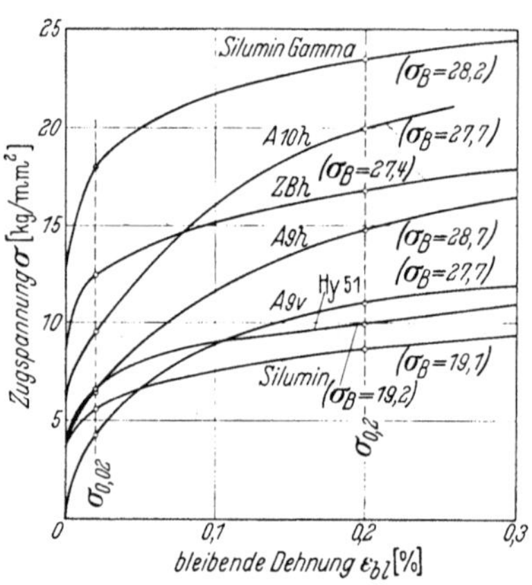

Abb. 208. Vergleich der Spannungs-Dehnungs-Schaubilder von hochwertigen Aluminium- und Magnesium - Sandgußlegierungen (Silumin, Silumin Gamma, Hydronalium Hy 51, Elektron A 9 v, A 9 h, A 10 h und ZB h).

d) Konstruktive Bewertung von Dehngrenzen.

In Abb. 208 sind vergleichsweise die bleibenden Dehnungen von Al- und Mg-Sandgußlegierungen aufgetragen, in Abb. 209 die von Al- und Mg-Knetlegierungen. Besonders bei den Knetlegierungen, Abb. 209, sieht man, daß die willkürlichen 0,02- und 0,2%-Dehngrenzen für das praktische Verhalten der Legierungen von sehr verschiedener Bedeutung sind. Bei Hy 7 (Al-7 Mg) fallen $\sigma_{0,02}$ und $\sigma_{0,2}$ der Höhe nach fast zusammen. Insofern erfüllen beide Grenzen die Aufgabe, den Beginn einer stärkeren und plötzlichen Streckung anzuzeigen. Genau genommen setzt allerdings die starke Streckung (Naturstreckgrenze) schon bei einer Belastung etwa in Höhe von $\sigma_{0,01}$ ein; Beanspruchungen über $\sigma_{0,01}$ sind also bei derartigen Al-Legierungen keinesfalls zulässig. Ähnliches ergibt sich aus dem Schaubild der Duraluminprobe (Al-4 Cu, $^1/_2$ Mg); hier liegen allerdings $\sigma_{0,02}$ und $\sigma_{0,2}$ schon weiter auseinander; die Streckung ist weniger plötzlich, so daß Beanspruchungen, die $\sigma_{0,02}$ nicht überschreiten, noch nicht gefährlich sind. Für Elektron AZ 855 (Mg-8 Al, $^1/_2$ Zn) kann man sagen, daß man bei Überschreitung der verhältnismäßig niedrigen 0,02-Grenze von einer gefährlichen Streckung des Werkstoffs noch weit entfernt ist; erst starke Spannungserhöhungen lassen die Verformungen von den zuerst verformten Kristalliten auf das gesamte Kristallhaufwerk übergreifen. Die 0,2-Grenze hat aber bei AZ 855 etwa die gleiche Bedeutung wie bei Duralumin. — Es geht hieraus hervor, daß die verhältnismäßig niedrige Lage von $\sigma_{0,02}$ bei Mg-Legierungen für die sichere Bemessung von Bauteilen ohne Bedeutung ist[1], bzw. nur in den Sonderfällen berücksichtigt werden muß, in denen z. B. aus Passungsgründen tatsächlich mit bestimmten zugelassenen Verformungsbeträgen gerechnet werden muß.

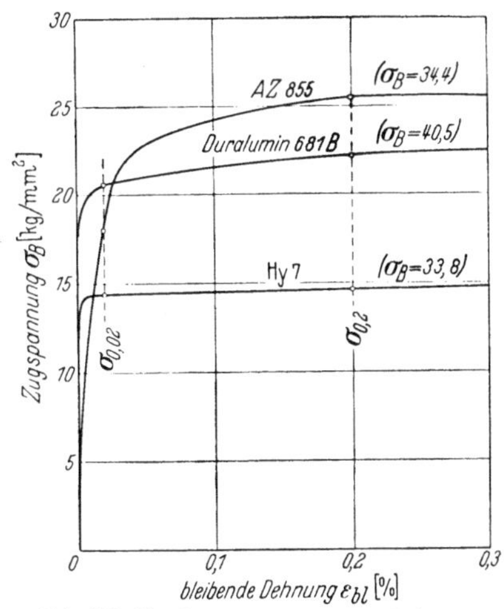

Abb. 209. Vergleich der Spannungs-Dehnungs-Schaubilder von hochwertigen Aluminium- und Magnesium-Knetlegierungen (Duralumin 681 B, Hydronalium Hy 7, Elektron AZ 855).

Eine Zeitlang wurde auch angenommen, daß mit der Überschreitung der „Elastizitätsgrenze" Dauerbruchgefahr verbunden wäre. Ein Zusammenhang ist schon deswegen ausgeschlossen, weil die Elastizitätsgrenzen nicht Naturgrenzen, sondern willkürliche Grenzen sind. Daß z. B. $\sigma_{0,02}$ keine Bedeutung hat, sieht man daran, daß die Dauerfestigkeitswerte der Gußlegierungen sämtlich über $\sigma_{0,02}$ liegen, zum Teil doppelt so hoch.

Das für Knetlegierungen über die Bewertung von $\sigma_{0,02}$ Gesagte gilt in noch stärkerem Maße für Gußlegierungen. Hier besteht hinsichtlich der geringen Bedeutung von $\sigma_{0,02}$ übrigens kaum ein Unterschied zwischen Magnesium- und Aluminiumlegierungen.

[1] Vgl. W. Schmidt: Die Bedeutung des Kristallaufbaus für die Beurteilung der Elastizitätsgrenze und Dauerfestigkeit. Z. Metallkde. Bd. 23 (1931) S. 54.

4. Zugelastizitätsmaße technischer Legierungen.

Zur Berechnung elastischer Verformungen aus Spannungen und zur Berechnung von Spannungen aus Verformungen wird das Elastizitätsmaß E (Elastizitätsmodul) benötigt. Das Elastizitätsmaß liegt bei Magnesiumlegierungen verhältnismäßig niedrig. Ferner sind schon bei technisch noch durchaus zugelassenen Beanspruchungen Spannungen und Dehnungen nicht mehr ganz verhältig (s. Abb. 203—206); die elastische Verformung weicht also von der geradlinigen Abhängigkeit von der Spannung ab, so daß auch das Elastizitätsmaß (wie bei zahlreichen anderen Metallen) mit der Spannung abnimmt. — Während man bei Festigkeitsangaben die unteren Grenzwerte als die sicheren und deswegen für den Konstrukteur meist maßgebenden Werte ansehen kann, gilt dies nicht für das Elastizitätsmaß. Es wäre daher nicht angängig, sich auf die Angabe eines „unteren“ Elastizitätsmaßes, z. B. für eine Beanspruchung in Höhe der 0,02- oder 0,2-Grenze, zu beschränken; der Konstrukteur benötigt häufig, um sicher zu rechnen, auch den oberen in Frage kommenden Wert des Elastizitätsmoduls (z. B. bei der Berechnung von Spannungen aus Zwangsverformungen, s. Schlußabsatz dieses Abschnittes). Es muß deswegen für jede Beanspruchung das wirkliche Elastizitätsmaß bekannt sein.

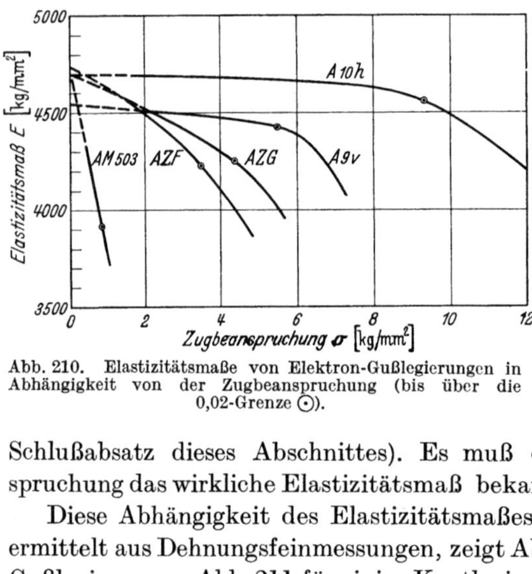

Abb. 210. Elastizitätsmaße von Elektron-Gußlegierungen in Abhängigkeit von der Zugbeanspruchung (bis über die 0,02-Grenze ⊙).

Diese Abhängigkeit des Elastizitätsmaßes von der Beanspruchung, ermittelt aus Dehnungsfeinmessungen, zeigt Abb. 210 für die wichtigsten Gußlegierungen, Abb. 211 für einige Knetlegierungen. Für die Beanspruchung 0 liegt der E-Modul bei allen Legierungen nahe an 4700 kg/mm² [1]. (Bei praktisch beanspruchungslosen Biegeschwingungsmessungen wurde von Förster und Köster[2] das Elastizitätsmaß des Reinmagnesiums zu 4530 kg/mm² bestimmt.) Bei Legierungen mit hohen Dehngrenzen (z. B. A 9 v, AZ 855), insbesondere im ausgehärteten Zustand (z. B. A 10 h),

[1] Der E-Modul für die Beanspruchung 0 wird auch als „wahrer E-Modul“ bezeichnet, zumal die Möglichkeit besteht, daß die Beobachtung einer nicht geradlinigen Spannungsdehnungslinie mit durch Nachwirkungserscheinungen verursacht ist (vgl. S. 199).

[2] Förster, F., u. W. Köster: Elastizitätsmodul und Dämpfung in Abhängigkeit vom Werkstoffzustand. Z. Metallkde. Jg. 29 (1937) S. 116.

ist das Elastizitätsmaß bis zur 0,02-Grenze nahezu spannungsunabhängig. Die stärkste Abnahme des E-Moduls mit der Beanspruchung hat von technischen Guß- und Knetlegierungen AM 503 (Mg-2 Mn). Die durchschnittlichen Elastizitätsmaße der einzelnen Elektronlegierungen, zu

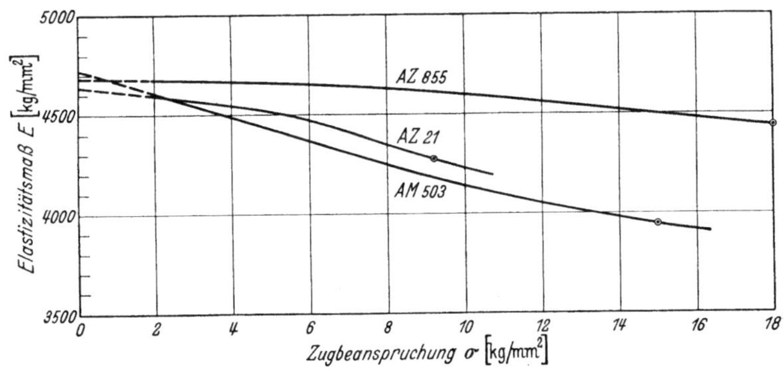

Abb 211. Elastizitätsmaße von Elektron-Knetlegierungen in Abhängigkeit von der Zugbeanspruchung (bis über die 0,02-Grenze ⊙).

Gruppen mit praktisch gleichem Verhalten zusammengefaßt, sind in *Zahlentafel 34* für 5 Beanspruchungsstufen von 0, 5, 10, 15 und 20 kg/mm² zusammengestellt.

Zur verhältnismäßig niedrigen Lage des Elastizitätsmaßes ist zu sagen, daß diese ebensooft vorteilhaft wie nachteilig ist. Der niedrige

Zahlentafel 34.

Zug-Elastizitätsmoduln von Elektron-Guß- und -Knetlegierungen.

Beanspruchung kg/mm²	Elastizitätsmodul E (kg/mm²) im Mittel								
	Gußlegierungen[1]					Knetlegierungen[1]			
	1 CMSi **2** AM 503	**3** AZ 31	**4** AZF **5** AZG **6** A 8 K	**7** A 9 v **9** A 10 v **15** AZ 91	**8** A 9 h **10** A 10 h	**16** AM 503	**18** Z 1 b **19** AZ 21 **20** AZ 31	**17** AM 537	**21** AZM **22** AZ 855 **23** V 1
0	4700	4700	4700	4700	4700	4700	4700	4700	4700
5	—	3600	4000	4500	4700	4400	4500	4500	4700
10	—	—	—	3300	4500	4100	4200	4250	4600
15	—	—	—	—	3700	3800	3900	4000	4500
20	—	—	—	—	—	—	—	3700	4400

[1] Legierungs-Nr. übereinstimmend mit Zahlentafeln 28 und 29.

E-Modul ist unerwünscht, wenn die zulässige elastische Verformung von Bauteilen begrenzt werden muß, er ist erwünscht, wenn aus gegebenen Verformungen (Zwangsverformungen) geringe Spannungen entstehen sollen. Dadurch begrenzt ein niedriger E-Modul die „Nebenbeanspruchungen“, die z. B. durch Herstellungs- und Passungsungenauigkeiten, durch Wärmedehnung sowie an Krafteinleitungsstellen entstehen. Im letzteren Falle wird eine gleichmäßige und damit günstige Spannungsverteilung gefördert.

Es ist noch zu bemerken, daß das Elastizitätsmaß nach E. Schmid und G. Siebel (vgl. Beitrag Siebel) von der Kristallausrichtung abhängig ist, doch in geringerem Maße als die Dehngrenzen (s. S. 19).

Die für die Berechnung zusammengesetzter Beanspruchungen benötigte *Poissonsche Zahl* oder *Querzahl*, d. i. das Verhältnis von Querkürzung zu Längsdehnung, ist nach Versuchen des Verfassers bei Mg-Legierungen 0,33, also ebenso hoch wie bei den meisten anderen Metallen.

5. Einfluß von Kaltverformung auf die Zerreißwerte technischer Legierungen.

Über den Einfluß von Kaltverformung liegen, abgesehen von der Einkristallforschung, nur wenige Ergebnisse vor. Wenn im allgemeinen (außer beim Walzen) bei Mg-Legierungen nur geringe Kaltverformungsgrade möglich sind, so können diese doch von großem Einfluß auf die Zerreißwerte sein. Dabei sind Kaltverformungen, die unter Zwillingsbildung erfolgen, von umgekehrter Wirkung als solche, die unter Translation (Gleitung) erfolgen. Zwillingsbildung tritt bei Preßstangen unter ziemlich niedrigen axialen Druck- und Verdrehbeanspruchungen ein, da Zwillingsbildung unter Kürzung der Basiskanten und Streckung der hexagonalen Hauptachse erfolgt; die Basisflächen sind aber gemäß Abb. 228 in Preßrichtung ausgerichtet. Geringe *Kaltstauchung* bewirkt dann für nachfolgende achsengleiche Zugbeanspruchungen eine beträchtliche Erniedrigung der 0,02-Grenze; die 0,2-Grenze sowie Zugfestigkeit und Dehnung werden praktisch nicht geändert. Wenn die Einhaltung einer bestimmten 0,02-Grenze verlangt ist — was nach Abschnitt 3d von geringem praktischem Wert ist —, kann die hohe Empfindlichkeit der 0,02-Grenze gegen Kaltstauchung, wie sie z. B. bei jeder Richtbiegung auf der Druckseite eintritt, in der Herstellung Schwierigkeiten verursachen; insbesondere tritt eine die 0,02-Grenze und auch 0,2-Grenze erniedrigende Zwillingsbildung bei Benutzung der Rollenrichtmaschine ein. Äußerlich wird die Zwillingsbildung dabei durch eine Verkürzung der Stangen unter entsprechender Durchmesservergrößerung kenntlich.

Unter axialer Zugbeanspruchung von Preßstangen erfolgt Abgleitung (Translation) zuerst in hierfür günstig gerichteten Kristalliten, sie bewirkt aber eine schnelle Verfestigung, so daß bei nachfolgenden Zugbeanspruchungen unterhalb der Reckspannung in diesen Kristalliten keine frühzeitige Abgleitung mehr eintritt. Auf diese Weise wird schon durch geringe *Kaltreckung* die 0,02-Grenze erheblich gehoben. Die 0,2-Grenze steigt bei ∾0,5% Kaltrecken z. B. bei AZM (Mg-6 Al, 1 Zn) um 10 ... 25%, während eine Beeinflussung der Zugfestigkeit praktisch nicht möglich ist. Bemerkenswert, und durch die kristallographischen Ursachen dieser Dehngrenzenerhöhung begründet, ist, daß sie ohne Dehnungsverlust erfolgt und auch bei Wärmebehandlung im Erholungsbereich, wie sie zwecks Entspannung vorgenommen wird, erhalten bleibt (zur Entspannung empfiehlt sich eine Stoßglühung, z. B. auf 270°). Sogar bei Wärmebehandlungen im Rekristallisationsbereich bleibt ein Teil der Dehngrenzenerhöhungen erhalten, sofern nicht nach kritischen Reckgraden Grobkorn entsteht. Am Beispiel des AZM zeigt dies Abb. 212.

Über die höheren Kaltverformungsgrade, die beim Walzen möglich sind, vgl. den Beitrag P. MENZEN.

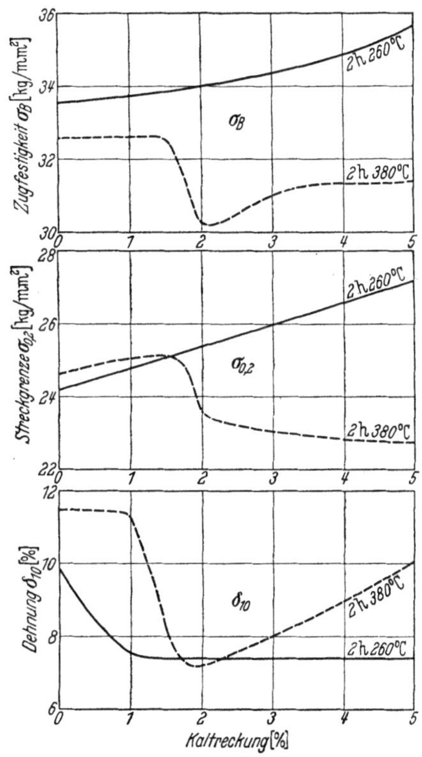

Abb. 212. Einfluß von Kaltrecken auf die Zerreißwerte von Elektron AZM. ——— nach Entspannung 2h 260°. - - - - - - nach Rekristallisationsglühung 2h 380°. Nach Versuchen von W. ROSENKRANZ (1937).

6. Zerreißwerte in Werkstücken technischer Lieferformen.

Es ist der Zweck dieses Abschnittes anzugeben, mit welchen Abweichungen von den im Abschnitt 2 und 3 angeführten Werten in Halbzeug und Werkstücken technischer Lieferformen zu rechnen ist. In diesen sind die Erstarrungs- oder Verformungsbedingungen ja häufig anders, als es für die Angaben in den Abschnitten 2 und 3 vorausgesetzt ist.

Die Gütewerte, die an Probestäben aus den einzelnen Stellen eines Werkstücks gefunden werden, sind allerdings auch nicht entscheidend für die Festigkeit des gesamten Bauteils. Für diese sind die Gestalt des Bauteils und die Beanspruchungsverhältnisse in den einzelnen Querschnitten von ebenso großem Einfluß. Wie sich ungünstige und günstige Gütewerte von Proben aus Bauteilen auf die Festigkeit des ganzen Teiles auswirken, ist in diesem Abschnitt nur beiläufig behandelt; Näheres hierüber siehe in Abschnitt E und (bezüglich Dauerfestigkeit) in Abschnitt H, 6.

a) Gußstücke.

Die Festigkeitswerte in den einzelnen Teilen eines Gußstückes sind bei jeder Gußlegierung weniger gleichmäßig als die Werte von besonders gegossenen Probestäben. Hierauf hat G. SCHREIBER[1] an Hand von Zahlen, die Abb. 213 für zwei Al-Legierungen und eine Mg-Legierung zugrunde liegen, bereits 1927 hingewiesen.

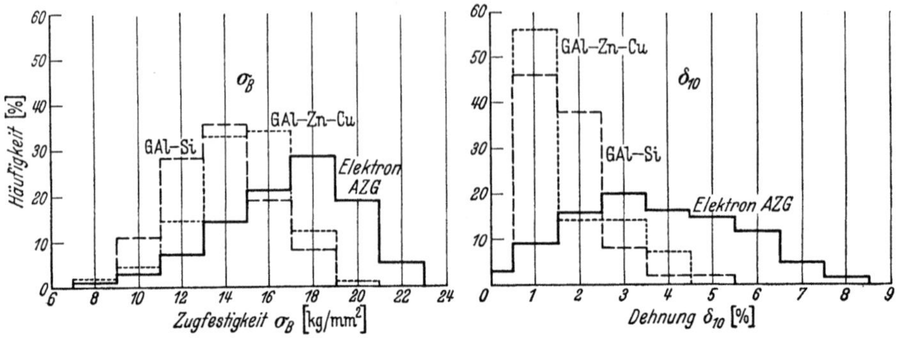

Abb. 213. Häufigkeiten der Zerreißwerte in Gußstücken aus Aluminium- und Magnesiumlegierungen: Silumin (GAl-Si), Deutsche Leg. (GAl-Zn-Cu), Elektron AZG. Nach Versuchen von G. SCHREIBER, W. SCHMIDT und G. SIEBEL (1927).

Bei den Elektronlegierungen sind die Gütewerte innerhalb eines Gußstückes hauptsächlich von der Speisung der betreffenden Stellen und von den Erstarrungsbedingungen abhängig. Von beiden hängt vor

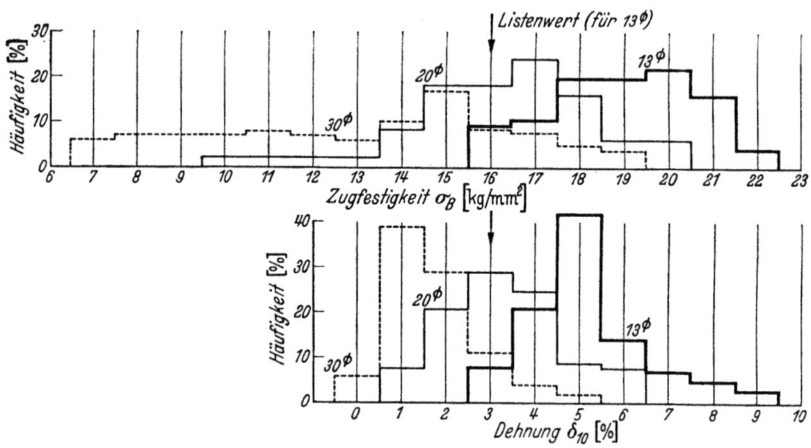

Abb. 214. Häufigkeiten der Zerreißwerte von einzeln gegossenen Sandguß-Probestäben 13, 20 und 30∅ aus Elektron AZG. Verwertet 158 Versuche; 30∅ nur 52 Versuche (1938).

[1] SCHREIBER, G.: Zwangsläufige Einflüsse des Gießvorgangs auf die Festigkeitseigenschaften von Aluminium- und Magnesiumlegierungen und ihre Bedeutung für den Konstrukteur. Z. Metallkde. Jg. 19 (1927) S. 456. Siehe ferner die nach Drucklegung erschienene Arbeit von H. REININGER u. J. MÜLLER: Die Schwankungsbreite der Festigkeit und Dehnung von Magnesiumsandguß, ihre Ursachen und Einengung, Z. Metallkde. Jg. 31 (1939) S. 172, die im Text nicht mehr berücksichtigt werden konnte.

allen Dingen ab, ob und in welchem Ausmaß bzw. an welchen Stellen eine Feinlunkerbildung eintritt.

Sandguß. Die Auswirkung der *Erstarrungsbedingungen* auf Festigkeit und Dehnung zeigt in grundsätzlicher Weise Abb. 214 an Hand der Prüfergebnisse von dünnen Probestäben (13 ⌀) und starken (20 und 30 ⌀). Die Werte nehmen bei ansteigender Probestabstärke deutlich ab. Diese bei allen Gußwerkstoffen bestehende „Wandstärkenempfindlichkeit" darf man jedoch bei Elektron in der Bedeutung nicht überschätzen; der Einfluß sonstiger Gießbedingungen, insbesondere der *Speisung*[1], ist oft größer als derjenige der Erstarrungsbedingungen.

Wenn an einzelnen Stellen von Gußstücken niedrigere Gütewerte gefunden werden, so hat dies in der Regel in ungünstiger Gefügeausbildung, unter Umständen auch in Lunkern (die bei Magnesiumguß sehr selten sind und praktisch nur bei Legierungen wie AM 503 sowie CMSi in begrenztem Ausmaß vorkommen, vgl. Beitrag Beck und Spitaler) seine Ursache. Die Ursachen für eine örtliche Beeinträchtigung der Gütewerte sind meistens *Feinlunker*. Diese sind im Röntgenbild oft zu erkennen, da sie nicht in gleichmäßiger Verteilung, sondern schlierenförmig auftreten[2]. In ähnlicher Weise wirken sich im Röntgenbild jedoch auch Seigerungen aus. Nach den bisherigen Versuchen ist der Zusammenhang zwischen Röntgenbefund und Gütewerten noch keinesfalls eindeutig (zu diesem Ergebnis kommt auch F. Bollenrath[3]), so daß es bei der Entwicklung des Gießverfahrens für ein Gußstück noch vorgezogen wird, sich auch durch Bruchproben und Schliffbilder von dem Werkstoffzustand an den hochbeanspruchten Stellen zu überzeugen. Feinlunker sind in Gußstücken nicht ganz zu vermeiden, wohl kann man die hochbeanspruchten Stellen durch geeignete Maßnahmen davon freihalten. Feinlunker sind nur gefährlich, wenn sie an der Stelle liegen, an der auch bei vollständig einwandfreiem Gußstück der Bruch eintreten würde. Dies zu vermeiden, ist die Aufgabe der Zusammenarbeit von Konstrukteur und Gießer. — Von ähnlicher Bedeutung wie Feinlunker sind *Anschmelzerscheinungen* im Gefüge von vergüteten Gußstücken der Legierungen A 9 (G Mg-$8^1/_2$ Al, $^1/_2$ Zn) und A 10 (G Mg-$9^1/_2$ Al, $^1/_2$ Zn). Anschmelzerscheinungen sind jedoch vermeidbar; wenn solche vorliegen, zeigt sich dies sofort an Probestäben, die aus der gleichen Schmelze vergossen und mit den Gußstücken wärmebehandelt wurden.

---

[1] Über die Erzielung einer günstigen Speisung durch geeignete Anschnittstechnik bei Elektronguß vgl. den Beitrag von A. Beck und P. Spitaler, S. 326—336.

[2] Es sind Röntgenaufnahmen erforderlich, bei Leuchtschirmbeobachtung sind Feinlunkerzonen nur selten zu erkennen.

[3] Bollenrath, F., u. E. Schiedt: Einfluß von Gußfehlern auf die Festigkeit bei Leichtmetall-Gußstücken. Luftf.-Forschg. Bd. 15 (1938) S. 511.

Von sonstigen Gefügefehlern, welche die Gütewerte von Gußstücken herabsetzen, sind noch zu nennen: *Grobkorn* infolge ungenügender Schmelzüberhitzung (geringe Dehnungswerte) und ungewollte *Aushärtungserscheinungen* bei vergüteten Gußstücken infolge zu langsamer Abkühlung. Beide Fehler sind ebenso wie Anschmelzerscheinungen an mit-

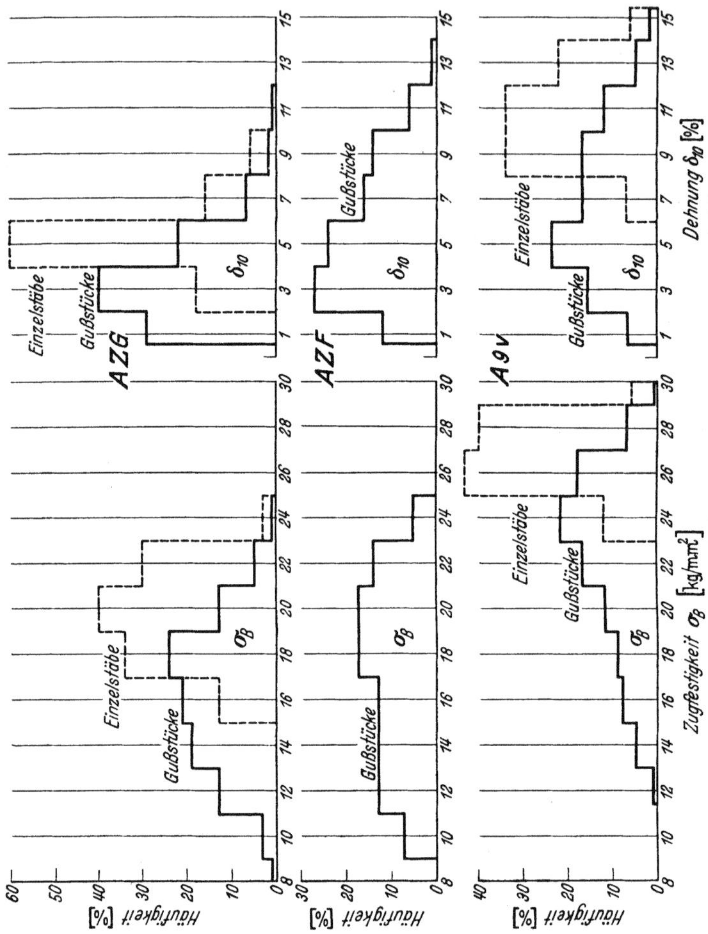

Abb. 215. **AZG.** Abb. 216. **AZF.** Abb. 217. **A 9 v.**

Abb. 215—217. Häufigkeiten der Zerreißwerte in Gußstücken aus Elektron-Sandguß **AZG**, **AZF** und **A 9 v**. Verwertet 218, 91 und 297 Versuche. Gestrichelt: Häufigkeiten von einzeln gegossenen Probestäben (1938).

gegossenen und wärmebehandelten Probestäben zu erkennen, so daß sich Gußstücke mit solchen Fehlern ausmerzen lassen.

Welche Werte in allen Gußstücken unter allen vorkommenden Bedingungen, ungünstigen und günstigen Speisungs- und Erstarrungsbedingungen, vorkommen können, zeigen für die drei wichtigsten Gußlegierungen **AZG**, **AZF** und **A 9 v** die Abb. 215—217. Diese Abbildungen liefern einen Vergleich, wie sich die drei Legierungen nach den im Gußstück zu erwartenden Gütewerten unterscheiden. Die schmale Häufigkeitsverteilung der Gütewerte aus besonders gegossenen Probestäben verbreitert sich bei allen Legierungen gleichmäßig nach niedrigeren Werten zu. Die Überlegenheit der Legierung **A 9 v** (G Mg-$8^1/_2$ Al, $^1/_2$ Zn) bleibt dabei auch für Werte aus Gußstücken erhalten. Insbesondere liegen die niedrigsten bei A 9 v gefundenen Festigkeitswerte entsprechend über den niedrigsten Werten der Legierung **AZG** (G Mg-6 Al, 3 Zn) und **AZF** (G Mg-4 Al, 3 Zn).[1] — Es sei nochmals darauf hingewiesen, daß der Konstrukteur nicht unbedingt mit den niedrigsten Festigkeitswerten der Abb. 215—217 rechnen muß. Wie oben gesagt wurde, ist es bei richtiger Zusammenarbeit von Konstrukteur und Gießer fast immer möglich, an den höchstbeanspruchten Stellen auch günstige Gütewerte zu erreichen. Nach diesen Grundsätzen sind bei Lieferungen nach *Fliegwerkstoff-Leistungsblättern* für hochbeanspruchte Stellen höhere Werte nachzuweisen, als für die übrigen Teile von Gußstücken, für welche lt. *Zahlentafel 35* etwa die unteren Werte der Abb. 215—217 eingehalten sein müssen. Die an beanspruchten Stellen verlangten höheren Werte sind in Zahlentafel 35 durch einen Stern gekennzeichnet.[2]

Kokillenguß. Die Gütewerte in Kokillengußstücken sind durch die Gießbedingungen noch stärker zu beeinflussen als bei Sandguß, da als entscheidende Einflußgrößen Kokillentemperatur und Wärmeabfuhr an den Kokillenwänden hinzukommen und in weitem Umfang geregelt werden können. Ferner sind von Einfluß die Schwindspannungen beim Gießen über Stahlkerne („Vollkokille"). Bei der Beurteilung sämtlicher anfallenden Werte kann man feststellen, daß die Unterschiede zwischen Werten aus Gußstücken und solchen aus Probestäben bei Kokillenguß größer sind als bei Sandguß. In Gußstücken aus **AZ 91** liegt der häufigste Wert der Zugfestigkeit bei $\sim$60%, in Gußstücken aus **A 8** bei $\sim$70% des häufigsten Wertes aus besonders gegossenen Probestäben — wobei aus A 8 in der Regel gießtechnisch einfachere Stücke abgegossen werden. Die Dehnungswerte liegen in Gußstücken aus AZ 91 meist bei 1 . . . 2%, aus A 8 bei 3%. Die Erzielung guter Dehnungswerte wird im allgemeinen erleichtert, wenn teilweise Sandkerne verwandt werden („Halbkokille" oder „kombiniertes Verfahren"). Die lt. Fliegwerkstoff-Leistungsblättern in Kokillengußstücken nachzuweisenden Gütewerte sind ebenfalls in Zahlentafel 35 angeführt.

Spritzguß. In Spritzgußstücken der Spritzgußlegierung Elektron **AZ 91** (Sg Mg-$9^1/_2$ Al, $^1/_2$ Zn) werden nahezu die gleichen Gütewerte

[1] Siehe auch H. Reininger u. J. Müller, Fußnote [1], S. 162.

[2] Die Entnahmestellen der Prüfstäbe sind bei Lieferungen nach Fliegwerkstoff-Leistungsblättern zwischen Besteller und Hersteller zu vereinbaren.

Zahlentafel 35.

Zerreißwerte technischer Gußlegierungen in Gußstücken (Mindestwerte lt. Fliegwerkstoff-Leistungsblättern[1]).

Leg.-Nr.[2]	Entsprechende Elektronlegierung	Werkstoff-Kennzahl	Zusammensetzung[3] Al %	Zn %	Mn %	Lieferform	Streckgrenze $\sigma_{0,2}$ kg/mm²	Zugfestigkeit σ_B kg/mm²	Dehnung δ_{10} %	Verwendung, besondere Eigenschaften
2	AM 503	**3500.0**	—	—	1,5 ... 2	Sandguß	—	8 ... 12	6 ... 3	Flugzeugbau (Armaturen) schweißbar
3	AZ 31	**3504.0**	2 6 ... 3,4	0,6 ... 1,4	0,1 ... 0,5	Sandguß	4	8	1,5	Flugzeug- und Motorenbau. Flüssigkeitsdicht, nicht schweißbar
4	AZF	**3506.0**	3,5 ... 4,3	2,5 ... 3,3	0,1 ... 0,5	Sandguß	7 7*	10 13*	1,5 3*	Flugzeugbau
5	AZG	**3505.0**	5,5 ... 6,3	2,5 ... 3,3	0,1 ... 0,5	Sandguß	8 8*	9 14*	1 2*	Flugzeug- und Motorenbau
7	A9v	**3507.9**	8 ... 9	0,1 ... 0,8	0,1 ... 0,5	Sandguß Kokillenguß	9 9*	12 17*	2 4*	Flugzeug- und Motorenbau
14	A 8	**3508.0**	7,4 ... 8,4	0,1 ... 0,8	0,1 ... 0,8	Kokillenguß	8 8*	10 14*	1 2*	Flugzeug- und Motorenbau

[1] Mit Genehmigung des Reichsluftfahrtministeriums. Stand vom April 1939. Maßgebend ist stets die neueste Ausgabe der Fliegerwerkstoffleistungsblätter. — [2] Leg.-Nr. übereinstimmend mit Zahlentafel 30, S. 150. Wärmebehandlung s. S. XV. — [3] Für sämtliche Legierungen gilt Si < 0,3%, Cu < 0,2%.

* Gütewerte an beanspruchten Stellen.

gefunden wie in Kokillengußstücken aus AZ 91, doch dürften die Streckgrenzenwerte auf Kosten der Dehnung durchschnittlich höher liegen.

b) Preßgut (Stangen, Profile, Rohre).

Die bei den verschiedenen technischen Lieferformen der Knetlegierungen gegenüber den Längswerten in Preßstangen von $\sim 20^{\varnothing}$ bestehenden Unterschiede sind im folgenden beschrieben und nach Möglichkeit begründet. Die Mindestwerte lt. *Fliegwerkstoff-Leistungsblättern*, die in *Zahlentafel 36* zusammengestellt sind, gestatten einen guten Vergleich dieser Unterschiede, da sich diese Mindestwerte nach dem tatsächlich Erreichbaren, allerdings unter Berücksichtigung besonderer Anforderungen des Flugzeugbaus, richten.

Rohre. Die für Preßstangen von $\sim 25^{\varnothing}$ gültigen Werte nach Zahlentafel 31 u. 33 lassen sich bei der weichen Legierung **AM 503** (Mg-2 Mn) auch bei Rohren nahezu erreichen. Die Zugfestigkeit ist durchschnittlich um 1 kg/mm² niedriger, die Dehnung praktisch unverändert. Bei **AZM** (Mg-6 Al, 1 Zn), der für Rohre hauptsächlich in Frage kommenden Legierung hoher Festigkeit, sind die Festigkeitswerte durchschnittlich um 2 kg/mm², die Streckgrenzen um ~ 4 kg/mm² niedriger als bei Stangen, während die Dehnungswerte erhöht sind. Die Abweichungen sind derart, daß man auf eine geringere Kristallausrichtung (Orientierung) als bei Preßstangen zu schließen hat.

Sehr dünne Preßprofile von 0,5 ... 1 mm Wandstärke können aus **AM 503** mit stark erhöhten Zugfestigkeitswerten, die solche von AZM-Blech mindestens erreichen, hergestellt werden; die Dehnung ist allerdings vermindert.

Dicke Stangen und Profile. Bei den Werten von Zahlentafel 31 ist bei einem Durchmesser von ~ 20 mm ungefähr 20fache Verpressung[1] vorausgesetzt. Abb. 218 zeigt am Beispiel der Legierung V 1 w (Mg-10 Al, homogenisiert), daß höhere Verpressungsgrade die Gütewerte kaum noch erhöhen. Auch herab bis zu einem 10fachen Verpressungsgrad tritt wenig Verminderung ein. Bei noch geringeren Verpressungsgraden jedoch erfahren Zugfestigkeit und Dehnung einen starken Abfall; dabei weichen auch die Werte in Rand- und Kernzone stärker voneinander ab[2]. Die Verhältnisse der Abb. 218 gelten grundsätzlich für alle Legierungen.

Trennt man bei Häufigkeitsversuchen von Preßstangen in solche

---

[1] 20fache Verpressung bedeutet, daß die Stangenquerschnittsfläche $^1/_{20}$ der Blockquerschnittsfläche ist, dementsprechend ist der „Verpressungsgrad" $= F_{\text{Block}}/F_{\text{Stange}}$, in diesem Falle also $= 20$.

[2] Dies ist durch den Werkstofffluß in Aufnehmer und Mundstück der Presse bedingt. Es ist aber noch darauf aufmerksam zu machen, daß nach dem Richten auf der Rollenrichtmaschine die Dehnungswerte in der Randzone niedriger sein können als im Kern, also umgekehrt wie in Abb. 218.

Zahlentafel 36. Zerreißwerte technischer Knetlegierungen in Werkstücken technischer Lieferformen (Mindestwerte lt. Fliegwerkstoff-Leistungsblättern[1]).

Leg.-Nr.[2]	Entsprechende Elektron-Legierung	Werkstoff-Kennzahl	Zusammensetzung[3] Al %	Zn %	Mn %	Lieferform	Stärke s mm Querschnittsfläche F mm²	Streckgrenze $\sigma_{0 \cdot 2}$ kg/mm²	Zugfestigkeit σ_B kg/mm²	Dehnung δ_{10} %	Verwendung, besondere Eigenschaften
16	AM 503	**3501.2**	< 0,3	< 0,3	1,4.. 2,3	Preßstangen	$F \leqq 5000$	längs 14 quer (3)	längs 21 quer 13	längs 1,5 quer 3	Flugzeugbau
							$F = 5000 \ldots 11300$	längs 12 quer (3)	längs 19 quer 13	längs 1 quer 3	schweißbar
							$F = 11300 \ldots 20000$	längs 10 quer (3)	längs 16 quer 10	längs 1 quer 2	
						Preßprofile Rohre	$s \leqq 2$	15	22	2	
							$s > 2$	15	21	1,5	
						Bleche	$s \leqq 6$	8	19	5	
							$s = > 6..20$	8	19	3,5	
		3501.1				Preßteile Schmiedestücke		längs 14 quer (3)	längs 21 quer 13	längs 1,5 quer 3	
21	AZM	**3510.2**	6..7	0,5.. 1,0	0,2.. 0,5	Preßstangen	$F \leqq 500$	längs 18 quer (12)	längs 28 quer 20	längs 10 quer 3	Flugzeugbau
							$F = 5000 \ldots 11300$	längs 18 quer (11)	längs 28 quer 19	längs 8 quer 3	
							$F = 11300 \ldots 20000$	längs 18 quer (10)	längs 26 quer 17	längs 6 quer 3	
						Preßprofile		18	28	10	
						Rohre		16	28	10	
						Bleche	$s \leqq 10$	18	28	10	
							$s = > 10..20$	17	28	10	
		3510.1				Preßteile Schmiedestücke		längs 18 quer (12)	läugs 28 quer 20	längs 6 quer 3	
22	AZ 855	**3515.0**	7,5.. 9	0,3.. 0,6	0,1.. 0,3	Schmiedestücke		längs 20 quer (12)	längs 28 quer 22	längs 7 quer 3	Flugmotorenbau (Luftschrauben)

[1] Mit Genehmigung des Reichsluftfahrtministeriums. Stand vom April 1939. Maßgebend ist stets die neueste Auflage der Fliegwerkstoff-Leistungsblätter. — [2] Leg.-Nr. übereinstimmend mit Zahlentafeln 31, S. 151. — [3] Für sämtliche Legierungen gilt Si $= < 0,2$ %.

von $< 80^{\varnothing}$ und $> 80^{\varnothing}$ bzw. entsprechende Querschnittsflächen (wie es auch bei Listenangaben und Liefervorschriften üblich ist), so entspricht dieser Schnitt bei dem bisher üblichen Blockdurchmesser einem ∾ 15fachen Verpressen. Nach entsprechenden Häufigkeitsversuchen bei der Legierung **AZM** ergeben sich dann für die starken

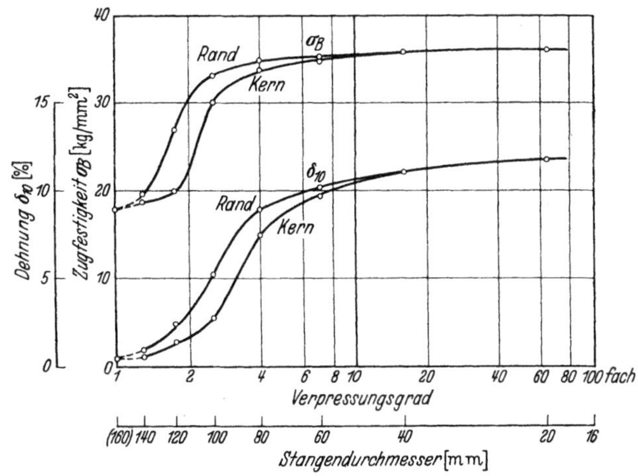

Abb. 218. Anstieg der Zerreißwerte mit dem Verpressungsgrad beim Strangpressen; Elektron **V 1 w.** Blockdurchmesser 160 mm. Verpressungsgrad = Verhältnis der Querschnittsflächen von Block und Stange. Nach Versuchen von W. Schmidt (1927).

Querschnitte Zugfestigkeiten, die um ∾ 1 kg/mm², und Streckgrenzen, die um durchschnittlich 2 kg/mm² niedriger sind als bei den schwachen Querschnitten. Für **AM 503** gilt annähernd das gleiche. In den Fliegwerkstoff-Werten der Zahlentafel 36 ist dies berücksichtigt. — Die Längsdehnungswerte sind bei großen Querschnitten meist etwas erhöht. — Mit der Anwendung stärkerer Blockdurchmesser lassen sich die Gütewerte starker Preßquerschnitte gegenüber den bisherigen Werten steigern.

Querwerte dicker Stangen. Ein Vergleich der Längs- und Querwerte fällt bei allen metallischen Werkstoffen so aus, daß mit steigendem Verpressungs- oder Verschmiedungsgrad auch die Unterschiede zwischen Quer- und Längswerten steigen; das Gefüge zeigt dann eine deutliche Faser- oder Zeilenbildung. Die Faserausbildung und der hierdurch bedingte Unterschied zwischen Quer- und Längswerten hängt im allgemeinen von der Legierungsart und auch von den Verunreinigungen ab. Bei den Elektronlegierungen, die höhere Legierungsgehalte haben, z. B. AZ 855 (Mg-8 Al, $^1/_2$ Zn) und V 1 (Mg-10 Al), steigern Kristallseigerungen und die durch Diffusionsträgheit stets bedingte Unvollkommenheit der Homogenisierung die Zeilenausbildung und dadurch die Verringerung der Querwerte („Aluminiumzeilen" mit im Schliffbild sichtbaren, primären Mg_4Al_3-Ausscheidungen). Bei gleichgehaltenem Verpressungsgrad können die Querfestigkeitswerte, z. B. bei der Legierung AZ 855, zur Beurteilung der gleichmäßigen Homogenisierung dienen. Auch die Verbesserung der Blockgießverfahren (vgl. Beitrag A. BECK und P. SPITALER) wirkt sich durch gehobene Querwerte sehr günstig aus. Bei der Legierung V 1 war infolge der Unmöglichkeit einer vollständigen Homogenisierung „Holzfaser"-Ausbildung niemals ganz zu vermeiden.

Die Kenntnis der Querwerte ist, abgesehen von ihrer Heranziehung zur Beurteilung des Werkstoffzustandes, von unmittelbarer praktischer Bedeutung nur dann, wenn tatsächlich eine Beanspruchung in Querrichtung erfolgt. Dies ist der Fall, wenn z. B. scheibenförmige Teile von Stangen großer Querschnitte abgeschnitten werden, ferner bei Bolzenaugen, die quer zur Stangenrichtung liegen, usw.

Für die Legierung **AZM** (Mg-6 Al, 1 Zn) liegt bei dicken Stangen der häufigste Wert der Zugfestigkeit um ~ 4 kg/mm², der untere Wert um 8 . . . 10 kg/mm² niedriger; bei der Dehnung ergibt sich in Querrichtung ebenfalls eine breitere Verteilung bis herab zur Hälfte der Längsdehnung. Die Streuungen müssen schon deshalb ziemlich groß sein, weil bei den Querschnitten $> 80^{\varnothing}$ solche mit sehr verschiedenem Verpressungsgrad untersucht wurden und sich solche Unterschiede bei den niedrigeren Verpressungsgraden stark auswirken, besonders stark auch auf die Querwerte.

Von den *Dehngrenzen* in Querrichtung, die nur selten bestimmt werden, ist zu sagen, daß sie aus Gründen der *Kristallausrichtung* ziemlich niedrig liegen. Die Kristallausrichtung bestimmt ja eine Richtungsabhängigkeit besonders der Dehngrenzen, ähnlich wie beim Einkristall (vgl. Abb. 9 im Beitrag G. SIEBEL). Bei Preßstangen ist nach Abb. 219 die hexagonale Basis weitgehend in die Preßrichtung ausgerichtet; quer zur Preßrichtung ist durch die regellose Lage der hexagonalen Hauptachsen die Basisgleitung erleichtert, und hauptsächlich dadurch sind die Dehngrenzenwerte in Querrichtung erniedrigt. Die Streckgrenze $\sigma_{0,2}$ liegt für AZM in Querrichtung bei 10 . . . 12 kg/mm², für AM 503 bei 3 . . . 4 kg/mm². Nur bei dem für breite Schienen angewandten Preßverfahren, bei dem der Preßquerschnitt in einer Richtung breiter als der Blockquerschnitt ist, ist infolge des Querflusses die Ausrichtung in Längs- und Querrichtung gleichmäßiger, sodaß für $\sigma_{0,2}$ Querwerte gefunden werden, die den Längswerten nahekommen. Güte-

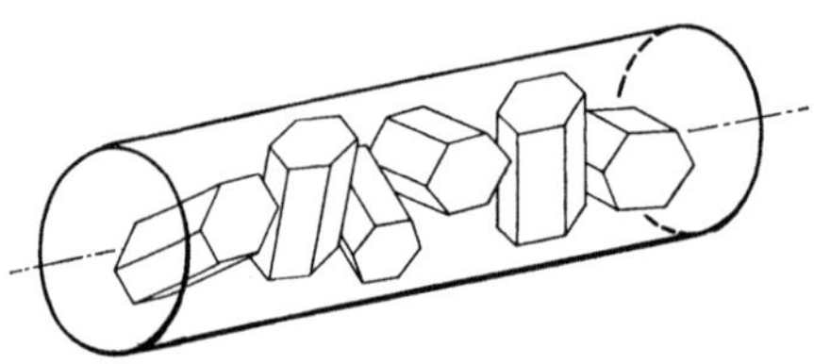

Abb. 219. Schema der Kristallausrichtung in Preßstangen. Die hexagonale Basis liegt parallel zur Preßrichtung, jedoch mit einer (in der Abbildung nicht berücksichtigten) Streuung von $\sim 20°$.

werte dicker Preßstangen enthält in Form der Mindestwerte lt. Fliegwerkstoff-Leistungsblättern Zahlentafel 36, S. 168.

c) Walzgut (Bleche und Bänder).

Da Stangen und Profile auch großer Abmessungen zweckmäßig gepreßt werden, werden durch Walzen nur Bleche und Bänder hergestellt. Walzlegierungen sind **AM 503** (Mg-2 Mn), **AM 537** (Mg-2 Mn, $^1/_2$ Ce), **AZM** (Mg-6 Al, 1 Zn) und für festigkeitsmäßig untergeordnete Zwecke **AZ 21** (Mg-2 Al, 1 Zn). *Zahlentafel 37* gibt die Zerreißwerte von Blechen

Zahlentafel 37.
Zerreißwerte von Elektronblech, Blechstärke 1 . . . 1,9 mm[1].

Leg.-Nr.[2]	Elektronlegierung	Kurzbezeichnung	Zugfestigkeit σ_B kg/mm²			Streckgrenze $\sigma_{0,2}$ kg/mm²			Dehnung δ_{10} %		
			a	b	c	a	b	c	a	b	c
16	**AM 503**	Mg-2 Mn	21	**22**	24	8	**11**	12	8	**10**	16
17	**AM 537**	Mg-2 Mn, $^1/_2$Ce	25	**25,5**	27	19	**20**	21	18	**21**	24
21	**AZM**	Mg-6 Al, 1 Zn	29	**30,5**	33	18	**19**	21	16	**18**	20

a niedrigster, b häufigster, c höchster Wert.

[1] Andere Blechstärken siehe Abb. 229—231. — [2] Legierungs-Nr. übereinstimmend mit Zahlentafel 28 und 29.

von 1 . . . 2 mm Stärke nach Angaben von P. Menzen wieder; die Abb. 220 bis 222 zeigen dazu, wie die Zerreißwerte vom *Walzgrad* abhängen. In diesen Abbildungen sind vergleichsweise die Gütewerte im gepreßten Zustand angegeben. Man erkennt, daß Zugfestigkeit und 0,2-Grenze bei Blechen und Bändern im Durchschnitt geringer sind als bei Preßstangen, doch ist die Dehnung bei Walzgut um die Hälfte und mehr größer als bei Preßgut (s. auch Zahlentafel 36). Alle Gütewerte steigen mit dem Walzgrad, also mit abnehmender Blechstärke. Besonders bei der Legierung AM 503 zeigt die Dehnung eine große Abhängigkeit von der Blechstärke, bei AM 537 sowie AZM ist diese geringer.

Bei Blechen ist die Abhängigkeit der Gütewerte von der *Kristallausrichtung* ebenso zu beachten wie bei Preßstangen. Nach dem Schema von Abb. 223 ist die Basis nicht nur in die Walzrichtung, sondern auch weitgehend parallel zur Blechoberfläche ausgerichtet; der Ausrichtungsgrad ist also höher als bei Preßstangen, doch ist die Ausrichtung nicht so vollkommen[1]. Die Dehngrenzenwerte in Querrichtung sind höher als die in Walzrichtung, weshalb in Zahlentafel 37 und in Abb. 220—222 als sichere Werte die Längswerte angegeben wurden. — Laut Erklärung zu Abb. 223 sind Unterschiede zwischen Längs- und Querrichtung dadurch vorhanden, daß die Ausrichtung in beiden Richtungen eine unter-

[1] Vgl. Beitrag S. Siebel, S. 33, Abb. 24 (Polfigur).

schiedliche Vollkommenheit hat; eine bestimmte Lage der digonalen Achse *I*, in deren Richtung die Basisgleitung erfolgt, zur Walzrichtung besteht dagegen nur bei kaltgewalztem Blech; hier liegt die digonale

Abb. 220. **AM 503.**

Abb. 221. **AM 537.**

Abb. 222. **AZM.**

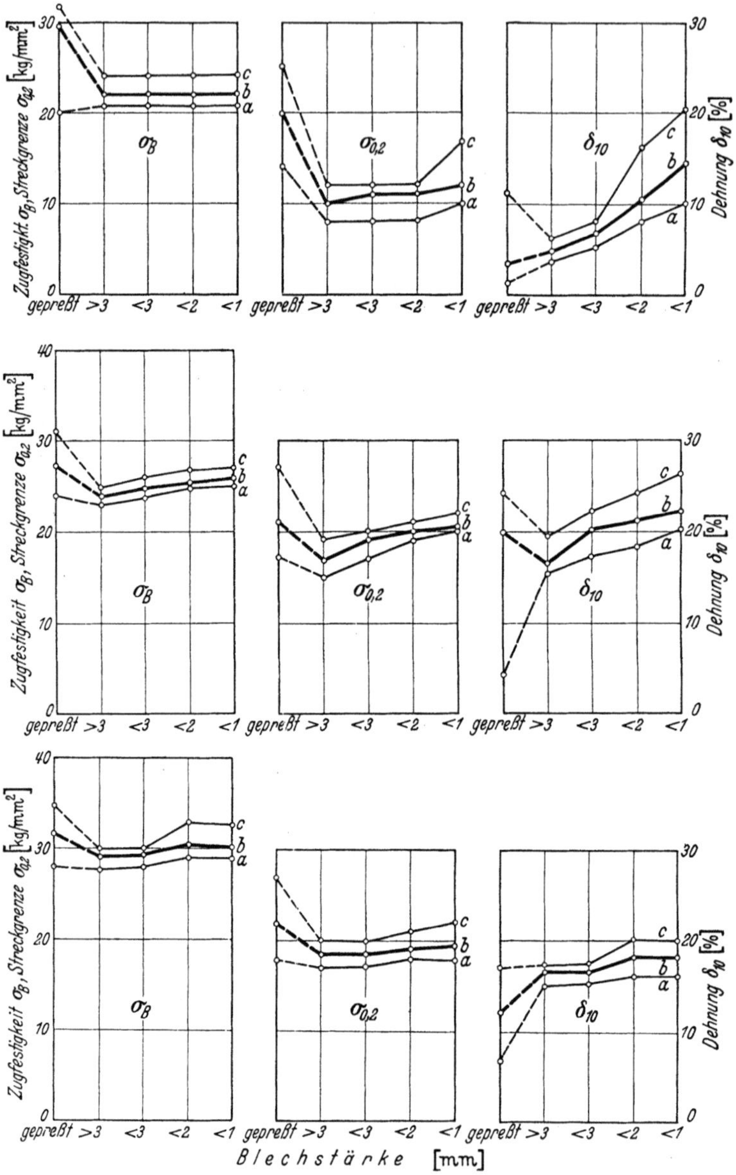

Abb. 220—222. Zerreißwerte von Elektronblech **AM 503** (FlW 3501.2), **AM 537** und **AZM** (FlW 3510.2) in Abhängigkeit von der Blechstärke. Nach Angaben von P. MENZEN (1938). Vergleichsweise (links) Zerreißwerte vom Preßzustand. *a* niedrigste, *b* häufigste, *c* höchste Werte.

Achse *II* vorwiegend in Walzrichtung[1]. Der Unterschied zwischen Längs- und Querwerten ist zum Teil aber auch auf Zwillingsbildung beim Richtwalzen zurückzuführen. Durch das Richtwalzen wird die Streckgrenze in Walzrichtung weiter erniedrigt und die Dehnung in dieser Richtung erhöht[2].

d) Schmiedestücke.

Die Gütewerte in Schmiedestücken hängen in ähnlicher Weise vom Verschmiedungsgrad ab wie in Preßgut vom Verpressungsgrad. Im allgemeinen lassen sich Gütewerte von hoher Gleichmäßigkeit und ohne die Gefahr einer Beeinträchtigung durch örtliche Fehlstellen erreichen. Die Häufigkeitsverteilung von Zerreißwerten aus Schmiedestücken von Elektron AZM und AZ 855 zeigt, daß sich beide Legierungen wenig unterscheiden; die Legierung AZ 855 gibt erhöhte Sicherheit für die Einhaltung von Streckgrenzenwerten bei etwas häufigeren Dehnungsausfällen. Ein Vergleich dieser Häufigkeiten mit solchen von Preßstangen zeigt, daß die Werte in Schmiedestücken denjenigen in Preßstangen sehr nahekommen (s. auch Fliegwerkstoffmindestwerte in Zahlentafel 36, S. 168), zumal wenn berücksichtigt wird, daß die Probestäbe aus Schmiedestücken nicht immer in Faserrichtung entnommen werden. Bei Stäben mit angeschnittener Faser kann man bei keinem Werkstoff die gleichen Werte erwarten wie bei Stäben, die mit der Faser gleichlaufend liegen. Hieraus ergibt sich auch die Lehre, den Faserverlauf in Schmiedestücken möglichst dem späteren Kraftfluß und auch der endgültigen Form des Werkstückes anzupassen, so daß an den beanspruchten Stellen bei der Bearbeitung die Faser nicht angeschnitten wird.

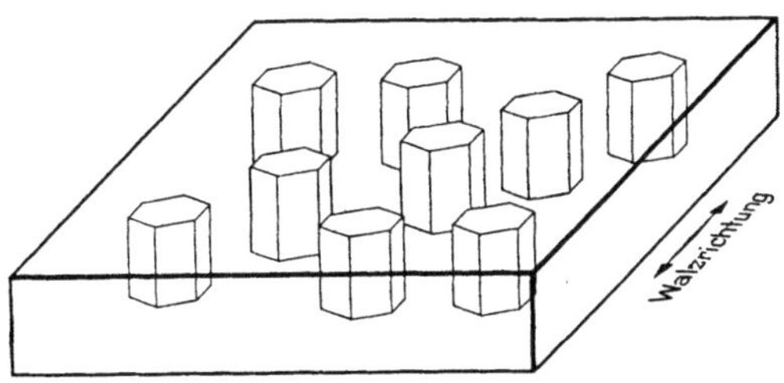

Abb. 223. Schema der Kristallausrichtung in Blechen. Die hexagonale Basis liegt in der Walzebene, jedoch mit einer (in der Abbildung nicht berücksichtigten) Streuung von 70 ... 80° in der Walzrichtung und 50 ... 60° in Querrichtung.

Um zu beurteilen, welche Gütewerte an einzelnen Stellen eines Schmiedestückes erwartet werden können, muß man den gesamten Werkstofffluß bei der Formgebung ebenso berücksichtigen wie die Preßrichtung bei Preßstangen. Die Querwerte können in hohem Maße von der Zeilenbildung beeinflußt werden. Ansätze zur Zeilenbildung werden bei den Schmiedevorgängen nicht vermindert, sondern fast immer gesteigert, in ungünstigen Fällen (d. h. besonders bei ungeeigneter Gesenkausbildung) bis zur Werkstofftrennung. Zur Vermeidung einer ungünstigen

[1] Nach G. Siebel, S. 34.

[2] Boehme, G.: Über die hexagonale Struktur des Magnesiums. Diss. 1934.

Faserbildung und zur Erzielung möglichst gesunder Schmiedestücke ist daher eine möglichst gute Homogenisierung der Ausgangsblöcke anzustreben. Ebenso ist die Einschränkung von Kristallseigerungen und der Blockseigerung in der Lage, die Querfestigkeitswerte, wenn es auf diese ankommt, erheblich zu verbessern. Bei AZM ist infolge des geringen Aluminiumgehaltes eine vollständigere Homogenisierung möglich als bei AZ 855, wo durch „Aluminiumzeilen" (vgl. S. 169) Querwerte stark beeinträchtigt werden können; Bei starker Zeilenausbildung ist auch Mangan zeilenförmig angeordnet (sog. „Manganzeilen"), doch zeigten besondere Versuche, daß diese Zeilen, wenn sie kurz sind, keine merkliche Festigkeitsbeeinträchtigung ergeben.

Über die Abhängigkeit besonders der Dehngrenzen von der *Kristallausrichtung* gilt das für Preßgut und Walzgut bereits Gesagte. Über die Beeinflussung der Kristallausrichtung durch den Schmiedevorgang und umgekehrt ist auf den Beitrag von H. ALTWICKER zu verweisen. Die Kristallausrichtung im fertigen Gesenkschmiedestück ist natürlich vom jeweiligen Werkstofffluß abhängig, durchschnittlich liegt sie etwa in der Mitte zwischen der beim Strangpressen und der beim Walzen entstehenden, so daß man nicht ohne weiteres voraussagen kann, ob durch die Ausrichtung eine Verminderung der Querstreckgrenze eintritt. Die Querwerte sind auch je nach der Richtung der Probestäbe verschieden, also je nachdem, ob diese aus der Gratebene oder senkrecht dazu entnommen sind. — Die Vorversuche, die zum Zweck einer richtigen Gesenkausbildung stets ausgeführt werden, geben immer einen sicheren Anhalt über die Gütewerte, mit denen an jeder wichtigen Stelle und in jeder wesentlichen Beanspruchungsrichtung bei der Mengenherstellung von Gesenkpreßteilen zu rechnen ist.

B. Druckfestigkeit.

Die Druckfestigkeit wird in technischen Rechnungen selten benötigt, insbesondere aber selten voll ausgenützt. Demgemäß werden Druckfestigkeitsbestimmungen sehr selten ausgeführt. Häufig benötigt werden jedoch die Stauchgrenzen, besonders die Quetschgrenze, da sie sowohl für die zulässige Flächenpressung wie für Knickfestigkeitsrechnungen maßgebende Größen sind. — Die Stauchung bis zum Bruch kann für ähnliche Formänderungsvorgänge als Maßstab für die Verformungsfähigkeit dienen.

Druckfestigkeit, Quetschgrenze und Stauchung technischer Legierungen.

a) Allgemeines: Versuchsausführung, Bruchbild.

Die Druckfestigkeit und Stauchung wird nach DIN DVM A 106 an zylindrischen Proben, Durchmesser = Höhe, bestimmt. Die Stauchgrenzen $\sigma_{d\,0,02}$ (Druckelastizitätsgrenze) und $\sigma_{d\,0,2}$ (Quetschgrenze) werden in gleicher Weise wie beim Zugversuch an zylindrischen Langproben mit einer Meßstrecke von 2,5 . . . 3d bestimmt, die gegen Ausknicken noch sicher sind. Für die folgenden Zahlenangaben ist die *Herkunft der Proben* die gleiche wie bei den Zerreißproben.

Das *Bruchbild* zeigt bei Druckbeanspruchung von Elektronlegierungen fast immer das Bild des „Schubbruchs", wie es zum Teil auch beim Zerreißversuch auftritt (s. Abb. 194). Bei normalen Stauchversuchen zeigt sich das gleiche; die Druckkegelbildung ist dabei meist auf $^1/_4$ . . . $^1/_2$ des Umfanges beschränkt.

b) Technische Gußlegierungen.

Druckfestigkeit und Bruchstauchung gibt *Zahlentafel 38* wieder. Die *Quetschgrenze* $\sigma_{d0,2}$ ist nicht mit angeführt, da sie bei den Gußlegierungen in allen Fällen der Streckgrenze $\sigma_{z0,2}$ gleich ist oder höchstens um 10% davon abweicht. Eine besonders hohe Quetschgrenze haben demnach die Legierungen A 9 h, A 10 h und ZB h. Man erkennt aus Zahlentafel 38,

Zahlentafel 38.

Druckfestigkeit und Stauchung von Elektron-Gußlegierungen[1].

Leg.-Nr.[2]	Elektron-legierung	Kurzbezeichnung[3]	Zug-festigkeit σ_{zB} kg/mm² b	Dehnung δ_{10} % b	Druck-festigkeit σ_{dB} kg/mm² a c	Stau-chung δ_d %
1	C M Si	G Mg – 1 Si	10	3	19,5 . . . 23	n. b.
2	AM 503	G Mg – 2 Mn	8	6	16 . . . 20	∾ 25
3	**AZ 31**	G Mg – 3 Al, 1 Zn	17	8	26 . . . 31	∾ 20
4	**AZF**	G Mg – 4 Al, 3 Zn	18	7	30 . . . 34	∾ 18
5	**AZG**	G Mg – 6 Al, 3 Zn	20	5	30 . . . 35	∾ 15
6	A 8 K	G Mg – 8 Al	16	3	∾ 28	n. b.
7	**A 9 v**	G Mg – 8$^1/_2$ Al, $^1/_2$ Zn	27	10	30 . . . 37	∾ 15
14	A 8	Kg Mg – 8 Al, $^1/_2$ Zn	22	6	∾ 35	∾ 17
15	**AZ 91**	Kg Mg – 9$^1/_2$ Al, $^1/_2$ Zn	20	4	∾ 34	∾ 12

a niedrigster, b häufigster, c höchster Wert. Bei fehlendem Wert b liegen Häufigkeitsuntersuchungen nicht vor.

[1] Sandgußstäbe 20 ⌀. — [2] Legierungs-Nr. wie in Zahlentafel 28, S. 146. — [3] Wärmebehandlung s. Zahlentafel 30, S. 150.

daß die *Druckfestigkeit* σ_{dB} das 1,5...2fache der Zugfestigkeit σ_{zB} ist. Das Verhältnis ist kleiner bei den Gußlegierungen hoher Festigkeit und größer bei den weicheren Legierungen; anders ausgedrückt: in der Druckfestigkeit weisen die Legierungen geringere Unterschiede auf als in der Zugfestigkeit. Die Druckfestigkeit ist ja nicht wie die Zugfestigkeit der

Gußlegierungen von der Verformungsfähigkeit (Erreichen der Höchstlastbedingung und Maß der Einschnürung) abhängig. — Ein kleineres Verhältnis σ_{dB}/σ_{zB} als oben angegeben kommt nur bei fehlerhaftem Grobkorn vor, weil hier bei Druckbeanspruchung die Zwillingsbildung erleichtert ist; in diesem Falle ist auch die Quetschgrenze entsprechend erniedrigt. — Die *Stauchung* δ_d hat mit 12 ... 25% zahlenmäßig ungefähr den dreifachen Betrag wie die Dehnung δ_{10}, nur bei A 9 v erscheint das Verhältnis kleiner, weil hier die Homogenisierung eine besonders hohe Dehnung bewirkte. — Die verhältnismäßig hohe Verformungsfähigkeit bei Druckbeanspruchung läßt für diesen Beanspruchungsfall die Anwendung des ausgehärteten Zustandes (A 9 h, A 10 h) weitgehend unbedenklich erscheinen.

c) Technische Knetlegierungen.

Bei den Knetlegierungen ist das Verhältnis von Druck- und Zugwerten stets durch die *Kristallausrichtung* bestimmt; dadurch sind bei den Knetlegierungen auch nicht, wie bei den Gußlegierungen, Streck-

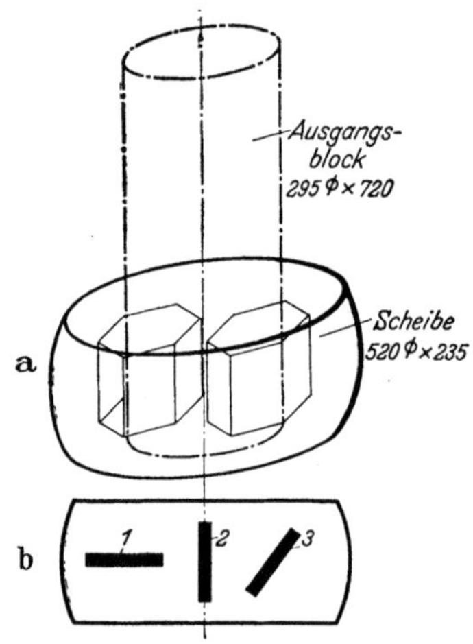

	$\sigma_{0,02}$			$\sigma_{0,2}$			σ_B		
Richtung .	1	2	3	1	2	3	1	2	3
Zug . . .	9,4	8,5	5,3	18,1	14,0	11,7	23,0	16,0	18,5
Druck . .	7,1	10,4	6,3	11,8	20,3	10,8	41,6	39,8	35,2
Druck/Zug	**0,75**	**1,25**	**1,2**	**0,65**	**1,45**	**0,9**	**1,8**	**2,5**	**1,9**

Abb. 224. Verhältnis von Zerreiß- und Stauchwerten in Abhängigkeit von der Kristallausrichtung am Beispiel einer in einer Richtung geschmiedeten Scheibe aus Elektron AZ 855. *a* Schema der Kristallausrichtung, *b* Scheibenquerschnitt mit Entnahmerichtung der Prüfstäbe. Nach Versuchen gemeinsam mit H. ALTWICKER (1937).

und Quetschgrenze gleich. Die Verhältnisse zeigt in grundsätzlicher Weise Abb. 224 an den in verschiedener Richtung entnommenen Proben aus einer geschmiedeten Scheibe mit weitgehend einheitlicher Kristallausrichtung. In Richtung 1 — Beanspruchung in Richtung der hexagonalen Basis — sind die Stauchgrenzen 0,6 . . . 0,7 der Dehngrenzen; in Richtung 2 — Beanspruchung in Richtung der hexagonalen Hauptachse — ist es gerade umgekehrt. Diese Unterschiede sind durch die Möglichkeiten der *Zwillingsbildung* verursacht: hierfür sind ja Zugbeanspruchungen in Richtung der hexagonalen Hauptachse und Druckbeanspruchungen senkrecht dazu günstig. In der schrägen Richtung 3 liegt das Zug-Druck-Verhältnis in der Mitte, beide Werte liegen aber an sich tiefer, da in dieser Beanspruchungsrichtung die *Basisgleitung* besonders leicht betätigt wird.

In bezug auf die Kristallausrichtung entspricht die Richtung 1 der axialen Beanspruchung von Preßstangen. Die Verhältnisse von Zug- und Druckwerten, die für Richtung 1 in Abb. 240 angegeben sind, gelten daher auch für Preßstangen aller Legierungen.

Zahlentafel 39 enthält die Stauchwerte der technischen Knetlegierungen, gültig für achsengleiche Beanspruchung von *Preßstangen*. Die *Druckfestigkeit* liegt nicht so hoch über der Zugfestigkeit wie

Zahlentafel 39. Druckfestigkeit, Stauchgrenzen und Stauchung von Elektron-Knetlegierungen[1].

Leg.-Nr.[2]	Elektron-legierung	Kurzbezeichnung	**Druckelastizitätsgrenze** $\sigma_{d\,0,02}$ kg/mm² a ... c	Streckgrenze $\sigma_{z\,0,2}$ kg/mm² b	**Quetschgrenze** $\sigma_{d0,2}$ kg/mm² a ... c	$\frac{\sigma_{d\,0,2}}{\sigma_{z\,0,2}}$	Zugfestigkeit σ_{zB} kg/mm² b	**Druckfestigkeit** σ_{dB} kg/mm² a ... c	**Stauchung** δ_d %
16	**AM 503**	Mg – 2 Mn	7 . . . 10	20	11 . . . 12,5	0,6	30	30,5 . . . 36	≈ 12
17	**AM 537**	Mg – 2 Mn, $^1/_2$ Ce	n. b.	21	19 . . . 21	0,8	27	35 . . . 38	≈ 10
18	Z 1 b	Mg – 3 Zn	7 . . . 10	≈ 15	10 . . . 11	0,6	26	n. b.	n. b.
20	AZ 31	Mg – 3 Al, 1 Zn	7 . . . 10	18	10 . . . 11	0,6	27	35 . . . 41	≈ 9
21	**AZM**	Mg – 6 Al, 1 Zn	7 . . . 12	24	11 . . . 17	0,6	32	36 . . . 41	≈ 8
22	**AZ 855**	Mg – 8 Al, $^1/_2$ Zn	7 . . . 12	24	11 . . . 17	0,6	34	37 . . . 42	≈ 8
26	AM 6	Mg – 2 Mn, 6 Ce	n. b.	23	n. b.	—	26	36 . . . 40	≈ 10

a niedrigster, b häufigster, c höchster Wert. Bei fehlendem Wert b liegen Häufigkeitsuntersuchungen nicht vor.

[1] Stranggepreßt ∾ 20⌀. — [2] Legierungs-Nr. wie in Zahlentafel 29, S. 147.

bei Gußlegierungen. Die *Stauchung* ist bei allen Legierungen nahezu gleich (um 10%). Die *Quetschgrenzen* betragen bei axialer Beanspruchung stets 0,6 ... 0,7 der Streckgrenzen. Das Verhältnis gilt für die Kristallausrichtung, die sich bei praktisch üblichen Preßbedingungen ergibt. Von der Preßtemperatur ist das Verhältnis $\sigma_{d\,0,2}/\sigma_{z\,0,2}$ kaum abhängig, doch leidet die Quetschgrenze durch schnelles Pressen; sie wird gehoben (wegen der Erschwerung der Zwillingsbildung) durch Feinkörnigkeit. — Bemerkenswert sind die günstigen Werte der Legierung **AM 537**, die sich besonders auch in einem günstigen Verhalten bei Knickbeanspruchung bemerkbar machen.

Die *Querwerte* von Preßstangen — die der Richtung 2 von Abb. 224 entsprechen — liegen erheblich höher, bis doppelt so hoch wie die Längswerte. Die Längswerte der Zahlentafel sind bei Druckbeanspruchung (im Gegensatz zur Zugbeanspruchung) also die Werte der ungünstigsten Beanspruchungsrichtung. Nur schräg zur Preßrichtung sind — entsprechend der Richtung 3 in Abb. 224 — die Werte noch um ~10% niedriger.

Dies alles gilt sinngemäß für *Schmiedestücke*. Hier sind die Quetschgrenzenwerte in der Streckrichtung der Schmiedestücke, also der nahezu ungünstigsten Richtung, ebenfalls stets 0,6 ... 0,7 der Streckgrenzenwerte in der gleichen Richtung. Wenn durch besondere Maßnahmen einer einheitlichen Kristallausrichtung entgegengearbeitet wurde, können die Werte höher liegen.

Kaltrecken ist nach Versuchen von G. SIEBEL ohne Einfluß auf das Verhältnis $\sigma_{d\,0,2}/\sigma_{z\,0,2}$; d. h. die Quetschgrenze steigt mit dem Reckgrade in gleichem Maße wie die Streckgrenze an.

Über die *Knickfestigkeit* von Elektronlegierungen sind Arbeiten nicht veröffentlicht, obwohl das Interesse hieran groß wäre. Für Knickprobleme, die der TETMAJERschen Formel zugänglich sind, ist die Quetschgrenze maßgebend, für die Berechnung nach EULER das Elastizitätsmaß, das jedoch nur mit $E^{1/3}$ bis höchstens $E^{2/3}$ in die Rechnung eingeht, so daß hierdurch der Nachteil des niedrigen Elastizitätsmaßes von Mg-Legierungen gemildert wird. — Bei den wenigen vorliegenden Knickversuchen mit Elektronlegierungen erwiesen sich als sehr vorteilhaft die Gußlegierungen Nr. 8, **A 9 h**, Nr. 10, **A 10 h**, und Nr. 13, **ZB h**, und die Knetlegierung Nr. 17, **AM 537**.

C. Biegefestigkeit.

Obwohl Biegebeanspruchung in der Technik mindestens so häufig ist wie Zugbeanspruchung, werden Biegeversuche in der eigentlichen Werkstoffprüfung selten ausgeführt. Man setzt im allgemeinen die Zerreißwerte in Biegefestigkeitsrechnungen ein, obwohl Biege- und Zerreißwerte sich je nach den Probenabmessungen und der Querschnittsform erheblich unterscheiden können. Die Biegefestigkeit selbst kann wegen der großen Verformungen, die bei verformungsfähigen Werkstoffen dem Bruch vorausgehen, selten voll ausgenützt werden; für die Zugfestigkeit gilt dies in geringerem Maße. Trotzdem ist ein Vergleich der Biege- und Zugfestigkeitswerte lohnend.

Biegefestigkeit und Durchbiegung technischer Legierungen.

a) Allgemeines, Versuchsausführung.

Die Versuchsbedingungen lassen sich so vielfältig abwandeln, daß eine Auswertung zu einer einheitlich anwendbaren „Biegefestigkeit" nicht möglich ist und bei dem großen *Einfluß der Probestück- bzw. Werkstückabmessungen* wenig Sinn hat. Nur bei verhältnismäßig spröden Gußwerkstoffen, z. B. Gußeisen, hat sich der Biegeversuch als Festigkeitsprüfung eingeführt; er ist hierfür auch genormt. Zu diesen Werkstoffen gehören die Elektronlegierungen, insbesondere auch die Gußlegierungen, jedoch nicht, so daß hier — abgesehen von ausgehärteten Zuständen mit engem Anwendungsbereich — stets größere Verformungen dem Bruch vorausgehen.

Die folgenden Biegefestigkeitsangaben stammen von Probestücken gleicher Herkunft, wie bei Zerreißproben auf S. **144**. beschrieben (Gußstäbe jedoch mit 20⌀ gegossen). Die Biegefestigkeit wurde an bearbeiteten Stäben vom Durchmesser $d = 18$ mm und 240 mm Länge ermittelt; Auflagerabstand 200 mm; Mittellast, angreifend an einem Biegedorn vom Durchmesser $D = d$. Wenn große Durchbiegungen erreicht werden, verkürzt sich durch schräge Anlage an den Auflagerrollen der Auflagerabstand. Die hierdurch eintretende Verkleinerung des Biegemoments ist im folgenden berücksichtigt; es würden sonst bei den zumeist großen Biegewinkeln der Elektronlegierungen zu große Biegefestigkeiten erhalten. — Die Biegefestigkeiten sind, wie bei allen Werkstoffen üblich, als *Randspannungen* unter Annahme einer geradlinigen Spannungsverteilung berechnet, also als σ' = Biegemoment/Widerstandsmoment[1]. In Wirklichkeit sind jedoch die Randspannungen entsprechend der gekrümmten Spannungs-Dehnungs-Linie der Mg-Legierungen bei größeren Belastungen, also jedenfalls in der Nähe der Bruchspannung, kleiner (Abb. 225). Für Bemessungsrechnungen kann diese Tatsache außer acht bleiben, da die Bean-

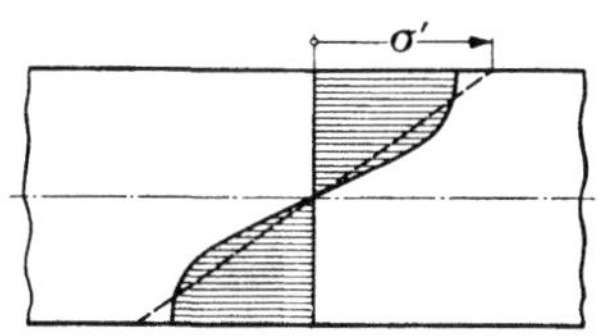

Abb. 225. Spannungsverteilung in Biegestäben von Magnesiumlegierungen (schematisch). Rechnerische Randspannung $\sigma' = M/W$.

[1] Die rechnerischen Randspannungen sind im folgenden stets durch den Strichzeiger als solche gekennzeichnet (σ', τ').

spruchung ja nach dem gleichen Ansatz berechnet wird wie bei der Biegefestigkeitsausrechnung. — Das *Bruchbild* zeigt ähnlich wie beim Zerreißversuch häufig „Schubbrüche", bei härteren Legierungen auch Brüche, die von der Druckseite ausgehen.

b) Technische Gußlegierungen.

Zahlentafel 40 gibt die unter den obigen Bedingungen erhaltenen Ergebnisse von Einzelvergleichsversuchen wieder. Die Biegefestigkeit

Zahlentafel 40. Biegefestigkeit und Durchbiegung von Elektron-Gußlegierungen (Einzelversuche)[1].

Leg.-Nr.[2]	Elektron-legierung	Kurzbezeichnung	Zugfestigkeit σ_{zB} kg/mm²	Biegefestigkeit[3] σ_{bB} kg/mm²	Biegewinkel $D = d$ α °	$D = 5d$ α °
2	AM 503	G Mg – 2 Mn	10,2	18,1	54	56
4	AZF	G Mg – 4 Al, 3 Zn	19,4	39,1	86	180
5	AZG	G Mg – 6 Al, 3 Zn	18,6	41,5	37	39
7	A 9 v	G Mg – 8½ Al, ½ Zn	25,0	43,2	70	180
11	ZA	G Mg – ½ Zr	16,5	28,7	104	180

[1] Sandgußstäbe 20∅ nach Abb. 197. — [2] Legierungs-Nr. übereinstimmend mit Zahlentafel 30, S. 149; desgleichen Wärmebehandlung. — [3] Stabdurchmesser 18 mm.

der wichtigsten Gußlegierungen ist bei den angewandten Versuchsbedingungen das 1,7—2,2fache der Zugfestigkeit. Bemerkenswert sind

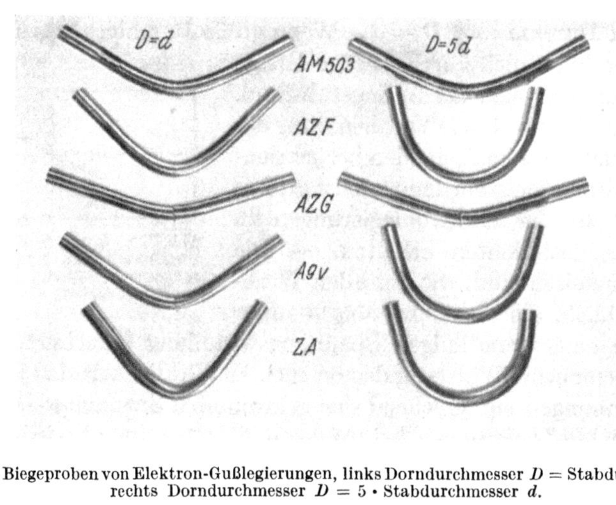

Abb. 226. Biegeproben von Elektron-Gußlegierungen, links Dorndurchmesser D = Stabdurchmesser d, rechts Dorndurchmesser $D = 5 \cdot$ Stabdurchmesser d.

die auch aus Abb. 226 ersichtlichen hohen Durchbiegungen und Biegewinkel, die im Vergleich zu Gußlegierungen anderer Metalle als sehr gut anzusehen sind, insbesondere auch bei der hochfesten Legierung Nr. 7, **A 9 v**. Außer dem zur Bestimmung der Biegefestigkeit angewandten Verfahren wurde auch eine weniger scharfe Biegung um einen Dorn mit $D = 5\,d$ ausgeführt; die damit erreichten Durchbiegungen und Biegewinkel zeigt Abb. 226 rechts. Diese Verformungswerte geben auch einen Anhalt dafür, in welchem Maße Kaltrichtarbeiten oder Verbiegungen bei Gewaltbeanspruchung an Elektrongußstücken möglich sind; sie liefern eine schärfere Unterscheidung der Verformungsfähigkeit als die Dehnungswerte des Zerreißversuchs.

c) Technische Knetlegierungen.

Zahlentafel 41 enthält die auf gleiche Weise wie bei den Gußlegierungen (Zahlentafel 40) gewonnenen Festigkeitsangaben für die wichtigsten Knetlegierungen. Mit Ausnahme der Legierung 15, AM 503, hat die Biegefestigkeit unter den angewandten Bedingungen stets den 1,75 . . . 1,85fachen Wert der Zugfestigkeit[1]. Die Biegewinkel sind von der gleichen Größe wie bei den Gußlegierungen. Bemerkenswert ist die

Zahlentafel 41. Biegefestigkeit und Durchbiegung von Elektron-Knetlegierungen (Einzelversuche)[1].

Leg.-Nr.[2]	Elektron-legierung	Kurzbezeichnung	Zug-festigkeit σ_{sB} kg/mm²	Biege-festigkeit[3] σ_{bB} kg/mm²	Biegewinkel $D = d$ α °	$D = 5d$ α °
16	AM 503	Mg – 2 Mn	28,8	34,1	26	26
17	AM 537	Mg – 2 Mn, 1/2 Ce	29,1	51,1	53	69
20	AZ 31	Mg – 3 Al, 1 Zn	27,7	47,8	77	180
21	AZM	Mg – 6 Al, 1 Zn	32,6	60,7	53	180
22	AZ 855	Mg – 8 Al, 1/2 Zn	33,6	60,7	43	180
23	V 1	Mg – 10 Al	36,8	64,7	30	77
25	V 1 h		42,5	74,8	10	12

[1] Stranggepreßt ∾ 20 ⌀. — [2] Legierungs-Nr. übereinstimmend mit Zahlentafel 31, S. 151; desgleichen Wärmebehandlung. — [3] Stabdurchmesser 18 mm.

bei Nr. 16, **AM 537**, gegenüber Nr. 15, **AM 503**, gesteigerte Verformungsfähigkeit. Bei Nr. 24, Legierung **V 1** im ausgehärteten Zustand, ist die Verformungsfähigkeit naturgemäß gering, so daß schon bei Richtarbeiten Vorsicht erforderlich ist, und diese Legierung, ebenso wie Nr. 25, **AM 6**,

[1] Es sei darauf hingewiesen, daß die angegebenen Biegefestigkeitswerte nur für die beim Versuch angewandten Querschnittsabmessungen gelten. Nach einzelnen Versuchen mit größeren Abmessungen sinkt das Verhältnis σ_{bB}/σ_{zB} bei stärkeren Proben (wie bei jedem Werkstoff) ab; ebenso geht es bei Hohlquerschnitten bis auf 1 zurück. Ursache ist das Verschwinden der „Stützwirkung" der inneren, niedrig beanspruchten Zonen.

nicht für allgemeine Konstruktionszwecke in Betracht kommt. — Einen Eindruck von der Biegefähigkeit der untersuchten Knetlegierungen gibt Abb. 227, bei der verschiedene Biegedornhalbmesser angewandt wurden.

Über den *Einfluß der Kristallausrichtung* bei Knetlegierungen ist zu bemerken, daß bei Preßstangen durch die erleichterte Zwillingsbildung auf der Druckseite der Biegestäbe aus Gründen des Spannungsgleichgewichts auch eine Verschiebung der Nullinie (neutralen Faser) nach der Zugseite zu (also in entgegengesetzter Richtung wie bei Gußeisen) möglich ist.

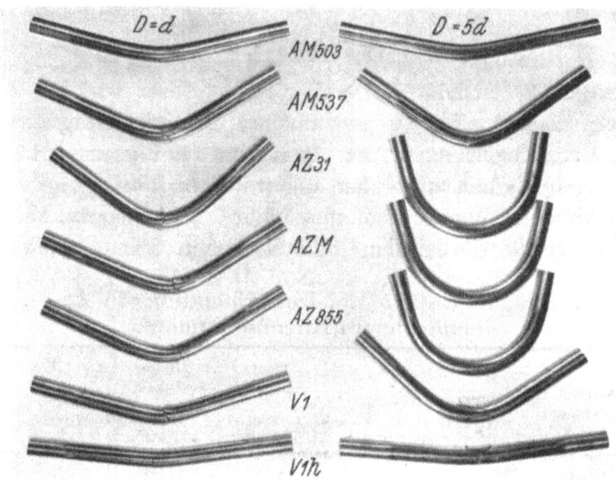

Abb. 227. Biegeproben von Elektron-Knetlegierungen, links Dorndurchmesser D = Stabdurchmesser d, rechts Dorndurchmesser $D = 5 \cdot$ Stabdurchmesser d.

D. Schubfestigkeit (Scher- und Verdrehfestigkeit).

Eine hohe Beanspruchung auf Abscherung, die eine Ausnutzung der Scherfestigkeit erforderlich macht, ist in der Technik auf wenige Fälle beschränkt — z. B. Bolzenverbindungen —, für welche Mg-Legierungen im allgemeinen nicht verwendet werden. Einer der wenigen praktisch wichtigen Fälle ist die Abscherbeanspruchung von Gewindegängen.

Größer ist die Bedeutung der Verdrehfestigkeit und der Drillgrenzen sowie des Schub-Elastizitätsmaßes. Für Mg-Legierungen liegen hierüber jedoch nur einzelne Untersuchungen vor; da sie aber grundsätzlicher Art sind, lassen sich die Ergebnisse zum Teil verallgemeinern.

1. Scherfestigkeit technischer Legierungen.

In den folgenden Angaben ist die Scherfestigkeit stets bei zweischnittiger Abscherung eines Bolzens ermittelt.

Die Scherfestigkeitswerte von Guß- und Knetlegierungen sind in *Zahlentafel 40* angeführt. Die Scherfestigkeit (oder Abscherfestigkeit) τ_{aB}

Zahlentafel 42. Scherfestigkeit von Elektronlegierungen[1].

Leg.-Nr.[2]	Elektronlegierung	Kurzbezeichnung	Zugfestigkeit σ_B kg/mm² b	Scherfestigkeit τ_{aB} kg/mm² a … c
2	AM 503	G Mg – 2 Mn	8	8,5 ... 9,5
3	**AZ 31**	G Mg – 3 Al, 1 Zn	17	10 ... 12
4	**AZF**	G Mg – 4 Al, 3 Zn	18	13 ... 14
5	**AZG**	G Mg – 6 Al, 3 Zn	20	13 ... 14
6	A 8 K	G Mg – 8 Al	16	12 ... 13
7	**A 9 v**	G Mg – 8½ Al, ½ Zn	27	13,5 ... 15
9	A 10 v	G Mg – 9½ Al, ½ Zn	27	14 ... 16
10	A 10 h		27	14 ... 18
14	A 8	Kg Mg, 8 Al	22	∾13
15	**AZ 91**	Kg Mg – 9½ Al, ½ Zn	20	∾13
16	**AM 503**	Mg 2 Mn	30	12,5 ... 13,5
17	**AM 537**	Mg – 2 Mn, ½ Ce	27	13 ... 16,5
20	**AZ 31**	Mg – 3 Al, 1 Zn	27	13 ... 15
21	**AZM**	Mg – 6 Al, 1 Zn	32	13 ... 16
22	**AZ 855**	Mg – 8 Al, ½ Zn	34	13 ... 16

a niedrigster, b häufigster, c höchster Wert. Bei fehlendem Wert b liegen Häufigkeitsuntersuchungen nicht vor.

[1] Herkunft der Gußproben: Sandgußstäbe 13 ⌀ bzw. Kokillengußstäbe 25 ⌀, Preßstangen ∾ 20 ⌀. — [2] Legierungs-Nr. übereinstimmend mit Zahlentafeln 30 und 31, S. 149 und 151; desgleichen Wärmebehandlung.

liegt bei Gußlegierungen zwischen 11 und 14 kg/mm², bei Knetlegierungen zwischen 13 und 16 kg/mm². Die Scherfestigkeit τ_{aB} beträgt also durchschnittlich 0,5 der Zugfestigkeit σ_B, bei gewöhnlichen Gußlegierungen auf ∾ 0,75 der Zugfestigkeit ansteigend. Bei den Gußlegierungen sind die Scherfestigkeitsunterschiede zwischen den einzelnen Legierungen also viel geringer als die Unterschiede der von der Verformungsfähigkeit abhängigen Zugfestigkeit. Die Verhältnisse liegen hier also ähnlich wie bei der Druckfestigkeit.

2. Verdrehfestigkeit und Drillgrenzen technischer Legierungen.

a) Allgemeines.

Das bei Verdrehversuchen gewonnene Spannungs-Schiebungs-Schaubild ist dem Spannungs-Dehnungs-Schaubild von Zugversuchen ähnlich. Auch zeigt sich für Knetlegierungen eine Abhängigkeit der Drillgrenzen von der *Kristallausrichtung* in gleicher Weise wie bei den Dehngrenzen. *Verdrehbrüche* verlaufen häufig schräg zur Stabachse, also in Richtung der größten Normalspannungen. Dies ist nicht so verwunderlich, wenn man bedenkt, daß der sog. Schubbruch beim Zerreißversuch nach S. 142 ebenfalls durch Überschreitung der Trennfestigkeit nach stärkerer Basisabgleitung erfolgt.

b) Verdrehfestigkeit.

Für die Beurteilung von Verdrehversuchen mit Vollstäben ist ebenso wie bei den Biegeversuchen zu beachten, daß bei höheren Beanspruchungen die Spannungsverteilung von der geradlinigen entsprechend Abb. 225 abweicht. Die errechneten Verdrehfestigkeitswerte τ_{dB} sind bei Vollstäben schon deshalb größer als die Scherfestigkeitswerte τ_{aB}; in Einzelversuchen mit Knetlegierungen (Längsstäbe) ergab sich $\boldsymbol{\tau_{dB} = \sim 1{,}4\, \tau_{aB}}$ oder $\boldsymbol{\tau_{dB} = \sim 0{,}7\, \sigma_B}$; für Gußlegierungen kann aus den gleichen Gründen, die bei der Abscherfestigkeit erwähnt wurden, das Verhältnis höher liegen, so daß hier $\tau_{dB} = 0{,}7 \ldots 1{,}0\, \sigma_B$ ist.

c) Drillgrenzen.

Für die Drillgrenzen $\tau_{0,02}$ und $\tau_{0,2}$ lassen sich nach Versuchen von G. Siebel (1927), die bei späteren Feststellungen bestätigt werden konnten, folgende Verhältnisse zu den Dehngrenzen angeben: Bei den Knetlegierungen (Längsstäbe) ist $\boldsymbol{\tau_{0,02} = 0{,}3 \ldots 0{,}4\, \sigma_{0,02}}$ und $\boldsymbol{\tau_{0,2} = 0{,}35 \ldots 0{,}45\, \sigma_{0,2}}$. Bei Gußlegierungen ist $\tau_{0,2} = 0{,}5 \ldots 0{,}65\, \sigma_{0,2}$. — Über den Einfluß der *Kristallausrichtung* bei Knetlegierungen ist folgendes bekannt: Im Gegensatz zu den Dehn- und Stauchgrenzen findet man die höchsten Drillgrenzenwerte schräg zur Preßrichtung bzw. Fließrichtung des Werkstoffs, also bei Proben in Richtung 3 der Abb. 224; bei dieser Drillachse ist Basisgleitung am meisten erschwert. Auch die Verdrehfestigkeit ist bei Stäben aus dieser Richtung erhöht. Bei *Querstäben* von Preßstangen, allgemein entsprechend Richtung 2 der Abb. 224, sind bei unveränderter Verdrehfestigkeit die Drillgrenzen 0,75 ... 0,85 derjenigen von Längsstäben.

3. Schubelastizitätsmaß (Gleitmodul).

Bei Versuchen von G. Siebel mit verschiedenen Legierungen (1927) ergab sich ein nahezu gleiches Verhältnis von E-Modul und G-Modul; es wurde $\boldsymbol{G = 0{,}37 \ldots 0{,}42 \cdot E}$ gefunden. Ein solches festes Verhältnis ist auch aus der Beziehung zwischen E, G und der Poissonschen Konstanten gefordert. Für eine Poissonsche Zahl 0,33 (s. S. 160) ist $\boldsymbol{G = 0{,}375 \cdot E}$. Hiernach liegt der G-Modul für die Beanspruchung 0 bei allen Legierungen um 1760 kg/mm².

E. Festigkeit von Bauteilen bei zügiger Beanspruchung (Gestaltfestigkeit).

Die Spannungsverteilung in den Querschnitten eines Bauteils wird durch die äußere Form (Gestalt) des Bauteils stark beeinflußt, so daß die Spannungsverteilung von den der Rechnung zugrunde gelegten einfachen Annahmen oft erheblich abweicht. Dies wirkt sich bei wechselnder Beanspruchung besonders stark aus, so daß Dauerfestigkeitsversuche mit ganzen Bauteilen und auch mit Formelementen eine große praktische Bedeutung erlangt haben. Bei zügiger Beanspruchung sind die Rückwirkungen von Gestalt und Spannungsverteilung auf die Nennfestigkeit[1] eines Bauteils zwar erheblich geringer, doch gibt es auch hier eine Anzahl von Fällen, wo sie nicht vernachlässigt werden können. Aus den wenigen an Bauteilen usw. aus Elektron vorliegenden Untersuchungen geht hervor, daß Mg-Legierungen sich nicht grundsätzlich anders verhalten als z. B. Al-Legierungen.

1. Kerbwirkung und sonstige Gestalteinflüsse.

a) Allgemeines.

Bei zügiger Beanspruchung überlagern sich an „Kerbstellen“:

1. als festigkeitsmindernder Einfluß: Spannungserhöhung im Kerbgrund (gekennzeichnet durch die Formzahl $\alpha_k = \sigma_{\max}/\sigma_n$);

2. als festigkeitserhöhend: Wegfall oder Minderung einer Brucheinschnürung;

3. als festigkeitserhöhend (wichtiger als der vorstehende Einfluß): Verformungsbehinderung infolge mehrachsiger Anspannung der kerbnahen Querschnittsteile und infolge niedriger, unter der Nennspannung liegender Beanspruchung der kerbfernen Querschnittsteile („Stützwirkung“[2]).

Die Folge des Zusammenwirkens dieser drei Einflüsse ist unter zügiger Beanspruchung auch bei den gebräuchlichen Elektronlegierungen, daß bei *Zug*beanspruchung nur in besonderen Fällen Festigkeitsminderung, meist jedoch eine Erhöhung der Nennfestigkeit eintritt; die *Biege*festigkeit wird dagegen häufiger durch Kerbwirkung vermindert — bei den praktisch vorkommenden Kerbformen allerdings wohl selten unter den

[1] Unter Nennspannung σ_n versteht man die aus einfachen Ansätzen, ohne Berücksichtigung der spannungserhöhenden Formeinflüsse, errechnete Spannung, z. B. Zugspannung $\sigma = P/F$, Biegerandspannung $\sigma' = M/W$ usw.; entsprechend unter Nennfestigkeit die ebenso aus der Bruchbeanspruchung errechnete Bruchnennspannung.

[2] BUCHMANN, W.: Die Bedeutung räumlicher, plastischer und inhomogener Spannungszustände für die Frage der zulässigen Beanspruchung. Schriften Hess. Hochsch. 1933 H. 2 — vgl. ferner über die Stützwirkung bei Biegebeanspruchung Fußnote 1, S. 181.

Wert der Zugfestigkeit, der vom Konstrukteur ja an Stelle der Biegefestigkeit zugrunde gelegt wird. Bei *Schub*beanspruchung (Verdrehbeanspruchung) ist meist nur mit geringer Kerbwirkung zu rechnen, zumal die Formzahl durchweg geringer ist als für Normalbeanspruchung gleicher Kerbformen. Bei *Druck*beanspruchung ist die Kerbwirkung gleichfalls ziemlich ungefährlich.

b) Festigkeit von Formelementen.

Auf die Fälle, in denen bei jedem Werkstoff auch unter zügiger Beanspruchung Festigkeitsminderung durch Kerben eintreten kann, hat besonders K. MATTHAES[1] hingewiesen. MATTHAES fand bei Zugstäben mit Spitzkerben nach Abb. 228a, sowie scharfen Quadratkerben nach Abb. 228b Zugfestigkeitserhöhungen von 9% bei Elektron AZM und von 14% bei Elektron-Sandguß AZG; die Festigkeitserhöhung bei Duralumin DM 31 war unter gleichen Bedingungen 20%. Zugstäbe mit mittiger Querbohrung, Bohrungsdurchmesser = 0,1 Stabdurchmesser, ergaben jedoch bei beiden Elektronlegierungen eine Festigkeitsminderung von 9 bzw. 7%; bei der genannten Duraluminlegierung war die Festigkeitsminderung 11%. — Wie sich die technischen Magnesium-Knetlegierungen bei ähnlichen Kerbzerreißversuchen unterscheiden, zeigten Versuche von W. BUCHMANN. Es ergaben hier Rund- und Spitzkerben gleicher Tiefe kaum Unterschiede, obwohl die Rundkerbe (Abb. 228c) eine Formzahl $\alpha_k = 2$ und die Spitzkerbe (Abb. 228d) eine Formzahl $\alpha_k = \sim 5$ hat. Ebenso wie bei Aluminiumlegierungen ergaben sich Nennfestigkeitsunterschiede um 5 ... 25%, wobei die Legierungen etwa die gleiche Reihenfolge einnahmen, wie sie sich aus der Formänderungsfähigkeit bei Biegeversuchen ergab.

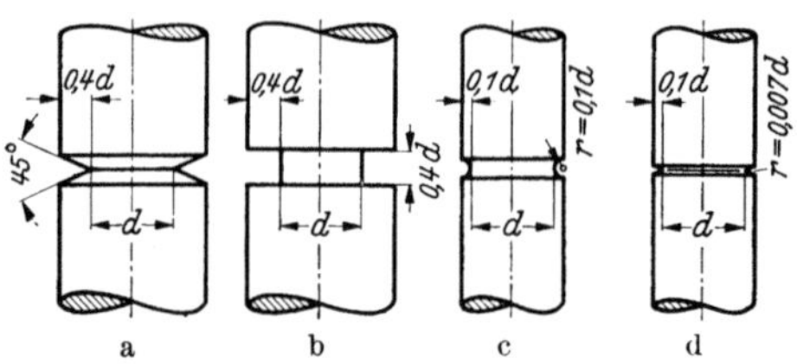

Abb. 228. Kerbformen systematischer Kerbzerreißversuche. *a* und *b*: Versuche von K. MATTHAES, *c* und *d*: Versuche von W. BUCHMANN.

Bei gekerbten Biegeproben (Spitzkerbe wie bei Zerreißversuchen, jedoch einseitig) fand K. MATTHAES Biegefestigkeitsverminderungen, und zwar vergleichsweise um 38% bei Elektron AZM und 26% bei Elektron-Sandguß AZF; eine Querbohrung verminderte die Nennfestigkeit von AZM-Biegestäben um 25%. Die Nennfestigkeitswerte lagen jedoch sämtlich über den Zugfestigkeitswerten ungekerbter Stäbe. — Bei Biegung ist auch ein deutlicher *Oberflächeneinfluß* festzustellen, allerdings nur bei

[1] MATTHAES, K.: Die Kerbwirkung bei statischer Beanspruchung, Grundlagen für ihre Berücksichtigung bei Berechnung und Bemessung im Leichtbau. Luftf.-Forschg. Bd. 15 (1938) S. 28.

den Legierungen geringer Verformungsfähigkeit, besonders im ausgehärteten Zustand (z. B. V 1 h), in welchem z. B. die Oberflächenkerben eines Schlichtspans auch den Biegewinkel fast um die Hälfte herabsetzen.

Ausführlichere Versuche liegen über die Wirkung von Bohrungen in zugbeanspruchtem Elektronblech vor; hierüber enthält die Arbeit von K. Matthaes auch Versuche von H. Müller (Bremen). Während die hochfesten Al-Legierungen bei Proben von der Breite $B = 10$ mm durch eine mittige Bohrung vom Durchmesser $0{,}09 \cdot B$ eine Festigkeitsminderung um 5% erfuhren, war die Festigkeitsminderung bei Elektron-AM 503-Blech 1%, bei AZM-Blech 11%. K. Matthaes stellte bei AZM-Blech weiter fest, daß Bohrungsdurchmesser von $0{,}07 \ldots 0{,}15 \cdot B$ (je

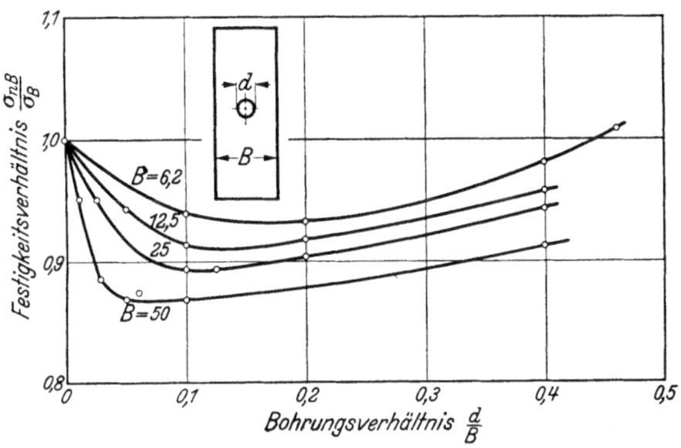

Abb. 229. Kerbwirkung bei Zerreißversuchen mit gelochten Blechproben aus Elektron AZM (FlW 3510.2). Nach Versuchen von K. Matthaes (1938).

nach Blechstärke) die größte Kerbwirkung ergeben, nämlich eine Festigkeitsminderung um 7 . . . 14%. Engere Bohrungen und auch weitere Bohrungen ergaben nach Abb. 229 eine geringere Kerbwirkung. — Praktisch von Bedeutung ist besonders die Kerbwirkung einer Reihe von nebeneinanderliegenden Bohrungen, wie sie z. B. eine Nietreihe darstellt. Hierzu hat H. Müller Vergleichsversuche mit Randkerben, Einzelbohrungen gleichen Halbmessers und mit drei nebeneinanderliegenden Bohrungen ausgeführt. Es ergab sich (Abb. 230), daß Randkerben sich ungünstiger verhalten als Bohrungen, und daß die Wirkung mehrerer Bohrungen dazwischenliegt. Die Ergebnisse an einfach gebohrten Streifen nach Abb. 229 geben also die ungünstigsten Verhältnisse wieder. — Wurden die Bohrungen noch mit Blindnieten verschlossen, so war die Kerbwirkung geringer; schon mit einem Lochdurchmesser von $> 0{,}2\,B$ tritt wieder eine Festigkeitserhöhung ein. Bei Nietverbindungen mit kraftübertragenden Nieten sind aber die Verhältnisse ungünstiger als bei Blindnieten; sie nähern sich wieder denjenigen von einfachen Bohrungen gemäß Abb. 229.

Die vorstehenden Angaben vermögen einen Überblick über die jeweils zu erwartenden Gestalteinflüsse zu geben. Wenn in weniger einfachen

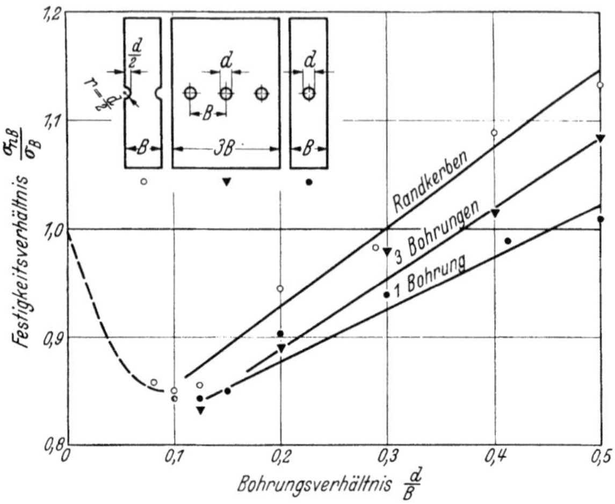

Abb. 230. Kerbwirkung bei Zerreißversuchen mit einfach und dreifach gelochten Blechproben und solchen mit Randkerben (d = 3 mm, B verändert). Elektron AZM (FlW 3510.2). Nach Versuchen von H. MÜLLER (1938).

Fällen, als diesen Versuchen zugrunde lagen, eine hohe Festigkeitsausnutzung erfolgen soll, empfehlen sich besondere Versuche.

2. Festigkeitsversuche an ganzen Bauteilen.

Festigkeitsuntersuchungen an ganzen *Blechkonstruktionen*, an *Schmiedestücken* und an *Gußstücken* werden besonders in der Flugzeugindustrie regelmäßig durchgeführt, doch sind hierüber keine Ergebnisse veröffentlicht. Bei Biegeversuchen des Verfassers an Gußstücken, deren Beanspruchung einer Rechnung leicht zugänglich war, ergab sich, daß die Biegenennfestigkeit bei geringen Kerbeinflüssen mindestens gleich der Festigkeit von Zerreißstäben aus dem gleichen Gußstück war. So ergaben Kastenträger aus Elektron-Sandguß A 9 v von 1200 Länge, 200 Höhe und 120 Breite (8 mm Wandstärke) eine Biegfestigkeit von über 27 kg/mm². Kerbwirkung, z. B. von schlecht ausgerundeten oder schlecht bewulsteten Kernlöchern, zeigte sich darin, daß der Bruch nicht in der Strecke der höchsten Nennbeanspruchung eintrat, sondern an einer solchen Kerbstelle mit geringerer Nennbeanspruchung.

Versuche an wirklichen Bauteilen unter wirklichkeitsgetreuem Kräfteangriff werden in Zukunft bei allen Werkstoffen von großer Bedeutung werden. Sie liefern ganz allgemein eine Brücke zwischen Festigkeitsrechnung und tatsächlicher Nennfestigkeit; im besonderen aber ergeben sie, welcher Querschnitt der wirklich höchstbeanspruchte ist bzw. Bruchquerschnitt wird. Derartige an Gußstücken ausgeführte Versuche haben

F. Bollenrath und E. Schiedt[1] bekanntgegeben. Die Versuchsergebnisse sind zwar nicht in Form von Nennspannungen an der Bruchstelle angegeben, doch geben sie wertvolle allgemeingültige Gesichtspunkte für die Beurteilung von Fehlstellen in Gußstücken. So sind Fehler bis zu Lunkern von 4 . . . 5 mm Größe überhaupt nur von Einfluß, wenn sie sich nahe dem Querschnitt befinden, der auch im fehlerfreien Gußstück Bruchquerschnitt ist. Wandstärkenabweichungen haben selbst im Bruchquerschnitt einen geringen Einfluß.

F. Härte, Verschleiß- und Gleiteigenschaften, Verformungskennwerte.

Für die Prüfung der „technologischen Eigenschaften" haben sich bestimmte Prüfverfahren herausgebildet. Das Prüfergebnis läßt sich meist nicht als „Festigkeit" ausdrücken und nicht im konstruktiven Rechnungsgang verwerten, es kann aber für die Beurteilung der Anwendbarkeit, besonders der Verarbeitungsmöglichkeit von Werkstoffen, entscheidend sein. Die Ergebnisse solcher technologischen Prüfungen sind in diesem Abschnitt zusammengestellt.

1. Härte.

a) Allgemeines, Versuchsausführung.

Nach dem Eindringverfahren als technisch wichtigstem Härteprüfverfahren wird die Kugeldruckhärte (Brinellhärte) nach den Vorschriften von DIN 1605 bestimmt. Wichtig ist das Verhältnis der Belastung P [kg] zum Kugeldurchmesser D [mm], welches bei Magnesiumlegierungen am besten zu $P = 10\,D^2$ gewählt wird (bei Aluminiumlegierungen ist nach DIN 1713 für Knetlegierungen ebenfalls $P = 10\,D^2$, für Guß jedoch nur $P = 5\,D^2$ vorgesehen). Bei festem Verhältnis von P und D^2 sind die mit großen und kleinen Kugeln erhaltenen Härtewerte im Durchschnitt gleich. Für die folgenden Angaben ist die 5 mm-Kugel benutzt, so daß eine Belastung von 250 kg angewandt wurde. Bei der üblichen Belastungsdauer von 30 Sekunden ist bei den weichen Legierungen das Eindringen der Kugel nicht immer ganz beendet. Der Einheitlichkeit halber ist jedoch bei allen Legierungen eine Belastungsdauer von 30 Sekunden angewandt worden.

Gut ausführbar ist bei Mg-Legierungen auch die Bestimmung der Pyramidenhärte (Vickershärte), deren Ergebnis im Gegensatz zur Kugeldruckhärte nicht von der Belastung abhängig ist; sie kann auch für dünne Bleche, Rohre, Plattierschichten usw. mit Erfolg angewandt werden. — Mit neueren Geräten können Ritzhärte und Vickershärte auch auf einzelnen Gefügestellen metallographischer Schliffe bestimmt und so in der Legierungs- und Gefügeforschung benutzt werden.

---

[1] Siehe Fußnote 3, S. 163.

Zahlentafel 43. Härte von Elektronlegierungen[1].

Leg.-Nr.[2]	Elektronlegierung	Kurzbezeichnung	Zugfestigkeit σ_B kg/mm²	Härte H 5/250/30 kg/mm²		
			b	a	b	c
2	AM 503	G Mg – 2 Mn	8	31		39
3	**AZ 31**	G Mg – 3 Al, 1 Zn	17	44		48
4	**AZF**	G Mg – 4 Al, 3 Zn	18	45	**52**	54
5	**AZG**	G Mg – 6 Al, 3 Zn	20	50	**60**	64
6	A 8 K	G Mg – 8 Al	16	48	**50**	54
7	**A 9 v**	G Mg – $8^1/_2$ Al, $^1/_2$ Zn	27	56	**64**	72
8	A 9 h		27	66	**75**	84
9	A 10 v	G Mg – $9^1/_2$ Al, $^1/_2$ Zn	27	65	**70**	78
10	A 10 h		27	76	**85**	89
11	ZA	G Mg – $^1/_2$ Zr	17		∾ **38**	
14	A 8	Kg Mg – 8 Al, $^1/_2$ Zn	22	50		62
15	**AZ 91**	Kg Mg – $9^1/_2$ Al, $^1/_2$ Zn	20	58	**60**	72
16	**AM 503**	Mg – 2 Mn	30	37		44
17	**AM 537**	Mg – 2 Mn, $^1/_2$ Ce	27	50	**60**	64
18	Z 1 b	Mg – 4Zn	26	52		56
20	**AZ 31**	Mg – 3 Al, 1 Zn	27	48	**58**	62
21	**AZM**	Mg – 6 Al, 1 Zn	32	52	**60**	70
22	**AZ 855**	Mg – 8 Al, $^1/_2$ Zn	34	58	**65**	76
23	V 1	Mg – 10 Al	∾ 35	68		82
24	V 1 w		34	72		74
25	V 1 h		∾ 39	76	**84**	94

a niedrigster, b häufigster, c höchster Wert.

[1] Außer Härtewerten von Probestäben wurden auch solche von Schmiedestücken, Gußstücken usw. berücksichtigt. — [2] Legierungs-Nr. übereinstimmend mit Zahlentafel 28—29, S. 146—147.

b) Härtewerte technischer Legierungen.

Die Härtewerte H 5/250/30 der Elektronlegierungen enthält *Zahlentafel 43.* — Es geht schon aus Abb. 166—169 hervor, daß bei den verschiedenen Legierungen ein festes Verhältnis der Härte zur Zugfestigkeit nicht bestehen kann. Dieses Verhältnis ist vielmehr vom Grade der Sättigung mit Legierungselementen abhängig. Bei übersättigten Legierungen vermag der Anstieg der Zugfestigkeit infolge Spröderwerdens dem Anstieg der Härte nicht zu folgen. Dadurch ergibt sich, daß bei den Gußlegierungen $H = 2{,}2 \ldots 4{,}5 \cdot \sigma_B$ ist, während bei den Knetlegierungen, welche meist in homogenerem Zustand vorliegen, die Grenzen enger sind: $H = 1{,}9 \ldots 2{,}2 \cdot \sigma_B$. Man kann $H = \sim 2 \cdot \sigma_B$ als das natürliche Verhältnis bei annähernd homogenem Zustand der Legierungen ansehen.

In Fällen, in denen es auf hohe Härte ankommt, z. B. zur Aufnahme hoher örtlicher Flächenpressungen, können durch den ausgehärteten Zustand **h** der Gußlegierungen **A 9**, **A 10** und **ZB** sowie der Knetlegierung **V 1** die höchsten Härtewerte erzielt werden. Auch bei anderen übersättigten Legierungen sind durch Anlassen, meist nach vorausgegangener Lösungsglühung, Härtesteigerungen erreichbar, z. B. bei den Gußlegierungen **AZG**, **AZ 91** und bei der Knetlegierung **AZ 855**. Es empfiehlt sich jedoch im allgemeinen, hiervon nur in beschränktem Maße und in Sonderfällen Gebrauch zu machen.

2. Verschleiß- und Gleiteigenschaften.

a) Vergleichende Verschleißversuche.

Es liegen nur wenige Verschleißversuche mit Magnesiumlegierungen vor, von denen im folgenden solche von E. Koch und von W. Buchmann angeführt seien.

Es ist bekannt, daß man nicht schlechthin von der Verschleißfestigkeit eines Werkstoffes sprechen kann, sondern daß sich die Werkstoffe ganz verschieden einordnen, je nach der Art der Verschleißbeanspruchung[1]. Bei Verschleißversuchen ist also darauf zu achten, daß die Versuchsbedingungen denen der praktischen Verschleißbedingungen, für welche das Werkstoffverhalten geklärt werden soll, möglichst ähnlich sind. Selbstverständlich können untereinander nur Ergebnisse verglichen werden, die bei genau gleicher Versuchsausführung ermittelt wurden und deren Ergebnisse auch als wiederholbar erwiesen sind.

E. Koch[2] verglich nach der Versuchsanordnung Abb. 231a bei Ölschmierung, Temperatur 100°, Gegenprobe Zylindergußeisen, eine Reihe von üblichen Elektronlegierungen sowie Elektron-Sonderlegierungen mit Aluminiumlegierungen, die für Ottomotorkolben in Frage kommen. Bei der Anordnung von E. Koch beginnt der Versuch bei Linienberührung und demnach hoher Flächenbelastung (ähnlich den Bedingungen beim Einlaufen neuer Kolben), bis bei wachsender Breite des Einschliffs eine Art Gleichgewichtszustand entsteht, d. h. eine so geringe Flächenbelastung, daß die Verschleißgeschwindigkeit von da ab sehr gering ist. Die Einschliffbreite, bei der dies der Fall ist, ergibt im Vergleich

[1] Über eine Typeneinteilung der Verschleißbedingungen vgl. E. Siebel: Praktische Bewährung der aus Verschleißversuchen gewonnenen Ergebnisse. Z. VDI Bd. 82 (1938) S. 1419 — ferner: Verschleiß metallischer Werkstoffe. Berlin: VDI-Verlag, demnächst.

[2] Koch, E.: Charakteristik von Kolbenmaterialien unter besonderer Berücksichtigung des Verschleißwertes. Diss. Aachen 1931.

mit der = 1 gesetzten Einschliffbreite von Bohnalite (Al — 10 Cu, 1 Fe) eine Verschleißzahl V, die z. B. bei Kolbengußeisen $V = \sim 0{,}5$ ist. Für einige Elektronlegierungen, die zum Teil seinerzeit handelsmäßige, zum Teil Versuchslegierungen waren, ergaben die Versuche von E. KOCH, daß die Verschleißzahlen mit steigendem Legierungsgehalt abnehmen,

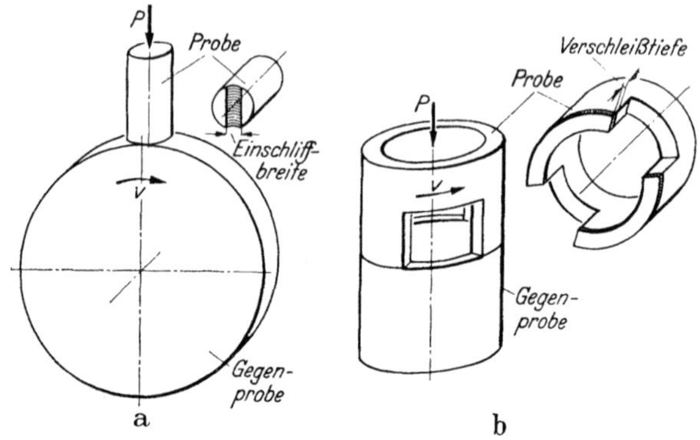

Abb. 231. Verschleißversuche, Versuchsanordnung. *a* Versuche von F. KOCH, *b* Versuche von W. BUCHMANN (Prüfmaschine nach SIEBEL-KEHL).

dabei jedoch der Härte nur innerhalb einer Legierungsgruppe gleichlaufend sind. Für **CMSi** (Mg — 1 Si) wurde eine Verschleißzahl $V = 1{,}7$ gefunden, für Mg — 6 Si war $V = 1{,}06$. Legierungen mit höheren Al-Gehalten, ähnlich z. B. den heutigen Legierungen **AZM**, **AZ 855**, **V 1**, sowie **AZG** und **A 9**, sowie Legierungen mit höheren Zer-Gehalten, ähnlich dem heutigen **AM 6**, ergaben Verschleißzahlen von $\sim 1{,}2$. Es sind nach diesen Versuchen die Verschleißzahlen der Elektronlegierungen durchschnittlich 30% höher als diejenigen der Al-Cu-Mg- oder Al-Mg-Legierungen, und über doppelt so groß wie diejenigen von härteren Eisenwerkstoffen. Unter erschwerten Verschleißbedingungen (rauhe Gegenscheibe, Ölverschlechterung) erwiesen sich Magnesiumlegierungen als verhältnismäßig empfindlich.

W. BUCHMANN führte Versuche mit der Versuchsanordnung nach Abb. 231 b an Luft und ohne Schmierung aus, und zwar vergleichsweise mit den üblichen Elektronlegierungen und mit Elektron-Sonderlegierungen für Gleitlagerzwecke[1]. Die Versuche ergaben ganz allgemein eine geradlinige Abhängigkeit des Verschleißes (ausgedrückt als Verschleißtiefe mm/km) von dem Flächendruck und ferner eine Verringerung des Verschleißes bei erhöhten Gleitgeschwindigkeiten. Das letztere wird bei dieser Anordnung übrigens bei allen Werkstoffen gefunden[2] und von W. BUCHMANN[3] als ein zeitabhängiger Einfluß des Zutritts der Atmo-

[1] Unveröffentlichte Versuche (1938).
[2] Vgl. auch E. SIEBEL: Siehe Fußnote 1, S. 191.
[3] In Verschleiß metallischer Werkstoffe, Berlin: VDI-Verlag, demnächst.

Zahlentafel 44. Verschleißzahlen von Elektron-Legierungen[1].

Leg.-Nr.[2]	Elektronlegierung	Kurzbezeichnung	Verschleißzahl $p = 4$ kg/cm² V mm/km	Verschleißzahl $p = 16$ kg/cm² V mm/km
4	AZF	G Mg – 4 Al, 3 Zn	0,14	0,35
5	AZG	G Mg – 6 Al, 3 Zn	0,15	0,29
7	A 9 v	G Mg – 8½ Al, ½ Zn	0,14	0,38
8	A 9 h		0,12	0,29
15	AZ 91	Kg Mg – 9½ Al, ½ Zn	0,14	0,36
16	AM 503	Mg – 2 Mn	0,18	0,35
17	AM 537	Mg – 2 Mn, ½ Ce	0,17	0,35
21	AZM	Mg – 6 Al, 1 Zn	0,14	0,34
22	AZ 855	Mg – 8 Al, ½ Zn	0,13	0,31
24	V 1 w	Mg – 10 Al	0,12	0,38
25	V 1 h		0,16	0,31
26	AM 6	Mg – 2 Mn, 6 Ce	0,15	0,38

[1] Trockenlaufversuche, Gegenprobe St 50.11; Gleitgeschwindigkeit $v = 1{,}15$ m/sec; Anordnung nach Abb. 231b. — [2] Legierungs-Nr. übereinstimmend mit Zahlentafel 30 und 31, S. 149 u. 151; desgleichen Wärmebehandlung.

sphäre zu den Verschleißflächen gedeutet. — Vergleichsversuche mit verschiedenen Legierungen gibt *Zahlentafel 44* wieder. Bei trockener Reibung gegen Stahl unterscheiden sich hiernach die einzelnen Elektronlegierungen wenig voneinander. Eine Überlegenheit der härteren Legierungen, insbesondere des ausgehärteten Zustandes, wird bei höheren Flächenbelastungen jedoch deutlich. — Zur Beurteilung der Verschleißzahlen von Zahlentafel 44 diene noch folgendes: Die Verschleißzahlen technischer Aluminium-Knetlegierungen sind unter den gleichen Bedingungen das 0,6 . . . 0,9fache; die Werte der Al-Cu-Mg-Legierungen liegen noch etwas günstiger. Die Aluminium-Gußlegierungen der Gattung Al-Mg ergeben etwa die gleichen Zahlen wie die Magnesium-Gußlegierungen, die eutektischen Al-Si-Legierungen jedoch einen über dreimal so hohen Verschleiß, weil bei diesen Legierungen unter den vorliegenden Verschleißbedingungen ein starkes Fressen mit der Stahlfläche eintritt.

b) Gleiteigenschaften.

In einer Beurteilung der Gleiteigenschaften, z. B. für Gleit- und Führungsflächen, kommt es außer auf den Verschleiß hauptsächlich auf die *Laufeigenschaften* an. Hiervon sind wichtig: die Einlauffähigkeit, die unter bestimmten Bedingungen ohne Fressen und ohne Zerstörungen zulässige Flächenbelastung, der Reibungswiderstand, die Notlaufeigenschaften bei Versagen der Schmierung und bei Verunreinigung der Gleitflächen, — schließlich bei Lagern insbesondere eine möglichst geringe Beschädigung der Welle beim Versagen der Schmierung und beim Fressen. Sämtliche technischen Elektronlegierungen haben nun insofern günstige Laufeigenschaften, als sie sehr geringe Neigung haben, mit Eisenwerkstoffen aller Art zu fressen. Bei geringer Flächenbelastung und Gleitgeschwindigkeit ist es daher bei allen technischen Legierungen (ausgenommen AM 503, welches zum Schmieren neigt) möglich, Lagerungen von Wellen und Bolzen unmittelbar in Elektronwerkstücken auszuführen und ebenso Gleitflächen diesen Werkstücken anzuarbeiten. Darüber hinaus ist eine Anwendung von Lagerbüchsen aus Elektron an Stelle von Bronzebüchsen usw. in vielen Fällen möglich. Für die zulässigen Flächenbelastungen und Gleitgeschwindigkeiten und die Eignung der verschiedenen Legierungen kann nach W. Buchmann folgendes gesagt werden: Bei Lagerlaufversuchen[1] von technischen Elektronknetlegierungen erwiesen sich als günstig: **CMSi** (Mg-1 Si), ferner auch **AZM**, **AM 6**, **AZ 855** und besonders **V 1** (Mg – 6 Al, 1 Zn; Mg – 2 Mn, 6 Ce; Mg – 8 Al, $^1/_2$Zn; Mg – 10 Al). Bei den drei letztgenannten Legierungen ließen sich die höchsten Flächenbelastungen erzielen, und zwar besonders im vollständig ausgehärteten Zustand; die feine Verteilung der Ausscheidungen bewirkt hier ein Gefüge ähnlich dem der Bleibronze. Mit solchen Legierungen sind bei der Versuchsanordnung von R. Strohauer, unter Druckölschmierung bei einer Gleitgeschwindigkeit $v = 5$ m/sec, Flächendrücke von $p = 120 \ldots 230$ kg/cm² ertragen worden; bei anderen Versuchsanordnungen mit wechselnd (umlaufend) belasteten Lagern bei $v = 5$ m/s Flächenbelastungen $p = 450 \ldots 600$ kg/cm². Diese Legierungen waren bei diesen Versuchen wesentlich höher belastbar als auf dem gleichen Prüfstand untersuchte Weißmetallegierungen; sie haben jedoch naturgemäß nicht so günstige Einlaufeigenschaften. Die *Notlaufeigenschaften* sind mindestens so gut wie bei den Al-Lagermetallen, die keine harten Tragkristalle enthalten, und besser als bei Al-Legierungen mit harten Tragkristallen, da beim Fressen der Angriff auf die Welle auch bei ungehärteten Wellen gering ist. — Als besondere Lagerlegierungen sind solche hoher Einlauffähigkeit und besonders guter Notlaufeigenschaften, aber begrenzter Tragfähigkeit (Bleigehalte um 20% oder entsprechende Kadmiumgehalte) von der I.G. Farbenindustrie entwickelt worden, ferner

[1] Zum Teil wurden diese Lagerlaufversuche im Auftrag der I.G. Farbenindustrie an der MPA Darmstadt (Leitung A. Thum) von R. Strohauer ausgeführt. Über die Versuchsanordnung vgl. R. Strohauer: Vergleichende Untersuchungen von Metall- und Kunstharzpreßstofflagern. Z. VDI Bd. 82 (1938) S. 1441. — Über weitere Versuche mit diesen Legierungen der I. G. Farbenindustrie vgl. G. Fischer: Untersuchung von Leichtmetall-Lagerwerkstoffen in der DVL-Lagerprüfmaschine. Luftf.-Forschg. Bd. 16 (1933) S. 1.

für höchste Beanspruchungen ähnliche Legierungen, die gleichzeitig Zusätze zur Erhöhung der Warmfestigkeit enthalten. Mit diesen Legierungen sind höhere Flächendrucke als bei Bleibronzen bei guten Lauf- und Notlaufeigenschaften möglich. — Über Gußlegierungen liegen Versuche nicht vor, jedoch günstige Erfahrungen bei niedriger Beanspruchung. Eine unmittelbare Lagerung von Nockenwellen in Motorgehäusen aus Elektronsandguß sowie von Ölpumpenwellen in Gehäusen aus Elektronkokillenguß der üblichen Gußlegierungen wird laufend angewandt.

Für die Anwendung von Lager-Leichtmetallen jeder Art bedeutet deren hohe *Wärmeausdehnung* bei Verwendung in Stahl- und Gußeisengehäusen eine erhebliche Einschränkung, da bei Erwärmung eine Querstauchung des eingebauten Lagers eintritt. Diese hängt in ihrem Ausmaß vom Unterschied der Wärmedehnzahlen, von der Warmquetschgrenze sowie auch von der Fedrigkeit der zusammengebauten Teile ab[1].

Die Wärmestauchung ist am gefährlichsten bei geteilten Lagern, deren Schalen dann zum Kneifen neigen; geschlossene Büchsen verhalten sich besser, besonders wenn eine schwimmende Anordnung der Büchse möglich ist. — In Leichtmetallgehäusen bestehen die genannten Schwierigkeiten nicht oder nur in geringem Maße.

Über die sonstigen Grundsätze bei der Anwendung von Magnesium-Lagerlegierungen sei auf das allgemeine, für Leichtmetall gültige Schrifttum[2] verwiesen.

3. Kerbschlagzähigkeit.

a) Allgemeines, Probenform.

Von der Kerbschlagprobe gilt allgemein, daß sie in der Technik nicht nach ihrer absoluten Höhe beurteilt wird, sondern danach, ob die jeweils ermittelten Werte für den betreffenden Werkstoff und den verlangten Werkstoffzustand normal und natürlich sind, oder ob Verdacht auf schlechten Glühzustand oder sonstigen unerwünschten Gefügezustand besteht. Dies gilt auch für die Leichtmetalle, doch kommen insbesondere bei den Magnesiumlegierungen fehlerhafte Glühzustände und Alterungserscheinungen, auf welche die Kerbschlagprobe so scharf ansprechen würde wie bei Stählen, kaum vor. Anschmelzerscheinungen und Feinlunker im Gefüge von Gußlegierungen zeigen sich in den Kerbschlagwerten nicht deutlicher als beim Zerreißversuch auch. Die Bedeutung der Kerbschlagprobe ist im ganzen also viel geringer als z. B. bei den Stählen.

Die Kerbschlagwerte sind bei allen Werkstoffen stark von der *Proben-*

---

[1] vgl. hierzu A. BUSKE, Versuche mit Leichtmetallagern in Prüfmaschinen und Flugmotoren, Automobiltechn. Z. Jg. 42 (1939) S. 355.

[2] z. B. H. WIECHELL: Einiges von der Entwicklung, der Konstruktion und dem Betrieb von Leichtmetallagern. Automob.-techn. Z. Bd. 40 (1937) S. 235. — R. HINZMANN: Leichtmetallager. Z. Metallkde. Jg. 29 (1937) S. 158.

form abhängig. Bei der DVM-Normprobe (10×10×55, Rundkerb 2 ⌀, 3 mm tief), die jetzt allgemein angewandt wird, ist in den folgenden Zahlenangaben die *Herkunft* der Proben die gleiche wie bei den übrigen Zahlentafeln. Für die frühere große DVM-Probe (Charpyprobe 30×30 ×160, Rundkerb 4 ⌀, 15 mm tief) müssen größere Abmessungen vor-

Zahlentafel 45. Kerbschlagzähigkeit von Elektron-Legierungen[1].

Leg.-Nr.[2]	Elektron-legierung	Kurzbezeichnung	Zug-festigkeit σ_B kg/mm² b	Dehnung δ_{10} % b	Kerbschlagzähigkeit gr. DVM-(Charpy)-Probe[3] a_k mkg/cm² a b	Kerbschlagzähigkeit DVM-Normprobe a_k mkg/cm² a c
2	AM 503	G Mg – 2 Mn	8	6	1,0 . . . 1,2	∾ 0,7
3	**AZ 31**	G Mg – 3 Al, 1 Zn	17	8	∾ 1,0	0,45 . . . 0,55
4	**AZF**	G Mg – 4 Al, 3 Zn	18	7	0,6 . . . 0,7	0,4 . . . 0,5
5	**AZG**	G Mg – 6 Al, 3 Zn	20	5	0,2 . . . 0,4	0,25 . . . 0,3
6	A 8 K	G Mg – 8 Al	16	4	∾ 0,25	∾ 0,2
7	**A 9 v**	G Mg – 8½ Al, ½ Zn	27	10	0,4 . . . 1,0	0,35 . . . 0,6
8	A 9 h		27	4,5	∾ 0,25	∾ 0,17
9	A 10 v	G Mg – 9½ Al, ½ Zn	27	9	∾ 0,3	0,2 . . . 0,3
10	A 10 h		27	3	∾ 0,2	∾ 0,15
11	ZA	G Mg – ½ Zr	17	∾ 18	n. b.	∾ 0,85
14	A 8	Kg Mg – 8 Al	22	6	n. b.	∾ 0,6
15	**AZ 91**	Kg Mg – 9½ Al, ½ Z	20	4	n. b.	∾ 0,5
16	**AM 503**	Mg – 2 Mn	30	3	0,9 . . . 1,1	0,6 . . . 0,75
17	**AM 537**	Mg – 2 Mn, ½ Ce	27	20	1,2 . . . 1,3	0,6 . . . 1,0
18	Z 1 b	Mg – 4 Zn	26	∾ 15	∾ 1,2	∾ 0,9
19	AZ 21	Mg – 2 Al, 1 Zn	∾ 26	∾ 13	∾ 1,0	0,6 . . . 0,9
20	**AZ 31**	Mg – 3 Al, 1 Zn	27	14	∾ 1,1	0,7 . . . 1,2
21	**AZM**	Mg – 6 Al, 1 Zn	32	12	0,7 . . . 1,2	0,5 . . . 1,0
22	**AZ 855**	Mg – 8 Al, ½ Zn	34	12	0,6 . . . 0,7	0,55 . . . 0,65
23	V 1	Mg – 10 Al	∾ 35	∾ 8	n. b.	∾ 0,4
24	V 1 w		34	10	n. b.	0,6 . . . 0,7
25	V 1 h		∾ 39	∾ 4	n. b.	0,1 . . . 0,15

a niedrigster, b häufigster, c höchster Wert. Bei fehlendem Wert b liegen Häufigkeitsuntersuchungen nicht vor.

[1] Sandgußstäbe 13⌀ nach Abb. 197 (ausgenommen Charpyproben); Kokillengußstäbe 25⌀ nach Abb. 198; Preßstangen ∾ 20⌀. — [2] Legierungs-Nr. übereinstimmend mit Zahlentafeln 30 und 31, desgleichen Wärmebehandlung. — [3] Sandgußstäbe 33⌀.

liegen; von Gußlegierungen wurden hierfür Stäbe 33 ⌀ gegossen[1]. Bei gleicher Probenherkunft ergibt die große Charpyprobe um 30 ... 50% höhere Kerbschlagwerte als die DVM-Normprobe.

b) Kerbschlagzähigkeit technischer Legierungen.

Die Normprobenwerte sowie vergleichsweise auch diejenigen der großen Charpyprobe sind in *Zahlentafel 45* für fast alle technischen Legierungen angeführt. Die Kerbschlagwerte liegen, ihrer absoluten Höhe nach, bei den Magnesiumlegierungen niedrig, sie werden jedoch durch tiefe Temperaturen kaum vermindert; Näheres hierüber siehe in Abschnitt II C.

Von den gebräuchlichen Gußlegierungen hat **A 9 v** die höchste Kerbschlagzähigkeit, von den Knetlegierungen **AM 537**, **AZ 31** und **AZM**. In den ausgehärteten Zuständen (**A 9 h**, **A 10 h**, **V 1 h**) ist die Kerbschlagzähigkeit am geringsten. Die Kerbschlagzähigkeit geht also ganz allgemein gleichläufig mit der Verformungsfähigkeit, wie sie sich aus der Bruchdehnung oder dem Biegewinkel ergibt; Kerbwirkung und hohe Verformungsgeschwindigkeit, die im Kerbschlagversuch vereinigt sind, bewirken also keine andere Einordnung der Legierungen, als auch der Zerreiß- oder Biegeversuch liefert. Auch die Abweichungen von den Tafelwerten der Kerbschlagzähigkeit, die in Guß- oder Schmiedestücken bestehen, entsprechen ganz den hierfür angegebenen Abweichungen der Dehnungswerte.

4. Sonstige Verformungskennwerte.

a) Biegewinkel, Biegehalbmesser.

Über die bei Elektronlegierungen erreichten *Biegewinkel* vgl. Zahlentafeln 40—41, S. 180—181, und Abb. 226—227. Einige Legierungen können im Faltversuch noch weiter gebogen werden als die Abbildungen angeben, so z. B. **AZ 31** und die Gußlegierung **ZA**.

Für Blechverformungsarbeiten ist besonders wichtig der beim Abkanten usw. ohne Anrißgefahr anwendbare *kleinste Biegehalbmesser* r_i, der als Vielfaches der Blechstärke s angegeben werden kann.

90°-Abkantversuche mit geeigneten Vorrichtungen ergaben, daß bei folgenden inneren Biegehalbmessern noch keine Risse eintreten:

AM 503-Blech . . . . . $r_i = 5 \ldots 6\,s$
AM 537-Blech . . . . . $r_i = 3\,s$
AZM-Blech . . . . . . $r_i = 5 \ldots 6\,s$

AM 537-Blech ist hiernach für eine Kaltverarbeitung gut geeignet. — Zur Sicherheit wird man in der Praxis einen um $\sim 1/3$ höheren Biegehalbmesser anwenden. Näheres hierüber siehe auch im Beitrag E. DE RIDDER.

[1] Frühere Angaben der Kerbschlagzähigkeit von Elektronlegierungen bezogen sich zum Teil auf die nicht mehr gebräuchliche ehem. Verbandsprobe 10 × 10 × 100, Rundkerbe 2 ⌀, 5 tief.

b) Tiefung.

Bleche aus Magnesiumlegierungen sind im Vergleich zu den Tiefziehgüten anderer Legierungen nicht als „tiefziehfähig" anzusehen, d. h. Tiefzieharbeiten müssen in Anbetracht der geringen Kaltverformbarkeit entweder warm oder mit häufigen Zwischenglühungen vorgenommen werden (s. Beitrag E. DE RIDDER). Einen Anhalt über die Abstufung der Blechlegierungen geben die folgenden Tiefungswerte T (nach DIN DVM A 101), die für Blechstärken von 0,8—1,2 mm gelten:

AM 503-Blech	$T = 2 \ldots 3$ mm
AM 537-Blech	$T = 4 \ldots 4{,}5$ mm
AZM-Blech	$T = 2 \ldots 2{,}5$ mm

Auch hier zeigt sich also die verhältnismäßig hohe Verformungsfähigkeit der Legierung AM 537. — Die Tiefungswerte nehmen bei größeren Blechstärken ab.

G. Dauerstandfestigkeit.

Die Dauerstandfestigkeit ist für Leichtmetallegierungen bei gewöhnlicher Temperatur von geringer technischer Bedeutung, beschränkt auf diejenigen Fälle, bei denen eine hohe Zugbeanspruchung gleichmäßiger Querschnitte (z. B. bei Aluminiumfreileitungen) erfolgt.

Kriechen und Dauerstandfestigkeit bei Raumtemperatur; konstruktive Bewertung des Kriechverhaltens von Magnesiumlegierungen.

Die Dauerstandfestigkeit ist diejenige Beanspruchung (Zugbeanspruchung), die dauernd (in Versuchen z. B. 1 Jahr lang) ohne Bruch ertragen wird. Zu ihrer Bestimmung werden Proben in verschiedener Höhe unterhalb der im Kurzversuch ermittelten Zugfestigkeit belastet; die zu jeder Beanspruchung gehörende Zeit bis zum Eintritt des Bruches (Standzeit) wird abgewartet und bestimmt. Man erhält dadurch Festigkeit-Standzeit-Linien, die bis zur *Dauerstandfestigkeit* abfallen. Eine abfallende Festigkeit-Zeit-Linie ist bei einigen Metallen und Legierungen schon in Versuchen von wenigen Minuten bis einigen Stunden Dauer deutlich zu erkennen, so z. B. bei einigen Aluminiumlegierungen[1], bei Zink, auch bei weichem Stahl. — Ergebnisse von *Langzeit-Dauerstandversuchen* liegen für Magnesiumlegierungen noch nicht vor. Vom Verfasser wurden lediglich einige bis auf 20 Stunden ausgedehnte Versuche ausgeführt, die folgendes ergaben: Die Festigkeit-Zeit-Linie hat in diesem Bereich bei den Elektron-Guß- und -Knetlegierungen praktisch

[1] ZEERLEDER, A. v.: Technologie des Aluminiums, S. 76 u. 77. Leipzig: Akademische Verlagsgesellschaft 1938. — IRMANN, R., u. W. MÜLLER: Bestimmung der Dauerstandfestigkeit von Aldrey und Reinaluminium. Aluminium Bd. 17 (1935) S. 7.

keine Neigung, außer bei der Legierung **AM 503**, bei der sowohl im Gußzustand wie im gepreßten Zustand eine mit der Belastungsdauer absinkende Festigkeit gefunden wird; der Abfall ist hier der gleiche wie bei den im Schrifttum erwähnten Aluminiumlegierungen. Vgl. hierzu auch Abb. 193, S. 142.

An Stelle von Langzeitversuchen sind *abgekürzte Versuche* eingeführt; sie gehen davon aus, daß der Bruch bei Dauerstandbeanspruchung (wenigstens bei ungekerbten Proben und Bauteilen) eine Folge von nicht zum Stillstand kommenden Formänderungen („Kriechen") ist[1]. Es wird dann diejenige Beanspruchung bestimmt, bei der die Dehngeschwindigkeit zu einer bestimmten Zeit nach Aufbringen der Belastung unter einem (allerdings willkürlich) bestimmten Wert bleibt. Die aus solchen Kurzversuchen angegebene Beanspruchungsgrenze sollte nicht Dauerstandfestigkeit genannt werden, sondern „Kriechgrenze", da der Zusammenhang zwischen Dehngeschwindigkeit und eigentlicher Dauerstandfestigkeit zweifelhaft ist. Für einige technische Fragen sind jedoch auch die Kriechgeschwindigkeiten als solche von Bedeutung. — Versuche über die Kriechgeschwindigkeit liegen für Magnesiumlegierungen vereinzelt vor. So hat G. SIEBEL[2] Zugproben stufenweise belastet und bei jeder Laststufe die Nachdehnung im Verlauf von 30 Minuten Wartezeit beobachtet. Bei der Elektron-Knetlegierung **AZM** (Mg — 7 Al, 1 Zn) waren die Nachdehnungen größer als bei einer hochfesten Aluminiumlegie-

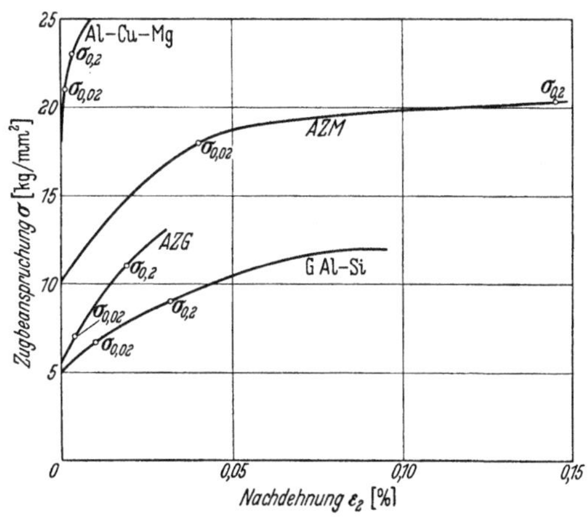

Abb. 232. Anfängliche Nachdehnungen (1/2 Stunde Wartezeit) von Elektron **AZM** und Elektronsandguß **AZG** im Vergleich mit Aluminiumlegierungen Gattung Al-Cu-Mg und G Al-Si. Nach Versuchen von G. SIEBEL (1927).

[1] Zu den Formänderungen, die zum Stillstand kommen, gehören die Erscheinungen der „elastischen Nachwirkung", die bei der Bestimmung der Dehngrenzen und des Elastizitätsmaßes zu beachten sind (vgl. Abschnitt A 3 und A 4). Das Wesen der elastischen Nachwirkung ist in technischer Hinsicht, daß Verformungen als endgültig bzw. bleibend vorgetäuscht werden, die in Wirklichkeit noch einen elastischen Anteil enthalten. Dieser ist aber erst durch Ablauf einer „Nachwirkungszeit" als elastischer Anteil zu erkennen. In technischer Ausdrucksweise kann man von einer allmählichen Auswirkung (= Nachwirkung) von aufgebrachten äußeren oder zurückgebliebenen inneren Spannungen bis zum Erreichen des Gleichgewichts sprechen.

[2] Unveröffentlichte Versuche.

Abb. 233. AM 503 (FlW 3500.0).

Abb. 234. AZF (FlW 3506.0).

Abb. 235. AZG (FlW 3505.0).

Abb. 236. AZ 91.

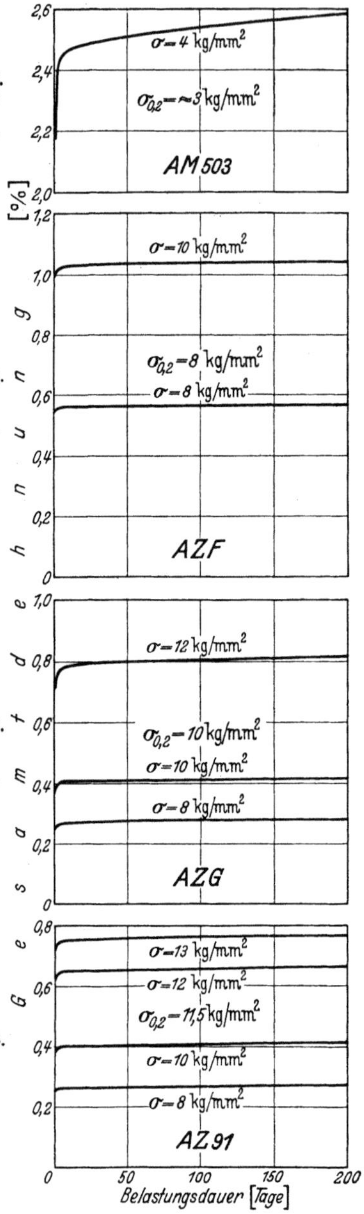

Abb. 233—236. Zeit-Dehnungslinien (Raumtemperatur) von Elektronsandguß **AM 503**, **AZF**, **AZG** und Kokillenguß **AZ 91**. Nach Versuchen von H. VOSSKÜHLER (1938).

rung der Gattung Al-Cu-Mg, dagegen zeigte Elektronsandguß **AZG** eine viel geringere Nachdehnung als Al-Si-Guß (Abb. 232). Zur Beurteilung dieses Verhaltens können Versuche von H. BOTHMANN herangezogen werden[1]. Hierbei wurde als Kriechgrenze diejenige Beanspruchung gesucht, bei der die stündlichen Dehnungen $^1/_{1000}$% betrugen. Es konnte festgestellt werden, daß die von G. SIEBEL beobachteten anfänglichen Nachdehnungen schnell abklingen und infolge der im Vergleich zu Aluminiumlegierungen hohen Verfestigungsfähigkeit der Magnesiumlegierungen schnell zum Gleichgewicht zwischen Dehnungen und Spannungen führen. Für Elektron **AZM** lag die Beanspruchung für $^1/_{1000}$% stündlicher Dehnung bei Beobachtung zwischen der 3. und 6. Belastungsstunde bei 18 kg/mm², bei Beobachtung zwischen der 100. und 300. Stunde dagegen bei 26 kg/mm², also mindestens in Höhe der 0,2-Grenze. Man kann allgemein damit rechnen, daß erst bei Beanspruchungen über der 0,2-Grenze, die der Konstrukteur in der Regel zugrunde legt, die Nachdehnungen nicht zum Stillstand kommen und nicht zu vernachlässigende Werte annehmen. — Das gleiche Ergebnis lieferten für Gußlegierungen neuere Versuche von H. VOSSKÜHLER[2], aus welchen Abb. 233 bis 236 Beispiele geben. Die Anfangsdehnung kommt innerhalb dieser Beanspruchungsgrenze nach durchweg 2 Tagen zum Stillstand, so daß auch in 200 Tagen Belastungszeit erst durch solche Beanspruchungen eine Gesamt-

[1] Unveröffentlichte Versuche, angeführt von G. BOEHME (s. Fußnote 2, S. 173).
[2] Unveröffentlichte Versuche 1938.

dehnung von 0,2% erreicht wird, die dicht unterhalb der im Kurzversuch ermittelten 0,2-Grenze liegen. — Eine Ausnahme davon bildet auch hier die weiche Elektronlegierung **AM 503**.

H. Dauerschwingungsfestigkeit.

Wechselbeanspruchung ist in der Technik mindestens so häufig wie zügige Beanspruchung; dabei ist die Bruchgefahr größer, weil die Festigkeitsrechnung mit größeren Unsicherheiten behaftet ist. Schwierigkeiten entstehen nicht nur dadurch, daß häufig die maßgebenden Werte der Dauerschwingungsfestigkeit (kurz Dauerfestigkeit) als Grundlage der Rechnung noch fehlen, sondern auch dadurch, daß die Nennfestigkeiten der Bauteile stark von ihrer Gestalt und Abmessung abhängig sind. Von den Eigenarten des Werkstoffs ist hier besonders die Kerbempfindlichkeit zu beachten, auch in der Legierungsentwicklung. Glücklicherweise liegen Dauerfestigkeitsuntersuchungen an Elektronlegierungen in einem solchen Umfang vor, daß das Bild über die Dauerfestigkeitseigenschaften (Ermüdungseigenschaften) der Magnesiumlegierungen mindestens so umfassend ist wie bei irgendeiner anderen Werkstoffgruppe. Um einer treffsicheren Festigkeitsrechnung Unterlagen zu liefern, sind besonders Dauerfestigkeitsuntersuchungen an ganzen Bauteilen zu fördern[1].

1. Allgemeines über die Ermüdungseigenschaften von Magnesiumlegierungen.

Die Ermüdungseigenschaften der Magnesiumlegierungen unterscheiden sich nicht grundsätzlich von denen anderer Metalle. Gegenüber einigen anderen Metallgruppen kennzeichnende Eigenschaften zeigen Magnesiumlegierungen lediglich im Verlauf der Wöhlerlinie und in den Dämpfungseigenschaften.

a) Form der Wöhlerlinien, Grenzlastwechselzahlen, Zeit- und Dauerfestigkeit.

Dauerfestigkeit. Nach der Begriffsbestimmung ist die Dauerfestigkeit diejenige Wechselbeanspruchung, die dauernd, also unendlich oft, ohne Bruch ertragen werden kann. Bei Beanspruchung über der Dauerfestigkeit entsteht nach einer bestimmten Zahl von Lastspielen ein verformungsloser „Dauerbruch“[2]. Trägt man die Wechselspannungen über den Bruchlastspielzahlen auf, so erhält man „Wöhlerlinien“; sie lassen erkennen, wie bei niedrigen Wechselspannungen immer größere

[1] Der Verfasser dankt an dieser Stelle für die Mitarbeit von H. ZEISSIG bei der Durchführung der im folgenden mitgeteilten Dauerfestigkeitsversuche.

[2] Brüche durch sehr hohe Überbeanspruchung, die nach wenigen Lastspielen entstehen, zeigen noch mehr oder weniger deutlich Verformungen („Zeitbrüche“ nach A. THUM).

Lastspielzahlen erforderlich sind, um die zum Bruch führende Zerrüttung („Ermüdung") zu erzeugen. Es empfiehlt sich daher die Anwendung des logarithmischen Maßstabs für die Lastspielzahlen, wie es in diesem Abschnitt durchgeführt ist.

Der Verlauf der Wöhlerlinien ist bei den verschiedenen Metallen und Legierungsgruppen verschieden und häufig kennzeichnend. Wenn der zunächst abfallende Teil der Wöhlerlinie bei einer bestimmten Beanspruchung in einen waagrechten Verlauf übergeht, so ist mit dieser Beanspruchung die Dauerfestigkeit erreicht. Nur in diesem Falle kann eine Dauerfestigkeit der Begriffsbestimmung gemäß angegeben werden. Ein solcher Verlauf der Wöhlerlinie wird oft bei *Stählen* gefunden. Die mehr oder weniger scharfe Grenze zwischen dem abfallenden und dem waagrechten Teil der Wöhlerlinie („Grenzlastspielzahl" oder kurz „Grenzzahl") liegt hier fast immer bei weniger als $10 \cdot 10^6$ Lastspielen, so daß Dauerversuche auch nur bis dahin bzw. bis zur Grenzzahl ausgeführt werden brauchen. — Bei einer Reihe von *Nichteisenmetallen* konnte dagegen nicht gefunden werden, daß die Neigung der Wöhlerlinien innerhalb der bisher angewandten Lastspielzahlen von 500 bis $1000 \cdot 10^6$ geringer wird oder aufhört. Zu diesen Metallen gehören auch *Aluminiumlegierungen*; es findet sich zwar oft eine „Grenzzahl", aber der an den steil abfallenden Teil der Wöhlerlinie sich anschließende zweite Teil ist nicht waagrecht, sondern weiter (wenn auch weniger steil) abfallend. In solchen Fällen kann man also eine Dauerfestigkeit im strengen Sinne des Begriffes nicht angeben, sondern nur zu einer bestimmten Lastspielzahl, z. B. 10, 50 oder 500 Millionen, gehörige Werte, die also eigentlich nicht Dauerfestigkeits-, sondern Zeitfestigkeitswerte sind. — Die *Magnesiumlegierungen* zeigen nun ein Verhalten, welches in der Mitte zwischen dem der Stähle und dem der meisten Aluminiumlegierungen liegt. Bei Untersuchungen an Elektronlegierungen wird durchweg eine Grenzzahl gefunden; sie liegt im Durchschnitt niedriger als bei Aluminiumlegierungen[1]. Besonders wichtig aber ist, daß der oberhalb der Grenzzahl ermittelte zweite Teil der Wöhlerlinien nur einen schwachen Abfall aufweist, der in der Regel nur 0,5...1 kg/mm² je Zehnerpotenz Lastspiele beträgt. Die Werte für $100 \cdot 10^6$ Lastspiele sind also nur 0,5 ... 1 kg/mm² und die für $500 \cdot 10^6$ Lastspiele nur 0,75 ... 1,5 kg/mm² niedriger als diejenigen für $10 \cdot 10^6$ Lastspiele. Das ist eine so geringe Neigung, daß es nach K. MATTHAES[2] möglich ist, bei Magnesiumlegierungen von einer ausgesprochenen Dauerfestigkeit zu sprechen. — Einige Beispiele hierfür geben nach bis auf $500 \cdot 10^6$ Last-

[1] BUCHMANN, W.: Dauerfestigkeit von Elektronlegierungen, insbesondere Kerbempfindlichkeit der Knetlegierungen. Jb. dtsch. Luftf.-Forschg. Bd. 1 (1938) S. 524.

[2] MATTHAES, K.: Dynamische Festigkeitseigenschaften einiger Leichtmetalle. Z. Metallkde. Bd. 24 (1932) S. 176.

spiele ausgedehnten Versuchen an Elektron **AZ 855** die Abb. 237 und 238; die gleichen Wöhlerlinien enthält Abb. 241 zusammen mit solchen von Elektron-Gußlegierungen. — Bei Aluminiumlegierungen ist der Abfall des zweiten Teils der Wöhlerlinie meist 2 . . . 3 kg/mm² je Zehnerpotenz Lastspiele; die Werte für 100 · 10⁶ Lastspiele sind also 2 . . . 3 kg/mm² und für 500 · 10⁶ Lastspiele 3 . . . 4,5 kg/mm² niedriger als die Werte für 10 · 10⁶ Lastspiele. Beispiele aus Langzeitversuchen, zum Teil bis zu 600 · 10⁶ Lastspielen, zeigen Abb. 239 und 240. In Abb. 241 sind die Wöhlerlinien der hochfesten Al- und Mg-Legierungen von Abb. 237—240 übereinander gezeichnet. Obwohl es bei beiden Legierungsgruppen Ausnahmen gibt, ist dieses Bild als Regel anzusehen. Weitere Beispiele dafür geben Abb. 242 nach Dauerbiegeversuchen und Abb. 243 nach Dauerverdrehversuchen von K. MATTHAES.

Es folgt aus diesen Vergleichen, daß sich die Wöhlerlinien verschiedener Werkstoffe überschneiden können[1], und

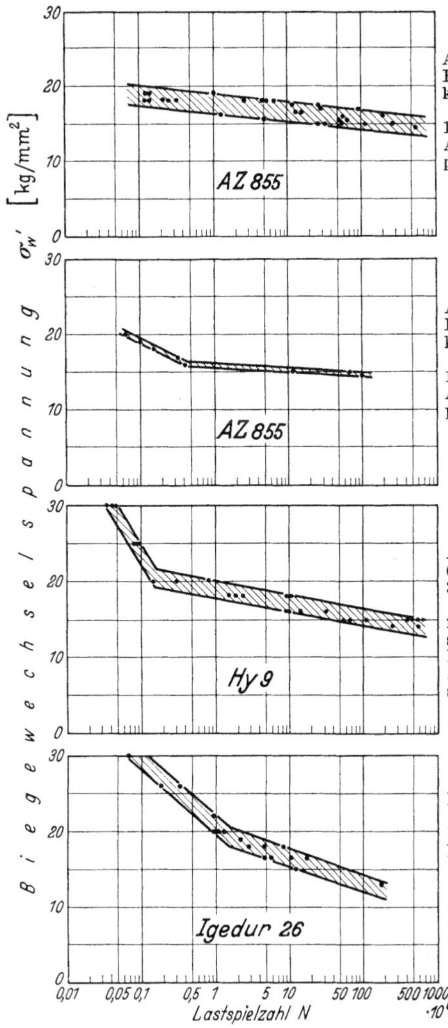

Abb. 237. **AZ 855.** Biegewechselfestigkeit für 50 · 10⁶ Lastspiele 14,5 . . . 15 kg/mm². Abfall je Zehnerpotenz Lastspiele 1 kg/mm².

Abb. 238. **AZ 855.** Biegewechselfestigkeit für 50 · 10⁶ Lastspiele 14,5 . . . 15 kg/mm². Abfall je Zehnerpotenz Lastspiele 0,5 kg/mm².

Abb. 239. **Hy 9** (Al – 9 Mg; FlW 3315.2). Biegewechselfestigkeit für 50 · 10⁶ Lastspiele 14,5 . . . 15 kg/mm². Abfall je Zehnerpotenz Lastspiele 2 kg/mm².

Abb. 240. **Igedur 26** (Al–4 Cu, ½ Mg; FlW 3115.4). Biegewechselfestigkeit für 50 · 10⁶ Lastspiele 13 . . . 14 kg/mm². Abfall je Zehnerpotenz Lastspiele 3 kg/mm².

Abb. 237—240. Wöhlerbilder nach Langzeitversuchen (Umlaufbiegung) mit Elektron **AZ 855** und vergleichsweise Hy 9 und Igedur 26. Nach Versuchen von W. BUCHMANN (1938).

[1] Vgl. hierzu R. L. TEMPLIN: The Fatigue Properties of Light Metals and Alloys. Proc. Amer. Soc. Test. Mater. (2) Bd. 33 (1933) S. 364; WESTHOFF, H.: Kritische Zusammenstellung der neuesten und wichtigsten Dauerfestigkeitsuntersuchungen an Aluminium-Knetlegierungen. Z. Metallkde. Bd. 30 (1938) S. 258. — MATTHAES, K.: Siehe Fußnote 2, S. 202.

daß es daher unzulässig ist, die Dauerfestigkeitseigenschaften von Leichtmetallen nach Versuchen bis zu nur 10 oder gar nur 2 Millionen Lastspielen zu bewerten[1]. Hierzu muß vielmehr der gesamte Verlauf des Wöhlerbildes herangezogen werden[2]; für Zahlenangaben sind mindestens $50 \cdot 10^6$ Lastspiele zugrunde zu legen[3] (in USA. sind $500 \cdot 10^6$ Lastspiele üblich).

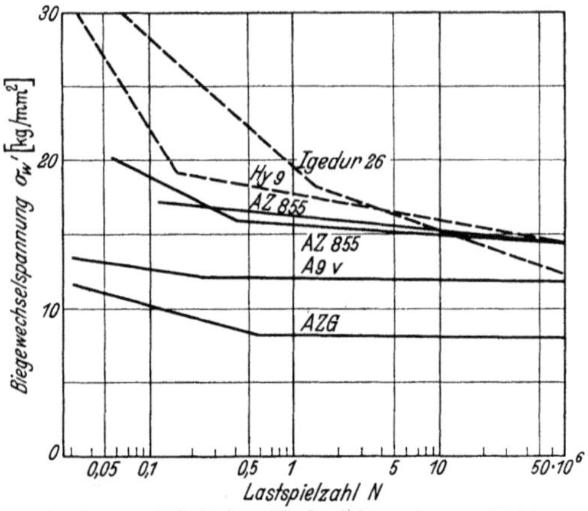

Abb. 241. Wöhlerlinien (Umlaufbiegung) von Elektron **AZ 855** (im Vergleich mit solchen der hochfesten Aluminium-Knetlegierungen Hy 9 und Igedur 26) und von Elektronsandguß **AZG** und **A 9 v.** Bei den Knetlegierungen ist die untere Grenze des Streubereichs von Abb. 237 bis 240 eingetragen. S. dort auch Fliegwerkstoff-Kennzahlen. Versuche von W. BUCHMANN (1938).

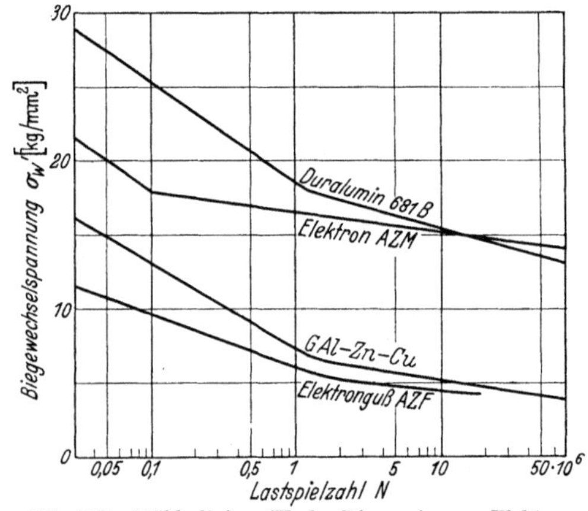

Abb. 242. Wöhlerlinien (Umlaufbiegung) von Elektron **AZM** und Elektronsandguß **AZF**, im Vergleich dazu Wöhlerlinien von Aluminiumlegierungen der Gattung Al-Cu-Mg und GAl-Zn-Cu. Nach K. MATTHAES (1932).

Über die inneren Ursachen eines so verschiedenartigen Verlaufs der Wöhlerlinien fehlen gesicherte Feststellungen. Nach den an Leichtmetallegierungen vorliegenden Untersuchungen[4] kann man jedoch annehmen, daß die Wöhlerlinien sowohl bei kaltverformten wie bei ausgehärteten Legierungen mit ziemlicher Regelmäßigkeit steiler verlaufen als bei Legierungen, die ihre Festigkeit lediglich aus der natürlichen Festigkeit des Mischkristalls beziehen; vgl. hierzu auch die ausgehärtete Al-Cu-Mg-Legierung Abb. 240 mit der Al-Mg-Legierung Abb. 239. Kaltverformung wie Aushärtung heben also vorwiegend die Werte für zügige Beanspruchung und auch

[1] Vgl. außer den in Fußnote 1, S. 203, angeführten Arbeiten: SARAN, W.: Leichtmetall-Sandguß, seine statische und seine Schwingungsfestigkeit. Z. Metallkde. Bd. 21 (1932) S. 181. — RAJAKOWICS, E. v.: Untersuchungen über die Dauerfestigkeit von Aluminium-Knetlegierungen. Z. Metallkde. Bd. 28 (1939) S. 74.

[2] MATTHAES, K.: Siehe Fußnote 2, S. 202.

[3] In der deutschen Leichtmetallindustrie neuerdings üblich.

[4] Siehe außer den in Fußnote 1, S. 203, genannten Arbeiten von MATTHAES, TEMPLIN, SARAN und WESTHOFF: BOHNER, H.: Metallwirtsch. Bd. 15 (1936) S. 813.

diejenigen für kleine Lastspielzahlen (hohe Zeitfestigkeitswerte); die Wirkung von Kaltverformung und Aushärtung läßt jedoch nach und verschwindet mit hohen Lastspielzahlen (ähnliche Feststellungen lassen sich bei Dauerstandversuchen unter erhöhter Temperatur machen). — Daß bei den gebräuchlichen Magnesiumlegierungen stärker abfallende Wöhlerlinien nicht gefunden werden, kann nach dem Vorstehenden damit zusammenhängen, daß eine Aushärtung nach Art der Duraluminaushärtung bei den Magnesiumlegierungen fehlt (vgl. S. 140). Im Rahmen der bei Magnesiumlegierungen vorkommenden Unterschiede scheinen auch hier Legierungen im Gefügegleichgewicht den flacheren Verlauf der Wöhlerlinie aufzuweisen.

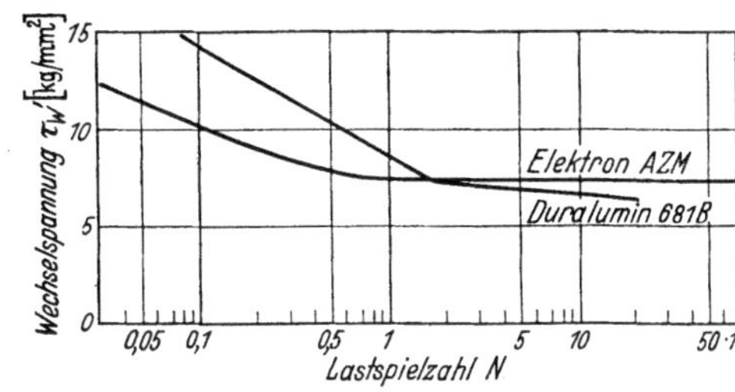

Abb. 243. Wöhlerlinien (Wechselverdrehung) von Elektron **AZM**, im Vergleich dazu Wöhlerlinie einer hochfesten Aluminiumlegierung Gattung Al-Cu-Mg. Nach K. MATTHAES (1932).

Abkürzungsverfahren. Dauerfestigkeitsbestimmungen werden nur noch durch Aufnahme einer Wöhlerlinie ausgeführt; die Anwendung von sog. „Abkürzungsverfahren" wird seit Jahren von allen Fachleuten als unzuverlässig abgelehnt[1].

Die Abkürzungsverfahren beruhen auf der Annahme einer Beziehung zwischen Dauerfestigkeit und Werkstoffdämpfung; man nimmt daher zumeist die Änderung der Antriebsleistung oder der Prüfstabtemperatur mit steigender Prüfstabbelastung auf. Die in der Nähe der Dauerfestigkeit erhaltene Unstetigkeit kann aber höchstens als erste Annäherung angesehen werden, weil die Dauerfestigkeit ja das Endergebnis eines Nebeneinanderwirkens von zerrüttenden und verfestigenden Vorgängen ist, das sich grundsätzlich nicht in einem Kurzversuch vorausbestimmen läßt. Ferner ist für die Abkürzungsverfahren nachteilig, daß die Werkstoffdämpfung nicht nur von der Beanspruchung abhängt, sondern sich (bei Beanspruchung in der Nähe der Dauerfestigkeit) auch mit der Zahl der Lastspiele erheblich ändert, daß weiterhin bei den meistbenutzten Dauerbiegeversuchen nennenswerte Dämpfungsarbeit nur in einer Randschicht geringer Tiefe geleistet wird („Randdämpfung"), wobei sich die Spannungsverteilung und die Tiefe der genannten Schicht im Laufe der Belastungszeit wahrscheinlich ändern. Diese Schwierigkeiten bestehen bei Zugdruckversuchen nicht; hier ist das gesamte Stabvolumen der zylindrischen Meßstrecke nahezu gleich hoch beansprucht. Das Ergebnis von Temperaturmessungen während der Wechselbeanspruchung von Zugdruckstäben zeigen nach Versuchen des Verfassers Abb. 244 und 245[2]. Dabei wurde mit Rücksicht auf die Änderung der Dämpfung mit der Lastspielzahl, die aus dem Temperaturverlauf ersichtlich ist,

[1] THUM, A., u. W. BUCHMANN: Dauerfestigkeit und Konstruktion. Berlin: VDI-Verlag 1931. — WAGNER, R.: Die Bestimmung der Dauerfestigkeit der knetbaren, veredelbaren Leichtmetallegierungen. Berlin: Julius Springer 1928. — SARAN, W.: Leichtmetall-Sandguß, seine statische und seine Schwingungsfestigkeit. Z. Metallkde. Bd. 21 (1932) S. 181 u. 207.

[2] Unveröffentlichte Versuche 1939.

die Temperaturkurve einer jeden Beanspruchungsstufe mit einem neuen Stab aufgenommen. Bei Beanspruchung unterhalb der nach WÖHLER ermittelten Wechselfestigkeit erfahren die Prüfstäbe eine geringe Erwärmung; bei Beanspruchung in Höhe der Dauerfestigkeit und darüber ist die Erwärmung erheblich; sie klingt aber schnell (beginnend nach ~5000 Lastspielen) ab. Bemerkenswert ist, daß bei der im Wöhlerversuch für $50 \cdot 10^6$ Lastspiele festgestellten Dauerfestigkeitsbeanspruchung ($\pm 10{,}1$ kg/mm² in Abb. 244) fast ebenso hohe plastische

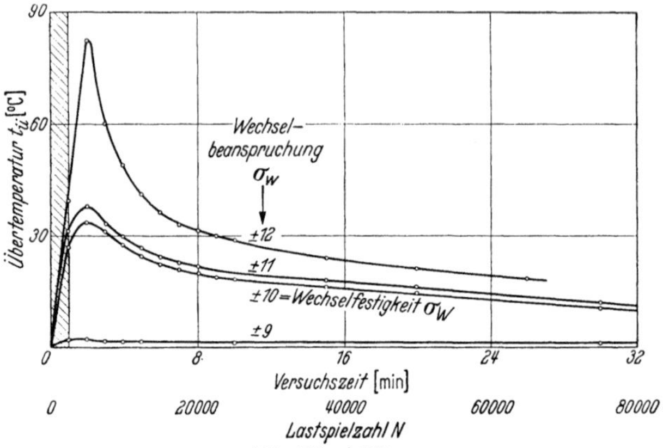

Abb. 244. **AZM**.

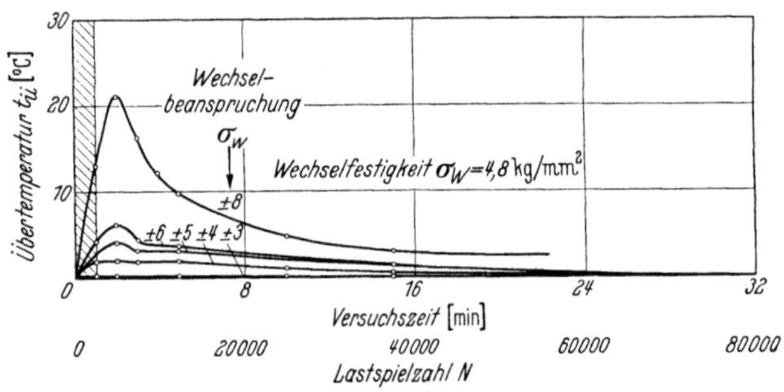

Abb. 245. **A 9 v**.

Abb. 244 und 245. Übertemperatur von Prüfstäben aus Elektron **AZM** (FlW 3510.2) und Elektronsandguß **A 9 v** (FlW 3507.9) bei Zugdruckwechselbeanspruchung n = 2500/min, als Kennzeichen für die Dämpfung und deren Änderung mit der Lastspielzahl. Der geschraffte Bereich von 1 min = 2500 Lastspielen wird zum Aufbringen der Belastung benötigt. Versuche von W. BUCHMANN (1939).

Wechselverformungen vor sich gehen, wie bei der ± 1 kg/mm² höheren, schnell zum Dauerbruch führenden Beanspruchung. Die zerrüttende Wirkung der an der Dauerfestigkeitsgrenze also bereits eintretenden Wechselverformung wird im weiteren Ablauf der Wechselbeanspruchung durch Wechselverfestigung wieder ausgeglichen. In welchem Ausmaß dies der Fall ist, kann aus den Daten eines „Abkürzungsversuches“ niemals entnommen werden. Von der hierdurch bedingten Ungenauigkeit muß man bei Anwendung des Abkürzungsverfahrens nach Abb. 244 und 245 auch für die Zugdruckwechselfestigkeit von Magnesiumlegierungen rechnen. Bei Aluminiumlegierungen versagt das Verfahren vollständig.

Dämpfungseigenschaften. Bei Versuchen nach Abb. 244 und 245 erhält man bei Aluminiumlegierungen keine meßbaren Temperaturerhöhungen. Man erkennt schon daraus, daß bei vergleichbaren Beanspruchungen, z. B. in Nähe der Wechselfestigkeit, die Dämpfung[1] der Magnesiumlegierungen wesentlich höher als die der Aluminiumlegierungen[2] ist. Auf die Zusammenhänge mit der *Kristallausrichtung* und der niedrigen 0,02-Grenze ist von G. SIEBEL und H. BOTHMANN frühzeitig hingewiesen worden[3]; die Zusammenhänge wurden von G. SIEBEL zunächst festgestellt an Hand von punktweise aufgenommenen Hysteresisschleifen. H. BOTHMANN stellte bei Elektron-Sandgußlegierungen fest, daß auch die auf der SCHENCKschen Dauerverdrehmaschine bei Wechselbeanspruchung aufgenommenen Hysteresisschleifen mit steigender Lastspielzahl geringere Arbeitsflächen umschließen, die Dämpfung also in ähnlicher Weise abnimmt, wie es die Abb. 244 und 245 zeigen[4].

Den Dämpfungseigenschaften wird in technischer Hinsicht nur in Einzelfällen unmittelbare Bedeutung beigemessen, da man mit den Beanspruchungen praktisch ja nur selten so nahe an die Dauerfestigkeitsgrenze herangehen kann, daß schon eine nennenswerte Werkstoffdämpfung besteht. Eine mittelbare Bedeutung wurde der Dämpfung früher in der Annahme zugeschrieben, daß mit hoher Dämpfung eine geringe Kerbempfindlichkeit verbunden sei. Vor der Anwendung dieser Auffassung, welche auch allgemein nicht bestätigt wurde[5], auf Magnesiumlegierungen ist in den Arbeiten von W. SCHMIDT[6] und Mitarbeitern schon früher gewarnt worden.

b) Einfluß der Querschnittsgröße, Unterschied von Biege- und Zugdruckwerten.

Von den verschiedenen Beanspruchungsarten ist es nur die Biegebeanspruchung, von der für einen Vergleich der Werkstoffe untereinander genügend Dauerfestigkeitswerte zur Verfügung stehen. Während Zugdruck- und Verdrehwerte verhältnismäßig selten sind, gibt es wohl keine Werkstoffgruppe, für welche Biegewechselfestigkeitswerte nicht mehrfach vorlägen. Dies hängt mit der Bequemlichkeit des Dauerbiegeversuchs, besonders in Form des Umlaufbiegeversuchs zusammen.

Auch für einen Vergleich der Magnesiumlegierungen untereinander und mit anderen Legierungen können nur die Biegewechselfestigkeits-

[1] Die Dämpfung an der Dauerfestigkeitsgrenze nennt O. FÖPPL „Grenzdämpfung".

[2] Siehe z. B. W. KNACKSTEDT: Die Werkstoffdämpfung bei Drehschwingungen nach dem Dauerprüfverfahren und dem Ausschwingungsverfahren. Berlin: NEM-Verlag 1930.

[3] Über die Versuche von G. SIEBEL und von H. BOTHMANN siehe W. SCHMIDT: Die Bedeutung des Kristallaufbaus für die Beurteilung der Elastizitätsgrenze und Dauerfestigkeit von Elektronmetall. Z. Metallkde. Bd. 23 (1931) S. 54. Vgl. auch die Zusammenstellung von G. BÖHME (Fußnote 2, S. 173).

[4] Entsprechende Feststellungen machten für andere Metalle u. a. W. HEROLD: Dauerbeanspruchung, Gefüge und Dämpfung. Arch. Eisenhüttenw. Bd. 2 (1938) S. 23. — KORTUM: Neue Versuche über die Materialdämpfung. Z. Metallkde. Bd. 23 (1932) S. 98. — LUDWIK, P., u. H. KRYSTOF: Z. VDI Bd. 77 (1933) S. 629.

[5] LEHR, E.: Schwingungsfestigkeit und Ermüdungserscheinungen der Werkstoffe. Werkzeugmaschine Bd. 35 (1931) S. 400. — LUDWIK, P., u. R. SCHEU: Dauerversuche mit Metallen. Metallwirtsch. Bd. 8 (1929) S. 1. — BUCHMANN, W.: Kerbempfindlichkeit der Werkstoffe. Forschg. Ing.-Wes. Bd. 5 (1934) S. 36, ferner 193.

[6] Siehe Fußnote 1, S. 157; ferner W. SCHMIDT: Kristallstruktur und praktische Werkstoffgestaltung am Beispiel des Elektronmetalls. Z. Metallkde. Bd. 25 (1933) S. 229.

werte zugrunde gelegt werden. Ehe diese im folgenden Abschnitt aufgeführt und besprochen werden, ist es notwendig, den *Einfluß der Stärke des Biegestabes* auf das Ergebnis des Dauerbiegeversuchs zu besprechen. Ein solcher Einfluß ist bisher nur bei Stählen genauer untersucht worden. So fand R. FAULHABER[1], daß mit steigendem Stabdurchmesser die Biegewechselfestigkeit abnimmt, und zwar offenbar bis auf einen Grenzwert herunter. — Entsprechende Versuche des Verfassers[2] an Elektron **AZM** und Elektronsandguß **A 9 v** zeigt Abb. 246. Es ist damit auch für die Magnesiumlegierungen eine erhebliche Abhängigkeit der Biegewechselfestigkeit von der Prüfstabstärke festgestellt; der untere Grenzwert, dem die Biegewechselfestigkeit bei großem Stabdurchmesser zustrebt, ist offenbar die Zugdruckwechselfestigkeit. Dies steht im Einklang mit theoretischen Überlegungen. Wie bereits in Abschnitt C, S. 181 erörtert wurde, sind auch bei zügiger Beanspruchung die Biegewerte stets gegenüber den Zugwerten erhöht. Ursache ist wie bei allen Werkstoffen das Spannungsgefälle vom Rand zur Mitte und die „Stützwirkung" der inneren, niedrig beanspruchten Querschnittsteile; bei Magnesiumlegierungen ferner der Unterschied zwischen rechnerischer und wirklicher Spannungsverteilung nach Abb. 225, S. 179. Die *Überhöhung der Biegewerte* wird bei geringer Probenstärke immer größer und verschwindet umgekehrt bei großen Dicken entsprechend der Abnahme des Spannungsgefälles; bei der Wechselbiegung starker Querschnitte ist daher die Beanspruchung der Randfaser als Zugdruckbeanspruchung anzusehen. Das letztere gilt naturgemäß auch für Hohlquerschnitte jeder Größe. — Die hier beschriebenen Verhältnisse dürften für alle Werkstoffe zutreffen. Soweit zuverlässige Zugdruckwerte vorliegen, wird das Verhältnis der Biegewerte zu diesen stets ähnlich gefunden; allerdings bestehen Unterschiede bei den verschiedenen Werkstoffen.

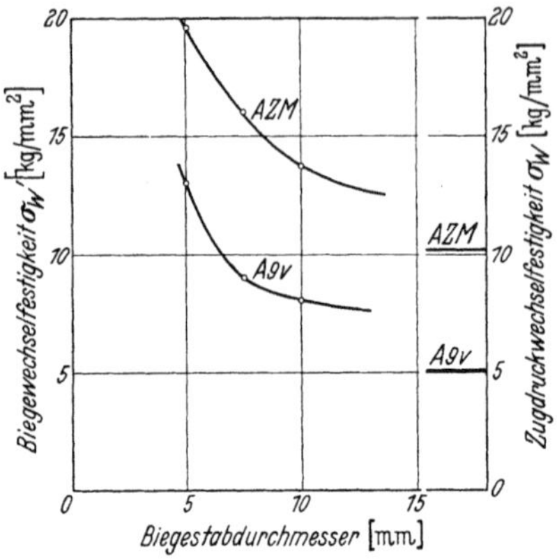

Abb. 246. Abhängigkeit der Biegewechselfestigkeit (Umlaufbiegung) vom Biegestabdurchmesser. Elektron **AZM** (FlW 3510.2) und Elektronsandguß **A 9 v** (FlW 3507.9). Rechts eingezeichnet: Zugdruckwechselfestigkeit. Versuche von W. BUCHMANN (1939).

Einen ausführlichen Versuch an Elektron AZM zeigt Abb. 247. Es wurden gekerbte Umlaufbiegeproben mit untersucht, ebenso Flachbiege-

[1] Siehe Werkstoffhandbuch Stahl und Eisen, 2. Aufl., Teil D 11. Düsseldorf: Stahleisen 1937. — Nach Drucklegung wurden noch DVL-Versuche von K. BUNGARDT an Leichtmetallen bekannt, mitgeteilt von F. BOLLENRATH in Jb. dtsch. Luftfahrtforschg. 1938, Ergänzungsband.

[2] Unveröffentlichte Versuche 1939.

proben von rechteckigem Querschnitt. Die Werte der letzteren sind aus Gründen, die im Schrifttum mehrfach behandelt sind, niedriger als die der runden Umlaufbiegeproben (s. auch S. 230). Diese Unterschiede verschwinden bei größeren Probestärken, da die Werte beider Versuchsarten ja dem gleichen Zugdruckwert zustreben müssen.

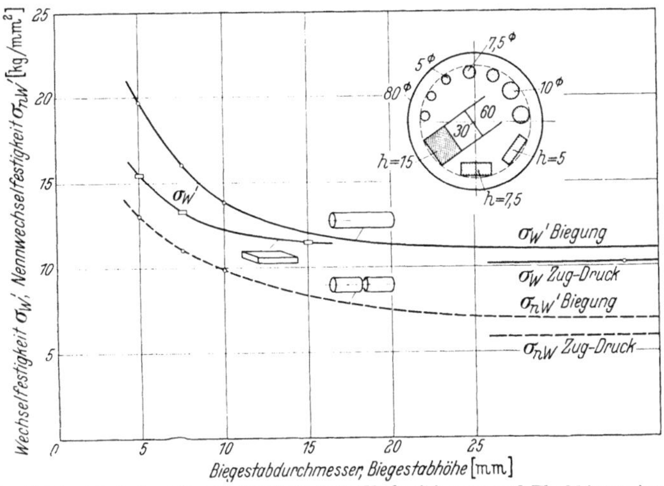

Abb. 247. Abhängigkeit der Biegewechselfestigkeit (Umlaufbiegung und Flachbiegung) von Biegestabdurchmesser und -höhe. Elektron **AZM** (FlW 3510.2), gepreßt 80⌀, Probenentnahme oben rechts eingezeichnet. Die Biegewechselfestigkeit sinkt bei großer Biegestabstärke bis auf die Zugdruckwechselfestigkeit. Versuche von W. BUCHMANN (1939).

Die umgekehrte Abhängigkeit der Biegedauerfestigkeit von der Probenstärke ist in einem Einzelfall von I. A. GANN[1] angegeben worden, und zwar bei einer sehr grobkörnigen Legierung Mg – 2 Mn. Diese Ausnahme kann durch das grobe Korn bedingt sein.

Die beschriebene Abhängigkeit der Dauerbiegewerte von der Probenstärke darf beim Vergleich verschiedener Werte und bei ihrer praktischen Anwendung nicht vernachlässigt werden.

2. Wechselfestigkeit technischer Legierungen.

Die Dauerbeanspruchung für denjenigen Beanspruchungsfall, bei dem Oberspannung und Unterspannung entgegengesetzt gleich hoch sind, die Mittelspannung also Null ist, heißt „Wechselfestigkeit" σ_W bzw. τ_W. In ihr zeigen sich die Dauerfestigkeitseigenschaften eines Werkstoffes am deutlichsten.

a) Prüfbedingungen, Gültigkeitsbereich (Probenherkunft und -form).

Für die Bestimmung der Wechselfestigkeit sind die Vorschriften von Din DVM 4001 und (für die Biegewechselfestigkeit) Din DVM A 113

[1] Aussprachebemerkung zum Bericht von R. L. TEMPLIN: Vgl. S. 203, Fußnote 1.

maßgebend, die jedoch zum Teil noch 10 · 10[6] Lastspiele zugrunde legen. Alle im folgenden angegebenen Werte sind *für 50 · 10*[6] *Lastspiele* aus Wöhlerlinien entnommen. Die Anzahl der Lastspiele je Minute beträgt $n = 750 \ldots 6000$ (bei Umlaufbiegeversuchen meist 5500) und ist innerhalb dieser Grenze mit Sicherheit ohne Einfluß auf das Ergebnis.

Für die Probenherkunft gilt alles, was für die Zugfestigkeit auf S. 144 bis 145 angegeben wurde, es wurden also Sandgußstäbe 25 ⌀ und Preßstangen von 20 ⌀ benutzt. Die Prüfstäbe waren in der Meßstrecke zylindrisch (7,5 ⌀) und poliert und somit von Kerbeinflüssen frei, soweit sich dies überhaupt verwirklichen läßt.

b) Biegewechselfestigkeit technischer Legierungen, Beziehung zwischen Biegewechselfestigkeit und sonstigen Gütewerten.

Gußlegierungen. Die unter den angegebenen Bedingungen ermittelten Biegewechselfestigkeitswerte der Elektron-Gußlegierungen enthält *Zahlentafel 46.* Angegeben sind die größten und die kleinsten Werte von mindestens 3 und, bei den gebräuchlichsten Legierungen, bis zu

Zahlentafel 46. Biegewechselfestigkeit von Elektron-Gußlegierungen[1].

Leg.-Nr.[2]	Elektron-bezeichnung	Kurzbezeichnung[3]	Zugfestigkeit σ_B kg/mm² b	Biegewechselfestigkeit σ_W' kg/mm² a … c	Wechselfestigkeitsverhältnis σ_W'/σ_B a … c
3	**AZ 31**	G Mg – 3 Al, 1 Zn	17	∾ ±5,5	∾ 0,33
4	**AZF**	G Mg – 4 Al, 3 Zn	18	∾ ±6,5	∾ 0,35
5	**AZG**	G Mg – 6 Al, 3 Zn	20	±7 ... 9,2	0,35 ... 0,45
7	**A 9 v**	G Mg – 8½ Al, ½ Zn	27	±8 ... 12	0,39 ... 0,43
8	A 9 h		28	±8,5 ... 9,5	0,33 ... 0,39
9	A 10 v	G Mg – 9½ Al, ½ Zn	27	±9,5 ... 10,5	0,39 ... 0,43
10	A 10 h		27	±8 ... 9,5	0,32 ... 0,39
11	ZA	G Mg – 1 Zr	17	±3 ... 3,5	0,18 ... 0,22
12	ZB	G Mg – 3 Zn, 1 Zr	21	±5,5 ... 6,5	0,27 ... 0,33
14	A 8	Kg Mg – 8 Al, ½ Zn	22	±6,5 ... 8,5	0,32 ... 0,34
15	**AZ 91**	Kg Mg – 9½ Al, ½ Zn	20	±8 ... 9	0,43 ... 0,48

a niedrigster, b häufigster, c höchster Wert (zu Dauerfestigkeitswerten liegen Häufigkeitsuntersuchungen nicht vor).

[1] Umlaufbiegestäbe 7,5 ⌀ aus Sandgußstäben 13 ⌀ nach Abb. 197, Kokillengußstäben 25 ⌀ nach Abb. 198; Werte gültig für 50 · 10[6] Lastspiele. — [2] Legierungs-Nr. wie in Zahlentafel 28, S. 146. — [3] Wärmebehandlung s. Zahlentafel 30, S. 149.

14 Versuchsreihen. Bei den gebräuchlichsten Legierungen steigt die Wechselfestigkeit in der Reihenfolge **AZF**, **AZG**, **A 9 v**; die Legierung A 9 v ist also auch in der Dauerfestigkeit deutlich überlegen; praktisch die gleichen Werte weist auch **A 10 v** auf. Die Werte der Legierungen AZF und AZG sind ebenso hoch wie von Aluminiumgußlegierungen z. B. der Gattung G Al-Mg oder G Al-Cu; die Werte von A 9 v und A 10 v sind denjenigen der Legierungen höchster Festigkeit der Gattung G Al-Si gleich[1].

In der letzten Spalte der Zahlentafel 44 ist das Verhältnis der Biegewechselfestigkeit zur Zugfestigkeit („*Wechselfestigkeitsverhältnis*") angegeben; dieses wurde nicht aus den Mittelwerten, sondern aus den tatsächlich ermittelten Zugfestigkeitswerten einer jeden Versuchsreihe gebildet. Das Wechselfestigkeitsverhältnis liegt, mit Ausnahme der Legierungen ZA und ZB, zwischen 0,33 und 0,43. Beziehungen zu sonstigen Gütewerten, wie 0,02- oder 0,2-Grenze oder gar Dehnung, Kerbschlagzähigkeit usw. zu suchen und anzugeben, ist zwecklos, weil diese Werte in keiner erkennbaren Beziehung zur Wechselfestigkeit stehen. So ist die Erhöhung der Dehngrenzen durch Aushärtung auf die Wechselfestigkeit bei höheren Lastspielzahlen praktisch ohne Einfluß. Auch bei der Prüfung von Versuchslegierungen zeigt es sich immer wieder, daß nur eine Erhöhung der Zugfestigkeit erhöhte Dauerfestigkeitswerte erzielen läßt. — Eine Ausnahme hiervon bildet die Legierung **ZA**. Die Zugfestigkeit dieser Legierung wird deshalb so hoch gefunden, weil die Legierung eine außergewöhnlich hohe Dehnung hat (vgl. S. 136). Dies tritt naturgemäß bei der Wechselbeanspruchung nicht in Erscheinung; hier wirkt sich nur die natürliche Verfestigung des Mischkristalls durch entsprechende Legierungsgehalte aus.

Das Wechselfestigkeitsverhältnis liegt bei der Kokillengußlegierung **AZ 91** etwas über dem der sonstigen Legierungen.

Knetlegierungen. Die bei Elektronknetlegierungen ermittelten Biegewechselfestigkeitswerte enthält *Zahlentafel 47*. Auch hier liegen den Angaben mindestens 3 Versuchsreihen je Legierung, bei den gebräuchlichsten bis zu 13 Versuchsreihen zugrunde. Die höchsten Wechselfestigkeitswerte erreichen die Legierungen **AZM** und **AZ 855**, sie kommen mit diesen Werten bei $50 \cdot 10^6$ Lastspielen den hochfesten Aluminiumlegierungen der Gattung Al-Mg-Cu gleich (s. auch Abb. 241 und 242)[2].

Der bei diesen technischen Legierungen erreichte Wert von $\sigma_W' = \pm 17$ kg/mm² liegt dicht unter den höchsten bei Magnesium*versuchs*-

[1] Das gleiche geht aus den Zahlenangaben von R. L. TEMPLIN und von J. A. GANN hervor (vgl. Fußnote 1, S. 203 und Fußnote 1, S. 209).

[2] Auch hierfür sind die bereits erwähnten Zahlenangaben von K. MATTHAES, von R. L. TEMPLIN und von J. A. GANN eine Bestätigung.

legierungen überhaupt erreichten Werten von $\sigma_W' = \pm 18\ kg/mm^2$. Solche Werte wurden bei Legierungen der Zusammensetzung Mg — 8 Al, 1 Zn; Mg — 10 Al, ½ Zn; Mg — 5 Al, 3 Zn, 2 Cd, 3 Bi ebenso wie bei Mg — 5 Al, 3 Zn, 5 Cd gefunden. Diese geringe noch mögliche Erhöhung muß aber mit anderen Nachteilen (z. B. Kerbempfindlichkeit, schwierige Verarbeitung) erkauft werden und lohnt sich praktisch nicht. Außerdem ist der geringe Festigkeitsgewinn ein scheinbarer, da bei den hohen Legierungsgehalten Aushärtungserscheinungen wirksam sind, die einen steilen Abfall des zweiten Teils der Wöhlerlinie zur Folge haben.

Das Wechselfestigkeitsverhältnis, letzte Spalte von Zahlentafel 47, scheint stärker zu schwanken als bei den Gußlegierungen; bei den hoch-

Zahlentafel 47. Biegewechselfestigkeit von Elektron-Knetlegierungen[1].

Leg.-Nr.[2]	Elektronbezeichnung	Kurzbezeichnung[3]	Zugfestigkeit σ_B kg/mm² b	Biegewechselfestigkeit σ_W' kg/mm² a c	Wechselfestigkeitsverhältnis σ_W'/σ_B a c
16	**AM 503**	Mg – 2 Mn	30	∼ ±7,5	0,25 . . . 0,28
17	**AM 537**	Mg – 2 Mn, ½ Ce	27	±7,5 . . . 11	0,26 . . . 0,32
20	**AZ 31**	Mg – 3 Al, 1 Zn	27	∼ ±11	∼ 0,4
21	**AZM**	Mg – 6 Al, 1 Zn	32	±15 . . . 17	0,42 . . . 0,51
22	**AZ 855**	Mg – 8 Al, ½ Zn	34	±14 . . . 16	0,45 . . . 0,50
26	AM 6	Mg – 2 Mn, 6 Ce	26	±7,5 . . . 8,5	0,28 . . . 0,32

a niedrigster, b häufigster, c höchster Wert (zu Dauerfestigkeitswerten liegen Häufigkeitsuntersuchungen nicht vor).

[1] Umlaufbiegestäbe 7,5 ⌀ aus gepreßten Stangen ∼20 ⌀, Werte gültig für $50 \cdot 10^6$ Lastspiele. — [2] Legierungs-Nr. wie in Zahlentafel 29, S. 147. — [3] Wärmebehandlung siehe Zahlentafel 31, S. 151.

festen Legierungen liegt es mit 0,4 . . . 0,5 ziemlich hoch. Dies kann man vielleicht damit erklären, daß wohl die Wechselfestigkeit, nicht aber im gleichen Maße die Zugfestigkeit mit der Verfestigung des Mischkristalls Schritt hält, weil die Zugfestigkeit dann schon durch die Verringerung der Verformungsfähigkeit beeinträchtigt wird.

Allgemeines über die Beeinflussung der Wechselfestigkeit. Es ging aus der Besprechung der Dauerfestigkeitswerte bereits hervor, daß die Dauerfestigkeit als Werkstoffeigenschaft sich mit der Verfestigung des Mischkristalls durch hierzu geeignete Legierungszusätze steigert. Die Aushärtung aus dem übersättigten Mischkristall, die zu einer erheblichen Steigerung der Dehngrenzen und der Härte und auch zu einer Steigerung der Zugfestigkeit führen kann, bringt dagegen kaum eine weitere Erhöhung der Dauerfestigkeit mit sich. Immer bleibt die Dauerfestigkeitserhöhung im Verhältnis noch unter der Zugfestigkeitserhöhung durch Aushärtung [1]. Die Magnesiumlegierungen verhalten sich hier nicht anders als die Aluminiumlegierungen. — Praktisch das gleiche gilt für die Erhöhung der Gütewerte durch Kaltverformung (Kaltrecken, Kaltwalzen). Auch hier bleibt die Dauerfestigkeitserhöhung, wenn sie überhaupt eintritt, hinter der Zugfestigkeitserhöhung zurück. — Eine Erhöhung der Zeitfestigkeitswerte durch die genannten Maßnahmen ist dagegen möglich, diese verschwindet jedoch bei höheren Lastspielzahlen mehr und mehr infolge der meist stärkeren Neigung der Wöhlerlinie.

c) Verhältnis von Zugdruck- und Verdrehwechselfestigkeit zur Biegewechselfestigkeit.

Da nur für einige Legierungen Einzelwerte der Zugdruckwechselfestigkeit σ_{zW} und der Verdrehwechselfestigkeit τ_W' ermittelt sind, bleibt — bei den Magnesiumlegierungen wie bei allen anderen Werkstoffen — praktisch nichts übrig, als diese Werte aus den weitgehend bekannten Werten der Biegewechselfestigkeit σ_{bW}' abzuleiten und hierbei die Verhältniszahlen anzuwenden, die bei den wenigen Einzelversuchen gefunden wurden. Da σ_{bW}' von der Stärke des Biegestabes abhängig ist, wäre es zweifellos günstiger, wenn man diesen Umweg zur Ermittlung der Zugdruckwechselfestigkeit nicht nötig hätte, sondern umgekehrt vom Zugdruckwert ausgehen und die Überhöhung der Biegewerte nur dann berücksichtigen würde, wenn diese infolge kleiner Biegequerschnitte wirklich in Betracht kommt.

Bei den wenigen Zugdruckwechselfestigkeitswerten, zu denen gleichzeitig Biegewerte vorliegen, wurde das Verhältnis σ_{zW}/σ_{bW}' für 7,5 ⌀ der Biegestäbe bei den beiden Knetlegierungen Elektron **AZM** und **AZ 855** zu ∼0,63 gefunden (bei Al-Cu-Mg-Legierungen in gleicher Höhe), bei der Gußlegierung **AZG** zu 0,56; bei 2 Versuchsreihen mit der Gußlegierung **A 9 v** war $\sigma_{zW}/\sigma_{bW}' = 0{,}48 \ldots 0{,}55$ (Versuche von W. BUCHMANN). Die Versuchsergebnisse von GOUGH und SOPWITH [2] mit einer Legierung Mg — 2,5 Al und mit Duralumin (Al — 3 Cu, $^1/_2$ Mg) lieferten ein höheres Verhältnis von ∼0,85; der Durchmesser des Biegestabes war hier allerdings 10 mm. — Sonstige zuverlässige Angaben sind nicht bekannt [3].

Solange nicht eine größere Zahl von Zugdruckversuchen vorliegt, muß mit den zuerst genannten Verhältniszahlen gerechnet werden; sie gelten jedoch nur, wenn von Biegewerten für ∼7,5 ⌀ ausgegangen wird.

---

[1] Diese Ansicht vertritt auch R. IRMANN: Die Ermüdungsfestigkeit der Aluminiumlegierungen. Aluminium 1935 S. 638.

[2] GOUGH, H. I., u. D. G. SOPWITH: Some Comparative Corrosion Fatigue Tests employing two Types of Stressing Action. Engineering 1933 S. 75.

[3] Ältere Zugdruckwerte, die auf hochfrequenten Zugdruckmaschinen gewonnen wurden, können nicht als zuverlässig angesehen werden; sie sind stets zu hoch angegeben.

Für die Verdrehwechselfestigkeit liegen ebenfalls nur einzelne Werte vor. Man muß beachten, daß die Verdrehdauerfestigkeit in ähnlicher Weise von der Probestabstärke abhängt wie die Biegedauerfestigkeit, sodaß in einen Vergleich zwischen Biege- und Verdrehwerten Unterschiede des Probendurchmessers eingehen.

Bei Elektron-Sandguß **AZG** fand W. SARAN[1] ein Verhältnis $\tau_W'/\sigma_W' = 0{,}59$; bei Elektron **AZM** fand P. LUDWIK[2] hierfür 0,59, K. MATTHAES[3] 0,49 und bei **AZ 855** fand der Verfasser 0,46.

P. LUDWIK[4] sieht $\tau_W'/\sigma_W' = 0{,}57$ als Regelwert an, zumal dies dem Verhältnis von Drillgrenzen und Dehngrenzen (vgl. S. 184) entspricht. Ein solches Regelverhältnis wird jedoch praktisch schon deswegen nicht immer zutreffend gefunden, weil die Verdrehdauerfestigkeit anders als die Biegedauerfestigkeit von der Gefügeausbildung abhängt. So wird durch ein Zeilengefüge, z. B. „Aluminiumzeilen", starke „Manganzeilen", die auch die Querzerreißwerte beeinträchtigen (vgl. S. 169 u. 174), die Verdrehwechselfestigkeit etwas herabgesetzt. An der Oberfläche eines zylindrischen Verdrehstabes sind die Schubspannungen in Quer- und Längsrichtung gleich groß, so daß Verdrehdauerbrüche ebenso als Längsbrüche wie als Querbrüche oder Treppenbrüche eintreten können. Als Querbrüche werden sie z. B. dann eintreten, wenn der Stab Schleifspuren vom Rundschleifen hat, als Längsbrüche z. B. bei Zeilen der genannten Art. Dem Auftreten von solchen Längsbrüchen ist meist keine besondere Bedeutung beizumessen; bei sehr ungünstigem Zeilengefüge kann jedoch gleichzeitig die Verdrehdauerfestigkeit vermindert werden, so daß man ein zu niedriges Verhältnis τ_W'/σ_W' findet. Die niedrigsten Werte wurden mit 0,43 von K. MATTHAES bei Duralumin und mit 0,44 vom Verfasser bei Elektron AZ 855 gefunden.

3. Kerbempfindlichkeit technischer Legierungen.

Auf die Bedeutung der Spannungsverteilung für die Nennfestigkeit von Bauteilen (Gestaltfestigkeit) ist in der Einleitung von Abschnitt E (S. 185)[5] hingewiesen worden. Die Dauerfestigkeit eines Bauteils wird nicht allein von der Spannungsverteilung im gefährdeten Werkstückquerschnitt und von der Dauerfestigkeit des Werkstoffs bestimmt, sondern noch von der weiteren Eigenschaft des Werkstoffs, auf Span-

---

[1] SARAN, W.: Siehe Fußnote 1, S. 205.

[2] LUDWIK, P.: Kerb- und Korrosionsdauerfestigkeit. Metallwirtsch. Bd. 10 (1931) S. 705.

[3] MATTHAES, K.: Siehe Fußnote 2, S. 202. Bei je einer Al- und Mg-Gußlegierung fand K. MATTHAES hohe Verhältniszahlen für τ_W'/σ_W', die auch LUDWIK bei anderen Gußwerkstoffen fand.

[4] LUDWIK, P.: Z. öst. Ing.- u. Archit.-Ver. Bd. 5 (1929) S. 403.

[5] Siehe dort auch die Erläuterung der Begriffe „Nennspannung" und „Nennfestigkeit".

nungsspitzen mehr oder weniger anzusprechen. Diese Eigenschaft heißt „Kerbempfindlichkeit"; als Maß für die Kerbempfindlichkeit bei Wechselbeanspruchung dient die „Empfindlichkeitszahl". Die Beachtung und Überwachung der Kerbempfindlichkeit ist wichtig, weil die Hochzüchtung der Festigkeitswerte von Werkstoffen für die meisten Anwendungsgebiete zwecklos ist, wenn gleichzeitig die Kerbempfindlichkeit übermäßig erhöht wird.

a) Bestimmung und Gültigkeitsbereich der Kerbempfindlichkeit.

Die Spannungsspitze $\sigma_{\max}$ im Kerbgrund läßt sich durch die ausschließlich formabhängige *Formzahl* α_k als Vielfaches der Nennspannung σ_n angeben: $\sigma_{\max} = \alpha_k \cdot \sigma_n$ (Abb. 248); α_k ist >1. Das Ergebnis von Kerbdauerversuchen mit Kerbformen bekannter Formzahl ist nun so, als sei nicht die volle Spannungsspitze $\alpha_k \cdot \sigma_n$ wirksam; man erhält vielmehr aus dem Verhältnis der Wechselfestigkeit σ_W ungekerbter zur Nennwechselfestigkeit σ_{nW} gekerbter Proben eine *Kerbwirkungszahl* $\beta_k = \sigma_W/\sigma_{nW}$, die kleiner als α_k ist. Der Unterschied zwischen β_k und α_k hängt von der Kerbempfindlichkeit des Werkstoffes ab. Nur bei voller Kerbempfindlichkeit (Empfindlichkeitszahl $\eta_k = 1$) ist $\beta_k = \alpha_k$, die Spannungsspitze also in voller Höhe wirksam; bei völliger Kerbunempfindlichkeit (Empfindlichkeitszahl $\eta_k = 0$) ist $\sigma_W = \sigma_{nW}$, also $\beta_k = 1$. Dieser Begriffsbestimmung entspricht die Beziehung: *Empfindlichkeitszahl* $\eta_k = \dfrac{\beta_k - 1}{\alpha_k - 1}$[1].

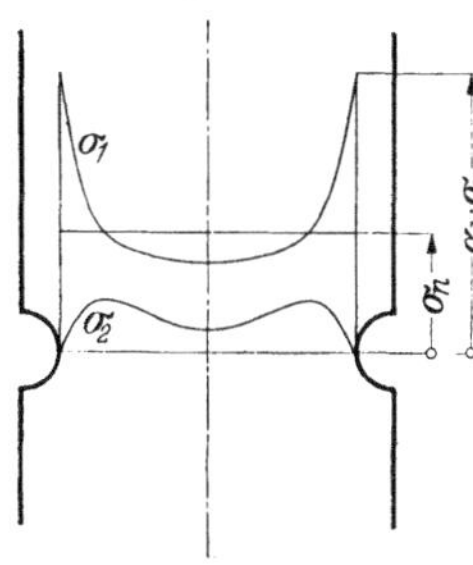

Abb. 248. Kerbwirkung bei Zugbeanspruchung (schematisch). Längsspannungen σ_1, Querspannungen σ_2. Für die Längsspannungen ist die Nennspannung σ_n, die Spannungsspitze $\alpha_k \cdot \sigma_n$.

Nach einmal bestimmter Empfindlichkeitszahl η_k läßt sich die obige Beziehung zur Vorausberechnung der Nennfestigkeit σ_{nW} von Bauteilen mit bekannter Formzahl benutzen; es ergibt sich $\sigma_{nW} = \sigma_W / 1 + \eta_k \cdot (\alpha_k - 1)$.

Es ist darauf hinzuweisen, daß die beiden Beziehungen für η_k und σ_{nW} *nur als erste Annäherung* anzusehen sind. Es ist zwar zu erkennen, in welcher Weise α_k und η_k ihren Einfluß auf σ_{nW} ausüben, die Anwendung von η_k als Berechnungsgröße ist jedoch mit Hilfe der obigen Ansätze nur beschränkt möglich (z. B. bei nicht stark abweichenden Kerbformen und Formzahlen, insbesondere auch zur Berücksichtigung der Formzahlunterschiede, die für gleiche Kerbform bei verschiedenen Beanspruchungsarten bestehen). Die Anwendung der Empfindlichkeitszahl als Berechnungsgröße ist bei Magnesiumlegierungen, wie noch gezeigt wird, zwar eher möglich als bei anderen Legierungsgruppen; die hauptsächliche Bedeutung der Empfindlichkeitszahl liegt jedoch vorläufig nicht in ihrer Anwendung als Berechnungsgröße, sondern als Vergleichszahl für die praktisch wichtige Werkstoffeigenschaft „Kerb-

---

[1] Thum, A., u. W. Buchmann: Dauerfestigkeit und Konstruktion. Berlin: VDI-Verlag 1932.

empfindlichkeit“. Würde man die Werkstoffe nur nach den mit einer bestimmten Kerbform ermittelten Nennwechselfestigkeitswerten σ_{nW} beurteilen, ohne diese Werte mit Hilfe von β_k und η_k in Beziehung zur Wechselfestigkeit σ_W des ungekerbten Stabes und zur Formzahl α_k der jeweiligen Kerbe zu setzen, so wäre diese Bewertung immer nur für die benutzte Kerbform richtig. Ein Werkstoff hoher Kerbempfindlichkeit kann bei niedrigen Formzahlen, z. B. $\alpha_k = 2$, noch eine höhere Nennfestigkeit ergeben als ein Werkstoff niedriger Kerbempfindlichkeit, aber auch niedriger Wechselfestigkeit; bei höherer Formziffer, z. B. $\alpha_k = 5$, kann dann aber der weniger kerbempfindliche Werkstoff, trotz seiner geringeren Wechselfestigkeit im ungekerbten Zustand, die höhere Nennwechselfestigkeit haben. Hohe Kerbempfindlichkeit ist besonders bei hoher Formziffer gefährlich, da ja das Produkt $\eta_k \cdot (\alpha_k - 1)$ für die Nenndauerfestigkeit maßgebend ist.

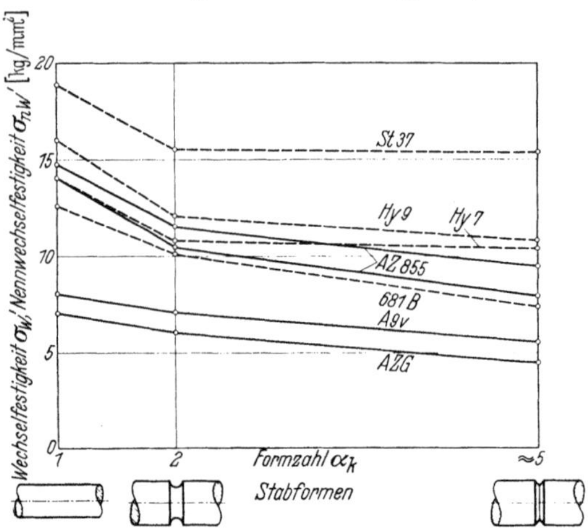

Abb. 249. Wirkung von Kerbformen verschiedener Formzahl (Biegebeanspruchung) auf die Nennwechselfestigkeit von Elektron **AZ 855** und Elektronsandguß **AZG** und **A 9 v**. Zum Vergleich (gestrichelt) St 37, Hy 7 (Al – 7 Mg), Hy 9 (Al – 9 Mg) und Duralumin 681 B (Al – 4 Cu, $^1/_2$ Mg). Versuche von W. BUCHMANN (1936).

Ein praktisches Beispiel für die Ergebnisse von Kerbdauerversuchen mit zwei verschiedenen Kerbformen zeigt Abb. 249. Die Formzahl der Rundkerbe (Ausrundungshalbmesser $\varrho = 0{,}1$ d) ist $\alpha_k = 2$, die der Spitzkerbe ($\varrho = 0{,}007$ d) ist $\alpha_k = \sim 5$. Bei Stahl und auch bei dem untersuchten Hy 7 (Al – 7 Mg) ist die Kerbwirkung der Spitzkerbe kaum größer als die der Rundkerbe. Bei diesen Werkstoffen erscheint also die Kerbempfindlichkeit für Spitzkerben kleiner als für Rundkerben; der Werkstoff verhält sich gegenüber scharfen Kerben mit stark mehrachsiger Anspannung günstiger, als nach der oben genannten Beziehung zu erwarten ist. Bei dem untersuchten Duralumin 681 B (Al – 4 Cu, $^1/_2$ Mg) und bei den eingezeichneten 4 Elektronlegierungen ist dagegen η_k bei beiden Kerbformen praktisch gleich und erfahrungsgemäß auch für andere Kerbformen in einem weiteren Bereich nach den angeführten Beziehungen gültig.

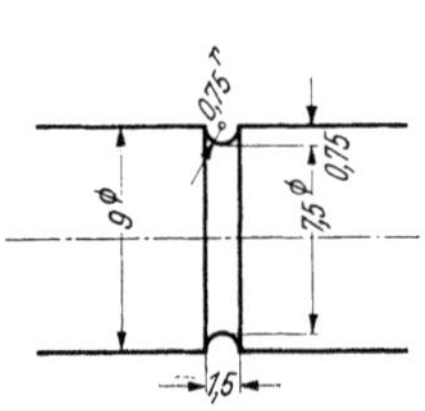

Abb. 250. Stabform zur Bestimmung der Kerbempfindlichkeit („Rundkerbe“, bei Biegebeanspruchung Formzahl $\alpha_k = 2$).

Von den verschiedenen Kerbformen zur Bestimmung der Kerbempfindlichkeit ist die Rundkerbe (Halbkreiskerbe) nach Abb. 250 jetzt am meisten gebräuchlich; ihre Formziffer ist bei Biegebeanspruchung nach Untersuchungen von mehreren Stellen[1] ziemlich genau 2,0. Die Kerbwirkungszahl kann also im Höchstfalle (bei voller Kerbempfindlichkeit) $\beta_k = 2$ werden.

Früher benutzte „Scharfkerben" und scharf oder mit Ausrundung abgesetzte Bunde haben sich nicht als zweckmäßig erwiesen, weil die Ausrundung entweder überhaupt nicht definiert oder nicht gleichmäßig herstellbar ist; ferner weil genügend gesicherte Feststellungen der Formzahl fehlen. Die verhältnismäßig milde Kerbwirkung der Rundkerbe nach Abb. 250 gestattet eine mindestens ebenso gute Unterscheidung und Einstufung der Werkstoffe (besonders nach einer Auswertung zu Empfindlichkeitszahlen) wie die Anwendung schärferer Kerbformen, bei denen sich die Einhaltung der genauen Kerbform und Oberflächengüte nicht leicht überwachen läßt.

Als Empfindlichkeitszahl η_k ist in den folgenden Zahlenangaben nur der Wert verstanden, der mit Umlaufbiegestäben der Kerbform von Abb. 250 unter Zugrundelegung der Formzahl $\alpha_k = 2$ ermittelt wurde.

Obwohl es im allgemeinen zwecklos ist, die Empfindlichkeitszahl genauer als auf 0,1 anzugeben, wurde im folgenden eine Unterteilung auf 0,05 vorgenommen.

Die Probenherkunft ist die gleiche wie bei den Wechselfestigkeitswerten von Zahlentafel 46 und 47. Dies ist wichtig, weil die Kerbempfindlichkeit nicht allein eine Legierungseigenschaft, sondern ebensosehr von der Verarbeitungsweise bestimmt ist (Näheres hierüber vgl. Abschnitt 4, S. 221).

b) Kerbempfindlichkeitszahlen technischer Legierungen; Beziehung zwischen Kerbempfindlichkeit und sonstigen Gütewerten; Einflüsse auf die Kerbempfindlichkeit.

Zahlentafel 48 enthält die Einzelergebnisse von Kerbdauerversuchen mit den meist gebräuchlichen technischen Guß- und Knetlegierungen. Die Empfindlichkeitszahlen schwanken besonders bei den Knetlegierungen in so weiten Grenzen, daß es nicht möglich ist, einer Legierung eine bestimmte Kerbempfindlichkeit zuzuordnen und diese etwa für Konstruktionsberechnungen zu verwenden. Es ergibt sich für diese Schwankungen auch nicht der geringste Zusammenhang mit sonstigen (gleichzeitig bestimmten, aber in der Zahlentafel nicht angeführten) Werkstoffkennwerten, wie Zugfestigkeit, Dehnung oder Kerbschlagzähigkeit. Es lassen sich jedoch Unterschiede folgender Art zwischen den Legierungen erkennen: die *Gußlegierungen* haben sämtlich eine ziemlich geringe Empfindlichkeitszahl, die ebenso wie bei Alu-

---

[1] Siehe bei A. Thum und W. Bautz: Zur Frage der Formziffer. Z. VDI Bd. 79 (1935) S. 1303. — Ferner Versuche von W. Buchmann: in Kerbempfindlichkeit der Werkstoffe. Forsch.-Arb. Ing.-Wes. Bd. 5 (1934) S. 36.

Zahlentafel 48.

Kerbempfindlichkeit von Elektron-Legierungen (Einzelversuche)[1].

Leg.-Nr.[2]	Elektronbezeichnung	Kurzbezeichnung[3]	Biegewechselfestigkeit zyl. Stab σ_W' kg/mm²	Kerbstab ($\alpha_k = 2$) σ_{nW}' kg/mm²	Empfindlichkeitszahl η_k
5	**AZG**	G Mg – 6 Al, 3 Zn	± 7,0	± 6,0	0,15
			± 8,0	± 6,5	0,25
			± 8,0	± 6,5	0,25
7	**A 9 v**	G Mg – 8½ Al, ½ Zn	± 8,0	± 7,0	0,15
			± 8,0	± 7,0	0,15
			± 8,0	± 7,0	0,15
			± 9,4	± 8,0	0,15
8	A 9 h		± 9,4	± 7,8	0,2
9	A 10 v	G Mg – 9½ Al, ½ Zn	± 9,5	± 8,3	0,15
			± 9,5	± 7,5	0,25
			±10,5	± 7,3	0,4
10	A 10 h		± 9,0	± 6,5	0,4
			± 9,4	± 7,0	0,4
14	A 8	Kg Mg – 8 Al, ½ Zn	± 6,5	± 6,5	0
15	**AZ 91**	Kg Mg – 9½ Al, ½ Zn	± 8,0	± 7,0	0,15
20	**AZ 31**	Mg – 3 Al, 1 Zn	±11,0	± 8,0	0,35
21	**AZM**	Mg – 6 Al, 1 Zn	±16,0	±10,8	0,5
			±17,7	±11,8	0,5
22	**AZ 855**	Mg – 8 Al, ½ Zn	±14,0	±11,2	0,25
			±14,0	±11,0	0,35
			±14,5	±10,5	0,4
			±14,5	±10,5	0,4
			±15,0	±10,0	0,5
			±16,0	±10,5	0,5
			±16,9	±10,9	0,55

[1] Umlaufbiegestäbe aus Sandgußstäben 13⌀ nach Abb. 197, Kokillengußstäben 25⌀ nach Abb. 198 und Preßstangen ~20⌀; Werte gültig für $50 \cdot 10^6$ Lastspiele. — [2] Legierungs-Nr. wie in Zahlentafel 28—31. — [3] Wärmebehandlung siehe Zahlentafeln 30 und 31.

minium-Gußlegierungen zwischen 0 und 0,4 liegt. Die Kerbempfindlichkeit ist anscheinend bei gut homogenem Gefügezustand geringer; bei **A 9 v** ist sie jedenfalls gleichmäßig niedrig, während sie bei dem nichtwärmebehandelten **AZG** zum Teil größer ist, ebenso bei **A 10 v**, bei dem die Homogenisierung manchmal weniger gleichmäßig und vollständig ist wie bei A 9 v. A 9 v ist bei Wechselbeanspruchung in jeder Hinsicht dem AZG überlegen, während A 10 v mit Sicherheit keine weitere Steigerung der Ermüdungseigenschaften bringt. Die ausgehärteten Zustände zeigen etwas höhere η_k-Werte. In der neueren Legierungsentwicklung haben feinkörnig erstarrende Sandgußlegierungen mit ~4% Legierungsbestandteilen zu den gleichen Wechselfestigkeiten wie bei A 9 v geführt, bei praktisch völliger Kerbunempfindlichkeit.

Bei den *Knetlegierungen* liegt der Durchschnitt der Empfindlichkeitszahlen etwas höher als bei den Gußlegierungen, die Grenzen sind 0,25 und 0,5[1]. Das sind die gleichen Grenzen wie bei Aluminiumlegierungen; insbesondere entsprechen die Werte der Legierung **AZ 855** ganz denen der vergüteten Al-Cu-Mg-Legierungen. Die Schwankungen dürften auch bei der Legierung AZ 855 u. a. mit dem Grade der Homogenisierung zusammenhängen.

Soweit die Kerbempfindlichkeit eine Legierungseigenschaft ist, ist bei den gebräuchlichen Legierungen ein besonderer Einfluß einzelner Legierungselemente nicht zu erkennen. Bei *Versuchslegierungen* hat sich gezeigt, daß (im Gegensatz zum Zink) von 1—6% steigende Kadmiumgehalte eine von 0,25 auf 1,0 steigende Kerbempfindlichkeit hervorriefen. Auch die Versuche, hohe Legierungsgehalte durch Wahl mehrerer Legierungselemente unterzubringen, bringen stets hohe Kerbempfindlichkeit mit sich. So haben die S. 137 und 212 erwähnten Legierungen Mg — 5 Al, 3 Zn, 2 Cd, 3 Bi oder ebenso Mg — 5 Al, 3 Zn, 5 Cd im Preßzustand zwar die hohe Wechselfestigkeit von $\sigma_W' = \pm 18$ kg/mm², dafür aber auch die höchstmögliche Kerbempfindlichkeit von $\eta_k = 1$. Nach Lösungsglühung geht die Empfindlichkeitszahl auf 0,6 zurück, doch ist dann auch die Wechselfestigkeit auf $\pm 16{,}5 \ldots 17$ kg/mm² vermindert, also dem AZM oder AZ 855 nicht mehr überlegen.

Die Untersuchungen an Versuchslegierungen zeigen ebenso wie Versuche an älteren Legierungen deutlich, daß bei Magnesiumlegierungen höhere Kerbempfindlichkeiten auftreten können als bei Aluminiumlegierungen. Bei den eingeführten Magnesiumlegierungen ist jedoch gegenüber Aluminiumlegierungen hoher Festigkeit eine erhöhte Kerbempfindlichkeit nicht vorhanden. Die Aufgabe einer ständigen Überwachung der Kerbempfindlichkeit ist weniger, bei den einzelnen Legierungen auf bestimmte Kerbempfindlichkeitswerte hinzuarbeiten, als das Auftreten übermäßiger Kerbempfindlichkeitswerte ($\eta_k = 0{,}6$ und darüber) zu verhindern und in der Legierungsentwicklung von vornherein Legierungen mit übermäßiger Kerbempfindlichkeit auszuschalten. Legierungen und Zustände mit hoher Kerbempfindlichkeit würden in der Praxis zu Rückschlägen und einer Vertrauenseinbuße führen.

---

[1] Vgl. auch W. Buchmann: Dauerfestigkeitseigenschaften von Elektronlegierungen, insbesondere Kerbempfindlichkeit der Knetlegierungen. Jb. dtsch. Luftf.-Forschg. 1938 S. 1524.

c) Kerbempfindlichkeit bei verschiedenen Beanspruchungsarten (Zugdruck- und Verdrehbeanspruchung).

Die Kerbempfindlichkeit bei *Zugdruckbeanspruchung* läßt sich mit der bei Biegebeanspruchung nur vergleichen, wenn mit dem gleichen Werkstoff bei Zugdruck- und Biegebeanspruchung Kerbdauerversuche ausgeführt werden. Es liegen nur zwei derartige Versuchsreihen des Verfassers[1] vor. Bei beiden Beanspruchungsarten wurde die gleiche Kerbform nach Abb. 250 benutzt; für Elektron AZM und AZ 855 (s. auch Abb. 247) ergaben sich folgende Werte:

Werkstoff	Biegung			Zugdruck		
	σ_W'	σ_{nW}'	β_k	σ_W	σ_{nW}	β_k
AZM	±16,0	±10,8	**1,48**	±10,2	±5,8	**1,76**
AZ 855	±16,9	±10,9	**1,55**	±10,5	±6,0	**1,75**

Die Kerbwirkung ist bei Zugdruckbeanspruchung hiernach größer. Dies liegt aber nur daran, daß die gleiche Kerbform bei Zugbeanspruchung eine höhere Formzahl hat als bei Biegebeanspruchung. Während für die Rundkerbe nach Abb. 250 bei Biegebeanspruchung die Formzahl $\alpha_k = 2$ ist, ist sie bei Zugbeanspruchung $\alpha_k = \sim 2{,}4$ ([2]). Die Nachrechnung ergibt, daß bei Zugrundelegung dieser Formzahlen die Kerbempfindlichkeit bei Zugdruck- und Biegebeanspruchung praktisch gleich ist.

Für *Verdrehbeanspruchung* liegen neuere Versuche nicht vor. Die Angaben von P. Ludwik[3], wonach bei Verdrehbeanspruchung die Kerbwirkung viel geringer ist als bei Biegebeanspruchung, sind leicht so zu erklären, daß bei gleichen Kerbformen die Formzahl bei Verdrehung wesentlich kleiner ist als bei Biegung[4] (für die Kerbform nach Abb. 250 ist die Formzahl bei Verdrehung nur $\alpha_k = 1{,}4 \ldots 1{,}8$), und daß auch bei Verdrehbeanspruchung die Kerbempfindlichkeit der Werkstoffe praktisch ebenso groß ist wie bei Normalbeanspruchung.

4. Wechselfestigkeit und Kerbempfindlichkeit in Werkstücken technischer Lieferformen.

a) Gußstücke.

Während für Zerreißwerte in Gußstücken zahlreiche Unterlagen vorhanden sind, liegt über die Wechselfestigkeit in Gußstücken außer einer

[1] Unveröffentlichte Versuche 1938.

[2] Versuche von E. Preuss (1913), A. M. Wahl (1934) und G. Fischer (1932) [siehe bei A. Thum u. W. Bautz: Zur Frage der Formziffer. Z. VDI Bd. 79 (1935) S. 1303]; das gleiche Verhältnis ergaben unveröffentlichte Versuche von H. Determann 1939.

[3] Siehe Fußnote 2, S. 214.

[4] Thum, A., u. W. Buchmann: Siehe Fußnote 1, S. 215. — Buchmann, W.: Siehe Fußnote 1, S. 217.

älteren Untersuchung von K. MATTHAES [1] nur eine neuere Untersuchung des Verfassers [2] an Stäben aus einem in großen Reihen hergestellten Flugmotorgehäuse aus Elektron-Sandguß **A 9 v** vor; hieraus sind einige Schlüsse möglich über die Änderung der Wechselfestigkeitswerte zugleich mit den Zerreißwerten. Das Gußstück hatte allgemein Wandstärken von 5 und 6,5 mm und zwei kleine Felder von 14 mm Wandstärke. Nach der alle Teile umfassenden Röntgenprüfung war das Gußstück völlig fehlerfrei bis auf Feinlunker in den kleinen Feldern von 14 mm Wandstärke. Bei zahlreichen Probestäben aus den Feldern mit 5 mm Wandstärke konnte eine gleichmäßig hohe Biegewechselfestigkeit von $\pm 10 \ldots 11$ kg/mm² festgestellt werden [3], die also völlig den oberen Werten entspricht, die an gesondert gegossenen Probestäben gefunden werden. Stellen mit 6,5 mm Wandstärke waren etwas Al-ärmer als die mit 5 mm Wandstärke und hatten demgemäß eine um $\sim$10% geringere Zugfestigkeit. Um ebenfalls $\sim$10% war die Biegewechselfestigkeit in diesen Teilen niedriger. In den starkwandigen, feinlunkrigen Stellen war die Zugfestigkeit auf $\sim$60% vermindert, genau im gleichen Verhältnis sank die Wechselfestigkeit; sie betrug in den stark feinlunkrigen Stellen also immer noch $\sim$6,5 kg/mm².

Man darf hiernach annehmen, daß die Dauerfestigkeit in Gußstücken immer den Zugfestigkeitswerten entspricht. Auch mit Rücksicht auf die Dauerfestigkeit gilt der Grundsatz, die Gefahr von Feinlunkern dadurch auszuschalten, daß sie durch gießtechnische Maßnahmen von den höchstbeanspruchten Stellen ferngehalten werden.

b) Preßgut, Schmiedestücke, Walzgut.

Dicke Preßstangen. Bei dem geringen Verpressungsgrad dicker Stangen ($>80^{\varnothing}$) und Profile wird die Wechselfestigkeit etwa im gleichen Maße vermindert wie die Zugfestigkeit. So wurden bei dicken Preßstangen aus Elektron **AZM** Biegewechselfestigkeitswerte von $\sim$12 kg/mm² gefunden. Eine stärkere Beeinträchtigung erfährt die Kerbempfindlichkeit, die besonders bei älteren Untersuchungen an starken Preßprofilen ziemlich hoch gefunden wurde [4]. Die Ursachen sind unten zusammen mit den Dauerfestigkeitseigenschaften in Schmiedestücken behandelt. Die hohe Kerbempfindlichkeit in dicken Preßquerschnitten hat in der Beurteilung von Laboratoriumsversuchen eine größere Rolle gespielt

---

[1] MATTHAES, K.: Jb. dtsch. Versuchsanst. Luftf. 1931 S. 439.

[2] Unveröffentlichte Versuche 1939.

[3] Die Versuche wurden auf einer Umlaufbiegemaschine von KROUSE, New Kensington, bei einer Probenstärke von 4 mm ausgeführt; die Werte wurden auf Grund mehrerer Vergleichsversuche in die der üblichen Maschinen bei $7{,}5^{\varnothing}$ der Proben umgerechnet.

[4] BUCHMANN, W.: Siehe Fußnote 1, S. 219.

als in der Praxis, da diese starken Preßprofile fast niemals den endgültigen Verwendungszustand darstellen, sondern als Halbzeug anzusehen sind, welches noch durch Ausschmieden oder Gesenkpressen weiter verformt wird.

Schmiedestücke. Über die Dauerfestigkeitseigenschaften in Schmiedestücken (z. B. Motorträgern und besonders Luftschrauben) aus den Elektron-Legierungen AZM und AZ 855 sind zahlreiche Untersuchungen durchgeführt worden, die auch einige Anhaltspunkte dafür abgeben, welche Einflüsse außer denen der Legierung und des Gefügeaufbaus die Kerbempfindlichkeit bestimmen können. Als solche Einflüsse sind in erster Linie innere Spannungen und die Güte der Blockgüsse zu nennen. So

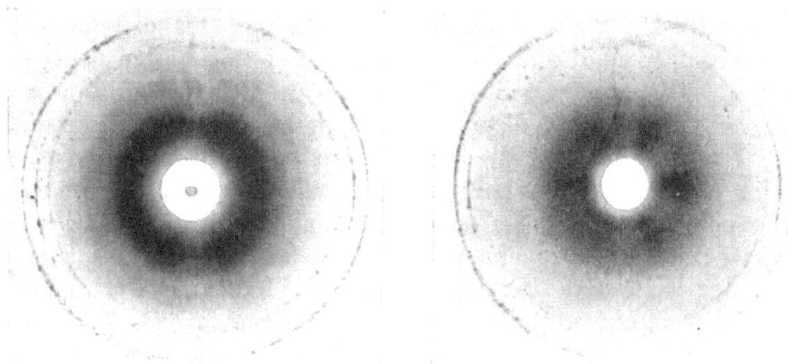

Abb. 251. Freigeschmiedet. Innere Spannungen, Empfindlichkeitszahl $\eta_k = 0,5 \ldots 0,6$.

Abb. 252. Gesenkgepreßt. Rekristallisiert, Empfindlichkeitszahl $\eta_k = 0,3$.

Abb. 251 und 252. Debye-Scherrer-Aufnahmen (Cu-Strahlung, $R = 40$ mm) von Stäben aus Knüppeln 80∅, Elektron AZ 855, die nach gleicher Vorbereitung in der Endverformung teils freigeschmiedet, teils gesenkgepreßt waren. Versuche von G. Siebel und W. Buchmann (1938).

ergab eine Vergleichsuntersuchung bei geschmiedeten Knüppeln von 80∅ aus AZ 855, bei denen nach genau gleicher Vorbehandlung ein Teil im Endarbeitsgang frei geschmiedet und ein Teil gesenkgepreßt wurde, folgendes: Die Biegewechselfestigkeit lag in beiden Fällen bei $\sim \pm 14$ kg/mm^2; die Empfindlichkeitszahl war bei den gesenkgepreßten Knüppeln $\sim 0,3$, bei den frei geschmiedeten jedoch $0,5 \ldots 0,6$, also doppelt so groß. Während die Gefügeuntersuchung der 6^h $140°$ angelassenen Proben keinerlei Unterschiede ergab, ließen Debye-Scherrer-Aufnahmen der Prüfstäbe (Abb. 251 u. 252) bei den kerbempfindlichen, frei geschmiedeten Knüppeln innere Spannungen erkennen, während die wenig kerbempfindlichen, gesenkgepreßten Knüppel spannungsfrei rekristallisiert waren, und zwar offenbar schon während der längeren Schließzeit des Gesenks. Unter den inneren Spannungen sind hier solche zu verstehen, die über kleine Bereiche, etwa von Kristallitengröße, im Gleichgewicht sind und daher auch beim Herausarbeiten der

Prüfstäbe aus den geschmiedeten Knüppeln nicht verschwinden. — Außergewöhnlich hohe Kerbempfindlichkeit infolge innerer Spannungen wurde auch bei kaltgezogenen und bei verhältnismäßig kaltgepreßten Stangen beobachtet.

In großen Schmiedestücken aus den beiden Elektron-Schmiedelegierungen **AZM** und **AZ** 855 liegen die Biegewechselfestigkeitswerte im Mittel bei $\pm 13{,}5$ kg/mm². Die Kerbempfindlichkeit schwankt in den gleichen, eher noch etwas niedriger liegenden Grenzen wie bei Proben aus dünnen Preßstangen. Abb. 269 zeigt Wechselfestigkeits- und Kerbempfindlichkeitswerte aus großen Schmiedestücken der Herstellung des Jahres 1938 im Vergleich zu der des Jahres 1935. Die erhebliche Verbesserung der Wechselfestigkeit wie der Kerbempfindlichkeit ist außer auf ausschließliche Anwendung des Gesenkpressens vorwiegend auf die Verbesserung

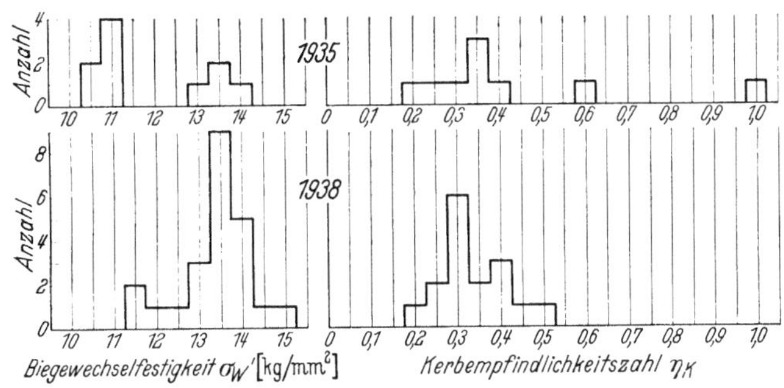

Abb. 253. Dauerfestigkeit und Kerbempfindlichkeit in großen Schmiedestücken aus Elektron **AZM** und **AZ 855**, Herstellung 1935 und Herstellung 1938.

der Blockgießverfahren zurückzuführen. Bei ungünstigen Dauerfestigkeitseigenschaften kann man fast regelmäßig Gefügefehler, wie schlechte Homogenisierung und starke Zeilenbildung im Zusammenhang mit Seigerungen, feststellen.

Über den Einfluß der *Kristallausrichtung* auf die Dauerfestigkeitseigenschaften ist wenig bekannt. Zu den Zerreißwerten der in einer Richtung geschmiedeten Scheibe nach Abb. 224, S. 176 liegen auch Biegedauerfestigkeitswerte vor. Diese Werte verhalten sich in den 3 Probenrichtungen wie die Zerreißwerte; die Kerbempfindlichkeit ist ohne Unterschiede in den 3 Richtungen gleich groß.

Bleche. Über Dauerfestigkeitswerte in stärkeren (11 mm-) Blechen liegen nur Angaben von F. BOLLENRATH und K. BUNGARDT[1] vor, die in Elektron-**AZM**-Blech eine Biegewechselfestigkeit von $\pm 15{,}6$ kg/mm² und in **AM 503**-Blech $\pm 5{,}6$ kg/mm² feststellen. — Für geringere Blech-

[1] BOLLENRATH, F., u. BUNGARDT: Untersuchungen über die Korrosionsermüdung von Aluminium- und Magnesiumknetlegierungen. Z. Metallkde. Bd. 30 (1938) S. 357.

stärken sind die Dauerfestigkeitswerte des ganzen Blechs stark vom Oberflächenzustand und der Blechstärke bestimmt und deswegen in Abschnitt 6 behandelt.

5. Dauerfestigkeit und Kerbempfindlichkeit technischer Legierungen bei erhöhten Mittelspannungen (Dauerfestigkeitsschaubilder).

In der Praxis ist der Beanspruchungsfall, bei dem Ober- und Unterspannung entgegengesetzt gleich hoch sind, seltener als Beanspruchungen mit einer von Null verschiedenen Mittelspannung, bei denen also eine „Vorspannung" oder eine „ruhende Grundspannung" besteht. Die Dauerfestigkeiten bei erhöhter Mittelspannung werden jedoch seltener ermittelt. Auf Grund der vorliegenden Versuche lassen sich diese Dauerfestigkeitswerte mit oft genügender Genauigkeit aus der Wechselfestigkeit ableiten.

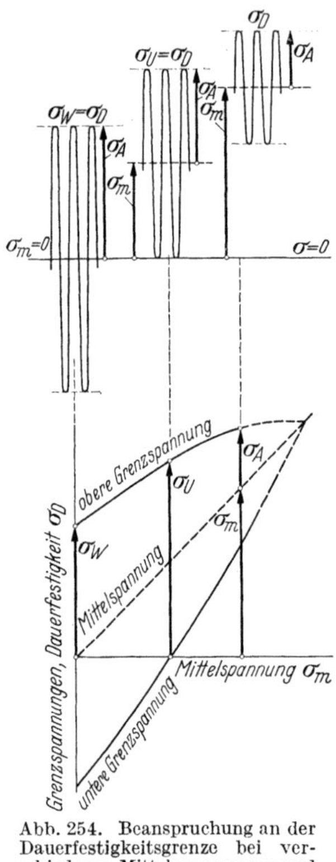

Abb. 254. Beanspruchung an der Dauerfestigkeitsgrenze bei verschiedenen Mittelspannungen und Dauerfestigkeitsschaubild (schematisch).

Die Dauerfestigkeit bei erhöhten Mittelspannungen wird am besten in Form des Dauerfestigkeitsschaubildes nach Abb. 254 angegeben, indem Oberspannung und Unterspannung in Höhe der Dauerfestigkeit gemeinsam über der Mittelspannung σ_m aufgetragen werden. Die Dauerfestigkeit σ_D wird dann zweckmäßig als Spannungsausschlag $\pm\sigma_A$ angegeben, der bei einer bestimmten Mittelspannung σ_m dauernd ohne Bruch ertragen wird; Schreibweise $\sigma_D = \sigma_m \pm \sigma_A$ (1). Ausgezeichnete Dauerfestigkeitswerte sind außer der bereits behandelten Wechselfestigkeit σ_W ($\sigma_m = 0$) die Ursprungsfestigkeit σ_U ($\sigma_u = 0$, $\sigma_m = \sigma_A$), die auch Schwellfestigkeit genannt wird. Aus dem Dauerfestigkeitsschaubild erkennt man, wie σ_A mit steigendem σ_m in der Regel abnimmt.

a) Biegedauerfestigkeit.

Im Schrifttum sind vereinzelt Zahlen, z. B. für die Ursprungsfestigkeit, angegeben, aber keine Dauerfestigkeitsschaubilder bzw. zusammengehörige σ_W'- und σ_U'-Werte. Einige Dauerfestigkeitsschaubilder nach Versuchen des Verfassers zeigen Abb. 255—258. Die Wechsel- und Ursprungsfestigkeitswerte sind in *Zahlentafel 49* zusammengestellt. Man erkennt, daß für Ursprungsbeanspruchung $\sigma_A' = 0{,}6 \ldots 0{,}8 \cdot \sigma_W'$ ist.

[1] Wenn der Dauerfestigkeitswert als obere Grenzspannung angegeben wird, so erhält σ_D einen Zeiger, der die Mittelspannung in kg/mm² angibt, Beispiel: Dauerfestigkeit bei der Mittelspannung 6 kg/mm² $= \sigma_{D6} = 11$ kg/mm² ($= 6 \pm 5$ kg/mm²).

Die Abnahme des Spannungsausschlages σ_A mit der Mittelspannung σ_m ist bei den Legierungen hoher Festigkeit geringer als bei den Legierungen niedriger Festigkeit. Es besteht also gerade bei erhöhten Mittelspannugen eine Überlegenheit von Elektron-Sandguß **A 9 v** gegenüber **AZG** sowie allgemein eine Überlegenheit von Legierungen hoher Streckgrenze und Zugfestigkeit.

In das Schaubild für Elektron **AZ 855** (Abb. 258) sind auch die Nenndauerfestigkeitswerte für eine Rundkerbe $\alpha_k = 2$ eingetragen. Das Verhältnis σ_A/σ_{nA} ist bei verschiedenen Mittelspannungen nahezu gleich; die Kerbwirkung ist also auf den Spannungsausschlag zu beziehen (nicht etwa auf die obere Grenzspannung).

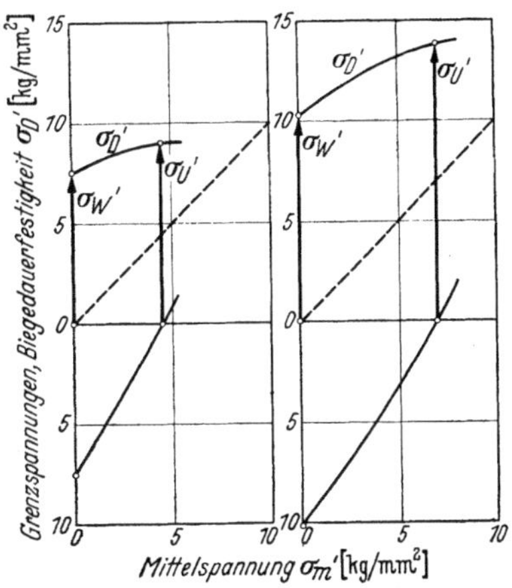

Abb. 255. AZG. Abb. 256. A 9 v.

Abb. 255 und 256. Biegedauerfestigkeitsschaubilder von Elektron-Sandguß **AZG** (FlW 3505.0) und **A 9 v** (FlW 3507.9). Versuche von W. BUCHMANN (1935 und 1937).

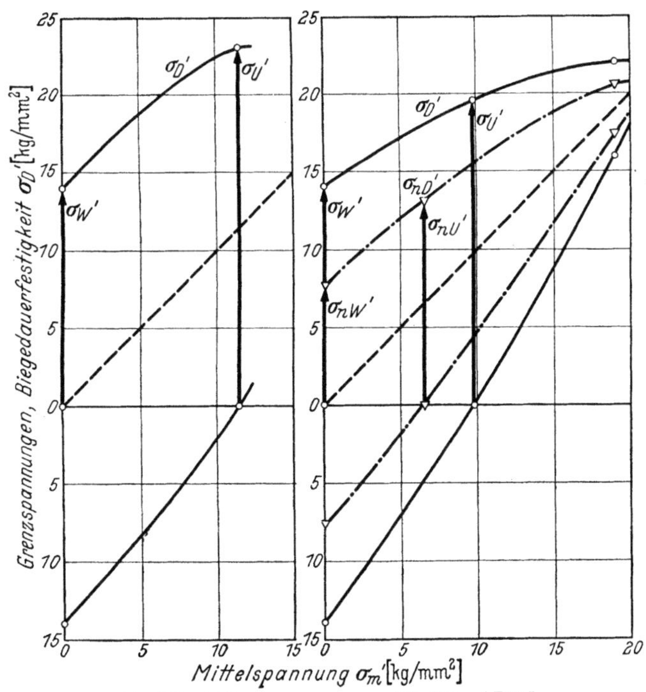

Abb. 257. AZM. Abb. 258. AZ 855.

Abb. 257 und 258. Biegedauerfestigkeitsschaubilder von Elektron **AZM** (FlW 3510.2) und **AZ 855**. Versuche von W. BUCHMANN (1936 und 1938).

Zahlentafel 49. Biegeursprungsfestigkeit von Elektronlegierungen (Einzelversuche)[1].

Leg.-Nr.[2]	Elektronlegierung	Kurzbezeichnung[3]	Streckgrenze $\sigma_{0,2}$ kg/mm²	Zugfestigkeit σ_B kg/mm²	Biegewechselfestigkeit σ_W' kg/mm²	Biegeursprungsfestigkeit σ_U' kg/mm²	$\sigma_m' \pm \sigma_A'$ kg/mm²	σ_A'/σ_W'
5	**AZG**	G Mg – 6 Al, 3 Zn	n. b.	16,0	± 7,5	9,0	4,5 ± 4,5	0,6
7	**A 9 v**	G Mg – 8½ Al, ½ Zn	11,0	27,9	±10,2	13,8	6,9 ± 6,9	0,7
21	**AZM**	Mg – 6 Al, 1 Zn	22,6	32,5	±14,0	23,0	11,5 ± 11,5	0,8
22	**AZ 855**	Mg – 8 Al, ½ Zn	21,0	31,0	±14,0	19,6	9,8 ± 9,8	0,7

[1] Flachstäbe 9 × 32 aus einzeln gegossenen Sandgußstäben bzw. aus Preßstangen ∾ 40⌀. — [2] Legierungs-Nr. übereinstimmend mit Zahlentafel 28—31. — [3] Wärmebehandlung siehe Zahlentafel 30 und 31.

b) Zugdruckdauerfestigkeit.

Abb. 259—261 zeigen Zugdruck-Dauerfestigkeitsschaubilder, aus denen die Werte der Zug- und Druckursprungsfestigkeit σ_{zU} und σ_{dU} in *Zahlentafel 50* zusammengestellt sind. Es ist bemerkenswert, daß die

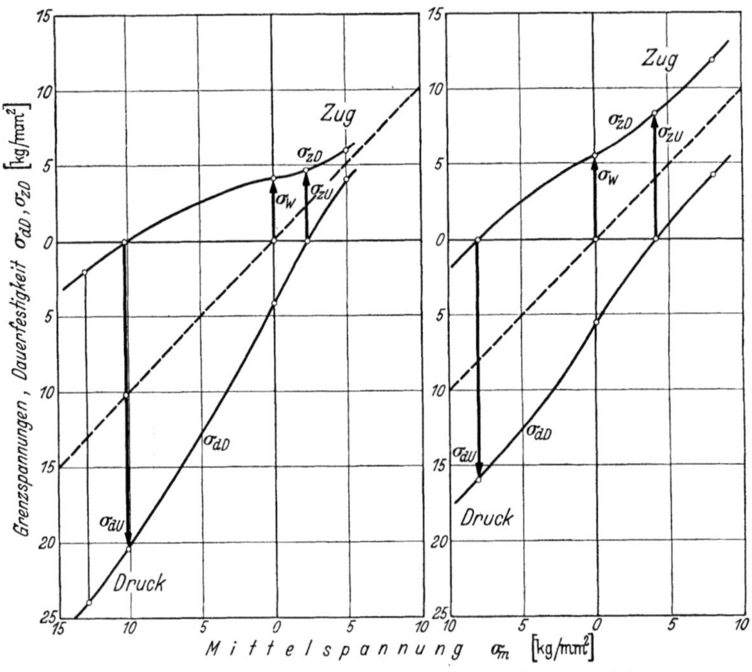

Abb. 259. AZG. Abb. 260. A 9 v.

Abb. 259 und 260. Zugdruckdauerfestigkeits-Schaubilder von Elektron-Sandguß **AZG** (FlW 3505.0) und **A 9 v** (FlW 3507.9). Versuche von W. BUCHMANN (1935 und 1939).

Zahlentafel 50. Zug- und Druckursprungsfestigkeit von Elektronlegierungen (Einzelversuche).

Leg.-Nr.[1]	Elektron-bezeichnung	Kurzbezeichnung[2]	Streckgrenze $\sigma_{0,2}$ kg/mm²	Zugfestigkeit σ_B kg/mm²	Zugdruckwechselfestigkeit σ_W kg/mm²	Zugursprungsfestigkeit σ_{zU} kg/mm²	$\sigma_{zm} \pm \sigma_A$ kg/mm²	σ_A/σ_W	Quetschgrenze $\sigma_{d\,0,2}$ kg/mm²	Druckfestigkeit σ_{dB} kg/mm²	Druckursprungsfestigkeit σ_{dU} kg/mm²	$\sigma_{dm} \pm \sigma_A$ kg/mm²	σ_A/σ_W
5	**AZG**[3]	G Mg – 6 Al, 3 Zn	n. b.	16,0	≈ ± 4,2	+ 4,6	2,3 ± 2,3	0,55	n. b.	30,0	–20,4	–10,2 ± 10,2	2,4
7	**A 9 v**	G Mg – 8½ Al, ½ Zn	11,7	23,3	± 5,5	+ 8,2	4,1 ± 4,1	0,75	11,6	38,1	–16,0	– 8 ± 8	1,4
22	**AZ 855**	Mg – 8 Al, ½ Zn	24,6	34,2	± 10,5	+17,0	8,5 ± 8,5	0,8	15,0	45,1	–25	–12,5 ± 12,5	1,2

[1] Legierungs-Nr. übereinstimmend mit Zahlentafel 28—29. — [2] Wärmebehandlung siehe Zahlentafel 30 und 31. — [3] Stäbe 16 × 38 aus Gußstäben 20 × 40.

Druckursprungsfestigkeit 1,2 . . . 2,4 mal so groß wie die Wechselfestigkeit und 1,5 . . . 4 mal so groß wie die Zugursprungsfestigkeit ist. Man ersieht daraus, um wieviel gefährlicher Wechselbeanspruchung im Zugbereich im Vergleich zum Druckbereich ist. Der Unterschied zwischen Zug- und Druckwerten scheint bei niedriger Zugfestig-

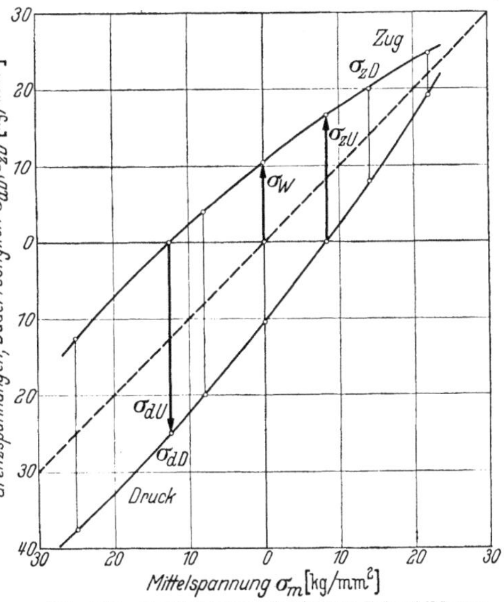

Abb. 261. **Zugdruckdauerfestigkeits-Schaubild von Elektron AZ 855.** Versuche von W. BUCHMANN (1938).

keit und allgemein bei den Gußlegierungen am größten zu sein (s. **AZG**, Abb. 259) und sich bei den hochfesten Legierungen zu verwischen (s. **AZ 855**, Abb. 261). Dies gilt ja auch für die Unterschiede zwischen Zug- und Druckfestigkeit bei zügiger Beanspruchung (s. S. 175), doch sind die Unterschiede bei Wechselbeanspruchung in jedem Falle größer. Die Form des Dauerfestigkeitsschaubildes von AZG-Sandguß (Abb. 259) gleicht derjenigen von Gußeisen und läßt auf innere Kerbwirkung schließen.

Bei den hohen Druckursprungswerten treten oft schon große bleibende Verformungen ein, welche die volle Ausnutzung der Dauerfestigkeit meist nicht gestatten. Das gleiche gilt für hohe Mittelspannungen im Zugbereich.

Als allgemeine Regel kann gelten, daß die Dauerbruchgefahr im Druckbereich außerordentlich gering ist. In der Praxis wurden Druckdauerbrüche nur bei sehr hohen örtlichen Flächenpressungen, vom Rande der belasteten Fläche ähnlich einem „Druckkegel" ausgehend, beobachtet (vgl. Abb. 267). Kerbgefahr besteht auch bei Druckschwellbelastung.

6. Dauerfestigkeit von Bauteilen (Gestaltfestigkeit).

Eine Brücke zwischen den am Probestab ermittelten Werten der Dauerfestigkeit und Kerbempfindlichkeit und der Dauerfestigkeit von ganzen Bauteilen bilden die Dauerfestigkeitsversuche an bestimmten, häufig vorkommenden Formelementen. Solche Versuche sind besonders wertvoll, wenn sie mit Werkstoffen verschiedener Kerbempfindlichkeit ausgeführt werden und dadurch einen Anhalt für die konstruktive Bewertung der Kerbempfindlichkeit liefern.

Die Prüfung der Dauerfestigkeit von ganzen Bauteilen ist in den letzten Jahren so entwickelt worden, daß fast jedes Werkstück einer wirklichkeitsgetreuen Beanspruchung unterworfen werden kann. Da solche Versuche meist im Rahmen der Entwicklungsarbeiten von Firmen ausgeführt werden, sind im Schrifttum kaum Ergebnisse zu finden. Dies gilt auch für Dauerversuche mit Bauteilen aus Magnesiumlegierungen.

a) Dauerfestigkeit von Formelementen (außer Einspannteilen); konstruktive Bewertung der Kerbempfindlichkeit; Einfluß von Querschnittsform und -größe.

Einen Dauerbiegeversuch mit einem *bundartigen Absatz* an Elektron AZM (großer Querschnitt, Herstellung 1935, Empfindlichkeitszahl $\eta_k = \sim 0{,}8$) gibt Abb. 262 wieder[1]; einen ähnlichen an Elektron-Sandguß A 9 v Abb. 263 nach Versuchen von G. Gürtler[2]. Mit dem gleichen AZM wurden nach Abb. 264 Versuche an Stäben mit *Querbohrung* ausgeführt. Durch eine geeignete Ausbildung von Ausschnittsverstärkungen („Bewulstung"), wie sie auch für Elektrongußstücke stets empfohlen wird, läßt sich die Kerbwirkung der Bohrung fast beseitigen. Erfolg hat ebenfalls das Ausrunden des Bohrungsrandes, insbesondere wenn

[1] Buchmann, W.: Siehe Fußnote 1, S. 202.

[2] Berichtet von F. Bollenrath in: Physikalische und mechanische Eigenschaften der Magnesiumlegierungen, Werkstoff Magnesium. Berlin: VDI-Verlag 1938.

es durch Eindrücken eines entsprechend geformten Stempels geschieht (in Sonderfällen anwendbar); in diesem Falle wird ein günstiger Spannungszustand hervorgerufen. — Die Versuche mit Querbohrung zeigt Abb. 265 für erhöhte Mittelspannung.

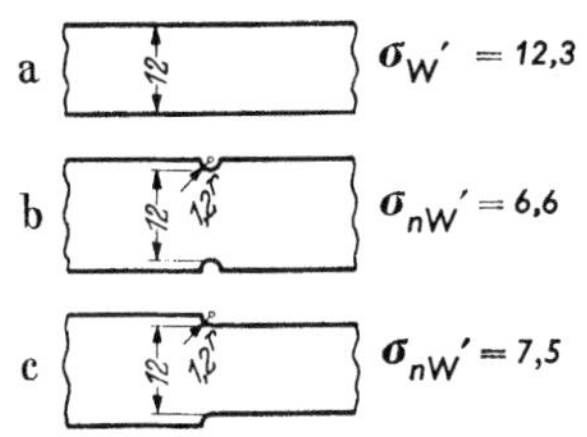

Abb. 262. Biegewechselfestigkeit von Flachstäben mit Halbkreiskerbe ($\alpha_k = 2$) und mit Absatz. Elektron **AZM** (großer Preßquerschnitt mit $\eta_k = 0,8$). Versuche von W. BUCHMANN (1935).

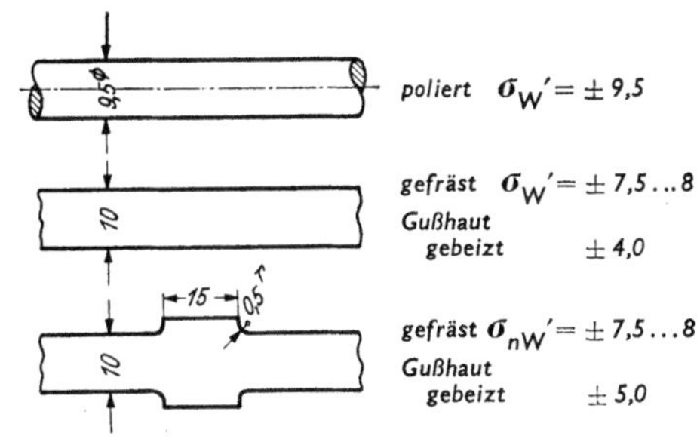

Abb. 263. Biegewechselfestigkeit von Flachstäben mit Bund. Elektron-Sandguß **A 9 v** (FlW 3507.9). Versuche von G. GÜRTLER (1937).

Einige Dauerbiegeversuche mit *Gewindeeinspannungen* (praktisch frei von Reibkorrosion) an verschieden kerbempfindlichen Werkstoffen zeigt Abb. 266[1]. Die Nenndauerfestigkeit bei der verhältnismäßig starken Kerbwirkung (Formzahlen ~ 3 und ~ 9) richtet sich ganz nach der mit

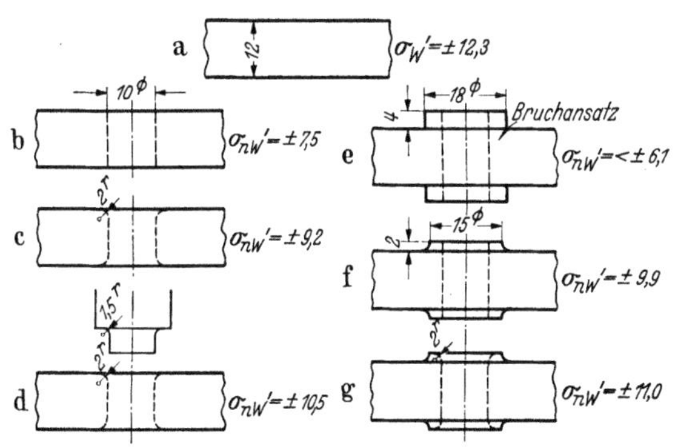

Abb. 264. Biegewechselfestigkeit von Flachstäben mit Bohrung. Milderung der Kerbwirkung durch Ausrunden (*c*) und Bewulsten (*f*, *g*). Die Ausrundung (*d*) ist mit einem Stempel $1,5^r$ eingedrückt und durch Abarbeiten auf 2^r erweitert. Die scharfkantige Bewulstung (*e*) ist falsch. — Elektron **AZM** wie bei Abb. 262. Versuche von W. BUCHMANN (1935).

Rundkerben (Abb. 250) ermittelten Kerbempfindlichkeit, so daß man unter Zugrundelegung der obigen Formzahlen die Nenndauerfestigkeit mit einer vergleichsweise befriedigenden Annäherung vorausberechnen könnte.

Über die *Druckschwellfestigkeit an Kraftangriffsstellen* (Stellen örtlich hoher Flächenpressung) führte der Verfasser Versuche mit nach Abb. 267 durch einen Stempel belasteten Druckkörpern aus. Wie die Abbildung

[1] BUCHMANN, W.: Unveröffentlichte Versuche 1938.

zeigt, führen bei Elektron-Sandguß A 9 v und A 9 h erst sehr hohe Flächenbelastungen zu Dauerbrüchen längs „Druckkegel"flächen. Verminderung der Kerbwirkung des sich eindrükkenden Stempels durch Abrundung der Stempelkanten oder Anschrägen der Leichtmetallflächen vermindert die Dauerbruchgefahr.

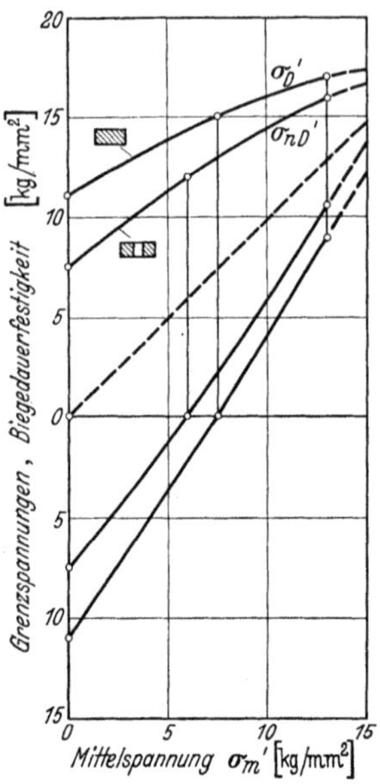

Abb. 265. Biegedauerfestigkeits-Schaubild von Flachstäben mit Querbohrung nach Abb. 264 b. Elektron **AZM** wie bei Abb. 262 und 264. Versuche von W. BUCHMANN (1935).

Außer von der bisher behandelten Kerbwirkung durch Querschnittsänderungen wird die Nenndauerfestigkeit bei Biegung (sowie selbstverständlich bei Verdrehung) auch noch von der *Querschnittsform* beeinflußt. — Die Beeinflussung durch die *Querschnittsgröße* (Biegestabdurchmesser oder -höhe) wurde bereits in Abschnitt 1 b, S. 207 behandelt. Der Einfluß der Querschnittsform wirkt ähnlich. Von Querschnitten mit gleichem Widerstandsmoment liefern bei allen Werkstoffen solche Querschnitte die höheren Dauerfestigkeitswerte, bei denen eine von außen bis zur neutralen Faser stetig zunehmende Querschnittsbreite für die äußere, hochbeanspruchte Faser eine gute Stützwirkung abgibt. Die Biegedauerfestigkeiten von Kreisquerschnitten liegen daher stets etwas höher als die von Rechteckquerschnitten. Niedriger liegen die Werte von I- oder von Hohlquerschnitten. Bei den letzteren ist statt der Biegedauerfestigkeit stets die Zugdauerfestigkeit einzusetzen. Diese

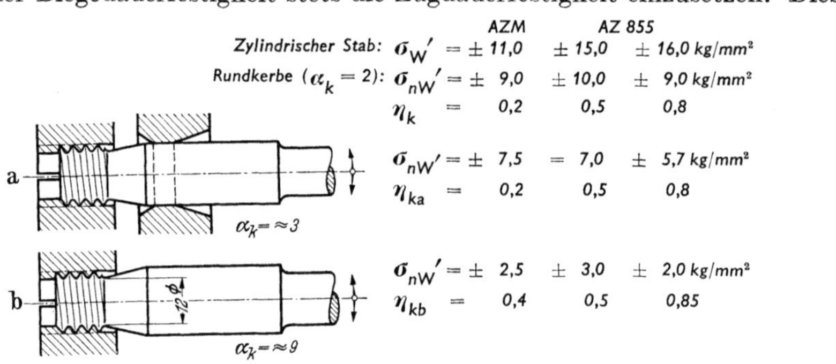

Abb. 266. Biegewechselfestigkeit in Gewindeeinspannungen mit und ohne vordere Abstützung. Elektron **AZM** (FlW 3510.2) und **AZ 855** verschiedener Kerbempfindlichkeit. Versuche von W. BUCHMANN (1937/38).

Fragen sind auch für die *Verrippung* von Guß- und Preßteilen von Bedeutung. Wie Abb. 268 (Versuche von G. GÜRTLER)[1] zeigt, scheinen

[1] Siehe F. BOLLENRATH: Fußnote 2, S. 228.

Einzelheiten der Rippenform nicht von Einfluß zu sein, solange nicht spitz auslaufende Rippen verwandt werden. Sie sind auch aus gieß-

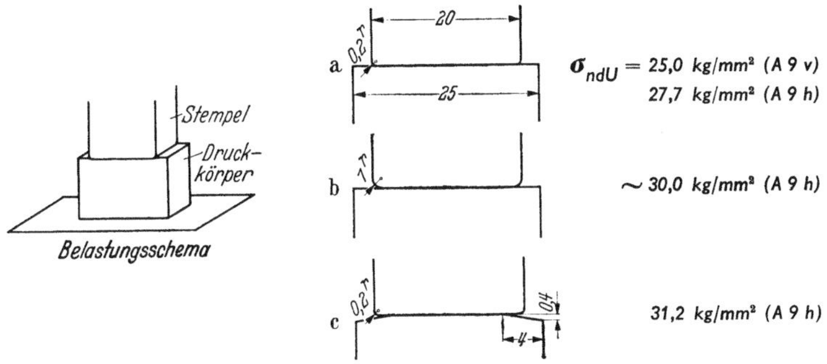

Abb. 267. Druckschwellfestigkeit an Druckkraftangriffsstellen bei verschiedener Abrundung des Druckstempels (*a*, *b*) und bei Anschrägung des Druckkörpers (*c*). Elektron-Sandguß **A 9 v** (FlW 3507.9) und **A 9 h.** Versuche von W. BUCHMANN (1938).

technischen Gründen und wegen der leichten Verletzlichkeit zu vermeiden. Spitze Rippen sind besonders ungünstig bei grobkörnig erstarrenden Legierungen, wie GMg — 2 Mn.

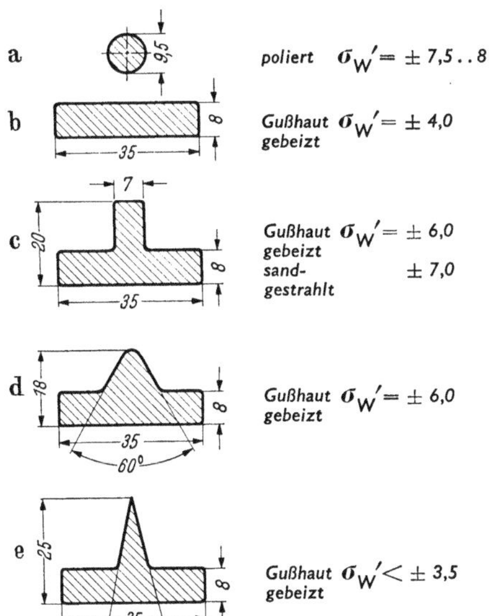

Abb. 268. Biegewechselfestigkeit von Flachstäben mit verschiedenen Längsrippen. Elektronsandguß **A 9 v** (FlW 3507.9). Nach Versuchen von G. GÜRTLER (1937).

b) Einfluß von Einspannbedingungen (Reibkorrossion und Gegenmaßnahmen).

In Einspannstellen ist für alle Werkstoffe von Bedeutung, daß durch die kleinen Bewegungen zwischen den miteinander verspannten Teilen und durch die wechselnden Flächenpressungen sehr hohe örtliche Drücke eintreten, die eine chemische Umsetzung zwischen den Metalloberflächen und den umgebenden und adsorbierten Gasen hervorrufen. Die Wechselbeanspruchung von Einspannteilen ist daher keine reine Ermüdungsbeanspruchung, sondern eigentlich eine „Korrosionsermüdung" (siehe Abschnitt 7). Die Dauerfestigkeit wird dadurch erheblich herabgesetzt. So vermindert eine auf einen Umlaufbiegestab aufgesetzte Hülse nach Abb. 269 die Wechselfestigkeit durch „*Reibkorrosion*“[1] auf weniger als die Hälfte des Ausgangswertes. Gegenmaßnahmen sind das *Oberflächendrücken* durch geeignetes Rollen[2] (s. Abb. 269). Es wirkt hier nicht nur die in der Oberflächenschicht entstehende Druckspannung, sondern vorwiegend die Verfestigung und Härtesteigerung der Oberfläche.

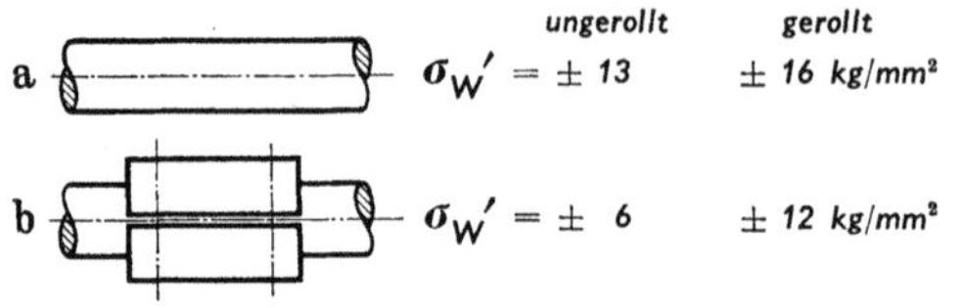

Abb. 269. Biegewechselfestigkeit in Einspannstellen (aufgeschraubte Stahlhülse *b*); Wirkung des Oberflächendrückens durch Minderung der Reibkorrosion. Elektron **AZ 855**. Versuche von W. BUCHMANN (1936).

Weitere Versuche zeigten, daß die Einspannwirkung bei hoher Härte und Dauerfestigkeit des Werkstoffs geringer ist, daß aber die Kerbempfindlichkeit bei überwiegender Reibkorrosionswirkung ohne Bedeutung ist. Abb. 270 zeigt, daß nicht nur durch Oberflächenrollen, sondern auch durch eine *Sandstrahlbehandlung* der Reibkorrosion erheblich entgegengewirkt werden kann. Ebenso wirken sehr günstig *weiche, nichtmetallische Einlagen*, z. B. aus Vulkanfiber, Vinidur (= Igelit PCU), Leinen usw. Weiche metallische Einlagen sind nicht zu empfehlen, da nach Vorversuchen die Reibkorrosion z. B. zwischen zwei Leichtmetallen größer sein kann als zwischen Leichtmetall und Stahl. Ein

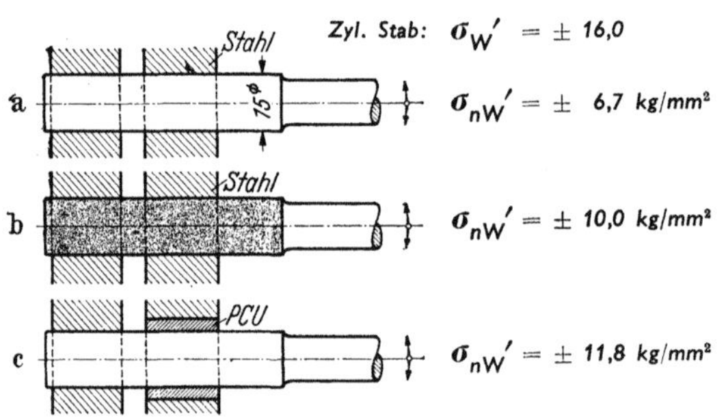

Abb. 270. Biegewechselfestigkeit in Einspannstellen. Minderung der Reibkorrosion durch Sandstrahlen (*b*) und durch Kunststoffeinlage aus Igelit PCU (*c*). Elektron **AZ 855**. Versuche von W. BUCHMANN (1937).

weiteres Gegenmittel gegen die Reibkorrosion ist das Ausbüchsen von Bohrungen in Leichtmetall durch Eingießen oder Einpressen von Stahlbüchsen. Bei ausreichender Bemessung und Ausführung tritt dann keine Bewegung zwischen Leichtmetall und Stahlbüchse mehr ein.

---

[1] Bei Magnesiumlegierungen ist — wie übrigens auch bei Stählen — außer einer Oxydbildung auch mit einer Nitridbildung zu rechnen, weshalb hier nicht von „Reiboxydation“, sondern allgemeiner von „Reibkorrosion“ gesprochen wird. Die „Reibkorrosionswirkung“ kann bei Magnesiumlegierungen größer als bei Aluminiumlegierungen sein.

[2] Hierüber bestehen, soweit dem Verfasser bekannt ist, Schutzrechte von O. FÖPPL sowie von den Heddernheimer Kupferwerken.

c) Oberflächenwirkung.

Wenn die Proben- oder Werkstückoberfläche nicht (wie bei allen vorgenannten Dauerfestigkeitswerten) bearbeitet und poliert ist, so tritt durch die feinen Oberflächenkerben der Gußhaut, Walzhaut oder der nur gedrehten oder gehobelten Oberfläche eine oft erhebliche Verminderung der Dauerfestigkeit ein. Diese wird als „Oberflächenwirkung" bezeichnet und durch die Oberflächenzahl o_k ausgedrückt (Verhältnis der Wechselfestigkeit des polierten Stabes zu der bei geringerer Oberflächengüte). — Versuche über die Oberflächenwirkung wurden bis jetzt fast ausschließlich bei Biegewechselbeanspruchung ausgeführt.

Bei den Gußlegierungen hat die *Gußhaut* bei Versuchen des Verfassers mit Elektron AZG sowie von G. GÜRTLER mit Elektron A 9 v Oberflächenzahlen von 1,3 bis 2,0 ergeben. Man muß also damit rechnen, daß bei Biegebeanspruchung von Querschnitten mit Gußhaut die Dauerfestigkeit im ungünstigen Fall nur halb so groß ist wie bei Proben mit abgearbeiteter Gußhaut und polierter Oberfläche. Um gerade bei hochbeanspruchten Stellen die Oberflächenwirkung zu verringern, wird seit langem das *Schaben* dieser Stellen empfohlen und angewandt. Man erhält dadurch Dauerfestigkeitswerte, die etwa in der Mitte zwischen denen mit Gußhaut und denen für polierte Oberfläche liegen. Das gleiche oder ein noch günstigeres Ergebnis läßt sich nach Versuchen des Verfassers auf einfachere Weise durch eine geeignete *Sandstrahlbehandlung* erzielen. Hierdurch wird nicht nur die Gußhaut entfernt, sondern die Oberfläche auch noch durch die hämmernde Wirkung des Sandstrahls verfestigt. Trotz der rauheren Oberfläche erreicht bei sandgestrahlten Proben die Wechselfestigkeit die Werte der polierten Stäbe. Es empfiehlt sich jedoch, einen Sand zu benutzen, der eine möglichst glatte Oberfläche hervorruft (feinen Stahlsand, möglichst von Kugelform). Die Wirkung der verschiedenen Oberflächenbehandlungen bei Elektron-Sandguß AZG zeigt Abb. 271. — Die günstige Wirkung des Sandstrahlens wird auch von G. GÜRTLER bestätigt.

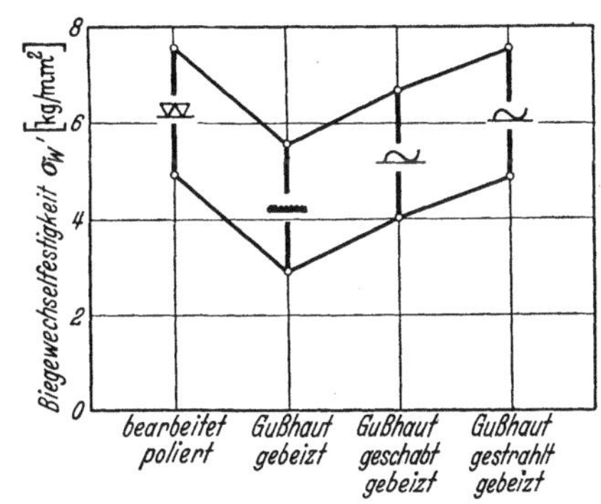

Abb. 271. Biegewechselfestigkeit von Elektronsandguß AZG bei verschiedenem Oberflächenzustand. Versuche von W. BUCHMANN (1935).

Bei Knetlegierungen sind Schlüsse über die Wirkung der *Preßhaut* aus den nur vereinzelt vorliegenden Versuchen mit ganzen Preßprofilen (s. den nächsten Abschnitt) kaum möglich. Man hat mit Oberflächenzahlen bis 2,0 (im Höchstfall) zu rechnen. Über die Wirkung der *Walzhaut* lassen die zahlreichen Versuche mit Blech auf Oberflächenzahlen zwischen 1,2 und 1,6 schließen. Das bei Werkstücken und Halbzeug aus Magnesiumlegierungen stets übliche *Beizen* bringt eine weitere Verminderung der Dauerfestigkeit um 10 ... 15% hervor; bei ungeeigneter Beizbehandlung um bis zu 50%. Die Walzhaut im gebeizten Zustand gibt daher Dauerfestigkeitswerte, die bis herab zur Hälfte der Werte an polierten Proben vermindert sind. — Auch bei Preßgut und Walzgut ist die Wirkung einer geeigneten *Sandstrahlbehandlung* günstig. Bei Versuchen des Verfassers mit Elektron AZ 855 stieg die Wechselfestigkeit des polierten Stabes von 15 auf 18 kg/mm² bei stahlsandgestrahlter Oberfläche. Bei Rundkerben stieg durch Sandstrahlen die Nenndauerfestigkeit ebenfalls um 20% an[1]. Auch die Tiefenwirkung kommt an die des Oberflächendrückens durch Rollen (s. S. 232) heran. Bei Blechen ergaben sich nach Versuchen von G. SIEBEL wohl Verbesserungen gegenüber der Walzhaut, doch wurden die Werte von Blechen mit polierter Oberfläche nicht erreicht. Wahrscheinlich wirkt sich die größere Rauhigkeit der gesandeten Oberfläche bei den geringen Blechstärken von 1 ... 2 mm ungünstiger aus als bei stärkeren Proben.

d) Dauerfestigkeitsversuche mit Halbzeug und mit ganzen Bauteilen.

Über Dauerfestigkeitsversuche mit einem ganzen *Gußstück* (*Winkelträger*) aus Elektron A 9 v berichten F. BOLLENRATH und E. SCHIEDT[2]. Die Ergebnisse sind nicht in Form von Nennspannungen angegeben, doch kommen BOLLENRATH und SCHIEDT auf Grund von Versuchen mit fehlerhaften und künstlich mit Fehlern versehenen Abgüssen zu dem Schluß, daß Fehler an höchstbeanspruchten Stellen vermieden werden müssen, während durch Blasen und Narben bis 5 mm Durchmesser an anderen Stellen auch die Dauerfestigkeit nicht merklich herabgesetzt wird. — Bei Dauerversuchen des Verfassers mit *großen Gußträgern* von einem hohen Kastenquerschnitt aus Elektron A 9 v[3] ergab sich eine Nenndauerfestigkeit von $6 \pm 1 \ldots 1{,}5$ kg/mm², da die Dauerbrüche unter dem Einfluß der Kerbwirkung von Kernlöchern entstanden. Bearbeitete Probestäbe aus dem gleichen Gußstück ergaben eine Biegedauerfestigkeit von 6 ± 5 kg/mm²; das würde einer Zugdruck-Dauerfestigkeit — wie sie für einen solchen Kastenquerschnitt maßgebend ist — von ungefähr $6 \pm 3{,}5$ kg/mm² entsprechen. Der Abfall des Nennspannungsausschlages von $\backsim 3{,}5$ auf $\backsim 1 \ldots 1{,}5$ kg/mm² ist durch die Oberflächenbeschaffenheit (Gußhaut, gebeizt) und die Kerbwirkung der Kernlöcher verursacht.

---

[1] Unveröffentlichte Versuche 1936.

[2] BOLLENRATH, F., u. E. SCHIEDT: Einfluß von Gußfehlern auf die Festigkeit bei Leichtmetallgußstücken. Luftf.-Forschg. Bd. 15 (1938) S. 511.

[3] Unveröffentlichte Versuche 1939.

Das hier geprüfte Gußstück ist in Wirklichkeit nur auf „Zeitfestigkeit" beansprucht, d. h. für eine endliche Zahl von Lastspielen bestimmt. Für die praktisch angenommenen 50000 Lastspiele ergab sich eine Zeitfestigkeit des Gußstückes von $6 \pm 4{,}5$ kg/mm². — Vergleichende Versuche mit Gußstücken aus anderen Gußwerkstoffen fehlen noch.

Über Dauerfestigkeitsversuche an *Schmiedestücken* ist nichts bekanntgeworden.

Über Dauerfestigkeitsversuche an Halbzeug ist vereinzelt berichtet worden, und zwar über solche an *gepreßten Voll- und Hohlquerschnitten.*

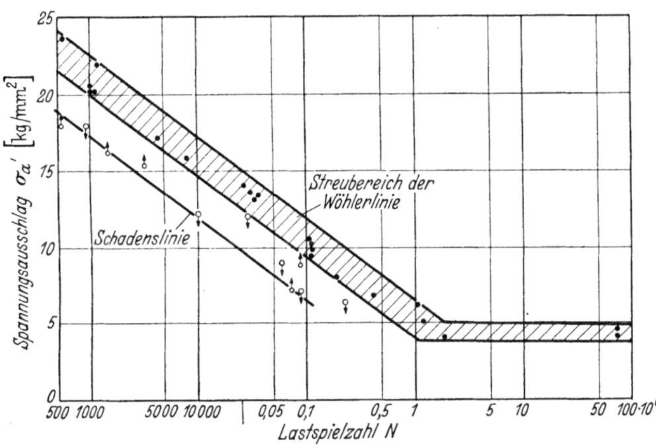

Abb. 272. Wöhlerlinie und Schadenslinie für Rohre 50 × 1 aus Elektron **AZM** (FlW 3510.2); Biegedauerfestigkeit $\sigma_{D6}' = 6 \pm 3{,}8 \ldots 4{,}8$ kg/mm². — Versuchspunkte der Schadenslinie: kein vorzeitiger Bruch, vorzeitiger Bruch bei der Nachbelastung mit σ_{D6}. Nach Versuchen von E. GASSNER (1938).

Nach T. LIPP und K. LEISS[1] hatten Vierkant-, L-, I- und C-Profile aus Elektron AZM Biegewechselfestigkeiten von $\pm 5{,}4$, $\pm 5{,}4$, ± 6 und $\pm 5{,}7$ kg/mm², während polierte Umlaufbiegestäbe aus den gleichen Profilen $\pm 13 \ldots 15$ kg/mm² ergaben. Rohre ergaben, wie bei Hohlquerschnitten zu erwarten, die etwas weiter verminderte Biegewechselfestigkeit von $\pm 4{,}8$ kg/mm². Außer auf die Oberflächenwirkung der Preßhaut und die Wirkung von Ziehriefen wird auf innere Spannungen als Ursache der gegenüber polierten Prüfstäben verminderten Wechselfestigkeit hingewiesen[2]. Es ist aber darauf hinzuweisen, daß die an Umlaufbiegestäben gewonnenen Werte auch durch den geringen Stabdurchmesser gegenüber den Werten an den hier untersuchten stärkeren Profilen überhöht sind. — Versuche an *dünnwandigen Rohren* 50×1

[1] Mitgeteilt von F. BOLLENRATH: Physikalische und mechanische Eigenschaften der Magnesiumlegierungen, Werkstoff Magnesium. Berlin: VDI-Verlag 1938.

[2] Innere Spannungen sind von Bedeutung z. B. bei flachgedrückten Profilen; ihre Beseitigung erfolgt durch eine Entspannungsglühung.

aus Elektron AZM erwähnt auch E. GASSNER[1]; es wurde eine Biegedauerfestigkeit von 6 ± 3,8 ... 4,8 kg/mm² gefunden. Die Zeitfestigkeit für 50000 Lastspiele liegt bei 5 ± 12 ... 13,5 kg/mm² (Abb. 272). E. GASSNER bestimmte auch die „Schadenslinie“ der untersuchten Elektronrohre. Die Schadenslinie nach FRENCH verläuft im Wöhlerbild bei den hohen Lastspielzahlen ∾3 kg/mm² unter der Wöhlerlinie; sie gibt die zu dem jeweiligen Spannungsausschlag gehörige Lastspielzahl an, welche noch keine „Schädigung“, d. h. in diesem Falle keine Beeinträchtigung der Dauerfestigkeit selbst, hervorruft. — LIPP und LEISS untersuchten auch den Einfluß von Nietlöchern in den Gurten von C-Profilen. Die Nenndauerfestigkeit sank dabei von ±5,7 auf ±4 kg/mm²; genietete Schäftungen von Vierkantrohren ergaben eine Nennwechselfestigkeit von ±2,8 kg/mm².

Bei *Blechen* liegt eine Reihe von Bestimmungen der Biegedauerfestigkeit vor, dazu einige Bestimmungen der Zugdauerfestigkeit. Die Dauerfestigkeit im Lieferzustand (Walzhaut, gebeizt) wird praktisch am meisten benötigt. An den Elektron-Blechlegierungen AM 503, AM 537, AZM sind in diesem Zustand von G. SIEBEL und vom Verfasser folgende Biegewechselfestigkeitswerte gefunden worden:

AM 503	1 mm:	$\sigma_W' =$ ± 7,2	kg/mm²
	3 mm:	± 6,4	,,
	4 mm:	± 4,9	,,
AM 537	1 mm:	± 7,9	,,
	2 mm:	± 7,3	,,
AZM	1 mm:	±10,5, ±13,0, ±13,0, ±13,0, ±13,2	kg/mm²
	2 mm:	± 9,0, ±10,4, ±12,0	,,
	3 mm:	±10,7	,,

Man erkennt mit steigender Blechstärke absinkende Biegewechselfestigkeitswerte (die Zugfestigkeitswerte sind viel weniger von der Blechstärke abhängig). Die Ursache ist bei allen Werkstoffen in der starken Überhöhung der Biegewerte bei geringer Querschnittshöhe zu suchen (siehe S. 208). Die gleichen Verhältnisse werden bei Blechen aus Aluminiumlegierungen gefunden. Als Zugdauerfestigkeitswerte bei erhöhter Mittelspannung ($\sigma_m = 10$ kg/mm²) fand der Verfasser bei den Elektron-Blechlegierungen

AM 503: $\sigma_{D10} = 10 \pm 2$ kg/mm²

AZM: $\sigma_{D10} = 10 \pm 5$,,

Wie im vorausgegangenen Abschnitt erwähnt wurde, sind die Werte im ungebeizten Walzzustand höher (z. B. bei AZM, 1 mm, $\sigma_W' = 15{,}9$ kg/mm²),

[1] GASSNER, E.: Festigkeitsversuche mit wiederholter Beanspruchung im Flugzeugbau. Luftwissen Bd. 6 (1939) S. 61.

ebenso werden die Werte des Walzzustandes durch Polieren erheblich erhöht (z. B. bei AZM, 3 mm, $\sigma_W' = 15{,}6$ kg/mm²). Das letztere wird ebenso bei Duraluminblech gefunden[1].

7. Korrosionsermüdung.

a) Allgemeines und Prüfbedingungen.

Man versteht unter Korrosionsermüdung die gleichzeitige Einwirkung von Korrosion und Wechselbeanspruchung. Die Zeit- und Dauerfestigkeitswerte fallen dabei erheblich stärker ab als es der Fall wäre, wenn Korrosion und Wechselbeanspruchung aufeinanderfolgen, also die Dauerfestigkeit nur durch die vorher entstandenen Korrosionsnarben beeinträchtigt wird. Eine stark verminderte Korrosionsdauerfestigkeit wird auch dann gefunden, wenn, wie z. B. bei nichtrostenden Stählen, ein Angriff äußerlich gar nicht zu erkennen ist.

Bei Korrosionsermüdungsversuchen ist die minutliche Lastspielzahl von Einfluß, da ein Einfluß der Einwirkungsdauer naturgemäß besteht. Es ist üblich, bei Umlaufbiegeversuchen unter Korrosionseinfluß n = 3000/min und bei Flachbiegeversuchen n = 1500/min anzuwenden. Das Angriffsmittel wird in der Regel unter Luftzutritt aufgetropft (betriebsmäßig ungünstigster Fall).

Wenn die Wöhlerlinien der Leichtmetalle schon bei Prüfung an Luft eine Dauerfestigkeit im strengen Sinne nicht ergeben, so kann bei Korrosionsermüdung von einer eigentlichen Dauerfestigkeit erst recht keine Rede sein[2], da die Wöhlerlinien bis zu den überhaupt untersuchten Lastspielzahlen ständig, und zwar ziemlich steil abfallen. Im folgenden sind Korrosionsermüdungswerte für 20 · 10⁶ Lastspiele angegeben.

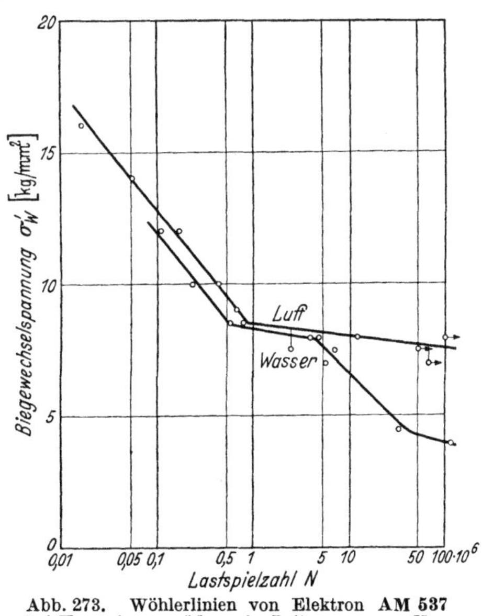

Abb. 273. Wöhlerlinien von Elektron AM 537 bei Korrosionsermüdung in Leitungswasser. Versuche von W. BUCHMANN (1938).

[1] RAJAKOVICS, E. v.: Siehe Fußnote 1, S. 204.

[2] Siehe u. a. auch H. J. GOUGH u. D. G. SOPWITH: Fußnote 2, S. 213. — BOLLENRATH, F., u. K. BUNGARDT: Untersuchungen über die Korrosionsermüdung von Aluminium- und Magnesium-Knetlegierungen. Z. Metallkde. Bd. 30 (1938) S. 357.

b) Korrosionsermüdungswerte technischer Legierungen.

Für die Korrosionsermüdung in *Leitungswasser* gibt nach Versuchen des Verfassers Abb. 273 Wöhlerlinien für Elektron **AM 537** und Abb. 274 für Elektron **AZ 855** wieder. Die gute Angriffsbeständigkeit der Legierungen AM 503 (Mg — 2 Mn) und AM 537 (Mg — 2 Mn Ce) zeigt sich auch hier darin, daß der Abfall der Dauerfestigkeit durch gleichzeitige Korrosionseinwirkung bei AM 537 im Verhältnis nicht größer als z. B. bei den besonders beständigen Al-Mg-Legierungen ist (bei $50 \cdot 10^6$ Lastspielen Abfall auf 59% der Werte an Luft). Bei AZ 855 fällt die Korrosionsdauerfestigkeit in Leitungswasser auf 34% der Werte in Luft ($50 \cdot 10^6$ Lastspiele), sodaß von $\backsim 30 \cdot 10^6$ Lastspielen ab AM 537 überlegen ist. Für $20 \cdot 10^6$ Lastspiele (Angaben des Schrifttums gehen nur bis zu diesen Lastspielzahlen) lassen sich für gleichzeitige Einwirkung von Leitungswasser folgende Werte angeben:

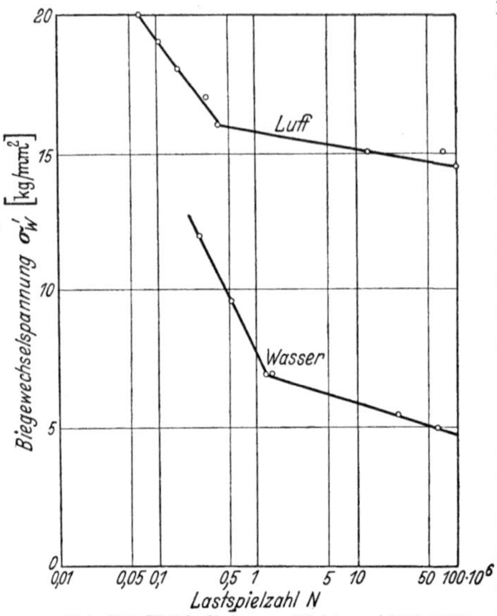

Abb. 274. Wöhlerlinien von Elektron **AZM** (FlW 3510.2) bei Korrosionsermüdung in Leitungswasser. Versuche von W. BUCHMANN (1937).

Werkstoff	in Luft σ_W' kg/mm²	in Leitungswasser $\sigma_{W\,korr}'$ kg/mm²	$\sigma_{W\,korr}'/\sigma_W'$
AZG[1]	$\pm$ 8,0	$\pm$4,0	0,5
AM 537[2]	$\pm$ 7,9	$\pm$5,3	0,67
AZ 855[2]	$\pm$15,0	$\pm$5,5	0,36

Die Einwirkung von *Seewasser* ist bei allen Werkstoffen viel stärker als die von Leitungswasser. Aus dem Schrifttum lassen sich für $20 \cdot 10^6$ Lastspiele folgende Zahlenangaben anführen:

Werkstoff	in Luft σ_W'	in 3% NaCl-Lösung $\sigma_{W\,korr}'$	$\sigma_{W\,korr}'/\sigma_W'$
AM 503[3]	$\pm$ 5,6	$\pm$2,0	0,36
Mg - 2,5 Al[4]	$\pm$10,6	$\pm$1,5	0,14
AZM[3]	$\pm$15,6	$\sim\pm$1,4	0,09

[1] Nach Versuchen von W. LINICUS und E. SCHEUER: Die Wechselfestigkeit von Leichtmetallguß, Metallwirtsch. Bd. 13 (1934) S. 829.

[2] Nach unveröffentlichten Versuchen von W. BUCHMANN (1938).

[3] Nach Versuchen von F. BOLLENRATH u. K. BUNGARDT: Siehe Fußnote 1, S. 223. Die Umlaufbiegestäbe wurden aus dicken Blechen herausgearbeitet.

[4] Nach Versuchen von H. J. GOUGH u. D. G. SOPWITH: Siehe Fußnote 2, S. 213.

Die obigen Versuche wurden mit der bei Korrosionsversuchen üblichen 3proz. NaCl-Lösung ausgeführt, deren Angriff meist stärker ist als der von natürlichem Seewasser. In solchem fand P. LUDWIK bei Elektron AZM ($10 \cdot 10^6$ Lastspiele) nur einen Abfall auf 30% der Werte in Luft.

I. Vergleichende Festigkeitstafeln und Verhältniszahlen.

Um einen Vergleich der einzelnen technischen Magnesiumlegierungen zu erleichtern, sind in den folgenden *Zahlentafeln 51 und 52* die Festigkeits- und Gütewerte der Guß- und Knetlegierungen für die verschiedenen Beanspruchungsarten nebeneinandergestellt. In diesen Zahlentafeln wurden aus den Zahlentafeln 30—34 und 37—48 lediglich die Mittelwerte oder, falls Häufigkeitsuntersuchungen vorliegen, die häufigsten Werte aufgetragen, da diese für einen Vergleich der Legierungen und zur Auswahl der für einen bestimmten Verwendungszweck geeignetsten Legierungen am zweckmäßigsten sind. Werden für Zwecke der konstruktiven Berechnungen die unteren Festigkeitswerte oder für Vergleichszwecke die oberen Werte benötigt, so muß auf die Zahlentafeln für die einzelnen Beanspruchungsarten zurückgegriffen werden. — Ebenso wie die Zahlentafeln 30—34 und 37—48 enthalten die Zahlentafeln 51 und 52 Werte von gesondert gegossenen Probestäben bzw. Preßstangen von $\sim 20^{\varnothing}$. Bei der Anwendung der Zahlentafeln 51 und 52 ist daher das zu beachten, was in den Abschnitten über die Festigkeitseigenschaften in Werkstücken technischer Lieferformen mitgeteilt wurde (s. auch Zahlentafeln 35 und 36).

Die Zahlentafeln 51 und 52 enthalten auch eine Spalte über den hauptsächlichen Verwendungszweck der einzelnen Legierungen. Festigkeitswerte, die in den Tafeln nicht angegeben sind, lassen sich zum Teil auf Grund der in den vorausgegangenen Abschnitten angegebenen *Verhältniszahlen* überschläglich ermitteln. Zur Erleichterung solcher „Umrechnungen" sind diese Verhältniszahlen nachfolgend zusammengestellt.

In der Anwendung solcher Verhältniszahlen ist selbstverständlich Vorsicht erforderlich; es sei dieserhalb auf die einzelnen Abschnitte verwiesen, denen die Verhältniszahlen entnommen sind.

Zügige Beanspruchung.

Härte, Gußlegierungen: $H = 2{,}2 \ldots 4{,}5 \cdot \sigma_B$

— , Knetlegierungen: $H = 1{,}9 \ldots 2{,}2 \cdot \sigma_B$

Druckbeanspruchung, Gußlegierungen: $\sigma_{d\,0,2} = \sim \sigma_{z\,0,2}$

— , Knetlegierungen: $\sigma_{d\,0,2} = 0{,}6 \ldots 0{,}7 \cdot \sigma_{z\,0,2}$

Biegebeanspruchung, Gußlegierungen: $\sigma_{b\,B} = 1{,}7 \ldots 2{,}2 \cdot \sigma_{z\,B}$

— , Knetlegierungen: $\sigma_{b\,B} = 1{,}75 \ldots 1{,}85 \cdot \sigma_{z\,B}$

(Gültig nur für Biegequerschnitte von $\sim$ 20 mm Höhe!)

Zahlentafel 51. Festigkeitseigenschaften der Elektron-

Leg.-Nr.	Elektronlegierung	Kurzbezeichnung	Wärmebehandlung	Härte H 5/250/30 kg/mm²	Elastizitätsgrenze $\sigma_{0,02}$ kg/mm²	Streckgrenze $\sigma_{0,2}$ kg/mm²	Zugfestigkeit σ_B kg/mm²	Dehnung δ_{10} %	Einschnürung ψ %
1	CMSi	G Mg - 1 Si	—	—	2,5	6	10	3	5
2	AM 503	G Mg - 2 Mn	—	35	2,0	3	8	6	8
3	**AZ 31**	G Mg - 3 Al, 1 Zn	—	46	3,0	5,5	17	8	11
4	**AZF**	G Mg - 4 Al, 3 Zn	—	52	3,5	8	18	7	9
5	**AZG**	G Mg - 6 Al, 3 Zn	—	60	4,5	10	20	5	6
6	A 8 K	G Mg - 8 Al	—	50	4,0	11	16	4	4
7	**A 9 v**	G Mg - 8½ Al, ½ Zn	homog.	64	5,0	12	27	10	11
8	A 9 h		homog. u. ausgeh.	75	n. b.	16	27	4,5	6
9	A 10 v	G Mg - 9½ Al, ½ Zn	homog.	70	4,5	12	27	9	n. b.
10	A 10 h		homog. u. ausgeh.	85	9,5	17	27	3	n. b.
11	ZA	G Mg - 1 Zr	—	38	4,5	6	17	18	19
12	ZB	G Mg - 3 Zn, 1 Zr	—	—	9,5	7	21	13	15
13	ZB h		ausgeh.	—	12,0	16	23	8	10
14	A 8	Kg Mg - 8 Al, ½ Zn	—	56	4,0	10	22	6	4
15	**AZ 91**	Kg Mg - 9½ Al, ½ Zn	—	60	5,0	12	20	4	4

Gußlegierungen (Mittelwerte bzw. häufigste Werte).

Druckfestigkeit σ_{dB} kg/mm²	Scherfestigkeit τ_{aB} kg/mm²	Kerbschlagzähigkeit gr. DVM-Probe a_k mkg/cm²	Kerbschlagzähigkeit kl. DVM-Probe a_k mkg/cm²	Biegewechselfestigkeit σ_W' kg/mm²	Verwendungszweck	Leg.-Nr.
20	n. b.	n. b.	n. b.	n. b.	Einfache Gußstücke von hoher Dichtigkeit.	1
18	9	1,1	0,7	n. b.	Kleine, einfache, hochkorrosionsbeständige und gut schweißbare Gußstücke. Fliegwerkstoff 3500.0.	2
28	11	1,0	0,5	5,5	Einfache gas- und flüssigkeitsdichte Gußstücke. Fliegwerkstoff 3504.0.	3
32	13	0,65	0,5	6,5	Hauptlegierung für stoßbeanspruchte Gußstücke. Fliegwerkstoff 3506.0.	4
33	13	0,3	0,3	7,5	Hauptlegierung für Gußstücke aller Art, besonders für wechselbeanspruchte. Fliegwerkstoff 3505.0.	5
28	12	0,25	0,2	—	Gußstücke hoher Korrosionsbeständigkeit bei guter Festigkeit.	6
33	14	0,7	0,45	10	Höchstwertige Gußlegierung für schlag- und wechselbeanspruchte Gußstücke. Fliegwerkstoff 3507.9.	7
35	n. b.	0,25	0,2	9	Für knickfeste und sonstige Gußstücke, für die hohe Dehn- und Stauchgrenzen von Vorteil sind.	8
n. b.	15	0,3	0,25	10	Verwendung für Sonderfälle, in denen höhere Härte als bei A 9 v bzw. A 9 h erwünscht ist.	9
n. b.	16	0,2	0,15	9		10
n. b.	n. b.	n. b.	0,85	3	Kleine Gußstücke besonders hoher Zähigkeit u. Dichtigkeit (in Erprobung).	11
n. b.	n. b.	n. b.	n. b.	6		12
n. b.	n. b.	n. b.	n. b.	n. b.	Für Sonderzwecke, in denen hohe Dehngrenzen verlangt werden (in Erprobung).	13
35	13	n. b.	0,6	7,5	Stoßbeanspruchte, einfache Kokillengußstücke. Fliegwerkstoff 3508.0.	14
34	13	n. b.	0,5	8,5	Hauptlegierung für Kokillengußstücke aller Art.	15

Zahlentafel 52. Festigkeitseigenschaften der Elektron-

Leg.-Nr.	Elektron-legierung	Kurzbezeichnung	Wärme-behandlung	Härte H 5/250/30 kg/mm²	Elastizitätsgrenze $\sigma_{0,02}$ kg/mm²	Streckgrenze $\sigma_{0,2}$ kg/mm²	Zugfestigkeit σ_B kg/mm²	Dehnung δ_{10} %	Einschnürung ψ %
16	**AM 503**	Mg – 2 Mn	—	40	7	20	30	3	4
17	**AM 537**	Mg – 2 Mn, $^1/_2$ Ce	—	60	n. b.	21	27	20	28
18	Z 1 b	Mg – 4 Zn	—	54	9	12	26	15	26
19	AZ 21	Mg – 2 Al, 1 Zn	—	n. b.	n. b.	18	26	12	35
20	**AZ 31**	Mg – 3 Al, 1 Zn	—	58	16	18	27	14	33
21	**AZM**	Mg – 6 Al, 1 Zn	—	60	15	24	32	12	22
22	**AZ 855**	Mg – 8 Al, $^1/_2$ Zn	—	65	15	24	34	12	20
23	V 1	Mg – 10 Al	—	75	23	28	35	8	18
24	V 1 w		homog.	73	20	25	34	10	15
25	V 1 h		homog. u. ausgeh.	84	23	28	39	4	4
26	AM 6	Mg – 2 Mn, 6 Ce	—	n. b.	n. b.	23	26	3	n. b.

Knetlegierungen (Mittelwerte bzw. häufigste Werte).

Druck-elastizitätsgrenze $\sigma_{d\,0,02}$ kg/mm²	Quetschgrenze $\sigma_{d\,0,2}$ kg/mm²	Druckfestigkeit $\sigma_{d\,B}$ kg/mm²	Scherfestigkeit $\tau_{a\,B}$ kg/mm²	Kerbschlagzähigkeit gr. DVM-Probe a_K mkg/cm²	Kerbschlagzähigkeit kl. DVM-Probe a_K mkg/cm²	Biegewechselfestigkeit $\sigma_{W'}$ kg/mm²	Verwendungszweck	Leg.-Nr.
8,5	12	33	13	1,0	0,7	7,5	Hauptlegierung für geschweißte Bauteile (unbeschränkt schweißbar), Teile hoher Korrosionsbeständigkeit. Fliegwerkstoff 3501.1/.2.	**16**
n. b.	20	36	15	1,2	0,8	9,0	Hauptlegierung für Blechpreßteile (beste Kaltverformbarkeit) mit einfachen Schweißnähten, Teile hoher Korrosionsbeständigkeit.	**17**
8,5	10	36	n. b.	1,2	0,9	n. b.	Farbig zu beizende Teile.	18
n. b.	n. b.	n. b.	n. b.	1,0	0,7	n. b.	Blechpreßteile und Prägeteile ohne besondere Festigkeitsanforderungen.	19
8,5	10	38	14	1,1	0,9	11	Bauteile mit geringen Festigkeitsanforderungen, durch leichte Verformbarkeit in der Herstellung vorteilhaft. — Ätzplatten.	**20**
9,5	14	38	15	1,0	0,7	16	Hauptlegierung für hochbeanspruchte Leichtbauteile (mit nur kurzen Schweißnähten), für hochbeanspruchte Gesenkpreßteile. Fliegwerkstoff 3510.1/.2.	**21**
9,5	14	39	15	0,7	0,6	15	Hochbeanspruchte Gesenkpreßteile, insbesondere Luftschrauben. Fliegwerkstoff 3515.0.	**22**
n. b.	n. b.	n. b.	n. b.	n. b.	0,4	n. b.	Verwendung nur für Sonderzwecke, in denen besonders hohe Härte verlangt ist. Zweckmäßig durch AZ 855 ausgehärtet zu ersetzen.	23
n. b.	n. b.	n. b.	n. b.	n. b.	0,6	n. b.		24
n. b.	n. b.	n. b.	n. b.	n. b.	0,1	n. b.		25
n. b.	n. b.	38	n. b.	n. b.	n. b.	8,0	Bauteile mit besonders hoher Warmfestigkeit und Warmhärte.	26

Verdrehbeanspruchung, Gußlegierungen: $\tau_B = 0{,}7 \ldots 1{,}0 \cdot \sigma_B$
$\tau_{0,2} = 0{,}5 \ldots 0{,}65 \cdot \sigma_{0,2}$

— , Knetlegierungen: $\tau_B = \sim 0{,}7 \cdot \sigma_B$
$\tau_{0,2} = 0{,}35 \ldots 0{,}45 \cdot \sigma_{0,2}$

(Gültig nur für Querschnitte mit ungefähr gleichem Durchmesser!)

— , alle Legierungen: $G = 0{,}37 \ldots 0{,}42 \cdot E$

Wechselnde Beanspruchung.

Zugdruckwechselbeanspruchung, Gußlegierungen: $\sigma_{zW} = \sim 0{,}5 \cdot \sigma_{bW}'$

— , Knetlegierungen: $\sigma_{zW} = \sim 0{,}6 \cdot \sigma_{bW}'$

(Gültig nur für Biegequerschnitte von $\sim$ 7,5 mm Höhe!)

Zugschwellbeanspruchung, Gußlegierungen: $\sigma_{zU} = 1{,}1 \ldots 1{,}5 \cdot \sigma_{zW}$
$\sigma_{zU} = 0{,}55 \ldots 0{,}75 \cdot \sigma_{bW}'$

— , Knetlegierungen: $\sigma_{zU} = \sim 1{,}6 \cdot \sigma_{zW}$
$= \sim \sigma_{bW}'$

Druckschwellbeanspruchung, Gußlegierungen: $\sigma_{dU} = 2{,}5 \ldots 5 \cdot \sigma_{zW}$
$= 1{,}25 \ldots 2{,}5 \cdot \sigma_{bW}'$

— , Knetlegierungen: $\sigma_{dU} = \sim 2{,}5 \cdot \sigma_{zW}$
$= \sim 1{,}5 \cdot \sigma_{bW}'$

Biegewechselbeanspruchung, allgemein:

$$\sigma_W'(15\,\varnothing) = \sim 0{,}8 \cdot \sigma_W'(7{,}5\,\varnothing)$$
$$\sigma_W'(5\,\varnothing) = \sim 1{,}2 \cdot \sigma_W'(7{,}5\,\varnothing)$$

Biegeschwellbeanspruchung, Gußlegierungen: $\sigma_U' = 1{,}2 \ldots 1{,}5 \cdot \sigma_W'$

— , Knetlegierungen: $\sigma_U' = 1{,}4 \ldots 1{,}6 \cdot \sigma_W'$

Verdrehwechselbeanspruchung, Gußlegierungen: $\tau_W' = 0{,}6 \ldots 0{,}9 \cdot \sigma_W'$

— , Knetlegierungen: $\tau_W' = 0{,}45 \ldots 0{,}6 \cdot \sigma_W'$

(Nur gültig für ungefähr gleich große Querschnitte!)

II. Festigkeitseigenschaften bei tiefen Temperaturen.

Die Werkstoffeigenschaften bei tiefen Temperaturen sind bei den Leichtmetallen von Bedeutung für die Anwendung bei Außenbauwerken und Fahrzeugen, ferner besonders bei Höhenflugzeugen (Temperatur der Stratosphäre $\sim -55\,^\circ$C) und schließlich in Sonderfällen des Apparatebaus. Da bei den meisten Werkstoffen die Festigkeit in der Kälte zunimmt, die Zähigkeit aber stark vermindert ist, ist aus sicherheitstechnischen Gründen besonders die Änderung der Verformungskennwerte mit der Temperatur von Bedeutung. Die Untersuchungen hierüber sind bei den Magnesiumlegierungen von geringer Zahl, geben jedoch ein hinreichendes Bild.

A. Zugfestigkeit und Dehnung.

Das Verhalten der Elektron-Gußlegierungen **AZF** und **AZG** bis herab zu —80° lassen Abb. 275 und 276 erkennen (zum Teil nach Versuchen von W. SCHULTZE[1]). Die Änderungen der Gütewerte sind in diesem Bereich geringfügig.

Die Zerreißwerte der Elektron-Knetlegierungen **AZM** und **V 1** bestimmte W. SCHULTZE[1] bis —80° (Abb. 277 und 278), diejenigen von **AZM** und **V 1 w** bestimmten BOLLENRATH und NEMES[2] bis —190°. Die Werte bis —190° sind für AZM in Abb. 279 aufgetragen. Zugfestigkeit und Streckgrenze steigen, wie durchweg bei den metallischen Werkstoffen,

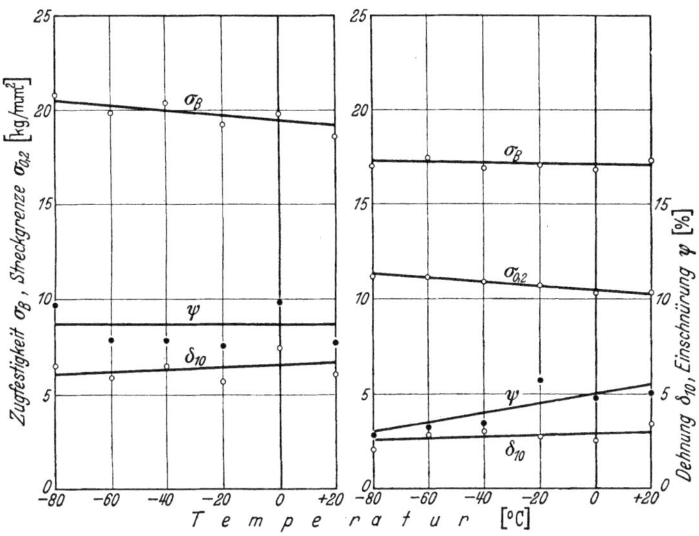

Abb. 275. **AZF** Abb. 276. **AZG** (1928).
Nach Versuchen von W. SCHULTZE (1927).
Abb. 275 und 276. Zerreißwerte von Elektron-Sandguß **AZF** und **AZG** bei tiefen Temperaturen.

bei sinkender Temperatur leicht an; der Anstieg der Streckgrenze ist bei den Magnesiumlegierungen jedoch steiler als bei anderen Werkstoffen, so daß sich das Streckgrenzenverhältnis erhöht. Dehnung und Einschnürung sinken geradlinig mit fallender Temperatur ab; bis zu der tiefsten, praktisch vorkommenden Temperatur von —60° ist der Verlust an Dehnung und Einschnürung jedoch unbedeutend. — Das *Elastizitätsmaß* steigt nach BOLLENRATH und NEMES bei tiefen Temperaturen ebenfalls leicht an (Abb. 279 und 280), es ist dann ferner bis zu höheren Beanspruchungen gleichbleibend.

---

[1] Unveröffentlichte Versuche 1927.

[2] BOLLENRATH, F., u. J. NEMES: Über das Verhalten verschiedener Leichtmetalle in der Kälte. Metallwirtsch. Bd. 10 (1931) S. 609 u. 625.

Aus diesen wenigen Versuchen ergibt sich, daß Bedenken gegen die Anwendung von Magnesiumlegierungen in der Kälte nicht bestehen. Bis herab zu den praktisch in Frage kommenden Temperaturen von ∾ −60° kann mit den für Raumtemperatur angegebenen Gütewerten gerechnet werden.

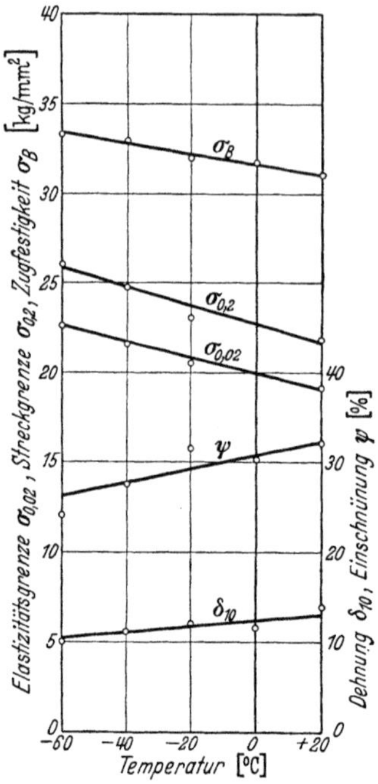

Abb. 277. **AZM.**

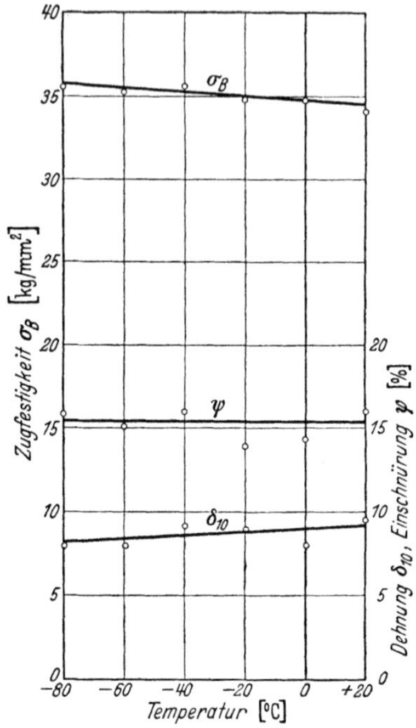

Abb. 278. **V 1.**

Abb. 277 und 278. Zerreißwerte von Elektron **AZM** und **V 1** bei tiefen Temperaturen. Nach Versuchen von W. SCHULTZE (1927).

B. Schlagzähigkeit und sonstige Verformungskennwerte.

Über die *Kerbschlagzähigkeit* in der Kälte liegen Versuchsergebnisse von Bitterfeld an Elektron **AZM**, von K. MATTHAES[1] und von K. BUNGARDT[2] an Proben aus 11 mm starken Blechen der Legierungen Elektron **AM 503** und **AZM** vor (Abb. 281). Es besteht bis zu Kältetemperaturen von −60° ein praktisch unbedeutender Abfall der Kerbschlagzähigkeit, der bis −180° geradlinig weitergeht. Dies bestätigen für Legierungen nach Art des **AZM** und **AZ 855** nach Versuchen bei −40° auch J. B. JOHNSON und T. OBERG[3].

[1] MATTHAES, K.: Dynamische Eigenschaften einiger Leichtlegierungen. Z. Metallkde. Jg. 24 (1932) S. 176.

[2] BUNGARDT, K.: Dynamische Festigkeitseigenschaften von Leichtmetalllegierungen bei tiefen Temperaturen. Z. Metallkde. Jg. 30 (1938) S. 235.

[3] JOHNSON, J. B., u. T. OBERG: Mechanical Properties at Minus 40 Degrees of Metals Used in Aircraft Construction. Metals & Alloys Bd. 4 (1933) S. 25.

BOLLENRATH und NEMES führten ferner Schlagzerreißversuche bei Kältetemperaturen bis —180° durch. Bei diesen Schlagzerreißver-

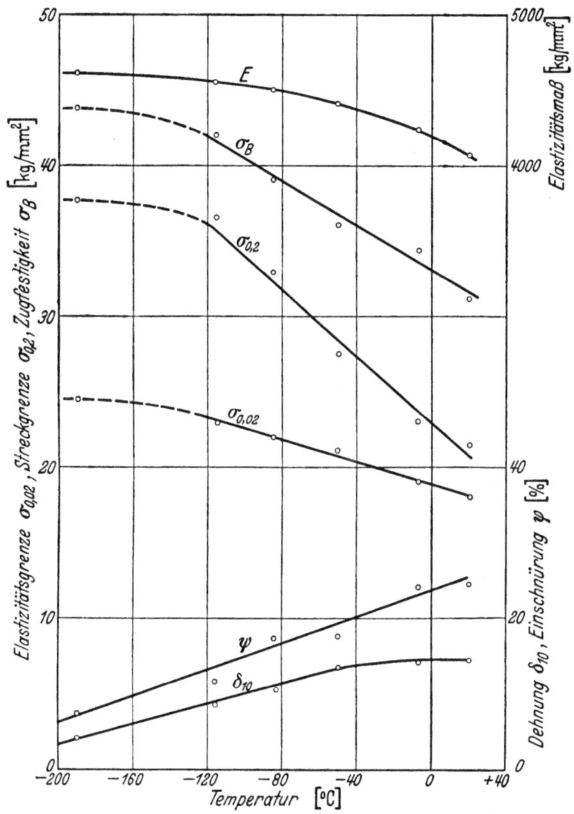

Abb. 279. Zerreißwerte von Elektron **AZM** bei tiefen Temperaturen. Nach Versuchen von F. BOLLENRATH und J. NEMES (1931).

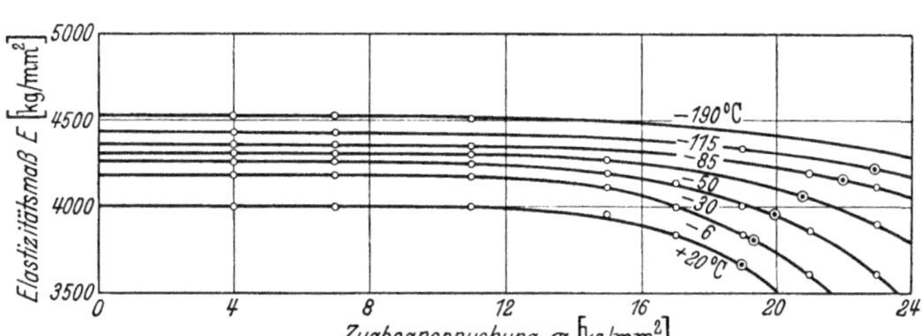

Abb. 280. Elastizitätsmaß von Elektron **AZM** bei tiefen Temperaturen, in Abhängigkeit von der Beanspruchung (bis über die 0,02-Grenze ⊙). Nach Versuchen von F. BOLLENRATH und J. NEMES (1931).

suchen wurden Arbeitsaufnahme, Dehnung und Einschnürung der beiden Elektronlegierungen **AZM** und **V 1 w** etwas höher gefunden als bei Zerreißversuchen mit gewöhnlicher Geschwindigkeit. In der Kälte war der Abfall dieser Werte bis $-60°$ nur gering, von da ab steiler (Abb. 282). Die Arbeitsaufnahme hat zwischen 0 und $-60°$ sogar ihren Höchstwert.

Ein Steilabfall der Schlagzähigkeit, wie er bei Stählen bekannt ist, ist bei den Magnesiumlegierungen im untersuchten Temperaturbereich also nicht gefunden worden. Es ergibt sich vielmehr unter Schlagbeanspruchung ein mindestens ebenso günstiges Bild wie bei gewöhnlichen Belastungsgeschwindigkeiten, so daß auch bei schlag- und stoßartiger Beanspruchung gegen die Verwendung von Magnesiumlegierungen bei tiefen Temperaturen keine Bedenken bestehen.

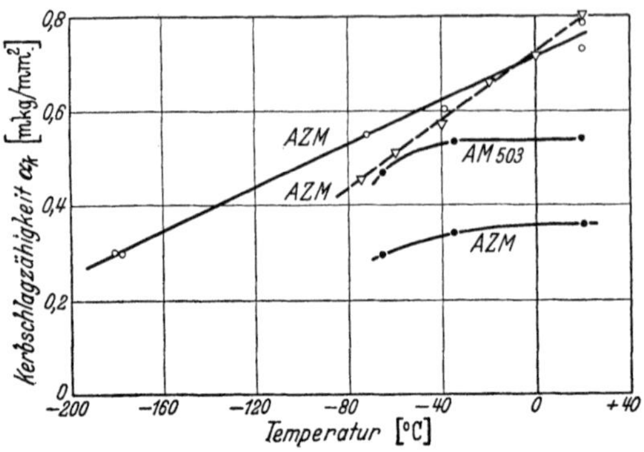

Abb. 281. **Kerbschlagzähigkeit von Elektron AM 503 und AZM bei tiefen Temperaturen.**
—○— Versuche von K. MATTHAES (1932), ehem. kl. Verbandsprobe.
—▽— Bitterfelder Versuche (1927), gr. Charpyprobe.
—●— Versuche von K. BUNGARDT (1937), DVM-Spitzkerbprobe.

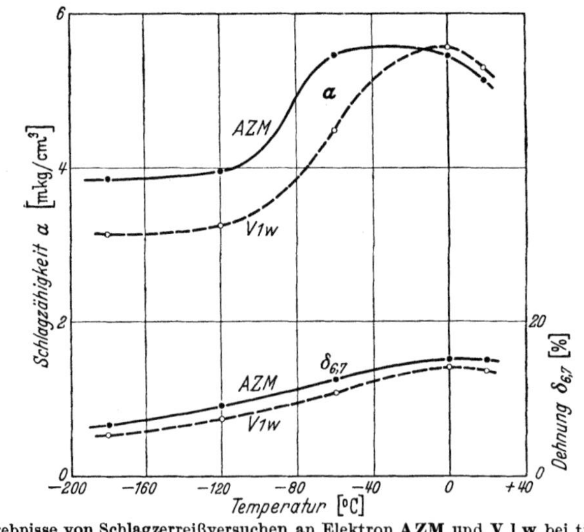

Abb. 282. **Ergebnisse von Schlagzerreißversuchen an Elektron AZM und V 1 w bei tiefen Temperaturen. Nach Versuchen von F. BOLLENRATH und J. NEMES (1931).**

C. Dauerschwingungsfestigkeit.

An Magnesiumlegierungen sind Dauerfestigkeitsversuche bei Kältetemperaturen nur vereinzelt ausgeführt worden, und zwar (als Umlaufbiegeversuche und Flachbiegeversuche) bis $-40°$ von JOHNSON und OBERG[1] mit Legierungen Mg — $6^1/_2$ Al, $^3/_4$ Zn (ähnlich Elektron AZM), bis $-57°$ vom Verfasser mit Elektron **AM 503**[2] und bis $-65°$ von K. BUNGARDT[3] ebenfalls mit Elektron AM 503 und mit **AZM**. Die Ergebnisse dieser Untersuchungen zeigt Abb. 283. Die Biegewechselfestigkeit steigt von $+20$ bis $-50°$ bei AM 503 um 10 ... 20%, bei AZM um ~ 3% an.

Man könnte bei tiefer Temperatur einen Anstieg der Kerbempfindlichkeit befürchten. Aus den einzigen hierüber vorliegenden Versuchsergebnissen von JOHNSON und OBERG, bei welchen Rundkerben ähnlich der von Abb. 250 benutzt wurden, ist jedoch eine Veränderung der Kerbwirkungszahl nicht zu entnehmen (auch bei einer Aluminiumlegierung der Gattung Al-Cu-Mg stellten BOONE und WISHART[4] keine Veränderung der Kerbempfindlichkeit fest).

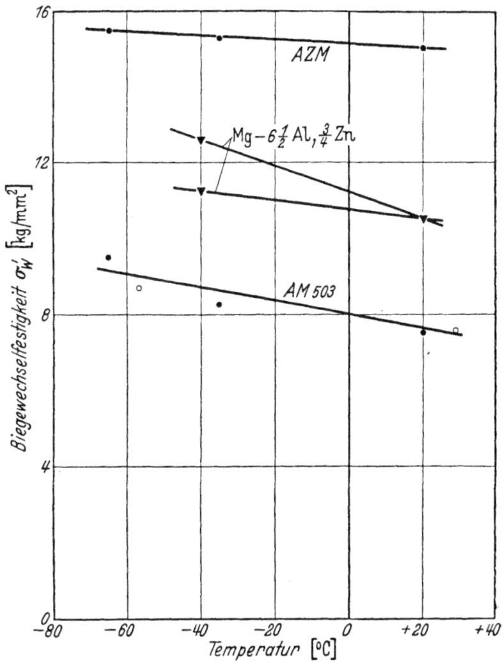

Abb. 283. Biegewechselfestigkeit von Elektron **AM 503** (FlW 3501.2), **AZM** (FlW 3510.2] und einer Legierung Mg - $6^1/_2$ Al, $^3/_4$ Zn, bei tiefen Temperaturen.
—▼— Versuche von J. B. JOHNSON und T. OBERG (1933).
—○— Versuche von W. BUCHMANN (1936).
—●— Versuche von K. BUNGARDT (1937).

An Gußlegierungen ausgeführte Dauerversuche bei tiefen Temperaturen sind nicht bekanntgeworden.

Das Ergebnis der bisher ausgeführten Dauerversuche ist, daß auch unter Wechselbeanspruchung bei tiefen Temperaturen keine verminderte, sondern eher eine erhöhte Sicherheit besteht, wenn man die bei gewöhnlicher Temperatur ermittelten Festigkeitswerte zugrunde legt.

[1] JOHNSON, J. B., u. T. OBERG: Siehe Fußnote 3, S. 246.
[2] Unveröffentlichte Versuche 1937.
[3] BUNGARDT, K.: Siehe Fußnote 2, S. 246.
[4] BOONE, W. D., u. H. B. WISHART: High-Speed Fatigue Tests of several Ferrous and Non-Ferrous Metals at Low Temperatures. Proc. Amer. Soc. Test. Mater. Bd. 35 (1935) Teil 2.

III. Festigkeitseigenschaften bei erhöhten Temperaturen.

Die Festigkeitseigenschaften bei erhöhten Temperaturen sind hauptsächlich von Bedeutung für den *Motorenbau*. Bei den für Leichtmetalle in Frage kommenden, nicht unmittelbar von den Verbrennungsgasen berührten Teilen von Otto- und Dieselmotoren ist mit oberen Temperaturen von 120 . . . 140° zu rechnen. Die Warmfestigkeitsversuche wurden daher vorwiegend bei 140 und 150° ausgeführt. Bei den Kolbenböden und Zylinderköpfen kommen Temperaturen bis zu 400° vor.

Oberhalb der Gebrauchstemperaturen ist noch die Kenntnis der Eigenschaften bei den Verarbeitungstemperaturen der *Warmverformung* (Pressen, Schmieden) für eine vergleichende Abschätzung des Verformungswiderstandes und der Verformungsfähigkeit erwünscht.

Für die Magnesiumlegierungen sind die im Kurzversuch ermittelbaren Warmfestigkeitseigenschaften der Elektronlegierungen ebenso wie die Eigenschaften unter Langzeitbeanspruchung und unter Wechselbeanspruchung im Vergleich zu anderen Leichtlegierungen bereits recht eingehend erforscht worden.

A. Härte, Zugfestigkeit und Dauerstandfestigkeit.

Das Verhalten der Werkstoffe in der Wärme wird in der Legierungsforschung und für die Werkstoffauswahl zunächst nach Warmfestigkeit und -streckgrenze beurteilt. Bei höheren Temperaturen sind diese im Kurzversuch ermittelten Kennwerte jedoch für länger andauernde Belastungen nicht mehr maßgebend, da ein Gleichgewicht zwischen Belastung und Dehnung nicht besteht und unter gleichbleibender Belastung ein „Kriechen“ eintritt. In diesem Falle dienen Dauerstandfestigkeit und Kriechgrenze, deren Ermittlung bei den Leichtmetallen noch in den Anfängen steckt, zur Beurteilung des Werkstoffverhaltens.

1. Besondere Wirkung einiger Legierungsbestandteile auf die Warmfestigkeit von Magnesiumlegierungen.

Die Zugfestigkeit des Reinmagnesiums sinkt mit steigender Temperatur geradlinig ab. Die festigkeitssteigernde Wirkung der Hauptlegierungsbestandteile bleibt auch bei höheren Temperaturen erhalten, sofern die Legierungen nicht übersättigt sind. Die durch Legieren erreichte Festigkeitssteigerung geht dagegen in der Wärme verloren, wenn bei übersättigten Legierungen unter den erhöhten Temperaturen Entmischungsvorgänge eintreten; siehe als Beispiele Abb. 284 und 285 mit zwei verschiedenen Gehalten von Aluminium bzw. Mangan. Auch die neueren Versuche, durch höhere, aus mehreren festigkeitssteigernden

Elementen zusammengesetzte Legierungsgehalte höhere Warmfestigkeitswerte zu erhalten, haben keine praktisch verwertbaren Vorteile gegenüber den üblichen Legierungen gebracht. Bei solchen Versuchen wurden insbesondere auch Legierungen mit hochschmelzenden Schwermetallen, *Silber*, *Kupfer*, *Nickel*, *Kobalt*, berücksichtigt, von denen die letzten drei bei Aluminiumlegierungen zu verhältnismäßig hohen Warmfestigkeiten geführt haben. So wurden z. B. folgende Zusammensetzungen vorgeschlagen: Mg — 7 Al, 2 Ag[1]; Mg — 2 Ca, 2 Ag[1]; Mg — 6 Al,

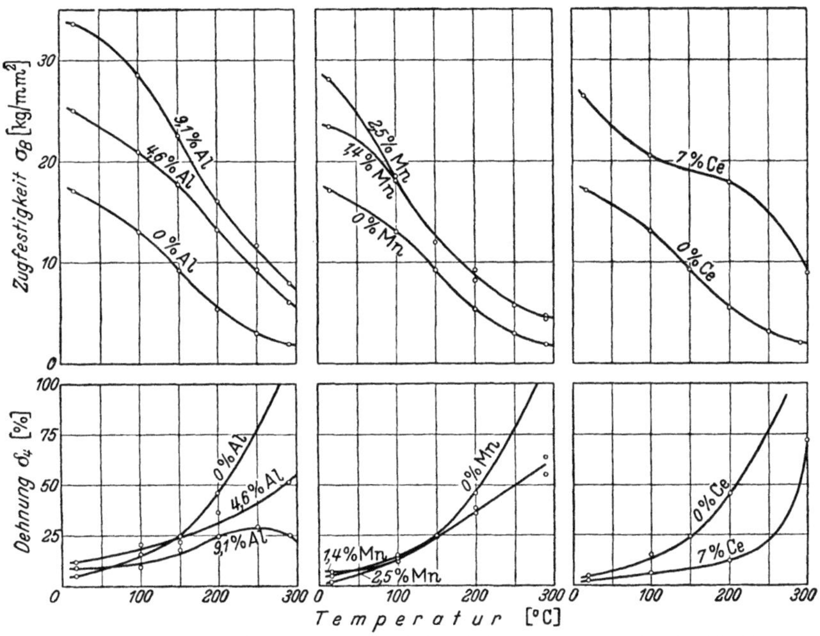

Abb. 284. **Mg-Al.** Abb. 285. **Mg-Mn.** Abb. 286. **Mg-Ce.**

Abb. 284—286. Warmfestigkeit von Magnesium-Versuchslegierungen mit **Al**, **Mn** und **Ce** (geschmiedet, angelassen 1 h 350°). Nach Versuchen von J. L. HAUGHTON und W. E. PRYTHERCH (1937).

12 Cu[2]; Mg — 10 Ce, $1^1/_2$ Mn; Mg — 6 Ce, 6 Ni[3]. Diese Schwermetallzusätze, die an sich aus Korrosionsgründen sehr unerwünscht sind, haben durchweg eine nur bis ~150° anhaltende Wirkung. Dagegen ist in Deutschland schon frühzeitig im *Zer* das Legierungselement gefunden worden, welches eine gerade oberhalb 150° deutliche Warmfestigkeitssteigerung hervorruft; s. Abb. 286—288.

[1] HAUGHTON, J. L., u. W. E. PRYTHERCH: Magnesium and its Alloys. London 1937.

[2] BASTIEN, P.: Publ. scient. et techn. du Ministère de l'Air 1933 Nr 20.

[3] DESCH, C. H.: J. Royal Aeronantial Soc., 614th Lecture 1937.

2. Warmhärte, Warmzugfestigkeit und -streckgrenze technischer Legierungen.

Die meisten Untersuchungen über die Warmfestigkeitseigenschaften erstrecken sich lediglich auf die Warmhärte und die im Warmzerreißversuch ermittelten Werte, also Warmzugfestigkeit und -streckgrenze. Verständlicherweise liegen jedoch auch für diese am leichtesten zu ermittelnden Werte keine Häufigkeitsuntersuchungen vor, wie für die entsprechenden Werte bei Raumtemperatur, sondern lediglich einzelne Versuchsreihen. Sie sind für die technischen Legierungen unter einheitlichen Bedingungen ausgeführt worden.

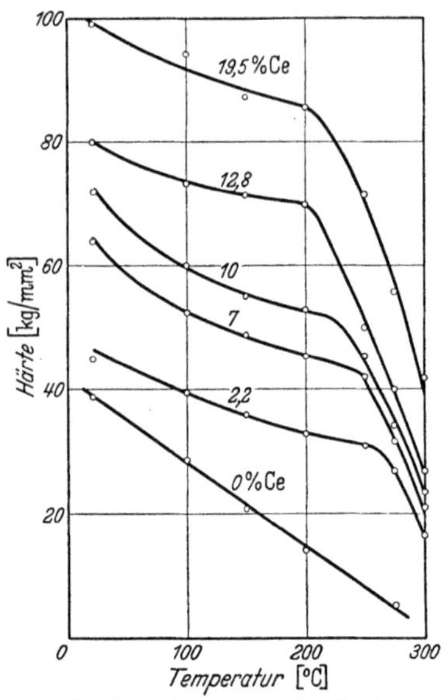

Abb. 287. Warmhärte von **Mg-Ce**-Versuchslegierungen (Preßzustand). Nach H. MENKING (1926).

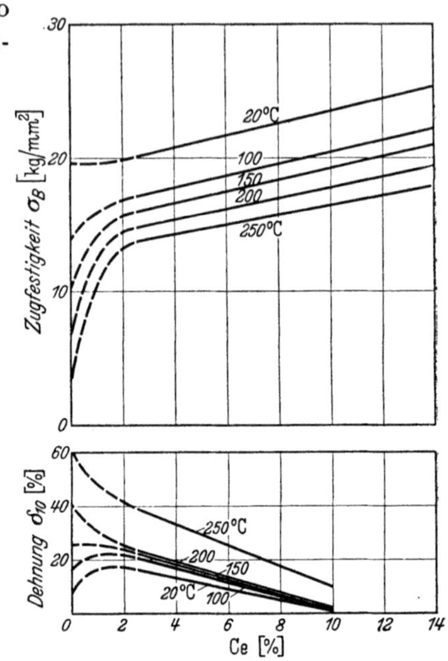

Abb. 288. Warmfestigkeitseigenschaften von **Mg-Ce**-Versuchslegierungen (Preßzustand). Nach H. MENKING (1926).

a) Allgemeines, Abhängigkeit der Warmfestigkeitswerte von den Versuchsbedingungen, Elastizitätsmaß.

Die Bestimmung von Warmzugfestigkeit und -streckgrenze der Leichtmetalle erfolgt in Anlehnung an die für Stähle gültigen Vorschriften von Din DVM A112. Die Belastungsgeschwindigkeit ist hiernach 0,5 kg/mm²sec; bei der Bestimmung der Streckgrenze $\sigma_{0,2}$ wird auf den einzelnen Laststufen eine Wartezeit von 2 Minuten angewandt, um einen Gleichgewichtszustand zwischen Belastung und Verformung zu erreichen. Da die Warmstreckgrenzen für Leichtmetall bis 300° angegeben werden, die Leichtmetalle aber bei niedrigeren Temperaturen zu kriechen beginnen als die Stähle, ist eine Wartezeit von 2 Minuten zwecklos. Es ist deshalb für die nachfolgenden Zahlenangaben eine Wartezeit von $^1/_2$ Minute auf der Hauptlast angewandt worden. Bei dieser Wartezeit kann das Kriechen unter Last vernachlässigt werden. H. VOSSKÜHLER[1] hat bei einer Legierung mit hoher Kriechgeschwindigkeit festgestellt, daß die in Din DVM A112 vorgesehene Wartezeit von 2 Minuten bei 150° ~0,5 kg/mm² niedrigere Werte und bei 300° ~1 kg/mm² niedrigere Werte ergibt als die Wartezeit von $^1/_2$ Minute.

Zur Bestimmung der bleibenden Dehnung nach Entlastung wird auf der Vorlast — in Übereinstimmung mit Din DVM A 112 — wieder eine Wartezeit von $^1/_2$ Minute angewandt.

Die *Warmhärte* ist ebenso wie bei Raumtemperatur als H 5/250/30 im Öl- bzw. Salzbad bestimmt worden.

Die Probenherkunft ist die gleiche wie bei den Proben für die Zerreißwerte bei gewöhnlicher Temperatur. —

Über das *Elastizitätsmaß* bei höheren Temperaturen liegt eine Untersuchung von F. FÖRSTER und W. KÖSTER[2] vor. Es wurde für Reinmagnesium ein stetiger Abfall gefunden, der von 20 bis 300° ~13% beträgt (Abb. 289); das ist der gleiche Abfall, der bei Aluminium gefunden wurde.

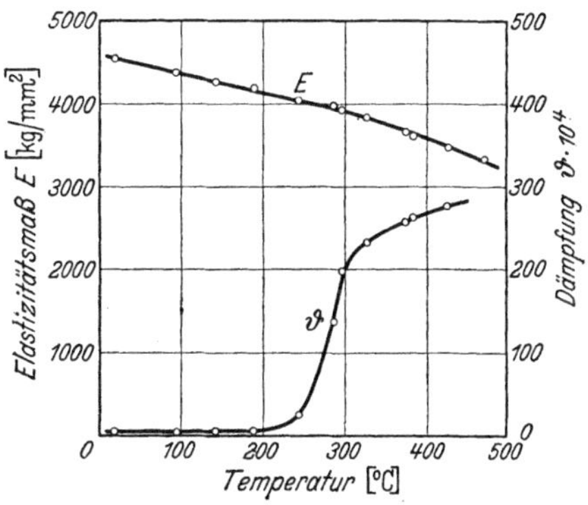

Abb. 289. Elastizitätsmaß und Dämpfung von Magnesium in Abhängigkeit von der Temperatur, ermittelt aus Schwingungsversuchen (beanspruchungslos). Nach F. FÖRSTER und W. KÖSTER (1937).

F. BOLLENRATH[3] fand bei Zugversuchen einen unstetigen Abfall des Elastizitätsmaßes mit der Temperatur, nämlich für Elektron AZM bei ~80° einen als echt nicht erklärbaren Steilabfall, und für Elektron V 1 w einen ebensolchen bei ~130°. Dadurch wird ein von 20—100° bei AZM um ~30% und bei V 1 w um ~12% fallendes Elastizitätsmaß angegeben.

Die *Dämpfung* nimmt nach F. FÖRSTER und W. KÖSTER[2] mit der Temperatur zu und zwar im Bereich von etwas oberhalb 200° bis 300° sprunghaft (Abb. 289). Dies ist dadurch verursacht, daß bis ~225° nur die Basisflächen als Gleitflächen betätigt werden, bei dieser Temperatur jedoch Pyramidenflächen hinzutreten (s. Beitrag G. SIEBEL, S. 21).

---

[1] VOSSKÜHLER, H.: Die Warmfestigkeitseigenschaften der Elektronlegierungen bei statischer Zugbeanspruchung. Metallwirtsch. Bd. 17 (1938) S. 935.

[2] FÖRSTER, F., u. W. KÖSTER: Elastizitätsmodul und Dämpfung in Abhängigkeit vom Werkstoffzustand. Z. Metallkde. Bd. 29 (1937) S. 116.

[3] BOLLENRATH, F.: Das Verhalten verschiedener Leichtmetallegierungen in der Wärme. Jb. wiss. Ges. Luftfahrt 1929 S. 186; s. auch F. BOLLENRATH u. J. NEMES: Fußnote 2, S. 245.

b) Technische Gußlegierungen.

Da nur einzelne Versuchsreihen vorliegen, wird im folgenden auf Zahlentafeln verzichtet; die Versuchsreihen sind zeichnerisch dargestellt.

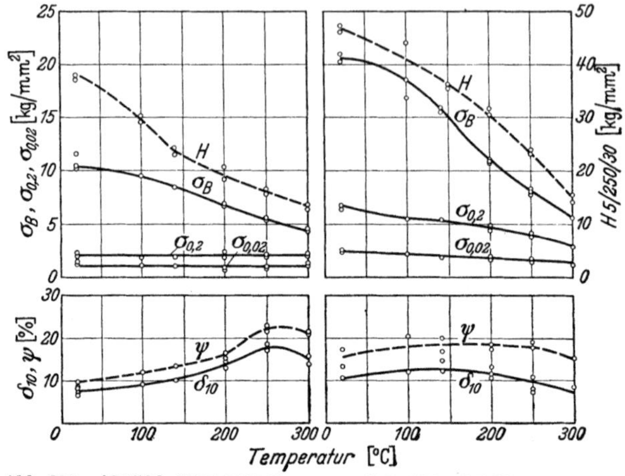

Abb. 290. **AM 503** (FlW 3500.0). Abb. 291. **AZ 31** (FlW 3504.0).

Abb. 290 u. 291. Warmfestigkeitseigenschaften von Elektron-Sandguß **AM 503** und **AZ 31**. Nach H. VOSSKÜHLER (1938).

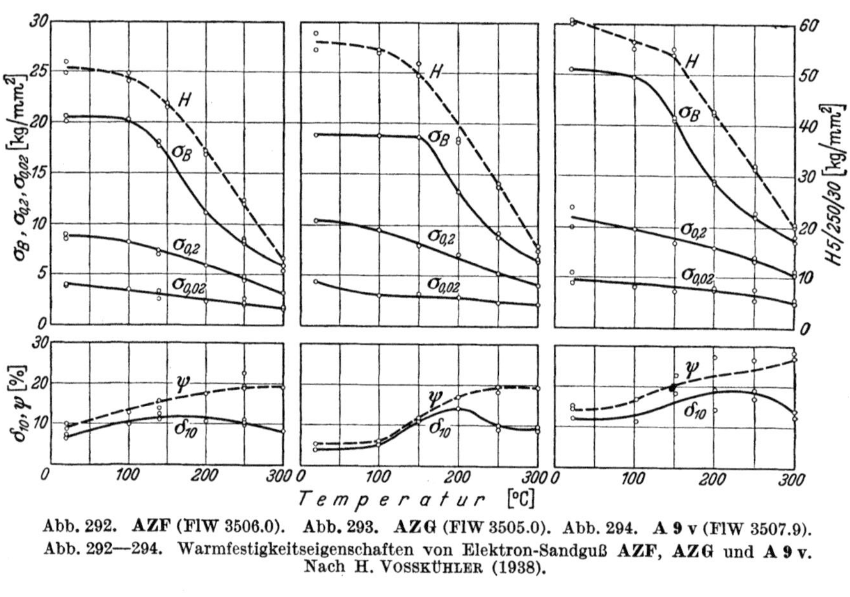

Abb. 292. **AZF** (FlW 3506.0). Abb. 293. **AZG** (FlW 3505.0). Abb. 294. **A 9 v** (FlW 3507.9).

Abb. 292—294. Warmfestigkeitseigenschaften von Elektron-Sandguß **AZF**, **AZG** und **A 9 v**. Nach H. VOSSKÜHLER (1938).

Die Warmzerreißwerte bis 300° der wichtigsten *Elektron-Sandgußlegierungen* enthalten nach den Arbeiten von H. VOSSKÜHLER[1] die Abb. 290

[1] VOSSKÜHLER, H.: Siehe Fußnote 1, S. 253.

bis 294. Die Dehngrenzen fallen bei allen Legierungen geradlinig mit steigender Temperatur ab; zwischen 20 und 150° um ∼20 . . . 30 %; die Zugfestigkeit fällt dagegen meist erst bei 100°, zum Teil 150°; gleichzeitig tritt ein Anstieg der Dehnung und Einschnürung ein. — Bei Aluminium-Sandgußlegierungen ist nach einigen vergleichbaren Versuchen von H. VOSSKÜHLER[1] der Festigkeitsverlauf bis zur Gebrauchstemperatur von 150° ähnlich; bei höheren Temperaturen zeigen die Aluminiumlegierungen jedoch nicht die Zunahme von Dehnug nnd Einschürung wie die Magnesiumlegierungen, sodaß der hiermit verbundene Festigkeitsabfall nicht eintritt.

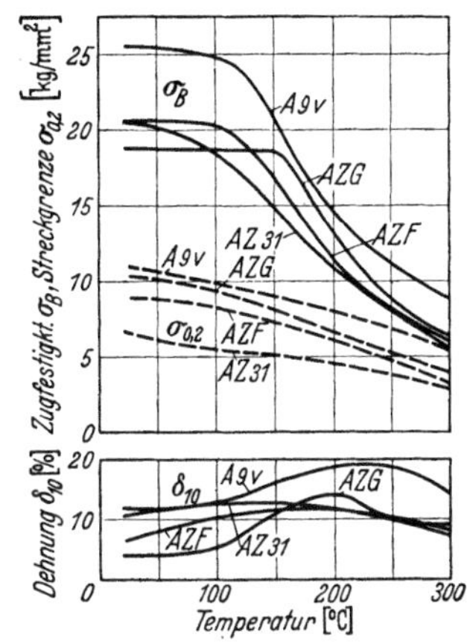

Abb. 295. Vergleich der Warmfestigkeitseigenschaften von Elektron-Sandguß **AZ 31, AZF, AZG** und **A9v**. Nach Versuchen von H. VOSSKÜHLER (1938).

Die Zugfestigkeiten, Streckgrenzen und Dehnungen der vier Elektron-Legierungen **AM 503, AZF, AZG** und **A 9 v** sind in Abb. 295 vergleichsweise übereinander gezeichnet. Die Werte gleichen sich bei höheren Tempe-

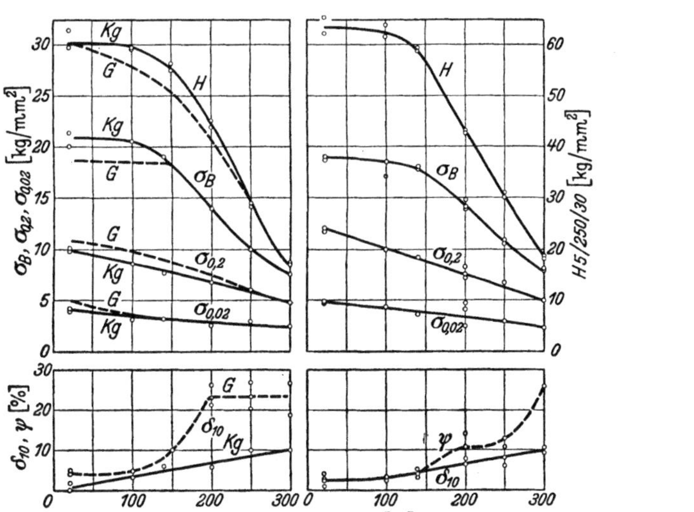

Abb. 296. **A 8** (FlW 3508.0). Abb. 297. **AZ 91**.

Abb. 296 u. 297. Warmfestigkeitseigenschaften von Elektron-Kokillenguß **A8** und **AZ91**. In Abb. 150 sind die Werte von A 8-Sandguß vergleichsweise gestrichelt eingezeichnet. Nach H. VOSSKÜHLER (1938).

raturen mehr und mehr an. AZG und A 9 v haben oberhalb ∼150° nahezu gleiche Festigkeitswerte; bis dahin ist A 9 v in der sonst bekannten

[1] VOSSKÜHLER, H.: Unveröffentlichte Versuche (1938).

Weise überlegen; die Überlegenheit von Streckgrenze und Dehnung besteht über den ganzen Temperaturbereich.

H. VOSSKÜHLER hat die Festigkeitseigenschaften bei den verschiedenen Temperaturen über dem Aluminiumgehalt der nicht wärmebehandelten Legierungen aufgetragen und gefunden, daß die Zugfestigkeit für 150° bei ~5 % Al einen Höchstwert hat, daß Zugfestigkeit und Streckgrenze für höhere Temperaturen aber mit dem Al-Gehalt weiter gleichmäßig ansteigen. — H. VOSSKÜHLER hat ferner an der Elektronlegierung A 9 den Einfluß der Wärmebehandlung untersucht und festgestellt, daß die erhöhten Werte des homogenisierten Zustandes (A 9 v) bei ~175° in diejenigen des Gußzustandes einmünden, und daß die weiter erhöhten Festigkeitswerte des ausgehärteten Zustandes (A 9 h) bis ~100° über denjenigen von A 9 v bleiben.

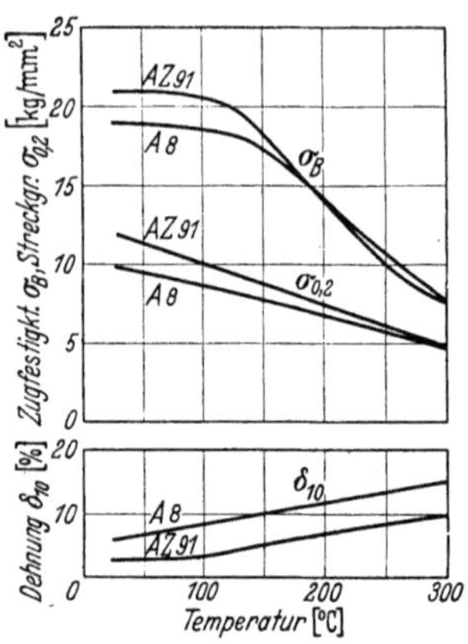

Abb. 298. Vergleich der Warmfestigkeitseigenschaften von Elektron-Kokillenguß **A 8** und **AZ 91**. Nach Versuchen von H. VOSSKÜHLER (1938).

Die Warmzerreißwerte der *Elektron-Kokillengußlegierungen* enthalten Abb. 296 und 297. Beim Vergleich der Legierungen Elektron **A 8** und **AZ 91** (Abb. 298) zeigt sich, daß AZ 91 in der Streckgrenze etwas überlegen ist. Auch hier vermindern sich die Unterschiede mit steigender Temperatur; in der gleichen Weise vermindern sich die Unterschiede zwischen A 8-Sandguß und A 8-Kokillenguß (Abb. 296).

c) Technische Knetlegierungen.

Die Abb. 299—303 geben die Warmzerreißwerte der wichtigsten Elektron-Knetlegierungen wieder. Zugfestigkeit und Dehngrenzen zeigen grundsätzlich den gleichen Verlauf wie bei den Gußlegierungen, jedoch einen stärkeren Abfall mit der Temperatur, sodaß die Überlegenheit, welche die Knetlegierungen gegenüber Gußlegierungen etwa gleicher Zusammensetzung bei Raumtemperatur haben, bei höheren Temperaturen mehr und mehr vermindert ist und bei 200 . . . 250° verschwindet (vgl. z. B. Abb. 290 und 299, AM 503 Sandguß und AM 503 gepreßt, ferner Abb. 291 und 301, AZ 31 Sandguß und AZ 31 gepreßt). Die Dehnung der Knetlegierungen liegt stets über der der Gußlegierungen. — Auch die Unterschiede zwischen dem Festigkeitsverlauf der Magnesiumlegierungen und dem der Aluminiumlegierungen sind bei den Knetlegierungen geringer als bei den Gußlegierungen. So haben nach Untersuchungen von H. VOSSKÜHLER[1] Elektron AZ 855 (Mg — 8 Al, $^1/_2$ Zn)

[1] Unveröffentlichte Versuche (1938).

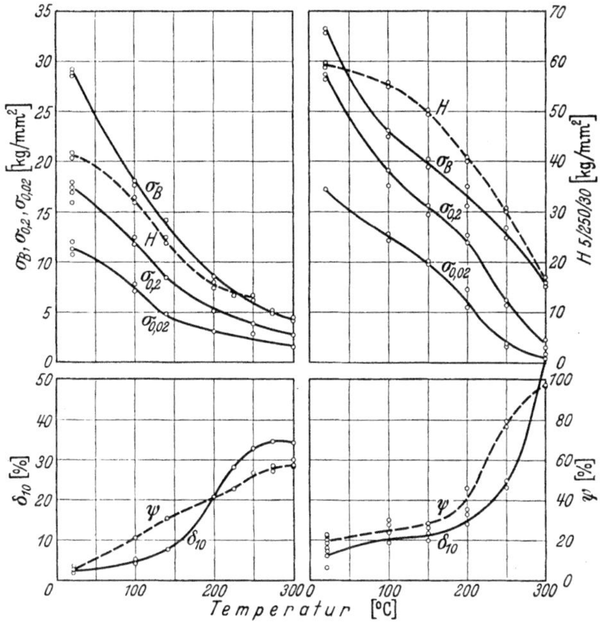

Abb. 299. **AM 503** (FlW 3501.2). Abb. 300. **AM 537**.

Abb. 299 u. 300. Warmfestigkeitseigenschaften von Elektron **AM 503** und **AM 537**. Nach H. VOSSKÜHLER (1938).

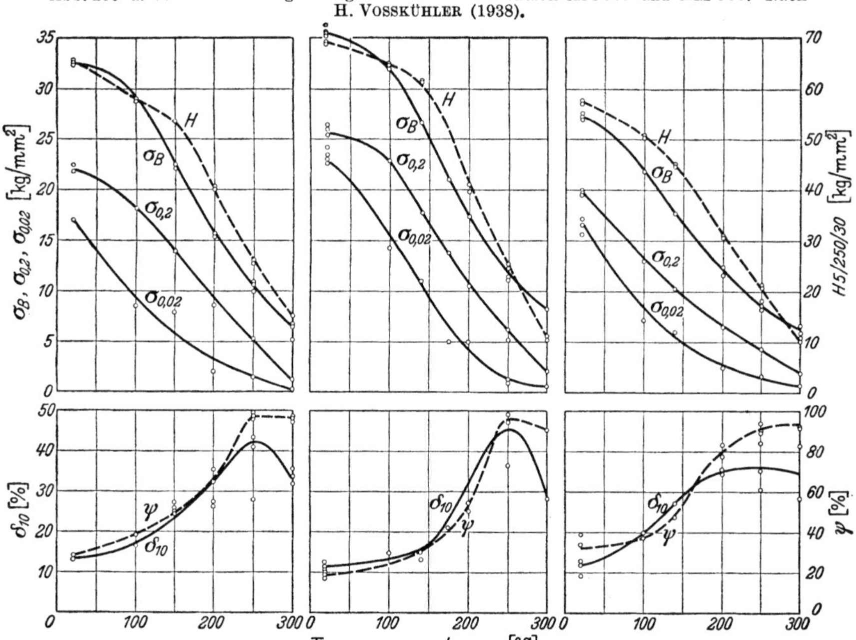

Abb. 301. **AZ 31**. Abb. 302. **AZM** (FlW 3510.2) Abb. 303. **AZ 855**.

Abb. 301—303. Warmfestigkeitseigenschaften von Elektron **AZ 31**, **AZM** und **AZ 855**. Nach H. VOSSKÜHLER (1938).

und Hy 7 (Al — 7 Mg) bis zur Gebrauchstemperatur von 150° praktisch gleiche Werte. Vergütete Al-Cu-Mg-Legierungen (Al — 4 Cu, $^1/_2$ Mg) erfahren mit steigender Temperatur naturgemäß einen sehr steilen Festigkeits- und Streckgrenzenabfall, während der Festigkeitsverlauf bei Legierungen im Gefügegleichgewicht (z. B. Al — 5 Mg) flacher ist. Dadurch haben bei ~300° beide Al-Legierungs-Gattungen die gleiche Zugfestigkeit, die auch mit der von Elektron AZ 855 praktisch übereinstimmt.

Die Warmzerreißwerte der Ce-freien Elektronlegierungen **AM 503**, **AZ 31**, **AZM** und **AZ 855** sind in Abb. 304 übereinandergezeichnet. Die für die Festigkeitseigenschaften bei Raumtemperatur sich ergebende Reihenfolge dieser Legierungen bleibt auch bei höherer Temperatur erhalten, in der Streckgrenze allerdings nur bis ~250°. Anders verhalten sich die Ce-haltigen

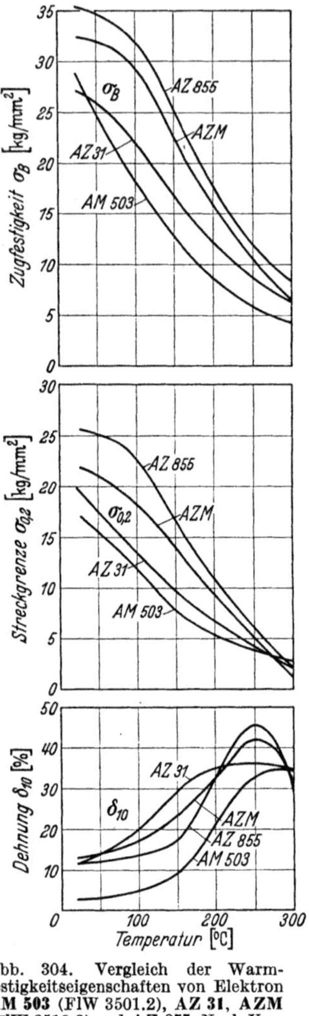

Abb. 304. Vergleich der Warmfestigkeitseigenschaften von Elektron **AM 503** (FlW 3501.2), **AZ 31**, **AZM** (FlW 3510.2) und **AZ 855**. Nach Versuchen von H. VOSSKÜHLER (1938).

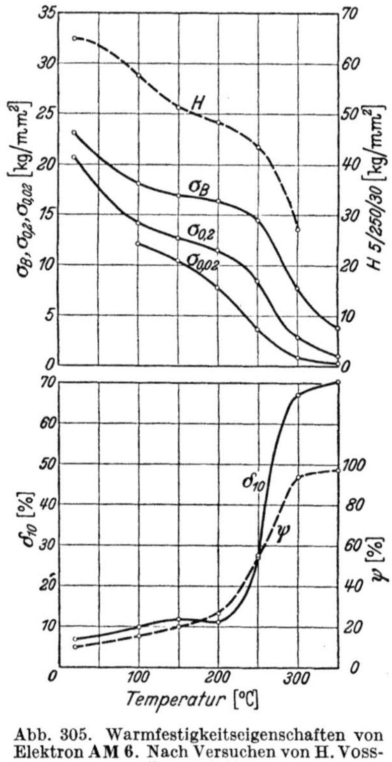

Abb. 305. Warmfestigkeitseigenschaften von Elektron **AM 6**. Nach Versuchen von H. VOSSKÜHLER (1938).

Legierungen **AM 537** (Mg — 2 Mn, 1/2 Ce) und **AM 6** (Mg — 2 Mn, 6 Ce), bei denen der Festigkeitsabfall mit der Temperatur geringer ist. Trotz niedriger Werte bei Raumtemperatur sind diese Legierungen daher besonders oberhalb 200° den Ce-freien Legierungen überlegen (Abb. 305 und 306). Die Legierung AM 6 ist wegen ihrer geringen Verformungsfähigkeit bei gewöhnlichen Temperaturen hauptsächlich für solche Zwecke in Erprobung, in denen hohe Warmstreckgrenze und Warmhärte bei den höchsten in Frage kommenden Temperaturen verlangt werden. —

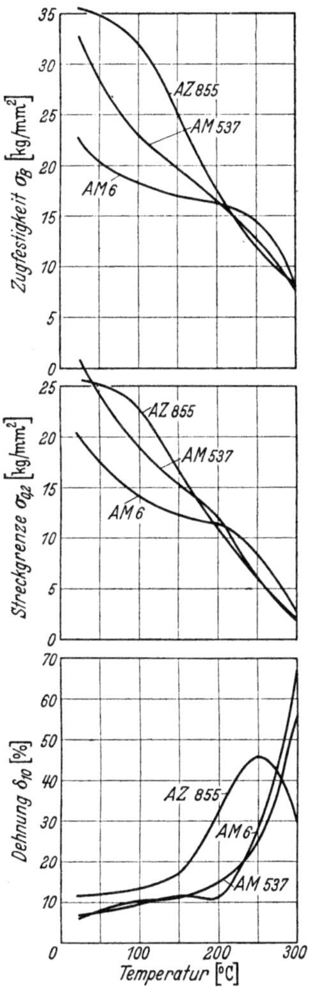

Abb. 306. Vergleich der Warmfestigkeitseigenschaften der Ce-haltigen Elektronlegierungen **AM 537** und **AM 6** mit denen von Elektron **AZ 855**. Nach Versuchen von H. VOSSKÜHLER (1938).

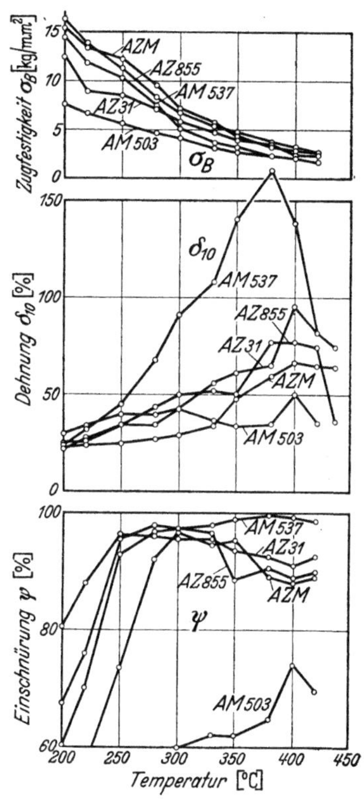

Abb. 307. Warmfestigkeitseigenschaften der Elektronlegierungen **AM 503**, **AM 537**, **AZ 31**, **AZM** und **AZ 855** bei den Temperaturen der Warmverformung. Nach Versuchen von E. MOHR (1938).

H. VOSSKÜHLER untersuchte den Einfluß der Wärmebehandlung auch bei einer Knetlegierung, Elektron V 1, und stellte fest, daß die Unterschiede zwischen dem Preßzustand, homogenisierten Zustand (V 1 w) und ausgehärteten Zustand (V 1 h) schon bei 100° ausgeglichen sind.

Einige für die *Warmverformung* wertvolle Versuche zwischen 200 und 420° hat E. MOHR[1] mit den Elektron-Schmiedelegierungen ausgeführt. Abb. 307 zeigt, daß die Unterschiede der Zugfestigkeitswerte oberhalb 300° praktisch nur gering sind, daß aber größere Unterschiede der Verformungskennwerte, Dehnung und Einschnürung, bestehen. Diese Werte steigen bei den für die Warmformgebung geeigneten Temperaturen in der Reihenfolge **AZM, AZ 855, AZ 31**. Die Verformungswerte der Legierung AM 503 — die als Schmiedelegierung nicht benutzt wird — liegen dagegen tiefer, während die Verformungswerte der Legierung **AM 537** diejenigen von AZM, AZ 855 und AZ 31 noch wesentlich übertreffen. Die hohe Verformungsfähigkeit von AM 537 macht diese Legierung zur wirtschaftlichen Herstellung von Gesenkschmiedeteilen auch durch Schlagverformung geeignet; Abb. 307 gibt einen Anhalt für die günstigsten Verformungstemperaturen.

3. Kriechverhalten und Dauerstandfestigkeit technischer Legierungen.

Über das Verhalten in der Wärme bei länger andauernden Belastungen (Dauerstandbeanspruchung) sind die Elektron-Gußlegierungen bei der Temperatur von 150° bereits durchgeprüft worden; mit Elektron-Knetlegierungen liegen erst einzelne Versuche vor, die besonders den Einfluß verschiedener Vorbehandlungen klärten.

a) Allgemeines, Versuchsausführung und Begriffsbestimmung.

Im Abschnitt über die Dauerstandfestigkeit bei Raumtemperatur (Abschnitt 4 I, G) wurde unterschieden zwischen der eigentlichen *Dauerstandfestigkeit* σ_{St}, welche die größte, ohne Bruch dauernd ertragene Beanspruchung ist und aus Festigkeit-Standzeit-Linien (ähnlich Wöhlerlinien) ermittelt wird, und den *Kriechgrenzen* σ_{Kr}, welche als Beanspruchungen mit bestimmten, festgelegten Kriechgeschwindigkeiten aus einem abgekürzten Versuch von $\sim 50^{\mathrm{h}}$ Dauer bestimmt werden.

Die Ermittlung der eigentlichen Dauerstandfestigkeit wird sehr selten vorgenommen; auch für Magnesiumlegierungen ist über derartige Versuche nichts bekanntgeworden. Tatsächlich ist die praktische Beanspruchungsgrenze bei Dauerstandbeanspruchung unter hohen Temperaturen weniger durch die Bruchgefahr bestimmt, sondern durch die Gefahr unzulässig großer Verformungen — insbesondere auch bei den Magnesiumlegierungen, deren Verformungsfähigkeit ja mit der Temperatur stark zunimmt. In der Beurteilung der Kriechgrenzen darf jedoch

[1] Unveröffentlichte Versuche (1938).

nicht übersehen werden, daß beim Vorliegen von Kerbwirkung und mehrachsiger Beanspruchung die Verformungsgefahr wieder zurücktritt und dafür Bruchgefahr auftreten kann[1]. Es besteht daher Anlaß, den Begriff der Dauerstand*festigkeit* der durch den *Bruch* gekennzeichneten Dauerstandbeanspruchung vorzubehalten. — In den für *Stahl* gültigen Vornormen Din DVM A 117 und 118 wird eine Kriechgrenze als Dauerstandfestigkeit bezeichnet. Diese ist gekennzeichnet durch eine Kriechgeschwindigkeit von $\mathbf{10 \cdot 10^{-4}\,\%/h}$ ($= {}^1/_{1000}\,\%/\mathrm{h}$), gemessen zwischen der 25. und 35. Belastungsstunde; als Formelzeichen ist im folgenden $\sigma_{\mathrm{Kr}\,10}$ benutzt. Diese Kriechgrenze wird jedoch nur dann als Dauerstandfestigkeit angegeben, wenn die bleibende Verformung nach 45 Stunden Belastungsdauer 0,2% nicht übersteigt; andernfalls (also bei Stählen mit hoher Anfangsdehnung, aber geringer Kriechgeschwindigkeit in der maßgebenden Zeitspanne) gilt die zu 0,2% bleibender Dehnung nach 45 Stunden Belastungsdauer gehörige Beanspruchung (Formelzeichen $\sigma_{0,2/45^{\mathrm{h}}}$) als „Dauerstandfestigkeit". — In der *Leichtmetallindustrie* wird vorläufig und versuchsweise eine geringere Kriechgeschwindigkeit, $\mathbf{5 \cdot 10^{-4}\,\%/h}$, ebenfalls zwischen der 25. und 35. Stunde gemessen, zugrunde gelegt, wodurch wesentlich niedrigere Kriechgrenzen (Formelzeichen $\sigma_{\mathrm{Kr}\,5}$) gefunden werden. Es ist hierfür ein Grund versuchstechnischer Art angegeben worden[2]: die höhere Kriechgeschwindigkeit liegt in einem Spannungsbereich, in dem kleine Belastungsänderungen große Dehngeschwindigkeitsänderungen bewirken. — Für eine gültige Festlegung der Kriechgeschwindigkeitsgrenze muß maßgebend sein, bei welcher in der 25. bis 35. Stunde gemessenen Kriechgeschwindigkeit bei hoher Belastungsdauer wirklich ein Abklingen der Dehngeschwindigkeit zu erwarten ist. Hierzu sind also Langzeitversuche erforderlich. Auch die Beziehung zwischen definitionsgemäßen Kriechgrenzen und praktischer Bewährung, die letzten Endes für die Festlegung derartiger Grenzen maßgebend ist, muß bei den Leichtmetallen noch gefunden werden.

Zur *Bestimmung der Kriechgrenzen* werden an mehreren verschieden hoch oberhalb und unterhalb der zu erwartenden Beanspruchungsgrenze belasteten Prüfstäben *Zeit-Dehnungslinien* aufgenommen. Die im folgenden benutzten und zum Teil als Beispiele gezeigten Zeit-Dehnungslinien sind vorläufig sowohl nach $5 \cdot 10^{-4}\,\%/\mathrm{h}$ wie nach $10 \cdot 10^{-4}\,\%/\mathrm{h}$ (Geschwindigkeit der Gesamtdehnung) ausgewertet worden, ebenso nach 0,2% bleibender Dehnung sowohl nach 45 wie nach 200 Stunden

---

[1] Bei Schraubenstählen besonders hoher Kriechgrenzen hat sich z. B. gezeigt, daß statt einer Dehnung des Schaftes verformungslose Brüche im Gewinde eintraten.

[2] GÜRTLER, G., W. JUNG-KÖNIG u. E. SCHMID: Über die Dauerbewährung der Leichtmetalle bei verschiedenen Temperaturen. Aluminium 1939 S. 202.

Belastungszeit. Die Versuche von H. Vosskühler[1], über die nachstehend berichtet ist, wurden sämtlich bis zu 200 Stunden durchgeführt. Die Werte für $10 \cdot 10^{-4}$ %/h liegen 15—80% (meist 50%) über denen für $5 \cdot 10^{-4}$ %/h.

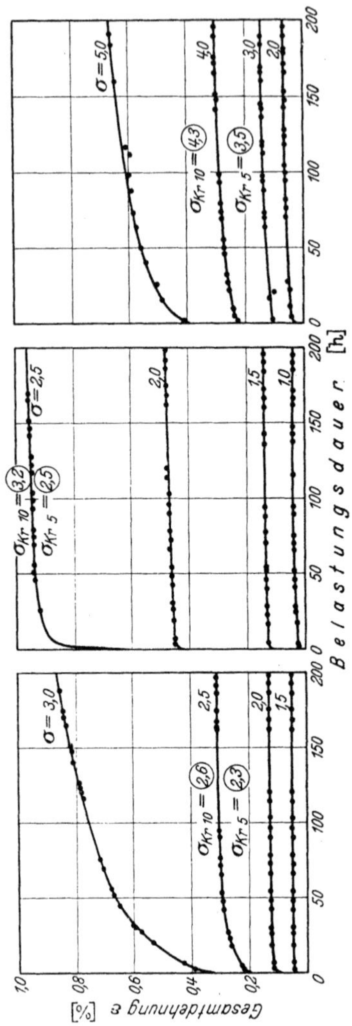

Abb. 308. **CMSi.** Abb. 309. **AM 503** (FlW 3500.0). Abb. 310. **AZ 31** (FlW 3504.0).

Abb. 308—310. Zeit-Dehnungslinien von Elektron-Sandguß **CMSi**, **AM 503** und **AZ 31** bei 150°; Beanspruchungen σ und Kriechgrenzen σ_{Kr} in kg/mm². Nach H. Vosskühler (1939).

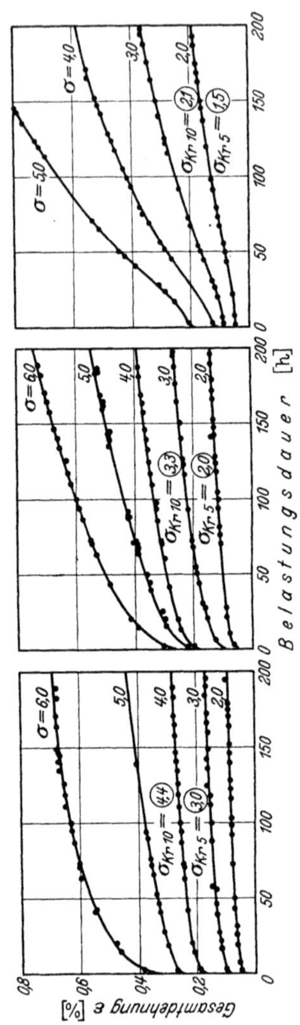

Abb. 311. **AZF** (FlW 3506.0). Abb. 312. **AZG** (FlW 3505.0). Abb. 313. **A 9 v** (FlW 3507.9).

Abb. 311—313. Zeit-Dehnungslinien von Elektron-Sandguß **AZF**, **AZG** und **A 9 v** bei 150°; Beanspruchungen σ und Kriechgrenzen σ_{Kr} in kg/mm². Nach H. Vosskühler (1939).

b) Technische Gußlegierungen.

Der Verlauf der Kriechgrenzen in Abhängigkeit von der Temperatur ist für Magnesiumlegierungen noch nicht bekannt, die Versuche sind durchweg bei der Temperatur von 150° durchgeführt worden. Da bei

[1] Unveröffentlichte Versuche (1939).

Aluminiumlegierungen die Temperatur von 150° schon im Bereich eines stärkeren Absinkens der Kriechgrenzen liegt, dürfte dies bei den Magnesiumlegierungen auch der Fall sein; sie befinden sich bei dieser Temperatur schon im Bereich der Kristallerholung und Rekristallisation, zum Teil auch der Entmischung.

Zeit-Dehnungslinien bei 150° der wichtigsten *Elektron-Sandgußlegierungen* sind nach Arbeiten von H. VOSSKÜHLER[1] als Beispiele in Abb. 308 bis 313 wiedergegeben. Die Dehngeschwindigkeiten zwischen der 25. und 35. Belastungsstunde wurden nach Abb. 314 ausgewertet und die Kriechgrenzenwerte nach der Begriffsbestimmung des DVM ($\sigma_{Kr\,10}$) sowie der schärferen, für Leichtmetalle vorgeschlagenen Begriffsbestimmung ($\sigma_{Kr\,5}$) in *Zahlentafel 53* aufgenommen.

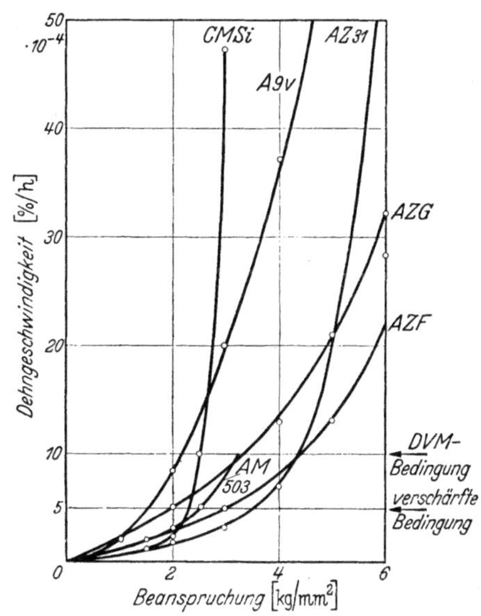

Abb. 314. Auswertung der Zeit-Dehnungslinien von Abb. 324—329, Dehngeschwindigkeiten in der 25. bis 35. Stunde in Abhängigkeit von der Beanspruchung. Nach Versuchen von H. VOSSKÜHLER (1939).

Die höchsten Kriechgrenzen bei 150° haben **AZ 31** und **AZF**; die übersättigten Legierungen **AZG** und **A 9 v** haben infolge der Entmischungsvorgänge bei der Prüftemperatur noch niedrigere Kriechgrenzen als die weichen Legierungen **CMSi** und **AM 503**. 0,2% bleibende Dehnung nach 45 bzw. 200 Belastungsstunden wird bei Beanspruchung in der Höhe der Kriechgrenze nur bei der weichen Legierung **AM 503** überschritten, die eine hohe Anfangsdehnung, dann aber geringe Kriechgeschwindigkeit aufweist. Das Verhältnis der Dauerstreckgrenze nach 45 bzw. 200 Stunden ($\sigma_{0,2/45\,h}$ bzw. $\sigma_{0,2/200\,h}$) zur Streckgrenze im Kurzversuch ($\sigma_{0,2}$) ist bei den nicht oder wenig übersättigten Legierungen mit 0,6 . . . 0,75 höher als bei den übersättigten (0,3 . . . 0,4).

Zahlentafel 53 enthält auch die an den beiden *Elektron-Kokillengußlegierungen* gefundenen Werte. Die Kriechgrenzen liegen hier höher als bei Sandguß ähnlicher Zusammensetzung.

Vergleicht man den gesamten Verlauf der bis 200 Stunden Belastungsdauer aufgenommenen Zeit-Dehnungslinien von Abb. 308—313 mit den Kriechgrenzenwerten laut Begriffsbestimmung, so ist unter dieser Beanspruchung bei **CMSi**, **AM 503** und **AZ 31** bereits im Verlauf

[1] Unveröffentlichte Versuche (1939).

Zahlentafel 53. Dauerstandwerte (150°) von Elektron-Gußlegierungen (Einzelversuche)[1].

Leg.-Nr.[2]	Elektron-legierung	Kurzbezeichnung	Warmzerreißwerte		Dauerstandwerte				$\sigma_{0,2/200h}/\sigma_{0,2}$
					DVM-Bedingungen[3]		Verschärfte Bedingungen[4]		
			Zug-festigkeit σ_B kg/mm²	Streck-grenze $\sigma_{0,2}$ kg/mm²	**Kriech-grenze**[5] $\sigma_{Kr\,10}$ kg/mm²	**Dauerstreck-grenze**[5] $\sigma_{0,2/45h}$ kg/mm²	**Kriech-grenze**[5] $\sigma_{Kr\,5}$ kg/mm²	**Dauerstreck-grenze**[5] $\sigma_{0,2/200h}$ kg/mm²	
1	CMSi	G Mg – 1 Si	8,7	3,4	**2,5**	2,6	**2,3**	2,4	0,7
2	AM 503	G Mg – 2 Mn	8,7	2,7	3,2	**1,7**	2,5	**1,7**	0,65
3	**AZ 31**	G Mg – 3 Al, 1 Zn	14,4	5,3	**4,4**	4,3	**3,5**	4,1	0,75
4	**AZF**	G Mg – 4 Al, 3 Zn	15,8	6,9	**4,4**	4,8	**3,0**	4,2	0,6
5	**AZG**	G Mg – 6 Al, 3 Zn	16,3	8,4	**3,3**	4,0	**2,0**	3,2	0,4
7	**A 9 v**	G Mg – 8½ Al, ½ Zn	19,0	8,8	**2,2**	4,0	**1,5**	2,5	0,3
14	A 8	Kg Mg – 8 Al, ½ Zn	19,2	8,3	**3,8**	5,5	**2,4**	3,9	0,45
15	**AZ 91**	Kg Mg – 9½ Al, ½ Zn	19,3	9,3	**3,6**	5,2	**2,0**	3,5	0,4

[1] Proben aus Sandgußstäben wie bei Zahlentafel 30, S. 149. — [2] Legierungs-Nr. übereinstimmend mit Zahlentafel 28 und 30, desgleichen Wärmebehandlung. — [3] Für Stahl gültig, Kriechgeschwindigkeit $10 \cdot 10^{-4}$%/h (25. bis 35. Stunde), oder bl. Dehnung 0,2% nach 45 Stunden. — [4] Für Leichtmetall vorgeschlagen, Kriechgeschwindigkeit $5 \cdot 10^{-4}$%/h, oder bl. Dehnung 0,2% nach 200 Stunden. — [5] Der niedrigste der beiden Werte jeder Bedingung ist fett gedruckt.

des 200-Stunden-Versuchs ein Abklingen der Dehngeschwindigkeit fast bis zum Dehnungsstillstand festzustellen. Es bestehen hier also auch bei Beanspruchungen in Höhe von σ_{Kr10} keine Bedenken. Einen ähnlichen Verlauf hat die Zeit-Dehnungslinie von **AZF** noch in Höhe von σ_{Kr5}, während bei **AZG** und **A 9 v** die Beobachtungszeit von 200 Stunden noch nicht ausreicht, um einen Dehnungsstillstand oder ein entsprechendes Abklingen der Dehngeschwindigkeit festzustellen. Bei diesen übersättigten Legierungen ist also, solange Langzeitversuche und Dauerstandbruchversuche nicht vorliegen, in der Anwendung von Kriechgrenzenwerten noch Vorsicht erforderlich.

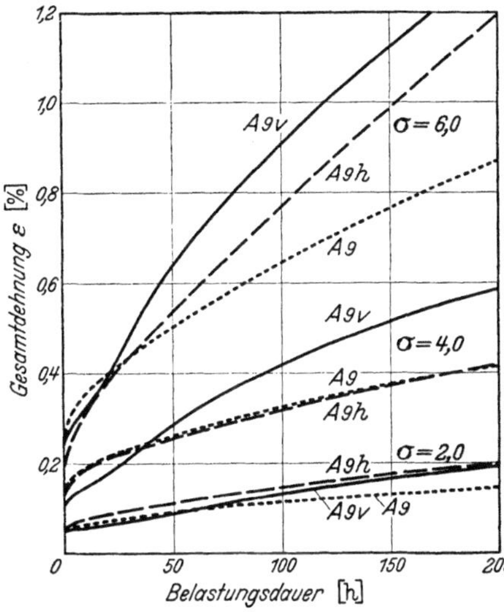

Abb. 315. Zeit-Dehnungslinien bei verschiedenem Gefügezustand von Elektron-Sandguß A 9. Gußzustand **A 9**, homogenisiert **A 9 v**, homogenisiert und ausgehärtet **A 9 h**. Nach H. VOSSKÜHLER (1939).

Nach S. 256 hat H. VOSSKÜHLER die im Kriechversuch ermittelte Warmstreckgrenze über dem Aluminiumgehalt der Legierungen aufgetragen und ein geradliniges Ansteigen der Warmstreckgrenze mit dem Al-Gehalt festgestellt. Bei der Kriechgrenze und Dauerstreckgrenze ergibt sich das umgekehrte Bild: beide fallen nahezu geradlinig mit steigendem Al-Gehalt oder Gesamtlegierungsgehalt ab, sobald der Legierungsgehalt die Löslichkeitsgrenze für die betreffende Temperatur überschreitet.

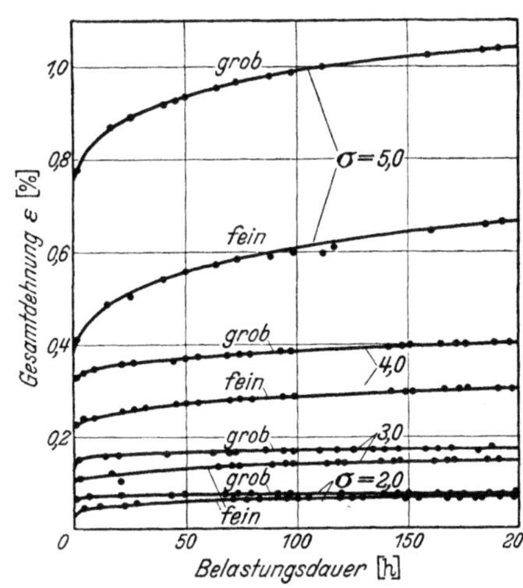

Abb. 316. Zeit-Dehnungslinien bei verschiedener Korngröße von Elektron-Sandguß **AZ 31**. Nach Versuchen von H. VOSSKÜHLER (1939).

Das Verhalten der übersättigten Legierungen ist naturgemäß vom jeweiligen *Gefügezustand* abhängig. Abb. 315 zeigt dies an einem Vergleich von Elektron-Sandguß **A 9** v, dem sonst bevorzugten, homogenisierten Zustand, mit dem Gußzustand (**A 9**). In diesem Zustand ist wesentlich weniger Aluminium gelöst, die Entmischungsgeschwindigkeit bei 150° ist geringer, und damit ist auch die Kriechgeschwindigkeit verringert. Im homogenisierten und ausgehärteten Zustand (A 9 h) ist durch die übliche Aushärtungsbehandlung erst ein Teil der bei Prüftemperatur möglichen Ausscheidungen vorweggenommen, so daß die Zeit-Dehnungslinien von A 9 h zwischen denen von A 9 und A 9 v liegen. — Bei Elektron **AZG** hat H. VOSSKÜHLER einen günstigen Einfluß der sonst auch zur Entspannung üblichen Wärmebehandlung festgestellt.

Auch in der Gruppe der nicht oder wenig übersättigten Gußlegierungen wird eine Abhängigkeit des Dauerstandverhaltens von der Gefügeausbildung, und zwar besonders von der *Korngröße*, beobachtet. Bei Elektron AZ 31 wurde nach Abb. 316 bei grobem Korn eine geringere Kriechgeschwindigkeit festgestellt, also die gleiche Abhängigkeit, die bei Stählen und Stahlguß gefunden wurde; die bleibende Dehnung war bei den grobkörnigen Proben allerdings größer.

c) Technische Knetlegierungen; Einfluß der Vorbehandlung.

Die Knetlegierungen sind noch nicht in derselben Weise durchgeprüft wie die Elektron-Gußlegierungen. Es liegen lediglich einzelne Zeit-Dehnungslinien, meist bei einer Beanspruchung von 5 kg/mm² und bei 140 oder 150°, aus Versuchen von

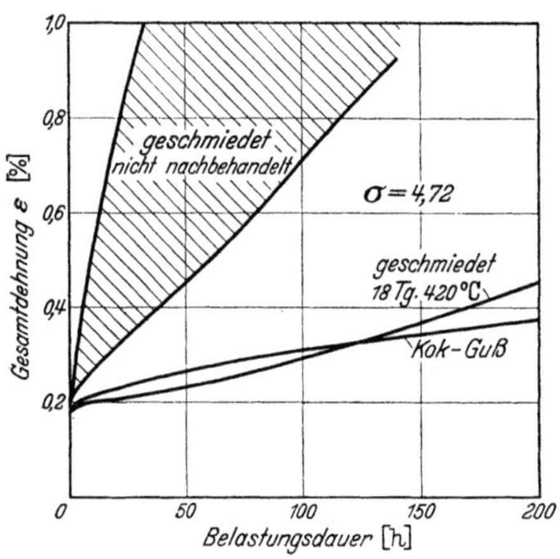

Abb. 317. Zeit-Dehnungslinien für 4,72 kg/mm² Beanspruchung bei 140° von gegossenem, geschmiedetem, geschmiedetem und geglühtem Elektron **AZ 855**. Nach H. VOSSKÜHLER (1935).

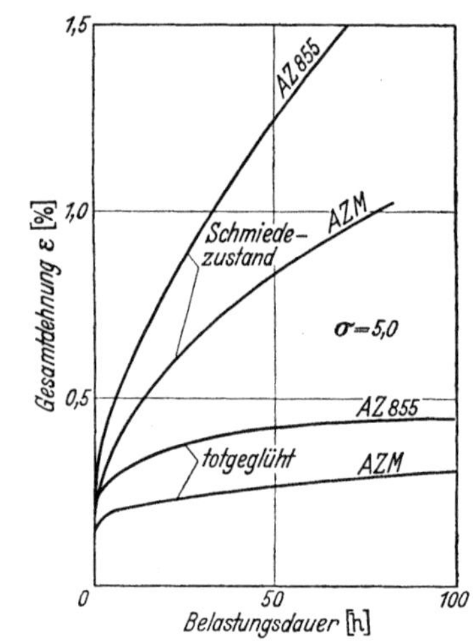

Abb. 318. Zeit-Dehnungslinien für 5 kg/mm² Beanspruchung bei 140° von Elektron **AZM** und **AZ 855** im geschmiedeten und im „totgeglühten" Zustand (5ʰ 400°/L/48ʰ 200°/L). Nach Versuchen von H. VOSSKÜHLER (1936).

H. VOSSKÜHLER[1] vor. Aus den verhältnismäßig hohen Kriechgeschwindigkeiten bei 5 kg/mm² (s. Abb. 317—319) kann man schließen, daß die Kriechgrenzen der Knetlegierungen niedriger als die der Gußlegierungen ähnlicher Zusammensetzung sind. Da die Knetlegierungen durch die

[1] Zum Teil unveröffentlichte Versuche (1935—1938).

Zahlentafel 54. Dauerstandwerte (140 und 150°) von Elektron-Knetlegierungen mit günstigen Dauerstandeigenschaften (Einzelversuche).

Leg.-Nr.[1]	Elektron-legierung	Kurzbezeichnung	Zustand	Temperatur t °C	Warmzerreißwerte: Zugfestigkeit σ_B kg/mm²	Warmzerreißwerte: Streckgrenze $\sigma_{0,2}$ kg/mm²	Dauerstandwerte: Kriechgrenze (DVM)[2] $\sigma_{Kr\,10}$ kg/mm²	Dauerstandwerte: Kriechgrenze (verschärft)[3] $\sigma_{Kr\,5}$ kg/mm²
17	**AM 537**	Mg – 2 Mn, 1/2 Ce	gepreßt	150	≈ 15,5	≈ 12	11,0[4]	10,3[4]
21	**AZM**	Mg – 6 Al, 1 Zn	geschm./5h400°/L/48h200°	140	24,9	12,9	5,0	≈ 4,5
22	**AZ 855**	Mg – 8 Al, 1/2 Zn	geschm./3h400°/L/48h200°	140	31,1	20,0	≈ 4,5	≈ 3,5
26	AM 6	Mg – 2 Mn, 6 Ce	gepreßt	150	≈ 21	≈ 16	13,2[4]	12,5[4]

[1] Legierungs-Nr. übereinstimmend mit Zahlentafel 29, S. 147. — [2] Für Stahl gültig, Kriechgeschwindigkeit $10 \cdot 10^{-4}$ %/h (25. bis 35. Stunde). — [3] Für Leichtmetall vorgeschlagen, Kriechgeschwindigkeit $5 \cdot 10^{-4}$ %/h (25. bis 35. Stunde). — [4] Ermittelt nach Abb. 320.

mit der Knetverformung verbundene Wärmeanwendung weitgehend homogenisiert sind und außerdem nach der Knetverformung ein Rekristallisationsbestreben besteht, können die Kriechgrenzen höchstens diejenigen der Gußlegierungen im homogenisierten Zustand sein; sie dürften in der Regel noch tiefer liegen (s. Abb. 317). H. Vosskühler[1] konnte zeigen, daß eine möglichst vollständige *Vorwegnahme der Rekristallisation* durch eine geeignete Glühbehandlung (z. B. mehrere Stunden bei 400... 420°) zu wesentlich niedrigeren Kriechgeschwindigkeiten führt (Abb. 333). Diese werden weiter verringert, wenn auch die *Entmischung* durch eine geeignete Anlaßbehandlung (z.B. 48 Stunden 200°) möglichst weitgehend vorweggenommen wird. Das Gefüge von derart „totgeglühten" Preß- und Schmiedeteilen ist bei der Prüf- oder Betriebstemperatur von ~150° vollständig stabil. Die Wirkung einer solchen Wärmebehandlung bei Schmiedelegierungen Elektron **AZM** und **AZ 855** geht aus Abb. 318 deutlich hervor. Die Kriechgrenzen bei 140° erreichen laut *Zahlentafel 54* nach einer solchen Wärmebehandlung den Wert von 5 kg/mm², also das ungefähr Dreifache des Preß- oder Schmiedezustandes. Die Werte von **AZM** liegen infolge der geringeren Übersättigung etwas günstiger als die von **AZ 855**.

[1] Zum Teil unveröffentlichte Versuche (1935—1938).

Noch höhere Kriechgrenzen sind bei den Ce-haltigen Legierungen ohne Wärmebehandlung zu erreichen. Abb. 319 läßt den Unterschied zwischen dem Ce-freien Elektron **AM 503** und dem wenig Ce-haltigen Elektron **AM 537** erkennen; in Abb. 320 sind Zeit-Dehnungslinien der Ce-haltigen Elektronlegierungen **AM 537** und **AM 6** wiedergegeben. Die aus den Versuchen von Abb. 318—320 gewonnenen Kriechgrenzen wurden in *Zahlentafel 54* aufgenommen; sie werden bei diesem Prüfverfahren, bei dem ein und derselbe Prüfstab stufenweise höherbelastet wird, möglicherweise höher gefunden als bei dem sonst angewandten Verfahren. Es ist jedoch kein Zweifel, daß eine außerordentliche Überlegenheit der Ce-haltigen Legierungen (Kriechgrenzen von 10 . . . 13 kg/mm², also nahe an der im Kurzversuch ermittelten Streckgrenze) besteht.

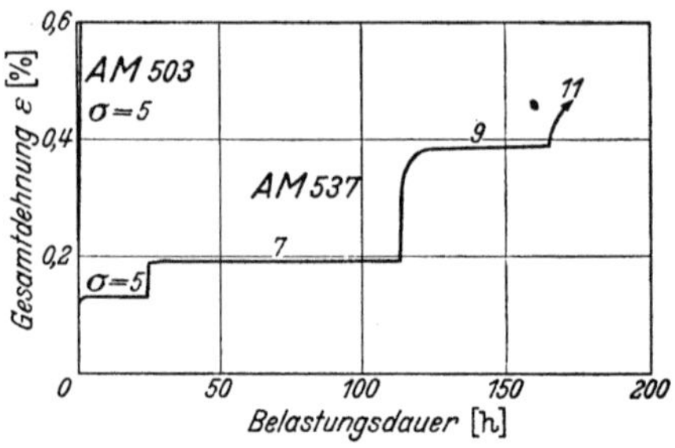

Abb. 319. Zeit-Dehnungslinien bei 150° von Elektron **AM 503** und bei 140° von **AM 537**; Beanspruchung gesteigert von 5 kg/mm² auf 11 kg/mm². Nach Versuchen von H. VOSSKÜHLER (1938).

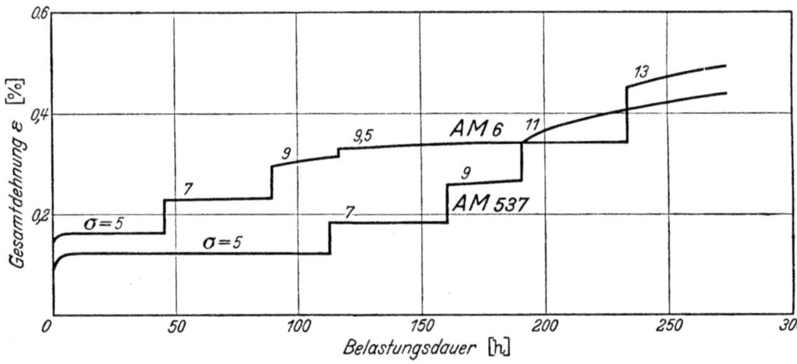

Abb. 320. Zeit-Dehnungslinien bei 150° von Elektron **AM 537** und **AM 6**, Beanspruchung gesteigert von 5 kg/mm² auf 13 kg/mm². Nach H. VOSSKÜHLER (1938).

B. Dauerschwingungsfestigkeit.

Bei reiner Wechselbeanspruchung (Mittelspannung 0) ist auch bei hohen Temperaturen das Kriechen nur gering; die bei Dauerstandbeanspruchung ermittelten Kriechgrenzen sind bedeutungslos. Bei hohen Mittelspannungen wird es dagegen erforderlich, auch die Verformungen zu beachten, doch sind Warmschwingungsversuche bei hohen Mittelspannungen bei den Leichtmetallen noch nicht ausgeführt worden; auch für die Magnesiumlegierungen kann daher nur über Versuche zur Bestimmung der Warmwechselfestigkeit berichtet werden.

Warmwechselfestigkeit technischer Legierungen.

Über die Warmwechselfestigkeit bei 140 bzw. 150°, zum Teil auch bis 220°, liegen bei den wichtigsten Elektron-Sandguß- und -Knetlegierungen einzelne Versuchsreihen vor.

a) Allgemeines, Versuchsausführung.

Da die Ermittlung der Warmwechselfestigkeit auf der Umlaufbiegemaschine mit einem um die Meßstrecke des Prüfstabes gesetzten Luftofen sich wegen schlechten Temperaturhaltens der Stäbe nicht bewährte, sind die im folgenden herangezogenen Versuche des Verfassers sämtlich als Flachbiegeversuche im elektrisch beheizten Ölbad ausgeführt worden. Die Temperaturgleichmäßigkeit lag bei $\sim 100°$ im Bereich von $\pm 1°$, bei $\sim 200°$ innerhalb $\pm 2°$. Für die Übereinstimmung der Prüfstabtemperatur mit der abgelesenen Temperatur besteht bei der Anordnung des Ölbades größtmögliche Gewähr.

Zwischen dem Verlauf der Wöhlerlinien bei Raumtemperatur und dem bei höherer Temperatur ist kein grundsätzlicher Unterschied festzustellen. Die für $50 \cdot 10^6$ Lastspiele angegebenen Werte dürften sich daher auch für höhere Lastspielzahlen nur unwesentlich ändern.

Beim Vergleich der Wechselfestigkeitswerte mit denen in Abschnitt I, H ist zu beachten, daß die Werte von Flachbiegeproben mit 9×32 mm Meßquerschnitt stets etwas niedriger liegen als die von Umlaufbiegestäben mit 7,5 $^{\varnothing}$ in der Meßstrecke. — Soweit Kerbstäbe mit untersucht wurden, hatten diese eine querliegende Rundkerbe von der gleichen Form wie die umlaufende Rundkerbe in Abb. 250.

Die im Guß- oder Preßzustand bei erhöhten Temperaturen geprüften Proben erfahren im Laufe der Prüfzeit ebenso wie die Dauerstandproben Gefügeveränderungen, insbesondere Ausscheidungen. Es besteht jedoch kein Anhalt dafür, daß die Gefügevorgänge sich auf die Wechselfestigkeit ähnlich auswirken wie auf die Kriechgrenzen. Auf Vergleichsversuche mit vorher angelassenen Proben wird unten näher eingegangen.

b) Technische Gußlegierungen.

Einige Versuchsreihen von W. BUCHMANN[1] mit den Elektron-Sandgußlegierungen **AZG**, **A 9 v** und **A 10 v** — von den ersten beiden je 2 Versuchsreihen — gibt Abb. 321 wieder. Die *Wechselfestigkeit* fällt mit der Temperatur zum Teil von 20° ab geradlinig, also ähnlich wie die Streckgrenze, zum Teil erst oberhalb 100° etwas stärker, also ähnlich wie die Zugfestigkeit. Die bei Raumtemperatur überlegenen Legierungen scheinen diese Überlegenheit bis zu Temperaturen von $\sim 150°$ zu behalten; dies Verhalten gleicht also dem im Warmzerreißversuch.

[1] Unveröffentlichte Versuche (1935—1938).

Die Wechselfestigkeit liegt bei der oberen Motorentemperatur von 140° bei 55—75% derjenigen bei Raumtemperatur.

Der Einfluß einer vorherigen Anlaßbehandlung 10 Stunden 200°, also der üblichen Aushärtungsbehandlung, erwies sich bei einigen Versuchen

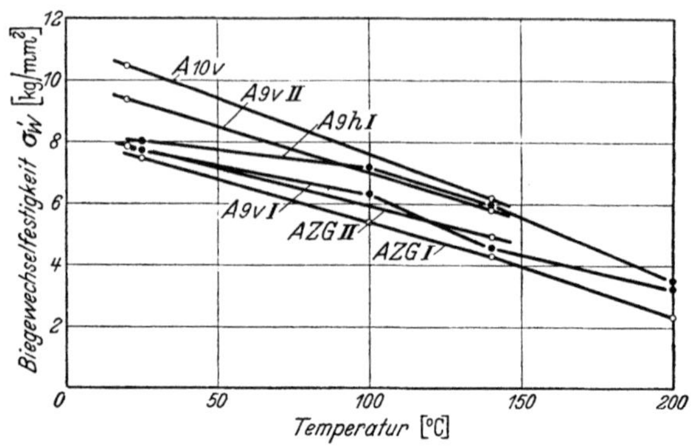

Abb. 321. Wechselfestigkeit von Elektron-Sandguß **AZG** (FlW 3505.0), **A 9 v** (FlW 3507.9) und **A 10 v** in Abhängigkeit von der Temperatur (Flachbiegeversuche, Querschnittshöhe 9 mm). Nach Versuchen von W. BUCHMANN (1935—1938).

bei 140° als gering. Nach dem Festigkeitsverlauf von **A 9 h I**, Abb. 321, bei dem es sich um eine zu **A 9 v I** gehörige Versuchsreihe handelt, sind die Werte bei 100 und 140° merklich erhöht. Bei 200° bewirkt bei A 9 v die Aushärtung bei der Prüftemperatur offenbar eine ähnliche Festigkeitssteigerung wie durch vorweggenommene Aushärtung. Auch hier gleicht das Verhalten also mehr dem im Warmzerreißversuch als im Dauerstandversuch; die erhöhte Platzwechselplastizität im Verlauf von Entmischungs- und Rekristallisationsvorgängen wirkt sich auf die Wechselfestigkeit wenig aus.

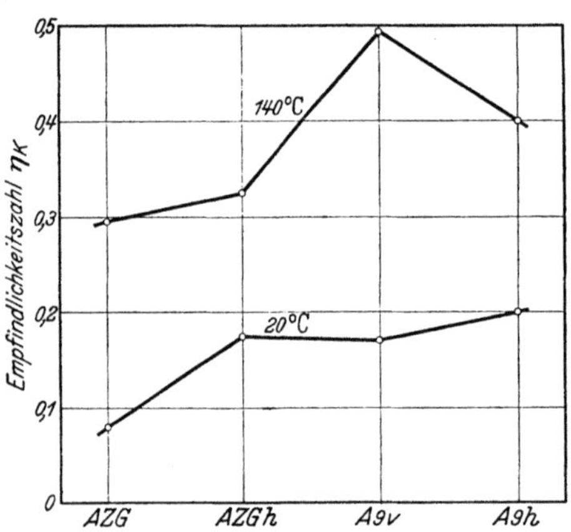

Abb. 322. Kerbempfindlichkeit von Elektron-Sandguß **AZG**, **AZG h**, **A 9 v** und **A 9 h** bei 20° und 140°. Nach Versuchen von W. BUCHMANN (1937/38).

Die *Kerbempfindlichkeit* steigt bei höherer Temperatur (140°) gemäß Abb. 322 an, doch im angelassenen Zustand anscheinend nicht im gleichen Maße wie im weniger entmischten Zustand. Es ist dies ein Hinweis darauf, daß die erhöhte Platzwechselplastizität, die auf die Wechselfestigkeit selbst von geringem Einfluß ist, bei höheren Temperaturen die Empfindlichkeit gegen örtliche

Spannungsspitzen heraufsetzt, zumal weitere Versuche zeigten, daß die Kerbempfindlichkeit bei höherer Temperatur mit der Übersättigung der Legierungen stark ansteigt.

c) Technische Knetlegierungen.

Einige Versuchsreihen mit Proben aus dicken Preßstangen der Elektron-Knetlegierungen **AM 537**, **AZ 855** und **AM 6** gibt Abb. 323 nach Versuchen von W. BUCHMANN[1] wieder. Bei AZ 855 fällt die *Wechselfestigkeit* geradlinig mit der Temperatur und ziemlich steil; die Ce-haltigen Legierungen AM 537 und AM 6 haben niedrigere Werte bei Raumtemperatur, aber einen flacheren Abfall — besonders bis ~150° —,

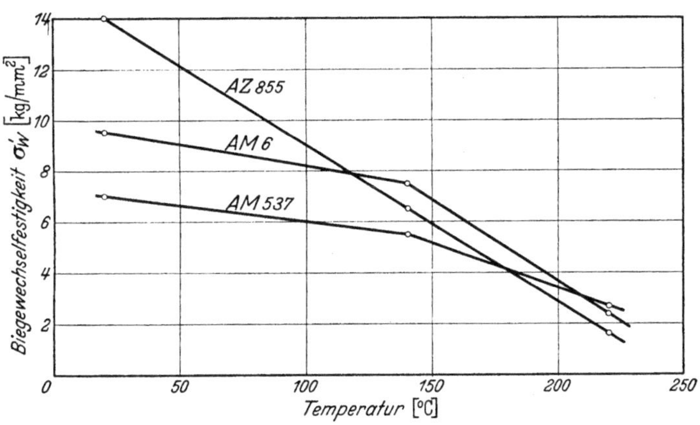

Abb. 323. Wechselfestigkeit der Elektronlegierungen **AM 537**, **AZ 855** und **AM 6** in Abhängigkeit von der Temperatur (Flachbiegestäbe 9 mm Querschnittshöhe aus Preßstangen 80 ⌀). Nach Versuchen von W. BUCHMANN (1938/39).

so daß bei diesen Versuchen AM 6 von 120° ab und AM 537 von ~175° ab dem AZ 855 überlegen waren. Weitere Versuche ergaben, daß die *Kerbempfindlichkeit* bei der übersättigten Legierung AZ 855 in gleicher Weise wie bei den übersättigten Gußlegierungen bei 140° ansteigt, bei AM 537 aber nur in sehr geringem Maße. Bei der höchsten untersuchten Temperatur von 220° geht die Kerbempfindlichkeit übrigens bei beiden Legierungen nahezu ganz zurück, wahrscheinlich weil bereits ein Hinzutreten der Pyramidenflächen als Verformungsebenen erfolgt.

Versuche über den Einfluß einer aushärtenden oder rekristallisierenden Wärmebehandlung auf die Warmwechselfestigkeit von Knetlegierungen liegen noch nicht vor.

---

[1] Unveröffentlichte Versuche (1938—1939).

Chemisches Verhalten, Korrosion und Oberflächenschutz[1,2].

Von W. SCHULTZE.

A. Allgemeines.

Unter Korrosion ist die unbeabsichtigte Zerstörung eines Werkstoffes durch chemischen oder elektrochemischen Angriff, der von der Oberfläche ausgeht, zu verstehen. In der Praxis treten die rein chemischen Vorgänge hinter den elektrochemischen völlig zurück.

Neben dem „Normalpotential" — das Magnesium gehört mit einem Normalpotential von etwa —1,8 V zu den elektronegativen Metallen —, dessen Auswirkung durch die bekannten Erscheinungen der Überspannung, Polarisation und Deckschichtenbildung maßgeblich beeinflußt werden kann, kommt bei der Korrosion metallischer Werkstoffe der sog. Elementbildung eine besondere Bedeutung zu. Diese kann, abgesehen von leitenden Verbindungen mit anderen Metallen bei konstruktiven Verbänden, von der Werkstoffseite her durch Konzentrationsunterschiede (örtliche Verschiedenheiten der chemischen Zusammensetzung), heterogene Gefügebestandteile (Ausscheidungen, Einschlüsse, Lunker), verschiedene Belüftung des Elektrolyten (oft an Spalten, Kratzern, Rissen), Temperaturunterschiede usw. bedingt sein. Für gewisse Werkstoffe sind ferner vom Standpunkt der Korrosion Spannungszustände von besonderer Wichtigkeit, sei es, daß es sich um Eigenspannungen oder Spannungen unter Last handelt.

Entsprechend sind die äußeren *Erscheinungsformen der Korrosion* an metallischen Werkstoffen, bedingt durch die Vielfältigkeit der äußeren Korrosionsbedingungen und der den Werkstoff betreffenden Faktoren, recht mannigfaltig.

Als wichtigste der Korrosionserscheinungen sind zu nennen:

1. Lochfraß (Pittings).
2. Interkristalline Korrosion.
3. Spannungskorrosion.

---

[1] SCHMIDT, W., u. W. SCHULTZE: Magnesium und Magnesiumlegierungen. Die Korrosion metallischer Werkstoffe. Bd. 2. Leipzig: S. Hirzel 1938.

[2] SIEBEL, G.: Werkstoff Magnesium. Berlin NW7: VDI-Verlag GmbH. 1939, S. 81.

Die Ursache des Lochfraßes ist in der durch die vorstehend angedeuteten Faktoren bedingten Elementbildung zu suchen, durch welche galvanische Ströme erzeugt werden, die zu örtlichen Anfressungen führen.

Hochdisperse Ausscheidungen an den Korngrenzen oder den Deformationslinien bewirken oft interkristalline Korrosion entlang von Korngrenzen, die jedoch bisher bei Magnesiumlegierungen nicht beobachtet wurde.

Bei gleichzeitigem Vorhandensein von Spannungen kann Spannungskorrosion auftreten, die deswegen besonders gefährlich ist, weil sie bei Werkstücken gegebenenfalls ohne sichtbare äußere Angriffserscheinungen zu Rissen bzw. Brüchen führen kann.

In das Gebiet des Lochfraßes gehört auch eine an grobstrahligen Magnesiumstücken auftretende kristallographisch orientierte Korrosionserscheinung. Das Magnesium kristallisiert hexagonal. Setzt man ein grobstrahliges Magnesiumgußstück dem Angriff, z. B. von Seewasser, aus, so beobachtet man, daß einzelne Kristallite bevorzugt angegriffen werden, während andere, abgesehen von einer Deckschicht, praktisch keinen Angriff zeigen. Abb. 324 zeigt die Oberfläche eines derartigen grobstrahligen Magnesiumstückes, dessen Analyse folgende Zusammensetzung ergab: 0,01% Si, 0,03% Fe + Al, Sp. Cu, 0,01% Mn, nach einem Angriff durch künstliches Seewasser. Eine streifenförmige Korrosion, wie sie der mit I bezeichnete Kristall der Abb. 324 erkennen läßt, wurde sehr häufig beobachtet[1]. Eingehende röntgenographische Untersuchungen (s. Abb. 325) zeigten, daß die bevorzugt angegriffenen Kristalle nach der Basis mit dem max. Neigungswinkel von 29° orientiert sind, während die nichtkorrodierten Flächen mit Prismen- oder Pyramidenflächen mit der max. Neigung von 34° gegen den Grundkreis identisch sind. Zur Erklärung dieser Erscheinung kann die bei der Korrosion beobachtete Streifenbildung herangezogen werden, die nach wiederholtem Abpolieren und erneuten Lösungsversuchen immer in derselben Orientierung auftrat. Es wurde festgestellt, daß diese Streifen parallel zur digonalen Achse 2. Art [1010] verlaufen. Wahrscheinlich besteht ein Zusammenhang zwischen dem lamellenförmigen Angriff und der

Abb. 324. Magnesiumgußplatte (Stengelkristalle) mit bevorzugter Korrosion einzelner Kristallite.

[1] Schiebold, E., u. G. Siebel: Z. Physik Bd. 69 (1931) S. 459.

Wachstumsrichtung der Kristalle insofern, als sich edlere Verunreinigungen infolge des intermittierenden Wachstums zur Wachstumsrichtung orientiert ausscheiden. Der Angriff auf den Basisflächen kann auf eine derart orientierte Ausscheidung mit der dadurch gegebenen Lokalelementbildung zurückgeführt werden. Hierfür spricht auch die Tat-

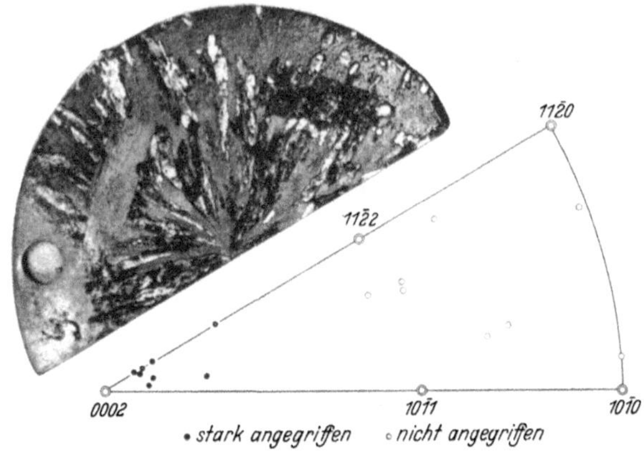

Abb. 325. Magnesiumgußplatte mit bevorzugter Korrosion einzelner Kristallite. Die stereographische Projektion zeigt die nach der Basis orientierten stark angegriffenen Kristalle (•) und die nach Prismenflächen orientierten, nicht angegriffenen Kristalle (∘).

sache, daß die Korrosion nicht an den Korngrenzen zwischen Basis- und Prismenflächen beginnt, sondern sich über den ganzen nach der Basis orientierten Kristall erstreckt. Die kristallographisch bedingte, bevorzugte Korrosion einzelner Kristallite tritt naturgemäß bei Werkstücken aus feinkörnigem Material zurück. Bei dieser in der Praxis überwiegenden Werkstofform liegen somit einfachere Verhältnisse vor.

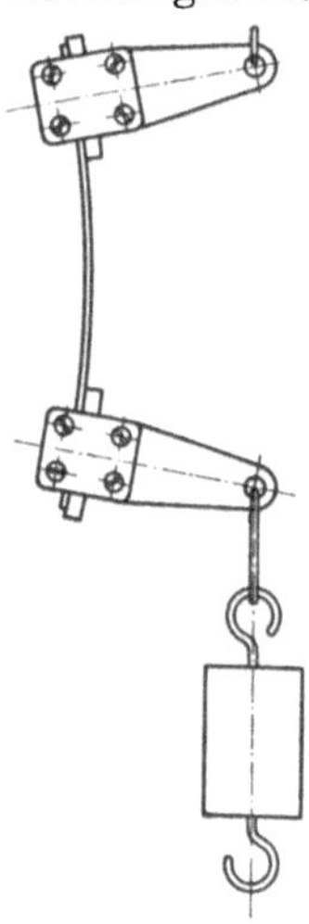

Abb. 326. Spannungskorrosionsversuch mit konstanter Belastung.

Prüfmethoden.

Die sicherste und vollständigste Beurteilung der Brauchbarkeit eines Werkstoffes liefert die praktische Erprobung unter den tatsächlichen Betriebsbedingungen. In den meisten Fällen wird jedoch aus Gründen der Zeitersparnis und zwecks Einhaltung bestimmter Versuchsbedingungen das Verhalten kleiner, zur Prüfung geeigneter Versuchsstücke in besonderen Bewitterungsständen oder im Laboratorium untersucht. Da durch die Vielfältigkeit chemischer und physikalischer Faktoren die Übereinstimmung zwischen den Ergebnissen eines Korrosionsversuches und dem Verhalten eines Werkstückes unter den tatsächlichen Bedingungen leicht beeinträchtigt werden kann, sind bei Korrosionsversuchen eine ganze Reihe von Richtlinien (s. auch DIN 4850) zu beachten. Von den heute üblichen Prüfverfahren[1] sind neben dem Bewitterungsversuch und dem natürlichen Wechseltauchversuch (Ebbe- und Flutversuch) an Laboratoriumsverfahren die bekannten Stand-

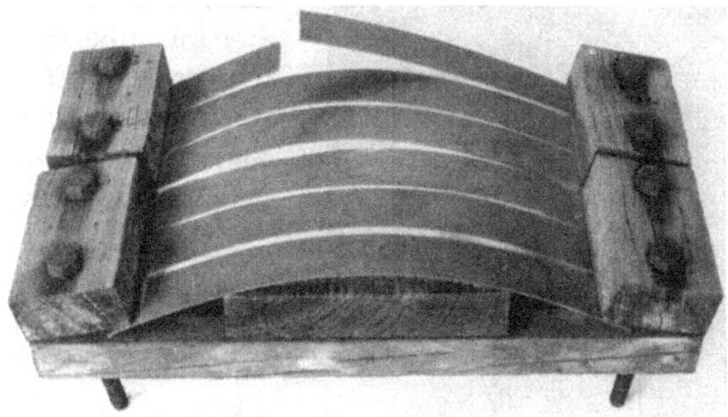

Abb. 327. Spannungskorrosionsversuch mit konstanter Verformung.

versuche, Salzwassersprühversuche, Wechseltauchversuche, Rührversuche und die Prüfmethoden zur Ermittlung der Spannungskorrosion zu nennen. Der Spannungskorrosionsversuch kann mit einer bestimmten Zug- oder Biegebelastung nach Abb. 326 oder einer bestimmten Verformung nach Abb. 327 bzw. unter Benutzung der Schlaufenprobe durch-

Abb. 328. Spannungskorrosionsapparatur für Bleche.

geführt werden. Gut bewährt hat sich auch die in Abb. 328 wiedergegebene Apparatur, in der die Proben in Form von Zerreißstäben eingespannt sind. Die Zugspannung wird durch Federn hervorgerufen und durch

[1] BRENNER, P.: Forschungs- und Prüfungsmethoden der Korrosion, Korrosion von Nichteisenmetallen und deren Legierungen. Leipzig: S. Hirzel 1938.

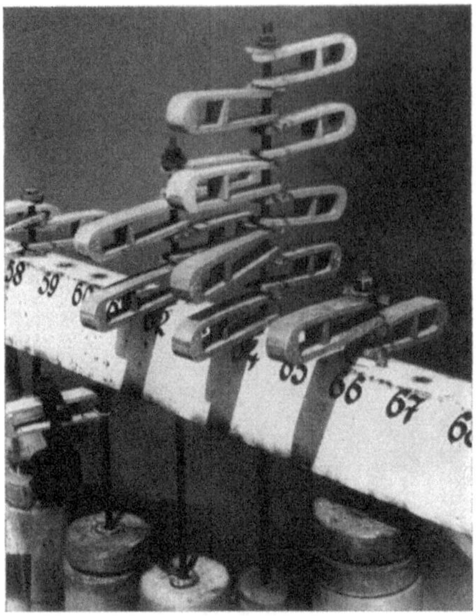

Abb. 329. Spannungskorrosionsapparatur für Guß.

Dehnungsmesser genau eingestellt. Für die Untersuchung von Spannungskorrosionserscheinungen an Guß- und Schmiedelegierungen werden im allgemeinen stärkere U-förmige Profile, deren Schenkel mit Gewichten belastet werden, verwendet (s. Abb. 329 und 330).

Die Auswertung von Korrosionsversuchen geschieht im allgemeinen durch Beobachtung der Oberflächen- und Gefügeveränderungen, der Veränderung der mechanischen Eigenschaften und gegebenenfalls der Gewichtsveränderungen.

Bei den Magnesiumlegierungen ist die Bestimmung des Gewichtsverlustes (empfohlen wird zur Entfernung der Korrosionsprodukte ein 1—2 Minuten langes Schwenken der Proben in kalter, 15proz. Chromsäurelösung oder ein 2 bis 5 Minuten langes Kochen in 10proz. Alkali-Bichromatlösung) in den meisten Fällen nicht einwandfrei möglich, so daß es sich im allgemeinen empfiehlt, auf dieses Auswertungsverfahren zu verzichten. Besonders eindeutige Ergebnisse liefert die Verfolgung der Veränderung der mechanischen Eigenschaften.

Abb. 330. Spannungskorrosionsapparatur für Guß.

Für Vergleichszwecke, namentlich bei der Untersuchung verschiedener Legierungen, hat sich bei Magnesiumlegierungen die sog. Eudiometerprobe als wertvoll erwiesen. Bei dieser Methode (s. Abb. 331) wird als Maß des Angriffes die von Proben gleich großer Oberfläche unter konstanten Bedingungen der Temperatur usw. entwickelte Wasserstoffmenge gemessen. Selbstverständlich hat die Durchführung der Eudiometerprobe eine genaue Beobachtung der Oberfläche zur Voraussetzung, da die Art des Angriffes (Lochfraß oder allgemeiner Angriff) von ausschlaggebender Bedeutung ist.

Abb. 331. Eudiometerprobe.

B. Die Verfahren zur Verbesserung des Korrosionsverhaltens.

Für die Verbesserung des Korrosionsverhaltens metallischer Werkstoffe bestehen eine Reihe von Möglichkeiten.

Von grundsätzlicher Bedeutung sind zunächst die Verfahren, die auf Herstellung eines möglichst reinen Ausgangswerkstoffes hinzielen, d. h. Raffinationsverfahren zur Entfernung von Verunreinigungen. Ferner gehören hierher Potentialveränderungen durch mischkristallbildende Zusätze, Durchführung geeigneter Wärmebehandlungen, Zusätze von Legierungskomponenten zum Zwecke der Bildung von Deckschichten, Erzeugung von Schutzschichten (Plattierung) sowie Oberflächenschutzverfahren (anodische Oxydation, Beizverfahren), Anstriche usw. und bei spezifischen Korrosionsmitteln die Beeinflussung ihrer Wirksamkeit durch Zusätze. Nachfolgend wird die Wirksamkeit der genannten Faktoren bei Magnesium und seinen Legierungen eingehend beschrieben.

Das in der Elektrolyse anfallende Magnesium enthält an nichtmetallischen Verunreinigungen Chloride, Nitride und Oxyde. An metallischen Verunreinigungen sind meistens $<0{,}05\%$ Fe und $0{,}05\%$ Si neben Spuren anderer Metalle vorhanden.

Oxyd- und Nitrideinschlüsse beeinträchtigen im wesentlichen nur die mechanischen Eigenschaften. Vom Standpunkt der Korrosion ist das Oxyd als indifferenter Körper ungefährlich. Nitrideinschlüsse werden, sofern sie Verbindung mit der Oberfläche haben, durch Einwirkung von Feuchtigkeit unter Bildung von Magnesiumhydroxyd und Ammoniak zersetzt. Dagegen führen Chlorideinschlüsse, wenn sie Verbindung mit der Oberfläche haben, zu starker Korrosion (Ausblühungen). Unter Vermittlung von Chloriden geht nämlich in Gegenwart von Wasser eine Umsetzung vor sich, bei der Magnesiumchlorid neu gebildet wird.

Die Korrosion ist also zunächst fortschreitend und kommt erst nach gewöhnlich schon stärkerem Angriff bei gleichzeitiger Bildung von Oxychlorid allmählich zum Stillstand.

Zur Entfernung der genannten nichtmetallischen Verunreinigungen bzw. zur Vermeidung ihrer Neubildung während des Schmelz- und Überhitzungsvorganges ist eine Reihe von Verfahren[1] ausgearbeitet worden, deren zuverlässigstes in der Behandlung des flüssigen Metalls mit verdickten Salzschmelzen besteht[1, 2]. Die Metallschmelze wird hierbei mit einem Salzgemisch, das in der Hauptsache aus Magnesiumchlorid, Kalziumfluorid und Magnesiumoxyd besteht, durchgewaschen und anschließend abgedeckt. Die Trennung von Metall und Salz ist vollkommen. Um während des Gießvorganges eine Neubildung von Oxyden und Nitriden zu vermeiden, erfolgt das Vergießen unter Bestäuben mit Schwefelpulver, wodurch ein schlauchartiger Magnesiumsulfidfilm, ähnlich dem Oxydfilm bei Aluminiumlegierungen, entsteht, durch den das Metall gegen erneute Oxydation geschützt in die Form einläuft[3].

Von den genannten metallischen Verunreinigungen kommt dem Eisen bezüglich örtlicher Korrosionserscheinungen (Lochfraß) eine besondere Bedeutung zu. Es scheint, daß Eisen auch nicht in Spuren mit Magnesium legierbar ist, sondern in Form einer feinsten Suspension vorliegt. Für die Entfernung des Eisens hat sich eine Behandlung der Schmelze mit Mangan als außerordentlich wirksam erwiesen (siehe S. 279). Mangan ist in Magnesium beschränkt löslich, wobei die Löslichkeit stark temperaturabhängig ist. Wird Mangan in einem bei hoher Temperatur löslichen Betrage in die Schmelze eingeführt und anschließend die Schmelze eine gewisse Zeit dicht oberhalb des Erstarrungspunktes flüssig gehalten, so fällt mit dem überschüssigen, primär kristallisierenden Mn das Fe bis auf wenige tausendstel Prozente aus der Schmelze aus[4]. Hierbei ist nicht entschieden, ob es sich um eine Mischkristallbildung Fe-Mn oder um einen mechanischen Effekt handelt. Gleichzeitig erfolgt auch eine Verringerung des Si-Gehaltes. Durch dieses „Absitzverfahren" wird eine wesentliche Verbesserung des Korrosionsverhaltens, namentlich hinsichtlich des Lochfraßes, erreicht.

C. Einfluß der Legierungsmetalle.

Mangan. Mn ist das vom Standpunkt der Korrosionsverbesserung wirksamste Metall, wobei die Wirkung von Mn-Zusätzen einmal auf dem beschriebenen Raffinationseffekt, z. a. auf einer Deckschichtenbildung beruht.

---

[1] Siehe S. 313. [2] DRP. 403802 und 479481. [3] Schw. P. 144359.
[4] DRP. 604580.

Die korrosionsbeständigste Magnesiumlegierung ist eine binäre Mg-Mn-Legierung mit etwa 2% Mn (Elektron AM 503, FlW 3500/01). Bei

Abb. 332. Schnitt durch einen nach dem Absitzverfahren erzeugten Mg-Mn-Regulus mit Mn-Anreicherung am Boden.

der Herstellung der binären Legierung wird dem Magnesium $MnCl_2$ im Überschuß zugesetzt und, wie vorstehend beschrieben, das überschüssige Mn durch ein Absitzenlassen der Schmelze dicht über dem Erstarrungspunkt entfernt. In Abb. 332 ist ein in der beschriebenen Weise erzeugter Regulus abgebildet, an dessen Boden die durch den Absitzvorgang erzeugte Mangananreicherung erkennbar ist. Ein Schliff aus der Bodenpartie des Regulus ist in Abb. 333 wiedergegeben, aus dem die starke Anreicherung von Mn am Boden hervorgeht, das nach unveröffentlichten Arbeiten von G. SIEBEL in elementarer Form vorliegt[1]. Abb. 334 zeigt vergleichsweise 2 Korrosionsproben aus Reinmagnesium und Elektron AM 503. Beide Proben waren in gleicher Weise erschmolzen, d. h. auch das Reinmagnesium war dicht über dem

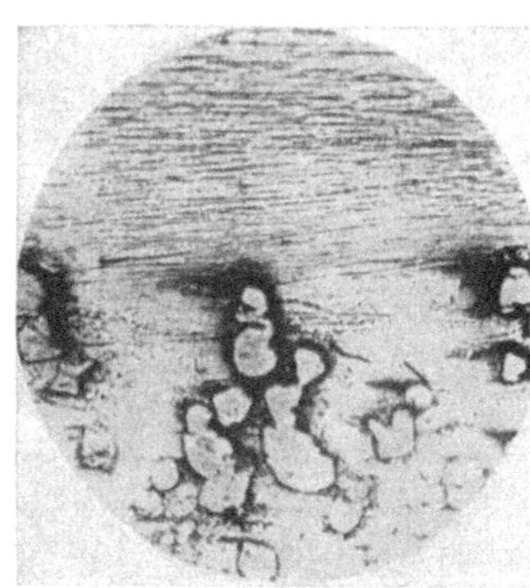

Abb. 333. Schliffbild der Bodenpartie eines nach Absitzverfahren erzeugten Mg-Mn-Regulus.

[1] Bestätigung der elementaren Form durch E. F. BACHMETEW und I. M. GOLOWSCHINOW: Z. physik. Chem. Bd. 6 (1935) S. 597.

Abb. 334. Mg (links) und AM 503 (FlW 3500.0) (rechts) nach sechswöchiger Einwirkung von Seewasser.

Abb. 335. Ein nach dem Absitzverfahren erzeugter Regulus einer Mg-Al-Legierung nach vierwöchigem Angriff von Seewasser.

Erstarrungspunkt längere Zeit flüssig gehalten worden. Die Proben waren 14 Tage in künstlichem Seewasser völlig und anschließend 4 Wochen nur zur Hälfte eingetaucht. Die mit dem Pfeil gekennzeichnete Stelle bezeichnet die Berührungsstelle Luft-Seewasser. Während das manganfreie Stück weitgehend zerstört ist, weist die Legierung AM 503 praktisch keinen Angriff auf. Die Oberfläche ist durch Bildung eines Schutzfilmes dunkelgraubraun geworden. Entfernt man die gebildete Deckschicht, so bildet sie sich in kurzer Zeit neu. Nach Versuchen von W. O. Kroenig und S. E. Pawlow[1] besteht der Schutzfilm aus Mg-Mn-Hydroxyd.

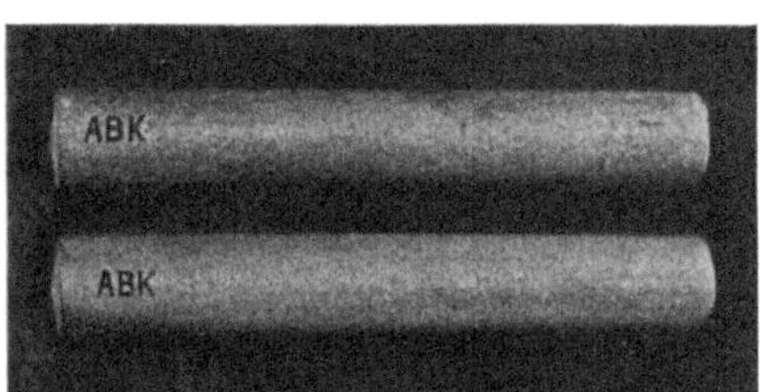

Abb. 336. Rundstäbe der Elektronlegierung A 8 K nach vierjährigem atmosphärischem Angriff.

Da die Löslichkeit des Mangans in flüssigem Magnesium durch Aluminium ganz wesentlich herabgesetzt wird, ist der Absitzeffekt bei den 3-Stofflegierungen Mg - Al - Mn am größten[2], so daß es in Ab-

[1] Kroenig, W. O., u. S. E. Pawlow: Korrosion u. Metallschutz Bd. 10 (1934) S. 254.

[2] Engl. P. 411324.

hängigkeit von der Zeit möglich ist, die Verunreinigungen an Eisen auf wenige tausendstel Prozent zu senken. Dadurch erklärt sich die außerordentlich hohe Korrosionsbeständigkeit der nach dem Absitzverfahren hergestellten höherprozentigen Mg-Al-Mn-Legierungen. Abb. 335 zeigt einen Würfel aus einer derartig hergestellten Legierung mit 10% Al nach vierwöchigem Angriff von künstlichem Nordseewasser. Die Rundstäbe in Abb. 336 waren in ungeschütztem Zustande 4 Jahre lang dem Angriff der Atmosphäre ausgesetzt.

Bei den Mg-Zn-Mn-Legierungen läßt sich Mn nur in viel geringerem Umfange nach dem Absitzverfahren aus der Schmelze entfernen. Trotzdem wird die Korrosionsbeständigkeit binärer Mg-Zn-Legierungen durch Zusätze von Mangan nicht unwesentlich gesteigert.

Aluminium. Von den Mischkristallbildnern erhöht Aluminium die mechanischen Werte am stärksten. I. A. BOYER[1] untersuchte unter Anwendung der Gewichtsverlustbestimmung (s. S. 276) den Einfluß von Aluminiumzusätzen auf die Korrosionsbeständigkeit. Der Gewichtsverlust von Stücken, deren ursprüngliches Gewicht 20 g betrug, wurde nach 48stündiger Einwirkung von Seewasser in Abhängigkeit vom Aluminiumgehalt wie folgt bestimmt:

Zahlentafel 55.

Al-Zusatz (in %)	2	3	4	5	6	8
Gewichtsverlust (in g) . .	2,8	6,7	10,9	9,7	11,2	16,3

Gleichzeitig stellt BOYER in seiner Arbeit den starken, korrosionsverbessernden Einfluß geringer Manganzusätze fest. Vergegenwärtigt man sich die im vorangegangenen Abschnitt beschriebene Raffinationswirkung des Mn hinsichtlich der Fe- und Si-Entfernung, so könnte die mit ansteigendem Aluminiumgehalt zunehmende Verschlechterung des Korrosionsverhaltens daran liegen, daß mit zunehmendem Aluminiumgehalt mehr Eisen in die Legierung eingeführt wird und suspendiert bleibt. Es war deshalb interessant, Schmelzen mit steigendem Aluminiumgehalt nach einer Raffinationsbehandlung mit überschüssigem Mangan zu untersuchen. Als Ergebnis dieser Versuche ist festzustellen, daß derartig behandelte Legierungen ein um so besseres Korrosionsverhalten zeigten, je höher der Aluminiumgehalt ist, was mit der Verringerung der Manganlöslichkeit bei steigenden Aluminiumgehalten und der damit stärkeren Auswirkung des Raffinationseffektes zusammenhängen dürfte.

Mg-Al-Legierungen sind bei Gehalten zwischen 7—11% Al thermisch vergütbar. Um den Einfluß der thermischen Behandlung auf die Korrosionsbeständigkeit zu klären, wurden Versuche an gepreßten Stangen einer Mg-Al-Legierung mit 10% Al ohne und mit normalem Mn-Zusatz

[1] BOYER, I. A.: National advisery committee for aeronautics, report Nr. 248 Washington 1925.

von etwa 0,2% (Elektronlegierung V 1) durchgeführt. Die Stangen wurden in folgenden Zuständen untersucht:

1. Anlieferungszustand (gepreßt).
2. Bei 410° homogenisiert und abgeschreckt.
3. Bei 410° homogenisiert und langsam erkaltet.

1 gepreßt, 2 homogenisiert, 3 4 5 6: 3—6 nach dem Homogenisieren angelassen.

Abb. 337. Einfluß einer thermischen Nachbehandlung auf das Korrosionsverhalten einer Mn-freien Mg-Legierung mit 10% Al nach 15stündiger Einwirkung von Seewasser.

4. Bei 410° homogenisiert, abgeschreckt und 6 Tage lang bei 100° angelassen.
5. Bei 410° homogenisiert, abgeschreckt und 2 Tage lang bei 150° angelassen.
6. Bei 410° homogenisiert, abgeschreckt und 20 Stunden bei 200° angelassen.

Die unter den Abb. **337** und **338** vermerkten Zahlen stimmen mit den genannten Wärmebehandlungen überein. Die manganfreien Proben wurden 15 Stunden der Einwirkung von künstlichem Seewasser ausgesetzt und zeigten danach das in Abb. **337** wiedergegebene Aussehen, während die Proben mit 0,22% Mn einem dreiwöchigen Seewasserangriff unterzogen wurden (s. Abb. 383). Das übereinstimmende Ergebnis beider Versuche war, daß in dem mit 2 bezeichneten Zustande eines homogenisierten Gefüges das günstigste Korrosionsverhalten erzielt wurde, während die zur Erzeugung der Härtungsstruktur nach dem

Homogenisieren angelassenen Proben eine geringere Korrosionsbeständigkeit aufwiesen.

Im Gegensatz hierzu stehen Versuche von T. MURAKAMI und S. MORIOKA[1]. Diese fanden bei der Untersuchung sehr reiner, binärer Mg-Al-Legierungen, die homogenisiert bzw. nach dem Homogenisieren 5 Stunden bei steigenden Temperaturen angelassen waren, in $^{n}/_{100}$-NaCl-Lösung einmal einen größeren Gewichtsverlust des homogenen Zustandes

1 gepreßt — 2 homogenisiert — 5, 6 nach dem Homogenisieren angelassen.

Abb. 338. Einfluß einer thermischen Nachbehandlung auf das Korrosionsverhalten der Elektronlegierung V 1 (dreiwöchige Einwirkung von Seewasser).

gegenüber dem Gußzustand und z. a. ein Minimum der Gewichtsabnahme bei Anlaßtemperaturen zwischen 200 und 300°. Der Widerspruch bezüglich der Beobachtung im homogenisierten Zustand läßt sich nicht ohne weiteres aufklären, es muß jedoch auf die im Abschnitt Prüfmethoden bezüglich der Gewichtsbestimmungsmethode angegebenen Einschränkungen aufmerksam gemacht werden. Die Beobachtung, daß bei Anlaßtemperaturen von 200—300° ein Minimum der Gewichts-

[1] MURAKAMI, T., u. S. MORIOKA: Sci. Rep. Tohoku Univ. Bd. 23 (1934/35) S. 612.

abnahme auftritt, wurde von E. SÖHNCHEN[1] an gepreßten Stangen der Elektronlegierung V 1 bestätigt.

Zink. Zink erhöht als Mischkristallbildner die mechanischen Eigenschaften, wenn auch nicht in dem Umfange wie Aluminium, ohne die Korrosion stärker zu beeinträchtigen.

Binäre Mg-Zn-Legierungen werden vor allem da verwendet, wo es weniger auf ein Optimum des Korrosionsverhaltens ankommt als darauf, farbige bzw. einfärbbare Beizüberzüge herstellen zu können. Für derartige Zwecke werden Magnesiumlegierungen mit 3—5% Zink ohne

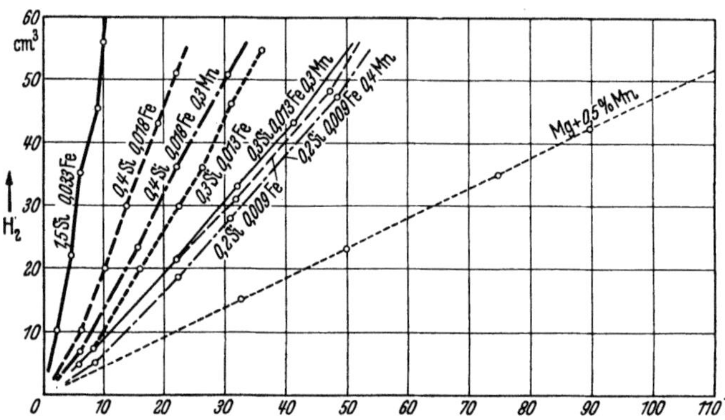

Abb. 339. Einfluß steigender Si-Gehalte auf das Korrosionsverhalten von Mg (Eudiometerprobe).

Manganzusatz verwendet, da Mangan infolge seines korrosionshemmenden Einflusses auf die Bildung der gewünschten Überzüge schädigend einwirkt.

Die Herstellung der Überzüge selbst erfolgt nach verschiedenen Verfahren. Die Beständigkeit derartig hergestellter Gegenstände, z. B. Bleistiftanspitzer, ist bei den Bedingungen, unter denen diese normalerweise gebraucht werden, ausreichend.

Silizium. Eine Abhängigkeit des Korrosionsverhaltens vom Siliziumgehalt namentlich hinsichtlich des Lochfraßes ist an gegossenem Material bei geringen Gehalten in der Größenordnung von wenigen hundertstel Prozent Silizium, wie sie in den technischen Legierungen als Verunreinigungen vorliegen, in Übereinstimmung mit I. A. BOYER nicht gefunden worden. Erst bei Siliziumgehalten von etwa $^1/_{10}$% und darüber nimmt die Korrosion mit steigendem Siliziumgehalt zu, was auch von A. PORTEVIN und E. PRETET[2] bestätigt wurde. Abb. 339 zeigt den Einfluß steigender Siliziumgehalte auf Grund der Eudiometerprobe (künstliches Nordseewasser, Oberfläche 2000 mm², Temperatur 20° C). Be-

[1] SÖHNCHEN, E.: Korrosion u. Metallschutz Bd. 12 (1936/4).

[2] PORTEVIN, A., u. E. PRETET: Rev. Métallurg. Bd. 26 (1929) S. 259.

merkenswert erscheint die Feststellung, daß bei steigendem Siliziumgehalt auch in allen Fällen ein zunehmender Eisengehalt ermittelt wurde.

Kalzium. Kalzium erhöht bei Gehalten von wenigen zehntel Prozent die Korrosionsbeständigkeit in geringem Umfange, besonders bei gleichzeitiger Anwesenheit von Mn[1]. In der Zahlentafel 56 sind die von Ca- bzw. Ca-Mn-haltigen Proben, die unter gleichen Verhältnissen erschmolzen waren, bei der Eudiometerprobe (künstliches Nordseewasser, Oberfläche 2000 mm², Temperatur 20 °C) entwickelten Wasserstoffmengen wiedergegeben.

Bemerkenswert erscheint auch die Beobachtung, daß Kalzium in den genannten geringen Beträgen die Oxydationsfähigkeit des geschmolzenen Metalls verringert.

Zer. Zer-Zusätze sind besonders hinsichtlich der Steigerung der Warmfestigkeiten interessant. Sie bedingen zwar eine gewisse Verringerung der Korrosionsbeständigkeit, immerhin scheint eine Verwendung von Zer als Legierungskomponente durchaus möglich.

Kupfer. Vom Standpunkt der Korrosionsbeständigkeit sind Mg-Cu-Legierungen, deren Anwendung wegen der guten Wärmeleitfähigkeit als Kolbenbaustoff praktisch versucht worden ist, technisch nicht verwendbar, da der Potentialunterschied gegenüber der Mg-Cu-Verbindung sehr groß ist.

I II III IV

Abb. 340. Ungünstiger Einfluß von Cu-Zusätzen auf das Korrosionsverhalten von Mg und seinen Legierungen (dreitägiger Angriff von Seewasser).

Zahlentafel 56.

Probe	Zusammensetzung		Entwickelte Wasserstoffmenge in cm³/2000 cm² nach			
	Mn	Ca	2 Std.	9 Std.	24 Std.	48 Std.
1 Rein-Mg	—	—	26	über 50	über 50	über 50
2	—	0,22	7,6	13,7	23,3	34
3	0,46	—	4,3	10,0	20,5	32
4	0,52	0,26	3,0	7,8	12,6	17

[1] DRP. 542054.

Bei den Elektronlegierungen der I. G. Farbenindustrie A. G. spielt Kupfer lediglich die Rolle einer Verunreinigung. Selbst eine Erhöhung des Mangangehaltes kann die ungünstige Wirkung eines höheren Kupfergehaltes nicht kompensieren. Abb. 340 zeigt den ungünstigen Einfluß von Cu-Zusätzen an Prüfstäben, deren Zusammensetzung aus Zahlentafel 57 hervorgeht, nach 3tägiger Einwirkung von Seewasser.

Zahlentafel 57.

Si %	Fe %	Mn %	Cu %	Zn %	Al %
I. 0,007	0,03	0,60	—	—	—
II. 0,009	0,025	0,60	0,40	—	—
III. 0,02	0,015	0,60	—	3,03	3,85
IV. 0,02	0,018	0,60	0,44	3,10	3,95

Zinn. Zinnzusätze zu Mg-Al- bzw. Mg-Al-Zn-Legierungen führen bei atmosphärischem Angriff zu einer Verschlechterung des Korrosionsverhaltens, während sie bei chlorhaltigen Lösungen offenbar durch Deckschichtenbildung des Chlorides eine gewisse Korrosionsverbesserung bewirken.

Kadmium. Kadmium verbessert trotz der hohen Mischkristallbildung die mechanischen Eigenschaften nur unwesentlich.

Kadmiumzusätze in der Größenordnung weniger Prozente verringern die Korrosionsbeständigkeit gegenüber atmosphärischem Angriff nur unwesentlich, während die Verschlechterung bei höheren Zusätzen wesentlich wird um so mehr, als eine deutliche Neigung zur Schichtkristallbildung zu beobachten ist. Der Elektronlegierung AZ 855 wurden Kadmiumgehalte von 1,7—5,6% zugesetzt und der Einfluß der Bewitterungskorrosion auf die mechanischen Eigenschaften untersucht. Zum Vergleich wurde eine Cd-freie Legierung derselben Zusammensetzung mit geprüft. Für die Versuche wurde Preßmaterial (auf 10 mm abgedreht) im bichromatisierten Zustande (s. S. 306) verwendet. Die Proben waren von Anfang November bis Anfang Mai den Witterungseinflüssen ausgesetzt. Die Zusammensetzung der Proben ist in Zahlentafel 58 wiedergegeben. In die Zahlentafel ist gleichzeitig eine Legierung (E 938) mit einem Silberzusatz von 2,6% aufgenommen.

Zahlentafel 58.

Legierung	Al %	Zn %	Mn %	Cd %	Ag %
AZ 855	8,3	0,47	0,34	—	—
E 125	7,4	0,58	0,25	1,7	—
E 126	7,6	0,45	0,25	3,2	—
E 127	7,7	0,38	0,25	5,6	—
E 938	7,9	1,00	0,34	—	2,6

In Abb. 341 sind die Ergebnisse der Versuche wiedergegeben. Während nach sechsmonatiger Bewitterung die Festigkeits- und auch die Dehnungswerte der Elektronlegierung AZ 855 nur innerhalb des Streubereiches schwanken, zeigen die Festigkeits- und Dehnungskurven der kadmiumhaltigen Legierungen eine leicht abnehmende Tendenz. Versuche an demselben Material in der Seewassersprühprobe wiesen jedoch

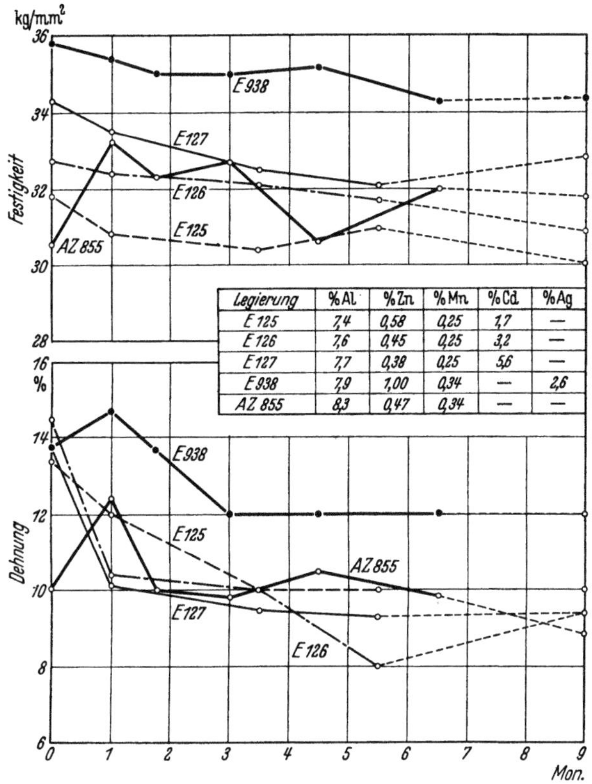

Legierung	% Al	% Zn	% Mn	% Cd	% Ag
E 125	7,4	0,58	0,25	1,7	—
E 126	7,6	0,45	0,25	3,2	—
E 127	7,7	0,38	0,25	5,6	—
E 938	7,9	1,00	0,34	—	2,6
AZ 855	8,3	0,47	0,34	—	—

Abb. 341. Korrosionsverhalten (Bewitterungsversuch) einer Mg-Al-Mn-Legierung mit und ohne Zusätze von Cd und Ag.

darauf hin, daß durch Kadmiumzusätze in dem angegebenen Umfange eine gewisse Korrosionsverbesserung erreicht werden kann.

Blei. Bleizusätze sind infolge der Zunahme des spezifischen Gewichtes sowie der geringen mechanischen Werte solcher Legierungen und der hohen Unbeständigkeit namentlich der Kristallart Mg_2Pb uninteressant. Bleigehalte von 0,1—0,2% machen sich jedoch noch nicht korrosionserhöhend bemerkbar.

Nickel, Kobalt. Selbst geringste Nickelgehalte führen zu einer außerordentlichen Verschlechterung des Korrosionsverhaltens, weshalb

Nickelgehalte noch wesentlich gefährlicher sind als geringe Kupfergehalte.

Der gleichfalls außerordentlich schädliche Einfluß von Kobalt geht aus Abb. 342 hervor, in der die Ergebnisse von Eudiometerprüfungen (künstliches Nordseewasser, Oberfläche 2000 mm², Temperatur 20° C) an Magnesium mit 0,26 bzw. 6,02% Co dargestellt sind.

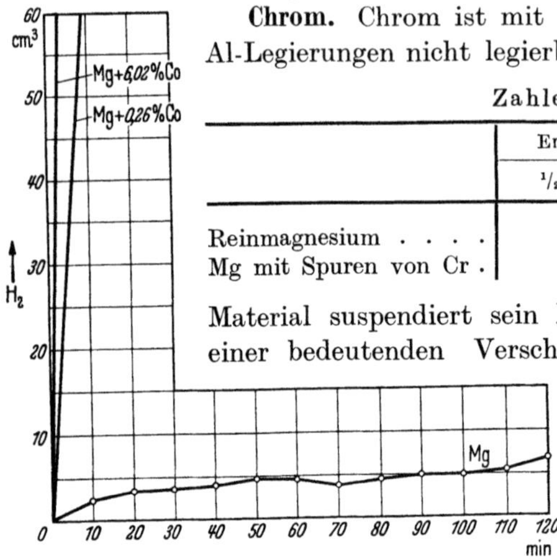

Abb. 342. Einfluß von Kobalt auf das Korrosionsverhalten von Mg (Eudiometerprobe).

Chrom. Chrom ist mit Magnesium und auch mit Mg-Al-Legierungen nicht legierbar. Spuren von Chrom, die im Material suspendiert sein können, führen naturgemäß zu einer bedeutenden Verschlechterung des Korrosionsverhaltens. Der Einfluß von Spuren Chrom geht aus Zahlentafel 59 hervor, die sich auf Eudiometerversuche bezieht.

Zahlentafel 59.

	Entwickelte Wasserstoffmenge in cm² nach		
	½ Std.	1 Std.	3 Std.
Reinmagnesium	1,5	9	25
Mg mit Spuren von Cr .	4	24	über 50

Antimon und Wismut. Antimon- und Wismutzusätze führen zu einer Verschlechterung der Korrosionseigenschaften. Die Ergebnisse von Eudiometerprüfungen (1proz. NaCl-Lösung, Oberfläche 2000 mm², Temperatur 20° C) an Mg-Al-Zn-Legierungen mit geringen Antimon- und Wismutgehalten, deren Zusammensetzung aus Zahlentafel 60 hervorgeht, sind im Vergleich zu den Elektronlegierungen AZF und AZG in Abb. 343 wiedergegeben. Abb. 344 zeigt das Aussehen der Proben nach dreitägiger Einwirkung von Seewasser, Abb. 345 dasselbe nach vierzehntägiger Einwirkung von Leitungswasser.

Zahlentafel 60.

Bezeichnung	Al	Zn	Sb	Mn	Bi
1	2	1	0,5	—	—
2	3	1	0,3	—	—
3	4	1	0,5	—	—
4	5	3	—	—	0,5
5	4	1	0,5	1	—

Beryllium. Während nach älteren Untersuchungen von G. ÖSTERHELD und anderen Forschern[1] Beryllium mit Magnesium nicht legierbar

[1] ÖSTERHELD, G.: Z. anorg. allg. Chem. Bd. 7 (1916) S. 14. — KROLL, W., u. E. JESS: Wiss. Veröff. Siemens-Konz. Bd. 10 (1931) S. 29. — PAYNE, J. M., u. I. L. HAUGHTON: J. Inst. Met., Lond. Bd. 49 (1932) S. 363.

ist, bestätigten eigene Versuche die von W. A. PERESSLEGIN beschriebene Beobachtung so weit, daß gewisse sehr kleine Berylliumgehalte in Magnesium und seinen Legierungen erzielt werden können, wenn auch von der behaupteten Legierbarkeit[1] bis zu mehreren Prozenten Beryllium keine Rede sein kann. Bereits ein Gehalt von 0,005—0,01% Be führt zu einem außerordentlich starken Oxydationsschutz des flüssigen Metalles sowie zu einer Verringerung der Reaktionen beim Gießen von Magnesiumlegierungen in grüne Sandformen. Gleichzeitig bewirken die genannten geringen Zusätze eine außerordentlich starke Kornvergröberung des Metalls mit erheblichem Abfall der mechanischen Werte. Die Einwirkung der Berylliumzusätze auf das Korrosionsverhalten ist zur Zeit noch nicht eindeutig zu übersehen.

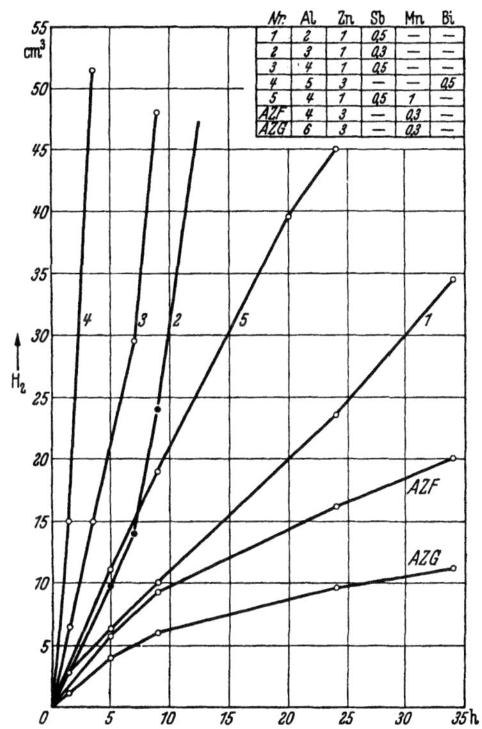

Abb. 343. Einfluß von Sb- und Bi-Zusätzen auf das Korrosionsverhalten einer Mg-Al-Zn-Mn-Legierung (Eudiometerprobe).

Zirkon. Binäre Mg-Zr-Legierungen weisen sowohl bei atmosphärischem wie auch Seewasserangriff eine gute Korrosionsbeständigkeit auf, die fast an diejenige der binären Mg-Mn-Legierungen heranreicht.

Silber. Eine Legierung mit 8% Al, 2,6% Ag, 1% Sn, 0,39% Mn sowie Spuren Ca wies bei Beurteilung des Oberflächenzustandes interessanterweise bei Seewasserangriff, offenbar durch Deckschichtenbildung des Chlorides, im Vergleich zu normalen Mg-Al-Legierungen eine bessere Korrosionsbeständigkeit auf, während das Korrosionsverhalten gegenüber atmosphärischem Angriff schlechter war.

In Abb. 341 ist der Einfluß eines Silberzusatzes (2,6%) zur Elektronlegierung AZ 855 auf die Festigkeitseigenschaften bei Bewitterungskorrosion untersucht. Der Einfluß des Silbergehaltes ist hiernach gering. Versuche mit der gleichen Legierung in der Seewassersprühprobe

[1] PERESSLEGIN, W. A.: Magnesiumlegierungen mit Beryllium. Chem. Zbl. I Bd. 14 (1938) S. 2946—2947.

1 2 3 4 5 AZF AZG

Abb. 344. Einwirkung von Sb- und Bi-Zusätzen zu einer Mg-Al-Zn-Mn-Legierung auf das Korrosionsverhalten im Vergleich zu Elektron AZF und AZG (3 Tage Seewasser).

Abb. 345. Wie Abb. 344. 14 Tage Leitungswasser.

ergaben eine Verbesserung des Korrosionsverhaltens, was wahrscheinlich auf die oben angeführte Ursache zurückzuführen ist.

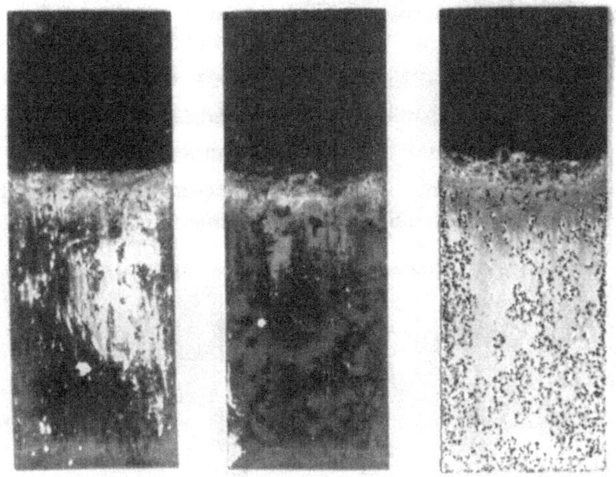

1% Ag 3% Ag 5% Ag

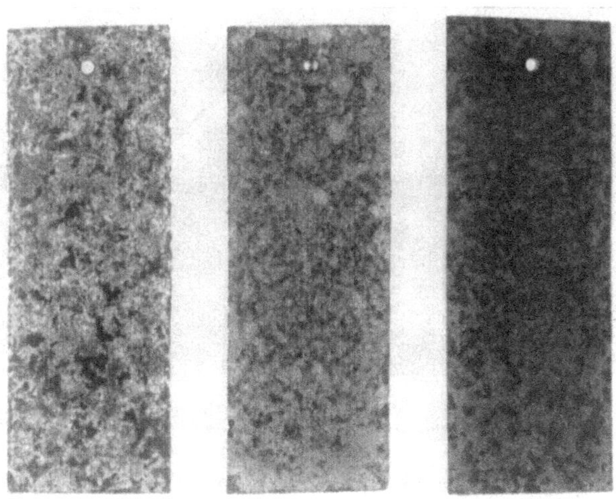

1% Ag 3% Ag 5% Ag

Abb. 346. Einfluß von Ag-Zusätzen auf das Korrosionsverhalten der Elektronlegierung AM 503 nach 16tägigem Angriff von Leistungswasser (oben) und nach 16tägiger Seewassersprühprobe (unten).

Silberzusätze zur Elektronlegierung AM 503 verringern den Korrosionswiderstand dieser Legierung ganz bedeutend. Abb. 346 zeigt mehrere Bleche mit 1, 3 und 5% Ag-Zusatz nach sechzehntägigem Angriff von Leitungswasser bzw. nach sechzehntägiger Einwirkung der Seewassersprühprobe. Nach der genannten Zeit wies das Blech mit 1% Ag in Leitungswasser punktförmige Anfressungen auf, die bei dem Blech mit 5% Ag bereits sehr stark auftraten. In der Seewassersprühprobe bildeten sich bei sämtlichen Blechen Deckschichten aus Korrosionsprodukten, die schichtenweise abblätterten.

D. Das spezielle chemische Verhalten des Magnesiums und der magnesiumreichen Legierungen.

1. Die Arten der Korrosionserscheinungen.

Magnesium und seine Legierungen zeigen gegen atmosphärischen Angriff eine sehr beachtliche Korrosionsbeständigkeit, die von einer

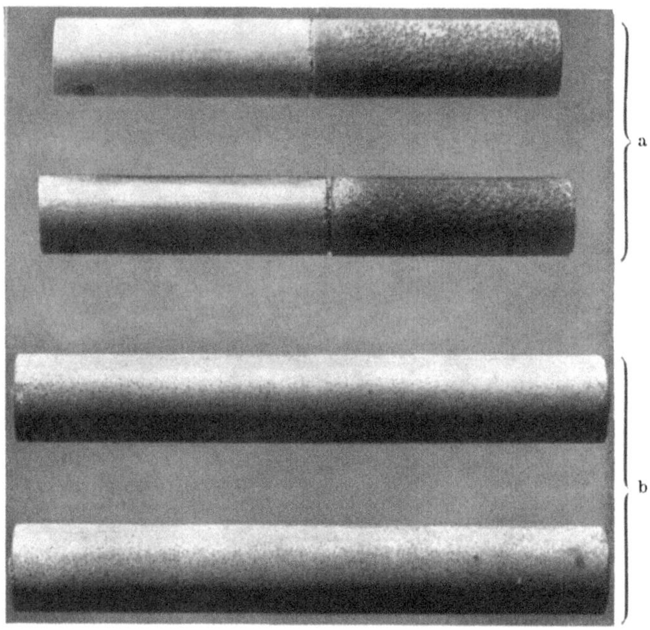

Abb. 347. Korrosion von Eisen und Elektron nach achtjähriger Bewitterung. a) Elektron gepreßt-Eisen b) Elektronguß.

Reihe von Aluminiumlegierungen und gewöhnlichem Eisen nicht erreicht wird. Das Metall überzieht sich mit einem grauen Oxydfilm, der unter Einwirkung der in der Luft enthaltenen Kohlensäure und schwefligen Säure in Karbonate und Sulfate umgesetzt wird[1], wobei das Karbonat vorherrscht. Abb. 347 zeigt das Korrosionsverhalten von verschiedenen Magnesiumlegierungen im Vergleich zu gewöhnlichem Eisen nach achtjähriger Bewitterung. Aus der Abbildung ist ersichtlich, daß die Magnesiumlegierungen, abgesehen von der Berührungsfläche Eisen-

[1] Whitby, L.: Trans. Faraday Soc. Bd. 29 (1933) S. 844.

Leichtmetall, weniger korrodiert sind als das Eisen. Denselben Befund zeigt die in Abb. 348 dargestellte Radscheibe aus der Elektronlegierung AZM mit einem eingeschraubten Eisenkern, die jahrelang ungeschützt dem Angriff der Atmosphäre ausgesetzt war.

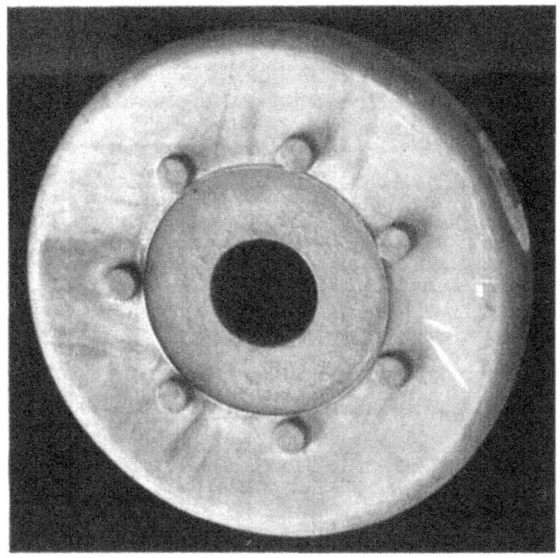

Abb. 348. Elektron-Radscheibe (Legierung AZM) mit Eisenkern nach dreijähriger Bewitterung.

a) Bewitterungskorrosion.

Abb. 349 zeigt den Einfluß einer einjährigen Bewitterungskorrosion auf die Elektron-Gußlegierungen AZF (FlW 3506.0), AZG (FlW 3505.0) und A9V (FlW 3507.9) im Vergleich zur Deutschen Aluminiumlegierung. Für die Versuche wurden vorgedrehte, bichromatisierte Zerreißstäbe verwendet (s. S. 306). Abb. 350 bezieht sich auf entsprechende Versuche an den Elektronlegierungen AZM (FlW 3510.2) und AM 503 (FlW 3501.2) in gepreßtem Zustande (Versuchszeit November bis April), Abb. 351 auf etwa 1 m starke Bleche derselben Legierungen. Die Gußlegierungen wie auch die Legierung AM 503 in geknetetem Zustande weisen praktisch keinen Abfall der mechanischen Eigenschaften auf.

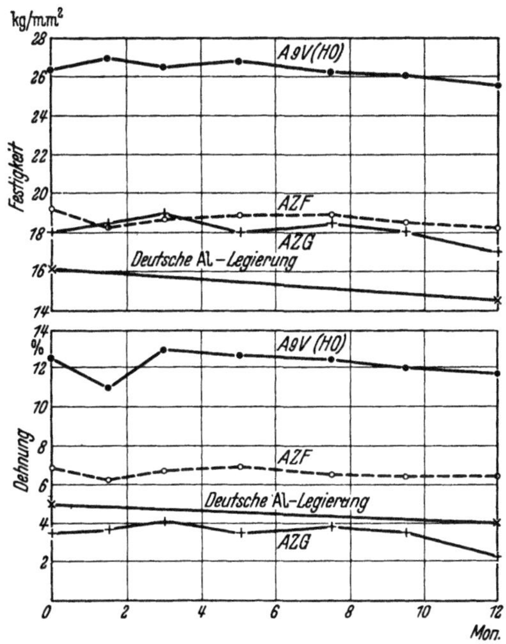

Abb. 349. Korrosionsverhalten von Elektronguß und Al-Zn-Cu-Guß im Bewitterungsversuch.

b) Spannungskorrosion.

Bei den Spannungskorrosionsversuchen an Gußlegierungen fanden die bekannten U-förmigen Probekörper Verwendung, bei Knetlegierungen wurde die im Abschnitt Prüfmethoden beschriebene Apparatur benutzt, die es gestattet, die Spannungskorrosionsvorgänge unter bestimmten Zugspannungen zu beobachten. Bei den Versuchen wurden die Einspannköpfe zur Vermeidung einer Kontaktkorrosion mit Aluminiumbronze lackiert und die Einspannbacken verzinkt.

Die Versuchsergebnisse an den Elektron-Gußlegierungen AZF, AZG, A 9 und A 9 V sind in Zahlentafel 61 wiedergegeben.

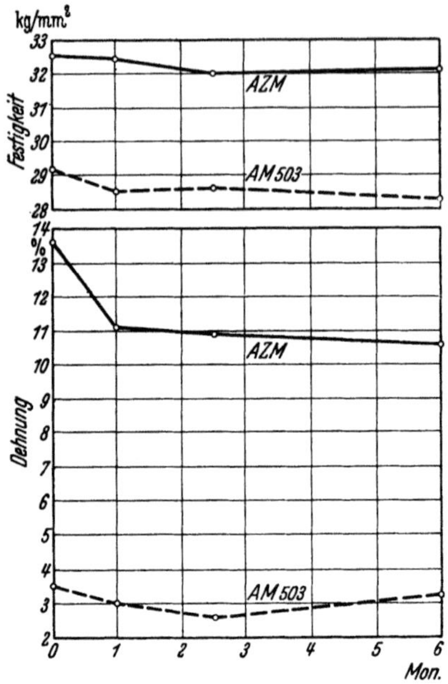

Abb. 350. Korrosionsverhalten von Elektronpreßmaterial im Bewitterungsversuch.

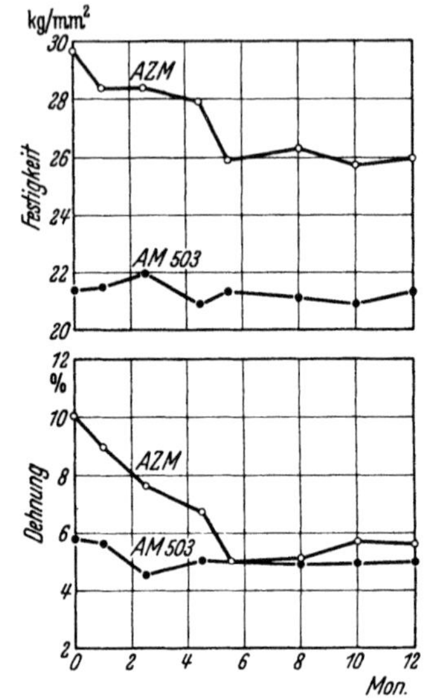

Abb. 351. Korrosionsverhalten von Elektronblechen im Bewitterungsversuch.

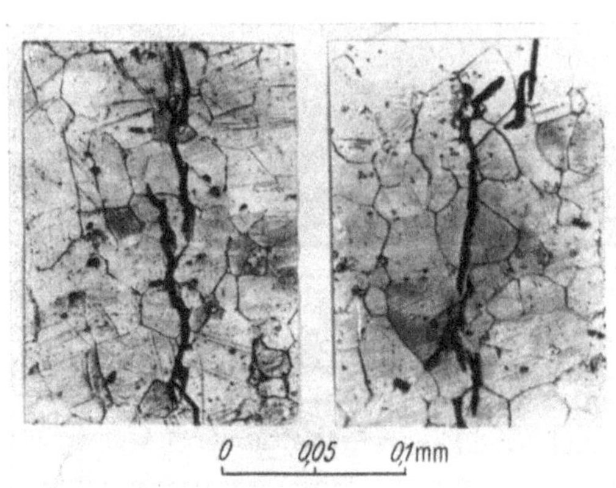

Abb. 352. Intrakristalliner Verlauf von Spannungskorrosionsrissen an einem Elektronblech der Legierung AZM.

Die Versuchsreihe der Legierung A 9, bzw. A 9 V wurde gegenüber AZF und AZG später angesetzt, ebenso einzelne Belastungsstufen der zuletzt

Zahlentafel 61.

Legierung	Behandlung	Belastung kg/mm²	Befund: Bruch nach Tagen	Befund: kein Bruch nach Tagen	Festigkeit kg/mm²	Streckgrenze kg/mm²	Dehnung %
AZF	Anlieferungs-	6,1		1086	17—21	8—9	5—9
(FlW 3506.0)	zustand	6,3		1086			
4% Al		10,0		785			
3% Zn		10,0		785			
0,3% Mn		11,0		1019			
AZG	Anlieferungs-	5,6		1086	16—20	9—10,5	3—6
(FlW 3505.0)	zustand	5,7		1086			
6% Al		6,2		1086			
3% Zn		7,2		1086			
0,3% Mn		9,5		696			
		10,5		718			
		10,5		718			
		11,0	700				
A 9	Anlieferungs-	9,8		444	19,8	10,0	5,7
8,5% Al	zustand	9,9		444			
0,5% Zn		10,0		444			
0,5% Mn		10,2		677			
		10,3		677			
		13,6		677			
A 9 V	homogen	9,7		444	27,0	10,1	11,2
(FlW 3507.9)		9,8		444			
		9,9		444			
		10,0	368				
		10,1		444			
		10,2		444			
		10,3		444			
		10,4		444			

genannten Legierungen. Wie aus der Zahlentafel hervorgeht, ist bei Belastungen bis zur Streckgrenze, d. h. 8,5 kg/mm² bei AZF, etwa 10 kg/mm² bei AZG und etwa 10,5 kg/mm² bei A 9 und A 9 V, nach zwei- bzw. eineinhalbjähriger Bewitterung praktisch keine Spannungskorrosion eingetreten.

Im Gegensatz hierzu besteht bei den höherprozentigen Legierungen im *gekneteten* Zustande mit steigendem Zusatz von Mischkristallbildnern, wie Al und Zn, eine zunehmende Neigung zur Spannungskorrosion, mit Ausnahme von Elektron AM 503 (FlW3501.2, und auch Reinmagnesium), bei der auch bei mehrjährigem atmosphärischem Angriff bei Belastungen bis zur Streckgrenze bisher keine Spannungskorrosionsempfindlichkeit beobachtet wurde.

Der Spannungsrißverlauf ist nach den bisherigen Beobachtungen in der Hauptsache intrakristallin. In Abb. 352 ist der intrakristalline

Verlauf von Spannungsrissen an einem Blech aus Elektron AZM (FlW 3510.2) wiedergegeben. Aus dem zickzackartigen Verlauf dieser Risse kann man schließen, daß die Rißbildung kristallographisch orientiert, und zwar parallel zur Zwillingsebene verläuft, was in einigen Fällen auch im Schliffbild beobachtet werden konnte[1]. Aus der Einkristallforschung ist bekannt, daß Zwillingsbildung mit starken örtlichen Spannungsüberhöhungen verbunden ist, was besonders auch aus dem Rekristallisationsvermögen von Zwillingslamellen hervorgeht, so daß eine Spannungskorrosionsempfindlichkeit entlang von Zwillingslamellen durchaus denkbar wäre. Auf diese Weise läßt sich vielleicht auch erklären, daß gegossenes Material im Gegensatz zu geknetetem praktisch unempfindlicher gegen Spannungskorrosion ist. Infolge der regellosen Orientierung läßt sich das Gußgefüge nach der leicht gleitbaren Basistranslation verformen, ohne daß eine merkliche Zwillingsbildung auftritt, während bei orientiertem Knetmaterial (s. S. 32) eine weitgehende Zwillingsbildung stattfindet. Je höher die mischkristallbildenden und damit verfestigenden Zusätze von Al und Zn werden und je stärker dadurch die Basistranslation verhindert wird, um so mehr wird die Spannungskorrosionsempfindlichkeit zunehmen. Zur Vervollständigung ist zu bemerken, daß Anlaßbehandlungen an höherprozentigem Knetmaterial bei 100, 150, 175 und 380° nach unveröffentlichten Arbeiten von G. SIEBEL keinen merkbaren Einfluß auf die Spannungskorrosion ergeben haben. Aus dem Gesagten ergibt sich die Notwendigkeit, die Verformung von Magnesiumlegierungen möglichst in der Wärme vorzunehmen, um Eigenspannungen von vornherein weitgehendst auszuschalten bzw. verformte Teile spannungsfrei zu glühen.

Um der Neigung von höherprozentigen Knetlegierungen zur Spannungskorrosion zu begegnen, bestehen grundsätzlich zwei Wege. Der erste, durch mischkristallbildende Zusätze eine Verbesserung zu erzielen, hat bisher zu keinem Ergebnis geführt; Zusätze von etwa 0,5% Sn scheinen zwar eine gewisse Verbesserung zu ergeben, die Größenordnung derselben ist aber praktisch ohne Bedeutung. Wesentlich wirksamer ist der zweite Weg, der in einer Plattierung des Werkstoffes mit spannungskorrosionsunempfindlichem Material, z. B. Elektron AM 503, besteht Während AZM-Bleche ungeschützt bei einer Belastung von 15 kg/mm² im allgemeinen nur eine mittlere Lebensdauer von wenigen Tagen ergaben, erreichten entsprechende Proben aus der Legierung AZ 855 mit AM503 plattiert (Schnittkanten geschützt) eine Lebensdauer von 200 und mehr Tagen. Dasselbe Bild ergab die Schlaufenprobe. Die Ringe aus plattiertem AZ 855 hielten in der Mehrzahl über 200 Tage, während entsprechende Ringe aus AZM-Blech nach wenigen Tagen zu Bruch gingen.

[1] Siehe G. SIEBEL: Über den Einfluß von Spannungen auf die Korrosion von Elektronmetall. Jb. dtsch. Luftf.-Forschg. 1937 S. 528.

2. Die Korrosion in Wässern, Salzlösungen, sauren und alkalischen Elektrolyten.

Das Korrosionsverhalten der Magnesiumlegierungen in Wasser und vor allem in Leitungswasser ist verschieden, je nach der Zusammensetzung desselben. Mit reinem Wasser reagiert Magnesium kaum, da jede Reaktion durch Bildung eines Hydroxydfilmes schnell zum Stillstand kommt. ROBERTS und BROWN[1] stellten fest, daß Magnesium nach vier Wochen aus destilliertem und auch gekochtem Wasser kaum Wasserstoff entwickelte, sondern sich lediglich mit einem dünnen Film überzog. Aus nicht destilliertem, ungekochtem Wasser erfolgte bereits eine gewisse Wasserstoffentwicklung.

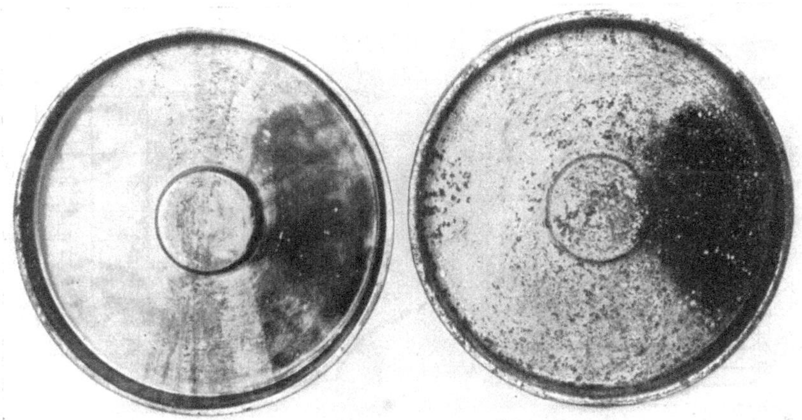

Abb. 353. Korrosionsverhalten von Elektron AM 503-Sandguß (FlW 3500.0) nach vierwöchigem Seewasserangriff.

Von Säuren, die keine unlöslichen, als Schutzschichten wirkenden Salze mit dem Magnesium bilden, wird es gelöst. Unter der Einwirkung von Flußsäure, die Aluminium stark angreift, bildet sich jedoch eine schützende Deckschicht aus Magnesiumfluorid, so daß ein Angriff lediglich an der Übergangszone Luft-Säure eintritt, während die von Säure ständig bedeckten Flächen praktisch überhaupt nicht angegriffen werden; ebenso ist die Beständigkeit gegen Fluoride entsprechend groß.

Gegen wässerige Salzlösungen, deren Anionen, wie Chlor, Sulfate, Nitrate usw., mit dem Magnesium lösliche Salze bilden, sind Magnesium und seine Legierungen sehr empfindlich. Nach EVANS[2] entsteht in einer Kaliumchloridlösung als unmittelbares Korrosionsprodukt an den anodischen Stellen $MgCl_2$, während an den kathodischen Stellen die Lösung alkalisch wird. Wo $MgCl_2$ und die Kalilauge ineinander diffundieren, wird Magnesiumhydroxyd gefällt. Da das Magnesiumhydroxyd

[1] ROBERTS, C. F., u. L. BROWN: J. Amer. chem. Soc. Bd. 25 (1903) S. 801.
[2] EVANS, U. R.: Korrosion der Metalle. Zürich 1926.

aber nicht als direktes Korrosionsprodukt, sondern mehr als Folge einer Ausfällung in gewissem Abstande von der Metalloberfläche entsteht, verhindert es nicht den Fortgang der Korrosion und die Wasserstoffentwicklung dauert an.

Die größte Beständigkeit gegen Witterungsangriff wie auch gegen Wasser und Seewasser ist bisher in Elektron AM 503 (FlW 3500.0) und der nach dem Absitzverfahren besonders weitgehend behandelten Elektronlegierung A 8 K erreicht worden. Das Maß der erzielten Seewasserbeständigkeit ist durch die Abb. 353, 354 und 355 gekennzeichnet. Die Abb. 353 zeigt ein Gußstück aus der Elektronlegierung AM 503, die zur grobstrahligen Erstarrung neigt, sowohl im abgedrehten Zustande wie auch mit Gußhaut nach vierwöchigem Seewasserangriff. Bei dieser grobstrahlig erstarrenden Legierung ist die Oberflächenbehandlung, wie aus dem Vergleich der beiden Gußstücke ersichtlich ist, sehr wesentlich.

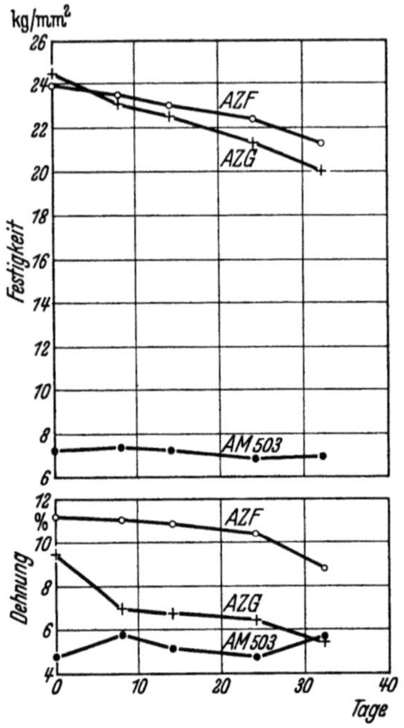

Abb. 354. Korrosionsverhalten von Elektrongußlegierungen in der Seewassersprühprobe.

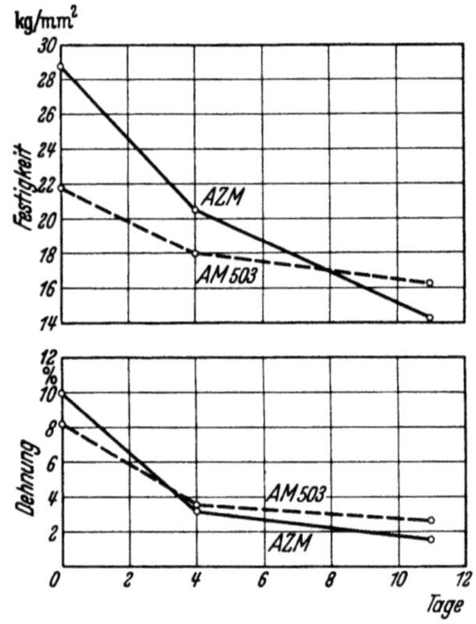

Abb. 355. Korrosionsverhalten von Elektronknetlegierungen in der Seewassersprühprobe.

Den Einfluß der Seewassersprühprobe, bei der vorgedrehte bichromatisierte Zerreißstäbe Verwendung fanden, auf die Festigkeitswerte der normalen Guß- und Knetlegierungen geht aus den Abb. 354 und 355 hervor. Abb. 354 bezieht sich auf die Elektron-Gußlegierungen AZF, AZG und AM 503 (bichromatisierte Kokillengußstäbe). Wie aus der Abbildung ersichtlich ist, sind die Festigkeitseigenschaften der Legierungen AZF und AZG trotz Anwendung der sehr scharfen Prüfmethode nach 32tägigem Angriff nur verhältnismäßig wenig abgesunken, während bei der Legierung AM 503 nach der gleichen Zeit praktisch weder ein Festigkeits- noch ein Dehnungsverlust zu beobachten war. Abb. 355, die sich auf 1 mm starkes Blech bezieht, erweist die Überlegenheit der Legierung AM 503 (FlW 3501.2) gegenüber AZM (FlW 3510.2).

Im praktischen Betriebe sind für alle Legierungen bei atmosphärischem Angriff bzw. häufiger Berührung mit Wasser oder Seewasser gute Schutzüberzüge vorzusehen (s. Abschnitt Schutzmaßnahmen). Abb. 356 stellt ein gegossenes, mit Lackschutz versehenes Omnibushinterrad nach einer Fahrtleistung von etwa 300000 km während eines Zeitraumes von mehreren Jahren dar. Beschädigungen durch Korrosion waren lediglich an einer Stelle unter der Vollgummibereifung festzustellen, wo Wasser

Abb. 356. Omnibusrad aus Elektronguß nach 300000 km Fahrtleistung.

eingedrungen war und nicht mehr hatte abfließen können. Für ständige Berührung mit Seewasser, z. B. bei Flugzeugschwimmern, ist bei dem heutigen Stande der Entwicklung keine Magnesiumlegierung ausreichend.

In *alkalischen Lösungen* sind die Mg-Legierungen im Gegensatz zu Al-Legierungen außerordentlich beständig.

3. Verhalten gegen verschiedene Agenzien.

In der nachfolgenden Zusammenstellung ist eine *Übersicht des Korrosionsverhaltens* der Magnesiumlegierungen *gegenüber verschiedenen Agenzien* wiedergegeben, hierin bedeutet

— Mg und Mg-Legierungen werden angegriffen,

+ Mg und Mg-Legierungen werden praktisch nicht angegriffen,

± Mg und Mg-Legierungen werden wenig oder nur unter besonderen Verhältnissen angegriffen.

Verhalten von Magnesium und seinen Legierungen gegenüber verschiedenen Agenzien.

Stoffgruppe	Angreifende Mittel	Chemischer Angriff	Kein chemischer Angriff	Geringer Angriff oder Angriff unter besonderen Bedingungen
	a) Verhalten gegenüber anorganischen Lösungen:			
Wasser	Wasser (kohlensäurehaltiges, Moor- und Stahlwasser)	—		
	Seewasser, Salzquellenwasser, bei jeder Temperatur	—		
	Destilliertes Wasser (gültig für alle Legierungen und Temperaturen bis 100°) .		+	
	Bei wasserdurchflossenen Kraftwagengußteilen ist ein Zusatz von etwa 1% Kaliumbichromat zum Kühlwasser erforderlich			
Säuren	Reine Flußsäure in jeder Konzentration.		+	
	Salzsäure, Schwefelsäure, schweflige Säure in wäßriger Lösung, Salpetersäure, Phosphorsäure, Kieselflußsäure, Borsäure in wässeriger Lösung (gültig für alle Temperaturen, Konzentrationen und Legierungen), Kohlensäure (auch gasförmig, sofern Feuchtigkeits- spuren vorhanden)	—		
Halogensalze	Wässerige Lösungen von Halogensalzen, mit Ausnahme der Fluoride (z. B. Ammonchlorid, Kochsalz, Magnesiumchlorid, Zinkchlorid, Bariumchlorid, Kaliumchlorid, Kalziumchlorid, Kalziumhypochlorit (bei jeder Temperatur, Konzentration und für alle Legierungen) . . .	—		
	Kaliumfluorid, Natriumfluorid, Ammoniumfluorid (gültig für alle Legierungen; Reinmagnesium zeigt das beste Verhalten)		+	
Schwefelverbindungen	Schwefel, flüssig und dampfförmig (gültig für alle Legierungen)		+	
	Schwefelammonium, Schwefelkohlenstoff (für alle Legierungen)		+	
	Wässerige Lösungen von Sulfaten (z. B. Aluminiumsulfat, Alaun, Eisenvitriol, Zinkvitriol, Kupfervitriol) in allen Konzentrationen für alle Legierungen . . .	—		
Stickstoffverbindungen	Wässerige ammoniakalische Lösungen (untersucht für 5% und höhere Konzentrationen bei Zimmertemperatur) . . .	—		

Verhalten von Magnesium und seinen Legierungen gegenüber verschiedenen Agenzien. (Fortsetzung.)

Stoffgruppe	Angreifende Mittel	Chemischer Angriff	Kein chemischer Angriff	Geringer Angriff oder Angriff unter besonderen Bedingungen
Stickstoffverbindungen	Ammoniakluftgemisch (gültig für alle Legierungen)			±
	Ammoniumhydrat, Nitrose Gase, Kaliumnitrat und -nitrit	—		
Verschiedene Verbindungen	Höher konzentrierte NaOH (jedoch nicht geeignet als Werkstoff für Laugeneindampfgefäße, da bei 40—50% und 120° Angriff beginnt; gültig für Reinmagnesium und AM 503, FlW 3500/01). . . .		+	
	Reine Soda (gültig für Reinmagnesium und AM 503, FlW 3500/01, jede Konzentration und Zimmertemperatur)		+	
	Kaliumsilikat (für Legierungen nur für vorübergehende Einwirkungen)			±
	Alkalichromat- und Alkalibichromatlösungen (für alle Konzentrationen, Temperaturen und Legierungen)		+	
	Ätzkalk, Kalkgemisch, Beton, Mörtel (gültig nur für Reinmagnesium und AM 503)			±
	Quecksilber bei 20° C (Abwesenheit von Feuchtigkeit vorausgesetzt)			±
	Quecksilbersalze (für alle Temperaturen, Konzentrationen, Legierungen)	—		
	b) Verhalten gegenüber organischen Stoffen:			
Aliphatische Verbindungen	Kohlenwasserstoffe, wie Methan, Äthan, Äthylen (trocken), Hexan, Urteer, Benzin, Petroleum, Asphalt, Zeresin, Montanwachs (für alle Legierungen)		+	
Halogenderivate	Äthylentrichlorid, Tetrachlorkohlenstoff, Dichlorhydrin, Epichlorhydrin.		+	
	Chlormethyl, Chloräthyl als trockenes Gas.		+	
	in wässeriger und alkoholischer Lösung	—		
	Äthylenbromid.		+	
	Methylenchlorid (alkohol- und wasserfrei)		+	
Alkohole	Methylalkohol	—		
	Methanol als Brennstoffzusatz bis 10%		+	
	Äthylalkohol (wasserfrei) für alle Legierungen		+	
	Brennspiritus		+	

Verhalten von Magnesium und seinen Legierungen gegenüber verschiedenen Agenzien. (Fortsetzung.)

Stoffgruppe	Angreifende Mittel	Chemischer Angriff	Kein chemischer Angriff	Geringer Angriff oder Angriff unter besonderen Bedingungen
Alkohole	Maischen, Bierwürze	—		
	Glyzerin	—		
	Kühlerfrostschutz Glysantin (I.G.)	—		
	Glykol und Glykolwassergemische (der Angriff von Glyzerin, Glykol (Glysantin) kann jedoch durch Zusatz von mindestens 1% Alkalisulfid bzw. mindestens 0,5% Alkalifluorid ausgeschaltet werden)	—		
Äther	Äthyläther, Essigäther		+	
Aldehyde und Ketone	Formaldehyd, Azetaldehyd, Trichloraldehyd	—		
	Benzaldehyd	—		
	Azeton		+	
Säuren	Ameisensäure, Essigsäure, Buttersäure, Baldriansäure, Palmitinsäure, Stearinsäure, Oxalsäure, Bernsteinsäure, Milchsäure, Weinsäure, Zitronensäure, Fruchtsäfte	—		
Säurederivate	Amylazetat	—		
	Säurefreie Wachse, Bienenwachse		+	
Fette und Öle	Säurefreie Fette und Öle		+	
Stickstoffverbindungen	Harnstoff in wässeriger Lösung (kalt)		+	
	Desgl. (warm)	—		
Sprengstoffindustrie	Nitroglyzerin, Trizinat, Bleiazid (Sprengöl), Knallquecksilber (allg.)	—		
Kohlehydrate	Säurefreie Zuckerlösungen, Zellulose (für alle Legierungen)		+	
Aromatische Verbindungen	Rohteer und seine Fraktionen Benzol, Toluol, Xylol, Phenol, Kresole, Trikresol, Naphthalin, Anthrazen, Lysol, Kreolin, Salveol, Tetralin (für alle Legierungen)		+	
	Antranilsäure, Kampfer, Kopalharze, Kautschuk (für alle Legierungen)		+	
Heterozyklische Verbindungen	Gelatine, Tischlerleim, Javaleim, Pyridin, wenn säurefrei		+	

Verhalten von Magnesium und seinen Legierungen gegenüber verschiedenen Agenzien. (Fortsetzung).

Stoffgruppe	Angreifende Mittel	Chemischer Angriff	Kein chemischer Angriff	Geringer Angriff oder Angriff unter besonderen Bedingungen
Betriebsstoffe	Benzin		+	
	Benzol		+	
	Natriumbenzoat (Zusatzmittel zu Betriebsstoffen)		+	
Entfettungsmittel	„P 3“ (Henkel & Co)		+	
	„Siliron WL“ (I. G.)		+	
	Tetrachlorkohlenstoff		+	
Dichtungsmittel	Äthylentrichlorid			±
	Zementleim		+	
	Schwimmerteer		+	
	Marineleim		+	
	Asphaltlack		+	
	Dichtungs- u. Isoliermittel Arco-Sealit		+	
	Dichtungsmittel L'hermetic	—		
	Gummi		+	
	Chloridfreie Vulkanfiber (Fiber muß stets halogenfrei sein, mit Ausnahme von Fluoriden)		+	

4. Einfluß korrosionshemmender Stoffe.

Der Angriff gewisser Agenzien kann durch Zugabe korrosionshemmender Stoffe, die auf der Oberfläche eine passivierende Deckschicht erzeugen, wesentlich eingeschränkt bzw. aufgehoben werden.

Ein geringer Zusatz von Alkalibichromaten bzw. Chromaten in der Größenordnung weniger Zehntelprozent zu Wasser und nichtreduzierenden Lösungen, z. B. zum Kühlwasser von Verbrennungsmotoren, genügt, um einen Angriff der wasserdurchflossenen Teile aus Magnesium oder Magnesiumlegierungen, auch an Verbindungsstellen mit anderen Metallen, durch passivierende Wirkung vollständig aufzuheben. So zeigt Abb. 357 einen Personenwagenmotor mit wasserdurchflossenem Kurbelgehäuse aus Elektronguß der mit derartigen Kühlwasserzusätzen betrieben wird.

Ein geringer Zusatz von Chromaten hat sich ebenso bei Kalkmilch, die gelegentlich zum Entfetten von Teilen aus Magnesium oder Magnesiumlegierungen verwendet wird, als Schutzmittel gut bewährt.

Der Angriff von Glykol, Glyzerin bzw. generell von alkoholischen Stoffen kann durch Zusätze von höchstens 0,5% Alkalifluorid oder höchstens 1% Alkalisulfid verhindert werden[1]. Dieselben Zusätze ergeben auch bei Kraftstoffen mit größeren Mengen an Alkohol, besonders

[1] DRP. 579185 und 569771.

an Methanol, einen ausgezeichneten Korrosionsschutz. Bei Brennstoffen, die Bleitetraäthyl als Antiklopfmittel enthalten, ist ebenfalls ein Zusatz von Alkalifluorid zu empfehlen, das am zweckmäßigsten an

Abb. 357. Personenwagenmotor mit wasserdurchflossenem Kurbelgehäuse aus Elektronguß.

den tiefsten Stellen des Tankes bzw. des Leitungssystemes in besonderen Armaturen eingebaut wird, da sonst, wie auch bei Tanks aus Al-Legierungen, mit Korrosionserscheinungen gerechnet werden muß. Das Alkalifluorid bedingt einmal eine Schutzschicht von Magnesiumfluorid

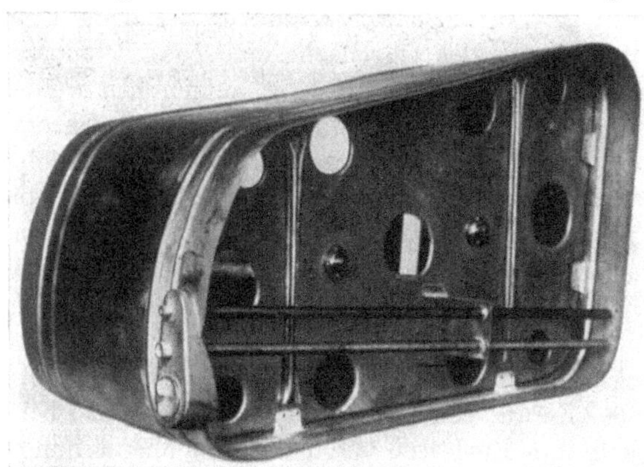

Abb. 358. Brennstofftank aus Elektronblech nach eineinhalbjähriger Betriebszeit unter Verwendung bleitetraäthylhaltiger Brennstoffe.

auf dem Magnesium und ferner eine Stabilisierung der Bleitetraäthylverbindung, die sich ohne Zusätze bei der Einwirkung von Wasser leicht zersetzt. Abb. 358 zeigt einen aufgeschnittenen Brennstofftank aus Blech (Elektron AM 503, FlW 3501.2) nach eineinhalbjähriger Betriebszeit, bei dem trotz Verwendung eines Bleitetraäthylbrennstoffes infolge der Alkalifluoridzusätze kein Angriff festzustellen war.

E. Oberflächenschutz.

Die Oberflächenschutzverfahren beziehen sich im wesentlichen auf die Erzeugung metallischer oder nichtmetallischer Überzüge[1]. In der Praxis haben bisher die letzteren die größere Bedeutung.

1. Metallische Überzüge.

Von metallischen Überzügen haben diejenigen wesentlich edlerer Metalle keine Bedeutung erlangt, da infolge der recht beträchtlichen Potentialdifferenzen Undichtigkeiten, Beschädigungen der Überzüge im Betriebe usw. eine besondere Gefahrenquelle bedeuten. An sich ist es zwar möglich, in geeigneten Komplexsalzlösungen von Kupfer und Nickel auf Magnesium bzw. seinen Legierungen festhaftende Überzüge elektrolytisch zu erzeugen. A. CH. BARLOW[2] stellt fest, daß eine einleitende Behandlung mit Flußsäure oder ein Borsäurezusatz zum Elektrolyten die Behandlung mit Ni, Fe, Co, Cd wesentlich erleichtert. Sämtliche elektrolytisch erzeugten Überzüge erwiesen sich jedoch als nicht porenfrei und haben deswegen aus dem eingangs erwähnten Grunde keinerlei praktische Bedeutung erlangt.

Eine Behandlung von Magnesium nach dem Sherardisier- oder Kalorisierverfahren wie auch eine anodische Behandlung kalorisierter Proben führte nach SUTTON[3] zu keinem Ergebnis.

Nach dem SCHOOPschen Metallspritzverfahren lassen sich zwar auf Magnesium und seinen Legierungen Überzüge von Aluminium bzw. der seewasserfesten Legierungen der Gattung Al-Mg in Schichten beliebiger Dicke erzeugen[4]. Diese Überzüge, die sich an sich gut polieren und auch eloxieren lassen, sind zur Zeit jedoch noch nicht porenfrei herzustellen, so daß eine Verwendung so hergestellter bzw. behandelter Teile nur für mäßige Korrosionsbeanspruchung in Frage kommen kann, da andernfalls an den Undichtigkeiten die Korrosion durch Lokalelementbildung noch ganz wesentlich verstärkt wird.

2. Nichtmetallische Überzüge.

Von den nichtmetallischen Überzügen haben Fluoriddeckschichten[5], Phosphatdeckschichten[6], Silikatschichten[7], Phenolüberzüge[8] sowie elek-

---

[1] NACHTIGALL, E.: Ztschr. Korr. u. Metsch. Bd. 15. (1939) S. 43.
[2] Engl. P. 259307.
[3] SUTTON, H.: Vortrag auf der Tagung The Inst. of Metals, September. Zürich 1931.
[4] ERDMANN, W.: Aluminium Bd. 19 (1937) S. 381.
[5] DRP. 435931, USA.-Patent 1574289.
[6] USA.-Patente 1677667, 1765341, 1709894.
[7] Engl. P. 252070.
[8] Franz. P. 607663.

trophoretisch niedergeschlagene Gummischichten, soweit bekanntgeworden ist, keinen Eingang in die Praxis gefunden.

Beizverfahren und anodische Behandlungen. Praktische Bedeutung haben von nichtmetallischen Überzügen nur die, die durch Beizverfahren und Anstriche erzeugt werden, gewonnen; ebenso ist in den letzten Jahren die Bedeutung anodischer Behandlungen stärker in den Vordergrund getreten.

Die brauchbarsten Beizverfahren, die in der Technik Eingang gefunden und sich bewährt haben, arbeiten mit bichromathaltigen Lösungen, die in allen möglichen Kombinationen angewandt werden können. Das von der I. G. Farbenindustrie AG. ausgearbeitete und gebräuchlichste Beizverfahren benutzt eine 20proz. Salpetersäurelösung mit einem Zusatz von etwa 15% Alkalibichromat. Spritzgußteile erhalten infolge der verfahrensbedingten, ungleichmäßigen Gefügeausbildung durch diese Beizung eine unschöne, fleckige Oberfläche von gelbbrauner bis grauer Farbe; ein besseres Aussehen wird mit einer nur 10proz. Salpetersäure mit 15% Alkalibichromat erzielt. Die Einwirkungsdauer der Lösung beträgt bei Blechen wenige Sekunden und steigt auf max. 1 Minute bei Gußstücken je nach Größe. Nach dem Beizen werden die Gegenstände in Wasser kräftig nachgespült und anschließend gut getrocknet. Der Überzug von messinggelber Farbe ist sehr dünn, fest haftend und besteht aus Magnesium- und Chromoxyden mit gewissen Mengen Chromichromat[1]. Dieses stark angreifende Beizverfahren kann natürlich nicht in solchen Fällen angewandt werden, wo höhere Anforderungen an die Maßhaltigkeit, z. B. bei Feingewinden, Zentrierungen, Kugellagersitzen uw., gestellt werden. In diesen Fällen kann der schützende Überzug in der Weise hergestellt werden, daß man die Teile etwa 1—2 Stunden in einer etwa 5proz. Alkalibichromatlösung kocht, sorgfältig mit kaltem und heißem Wasser abspült und dann trocknet. Den stärksten Korrosionsschutz ergibt eine Kombination der beiden Verfahren. Ist ein Verziehen durch Kochen zu befürchten, so kann bei Raumtemperatur eine Lösung von 4,5—6% Magnesiumsulfat und 3—5% Natriumbichromat Anwendung finden, wobei die Werkstücke elektrisch isoliert aufzuhängen sind. Die Beizdauer beträgt bei diesem Verfahren, das besonders bei der Oberflächenbehandlung von Propellern angewendet wird, $^1/_2$—1 Stunde. Die beste Bichromatisierung wird erreicht, wenn dem Beizen eine sorgfältige Entfettung mit Tetrachlorkohlenstoff, „Siliron WL" der I.G. Farbenindustrie A.G. oder „P 3" der Firma Henkel & Co. GmbH. vorausgeht.

Bichromat wird auch in dem Prozeß von SUTTON[2] benutzt. Bei diesem Verfahren werden die Gegenstände zunächst durch Beizen in

[1] JORDAN, L. H.: J. Soc. chem. Ind. 1937 S. 361.
[2] Engl. P. 331853, 353415.

10 proz. Salpetersäure gereinigt und sodann 1—6 Stunden lang in warme, neutrale oder alkalische Lösungen von Alkalibichromat oder -chromat, denen ein Al-Salz zugesetzt ist, eingetaucht. Das normalerweise verwendete Bad enthält 1% Kaliumbichromat, 1% Kaliumalaun und 0,5% Ätznatron. Das Verfahren liefert Überzüge von guter Schutzwirkung, seine Anwendung erfordert jedoch erhebliche Zeit. Der Korrosionsschutz wird noch verbessert durch ein nachträgliches Eintauchen der Gegenstände in eine Lösung von Lanolin in Benzin. In neuerer Zeit ist ein entsprechendes, abgekürztes Verfahren eingeführt worden.

G. D. BENGOUGH und L. WHITBY[1] erzielten durch oxydative Behandlung von Magnesium und seinen Legierungen in Lösungen von Persulfat, Bichromat und Salpetersäure gut schützende Deckschichten. BENGOUGH[2] verwendet auch Lösungen von seleniger Säure. Letzteres Verfahren hat jedoch, soweit bekanntgeworden ist, wegen der Kostspieligkeit auch in England noch nicht zur technischen Anwendung geführt.

Eine Nachprüfung der in den letzten Jahren entwickelten anodischen Behandlungsmethoden[3] hat ergeben, daß diese teils eine Verschlechterung, teils eine Verbesserung der Korrosionsbeständigkeit gegenüber dem Bichromatverfahren ohne Strom ergeben. Zusammenfassend ist über die anodischen Oberflächenverfahren zu sagen, daß sie zur Zeit für den praktischen Betrieb noch zu umständlich und kostspielig sind und auch der erhöhte Kostenaufwand bezüglich der erzielten Korrosionsverbesserung gegenüber dem billigeren Beizverfahren bisher noch nicht gerechtfertigt erscheint. Die Arbeiten auf dem Gebiete der anodischen Oxydation von Magnesiumlegierungen sind jedoch noch völlig im Fluß, so daß Verbesserungen in naher Zeit erwartet werden können.

3. Anstriche.

Um ein gutes Haften von Lackierungen zu erzielen, müssen bei Magnesiumlegierungen wie bei allen anderen Metallen, die Oberflächen sauber, fettfrei und bei besonders großen Anforderungen an die Haftfestigkeit unter Umständen leicht aufgerauht sein. Zur Entfettung können die vorher genannten Entfettungsmittel, Tetrachlorkohlenstoff, „Siliron WL“ und „P 3“ benutzt werden, u. a. genügt auch bereits ein Abreiben mit Bimssteinpulver oder Schlämmkreide. Frisch gebeizte oder in wässeriger Bichromatlösung gekochte Oberflächen gewährleisten

---

[1] BENGOUGH, G. D., u. L. WHITBY: Met. Ind., Lond. Bd. 44 (1934) S. 383 — Trans. Inst. chem. Engr. Bd. 2 (1933) S. 176.

[2] Engl. P. 378916 vom 19. V. 1931.

[3] FISCHER, H., u. W. SCHWAN: Wiss. Veröff. Siemens-Konz. Bd. 14 (1935) S. 54 — DRP. 635720 Kl. 48a.

gleichfalls eine gute Fettfreiheit, so daß es sich in vielen Fällen empfiehlt, den Lackierungsvorgang unmittelbar an das Beizen anzuschließen.

Sind die Oberflächen zwecks Aufrauhung sandgestrahlt worden, so ist nach dem Sandstrahlen in jedem Falle in Salpetersäurebichromat zu beizen, da das Abstrahlen eine Verschlechterung des Korrosionsverhaltens bedingt. Bemerkenswert ist hierbei, daß zwischen Quarz- und Stahlsand, der aus anderen Gründen gelegentlich benutzt wird, in der Größenordnung der Wirkung kein Unterschied besteht. Abb. 359

Gußhaut gestrahlt mit SiO_2 gestrahlt mit Stahlsand

ungebeizt

gebeizt

Abb. 359. Einfluß des Strahlens auf das Korrosionsverhalten von Elektronguß nach achtzehntägigem Angriff von Leitungswasser.

zeigt vergleichsweise Platten aus Elektron AZG (FlW 3505.0) sowie mit Quarz- und Stahlsand abgestrahlt im ungebeizten und gebeizten Zustande nach 18tägiger Einwirkung von Leitungswasser.

Zum Lackieren von Teilen aus Mg oder Mg-Legierungen sollen nur solche Lacke verwendet werden, die durch Versuche als geeignet erkannt worden sind. Es gibt für Magnesiumlegierungen eine große Reihe ausgezeichneter lufttrocknender Lacke auf Öl-, Zellulose- oder Chlorkautschukbasis usw. sowie von Einbrennlacken auf Kunstharzbasis. Als Pigmente für Grundierungen bzw. Lackierungen eignen sich Titanweiß, Zinkweiß und Eisenoxyd; Bleimennige oder Bleiweiß sind unbedingt zu vermeiden, da sich bei Anwesenheit von Wasser anscheinend Spuren von Blei elektrolytisch niederschlagen und zu starker Lokalelementkorrosion führen. Abb. 360 stellt drei Blechproben nach zweimonatiger Einwirkung der Seewassersprühprobe dar, wobei das erste Blech mit Mennige, das zweite mit Bleiweiß und das dritte mit Titanweiß grundiert und anschließend mit demselben lufttrocknenden Lack lackiert wurde. Die Überlegenheit der Titanweißgrundierung ist aus der Ab-

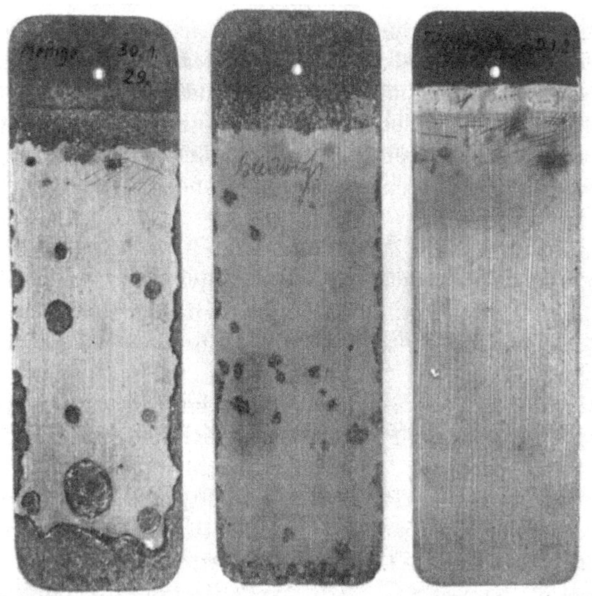

Abb 360. Korrosionsverhalten von Elektronblechen unter Verwendung verschiedener Grundierungen (zweimonatige Seewassersprühprobe). 1. Grundiert mit Mennige. 2. Grundiert mit Bleiweiß. 3. Grundiert mit Titanweiß.

bildung deutlich zu ersehen. Neben der Titanweißgrundierung haben sich im Flugzeugbau besondere Grundierungen aus Chromaten auf Öl- bzw. Kunstharzbasis, auf die beliebige Anstriche aufgetragen werden können, bewährt.

Öllacke[1] zeichnen sich durch gute Haftfähigkeit und Elastizität aus, ferner bedürfen die Bauteile bei Aufbringung von Öllacken nicht einer so weitgehenden Entfettung wie bei Zelluloselacken. Die Öllacke besitzen jedoch den Nachteil der langen Trockenzeit, sind außerdem gegen Betriebsstoffe nicht genügend widerstandsfähig und neigen bei länger andauernder Einwirkung von Wasser und Feuchtigkeit, insbesondere von Seewasser, leicht zum Quellen.

[1] Hiege, K.: Metallwirtsch. Bd. 9 (1930) S. 361.

Die Zelluloselacke haben den Vorteil der kurzen Trockenzeit, erfordern aber in jedem Falle peinlich saubere und fettfreie Metalloberflächen. Praktisch sind die meisten Zelluloselacke benzin- und ölfest und auch im allgemeinen unempfindlich gegen Wasser, weil sie nicht in dem Maße quellen wie Öllacke; im allgemeinen werden aber reine Zelluloselackierungen mit der Zeit leichter spröde als Öl- oder gemischte Lackierungen.

Bei Teilen, die im Inneren von Apparaten eingebaut werden und keiner besonders starken Korrosionsbeanspruchung ausgesetzt sind, genügt oft ein 1—2maliges Spritzen mit einer Zellulose-Aluminiumbronze.

Gemischte Öl-Zelluloselackierungen haben sich gleichfalls gut bewährt. Man spritzt eine gut haftende Ölgrundierung, auf der nach guter Durchtrocknung mit Zellulosespachtel- und -decklacken weitergearbeitet werden kann. Auch gemischte Öl-Zelluloselackierungen sind nicht ganz so empfindlich gegen Spuren von Schmutz und Fett wie reine Zelluloselacke.

Die Erfahrungen mit Pergutlacken sind noch jung. Doch haben dreimalige Pergutanstriche sehr gute Ergebnisse hinsichtlich Haftfestigkeit und Korrosionsschutz gezeigt. Es ist anzunehmen, daß diese Lacke für den Leichtmetallschutz noch eine größere Bedeutung erlangen werden.

Farbig gebeizte Teile können mit einem Überzug von farblosem oder durchscheinend gefärbtem Lack (Zellulose- oder noch besser Kunstharzlack) bespritzt werden. Kristall- oder Eisflimmerlacke können ebenfalls als Decklacke auf Asphaltgrund Verwendung finden.

Wenn höchste Anforderungen an Haftfestigkeit und Korrosionsschutz gestellt werden, z. B. optische Apparate für Übersee, dann sind Einbrennlacke (Kunstharz- und Asphaltlacke) zu empfehlen. Bei Magnesium und seinen Legierungen hat sich z. B. eine Lackierung von Kunstharzlacken als Grundierung und Asphaltlacken als Decklacke besonders gut bewährt. Umfangreiche Versuche haben gezeigt, daß Asphaltlacke auf einer Kunstharzgrundierung bei der gleichen Zahl aufeinanderfolgender Anstriche einen bedeutend besseren Korrosionsschutz ergeben als die gleichen Lacke ohne diese Grundierung. In Abb. 361 ist rechts ein kleines Blech wiedergegeben, das mit Neorisitlack grundiert und mit Emaillelack überzogen worden ist. Das Blech hat 6 Monate in Seewasser gehangen, ohne Korrosionserscheinungen zu zeigen. Der in der gleichen Abbildung dargestellte Propeller ist mit Neorisitlack grundiert, als Decklack wurde Asphaltlack benutzt. Der Propellerflügel wurde auf die Achse eines Motors aufgesetzt und ist 4 Monate im Freien bei 1400 Touren/min. gelaufen, ohne daß die Haftfestigkeit des Anstriches nachgelassen hätte. Kunstharzlacke geben auch einen sehr guten Grund für lufttrocknende Öllacke.

Die Zahl der Anstriche richtet sich ganz nach den Ansprüchen, die in bezug auf Aussehen und Schutzwirkung gestellt werden. In den meisten Fällen genügen 2—3 Anstriche.

F. Konstruktive Maßnahmen, Isolierung.

In allen Fällen, in denen damit gerechnet werden muß, daß Teile aus Magnesium und Magnesiumlegierungen stärkeren Korrosionseinflüssen oder der freien Witterung ausgesetzt werden, ist eine Isolierung zwecks Aufhebung bzw. Verminderung des elektrischen Potentials gegen andere Metalle (Eisen, Kupfer, Messing, Al-Cu-Legierungen, jedoch nicht gegen Legierungen der Gattung Al-Mg und Reinaluminium) notwendig, sofern nicht, wie z. B. bei Maschinenteilen, ständig ein dünner Ölfilm vorhanden ist, der als Schutz genügt. Dieselbe Isolierung ist gegenüber Holz erforderlich.

Abb. 361. Links: Elektronpropeller mit Neorisit grundiert und mit Asphaltlack lackiert nach viermonatiger Betriebszeit. Rechts: Blech mit Neorisit grundiert und mit Asphaltlack lackiert nach sechsmonatigem Angriff von Seewasser.

Zur Isolation kommen bei Leichtbauteilen Zementleim, Asphaltlack, Resitex, Novotex, Gummi, Kunststoffe und andere, bereits auf Seite 303 genannte Stoffe in Frage. Wird trokkene Vulkanfiber verwandt, so ist sie zweckmäßigerweise vorher mit Paraffin zu tränken. Flexible Vulkanfiber, Preßspan oder andere säure- bzw. chloridhaltige Dichtungsmaterialien dürfen nicht verwendet werden. Finden Lederdichtungen oder Bezüge Verwendung, so muß das Leder säurefrei sein. Das Aufkleben von Stoffen, z. B. Flugzeugbespannungsstoff auf Elektronblech, geschieht am besten mit Zementleim, der das nachträgliche Imprägnieren bzw. Lackieren des aufgeklebten Stoffes zuläßt.

Werden in Magnesiumgußstücke Buchsen eingegossen und handelt es sich dabei nicht um Konstruktionsteile, bei denen ein mit Sicherheit vorhandener Öl- oder Fettfilm einen ausreichenden Korrosionsschutz ergibt, empfiehlt es sich, die Buchsen feuerzuverzinken oder zu verkadmieren und evtl. freiliegende Berührungsflächen besonders sorgfältig zu lackieren. Dasselbe gilt für elektrisch leitend einzusetzende

Kontaktbuchsen, Schrauben usw. In vielen Fällen empfiehlt es sich auch, bei elektrisch leitenden Verbindungen als Zwischenlage Reinaluminium oder Legierungen der Gattung Al-Mg zu verwenden.

Schwermetallschrauben, Stehbolzen usw. müssen, sofern sie leicht lösbar sein sollen, verzinkt oder verkadmiert werden. Wenn die Schrauben nicht gelöst zu werden brauchen, werden sie vor dem Einsetzen in Lack getaucht, wobei die äußeren Fugen der Berührungsflächen der Magnesiumlegierungen mit dem anderen Werkstoff gut überlackiert werden müssen.

Für Nietverbindungen können bei unbeanspruchten Teilen Nieten aus Reinaluminium verwendet werden, für beanspruchte Konstruktionsteile kommen Nieten aus einer 3 bzw. 5% Mg-haltigen Aluminiumlegierung in Frage. Bei Nietverbindungen ist auf den notwendigen Korrosionsschutz bei der Fabrikation Rücksicht zu nehmen, indem alle aufeinander zu nietenden Teile vor dem Zusammenbau an den Berührungsstellen einzeln lackiert werden (sog. Zwischenlackierung). Wasserdichte Nietungen werden durch Zwischenlegen isolierender Binden (z. B. Schadebinden) erzielt. Einzelheiten betr. Niet- und Schweißverbindungen s. S. 446.

Bei der Durchführung von Konstruktionen bzw. der Formgebung von Gußteilen ist darauf Rücksicht zu nehmen, daß sich Wasser niemals ansammeln, sondern leicht abfließen kann. Aus diesem Grunde bevorzugt man bei Konstruktionen die Verwendung offener bzw. halb geschlossener Profile, die außerdem eine gute Kontrollmöglichkeit ergeben. Hohlprofile und geschlossene Ecken müssen innen gut lackiert sein; sie sind entweder zu schließen oder müssen Wasserabfluß- und Belüftungslöcher haben. Ausführungsbeispiele von Konstruktionen s. S. 447.

Schmelzen und Gießen.

(Mit besonderer Berücksichtigung des Sandgußverfahrens.)

Von A. Beck und P. Spitaler.

A. Die Verfahren zur Reinigung der Schmelzen.

1. Befreiung von nichtmetallischen Verunreinigungen.

Das durch Schmelzflußelektrolyse wie auch das auf thermischem Wege gewonnene Magnesium (das letztere oft erst nach Umschmelzen unter Verwendung von gewissen Chloriden oder Fluoriden) besitzt einen technisch hohen Reinheitsgrad. Die Gehalte an Verunreinigungen, wie Si, Fe, Al und bisweilen auch P, betragen je Element nur einige hundertstel Prozent und ergeben sehr selten einen Gesamtbetrag von mehr als 0,3%. Es sei darauf hingewiesen, daß dieser hohe Reinheitsgrad bereits das erste unter Verwendung von künstlichem Karnallit als Elektrolyten fabrikatorisch hergestellte Magnesium auszeichnete. Das zur damaligen Zeit erzeugte Aluminium (98—99%) enthielt als Verunreinigung bedeutend höhere Anteile an Si und Fe. Während aber die Trennung des flüssigen Aluminiums von dem bedeutend höher schmelzenden kryolithhaltigen Elektrolyten ohne Schwierigkeiten vonstatten geht, gelingt es nicht ohne weiteres, den mitgeschöpften chloridhaltigen Elektrolyten restlos vom Magnesium zu trennen.

Im erstarrten Metall finden sich — ganz regellos verteilt — mehr oder weniger große Chlorideinschlüsse vor, die die Korrosionsbeständigkeit des Magnesiums wesentlich herabsetzen. Das von Sonstadt[1] empfohlene und in der Frühzeit der laboratoriumsmäßigen Herstellung des Magnesiums ausgeübte Verfahren, unter Verwendung von Karnallit (dem Doppelsalz KCl-$MgCl_2$) oder Chlormagnesium die einzelnen durch Reduktion erhaltenen Metallteilchen zu einem Regulus zusammenzuschmelzen, entfernte zwar die Oxyde und Nitride, ergab aber stets ein mehr oder weniger mit Chlorideinschlüssen durchsetztes Metall. Auch ein etwas abgeändertes Verfahren, das mit weniger Schmelzsalz arbeitete, bot keine Gewähr für ein salzfreies Metall. Zumeist tritt hierbei eine oft nicht unbedeutende Herabsetzung des Reinheitsgrades durch Bildung von Oxyd und Nitrid infolge der starken Neigung des Magnesiums zur

[1] Chem. News 1863. — Ausführlicher Borchers: Elektro-Metallurgie, 3. Aufl., S. 18. 1903.

Vereinigung mit den Bestandteilen der Atmosphäre ein. Es ist aussichtslos, ein derartig verunreinigtes Metall als Gebrauchsmetall verarbeiten zu wollen, da bei Einwirkung der Luftfeuchtigkeit die Chlorid- wie Nitrideinschlüsse zu einer zum Teil fortschreitenden Zersetzung des Metalles Veranlassung geben, die sich in häßlichen Ausblühungen und störendem Lochfraß bemerkbar machen. Während beim Reinmagnesium und bei gewissen Legierungen nur die an der Oberfläche befindlichen Einschlüsse bei Einwirkung der Feuchtigkeit das Metall korrodieren lassen, riefen bei Legierungen, die infolge eines größeren Schmelzbereiches zur Feinlunkerbildung neigen, auch im Innern des Metalles eingeschlossene Verunreinigungen eine verstärkte Korrosion hervor.

Die Frage der restlosen Trennung des Metalles von den Chlorideinschlüssen hat in den ersten $1^1/_2$ Jahrzehnten der technischen Entwicklung des Magnesiums und seiner Legierungen eine geradezu ausschlaggebende Rolle gespielt. An eine Verwendung des Magnesiums als Grundmetall für Konstruktionswerkstoffe war erst nach Lösung dieses Problems zu denken. Neben der Aluminium- und Magnesium-Fabrik Hemelingen sei hier vor allem die ehemalige Chemische Fabrik Griesheim Elektron genannt, deren wissenschaftliche Mitarbeiter unter der Führung von Dr. Pistor mit größter Beharrlichkeit und unter Aufwendung nicht unbedeutender Mittel sich der Lösung dieses Problems widmeten.

Da alle beschrittenen Wege — auch der der Aluminium- und Magnesium-Fabrik Hemelingen, bei welchem statt des Karnallits und Chlormagnesiums die höherschmelzenden Alkalichloride Verwendung fanden —, nicht den gewünschten Erfolg gezeitigt hatten, war man vielfach bestrebt, überhaupt auf die Anwendung von Salzschmelzen zum Zwecke der Reinigung zu verzichten. Das DRP. 232581, das vorschlägt, das Metall im geschmolzenen Zustande mit Stoffen, wie Gußeisen, künstliche Kohle, Koks, Magnesia u. dgl., zu behandeln, die befähigt sind, geschmolzene Chloride aufzunehmen, ohne mit dem Metall zu reagieren, kennzeichnet den ersten Schritt in dieser Forschungsrichtung. Etwa zu gleicher Zeit wurde vorgeschlagen (DRP. 237794), durch oder über das geschmolzene und stark überhitzte Metall Wasserstoff oder ein anderes indifferentes Gas zu leiten, das das verdampfende Chlorid mit abführen sollte. Die angewendete Arbeitsweise sah eine mehrstündige Behandlung bei 900—950° vor. Das nach diesem Verfahren von den Chloriden restlos befreite Metall konnte aber nach Abkühlung auf eine günstige Vergießtemperatur nicht sofort vergossen werden, da bei der langen Reinigungszeit und der hohen Reinigungstemperatur bedeutende Mengen von Wasserstoff von dem Magnesium gelöst wurden, die bei der Erstarrung infolge teilweiser Entbindung des überschüssigen gelösten Wasserstoffes zu stark blasigen Erzeugnissen führten. Diesem Übelstand wurde begegnet durch eine im Patent DRP. 228962 beschriebene Arbeitsweise, bei der das Metall vor oder nach dem Vergießen längere Zeit bei der Entbindungstemperatur des Wasserstoffes gehalten wird, um so demselben Gelegenheit zum Entweichen zu geben. Auch wurde in dieser Anmeldung auf einen zweiten Weg — den der Zwischenerstarrung — hingewiesen. Diese Verfahren finden heute noch Anwendung in der Aluminiumindustrie (Warteofen). Wenig später wurde erkannt, daß sich die Entfernung der Chloride wesentlich schneller herbeiführen läßt, wenn man statt getrockneten Wasserstoffes ein mit Wasserdampf gesättigtes Gas verwendet. Der Wasserdampf zersetzt einen Teil des $MgCl_2$ unter Salzsäureentwicklung, während unzersetztes Chlorid mit dem erzeugten MgO Magnesiumoxychlorid bildet, welch letzteres an die Badoberfläche steigt und von dem Metall leicht entfernt werden kann.

Nach diesem Verfahren wurde zwar ein absolut salzfreies Metall erhalten, wenn auch die Kosten des Verfahrens als nicht gerade gering anzusprechen waren. Im Metall befindliches Oxyd und Nitrid wurde jedoch nicht entfernt, im Gegenteil, während der langen Entbindungsdauer des gelösten Wasserstoffes trat bei nicht völliger Dichtheit der Apparatur eine oft erhebliche Erhöhung des Nitridgehaltes ein. Neben der gesteigerten Korrosionsanfälligkeit nitridhaltigen Metalles stellen diese Einschlüsse eine weitere Gefahrenquelle auch insofern dar, als bei der Bearbeitung mit spanabhebenden Werkzeugen infolge Funkenbildung bei der Berührung des Stahles mit dem Nitrid sich die Späne leicht entzünden. Aus diesem Grunde hätte nach diesem Verfahren eine Fabrikation sich nicht durchführen lassen, wenn nicht eine sichere wie auch restlose Beseitigung durch Filtration unter Verwendung von Eisensieben beim Vergießen ermöglicht geworden wäre. Die Wirkung der Siebe war eine zweifache. Größere Nitridknollen wurden zurückgehalten, während feinere Partikelchen durch die Aufteilung des Strahles Gelegenheit fanden, sich in Berührung mit der Luft zu Oxyd umzusetzen. Der Siebguß — zum Teil auch in abgeänderter Form, wie z. B. unter Verwendung von Stahlwolle beim Formguß — wurde später von verschiedenen Stellen unter Schutz gestellt und fand nicht nur beim Magnesium, sondern auch beim Aluminiumguß noch zu einem Zeitpunkte Anwendung, als neue Schmelz- und Gießverfahren die Anwendung beim Magnesium mehr als überflüssig erscheinen ließen.

Aus dem Angeführten läßt sich erkennen, daß nach dem Wasserstoffverfahren verunreinigtes Altmetall, wie Abfälle, Späne, Krätze, überhaupt nicht oder nur unter Gewinnung von mehr oder weniger stark verunreinigtem Metall verschmolzen werden konnte. Um Abfälle der genannten Art wieder der Verwendung nutzbar zu machen, mußten dieselben erst wieder unter Verwendung von Chloriden eingeschmolzen werden. Die hierbei gewonnenen Erfahrungen und Erkenntnisse, die

die Grundlage der gesamten weiteren Entwicklung des Reinigens und Schmelzens des Magnesiums und seiner Legierungen bilden, sind im Jahre 1922 im DRP. 360818 zum Ausdruck gekommen. Das Verfahren jener Patentschrift besteht darin, das Altmetall in Form von Spänen und Abfällen jeglicher Art bei höheren Temperaturen mit nur geringen Mengen von wasserfreiem Chlormagnesium oder Karnallit zu behandeln, und zwar mit solchen Mengen, die gerade ausreichen, um die Agglomerierung der oxydischen, nitridischen und anderen vom flüssigen Metall nichtgelösten Verunreinigungen zu bewirken. Im Gegensatz zu dem von SONSTADT und BORCHERS beschriebenen Verfahren darf die Zusatzmenge nicht so groß sein, daß die entstehenden Agglomerationsprodukte wegen ihrer Dünnflüssigkeit eine reinliche Abscheidung und Trennung vom Metall unmöglich machen. Das Verfahren setzt dabei voraus, daß der Gehalt an Verunreinigungen ungefähr bekannt ist, da nach der Gesamtmenge an Verunreinigungen auch die Menge des der Metallschmelze zuzusetzenden Salzes im Hinblick auf die Gefahr einer Einschleppung desselben gegeben ist. Ein Zuviel wie ein Zuwenig mußte vermieden werden. Insofern brachte das Verfahren des DRP. 360818 eine Lösung, die für die praktische Verwendung nur mit Einschränkungen als ausreichend anzusprechen war.

Die letzten praktischen Folgerungen aus diesen Erscheinungen wurden erst im Jahre 1923 durch das DRP. 403802 gezogen, auf dessen Grundlage sich die heutige Industrie des Magnesiums und seiner Legierungen zu seiner hohen Blüte entwickelt hat. Das Verfahren beruht auf dem Gedanken, das Umschmelzen des Metalles und die Entfernung der chlorid- wie auch oxyd-, nitrid- und sulfidhaltigen Verunreinigungen mit Salzgemischen vorzunehmen, die bereits von Hause aus im schmelzflüssigen Zustand eine hohe Viskosität aufweisen und sich so von dem Metall ohne Schwierigkeiten trennen lassen, sowie auf der Verwendung derartiger Salzgemische in solchen Mengen, daß durch die Aufnahme der im Metall befindlichen Verunreinigungen — gleichviel ob dieselben den Viskositätsgrad erhöhen (Oxyde, Nitride) oder verringern (Chloride) — eine solche Zähflüssigkeit des Salzes erhalten bleibt, daß ein Verbleiben im Metall oder ein Mitfließen ausgeschlossen ist. Die Grundlage der Salzgemische bildete nach wie vor Magnesiumchlorid bzw. Karnallit, später hat man mit Erfolg auch Kalziumchlorid herangezogen (DRP. 479481). Zwecks Erhöhung der Viskosität dieser Salze im geschmolzenen Zustand werden diesen aber Verdickungsmittel zugesetzt, und zwar empfiehlt die Patentschrift den Zusatz von Oxyden oder Fluoriden des Magnesiums, Kalziums, Aluminiums und anderer Metalle.

Die Wirkung der genannten Verbindungen, eine Verdickung oder Versteifung der im geschmolzenen Zustande an sich dünnflüssigen Chloride hervorzurufen, kann, wie in der Patentschrift bereits angedeutet wird und wie eine spätere Vertiefung der ihr zugrunde liegenden Erkenntnisse gezeigt hat, in zweierlei Weise erklärt werden. Was zunächst die Metalloxyde anlangt, so wirkt sich u. a. ein Zusatz von Magnesiumoxyd zu geschmolzenem Chlormagnesium bzw. Karnallit unmittelbar verdickend aus. Die Viskosität der Schmelze steigt etwa proportional dem Zusatz an Oxyd. Anders verhalten sich dagegen die Fluoride. Diese bilden mit dem Magnesiumchlorid, Karnallit bzw. Kalziumchlorid fast durchweg eutektische Salzgemische. Das bedeutet, daß ein Zusatz von Fluoriden im allgemeinen zunächst auf die den anderen Bestandteil der Salzgemische bildenden Chloride schmelzpunkterniedrigend einwirkt. Wenn die eutektische Konzentration überschritten ist und die Schmelzpunktkurve bei weiterer Erhöhung des Fluoridgehaltes ansteigt, erfolgt eine sich stetig steigernde Erhöhung der Viskosität. Der Verdickungsgrad wird hierbei durch die bei bestimmten Temperaturen primär sich ausscheidende Fluoridmenge bestimmt. Neben der Erhöhung der Zähflüssigkeit durch die Fluoride empfiehlt sich deren Zusatz zu den Chloriden aber auch wegen ihrer oxydlösenden Wirkung. Wenn diese auch meist sehr gering ist — beim MgF_2 beträgt sie kaum mehr als 0,1% —, so macht sie sich doch u. a. beim Einschmelzen von Spänen, die ja immer mehr oder weniger oxydiert sind, durch ein Zusammenfließen der beim Schmelzen sich bildenden Tropfen vorteilhaft bemerkbar. Durch die beim Zusammenschmelzen von Magnesiumchlorid und Kalziumfluorid eintretende Umsetzung des Kalziumfluorides in Magnesiumfluorid und Kalziumchlorid erübrigt sich ein Zusatz des teueren Magnesiumfluorides.

Aus dem Vorstehenden ersieht man, daß man es durch entsprechende Bemessung des Zusatzes an Verdickungsmitteln in der Hand hat, die Viskosität der für die Reinigung zu verwendenden Salzgemische innerhalb weiter Grenzen zu regeln. Trotzdem kommen aus dem Gesamtbereich der möglichen Mischungsverhältnisse nur gewisse Teilgebiete in Frage, denn die Viskosität darf einerseits nicht so niedrig sein, daß eine Trennung der Salzschmelze vom Metall unsicher wird, während andererseits die Verdickung nicht so weit getrieben werden darf, daß das Salzgemisch von vornherein zu pulverig ist. Derartig trockene Gemische dürfen nur dann Anwendung finden, wenn ein übermäßig hoher Chloridgehalt im Metall die Gemische normaler Zusammensetzung zu dünnflüssig machen würde. Bei Verwendung zu stark verdickter Salzgemische würden Oxyde und Nitride nur noch in geringen Mengen absorbiert und es bestünde die Gefahr, daß kleine Teilchen von der Schmelze festgehalten werden. Das letztere ist aber besonders gefährlich; denn jedes dieser Salzpartikelchen besteht ja nicht nur aus dem für das Metall unschädlichen Verdickungsmittel, sondern führt auch eine gewisse Menge von Chlorid mit sich, dessen Verbleiben im

Metall später zu den gefürchteten Korrosionserscheinungen Veranlassung geben würde. Als praktisch brauchbar sind solche Gemische anzusprechen, deren Viskosität im Schmelzfluß einer zähflüssigen Beschaffenheit entspricht, durch die die Zusatzmenge an verdickend wirkenden Stoffen bestimmt wird.

Es sei bemerkt, daß das Magnesiumchlorid, das in den meisten der heute verwendeten Schmelzsalze einen wesentlichen Bestandteil ausmacht, im geschmolzenen Zustand schon zu einer wenn auch beschränkten Selbstverdickung neigt. Bei den für das Umschmelzen und Raffinieren von Magnesium in Frage kommenden Temperaturen reagiert das sehr hygroskopische Magnesiumchlorid in Gegenwart von Luftfeuchtigkeit unter Entwicklung von Salzsäure, wobei, wenn auch meist nur wenig, Magnesiumoxyd gebildet wird, das auf das übrige Chlorid verdickend wirkt. Aber auch bei völligem Fehlen von Feuchtigkeit spaltet das Magnesiumchlorid unter Einwirkung des Luftsauerstoffes Chlor ab, wobei ebenfalls Magnesiumoxydbildung eintritt. Die Entwicklung von HCl und auch Cl wirkt sich keinesfalls schädlich aus, bildet vielmehr einen Grund zur vorteilhaften Verwendung von Chlormagnesium, denn die Salzsäure wie auch das Chlor schützen das Magnesium beim Vergießen und verhindern die Reaktion mit der Luft. Dieser Schutz reicht allerdings nicht aus, wenn das Vergießen bei höheren Temperaturen vorgenommen wird oder sich über längere Zeit erstreckt. In diesen Fällen sind besondere Schutzmaßnahmen, wie Bestreuen der Metalloberfläche mit elementarem Schwefel oder Überleiten von SO_2, zu treffen (s. S. 324). Auch das Chlorkalzium neigt, wenn auch in viel geringerem Maße, zur Selbstverdickung.

Die durch das Arbeiten mit verdickenden Salzschmelzen gegebene Möglichkeit, das Metall von den Chloriden, Oxyden usw. restlos zu reinigen, bietet die oft willkommene Gelegenheit, höherschmelzende Metalle, wie Mn, Be, Zr u. a., über ihre Verbindungen, seien es Oxyde oder Chloride, durch Reduktion derselben auf einfache und elegante Art zu legieren. Hiervon wird in der Praxis häufig Gebrauch gemacht. Metalle, deren Affinität zum Chlor bei den in Frage kommenden Temperaturen größer ist als die des Magnesiums, setzen sich mit dem Chlormagnesium unter Bildung des betreffenden Metallchlorides um, so u. a. Zer und Kalzium. Beim Legieren dieser Metalle müssen daher besondere Salzgemische gewählt werden oder das Legieren darf erst unmittelbar vor dem Vergießen unter Einhaltung bestimmter Bedingungen erfolgen.

2. Beseitigung von metallischen Verunreinigungen.

Während die im ersten Abschnitt behandelten Verfahren die Entfernung von nichtmetallischen Verunreinigungen aus dem Magnesium und seinen Legierungen zum Ziele haben, erlangten neuerdings auch

Verfahren eine erhebliche Bedeutung, bei denen es sich um die Beseitigung von metallischen Verunreinigungen, vor allem Eisen, aus den Magnesiumlegierungen handelt. Es wurde nämlich gefunden, daß insbesondere Eisen, das sich mit dem Magnesium und hochprozentigen Magnesiumlegierungen nicht legiert, bei der Verwendung von eisernen Gegenständen für die Behandlung des geschmolzenen Metalls (beispielsweise in Form von Eisenkathoden in der Elektrolyse oder als eiserne Schmelztiegel od. dgl.) oder auch aus den Legierungsmetallen spurenweise und in äußerst fein verteilter Form vom Metall aufgenommen wird. In erstarrtem Metall bedingen diese im Gefüge verstreuten feinsten Eisenteilchen die Bildung von Lokalelementen, die die Korrosionsbeständigkeit unter Umständen wesentlich herabsetzen können. Eine Entfernung solcher Teilchen durch einfaches Absitzenlassen läßt sich nur teilweise erreichen, da sie wegen ihrer außerordentlich geringen Größe im geschmolzenen Magnesium als Schwebestoffe auftreten.

Zur Entfernung metallischer Verunreinigungen mußten natürlich grundsätzlich andere Wege eingeschlagen werden als dort, wo es sich um die Beseitigung nichtmetallischer Bestandteile handelt. Grundlegend in dieser Beziehung war das Verfahren des DRP. 604580. Das Verfahren beruht auf der Überlegung, daß es darauf ankommt, zur Entfernung der als Schwebestoffe in der Schmelze verteilten Eisenteilchen deren Volumen zu vergrößern und dadurch ihre Sedimentation aus der Schmelze zu ermöglichen. Diese Volumenvergrößerung kann dadurch erreicht werden, daß man die Eisenteilchen als Kristallisationskeime für die Bildung von Primärkristallen wirken läßt, welch letztere dann durch Ausseigern aus der Schmelze entfernt werden. Eine ähnliche Wirkung kann man auch dadurch erzielen, daß man der Schmelze Stoffe zusetzt, die sich mit dem Eisen unter Bildung intermetallischer, im geschmolzenen Magnesium unlöslicher Verbindungen vereinigen, und dann letztere durch Ausseigern entfernt. Welche dieser beiden Möglichkeiten im einzelnen bei den verschiedenen für eine solche Behandlung geeigneten Zusatzstoffen zutrifft, läßt sich vielfach nicht ohne weiteres entscheiden. Voraussetzung für die Brauchbarkeit der Zusatzstoffe ist natürlich, daß sie sich mit dem Magnesium bzw. den Magnesiumlegierungen legieren und daß das Korrosionsverhalten durch die im Metall verbleibenden Anteile nicht verschlechtert wird.

Das Verfahren besteht im wesentlichen darin, daß zunächst der die metallischen Verunreinigungen mitreißende Zusatzstoff im Magnesium durch entsprechende Überhitzung der Schmelze in Lösung und dann die Hauptmenge des zugesetzten Reinigungsmetalls durch Primärkristallisation zur Ausscheidung gebraucht wird, wobei die metallischen Verunreinigungen, insbesondere Eisen, von den sich bildenden Primärkristallen umschlossen werden oder sich sonstwie mit dem zugesetzten

Metall chemisch oder mechanisch verbinden. Läßt man dann in diesem Zustande die Schmelze absitzen oder entfernt man die gebildeten Primärkristalle aus ihr auf andere Weise, so werden damit auch die metallischen Verunreinigungen aus der Schmelze beseitigt.

Ursprünglich wurde eine solche Reinigungswirkung nur in Verbindung mit Mangan und mit Silizium festgestellt. Neuerdings ist gefunden worden, daß auch Zer und Zirkon eine ähnliche Wirkung ausüben, wobei es dahingestellt bleiben mag, ob diese Wirkung dadurch zu erklären ist, daß diese beiden Metalle mit dem Eisen im geschmolzenen Magnesium und seinen Legierungen unlösliche Verbindungen bilden, oder ob es sich auch hier um die Bildung von zer- bzw. zirkonreichen Primärkristallen handelt, in denen die Eisenteilchen als Kristallisationskeime auftreten.

Bei dem Verfahren ist natürlich erwünscht, eine ausreichende Menge des Reinigungsmittels in der zu reinigenden Schmelze in Lösung zu bringen. Da jedoch die Löslichkeit des Mangans im Magnesium durch Anwesenheit von Aluminium erheblich herabgesetzt wird, ist es bei der Herstellung von Magnesium-Aluminium-Legierungen zweckmäßig, zunächst im reinen Magnesium das gesamte für die Behandlung zu verwendende Mangan in Lösung zu bringen und erst dann das als Legierungsmetall dienende Aluminium zuzusetzen, wobei dann sofort je nach dem Al-Gehalt der Schmelze ein bestimmter Teil des Mangans in Form von $MnAl_3$ ausfällt und die metallischen Verunreinigungen mit sich reißt.

B. Das Schmelzen der Magnesiumlegierungen.

1. Öfen und Tiegel.

Das Schmelzen der Magnesiumlegierungen erfolgt sowohl in öl-, gas- oder koksgefeuerten Tiegelöfen. Bei günstigem Strompreis können auch Widerstands- oder Hochfrequenzöfen Verwendung finden, sofern geeignete Ofenkonstruktionen zur Verfügung stehen. Niederfrequenzöfen, die sich in letzter Zeit einen fortschreitenden Eingang in die Aluminiumgießereien verschafft haben, bieten in ihrer jetzigen Ausführungsform noch Schwierigkeiten beim Einschmelzen unter Verwendung der bewährten Schmelzsalze. Neuerliche Überlegungen, die zu besonderen Rinnenformen geführt haben, berechtigen zu der Hoffnung, daß auch die Magnesiumlegierungen mit gewissen Vorteilen — insbesondere hinsichtlich der Sicherheit — im Niederfrequenzofen erschmolzen werden können. Herdöfen mit Gas- oder elektrischer Widerstandsheizung eignen sich nicht zum Schmelzen von Magnesiumlegierungen. Die große Badoberfläche, die Berührung der Flammengase mit dem Metall oder dem Schmelzsalz, die Empfindlichkeit der elektrischen Heizelemente gegen Chlor und Salzsäure als Abspaltungsprodukte des Schmelzsalzes stehen der Verwendung dieser Öfen hinderlich im Wege.

Bei Tiegelöfen empfiehlt es sich, die Ofenoberkante etwa 300 mm über Gießereiflur anzuordnen, um die Tiegeloberfläche leicht zugänglich zu haben. Einer gleichmäßigen Beheizung des Tiegels ist größte Beachtung zu schenken, damit ein zu starkes örtliches Verzundern des Tiegels vermieden wird. Die Tiegel dürfen nur so weit mit flüssigem Metall gefüllt werden, daß noch ein freier Rand von mindestens 150 mm verbleibt, was für die Möglichkeit des vorschriftsmäßigen Durchrührens und Ankippens vor dem Gießen unbedingt notwendig ist. In den Ofen wird der Tiegel derartig eingesetzt, daß der obere Rand 20—30 mm über die Ofenabdeckplatten herausragt, die seitlich an den Tiegel herangeschoben werden. Auf diese Weise erreicht man, daß einerseits die Oberfläche des geschmolzenen Metalls tief genug in der Feuerzone liegt, um das aufgebrachte Schmelzsalz leicht zum Schmelzen zu bringen, und daß andererseits die Verbrennungsgase nicht unmittelbar die Badoberfläche bestreichen können.

Zum Schmelzen von Magnesiumlegierungen werden eiserne Tiegel verwendet, und zwar meist geschweißte oder gezogene Blechtiegel. Bei größerem Metallinhalt zieht man Stahlgußtiegel vor, um die notwendige größere Wandstärke, deren Schweißung Schwierigkeiten bieten würde, zu erreichen. Das für die Schmelztiegel verwendete niedrig gekohlte Eisen soll gegen die Feuerungsgase möglichst zunderbeständig sein, darf jedoch weder Nickel noch Kobalt enthalten, weil diese Elemente — auch nur in geringster Menge vom Magnesium aufgenommen — die Korrosionsbeständigkeit ganz wesentlich herabsetzen. Es hat sich auch hier gezeigt, daß die Zunderung ganz wesentlich verstärkt wird, wenn viel SO_2 in den Verbrennungsgasen vorhanden ist. Bei gleichem Tiegelmaterial läßt sich eine erstaunliche Steigerung der Schmelzzahl eines Tiegels durch Verwendung eines schwefelarmen Brennstoffes erreichen. Auf besondere Tiegelformen wird in den Beiträgen über Kokillenguß und Spritzguß eingegangen werden.

2. Temperaturmeßgeräte.

Unerläßlich sind betriebssicher arbeitende Temperaturmeßgeräte, die bis ungefähr 1000° C anzeigen. Man verwendet meist Nickel-Nickelchrom-Thermoelemente in *eisernen* Schutzrohren, die mit der Lötstelle metallisch verbunden sind, um eine möglichst gute Wärmeübertragung und damit die notwendige rasche Temperaturanzeige zu erreichen. Um Fehler infolge schwankender Temperatur der kalten Lötstelle (Pyrometerkopf) zu vermeiden, verlegt man diese in genügende Entfernung von der Ofenhitze, indem man ein Verbindungskabel aus demselben

Material wie das eigentliche Thermoelement verwendet (Kompensationsleitung). Die Schutzrohre der Pyrometer müssen am Ende der Arbeitszeit von anhaftendem Salz gereinigt werden, um ein frühzeitiges Durchrosten zu vermeiden. Damit die verhältnismäßig leicht zerbrechliche Isolierung der Thermoelemente nicht zerstört wird, sollen diese schonend behandelt werden.

In regelmäßigen Zeitabständen müssen sämtliche in Betrieb befindlichen Temperaturmeßgeräte geeicht werden, was am sichersten und einfachsten durch Aufnahme einer Abkühlungskurve (Zeit-Temperatur-Kurve) in geschmolzenem reinem Kochsalz (NaCl) geschieht, dessen Erstarrungspunkt (Haltepunkt) bei 801° C liegt.

3. Metalleinsatz.

Neben den Originalmasseln kann auch der in der Gießerei selbst entstehende Abfall an Eingüssen, Steigern und Ausschußstücken in dem Mengenverhältnis eingesetzt werden, in dem er im Betriebe anfällt. Es ist jedoch notwendig, daß der Gußbruch vorher gut vom anhaftenden Formsand gereinigt wird, da dieser vom flüssigen Metall reduziert würde, was zu einer unzulässigen Erhöhung des Siliziumgehaltes der Legierungen führen kann. Stark oxydierte Eingüsse sollen außerdem in einer Scheuertrommel oder durch Sandstrahlen von der Hauptmenge des oberflächlich anhaftenden Oxydes befreit werden und können dann in kleinen Mengen den normalen Schmelzen zugesetzt werden. Der anfallende Gußbruch soll laufend möglichst bald wieder eingeschmolzen werden, da bei einer längeren Lagerung von der Gußhaut *Feuchtigkeit* aufgenommen werden kann, welche ebenso wie Verunreinigungen durch Öl von bereits in der Bearbeitungswerkstätte gewesenen Ausschußstücken beim Wiedereinschmelzen eine *schädliche Wasserstoffaufnahme* des flüssigen Metalls verursachen kann. Mit Öl behafteter oder besonders stark korrodierter Gußbruch sollte aus diesem Grunde außer der vorhergehenden Oberflächenreinigung nach dem Einschmelzen in Masseln vergossen werden. Es ist unbedingt erforderlich, die verschiedenen Magnesiumlegierungen voneinander sowie von Aluminiumlegierungen und Schwermetallen (mit Ausnahme von Eisen) sorgfältig getrennt zu halten, um Verwechslungen und dadurch Fehlgattierungen zu vermeiden.

4. Schmelzen und Überhitzen.

Der Tiegel wird mit Metall gefüllt, wobei vorteilhaft die Originalmasseln zuerst eingebracht werden. Beginnt das Metall zu schmelzen, so wird etwas Schmelzsalz zugegeben, um ein Brennen zu verhindern. Etwaige Brandstellen, die beim Schmelzen auftreten, werden ebenfalls durch kleinere Zugaben von Salz erstickt. Die weitere Beschickung wird in der Weise vorgenommen, daß die vorher ausreichend erwärmten

Metallstücke nachgesetzt werden, solange der im Tiegel bereits befindliche Metallsumpf noch nicht überhitzt, also noch festes Metall neben der Schmelze vorhanden ist. Nach dem Niederschmelzen des gesamten Metalls wird die Oberfläche mit einer dünnen Schicht von Schmelzsalz bedeckt.

Das *Reinigen* des flüssigen Metalls (Durchwaschen) wird im allgemeinen bei etwa 750° C vorgenommen. Die für den Einzelfall zweckmäßige Arbeitstemperatur hängt aber noch von der Art des Schmelzofens (Geschwindigkeit des Temperaturanstiegs) und davon ab, ob während des Durchwaschens die Feuerung abgestellt wird oder nicht. Wenn während der Reinigung die Badtemperatur so rasch ansteigt, daß ein starkes Brennen der Metalloberfläche eintritt, so wird das Durchwaschen schon bei niedrigerer Temperatur begonnen; umgekehrt steigert man die Arbeitstemperatur, wenn infolge irgendwelcher Umstände das Schmelzsalz bei 750° noch nicht genügend schmilzt. Das flüssige Metall wird mit einer Eisenstange kräftig durchgerührt, wobei das Salz in Teilmengen zugegeben wird. Dieses Verfahren wird so lange fortgesetzt, bis das Metall einen blanken Spiegel zeigt. Sollte infolge Einsetzens von stärker verunreinigtem Metall, übermäßig langer Schmelzdauer oder anderer Umstände das auf der Oberfläche befindliche Schmelzsalz während des Durchwaschens nicht genügend schmelzen, sondern eine bröckelige Beschaffenheit zeigen, so muß es abgekrammt und die Schmelze mit frischem Salz durchgewaschen werden. Nach dem Durchrühren wird die Badoberfläche abgedeckt und hierauf das flüssige Metall weiter überhitzt. Die für das Einschmelzen, Durchwaschen und Abdecken insgesamt benötigte Salzmenge beträgt in der Regel etwa 5% des Metalleinsatzes.

An das Reinigen der Schmelze wird bei den meisten Magnesiumlegierungen eine stärkere *Überhitzung* angeschlossen, die den Zweck hat, das Gefüge der Gußstücke möglichst feinkörnig zu machen, wodurch die Festigkeitswerte und die Gießbarkeit verbessert werden. Die Höhe der anzuwendenden Überhitzungstemperatur hängt nicht nur von der Legierung, sondern auch noch von der Größe der Tiegeleinheit, der Überhitzungsgeschwindigkeit und von der Korngröße des eingesetzten Metalles ab. Da die durch Überhitzung erreichte Feinkörnigkeit bei normalen Betriebsbedingungen auch bei nachträglichem wiederholten Umschmelzen wirksam bleibt, kann die Überhitzungstemperatur um so niedriger gewählt werden, je feiner das Bruchgefüge des eingesetzten Metalls ist bzw. je mehr feinkörniges Material (Gußbruch) die Tiegelbeschickung enthält. Für die meisten Legierungen beträgt die Überhitzungstemperatur bei den für Formgießereien üblichen Ofentypen und Tiegelgrößen 850—900° C, je nach der Menge des gewählten Anteiles von feinkörnigem Gußbruch in der Beschickung. Eine weitere Erhöhung der Überhitzungstemperatur bis ungefähr 950° C oder eine längere Überhitzungsdauer ist zwar, da dadurch das Korn der Legierungen noch feiner wird, für die Eigenschaften der Gußstücke nur günstig, jedoch nicht notwendig. Durch laufende Prüfung von Bruchproben auf Feinkörnigkeit wird der Erfolg der Überhitzungsbehandlung überwacht.

Die gesamte Schmelzdauer einschließlich Überhitzen beträgt unter normalen Verhältnissen etwa 1 Minute je 1 kg Tiegelinhalt. Nach Erreichung der Überhitzungstemperatur wird der Tiegel vorsichtig aus dem Ofen genommen. Sollte dabei die Salzdecke reißen und das Metall zu brennen anfangen, so wird noch weiteres Salz aufgegeben. Sodann läßt man das Schmelzgut bis zur Vergießtemperatur abkühlen (Temperaturmessung mit Pyrometer). Es hat sich als zweckmäßig erwiesen, nach dem Herausnehmen des Tiegels die Salzdecke, solange sie noch strengflüssig ist, mittels eines Eisenflachstabes von der Tiegelwandung zu trennen. Ist es erforderlich, daß ein gießfertiger Tiegel auf die Form sehr lange warten muß, so wird sich das an der Oberfläche befindliche Schmelzsalz allmählich zersetzen und bröckelig werden. In solchen Fällen muß vor dem Herausnehmen des Tiegels die Salzdecke abgekrammt und durch eine neue ersetzt werden. Bei diesem Stehenlassen des Tiegels im Ofen darf die Badtemperatur nicht durch längere Zeit unter 850° C sinken, da bei längerem Abstehen der Schmelze bei tieferen Temperaturen wieder eine gewisse Kornvergröberung eintreten kann.

5. Gießen.

Die Gießtemperatur liegt im allgemeinen zwischen 800 und 680° C. Eine geringe Erhöhung über 800° C hinaus sollte nur ausnahmsweise, bei sehr dünnwandigen Abgüssen, angewendet werden. Die für die meisten Gußstücke normaler Wandstärken vorteilhaftesten Gießtemperaturen betragen 780—750° C. Vor dem Gießen wird der freie Tiegelrand, besonders an der Gießschnauze, von *losen* Salz- und Zunderteilchen, jedoch nicht von den fest angeschmolzenen Krusten gereinigt. Der Tiegel ist möglichst ohne Erschütterungen zur Form zu bringen. Durch vorsichtiges Schwenken (daher Tiegel nicht bis an den Rand füllen!) bringt man das Metall an die Tiegelschnauze. Dadurch löst sich die Salzdecke von der Tiegelwand und schwimmt frei auf der Metalloberfläche. Je nach Größe der Abgüsse bringt man die Decke mehr oder weniger weit zurück, wobei darauf zu achten ist, daß sie ihren Zusammenhang möglichst behält. Vom Beginn des Schwenkens an wird der Metallspiegel unter einer Schwefelatmosphäre gehalten, indem man Schwefelpulver (meistens aus einem Beutel aus durchlässigem Gewebe) gegen den Metallspiegel stäubt. Um auf dem Wege vom Tiegel in die Form den freien Fall des Metalls möglichst zu vermeiden, ist die Tiegelschnauze so dicht wie möglich an den Einguß zu bringen. Das Angießen soll langsam und nicht ruckartig erfolgen. Nach dem Angießen muß der Eingußtümpel mit Metall gefüllt und weiterhin stets voll gehalten werden. Bei richtigem Gießen bildet sich dann ein Oxyd- und Sulfidschlauch, durch den das Metall aus dem Tiegel fließt. Es ist darauf zu achten, daß dieser Oxydschlauch nicht abreißt. Sind große Stücke zu gießen, bei denen die Form schnell gefüllt werden muß, so ist die Zahl und Größe der Tiegel so zu wählen, daß nach dem Guß des betreffenden Stückes noch eine ausreichende Menge von flüssigem Metall in den Tiegeln verbleibt, wodurch das Mitfließen der Salzdecke mit Sicherheit vermieden wird. Ein völliges Zurückschwenken des Tiegels beim Übergang zur nächsten Form soll möglichst vermieden werden.

6. Tiegelreinigung und -kontrolle.

Metall, das nach dem Gießen in den Tiegeln zurückbleibt, wird entweder in eine Masselform entleert oder in einen Tiegel, in dem gerade niedergeschmolzen und welcher hinterher noch mit Salz gereinigt wird; das Schmelzsalz muß dabei im Tiegel zurückgehalten werden. Hinterher wird der Tiegel, solange er noch warm ist, von den anhaftenden Salzkrusten durch Abkratzen gründlich gereinigt. Bereits erkaltete stärker verunreinigte Tiegel müssen entweder auf Rotglut erhitzt werden, um die Salzkrusten zu erweichen oder man füllt sie mit Wasser und läßt sie längere Zeit stehen. Bei Anwendung des letzteren Verfahrens müssen die Tiegel aber hinterher besonders gründlich von den Salz- und Oxydkrusten gereinigt und *durch Ausglühen getrocknet* werden, um eine Wasserstoffaufnahme des flüssigen Metalls bei der nachträglichen Verwendung zu vermeiden. Die Salzrückstände aus den Tiegeln werden in Behältern oder besser in einer Grube gesammelt, so daß ein Verschleppen in die Gießerei unmöglich ist, und von Zeit zu Zeit auf der Schutthalde abgesetzt. Die Rückgewinnung des in den Rückständen eingeschlossenen Metalls geschieht entweder durch Zerschlagen der Salzkrusten und Ausklauben der Metallteilchen von Hand oder durch Naßaufbereitung in einer Waschtrommel. Die Schmelztiegel müssen laufend auf ihre Dichtheit und Wandstärke geprüft werden. Beginnende undichte Stellen zeigen sich schon am gefüllten rotwarmen Tiegel durch dunklere Flecke, welche durch das zuerst durchsickernde Salz hervorgerufen werden. Außerdem werden die Tiegel nach dem Abklopfen der Zunderschicht im kalten Zustande auf undichte oder dünne Stellen nachgesehen. Die beim Schmelzen und Gießen von Magnesiumlegierungen zu beachtenden Sicherheitsmaßnahmen sind in einer Vorschrift des Reichsarbeitsministeriums übersichtlich zusammengestellt.[1]

---

[1] Reichsarb.-Bl. 1938 Nr. 23. Sicherheitsvorschriften für Magnesiumlegierungen vom 28. VII. 1938.

C. Die wichtigsten gießtechnischen Eigenschaften der Magnesiumlegierungen und deren Berücksichtigung in der Gießerei.

Die Herstellung von Formgußstücken aus Magnesiumlegierungen folgt weitgehend den bei den meisten anderen Metallen ausgeübten Verfahren. In mancherlei Hinsicht liegen jedoch andere Verhältnisse vor, so daß es angezeigt erscheint, auf die einzelnen Gießverfahren näher einzugehen, um so mehr als die Magnesiumlegierungen hauptsächlich in Form von Gußstücken verwendet werden. Da die Herstellung von Kokillen- und Spritzguß in den beiden nächsten Beiträgen behandelt wird, beschränken sich die folgenden Ausführungen auf die allgemeinen Gießeigenschaften der Magnesiumlegierungen und das Sandgußverfahren.

Von den Gießeigenschaften der Magnesiumlegierungen, durch die sie sich von den früher bekannten Gußlegierungen unterscheiden und welche die Entwicklung neuartiger Arbeitsverfahren erforderlich machten, ist zuerst die Reaktionsfähigkeit des schmelzflüssigen Metalles mit der Feuchtigkeit der Sandform zu erwähnen. Die Magnesiumlegierungen zersetzen das Wasser in bekannter Weise unter Bildung von Wasserstoff und Magnesiumoxyd. Als Folge dieser Reaktion entstehen schwarze Häute und mit grauem Oxydpulver ausgefüllte Reaktionsporen an der Gußoberfläche („Brandstellen"), sowie eine interkristalline Oxydation, die durch Grau- bis Schwarzfärbung im Bruchgefüge sichtbar wird. Weitere Gußfehler können durch den frei werdenden Wasserstoff verursacht werden (örtliche Gasporen). Wenn sich infolge mangelhafter Entlüftung der Form während der Formfüllung Luftsäcke bilden, kann sich der durch die Reaktion des flüssigen Magnesiums mit der Feuchtigkeit bildende Wasserstoff mit der eingeschlossenen Luft vermischen und leichte Knallgas-„Schläge" hervorrufen, wodurch der Formsand örtlich an der Gußhaut anbrennt.

Aus diesem Grunde gelang anfänglich die Herstellung von Sandgußstücken aus Magnesiumlegierungen nur unter großen Schwierigkeiten nach einer umständlichen und kostspieligen scharfen Trocknung der Sandformen, die bis zur vollständigen Entfernung des Hydratwassers getrieben werden mußte; außerdem mußten die bekannten Nachteile getrockneter Formen (unsaubere Gußoberfläche, Rißgefahr) in Kauf genommen werden. Versuche, die Reaktionsfähigkeit der schmelzflüssigen Magnesiumlegierungen durch Legierungszusätze so weit herabzusetzen, daß ein Vergießen in „grüne" (feuchte) Sandformen möglich wird, haben bisher noch zu keinem betriebsmäßigen Verfahren geführt. Ein geringer Kalziumgehalt verringert wohl das Brennen der Schmelze bei Berührung mit der Luft ganz bedeutend, kann jedoch die Reaktion mit der Feuchtigkeit der Sandform nicht verhindern, und die neuerdings bekanntgewordenen Zusätze von Beryllium[1] haben zwar eine wirksame Reaktionsverminderung ergeben, doch treten gleichzeitig sehr unliebsame Nebenerscheinungen auf (grobes Korn, Verminderung der Festigkeitseigenschaften), so daß vor einer praktischen Auswertung dieser Versuche noch weitere Entwicklungsarbeit geleistet werden muß.

Der einzige bisher mit Erfolg beschrittene Weg des Gießens von Magnesiumlegierungen in grüne Sandformen besteht in der Verwendung von „Schutzstoffen", die entweder dem Formsand beigemischt oder in Form einer Schlichte auf die Formoberfläche aufgebracht werden. Die Wirkung dieser Schutzstoffe beruht hauptsächlich auf der Bildung einer indifferenten Gasschicht und einer schützenden Haut aus den auf dem flüssigen Metall sich bildenden Magnesiumverbindungen, auf der Umhüllung der Sandkörner mit geschmolzenen Schutzstoffen sowie auf dem Wärmeentzug durch ihre Schmelz- und Verdampfungswärme. Die zur Erzielung der Schutzwirkung notwendige Menge der Zusätze hängt ab von der Art der verwendeten Schutzstoffe, der Gasdurchlässigkeit und Feuchtigkeit der Sandform, der Wanddicke der Gußstücke und der Menge des durch die betreffenden Formquerschnitte durchfließenden Metalls. Am besten haben sich in der Praxis Schwefel und Borsäure als Schutzstoffe bewährt (DRP. 384137, 368906). Der weitaus überwiegende Anteil von Magnesiumsandguß wird heute nach diesem Verfahren hergestellt (Elektron). Im Auslande werden neben Schwefel und Borsäure zum Teil noch andere Schutzstoffe gebraucht, wie z. B. Ammoniumsalze (besonders Ammoniumbifluorid), Fluoride, Silikofluoride, Borfluorwasserstoffsäure und deren flüchtige Salze (Can. Pat. 352498), Diäthylenglykol (Engl. Pat. 369584)[2]. Eine größere Anzahl weiterer Stoffe, die als Schutzzusätze zum Formsand oder als Formüberzüge vorgeschlagen worden sind, haben sich in der Praxis nicht durchgesetzt (Engl. Pat. 458093, Can. Pat. 364406, Am. Pat. 2045913, 1959297, Engl. Pat. 254159).

Wegen ihres geringen spezifischen Gewichtes und ihrer leichten Oxydierbarkeit im schmelzflüssigen Zustand neigen die Magnesiumlegierungen zur Bildung von mit Oxydhäutchen erfüllten Luftbläschen, die an der Oberfläche der Gußstücke sitzen („Schaumblasen"). Die wichtigsten Abhilfemaßnahmen zur Vermeidung von Schaum sind das Gießen ohne freien Fall durch Absenken der Tiegelschnauze bis zum Einguß (Abb. 362), langsames Gießen, die Verwendung eines gut gasdurchlässigen, genügend mit Neusand aufgefrischten Formsandes sowie eine zweckmäßige Eingußtechnik. Die Ausbildung der Eingüsse und Anschnitte muß in der Weise vorgenommen werden, daß eine Wirbelung des flüssigen Metalles möglichst vermieden wird. Zu diesem Zweck

[1] Peresslegin, W. A.: Chem. Zbl. Bd. 1 (1938) Nr. 14 S. 2946/47.
[2] Gann u. Brooks: Met. Ind., Lond. 1936 S. 127—133.

unterteilt man beispielsweise den Eingußkanal in eine Reihe von einzelnen Streifen (Abb. 363) und bevorzugt den Guß von unten („steigender Guß").

Eine charakteristische Eigenschaft der Magnesiumlegierungen ist ihr geringer Wärmeinhalt (spez. Wärme und latente Schmelzwärme, beide auf die Volumeneinheit bezogen), der manche beim Gießen auftretende

Abb. 362. Vergießen von Magnesiumlegierungen in Sandformen.

Erscheinungen erklärt. In der Zahlentafel 62 sind die Werte für den Wärmeinhalt der wichtigsten Gußmetalle zusammengestellt. Die Zahlen beziehen sich zwar auf die reinen Grundmetalle, doch können sie mit großer Annäherung auch für die entsprechenden Legierungsgruppen angewendet werden (Aluminiumlegierungen, Rotguß und Messing,

Zahlentafel 62. Wärmeinhalt einiger Gußmetalle.

Metall	Mittlere spez. Wärme		Latente Schmelzwärme	Spez. Gewicht	Mittlere spez. Wärme		Latente Schmelzwärme
	fest	flüssig			fest	flüssig	
	WE/kg				WE/dm³		
Pb . . .	0,03	—	6	11,3	0,34	—	68
Mg . . .	0,28	0,30	50	1,8	0,50	0,54	90
Al. . . .	0,25	0,26	92	2,7	0,68	0,70	250
Cu. . . .	0,10	0,12	50	8,9	0,89	1,06	440
Fe. . . .	0,16	0,17	64	7,8	1,25	1,34	500

Grauguß). Für den Vergleich der schmelz- und gießtechnischen Eigenschaften müssen die auf die Volumeneinheit umgerechneten Zahlen herangezogen werden, die auf der rechten Seite der Zahlentafel zu finden sind.

Der verhältnismäßig geringe Wärmeinhalt wirkt sich für das wirtschaftliche Einschmelzen der Magnesiumlegierungen vorteilhaft aus,

Abb. 363. Anordnung der Eingüsse und Steiger.

bringt es aber zusammen mit den verwendeten eisernen Schmelz- und Gießtiegeln mit sich, daß das an die Form gebrachte gießfertige Metall ziemlich rasch abkühlt, so daß schnell anzeigende Temperaturmeßgeräte zur Kontrolle der Gießtemperatur notwendig sind. Für den Erstarrungsvorgang in der Form hat die geringere Wärmekapazität der Magnesiumlegierungen zur Folge, daß sich diese schneller als andere Gußlegierungen an den Formwandungen abkühlen[1]. Das Formfüllvermögen (Dünnflüssigkeit) der flüssigen bzw. breiförmigen Legierung, welches mit fallender Temperatur schnell abnimmt, ist also örtlich sehr verschieden, je nachdem durch die einzelnen Querschnitte viel oder wenig Metall durchgeflossen ist (Abb. 364). Das flüssige Metall hat demnach das Bestreben, die durch die Formgebung des Gußstückes und die Anordnung der Eingüsse (*e*) und Steiger (*s*) gegebenen Wege geringsten Widerstandes während der ganzen Formfüllung möglichst beizubehalten. Einigen ausgezeichneten „Hauptfließwegen“ (in Abb. 364 gekreuzt schraffiert) stehen andere Stellen der Form gegenüber, die fast gar nicht von

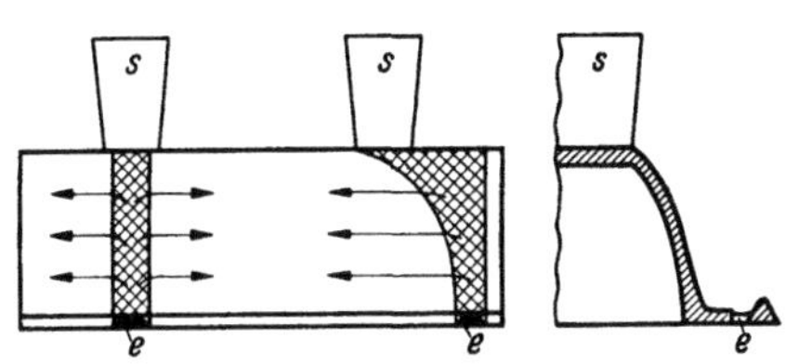

Abb. 364. Schematische Darstellung der „Hauptfließwege“ bei der Formfüllung.

[1] Spitaler, P.: Gießerei 1936 H. 8, S. 177/81.

Schmelze durchflossen werden, da das Metall sofort beim Einfließen in den betreffenden Querschnitt an den Formwandungen bis zur Erstarrung abgekühlt wird. Da das Gußstück in den Hauptfließwegen zuletzt erstarrt, werden diese, soweit nicht andere Umstände (Querschnittsunterschiede) ihren Einfluß ausüben, am leichtesten zur Bildung von Lunkern jeder Art und Rissen neigen oder wenigstens verschwächte Zonen darstellen (gröberes Korn). Der Gießer muß daher danach trachten, ihren schädlichen Folgen durch geeignete Maßnahmen, wie vor allem durch die Eingußtechnik und das Anlegen von „Abschreckschalen" („Schreckplatten, Kühleisen, Kokillen"), entgegenzuwirken.

Innerhalb der Hauptfließwege sind besonders zwei Gruppen von Querschnitten durch eine stärkere Überhitzung der Formwandungen gefährdet, nämlich die in der Nähe der Eingüsse liegenden Stellen (Abb. 364) und tief „einspringende Winkel". Wenn *b*/*t* (Abb. 365) bei letzteren zu kleine Werte annimmt, tritt infolge übermäßiger Überhitzung der vorspringenden Formteile in den benachbarten Gußquerschnitten ein ungesundes Gefüge auf, so daß es immer ratsam ist, eine Modelländerung vorzunehmen und die einspringenden Hohlräume etwas auszufüllen (in Abb. 365 gekreuzt schraffiert).

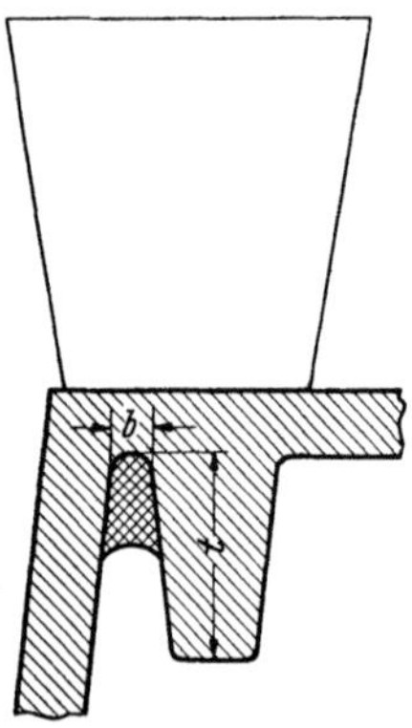

Abb. 365. Vermeidung von tief „einspringenden Winkeln".

Schmelzpunkt und Schwindungskoeffizient der Magnesiumlegierungen entsprechen ungefähr den Zahlen für die gebräuchlichen Aluminiumgußlegierungen (Zahlentafel 63). Die höheren Werte für den Schwindungskoeffizienten in der letzten Spalte der Zahlentafel 63 entsprechen den mit dem Schwindungsmesser nach Wüst und Schitzkowski an glatten zylindrischen Stäben ermittelten Zahlen[1], die niedrigeren gelten für sperrige Gußstücke oder solche mit Kernen, bei denen die

Zahlentafel 63. Schmelzpunkt, Schrumpfmaß und Schwindungskoeffizient einiger Magnesiumlegierungen.

Legierung	Bezeichnung		Schmelzpunkt bzw. Schmelzintervall (Näherungswerte) °C	Schrumpfmaß (Volumenabnahme während der Erstarrung) %	Linearer Schwindungskoeffizient (ges. Längenabnahme im festen Zustand) %
	Elektron	DIN 1717			
Reinmagnesium . . .	—	—	650	4,2	1,8—2,0
Magnesium mit 1% Si	CMSi	G Mg-Si	640—645	—	1,7—1,9
Magnesium mit 6% Al und 3% Zn	AZG	G Mg-Al 6-Zn	400—600	—	1,0—1,4

[1] Spitaler, P.: Metallwirtsch. Bd. 15 (1936) H. 52 S. 1221—1227.

freie Schwindung durch den Widerstand der Form bzw. der Kerne teilweise verhindert wird. In den Abb. 366 und 367 sind die linearen Schwindungskoeffizienten (an glatten Stäben mit dem obigen Schwin-

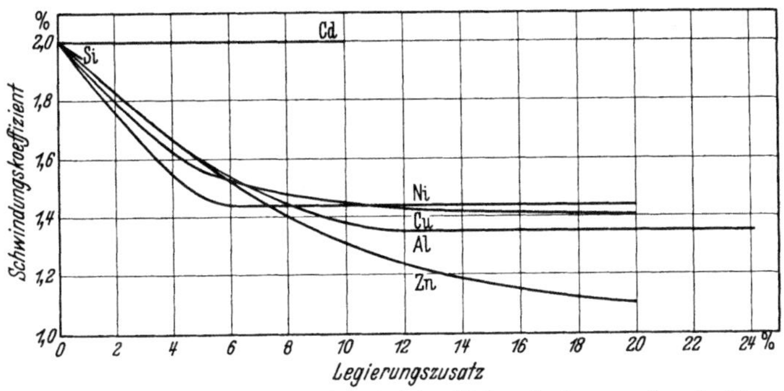

Abb. 366. Der lineare Schwindungskoeffizient einiger binärer Legierungsreihen des Magnesiums.

dungsmesser bestimmt) einiger binärer Legierungsreihen und des ternären Systems Mg-Al-Zn schaubildlich dargestellt. Von den praktisch verwendeten Legierungen haben die binären Mg-Si- und Mg-Mn-Legierungen

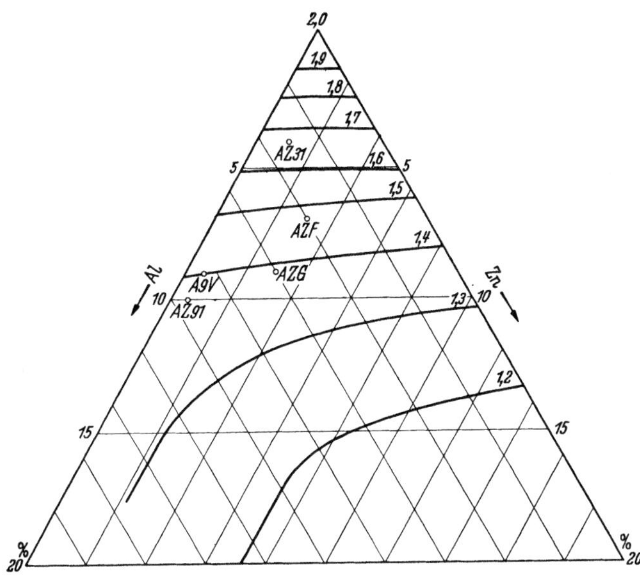

Abb. 367. Der lineare Schwindungskoeffizient der magnesiumreichen Mg-Al-Zn-Legierungen.

die größte Schwindung (etwa 1,9%), was beim Gießen größerer Stücke in diesen Legierungen berücksichtigt werden muß.

Aus der Größe der Schrumpfung allein läßt sich noch kein genügender Rückschluß auf die Lunkerbildung einer Gußlegierung ziehen. So haben

z. B. Reinaluminium und eine Aluminiumlegierung mit 8% Cu ungefähr die gleiche Schrumpfung und trotzdem ein grundverschiedenes Verhalten bei der Lunkerbildung. Einen Einblick in die vorliegenden Verhältnisse erhält man durch das Studium der Erstarrungsvorgänge in Abhängigkeit von der Temperatur. In Abb. 368 ist am Beispiel eines einfachen Gußstückes dargestellt, wie die Lunkerung bei einer Legierung mit praktisch einheitlichem Erstarrungspunkt (z. B. der eutektischen MgSi-Legierung CMSi) und bei einer solchen mit größerem Erstarrungsbereich (z. B. der Legierung AZG, Fl W 3505.0) verschieden verläuft (s. auch Zahlentafel 63). Abb. 368a zeigt schematisch das normale Gießverfahren, um lunkerfreie Abgüsse zu erzielen, in Abb. 368b—d ist die Erstarrung

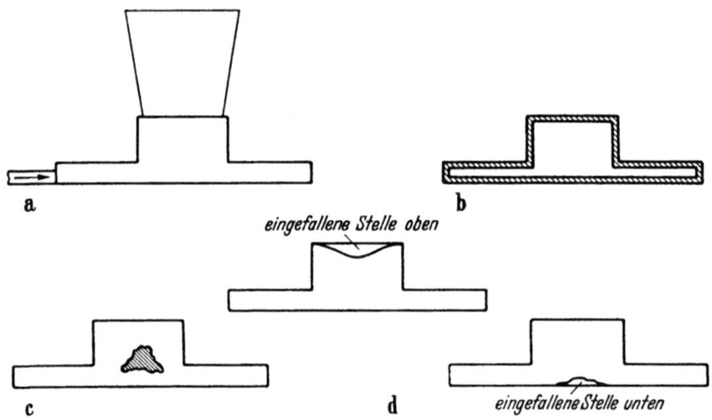

Abb. 368. Verschiedene Arten der Lunkerbildung.

dargestellt, wie sie ohne Steiger vor sich geht. Während bei reinen Metallen und eutektischen Legierungen bei Beginn der Erstarrung an den Formwandungen sich sofort eine feste Kruste ausbildet (Abb. 368b), so daß bei ungenügender Speisung ein Innenlunker entstehen muß (Abb. 368c), hat bei Legierungen mit größerem Erstarrungsbereich die zuerst erstarrende Randschicht anfänglich eine mehr oder weniger breiartige Beschaffenheit. Dies führt dazu, daß die Randschicht bei beginnender Lunkerbildung infolge ihrer mangelnden Festigkeit „einfällt" (Abb. 368d).

Neben diesen eingefallenen Stellen (Außenlunker), die sich verhältnismäßig einfach durch Steiger oder Abschreckschalen vermeiden lassen, treten bei Legierungen mit einem Erstarrungsintervall noch „Feinlunker" (interkristalline Lunker) auf, deren Bekämpfung eine größere Erfahrung voraussetzt. Neben der sinngemäßen Benutzung von Abschreckschalen muß vor allem der *Art der Formfüllung* große Aufmerksamkeit geschenkt werden. Die Erstarrung, besonders von dünnwandigen Gußstücken, setzt schon während der Formfüllung ein.

Voraussetzung für die Ausbildung eines möglichst von Lunkern jeder Art freien Gußgefüges ist, daß jede Stelle des Gußstückes während ihrer Erstarrung mit darüber befindlichem flüssigem Metall in Verbindung steht. Abb. 369a zeigt die übliche Form des Eingusses bei „steigendem Guß". Das flüssige Metall wird der Form an der tiefsten Stelle zugeführt und steigt allmählich durch den eigentlichen Formhohlraum in die Steiger. Bei allen sonstigen unbestrittenen Vorzügen dieses Gießverfahrens entspricht es der oben ausgesprochenen Forderung, die vom Standpunkt der Erzielung eines lunkerfreien Gußgefüges gestellt werden

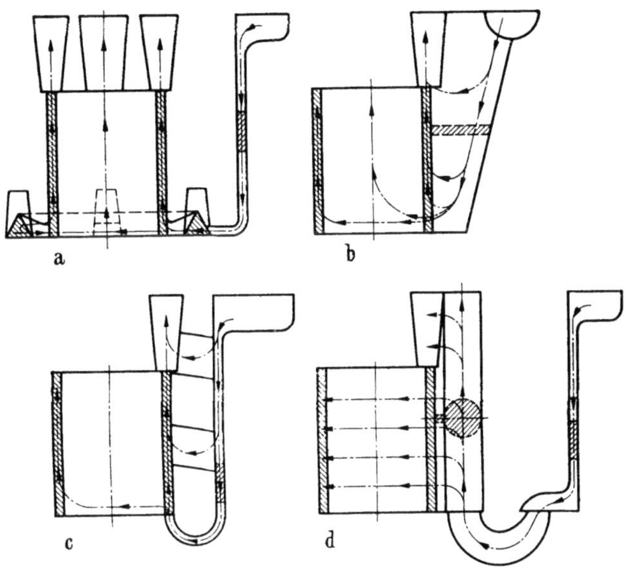

Abb. 369. Eingieß- und Durchgießverfahren.

muß, nicht. Besonders die in der Nähe der Eingüsse liegenden Querschnitte werden durch die von verhältnismäßig großen Mengen durchgeflossenen Metalles überhitzten Formwandungen am längsten warm gehalten, so daß in ihnen Feinlunker entstehen. Auch der sog. „Etagenanschnitt" (Abb. 369c) bringt keine vollkommene Abhilfe, obwohl er schon einen größeren Fortschritt darstellt und oft mit gutem Erfolg angewendet wird. Der vom Blockguß her bekannte „Schlitzanschnitt" (Abb. 369b) bewährt sich bei Sandguß nur bei dickwandigen Gußstücken, die sehr langsam gegossen werden können. Bei normalen Gießgeschwindigkeiten, wie sie bei den im Gehäuseguß meist üblichen Wandstärken notwendig sind, hat das flüssige Metall ein so starkes Bestreben, die ihm einmal erteilte Fließrichtung beizubehalten, daß doch wieder die Hauptmenge, wie im Falle 369a, durch den unteren Teil des Eingußschlitzes in die Form einströmt und daher das für die oberen Teile des Gußstückes und für die

Steiger bestimmte Metall zuerst durch die unteren Querschnitte der Form *durch*fließen muß (daher die Bezeichnung „Durchgießverfahren").

Abb. 369d zeigt ein besonders entwickeltes Gießverfahren (DRP. 623658), das zu flüssigkeitsdichten Abgüssen auch mit Legierungen mit größerem Erstarrungsbereich führt und dessen Prinzip schon durch die Bezeichnung „Eingießverfahren" angedeutet wird. Das flüssige Metall, welches durch einen normalen Einguß zuerst an die tiefste Stelle der Form gebracht wird (es handelt sich also auch hier um steigenden Guß), strömt einem „Steigkanal" zu, in welchem die Aufwärtsbewegung im wesentlichen vor sich geht. Durch einen seitlichen Schlitz kann das Metall stetig in die eigentliche Gußform *ein*fließen, so daß die darunter liegenden Querschnitte ohne jede Störung durch durchfließendes Metall bereits während der Formfüllung erstarren können und durch darüber befindliche Schmelze gespeist werden. Da sich auf diese Weise der eigentliche Einguß während des Gießens dauernd nach oben verschiebt, wird keine Stelle der Formwandung übermäßig überhitzt, so daß auch die beste Vorbedingung für die Vermeidung von Rissen gegeben ist. Die beschriebene Eingußart läßt sich natürlich nicht bei jedem Gußstück anwenden, in vielen Fällen besteht auch keine Notwendigkeit dazu. Wenn jedoch die Anwendbarkeit durch die Formgebung des Gußstückes gegeben ist, bringt die Methode große Vorteile mit sich. Bei sehr vielen Gußstücken läßt sich das Eingießverfahren in angenäherter Form verwerten, indem der Gießer gewisse Teile der Form selbst (möglichst unbeanspruchte Zonen) bei der Festlegung der Gießmethode sozusagen als Steigkanal auffaßt.

D. Die Herstellung von Sandgußstücken aus Magnesiumlegierungen.

1. Entwurf der Gußstücke.

Da Gußstücke je nach den verlangten Eigenschaften in einer Reihe von verschiedenen Magnesiumlegierungen und nach mehreren Gießverfahren hergestellt werden können, muß der Konstrukteur zuerst die richtige Auswahl unter den vorliegenden Möglichkeiten treffen. Auf die Beschreibung der Eigenschaften der einzelnen Gußlegierungen wird in anderen Beiträgen eingegangen (vgl. S. 240). Von den verschiedenen Gießmöglichkeiten gewährt das Sandgießverfahren hinsichtlich Größe und Form der herstellbaren Gußstücke den weitesten Spielraum. Es ist außerdem wegen der niedrigeren Kosten für das Holzmodell im Vergleich zu den viel teureren Metallformen, die für Kokillen- und Spritzguß notwendig sind, bei kleineren Stückzahlen den beiden letzteren Gießverfahren wirtschaftlich überlegen und bietet noch den für jeden Konstrukteur willkommenen Vorteil, daß mit nicht zu hohen Kosten noch nachträglich Modelländerungen vorgenommen werden können. Die Frage, ob allgemein ein Teil als Sand- oder als Kokillengußstück billiger herzustellen ist, kann auch bei sehr großen Stückzahlen oft nicht von vornherein zugunsten des Kokillengusses beantwortet werden, sondern setzt eine Prüfung des Einzelfalles voraus. Ebenso kann man sagen, daß auch die Überlegenheit eines der beiden Herstellungsverfahren in den Festigkeitseigenschaften je nach dem vorliegenden Gußstück verschieden sein kann. Die an sich beim Kokillenguß wegen der größeren Abkühlungsgeschwindigkeit an der Metallform erreichbaren besseren Festigkeitszahlen können nämlich in vielen Abgüssen nicht verwirklicht werden, so z. B. wenn die Kokille hoch erhitzt werden muß, um das Gußstück zum Auslaufen zu bringen oder um Risse zu vermeiden oder wenn die Formgebung des Teiles eine günstige Anordnung von Eingüssen und Steigern verhindert.

Die Forderungen eines „gießgerechten Entwurfes“[1], also die Rücksichtnahme auf eine möglichst einfache und billige Herstellung von hochwertigen Gußstücken, sind bei den Magnesiumlegierungen weitgehend die gleichen wie bei den meisten übrigen Gußlegierungen, vor allem hinsichtlich des form- und putzgerechten Entwurfes. Es sollen daher hier nur einige Konstruktionsrichtlinien gebracht werden, die sich besonders für die Magnesiumlegierungen bewährt haben. Die Mindestwanddicke beträgt für normale Sandgußstücke mittlerer Größe 4 mm, für kleine Flächen kann sie bei guter Formeinrichtung (Metallmodell) auf 3 mm herabgesetzt werden. Soweit als möglich soll man an Gußstücken große, beim Gießen waagrecht liegende Flächen vermeiden, da sie oft zu Gießschwierigkeiten führen.

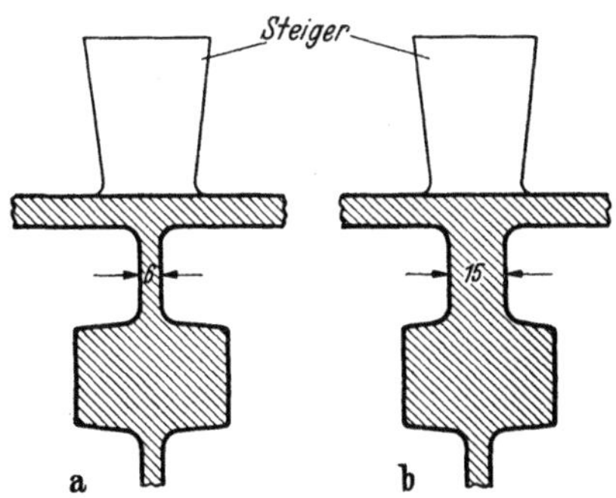

Abb. 370. Maßnahmen zur Verbesserung der Gießbarkeit von Materialanhäufungen.

Verschieden große Wanddicken in einem Gußstück und selbst erhebliche Materialanhäufungen sind, obwohl sie zur Erleichterung der Gießbarkeit nur auf die notwendigen Fälle beschränkt werden sollten, unter der Voraussetzung zulässig, daß der Gießer die Möglichkeit hat, durch Steiger und Abschreckschalen für eine Speisung der stärkeren Stellen während der Erstarrung zu sorgen (Abb. 370), und daß die verschieden starken Querschnitte allmählich ineinander übergeführt werden (Abb. 371). Bei der ungünstigen Anordnung der Abb. 370a verhindert die dünne Wand trotz des Steigers eine Speisung des darunter befindlichen

[1] SPITALER, P.: Gießerei Jg. 24 (1937) S. 389—396.

dicken Auges; die richtige Ausführung zeigt Abb. 370b. Die Halbmesser der an einspringenden Kanten stets vorzusehenden Hohlkehlen müssen je nach den vorliegenden Verhältnissen so bemessen werden, daß zwar ein allmählicher Übergang erreicht wird, jedoch keine unerwünschte Materialanhäufung entsteht (Abb. 471).

Bei einzugießenden Teilen (Ölrohren, Buchsen) aus Eisen, Kupfer, Rotguß oder anderen schwerer schmelzbaren Legierungen sorgt man durch entsprechende Formgebung (Bunde, Eindrehungen, eingefräste Nuten u. dgl.) für ihre innige mechanische Verklammerung mit der zu umgießenden Magnesiumlegierung, da eine metallische Verbindung (Verschweißen) nicht eintritt. Bei der Formgebung der umgossenen Fläche muß darauf geachtet werden, daß keine scharfen Kanten oder sonstigen Kerben im Gußstück entstehen. Die einzugießenden Metallteile müssen so angewärmt werden, daß sich während des Gießens kein Wasserdampf auf ihnen niederschlagen kann, der zu Blasen im Gußstück führen würde.

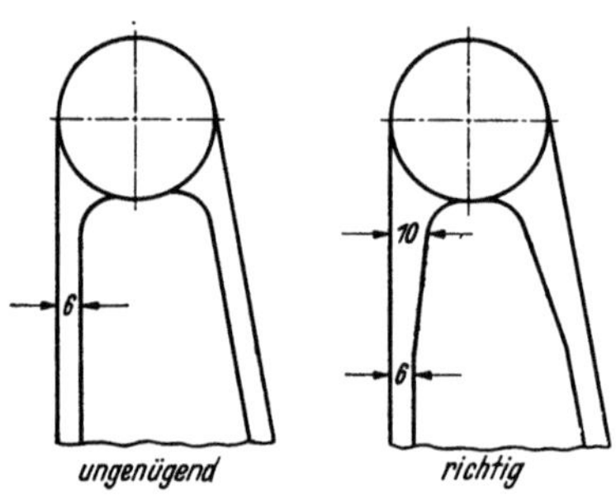

Abb. 371. Allmählicher Übergang von dünnen zu dicken Querschnitten.

Außen- und Innenflächen des Gußstückes sollen für die Putzwerkzeuge und für die Kontrolle leicht zugänglich sein. Wünsche der Gießerei nach genügend großen ebenen Flächen an bestimmten Stellen der Gußstücke (z. B. in der Nähe von Materialanhäufungen), um etwa erforderliche starke Steiger sauber und billig entfernen zu können, sollten weitgehende Berücksichtigung finden.

2. Formerei und Kernmacherei.

An den für die Herstellung von Magnesiumsandguß verwendeten Form- und Kernsand werden im wesentlichen dieselben Anforderungen gestellt wie an die gebräuchlichen Sande der Aluminiumgießerei. Es wird besonders eine möglichst gute Gasdurchlässigkeit und ein nicht zu hoher Tongehalt verlangt. In den meisten Industrieländern, wie beispielsweise in Deutschland, England, Frankreich, stehen geeignete natürliche Formsande ausreichend zur Verfügung. In den Vereinigten Staaten von Amerika ist die Entwicklung der Formsandfrage denselben Weg gegangen wie auch in der Eisen- und Aluminiumgießerei. Man gibt dort synthetischen Form- und Kernsanden den Vorzug, die aus Quarzsand und natürlichen oder künstlichen Bindemitteln (besonders Bentonite) hergestellt werden. Meistens verwendet man Quarzsand mit 4% Bentonite als Bindemittel. Synthetische Formsande sind natürlich teurer als natürliche, haben jedoch auf der anderen Seite den Vorzug, daß die Korngröße und der Tongehalt den jeweiligen Betriebsbedingungen entsprechend genau eingestellt werden können, und daß der Sand eine stets gleichbleibende Beschaffenheit aufweist, was zum Leidwesen der Gießer von vielen natürlichen Formsanden nicht behauptet werden kann. In Zahlentafel 64 sind verschiedene für die Herstellung von Magnesiumsandguß bewährte Formsande durch einige Zahlenangaben näher gekennzeichnet, die nach dem Prüfverfahren nach AULICH[1] bestimmt worden sind. Die Quarzsande Nr. 6—8 der Zahlentafel 64 eignen sich gut zur Herstellung von synthetischen Form- und Kernsanden.

Zahlentafel 64. Zahlenangaben über verschiedene Formsande.

Fortlaufende Nr.		1	2	3	4	5	6	7	8
Sandsorte		Kaiserslauterner Sand „Magere Qualität"	Hallescher Sand „Marke Abhang"	Roter Formsand	Rosenthaler Formsand	Söllinger Sand	Quarz-Sand	Quarz-Sand	Quarz-Sand
Vorkommen		Kaiserslautern	Halle	England	Süchteln Rhld.	Braunschweig	Elsterwerda	USA	England
Sand	Gewichtsprozent	91	88	92	91	84	100	100	100
Ton	Gewichtsprozent	9	12	8	9	16	—	—	—
Korngröße des Sandes in Gewichtsprozenten	> 0,3 [2]	23	2	3	1	2	9	7	17
	0,3—0,2	26	3	17	12	8	62	35	58
	0,2—0,09	35	35	56	75	56	29	55	25
	0,09—0,05	4	38	11	2	11	0	3	0
	< 0,05	3	10	5	1	7	0	0	0
Formgerechter Wassergehalt % (ungefähr)		6	10	—	8	5	—	—	—
Gasdurchlässigkeit .		60	15	—	70	50	—	—	—
Scherfestigkeit g/cm²		130	140	—	90	240	—	—	—
Beurteilung		sehr gut	Gasdurchlässigkeit schon sehr gering	gut	gut	Tongehalt schon zu hoch	gut	gut	gut

Für die *Aufbereitung des Formsandes* ist einer zentralen Sandaufbereitungsanlage unbedingt der Vorzug zu geben, um stets die notwendige gleichmäßige Sandbeschaffenheit sicherzustellen. Zumindest sollten der Modell- und der Kernsand in einer zentralen Anlage aufbereitet werden. Das heute meistens angewendete Verfahren besteht darin, daß zuerst der Altsand in einem mechanischen Sieb mit anschließendem Magnetscheider von den groben Knollen, Formstiften und sonstigen Metallstücken befreit wird. In manchen Fällen empfiehlt es

[1] AULICH: Gießerei 1936 H. 18 S. 431—437. [2] Korngröße in mm.

sich, die durch die Schutzstoffe entstehenden harten Knollen des Altsandes in Knollenbrechern zu zerkleinern. In einem Mischkollergang werden dann Altsand, Neusand und Schutzstoffe (siehe S. 327) innig miteinander vermischt, wobei jedoch ein Zermalen der Sandkörner vermieden werden soll, damit der Sand nicht zu dicht wird. Nach dem Mischen der festen Bestandteile wird der Sand durch Zugabe von Wasser — ebenfalls im Mischkollergang — auf den formgerechten Feuchtigkeitsgehalt gebracht und zuletzt in einer der bekannten Sandschleudermaschinen gut aufgelockert.

Für besonders stark von Metall überlaufene Kerne werden in ähnlicher Weise wie beim Vergießen der sonstigen Metallegierungen auch in der Magnesiumsandgießerei *synthetische Kernsande* verwendet. Man benutzt dazu Quarzsande (s. Zahlentafel 64 Nr. 6—8), die als Bindemittel, unter Umständen neben geringen Mengen eines natürliehcn Formsandes, einen Zusatz von Leinöl, Bentonite oder eines der auf dem Markt befindlichen Kernbinder (Geko, Albertus-Kernöl) erhalten. Auch Stärke, Zuckerlösung (DRP. 607523) und verschiedene andere Stoffe werden als Kernbinder empfohlen. Auch den synthetischen Kernsanden müssen die obenerwähnten Schutzstoffe (z. B. Borsäure, Schwefel) zugesetzt werden.

Die laufende *Prüfung der Form- und Kernsande* soll außer der allgemein üblichen Bestimmung der Gasdurchlässigkeit, Scherfestigkeit usw. (s. S. 337) noch die chemische Analyse des Gehaltes an Schutzstoffen (Schwefel, Borsäure) und deren Reaktionsprodukten (SO_3'', SO_4'') umfassen. Letztere machen den Sand im Laufe der Zeit immer dichter, so daß ihr Mengenanteil im Formsand durch ständigen Zusatz von Neusand unter einen bestimmten zulässigen Höchstgehalt herabgedrückt werden muß, damit die Gasdurchlässigkeit nicht zu gering wird. Der elementare Schwefel wird am einfachsten durch Extraktion einer Durchschnittsprobe von Formsand (20 g) im Soxhletapparat mit Schwefelkohlenstoff bestimmt. In der extrahierten Sandprobe kann man auf einfache Weise den gebundenen Schwefel (Reaktionsprodukt) durch Fällung als $BaSO_4$ bestimmen, nachdem man zuvor die Probe mit Bromwasser und Salzsäure oxydiert hat. Der Borsäuregehalt wird im wässerigen Auszug einer Sandprobe (50 g) titrimetrisch mit Mannit ermittelt.

Da die Formen und Kerne, besonders in der Nähe des Modells, möglichst locker gehalten werden sollen, um eine gute und gleichmäßige Gasabfuhr zu gewährleisten, sollen die Formkästen mit genügend Schoren und Sandleisten versehen sein, um auch bei lockerer Form ein Ausfallen des Kastens zu verhindern. Bei sehr dicken oder bei der Formfüllung von viel flüssigem Metall durchlaufenen Querschnitten verwendet man vorteilhaft einen besonderen Modellsand, der mehr Neusand und Schutzstoffe enthält. Die Abschreckschalen stellt man am besten aus weichem Grauguß her. Sie müssen in ihrer Oberfläche und Wanddicke je nach dem vorliegenden Einzelfall richtig bemessen werden, wobei man sich an die allgemeine Regel halten kann, daß die Abschreckschalen um so dicker sein sollen, je dicker der abzuschreckende Querschnitt des Gußstückes ist und je mehr Metall bei der Formfüllung an ihnen vorbeifließt. Damit das flüssige Metall auf den Abschreckschalen gut „ruht", sollen sie mit Löchern oder Rillen zur Entlüftung versehen und mit einer dünnen Schlichte überzogen werden. Als solche haben sich Aufschlämmungen von Talkum oder reinem Graphit in Wasser oder noch besser in Spiritus gut bewährt. In verschiedenen Gießereien werden die Abschreckschalen mit einem Überzug von feinem Quarzsand versehen, der mit Leinöl oder einem anderen geeigneten Bindemittel aufgebrannt wird. Die Abschreckschalen werden vorteilhaft unter oder neben, jedoch nicht über der abzuschreckenden Stelle des Gußstückes angebracht, um die Erstarrung von unten einzuleiten und nicht die notwendige Speisung durch das darüber befindliche flüssige Metall zu verhindern. Auf letzteren Umstand muß überhaupt bei der Anordnung und Bemessung der Abschreckschalen mit Überlegung geachtet werden, um nicht die Beseitigung eines Lunkers an *einer* Stelle durch die Entstehung eines neuen in einem benachbarten Querschnitt zu erkaufen.

Während die Formen und auch öfters die größeren Kerne grün (feucht) abgegossen oder nur vor dem Gießen mit Gasbrennern leicht abgeflammt werden, müssen die meisten Kerne in der Trockenkammer *getrocknet* werden. Es ist jedoch immer vorteilhaft, Formen und Kerne grün abzugießen, wenn es die Umstände irgend gestatten, da dadurch sowohl das äußere Aussehen der Gußstücke als auch ihr Gefüge günstig beeinflußt wird. Die Trockentemperatur und -zeit der aus natürlichem Formsand oder synthetischem Sand mit Ton als Bindemittel hergestellten Kerne richtet sich weitgehend nach ihrer Größe und den sonstigen Betriebsbedingungen. Bei größeren Kernen zieht man es oft vor, nur eine mehr oder weniger dicke Oberflächenschicht zu trocknen (backen) und die Kerne im Inneren feucht zu lassen, um ihren Widerstand bei der Schwindung der erstarrenden Gußstücke möglichst niedrig zu halten. Meistens arbeitet man mit einer Trockentemperatur von etwa 150 bis 200°. Für Ölsandkerne muß dagegen eine höhere Temperatur angewendet werden (170—250°), bis sie eine kaffeebraune Färbung erhalten; bei ungenügender Trocknung besteht die Gefahr, daß beim Gießen Gasblasen oder Stöße entstehen.

Wenn ein Abflammen der Form notwendig ist (z. B. meistens bei Verwendung von Schreckschalen oder bei dünnen vorspringenden Teilen der Sandform), soll es gleichmäßig, nicht zu stark und unter Berücksichtigung der Eigenart der einzelnen Abgüsse vorgenommen werden, so daß die Erstarrung von unten nach oben stetig fortschreiten kann, kein Formteil übermäßig erhitzt wird und die Abschreckschalen sich nicht mit Feuchtigkeit beschlagen. Nach dem Abflammen werden die offenen Formen mit Schwefel leicht bestaubt. Sobald die Form zugelegt ist, soll sie möglichst sofort abgegossen werden, damit sich die Abschreckschalen und die unter Umständen einzugießenden Metallteile nicht zu sehr abkühlen und sich kein Wasserdampf an den Formwandungen niederschlägt.

Das Gießen wurde bereits im Abschnitt B 5 (s. S. 324) behandelt. Um eine zu starke Belästigung der Arbeiter durch die nach dem Gießen ver-

Abb. 372. Teilweise über die abgegossenen Sandformen gezogene Entlüftungshauben.

dampfenden Schutzstoffe des Formsandes (hauptsächlich SO_2) zu verhindern, werden in Sandgießereien für Magnesiumlegierungen verschiedene Maßnahmen getroffen. Die Höhe der Gießereihalle soll nicht zu niedrig vorgesehen werden und eine besondere Aufmerksamkeit ist der allgemeinen Raumentlüftung zu widmen. Die Eingüsse und Steiger der Formen werden sogleich nach dem Gießen mit eisernen Platten oder trockenem Formsand bedeckt, wodurch die Entstehung von SO_2 sehr wirkungsvoll vermindert wird. In einer Gießerei hat man versuchsweise mit gutem Erfolg eine Absaugung der für kleinere Formkästen verwendeten Gießbänke durchgeführt. Nach dem Gießen werden ausschwenkbare Blechhauben über die Formen gezogen und die entstehenden SO_2- und Schwefel-Dämpfe unmittelbar an der Entstehungsstelle abgesaugt. Die Abb. 362 und 372 zeigen die Absaugvorrichtung vor und nach dem Gießen. Es empfiehlt sich außerdem, die abgegossenen Formen nicht zu früh und möglichst in der Nähe eines gut wirkenden Abzuges auszuleeren.

3. Nachbehandlung der Abgüsse.

Das Entfernen der Eingüsse und Steiger auf der Band- oder Kreissäge bzw. auf der Drehbank oder Fräsmaschine sowie das endgültige *Verputzen* der Gußstücke läßt sich infolge der leichten Bearbeitbarkeit der Magnesiumlegierungen sehr einfach durchführen. Wenn zum Gußputzen Schleifscheiben verwendet werden, so müssen die auf S. 426 erwähnten Vorsichtsmaßregeln hinsichtlich Absaugens des Schleifstaubes beachtet werden (s. a. Fußnote auf S. 325). Nach dem Putzen werden die Abgüsse grundsätzlich im Salpetersäure-Bichromat-Bad *gebeizt* (s. S. 306), um ihre Korrosionsbeständigkeit zu erhöhen. Als Beizbad verwendet man eine 20proz. Salpetersäure mit einem Zusatz von 16% Alkalibichromat. Die Gußstücke werden nach dem Beizen in kaltem Wasser gut gespült und hinterher durch kurzes Eintauchen in heißes Wasser so weit angewärmt, daß sie an der Luft schnell trocknen. Als Beizgefäße eignen sich Wannen aus säurefestem Steinzeug sehr gut. Auch mit säurefesten Steinen unter Verwendung eines gut säurefesten Kittes sachgemäß gemauerte Behälter oder geschweißte Wannen aus reinem Aluminiumblech von etwa 5 mm Wandstärke haben sich als Beizgefäße bewährt. Bearbeiteten Gußstücken, die wegen hoher Anforderungen an ihre Maßhaltigkeit nicht abgebeizt werden dürfen, kann man durch 1—2stündiges Kochen in einer 5proz. wässerigen Alkalibichromatlösung einen guten Oberflächenschutz verleihen (DRP. 493827).

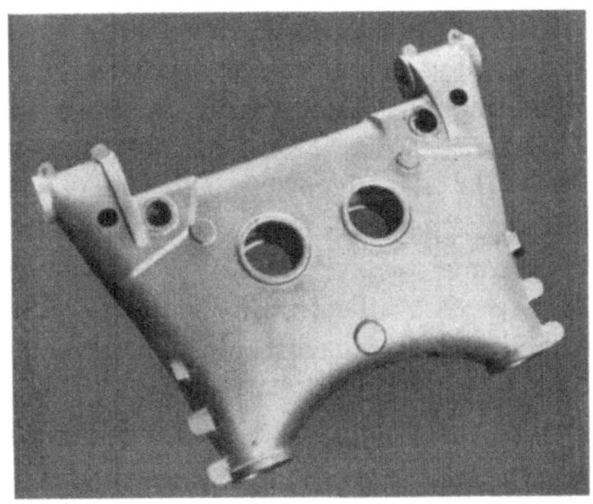

Abb. 373. Hochbeanspruchtes Sandgußstück für den Flugzeugbau. Elektron A 9 V (FlW 3507.9, warmbehandelt).

In manchen Fällen ist es wünschenswert, die bei sperrigen Gußstücken auftretenden Gußspannungen durch Ausglühen zu beseitigen. Dieses *Spannungsfreiglühen* wird am besten bei einer Temperatur von etwa 280—320° vorgenommen (etwa 2—4 Stunden), worauf man das Gußstück entweder an der Luft oder noch besser im Glühofen selbst erkalten läßt. Ein etwaiges *Richten* von verzogenen Gußstücken wird am besten bei einer Temperatur von 250—300° vorgenommen. Nach dem Richten darf das Gußstück keinen Glühbehandlungen mehr unterworfen werden, da sonst durch Rekristallisation grobes Korn entstehen kann.

Manche Magnesium-Sandgußlegierungen, wie z. B. Elektron A 9 V (FlW 3507.9), können durch eine Homogenisierungsglühung in ihren mechanischen Eigenschaften wesentlich verbessert werden, so daß sie für hochbeanspruchte Teile verwendet werden können (Abb. 373). Durch diese Glühung werden gleichzeitig auch etwa vorhandene Gußspannungen beseitigt. Die *Wärmebehandlung* wird so vorgenommen, daß die Gußstücke in einem Luftumwälzofen oder im Bichromatsalzbad 24 Stunden bei etwa 410° geglüht und hinterher an der Luft abkühlen gelassen werden[1] (DRP. 556718).

Gußfehler können durch *Aufgießschweißen* oder von geübten Schweißern auch durch *Gasschweißen* ausgebessert werden, soweit dies nach der Art des Fehlers und der Gußstücke sowie dem Verwendungszweck der letzteren zulässig erscheint. Auch die elektrische Lichtbogenschweißung scheint nach vorliegenden Versuchsergebnissen aussichtsreich zu sein. Nach der Schweißung müssen die Teile besonders sorgfältig auf etwaige Risse oder eingeschlossene Salzstellen geprüft werden. Da nicht alle Magnesiumlegierungen gegen unter Überdruck stehende Flüssigkeiten oder Gase vollkommen dicht sind, muß man, wenn die Forderung nach *Flüssigkeitsdichtheit* gestellt wird, entweder Sonderlegierungen wählen (z. B. Elektron CMSi oder AZ 31 entspr. FlW 3504.0) oder die Abgüsse nachträglich mit geeigneten Dichtungsmitteln behandeln.

4. Prüfung der Gußstücke.

Da die Magnesiumgußlegierungen immer mehr für höchst beanspruchte Werkstücke, z. B. im Flugzeugbau, verwendet werden, gewinnt die Frage der Prüfung der Abgüsse immer mehr an Bedeutung. Den besten Aufschluß über die Beschaffenheit und die Eigenschaften eines Gußstückes erhält man durch Entnahme von Prüfstäben aus dem Gußstück selbst sowie durch die Beurteilung des Bruchgefüges an allen wichtigen Stellen des Teiles. Diese Prüfmethode ist jedoch, da sie zur Zerstörung des Abgusses führt, nur bei der Entwicklung des Gießverfahrens von neuen Modellen oder für Stichproben bei der laufenden Fertigung geeignet. Als zerstörungsfreie Untersuchungsverfahren kommen außer einer gründlichen Oberflächenprüfung hauptsächlich die Röntgendurchleuchtung, das Angießen von Prüfstäben und die Ölkochprobe in Betracht. Letztere wird so durchgeführt, daß die Gußstücke kurze Zeit in heißes Maschinenöl von etwa 150° getaucht und hinterher sandgestrahlt werden. Sehr häufig zeigen sich dann Feinlunker, Risse und ähnliche Gußfehler durch Ölflecke an der Gußoberfläche. Es muß jedoch darauf hingewiesen werden, daß alle zerstörungsfreien Prüfmethoden einer Ergänzung dadurch bedürfen, daß auch in der laufenden

---

[1] SCHMIDT, W., u. P. SPITALER: Z. Metallkde. 1936 S. 220—224.

Fertigung regelmäßig Abgüsse zerbrochen und auf das Aussehen ihres Bruchgefüges nachgeprüft werden. Zu diesem Zweck wird man aus wirtschaftlichen Gründen vorteilhaft Ausschußstücke verwenden.

Bei der Aufzählung der Prüfmethoden für Gußstücke soll schließlich die laufende Beobachtung und sofortige Auswertung der bei bzw. nach der Bearbeitung der Teile aufgedeckten Gußfehler und sonstigen Beanstandungen nicht unerwähnt bleiben. Bei serienmäßigen Lieferungen sollte der Durchgang der Gußstücke durch die Werkstätten und Prüfstellen so geregelt werden, daß ein Teil der beim Verbraucher eingehenden Gußsendungen so schnell als möglich fertigbearbeitet und geprüft wird. Auf diese Weise werden Gußfehler, die bei der vorhergehenden Prüfung der rohen Gußstücke vielleicht noch übersehen worden sind, noch rechtzeitig genug aufgedeckt, um der Gießerei sofort gemeldet und dort abgestellt werden zu können.

5. Betriebszahlen.

Die Betriebszahlen, die über Magnesiumsandgießereien vorliegen, erstrecken sich bereits auf einen Zeitraum von etwa $1^1/_2$ Jahrzehnten und auf Gießereien mit den verschiedensten Betriebsbedingungen im In- und Ausland. Eine Anzahl von Gießereien haben bereits einen monatlichen Ausstoß von 50—100 t erreicht. Die Leistung je Quadratmeter Formereifläche bzw. je Formerstunde hängt naturgemäß wesentlich von der Art der herzustellenden Gußstücke und der formtechnischen Einrichtung der Gießerei ab. Als allgemeine Richtschnur kann man annehmen, daß die Stückleistungszahlen ungefähr denen einer ähnlichen Aluminiumsandgießerei entsprechen; für den gewichtsmäßigen Vergleich muß das niedrigere spezifische Gewicht des Magnesiums berücksichtigt werden.

Die meisten sonstigen Kostenposten, aus denen sich der Gestehungspreis zusammensetzt, sind ebenfalls ungefähr gleich groß wie in der Aluminiumsandgießerei, wenn die Rechnung auf gleiches Gußvolumen bzw. gleiche Stückzahlen bezogen wird. Unterschiede bestehen hauptsächlich in den Kosten für das Schmelzen, die Zusätze zum Formsand und das Beizen. In Zahlentafel 65 sind mittlere Verbrauchsziffern verschiedener Brenn-

Zahlentafel 65. Brennstoffverbrauch zum Schmelzen und Überhitzen von Magnesiumlegierungen.

Brennstoff	Mengeneinheit	WE/Mengeneinheit	Mengeneinheit/kg flüssiges Metall
Koks	kg	6900	0,30
Teeröl	kg	9500	0,30
Leuchtgas	m³	4800	0,60
Braunkohlengeneratorgas .	m³	1700	2,5

stoffe zum Schmelzen von Magnesiumlegierungen einschließlich Überhitzen in den in Sandgießereien üblichen Schmelzöfen mit eisernen Tiegeln zusammengestellt. Die Kosten für die eisernen Schmelz- und Gießtiegel und für das zum Reinigen und Abdecken der Schmelze benötigte Salz (Elrasal) betragen ungefähr je 1—2 Pfg. für 1 kg flüssiges Metall. Die Zahlentafel 66 enthält mittlere Verbrauchsziffern für Formsand und Schutzstoffe je 100 kg Fertigguß bei 2 verschiedenen Sandmischungen; die Sandmischung I enthält mehr Schwefel, die Mischung II mehr Borsäure. Die Kosten für die Beizflüssigkeit machen ungefähr 1—1,5 Pfg. je Kilogramm Fertigguß aus.

Zahlentafel 66.
Verbrauch an Formsand und Schutzstoffen in kg/100 kg Fertigguß.

	Mischung I	Mischung II
Neusand	120—200	50 —100
Schwefel	8— 15	1,5— 3
Borsäure	1— 2	2 — 4

Die gesamten Umgußkosten (auf die Volumeneinheit bezogen) liegen bei den Magnesiumlegierungen etwas höher als beim Aluminiumguß, doch wird dieser Mehrbetrag wieder ausgeglichen durch den niedrigeren Masselpreis der ersteren, so daß sich, wenn die zum Vergleich herangezogenen Aluminiumlegierungen aus Hüttenaluminium erschmolzen werden, für die fertigen Gußstücke ungefähr der gleiche Stückpreis bei beiden Leichtmetallen ergibt. Aus Schrott hergestellte Aluminiumsandgußstücke und Grauguß sind billiger als Magnesiumsandguß, doch läßt sich gegenüber Grauguß in vielen Fällen der Mehrpreis für die rohen Gußstücke durch die Ersparnisse bei der spangebenden Bearbeitung wieder wettmachen.

Technologie des Kokillengießens.

Von P. Spitaler.

A. Allgemeines.

Bei bestimmten Arten von Gußstücken bietet das Kokillengußverfahren Vorteile gegenüber anderen Herstellungsmöglichkeiten. Die Kokillengußteile weisen gegenüber Sandguß eine größere Maßhaltigkeit und Gleichmäßigkeit auf sowie eine glattere Gußoberfläche, was unter anderem den Vorteil bietet, daß die notwendigen Bearbeitungszugaben kleiner ausfallen. Infolge der nicht unerheblichen Kosten für die Herstellung der Kokillen kommt dieses Verfahren jedoch nur bei größeren Stückzahlen in Betracht. Außerdem muß bei der Untersuchung der Wirtschaftlichkeit noch die Formgebung des Gußstückes in Betracht gezogen werden, da in vielen Fällen die notwendigen Wartezeiten vor dem Öffnen der Metallform so lang sind, daß das Teil billiger als Sandgußstück herzustellen ist. Man kann im allgemeinen sagen, daß das Kokillengußverfahren meistens dann Vorteile bietet, wenn ungeteilte Eisenkerne verwendet werden können.

Wenn sich Hinterschneidungen an Gußstücken durch konstruktive Maßnahmen nicht vermeiden lassen, ist es am besten, Sandkerne in die Kokille einzusetzen oder überhaupt das Sandgußverfahren zu wählen. Geteilte Eisenkerne verursachen meistens einen so großen Zeitaufwand beim Einsetzen und Entfernen aus der Form, daß die stündliche Stückzahl in einem untragbaren Ausmaße herabgesetzt würde. Außerdem ergeben sich durch ein schlechtes Aneinanderpassen der Teilkerne häufig Absätze oder Unebenheiten an der Wandung der Gußstücke, deren Entfernung unnötige Kosten verursacht.

B. Unterschiede des Gießverfahrens gegenüber anderen Metallen.

Im allgemeinen gelten bei der Herstellung von Magnesium-Kokillenguß dieselben Erfahrungsregeln wie bei den übrigen Gußmetallen. Einige Besonderheiten werden nachfolgend im einzelnen behandelt.

1. Gießen.

Infolge der Eigenart des Salzschmelzverfahrens der Magnesiumlegierungen (s. S. 313 und folgende und S. 325) ist es nicht zulässig, das flüssige Metall unmittelbar aus dem Tiegel zu schöpfen, da sonst die Gefahr bestünde, daß Teile der Salzdecke mit in die Form gelangen, was zu späteren Salzausblühungen an den Gußstücken führen würde. Es war daher erforderlich, ein besonderes Gießverfahren zu entwickeln, bei dem das in einem üblichen Schmelzofen eingeschmolzene Metall in einen kippbaren *Warmhalteofen* eingebracht wird, in welchem es unter einer schützenden Salzdecke bei der gewünschten Gießtemperatur bereit gehalten wird (Abb. 374). Der Tiegel des Warmhalteofens hat eine besondere Form, die ungefähr durch den Abschlußdeckel der Abb. 374 an-

Abb. 374. Gasbeheizter Warmhalteofen einer Magnesiumkokillengießerei.

gedeutet wird und den Zweck hat, bei der Schrägstellung des Tiegels während des Ausgießens ein Loslösen der zusammenhängenden Salzdecke von der vorderen Tiegelwand möglichst zu vermeiden. Das Gießen aus dem Ofen erfolgt entweder mittels eines unter die Tiegelschnauze gehaltenen Gießlöffels oder unmittelbar in die Kokille, wobei man das ausfließende Metall durch leichtes Stäuben mit Schwefelpulver schützt. Aus mehreren Gründen ist es nicht zweckmäßig, den Warmhalteofen auch zum Niederschmelzen des Metalls zu benützen. Der in Abb. 374 gezeigte Ofen wird mit Gas beheizt. In letzter Zeit haben sich auch elektrische Widerstandsöfen nach anfänglichen Schwierigkeiten gut eingeführt.

2. Eingußtechnik.

Um die Entstehung von Schaumbläschen zu verhindern, muß vermieden werden, daß das Metall mit zu großer Geschwindigkeit in die

Kokille hinabstürzen kann. Der Einguß soll daher geneigt angebracht werden (Abb. 375). Der Eingußquerschnitt soll unterhalb des Eingußtümpels so schwach wie möglich gehalten werden, um letzteren während des Gießens gefüllt halten zu können und ein Mitreißen von Luft oder ein Wirbeln des Metalls im Einguß zu vermeiden.

Abb. 375. Kokillengußstück mit geneigtem Einguß.

Das ruhige Einfließen des Metalls in die Form kann man auf andere Weise auch durch Schwenken der Kokille erreichen. Abb. 376 zeigt ein Gußstück, bei dem man bei Schrägstellung der Kokille von oben in einen Steiger gießt. Während des Gießvorganges wird die Kokille allmählich aufgerichtet. Das Schwenken bietet außerdem den Vorteil, bei Gußstücken mit größeren horizontalen Flächen eine gute Formfüllung auf einfache Weise zu gewährleisten. Wenn bei Anwendung dieses Verfahrens der Einguß durch die an dieser Stelle vorbeiströmende große Metallmenge zu stark aufgeheizt wird, was zu verschiedenen Schwierigkeiten (Einreißen beim Kernzug, Lunkerbildung u. dgl.) führen kann, läßt sich durch die Verwendung kühlbarer Teilkerne Abhilfe schaffen.

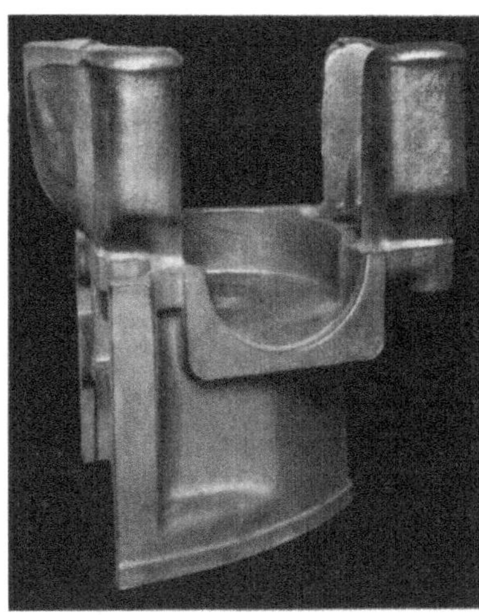

Abb. 376. Gußstück, das bei schräg gestellter Kokille von oben gegossen wird.

Bei den Magnesiumlegierungen ist es oft vorteilhaft, die Form an möglichst vielen Stellen anzuschneiden, z. B. in der Weise, daß das flüssige Metall vom unteren Ende des Eingusses durch einen meist horizontalen „Lauf" den einzelnen Anschnitten zugeführt wird. Großflächige, dünnwandige Gußteile, wie die in Abb. 377 dargestellte Bremsscheibe (3 mm Wanddicke), lassen sich bei horizontaler Anordnung nicht gießen. Das einfließende Metall strebt auseinander, so daß die Form nicht vollständig gefüllt wird bzw. Kaltschweißnähte entstehen. Kokillen für derartige Gußstücke ordnet man am besten schwenkbar an.

Der Einguß erhält vor dem Anschnitt eine Einschnürung, die unter 45° anläuft; dadurch werden scharf einspringende Kanten am Gußstück vermieden, die durch starke Überhitzung der anliegenden Formteile leicht Lunker oder Risse nach sich ziehen könnten.

3. Konstruktion der Kokillen.

Bei der Bemessung der Wandstärke und sonstigen Einzelheiten der Kokillen müssen in ähnlicher Weise wie auch bei den sonstigen Kokillengußlegierungen die thermischen Verhältnisse bei der Erstarrung berücksichtigt werden, um ein möglichst dichtes lunkerfreies Gußstück zu erzielen. Der gegenüber anderen Metallen geringere Wärmeinhalt der Magnesiumlegierungen (auf die Volumeneinheit bezogen, s. S. 328) muß dabei in Rechnung gestellt werden. So ist es z. B. meistens notwendig, die Form während des Gießens zusätzlich mit Gasbrennern zu heizen. Durch geeignete Außenform der Kokillen kann die Wärmeabfuhr wirksam vermindert werden; ebenso durch Schaffung eines Wärmestaues an bestimmten Stellen.

Abb.. 377 Dünnwandige Bremsscheibe. Kokille wird während des Gießens geschwenkt.

Um ein schnelles Arbeitstempo zu erreichen, muß beim Bau der Kokille darauf geachtet werden, daß durch entsprechende Formteilung und sonstige Maßnahmen ein schnelles und reibungsloses Öffnen und Schließen der Form beim Gießen möglich wird. Durch die Anordnung von zweckmäßigen Ausstoßvorrichtungen soll ein leichtes und frühzeitiges Entfernen der Gußstücke aus der Form gewährleistet werden, ohne sie dabei zu beschädigen. Auf reichliche Luftabfuhr ist ein besonderes Augenmerk zu lenken, um ein gutes Auslaufen der Teile zu erreichen. Wenn angängig, wird die Anordnung des Gußstückes so gewählt, daß die Haupthohlräume sich nach oben öffnen. Diese Anordnung bietet den Vorteil, daß die Steiger auf den Rand des Gußteiles verteilt werden können, wodurch eine günstige Wärmeverteilung und Speisung ermöglicht wird. Außerdem lassen sich die Kerne leicht nach oben aus der Form ziehen und die Kokille kann von unten in einfacher Weise beheizt werden.

Unter Berücksichtigung der oben angegebenen Gesichtspunkte ergibt sich häufig eine rahmenförmige Konstruktion der Kokille (Abb. 378),

Abb. 378. Rahmenförmig ausgebildete Kokille.

die gleichzeitig den thermischen Anforderungen genügt und eine gute Formsteifigkeit gegen Verziehen ergibt. Der vorspringende obere Rand hält die Flammen der Gasbrenner zurück und vermeidet dadurch eine Belästigung der Gießer. Abb. 379 zeigt eine an Bolzen befestigte Ausstoßvorrichtung, Abb. 380 eine Kokille auf einem Klappbock, der gleichzeitig die Ausstoßvorrichtung trägt.

Abb. 379. Kokille mit Ausstoßvorrichtung.

4. Beeinflussung der Erstarrungsbedingungen.

Um Lunker und Rißbildungen an einspringenden Kanten infolge örtlicher Überhitzung zu vermeiden, soll man von vornherein Hohlkehlen mit genügend großem Halbmesser vorsehen. Eine weitere Maßnahme besteht darin, daß die Kokillenschlichte an den gefährdeten Stellen entfernt wird. In den meisten Fällen führt jedoch eine Erhöhung der Arbeitstemperatur der ganzen Kokille am wirkungsvollsten zu einer Abhilfe.

Wenn starke Querschnitte nicht durch Steiger gespeist werden können, was beim Kokillengußverfahren nicht so leicht möglich ist wie bei Sandguß, erweisen sich das örtliche Kühlen von Teilkernen oder die stellenweise Entfernung der Schlichte sehr oft als gute Abhilfe gegen Lunker. Dasselbe Ziel erreicht man auch durch langsameres Gießen und niedrigere Gießtemperatur, zu welchem Zwecke man gleichzeitig die Kokillentemperatur höher hält.

Die Abb. 381 zeigt ein Lenkradkreuz mit einem sog. „Abdrehsteiger", der vor dem Öffnen der Form entfernt wird. Außerdem ist aus dem Bild

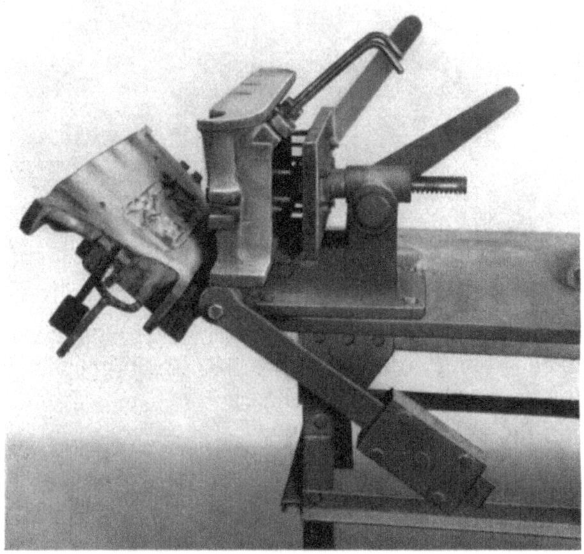

Abb. 380. Anordnung der Kokille auf einem Klappbock.

zu sehen, daß der Anschnitt der Steiger ähnlich wie bei den Eingüssen mit einem allmählichen Übergang versehen ist, um ein Einreißen am Gußstück zu vermeiden.

Wenn bei einem Kokillengußstück auch Sandkerne verwendet werden, läßt sich naturgemäß in ähnlicher Weise wie beim Sandgußverfahren eine Beeinflussung der Erstarrungsbedingungen auch durch die Anordnung von „Abschreckschalen" (Kühleisen) erreichen.

5. Kokillenschlichte.

Die Kokillen werden vor dem Gießen mit einem Schlichteüberzug versehen, damit die Gußteile gut auslaufen und ein Festhaften des Metalls an der Formwandung verhindert wird. Die Grundschlichte besteht aus einer wässerigen Aufschlämmung von Schlämmkreide mit einem Zusatz von Borsäure[1]. Sie hat eine genügende Haftfestigkeit und blättert auch dann nicht ab, wenn die Schlichte in der Nähe örtlich abgeschabt wird, um eine erhöhte Abschreckung zu bewirken. Die Schlichte soll bei einer Kokillentemperatur von etwa 250° mit einem Zerstäuber möglichst gleichmäßig aufgetragen werden. An den Stellen der Form, die dem heißen einströmenden Metall am meisten ausgesetzt sind, bringt man außerdem noch eine Deckschlichte an, die einen Zusatz von Magnesiumoxyd enthält. Die örtlich von der Schlichte befreiten Formwandungen werden mit Graphit leicht überzogen, der das Festhaften des Metalls verhindert, ohne die Abschreckung zu beeinträchtigen. Da der Schlichteüberzug beim Gießen einer dauernden Abnutzung unterliegt, wird die Form vor dem Schließen regelmäßig mit einem Borsäure-Gips-Gemisch leicht bestäubt. Bei großen Formen ist es außerdem manchmal notwendig, die Form hinterher noch mit Schwefel zu bestäuben. Es hat sich auch vielfach bewährt, auf die waagerechten Teilungsflächen der Kokille Schwefel aufzubringen; das Schwefeldioxydgas durchdringt dann während des Gießens den Innenraum der Kokille und schützt zusammen mit der Borsäure der Schlichte das einfließende Metall vor Oxydation.

Abb. 381. Lenkradkreuz mit „Abdrehsteiger".

Bei Magnesium-Kokillenguß zieht man im allgemeinen eine rauhere Schlichte vor, da diese eine bessere Wärmeisolierung bewirkt und die Entlüftung erleichtert. Die dadurch hervorgerufene etwas rauhere Oberfläche hat keinerlei nachteilige Einflüsse auf die Eigenschaften der Gußstücke. Wenn es in Einzelfällen erwünscht ist, aus rein ästhetischen Gründen eine noch glattere Oberfläche der Gußteile zu erzielen, wird die Schlichte in stärkerer Verdünnung und mit feinerer Zerstäubung aufgetragen.

[1] D.R.P. 543044.

Technologie des Spritzgießens.

Von A. BAUER.

A. Entwicklung.

Wie bei Sand- und Kokillenguß stellt auch beim Spritzgußverfahren die starke Affinität des Magnesiums zum Sauerstoff das große Problem dar. Jahre der Entwicklung sind notwendig gewesen, um die Spezialeinrichtungen zu schaffen, mit denen heute die vielen tausend Spritzgußteile hergestellt werden. Im Jahre 1925 wurden die ersten Versuche zur Herstellung von Magnesium-Spritzgußteilen auf einer Zink-Spritzgußmaschine Typ Rivo aufgenommen. Da das flüssige Magnesium im offenen Tiegel der starken Oxydation ausgesetzt war, trat eine sehr starke Verunreinigung des Metalls ein, die innerhalb kürzester Zeit die Gießeinrichtung unbrauchbar machte. Wenn auch das Ergebnis dieser ersten Spritzgußversuche ziemlich negativ war, so haben sich damals doch schon die besonderen Gesichtspunkte herausgeschält, die beim Bau von Spritzgußmaschinen beachtet werden müssen, nämlich:

Abb. 382. Eine der ersten Magnesium-Spritzgußmaschinen der Welt aus dem Jahre 1925, gebaut und aufgestellt bei Elektronmetall G. m. b. H. (heute Mahle K.-G.).

a) Vollständiger *Schutz des flüssigen Metalls* gegen den Zutritt von Luft im Schmelztiegel und Druckbehälter bis zur Einführung des Metalls in die Form, im Hinblick auf die starke Oxydation des Magnesiums.

b) *Verwendung von eisernen Gießeinrichtungen* mit Ventilen und Druckkammern im flüssigen Metall, mit Rücksicht darauf, daß Magnesium sich gegen Eisen praktisch indifferent verhält.

Nach den ersten negativen Versuchen wurden bereits im Jahre 1925 die ersten Spritzgußmaschinen von der Firma Elektronmetall G. m. b. H. (heute Mahle K.-G., Bad Cannstatt) entwickelt und gebaut, die diesen beiden Gesichtspunkten Rechnung trugen und die serienmäßige Herstellung von Magnesium-Spritzgußteilen ermöglichten. Eine der ersten dieser Spezialmaschinen zeigt die Abb. 382. Es handelt sich bei dem dargestellten System um eine handbetätigte Senkrechtmaschine, bei der das Metall mittels Druckluft in die Formen gespritzt wurde.

Jahre aber hat es noch gedauert, um die Sonderheiten dieses Metalls kennenzulernen und die an den Gießeinrichtungen auftretenden Fehler abzustellen. Über viele Neukonstruktionen hinweg und verbunden mit ganz erheblichen Entwicklungskosten sollte es erst in den Jahren 1929 und 1930 gelingen, größere Mengen Magnesium-Spritzgußteile preislich günstig zu produzieren und erst das Jahr 1932 hat durch weitere Verbesserungen an der Gießeinrichtung dem Magnesiumspritzguß eine dem Aluminiumspritzguß gleichberechtigte Stellung gebracht.

B. Die heutigen Maschinensysteme.

Aus den vielen Konstruktionen, die im Laufe der Jahre entwickelt und ausprobiert worden sind, haben sich 2 Systeme herauskristallisiert, die in den Abb. 383 und 384 schematisch dargestellt sind.

Bei der unter Abb. 383 aufgezeigten Konstruktion handelt es sich um eine Magnesium-Spritzgußmaschine nach dem sog. Einkammersystem[1]. Das Metall steht im geschlossenen Tiegel *a*, der eine erhöhte Öffnung, den sog. Einfüllschacht *b*, trägt, unter dem statischen Druck der Metallsäule *h* im Einfüllschacht. Damit ist der Zutritt von Luft zum Tiegelinhalt nicht bzw. nur an der sehr kleinen Metalloberfläche im Einfüllschacht möglich. Um auch dort die Oxydation zu vermeiden, ist der Einfüllschacht durch den Deckel *c* abgedeckt und wird nur kurze Zeit zum Nachschub von Metall geöffnet. Die beim Nachsetzen von Metall

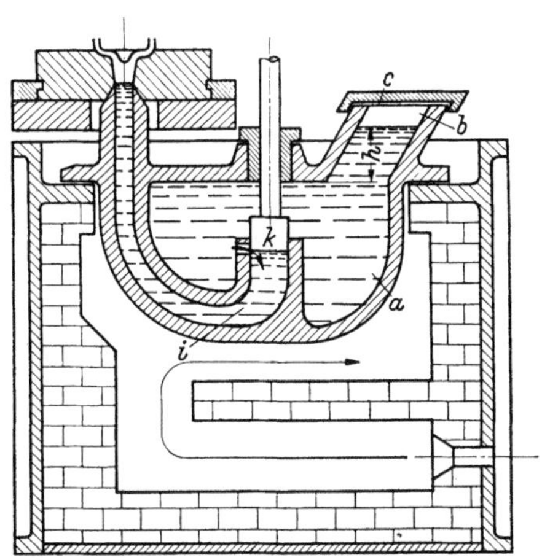

Abb. 383. Kolbengießmaschine für Magnesium, Einkammersystem, geschlossener Schmelzbehälter.

[1] DRP. 521601.

in den Einfüllschacht eintretende Frischluft wird unschädlich gemacht, indem man nach erfolgter Metallzufuhr etwas Schwefel auf das Metall gibt, der sich mit dem Sauerstoff der Luft zu SO_2 verbindet.

Das Verfahren nach Abb. 384 benutzt im Gegensatz zu der vorher geschilderten Konstruktion zwei Metallbehälter, deshalb auch Doppelkammersystem genannt. Im Tiegel *a* wird das Metall erschmolzen und über eine geheizte Röhre *b* dem Warmhaltetiegel *c* zugeführt. Das Metall im Warmhaltetiegel ist gegen den Zutritt von Frischluft durch einen Deckel *d* geschützt. Die Oxydation im Schmelztiegel *a* verhindert eine Salzdecke *e*. Der Metallspiegel im Warmhaltetiegel *c* wird durch ein von Hand betätigtes Ventil *f* in der Zuflußröhre gesteuert. Damit dieses Ventil nach vollständiger Füllung des Tiegels rechtzeitig geschlossen werden kann, ist im Deckel ein Schauloch *g* angebracht. Bei

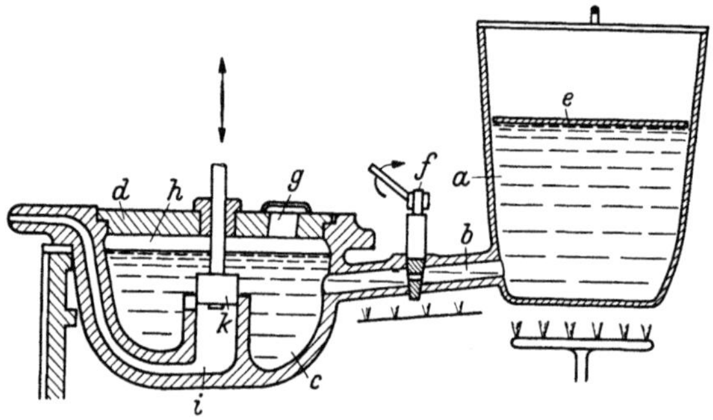

Abb. 384. Kolbengießmaschine für Magnesium, Doppelkammersystem, Warmhaltetiegel mit Schmelztiegel durch Röhre verbunden.

dieser Konstruktion müßte sich theoretisch eine Oxydation der Metalloberfläche im Warmhaltetiegel *c* einstellen; da sich aber die über dem flüssigen Metall befindliche Luft *h* nicht erneuern kann, wird sie sehr schnell sauerstoffarm, so daß die tatsächliche Oxydation des Metalls im praktischen Betrieb vernachlässigt werden kann.

Bei den in Abb. 383 und 384 dargestellten Verfahren wird das flüssige Metall mittels eines Stahlkolbens *k* über einen Druckbehälter *i* in die Form gedrückt. Der Stahlkolben wird zum Teil mechanisch, zum Teil hydraulisch betätigt. Bei diesen Spritzgußmaschinen wird das Metall mit etwa 50—100 at in die Form gespritzt. Die meisten Magnesium-Spritzgußmaschinen arbeiten nach diesem Prinzip.

Abb. 385 zeigt nun eine moderne Spritzgußmaschine liegender Bauart. Die Maschine arbeitet vollhydraulisch nach dem in Abb. 384 dargestellten System des Doppelkammertiegels.

Eine Magnesium-Spritzgußmaschine senkrechter Bauart zeigt Abb. 386. Auch diese Maschine ist voll hydraulisch, arbeitet jedoch nach dem unter Abb. 383 dargestellten Prinzip des Einkammersystems mit statischem Überdruck des Metalls im Tiegel.

Abb. 385. Magnesium-Spritzgußmaschine liegender Bauart, Doppelkammersystem, nach Abb. 384, mit Kolbendruck, Konstruktion Müller, Eßlingen.

Die Abb. 387 zeigt im Gegensatz zu den vorhergegangenen eine Magnesium-Spritzgußmaschine, bei der das Metall mit Preßluft von 40—80 atü in die Form gespritzt wird (also nicht mit einem Metallkolben). Trotzdem die Preßluft als Druckmittel theoretisch eine Oxydation der Metalloberfläche im Druckbehälter ergibt, ist diese im praktischen Betriebe kaum festzustellen, da auch hier bei kontinuierlichem Betrieb die über der Metallsäule lagernde Luft (auch dann, wenn sie drucklos ist) arm an Sauerstoff wird und so innerhalb kurzer Zeit ein Gasgemisch darstellt, das sich gegen geschmolzenes Magnesium indifferent verhält. Diese Konstruktion wird mit Rücksicht darauf erwähnt, daß heute noch Magnesium-Spritzgußmaschinen nach dem Preßluftsystem in Betrieb sind und zu voller Zufriedenheit arbeiten.

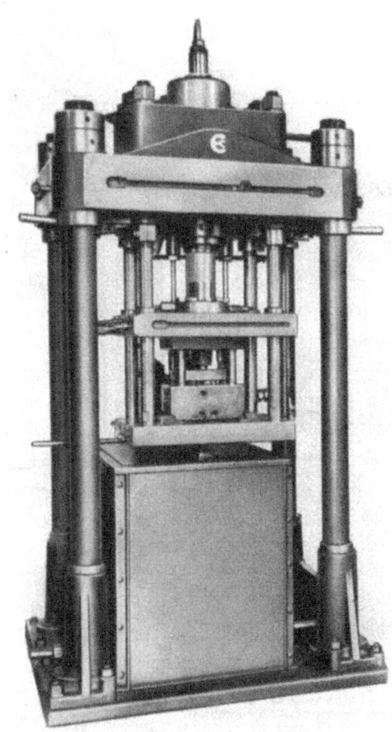

Abb. 386. Magnesium-Spritzgußmaschine, stehender Bauart, Einkammersystem nach Abb. 383, mit Kolbendruck.

Neben diesen Spezialkonstruktionen mit warmer Druckkammer haben im Laufe der letzten Jahre

Abb. 387. Magnesium-Spritzgußmaschine, stehender Bauart, für Teile bis 2,5 kg, Einkammersystem aber mit Preßluft von 40—80 atü.

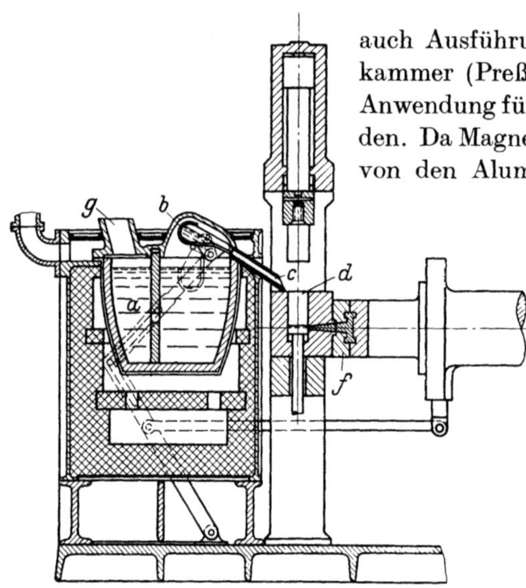

Abb. 388. Preßgußmaschine für Magnesium, Polak-System mit automatischer Schöpfvorrichtung, Tiegel abgeschlossen durch Deckel.

auch Ausführungsformen mit kalter Druckkammer (Preßgußmaschinen) eine steigende Anwendung für Magnesiumlegierungen gefunden. Da Magnesium-Spritzgußmaschinen sich von den Aluminium-Spritz- und -Preßgußmaschinen nur durch ihre Gießeinrichtung unterscheiden, liegt es auf der Hand, daß sich alle diejenigen Aluminiummaschinen für die Herstellung von Magnesiumspritzguß gut eignen, bei denen das flüssige Metall ganz oder zum Teil gegen den Zutritt von Luft bzw. Sauerstoff geschützt werden kann. Eine solche Umkonstruktion zeigt die Abb. 388. Bei dieser Konstruktion wird das Metall mit einer Schöpfvorrichtung *b* über eine heizbare Rinne *c* zur Druckbüchse *d* geleitet und dann mit dem Preßkolben in die Form *f* geschlagen. Der Tiegel *a* ist durch den Deckel *g* gegen den Zutritt frischer Luft abgeschlossen. Zur Vermeidung einer Oxydation liegt auf dem Metallspiegel unter leichtem Überdruck ein neutrales Gas (z. B. SO_2). Bei der dargestellten Konstruktion handelt es sich um eine Preßgußmaschine, die nach dem System POLAK arbeitet[1]. In ähnlicher Ausführung finden noch mehrere andere Konstruktionen mit kalter Druckkammer Verwendung.

Es ist heute noch nicht zu übersehen, welches von den geschilderten Systemen die für Magnesium bestgeeignete Konstruktion darstellt. Die

Zahlentafel 67. Vorzüge und Nachteile der derzeitigen Maschinensysteme.

Abb.Nr.	Maschinensystem	Vorteile	Nachteile
383 u. **386**	Einkammersystem Kolbenmaschine	1. Metall gegen Oxydation geschützt 2. Autom. Metalleinführung	1. Kolbenstörungen durch Verschleiß oder Festklemmen 2. Teure Tiegel u. Gießbehälter 3. Schlechte Reinigung
384 u. **385**	Doppelkammersystem Kolbenmaschine	1. Metall gegen Oxydation geschützt 2. Halbautom. Metalleinführung	1. Kolbenstörungen durch Verschleiß oder Festklemmen 2. Teure Gießeinrichtung 3. Schlechte Reinigung
386	Einkammersystem Preßluftmaschine	1. Metall gegen Oxydation geschützt 2. Autom. Metalleinführung	1. Abdichten der Ventilsitze im Metall schwierig 2. Austreten von Druckluft aus Gießbehältern im Tiegel gefährlich 3. Schlechte Reinigung
387	Preßgußmaschine Umkonstruktion	1. Kalte Druckkammer und damit wenig Störungen am Kolben 2. Billige einfache Gießeinrichtung 3. Einfache Reinigung	1. Keine autom. Metalleinführung, Schöpfvorgang meist von Hand 2. Kein absoluter Schutz gegen Oxydation, weil Schöpfstelle nie ganz gegen Luft abgeschlossen werden kann

[1] Unterschied zwischen Spritz- und Preßguß siehe AWF-Buch „Der Spritzguß", S. 7.

besonders ins Auge fallenden Vorzüge und Nachteile der erwähnten Konstruktionen sind aus der Zahlentafel 67 ersichtlich. Wägt man die Vorzüge und Nachteile der einzelnen Systeme gegeneinander ab, so kommt man zu dem Schluß, daß es wahrscheinlich einfacher ist, bei den beiden erstgenannten Systemen die Kolbenstörungen durch entsprechende Konstruktion oder durch Verwendung verschleißfesterer Materialien zu beheben, als die den übrigen Konstruktionen anhaftenden prinzipiellen Mängel auszuschalten. Die Entwicklung neuer Spritzgußmaschinen dürfte deshalb wohl in der Verwertung der beiden Kolbensysteme liegen.

C. Wirtschaftlichkeit.

Das Spritzgießverfahren ist ein ausgesprochenes Großserienverfahren. Die hohen Werkzeugkosten ergeben eine wirtschaftliche Fertigung erst von einer bestimmten Stückzahl ab. Diese Stückzahl ist abhängig von der gegenüber Sand- oder Kokillenguß sich ergebenden Einsparung an Gewicht und an Bearbeitungskosten. Die unterste Grenze der Wirtschaftlichkeit liegt meist bei Mengen von 1000 bis 2000 Stück. Bei besonders ausgefallenen Teilen, z. B. bei dünnwandigen, sperrigen Gußstücken, die sich in Sandguß nicht so dünnwandig herstellen lassen und dazu noch schwer zu bearbeiten sind, kann sich eine Preiswürdigkeit bereits bei Mengen von 500 Stück an ergeben (Abb. 389). Die Grenzstückzahl der Wirtschaftlichkeit für ein bestimmtes Gußstück kann jedoch nur durch eine direkte Vergleichsrechnung bestimmt werden.

Abb. 389. Gehäuse, rechts aus Sandguß, links aus Spritzguß. Umstellung auf Spritzguß schon bei 400 Stück wirtschaftlich, da Sandguß roh doppelt so schwer als Spritzguß und Bearbeitung teurer.

Bei großen Mengen, deren Stückzahlen nicht oder kaum mehr aus einem Einfachwerkzeug hergestellt werden können, fertigt man sog. Mehrfachformen an. Bevorzugt werden Zweifachwerkzeuge. Es gibt aber auch, wie Abb. 390 zeigt, Mehrfachwerkzeuge für zehn und mehr Teile.

D. Die Spritzgußformen.

Die Spritzgußformen für Magnesium unterscheiden sich in nichts von denjenigen für Aluminium. Eine Aluminium-Spritzgußform kann

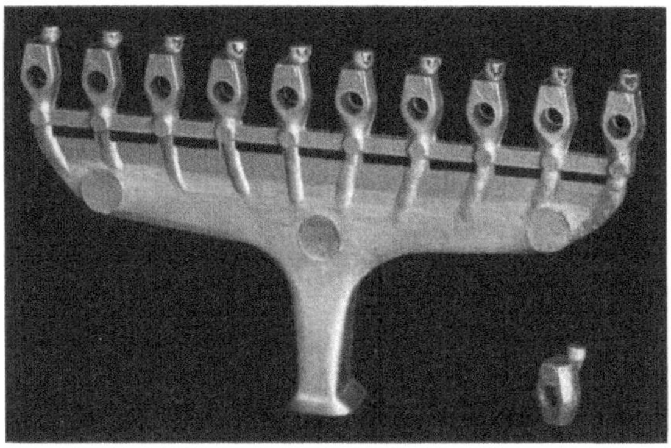

Abb. 390. Abguß aus Mehrfachwerkzeug: 10 gleiche Teile in einer Form, ergibt günstiges Verhältnis zwischen Ausstoß- und Fertiggewicht, niedriger Stückpreis bei großen Serien.

deshalb ohne weiteres für die Anfertigung von Magnesium-Spritzgußteilen verwendet werden, vorausgesetzt, daß der Aufspannmechanismus auf der Magnesium-Spritzgußmaschine untergebracht und angeschlossen

Abb. 391. Große Spritzgußform mit seitlichen Kernzügen, Gewicht der Form etwa 1,3 t.

werden kann. Abb. 391 zeigt eine Spritzgußform für ein großes Magnesium-Spritzgußteil.

Für die mit flüssigem Metall in Verbindung kommenden Teile wird hochwertiger Chrom-Wolfram-Stahl verwendet, der je nach der verlangten Ausbringzahl etwa folgende Zusammensetzung hat:

	a) Für Mengen bis max. 10000 Stück: in %	b) Für Mengen bis 50000 und mehr: in %
Wolfram	3—4	8—10%
Chrom	1,5—3	2,4—4
Kohlenstoff	0,28—0,4	0,28—0,4
Mangan	bis 0,2	bis 0,2
Silizium	„ 0,3	„ 0,3
Vanadium	0,0	„ 0,5
Molybdän	0,0	„ 0,5
Verunreinigung an Schwefel	0,0	0,0
Phosphor	0,0	0,0

Für die Güte und Haltbarkeit des Stahles entscheidend ist, daß die Verunreinigungen an Schwefel und Phosphor gering sind und außerdem

Abb. 392. Spritzgußform für Flügelräder von Staubsaugern, hat über 500000 Abgüsse ausgehalten.

der Kohlenstoffgehalt in Grenzen unter 0,4% bleibt. Der Formenstahl wird in den meisten Fällen gehärtet auf 38—42° Rockwell. Die Härtung erfolgt nicht nur, um die Widerstandsfähigkeit gegen das flüssige Metall zu erhöhen, sondern den Verschleiß der gleitenden Formteile kleiner zu halten.

Die Lebensdauer der Spritzgußformen ist bei Magnesiumlegierungen größer als bei den Aluminium-Spritzgußlegierungen, da ein Angriff durch das flüssige Metall nicht stattfindet und die Wärmebeanspruchung viel kleiner ist als bei Aluminium Dementsprechend konnte auch in der Praxis festgestellt werden, daß die Ausbringzahl bei Magnesiumspritzguß um rund 50—60% höher liegt als bei Aluminium.

Die Ausbringzahlen liegen deshalb zwischen 40000 und 100000 Schuß, je nach Gestalt und Wandstärke eines Teiles. Sie sind dabei im besonderen abhängig von der Genauigkeit, die man vom Spritzgußteil erwartet, denn wenn auch Magnesium den Stahl chemisch nicht angreift, so findet doch durch den raschen Durchfluß des Metalls und auch durch das von Zeit zu Zeit notwendig werdende Auspolieren der Fasson ein normaler Verschleiß des Stahles und damit ein Nachlassen der Genauigkeit statt. Liegt nun die durch diese normale Abnutzung bedingte Maßveränderung noch innerhalb der Herstellungsgenauigkeit des Spritzgußteiles und werden die auftretenden kleinen Risse im Stahl nicht als störend empfunden, dann kann die Spritzgußform für die Produktion noch weiter verwendet werden. Wird jedoch die Herstellungsgenauigkeit nicht mehr erreicht, dann ist dadurch der Verwendungsmöglichkeit des Werkzeuges eine Grenze gesetzt. Deshalb ergeben *große Toleranzen eine lange Lebensdauer, enge Toleranzen eine kurze Lebensdauer der Form.* In solchen Fällen bei nichtübertriebener Herstellungsgenauigkeit kann die Ausbringzahl die beachtliche Menge von 500000 Stück annehmen. Die Abb. 392 zeigt eine solche Form, die eine halbe Million brauchbarer Abgüsse hergab.

E. Die Legierungen und ihre physikalischen Daten.

Als Spritzgußlegierungen haben sich besonders die der Gattung SgMgAlZn des Normalblattes DIN 1744 herausgebildet, die sich durch ihre gute Fließbarkeit und ihr Formfüllvermögen für die Verarbeitung im Spritzgußverfahren besonders eignen.

An gesondert gegossenen Probestäben werden etwa 18—20 kg/mm^2 Zugfestigkeit, 1—2% Dehnung und eine Brinellhärte von 60—70 erreicht. Im Vergleich zu Sand- und Kokillenguß liegen die Werte für die Brinellhärte etwas höher; dafür sind die gespritzten Teile spröder und ihre Dehnung ist, bedingt durch die hier vorliegenden besonderen Verhältnisse, entsprechend kleiner. Magnesiumspritzguß läßt sich deshalb nicht, oder nur in ganz beschränktem Maße, plastisch verformen. Ein Bördeln und Nieten, wie es bei Zinkspritzguß gern angewandt wird, sollte bei Magnesiumspritzguß unter allen Umständen vermieden werden.

F. Größe und Gewicht von Magnesium-Spritzgußteilen.

Auf Magnesium-Spritzgußmaschinen können Teile mit einem *Gesamtgewicht von 0,5 g bis 2,5 kg*, auf *Preßgußmaschinen* bis zu *6 kg* hergestellt werden. Die größten Magnesium-Spritzgußteile lassen sich begrenzen in den Massen

900 mm Länge,
800 ,, Breite,
300 ,, Höhe,

wobei aber zu beachten ist, daß Länge × Breite das Größtmaß von 2400 cm^2 Fläche nicht überschreiten darf.

Das größte Gewicht und die größten Abmessungen werden nicht etwa bestimmt durch unüberbrückbare technische Schwierigkeiten, sondern lediglich dadurch, daß es zur Zeit noch keine größeren Spritzgußmaschinen gibt. Die Entwicklung wird deshalb auch in bezug auf die Größe der Spritzgußteile in den nächsten Jahren Fortschritte bringen.

G. Wandstärken.

Die untersten Grenzen der einhaltbaren Wandstärken lassen sich angeben mit:

0,8—1,3 mm	bei	kleineren	Teilen	unter	25 cm²	Oberfläche
1 —1,8	„	„ mittleren	„	„	150 „	„
1,5—2,5	„	„ größeren	„	„	450 „	„
2 —3	„	„ großen	„	„	450 „	„

Diese Werte, auf Grund ausgedehnter Untersuchungen zusammengestellt, sind nur Richtwerte, da die unterste Wandstärke nicht nur von der Größe des Teiles, sondern in erster Linie von seiner Gestalt und von der Möglichkeit der Unterbringung eines günstigen Angusses abhängig ist.

H. Herstellungsgenauigkeit.

Je höher die Spritztemperatur des Metalles, um so größer das Spiel zwischen den einzelnen Formteilen und um so geringer die Herstellungsgenauigkeit. Magnesiumspritzguß kann deshalb nicht so genau hergestellt werden wie der bei niedrigerer Temperatur verarbeitete Zinkspritzguß. Magnesiumspritzguß liegt aber in seiner Herstellungsgenauigkeit immer noch günstiger als Aluminium, da er diesem gegenüber den großen Vorzug hat, daß Magnesium die Spritzgußformen chemisch nicht angreift.

Zahlentafel 68.
Herstellungsgenauigkeit von Magnesium-Spritzgußteilen.

1	Maße von starr verbundenen Formteilen begrenzt	±0,08%
	jedoch nicht kleiner als	±0,03 mm
2	Maße von beweglichen Formteilen begrenzt	±0,12%
	jedoch nicht kleiner als	±0,06 mm
3	Maße von beiden Formhälften begrenzt	±0,15%
	jedoch nicht kleiner als	±0,08 mm
4	Maße für Bohrungen und Schlitze	±0,06%
	jedoch nicht kleiner als	±0,02 mm

Die Zahlentafel 68 und Abb. 393 zeigen die bei Magnesiumspritzguß unter günstigsten Verhältnissen einhaltbaren Toleranzen. Diese sind in erster Linie abhängig von der Genauigkeit, die man der Gravur der Spritzgußform geben kann. Es ist dabei zu beachten, daß bestimmte Fassonen sich oft nur durch zeitraubende und mühselige Handarbeit auf die vorgeschriebene Genauigkeit in die Form einarbeiten lassen, und daß bei Entnahme großer Mengen die Genauigkeit der Spritzgußform durch den normalen Verschleiß nachläßt. Da sich außerdem die Schrumpfungsverhältnisse nicht mit genügender Sicherheit im voraus bestimmen lassen, ist die Einhaltung sehr enger Toleranzen meist nur durch mehrmaliges Nacharbeiten der Fasson zu erreichen. Enge Toleranzen am Spritzgußteil ergeben deshalb immer eine Verteuerung der Herstellungskosten und eine Verminderung der Lebensdauer einer Spritzgußform. Sie sollten deshalb nur dort verlangt werden, wo sie unbedingt notwendig sind (s. S. 361).

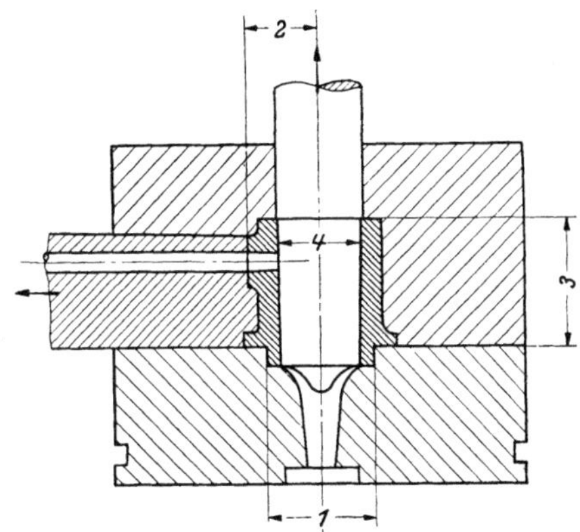

Abb. 393. Maße 1—4 für Zahlentafel 2.

I. Konstruktionsregeln.

1. Allgemeines.

Für Spritzguß gelten die für Sand- und Kokillenguß bekannten allgemeinen Konstruktionsregeln ebenfalls (s. Beitrag von E. J. de Ridder, „Konstruktionsrichtlinien, ...). Schroffe Querschnittsveränderungen und scharfe Kanten sind zu vermeiden. Materialanhäufungen und starke Wandungen (über 7 mm) sind ungünstig, da die Gefahr der Lunkerbildung besteht. Versteifung und Verstärkung der Spritzgußteile wird deshalb vorteilhafter durch zweckmäßiges Anbringen von Rippen bei Einhaltung möglichst gleichmäßiger Wandstärken und durch große Verrundungen erreicht.

2. Hinterschneidungen.

Wegen des hohen Spritzdruckes müssen alle die Fasson des Gußstückes bildenden Formteile aus Stahl angefertigt werden. Die Verwendung von Kernen oder Einlagen aus Sand ist unmöglich. Das Gußstück ist deshalb so zu gestalten, daß es nach dem Öffnen der Form herausgestoßen werden kann. Kerne für Bohrungen müssen sich in der einen oder anderen Richtung ziehen lassen und dürfen in der Zugrichtung nicht verjüngt werden. In sich geschlossene Hohlräume können überhaupt nicht, Hinterschneidungen nur durch Unterteilung der Kerne gebildet werden. Da

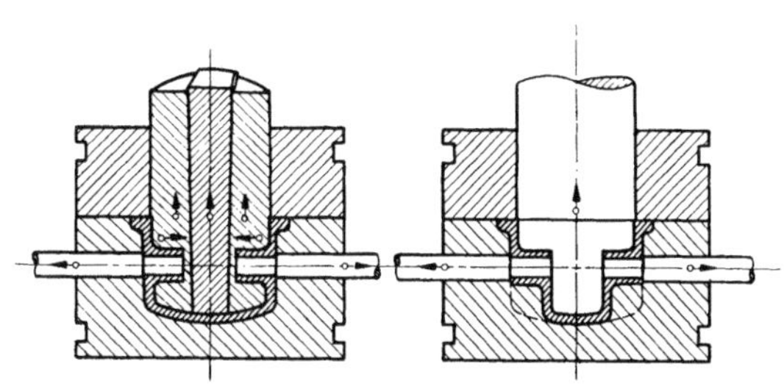
Abb. 394. Lagerschild mit Hinterschneidungen und geteilten Kernen. Das rechte Bild zeigt die für Spritzguß günstige Umkonstruktion auf einen Mittelkern.

durch die Unterteilung der Kerne das Gießtempo sehr ungünstig beeinflußt wird, sollten Hinterschneidungen nach Möglichkeit vermieden werden. Abb. 394 stellt ein Lagerschild dar, beidem die inneren Augen eine Hinterschneidung zeigen und durch einen dreifach geteilten Kern gebildet werden müssen. Besser und viel billiger ist die für Spritzguß umkonstruierte Ausführung rechts, bei der die innere Partie durch einen einzigen Kern gebildet werden kann.

3. Einspritzbare Bohrungen.

Alle Magnesiumlegierungen haben die angenehme Eigenschaft, daß sie lange nicht so stark auf die Schrumpfflächen aufkleben als Aluminiumlegierungen. Deshalb können Bohrungen bei Magnesiumspritzguß in ihren Tiefen größer und in ihrem Durchmesser kleiner eingespritzt werden als bei Aluminiumspritzguß. Der kleinste Durchmesser beträgt 2,0 mm, die größte Tiefe bei Sackloch $5 \times \varnothing$, die größte Tiefe bei Durchgangsloch $10 \times \varnothing$.

Bei Gußstücken mit großen Flächen oder mit weit auseinanderliegenden Bohrungen können diese nur eingespritzt werden, wenn die Kerne stark genug sind, um die Schrumpfkräfte aufzunehmen.

4. Der Anzug der Magnesium-Spritzgußteile.

Die Schrumpfkräfte, die beim Erstarrungsprozeß frei werden, machen einen gewissen Anzug auf allen den Flächen notwendig, auf die das Material aufschrumpft. Außenflächen, von denen das Material wegschrumpft, brauchen theoretisch keinen Anzug zu erhalten. Trotzdem ist es ratsam, auch den Außenflächen einen kleinen Anzug zu geben, damit das Gußstück sich leichter aus der Form nehmen läßt.

Der Mindestanzug bei Magnesium-Spritzgußteilen beträgt:

bei Außenflächen, von denen das Material wegschrumpft, 0—0,4%,
bei Kernflächen, auf die das Material aufschrumpft, 0,3—0,8%.

Der notwendige Anzug ist abhängig von:

a) der Größe der aufschrumpfenden Fläche,
b) der Verteilung der Schrumpfkräfte,
c) der Wandstärke.

5. Gewinde.

Gewinde können ebenso gut bzw. ebenso schlecht eingegossen werden wie bei Aluminiumspritzguß.

Außengewinde, deren Achse längs der Teilungsebene liegt, lassen sich noch am günstigsten einspritzen (Abb. 395a). Durch nicht einwandfreien Formschluß und durch Versetzung der beiden Formhälften zueinander können Ungenauigkeiten entstehen, die sich durch eine Gratbildung längs der Teilebene, durch Versetzung der Gewindegänge und durch Unrundheit des Gewindes bemerkbar machen. Bei Feingewinden werden außerdem die spitzen Gewindegänge durch das flüssige Metall sehr stark in Mitleidenschaft gezogen. Außengewinde, die in der Teilungsebene liegen, werden deshalb nur bei großer Steigung und Grobtoleranz fertig eingespritzt. Das Vorspritzen solcher Gewinde mit einer Bearbeitungszugabe von 0,3—0,5 mm in den Flanken wird bevorzugt, da durch das Nachschneiden die oben angeführten Ungenauigkeiten sich beheben und ein vorgespritztes Gewinde wegen des samtartig feinen Gefüges an der Außenzone eine erheblich höhere Beanspruchung verträgt als Gewinde, die ins Volle geschnitten werden (Lunkergefahr). Das Vor- oder Fertigspritzen von Gewinden mit Längsnaht kann erfolgen von 12 mm ⌀ an aufwärts.

Bei Außengewinden, deren Achse senkrecht zur Teilungsebene liegt und bei Innengewinden muß entweder das Spritzgußteil oder aber ein runder Formstempel (Abb. 395b—d) in der Steigung des Gewindes herausgedreht werden. Da durch diesen Vorgang das Gießtempo sehr ungünstig beeinflußt wird, ist bei derartigen Gewinden das nachträgliche Einschneiden immer billiger. Gewinde mit grober Steigung (von 4—5 mm an) werden jedoch trotz der ungünstigen Fabrikation eingespritzt, im Hinblick auf die große Lunkergefahr, die beim Einschneiden *ins Volle* besteht. Die auf diese Weise vorgespritzten Gewinde sind in ihrer Achsrichtung konisch, müssen also nachgeschnitten werden, wenn die Gewindepassung eine Konizität nicht zuläßt.

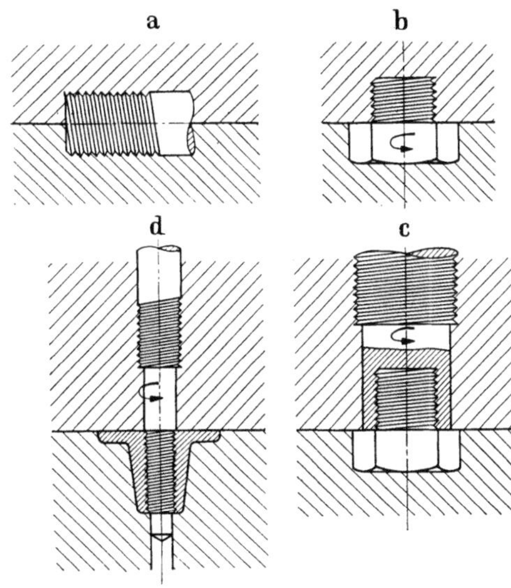

Abb. 395. Einspritzbare Gewinde.

6. Einlagen-Einspritzteile.

Zur Erhöhung der mechanischen oder auch zur Änderung der elektrischen Eigenschaften können in die Spritzgußteile Einlagen, auch Einspritzteile genannt, eingegossen werden. Die Einlagen müssen so ausgebildet sein, daß das Material des Spritzgußteiles auf die Einlagen fest aufschrumpft, daß sie sich leicht in das Werkzeug einlegen lassen, und daß sie bei geschlossener Form von den Formteilen allseitig so geführt und gehalten werden, daß sie unter dem Druck des eintretenden

Metalles ihre Lage nicht verändern. Die Haltbarkeit der Einlagen wird gewährleistet durch die Schwindung des umgebenden Metalles, sie wird erhöht durch Rillen, Rändel, Anfräsungen an Büchsen und Bolzen. Abb. 396 zeigt eine Riemenscheibe aus Magnesium mit Keilriemenlaufbahn aus Stahl. Die eingegossenen Stahlbleche sind gelocht. Abb. 397 zeigt 2 Magnesium-Spritzgußteile mit Einlagen. Während beim rechts dargestellten Gehäuse nur 2 Büchsen zur Aufnahme eines Gewindes eingespritzt werden, zeigt das links dargestellte Polgehäuse einen eingespritzten,

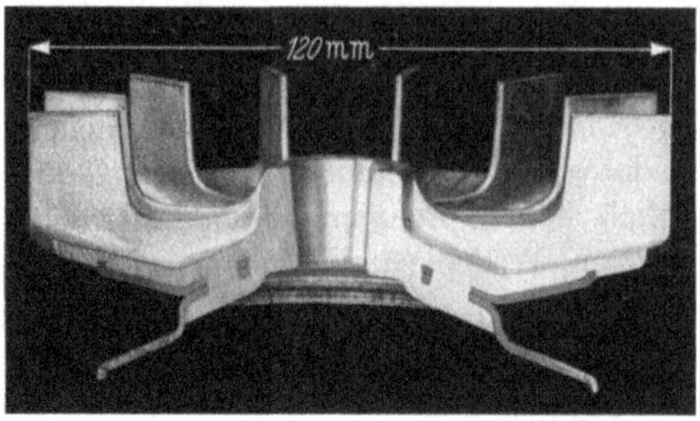

Abb. 396. Riemenscheibe mit eingespritzter Stahlriemenlaufbahn.

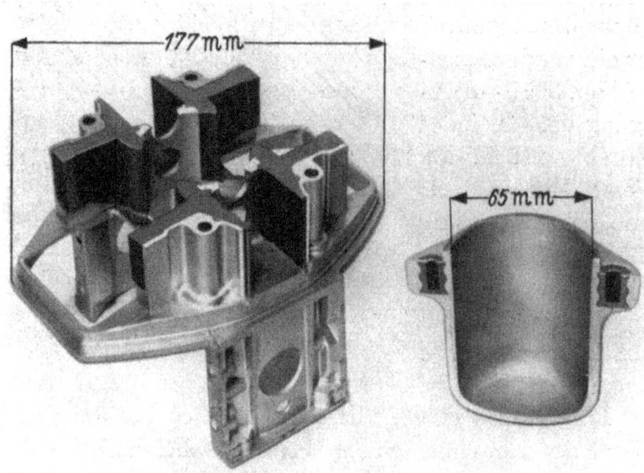

Abb. 397. Polgehäuse mit eingespritztem Polschuh und Ölfiltergehäuse mit eingespritzten Gewindebüchsen.

sehr komplizierten Polschuh. Der Polschuh ist allseitig mit 2 mm starkem Magnesium umgeben. Das Teil wird mit 10 Kernzügen gebildet.

J. Oberfläche von Spritzgußteilen.

Die Oberfläche von Magnesium-Spritzgußteilen ist außerordentlich glatt und beinahe ohne Fließfiguren herstellbar. Nur bei besonders schwierigen Gußstücken treten die bei Zink- und Aluminiumspritzguß allgemein bekannten Fließlinien und Schlieren ebenfalls auf. Verunreinigungen, wie z. B. bei Sandgußteilen durch anhaftende Sandreste, weisen

Magnesium-Spritzgußteile nicht auf. Über die Oberflächenbehandlung zur Verbesserung der Korrosionsbeständigkeit von Spritzgußteilen siehe S. 306.

K. Verwendungsgebiete.

1. Auto- und Motorradindustrie.

Geringes Gewicht, ausgezeichnete Laufeigenschaften, große Stückzahlen und für verschiedene Typen gleichbleibende Gußteile haben die Auto- und Motorradindustrie schon in den Jahren 1928—1930 veranlaßt, Magnesium-Spritzgußteile einzubauen. Heute ist die Verwendung von Magnesiumspritzguß in diesem Industriezweig außerordentlich

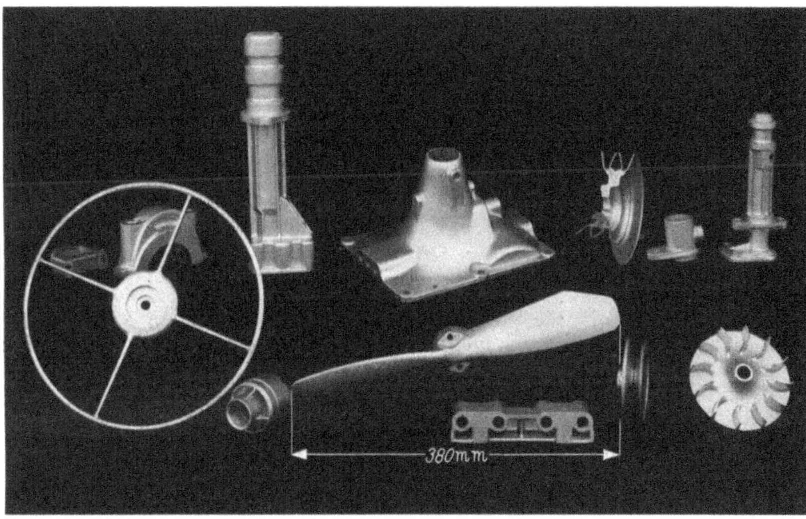

Abb. 398. Verschiedene Teile aus der Automobilindustrie. Von links oben: Lenkungshaltergehäuse, Kurbelwellenlagerdeckel, Ölpumpengehäuse, Getriebegehäusedeckel, Doppelriemenscheibe mit Stahlblecheinlagen, Lagerbock zum Zündverteiler, Ölpumpengehäuse, Kontaktring, Steuerwellenlager, Windflügel, Stößelführung, Riemenscheibe, Flügelrad.

groß und es gibt nahezu keinen Personenkraftwagen mehr, der nicht einige Magnesium-Spritzgußteile aufweist. Dies beweist auch die Vielzahl der Teile, die im nachfolgenden aufgeführt sind (s. auch Abb. 398):

Ölpumpengehäuse und Deckel, Ölpumpendeckel, Getriebegehäusedeckel, Ölfiltergehäuse, Ölkontrollstutzen, Getriebeteile und Gehäuse, Lagerböcke für Zündverteiler, Kurbelgehäuse und Kurbelwellenlagerdeckel, Instrumentengehäuse, Halter für Kurbelwellenlagerdeckel, Überströmkanaldeckel, Räderkastendeckel, Lagerböcke für Anlasser und Zündverteiler, Steuerwellenlager, Stößelführungen, Flügelräder, Windflügel, Dichtungs- und Kontaktringe, Riemenscheiben, Halter für Scheinwerfer, Stop- und Schlußlicht.

2. Flugzeugindustrie.

Bei solchen Teilen, die pro Maschine mehrere Male benötigt werden, lohnt sich auch im Flugzeugbau die Anfertigung der Werkzeuge. Vorzugsweise werden aber nur solche Teile in Magnesiumspritzguß aus-

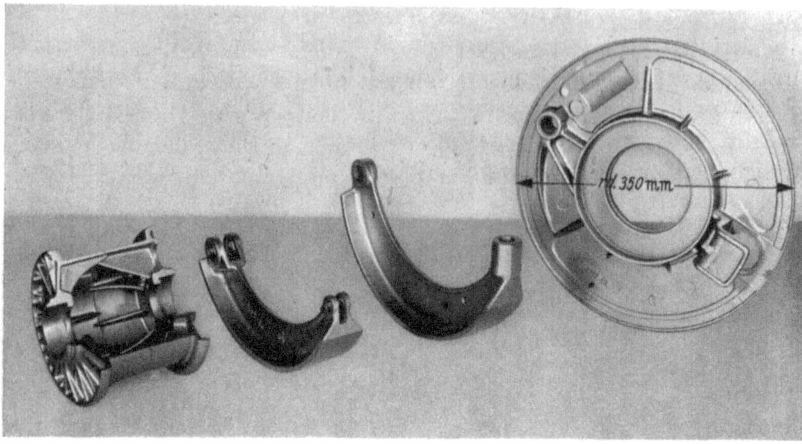

Abb. 399. Spritzgußteile aus der Flugzeugindustrie. Von links: Spornrad aus zwei Hälften bestehend, kleiner Bremsbacken, großer Bremsbacken, Bremsschild.

geführt, die keiner zu hohen Beanspruchung unterliegen. Zur Zeit werden aus Magnesiumspritzguß folgende Teile hergestellt (s. auch Abb. 399):

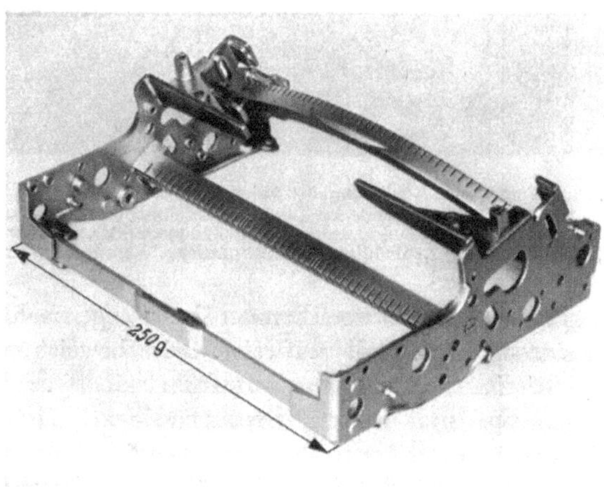

Abb. 400. Gußteile einer Kleinschreibmaschine zusammengeschraubt, bestehend aus insgesamt 7 Magnesium-Spritzgußteilen. Die sichtbaren Schlitze sind mit einer Toleranz von ±0,02 mm eingespritzt.

Spornräder, Bremsbacken, Bremshebel, Bremskolben, Verschraubungen, Abschlußdeckel, Gelenkdeckel, Ventilkammerdeckel, Rohrschellen, Verbindungsstücke und Verschraubungen.

3. Büromaschinenindustrie.

Die Schreibmaschinenindustrie mit ihren Großserien ist in ganz besonderem Maße auf Spritzguß angewiesen. Magnesiumspritzguß wird dort schon seit 1929 verwendet. Seine besonderen Vorzüge sind neben dem geringen Gewicht die hohe Genauigkeit, die es ermöglicht, die Schlitze für Tast- und Winkelhebel in einer Stärke von etwa 1,5 mm mit einer Genauigkeit von $\pm 0{,}02$ mm einzuspritzen. Heute gibt es Schreibmaschinen, bei denen sämtliche Gußteile aus Magnesiumspritzguß hergestellt sind. Die Abb. 400 zeigt 7 Spritzgußteile einer Kleinschreibmaschine zusammengesetzt, die den Tragrahmen für den gesamten Innenaufbau der Schreibmaschine bilden. Die eingespritzten genauen Schlitze sind sichtbar.

Abb. 401. Grundgestell für eine Registrierkasse. Gewicht des Spritzgußteiles etwa 1,6 kg.

Bei Registrier- und Rechenmaschinen haben die Serien in der letzten Zeit eine solche Höhe angenommen, daß mit der Umstellung auf Magnesiumspritzguß begonnen werden konnte. Die Abb. 401 zeigt ein Grundgestell einer Registrierkasse aus Magnesiumspritzguß.

Die in der Büromaschinenindustrie bis heute zum Einbau kommenden Teile sind:

a) *Für Schreibmaschinen:* Grundgestelle, Seitenwände und Verbindungen, Wagenrahmen, Abdeckhauben, Arretierstangengehäuse, kleine Lager, Schaltwerkplatten, Tastwerklager, Segmentlager, Zwischenhebellager, Walzenrohre und Flanschen.

b) *Für Registrierkassen, Rechenmaschinen, Buchungsmaschinen:* Grundgestell, Seitenwände, Getriebekästen, Papier-Andruckrollenkasten, Andruckgelenke, Hebel, Schieber, Lagerböcke, Kurbelböcke, Typenringe.

4. Optische Industrie.

Geringes Gewicht ist für Photo- und Fernglasgehäuse ausschlaggebend für die Verwendung von Magnesiumspritzguß. Auch in diesem Industriezweig ist Magnesiumspritzguß schon seit 1930 eingeführt. Ein Paar Fernglasgehäuse und ein Photogehäuse schwieriger Ausführung zeigt Abb. 402. Geliefert werden zur Zeit folgende Teile:

Körper, Arme und Konen für Fernglasgehäuse, Photogehäuse, Gehäuse für Vergrößerungsapparate, Gehäuse für Projektionsapparate.

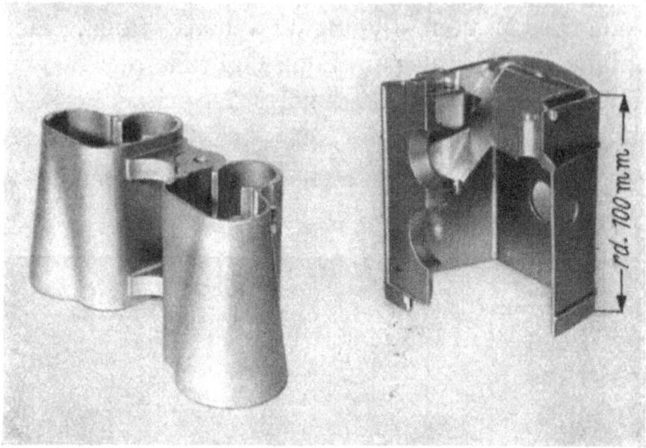

Abb. 402. Fernglasgehäuse und Photogehäuse.

5. Elektroindustrie.

Glatte Oberfläche, Gleichmäßigkeit im Guß und damit Vermeidung von Schwerpunktsverlagerungen sind ausschlaggebend für die Verwendung von Magnesiumspritzguß bei allen rotierenden Teilen der Elektroindustrie. Für stehende Teile wird er dann bevorzugt, wenn große Serien vorhanden sind oder das geringe Gewicht maßgebend für die Verwendung ist. Abb. 403 zeigt einen kompletten Elektromotor, bestehend aus Gehäuse mit Fuß, einem vorderen und einem hinteren Lagerschild aus Magnesiumspritzguß. Diejenigen Teile, die für die Elektroindustrie zur Zeit in Magnesiumspritzguß geliefert werden, lassen sich zusammenfassen in:

Abb. 403. Kleiner Elektromotor, bestehend aus 3 Magnesium-Spritzgußteilen.

Gehäuse, Lagerschilde und Deckel für Motoren, Grundplatten, Polgehäuse, Lager, Lagerböcke, Ständerpakete, Hebel, Laufrollen.

6. Staubsaugerindustrie.

Magnesiumspritzguß wird für Staubsauger schon seit dem Jahre 1929 serienmäßig verwendet. Vorteile bieten die Dünnwandigkeit und Gleichmäßigkeit des Gusses, die glatte und saubere Oberfläche. Die Abb. 404 zeigt ein Motorgehäuse und ein Lagerschild für einen Staubsauger. Neben diesen Teilen eignen sich zur Herstellung in Magnesiumspritzguß noch:

Gehäuse, Grundplatten, Lagerkörper, Naben, Flügelräder, Bürstenscheiben, Leitringe usw., Rollen, Hebel, Anschlußstücke.

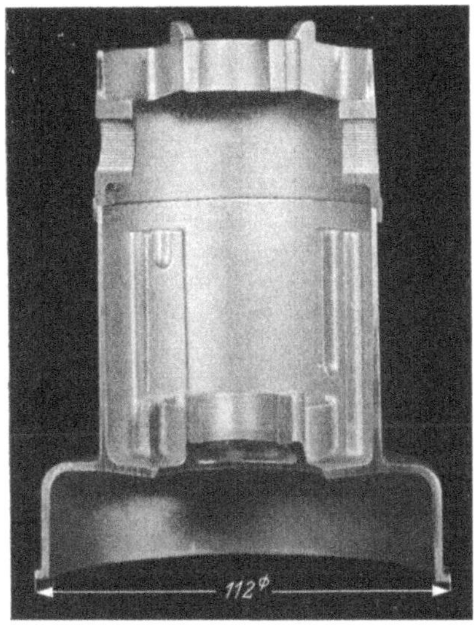

Abb. 404. Motorgehäuse und Lagerschild für Staubsauger. Die beiden seitlichen Bohrungen des Lagerschildes sind mit einer Rudge-Verzahnung versehen.

7. Funkindustrie.

Magnesium-Spritzgußteile sind steifer und genauer als kombinierte Blechkonstruktionen. Da Magnesiumspritzguß außerdem keine Alterungserscheinungen zeigt, wird er in der Funkindustrie vorzugsweise für besonders schwierige und genaue Teile eingesetzt. Das geringe Gewicht kommt nur bei tragbaren Geräten der drahtlosen Funkindustrie zur Geltung. Die Abb. 405 zeigt ein Gehäuse für die Funkindustrie, das durch seine Dünnwandigkeit und nach allen Seiten notwendigen Kerne in der Herstellung besonders schwierig ist. Geliefert werden zur Zeit folgende Teile:

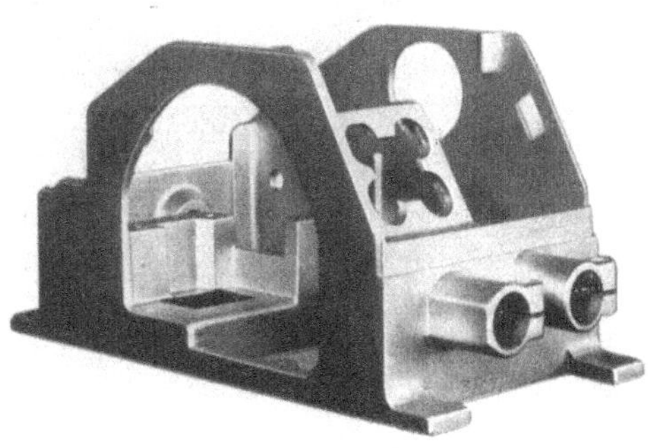

Abb. 405. Gehäuse für tragbare Funkgeräte.

a) *Für Rundfunkgeräte:* Kondensatorwannen, Skalenträger, Seilscheiben, Rollenträger, Lagerböcke, Grundplatten, Abdeckkappen.

b) *Für tragbare Stationen:* Gehäuse, Gestelle, Steckergehäuse, Kupplungsgehäuse, Anschlußdosen, Platten, Zahnräder, Hebel, Klemmschellen.

8. Apparatebau.

Bei tragbaren Apparaten wirkt sich das geringe Gewicht des Magnesiums sehr vorteilhaft aus. Im allgemeinen aber gibt die Dünnwandigkeit des Magnesiumspritzgusses und seine hohe Maßhaltigkeit

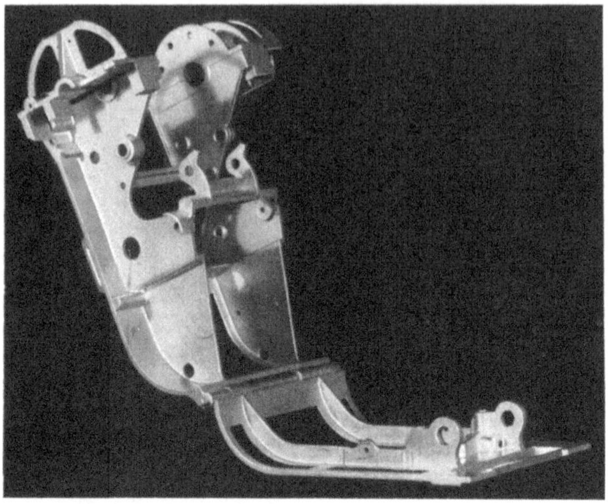

Abb. 406. Gehäuse und Deckel mit eingebauten Lagerböcken aus Magnesiumspritzguß für tragbare Fahrkartendrucker.

die Möglichkeit der Herstellung schwierigster Gußstücke. Die Abb. 406 zeigt die aufgeklappten Gußstücke eines tragbaren Fahrkartendruckers,

Abb. 407. Getriebegehäuse mit 72 Kernzügen nach allen Seiten. Gewicht etwa 1 kg.

dessen sämtliche Gußstücke mit Rücksicht auf das geringe Gewicht aus Magnesiumspritzguß sind. Die umfangreiche Verwendung im Apparatebau gibt die nachfolgende Aufstellung:

Gehäuse für Fahrkartendruckapparate, Hebel, Druckstöcke, Lagerböcke, Deckel, Gehäuse und Fahnen für Taxameteruhren.

9. Allgemeiner Maschinenbau und andere Industriezweige.

Da im allgemeinen Maschinenbau und in den nichterwähnten Industriezweigen Großserien selten auftreten, ist Magnesiumspritzguß in diesen Gebieten weniger eingeführt. Trotzdem wird er auch im allgemeinen Maschinenbau heute schon verwendet für komplizierte Gehäuse mit vielen Kernzügen, also bei Teilen, bei denen durch Verwendung von Spritzguß hohe Bearbeitungskosten eingespart werden können.

Ein solches Gehäuse, das insgesamt 72 Kernzüge hat, ist in der Abb. 407 dargestellt. Weiter werden folgende Teile verwendet:

Getriebegehäuse, Grundplatten, Deckel, Lagerböcke, Riemenscheiben, Hebel.

Technologie des Pressens.

Von R. Fiedler.

A. Die Preßverfahren.

Magnesium und seine Legierungen lassen sich in gleicher Weise wie andere Metalle in der Wärme auf einer hydraulischen Strang- oder Stangenpresse nach dem bekannten Dickschen Preßverfahren verformen. Das Verfahren besteht darin, daß gegossene Rundblöcke in einem elektrisch oder gasbeheizten Ofen auf die erforderliche Preßtemperatur vorgewärmt werden; diese liegt bei den hier zu behandelnden Magnesiumlegierungen zwischen 300—400° C. Der Block nimmt nach einer genügend lange bemessenen Zeit im Ofen die notwendige Temperatur an und wird dann in den Rezipienten oder Aufnehmer der Presse eingeführt. Wegen der verhältnismäßig niederen Verformungstemperaturen und der sonstigen Wärmeverhältnisse ist es beim Pressen von Magnesiumlegierungen erforderlich, den Aufnehmer zusätzlich zu erwärmen. Diese Vorwärmung ist so zu bemessen, daß in der Innenwand des Aufnehmers die gleiche Temperatur herrscht, die der Block beim Verpressen besitzt; liegt die Temperatur darunter, so wird bei der verhältnismäßig langen Preßzeit, die die Magnesiumlegierungen zum Teil erfordern, und die je nach Profilform bis zu etwa 15 Minuten pro Pressung betragen kann, dem Block die Wärme entzogen, so daß ein Fließen des Metalls schließlich nicht mehr stattfindet, mit anderen Worten: der Block bleibt stecken und muß dann aus der Presse ausgestoßen werden. Liegt die Temperatur zu hoch, so wird die Warmfestigkeit des Metalles stark herabgesetzt, wodurch die Verformungsgeschwindigkeit vermindert wird. Der erhitzte Block wird dann unter den Druck der Presse gesetzt und durch eine beliebig profilierte Matrize gepreßt, indem der Stempel den vor sich gelagerten Block durch die Matrize hindurch ausdrückt. Der Vorgang ist der, daß zunächst der Block gestaucht wird, bis er an den Wandungen des Rezipienten anliegt; sind diese Leerräume ausgefüllt, so bleibt dem Block nur noch der Austritt durch die Matrize, d. h. der Block kommt ins Fließen. Dieses Verfahren nennt man das direkte oder Vollstempelverfahren im Gegensatz zum indirekten oder Hohlstempelverfahren, bei welchem das Metall durch eine am Kopfende des Stempels angebrachte Matrize ausgepreßt wird, indem sich der

Rezipient über den feststehenden Stempel schiebt. Der ausgepreßte Strang nimmt die Form des Profils der Matrize an und erfährt eine weitgehende Veredelung. Die grobe Gußstruktur im Block wird zu einem feinkörnigen sehnigen Gefüge in der Fließrichtung der Stangen; die Festigkeit und Dehnung, die im Gußblock verhältnismäßig gering waren, werden in der gepreßten Stange beträchtlich erhöht. Die Matrizen bestehen ebenso wie der Rezipient aus hochlegierten Sonderstählen und sind so ausgebildet, daß das Metall beim Pressen über eine Reibfläche herausgleitet. Diese Reibfläche ist bei gleichmäßigen bzw. gleichwandigen Profilen von ein und derselben Breite bemessen. Bei Profilen von ungleicher Wandstärke bzw. unsymmetrischem Querschnitt bildet man dagegen die Reibfläche verschieden aus, d. h. bei großen Querschnitten erhöht man die Reibfläche im Gegensatz zu kleineren Querschnitten des Profils, wo man die Reibfläche verhältnismäßig kurz bemißt. Man erreicht durch dieses Verfahren, daß die breite Reibfläche auf das Fließen des Profils abbremsend wirkt, wohingegen die schmale Reibfläche das Fließen beschleunigt. Auf diese Weise gelingt es, bei unsymmetrischen Profilen einwandfrei gerade Stangen zu erhalten, die im anderen Falle zweifellos stark verkrümmt aus der Matrize austreten würden.

B. Eigenschaften und Aufbau der Preßlegierungen und deren Abhängigkeit vom Verformungsgrad.

Die gebräuchlichsten Legierungen, die auf der Strangpresse verarbeitet werden, sind auf S. 147 zusammengestellt.

Die Legierungsbildner sind in der Hauptsache Aluminium und Zink. Die Elektronlegierung V 1 mit 10% Al ist veredelbar. Alle Legierungen mit Ausnahme der Elektronlegierung Z 1 b haben außerdem zur Erhöhung der Korrosionsbeständigkeit einen geringen Gehalt an Mangan. Bei der Legierung Z 1 b kommt dieser Gehalt an Mangan in Fortfall, da er sich bei der Beizbarkeit störend erweist. Allgemein kann gesagt werden, daß die Legierungen mit niederen Al- und Zn-Gehalten bei der unteren Grenze, die höher legierten bei der oberen Grenze der angegebenen Verformungstemperaturen gepreßt werden. Die Preßgeschwindigkeit ist, wie zuvor schon kurz angedeutet wurde, bedeutend geringer als bei Messing, und zwar ist sie am geringsten bei Legierungen großer Härte. Der erforderliche Druck dagegen ist höher.

Die im Preßverfahren für Stangen erreichbaren Toleranzen sind in den DIN-Normblättern 9702, 9704, 9706 und 9708 festgelegt; ebenso können gezogene Stangen mit engeren Toleranzen angefertigt werden, die in den DIN-Normblättern 9701, 9703, 9705, und 9707 angegeben sind. Rohre sind gleichfalls herstellbar nach dem DIN-Normblatt L 24. Für Profile, insbesondere solche mit unsymmetrischem Querschnitt, beträgt die einzuhaltende Toleranz $\pm 2{,}5\%$ der verlangten Wandstärkenmaße, mindestens jedoch $\pm 0{,}25$ mm.

Die bei den verschiedenen Preßlegierungen erreichbaren Festigkeitswerte sind aus der Zahlentafel 31 ersichtlich.

Die angegebenen Festigkeitswerte sind jedoch nur erreichbar, wenn die Verformung bzw. der Verpressungsgrad groß genug ist, d. h. wenn eine ausreichende Durcharbeitung des Materials stattgefunden hat. Der Verpressungsgrad wird auf folgende Weise ermittelt:

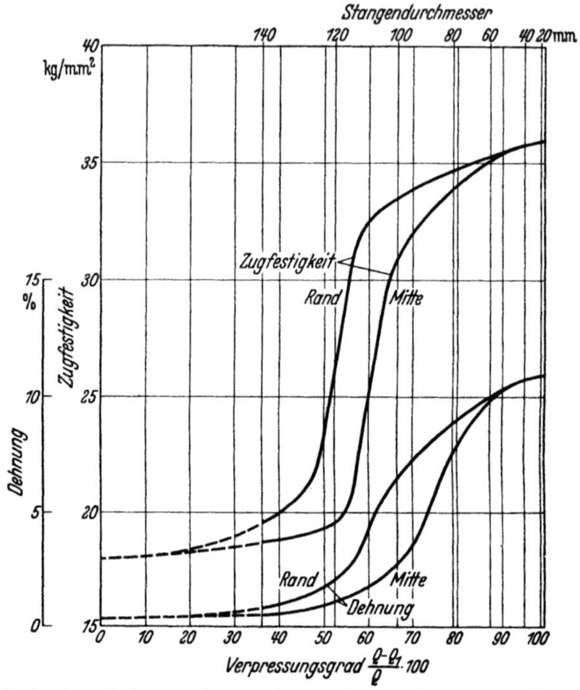

Abb. 408. Zugfestigkeit und Dehnung von gepreßtem Elektronmetall, Legierung V1w, in Abhängigkeit vom Verpressungsgrad. Ausgangsmaterial: Gußblock von 175 mm Dmr.

Bezeichnet Q den Querschnitt des Blockes und Q_1 den Querschnitt des Profils oder der zu pressenden Stange, so ist der Verpressungsgrad ausgedrückt durch die Formel:

$$\frac{Q - Q_1}{Q} \cdot 100.$$

Daraus geht hervor, daß in einem Grenzfalle, wenn die Matrizenöffnung gleich dem Blockdurchmesser wäre, überhaupt keine Durchknetung des Metalles stattfinden würde, oder mit anderen Worten: der Verpressungsgrad wäre $= 0$.

Die Abhängigkeit der Zugfestigkeit und Dehnung vom Verpressungsgrad zeigt Abb. 408.

Wird die Matrizenöffnung kleiner als der Blockdurchmesser, so wird zunächst bei verhältnismäßig großer Matrizenöffnung der Kern des Stangenmaterials wenig durchgeknetet, während der Rand eine stärkere Verarbeitung erfährt. Bei einer bestimmten Matrizengröße werden die Unterschiede zwischen Rand und Mitte praktisch verschwinden und der Werkstoff wird völlig homogen durchgearbeitet. Die an der Elektronlegierung V 1 w ermittelten Kurven — die sinngemäß auf die anderen Legierungen und auf andere Ausgangsquerschnitte zu übertragen sind — lassen erkennen, daß bei Rundstangen über 40 mm ⌀ (hergestellt aus einem Block von 175 mm ⌀) bereits ein Absinken der Festigkeitswerte eintritt. Stangen über 60 mm Durchmesser zeigen bereits einen wesentlichen Unterschied von Zugfestigkeit und Dehnung zwischen der Rand- und der Kernzone, bis sich schließlich die Werte für das Gußmaterial

Abb. 409. Bruchgefüge von Stangen mit verschiedenem Verpressungsgrad.

wieder vereinen. Diese Verschiedenheit des Materials an gepreßten Stangen läßt sich auch makroskopisch erkennen, indem man die Stangen ankerbt und in kaltem Zustand bricht. Abb. 409 zeigt die entsprechenden Bruchgefüge.

Man erkennt in der Mitte des Bildes einwandfrei den wenig durchgearbeiteten Kern einer großen Stange gegenüber der feinkörnigen Randzone. Besonders bemerkenswert war bei der Elektronlegierung V 1 w das Verhalten größerer Rundstangen bei der thermischen Veredelung. In der feinkörnigen Randzone ist die Verbindung Mg_4Al_3 durch die starke Zerknetung fein verteilt und wird bei der normalen Glühdauer von zwei Stunden bei 420° C nahezu völlig vom Magnesium als Mischkristall gelöst. Im Inneren sind dagegen die Verbindungskomplexe größer geblieben, so daß sie einer weit größeren Glühdauer bedürfen, um als Mischkristall in Lösung zu gehen. Wird nun bei starken Stangen das für normal durchgeknetetes Material übliche Glühverfahren mit zwei Stunden Glühdauer angewendet, so besteht das Material außen aus einer Zone von Mischkristallen weit höherer Konzentration als im

Inneren. Da die Mischkristallbildung unter Volumverkleinerung vor sich geht, so entstehen zwischen Kern und Rand erhebliche Spannungen, die sich beim Abschrecken lösen und ein Zerplatzen des Materials hervorrufen, wie dies in Abb. 410 gezeigt wird.

Die Aufstellung eines Diagramms für den Verpressungsgrad und die peinliche Beachtung der hieraus sich ergebenden Beschränkungen in der Anwendbarkeit des Stangenpreßverfahrens sind darum von unerläßlicher Notwendigkeit.

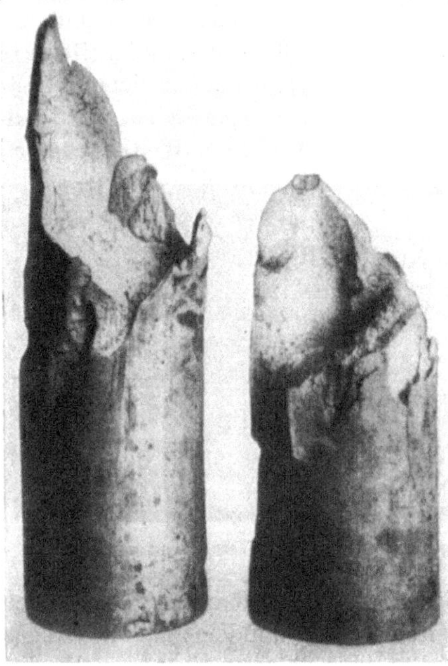

Abb. 410. Spannungsbruch, entstanden bei der Veredelung von Rundstangen, bei welchen infolge ungenügender Verpressung ein Unterschied in der Korngröße von Rand- und Kernzone bestand.

Normal gepreßte Stangen aus Magnesiumlegierungen zeigen ausgeprägt orientiertes Gefüge. Bei einer Stange der Elektronlegierung AZM (FlW 3510.2) beträgt die Streckgrenze in der Preßrichtung etwa 20 kg/mm^2, während die Quetschgrenze mit etwa 14 kg/mm^2 ermittelt wird, sofern die Zug- bzw. Druckkräfte in der Preßrichtung der Stange angreifen. Der Grund hierfür ist in der Tatsache zu suchen, daß bei Druckbeanspruchung gerade in dieser Richtung Zwillingsbildung eintritt. Es gelingt, diese zu behindern, wenn man das feinste technisch erzielbare Korn erzeugt und so einer Zwillingsbildung durch häufige Störung und Blockierung des Vorganges möglichst entgegenwirkt. Die Erzeugung des notwendigen sehr feinen Kornes ist möglich durch Unterbindung der spontan unmittelbar nach der Verformung an dem noch warmen Werkstück einsetzenden Rekristallisation. Zwei Wege sind hier gangbar, nämlich die Verminderung der Verformungsgeschwindigkeit durch verhältnismäßig kaltes Pressen oder unter Beibehaltung normaler Verformungsgeschwindigkeiten die Abschreckung des Materials unmittelbar nach Beendigung der Verformung, d. h. unmittelbar hinter der Matrize[1]. Die beiden Verfahren werden beim Strangpressen bei solchem Werkstoff angewendet, der für besonders hohe Druckbeanspruchung in Preßrichtung in Frage kommt.

[1] DRP. 556649.

C. Die Fließvorgänge während der Verformung.

Von einschneidender Bedeutung ist es, das Verhalten der Legierungen während der Verformung, d. h. die einzelnen Stadien während des Fließens zu kennen. Auftretende Fehler sind bei genauer Kenntnis

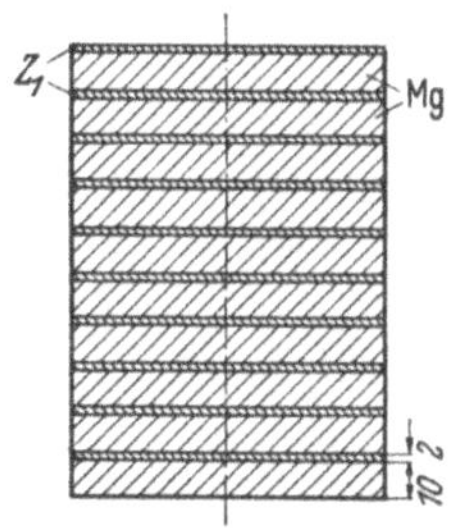

Abb. 411. Aus Scheiben zusammengesetzter Versuchsblock.

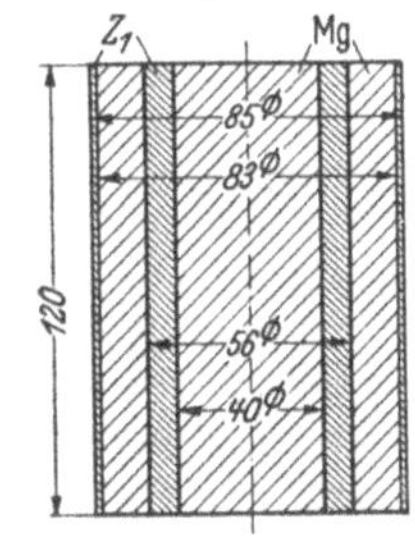

Abb. 412. Aus Rohren mit einer Rundstange als Kern zusammengesetzter Versuchsblock.

der Fließvorgänge feststellbar. Es können jederzeit Maßnahmen zur Vermeidung bzw. Abstellung dieser getroffen werden. Diese Erkenntnisse haben selbstverständlich zur Voraussetzung, daß der Ausgangsblock von einwandfreier Beschaffenheit, vor allem lunker- und seigerungsfrei ist. Fehler im Block werden durch das Preßverfahren nicht

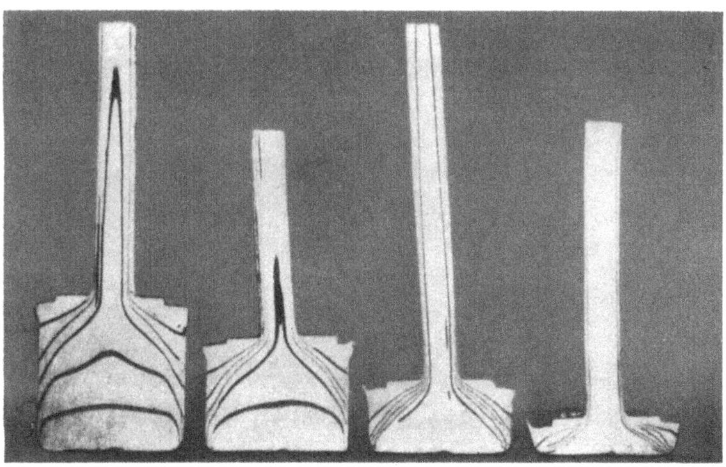

Abb. 413. Fließstadien des nach Abb. 411 zusammengesetzten Blockes.

beseitigt, sondern nur noch stärker ausgeprägt. Der Fließverlauf wurde ermittelt an Blöcken, die aus aufeinandergefügten Scheiben (Abb. 411), sowie ineinandergeschalteten Rohren (Abb. 412) zusammengesetzt waren. Ein Teil der Scheiben bzw. Rohre bestand aus Reinmagnesium und der andere Teil aus einer Magnesiumlegierung, die im Gegensatz zum Reinmagnesium beim Ätzen mit Salzsäure sich tief schwarz färbt. Die Abb. 413

und 414 zeigen die einzelnen Fließstadien. Aus ihnen ist zu ersehen, daß das Metall aus der Mitte zunächst vorschießt und der äußere Mantel des Blockes am Fließvorgang nicht teilnimmt, sondern am Umfang aufgestaucht wird; dies hängt zweifellos mit der Reibung am Rezipienten zusammen. Sobald das Material infolge der Stauchung in das Innere des

Abb. 414. Fließstadien des nach Abb. 412 zusammengesetzten Blockes.

Abb. 415. Preßversuche zur Ermittelung des Verbleibes der Gußhaut.

Blockes eingedrungen ist, nimmt es am Fließvorgang teil, so daß man hieraus ersieht, daß ein völliges Auspressen des Blockes nicht möglich, sondern die Bemessung eines genügend großen Preßrestes dadurch gegeben ist.

Abb. 415 zeigt in anschaulicher Weise das Verbleiben der Gußhaut des Blockes. Letzterer war hierbei von einem dünnwandigen Rohr umgeben, dessen Fließverlauf nach der Ätzung verfolgt wurde. Das äußere Rohr — in diesem Falle also zu vergleichen mit der Gußhaut des Blockes — schiebt sich nach dem Ende der Pressung zu immer mehr zusammen und würde bei zu weit getriebenem Auspressen schließlich in die Stange mit eindringen, diese also unbrauchbar machen. Es ergibt sich auch hieraus wieder die Forderung, den Preßrest in genügender Weise zu bemessen. Von besonderem Wert ist auch hier wieder die makroskopische Prüfung des hinteren Endes der ausgepreßten Stange, indem man diese im kalten Zustande einkerbt und durch einen Hammerschlag abbricht. An dem weißen Bruchgefüge ist jede kleinste Fehlstelle auch dem ungeübten Auge einwandfrei erkennbar. Es sei in diesem Zusammenhange erwähnt, daß viele Betriebe zur Erhöhung

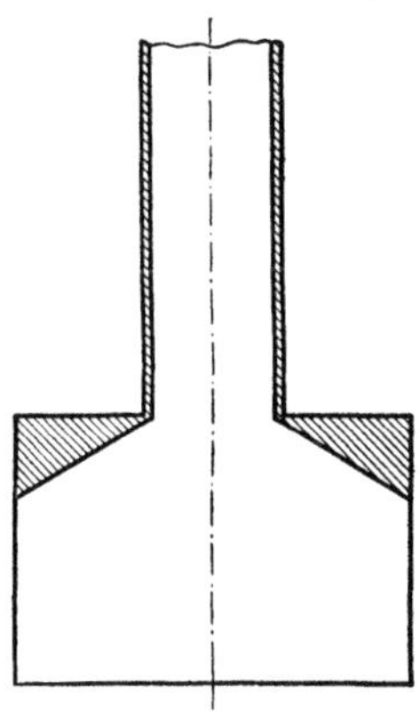

Abb. 416. Schema der Ausbildung von Oberflächenhäuten beim Stangenpressen.

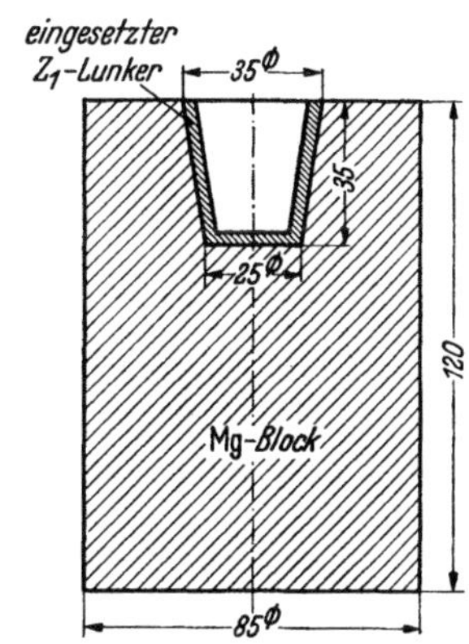

Abb. 417. Versuchsblock zum Studium des Verbleibes von Lunkern beim Stangenpressen.

der Qualität des Stangenmaterials dazu übergegangen sind, die Blöcke durch Überdrehen von der Gußhaut zu befreien und damit diese schädlichen Einflüsse von vornherein auszuschließen.

Das Fließen des austretenden Stranges geht so vor sich, daß das Metall an der Reibfläche der Matrize infolge der abbremsenden Wirkung und auch infolge von Temperaturunterschieden zwischen Block und Matrize langsamer herausfließt, während das Metall aus dem Inneren sich darunter schneller vorbeischiebt. Der Vorgang ist in Abb. 416 veranschaulicht.

Das Material aus dem Blockinneren fließt mit einer größeren Geschwindigkeit durch die Matrize als das Material, das in geringerer Menge von den Winkeln an der Matrize mitfließt. Diese Unterschiede in der Fließbewegung werden um so größer, je größer die Querschnitte der Stangen werden, und es kann in solchen Fällen vorkommen, daß die Fließgeschwindigkeit im Inneren so groß wird, daß eine Loslösung dieser Teile an der dünneren Materialhaut auf der Oberfläche stattfindet, womit auftretende Blasen ihre Erklärung finden. Um diese zu vermeiden, ist es erforderlich, die Preßgeschwindigkeit bei größeren Stangen herabzusetzen.

Zum Schluß sei die Frage über das Verbleiben von im Block vorhandenen Lunkern behandelt. Es wird häufig die irrige Ansicht ver-

Abb. 418. Einwandern der lunkerigen Stellen in die Stange bei Anordnung des Lunkers an der Druckplattenseite.

treten, Lunker an die Seite der Preßplatte zu legen, um sie im verbleibenden Preßrest festzuhalten. Wie schädlich sich ein Lunker im letzteren Falle verhält, zeigen die in den Abb. 417 und 418 dargestellten Versuche. Zu diesem Zwecke wurden Magnesiumblöcke angebohrt und mit einem Pfropfen der sich beim Ätzen schwarz färbenden Legierung versehen; letzterer stellte daher den Lunker dar. Beim Pressen dieser Blöcke zeigte sich, daß der Lunker unmittelbar nach dem Anpressen in die Stange hineinwandert und diese unbrauchbar macht. Wird der Lunker dagegen an der Matrize angeordnet, so tritt er — wie Abb. 419 zeigt — mit dem vordersten Teile der Stange aus, die sowieso — da ungenügend durchgearbeitet — dem Abfall verfällt.

Abb. 419. Verbleib des Lunkers bei seiner Anordnung an der Matrizenseite.

Technologie des Schmiedens.

Von H. Altwicker.

A. Einleitung.

Für die Verformbarkeit eines Metalles durch Pressen, Schmieden oder Walzen ist die Anzahl der im Einkristall verfügbaren Gleitflächen von maßgebendem Einfluß. Da Gleitflächen für die Kristalle Gleitmöglichkeiten darstellen, verhält sich ein Metallblock bei plastischer Verformung um so bildsamer, je mehr Gleitflächen an seinen einzelnen Kristallen vorhanden sind. Der hexagonale Kristall des Magnesiums weist bekanntlich weniger Gleitflächen auf als die Kristalle der regulär kristallisierenden Metalle. Die beschränkte Anzahl von Gleitflächen schafft für Magnesium und seine Legierungen hinsichtlich ihrer Verformbarkeit eine wenig günstige Voraussetzung, die zur Folge hat, daß sich grundsätzliche Faktoren, wie Temperatur, Reckgrad, Verformungsgeschwindigkeit u. a. in zum Teil wesentlich engeren Grenzen bewegen als bei den gut verformbaren Metallen, wie Eisen, Kupfer und Aluminium.

B. Rekristallisation.

Reines Magnesium kommt für die Knetverformung kaum in Frage. Es zeigt normalerweise einen grobstrahligen Aufbau mit niedriger Korngrenzenfestigkeit; die grobe Ausbildung der einzelnen Kristalle begünstigt eine weitgehende Orientierung und wirkt damit im Sinne einer starken Anisotropie des Konglomerates. Die erzielbaren Festigkeiten bei Reinmagnesium, vor allem die erreichbaren Werte für E- und Streckgrenze, beschränken im allgemeinen die Verwendung desselben in der Technik, wennschon seine gute Verarbeitbarkeit für Spezialzwecke Vorteile bieten kann.

Zur Kennzeichnung der bei der Rekristallisation von Reinmagnesium nach Kaltverformung auftretenden Verhältnisse sind von verschiedenen Verfassern[1] Rekristallisationsdiagramme aufgestellt worden. Diese weisen unter sich keine grundsätzlichen Unterschiede auf. Man erkennt auf Grund dieser Diagramme, daß eine Kaltverformung von 2–4% zur Ausbildung eines besonders groben Kornes führt. Die Temperatur beginnender Rekristallisation kann mit etwa 160° C unter

[1] Guertler: Unveröffentlichte Arbeit. — Feldmann: Wiad. Inst. Met. 1934.

Voraussetzung technisch normaler Glühdauer und eines Verformungsgrades dicht an der Bruchgrenze festgelegt werden. Bei geringen Verformungsgraden ist die Temperatur beginnender Rekristallisation entsprechend höher. Dies gilt insbesondere für die Magnesium*legierungen*. So hat GUERTLER eine Magnesiumlegierung mit 3% Zn untersucht und festgestellt, daß unter Beibehaltung derselben Kaltverformungsstufen, wie sie zur Aufstellung des Rekristallisationsdiagrammes von Reinmagnesium angelegt wurden, durch Glühen bei 250° C noch keine Rekristallisation eintritt. Ein Vergleich zum Rekristallisationsdiagramm des Reinmagnesiums zeigte, daß die Korngröße desselben mehr als das Neunfache beträgt wie die der Elektronlegierung Z 3.

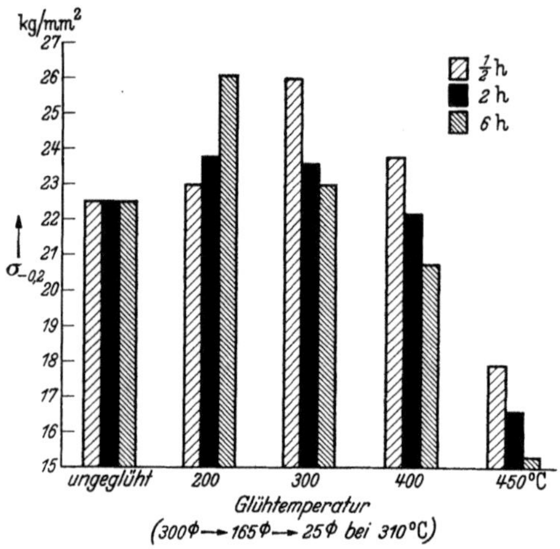

Abb. 420. Einfluß der Rekristallisation auf die Quetschgrenze bei AM 537.

Nach Arbeiten der DVL[1] beginnt die Rekristallisation einer Magnesiumlegierung mit 6,4% Al und 0,9% Zn bei einem Stauchgrad von 6 bzw. 17% bei 245 bzw. 233° C und ist bis zu 310° C beendet. Demgegenüber erstreckt sich das Rekristallisationsintervall einer Magnesiumlegierung mit 2% Mn über ein Temperaturgebiet von 220° C; bei 8proz. Stauchgrad tritt bei 230° C Rekristallisation ein, die bei 450° C beendet ist.

Zur Klärung des Rekristallisationsverlaufes bei Warmverformung wurden Versuche mit Preßstangen der Elektronlegierung AM 537 durchgeführt, die zwecks Erzielung größtmöglichster Feinkörnigkeit durch doppeltes Verpressen hergestellt wurden (1. Pressung von 300 auf 165 mm ⌀, 2. Pressung von 165 auf 25 mm ⌀). Block- und Rezipiententemperatur betrug 310° C; auf Konstanthaltung dieser Temperatur wurde besonders geachtet. Von den gepreßten Stangen wurden Proben entnommen zur Bestimmung der Quetschgrenze. Die Proben wurden $^1/_2$, 2 und 6 Stunden bei 200, 300, 400 und 450° C ausgeglüht. Das Ergebnis ist auf Abb. 420 veranschaulicht.

Gegenüber dem Ausgangszustand bewirkt ein Anlassen des Materials bei 200° C infolge auftretender Aushärtungseffekte noch eine nicht unwesentliche Steigerung der Quetschgrenze, die auch unter dem Einfluß der bei 300° C durchgeführten Glühung noch erhalten bleibt und, wie entsprechende Versuche bewiesen, auch nach Glühen bei 350° C noch

[1]) BUNGARDT, W., K. BUNGARDT u. E. SCHIEDT: Metallwiss. XVII, Nr. 48.

vorhanden ist. Erst nach der bei 400° C durchgeführten Glühung tritt, wie aus Abb. 420 ersichtlich, der Einfluß der Gefügeänderung in Erscheinung. Er ist nach einstündiger Glühdauer noch verhältnismäßig wenig ausgeprägt, nach zwei- bzw. sechsstündiger Glühung dagegen deutlich sichtbar.

Bei der höchstangewendeten Glühtemperatur von 450° C ist bei allen drei Proben Rekristallisation eingetreten, bei sichtbarem Einfluß der verschiedenen Glühdauern. Auch hier läßt die starke Abhängigkeit der Quetschgrenzenwerte von der Dauer der Glühung erkennen, daß neben dem Einfluß der Rekristallisation noch Lösungs- bzw. Koagulierungsvorgänge wirksam sind.

Der Versuch nach Abb. 420 bestätigt die Erfahrung, daß bei der Warmverformung eines Werkstückes aus Magnesiumlegierungen nur geringfügige Gitterstörungen und damit niedrige Spannungszustände verbleiben. Durch Glühen unterhalb der angewendeten Verformungstemperatur läßt sich in normalen Zeiträumen ein völliger Ausgleich dieser Störungen bzw. Spannungen nicht erzielen. Erst bei Temperaturen, die in der Nähe bzw. über der Verformungstemperatur liegen, tritt Rekristallisation ein. Es ist daher in der Praxis möglich, warmverformte Werkstücke beliebig oft Temperaturen auszusetzen, die unterhalb ihrer Verformungstemperatur liegen, ohne daß Kornvergröberung eintritt.

C. Kraftbedarf in Abhängigkeit von Reckgrad, Temperatur und Verformungsgeschwindigkeit.

Die heute gebräuchlichen Legierungen sind gekennzeichnet durch einen wechselnden Gehalt an Aluminium und Zink, neben Mangan als korrosionsverbesserndes Element. Mit steigendem Gehalt an Legierungsbestandteilen nimmt die Härte der Legierungen zu; und in gleichem Verhältnis deren Fließwiderstand.

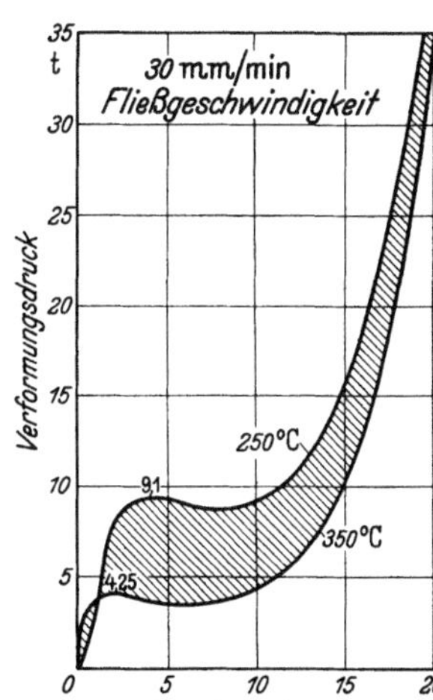

Abb. 421. Arbeitsdiagramm beim Stauchen von AZM-Probekörpern (FlW 3510.2).

Abb. 421 zeigt die Abhängigkeit des Verformungsdruckes vom Stauchweg bzw. Reckgrad für die Elektronlegierung AZM (FlW 3510.2) bei Temperaturen von 250 und 350° C. Das Diagramm wurde in der Weise aufgenommen, daß unter einer 35 t-Zerreißmaschine Probekörper gestaucht wurden. Dieselben waren aus gepreßten Stangen entnommen und hatten einen Durchmesser sowie eine Höhe von 25 mm. Sie wurden zunächst in einem kleinen Widerstandsofen auf Temperatur gebracht und warm zwischen die Druckplatten der Presse gelegt. Die Druckplatten befanden sich in einem Salzbad, dessen Temperatur mit Hg-Thermometer genau eingehalten wurde. Vor dem Stauchen wurde stets 10 Minuten gewartet, um eine gleichmäßige Durchwärmung der Proben mit Sicherheit zu erreichen.

Abb. 421 stellt ein Arbeitsdiagramm dar, wie es mit Schreibstift während des Stauchens mit 30 mm/min Geschwindigkeit auf dem Meßblatt der Maschine aufgenommen wurde. Der ermittelte Kurvenlauf läßt drei Phasen des Fließvorganges erkennen. Zunächst findet ein nahezu linear verlaufender Anstieg des Druckes statt. In diesem Gebiet der Verformung nehmen zunächst nur die besonders günstig orientierten Kristalle die Verformungsarbeit auf; hierbei werden die weniger gleitfähig liegenden Kristalle zunächst elastisch verspannt, wodurch sie ihrerseits zur Erhöhung des Verformungsdruckes beitragen. Beim Erreichen der Fließgrenze, die sich durch einen deutlichen Knick in den aufgenommenen Kurven abzeichnet, ist das Kraftfeld homogenisiert; es setzt nun ein Fließen des ganzen Kristallkonglomerates ein, welches nach Überschreiten der Fließgrenze ohne weitere Drucksteigerung verläuft, wie der für diese Phase der Verformung maßgebende Kurvenverlauf fast parallel zur Abszisse anzeigt. Erst mit zunehmender Verfestigung des Kristallkonglomerates und der durch sie bedingten Erschöpfung des Gleitvermögens tritt im letzten Teil der Verformung ein erheblicher Anstieg des Verformungsdruckes in Erscheinung. Die von den beiden Kurvenzügen eingeschlossene, schraffierte Fläche zeigt die Differenz des Arbeitsaufwandes an, je nachdem, ob bei höherer oder niederer Temperatur gestaucht wird. Besonders deutlich wird der Temperatureinfluß auf die Lage der Fließgrenze; dieselbe liegt bei 350° C bei 4,25 t, bei 250° C dagegen bei 9,1 t Verformungsdruck. Die Lage der Fließgrenze wurde nun an einer Reihe von Stauchweg-Druck-Diagrammen mit steigenden Temperaturen und verschiedenen Stauchgeschwindigkeiten ermittelt und hieraus der Fließdruck abgeleitet, und zwar in Tonnen pro cm² druckaufnehmender Fläche der Proben (spezifischer Druck).

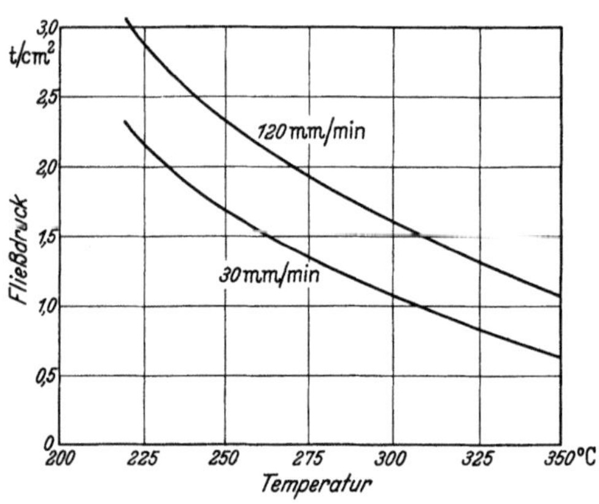

Abb. 422. Abhängigkeit des Fließwiderstandes von der Temperatur (Leg. AZM).

Aus diesen Messungen hat sich das Diagramm nach Abb. 422 ergeben; es gibt über die Abhängigkeit des Fließdruckes von der Temperatur Aufschluß. Man erkennt, daß abnehmende Temperaturen im Sinne einer beträchtlichen Erhöhung des Fließwiderstandes wirken. Beispielsweise erfordert das Stauchen eines Probezylinders bei 350° C und 30 mm/min Stauchgeschwindigkeit einen spezifischen Druck von nur 0,67 t/cm², während bei 225° ein solcher von 2,17 t/cm², also mehr als das Dreifache, erforderlich wird. Darüber hinaus zeigt das Diagramm, daß mit Erhöhung der Stauchgeschwindigkeit ebenfalls ein erheblich größerer Kraftbedarf notwendig wird; so beträgt bei 300° C und der niedrigen Stauchgeschwindigkeit von 30 mm/sec der erforderliche Preßdruck 1,1 t/cm², bei der höheren Geschwindigkeit von 120 mm/sec dagegen 1,7 t/cm². Der Zusammenhang zwischen Fließdruck und Stauchgeschwindigkeit ist in Abb. 423 eingehender erläutert.

Zusammenfassend ergibt sich für die Höhe des Kraftbedarfs beim Verformen von Magnesiumlegierungen, daß derselbe um so höher sein muß, je niedriger die Temperatur und je größer die Verformungsgeschwindigkeit ist. Dieses allgemeine Gesetz trifft bekanntlich für alle technischen Metalle zu und die Magnesiumlegierungen bilden dementsprechend grundsätzlich keine Ausnahme. Sie erfordern indessen — mehr als andere Metalle — bei ihrer Verarbeitung eine spezifisch gelagerte Abstimmung der Faktoren gegeneinander, welche bei der Verformung eine Rolle spielen. Es wäre in den meisten Fällen unrichtig, die Temperaturen so hoch zu wählen, daß der Kraftbedarf am niedrigsten und daher wirtschaftlich günstigsten zu stehen kommt.

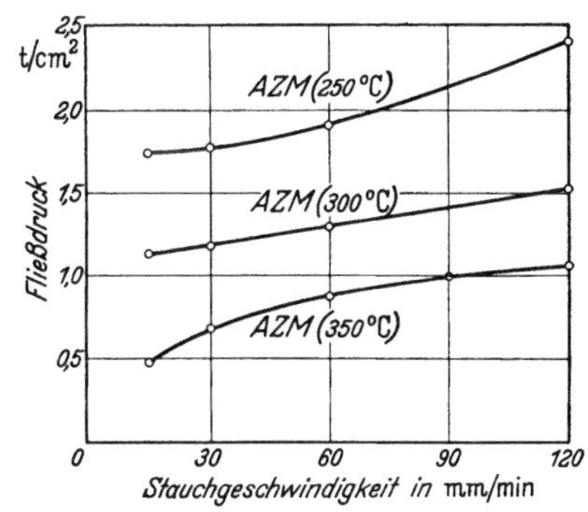

Abb. 423. Abhängigkeit des Fließwiderstandes von der Stauchgeschwindigkeit.

D. Kristallorientierung unter dem Einfluß von Temperatur und Schmiedeverfahren.

Die Grenzen, die sich hier ergeben, sind gezogen dadurch, daß die Magnesiumlegierungen bei der Knetverformung eine ausgeprägte Neigung orientierten Gefüges zeigen. Die durch die Knetarbeit in Marsch gesetzten Kristallite stellen sich mit der Basisfläche parallel zur Fließrichtung ein. Hierdurch wird das ursprünglich im Gußzustand vorhandene regellose Durcheinander der Kristalle mit fortschreitender Durchknetung in ein geordnetes orientiertes Gefüge umgewandelt, welches die Verformungscharakteristik des Einkristalles deutlich erkennen läßt.

Abb. 424 gibt einen Begriff von der Größe des Ausmaßes der Orientierung. Es wurden zylindrische Gußblöcke aus der Elektronlegierung

AZM von 180 mm Höhe auf 50 mm Höhe heruntergestaucht, und zwar in fünf Arbeitsgängen und den in dieser Abbildung angegebenen Temperaturen. Aus den so erhaltenen Kuchen von 50 mm Höhe wurden dann jeweils in drei verschiedenen Richtungen — parallel (p), quer (q) und diagonal (d) zur Stauchrichtung — Proben entnommen und hieran die Werte der Quetschgrenze ermittelt. Die Unterschiede zwischen den Quetschgrenzenzahlen in Richtung p (parallel) und Richtung d (diagonal) zur Stauchrichtung sind rechts in der Abb. 424 angeführt. Es zeigt sich, daß der Unterschied in den Werten um so größer ist, je höher die Verformungstemperatur war. Bei 225° C Verformungstemperatur beträgt der Unterschied 4,7 kg/mm², bei 410° C dagegen 16,3 kg/mm². Dies findet kristallographisch seine Erklärung darin, daß bei Anwendung der höheren Temperaturen zwischen jeder Schmiedestufe eine völlige Rekristallisation stattfindet. Hierdurch werden derartig große, im

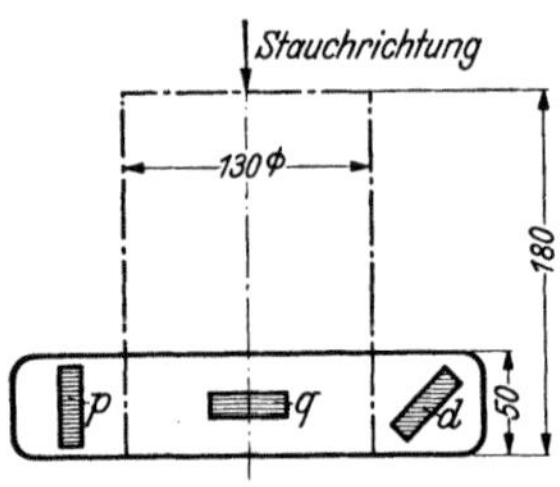

Abb. 424. Stauchen von Gußblöcken Elektron AZM in fünf Arbeitsgängen bei konst. Temperatur.

Temperatur des Gußblockes beim Stauchversuch	Lage			Differenz zwischen Werten in Richtung p und d	
	p	q	d		
	Quetschgrenze				
°C	kg/mm²	kg/mm²	kg/mm²	kg/mm²	%
225	15,9	13,9	11,1	4,8	~30
270	19,3	12,3	8,6	10,7	~55
320	19,0	8,4	5,7	13,3	~70
380	18,6	10,0	5,6	13,0	~70
410	23,8	10,6	7,5	16,3	~69

gleichen Sinne orientierte Zonen im Werkstück erzeugt, daß das vielkristalline Schmiedestück in seinem Verhalten sehr deutlich die Anisotropie des Einkristalles hinsichtlich seiner Festigkeiten in verschiedenen Richtungen erkennen läßt.

Die mehr oder minder großen Unterschiede zwischen Streck- und Quetschgrenze erklären sich auf Grund des Kristallitenaufbaues durch die Verformungsarbeit und den hierdurch bedingten Einfluß auf den Deformationsmechanismus bei Zug und Druck. Im gestauchten Block liegt die hexagonale Achse parallel zur Stauchrichtung; demzufolge ist in dieser Richtung eine hohe Quetsch- und niedrige Streckgrenze, und umgekehrt senkrecht zur Stauchrichtung eine hohe Streck- und niedrige Quetschgrenze zu erwarten und, wie die angegebenen Werte zeigen, auch vorhanden. Bei Proben, die unter 45° zur Stauchrichtung entnommen sind, ist die Basistranslation der günstigste Verformungsmechanismus, da bei geringstem Kraftaufwand die größere Deformation möglich ist. Infolgedessen sind Streck- und Quetschgrenze gleich. Die Festigkeitswerte in Abb. 424 beweisen im übrigen, daß niedere Temperaturen die Orientierung bremsen, höhere dagegen sie begünstigen. Um also eine weitgehende Orientierung und die damit verbundene Ungleichmäßigkeit der Festigkeitswerte in verschiedenen Richtungen zu vermeiden, empfiehlt es sich, kälteren Temperaturgebieten beim Schmieden den Vorzug zu geben. Dies steht indessen in Widerspruch zu der vom Standpunkt des notwendigen Kraftbedarfs richtigen Forderung, höhere Temperaturen anzuwenden, die hinsichtlich der Wirtschaftlichkeit des Schmiedens Vorteile bringen. Ein sachlich vertretbarer Kompromiß zwischen diesen augenscheinlich entgegenstehenden Forderungen ist durch ein Verfahren gegeben, nach welchem in allen Fällen, wo mehrere Arbeitsgänge notwendig oder zweckmäßig sind, so vorgegangen wird, daß im ersten Arbeitsgang mit hoher Verformungstemperatur begonnen, und letztere während aller folgenden Arbeitsstufen regelmäßig gesenkt wird in dem Maße, daß die letzte Verformung in den praktisch möglichst niedrig liegendem Gebiet von 280—300° C vorgenommen wird.

In Abb. 427 sind die sich dann ergebenden Verhältnisse näher untersucht am Beispiel des stufenförmigen Stauchens eines Probezylinders. Die verzeichneten fünf Arbeitsgänge wurden im Fall I mit abnehmender, im Falle II mit zunehmender Temperatur ausgeführt. Wie der Vergleich der Streck- bzw. Quetschgrenzen nach beiden Methoden zahlenmäßig belegt, ergeben sich bei abnehmender Temperaturfolge wesentlich höhere Werte für Streck- und Quetschgrenze.

Die große Orientierungsfähigkeit der Magnesiumkristalle kann für gewisse Konstruktionselemente, wie Kompressorräder, welche durch die Zentrifugalkräfte vorwiegend in einer Richtung beansprucht sind, mit Vorteil ausgenutzt werden, da man derartige Teile so herstellen kann, daß eine ausgesprochene Orientierung der Basisebenen in Richtung der Fliehkräfte vorliegt, so daß die Verformungsfähigkeit gerade in dieser Richtung besonders niedrig ist. Einseitige Richtungen der Beanspruchbarkeit sind indessen für die Mehrzahl technischer Verwendungszwecke ein Mangel, da im allgemeinen zusammengesetzte Beanspruchungen auftreten. Mit Rücksicht hierauf wird vom Werkstück gleiche Beanspruchbarkeit in verschiedenen Richtungen verlangt. Bei Schmiedestücken aus Magnesiumlegierungen, die dieser Forderung gerecht werden sollen, nimmt man bewußt Wechsel in der Verformungsrichtung vor; man leitet die Verformungen so, daß sie gegenläufig in verschiedenen Richtungen wirken und eine bereits eingetretene Orientierung immer durch Umlagerung der Kristallite wieder aufheben. Das bedeutet für das Herunterschmieden eines zylindrischen Blockes, daß man nicht nur einseitig in einer Richtung staucht, sondern abwechselnd staucht und reckt und sich gewissermaßen im Pilgerschrittverfahren der endgültigen Plattenstärke nähert. In Abb. 425 ist dieses Verfahren veranschaulicht.

Der Block wird zunächst um etwa 40% gestaucht, umgelegt und wiederum etwa 20% gereckt, so daß am Ende der ersten Verformungsstufe nur eine Gesamtstauchung von 20% resultiert. Nach erfolgter Zwischenglühung wird in ähnlicher Weise der Schmiedeprozeß weitergeleitet, bis schrittweise der erstrebte Endzustand erreicht ist. Die in einem so hergestellten Schmiedekuchen erreichten Streck- und Quetschgrenzenwerte weisen eine gute Gleichmäßigkeit in den untersuchten drei Richtungen auf.

Wie schon durch Abb. 427 erläutert, kann die Wirkung der schmiedetechnischen Maßnahmen noch dadurch verbessert werden, daß mit abnehmender Temperatur geschmiedet wird. Dementsprechend werden die einzelnen Zwischenglühungen nicht bei der hohen Anfangstemperatur, sondern bei abgestuft geringeren Temperaturen vorgenommen, insbesondere wird die letzte Verformung bei herabgesetzter, möglichst niedriger Temperatur durchgeführt. Hierdurch wird eine Behinderung allzu leichten Gleitens in den kritischen bevorzugten Richtungen erzielt. Die Herabsetzung der Temperatur bezweckt weiter, die spontan nach der Verformung eintretende Rekristallisation abzubremsen, die, wenn sie nicht unterbunden wird, zu größeren Kristallkomplexen gleicher oder doch ähnlicher Orientierung führen kann.

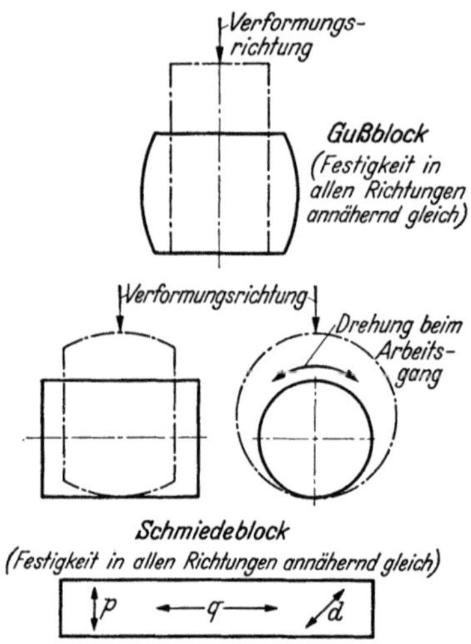

Abb. 425. Schema wechselnder Verformungsrichtung beim Schmieden.

Dem gleichen Zweck dient ein Verfahren, nach welchem in neuer Zeit in der Fabrikation von Schmiedestücken aus Magnesiumlegierungen gearbeitet wird. Danach werden die Stücke unmittelbar nach Beendigung des Preßvorganges aus dem Gesenk heraus in Wasser abgeschreckt. Dies ergibt eine wesentlich größere Gleichmäßigkeit in den Korngrößen verschiedener Querschnitte, sowie vor allen Dingen ein feineres Korn, als es erzielbar ist bei dem bisher üblichen, verhältnismäßig langsamen Abkühlenlassen an der Luft.

In Abb. 426 sind die Werte der Zerreißfestigkeit, Streckgrenze und Dehnung angegeben, wie sie an zwei Motorträgern ermittelt wurden, von denen der eine nach dem Pressen an der Luft erkaltet (altes Verfahren), der andere dagegen sofort nach Beendigung des Preßvorganges in Wasser abgeschreckt wurde. Man erkennt, daß bei dem abgeschreckten Teil die Werte nicht unwesentlich höher liegen als bei dem Vergleichsstück. Zusätzlich zu dem nachweislich erreichten Ziel, die Rekristallisation zu stabilisieren, hat die jetzige Arbeitsweise, die sich des Abschreckens bedient, den Vorteil, die Löslichkeitsverhältnisse und damit das metallographische Gleichgewicht in den stark wechselnden Querschnitten von Schmiedestücken auf eine gleichmäßige Formel zu bringen, so daß bei der nach dem Abschrecken im Ölbad vorgenommenen Anlaßbehandlung festigkeitssteigernde Härtungseffekte ohne meßbare Dehnungseinbuße erzielt werden.

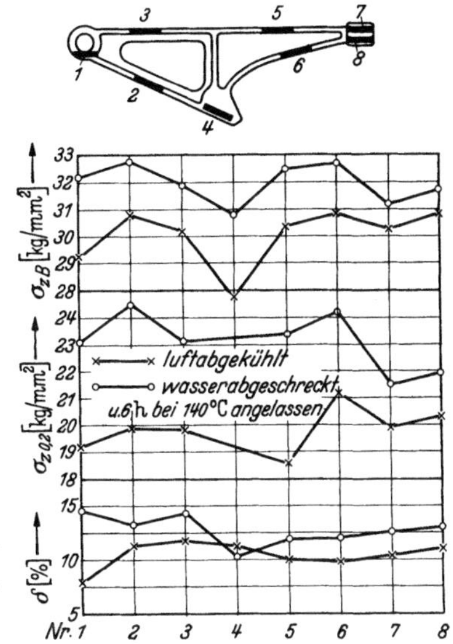

Abb. 426. Vergleich der mechanischen Werte verschieden behandelter Biegungsträger Leg. AZ 855.

Der Einfluß des Schmiedens bei steigernder bzw. fallender Temperatur ist aus dem Spannungs-Dehnungsdiagramm nach Abb. 426 ersichtlich, dem folgende Versuche zugrunde liegen:

Es wurde ein AZM-Block von 130 mm ⌀ und 180 mm Höhe bei 300° C auf 165 mm gestaucht (8% Abnahme); in weiteren 4 Stufen mit Zwischenglühungen bei 330, 360, 380 und 400° C wurde der Block weiter gestaucht auf eine Höhe von 65 mm, so daß sich eine Gesamthöhenabnahme von 64% ergibt. Spannungs-Dehnungsmessungen an Proben, die in den Richtungen p, q und d dem Schmiedekuchen entnommen waren, führten zu den in der Abbildung gestrichelten Kurven, die zugleich eine weitgehende Orientierungsabhängigkeit je nach Lage der entnommenen Proben im Schmiedeblock erkennen lassen.

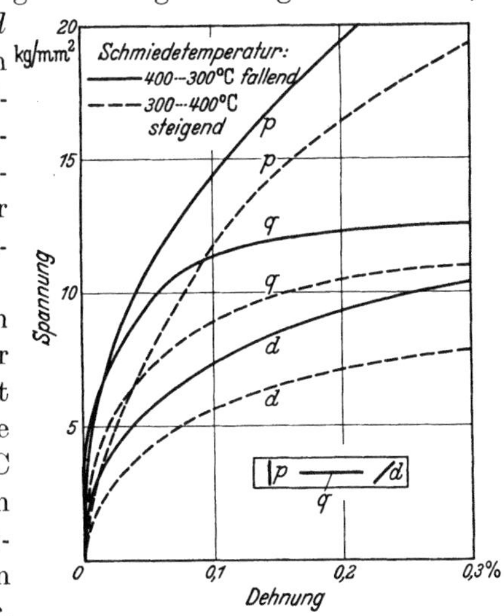

	300—400° C			400—300° C		
Probe. .	p	q	d	p	q	d
σ_z 0,2 . .	16,2	10,5	7,2	19,3	17,3	9,3

Abb. 427. Spannungs-Dehnungs-Schaubild von geschmiedeten AZM.

In gleicher Weise wurde ein zweiter Block, beginnend mit einer Temperatur von 400° C, in insgesamt fünf Stufen auf die gleiche Höhe bei einer Endtemperatur von 300° C gestaucht; die ausgezogenen Kurven stellen das Ergebnis dieses Versuches dar. Die Lage der Kurven zueinander beweist auch hier wieder, daß sich erhebliche Unterschiede in den Werten ergeben je nachdem, ob mit zu- oder abnehmender Temperatur gearbeitet wird. Auch bei diesem

Versuch tritt die Orientierungsabhängigkeit im gleich starken Maße in Erscheinung, was als Folge gleichbleibender Verformungsrichtung hinzunehmen ist.

E. Temperatur- und Ofenfrage.

Die obere Temperaturgrenze, welche für die heute üblichen Al- und Zn-haltigen Magnesiumlegierungen noch zulässig ist, liegt bei 420° C. Eine Überschreitung dieser Temperatur führt zu Warmbrüchen. Die untere Grenze liegt theoretisch bei 225° C, wo zu der hexagonalen Basis als Gleitfläche noch 12 Pyramidenflächen als Gleitmöglichkeiten hinzutreten (s. S. 21). In der Praxis empfiehlt es sich jedoch, bei Temperaturen oberhalb 225° C zu arbeiten; man schmiedet beispielsweise die Elektronlegierung AZM bei Temperaturen von nicht unter 260°, um eine hinreichende Sicherheit gegen „Scherbrüche" zu haben. Im kalten Zustand sind wesentliche Verformungen nicht möglich, wennschon Reinmagnesium, wie auch niedrig legiertes Material gewisse Kaltverformung — bis zu 10% Stauchen beispielsweise — zuläßt. Höhere Reckgrade führen indessen auch hier zum typischen Kaltbruch, bei dem ein Abrutschen bzw. Spalten des Metalles im Winkel von 45° zur Stauchrichtung eintritt. Dieser Bruch geht durch die Kristalle hindurch; er schert dieselben ab und zeigt infolgedessen ein glänzendes bzw. schaliges Aussehen, im Gegensatz zum Warmbruch, der die Korngrenzen aufbricht und körnig aussieht.

Die Vorwärmung von Halbzeug aus Magnesiumlegierungen erfolgt am sichersten in elektrischen Öfen, die möglichst mit Luftumwälzung arbeiten. Hierdurch ist am ehesten die Gleichmäßigkeit der Durchwärmung gewährleistet. Es können natürlich auch gasbeheizte Öfen verwendet werden, wenn es sich um Muffelöfen handelt, bei denen eine direkte Berührung zwischen Metall und Ofengasen ausgeschlossen und eine zuverlässige Kontrolle der Temperatur durchführbar ist. Anderenfalls besteht die Gefahr mehr oder minder lokaler Überhitzungen, welche das Gefüge durch Kornvergröberung oder gar örtliche Anschmelzerscheinungen außerordentlich verschlechtern und die Herstellung einwandfreier Werkstücke unmöglich machen. Die Dauer der Vorwärmung ist so zu halten, daß auch bei dicken Querschnitten mit Sicherheit eine gleichmäßige Durchwärmung von Rand und Mitte des Einsatzgutes gewährleistet ist. Lange Anwärmzeiten (30—50 Stunden) haben im geeigneten Temperaturbereich überdies den Vorteil, wirksame Diffusionsvorgänge einzuleiten, welche die Homogenität des Gefüges außerordentlich verbessern.

Abb. 428 zeigt den Einfluß einer derartigen Homogenisierungsglühung; beide Aufnahmen zeigen das Gefüge einer Preßstange von 25 mm ∅, die mit gleicher Preßtemperatur ausgepreßt wurde. Lediglich der Gußblock ist verschieden vorbehandelt, und zwar in einem Falle (linke Bildseite) 4 Stunden vorgewärmt, im anderen Falle (rechte Bildseite) zusätzlich zu der Anwärmzeit von 4 Stunden vorher noch 50 Stunden homogenisiert.

Man erkennt, daß die im Gußzustand eingelagerten ungelösten Verbindungskomplexe zur Diffusion bzw. Absorption gebracht worden sind. Der Unterschied in dem Verhalten der Magnesiumlegierungen beim Schmieden ist je nach der Dauer der Vorwärmung erheblich[1]. Weniger gut und lang durchgewärmtes Metall ist unhomogen; es erfordert höheren Arbeitsbedarf beim Schmieden und neigt zur Rißbildung im Materialinnern, da die noch grob an den Korngrenzen liegenden ungelösten Verbindungen Abgleitungen und Lockerungen des Materialzusammenhanges, besonders bei Querbeanspruchungen, begünstigen. Homogeni-

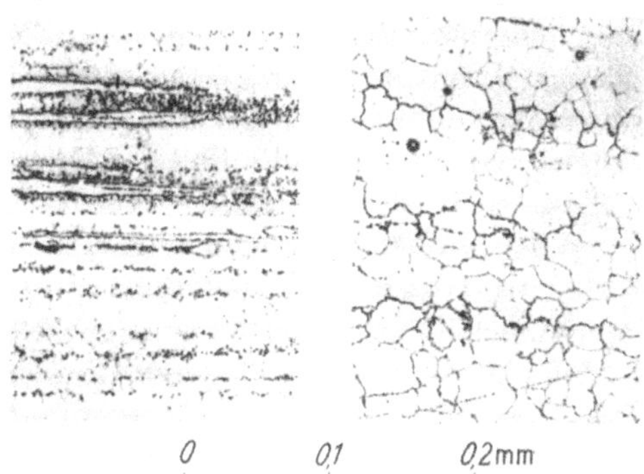

Abb. 428. Einfluß der Homogenisierungsglühung auf den Gefügeaufbau.

siertes Material dagegen läßt sich leichter schmieden; es ist weniger empfindlich gegen unsachgemäße Temperaturen; die Gefahr der Kalt- wie auch Warmbrüchigkeit ist durch die weitergetriebene Homogenisierung herabgesetzt. — Bei der Erwärmung von bereits durchgeknetetem Metall ist die Dauer der Anheizperiode von großem Einfluß auf die Erzielung feinen oder groben Korngefüges. Eine langsam durchgeführte Aufheizung regt kritisch verspannte Kristalle zum Kornwachstum an und kann dementsprechend zur Bildung groben Kornes führen. Möglichst rasche Erhitzung dagegen begünstigt die Erzielung feinen Kornes. Vor allen Dingen empfiehlt sich nach Kaltverformung stoßweise Erhitzung auf etwa 300° C. Soll beispielsweise ein verbogener Flugzeugpropeller gerichtet werden, so ist derselbe in einem Ölbad, welches vor dem Einlegen des Werkstückes bereits auf etwa 300° C erhitzt wurde, stoßartig auf Temperatur zu bringen. Hierdurch wird der Rekristallisationsvorgang an den durch die mechanische Beschädigung kritisch

[1] ALTWICKER, H.: Das Schmieden von Elektrometall, T. Z. Nr. 11/12 und Nr. 13/14, 1932.

verformten Querschnitten bzw. Kristallagen so geleitet, daß Grobkornbildung nicht eintreten kann. Das Propellerblatt kann nach etwa 10 Minuten dem Ölbad entnommen und warmgerichtet werden, ohne daß eine Entfestigung des Gefüges durch grobes Korn eintritt. — Salzbäder aus Kali- bzw. Natronsalpeter sind für die Vorwärmung von Magnesiumlegierungen nicht ungefährlich und daher nicht geeignet.

F. Verformungsgeschwindigkeit und Maschinenfrage.

Für die zweckmäßigste Verformungsgeschwindigkeit beim Schmieden von Magnesiumlegierungen lassen sich aus dem Verhalten des Einkristalles Anhaltspunkte ableiten; dieselben weisen in der Richtung, daß der Arbeitsbetrag, welcher einem Magnesiumkristall zugeführt werden kann, bei ein und derselben Temperatur konstant zu sein scheint. Soll dieser Arbeitsbetrag weitgehend für eine Verformung nutzbar gemacht werden, so sind geringe Verformungsgeschwindigkeiten zu wählen um so mehr, als dann der Einfluß der Kristallerholung wirksamer in Erscheinung tritt als bei schnellen Verformungsgeschwindigkeiten; letztere führen zu höheren Spannungszuständen in den Kristallen und damit zu vorzeitiger Erschöpfung des Gleitvermögens. Diese für den Einkristall gültigen Gesetzmäßigkeiten sind mitbestimmend für die Wahl der Verformungsgeschwindigkeiten, die beim Verschmieden von Blockmaterial aus Magnesiumlegierungen am günstigsten sind. Dabei tritt erschwerend in Erscheinung die Tatsache, daß die heute gebräuchlichen Legierungskomponenten, wie Al, Zn und Mn, auf die Einzelkristalle verfestigend, auf deren gegenseitige Lage zueinander blockierend wirken. Hieraus erklärt sich einerseits der im Vergleich zu Reinmagnesium höhere Kraftbedarf beim Schmieden von Magnesiumlegierungen, andererseits eine deutliche Empfindlichkeit des Gußblockgefüges gegen das Überschreiten gewisser Verformungsgeschwindigkeiten. Die Frage der Verwendung einer hydraulischen Presse oder eines Fallhammers zum Schmieden von Magnesiumlegierungen beantwortet sich eindeutig zugunsten der hydraulischen Presse, solange es sich um gegossenes Ausgangsmaterial handelt. Sobald dieses unter dem Einfluß der auf hydraulischen Pressen üblichen, verhältnismäßig niedrigen Verformungsgeschwindigkeiten eine gewisse Kornverfeinerung erfahren hat, ist das Gefüge wesentlich unempfindlicher gegen schnellere Verformungsgeschwindigkeiten. Für die Überführung des Gußzustandes in den Knetzustand kommen grundsätzlich nur hydraulische Pressen in Frage, weil sie mit verhältnismäßig niedrigen Verformungsgeschwindigkeiten arbeiten, unter deren Einfluß während des Schmiedens eine dauernde Kristallerholung stattfindet. Die Folge davon ist, daß das Gleitvermögen der einzelnen Kristalle sich nicht in dem Maße erschöpft wie bei schnellen bzw. schlagartigen Verformungen. Hierin liegt ein wesentlicher Grund für die Wirtschaftlichkeit des Schmiedens unter hydraulischen Pressen. Man kann je Hitze sehr hohe Reckgrade anlegen und hat außerdem eine größere Sicherheit gegen lokale Überbeanspruchung der Schmiedeteile, die zum Einreißen bzw. Ausschußwerden führt. In der Praxis geht man bei der Herstellung von Gesenkpreßteilen aus Magnesiumlegierungen zweckmäßigerweise von Vormaterial aus, welches auf der Strangpresse bereits eine wesentliche Durchknetung und damit Kornverfeinerung erfahren hat. Im allgemeinen werden entsprechend bemessene Rand- oder Flachstangen, bei schwierigen Stücken vorprofilierte Stangen verwendet, die nach dem Zuschneiden und Anwärmen in Gesenken verarbeitet werden. Ein derartiges Vormaterial hat infolge des Strangpreßvorganges stets eine gewisse, meistens sogar je nach dem Verpressungsgrad eine ideale Feinkörnigkeit, welche auch für schlagartige Verformungen unter Spindelpressen oder Fallhämmern günstige Voraussetzungen schafft. So kann man heute Teile, deren Form stärkste Beanspruchung des Werkstoffes beim Schmieden bedingt, unter Spindelpressen herstellen und bei Vergleichen mit Al-Cu-Mg-Legierungen beobachten, daß die Verformbarkeit dieser Teile aus Magnesiumlegierungen gleich gut von statten geht. Der Grund hierfür liegt darin, daß es mit Hilfe der heute verfügbaren Strangpressen bis zu 5000 t Druck, welche Blöcke von 350 mm ⌀ und darüber verarbeiten können, möglich ist, wesentlich höhere Verpressungsgrade als früher anzulegen, wodurch die Erzielung einer besonders feinkörnigen Struktur in den als Ausgangsmaterial für die Schmiede bestimmten Preßstangen gewährleistet ist. Preßteile, welche aus solchen Stangen angefertigt werden, lassen sich bei Fließgeschwindigkeiten bis zu 1,5 m pro Minute einwandfrei herstellen. Dieser Wert hat Gültigkeit für einfache Preßformen, die symmetrische Querschnitte aufweisen. Die heute bei schwierigeren Teilen gebräuchlichen Fließgeschwindigkeiten liegen im allgemeinen niedriger, womit sich der Vorteil verbindet, das Steigen des Materials in die Gesenkform und damit deren exaktes Auspressen zu begünstigen. Weiche Magnesiumlegierungen, wie Elektron AZ 31, werden im übrigen seit Jahren mit bestem Erfolg unter Spindelpressen verformt. Härtere Legierungen, wie Elektron AZM, verlangen, um durch schlagartige Verformung schmiedbar zu sein, einen hohen Grad von Feinkörnigkeit und Homogenität des Vormaterials. Zusätzlich empfiehlt sich zu Beginn des Schmiedens mit niedriger Fallhöhe zu arbeiten und dieselbe allmählich zu steigern, nachdem das Preßteil so in der Gravur liegt, daß lokale Überbeanspruchungen vermieden werden. Beim Fallhammerschmieden sind hohe Bärgewichte und niedrige Fallhöhen angebracht.

G. Werkzeugfragen.

Das Arbeiten unter hydraulischen Pressen gibt vorteilhafterweise in vielen Fällen die Möglichkeit, mit Gesenken aus Stahlguß auszukommen. Da diese meistens billiger sind als Gesenke aus geschmiedetem Stahl, wird der für die Ausführung eines Konstruktionsteiles als Schmiedestück notwendige Aufwand nicht unerheblich verringert.

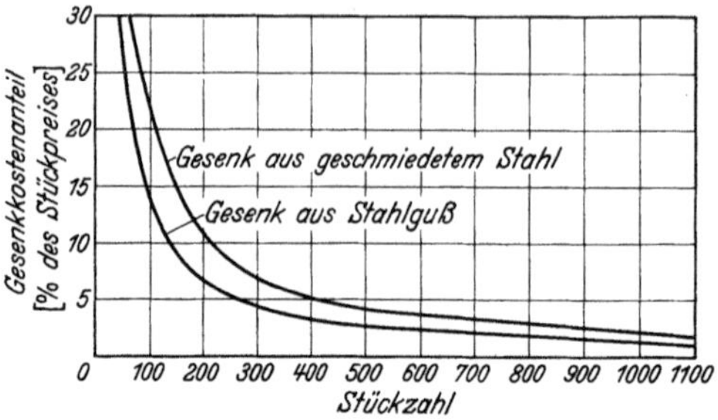

Abb. 429. Beziehung zwischen Gesenkpreis und Stückzahl in Abhängigkeit vom Gesenkmaterial.

Abb. 429 zeigt die Beziehung zwischen Gesenkpreis und Stückzahl in Abhängigkeit vom Gesenkmaterial, ermittelt am Beispiel eines größeren Elektronschmiedestückes. Bei einer Stückzahl von z. B. 200 beträgt der Gesenkkostenanteil etwa 12% des Stückpreises bei Verwendung eines Gesenkes aus Schmiedestahl gegenüber etwa 7% bei Verwendung eines Stahlgußgesenkes.

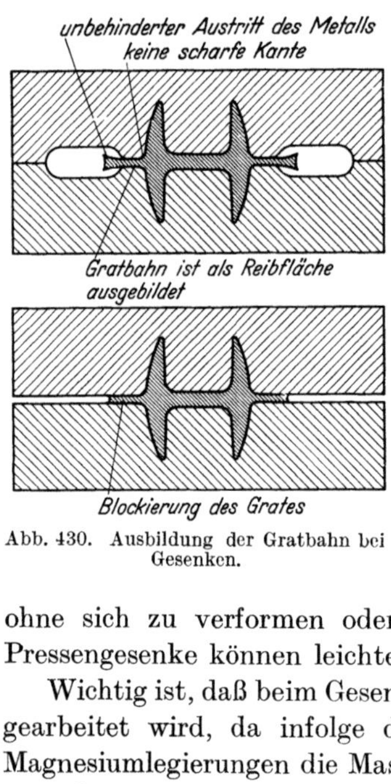

Abb. 430. Ausbildung der Gratbahn bei Gesenken.

Würden also von einem Teil 200 Stück anzufertigen und die Gesenkkosten auf diese Stückzahl umzulegen sein, so wäre der Stückpreis in einem Falle um 12%, im anderen Falle nur um 7% zu erhöhen. Der Unterschied von 5% kann vor allen Dingen, wenn es sich um große Schmiedestücke handelt, erhebliche Beträge ausmachen. Gegossene Gesenke sind beim Fallhammer unmöglich, da hier die Beanspruchung durch die Aufnahme der Schlagarbeit eine viel höhere ist. Hammergesenke müssen immer ein Volumen haben, welches in der Lage ist, den Schlag des Bären aufzunehmen, ohne sich zu verformen oder durch Ermüdung zu Bruch zu gehen. Pressengesenke können leichter und daher billiger gehalten werden.

Wichtig ist, daß beim Gesenkpressen mit gut vorgewärmten Gesenken gearbeitet wird, da infolge des geringen spezifischen Gewichtes der Magnesiumlegierungen die Masse der zu pressenden Teile gering ist und verhältnismäßig schnell ein Abfließen der Wärme in die Gesenke stattfinden kann, wodurch die Stücke vorzeitig erkalten und sich nur unvollkommen auspressen lassen. Dieser Umstand erfordert Berücksichtigung bei der Ausbildung von Preßgesenken, in denen Magnesiumlegierungen verarbeitet werden sollen. Es empfiehlt sich, an derartigen Werkzeugen grundsätzlich Gratbahnen vorzusehen, die so ausgebildet sind, daß im Zuge des Metallflusses beim Pressen oder Schlagen das Metall über eine sog. Reibkante läuft, die, wie Abb. 430 oben zeigt, frei gefräst ist, so daß das noch wegzuquetschende Metall nach Überschreiten dieser Reibkante frei austreten kann und keinen zusätzlichen Preßdruck absorbiert.

Ausführungen nach Abb. 430 unten empfehlen sich weniger, da in diesem Falle das in den Grat fließende Metall als verhältnismäßig dünne Schicht schnell erkaltet und zu einer erheblichen Erhöhung des notwendigen Preßdruckes, wenn nicht gar zu vollkommener Blockierung des Fließvorganges führt.

Im übrigen erfordern die Magnesiumlegierungen im Vergleich zu den Leichtmetallen der Aluminiumgruppe keine spezifische Behandlung in der Ausbildung von Preß- bzw. Schmiedewerkzeugen. Es hat sich bewährt, beim Freiformschmieden die Arbeitsflächen der Werkzeuge konvex-ballig zu halten, da hierdurch das Fließen des Metalles unter dem Einfluß des Arbeitsdruckes begünstigt wird.

Technologie des Walzens.

Von P. MENZEN.

Magnesium und Magnesiumlegierungen werden in Form von Blechen und teilweise Bändern in den für Aluminium gebräuchlichen Abmessungen und Stärken hergestellt und geliefert. In der Zahlentafel 69 sind die in den deutschen technischen Lieferbedingungen für Magnesium und seine Legierungen festgelegten Mindestabnahmewerte sowie die dem heutigen Fabrikationsstand entsprechenden mechanischen Eigenschaften wiedergegeben. Es ist besonders darauf aufmerksam zu machen, daß es sich hierbei um die Eigenschaften in der ungünstigsten Prüfrichtung (Längsrichtung) handelt. Die Zusammensetzung der Magnesium-Walzlegierungen ist in Zahlentafel 29 enthalten.

Zahlentafel 69. Festigkeitsmindestwerte und durchschnittliche Lieferwerte von Magnesium und Magnesium-Walzlegierungen.

Legierung		Blechstärke über mm	Blechstärke bis mm	Festigkeitseigenschaften $\sigma_{0,2}$ kg/mm²	σ_B kg/mm²	δ_{10} %
Techn. Mg	Abnahmewert	0	6	—	8—12	3—6
(99,7 proz.)	Lieferbereich	0	6	—	15—20	4—10
AM 503	Abnahmewert	0	6	8	19	5
(FlW 3501.2)		6	20	8	19	3,5
	Lieferbereich	0	1,5	11—15	21—23	7—19
		1,5	4	11—15	21—23	5—10
		4	6	10—14	21—23	5—8
		6	20	10—14	20—23	4—7
AM 537	Abnahmewert	0	1,5	19	25	18
		1,5	2,5	17	24	17
		2,5	20	15	23	15
	Lieferbereich	0	1,5	19—22	25—27	20—27
		1,5	2,5	17—21	24—27	18—23
		2,5	20	16—20	23—25	17—21
AZ 21	Abnahmewert	0	4	13	23	15
	Lieferbereich	0	4	14—17	23—25	18—24
AZM	Abnahmewert	0	10	18	28	10
(FlW 3510.2)		10	20	17	28	10
	Lieferbereich	0	6	18—21	29—32	14—19
		6	10	18—20	29—31	12—17
		10	20	17—20	29—31	12—17

A. Walzen.

Als *Ausgangsmaterial* für das Walzen von Magnesium und seinen Legierungen werden Gußbarren, vorwiegend jedoch Preßschienen eingesetzt. Gegenüber den im Gußgefüge vorliegenden Walzbarren haben die vorgepreßten Schienen auf Grund der bereits erfahrenen starken Verformung den Vorteil eines gefügemäßig ausgeglicheneren Querschnittes und damit verbesserter Walzbarkeit. Das Walzen erfolgt sowohl auf Duo- als auch Trio*gerüsten,* deren Abmessungen sich nach dem jeweiligen Verwendungszweck bezüglich Blechbreite und -dicke richten.

Auf Grund des hexagonalen Kristallaufbaues ist die Verformbarkeit in gleichbleibender *Richtung* im Maße der Verfestigungsfähigkeit der verschiedenen Legierungen begrenzt. Eine über dieses Maß hinausgehende Walzung führt zu einem Absinken der in der Walzrichtung gemessenen mechanischen Werte, wobei gleichzeitig die mechanischen Eigenschaften quer zur Walzrichtung ansteigen. Die zunehmende in einer Richtung erfolgende Kaltverformung erhöht die Anisotropie in der Weise, daß zufolge der Orientierung der Basisebenen (s. S. 31) die Streckgrenz- und Festigkeitswerte längs zur Walzrichtung zugunsten der Querwerte abnehmen. Dagegen zeigt ein von Stich zu Stich um 90° gedrehtes, d. h. abwechselnd längs und quer gewalztes Blech keine Richtungsunterschiede und daher verhältnismäßig hochliegende Festigkeitseigenschaften und gute Verformbarkeit[1] (s. Zahlentafel 70).

Zahlentafel 70. Mechanische Eigenschaften von Magnesiumlegierungen bei gleichbleibender und bei abwechselnd um 90° gedrehter Walzrichtung.

Legierung	Walzrichtung	Prüfrichtung	Festigkeitseigenschaften $\sigma_{0,2}$ kg/mm²	σ_B kg/mm²	δ_{10} %
AM 503	gleichbleibend	längs	12,6	21,8	13,6
		quer	18,0	26,1	16,7
	wechselnd (um 90°)	längs*	15,0	23,8	16,0
		quer*	14,9	23,7	15,0
AM 537	gleichbleibend	längs	20,8	26,1	22,1
		quer	22,8	27,0	26,6
	wechselnd (um 90°)	längs*	21,5	26,3	26,4
		quer*	21,8	26,7	26,1

* Bezeichnung entsprechend dem letzten Walzstich.

Es muß daher beim Walzen Sorge getragen werden, daß innerhalb des Verformungsbereiches zwischen zwei Glühungen zwecks Erzielung

[1] Schmidt, W.: Z. Metallkde. Bd. 23 (1931) S. 54, Schmidt, W.: Z. Metallkde. Bd. 25 (1933) S. 229.

einer ausreichenden Walzabnahme nicht nur die für die einzelne Kraftrichtung günstigst liegenden Gleitebenen, sondern auch eine möglichst hohe Anzahl der übrigen Gleitflächen für den gesamten Verformungsablauf erfaßt werden. Dies wäre theoretisch durch ein dauerndes Wechseln der Kraftrichtung erreichbar, bei dem die Kristalle alle einmal in eine meistbegünstigte Lage zur Kraftrichtung gelangen. Technisch ist ein Kraftrichtungswechsel jedoch meist nur um etwa 90° durchführbar und die Häufigkeit des Wechselns zwischen diesen „Längs- und Querwalzungen" durch die Abmessungen der Walze und des Walzgutes begrenzt. In Zahlentafel 71 ist für die verschiedenen Elektronlegierungen das durchschnittliche Verhältnis von Längs- und Quereigenschaften beispielsweise für die Blechstärke 0,5 mm angeführt.

Zahlentafel 71. Gegenüberstellung von Längs- und Querfestigkeitseigenschaften von Magnesium und Magnesiumlegierungen bei 0,5 mm Blechstärke.

Legierung	Prüfrichtung	Festigkeitseigenschaften $\sigma_{0,2}$ kg/mm²	σ_B kg/mm²	δ_{10} %
Magnesium (techn.)	Längs	11	20	9
	Quer	12,5	21,5	8,5
AM 503 (FlW 3501.2)	Längs	13	22,5	13
	Quer	17,5	26	18
AM 537	Längs	20	26	23
	Quer	22,5	27,5	25
AZ 21	Längs	16	24,5	22
	Quer	16	25,5	23
AZM (FlW 3510.2)	Längs	21	30,5	20
	Quer	22	30,5	22

Magnesium und Magnesiumlegierungen werden sowohl im Warm- als auch Kaltverformungsgebiet mit metallblanker Oberfläche, also trocken, gewalzt. Die Anwendung sonst üblicher flüssiger *Walzmittel* ist im allgemeinen nicht möglich. Bei der Warmwalzung bringen Flüssigkeiten, wie Öl, Wasser, Öl-Wasser-Emulsion od. dgl., in erster Linie eine zu starke Abkühlung der Oberflächen von Walzgut und Walze, während bei der Kaltwalzung solch ein Flüssigkeitsfilm oder auch nur vereinzelte Bahnen oder größere Spritzer hiervon auf Walze oder Blech an diesen Stellen verringerter Reibung innerhalb des Blechquerschnittes zu unterschiedlicher Verformungsverteilung führen können, so daß das Material an den Stellen bevorzugter Verformungsaufnahme über die Bruchgrenze hinaus beansprucht wird und daher örtlich quer zur Walzrichtung einreißt. Bei Anwendung solcher Schmiermittel werden dünnere Stellen, z. B. bei Stärkenunterschreitungen an Blechrändern u. dgl., durch die örtlich geringere Reibung stark auf Zug beansprucht. Sie fließen infolgedessen ungleichmäßig, wodurch auf Grund der Kerbempfindlichkeit leicht Kantenrisse sowie Innenrisse entstehen. Es muß daher bei Elektron bereits bei den Zwischenwalzungen auf ein gutes Auswalzen, d. h. möglichst geringe Stärkenabweichungen, geachtet werden.

Die Höhe des *Walzenballens* ist durch den vorgesehenen Anwendungsbereich bestimmt, also zunächst davon abhängig, ob die Walze als Warm- oder Kaltwalze laufen soll. Unter Berücksichtigung der Veränderung des Verformungswiderstandes innerhalb des Walzprogramms ist der Ballen außer der Legierungshärte auch dem Blechstärkenbereich anzupassen.

Bei Anwendung einer hochgradigen Verformung in derselben Richtung sind auch *Elektronbänder* herstellbar, deren Festigkeitswerte allerdings naturgemäß größere Unterschiede in der Längs- und Querrichtung aufweisen.

B. Glühen.

Sowohl die Anfangserhitzung der Preß-Schienen und Walzbarren im Stoßofen als auch die Zwischenglühungen während des Walzens bezwecken lediglich ein Weichglühen, das demnach bei Erreichen der für die anschließende Warmverformung benötigten Walztemperatur beendet ist. Die Zeitdauer dieser Glühungen richtet sich daher in erster Linie nach den Wärmeübergangsverhältnissen der zur Verfügung stehenden Glühöfen. Die nach der letzten Kaltwalzung erfolgende Fertigglühung ist vornehmlich als Rekristallisationsglühung zu betrachten, deren Temperatur und Zeit durch den von Legierungszusammensetzung und Kaltverformungshöhe abhängigen Rekristallisationsablauf bestimmt wird.

Der *Rekristallisationsbereich* ist bei den niedrig legierten Magnesium-Knetlegierungen sehr groß und umfaßt z. B. bei Elektron AM 503 (FlW 3501.2) bei Anwendung geringerer Kaltwalzgrade und technischer Glühzeiten einen Temperaturbereich von etwa 250—450° C, der mit zunehmender Kaltverformung zu niedrigeren Temperaturen herabgedrückt wird. Mit zunehmender Festigkeitssteigerung durch Legierungszusätze wird der Rekristallisationsbereich in gleichem Maße eingeengt und umfaßt z. B. bei Elektron AZM (FlW 3510.2) nur noch etwa 70° C.

C. Allgemeine Arbeitsbedingungen.

Sehr empfindlich ist die *Oberfläche* der Magnesiumlegierungen beim Glühen gegenüber metallischen Verunreinigungen, die in Form von Metallstaub, -abrieb od. dgl. entweder im Glühofen oder von der Walzenoberfläche während der Warmwalzung aufgebracht worden sein können. Bei der Einrichtung einer Elektronblecherzeugung in Gemischtbetrieben, d. h. solchen Walzwerken, die normalerweise Aluminium- oder Kupferlegierungen herstellen, muß beachtet werden, daß sowohl bei der Glühung der Ofeninnenraum und die Heißluft als auch bei der Warmwalzung die Walzenoberflächen und Hebetische restlos von Fremdmetallabrieb befreit sind. Unsauberes Arbeiten in diesem Punkte rächt sich in der Form, daß an der Oberfläche eine Vielzahl kleiner Fehlstellen (s. Abb. 431) entsteht, deren Ursache z. B. auf Bildung einer hochprozentigen Magnesium-Aluminium-Legierung zurückzuführen ist.

Nach der Walzung auf Fertigstärke wird das Elektronblech bei der der Legierung entsprechenden günstigsten Rekristallisationstemperatur fertiggeglüht und anschließend zur Erreichung der in den Lieferbedingungen vorgeschriebenen Planheit gerichtet. *Das Richten* hat lediglich den Zweck, die durch Verziehen bei der Glühung entstandene Welligkeit sowie geringere Unplanheiten vom Walzen her zu beseitigen. Bei größerer Unplanheit besteht durch Anwendung stärkerer Richtverformung die Gefahr vermehrter Zwillingsbildung und damit eines Absinkens der mechanischen Werte parallel zur Richtrichtung (s. S. 31). Die vom Walzen und Glühen herrührende unsaubere Oberfläche wird zum Teil mechanisch durch *Bürsten* bzw. *Schleifen* und zum Teil chemisch durch *Blankbeizen* in Salpetersäure gereinigt. Die Schutzbeizung wird mit einer Beize, bestehend aus 10—15 Gew.-% konz Salpetersäure, etwa 6—10 Gew.-% Kalium- oder Natriumbichromat und Rest-Wasser, durchgeführt. Es hat den Vorteil, außer der reinigenden Wirkung der Säure eine messingfarbene bis braune — wohl als Chromichromat anzunehmende — Schicht auf der Oberfläche zu erzeugen, die vor allem als Unterlage eines Anstrichs einen wirksamen Schutz gegen Oberflächenkorrosion darstellt.

Abb. 431. Oberflächenfehler durch Aluminiumverunreinigung.

D. Verformungsbedingungen beim Walzen.

Die Verformungsfähigkeit der Magnesiumlegierungen ist abhängig von

1. der Verformungstemperatur,
2. der Verformungsgeschwindigkeit,
3. der Kristallorientierung und
4. der Korngröße.

1. Walztemperatur.

Auf Grund des erhöhten Formänderungsvermögens (s. S. 21) von Magnesium oberhalb 225° C ist der Hauptanteil der heutigen Magnesiumblechherstellung durch *Warmwalzen* gekennzeichnet, bei dem entsprechend der Höhe der Walztemperatur verhältnismäßig hohe Stichabnahmen ermöglicht werden können. Die Temperatur der Warmwalzung ist nach unten hin durch Anstreben des geringsten Verformungswiderstandes und nach oben durch den Soliduspunkt bzw. durch die Warmfestigkeit der betreffenden Legierung begrenzt.

Zahlentafel 72. Warmwalztemperaturbereiche und Weichglühtemperaturen einiger Magnesiumlegierungen.

Legierung	AM 503 (FlW 3501.2) °C	AM 537 °C	AZ 21 °C	AZM (FlW 3510.2) °C
Warmwalztemperaturbereich . . .	250—500	250—460	260—370	280—320
Weichglühtemperatur	320—500	320—460	300—370	280—320

Zu hohe Walztemperaturen führen zu einer die Walzbarkeit allgemein verschlechternden Kornvergröberung und bei den höherprozentigen Legierungen leicht zu Warmrissigkeit, zu niedrige Walztemperatur dagegen besonders im größeren Blechstärkenbereich leicht zu Kaltrissen.

Die Warmwalzbarkeit ist ebenfalls beeinflußt durch die Höhe der Legierungskomponenten. Während sich Magnesium bis über 80% warm verformen läßt, liegt die Grenze bei AZM bereits bei etwa 20—25% Ab-

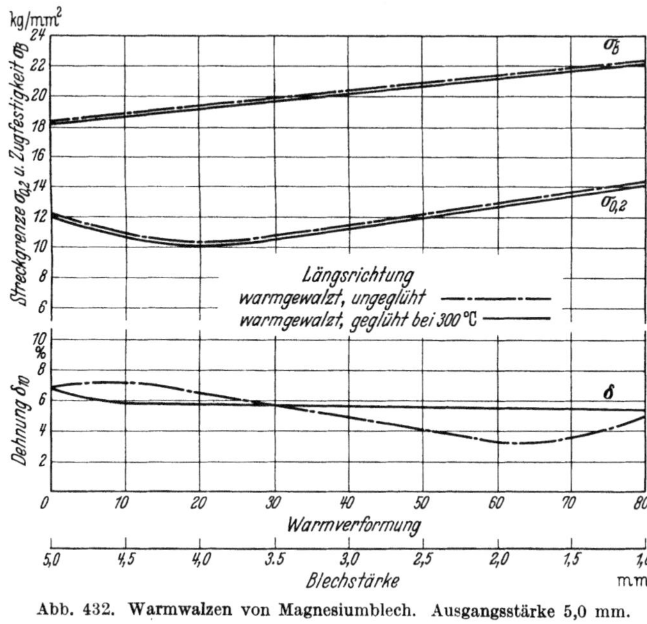

Abb. 432. Warmwalzen von Magnesiumblech. Ausgangsstärke 5,0 mm.

nahme nach einer Glühung. Die anwendbare Verformungshöhe je Einzelstich nimmt hierbei mit der Erhöhung der Legierungsbestandteile ab. In den Abb. 432 und 433 sind Streckgrenze (0,2%), Zugfestigkeit und Bruchdehnung (δ_{10}) von technischem Magnesium sowie von den

Legierungen AM 503 und AZM längs zur Walzrichtung in Abhängigkeit vom Warmverformungsgrad jeweils im verformten und im anschließend geglühten Zustand dargestellt. Der Streckgrenzen- und Festigkeitsanstieg bei Magnesiumblech in Abb. 432 ist zum Teil darauf zurückzuführen, daß beim Abwalzen von der gemeinsamen Ausgangsstärke 5,0 mm bei höheren Verformungsgraden verhältnismäßig geringe Endstärken (1,0 mm) erreicht werden, bei denen ohnehin auf Grund stärkerer Durchknetung allgemein höhere Festigkeitswerte erzielt werden. Die zugehörigen Werte quer zur Walzrichtung liegen in entsprechendem Abstand über den Längswerten. In Abb. 433 läßt der Anstieg der Streck-

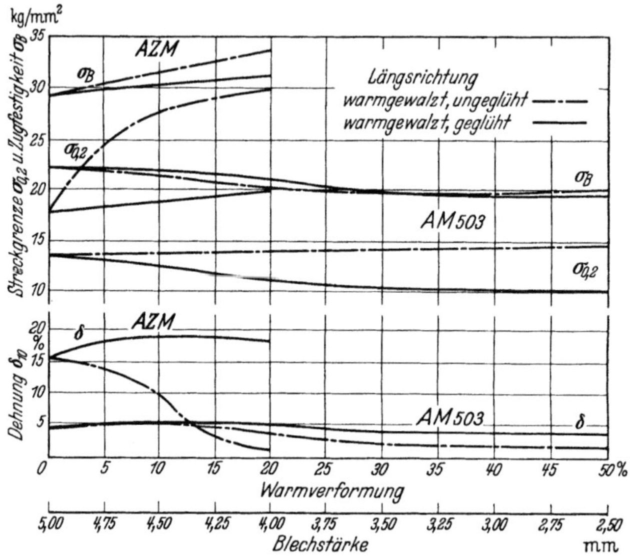

Abb. 433. Warmwalzen von Elektronblech AM 503 und AZM. Ausgangsstärke 5,0 mm.

grenz- und der Abfall der Dehnungskurve bei AZM in ungeglühtem Zustand erkennen, daß die Warmwalzbarkeit in diesem Stärkenbereich mit max. 20% erschöpft ist, während bei AM 503 auf Grund der geringen Verfestigungsfähigkeit weitaus stärkere Warmverformungen erreichbar sind.

Die Möglichkeit sowie Zweckmäßigkeit von *Kaltwalzen* ist bei Magnesium und den Magnesiumlegierungen sehr unterschiedlich. Abb. 434 zeigt die mechanischen Eigenschaften (Zugfestigkeit, Streckgrenze und Bruchdehnung) von kaltgewalztem Magnesiumblech in Abhängigkeit vom Kaltwalzgrad sowie der hierdurch beeinflußten Korngröße. Damit vergleichbare Werte vorliegen, sind sämtliche Verformungen bis zur gleichen Endstärke 0,5 mm durchgeführt. Die Werte im stärkenmäßig unterschiedlichen Ausgangszustand sind den auf 0,5 mm kaltgewalzten und bei 280° C geglühten jeweils gegenübergestellt. Die Abb. 435 und 436 stellen die gleichen Untersuchungen für die Legierung AZM längs und

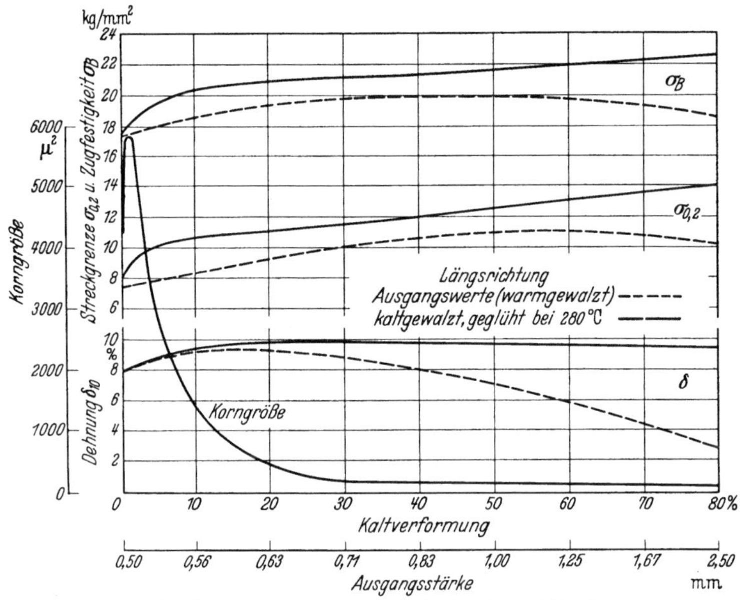

Abb. 434. Kaltwalzen von Magnesiumblech. Endstärke gleichbleibend 0,5 mm.

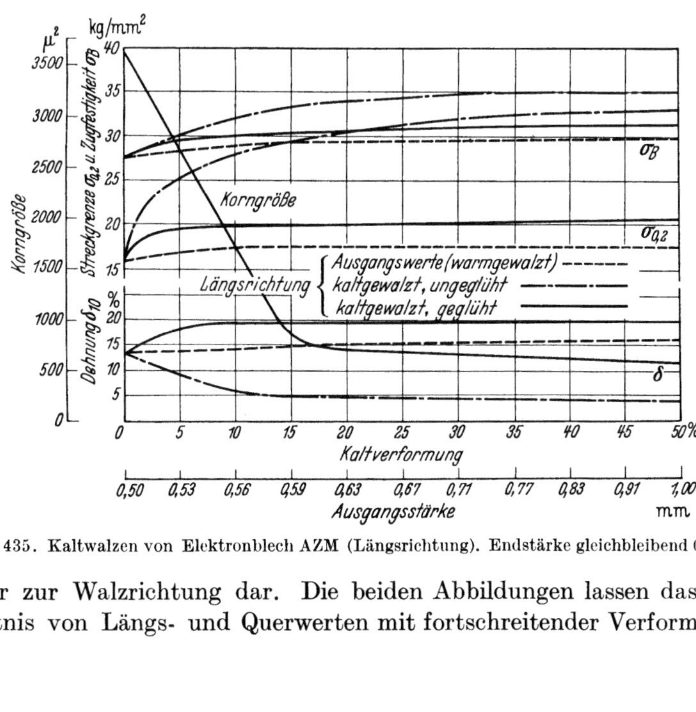

Abb. 435. Kaltwalzen von Elektronblech AZM (Längsrichtung). Endstärke gleichbleibend 0,5 mm.

quer zur Walzrichtung dar. Die beiden Abbildungen lassen das Verhältnis von Längs- und Querwerten mit fortschreitender Verformungshöhe (kaltgewalzt, ungeglüht) erkennen. Das Fehlen von Tiefstwerten im Bereich der „kritischen“ Verformung ist bei den vorliegenden Kurven darauf zurückzuführen, daß das warmvorgewalzte Ausgangsmaterial auf Grund häufiger Zwischenglühungen für diese geringen Kaltverformungsgrade bereits ein verhältnismäßig grobes Korn aufweist, so daß

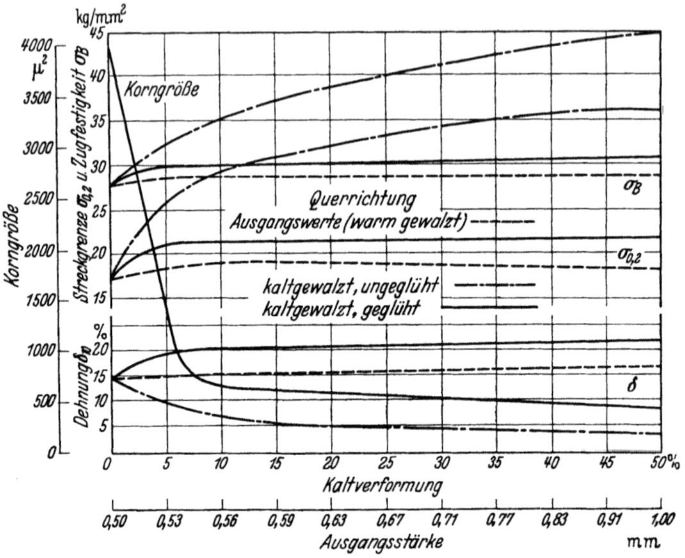

Abb. 436. Kaltwalzen von Elektronblech AZM (Querrichtung). Endstärke gleichbleibend 0,5 mm.

eine weitere wesentliche Kornvergröberung auch bei geringen Verformungen nicht mehr eintreten kann. Der Warmwalzzustand (0% Verformung) entspricht demnach etwa den sonst normalerweise auftretenden Tiefstwerten bei „kritischer“ Kaltverformung.

2. Walzgeschwindigkeit.

Bei Beginn der Herstellung von Elektronblech standen s. Zt. nur wenige Walzgerüste zur Verfügung, so daß bei der Erprobung höherer Walzgeschwindigkeiten in Ermangelung der notwendigen Unterteilung der Walzenballen hohe Prozentsätze von Abfall durch Kantenrisse infolge der Kerbempfindlichkeit des Materials entfielen. Dies führte zu der Ansicht, daß eine möglichst geringe Walzgeschwindigkeit die Voraussetzung für das Walzen von Elektron sei. Nach einer zweckmäßigen Aufteilung der Produktion auf entsprechend geeignete Gerüste mußte diese anfängliche Erkenntnis jedoch als überholt betrachtet werden. Walzversuche innerhalb eines Geschwindigkeitsbereiches von 0,1—1,5 m/sec haben selbst bei Anwendung von Kaltwalzung keinen wesentlichen Einfluß auf die Walzbarkeit sowie die Materialeigenschaften des Fertigbleches erkennen lassen. Aus wirtschaftlichen Erwägungen heraus wird man also wohl stets das Walzen bei den auch für Aluminium üblichen höheren Geschwindigkeiten durchführen. Eine über diesen normalen Rahmen wesentlich hinausgehende Geschwindigkeitssteigerung bringt allerdings die Gefahr einer relativ höheren Verfestigung und damit vorzeitigen Zubruchgehens, da der normalerweise bereits innerhalb der Walzzeit infolge Kristallerholung einsetzende Festigkeitsrückgang nicht genügend zur Auswirkung gelangen kann. Eine Erhöhung der Walzgeschwindigkeit wäre also allgemein nur soweit durchführbar, als der durch Erholung eingeleitete Entfestigungsvorgang hierdurch nicht unterbunden wird. Darüber hinaus müßte der Erholungsablauf künstlich durch entsprechende Erhöhung der Walztemperatur begünstigt werden.

×500

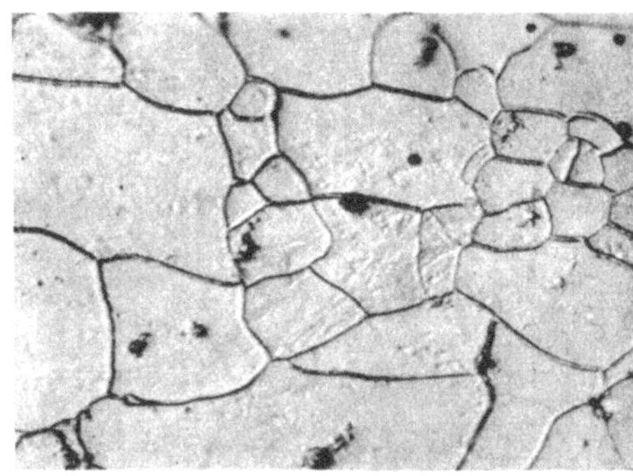

Abb. 437. Korngröße von Magnesium.

3. Kristallorientierung.

Bei der Kaltverformung findet besonders bei den kleineren Verformungsgraden die Gleitung zunächst nach der Basisebene statt, bis diese erschöpft ist und die Basisebenen mit gewissen Streuungen in der Blechebene liegen. Hierbei werden sich die zur Verformungsrichtung günstigst orientierten Kristalle zuerst verformen, während die weniger günstig gelagerten Kristalle sich mehr oder weniger elastisch verspannen. Erst bei höheren Kaltverformungen wird sich auch die Zwillingsbildung mehr betätigen, was daraus hervorgeht, daß die Streuungen der Basislage um die Längsrichtung und besonders um die Querrichtung (s. S. 33) wesentlich größer ist als bei einem nur wenig kaltgewalzten Blech. Demzufolge sind die Dehnungen bei den stärker kaltverformten Blechen in beiden Richtungen größer, während die Festigkeiten niedriger liegen als die der nur wenig kaltverformten Bleche. Hinzu kommt natürlich, wie schon erwähnt wurde, daß mit dem Kalt-

×500

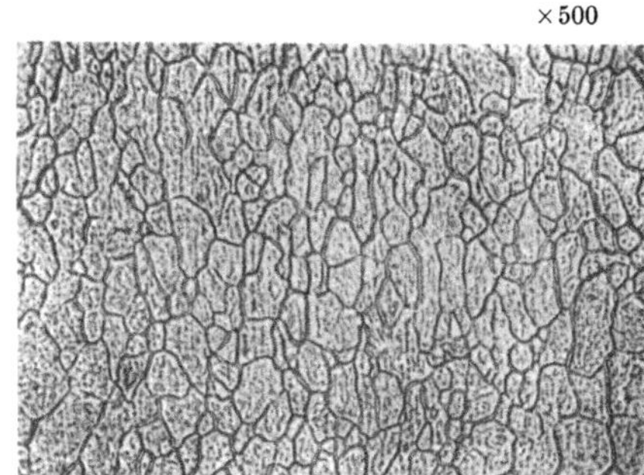

Abb. 438. Korngröße von AM 503 (FlW 3501.2).

walzgrad die Erholung zunimmt. Besonders hohe Kaltverformungen lassen sich vorteilhaft nur bei den niedrig legierten Mg-Legierungen praktisch ausnutzen, da bei diesen zur Grobkornbildung neigenden Legierungen eine besonders große Kornverfeinerung erzielt wird, während bei den hochlegierten Mg-Legierungen schon von Anfang an ein feineres Korn vorliegt, das durch Kaltverformung und anschließende Rekristallisation nur noch unwesentlich verfeinert werden kann.

×500

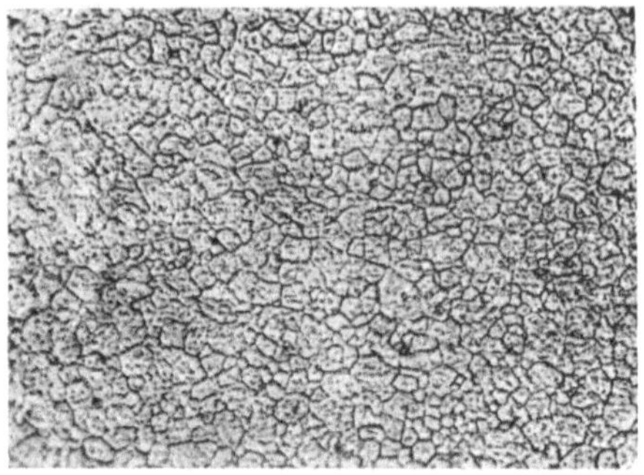

Abb. 439. Korngröße von AM 537.

4. Korngröße.

Wie auch von anderen Metallen bekannt, sind die meisten Eigenschaften bei vielkristallinem Aufbau von der Größe des Einzelkristalls beeinflußt. Bei Magnesium und seinen Legierungen tritt diese Abhängigkeit sehr stark in den Werten der Dehnung, Streckgrenze, Zugfestigkeit, Biegefähigkeit und Verformbarkeit zutage, die bei entsprechender Kornverfeinerung erheblich verbessert werden können. Die Abb. 437—440 zeigen eine Gegenüberstellung der Gefügebilder von Magnesium und den Elektronlegierungen AM 503, AM537 und AZM in 500facher Vergrößerung.

×500

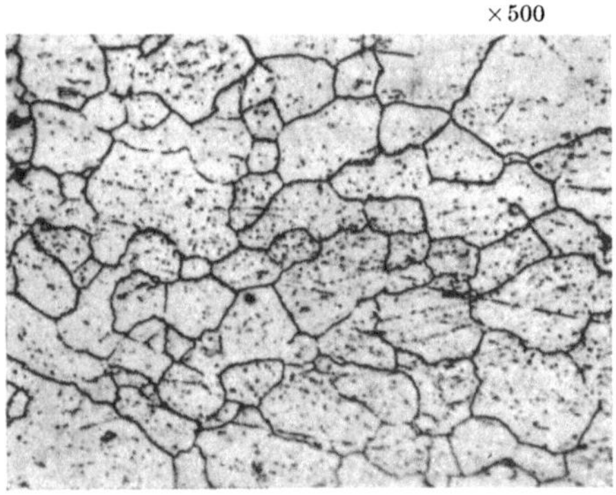

Abb. 440. Korngröße von AZM (FlW 3510.2).

Bei Vergleich der Gefügebilder der Legierungen AM 503 und AM 537 tritt deutlich der Kornverfeinerungseffekt des in der Legierung AM 537 enthaltenen Zer-Zusatzes zutage. Die erheblichen Eigenschaftsverbesserungen dieser Legierung gegenüber AM 503 in den mechanischen Eigenschaften sind in erster Linie auf diese Kornverfeinerung zurückzuführen.

Spangebende Bearbeitung.

Von O. Keinert.

A. Allgemeines über die Verspanung der Magnesiumlegierungen.

Die den Leichtmetallen eigene gute Zerspanbarkeit ist bei den Magnesiumlegierungen in erhöhtem Maße ausgeprägt, so daß bei ihnen die höchsten Schnittleistungen unter allen metallischen Werkstoffen erreichbar sind. Der ausschlaggebende Grund hierfür liegt in den geringen Schnittdrücken; es spricht aber auch die gute Wärmeleitfähigkeit der Magnesiumlegierungen mit, die zu einer schnellen Ableitung der sich an der Schnittstelle bildenden Wärme führt und dadurch die Erwärmung der Werkzeuge in geringen Grenzen hält.

1. Beziehungen zwischen Schnittdruck, Spanquerschnitt, Schnittgeschwindigkeit und Meißelform.

Die folgenden Angaben über Schnittdruck, Spanquerschnitt, Schnittgeschwindigkeit und Meißelform und die Abhängigkeit dieser Faktoren voneinander beziehen sich auf Untersuchungen des Drehvorganges, welcher als grundlegend für die Beurteilung der Zerspanbarkeit eines Werkstoffes angesehen wird. Soweit die Schnittdrücke erwähnt werden, handelt es sich jeweils um den Hauptschnittdruck, d. h. den Druck, der bei der Spanabtrennung an der Meißelschneide in vertikaler Richtung gemessen wird. Der spezifische Hauptschnittdruck *Ks* entspricht dabei dem Druck, der sich durch Umrechnung des für den effektiven Spanquerschnitt ermittelten Hauptschnittdruckes auf 1 mm² Spanquerschnitt ergibt. Die beiden anderen Druckkomponenten für Vorschub und Rückdruck machen beide zusammen nur einen Bruchteil des Hauptquerschnittes aus, so daß sie, wenigstens solange es sich um einen einwandfreien Schneidenzustand handelt, von untergeordneter Bedeutung sind. Vergleicht man die spezifischen Hauptschnittdrücke von Stahl mit 50 bis 60 kg/mm² Festigkeit mit jenen von Magnesium-Knetlegierungen von 28—32 kg/mm² Festigkeit, so ergibt sich, daß bei letzteren nur $^1/_6$—$^1/_7$ der bei Stahl ermittelten Werte erreicht werden. Dies bedeutet, daß entweder bei gleichem Spanentfall nur $^1/_6$—$^1/_7$ des Kraftbedarfs der Stahlbearbeitung notwendig ist, oder aber, daß bei gleichem Energieaufwand die 6—7fache Spanmenge erzielbar ist. Selbst im Vergleich zu besonders leicht zerspanbaren Werkstoffen ergibt sich für *Ks* noch ein erheblicher Unterschied zugunsten der Magnesiumlegierungen. In Abb. 441 sind eine Al-Cu-Mg-Legierung (Igedur), Messing Ms 58, und eine Magnesiumlegierung (Al-Mg 6, Elektron AZM, FlW 3510.2) gegenübergestellt, wobei eine Schnittgeschwindigkeit von 100 m pro Minute konstantgehalten und die jeweils günstigste Schneidenform für jeden Werkstoff gewählt wurde. Der *Ks*-Wert für die Magnesiumlegierung liegt dabei noch um rund 50 bis 55% tiefer als bei den Vergleichswerkstoffen.

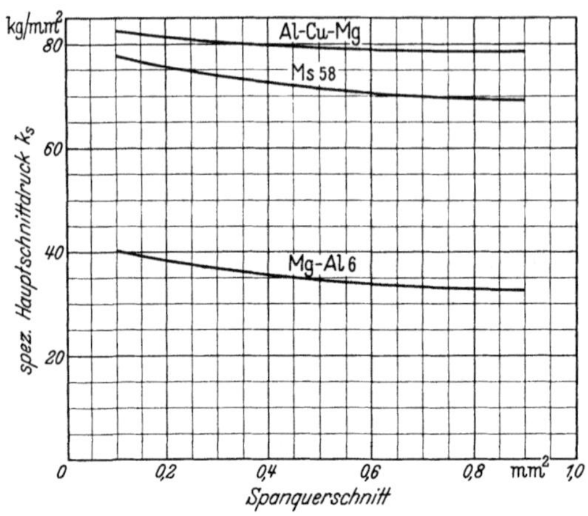

Abb. 441. Hauptschnittdruckvergleich. Schnittgeschwindigkeit $v = 100$ m/min konst.

Aus Abb. 441 ist gleichzeitig zu entnehmen, daß der *Ks*-Wert bei steigendem Spanquerschnitt abfällt, eine Erscheinung, die auch bei anderen Werkstoffen üblich ist. Bei größeren Spanquerschnitten, z. B. über 4 mm², geht deshalb der spezifische Hauptschnittdruck herunter bis auf etwa 20 kg/mm².

Im Gegensatz zu anderen Werkstoffen bringt dagegen die Erhöhung der Schnittgeschwindigkeit bei den Magnesiumlegierungen eine Steigerung des Hauptschnittdruckes, was zunächst gegen die Anwendung höherer Schnittgeschwindigkeiten zu sprechen scheint. Es zeigt sich indessen, daß einmal dieser Druckanstieg in verhältnismäßig engen Grenzen liegt, und daß zum anderen bereits bei Schnittgeschwindigkeiten über 100 m pro Minute weitere Druckanstiege nicht mehr erfolgen, so daß, wie die späteren Ausführungen zeigen, bei der Bearbeitung von Magnesiumlegierungen gerade möglichst hohe Schnittgeschwindigkeiten anzustreben sind.

Wichtiger ist dagegen der Einfluß der Schnittwinkel, vor allem des Spanwinkels, auf die Höhe des Hauptschnittdruckes. In Abb. 442 ist diese Abhängigkeit auf Grund eingehender Versuche dargestellt, es ergibt sich daraus, daß eine Veränderung des Spanwinkels um 12° (von 13 auf 25°) je nach der Größe des Spanquerschnitts eine Steigerung des spezifischen Hauptschnittdruckes von 12—50% mit sich bringt, wobei dem größten Spanwinkel der kleinste Schnittdruck zugeordnet ist. Diese Abnahme des Hauptschnittdruckes mit größer werdendem Spanwinkel setzt sich in geringerem Umfang bis zu einem Spanwinkel von etwa 45° fort, so daß der Schluß berechtigt wäre, einen derartigen großen Spanwinkel vorzusehen. Die Erfahrung hat indessen gezeigt, daß es wirtschaftlicher ist, sich innerhalb eines Spanwinkelbereiches von 15—30° zu bewegen, da hierdurch erheblich größere Standzeiten für die Schneide

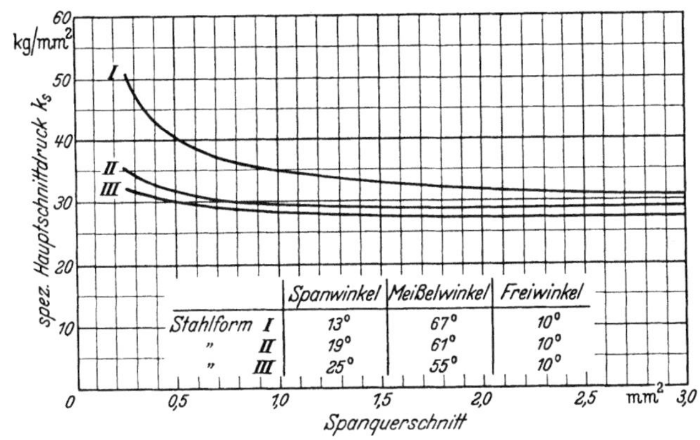

Abb. 442. Abhängigkeit des Hauptschnittdruckes vom Spanwinkel und Spanquerschnitt. Schnittgeschwindigkeit $v = 500$ m/min konst. und Vorschub $s = 0{,}55$ mm/U konst.

erreicht werden. Dies hat seinen Grund darin, daß bei der fast ausschließlichen Trockenbearbeitung der Magnesiumlegierungen bei kleinerem Spanwinkel sich ein größerer Querschnitt für die Ableitung der Schnittwärme ergibt, außerdem ist auch die Widerstandsfähigkeit gegen mechanische Beanspruchungen größer. Das letztere Argument wirkt sich vor allem dann aus, wenn es sich um Bearbeitung von Werkstücken mit Unterbrechungen der Oberfläche handelt (vorwiegend bei Gußteilen), bei denen die Schneide in rascher Folge zahlreiche Schläge aufzunehmen hat, und wo Werkzeuge mit kleinerem Spanwinkel eindeutig länger gebrauchsfähig bleiben.

Was den Freiwinkel betrifft, wurden planmäßige Untersuchungen hierüber nicht durchgeführt, erfahrungsgemäß soll jedoch der Freiwinkel nicht unter 10° liegen, da unterhalb dieser Größe die Neigung besteht, daß sich am Stahlrücken Material aufsetzt, wodurch die Schnittleistung ungünstig beeinflußt wird. Der Einstellwinkel wird häufig zwischen 60 und 70° gewählt, es können jedoch auch Einstellwinkel bis zu etwa 40° vorgesehen werden, ohne daß dadurch Nachteile für die Bearbeitung entstehen.

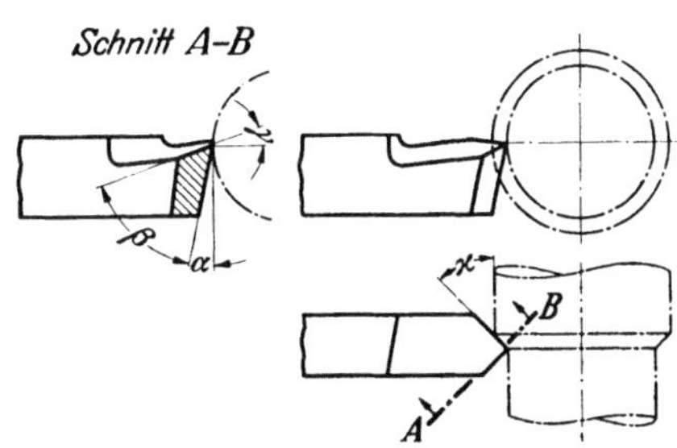

Abb. 443. Schnittwinkelbereiche für die spangebende Formgebung von Magnesiumlegierungen.

Spanwinkel γ	Meißelwinkel β	Freiwinkel α	Einstellwinkel $\varkappa$
15—25°	53—65°	10—12°	40—70°

Auf Grund der geschilderten Untersuchungen und Erfahrungen können für die Schneidwerkzeuge bei Magnesiumlegierungen allgemein die aus Abb. 443 ersichtlichen Schnittwinkel zugrunde gelegt werden.

2. Die zweckmäßige Schnittgeschwindigkeit.

Zur Nutzbarmachung der durch die geringen Schnittdrücke gegebenen Vorteile, d. h. zur Erzielung einer möglichst großen Spanmenge, besteht an und für sich die Möglichkeit, sowohl den Vorschub und die Schnitttiefe (also den Spanquerschnitt) als auch die Schnittgeschwindigkeit zu erhöhen. Die Schnittiefe hängt indessen von der Bearbeitungszugabe ab, die man so klein wie möglich und jedenfalls nicht größer als bei

Abb. 444. Teilansicht einer Schnelldrehbank für das Überdrehen von Gußblöcken.

anderen Werkstoffen halten wird, ein zu grober Vorschub ergibt rauhe Oberfläche und ist für Feinarbeiten überhaupt nicht zu gebrauchen, abgesehen davon, daß für die letzteren auch nur geringe Schnittiefen zulässig sind. Man kommt deshalb zwangsläufig zu der Folgerung, daß durch die Erhöhung des Vorschubes und der Schnittiefe nicht viel gewonnen werden kann und daß die mögliche Steigerung der Spanmenge ausschlaggebend nur durch die Erhöhung der Schnittgeschwindigkeit erzielt werden kann. Beim Aufkommen der Magnesiumlegierungen wurde diese Möglichkeit auch bald von den verarbeitenden Betrieben erkannt, die deshalb versuchten, ihre Werkzeugmaschinen auf möglichst hohe Drehzahlen zu bringen, ohne dabei jedoch entfernt an die Grenze der erreichbaren Schnittgeschwindigkeiten zu kommen. Die Werkzeugmaschinenindustrie stellte sich auf diese Bedürfnisse ein und begann Maschinen mit sehr hohen Drehzahlen herzustellen. So hatte bereits die Firma I. E. Reinecker in Chemnitz im Jahre 1926 eine Hochleistungs-Fräsmaschine entwickelt, auf der 6-Zylinder-Motorgehäuse (Flächenabmessung etwa 400 × 625 mm) mit folgenden Zeiten (d. h. reine Schnittzeit) gefräst werden konnten:

Schruppen einer Fläche in 25 Sekunden bei einer Schnittgeschwindigkeit von 1500 m pro Minute und 1,5 m Vorschub pro Minute.

Schlichten einer Fläche in 70 Sekunden bei einer Schnittgeschwindigkeit von 1500 m pro Minute und 0,54 m Vorschub pro Minute.

Die erzielte Genauigkeit betrug dabei $\pm 0{,}015$ mm. Der verwendete Messerkopf ist in Abb. 452a und 452b dargestellt.

Abb. 445. Schnellkreissäge für das Sägen von Gußblöcken.

In ähnlicher Weise wurden auch schnellaufende Drehbänke, Bohrwerke und andere Bearbeitungsmaschinen hergestellt. Abb. 444 zeigt Teilansicht einer Drehbank zum Abdrehen von Rohgußblöcken, die bei 1200 m Schnittgeschwindigkeit pro Minute und 0,58 mm Vorschub pro Umdrehung das Abdrehen eines Blockes von 800 mm Länge und 140 mm ⌀ in 29 Sekunden ermöglicht. Abb. 445 zeigt eine Kreissäge, mit der ein 425 mm starker Block in 75 Sekunden durchgeschnitten wird. Zusammenfassend läßt sich deshalb sagen, daß für die spanabhebende Bearbeitung von Magnesiumlegierungen nach Möglichkeit besonders schnellaufende Maschinen Verwendung finden sollen, oder daß zum mindesten die üblichen Werkzeugmaschinen jeweils mit der höchsten Geschwindigkeit zu betreiben sind.

3. Spancharakteristik.

Bei dem großen Spanentfall, der bei der Bearbeitung der Magnesiumlegierungen in kurzen Zeitintervallen entsteht, ist für die Werkstatt die Form der Späne von erheblicher Bedeutung. Die Magnesiumlegierungen zeigen hierbei ein außerordentlich günstiges Verhalten. Bei Vorschüben von etwa 0,2 mm aufwärts ergeben sich in der Regel spritzige Späne oder kleine bandförmige Stücke oder kurz gerollte Spiralen. Bei kleineren Vorschüben stellen sich längere Bandstücke ein, die jedoch nie zu Schwierigkeiten infolge Spanstauungen in der Maschine u. dgl. führen, da sie sehr leicht brechen. Kleine Spanwinkel begünstigen im übrigen naturgemäß die Ausbildung kurzer Späne, was insbesondere bei Arbeiten auf Automaten zu beachten ist. In Abb. 446 sind verschiedene Späneformen gezeigt, wie sie beim Drehen, Fräsen und Bohren vorkommen.

Abb. 446a.

Abb. 446b.

Abb. 446c.

Abb. 446a—c. Verschiedene Spanformen: Drehspäne (Schruppen), Bohrspäne und Frässpäne.

4. Bearbeitungsfähigkeit der verschiedenen Magnesiumlegierungen.

Bezüglich des Verhaltens der verschiedenen Magnesium-Guß- und -Knetlegierungen hinsichtlich der Zerspanung bestehen keine wesentlichen Unterschiede. Es kann lediglich beobachtet werden, daß bei den Knetlegierungen infolge der höheren Zähigkeit und Dehnung der Späne die Bildung bandförmiger Späne häufiger auftritt als bei gegossenem Material. Wie aus dem vorigen Abschnitt zu entnehmen ist, entstehen jedoch hierdurch keine nachteiligen Folgen, da diese bandförmigen Späne leicht brüchig sind. Im übrigen sind die Schnittdrücke, Oberflächengüte, Schnittemperaturen usw. bei sämtlichen Magnesiumlegierungen ungefähr dieselben, so daß ohne Rücksicht auf die einzelnen Legierungen und den Materialzustand durchweg dieselben Schnittgeschwindigkeiten und die gleichen Werkzeugformen zur Anwendung kommen können.

5. Schnittemperatur, Trocken- und Naßbearbeitung.

Vergleichende Messungen der Schnittemperaturen zwischen je einer Reihe von Aluminium- und Magnesiumlegierungen (bei einer Schnittgeschwindigkeit von 100 m pro Minute und $2 \cdot 0{,}2$ mm² Spanquerschnitt) haben ergeben, daß als Folge der geringeren Zerspanungsarbeit die an der Schneide gemessene Temperatur bei den Magnesiumlegierungen im Mittel rund 200° gegenüber rund 290° bei den Aluminiumlegierungen betrug. Wenngleich bei größeren Spanquerschnitten und höheren Schnittgeschwindigkeiten auch entsprechend höhere Temperaturen als oben genannt, auftreten, liegen sie immer noch so niedrig, daß die Werkzeuge ohne jede Kühlung günstige Standzeiten ergeben. Bei umlaufenden Werkzeugen (z. B. Messerköpfen) kommt noch hinzu, daß bei den meist erheblichen Geschwindigkeiten die Schneiden durch die Luft sehr stark gekühlt werden und die Temperaturen der Schneiden wesentlich unter den obengenannten Werten bleiben. Da ferner die Oberflächengüte durch eine Kühlung nicht verbessert wird, ergibt sich, daß die Magnesiumlegierungen fast durchweg trocken bearbeitet werden können. Eine Ausnahme bilden die Automatenarbeiten, bei denen häufig die Querschnitte der zu verarbeitenden Stangen und der im Eingriff stehenden Stähle zu gering sind, um die entstehende Schnittwärme bei den meist sehr großen Schnittleistungen schnell genug fortleiten zu können. Zur Erreichung einer genügenden Schneidenstandzeit empfiehlt sich in solchen Fällen eine Kühlung, am besten mit Preßluft, wobei der Preßluftstrahl auf die Schneide gerichtet und im übrigen so gelenkt wird, daß er gleichzeitig die Späne in die Richtung des Spänekastens bläst. Wo keine Preßluft zur Verfügung steht, werden am besten unverdünnte und garantiert säurefreie Öle mit hohem Flammpunkt vorgesehen, die durch eine Umlaufpumpe zugeführt werden. Bezüglich Kühlmittel beim Reiben und Schleifen wird auf die späteren Abschnitte verwiesen. Die Trockenbearbeitung kann auch insofern als Vorteil gewertet werden, als das Reinigen der Werkstücke und Maschinen von anhaftenden Spänen erleichtert wird, und daß trockene Späne beim Einschmelzen die größte Ausbeute ergeben.

6. Richtlinien für die Werkzeugherstellung.

Bei der zweckmäßigen Gestaltung der Werkzeuge für die Bearbeitung der Magnesiumlegierungen ist außer der richtigen Schnittwinkelauswahl in erster Linie darauf zu achten, daß ein möglichst glatter Späneablauf erfolgen kann. Es muß deshalb die Stahlbrust absolut riefenfrei beschaffen sein, da sich sonst der weichere Werkstoff aufsetzt und den Schneidvorgang stört. Dasselbe gilt auch für den Stahlrücken, an welchem das Werkstück reibt. Am zweckmäßigsten werden deshalb die Schneidstähle nach dem Schleifen noch poliert, zum mindesten jedoch mit einem Ölstein abgezogen. Die Schneiden müssen außerdem stets scharf gehalten werden, da bereits geringe Abstumpfung oder kleine Beschädigungen neben der Oberflächenverschlechterung eine starke Erhitzung mit sich bringen. Bei mehrschnittigen Werkzeugen (z. B. Fräsern) ist der Zwischenraum zwischen den einzelnen Schneiden so zu gestalten, daß reichlich Platz für die anfallenden Späne vorliegt, damit sich keine Spänestauungen bilden. Diese Forderung kann um so leichter erfüllt werden, als die Schneidenanzahl bei mehrschnittigen Werkzeugen viel kleiner gehalten werden soll, als es bei den Werkzeugen für die Schwermetallbearbeitung üblich ist. In der Regel genügt $^1/_3$—$^1/_5$ der Schneidenzahl, je nach den vorliegenden Bedingungen (Schnittgeschwindigkeit, Vorschub usw.). Die Stähle selbst werden zweckmäßig aus Schnellarbeitsstahl gefertigt; der größere Aufwand lohnt sich stets durch die größeren Standzeiten. Noch besser bewähren sich aufgesetzte Hartmetallschneiden, vor allem in jenen Fällen, wo es sich darum handelt, mit einer einmaligen Werkzeugeinstellung eine möglichst große Anzahl von Werkstücken in Fein- oder Edelpassung bearbeiten zu können (z. B. Ausdrehen von Kugellagersitzen). Auch Diamantwerkzeuge können mit bestem Erfolg für derartige Feinarbeiten Verwendung finden.

7. Maßänderungen bearbeiteter Teile.

Eine nachträgliche Veränderung der durch die spanabhebende Bearbeitung erreichten Maße und Passungen ist bei den Magnesiumlegierungen nicht zu befürchten, da diese Werkstoffe „stehen", d. h., daß nachträglich keinerlei Gefügeänderungen auftreten, die zu Maßänderungen führen.

Bei Gußstücken mit sehr verschiedenen Wandstärken, vielen Durchbrüchen usw. besteht indessen die Möglichkeit, daß nach der mechanischen Entfernung der Gußhaut Gußspannungen frei werden, welche zu geringen Formänderungen führen können, so daß z. B. hintereinanderliegende Bohrungen, die unmittelbar nach der Bearbeitung genau fluchten, nach einiger Zeit geringe Abweichungen bezüglich des gemeinsamen Verlaufs der Bohrungsmitte zeigen, die allerdings nur wenige hundertstel Millimeter ausmachen. In derartigen Fällen empfiehlt es sich, die Gußstücke vor der Bearbeitung bei rund 300° während 2 bis 4 Stunden zu glühen, wodurch die Gußspannungen beseitigt werden. Die Glühung kann auch zwischen der Schrupp- und Schlichtbearbeitung eingeschaltet werden; mitunter ist es auch bereits ausreichend, die Gußstücke nach der Schruppbearbeitung einen Tag stehenzulassen. Bei den thermisch vergütbaren Gußlegierungen, z. B. Elektron A 9 V (FlW 3507.9), ist ein derartiges Ausglühen nicht mehr notwendig, da die Gußteile bereits in der Gießerei eine thermische Behandlung erfahren haben, die jede nachträgliche Glühung erübrigt.

Es sei noch darauf hingewiesen, daß Maßdifferenzen auch noch dadurch entstehen können, daß die Werkstücke beim Aufspannen verzogen werden und nach dem Herunternehmen von der Maschine zurückfedern. Diesem Umstand ist infolge des den Magnesiumlegierungen eigenen niedrigen E'-Moduls entsprechende Beachtung zu schenken. Aus demselben Grunde müssen freistehende Partien von Werkstücken beim Aufspannen oder beim Einlegen in Vorrichtungen mehr gestützt werden als z. B. bei Grauguß, da sonst derartig freitragende Querschnitte unter dem

Druck des Werkzeuges zurückfedern und leicht in Schwingungen geraten können, wodurch die Oberflächengüte und Maßhaltigkeit benachteiligt werden. Außerdem erfahren die Schneiden durch die Schwingungen eine vorzeitige Abstumpfung.

8. Spänebrände.

Auf S. 120 ist schon die Nichtbrennbarkeit von Bauteilen aus Magnesiumlegierungen eingehend behandelt und darauf hingewiesen worden, daß lediglich bei der spanabhebenden Bearbeitung die Späne unter gewissen Bedingungen in Brand geraten können. Während grobe Späne bis zu etwa 1,5 mm^2 Querschnitt bei der Bearbeitung praktisch nicht zur Entzündung zu bringen sind, können feine Späne (Schlichtbearbeitung) bei Auftreten größerer Reibungswärme sich entzünden und die Entzündung auf die im Maschinenbett oder in nächster Umgebung der Maschine liegenden Späne übertragen. Die hierzu notwendige Temperatur, welche rund 500° beträgt, kann durch folgende Ursachen erreicht werden:

a) Falsche Formgebung der Werkzeuge, z. B. zu kleine Freiwinkel.

b) Umlaufenlassen bearbeiteter Flächen am Stahlrücken, wobei sich feinste, haarförmige Späne abheben, bei denen kleinste Reibarbeit zur Entzündung ausreicht.

c) Durch zu stumpfe Werkzeuge, bei denen die Spanelemente mehr weggequetscht als durch die Schneide abgetrennt werden.

Wenn diesen Punkten genügende Beachtung geschenkt wird, sind Spänebrände außerordentlich selten; wenn letztere indessen gelegentlich auftreten, bedeuten sie keine Betriebsgefahr und sind bei zweckmäßigem Verhalten sehr leicht zu löschen. Als oberster Grundsatz gilt dabei, daß Wasser und die üblichen Feuerlöscher *nicht* gebraucht werden dürfen, da sich bei diesen Mitteln eine zusätzliche Wasserstoffentwicklung einstellt, welche den Brand noch weiter anfacht. Die sicherste und billigste Methode besteht darin, in Brand geratene Späne mit trockenen Graugußspänen abzudecken, im Notfall kann auch trockener Sand Verwendung finden. Bei jeder Maschine, auf der Magnesiumlegierungen verarbeitet werden, ist deshalb vorgeschrieben, daß in unmittelbarer Nähe Behälter mit Graugußspänen oder Sand aufgestellt sind, um jeden Spänebrand möglichst im Entstehungsstadium zu ersticken.

Die beim Schleifen von Magnesiumlegierungen zu beobachtenden Maßnahmen sind in dem Abschnitt „Schleifen“ eingehend behandelt. Im übrigen bestehen für die Behandlung und Lagerung der Späne, Reinigung der Werkstätten usw. klare Richtlinien, welche in der Verordnung des Reichsarbeitsministeriums vom 28. VII. 1938[1] niedergelegt sind.

[1] Reichsarb.-Bl. 1938 Nr. 23 v. 5. VIII. 1938.

B. Die wichtigsten Arten der spangebenden Verformung.

Nachfolgend sind Angaben über die hauptsächlich vorkommenden Arbeitsgänge und die dafür geeigneten Werkzeuge enthalten. Die für die Schnittgeschwindigkeiten und Vorschübe genannten Werte verstehen sich für schnellaufende Werkzeugmaschinen; es können indessen auch sämtliche Arbeitsgänge auf normallaufenden Maschinen mit den gleichen Werkzeugen bei entsprechend größerem Zeitaufwand durchgeführt werden.

1. Drehen.

Drehstahlformen nach Abb. 447 und 448.

Schnittgeschwindigkeit 500—2000 m pro Minute (je nach dem Durchmesser des Werkstückes).

Vorschub beim Schruppen 0,2—0,8 mm pro Umdrehung.

Vorschub beim Schlichten 0,05—0,15 mm pro Umdrehung.

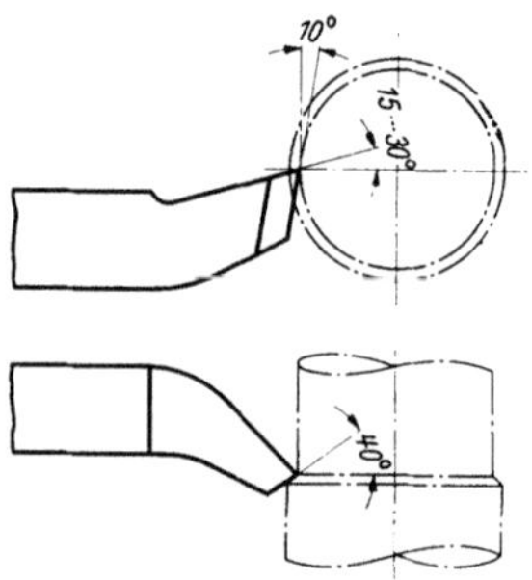

Abb. 447. Drehstahl.

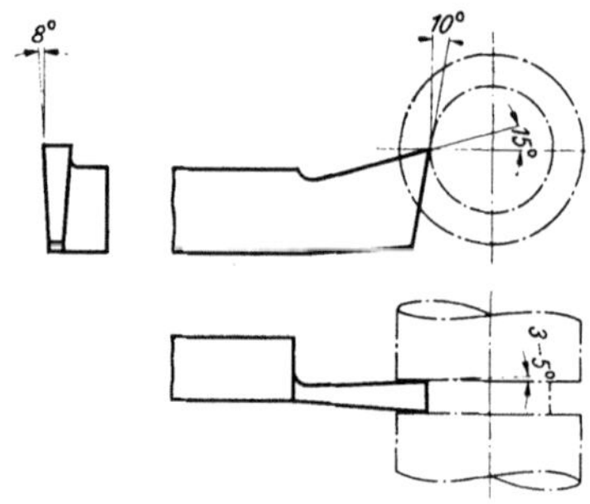

Abb. 448. Nutenstahl.

2. Fräsen.

Werkzeugformen nach Abb. 449, 450 und 451.

Schnittgeschwindigkeit bei *Walzen-*, *Stirn-Nutenfräsern* u. dgl.: 200 bis 400 m pro Minute.

Vorschub: 0,4—2 mm pro Umdrehung.

Schnittgeschwindigkeit bei *Messerköpfen*: 1000—2000 m pro Min.

Vorschub: 1—2 mm pro Umdrehung beim Schruppen, 0,3—0,6 mm pro Umdrehung beim Schlichten.

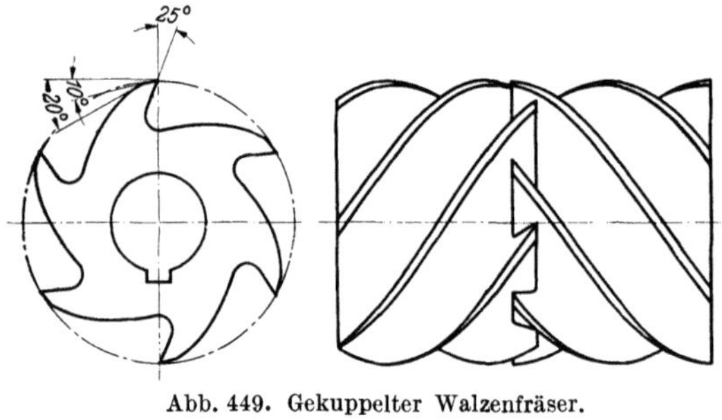

Abb. 449. Gekuppelter Walzenfräser.

Bearbeitung in allen Fällen trocken.

Bei der Wahl des Vorschubes ist außer dem Durchmesser des Werkzeuges auch die Anzahl der Schneiden zu berücksichtigen. Beim

Schruppen bzw. Schlichten soll der Vorschub für die einzelne Schneide nicht über 0,3 bzw. 0,1 mm ausmachen.

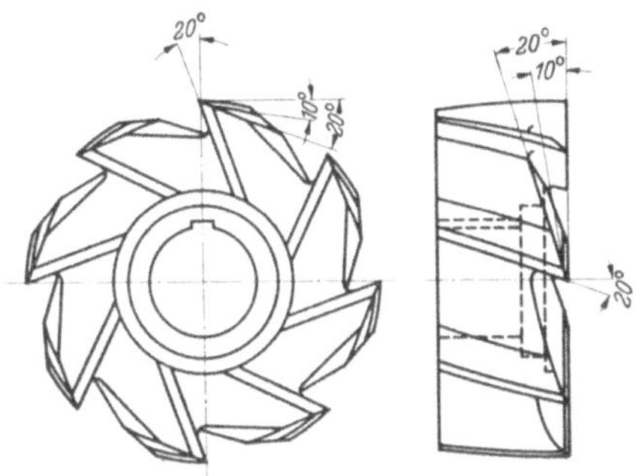

Abb. 450. Walzen-Stirnfräser.

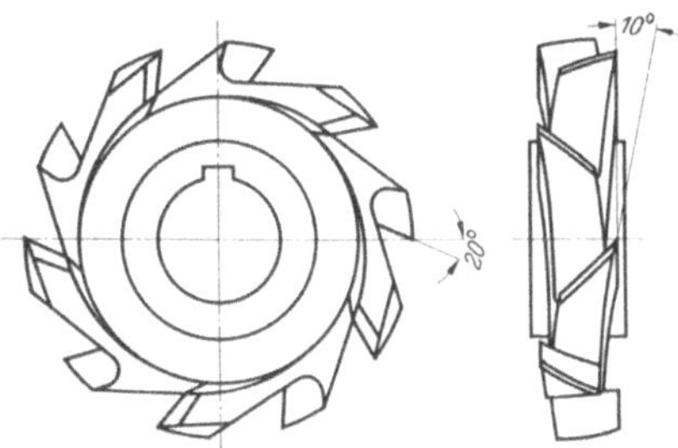

Abb. 451. Nutenfräser.

In Abb. 452a und 452b ist ein Spezialmesserkopf dargestellt, wie er zum Fräsen von Elektron-Kurbelgehäusen auf einer Hochleistungs-Fräsmaschine Verwendung fand (s. S. 444). Bei einem Durchmesser von 425 mm und 8 Messern arbeitete der Messerkopf mit rund 1150 Umdrehungen pro Minute bei einer Spantiefe beim Schruppen von 3—4 mm und beim Schlichten von 0,1 mm. Der Vorschub betrug beim Schruppen rund 1,5 m pro Minute, entsprechend 1,3 mm pro Umdrehung, d. h. pro Schneide etwa 0,16 mm; beim Schlichten entsprechend 0,47 mm pro Umdrehung, pro Schneide 0,06 mm.

Abb. 452a. Messerkopf für Hochleistungs-Fräsmaschine.

3. Bohren.

Bei der Herstellung von Bohrungen in Werkstücken aus Magnesiumlegierungen sind zwei Gruppen zu unterscheiden:

a) Bohrtiefen bis zu $5 \cdot d$,

b) Bohrtiefen über $5 \cdot d$.

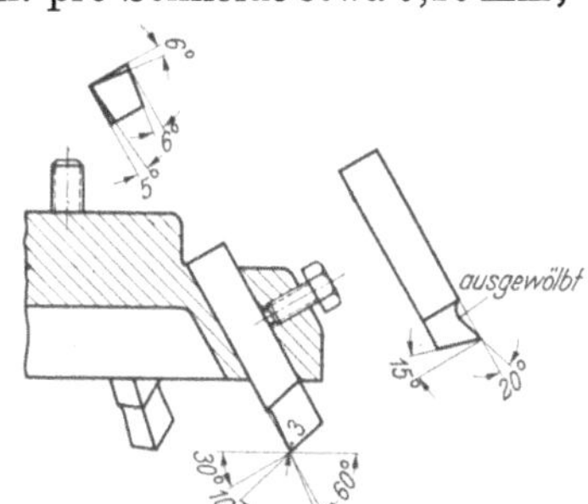

Abb. 452b. Formgebung der Messer zum Messerkopf 452a.

Bei den letzteren Bohrtiefen hatte sich ergeben, daß diejenigen Bohrer, die bei kurzen Bohrtiefen ausgesprochen günstig arbeiten, in der Leistung stark nachlassen, und daß vor allem eine ausreichende Spanförderung aus der Bohrung nur unter mehrmaligem Anheben des Bohrers (Ausräumen) möglich ist, was bei mechanischem Vorschub unangenehm ist. Für die erste Gruppe sind deshalb Bohrer mit 12° Drallwinkel am günstigsten (s. Abb. 453a), während für die zweite Gruppe Bohrer mit 40—45° Drallwinkel geeignet sind (s. Abb. 453b), so daß man gegenüber dem normalen Spiralbohrer mit rund 24° Drallwinkel zwei abweichende Bohrerformen hat. Aus der Gegenüberstellung der Diagramme für Drehmoment und Senkrechtdruck in Abb. 454 ergibt sich jedoch eindeutig, daß z. B. 10 mm-Bohrer mit 12° Drallwinkel bis zu etwa 45 mm Tiefe gleichmäßig und bei kleinstem Drehmoment in den Werkstoff eindringen, während bei über 45 mm Bohrtiefe ein erheblicher Anstieg von Drehmoment und Senkrechtdruck auftritt. Im Gegensatz hierzu arbeiten Bohrer mit 45° Drallwinkel auch bei größeren Bohrtiefen gleichmäßig weiter, was vor allem damit zusammenhängt, daß die Späne auf der flacheren Spirale sich leichter herausfördern lassen. Als gewisser Nachteil dieser Bohrer hat sich jedoch herausgestellt, daß sie dazu neigen, Markicrungen der Spirale in der Lochwand zu erzeugen (s. Abb. 455a). Wo diese Markierungen stören, empfiehlt es sich, sie von vornherein dadurch zu vermeiden, daß man den Bohrer mit einem besonderen Zentrumsanschliff nach Abb. 456 ver-

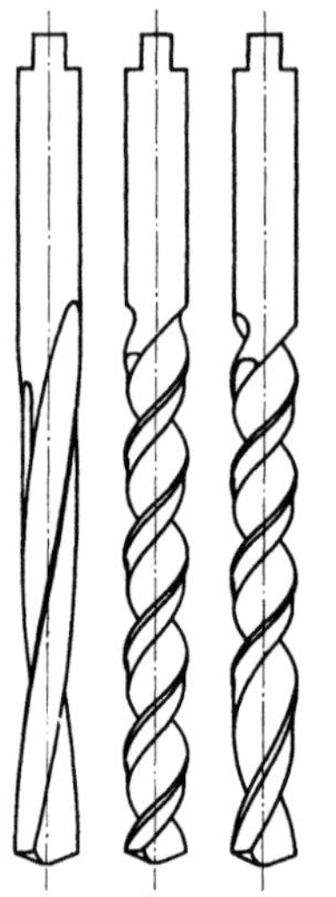

Abb. 453a—c. a) Spezialbohrer für kurze Bohrungen mit 12° Drallwinkel. b) Spezialbohrer für lange Bohrungen mit 45° Drallwinkel. c) Kombinierter Spezialbohrer.

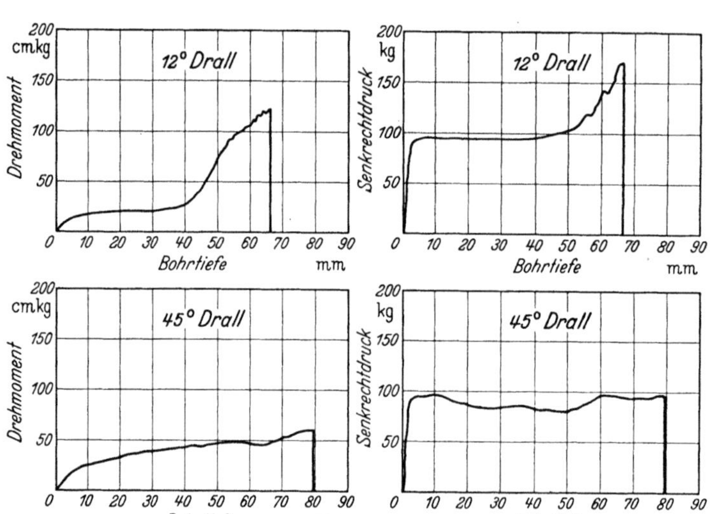

Abb. 454. Drehmoment und Senkrechtdruck bei Spezialbohrern 10 mm ∅ mit 12 und 45° Drallwinkel. $d = 10$ mm, $v = 78$ m/min, $s = 0{,}3$ mm/U., Spitzenwinkel 140°.

sieht, welcher dem Bohrer eine zusätzliche Führung verleiht und absolut glatte und maßhaltige Bohrungen ermöglicht (Abb. 455b).

Neuerdings wird auch ein kombinierter Bohrer (Abb. 453c) empfohlen, der indessen bis jetzt keine namhafte Verbreitung gefunden hat. Am häufigsten gelangt der Bohrer mit 12° Drallwinkel zur Anwendung, da er ohne komplizierten Anschliff die sauberste Arbeit leistet. Außerdem sind die Fälle, wo die Bohrtiefe wesentlich über $5 \cdot d$ liegt, verhältnismäßig selten, so daß die Betriebe es mitunter vorziehen, dennoch den 12°-Bohrer zu verwenden und die Mühe des zwischenzeitlichen Ausräumens der Späne in Kauf zu nehmen. Im übrigen können vorübergehend, z. B. bei der Bearbeitung von Versuchsstücken, auch normale Spiralbohrer mit 24° Drallwinkel verwendet werden, während für serienmäßige Fertigung die Beschaffung von Sonderbohrern dringend zu empfehlen ist.

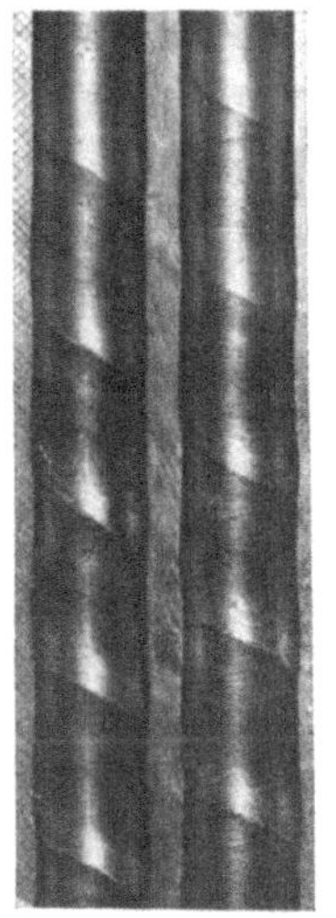

Abb. 455a. Markierungen der Spirale an der Lochwand beim Bohren ohne Zentrumsanschliff.

Abb. 455b. Bohrungen mit Zentrumsanschliff gemäß Abb. 456.

Der günstigste Spitzenwinkel liegt bei 100—120°, die Bohrer dringen dann am leichtesten in das Material ein, weil der Senkrechtdruck geringer ist. Da indessen Bohrer mit diesem Spitzenanschliff dazu neigen, beim Durchbruch nicht ganz fest eingespannte Werkstücke hochzureißen, muß bei einer loseren Einspannung der Werkstücke der Spitzenwinkel auf etwa 140° erhöht werden. Der Hinterschliff an der Schneidkante beträgt durchweg rund 10°.

Die Schnittgeschwindigkeiten liegen bei 150 bis 400 m pro Minute, je nach Bohrerdurchmesser. Der maximale Vorschub beträgt 1 mm pro Umdrehung, im allgemeinen wird indessen mit Vorschüben von 0,4 bis 0,6 mm pro Umdrehung gearbeitet. Bei sehr tiefen Bohrungen ($15—30 \cdot d$) muß der Vorschub und auch die Schnittgeschwindigkeit bis auf etwa die Hälfte ermäßigt werden. Beim Bohren mit Bohrbüchsen muß die Schnittgeschwindigkeit ebenfalls um etwa ein Drittel gesenkt werden, um eine zu starke Reibung und Erwärmung des Bohrers an der Bohrbüchse zu

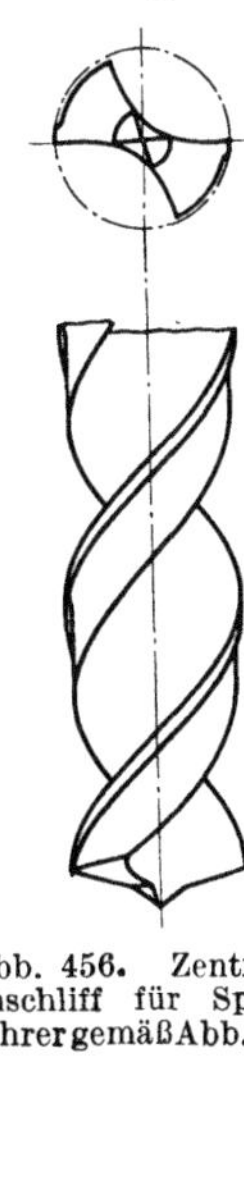

Abb. 456. Zentrumsanschliff für Spezialbohrer gemäß Abb. 453b.

verhindern. Es ist ferner zu beachten, daß zwischen Werkstück und Bohrbüchse so viel Platz bleibt, daß die Späne bequem abfließen können, ohne auch noch die Bohrbüchsen passieren zu müssen. Bohrer über 10 mm ⌀ erhalten zweckmäßig eine Anspitzung gemäß Abb. 457, um den ungünstigen Einfluß der Querschneidenbreite auszugleichen.

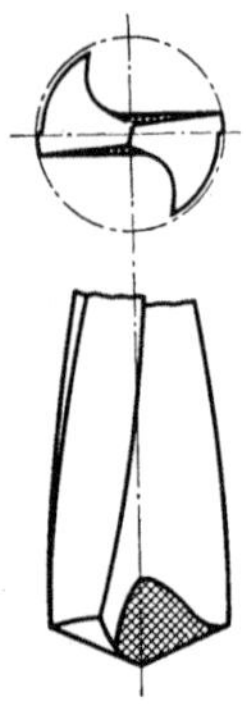

Abb. 457. Anspitzung für Spiralbohrer über 10 mm ⌀.

Bearbeitung in allen Fällen trocken.

4. Senken.

Formgebung gemäß Abb. 458.

Schneidenzahl 3—6.

Schnittgeschwindigkeiten und Vorschübe wie bei Spiralbohrern.

Bearbeitung trocken.

5. Gewindeschneiden.

Formgebung für Gewindebohrer gemäß Abb. 459. Besonders zu beachten sind die breiten Nuten zur Aufnahme der Späne und die sich dadurch ergebenden schmalen Schneidstollen; bei Gewindebohrern unter 6 mm ⌀ sind zwei Schneidstollen ausreichend. Auf die Verwendung von Vorschneidern kann bei den praktisch vorkommenden Gewindegrößen verzichtet werden, so daß jedes Gewinde mit einem Bohrer fertig geschnitten wird. Im Gegensatz zu den Gewindebohrern für andere Metalle sollen diejenigen für die Bearbeitung von Magnesiumlegierungen so ausgebildet sein, daß die Bohrer beim Zurückdrehen mit der hinteren Stollenkante nachschneiden können, weshalb hier ein Winkel von 3—4° vorzusehen ist. Diese Ausbildung verhindert auch im übrigen die Beschädigung der fertiggeschnittenen Gewindegänge durch Einklemmen von Spänen.

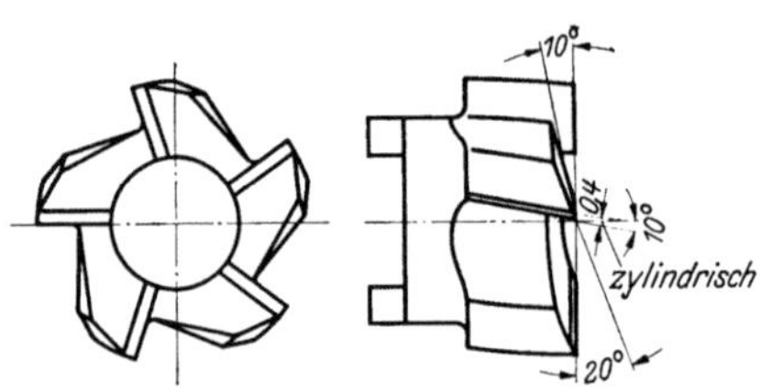

Abb. 458. Aufstecksenker.

Abb. 459. Gewindebohrer.

Schneideisen für die Herstellung von Außengewinden sind mit den gleichen Schnittwinkeln wie die Gewindebohrer auszubilden. Die Schneidstollen sind dabei möglichst schmal zu halten, um auch hier reichlich Platz für die Aufnahme der Späne zu erhalten. Vorteilhaft ist ferner die Verwendung von selbstöffnenden Schneidköpfen, da sie die glatteste Oberfläche ergeben.

In vielen Fällen, vor allem auch bei Automatenarbeiten, sind entsprechend zugeschliffene Gewindestrehler für die Herstellung von Innen- und Außengewinden geeignet.

Schnittgeschwindigkeit bei Gewindebohrern, Schneideisen und Schneidköpfen 20—50 m pro Minute, Schnittgeschwindigkeit bei Gewindestrehlern bis zu 300 m pro Minute,	je nach Durchmesser des Gewindes.

Bearbeitung trocken.

6. Reiben.

Grundform der Reibahlen gemäß Abb. 460.

Zähnezahl 6—8.

Zur sicheren Vermeidung von Rattermarken ist sowohl bei gerade- als auch bei spiral-genuteten Reibahlen eine ungleiche Teilung der Schneiden vorzunehmen, die so beschaffen sein muß, daß jeweils zwei Schneiden sich diametral gegenüberstehen, um ein einwandfreies Messen des Reibahlendurchmessers zu ermöglichen. Für Fertig-Reibahlen ist die Bearbeitungszugabe nicht über 0,05 bis 0,1 mm zu bemessen; unter Umständen sind die Bohrungen vor dem Fertigreiben mit einer Vorreibahle zu bearbeiten.

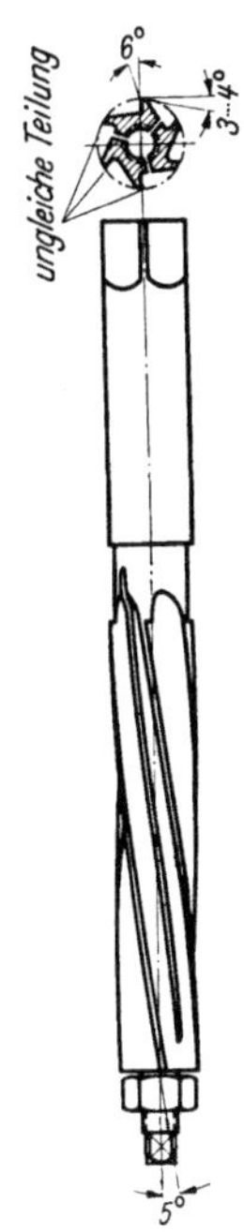

Abb. 460. Verstellbare Reibahle.

Schnittgeschwindigkeit 15—30 m pro Minute.

Vorschub 0,25—1,0 mm pro Umdrehung.

Bearbeitung im allgemeinen trocken, zur besseren Beseitigung der Späne evtl. Schmierung mit Rüböl oder Petroleum.

7. Sägen.

a) Bandsägen

Die Zahnteilung wird am besten mit 4—5 Zähnen auf 1 engl. Zoll angenommen, entsprechend einem Zahnabstand von 5—6 mm. Die Schränkung der Zähne beträgt 0,5—0,8 mm nach jeder Seite, um in jedem Fall ein freies Schneiden des Sägeblattes zu ermöglichen.

Schnittgeschwindigkeit 1500—2500 m pro Minute (je nach Rollendurchmesser).

Bearbeitung trocken.

Abb. 461 a. Kreissägenblatt 600 mm ⌀.

Abb. 461 b. Ausbildung der Schneidzähne für Kreissägenblatt 600 mm ⌀.

b) Kreissägen.

Bei Kreissägen ist eine gröbere Zahnteilung als bei Bandsägen zu empfehlen, der Zahnabstand beträgt beispielsweise bei einem Sägeblattdurchmesser von:

150—300 mm
etwa 15 mm
300—500 mm
etwa 15—30mm
über 500 mm
etwa 30—40 mm.

Die größeren Sägeblätter werden dabei so ausgebildet, daß jeweils ein Zahn als Vorschneider und der nachfolgende als Nachschneider arbeitet. Aus Abb. 461 a und 461 b ist die Formgebung eines derartigen Sägeblattes von 600 mm ⌀ ersichtlich, das Blatt ist dabei von den Zahnspitzen aus nach innen hohlgeschliffen, um ein Klemmen der Säge zu vermeiden.

Schnittgeschwindigkeit 400—2500 m pro Minute Vorschub 1000 bis 2200 mm pro Minute	je nach dem Durchmesser der Säge und der Größe des zu sägenden Querschnitts.

Bearbeitung trocken.

8. Feilen.

Gewöhnliche Feilen führen zu einem schnellen Zusetzen mit Spänen, es sind deshalb grobe Feilen (Bastardhieb) zu empfehlen, bei denen außerdem der Zahngrund ausgerundet ist, um das Festklemmen der Späne zu vermeiden.

Feilscheiben werden nach ähnlichen Grundsätzen hergestellt, eine derartige Ausführung ist aus Abb. 462 ersichtlich. Die zulässige Schnittgeschwindigkeit beträgt bei derartigen Scheiben 250—400 m pro Minute.

9. Schleifen.

Zum Rund- und Flächenschleifen von Magnesiumlegierungen kommen vorzugsweise Schleifscheiben bzw. Segmente mit einer Körnung

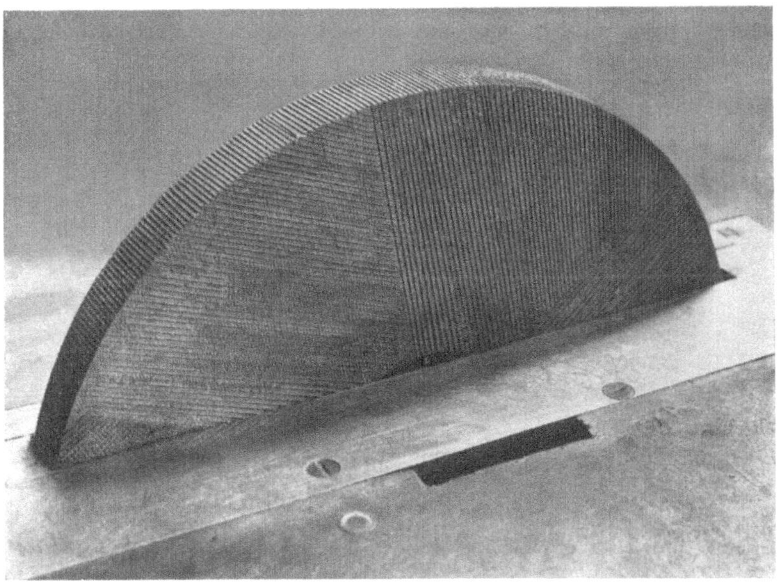

Abb. 462. Feilscheibe für Magnesiumlegierungen.

von 40—80 und einer Härte von Jot bis M zur Verwendung. Es empfiehlt sich indessen stets, von den einschlägigen Schleifmittelherstellern sich die geeigneten Schleifscheiben nachweisen zu lassen, da ihre Auswahl erheblich von der verlangten Oberflächengüte und Genauigkeit abhängt. Auch sind die zulässigen Umfangsgeschwindigkeiten je nach Art der Bindung sehr verschieden (zwischen 15—80 m pro Sekunde), was bei der Beschaffung ebenfalls berücksichtigt werden muß. Für Schleifarbeiten mit geringen Materialabnahmen werden häufig Schleifpapiere verwendet, die entweder auf rotierende Planscheiben befestigt oder aber in Form von Bändern über Rollen geführt werden (Bandschleifmaschinen). Zum Schleifen von Blechen aus Magnesiumlegierungen werden ohne jede Änderung der Geschwindigkeit zweckmäßig Holzschleifmaschinen mit rotierenden Schleifzylindern verwendet, auf denen das Schleifpapier befestigt ist (Abb. 463a—c).

10. Naß- und Trockenschliff.

Die Frage der Naßbearbeitung beim Schleifen ist nach anderen Gesichtspunkten zu prüfen als bei den übrigen spangebenden Bearbeitungsvorgängen, und zwar deshalb, weil sich beim Schleifen feinste Späne (Schleifstaub) ergeben, die bei einem geeigneten Mischungsverhältnis mit Luft nach einer irgendwie eingeleiteten Entzündung ähnlich wie auch anderer Metallstaub explosionsartig verbrennen können. Da gerade beim Schleifen durch die verschiedensten Umstände mit Funkenbildung gerechnet werden muß (z. B. zufällige Berührung der rotierenden Schleif-

Abb. 463 a. Dreizylinder-Trockenschleifmaschine für Elektronbleche mit anschließender Naßniederschlagung des Schleifstaubes.

scheibe mit Eisenteilen, Anprall abgesprengten Schleifmittels an die Schutzhauben, Reißen von Papierbelagen u. dgl.), die zur Entzündung des Staubluftgemisches Veranlassung geben können, ist es eine selbstverständliche Folgerung, daß man derartigen Gefahren grundsätzlich dadurch begegnet, daß man durch reichliche Benetzung mit Schleifflüssigkeiten die einzelnen Staubteilchen bindet, so daß sie gar nicht frei in der Luft umherfliegen können. Dies wird dadurch erreicht, daß man entweder von vornherein naß schleift oder aber daß in denjenigen Fällen, wo trocken geschliffen wird, der entstehende Schleifstaub abgesaugt und unmittelbar nach Verlassen der Schleifeinrichtung mit großem Flüssigkeitsüberschuß niedergeschlagen wird. Das Naßschleifen ist bei Rund- und Flächenschleifmaschinen in der Regel ohne weiteres möglich, da diese Maschinen mit geeigneten Einrichtungen geliefert werden. Als Schleifflüssigkeit wird häufig Rohpetroleum verwendet, wobei jedoch für die Absaugung der Dämpfe gesorgt werden muß. Es können indessen auch Wasser (mit Sodazusatz) und Öle als Schleifflüssigkeit verwendet werden, die verwendeten Öle müssen dabei absolut säurefrei sein und hohen Flammpunkt aufweisen.

Abb. 463 b. Naßniederschlagsanordnung zu Schleifmaschine gemäß Abb. 463 a.

Es gibt indessen eine ganze Reihe von Schleifoperationen, bei denen ein Naßschleifen nicht möglich oder zu umständlich ist und wo gleich-

Abb. 463 c. Anordnung der Explosionsklappen über jeden Schleifzylinder.

zeitig Schleifstaub in erheblicher Menge anfällt. Hier muß unter allen Umständen der Staub abgesaugt und anschließend naß niedergeschlagen werden. Die obenerwähnte Schleifmaschine erfordert z. B. eine derartige Lösung, weil die Schleifpapiere eine dauernde Benetzung mit Wasser nicht aushalten. Es wird deshalb trocken geschliffen und der Schleifstaub über jedem Schleifzylinder abgesaugt. Wie aus den Abb. 463a und 463b weiter ersichtlich ist, befindet sich die Eintrittsstelle für das zum Niederschlagen des Schleifstaubes verwendete Wasser unmittelbar

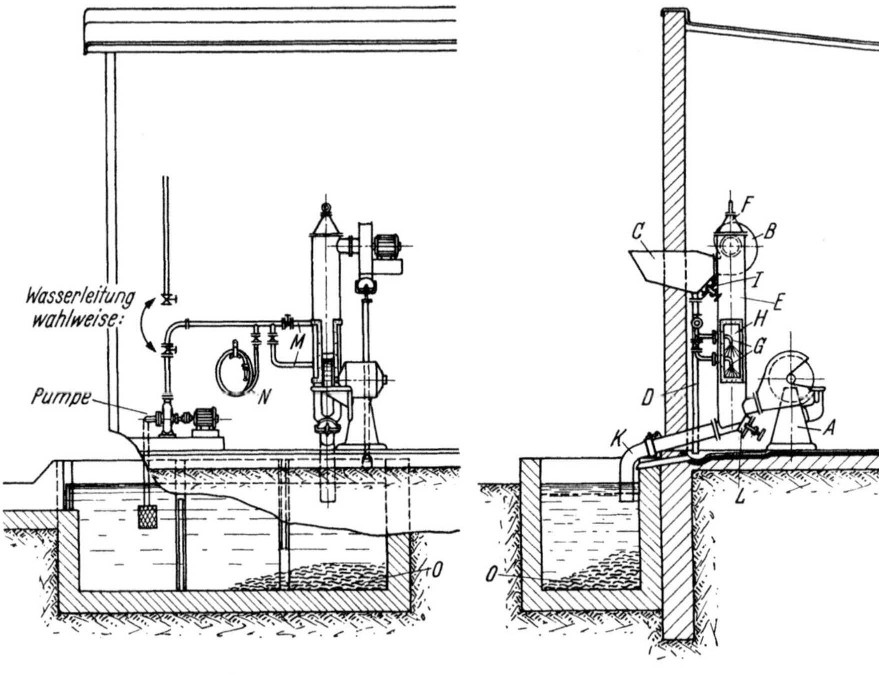

Abb. 464. Schleifbock mit Vorrichtung zur Naßniederschlagung des Schleifstaubes. A) Schleifbock, B) Ventilator, C) Ausblasstutzen, D) Ablaufrohr zu C, E) Sprühturm (Rieselsäule), F) Abnehmbarer Deckel zu E, G) Spritzdüsen, H) Gegenüberliegende Kontrollfenster (Cellon), I) Reinigungsöffnung für C, K) Ablaufstutzen für Gemisch aus Wasser und Schleifstaub, L) Reinigungsöffnung für K, M) Zuleitung für Spritzdüsen G, N) Schlauch zum Ausspritzen von E, O) Klärbecken.

neben dem Austritt der Absaugerohre aus der Schleifmaschine, so daß der Raum, welcher von trockenem Staub passiert wird, auf ein Minimum beschränkt ist. Um indessen auch innerhalb dieser Zone vor Verletzungen des Personals und Beschädigungen der Einrichtungen geschützt zu sein, sind an jeder Haube über den einzelnen Schleifzylindern noch sog. Explosionsklappen (Abb. 463c) angebracht, die ein gefahrloses Verpuffen des in der Maschine gelegentlich zur Entzündung kommenden Schleifstaubes gewährleisten. Schleifmaschinen mit derartiger Ausrüstung sind zum Teil schon zehn Jahre in Betrieb und haben in diesem Zeitraum tonnenweise feinsten Magnesium-Schleifstaub (Schleifpapiere bis zur Körnung 400) erzeugt, ohne daß sich jemals eine Staubexplosion ereignete.

Die Staubabsaugung und Naßniederschlagung läßt sich selbstverständlich je nach Art der Schleifeinrichtung und der örtlichen Verhältnisse verschieden gestalten, so zeigt Abb. 464 schematisch eine Anordnung, wie sie mit Erfolg häufig zum Beschleifen von Gußteilen in Gebrauch ist. Die Naßniederschlagung erfolgt hierbei durch die mit *G* bezeichneten Düsen, welche je einen kegelförmigen Wasserschleier erzeugen, in welchem die in dem Luftstrom befindlichen Staubteilchen sich fangen und zusammen mit dem Wasser in die Abflußleitung und von da aus in das Sammel- bzw. Klärbecken gelangen. Sofern mehrere Schleifböcke nebeneinander aufgestellt sind, hat man entweder die Möglichkeit, eine gemeinsame Absaugung vorzusehen, oder jedem Schleifbock einen besonderen Ventilator zuzuordnen, was den Vorzug hat, daß entsprechend kleinere Ventilatoren ausreichend sind, die nach Bedarf eingeschaltet werden.

Der sich in dem Klärbecken ablagernde Schleifschlamm (ebenso auch der bei Naß-Schleifmaschinen anfallende Schleifschlamm) ist von Zeit zu Zeit zu entfernen und unschädlich zu machen, entweder durch Eingraben nach vorheriger Trocknung und Vermischung mit der etwa fünffachen Sandmenge oder durch Verbrennen auf offenem Koksfeuer, wobei jedoch auf einmal nur kleine Mengen aufgelegt werden dürfen. Noch besser ist es, den getrockneten Schlamm auf einem besonderen Brandplatz zu verbrennen[1].

C. Zusammenfassung.

Die spanabhebende Bearbeitung von Bauteilen aus Magnesiumlegierungen ermöglicht gegenüber den übrigen Nutzmetallen einschließlich des Aluminiums erhebliche Kraft- und Zeitersparnisse, die um so größer sind, je mehr schnellaufende Maschinen zur Verfügung stehen. Wo es sich deshalb um laufende Serienfertigung handelt, sollte nicht versäumt werden, die notwendigen Anschaffungen an geeigneten Werkzeugmaschinen und Werkzeugen zu machen, um die Fertigung so wirtschaftlich wie möglich zu gestalten. Außer der Erzielung kleinster Bearbeitungskosten für das einzelne Werkstück ist dabei auch noch der Umstand von Bedeutung, daß auf schnellaufenden Maschinen etwa 3—4 mal soviel Werkstücke pro Tag bearbeitet werden können als auf normalen Maschinen, so daß zum Durchlauf einer Serie in einem bestimmten Zeitraum wesentlich weniger Maschineneinheiten benötigt werden, also auch noch zusätzliche Einsparungen an Investierungen und laufender Maschinenunterhaltung möglich sind und mit kleineren Fabrikationsräumen auszukommen ist. Ein weiterer betriebswirtschaftlicher Vorteil liegt darin, daß Werkstücke aus Magnesiumlegierungen infolge ihres geringen Gewichts in der Regel von dem Arbeiter ohne Zuhilfenahme von Hebezeugen auf- und abgespannt werden können, wodurch die Nebenzeiten eine Verkürzung erfahren.

[1] Reichsarb.-Bl. 1938 Nr. 23 (Arbeitsschutz Nr. 8) — Abhandlungen von Ministerialrat Dr.-Ing. KREMER und Dipl.-Ing. H. RUHE.

Konstruktionsrichtlinien, stoffgerechte Werkstattbehandlung und Anwendungsbeispiele.

Von E. J. DE RIDDER.

A. Einleitung.

Die Forderungen, die der heutige Konstrukteur an den Baustoff stellt, unterliegen einer ständigen Steigerung. Es ist deshalb auch den Magnesiumlegierungen als Konstruktionsmaterial die Aufgabe gestellt, gegenüber den hochentwickelten Grauguß- und Stahlgußlegierungen, den Baustählen, den Buntmetallen und den anderen Leichtmetallen in einen technischen Wettbewerb zu treten. Dieser Wettbewerb besteht nicht allein darin, die Festigkeitseigenschaften zu steigern, sondern auch geeignete Konstruktionen zu finden, in denen der Baustoff Magnesium gegenüber anderen Konstruktionen in anderen Metallen gleichartig oder überlegen ist. Dies führt zu der Forderung nach einer baustoffgerechten Konstruktion[1], die ja für alle technischen Baustoffe besteht.

B. Grundsätzliche Betrachtungen.

An die Spitze der für Magnesiumlegierungen zu erläuternden Konstruktionsrichtlinien seien zunächst einige grundsätzliche Betrachtungen gestellt. Vergleicht man die Festigkeiten hochwertiger Stähle oder veredelter Aluminiumlegierungen mit denen der Magnesiumlegierungen, so könnte man zunächst zu dem Ergebnis kommen, daß in vielen Fällen, selbst unter Berücksichtigung des spezifischen Gewichtes, eine technisch bessere Konstruktion nicht möglich erscheint. Für die Querschnittsbemessungen sind jedoch in den meisten Fällen nicht allein die Relationszahlen zum spezifischen Gewicht maßgebend. Die geringsten Wandstärken der Querschnitte sind oft bedingt durch Herstellbarkeit (z. B. bei Guß- und Schmiedestücken), und die Forderung nach örtlicher Festigkeit (z. B. Knick- und Griffestigkeit bei den leichten Blechkonstruktionen des Flugzeugbaues) erfordern ebenfalls Materialstärken, die größer sind, als sie die Festigkeitsrechnung vorschreibt. Alle Bauteile, die aus diesen Gründen in anderen Metallen überdimensioniert waren, können in Magnesiumlegierungen bis zur Größe des Unterschiedes

[1] Vgl. DE RIDDER: Die Gestaltung von Bauteilen in Magnesiumlegierungen. Werkstoff Magnesium. VDI-Verlag 1939.

der spezifischen Gewichte leichter werden. Weiterhin ist bei der Biege- und Knickbeanspruchung das Widerstandsmoment bzw. Trägheitsmoment für die auftretenden Spannungen maßgebend. Da hierbei die Querschnittshöhe im Quadrat bzw. Kubus in die Rechnung eingeht, können in Magnesiumkonstruktionen Querschnitte vorgesehen werden, die entgegen den sog. Gütewerten wesentliche Gewichtsersparnisse ergeben.

Grundsätzlich sind alle Querschnittsvergrößerungen, die bei der Umkonstruktion von Bauteilen aus anderen Metallen höherer Festigkeit und höheren spezifischen Gewichtes notwendig werden, so vorzunehmen, daß man das Mehr an Querschnitt dort anbringt, wo die größten Spannungen vorhanden sind. Das nachfolgende Beispiel gemäß Abb. 465 erläutert die zweckmäßigste Methode der Querschnittsvergrößerung an einem Doppel-T-Profil und Rohr. Bei dem Doppel-T-Profil soll es sich um einen Träger handeln, der in Richtung seiner Hochachse auf Biegung beansprucht wird. Querschnitt *a* sei für den Stahlträger gedacht. Die zweckmäßigste Querschnittsvergrößerung beim Übergang von Stahl auf Magnesium stellt der Querschnitt *d* dar, bei dem es sich um eine geometrisch ähnliche Vergrößerung handelt. In Abweichung von dieser Vergrößerungsmethode ist der Steg des Profiles, wenn er aus den obenerwähnten Gründen schon überdimensioniert war, in seiner gleichen Wandstärke beizubehalten. Es würde dann nur eine Vergrößerung der Bauhöhe und der Gurtquerschnitte vorgenommen werden. Hierbei ist die größte Gewichtsersparnis möglich. Ist die Bauhöhe begrenzt, und darf die Baubreite vergrößert werden, so ist eine Querschnittsvergrößerung gemäß Querschnitt *b* durchzuführen. Sind Bauhöhe und Baubreite aus irgendwelchen anderen Gründen begrenzt, so ist die Querschnittsvergrößerung gemäß Querschnitt *c* vorzunehmen. Das Maß der Gewichtsersparnis sei in Zahlentafel 73 kurz angegeben. Die Nachrechnung ist erfolgt unter der Voraussetzung, daß beide Träger, d. h. der Stahlträger und der Leichtmetallträger, unter gleicher Last gleiche Durchbiegungen erleiden.

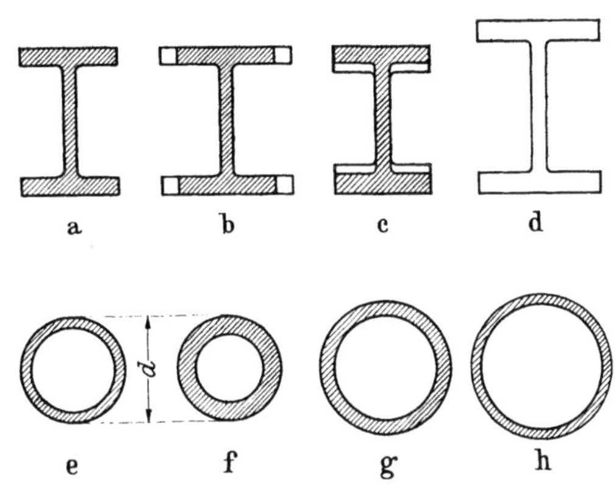

Abb. 465. Querschnittsvergrößerung.

Die genannten Zahlen zeigen, daß bei Vergrößerungsmethoden gemäß *b* und *c* die Ausgangshöhe des Stahlträgers maßgebend ist für

Zahlentafel 73.

Bauhöhe des Stahlträgers mm	Gewichtsersparnis an den Querschnitten in Proz. b	c	d
100	14	schwerer	68
300	25	± 0	65
500	32	21	62

die Größe der Gewichtsersparnis, und daß bei einengenden Vorschriften gemäß Querschnitt *c* auch Fälle auftreten, wo keine Gewichtsersparnis erzielt wird bzw. ein Leichtmetallbauteil schwerer werden kann als die entsprechende Ausführung in Stahl. Hieraus ersieht man weiter, daß die größten Gewichtsersparnisse bei geometrisch ähnlicher Vergrößerung der Querschnitte erzielt werden. Sinngemäß sind die Vergrößerungsmethoden in den Querschnitten *e* bis *h* für Rohre angegeben. Die Wandstärkenvergrößerung gemäß *f* unter Belassung des Außendurchmessers ist die ungünstigste. Die geometrische Vergrößerung, d. h. Vergrößerung des Außendurchmessers und der Wandstärke, ist günstiger. Falls die Wandstärke bei ausreichender örtlicher Festigkeit belassen werden kann und nur die Durchmesser vergrößert werden, erzielt man die größte Gewichtsersparnis. Bei Knickträgern, wie sie der Rohrquerschnitt u. a. darstellt, wird durch die Vergrößerungsmethode gemäß

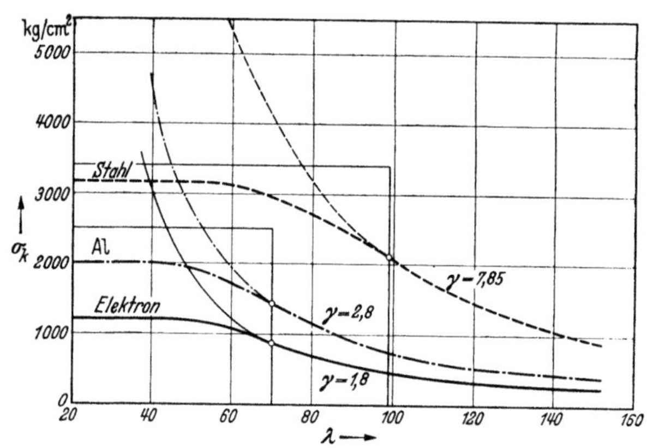

Abb. 466. Kurven für Knickfestigkeit.

Querschnitt *g* und *h* das Schlankheitsverhältnis verkleinert und man rückt auf der Kurve der zulässigen Knickbeanspruchungen in den günstigeren Bereich (Abb. 466).

Hat der Konstrukteur sich für die Verwendung des Magnesiums zur Herstellung eines Bauteiles entschieden, so muß er gleichzeitig den geeigneten Baustoffzustand festlegen. Man kann hier grundsätzlich eine Unterteilung in 2 Gruppen vornehmen, wie sie die Abb. 467 darstellt, und zwar Gußzustand und Knetzustand. Diese beiden Gruppen können für sich wieder in je 3 Untergruppen unterteilt werden, und zwar auf der Gußseite in Sandguß, Kokillenguß und Spritzguß und beim Knetzustand in Gesenkpreßstücke, Strangpreßteile und gewalztes Material. Abb. 467 zeigt die jeweiligen Durchschnittszahlen der gebräuchlichsten Legierungen in Form von Säulen, die die Zugfestigkeit, Streckgrenze

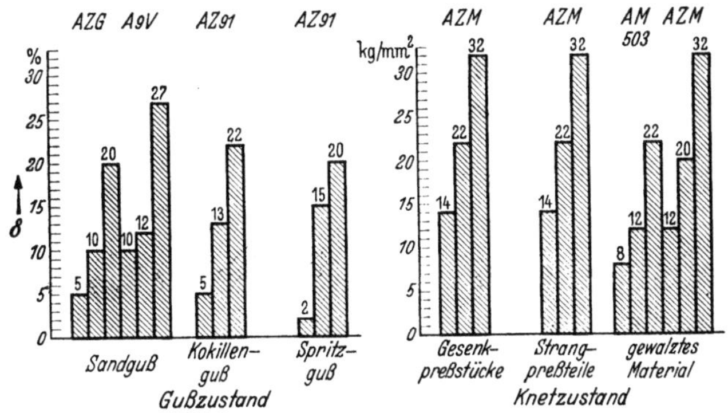

Abb. 467. Magnesiumlegierungen.

und Dehnung darstellen. Gegenüber den angegebenen Durchschnittszahlen (s. Zahlentafel 30 u. 31) sind die auch sonst üblichen Sicherheiten einzurechnen. Es ist hier besonders zu bemerken, daß die für die Gußfestigkeit angegebenen Werte — einem allgemeinen Brauch folgend — sich auf besonders gegossene Zerreißstäbe beziehen, so daß mithin diese Festigkeiten nicht an allen Stellen eines Gußstückes erreicht werden können. Die Praxis hat gezeigt, daß man ein Gußstück beispielsweise in der Elektronlegierung AZG (FlW 3505.0) mit 12 kg Zerreißfestigkeit berechnet und beim Bruchversuch mit Sicherheit die errechnete Festigkeit einhält. Die entsprechende Zahl für die Legierung A 9 v (FlW 3507.9) liegt bei etwa 17 kg/mm². Durch die Erniedrigung der Festigkeitszahlen werden erfahrungsgemäß alle Ungleichheiten, die dem Gußstück anhaften, ausgeglichen. Es ist dies nicht ein Sonderfall für Magnesiumlegierungen, denn genauere Untersuchungen haben ergeben, daß ein starkes Schwanken der Festigkeitswerte innerhalb komplizierter Gußstücke in gleichem Maßstab auch bei anderen Metallen eintritt. Bei der Festigkeitsberechnung in Bauteilen aus gekneteten Magnesiumlegierungen können dagegen die angegebenen Werte als Bruchfestigkeit ohne weiteres eingesetzt werden, da hier das Material an allen Stellen des Bauteiles gleichmäßige Festigkeiten aufweist.

Ein grundsätzlicher Unterschied in der Festigkeit gegenüber anderen Metallen besteht einmal in seiner geringeren Schubfestigkeit und Quetschgrenze. Es ist dies besonders zu beachten bei Berechnung von Bauteilen, die auf Schub bzw. auf Knickung im TETMAYERschen Bereich beansprucht werden.

Wird von Bauteilen gleiches elastisches Verhalten gegenüber der Ausführung in Schwermetall verlangt, so sind die angegebenen Festigkeitszahlen weniger von Bedeutung. Es muß hier auf den Unterschied des E-Moduls hingewiesen werden. In Abb. 468 wurde schon erläutert, daß trotz des wesentlich geringeren E-Moduls auch hier die Möglichkeit besteht, Umkonstruktionen mit nennenswerter Gewichtsersparnis vorzunehmen.

Bei der Dimensionierung von Bauteilen, die auf Ermüdung beansprucht werden, sind an Stelle der statischen Festigkeitswerte die entsprechenden dynamischen zu wählen. Hier ist der Kerbempfindlichkeit, die allen Leichtmetallen anhaftet, besondere Beachtung zu schenken (s. S. 214f).

C. Bauteile aus Magnesiumgußlegierungen.

Die weitaus größte Anwendung haben Magnesiumlegierungen in Form von Guß gefunden. Der Konstrukteur ist es gewohnt, Guß zum Teil als einen Baustoff mit niedriger Festigkeit, geringer Dehnung und deshalb sehr sprödem Verhalten einzuschätzen, der sich jedoch wirtschaftlich in jede beliebige Form bringen läßt. Er wählt Guß in der Hauptsache für weniger beanspruchte Bauteile, die stark überbemessen sind, z. B. für große Maschinenträger, massive Bauteile, Kurbelgehäuse u. a. m. Die Erfahrung hat jedoch gezeigt, daß Magnesiumgußlegierungen sich auch da anwenden lassen, wo starke Schlag-, Stoß- und Ermüdungsbeanspruchungen auftreten. Es ist wesentlich zu wissen, daß Magnesiumguß bei Überbeanspruchung vor dem Bruch noch starke Verformungen durch Dehnung elastisch und plastisch aufnimmt. Die Abb. 468 zeigt eine in Elektron hergestellte Gepäcknetzstütze für Eisenbahnfahrzeuge, die bei einem Belastungsversuch eine Bruchlast von über 400 kg aufwies. Bei etwa 350 kg Belastung trat eine Gesamtverformung von 25 mm am Ende eines Hebelarmes von etwa 300 mm Länge ohne Anrißbildung auf. Welche Beanspruchung Magnesiumgußlegierungen aushalten können, zeigt ihre Anwendung bei Kanonenrädern gemäß Abb. 469, die sich im schärfsten Fahrbetrieb auf schlechten Straßen durchaus bewährt haben. Das dargestellte Rad ist ein typisches Beispiel für die zweckmäßigste, dem Werkstoff angepaßte Konstruktion. Früher

Abb. 468. Gepäcknetzstütze im Belastungsversuch.

sind Räder vielfach so hergestellt worden, daß man eine einfache Scheibe wählte und diese durch senkrecht zu ihr angeordnete Rippen aussteifte. Es entspricht dies einem Belastungsfall, wie er in Abb. 470 Nr. *1* angegeben ist, wo ein Steg um die Achse x auf Biegung beansprucht wird. Hier traten in den äußersten Fasern Spannungsspitzen auf, die dem kerbempfindlichen Leichtmetallguß gefährlich werden und an dieser Stelle bei Ermüdungsbeanspruchung zu Anrissen führen. Für die Radkonstruktion wurde mit Rücksicht auf die Seitenstöße der Querschnitt Nr. *5* gewählt, der diese Spannungsspitzen abbaut und eine ermüdungssichere Konstruktion darstellt. An Hand dieser Abbildung sei gleichzeitig gezeigt, daß Querschnitte gemäß Nr. *2* ebenfalls ungünstig sind. Wenn dieser Querschnitt um die X-Achse auf Biegung beansprucht wird, so treten am freien Steg die gleichen Spannungsspitzen auf. Günstiger sind Kastenquerschnitte gemäß Nr. *3* und *6* sowie Doppel-T-Querschnitte gemäß Nr. *4*. In der Abbildung wird gleichzeitig dargestellt, daß man bei der Dimensionierung von Kastenquerschnitten Rücksicht auf gute Gießbarkeit nehmen muß. Der Querschnitt Nr. *3* ist mit den angegebenen Abmessungen gießtechnisch ungünstig, während der Querschnitt Nr. *6* festigkeitsmäßig und gußtechnisch in Ordnung ist.

Abb. 469. Kanonenrad. (Jb. dtsch. Luftfahrtforsch. 1937.)

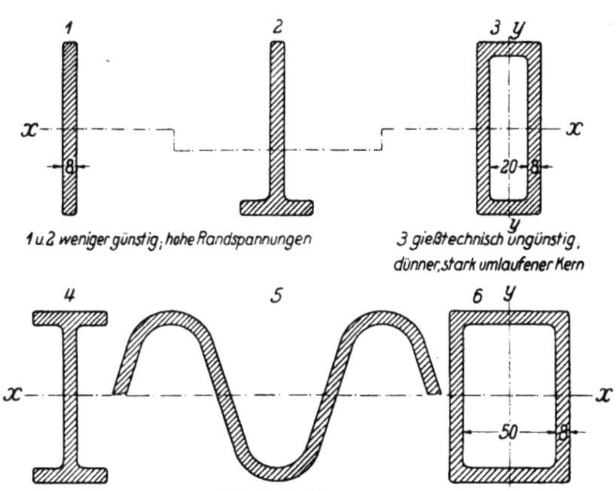

Abb. 470. Querschnitte mit großem Widerstandsmoment.

Häufig läßt es sich nicht vermeiden, daß an größeren Gußstücken, z. B. Kurbel- oder Getriebegehäusen und anderen Bauteilen, Wandungen durch Rippen ausgesteift werden müssen. Es müssen dann Querschnitte gewählt werden, wie sie bei der Radkonstruktion mit Rücksicht auf die außerordentlich hohen Ermüdungsbeanspruchungen nicht angewandt werden können. Abb. 471 zeigt für Magnesiumguß günstige und ungünstige Ausführungsformen. Die Rippe Nr. *1* ist gießtechnisch günstig, kann jedoch nur an gering beanspruchten Bauteilen Ver-

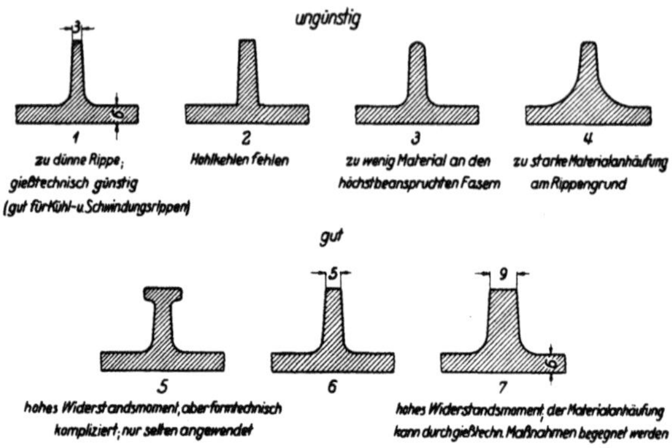

Abb. 471. Gestaltung von beanspruchten Rippen.

wendung finden, da ihre Wandstärke reichlich dünn ist. Der Rippe Nr. *2* fehlen am Übergang zur Wandung gut ausgerundete Hohlkehlen, die mit Rücksicht auf die Kerbempfindlichkeit der Leichtmetalle vorhanden sein müssen. Die Rippe Nr. *3* hat an ihrem oberen Ende wegen der vorgesehenen Abrundung eine Spannungsspitze, die ebenfalls zu Einrissen neigt. Die Rippe Nr. *4* hat an ihrem Übergang zur Wandung zu starke Materialanhäufungen, die zur schlechten Gußqualität führt.

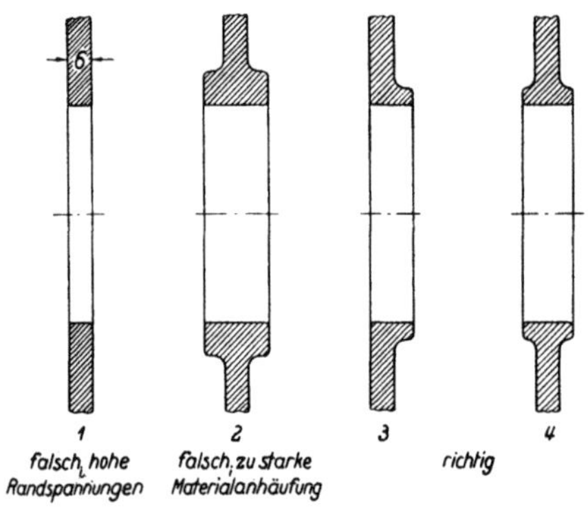

Abb. 472. Ausbildung von Wulsten an beanspruchten Lochrändern.

Die Rippen Nr. *5*, *6* und *7* sind festigkeitsmäßig und herstellungsmäßig in Ordnung. Bei Ermüdungsbeanspruchungen ist die Ausführungsform Nr. *5* die zweckmäßigste.

Aus Gründen der Gewichtsersparnis werden oft Aussparungen und Erleichterungslöcher an Bauteilen vorgesehen, die der Gießer für Kernlagerungen mitbenutzt. An derartigen Aussparungen treten Randspannungen auf, die durch entsprechende Auswulstungen herabgesetzt werden müssen. Abb. 472 zeigt falsche und richtige Ausführungsformen. Wie derartige Randauswulstungen zur Vermeidung von Spannungsspitzen am ganzen Bauteil angeordnet werden, zeigt Abb. 473. Ein Verlegen dieser Auswulstung in das Innere eines Hohlquerschnittes gemäß Schnitt AB erleichtert das Gießen, da sich im anderen Fall das Modell nicht aus der Form ziehen läßt. Das gleiche gilt sinngemäß bei dem dargestellten Doppel-T-Querschnitt. Mit Rücksicht auf eine günstigere Spannungsverteilung im Gurt des Doppel-T-Querschnittes können die Gurtränder ausgewulstet werden. Diese Auswulstung legt man zweckmäßig ebenfalls nach innen, d. h. auf die Kernseite. In der Abbildung ist gleichzeitig erläutert, daß Kerne von Hohlkörpern eine genügende

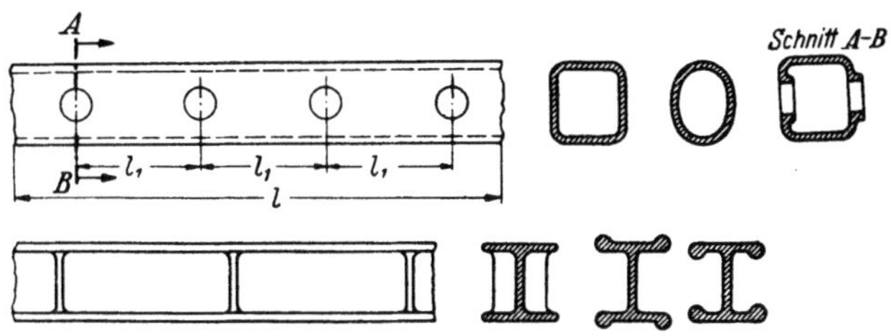

Abb. 473. Ausführungsformen für Leichtmetallguß. (Werkstoff Magnesium, 1939, VDI-Verlag.)

Abstützung erfahren müssen. Das Eingießen von Kernstützen hat sich bei Magnesiumlegierungen nicht bewährt. Die Kerne müssen daher an ihren Enden und gegebenenfalls auf Zwischenlängen ausreichende Stützung erfahren. Bei dem in der Abbildung dargestellten quadratischen Hohlträger sind zweckmäßig die Abstände der Erleichterungslöcher l_1 im Verhältnis zur Gesamtlänge l so aufzuteilen, daß an den Stellen der Löcher ausreichende Kernstützen vorgesehen werden können.

Bei der Konstruktion von Gußstücken ist es überhaupt zweckmäßig, daß der Konstrukteur fürs erste noch enger mit dem Gießer zusammenarbeitet, denn die Herstellung von Magnesiumgußstücken unterscheidet sich gießtechnisch in manchen Beziehungen von der Gußherstellung in anderen Werkstoffen. Der Konstrukteur kann nicht ohne weiteres beim Entwurf seiner Gußstücke von dem Gesichtspunkte ausgehen, daß das Gußstück infolge seiner geometrischen Form am zweckmäßigsten so oder so eingeformt und vergossen wird. Es sind auch noch andere Gesichtspunkte hierfür maßgebend, z. B. Anordnung von Anschnitt, Steigern und Schreckplatten u. a. m. Hierbei spielen eine Reihe von metallurgischen Fragen eine wesentliche Rolle. Es erscheint daher zweckmäßig, die Gußkonstruktion zunächst vom festigkeitstechnischen Standpunkt zu entwickeln und anschließend mit dem Gießer zu besprechen, um hierbei unter Wahrung der Gesichtspunkte des Konstrukteurs die Konstruktion so abzuändern, daß auch der Gießer keinerlei Schwierigkeiten bei der Herstellung des Bauteiles hat. Aus vielen derartigen Besprechungen gewinnt dann der Konstrukteur ein Bild über die Gesichtspunkte, die der Gießer bei der Herstellung beachten muß, und wird im Laufe längerer Erfahrungszeit leicht in die Lage versetzt, diese beim Entwurf seiner Bauteile zu berücksichtigen.

Die bereits erwähnte Kerbempfindlichkeit von Leichtmetallgußstücken muß auch in der allgemeinen Formgebung Berücksichtigung finden. Spannungsanhäufungen können durch geringfügige Änderung in der äußeren Form abgebaut bzw. völlig vermieden werden. Die

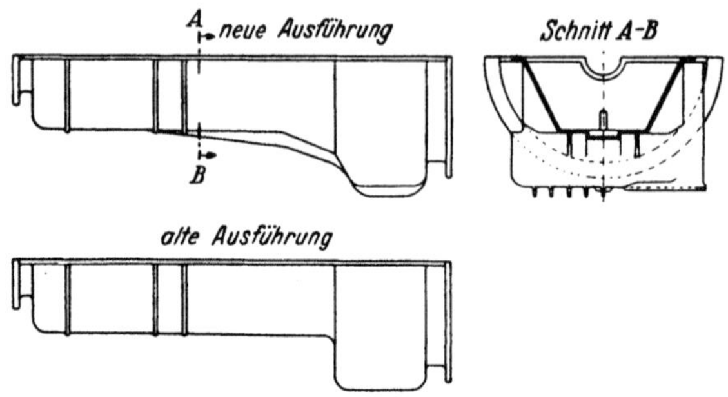

Abb. 474. Alte und neue Ausführung eines Kurbelgehäuse-Unterteils.

Abb. 474 zeigt als Beispiel die alte und neue Ausführung eines Kurbelgehäuses für Omnibusmotoren. In der alten Ausführung trat an Stelle des Übergangs vom kleinen zum großen Querschnitt, die an sich gut ausgerundet war, ein Ermüdungsbruch auf. Die neue Ausführung, die in ihrer äußeren Formgebung den Übergang vom großen Gehäusequerschnitt zum kleinen allmählich gestaltete, erwies sich im Dauerbetrieb als ermüdungsfest.

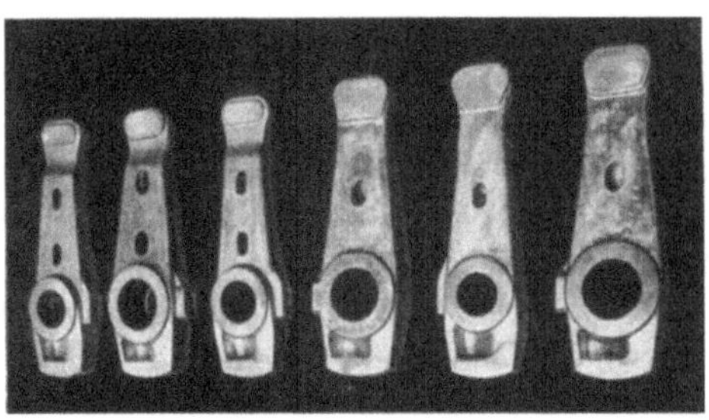

Abb. 475. Hubarme für Lorenz-Zahnradstoßmaschinen.

Als weiteres Beispiel für ein sehr stark auf Ermüdung beanspruchtes Bauteil sei in der Abb. 475 der Hubarm für eine Lorenz-Zahnradstoßmaschine gezeigt. Es handelt sich hierbei um ein Bauteil, das dauernd hin und her bewegt wird und ständig große Massenkräfte abzubremsen hat. Der Hubarm wird außer auf Biegung auch auf Torsion beansprucht, weshalb ein Hohlquerschnitt gewählt wurde. Die zur Lagerung der Gußkerne notwendigen Löcher wurden auf der Innenseite stark ausgerundet.

Stahlwellen, die in dem Leichtmetallgußstück gelagert werden, erfordern ein Ausbuchsen des Gußstückes. In Abb. 476 ist ein schweres Getriebegehäuse für Reichsbahnzwecke dargestellt. Die schweren Achsen liegen in besonders einmontierten Buchsen. An dem Getriebe konnte durch die Verwendung von Magnesiummetall 50% an Baugewicht gespart werden. In vielen Fällen ist es möglich, die Buchse einzugießen, wodurch eine erhebliche Kostenersparnis ermöglicht wird. Das geringe spezifische Gewicht führt zu der Möglichkeit, Bauteile, die bisher aus mehreren einzelnen Blechteilen zusammengesetzt wurden, durch ein einziges größer bemessenes Gußstück zu ersetzen. Die Abb. 477 zeigt das Seitensteueraggregat für eine Flugzeugsteuerung. Die Fußrasten, die bis dahin aus vielen Einzelteilen zusammengenietet wurden, bestehen nur aus einem einzigen Gußstück, das auf der Hinterseite die Öldruckbremszylinder für die Betätigung der Radbremse enthält. Der Querhebel, der gleichzeitig auf Biegung und Torsion beansprucht wird, ist wiederum als Hohlquerschnitt ausgeführt. Durch diese Konstruktionsart konnte die Steuerung billiger ausgeführt werden, als dies bis dahin der Fall war. Die Abb. 478 zeigt Gußstücke für das Deichselgestell und den Abstützring für den Kugellenkkranz in Magnesiumguß. Auch hier konnten viele Einzelteile zu einem einzigen Gußstück vereinigt werden. Das Deichselgestell, das vielseitigen Beanspruchungen unterliegt (Verwindung, Biegung, Stoß- und Schlagbeanspruchung), wurde als Kastenträger entworfen. Die Entwicklung der weiteren Anwendung von

Abb. 476. Getriebegehäuse eines Reichsbahnwagens.

Abb. 477. Fußrasten für Seitensteuerung eines Flugzeuges.

Gußstücken strebt sogar neuerdings Bauteile in der Größenordnung von ganzen Drehgestellen für Reichsbahntriebwagen an, die bisher aus vielen Stahlteilen zusammengeschweißt bzw. genietet wurden und nunmehr als ein einziges Gußstück in absehbarer Zeit gegossen werden.

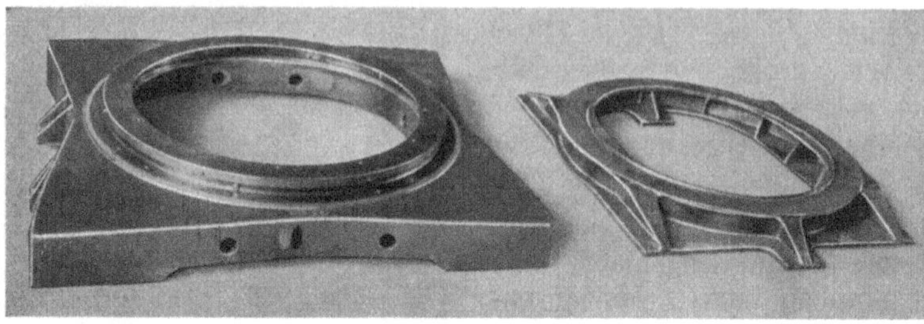

Abb. 478. Deichselgestell und Abstützring für den Kugellenkkranz aus Magnesiumguß. (Nach CLEFF: Automob.-techn. Z. 1939 H. 6.)

D. Bauteile aus Magnesiumknetlegierungen.

1. Profile und Bleche.

Magnesiumlegierungen in Form von Guß reichen natürlich für alle Zwecke des Leichtbaues nicht aus. Die in Stahl hergestellten Walz-

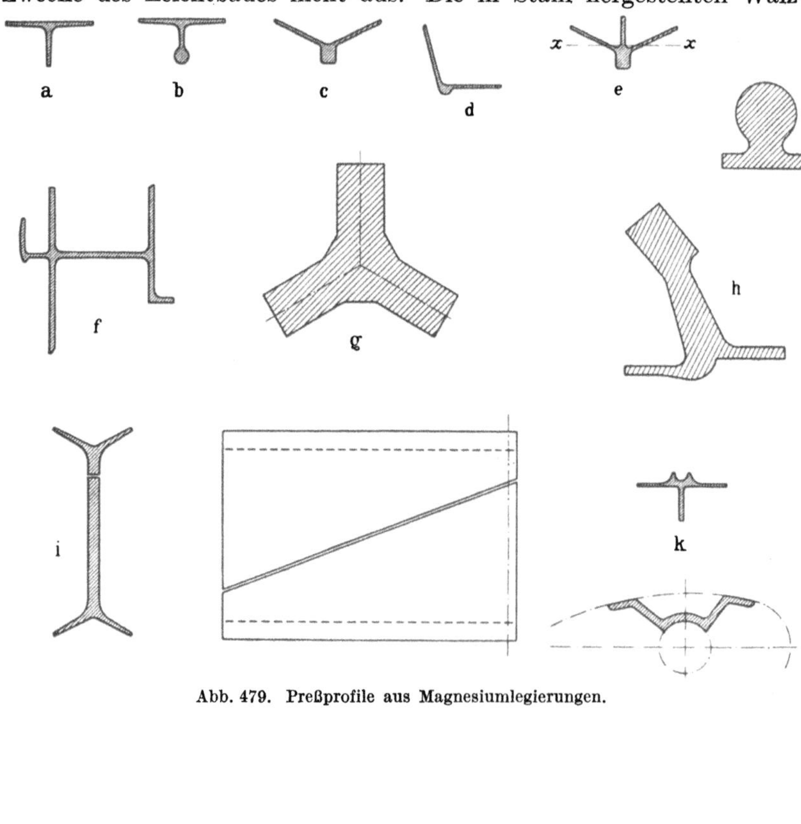

Abb. 479. Preßprofile aus Magnesiumlegierungen.

profile werden in Leichtmetall auf Strangpressen gepreßt, da dieses Verfahren sich als sehr wirtschaftlich erwiesen hat und ausgezeichnete Materialqualitäten ergibt. Es hat weiterhin den Vorteil, daß eine Reihe von Profilen, die sich auf der Walzseite überhaupt nicht oder nur sehr schwer herstellen lassen, nach dem Preßverfahren ohne weiteres herstellbar sind. Die Abb. 479 zeigt derartige Preßprofile. Ein besonders interessantes ist unter *f* dargestellt. Es zeigt das obere Gurtprofil eines Eisenbahntriebwagens, an dem nach unten die Flansche zur Befestigung der Seitensäulen, nach oben die Flansche zur Befestigung der Dachspriegel, links die an der Außenwand des Fahrzeuges angeordnete Regenrinne und rechts die an der Innenseite angeordnete Leiste zur Befestigung des im Wagen längs durchlaufenden Gepäcknetzes angeordnet sind.

Hier wurde angestrebt, den höheren Materialpreis, der oft einer wirtschaftlichen Anwendung von Leichtmetallen für die Zwecke des Leichtbaues im Wege steht, dadurch auszugleichen, daß man eine Mehrzahl von Eisen- und Stahlprofilen bei der alten Ausführung in der Leichtmetallausführung zu einem einzigen Preßprofil zusammenfaßte, um hierdurch an Lohnkosten einzusparen. Das in der Abbildung unter *a* dargestellte Profil kann mit Rücksicht auf die Vermeidung von Spannungsspitzen auf der Leichtmetallseite gemäß Querschnitt *b* gepreßt werden, ein Querschnitt, der sich in Eisen durch Walzen nicht herstellen läßt. Nach dem gleichen Verfahren lassen sich auch Rohre mit rundem oder Vierkantquerschnitt sowie andere Hohl- und halbgeschlossene Profile herstellen.

Abb. 480. Ölkühler für ein Eisenbahnfahrzeug aus Magnesiumlegierungen.

Die Abb. 480 zeigt einen Ölkühler, der für die Verwendung an Eisenbahntriebwagen hergestellt wurde. Er besteht aus Rohren, die mit radial angeordneten Rippen versehen sind. An ihrem Ende wurden sie mit dem Sammelrohr verschweißt. Der Kühler ist aus der sehr gut schweißbaren Elektronlegierung AM 503 (FlW 3500.0) hergestellt und kann im praktischen Betrieb bei geringstem Baugewicht einen Druck von 15 atü aufnehmen. Abb. 481 zeigt ein aus Elektronprofilen hergestelltes Gerippe eines Postpaketwagenaufbaues. Es handelt sich hierbei um U- und Winkelprofile, wie sie für den Fahrzeugbau in zahlreicher Form entwickelt worden sind, die durch Knotenbleche miteinander vernietet werden. Derartige Gerüste werden dann anschließend mit Magnesiumblechen beplankt, die zur Aufnahme der

Abb. 481. Gerippe in Magnesiumlegierungen für den Aufbau eines Postpaketwagens. (Nach SCHRÖDER: Magnesiumlegierungen im Fahrzeugbau. Vierjahresplan, 4. Folge 1939.)

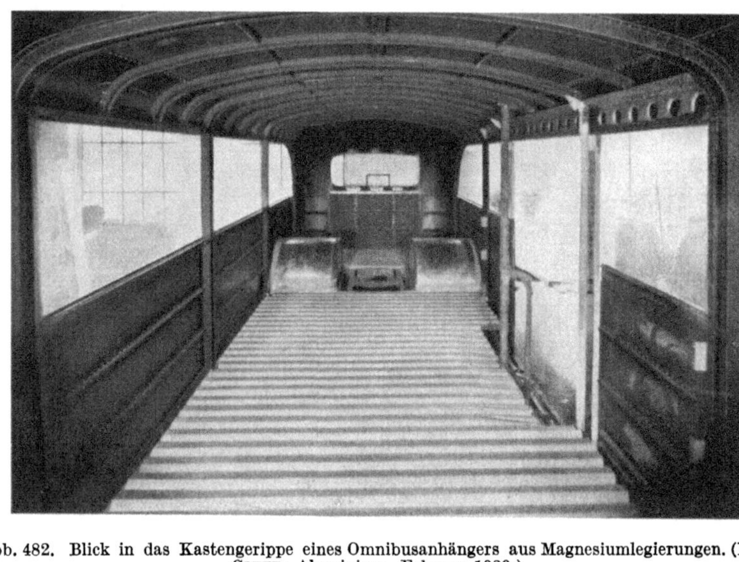

Abb. 482. Blick in das Kastengerippe eines Omnibusanhängers aus Magnesiumlegierungen. (Nach CLEFF: Aluminium, Februar 1939.)

Kräfte mit herangezogen werden. Die Abb. 482 zeigt den Blick in das Kastengerippe eines Omnibusanhängers aus Magnesiumlegierungen.

Magnesiumbleche in der Legierung AM 503 (FlW 3501.2) lassen sich ausgezeichnet schweißen und eignen sich für die Herstellung von Behältern aller Art, soweit sie mit Flüssigkeiten gefüllt sind, die keinen

Korrosionsangriff ausüben (s. S. 300f). Die Abb. 483 zeigt einen Brennstoffbehälter für Flugzeuge, wie sie mit außerordentlicher Gewichtsersparnis hergestellt werden. Das Prinzip dieser Behälterkonstruktion ist in Abb. 484 dargestellt. Mit Rücksicht auf die später erläuterten Schweißmethoden können im Innern die Schlingerwände nicht eingeschweißt werden. Es wird deshalb in dem Tankmantel ein T-Profil eingeschweißt, gemäß Schnitt *A—B*, an das im Innern die Schlingerwand angenietet wird. Abb. 485 zeigt das Prinzip der Anordnung von eingeschweißten Armaturen in derartigen Behältern.

Abb. 483. Brennstoffbehälter in Magnesiumblech für ein Flugzeug.

Für die Blechkonstruktionen finden die Elektronlegierungen AM 503 (FlW 3501.2) und AM 537 die ausgedehnteste Verwendung, wobei AM 503 im wesentlichen für geschweißte Bauteile jeglicher Art und AM 537 wegen der beschränkten Schweißbarkeit, aber höheren Festigkeit für genietete Konstruktionen,

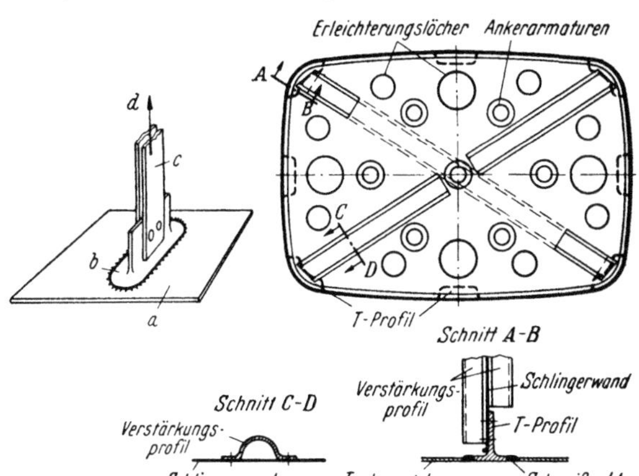

Abb. 484. Anordnung von Schlingerwänden in Brennstoffbehälter.

die größeren Beanspruchungen ausgesetzt sind, benutzt werden. Beide Legierungen sind in bezug auf Korrosionsbeständigkeit der Elektronlegierung AZM (FlW 3510.2) überlegen. Sie neigen insbesondere nicht zu Spannungskorrosion. AZM (FlW 3510.2) wird deshalb nur dort verwendet, wo Blechteile ohne Kaltverformungen eingebaut werden können. Dagegen hat sich diese Legierung in Form von Preßprofilen mit Erfolg ein ausgedehntes Anwendungsgebiet sichern können.

2. Schmiedestücke.

Die jüngste Entwicklung auf dem Gebiete der Magnesiumknetlegierungen befaßt sich mit der Herstellung von Schmiedestücken, die zum Teil in großen Abmessungen in Flugzeugen mit Erfolg eingebaut wurden.

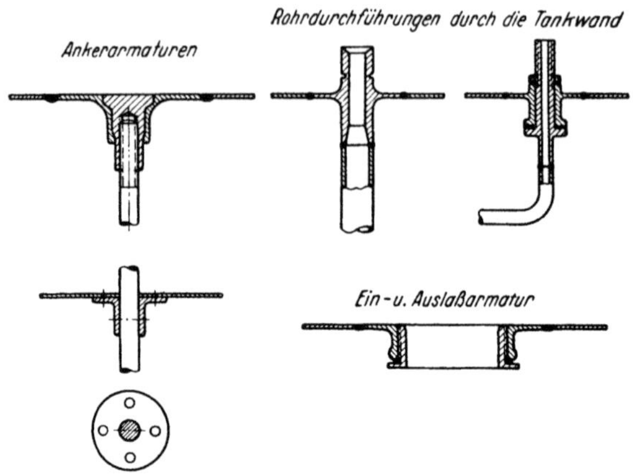

Abb. 485. Einschweißen von Armaturen in eine Behälterwand.

Hier kann der Konstrukteur, ebenso wie bei den übrigen Bauteilen in Blechen und Preßprofilen, die hohen Festigkeitszahlen ohne weiteren Abzug in die Berechnung einsetzen, da das Herstellungsverfahren eine Gewähr dafür gibt, daß die genannten Festigkeitswerte an allen Stellen des Schmiedestückes vorhanden sind. Bei Beanspruchung quer zum Faserverlauf muß selbstverständlich ein gewisser Abzug gemacht werden, der sich in der Größenordnung von etwa 10% hält. Im gleichen Sinne, wie dies über Gußstücke ausgeführt wurde, ist es für das erste zweckmäßig, daß der Konstrukteur seinen Entwurf mit dem Schmiedefachmann bespricht, um dessen Wünsche bezüglich Herstellbarkeit in einwandfreier Qualität zu berücksichtigen. Die Formgebung ist so vorzusehen, daß das Werkstück von 2 Seiten her einwandfrei in das Gesenkober- und -unterteil hineinfließt. Abb. 486 gibt für einige Abmessungen zur kurzen Orientierung die Konizitäten und Abrundungsradien an, die hier nicht allein mit Rücksicht auf Vermeidung von Kerben, sondern einwandfreies Fließen des Materials im Gesenk bemessen sind. Als Beispiel ist in Abb. 487 die Umkonstruktion von einem hochwertigen Stahlgußteil, das Festigkeiten von rund 90 kg/mm² aufwies, auf ein

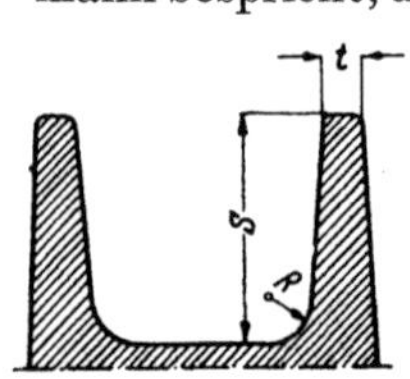

S max	t min	R min
20	2	4
30	2.5	6
40	3	8
50	4	10

Abb. 486. Gestaltung von Rippen an Schmiedeteilen.

Schmiedestück in Magnesiumlegierungen dargestellt. Die eingezeichneten Querschnitte lassen vermuten, daß die mit Rücksicht auf den Festigkeitsunterschied beider Werkstoffe vorgesehenen Querschnittsvergrößerungen zu keiner Gewichtsersparnis bzw. zu einem schwereren

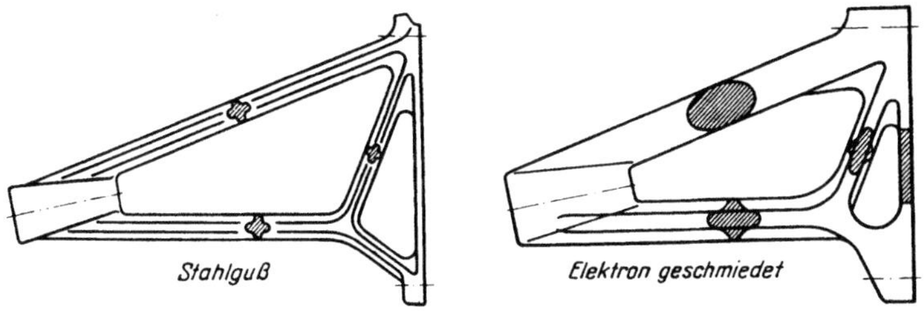

Abb. 487. Lagerrippe in Stahlguß und geschmiedetem Magnesium.

Gewicht im Leichtmetallstück führen. Die genaue Durchrechnung der Leichtmetallkonstruktion ergab jedoch ein geringeres Baugewicht bei gleicher Bruchsicherheit. Bei derartigen Bauteilen, die in Schwermetall aus mehreren Einzelteilen zusammengesetzt werden, erspart man insofern auch an Baugewicht, als durch das Zusammennieten ein Mehr an Material durch Knotenbleche und Überlappungen erforderlich wird.

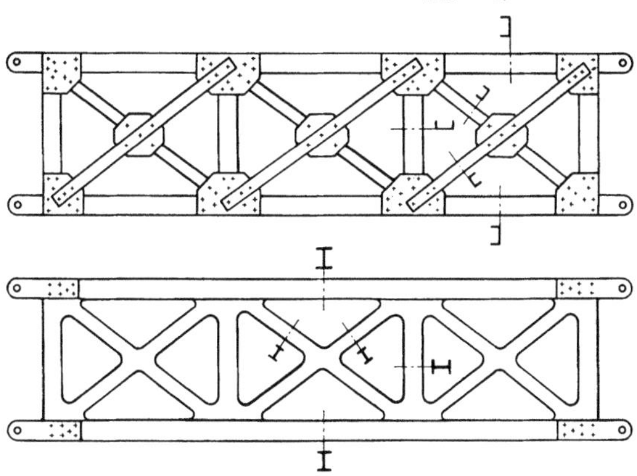

Abb. 488. Genietete und in Magnesium geschmiedete Träger.

Abb. 488 zeigt dies an einem hoch belasteten Flugzeugbauteil nach Art eines Brückenträgers. In der oberen Ausführung ist die genietete Konstruktion eingezeichnet, die aus einer Vielzahl von Teilen besteht, während die untere Leichtmetallausführung ein einziges Schmiedestück darstellt, das nur an den 4 Enden Stahllaschen für die Anschlüsse der Gurtkräfte erhält. Es besteht eine gewisse Schwierigkeit, Hohlträger, die beispielsweise in Schwermetall für Beanspruchungen auf Biegung und gleichzeitig Torsion Anwendung finden, durch Leichtmetallschmiedestücke zu ersetzen, weil sich nach diesem Verfahren nur offene Querschnitte schmieden lassen. Es seien deshalb in Abb. 489 einige Konstruktionsmöglichkeiten erläutert, die diese Schwierigkeit umgehen. Unter *a* ist ein Hohlträger in Stahl dargestellt, der durch den Träger nach *b* ersetzt werden kann. Es handelt sich hierbei um ein Doppel-*T*-Profil, dessen Steg durch Rippen ausgesteift ist. Wenn diese Rippen schräg gelegt werden, so daß sie sich gegenseitig abstützen, erhält man, wie Versuche gezeigt haben, einen offenen Träger, der Torsionskräfte aufnehmen kann. Eine ähnliche Wirkung erzielt man mit dem Träger gemäß Ausführung *c*, bei der der Steg nach Art eines Wellbleches zwischen den Gurten angeordnet ist. Die mit Gesenkpreßstücken bei Flugzeugen gesammelten Erfahrungen lassen erwarten, daß Schmiedeteile in Magnesiumlegierungen auch an hochbeanspruchten Konstruktionen, im allgemeinen Fahrzeugbau u. a. Gebieten der Technik Eingang finden werden.

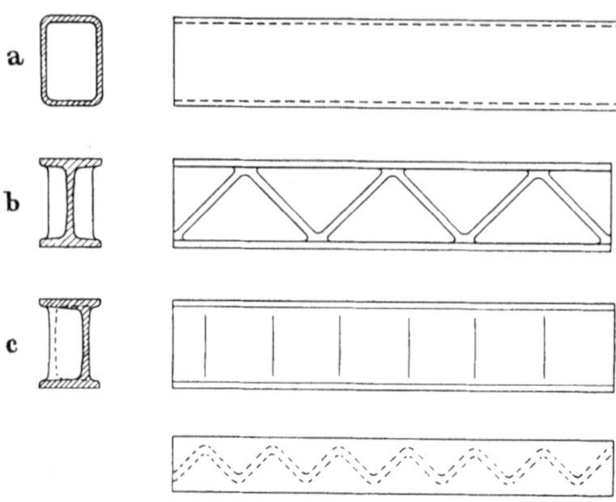

Abb. 489. Träger für Biege- und Torsionsbeanspruchungen.

E. Die korrosionssichere Konstruktion.

Im Beitrag über chemisches Verhalten, Korrosion und Oberflächenschutz sind im einzelnen die korrosionschemischen Eigenschaften dieses Baustoffes näher erläutert. Für den Konstrukteur ergibt sich hieraus die Notwendigkeit, schon beim Entwurf darauf Rücksicht zu nehmen. Grundsätzlich müssen die Magnesiumlegierungen gegenüber anderen Schwermetallen zur Vermeidung elektrolytischer Korrosion isoliert werden. In den meisten Fällen genügt hierzu ein gut haftender Lackanstrich. Dort, wo ein Arbeiten verschiedener Bauteile untereinander im praktischen Betrieb auftreten kann, reicht der Lackanstrich nicht aus. In solchen Fällen muß Kunststoff (z. B. Resitex, Novotex u. a. m.), Ölpapier oder Vulkanfiber als Isolation vorgesehen werden. Unter anderem haben sich auch die Schadebinde oder andere Präparate, Stoff, der mit einem nicht spröde werdenden Lack getränkt ist, bewährt. Der in der Abb. 490 dargestellte Hülsenpuffer eines Eisenbahnfahrzeuges zeigt als Beispiel, wie der in Elektronguß hergestellte Pufferträger gegenüber dem in Schwermetall hergestellten Fahrzeug durch eine Kunststoffscheibe isoliert ist. In dem Gußstück bewegt sich der ebenfalls aus Stahl hergestellte Puffer. Zur Vermeidung des Verschleißes sind Stahlbuchsen eingezogen, die ihrerseits ebenfalls gegenüber dem Leichtmetallguß isoliert sind. Vielfach tritt die Frage auf, wie derartige Isolationen bei Nietverbindungen, die zwischen Leichtmetall

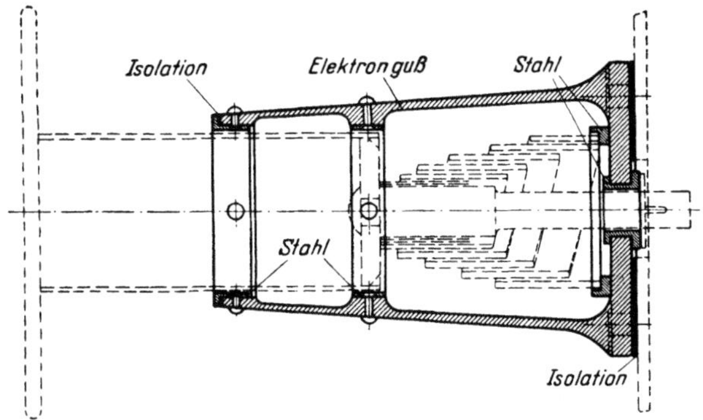

Abb. 490. Hülsenpuffer eines Eisenbahnfahrzeuges.

und Schwermetall anzuordnen sind, zweckmäßig isoliert werden. Die Abb. 491 zeigt das Prinzip dieser Isolierung. Hierbei gilt der Grundsatz, daß der Nietkopf auf seinem eigenen Material sitzen muß. Ist beispielsweise ein Leichtmetallwinkel auf einer Stahlplatte anzunieten, so kann man ein Eisenniet wählen, wenn man, wie in der linken Abbildung dargestellt ist, auf der Gegenseite nochmals einen kleinen Eisenblechstreifen anordnet und sowohl Stahlplatte sowie Eisenblechstreifen gegenüber dem Leichtmetall isoliert. Man kann aber auch mit Leichtmetallnieten arbeiten, wenn man auf der Gegenseite der Stahlplatte einen

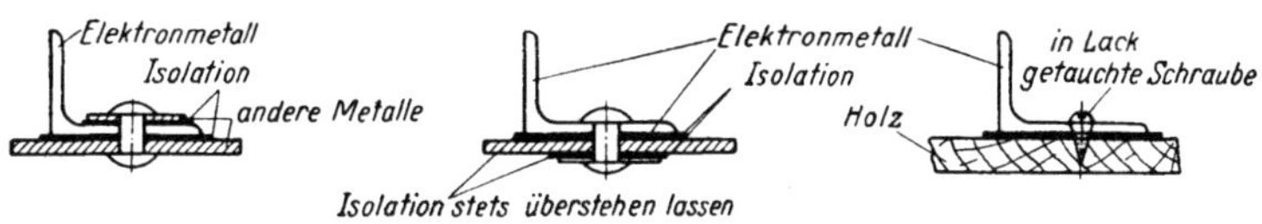

Abb. 491. Nietanordnung bei der Verbindung von Magnesium mit anderem Werkstoff.

Leichtmetallstreifen anordnet und die Stahlplatte gegenüber dem Leichtmetallwinkel und Leichtmetallstreifen isoliert. Die Abbildung zeigt gleichzeitig die Anordnung der Isolation gegenüber Holz, da Holz Wasser aufnimmt und, mit Säure versetzt, wieder abgibt. Die Praxis hat gezeigt, daß ein derartiges exaktes Arbeiten nur dort notwendig ist, wo erhöhte Korrosionsbeanspruchungen auftreten. So wurde z. B. der in Abb. 480 dargestellte Ölkühler ohne jeden Lackanstrich in Betrieb genommen, um die günstigste Kühlwirkung zu erzielen. Der Kühler ist jetzt über 3 Jahre in Betrieb und befindet sich an der Unterseite eines Eisenbahntriebwagens dem Fahrwind ausgesetzt. Er weist bis heute keinerlei Korrosion auf. Die Abb. 492 zeigt als Beispiel einer korrosionssicheren Konstruktion die Ausführung eines Knotenpunktes an der Zugspitzbahnkabine. Die alte Ausführung ergab die Möglichkeit, daß sich in dem nach oben offenen *U*-Profil, das mit Holz ausgefüttert war sowie in dem Randprofil Wasser ansammeln konnte. Die Konstruktion wurde abgeändert, und zwar derart, daß dem Wasser die Möglichkeit gegeben wurde, überall gut abzufließen. Die alte Ausführung wies nach $1^{1}/_{2}$—2jährigem Betrieb schwerste Korrosion auf, während die neue Ausführung sich bis heute über 10 Jahre lang in Betrieb befindet. In diesem Zusammenhange sei bemerkt, daß z. B. an Motoren Stahlbolzen seit Jahren ohne Isolation in Magnesiummetall eingeschraubt werden, ohne daß Korrosion auftritt. Der hier meist vorhandene Ölfilm ergibt schon einen ausreichenden Korrosionsschutz. Bei Leichtmetallkonstruktionen, wie sie die Abb. 482 darstellt, ist schon beim Entwurf besonders Wert darauf gelegt worden, daß die in Abb. 492 dargestellten Wasserecken vermieden werden. Die Säulenprofile sind nach unten offen gelassen worden, und Stahlbauteile, die sich bei derartigen Fahrzeugen, selbst wenn sie weitgehend in Elektron ausgeführt werden, nicht vermeiden lassen, sind vor allen Dingen in den unteren Partien des Fahrzeuges, wo die Korrosionsbeanspruchung höher ist wie unter dem Dach, zweckentsprechend isoliert.

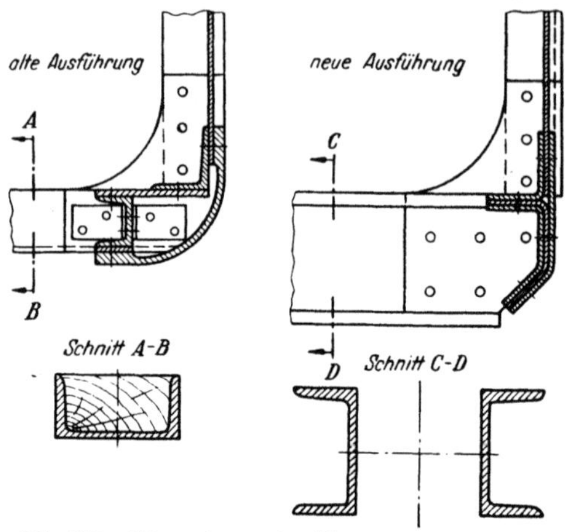

Abb. 492. Alte und neue Ausführungen der Bodenkonstruktion der Zugspitzbahnkabine.

F. Verbindungsarbeiten an Magnesiumlegierungen.

1. Nieten.

Ähnlich wie dies bei anderen Metallen der Fall ist, können auch Magnesiumbauteile untereinander vernietet werden. Es ist hierfür eine Nietlegierung entwickelt worden, die 5% Magnesium und bis zu 0,4% Mangan, Rest Aluminium, enthält. Es bestand hierzu die besondere Notwendigkeit, weil die Verformung von Magnesiummetall grundsätzlich in der Wärme erfolgen muß und daher Magnesiumnieten warm geschlagen werden müßten. Hinzukommt, daß die geringere Scherfestigkeit des Magnesiums sich bei der Nietung ungünstig auswirken würde. Das hierfür entwickelte Nietmaterial läßt sich kalt schlagen und besitzt gegenüber Magnesiummetall ein so geringes Spannungsgefälle, daß bei Unterlassen jeglicher Isolation keinerlei Korrosion zu befürchten ist. Für die gleichen Zwecke können auch Reinaluminiumnieten Verwendung finden, die jedoch eine geringere Scherfestigkeit besitzen. Vor allen

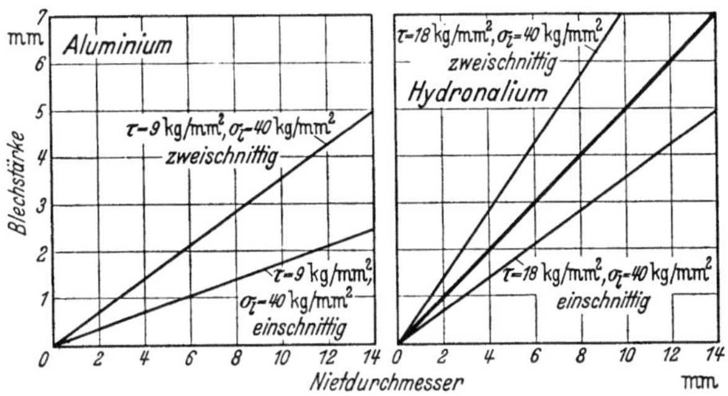

Abb. 493. Abhängigkeit des Nietdurchmessers von der Blechstärke.

Dingen hat sich Reinaluminium da bewährt, wo es sich um das Einnieten von Gußstücken handelt. Die größere Weichheit des Materials ermöglicht es, die beim Nieten unvermeidlichen Nietspannungen im Gußstück herabzusetzen. Die Abb. 493 zeigt die Diagramme für die genannten Nietwerkstoffe. Man kann aus ihnen Nietdurchmesser in Abhängigkeit der Wandstärke entnehmen.

2. Verschraubungen.

Hier gilt grundsätzlich das für die Nietung Gesagte. Eiserne Schrauben müssen zur Vermeidung von Korrosion durch entsprechende Unterlegscheiben oder dort, wo eine starre Verbindung vorhanden ist, durch entsprechende Lackierung geschützt werden. Bei der Bemessung von Schrauben in Hydronaliumlegierung ist auf die größere Kerbempfindlichkeit Rücksicht zu nehmen. Aus diesem Grunde sind größere Schraubendurchmesser zu wählen. Bei Steckschrauben ist die Gewindetiefe im Leichtmetall $2^1/_2$—3 mal so groß als der Gewindedurchmesser anzuordnen, um ermüdungsfestere Verbindungen zu erhalten.

3. Schweißen.

a) Autogene Schweißung.

Das autogene Schweißen von Magnesium in Form von Guß, gepreßten Profilen und Blechen läßt sich bei Einhaltung besonderer Maßnahmen ohne weiteres durchführen. Es ist hierzu, ähnlich wie bei den übrigen

Leichtmetallen, die Verwendung eines besonderen Schweißmittels erforderlich, das aus einem Salzgemisch besteht. Die Hauptkomponenten dieses Gemisches sind Lithiumchlorid und Kaliumfluorid. Sein Schmelzpunkt liegt etwas tiefer als der der Magnesiumlegierungen. Es bewirkt im Schmelzfluß die Auflösung bzw. Zertrümmerung der Oxydhäute und verhindert gleichzeitig den Zutritt des Luftsauerstoffes zur flüssigen Schmelze. Da Chloride das Metall angreifen, ist es erforderlich, das Schweißmittel unmittelbar nach dem Schweißvorgang durch Wasser gründlich abzuwaschen. Anschließend muß die Schweißstelle in einer Beize gebeizt werden (s. S. 306). Aus diesem Grunde sind auch die Schweißnähte so anzuordnen, daß sich mit Sicherheit durch Abwaschen und Beizen die letzten Salzreste des Schweißmittels entfernen lassen. Abb. 494 zeigt die zweckmäßigen Grundprinzipien der Schweißnahtanordnung. Die Auswertung dieser Vorschriften für die Konstruktion ist bereits in Abb. 484 und 485 näher erläutert. Die Legierung des Schweißdrahtes ist die gleiche wie die des zu schweißenden Werkstoffes. Die verschiedenen Magnesiumlegierungen verhalten sich im Schweißvorgang verschiedenartig. Am günstigsten verhält sich die Legierung AM 503 (FlW 3500/3501). Sie ist voll schweißbar, d. h. in ihr lassen sich die kompliziertesten Schweißkonstruktionen ausführen. Dagegen weist die Elektronlegierung AZM (FlW 3510.1 bzw. 2) eine geringere Schweißfähigkeit auf. In ihr lassen sich nur kürzere Schweißnähte, wie sie beispielsweise für die Anfertigung von Gerüsten aus Profilen und Rohren benötigt werden, herstellen (s. Abb. 498). Bei längeren Schweißnähten tritt Schweißrissigkeit auf. Diese Schweißrissigkeit scheint ihre Ursache im Erstarrungsintervall zu haben, das bei Elektron AZM (FlW 3510) 150° C und bei AM 503 (FlW 3500/01) nur etwa 7° C beträgt. Neuere Untersuchungen lassen zwar erkennen, daß für die Schweißrissigkeit allein nicht das Erstarrungsintervall maßgebend ist, sondern auch noch andere Einflüsse, die noch nicht ganz geklärt sind und einen beachtlichen Einfluß ausüben. Das Schweißen von Magnesiumblechen hat große Anwendung besonders im Flugzeugbau für die Herstellung von Blechverkleidungen, Öl- und Brennstoffbehältern gefunden. Ein besonderer Vorteil besteht darin, daß sich die Schweißnähte der Elektronblechlegierung AM 503 (FlW 3501.2) sehr gut schmieden lassen. Man

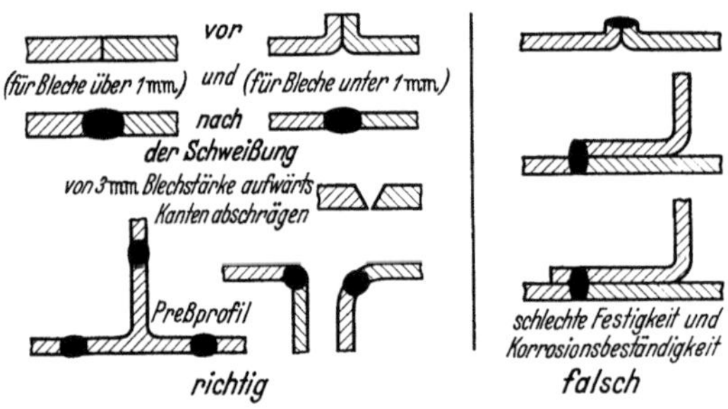

Abb. 494. Werkstattanweisungen für Verarbeitung von Magnesiumlegierungen.

kann mithin komplizierte Bauformen durch aneinandergeschweißte Bleche, die nachher durch Aushämmern ausgerichtet werden, außerordentlich bequem herstellen. Durch das Schmieden der Schweißnähte steigt die Festigkeit von vorher 60% der Materialfestigkeit auf etwa 90%.

Auch Gußstücke aus Magnesiumlegierungen lassen sich autogen schweißen. Das Schweißmittel wird hierbei in etwas größerer Konzentration angewendet. Besondere Beachtung ist beim Schweißen von Gußteilen der auch bei anderen Leichtmetallen üblichen Erwärmung des Gußstückes mit anschließender langsamer Abkühlung zu schenken, um Wärmerisse zu vermeiden. Es empfiehlt sich, das Gußstück in einem besonderen Ofen langsam auf eine Temperatur von etwa 300° zu bringen, den Schweißvorgang in einem zugfreien Raum durchzuführen und anschließend das Werkstück im Ofen langsam wieder abkühlen zu lassen. Zusätzlich zu der bereits obenbeschriebenen Beizung sind Gußschweißnähte und besonders komplizierte Nähte an Blech- und Profilkonstruktionen mehrere Stunden lang in heißes Wasser zu legen (etwa 60—80° C), dem man 5% Kaliumbichromat beigefügt hat, um mit Sicherheit die letzten Salzreste aus der Schweißnaht zu entfernen. Die Festigkeit von Schweißnähten in Magnesiumguß ist genau so groß wie die des ungeschweißten Materials. Das Gefüge der Schweißnaht enthält durchweg ein feineres Korn, als es der Guß selbst hat.

b) Lichtbogenschweißung.

Das elektrische Lichtbogenschweißen hat sich bisher bei Blechen nicht durchsetzen können. Dagegen sind kleinere Erfolge beim Schweißen von Gußstücken bis heute schon erzielt worden. Man verwendet hierbei als Elektrode eine Kohle und schweißt unter Verwendung eines Schweißdrahtes, der die gleiche Legierung des Gußstückes haben muß, und mit Benutzung des üblichen Schweißmittels. Die hierbei erzielten Festigkeiten in der Schweißnaht sind, da die Schweißnaht ebenfalls ein sehr feines Korn aufweist, ausgezeichnet. Sie betragen 100% der Festigkeit des ungeschweißten Materials. Der augenblickliche Entwicklungsstand läßt zur Zeit noch keine endgültige Beurteilung auf diesem Gebiet zu, inwieweit diese Schweißmethode ausgedehntere Anwendung finden kann.

c) Druckschweißung.

Die Druckschweißung sei der Vollständigkeit halber ebenfalls erwähnt. Sie hat bis heute eine praktische Verwendung in größerem Umfang nicht gefunden. Bei diesem Verfahren findet ein Verschweißen des Materials unter sehr hohem Druck bei einer Temperatur von 350° C statt. Die zu verschweißenden Teile sind vorher sauber gereinigt und durch Bearbeitung mit dem Schaber oder der Feile von der Oxydhaut freigelegt. Sie werden überlappt angeordnet, unter Zwischenschaltung einer Zinkfolie von 0,02—0,03 mm. Der aufzuwendende Druck beträgt mindestens 500 kg/cm². Durch ein nachträgliches Glühen der Schweißstelle bei 300—320° erzielt man, daß die dünne Zinkschicht in das Material hineindiffundiert und damit eine Verbesserung der Schweißung eintritt.

d) Punktschweißung.

Die elektrische Widerstandschweißung oder Punktschweißung hat neuerdings in Einzelfällen schon praktisch Anwendung gefunden, und die bisher erzielten Erfolge versprechen, daß diese Anwendung noch wesentlich größeren Umfang annehmen wird. Zur Verwendung gelangen die für Leichtmetall allgemein entwickelten Schweißmaschinen, die gittergesteuert sind, oder mechanische Schalter für sehr kurze Schweißzeit besitzen. Nach diesem Verfahren lassen sich mit den heutigen Schweißmaschinen Materialstärken bis zu 3 mm verschweißen. Diese Vorschrift bezieht sich nur auf eines der zusammenzuschweißenden Bauteile, die andere Wandstärke kann bis zu 10—12 mm betragen; d. h. ein Magnesiumblech von 3 mm Wandstärke läßt sich mit einem Gußstück von 12 mm Wandstärke noch verschweißen. Der Elektrodendruck und die Schweißzeit ist abhängig von der jeweils zur Verwendung gelangenden Magnesiumlegierung, von der Materialstärke und dem Punktabstand. Für die verschiedenartigen Schweißmaschinen sind sie durch Versuche im einzelnen festzulegen. Im Gegensatz zu dem Verhalten der Magnesiumlegierungen bei der autogenen Schweißung ist hier die Elektronblechlegierung AZM (FlW 3510.2) mit größerem Erstarrungsintervall nicht beschränkt, sondern sehr gut schweißbar. Ebenfalls als sehr gut schweißbar hat sich die Elektronlegierung AM 537 erwiesen. Bis heute haben sich eine Reihe von elektrisch punktgeschweißten Flugzeugverkleidungen sowie Radiokästen u. a. m. in Magnesiumblech sehr gut bewährt. Es sind Arbeiten im Gange in Abhängigkeit von den zweckmäßigsten Werkstattverfahren geeignete Konstruktionen für hochbeanspruchte Bauteile zu entwickeln, die insbesondere auch den Anforderungen auf Ermüdungsfestigkeit genügen.

G. Spanlose Verformung von Blechen und Profilen.

Für den Konstrukteur ist es notwendig, auch eingehende Kenntnisse über die Verformbarkeit von Blechen und Profilen zu haben, um sie beim Entwurf seiner Bauteile in bezug auf Herstellungsmöglichkeit und wirtschaftliches Fabrikationsverfahren berücksichtigen zu können. Bleche müssen grundsätzlich in der Wärme verformt werden. Eine Ausnahme macht die neuentwickelte Legierung AM 537, die sich bei abwickelbaren Verformungen mit einem Biegeradius, der das Fünffache der Blechstärke beträgt, kalt verformen läßt. Die Verformungstemperatur der übrigen Legierungen liegt zwischen 280 und 330°. Infolge der Warmverformung ist es verhältnismäßig schwierig, an großen Blechtafeln Abkantungen vorzunehmen, da mit der Warmverarbeitung ein Verziehen der Abkantungen unvermeidlich ist. Außerordentlich gut haben sich die Verformungen bei Serienfabrikationen in Gesenken bewährt, die im Flugzeugbau vielfach in Magnesiumguß hergestellt werden. Obwohl ein derartiges Gesenk im Rohstoffpreis teurer ist als ein entsprechendes Eisengesenk, wird es doch im fertigen Zustand infolge der guten Bearbeitbarkeit des Materials preisgleich oder gar billiger[1]. Die

Abb. 495. Preßkappen und Eckverbindungen für einen Kraftwagenaufbau. (Nach CLEFF: Automob.-techn. Z. 1939.)

Abb. 495 zeigt in derartigen Gesenken hergestellte Eckverbindungen aus Magnesiumblech für einen Kraftwagenaufbau. In kleineren Stückzahlen läßt sich Magnesiumblech in der Klempnerei in der Wärme genau so gut verarbeiten wie Aluminiumblech bei Zimmertemperatur, so daß hier keinerlei Schwierigkeiten bestehen. Da die Blechlegierungen unvergütet sind, tritt durch die Warmverarbeitung kein Festigkeitsverlust auf. Profile mit geringen Wandstärken, wie sie z. B. im Flugzeugbau oder für andere Leichtbauzwecke oft benötigt werden, und die sich wegen ihrer geringen Wandstärke nicht mehr als Preßprofil herstellen lassen, können aus Blechstreifen nach dem Ziehverfahren bei der gleichen Verarbeitungstemperatur ohne Schwierigkeit hergestellt werden[2].

---

[1] Siehe Luftwissen Bd. 5 Nr. 8 (OECKEL, Herst. v. Elektrongesenken im Flugzeugbau).
[2] Vgl. DE RIDDER: Werkstoffhandbuch f. Nichteisenmetalle, S. K 5.

H. Die Anwendungsmöglichkeiten des Magnesiums als Konstruktionsbaustoff.

Infolge seines geringen spezifischen Gewichtes haben Magnesiumlegierungen ausgedehnteste Anwendung im Flugzeugbau gefunden. Hier bewährte sich der Baustoff in mehr oder weniger beanspruchten und teils lebenswichtigen Bauteilen bei geringstem Gewicht in jahrelangem

Abb. 496. Großverkehrsflugzeug „Condor".

praktischem Betrieb. Abb. 496 zeigt das moderne Großverkehrsflugzeug „Condor". An ihm sind die Verkleidungen der Motoren, die untere Beplankungsfläche vom Rumpf und Flügel, die Übergangsverkleidungen vom Flügel in das Leitwerk sowie die Brennstoffbehälter und verschiedene andere Verkleidungsteile in Magnesiumblech teils durch Nietung, teils durch Schweißung hergestellt. Außerdem sind in größeren Abmessungen Gußteile im Fahrwerk und in der Steuerung verwendet. An den Flugmotoren werden vielfach eine Anzahl von Bauteilen, u. a. auch das Kurbelgehäuse, in Magnesiumguß hergestellt. Auch bei kleineren Flugzeugen, die mit Rücksicht auf ein ziviles Auslandsgeschäft sehr wirtschaftlich hergestellt werden müssen, hat sich die Verwendung von Magnesiumlegierungen bewährt. Die Abb. 497 zeigt einen ganz in Magnesiumblech hergestellten Flugzeugrumpf. Er wurde aus Blechtafeln mit nach dem Rumpfende abnehmenden Wandstärken in zwei Hälften autogen geschweißt und anschließend zusammengenietet. Die infolge des geringen spezifischen Gewichtes mög-

Abb. 497. Flugzeugrumpf in Magnesiumblech.

liche Wandstärkenvergrößerung erlaubte es, eine Vielzahl von inneren Aussteifungsprofilen, die bei tragenden Schalenkonstruktionen zur Unterstützung der dünnen Bleche notwendig sind, wegfallen zu lassen, da die Knicksteifigkeit derartiger Schalen mit zunehmender Wandstärke stark zunimmt. Hierdurch wurden beträchtliche Arbeitsstunden für die Herstellung des Rumpfes eingespart. Für Verkehrsflugzeuge werden vielfach die Gerüste der Passagiersitze gemäß Abb. 498 aus Leichtmetallrohren in der Elektronlegierung AZM (FlW 3510.2) geschweißt, wobei man unter Einhaltung der

Abb. 498. Kabinensessel für ein Verkehrsflugzeug in Elektronmetallrohren geschweißt.

Abb. 499. Aufbau eines Omnibusanhängers in Magnesiummetall.

vorgeschriebenen hohen Bruchsicherheit ein geringes Baugewicht erzielt. Eine sehr ausgedehnte Verwendung haben die Magnesiumlegierungen im Automobilwesen gefunden. Hier werden vor allen Dingen Kurbelgehäuse, Getriebegehäuse, Ölpumpen u. a. m. in Guß hergestellt. Auch im Omnibus-,

Abb. 500. Knotenpunkt eines Fahrradrahmens.

Abb. 501. Hochfrequenz-Bohrmaschine.

Straßenbahn- und Eisenbahnfahrzeugbau verwendet man dieses Leichtmetall. Abb. 499 zeigt den Aufbau eines Omnibusanhängers, der neuerdings serienmäßig hergestellt wird und gegenüber dem Stahleinbau ein um 30% niedrigeres Gewicht aufweist. Außer der bereits geschilderten Anwendung von Magnesiumguß für Kanonenräder hat dieser Werkstoff im ausgedehnten Maße Eingang in die Rüstungsindustrie gefunden, wo er sich unter schwersten Beanspruchungen im praktischen Betrieb bewährte. Die Abb. 500 zeigt den Knotenpunkt eines Fahrradrahmens, der aus Leichtmetallrohren und Guß besteht. Die bis heute durchgeführte Erprobung läßt erwarten, daß hier ein leichtes Fahrrad wirtschaftlich auf den Markt gebracht werden kann. Besonders wertvoll erscheint die Anwendung dieses Materials für transportable Maschinen. Abb. 501 zeigt als Beispiel eine Hochfrequenz - Bohrmaschine, deren Gehäuse mit Griff in Magnesiumguß ausgeführt wurde. Die Abb. 502 zeigt eine tragbare Kraftspritze für die Zwecke der Feuerwehr. Hier sind verschiedene Gehäuse in Magnesiumguß und der Tragkörper selbst aus gepreßten Rohren der Elektronlegierung AZM (FlW 3510.2) geschweißt.

Abb. 502. Tragbare Kraftspritze für Feuerwehr mit Magnesiumbauteilen.

Abb. 503. Straßenramme mit Magnesiumgußstücken.

Abb. 503 zeigt eine Straßenbauramme, bei der der Hauptgußkörper in Magnesiumguß hergestellt wurde. Sie hat sich in langjährigem Betrieb gegenüber den hohen Stoß- und Schlagbeanspruchungen bewährt. Auch an ortsfesten Maschinen führt die Verwendung von Magnesiumlegierungen an hin- und hergehenden Teilen zu technischen Fortschritten. Die Abb. 504 zeigt Nadelbarren einer Textilmaschine, die aus gepreßten

Abb. 504. Nadelarm für Textilmaschinen.

Abb. 505. Zigarettenmaschine mit Magnesiumbauteilen.

Magnesiumprofilen bestehen. Welche Vorteile auf diesem Gebiet erzielt werden können, zeigt Abb. 505 an einer Zigarettenmaschine, deren Leistungsfähigkeit durch Verwendung von Bauteilen in Magnesiumlegierungen verdreifacht werden konnte. In Fällen, wo Werkzeugmaschinen in fahrbaren Werkstätten oder Etagen mit Rücksicht auf geringe Belastung des Baugerüstes mit besonders leichtem Gewicht hergestellt werden müssen, hat die Anwendung von Magnesiumguß sich als zweckmäßig erwiesen. Die Abb. 506 stellt eine Drehbank dar, an der der Hauptkörper in Sandguß ausgeführt wurde. Die Umkonstruktion wurde mit Rücksicht auf gleiche Elastizität gegenüber der Ausführung in Grauguß, bzw. geschweißter Stahlkonstruktion vorgenommen. Die Feinmessungen bei größter Spanstärke ergaben ein gleiches Verhalten wie die Schwer-

Abb. 506. Präzisionsdrehbank aus Elektronguß.

metallausführung. Die Laufschienen am Drehbankbett wurden mit Rücksicht auf die geringere Oberflächenhärte des Leichtmetalles mit Schwermetall-Leisten bewehrt.

Die angeführten Bauteile stellen nur einen kleinen Ausschnitt aus der vielseitigen Anwendungsmöglichkeit der Magnesiumlegierungen dar. Überall dort, wo Magnesiumlegierungen in stoffgerechter Konstruktion und Werkstattverarbeitung eingesetzt wurden, haben sie sich bewährt und technische Fortschritte ermöglicht.

Magnesium als Legierungselement.

Von H. Bohner.

Das Magnesium spielt als Legierungselement die größte Rolle bei den Aluminiumlegierungen; gering ist dagegen die Legierungsbildung mit den Schwermetallen.

A. Magnesium als Legierungszusatz zu Aluminium und Aluminiumlegierungen.

Die Verwendung des Magnesiums erfolgt hierbei als hauptsächlichster Legierungszusatz zur Steigerung der mechanischen und Erhöhung der thermischen Eigenschaften (Alkalibeständigkeit) des Aluminiums wie auch als Legierungselement (unter 1% Mg), insbesondere zu anderen Aluminiumlegierungen zwecks Herbeiführung von Vergütungseffekten.

In Anbetracht der zweckmäßigen Einteilung durch das Normblatt DIN 1713 erschien es angebracht, die Beschreibung der Aluminiumlegierungen in dessen Anlehnung vorzunehmen. Vereinzelt sind Abweichungen erfolgt, um bestimmte an die Höhe des Magnesiumsgehaltes gebundene Eigenschaften in besseren Zusammenhang zu bringen und um Wiederholungen zu vermeiden.

Die hauptsächlichsten Legierungsgruppen sind:

1. die binären Al-Mg-Legierungen mit mittleren und höheren Gehalten an Mg und evtl. weiteren Zusätzen von Si oder Mn,
2. die thermisch vergütbaren Al-Legierungen mit geringerem Mg- und Si-Gehalt,
3. die verformten Al-Cu-Legierungen mit evtl. weiteren Zusätzen von Mn, Si oder Ni,
4. die Al-Si-Legierungen, bei welchen durch Mg-Zusätze bis zu 1% die Aushärtbarkeit nach dem Abschrecken bei Raumtemperatur bzw. bei höheren Temperaturen durch Anlassen bedingt wird,
5. die Al-Zn-Legierungen, bei welchen durch Mg-Zusätze infolge Bildung der Verbindung $MgZn_2$ eine thermische Vergütung der Legierungen erreicht wird.

1. Al-Mg-Legierungen. Während man im allgemeinen das Erschmelzen und Vergießen der meisten Aluminiumlegierungen ohne Anwendung von Flußmitteln oder einer besonderen Schutzatmosphäre vornehmen kann, hat sich die Verwendung bestimmter, unter der als Warenzeichen eingetragenen Bezeichnung Hydrasal bekannter, aus Halogeniden der Erdalkali- und Alkalimetalle bestehender und den Legierungseigenschaften besonders angepaßter Salzgemische bei den Al-Mg-Legierungen mit über 2% Mg als vorteilhaft, bei Mg-Gehalten über 5% sogar als notwendig erwiesen. Diese Schmelzbehandlung gewährleistet einen dichten gas-, oxyd- und nitridfreien Guß. Durch den höheren Reinheitsgrad des heutigen Hüttenaluminiums und -magnesiums und durch systematische Forschung über den Zusammenhang der Korrosionsbeständigkeit und Anlaßempfindlichkeit vom Gefügeaufbau und der Höhe des Mg-Gehaltes und der Kaltverformung nach der letzten Rekristallisationsglühung als auch von dieser selbst ist es gelungen, den Al-Mg-Legierungen zu der Bedeutung zu verhelfen, die ihnen auf Grund ihrer hervorragenden Eigenschaften gebührt. Dazu war die Entwicklung von Gießverfahren notwendig, die einen seigerungsarmen bzw. seigerungsfreien Gußblock gewährleisten, wobei andererseits die Weiterverarbeitung dieses Gußblocks unter stets gleichbleibenden Bedingungen erfolgen muß, da sonst Ungleichmäßigkeiten der chemischen und mechanischen Eigenschaften auftreten würden, wie dies früher bei dem Magnalium der Fall war und was seinerzeit zur Aufgabe dieser Legierung geführt hat.

Die mechanischen Eigenschaften der über 2% Mg enthaltenden Al-Legierungen, ebenso wie derjenigen mit einem zusätzlichen Gehalt an Mn oder Si von etwa 1% sind — in Anlehnung an das DIN-Blatt 1713 bzw. der praktischen Erfahrung — getrennt für Guß- und Knetmaterial in den Zahlentafeln 74 und 75 zusammengestellt, wobei der im DIN-Blatt 1713 bei den Gattungen

a) Al-Mg-Mn-Knetlegierung mit mittleren Mg-, geringem Mn-Gehalt und

b) Al-Mg-Gußlegierungen mit hohem Mg-Gehalt

aufgeführte Sb-Gehalt nicht erwähnt wurde, da er keine praktische Bedeutung besitzt und wohl auch seit langem nicht mehr zur Anwendung gelangt.

Aus diesen Zusammenstellungen folgt für Guß- und Knetmaterial ganz allgemein:

a) Die Zugfestigkeit, Streckgrenze und Härte nehmen mit steigenden Mg-Gehalten zu, die Kerbzähigkeit ab.

b) Der die Gießbarkeit fördernde Si-Gehalt von etwa 1% erniedrigt bei sonst gleichem Mg-Gehalt der Legierungen die Dehnung und Kerbzähigkeit. Gleichzeitig ermöglicht der Si-Gehalt bei den Legierungen mit niedrigem Mg-Gehalt auch eine thermische Vergütung.

c) Bei gleichem Kaltverformungsgrad steigt die Streckgrenze stärker an als die Zugfestigkeit. Je höher der Mg-Gehalt, um so höher die Zu-

Zahlentafel 74. Gußlegierungen.

Kurzzeichen	Ungefähre Zusammensetzung		Zustand		Streckgrenze 0,2 % kg/mm²	Zugfestigkeit kg/mm²	Dehnung δ_{10} %	Elastizitätsmodel kg/mm²	Brinellhärte H_B 5/250/30 kg/mm²	Kerbzähigkeit mkg/cm²	Dauerbiegefestigkeit kg/mm²
GAl-Mg	∾ 2—4 % Mg bis 1,5 % Mn bis 1,5 % Si (FlW 3350.0)		Sandguß	unbeh.	8—9	14—18	8—4	6800	40—60	0,3	—
			Sandguß	ausgeh.	16—19	22—28	8—5	7000	80—90	0,2	—
			Kokillenguß	unbeh.	9—10	15—19	10—4	7000	50—60	0,3—0,4	—
			Kokillenguß	ausgeh.	17—25	26—33	15—8	7000	80—90	0,2—0,3	—
	über 4 bis 10 % Mg bis 1,5 % Mn bis 1,5 % Si	∾ 5 % Mg	Sandguß		9,5—10,5	17—19	10—4	6800—7000	50—65	1,0	6
		∾ 5 % Mg	Kokillenguß . . .		—	22—27	15—6	6800—7000	∾ 70	—	—
		∾ 5 % Mg ∾ 1 % Si (FlW 3300.0)	Sandguß		9—10	17—19	5—2,5	6800—7000	58—68	0,25	6
		∾ 5 % Mg ∾ 1 % Si (FlW 3300.0)	Kokillenguß . . .		9—10	19—22	10—5	6800—7000	65—75	0,25	6
		∾ 7 % Mg	Sandguß		—	—	—	—	—	—	—
		∾ 7 % Mg	Kokillenguß . . .		14	23—29	15—6	—	∾ 75	—	—
		∾ 7 % Mg ∾ 1 % Si (FlW 3300.0)	Sandguß		11—13	16—19	3—2	6800—7000	60—80	0,3	6
		∾ 7 % Mg ∾ 1 % Si (FlW 3300.0)	Kokillenguß . . .		12—14	22—26	8—5	6800—7000	70—85	0,35	6
		∾ 9 % Mg	Kokillenguß . . .		14—17	22—28	12—6	6800—7000	75—90	0,45	7
		∾ 9 % Mg	Spritzguß		—	20—25	6—2	—	75—95	—	—

Zahlentafel 75. Knetlegierungen.

Kurzzeichen	Ungefähre Zusammensetzung	Zustand	Streckgrenze 0,2 % kg/mm² *	Zugfestigkeit kg/mm² **	Dehnung δ_{10} %	Elastizitätsmodel kg/mm²	Brinellhärte H_B 5/250/30 kg/mm²	Kerbzähigkeit mkg/cm²	Dauerbiegefestigkeit kg/mm²
Al-Mg-Mn	∾ 2% Mg 1—2% Mn	weich	6—13	16—24	25—15	6400—7000	50—60	—	—
		halbhart-hart .	12—18	20—30	8—4	6400—7000	60—80	—	—
Al-Mg 3	∾ 3% Mg	weich	7—15	19—24	20—30	6500—7000	50—55	—	—
		halbhart . . .	13—20	22—26	10—22	6500—7000	55—65	—	—
Al-Mg 5	∾ 5% Mg	weich	9—17	23—28	20—30	6600—7000	60—70	5—6	13—14
		halbhart . . .	16—23	25—32	10—20	6600—7000	70—85	5—5,5	13—14
Al-Mg 7	∾ 7% Mg; evtl. bis 1,2% Zn	weich	14—20	30—35	20—30	6900—7000	70—85	5—5,5	13—14
		halbhart . . .	20—26	34—38	10—20	6900—7000	80—90	∾ 5	13—14
Al-Mg 9	∾ 9% Mg; evtl. bis 1,2% Zn	weich	16—24	35—40	20—30	7000—7100	80—100	2,5—3,5	13—14
		halbhart . . .	26—30	38—42	10—20	7000—7100	95—110	2,5—3,0	13—14

* Die Werte für Bleche bewegen sich an der oberen Grenze.

** Die Werte für Preß- und Schmiedematerial an der unteren Grenze.

nahme. Bei Legierungen mit Mg-Gehalten zwischen 2—4% ist die Dehnungsabnahme nach gleichen Kaltverformungsgraden größer als bei höher oder niedriger legierten Werkstoffen. Die letzteren zeichnen sich bei mittlerer Festigkeit durch sehr gute Verformbarkeit (Drücken, Ziehen usf.) und Eloxierbarkeit aus.

Das sekundäre Rekristallisationsgefüge der Al-Mg-Legierungen ist außer vom Kaltverformungsgrad und den Glühbehandlungen auch noch stark vom Magnesiumgehalt abhängig[1].

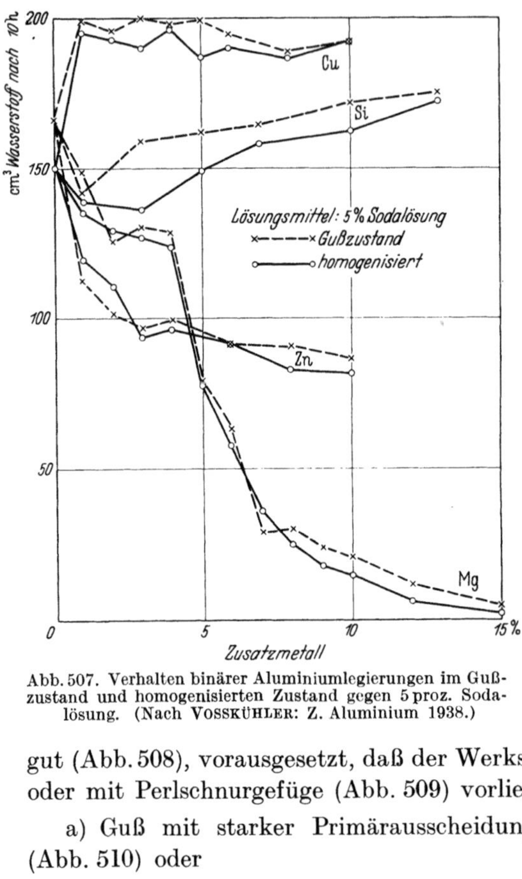

Abb. 507. Verhalten binärer Aluminiumlegierungen im Gußzustand und homogenisierten Zustand gegen 5 proz. Sodalösung. (Nach VOSSKÜHLER: Z. Aluminium 1938.)

Es soll nun noch kurz der Einfluß des Gefüges auf die Korrosionsbeständigkeit der Al-Mg-Legierungen mit höheren Magnesiumgehalten (FlW 3310/15) beschrieben werden, wenngleich hierüber erst vor kurzem eine eingehende Literatur- und Patentübersicht[2, 3] erschienen ist.

Bekannt ist die hohe Beständigkeit der Al-Mg-Legierungen gegen Seewasser, die ursächlich bedingt ist durch die mit steigenden Magnesiumgehalten eintretende Angriffsverminderung durch Alkalien[4] (Abb. 507). Aber auch gegenüber Säuren[4] ist das Korrosionsverhalten gut (Abb. 508), vorausgesetzt, daß der Werkstoff im homogenen Zustand oder mit Perlschnurgefüge (Abb. 509) vorliegt, während

a) Guß mit starker Primärausscheidung der Verbindung Al_3Mg_2 (Abb. 510) oder

---

[1] BUNGARDT, W., u. F. BOLLENRATH: Z. Metallkde. Bd. 30 (1938) S. 28. — BUNGARDT, W., u. E. OSTWALD: Z. Metallkde. Bd. 30 (1938) S. 202. — BOLLENRATH, F., u. W. BUNGARDT: Z. Metallkde. Bd. 31 (1939) S. 115.

[2] ALTHOF, F. K.: Luftf.-Forschg. Bd. 15 (1938) S. 60.

[3] HERRMANN, E.: Aluminium-Archiv Bd. 7 (1937). Berlin: Verlag Aluminium-Zentrale.

[4] VOSSKÜHLER, H.: Aluminium Bd. 20 (1938) S. 460. — SIEBEL, G., u. H. VOSSKÜHLER: Z. Metallkd. Bd. 31 (1939).

b) ein Knetmaterial mit zusammenhängenden fadenförmigen β-Ausscheidungen, hervorgerufen durch Anlassen des übersättigten homogenen Mischkristalls[1], mit starker Abhängigkeit der festen Löslichkeit von der Temperatur (Abb. 511) infolge der großen Löslichkeit der β-Phase in Säuren rasch interkristallin[2,3] zerstört wird.

Diese kritischen Korngrenzenausscheidungen sind außer von der Anlaßdauer und -temperatur noch von der Höhe des Kaltverformungsgrades in Anschluß an die letzte Glühung und von dem dabei erzielten Gefüge abhängig.

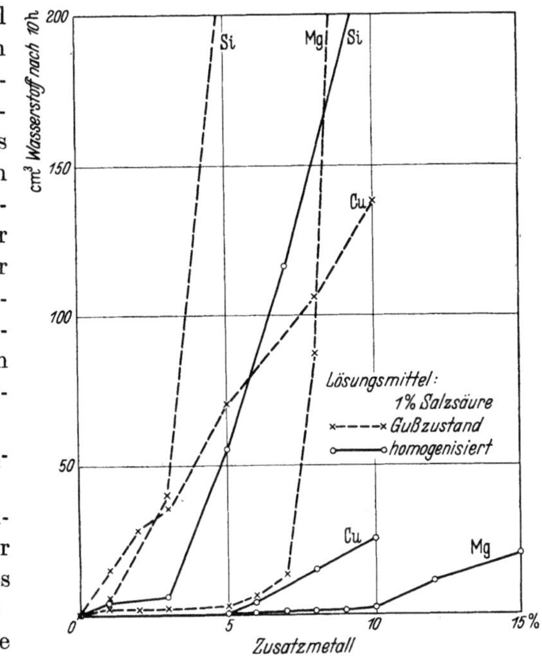

Abb. 508. Verhalten binärer Aluminiumlegierungen im Gußzustand und homogenisierten Zustand gegen 1 proz. Salzsäure. (Nach VOSSKÜHLER: Z. Aluminium 1938.)

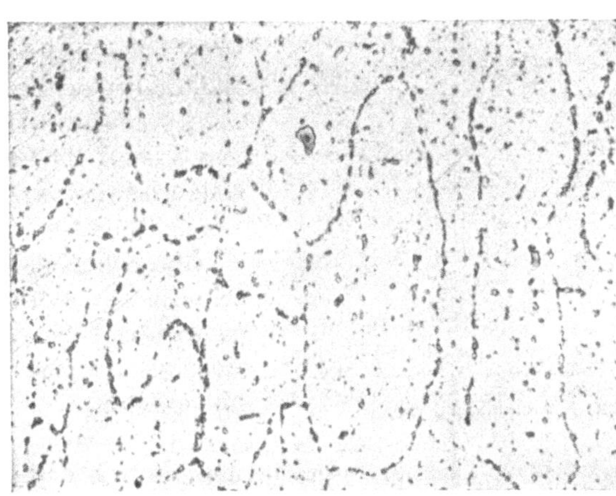

Abb. 509. Perlschnurgefüge, teilweise mit Ausscheidungen von Al_3Mg_2 im Korn. (Vergr. × 500.) (Nach MÖCKEL: Z. Aluminium 1937.)

[1] SCHMID, E., u. G. SIEBEL: Z. Metallkde. Bd. 23 (1931) S. 202.
[2] Siehe Fußnote 4, S. 464.
[3] VOSSKÜHLER, H.: Z. Metallkde. Bd. 30 (1938).

Auch die Spannungskorrosion unter praktischen Bedingungen ist in weitestgehendem Maße von dem Gefügeaufbau und dem Mg-Gehalt der Legierung abhängig. Wenngleich hierbei der homogene Zustand sich am besten verhält, so kann er aber wegen den in der Praxis vorkommenden Temperaturen und den dann erfolgenden kritischen Korngrenzenausscheidungen (Abb. 511) nicht zur Anwendung kommen, ebenso wie ein Gefüge mit zu starker Koagulation der Verbindung Al_3Mg_2.

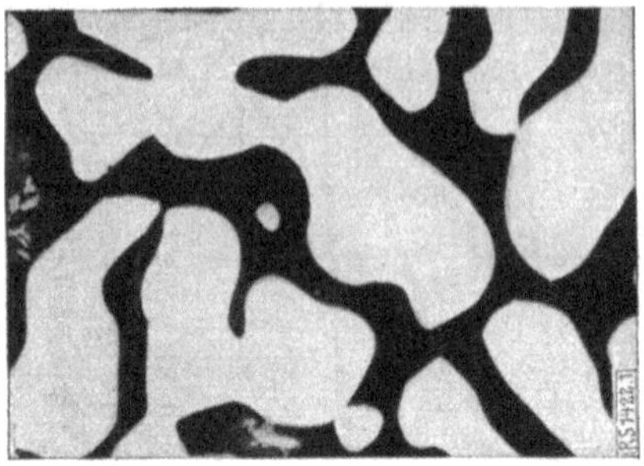

Abb. 510. Aluminium-Magnesium-Guß (15 %). (Vergr. × 500.) (Z. Metallkde. 1936).

Obwohl heute bereits einwandfrei hergestellte binäre Al-Mg-Legierungen mit geringen Mengengehalten nach richtiger Glühung und Verarbeitung den praktischen Anforderungen vollauf genügen, erschien es trotzdem notwendig, zu untersuchen, ob durch geeignete Legierungszusätze eine weitere Unempfindlichkeit

a) in Abhängigkeit vom Gefüge,

b) gegen Erhöhung der Anlaßtemperatur oder

c) gegen Verlängerung der Anlaßdauer

möglich ist, um dadurch den Werkstoff „narrensicherer“ zu machen. Unter den vielen hierfür vorgeschlagenen Stabilisatoren haben sich Zn und Cr unter stark verschärften Bedingungen sowohl im Laboratorium als auch im praktischen Großversuch absolut bewährt[1, 2, 3].

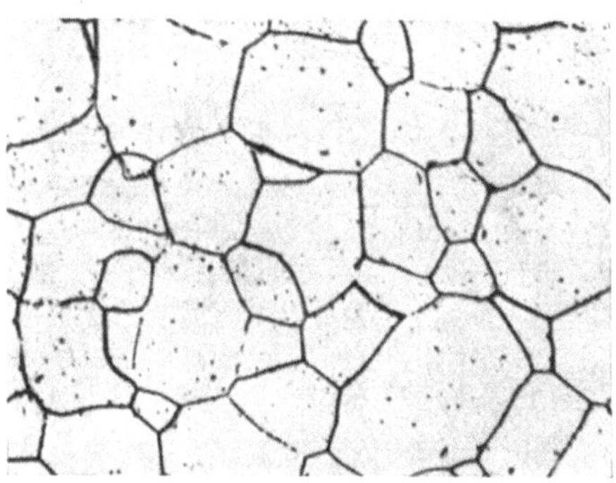

Abb. 511. Gefüge von 10 Std. bei 150° wärmebehandeltem Al-Mg (9)-Preßmaterial. Ätzung: 25 Min. in 9 proz. Phosphorsäure. (Vergr. × 500.) (Nach VOSSKÜHLER: Z. Aluminium 1938).

Zum Schluß dieses Absatzes sei noch kurz auf eine Sonderentwicklung der Al-Mg-Legierung als Automatenwerkstoff hingewiesen.

Es werden

a) durch Zusatz von Legierungselementen, die mit dem Aluminium oder der Verbindung Al_3Mg_2 harte intermetallische Verbindungen bilden,

---

[1] SIEBEL, G.: Aluminium Bd. 17 (1935) S. 562; Bd. 18 (1936) S. 511.

[2] VOSSKÜHLER, H.: Luftf.-Forschg. Bd. 14 (1937) S. 524.

[3] BOLLENRATH, FR.: Luftf.-Forschg. Bd. 14 (1937) S. 513 — Metallwirtsch. Bd. 17 (1938) S. 343.

b) durch Zusatz von Zn in Verbindung mit Si und kleineren Mengen von intermetallischen Verbindungen als nach a) notwendig, und

c) durch Glühungen unter Herbeiführung peritektischer Reaktionen durch die Bildung von Spanbrechern (keine Umwicklung von Werkstück und Werkzeug durch lange Späne) bei der spanabhebenden Bearbeitung ähnliche Bedingungen geschaffen wie bei dem Automatenmessing unter völliger Aufrechterhaltung der guten mechanischen Eigenschaften und der hohen Korrosionsbeständigkeit der Al-Mg-Legierungen[1, 2].

2. Al-Mg-Si-Legierungen. Diese Legierungen mit geringem Magnesium- und Siliziumgehalt ohne Kupfer zeichnen sich ähnlich wie die Al-Mg-Legierungen mit höheren Magnesiumgehalten durch hohe Korrosionsbeständigkeit, gute Polierfähigkeit und Eloxierbarkeit aus und finden im verformten Zustand weitestgehende Anwendung um so mehr, als die mechanischen und elektrischen Eigenschaften infolge der starken Abhängigkeit der festen Löslichkeit der Verbindung Mg_2Si in Aluminium (vgl. Abb. 512) durch eine thermische Vergütung stark variiert und dem jeweiligen Verwendungszweck leicht angepaßt werden können.

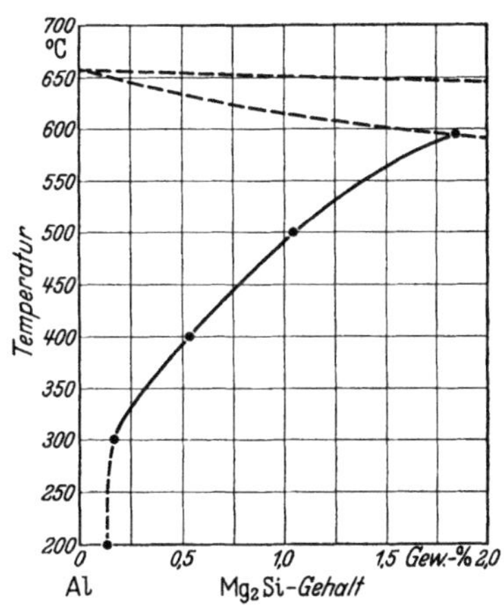

Abb. 512. Löslichkeit von Mg_2Si in Aluminium.

Im allgemeinen weisen die Legierungen einen höheren Siliziumgehalt auf als zur Bildung der Verbindung Mg_2Si notwendig ist, weil ein Magnesiumüberschuß im Gegensatz zu Silizium die feste Löslichkeit der Verbindung und damit auch die mechanischen Werte erniedrigt[3].

Die Festigkeitseigenschaften der Legierungen[4] (FlW 3355) nehmen bei gleicher mechanischer Vorbehandlung zu:

a) mit steigendem Gehalt an Mg_2Si bei sonst gleicher Glühbehandlung (Abb. 513),

b) mit steigender Veredlungstemperatur nach Überschreiten der Temperatur des Weichglühens,

---

[1] BOHNER, H.: Z. Metallkde. Bd. 28 (1936) S. 290.

[2] BOHNER, H.: Aluminium Bd. 19 (1937) S. 131.

[3] Literaturübersicht über die Konstitution der Leg. und deren thermische Vergütung: a) FUSS, V.: Metallographie des Aluminiums und seiner Legierungen, S. 99. Berlin: Julius Springer 1934. — b) ZEERLEDER, A. v.: Technologie des Aluminiums und seiner Legierungen. Akad. Verlagsgesellsch. Leipzig. 3. Aufl. S. 380 u. 400.

[4] Herrn Dr. M. HANSEN sei auch an dieser Stelle für die freundliche Überlassung der Abb. 512 und 513 gedankt.

c) durch Anlassen bei höheren Temperaturen nach dem Abschrecken an Stelle des Auslagerns bei Raumtemperatur.

Im allgemeinen unterscheidet man je nach der Verwendung der Legierungen zwei Gruppen, wovon die erste manganhaltige (Erhöhung der Korrosionsbeständigkeit und Verbesserung der Festigkeit) Mg + Si-Gehalte aufweist, die höher sind, als zur Bildung der Verbindung Mg_2Si notwendig ist und über der maximalen festen Löslichkeit (über 1,75%) liegen. Die zweite manganfreie Gruppe[1] ist niedrig legiert (Mg + Si < 1%) und findet ausschließlich für Freileitungszwecke[2] Verwendung; die Festigkeit von 30—35 kg/mm² liegt erheblich über der des hartgezogenen Leitaluminiums von 18 kg/mm², während die elektrische Leitfähigkeit von 30—33 $\frac{\text{m}}{\Omega \cdot \text{mm}^2}$ bei 20° C nur unwesentlich unter der des harten Leitaluminiums von rund 35 liegt.

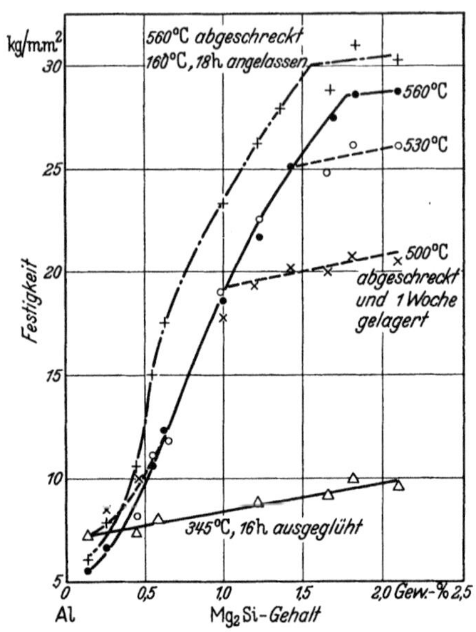

Abb. 513. Festigkeitseigenprüfungen von Al-Mg_2Si-Legierungen nach verschiedener Wärmebehandlung. (Nach M. Hansen.)

Die thermische Behandlung der ersten Gruppe entspricht

[1] Spuren von Mn ebenso wie von Cr, Ti und V erniedrigen die elektrische Leitfähigkeit stark. 0,01% dieser Elemente einzeln oder kombiniert rufen eine Leitfähigkeitserniedrigung des Aluminiums von 1% hervor. Bohner, H.: Z. Metallkde. Bd. 26 (1934) S. 45.

[2] Hanson u. Gaylor: J. Inst. Met. Bd. 26 (1921) S. 321—359. — Heyn, E., u. E. Wetzel: Mitt. Kais.-Wilh.-Inst. Eisenforschg., Neu-Babelsberg Bd. 1 (1922) S. 10—18 — Legierter Aluminiumdraht „Drahtlegierung 3". Schweiz. Bauztg. Bd. 87 (1926) S. 323. — Dusaugey, E.: Rev. gén. Electr. Bd. 21 (1927) S. 303—305 — Rev. Aluminium Appl. Bd. 3 (1927) S. 422. — Bosshard, M.: Bull. schweiz. elektrotechn. Ver. Bd. 3 (1927). — Suhr, J.: Rev. Aluminium Appl. Bd. 3 (1927) S. 412—422. — Schmitt, H.: Elektrotechn. Z. Bd. 48 (1927) S. 1176. — Fuchs, A.: Blatt H 9: Werkstoffhandbuch Nichteisenmetalle. Berlin 1927. Z. Metallkde. Bd. 19 (1927) S. 361—362. — Zeerleder, A. v., u. M. Bosshard: Z. Metallkde. Bd. 19 (1927) S. 459—470. — Bohner, H.: Z. Metallkde. Bd. 20 (1928) S. 286—288 — Haus-Z. Aluminium Bd. 1 (1929) S. 12. — Wilson, E.: J. Instn. electr. Engr. Bd. 69 (1930) S. 89—94. — Kishino, S.: Mining Inst. Japan Bd. 48 (1932) Nr. 570 S. 1027—1048 — J. Soc. chem. Ind. Bd. 37 (1934) S. 175 — J. chem. Soc. Japan Bd. 55 (1934) S. 528—532, 533—537, 1134 bis 1139; Bd. 56 (1935) S. 230—235 — Lieferbedingungen für Aldreydrähte und -seile. Aluminium Bd. 17 (1935) S. 244 — Metallwirtsch. Bd. 14 (1935) S. 344. — Dassetto, G.: Energia elettr. Bd. 13 (1936) S. 478—480.

DIN 1713, Gattung Al-Mg-Si: Aluminium-Knetlegierungen mit geringem Magnesium- und Siliziumgehalt, ohne Kupfer und besteht außer dem Weichglühen im Abschrecken und natürlichen oder künstlichen Altern nach der Verformung, wobei Bleche oft noch einen anschließenden Kaltstich zur weiteren Steigerung von Festigkeit und Streckgrenze erhalten (vgl. Zahlentafel 76).

Zahlentafel 76. Gattung Al-Mg-Si: Aluminium-Knetlegierungen mit geringem Magnesium- und Siliziumgehalt, ohne Kupfer.

Ungefähre Zusammensetzung %	Zustand	Zugfestigkeit σ_B kg/mm²	Bruchdehnung δ %	Brinellhärte kg/mm²
0,3 bis 2 Mg 0,3 bis 1,5 Si	weich	11—13	27—15	30—40
	abgeschreckt u. gegebenenfalls nachgerichtet . . .	18—28	25—12	50—70
0—1,5 Mn Rest Al	ausgehärtet u. gegebenenfalls nachgerichtet . . .	26—35	20—10	60—100
	ausgehärtet u. kalt verfestigt	35—42	10—2	100—120

Die zweite manganfreie Gruppe[1], die als Leitlegierung Aldrey bzw. Almelec bekannt[2] ist, wird nach dem Warmwalzen bzw. -pressen bei höheren Temperaturen geglüht und abgeschreckt, dann weitgehend kalt (mind. 90%) verformt und zum Schluß zur Erhöhung der elektrischen Leitfähigkeit noch bei Temperaturen zwischen 120—180° angelassen.

Diese Legierungen sind besonders eingehend untersucht worden auf die Abhängigkeit der chemischen, mechanischen und elektrischen Eigenschaften von

a) der Legierungszusammensetzung,

b) der Höhe der Abschrecktemperatur,

c) der Anlaßtemperatur und -dauer,

ebenso wie

d) der Einfluß einer verschieden hohen Kaltverformung nach verschiedener Vorbehandlung (a + b)

bzw.

e) der Einfluß der verschiedensten Faktoren (a bis c) auf den kritischen Dispersitätsgrad bzw. den kritischen Kaltverformungsgrad, nach dessen Überschreiten bei anschließendem Anlassen keine Aushärtung mehr stattfindet[3, 4].

[1] Vgl. Fußnote 1 auf S. 468.

[2] Vgl. Fußnote 2 auf S. 468.

[3] Bohner, H.: Haus-Z. Aluminium 1929 S. 12 — Z. Metallkde. Bd. 21 (1929) S. 160.

[4] Grube, G., u. F. Vaupel: Z. Metallkde. Bd. 25 (1933) S. 84.

Daher ist auch erklärlich, daß die Legierungen in den einzelnen Werken nicht nur in der chemischen Zusammensetzung, sondern bei der Herstellung oft auch stark in den jeweils angewendeten thermischen Behandlungen voneinander abweichen, da die verlangten Endwerte auf die verschiedenste Weise erreicht werden können.

H. KÄSTNER[1] schlägt vor, dieser Legierungsgruppe zur Verbesserung der Spanbildung bei der Automatenbearbeitung bestimmte Mengen von im Grundmetall unlöslichen Elementen, wie z. B. Pb, Bi, Cd usw., zuzusetzen, ähnlich wie bei den Legierungen auf Al-Cu-Mg-Basis.

3. Al-Cu-Mg-Legierungen. A. WILM[2] fand bei seinen fundamentalen Arbeiten, daß Zusätze bis zu 1% Mg zu den Al-Cu-Legierungen nach vorangegangenen Verformungen und Abschrecken von etwa 500° beim Lagern bei Zimmertemperatur innerhalb von 5 Tagen einen großen Festigkeits- und Härteanstieg aufweisen. Ohne diese Entdeckung wäre der starke Aufstieg der Aluminiumindustrie, des Flugzeug- und Luftschiffbaues und viele andere, diese Leichtmetallegierungen der Gattung Al-Cu-Mg maßgeblich verwendenden Industriezweige heute völlig undenkbar (FlW 3115, 3116, 3125).

Gleichzeitig wirkten die wissenschaftlichen Untersuchungen über den sog. „Duralumineffekt" in Verbindungen mit den Arbeiten der Praxis nicht nur auf die Entwicklung von Aluminiumlegierungen anregend, sondern sie lieferten gleichzeitig auch die theoretischen Unterlagen zum Auffinden von Vergütungseffekten bei den Magnesiumlegierungen und den Schwermetallen einschließlich dem Stahl.

Da eine nähere Beschreibung über den Rahmen dieses Buches hinausginge, sollen lediglich allgemeine Abhängigkeiten über den Einfluß

a) der Legierungszusammensetzung und

b) der thermischen Behandlung

auf die mechanischen und chemischen Eigenschaften gebracht werden. Bezüglich der Vergütungstheorie selbst muß auf die entsprechenden einschlägigen Veröffentlichungen hingewiesen werden[3].

Lange Zeit behielt man bei den Legierungen die von WILM angegebene Zusammensetzung für den Cu- (etwa 4%), Mg- (etwa 0,5%) und Mn- (0,5%) Gehalt bei und hat erst in neuerer Zeit den Einfluß der einzelnen Legierungskomponenten und an Stelle des Auslagerns bei Raumtemperatur denjenigen einer künstlichen Alterung untersucht. — Aus bisher unveröffentlichten Untersuchungen von H. BOHNER über

---

[1] KÄSTNER, H.: Aluminium Bd. 19 (1937) S. 140.

[2] WILM, A.: Met. u. Erz Bd. 8 (1911) S. 225 — DRP. 204543/1907.

[3] Literaturübersicht bei N. F. BUDGEN: The heat-treatment and annealing of Aluminium and its alloys. London: Chapman & Hall, LTD. 1932. — ZEERLEDER, A. v.: Technologie d. Aluminiums und seiner Legierungen., 3. Aufl., S. 380 und 400. Akad. Verlagsgesellschaft.

diesen Fragenkomplex sollen daher die wesentlichsten Ergebnisse in den folgenden Abb. 514—518 wiedergegeben werden:

a) Durch Zusatz von Mg und Mg_2Si zu den Al-Cu-Legierungen wird die feste Löslichkeit des Kupfers im Al erniedrigt[1].

b) Durch steigenden Gehalt an Mg_2Si werden bei sonst gleichem Cu-Gehalt und bei gleicher thermischer Behandlung die mechanischen Eigenschaften erhöht (Abb. 514).

Früher wurde ganz allgemein angenommen[2], daß die Aushärtung der Legierungen an die Gegenwart von Si (Bildung der Verbindung Mg_2Si) gebunden sei. Neuere Untersuchungen[3] — ermöglicht durch

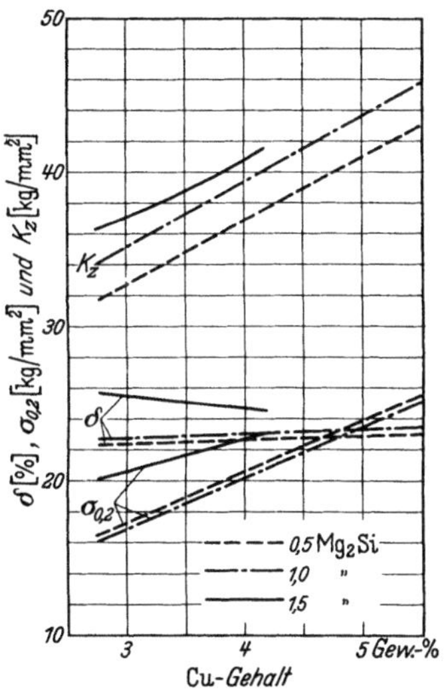

Abb. 514. Einfluß von Mg_2Si auf Al-Cu-Legierungen.

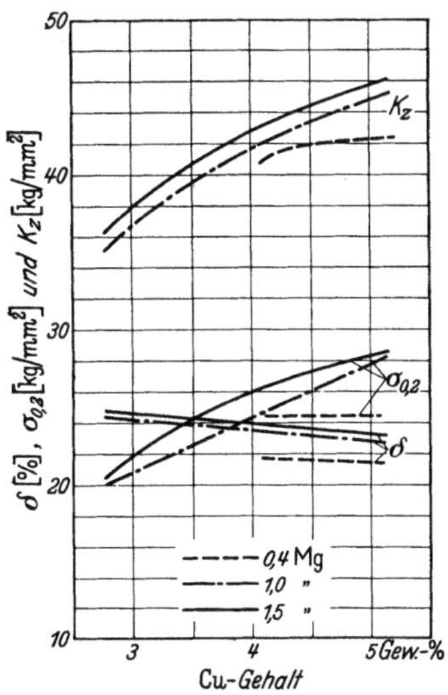

Abb. 515. Einfluß von Mg auf Al-Cu-Legierungen.

Verwendung von hochreinem, mindestens 99,99proz. Al — haben gezeigt, daß die Si-freien Al-Mg-Cu-Legierungen eine noch höhere Aushärtung besitzen (vgl. auch nächsten Absatz) und beim Veredeln weniger temperaturempfindlich („Verbrennen") sind als die Si-reicheren Legierungen, weil bei letzteren tiefer schmelzende Eutektika vorliegen.

c) Bei gleichem Cu-Gehalt der Legierungen wird durch steigenden Magnesiumzusatz Zugfestigkeit, Streckgrenze und auch die Härte erhöht (Abb. 515).

[1] Sager u. Sager: Trans. Amer. Inst. min. metallurg. Engr. 1932 (Techn. Publ. 472). — V. Fuss, Metallographie des Aluminiums und seiner Legierungen. Berlin: Julius Springer 1934. S. 133 u. 134. Abb. ***134a*** u. ***b***.

[2] Gayler: J. Inst. Met. Bd. 28 (1922) S. 213; Bd. 29 (1923) S. 507. — Merica, Waltenberg u. Scott: Sci. Pap. Bur. Stand. Bd. 15 (1919) S. 347. — Meissner: Z. Metallkde. Bd. 17 (1925) S. 77.

[3] Meissner: Z. Metallkde. Bd. 21 (1929) S. 328. — Archer: Trans. Amer. Soc. Stl. Treat. Bd. 10 (1926) S. 718.

Auch bei Kupfergehalten unter 3% können bei entsprechend hohem Magnesiumgehalt noch gute mechanische Eigenschaften[1] erreicht werden, ebenso wie Spitzenwerte erzielbar sind mit über der festen Löslichkeit liegenden Cu-Gehalten bei niedrigem Si-Gehalt unter Ausnutzung der dadurch ermöglichten Erhöhung der Abschrecktemperatur[2].

d) Manganzusätze zu den Al-Cu-Mg- und Al-Cu-Mg_2Si-Legierungen erhöhen außer der Korrosionsbeständigkeit die mechanischen Werte (vgl. Abb. 516 und 517). Mn-Gehalte über 1,5% sollen wegen der dadurch hervorgerufenen Versprödung der Legierung nicht mehr angewendet werden (Einfluß dann ähnlich wie bei Eisen, s. Abschnitt fα und β).

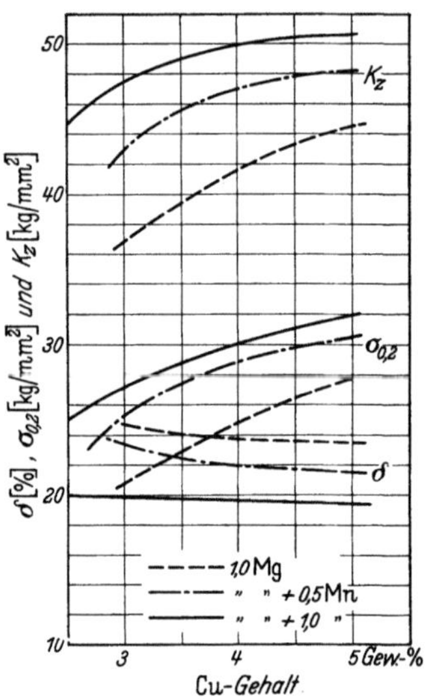

Abb. 516. Einfluß steigenden Mn-Gehalts auf Mg-haltige Al-Cu-Legierungen.

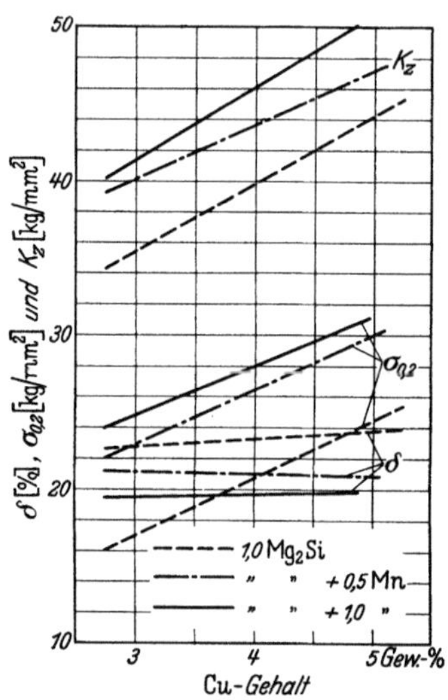

Abb. 517. Einfluß steigenden Mn-Gehaltes auf Mg_2Si-haltige Al-Cu-Legierungen.

e) Nickelzusätze zu den Al-Cu-Mg-Legierungen rufen ähnlich wie bei den Mg-freien Al-Cu-Legierungen[3] infolge Verminderung der Kupferlöslichkeit in Aluminium eine Festigkeitserniedrigung hervor, andererseits soll durch Nickelzusätze die Warmfestigkeit der Legierungen erhöht werden, was aber von den verschiedensten Seiten heute wieder bestritten wird (Y- und RR-Legierung).

f) Ein besonderer Einfluß auf die mechanischen Eigenschaften wird durch den Fe-Gehalt des Aluminiums ausgeübt, da

α) mit Erhöhung des Eisengehaltes die feste Löslichkeit des Cu erniedrigt wird und damit die Festigkeit abfällt,

[1] Hansen, M., u. K. L. Dreyer: Z. Metallkde. Bd. 30 (1938) S. 55.
[2] Bohner, H.: Aluminium Bd. 17 (1935) S. 72.
[3] Bohner, H.: Z. Metallkde. Bd. 25 (1933) S. 299.

β) primär ausgeschiedenes $CuAl_2$ Eisen in feste Lösung aufnimmt und damit wesentlich schwerer gelöst wird als die eisenfreie Verbindung $CuAl_2$.

Die nicht in Lösung zu bringenden Verbindungen ($CuAl_2$, Al_3Fe, Al_3Mn oder ternäre Verbindungen ebenso wie $CuAl_2$, das noch Mn oder Fe gelöst hat) rufen Zeilenbildung, Holzfaserbruch, Erniedrigung der Querfestigkeit und der chemischen Widerstandsfähigkeit ebenso wie der Biegefähigkeit hervor. Ganz besondere Bedeutung hat das Eisen auf die Aushärtungsgeschwindigkeit der Legierungen nach dem Abschrecken. Der Vorgang, der zur Härtesteigerung führt, beginnt nicht unmittelbar nach dem Abschrecken, wenigstens nicht mit voller Geschwindigkeit, in vielen Fällen wird sogar noch ein anfänglicher Festigkeitsabfall beobachtet. Die Zeit vom Abschrecken bis zum Einsetzen der Aushärtung — die sog. Inkubationszeit[1, 2] — ist nun aber außer von der Aushärtungstemperatur wesentlich vom Eisengehalt abhängig, und zwar ist diese Zeit um so kürzer

a) je höher die Auslagerungstemperatur und

b) je niedriger der Fe-Gehalt ist.

Nachdem bei den Al-Cu- bzw. $Al\text{-}Mg_2Si$-Legierungen, die bei Raumtemperatur keinen oder nur einen relativ geringen Aushärtungseffekt aufweisen, die Möglichkeit einer wesentlichen Verbesserung der Eigenschaften durch „künstliches Aushärten“ bekannt wurde, sind auch bei den Al-Cu-Mg-Legierungen ähnliche Versuche angestellt worden, ohne daß aber die Praxis bis heute hiervon in größerem Umfange Gebrauch gemacht hat, trotz des Wunsches nach immer leichterer Bauweise unter völliger Ausnutzung der möglichen mechanischen Eigenschaften. Hierbei spielt auch die neuerdings etwas näher untersuchte Frage[3] der „Rückbildung der Kaltaushärtung“ eine wesentliche Rolle.

Die mit dem künstlichen Anlassen verbundene Steigerung von Festigkeit und vor allem der Streckgrenze bringt einen starken Abfall der Dehnung und des Formgebungsvermögens mit sich; besonders stark ist, selbst bei plattierten Werkstoffen, die Erniedrigung der Korrosionsbeständigkeit, wobei neben der chemischen Zusammensetzung des Werkstoffes die Anlaßtemperatur und Anlaßdauer einen wesentlichen Einfluß ausüben und geringe Unterschiede sich katastrophal auswirken können[4].

Von Einfluß auf die mechanischen Eigenschaften der Legierungen ist noch die jeweils angewendete Verformungsart. Bei gleicher chemischer Zusammensetzung und gleicher thermischer Behandlung haben

---

[1] Fraenkel, W., u. R. Hahn: Z. Metallkde. Bd. 25 (1933) S. 185.
[2] Bohner, H.: Z. Metallkde. Bd. 25 (1933) S. 188.
[3] Dreyer, K. L.: Z. Metallkde. Bd. 31 (1939) S. 147.
[4] Brenner, P.: Z. Metallkde. Bd. 30 (1938) S. 268.

die nur gepreßten bzw. geschmiedeten Legierungen höhere mechanische Eigenschaften als Material, welches im Anschluß an die Warmverformung, jedoch vor der Veredlung, noch einer weitgehenden Kaltverformung durch Ziehen, Walzen od. dgl. unterzogen wurde (Abb. 518). Ähnlich liegen die Verhältnisse nach einer privaten Mitteilung von M. HANSEN auch bei den Al-Mg_2Si-Legierungen, während sonst bei allen anderen Legierungen ja ganz allgemein — auch bei den Mg-freien Al-Cu-Legierungen[1] — Werkstoffe, die warm und kalt verarbeitet wurden, nach der Rekristallisation höhere mechanische — einschließlich der dynamischen — Werte besitzen als das nur warmverformte Material gleicher chemischer Zusammensetzung und gleicher Schlußglühung.

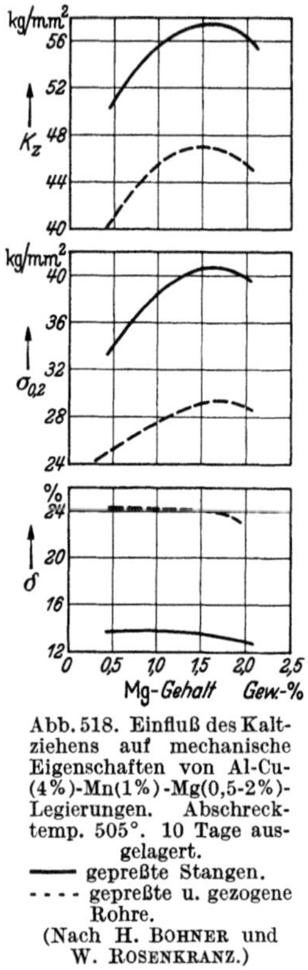

Abb. 518. Einfluß des Kaltziehens auf mechanische Eigenschaften von Al-Cu-(4%)-Mn(1%)-Mg(0,5-2%)-Legierungen. Abschrecktemp. 505°. 10 Tage ausgelagert.
—— gepreßte Stangen.
- - - - gepreßte u. gezogene Rohre.
(Nach H. BOHNER und W. ROSENKRANZ.)

Bekanntlich ist das sekundäre Rekristallisationsgefüge abhängig von der Höhe der Glühtemperatur und der Glühdauer. Bei vergütbaren Al-Cu-Mg-Legierungen sind im allgemeinen diese beiden Faktoren als konstant anzusehen. Von größter Wichtigkeit für die Verarbeitung der Al-Cu-Mg-Legierungen ist nun unter den oben angeführten Glühbedingungen der jeweilige kritische Verformungsgrad, nach dessen Überschreiten bei späteren Glühungen Grobkornbildung auftritt. Die Höhe des Verformungsgrades und die Größe des sekundären Rekristallisationskornes selbst ist nun — bei gleicher Legierungszusammensetzung — abhängig von der Größe des Ausgangsgefüges[2]. Es gelten nach dieser Arbeit folgende Grundgesetzmäßigkeiten, die durch neuere sich hierauf aufbauende Entwicklungen der Praxis eindeutig bestätigt wurden und deren Erfolg erst ermöglichten:

a) Das sekundäre Rekristallisationsgefüge ist um so gröber, je feiner das Primärgefüge war.

b) Mit Vergröberung des Ausgangsgefüges wird der kritische Reckgrad zu höheren Prozentsätzen verschoben (vgl. Kurve *1* und *2* der Abb. 519).

c) Nach Überschreiten einer bestimmten Korngröße findet bis zu bestimmten Verformungsgraden keine mit Grobkornbildung verbundene Umkristallisation statt (Kurve *3* der Abb. 519).

[1] BOHNER, H.: Metallwirtsch. Bd. 15 (1936) S. 983 u. 813.
[2] BOHNER, H., u. R. VOGEL: Z. Metallkde. Bd. 24 (1932) S. 169.

d) Sehr grobes Ausgangsgefüge — praktisch bedeutungslos wegen starker Erniedrigung der mechanischen Eigenschaften und Herbeiführung von Narbigkeit bei der Kalt- und Warmverformung — rekristallisiert nach Überschreiten bestimmter Verformungsgrade zunächst innerhalb einzelner für die Verformung besonders günstig orientierter Kristallite um zu Haufwerken von feinerem Korn neben noch vorhandenen groben Kristallen von der Größenordnung des Ausgangsgefüges (Kurve *4* der Abb. 519).

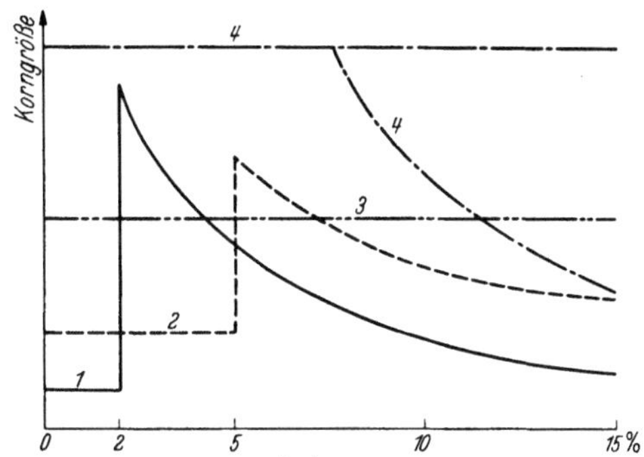

Abb. 519. Abhängigkeit der sekundären Rekristallisation von der Ausgangskorngröße. (Auswertung der Abb. 6 der Arbeit Bohner-Vogel: Z. Metallkde. Bd. 24 (1932), S. 172.)

e) Die Größe des sekundären Rekristallisationsgefüges ist bei gleichem Verformungsgrad auch noch abhängig von der Größe des Primärgefüges.

Neben der Ausgangskorngröße ist nun aber auch die Größe des sekundären Rekristallisationsgefüges, ebenso wie die Höhe des kritischen Verformungsgrades bei den Al-Cu-Mg-Legierungen abhängig von der chemischen Zusammensetzung. Hierbei haben die praktisch vorkommenden Gehalte von Mg, Si und Cu keinen wesentlichen Einfluß,

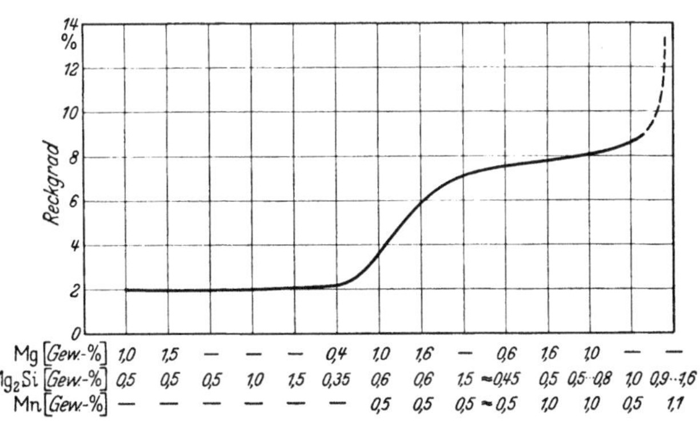

Abb. 520. Einfluß von Mangan auf den kritischen Restgrad von Al-Cu-Mg-Si-Legierungen.

dagegen wird durch den Mangangehalt der kritische Verformungsgrad — bezogen auf Material gleicher Ausgangskorngröße — wesentlich beeinflußt[1]. Aus der Abb. 520 geht nach bisher unveröffentlichten Arbeiten von H. Bohner hervor, daß mit steigendem Mangangehalt

[1] Bohner, H., u. R. Vogel: Z. Metallkde. Bd. 24 (1932) S. 169. — Hanemann, H., u. R. Vogel: Haus-Z. Aluminium Bd. 4 (1932) S. 3.

der kritische Verformungsgrad zu höheren Prozentsätzen verschoben wird, und daß hierbei noch durch die Höhe des Mg- bzw. des Mg_2Si-Gehaltes der Legierung weitere Verschiebungen möglich sind.

Ähnlich wie bei den Al-Mg-Si-Legierungen setzt man neuerdings den Al-Cu-Mg-Legierungen Blei, Wismut, Kadmium zu mit dem Zweck, die Zerspanbarkeit der Legierungen zu verbessern und um die Werkstoffe als Automatenlegierungen verwenden zu können[1]. Gerade bei dieser Legierungsgruppe wirkt sich aber eine ungleichmäßige Verteilung des Bleis sowohl auf die mechanischen Eigenschaften als auch auf die Zerspanbarkeit ebenso wie auf die Korrosionsbeständigkeit und Eloxierbarkeit außerordentlich ungünstig aus.

4. Al-Si-Mg-Legierungen. Die mechanischen Werte der eutektischen Al-Si-Legierungen mit Si-Gehalten von 11—13,5% können durch Zusätze von 0,1—0,5% Mg infolge der Bildung der Verbindung Mg_2Si und der dadurch ermöglichten thermischen Vergütung wesentlich verbessert werden (FlW 3205). Der in den Legierungen meist gleichzeitig anwesende Manganwert dient einerseits zur Kompensierung eines evtl. höheren Eisengehaltes, wirkt sich andererseits aber günstig auf die Erhöhung der Korrosionsbeständigkeit aus. Durch den Magnesiumzusatz steigen (vgl. Zahlentafel 77) besonders die Streckgrenze, die Festigkeit und die

Zahlentafel 77.
Aluminium-Gußlegierung mit hohem Si- und geringem Mg-Gehalt.

Werte an gesondert gegossenen Stäben, 12 mm ∅					
Material	Zustand	Streckgrenze $\sigma_{0,2}$ kg/mm²	Zugfestigkeit σ_B kg/mm²	Dehnung δ_{10} %	Härte H_B 10/30/500 kg/mm²
11—13,5 Si Rest Al	Sandguß	8,5	17—22	4—8	50—60
	Kokillenguß	10,5	22—26	3—5	60—80
	Spritzguß	13	20—28	1—3	65—85
11—13,5 Si 0,4—0,6 Mn 0,1—0,5 Mg	Sandguß	9—10,5	17—22	2—5	55—60
	Kokillenguß	13—15	23—25	2—5	75—85
	Spritzguß	—	25—30	1—2,5	75—95
11—13,5 Si 0,4—0,6 Mn 0,1—0,5 Mg ausgehärtet	Sandguß	22—28	25—32	4—0,5	80—100
	Kokillenguß	24—30	28—34	1,5—0,5	85—110
	Spritzguß	—	30—37	1—1,5	110—130

Härte an, die Dehnung nimmt dagegen rasch ab. Maßgebend für das Verhalten der gegossenen Legierungen bei der Wärmebehandlung ist

a) die Verteilung der ausgeschiedenen Mg_2Si-Kristalle und

b) der Gehalt an Mg_2Si in Mischkristall.

[1] Kästner, H.: Aluminium Bd. 19 (1937) S. 140.

Die Mg_2Si-Kristalle werden bei Erstarrung in den Grenzen der eutektischen Al-Si-Kolonien im ternären Eutektikum ausgeschieden. Ihr Abstand, dessen Hälfte den Diffusionsweg bei der Homogenisierung darstellt, ist gleich dem Korndurchmesser. Er wird mit zunehmender Erstarrungsgeschwindigkeit rasch kleiner, damit steigt auch die Geschwindigkeit und der praktisch erreichbare Grad der Homogenisierung[1].

Die Eigenschaften der Legierungen hängen außerdem sehr stark von der Erstarrungsgeschwindigkeit ab. Je langsamer diese ist, um so niedriger werden die mechanischen Werte (vgl. Abb. 521). In solchen Fällen ist eine gewisse Kompensierung der für die Homogenisierung ungünstigen Gefügeausbildung möglich

a) durch Verlängerung der Glühdauer,

b) durch Erhöhung des Magnesiumgehaltes.

Eine Überschreitung des Magnesiumgehaltes über 0,5% ist nicht zu empfehlen, da die Legierungen zu spröde werden.

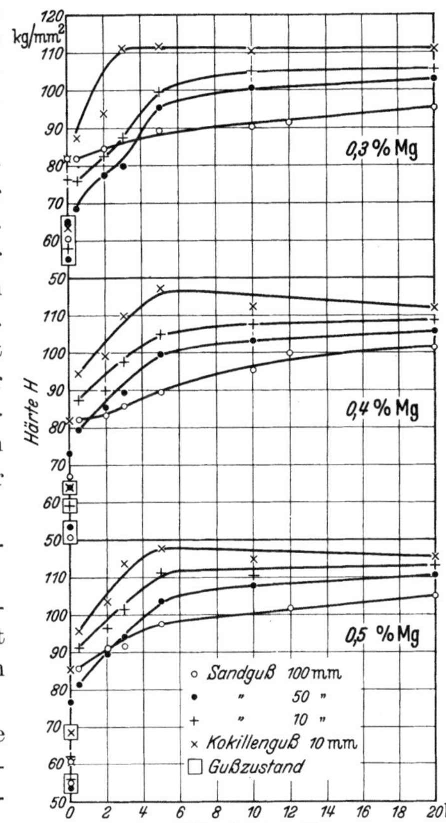

Abb. 521. Einfluß der Erstarrungsgeschwindigkeit auf die Härte von Silumin-Gamma in Abhängigkeit von der Glühzeit. (Nach SCHEUER-SCHULZ: Z. Aluminium 1936.)

5. Al-Zn-Mg-Legierungen. Die Korrosionsbeständigkeit der Al-Zn-Legierungen kann durch Magnesiumzusätze wesentlich verbessert werden. Gleichzeitig wird dadurch bei Zinkgehalten über 3% und Magnesiumgehalten von über 5% die Grundlage für eine thermische Vergütung[2] geschaffen (starke Temperaturenabhängigkeit der festen Löslichkeit der Verbindung $Mg\text{-}Zn_2$).

Trotzdem mit diesen Legierungen die höchsten zur Zeit auf Al-Basis

[1] SCHEUER, E., u. E. SCHULZ: Aluminium Bd. 18 (1936) S. 545—551. Vgl.: Silumin-Prospekt der Silumin-Ges. m. b. H., Frankfurt/Main.

[2] FUSS, V.: Metallographie des Aluminiums und seiner Legierungen, S. 151. Berlin: Julius Springer 1934. — SANDER, W., u. K. L. MEISSNER: Z. Metallkde. Bd. 15 (1923) S. 180; Bd. 16 (1924) S. 12.

möglichen mechanischen Werte erreichbar sind, konnten sie im vergüteten Zustand[1] keinen Eingang in die Praxis finden, da sie

a) mit steigendem Gehalt an Legierungszusätzen,

b) mit steigenden Anlaßtemperaturen,

c) mit Verlängerung der Anlaßdauer, vor allen Dingen nach Abschrecken bei möglichst hohen Temperaturen

außerordentlich stark zur Spannungskorrosion neigen, d. h. es ist nicht möglich, unter praktischen Bedingungen die hohen mechanischen Werte auszunutzen.

B. Magnesium als Legierungszusatz zu Schwermetallen.

Wie bereits eingangs zu diesem Beitrag erwähnt, ist die Legierungsbildung des Magnesiums mit den Schwermetallen gering. Mit wenigen Ausnahmen werden sogar außerdem durch Magnesiumzusätze Verschlechterungen der Eigenschaften, wie der Gießbarkeit, Korrosionsbeständigkeit, Walzbarkeit usw., herbeigeführt.

1. Eisen. Obgleich in der Literatur[2] bzw. in Patenten[3] wiederholt auf die Anwendungsmöglichkeit von Magnesium außer zu Desoxydationszwecken auch als Legierungszusatz zu Eisen hingewiesen wurde, hat aber letztere bis heute keine praktische Bedeutung erlangt. Dies ist in der Hauptsache bedingt durch den hohen Dampfdruck des Magnesiums bei der Temperatur des flüssigen Eisens oder Stahls, wodurch die Herstellung einer gleichmäßig zusammengesetzten Legierung stark erschwert wird. In kleinem Maßstabe ist die Einführung des Magnesiums durch geeignete Vorlegierung mit entsprechend hohem Schmelzpunkt[4] (Mg_2Si usw.) möglich und bereits erfolgreich durchgeführt worden.

2. Nickel. Magnesiumzusätze zu Reinnickel setzen die Walzbarkeit herab, wobei Oberflächenfehler und Oxydeinschlüsse die Verarbeitung sehr erschweren. Beim Veredeln zeigen die Ni-Mg-Legierungen bei Magnesiumgehalten unter 1,8% nur eine unwesentliche Härtesteigerung, die Korrosionsbeständigkeit nimmt mit zunehmendem Mg-Gehalt ab.

Grundsätzlich verschieden aber ist das Verhalten der Ni-Mg-C-Legierungen, die einen außerordentlich hohen Vergütungseffekt auf-

---

[1] DRP. 445714, 499424, 501513. Guertler, W.: Z. Metallkde. Bd. 19 (1927) S. 489.

[2] Hibbard, H. D.: Iron Age Bd. 111 (1923) Nr. 3 S. 211—213; Nr. 5 S. 347 bis 349. — Smith, E. K., u. H. C. Aufderhaar: Iron Age Bd. 126 (1930) Nr. 22 S. 1583—1587; Nr. 23 S. 1688—1693. — Satoh, Shun-Ichi: Trans. Amer. Inst. min. metallurg. Engr., Iron Steel Div. 1930 S. 192—208. — Hurst, J. E.: Foundry Trade J. Bd. 48 (1933) Nr. 862 S. 137—139. — Bolton, John W.: Foundry, Cleveland Bd. 64 (1936) Nr. 3 S. 35, 74 u. 77.

[3] DRP. 392673, 394853, 421477, 534989, 608365, 612651, 624511.

[4] Reinglass: Chemische Technologie der Legierungen mit Ausnahme der Eisen-Kohlenstoff-Legierungen, 2. Aufl., S. 194. Leipzig: Otto Spamer 1926.

weisen[1]. Das Optimum von 450 Brinellhärte wird mit 0,6% C und 0,8% Mg erreicht. Die rationellste Verarbeitung liegt bei 0,5—0,6% Mg neben 0,1—0,2% C. Mit der Festigkeitssteigerung ist eine starke Abnahme der Dehnung verbunden.

Über den Einfluß von Magnesium auf andere Nickellegierungen ist nichts bekannt.

3. Kupfer. Durch Mg-Zusätze wird die Zugfestigkeit gesteigert, die elektrische Leitfähigkeit nimmt infolge von Mischkristallbildung verhältnismäßig stark ab. Daher findet Magnesium als Legierungszusatz zur Herstellung von Leitungsbronze[2] Verwendung, wobei aber zur Erreichung der vorgeschriebenen Festigkeitswerte bei gleichzeitig zu garantierender elektrischer Leitfähigkeit und guter Dehnung sowohl der Mg-Gehalt sich in engen Grenzen zu bewegen hat, als auch bei der Verarbeitung relativ eng begrenzte Warmverformungsbereiche wie auch bestimmte, dem Magnesiumgehalt angepaßte Kaltverformungsgrade einzuhalten sind.

Während bei hartgezogenem Leitkupfer[3] eine Zugfestigkeit von 42—45 kg/mm² bei einer elektrischen Leitfähigkeit von 56 $\frac{\text{m}}{\Omega\,\text{mm}^2}$ vorhanden ist, besitzt die sog. Bronze 1 mit etwa 0,1% Mg eine Zugfestigkeit von 50—52 kg/mm² bei 48 $\frac{\text{m}}{\Omega\,\text{mm}^2}$ Leitfähigkeit und die Bronze 2 mit etwa 0,8% Mg eine Zugfestigkeit von 56—66 kg/mm² bei 36 $\frac{\text{m}}{\Omega\,\text{mm}^2}$ Leitfähigkeit[4].

Magnesiumbronzen erweisen sich auch sehr widerstandsfähig gegen Glühoxydation. Eine Legierung mit 2,7% Mg, Rest Cu, ist als praktisch zunderfest zu bezeichnen, wobei das MgO den Schutz gegen die Oxydation des Kupfers bildet[5].

4. Zink. Durch Magnesiumzusätze wird eine Steigerung der mechanischen Eigenschaften sowohl bei Zink als auch bei Zinklegierungen herbeigeführt.

Bei reinem Zink rufen Zusätze bis zu 0,1% Mg eine Steigerung der Härte bei Offsetblechen hervor, höhere Gehalte führen zu einer starken Versprödung infolge der geringen Löslichkeit des Magnesiums im Zink. Gleichzeitig beeinträchtigt Magnesium bereits in der Größenordnung von 0,03% die Dünnflüssigkeit von Zink und Zinklegierungen, verstärkt die Neigung zur Warmrissigkeit und verringert die Maßhaltigkeit von Guß bei Zn-Al-Cu-Legierungen.

---

[1] Kroll, W.: Metallwirtsch. Bd. 11 (1932) S. 31.

[2] Ledermann, S.: Z. Metallkde. Bd. 15 (1923) S. 74 u. 98. — Winning, K.: Blatt F 7: Werkstoffhandbuch „Nichteisenmetalle".

[3] Din VDE 8300. Die Zugfestigkeit dünner Drähte ist höher als die von dicken.

[4] Bezogen auf 20° C.

[5] Fröhlich, K. W.: Z. Metallkde. Bd. 28 (1936) S. 372.

Besonders stark ist bei Zink und den Zn-Al-Legierungen die interkristalline Korrosion infolge des Bleigehaltes (herrührend vom Hüttenzink). Bei gleichen Bleigehalten wird die interkristalline Korrosion stärker mit Erhöhung des Al-Gehaltes bei Legierungen. Falls der Bleigehalt unter 0,015% liegt, ist eineKompensation durch Magnesium möglich (vgl. Abb. 522). Wie aus dieser Abbildung hervorgeht, ist die Höhe des Magnesiumzusatzes von dem Reinheitsgrad des Zinks und der Höhe des Kupfergehaltes der Legierungen abhängig. Je niedriger der Blei- und Kadmiumgehalt des Zinks bzw. je höher der Kupfergehalt der Legierungen ist, um so niedriger soll der Magnesiumgehalt sein[1].

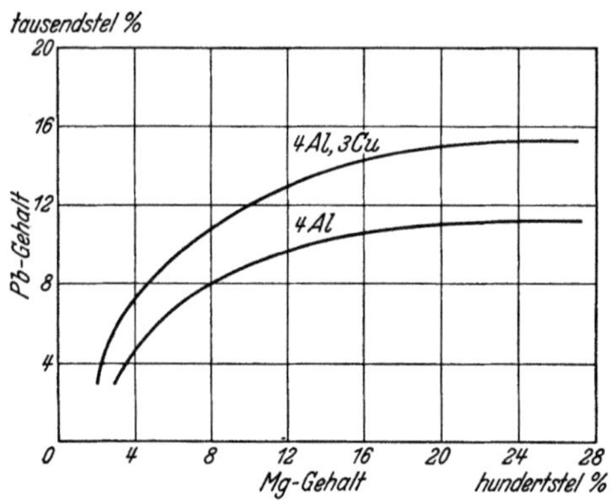

Abb. 522. Abhängigkeit des erforderlichen Mindestgehaltes an Mg zur Bleikompensation. (Nach BURKHARDT, Technologie der Zinklegierungen.)

5. Blei. Auf der Bleiseite des Zustandsschaubildes Blei-Magnesium liegt ein Eutektikum Bleimischkristall-Mg_2Pb bei 250° und 2,3% Mg vor[2]. Entsprechend der mit sinkender Temperatur abnehmenden festen Löslichkeit härten die Legierungen aus, wobei der Aushärtungseffekt — wie aus der Zahlentafel 78 ersichtlich ist — verhältnismäßig groß ist.

Zahlentafel 78.

Mg-Gehalt in Prozent nach Einwaage	0,2	0,5	2,5	3,5
Brinellhärte sofort H 10/31, 2/120	5,8	9,75	10,7	14,1
Brinellhärte nach 1 Tag	5,9	9,5	15,3	19,5

Die Abb. 523 u. 524 zeigen das Gefüge von Legierungen dieser Reihe mit 0,2—0,5% Mg, woraus auch zu schließen ist, daß die feste Löslichkeit bei Raumtemperatur unter 0,2% Mg liegt[3, 4].

Die Verbindung Mg_2Pb besitzt Flußspatstruktur[5] und ihr elektro-

[1] BURKHARDT, A.: Technologie der Zinklegierungen, S. 20, 58, 63, 68, 71, 75 u. 77. Berlin: Julius Springer 1937.

[2] Siehe S. 70 (Abb. 94) dieses Buches. — HANSEN, M.: Der Aufbau der Zweistofflegierungen. Berlin: Julius Springer 1936. — VOSSKÜHLER, H., Z. Metallkde. Bd. 31 (1939) S. 109.

[3] KURNAKOW, N. S., S. A. POGODIN u. T. A. VIDUSOVA: Ann. Inst. Analyse phys.-chim. Leningrad Bd. 6 (1933) S. 266.

[4] Private Mitteilungen von Dr. W. HOFMANN, Berlin.

[5] SACKLOWSKI, A.: Ann. Physik Bd. 77 (1925) S. 241.

chemisches Potential ist kaum edler als das von Magnesium[1]. Die reine Verbindung wird in der Kälte bereits von Wasser sehr stürmisch zersetzt, was das schlechte Korrosionsverhalten namentlich der übereutektischen Legierungen bedingt. Die übereutektischen Legierungen sind auch spröde[2].

Als günstigste Zusammensetzung für Legierungen wird ein Magnesiumzusatz von 0,5—0,7% angegeben[3], durch den hohe Härte und gute mechanische Eigenschaften bedingt werden.

Ähnlich wie sich Magnesiumzusätze zu Blei[4] als Ersatz für Zinn bei Fernsprechkabelmänteln wegen der ungünstigen Korrosionsbeständigkeit nicht bewährt hat, hat auch die Verwendung solcher Legierungen als Lagermetalle Schiffbruch erlitten. Beim Verwenden von Altblei zur Herstellung von Lagermetallen steigen die Beimengungen, die mit Magnesium Verbindungen bilden, an die Schmelzoberfläche und zersetzen sich an feuchter Luft unter Bildung von Metall- (z. B. Arsen-) Wasserstoff. Drehspäne zersetzen sich schnell und sind außerdem feuergefährlich[5].

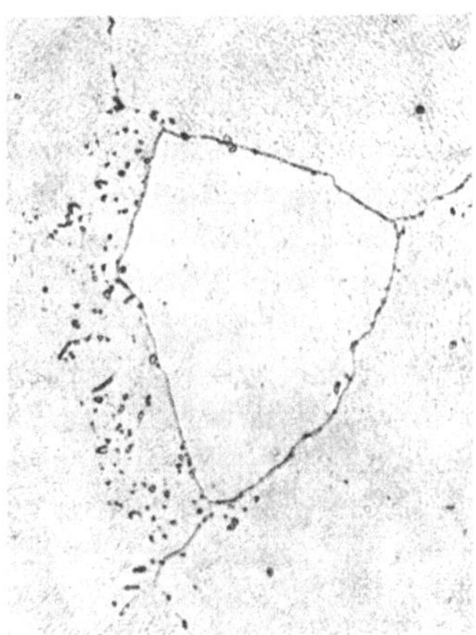

Abb. 523. Blei mit 0,2% Magnesium. (Vergr. ×500).

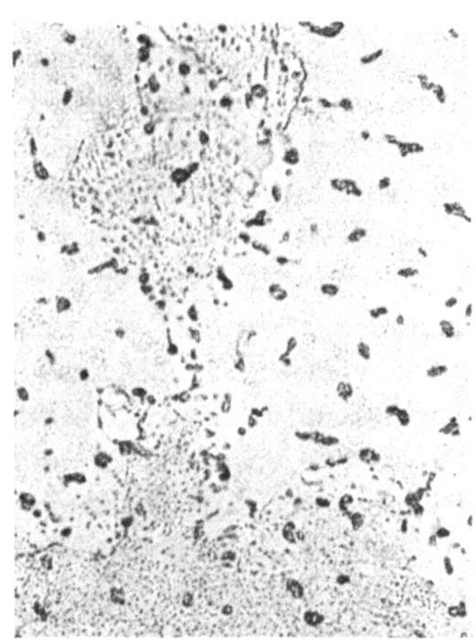

Abb. 524. Blei mit 0,5% Magnesium. (Vergr. ×500).

Primäre Bleikristalle. Zwischen den Tannenbaumkristallen Eutektikum Pb + Mg_2Pb. An den Korngrenzen Felder mit Ausscheidungen im festen Zustand.

---

[1] KREMANN, R., u. J. GMACHL-PAMMER: Z. Metallkde. Bd. 12 (1920) S. 358. — Ferner W. JENGE: Z. anorg. allg. Chem. Bd. 118 (1921) S. 119.

[2] GOEBEL, I.: Z. Metallkde. Bd. 14 (1922) S. 389.

[3] KURNAKOW, N. S., S. A. POGODIN u. T. A. VIDUSOVA: Ann. Inst. Analyse phys.-chim. Leningrad Bd. 6 (1933) S. 266.

[4] STENQUIST, D.: Z. Metallkde. Bd. 13 (1921) S. 245.

[5] KROLL, W.: Techn. Z. Metallbearbeitung Bd. 47 (1937) S. 180.

6. Zinn[1]. Durch Zusätze von Magnesium zu Zinn werden Festigkeit und Brinellhärte bis zum eutektischen Magnesiumgehalt (bis zu 2%) erhöht, während die Dehnung abfällt (Zahlentafel 79).

Zahlentafel 79.

Mg %	Zugfestigkeit kg/mm^2	Dehnung %	Brinellhärte kg/mm^2
0,2	6,0	40	15,0
0,5	8,3	20	18,8
1,0	9,8	17	21,8
2,0	11,8	15	26,0
5,0	9,3	5	27,5

Sowohl durch Leitungswasser als auch in normaler Atmosphäre tritt eine gegenüber dem reinen Zinn verstärkte Korrosion auf, die sich vor allen Dingen in einer verstärkten Abnahme der Dehnung bemerkbar macht, besonders bei den Legierungen mit niedrigem Magnesiumgehalt. Der Angriff ist jedoch nicht so stark wie bei den Pb-Mg-Legierungen.

7. Edelmetalle. Vereinzelt findet Magnesium zum Desoxydieren von Edelmetallen beim Guß Verwendung, jedoch wird vielfach dafür auch Phosphor verwendet. Magnesium wird in einigen Patentschriften als Legierungszusatz zu Gold- und Platin-Metallegierungen geschützt[2] (DRP. 535688, A. P. 1946231, Schw. Pat. 151732). Es bewirkt in diesen Legierungen eine Ausscheidungshärtung. Eine praktische Anwendung findet diese Möglichkeit, durch Magnesium vergütbare Edelmetalllegierungen zu erhalten, aber so gut wie nicht, hauptsächlich wegen der in diesem Falle metallurgisch schwierigen Legiertechnik, zumal andere Unedelmetalle bei leichterer Legierbarkeit etwa den gleichen Effekt bewirken.

[1] Private Mitteilung des „International Tin Research and Development Council, Greenford, Middlesex".

[2] Private Mitteilungen von Herrn Dir. Dr. HOUBEN, Hanau.

Die Verwendung des Magnesiums für Pyrotechnik und Thermochemie.

Von G. Gossrau.

Seine größte Bedeutung hat das Magnesium heute zweifellos als wertvoller Werkstoff bekommen. Aber auch auf anderen Gebieten wird es — und zwar auf Grund seines besonderen physikalischen und chemischen Verhaltens — in nicht unbeträchtlicher Menge verwendet.

A. Magnesium als künstliche Lichtquelle.

Die Eigenschaft, sich bei Erhitzung über seinen Schmelzpunkt (650° C) zu entzünden und mit blendend weißer Flamme zu verbrennen, ließ schon R. Bunsen[1] seinen Wert für die Erzeugung künstlichen Lichtes erkennen. Die ersten Angaben über die Wirkung des Lichtes einer an der Luft brennenden Magnesiumflamme auf die photographische Platte macht A. R. Schrötter[2]. In der Folgezeit sind dann viele Vorschläge[3] für die Gestaltung dieser Lichtquelle gemacht worden, bei denen das Magnesium in Form von Draht, Band und Pulver Verwendung findet.

Wird *Magnesiumband* an einem Ende entzündet, so brennt es mit blendend weißem Licht an der Luft ab; dabei entweicht ein Teil des Magnesiumoxyds als feiner weißer Rauch, der andere bleibt unter Beibehaltung der Bandform an der Verbrennungsstelle liegen. Zwecks leichter Entzündbarkeit und gleichmäßigen Abbrennens müssen bestimmte Dimensionen für das Band eingehalten werden; als geeignet werden Bänder mit einer Breite von 2—5 mm und einer Dicke von 0,1—0,15 mm in den Handel gebracht.

Zur Erzeugung eines kontinuierlichen und gleichmäßigen Lichtes mußten besondere *Bandlampen* konstruiert werden, in denen das Magnesiumband im Brennpunkt eines Reflektors zur Verbrennung gelangt und durch ein Uhrwerk laufend vorgeschoben wird. Solche Lampen eignen sich für Projektions-, aber auch für Raum- und Gelände-

[1] Liebigs Ann. Bd. 82 (1852) S. 144.

[2] Anz. Wien. Akad. Bd. 2 (1865) S. 77.

[3] Siehe H. Schmidt: Das Photographieren mit Blitzlicht. Halle (Saale): Wilh. Knapp. — F. Schmidt: Kompendium d. prakt. Photographie. Leipzig: E. A. Seemann.

beleuchtung. Für Innenraumbeleuchtung muß für Abzug des entstehenden Magnesiumrauches gesorgt werden.

In *Pulverform* wird das Magnesium entweder ohne jeden Zusatz für *Pustlicht* oder mit Sauerstoffüberträgern gemischt für *Blitzlicht* verwandt.

Das Pustlicht wird dadurch erzeugt, daß reines Magnesiumpulver in eine Flamme eingeblasen wird, in der es dann unter bestimmten Bedingungen mit hoher Flamme von großer Intensität verbrennt. Vor dem Blitzlicht hat es den Vorzug, daß es ungefährlich ist und mindestens die doppelte Lichtstärke hat. Trotzdem hat das Pustlicht nicht entfernt die Verwendung des Blitzlichts gefunden, weil

a) die Verbrennung von Magnesium als Pustlicht ohne gute Lampe nicht durchführbar ist,

b) jedesmal nur beschränkte Mengen Magnesium als Pustlicht verbrannt werden können und

c) die guten raucharmen Blitzlichtmischungen weniger Rauch geben als entsprechende Mengen Magnesium im Pustlicht[1].

Wird Magnesiumpulver mit fein gepulverten anorganischen, sauerstoffhaltigen Verbindungen, die in der Hitze ihren Sauerstoff abgeben, gemischt und entzündet, so verbrennt es explosionsartig und entwickelt in Bruchteilen einer Sekunde große Lichtmengen. Solche Mischungen sind in mannigfacher Zusammensetzung und Form auf den Markt gebracht[2] und dem Lichtbildner ein unentbehrliches Hilfsmittel geworden. Der große Vorteil des Blitzlichtes liegt darin, daß an jedem Ort beliebige Mengen künstlichen Lichts von höchster Wirkung ohne kostspielige Einrichtung erzeugt werden können.

Auch für militärische Zwecke wird von dem Magnesiumlicht ausgiebig Gebrauch gemacht. Die sog. *Leuchtkugeln* sind mit Leuchtsätzen versehene Körper, die in die Luft geschossen werden und geeignet sind, das Kampfgelände bei Nacht taghell zu beleuchten. Weiße und farbige Leuchtkugeln dienen der verabredeten Zeichengebung. Geschosse jeder Art werden mit Leuchtsätzen ausgerüstet und hinterlassen auf ihrer Bahn eine Leuchtspur, die es ermöglicht, ihren Flug genauestens zu verfolgen.

In der Kunstfeuerwerkerei wird das Magnesium für weiße und bunte, langsam brennende *Flammensätze* verwandt, mit denen schöne Beleuchtungseffekte erzielt werden. Auch hier dient es zur Herstellung von *Leuchtraketen* sowie anderer Feuerwerkskörper.

---

[1] M. ANDRESEN: Das Magnesium als künstliche Lichtquelle in der Photographie. Handb. d. wissensch. und angew. Photographie, S. 34. Wien: Julius Springer 1929.

[2] H. SCHMIDT: Das Photographieren mit Blitzlicht. Halle (Saale): Wilh. Knapp. — F. SCHMIDT: Kompendium d. prakt. Photographie. Leipzig: E. A. Seemann.

B. Magnesium in der Sprengtechnik.

In der Sprengtechnik benutzen die Sprengluft-Ges. m. b. H., Berlin[1], LINDEMANN und HAFSTADT[2] und W. ESCHBACH[3] Magnesium zur Herstellung von *Initialzündern*. Eine Zer-Magnesium-Legierung kommt in dem Verzögerungssatz eines *Zeitzünders* von W. ESCHBACH[4] zur Anwendung.

C. Magnesium für thermochemische Reduktion.

Der oben besprochene Lichteffekt des Magnesiums ist eine Folge der bei der Verbrennung dieses Metalls entstehenden großen Wärmemenge, die nach der Gleichung

$$2\,Mg + O_2 = 2\,MgO$$

291,6 Kalorien beträgt und diejenige des Aluminiums übertrifft. Es liegt also nahe, das Magnesium bei der thermischen Reduktion von Oxyden der seltenen Metalle an Stelle des Aluminiums zu verwenden. Als nachteilig erweisen sich aber hierbei die niedrige Verdampfungstemperatur des Magnesium, die noch unterhalb 1100° C liegt, und der hohe Schmelzpunkt des Magnesiumoxyds. Reduktionen mit Magnesium verlaufen außerordentlich stürmisch, und die dabei entstehenden Metalle scheiden sich schlecht ab. Indessen kann ein Teil des Aluminiums unbeschadet, in gewissen Fällen sogar mit Vorteil, durch Magnesium ersetzt werden. Günstig scheinen die Verhältnisse bei der Reduktion von Chloriden und Fluoriden zu liegen. POKORNY und SCHNEIDER stellen pulverförmiges Chrommetall durch Reduktion von Chromchlorid mit Magnesium her[5]. ANDRÉ MORETTE berichtet über die Reduktion von Vanadin-Tetrachlorid mit Magnesiumspänen in H_2-at, wobei Vanadin mit 99,3% V erhalten wird[6]. Der Compagnie de Produits Chimiques et Electrométallurgiques ist ein Verfahren geschützt, nach dem Berylliumlegierungen aus Alkali-Beryllium-Doppelfluoriden durch Reduktion mit Magnesiumlegierungen gewonnen werden können[7]. W. und H. MATHESIUS ersetzen das Aluminium zur Herstellung kohlenstoffreien Titanstahls auf aluminothermischem Wege nach ihrem DRP. 408668 durch Magnesium wegen seiner höheren Reaktionsenergie[8]. Die I. G. Farbenindustrie A. G. verwendet zur Darstellung von regulinischem Ferrobor aus Borazit und Eisenoxyd auf aluminothermischem Wege eine Legierung von Aluminium mit Magnesium und erhält ein aluminiumfreies regulinisches Metall[9].

---

[1] DRP. 418092 v. 13. 7. 1915. [2] N. P. 44012 v. 1. 5. 1926.
[3] DRP. 460843 v. 2. 9. 1926 und Zus.-DRP. 500054 v. 18. 9. 1926.
[4] Schwz. P. 154187 v. 25. 3. 1931. [5] DRP. 589987 v. 19. 9. 1931.
[6] C. I. 3400 (1935)— C. R. Acad. Sci. Bd. 200 S. 1110—1112 v. 25. 3. 1935.
[7] E. P. 435747 v. 29. 4. 1935 u. F. P. 789244 v. 25. 4. 1935.
[8] DRP. 421477. [9] DRP. 608365.

D. Magnesium als Desoxydationsmittel für Metallschmelzen.

Verschiedentlich ist das Magnesium, vor allem in Form von Legierungen, als Desoxydationsmittel für Metallschmelzen empfohlen worden. F. Hüser untersuchte die Eignung verschiedener Stoffe für die *Kupferraffination* und stellte fest, daß die besten Qualitätseigenschaften insbesondere bezüglich der elektrischen Leitfähigkeit bei Verwendung von Magnesium erzielt wurden. Als sehr brauchbares Hilfsmittel erwies sich dabei die Anwendung einer Silikatschlacke als Bindemittel des entstehenden Oxyds[1]. Die Chemische Fabrik Griesheim Elektron erzielte durch Behandlung von *Kupferlegierungen* (Rotguß, Bronze, Nickelbronze, Neusilber, Packfong, walzbares Neusilber) bei Anwendung von 0,1—0,5% Magnesium in Form von Legierungen desselben mit Kupfer, Zink, Zinn oder Nickel Steigerung der Bruchfestigkeit und Dehnung. In der Praxis ist die Desoxydation der obigen Metallegierungen, außer bei Nickel und Neusilber, mit wechselndem Erfolg durchgeführt worden. Mißerfolge sind wohl auf den hohen Schmelzpunkt des Magnesiumoxyds zurückzuführen, das sich deshalb schwer aus der Metallschmelze entfernen läßt. Der Zusatz geeigneter Zuschläge dürfte sich günstig auswirken. So empfiehlt Brinell und Fingberg[2] als Desoxydationsmittel für geschmolzene Metalle Magnesiumkalzium mit Kalk, Sand od. dgl. vermischt, wobei zur Verdünnung des Desoxydationsmittels solche Verbindungen gewählt werden sollen, die eine Schlacke bilden, welche sich oberhalb des Schmelzgutes lagert.

Für *Nickel und Nickellegierungen*, wie Neusilber, wird in der Praxis Magnesium als unübertreffliches Desoxydationsmittel angegeben. Seine günstige Wirkung ist hier vor allem auf die Bindung des Schwefels zurückzuführen. Die richtige Dosierung wird auch hier als Voraussetzung betrachtet. Mehr als 0,1% soll sich ungünstig auswirken, weil der Guß hautig wird und die Polierfähigkeit leidet[3].

Für die Desoxydation von *Eisen- und Stahlguß* empfiehlt die Chemische Fabrik Griesheim Elektron, Frankfurt/M., eine aus Magnesium und Eisen oder aus einer magnesiumhaltigen Legierung und Eisen bestehende Legierung[4]. Zum Raffinieren von Stahl, besonders im Tiegelstahlprozeß, soll sich eine Legierung von Magnesium mit Ferrosilizium eignen[5]. An Stelle dieser Legierungen ist auch versucht worden, Preßlinge aus Gemischen von Magnesium- und Eisenpulver zu verwenden. Sie haben den Vorzug, daß man sie in jedem Verhältnis herstellen kann, gegebenenfalls unter Hinzumischen von Stoffen, die einer vorteilhaften Schlackenbildung dienen oder geeignet sind, mit Magnesium zu reagieren und durch die dabei erzeugte Wärme die Metallschmelze aufzuheizen.

---

[1] Met. u. Erz Bd. 10 S. 479—483 v. 22. 5. 1913. [2] Schwed. P. 33164, 1911.
[3] Krulla: Neusilber. München: C. Hauser 1935.
[4] DRP. 209914. [5] DRP. 349746.

Die wirtschaftliche Bedeutung des Magnesiums.

Von W. H. O. ZIEGLER.

Solange Magnesium lediglich in Form von Pulver, Band oder Draht für pyrotechnische Zwecke Verwendung fand oder als untergeordnete Zugabe Legierungen, die andere Metalle, in der Hauptsache Aluminium, zur Grundlage hatten, beigefügt wurde, bestand kein Anreiz, die Erzeugung im wirtschaftlicheren Großbetrieb ernstlich in Betracht zu ziehen. Ein neuer Ausblick eröffnete sich erst beim Erscheinen der ersten Legierungen auf Magnesiumgrundlage, die im Jahre 1909 von der damaligen Chemischen Fabrik Griesheim Elektron (einer der Gründerfirmen der heutigen I. G. Farbenindustrie A.-G.) als „Elektronmetall" auf der „ILA" in Frankfurt gezeigt wurden. Es wurde damit der damals noch in den Kinderschuhen steckenden Luftfahrtindustrie ein neuer Werkstoff mit dem so reizvollen niedrigen spezifischen Gewicht von 1,8 vorgestellt, der allerdings auch seinerseits für die ihm bevorstehenden schwierigen Aufgaben noch ganz ungenügend gerüstet war.

Der Weltkrieg von 1914—1918 führte infolge der gewaltsamen Unterbrechung der wichtigsten Wege des Güteraustausches zum Einsatz aller bodenständigen Reserven und zwang insbesondere das von den Weltmärkten abgeschnittene Deutschland, auch jüngste technische Errungenschaften unter äußerster Anstrengung zur Frühreife zu bringen. Während dieser Zeit mußten auf der anderen Seite England und Amerika daran denken, ihren bisher von Deutschland bezogenen, wenn auch geringen Bedarf selbst zu decken, wobei allerdings damals in diesen Ländern Magnesium als Grundlage für einen Werkstoff kaum in Betracht gezogen wurde. Immerhin zeigte sich schon in diesem frühen Stadium, daß brauchbare Vorkommen an magnesiumhaltigen Rohstoffen von der Natur weniger launisch in der Erdkruste verteilt worden sind, als dies bei den meisten Schwermetallen der Fall ist. Es ist nicht zuletzt diesem Umstande zu verdanken, daß so viele Länder, die von den Störungen des Welthandels in den letzten Jahren stark betroffen wurden, ihr Interesse einem Metall zuwandten, das überall, wo elektrische Energie zu wirtschaftlichen Bedingungen ausreichend zur Verfügung steht, in praktisch unbegrenzten Mengen hergestellt werden kann. Maßgebend für die Wirtschaftlichkeit einer solchen Erzeugung ist neben der bereits erwähnten Energieversorgung lediglich noch die Größenordnung der

Anlage, die ihrerseits wiederum vom Entwicklungsstand der verbrauchenden Industrien abhängt. Aber auch in dieser Beziehung fällt der Vergleich, z. B. zu einer Aluminiumhütte, für Magnesium durchaus nicht ungünstig aus. Es gibt für Magnesium jedenfalls keine Länder, die, wie bei einigen Schwermetallen, durch ihre Rohstofflage so bevorzugt sind, daß sich schon darauf eine beherrschende Stellung am Weltmarkte aufbauen ließe. Es sind deshalb auch verschiedene Versuche, auf Grund eines scheinbar sehr günstigen Vorkommens von Magnesit, Dolomit oder Chlormagnesium eine Anlage zur Erzeugung von metallischem Magnesium zu bauen, gescheitert oder vollkommen bedeutungslos geblieben, weil andere, viel wichtigere Voraussetzungen nur ungenügend bekannt waren oder nicht hinreichend gewürdigt wurden. Eine moderne Magnesiumfabrik — und nur eine solche ist in der Lage, laufend Metall von gleicher, zuverlässiger Güte zu wirtschaftlichen Bedingungen zu erzeugen — fußt auf jahrzehntelangen Erfahrungen im Großbetrieb elektrochemischer Anlagen ganz allgemein und der praktischen Auswertung fast ebenso langer Versuche in der Leitung der Produktionsstufen und Gestaltung der Apparate für diesen besonderen Zweck. Es erklärt sich hieraus der Vorsprung der deutschen Industrie, die nach der harten Lehre des Weltkrieges nicht müde geworden ist, an der Entwicklung des Magnesiums weiter zu arbeiten. Bemerkenswert ist allerdings, daß bei sämtlichen anderen Metallen in fast allen Ländern von wirtschaftlicher Bedeutung ein gewisser Beitrag zur Erforschung geleistet wurde, während ausgerechnet Magnesium, trotz seiner doch so gleichmäßigen Rohstoffverteilung, praktisch nur in einem Lande, und da auch wieder nur von einer Firma, zur Reife der industriellen Großerzeugung gebracht worden ist. Noch Anfang dieses Jahrzehntes wurde der gesamte Weltbedarf, der allerdings beim damaligen Konjunkturtiefstand bis auf wenig mehr als 1000 Jahrestonnen zurückgegangen war, aus der einzigen, seinerzeit bestehenden Großanlage der I. G. Farbenindustrie A.-G. in Bitterfeld gedeckt. Lediglich die Versorgung des USA.-Marktes erfolgte wegen eines prohibitiven Einfuhrzolles, allerdings mit unbedeutenden Mengen, aus einheimischer Produktion.

Die Entwicklung der Luftfahrtindustrie, die in fast allen Ländern im laufenden Jahrzehnt wohl mit den stärksten Impuls aller Zeiten erhalten hat, konnte selbstverständlich nicht ohne Einfluß auf die Bereitstellung der hierfür erforderlichen Werkstoffe sein. An den Magnesiumlegierungen war nun inzwischen so umfassend und intensiv gearbeitet worden, daß hinsichtlich ihrer Formgebung im Wege des Gießens, Pressens, Walzens und Schmiedens Verfahren zur Verfügung standen, die von modern eingerichteten und metallurgisch gut geleiteten Betrieben mit befriedigender Sicherheit gemeistert werden konnten. Die technologischen Eigenschaften der Legierungen, die sich aus unzähligen Laboratoriums- und Betriebsversuchen als die von den verschiedensten Gesichtspunkten aus besten und praktisch wirklich brauchbaren herausgehoben hatten, waren erforscht, so daß auf dieser Grundlage Richtlinien für die konstruktive Behandlung aufgestellt und praktisch durch Versuche unter Einsatz großer finanzieller Mittel und Risiken ausgereift werden konnten. Es ist sicher eine ihresgleichen suchende Leistung in der Geschichte aller Werkstoffe, daß ein so umfassendes Programm letzten Endes von einem engen Kreis von Mitarbeitern einer einzigen Firma so mutig angefaßt und trotz aller Schwierigkeiten technischer und nicht zuletzt finanzieller Art zum heute vorliegenden vollen Erfolge geführt worden ist.

Die Bedeutung der Magnesiumlegierungen als Werkstoff ist natürlich auch in allen anderen Industrieländern nunmehr anerkannt und ihre Wichtigkeit für die Luftfahrtindustrie, und somit die Landesverteidigung, hat dazu geführt, viele neue Erzeugungsstätten ins Leben zu rufen. Auf Grund vorliegender statistischer Unterlagen und Schätzungen ergibt sich für Anfang 1939 folgendes Bild der Weltmagnesiumindustrie:

Deutschland	etwa	20000	Jahrestonnen
England	,,	5000	,,
Frankreich	,,	2500	,,
Japan	,,	1000	,,
Rußland	,,	500	,,
Schweiz	,,	500	,,
USA.	,,	2500	,,

Obige Zahlen decken im großen und ganzen Kapazität und tatsächliche Produktion, da lebhafte Nachfrage die bestehenden Anlagen fast durchweg voll beschäftigt hielt. Erweiterungen bzw. Neubauten sind im Gange in Deutschland, England, Italien und Japan, die insgesamt eine Erhöhung der Weltleistung um wenigstens 25% bringen dürften.

Wenn auch die außerordentlich schnelle Entwicklung der Magnesiumindustrie in den letzten Jahren ihren stärksten Impuls von der Luftrüstung, gepaart mit dem Wunsche, ein hierfür wichtiges Material aus heimischen Rohstoffen zu gewinnen, erfahren hat, so darf doch nicht außer acht gelassen werden, daß die steigende Erzeugung die Gestehungspreise bereits jetzt so weit gesenkt hat, daß die Magnesiumlegierungen heute schon auch preislich erfolgreich in solche Anwendungsgebiete eingreifen können, wo für einen Bauteil gleicher Festigkeit wie bisher, aber geringeren Gewichtes, sich ein wirtschaftlicher oder technischer Vorteil ergibt, der dann nur mit einem sehr kleinen Mehrpreis bezahlt werden muß. Ja es mehren sich bereits die Anwendungsgebiete, wo auch andere spezifische Eigenschaften der Magnesiumlegierungen ihnen einen gesicherten Platz, ebenfalls unabhängig von der Rohstofflage des betreffenden Landes, zuweisen; hierbei ist die ganz vorzügliche Eignung für spanabhebende Bearbeitung, die von keinem anderen metallischen Werkstoff annähernd erreicht wird, mit an erster Stelle zu nennen. Weiter wäre das durch den niedrigen Elastizitätsmodul gegebene außerordentlich große Arbeitsaufnahme- und Dämpfungsvermögen bei schlagartiger Beanspruchung zu erwähnen, das die Ausführung auch stark stoßbeanspruchter Teile in Form von Gußstücken zuläßt. Auch der inzwischen erreichte hohe Stand der Spritzgußtechnik erschließt ständig neue Verwendungsgebiete, insbesondere im Apparate- und Gerätebau, in der Optik usw., wo man vielfach dazu übergeht, früher aus Blech und Profilen zusammengebaute Teile als ein Spritzgußstück auszubilden, das ohne Erhöhung des Gewichtes wesentlich steifer und widerstandsfähiger ausfällt und, in großen Serien hergestellt, auch preislich durchaus wettbewerbsfähig ist. Als folgerichtige Weiterentwicklung dieser Erkenntnis zeigt sich die Anwendung der Magnesiumlegierungen auch für größere Sand- und Kokillenguß- oder auch Schmiedestücke in diesem Sinne, wodurch sehr oft eine große Vereinfachung in der Konstruktion und Serienfertigung gegenüber der bisherigen Herstellungsweise erzielt wird. Es würde zu weit führen, an dieser Stelle auf die einzelnen Verwendungsmöglichkeiten, die den Magnesiumlegierungen auf Grund jahrelanger guter Erfahrungen endgültig gesichert erscheinen, näher einzugehen. Es steht jedoch außer Zweifel, daß bezüglich der Gebrauchsgebiete die Entwicklung auch noch nicht annähernd abgeschlossen ist, so daß sich dem Chemiker, Ingenieur und Kaufmann ein Ausblick eröffnet, der zum Einsatz der besten Kräfte auf immer breiterer Grundlage jeden Anreiz bietet.

Chemische Analyse von Magnesium und seinen Legierungen[1].

Von G. SIEBEL, Bitterfeld.

A. Magnesium.

Das aus der Schmelzflußelektrolyse gewonnene und nochmals umgeschmolzene Reinmagnesium hat einen verhältnismäßig hohen Reinheitsgrad von etwa 99,8—99,9 und enthält an Beimengungen geringe Mengen von Aluminium, Eisen, Mangan, Silizium und Kupfer. Der Eisengehalt beträgt höchstens 0,05%, da Magnesium in flüssigem Zustande nicht mehr Eisen aufnimmt und daher vorteilhaft in Eisentiegeln geschmolzen werden kann.

Der Reinheitsgrad wird in der Weise bestimmt, daß die Beimengungen analytisch ermittelt und in Abzug gebracht werden.

Bestimmung von:

1. Silizium. Das Silizium liegt als Magnesiumsilizid vor, das beim Inlösunggehen leicht flüchtige Siliziumwasserstoffe abspaltet, die in oxydierenden Lösungsmitteln zu Kieselsäure oxydiert werden. Je nach dem Reinheitsgrad der Probe werden 5—10 g Metallspäne in einem bedeckten Becherglas mit wenig Wasser übergossen und unter tropfenweiser Zugabe von konzentrierter Salpetersäure in Lösung gebracht. Verbleibt nach dem Auflösen in Salpetersäure ein dunkelgefärbter Rückstand, der in der Hauptsache aus Eisen, Silizium und Mangan besteht, so wird dieser abfiltriert mit einem Soda-Salpeter-Gemisch aufgeschlossen und dann der salpetersauren Lösung hinzugefügt. Diese Lösung wird in einer Porzellanschale mit konzentrierter Schwefelsäure versetzt (auf 1 g Metall 6 cm^3) und bis zum Auftreten von weißen Schwefelsäuredämpfen eingedampft. Der Rückstand wird nach dem Erkalten unter Erwärmen mit heißem Wasser aufgenommen, bis die Salze restlos gelöst sind. Die ausgeschiedene Kieselsäure wird abfiltriert, mit heißem Wasser ausgewaschen und in der bekannten Weise als SiO_2 bestimmt.

$$\frac{\text{Auswaage} \cdot 0{,}4672 \cdot 100}{\text{Einwaage}} = \%\ \text{Si}.$$

2. Kupfer. Zur Bestimmung von Kupfer wird aus dem schwefelsauren Filtrat der Siliziumbestimmung Kupfersulfid mit Schwefel-

[1] HIEGE, C.: In BERL-LUNGE, Chem.-techn. Untersuchungsmethoden, 8. Aufl. Bd. 2 (1932) S. 1443.

wasserstoff in der Wärme ausgefällt, abfiltriert, mit heißem schwefelwasserstoffhaltigem Wasser gut ausgewaschen und in der bekannten Weise Kupferoxyd bestimmt.

$$\frac{\text{Auswaage} \cdot 0{,}7989 \cdot 100}{\text{Einwaage}} = \%\ \text{Cu}.$$

3. Aluminium und Eisen. Aus dem Filtrat der Kupferbestimmung wird durch Auskochen unter Zugabe von Wasserstoffsuperoxyd der Schwefelwasserstoff entfernt und mit Ammoniak 1:2 so neutralisiert, daß der anfangs entstehende Niederschlag sich leicht in verdünnter Salzsäure löst. Zur endgültigen Fällung werden 1—2 g Ammonchlorid und verdünnter Ammoniak 1:15 bis zur alkalischen Reaktion hinzugegeben. Der Niederschlag, bestehend aus $Al(OH)_3 + Fe(OH)_3$ und Spuren $Mg(OH)_2$, wird abfiltriert, in Salzsäure 1:1 vom Filter gelöst und die Fällung mit Ammoniak wiederholt. Der Niederschlag wird abfiltriert, mit heißem ammonnitrathaltigem Wasser ausgewaschen, geglüht und als $Al_2O_3 + Fe_2O_3$ gewogen. Hieraus werden die geringen Eisenmengen am zweckmäßigsten nach der empfindlichen kolorimetrischen Methode mit Kaliumrhodanid[1] auf Grund der blutroten Farbe von Eisenrhodanid bestimmt. Die geglühten Oxyde $Al_2O_3 + Fe_2O_3$ werden mit etwas Kaliumbisulfat aufgeschlossen und in Wasser gelöst. Die Lösung wird mit 5—10 cm³ einer 10proz. Kaliumrhodanidlösung versetzt und auf ein bestimmtes Volumen (etwa 100 cm³) verdünnt. Zu einer gleichkonzentrierten Kaliumrhodanidlösung gleichen Volumens läßt man so viel einer Ferriammonsulfatlösung von bekanntem Eisengehalt (0,3502 g Ferriammonsulfat pro 1 l Wasser; 1 cm³ Lösung entspricht 0,00005 g Eisen) zufließen, bis die Färbung der zu untersuchenden Lösung erreicht ist. Aus der Menge der zugegebenen Ferriammonsulfatlösung errechnet sich der gesuchte Eisengehalt. Dieser Eisengehalt wird auf Fe_2O_3 umgerechnet, von der Summe $Al_2O_3 + Fe_2O_3$ in Abzug gebracht und hieraus der Aluminiumgehalt indirekt berechnet

$$\frac{\text{Auswaage} \cdot 0{,}5291 \cdot 100}{\text{Einwaage}} = \%\ \text{Al}.$$

4. Mangan (Gehalte unter 1%). 1 g Metallspäne werden mit verdünnter Schwefelsäure gelöst und Mangan wird kolorimetrisch nach M. Marshall und H. E. Walters[2] bestimmt. Die Lösung wird mit 0,5 g Ammonpersulfat und 1—2 cm³ Silbernitratlösung (1,5 g Silbernitrat auf 1 l Wasser) versetzt und dann auf 75 cm³ in einem großen Reagensglas gebracht. Durch Einstellen in heißes Wasser wird das Mangan zu Permangansäure oxydiert. Durch Vergleich der Farbe der erkalteten Lösung mit derjenigen einer Kaliumpermanganatlösung von

[1] Berl-Lunge, Bd. II/1 (1932) S. 191, 303, 646.

[2] Chem. News Bd. 83 (1904) S. 76; Bd. 84 (1904) S. 239. — Treadwell: Analyt. Chem., 11. Aufl. Bd. 2 (1937) S. 108.

bekanntem Gehalt (0,1438 g Kaliumpermanganat in 1 l Wasser gelöst; 1 cm^3 entspricht 0,00005 g Mangan) kann Mangan leicht bestimmt werden.

B. Magnesiumlegierungen.

Die technischen Magnesiumlegierungen enthalten im allgemeinen folgende Legierungszusätze: Al, Zn, Sn, Mn, Cu, Si, Pb, Ca, Ce, Zr, Ag, Cd, Fe.

Im folgenden sind die betriebsmäßigen Analysenmethoden in der Reihenfolge wiedergegeben, wie sie im Gange der analytischen Bestimmung am zweckmäßigsten sind.

Bestimmung von:

1. Silizium. Die Bestimmung von Silizium erfolgt wie unter A. 1 geschrieben, indem je nach dem Siliziumgehalt 2—5 g Metall in Salpetersäure gelöst und dann mit Schwefelsäure behandelt werden. Ist Blei vorhanden, so befindet sich in dem Kieselsäureniederschlag Bleisulfat, das mit Ammonazetat von der Kieselsäure getrennt wird und in dem Filtrat kann Blei nach bekannten Methoden als Bleisulfat bestimmt werden. Bei Anwesenheit von Zinn fällt beim Lösen in Salpetersäure die Zinnsäure mit der Kieselsäure aus, und das Zinn ist dann nach üblichen Methoden zu bestimmen. Nach einer weiteren Methode wird die ausgeschiedene Kieselsäure und Zinnsäure wiederholt mit Ammonchlorid geglüht, wobei Zinntetrachlorid sich verflüchtigt. SnO_2 ergibt sich aus der Differenz.

2. Kupfer. Bei Kupfergehalten von 0,1—1% erfolgt die betriebsmäßige Bestimmung am vorteilhaftesten nach der kolorimetrischen Methode, während die Kupfergehalte unter 0,1%, wie unter A. 2 beschrieben, gravimetrisch bestimmt werden.

Bei Kupfergehalten über 1% wird das schwefelsaure Filtrat[1] der Siliziumbestimmung bei 70—80° unter Anwendung einer Spannung von 2 V elektrolysiert, und 0,25 g Kupfer können in 60—80 Minuten bestimmt werden. Geringe Gehalte an Blei scheiden sich quantitativ als PbO_2 an der Anode ab und können so bestimmt werden.

Die kolorimetrische Bestimmung von Kupfer bei Gehalten von 0,1 bis 1% erfolgt in der Weise, daß 2 g Späne in verdünnter Schwefelsäure unter Zugabe von 1 cm^3 Wasserstoffsuperoxyd gelöst werden. Diese Lösung wird mit Ammoniak 1:1 alkalisch gemacht, wobei Aluminium- und Eisenhydroxyd ausfallen. Nach dem Erkalten wird die Lösung mit Ammoniak 1:6 auf 200 cm^3 aufgefüllt, durchgeschüttelt und durch ein Faltenfilter filtriert. 100 cm^3 der blau gefärbten Lösung werden in Vergleichsröhrchen mit Kupferlösungen von bekanntem Cu-Gehalt verglichen (0,1; 0,2 . . . 1% Cu, bezogen auf 2 g Einwaage).

[1] Berl-Lunge, Bd. 2 (1932) S. 930.

3. Kadmium. Bei Gegenwart von Kadmium wird aus dem Filtrat der Siliziumbestimmung Kadmium mit Schwefelwasserstoff als Kadmiumsulfid ausgefällt. Ist Kupfersulfid in dem Sulfidniederschlag vorhanden, so wird dieser abfiltriert und Kadmiumsulfid durch Übergießen mit heißer verdünnter Schwefelsäure herausgelöst. Aus dem schwach schwefelsauren Filtrat wird entweder Kadmiumsulfid mit Schwefelwasserstoff ausgefällt, Kadmium in der bekannten Weise als Kadmiumsulfat[1] bestimmt oder durch sorgfältiges Neutralisieren mit reiner Kalilauge und unter Zugabe von Zyankali[2] 0,3 g Cd nach bekannten Methoden bei 50° C mit 0,5 A 2—3 Stunden elektrolytisch bestimmt.

$$\frac{\text{Auswaage} \cdot 0{,}5392 \cdot 100}{\text{Einwaage}} = \%\ \text{Cd}.$$

4. Mangan. Die Bestimmung von Mangan bei Gehalten unter 1% erfolgt, wie unter A. 4 beschrieben, kolorimetrisch. Bei höheren Mangangehalten wird 1 g Metall in verdünnter Salpetersäure (s. A. 1) gelöst und in der bekannten Weise Mangan nach VOLHARD-WOLFF[3] titriert.

5. Aluminium. Nach dem Verfahren von WÖHLER und CHANCEL[4] wird Aluminium aus essigsaurer Lösung als Phosphat gefällt und bestimmt. Je nach dem Aluminiumgehalt werden 0,5—2 g Metallspäne in Salzsäure 1:1 gelöst, die ausgeschiedene Kieselsäure und das ungelöste Kupfer abfiltriert und der Niederschlag mit heißem Wasser gewaschen. Das Filtrat wird mit Ammoniak 1:2 neutralisiert und der entstehende Niederschlag mit verdünnter Salzsäure soeben wieder gelöst. Man versetzt die auf 200—300 cm³ verdünnte Lösung mit 10 bis 15 cm³ konz. Essigsäure und mit 3—5 g Natriumazetat, um die Säurekonzentration abzuschwächen, und erhitzt zum Sieden. Entsteht bei größeren Mengen von Mangan ein brauner Niederschlag, so wird dieser durch Zugabe von einigen Kubikzentimeter schwefliger Säure in Lösung gehalten.

Die Fällung des Al-Phosphats erfolgt unter Zugabe von 25 cm³ einer 10proz. Natriumphosphatlösung. Die Lösung wird einige Minuten gekocht, zur Beschleunigung der Filtration etwas Filterbrei hinzugegeben, filtriert und der Niederschlag mit heißem ammonnitrathaltigem Wasser 10—12mal gewaschen. Filter samt Niederschlag werden getrocknet, geglüht und als $AlPO_4$ zur Wägung gebracht

$$\frac{\text{Auswaage} \cdot 0{,}2211 \cdot 100}{\text{Einwaage}} = \%\ \text{Al}.$$

---

[1] BERL-LUNGE, Bd. 2 (1932) S. 1123.
[2] BERL-LUNGE, Bd. 2 (1932) S. 922 u. 1124.
[3] BERL-LUNGE, Bd. 2 (1932) S. 1312 u. 1382.
[4] BERL-LUNGE, Bd. 2 (1932) S. 1312.

Ferner kann Aluminium in der Weise bestimmt werden, daß zunächst Zink aus schwach essigsaurer Lösung mit Schwefelwasserstoff als Zinksulfid ausgefällt wird, das durch Glühen in Zinkoxyd (ZnO) übergeführt wird. Im Filtrat wird dann Aluminium nach der Oxinmethode[1] bestimmt. Das Aluminium wird bei 60° C mit einer 4proz. Oxinazetatlösung ausgefällt. Die Lösung wird zum Sieden erhitzt und darauf ein Überschuß einer 2 n-Ammonazetatlösung hinzugegeben. Der kristalline Niederschlag wird heiß abfiltriert, mit wenig heißem Wasser und schließlich mit kaltem Wasser bis zur Farblosigkeit gewaschen. Das Aluminium kann entweder durch Wägung des bei 130% getrockneten Niederschlages (Faktor: 0,0687) oder durch Überführen in Aluminiumoxyd (ein Zusatz von 1—3 g wasserfreie Oxalsäure ist erforderlich, da das Metalloxinat flüchtig ist) oder maßanalytisch mit einer 0,1 n-Bromat-Bromid-Lösung (1 cm³ entspricht 0,000225 g Al) bestimmt werden.

6. Zink. Für die betriebsmäßige Bestimmung von Zink hat sich die etwas abgeänderte Methode von Galetti[2] bewährt, nach der Zink in schwefelsaurer Lösung mit Kaliumferrozyanid und unter Verwendung von Ammonmolybdat als Indikator titriert wird.

2 g Metall werden mit 100 cm³ Wasser übergossen und unter tropfenweiser Zugabe von 9 cm³ konz. Schwefelsäure gelöst. Das sich ausscheidende Kupfer und ein geringer Mangangehalt stören den Gang der Analyse nicht. Wird zur Auflösung der Späne statt Schwefelsäure, wie nach Galetti angegeben, Salzsäure verwandt, so gehen größere Mengen von Kupfer in Lösung, die den Umschlagpunkt bei der Tüpfelprobe stören würden. Da im allgemeinen der ungefähre Zn-Gehalt der zu untersuchenden Legierung bekannt ist, gibt man unter Umrühren in der Kälte zu der Lösung so viel Ferrozyankalilösung hinzu, bis fast alles Zink ausgefällt ist. Nach 10 Minuten wird die Lösung auf einer weißen Porzellanplatte mit Ammonmolybdat getüpfelt (1proz. Ammonmolybdatlösung) und nacheinander 0,5 cm³ Kaliumferrozyanidlösung so lange hinzugegeben, bis nach jedesmaliger Wartezeit von 10 Minuten der Farbumschlag des Indikators nach Rotbraun das Ende der Titration anzeigt. Wenn die Bedingungen genau eingehalten werden, bekommt man Werte, die mit den nach der gravimetrischen Methode aus Zinksulfid gewonnenen Werten gut übereinstimmen.

Titerstellung der Ferrozyanidlösung. Von chemisch reinem Ferrozyankali werden 21,63 g mit 7 g Natriumsulfit in 1 l Wasser gelöst (1 cm³ entspricht 0,005 g Zink), zur genauen Titereinstellung werden 6,23 g frisch geglühtes Zinkoxyd in 60 cm³ heißer 30proz. Essigsäure gelöst und kalt auf 1 l verdünnt (1 cm³ Lösung entspricht 0,005 g Zink). 10 oder 20 cm³ Zinkazetatlösung werden auf ungefähr 100 cm³ verdünnt

[1] Berg, R.: Die Chem. Analyse 1935 S. 45.
[2] Berl-Lunge, Bd. 2 (1932) S. 1707 u. 1715.

und 4 cm^3 konz. Schwefelsäure zugegeben. Die Titration dieser Lösung mit Ferrozyankalilösung wird, wie oben beschrieben, durchgeführt und so der genaue Titer der Ferrozyankalilösung bestimmt.

7. Silber. Man löst 1 g Metallspäne in verdünnter Salpetersäure (s. A. 1), filtriert den unlöslichen Rückstand ab und fällt in der Hitze mit verdünnter Salzsäure Silberchlorid aus, das nach bekannten Methoden zur Wägung gebracht wird

$$\frac{\text{Auswaage} \cdot 0{,}7526 \cdot 100}{\text{Einwaage}} = \%\ \text{Ag}.$$

8. Zer. Je nach dem Zer-Gehalt werden 0,5—2 g Metallspäne in verdünnter Salzsäure unter Zugabe von 1—5 cm^3 Wasserstoffsuperoxyd gelöst. Diese Lösung wird mit Ammoniak 1:1 neutralisiert und Zer bzw. Aluminium werden mit Ammoniak 1:5 in der Hitze als Hydroxyde gefällt. Der Niederschlag wird in verdünnter Salzsäure gelöst, Zer mit gesättigter Oxalsäurelösung heiß als Oxalat gefällt, das nach längerem Stehen (am besten über Nacht) filtriert wird. Zer wird dann in der üblichen Weise als CeO_2 zur Wägung gebracht und hieraus bestimmt.

$$\frac{\text{Auswaage} \cdot 0{,}8141 \cdot 100}{\text{Einwaage}} = \%\ \text{Ce}.$$

9. Zirkon. Bei Zirkongehalten bis 2% werden 1—2 g Metallspäne in verdünnter Salzsäure gelöst. Verbleibt ein dunkelgefärbter Rückstand (bestehend aus Zr und Fe), so wird dieser abfiltriert und in Kaliumbisulfat aufgeschlossen. Der Aufschluß wird in heißem Wasser gelöst und dem salzsäurehaltigen Filtrat hinzugegeben. Bei größeren Mengen ausgeschiedener Kieselsäure wird die Lösung eingedampft und die Kieselsäure abfiltriert. Die Lösung bzw. das Filtrat werden mit Ammoniak 1:1 neutralisiert und die Fällung wird mit Ammoniak 1:5 durchgeführt. Bei Anwesenheit von Aluminium erfolgt die Fällung am zweckmäßigsten in der Kälte (wegen der besseren Löslichkeit des Zirkonhydroxyds in verdünnter Salzsäure), und in diesem Falle wird der filtrierte Niederschlag in verdünnter Salzsäure gelöst und Zirkonhydroxyd mit 10proz. Natronlauge ausgefällt. Dieser Niederschlag wird wieder in verdünnter Salzsäure gelöst, Zirkonhydroxyd mit Ammoniak 1:5 aus der Lösung gefällt, filtriert und in der üblichen Weise als ZrO_2 gewogen:

$$\frac{\text{Auswaage} \cdot 0{,}7403 \cdot 100}{\text{Einwaage}} = \%\ \text{Zr}.$$

Ferner kann Zirkon mit Phenylarsinsäure[1] ($C_6H_5AsO(OH)_2$) bestimmt werden. 0,5—1 g Metallspäne werden in Salzsäure 1:1 gelöst und

[1] RICE, A. C., H. C. FOGG u. C. JAMES: J. Amer. chem. Soc. Bd. 48 (1926) S. 895—902. — KLINGER, P.: Techn. Mitt. Krupp 1935 S. 1—4.

100 cm^3-Lösung mit 10 cm^3 Salzsäure (spez. Gew. 1,19) und etwas Wasserstoffsuperoxyd versetzt. Die Lösung wird auf etwa 500 cm^3 mit Wasser verdünnt und die Fällung mit einer 2,5proz. Phenylarsinsäurelösung vorgenommen. Man erhitzt zum Sieden (1 Minute) und prüft nach Absitzen des Niederschlages auf vollständige Fällung. Der Niederschlag wird heiß filtriert und mit verdünnter Salzsäure ausgewaschen. Der Niederschlag wird unter dem Abzug etwa 2 Stunden an der Luft und dann 1 Stunde im Wasserstoffstrom (Rose-Tiegel und Quarzrohr) geglüht, um die letzten Reste von Arsen zu verflüchtigen. Der Rückstand wird als Zirkonoxyd gewogen.

10. Kalzium. Nach einer Methode von C. STOLBERG[1] wird Kalzium in der Weise bestimmt, daß 3—5 g Metallspäne in verdünnter Schwefelsäure gelöst werden und die Lösung zur Feuchttrockne eingedampft wird. Man löst den Rückstand in so viel Wasser (80—100 cm^3), daß auch nach dem Erkalten sich keine Kristalle ausscheiden und gibt das vierfache Volumen eines Gemisches aus 90 Teilen Methyl- und 10 Teilen Äthylalkohol hinzu. Der Niederschlag, bestehend aus Kieselsäure, Blei- und Kalziumsulfat, wird nach längerem Stehen abfiltriert, mit einem Gemisch von 95 Teilen Methyl- und 5 Teilen Äthylalkohol gewaschen und dann im Becherglas mit heißem Wasser unter Zugabe einiger Kubikzentimeter verdünnter Salzsäure behandelt. Die Lösung wird auf 300 cm^3 mit heißem Wasser verdünnt, mit kohlensäurefreiem Ammoniak 1:10 schwach alkalisch gemacht, Aluminium und Eisen ausgefällt und filtriert. Nach 10—15maligem Auswaschen mit heißem Wasser wird im Filtrat Kalzium mit 10proz. Ammonoxalatlösung gefällt und in der üblichen Weise als CaO zur Wägung gebracht:

$$\frac{\text{Auswaage} \cdot 0{,}7147 \cdot 100}{\text{Einwaage}} = \%\ \text{Ca}.$$

11. Eisen wird kolorimetrisch wie unter A. 3 bestimmt.

12. Chloride. Zum Nachweis und zur Bestimmung von Chloriden bei Salzeinschlüssen, die von der Elektrolyse herrühren oder bei unsachgemäßem Schmelzen von Magnesium mit Abdecksalzen vorkommen können, wird so verfahren, daß 1—2 g Metallspäne in chlorfreier Salpetersäure gelöst werden. Diese Lösung wird mit 0,5proz. Silbernitratlösung versetzt, und das ausfallende Silberchlorid kann bei kleinen Mengen nephelometrisch mit Standardlösungen ($MgCl_2$-Lösungen) verglichen und bei größeren Mengen als Silberchlorid oder elektrolytisch bestimmt werden.

13. Nitride. Zur Nitridbestimmung im Magnesium werden 20—40 g Metallspäne in einem etwa 3 l-Kolben in 25proz. Schwefelsäure vollständig gelöst. Zur Vorsicht wird die Vorlage noch mit verdünnter

[1] Z. angew. Chem. Bd. 1 (1904) S. 741, 769ff.

Schwefelsäure beschickt. Nach vollständiger Lösung wird Tropftrichter, Kugelröhre, Schlauch und Vorlage in den Kolben zurückgespült. An Stelle der Vorlage wird dann ein Erlenmeyerkolben von 500 cm^3 gesetzt, der mit 25—50 cm^3 $^n/_{10}$-Schwefelsäure beschickt ist und mit kaltem Wasser gekühlt wird. Die Lösung im Kolben wird stark verdünnt und zum Kochen erhitzt. Aus dem Tropftrichter läßt man vorsichtig starke Natronlauge bis zur stark alkalischen Reaktion zutropfen. Nach $^1/_2$stündigem Kochen spült man den Schlauch und das Einleitungsrohr in den 500er Erlenmeyerkolben und titriert unter Verwendung von Methylorange oder noch besser Jodeosin als Indikator mit $^n/_{10}$-Kaliumhydroxydlösung.

Übersicht über Patente betreffend Herstellung, Verarbeitung und Verwendung von Magnesium und Magnesiumlegierungen.

In der nachfolgenden Übersicht sind die in den wichtigsten Ländern erteilten Patente betr. Herstellung, Verarbeitung und Verwendung von Magnesium und Magnesiumlegierungen nach Gruppen geordnet zusammengestellt.

Es umfassen:

Gruppe I: Herstellung von wasserfreiem Magnesiumchlorid für die Magnesiumelektrolyse.

Gruppe II: Erzeugung von Magnesiummetall (elektrolytisch und thermisch).

Gruppe III: Magnesiumlegierungen.

Gruppe IV: Schmelzen, Reinigen und Gießen von Magnesium und Magnesiumlegierungen.

Gruppe V: Knetverarbeitung von Magnesium und Magnesiumlegierungen.

Gruppe VI: Wärmebehandlung von Magnesiumlegierungen.

Gruppe VII: Korrosionsschutz durch Oberflächenbehandlung.

Gruppe VIII: Verwendung und Verarbeitungsverfahren.

Patente der Gruppe I.

Deutschland: Nr. 328413, 370594, 388596, 389510, 402416, 433666, 450979, 480079, 502646, 503014, 506276, 509601, 513361, 513529, 523800, 531400.

Österreich: Nr. 111549, 114181, 115773, 116211, 126563, 153050.

Schweiz: Nr. 121106, 127245, 129170, 129171, 129295, 142435, 145141, 149088, 156744, 161899, 162995.

England: Nr. 21261/1914, 108755, 108920, 152401, 161165, 181375, 243978, 255042, 259498, 274048, 275116, 275945, 293410, 310365, 327482, 333741, 344601, 345518, 347182, 369879, 397479, 397481, 413240, 457588, 484136.

Frankreich: Nr. 36559, 486485, 486514, 487664, 520041, 552695, 613079, 615772, 624736, 630294, 632503, 636338, 636339, 679569,

682303, 683170, 693232, 693387, 697285, 725746, 736415, 736416, 740246, 806624.

Vereinigte Staaten von Amerika: Nr. 1231471, 1232169, 1276499, 1301766, 1304567, 1331257, 1359652, 1389546, 1450912, 1455005, 1479982, 1489525, 1498833, 1557660, 1567317, 1650531, 1661894, 1702301, 1749854, 1764582, 1835818, 1837353, 1865228, 1874373, 1874735, 1877733, 1878013, 1880505, 1896406, 1901524, 1901525, 1902385, 1903592, 1923594, 1927660, 1933499, 1940620, 2019265, 2024242, 2035460.

Norwegen: Nr. 33679, 41023, 43788, 44449, 45652, 45942, 46397, 48787, 48959, 49096.

Patente der Gruppe II.

Deutschland: Nr. 323260, 369382, 392023, 409431, 460803, 485290, 487815, 523061, 535346, 554416, 563426, 563652, 574434, 575975, 581590, 594830, 604854, 607628, 641394, 652161.

Österreich: Nr. 117437, 119010, 119943, 124696, 125669, 127775, 128354, 130209, 133126, 133874, 134610, 138010, 139831, 140560, 141476, 141837, 141849, 142555, 144001, 144640, 147462, 147472, 147779, 148368, 150276, 150611, 151290, 151812, 151950, 152141, 152160, 153794, 154114, 154010.

Schweiz: Nr. 81477, 90088, 90293, 121604, 123179, 123975, 125043, 133251, 133519, 134995, 140174, 140471, 146912, 148197, 149755, 149756, 150665, 153318, 156815, 160220, 160813, 161101, 167234, 168782, 170508, 172429, 172620, 173459, 176687, 176688, 177977, 178608, 179162, 179504, 181009, 185468, 185767, 186020, 186883, 187169, 188083, 188370, 192401, 193130, 193131, 193972, 196411, 196715.

England: Nr. 3021/1862, 1278/1863, 1706/1869, 16651/1884, 14760/1886, 21976/1896, 16659/1898, 18449/1912, 109996, 152402, 152403, 152879, 167164, 198376, 215872, 254050, 256241, 256610, 259554, 268316, 268737, 268738, 269864, 284678, 300149, 302881, 309408, 320818, 339504, 339833, 347001, 351295, 351503, 351510, 358794, 361957, 362835, 363685, 368777, 369536, 376130, 381115, 382899, 393837, 394551, 396820, 396827, 406958, 412417, 412664, 413221, 413222, 413606, 418789, 431537, 435234, 439204, 439535, 440274, 444701, 444957, 447083, 447600, 448186, 448536, 450064, 452269, 457009, 464438, 464519, 464520, 464812, 465097, 465366, 465421, 465622, 465623, 466763, 467336, 467440, 467663, 468250, 469602, 469760, 470251, 473209, 478276, 479842, 482149, 482157, 482678, 484429, 486558, 487836.

Frankreich: Nr. 32645, 44064, 44141, 44588, 46695, 366761, 488735, 521325, 521371, 566381, 597955, 599406, 613885, 613930, 616584, 618875, 626442, 626472, 626497, 640105, 655364, 659687, 665069, 687744, 692491, 693387, 696218, 697285, 699953, 701548, 706476, 706535, 709476, 714702, 717961, 719287, 725379, 725380, 731507, 732226, 733294, 741823, 743123, 750183, 750977, 752310, 755388, 757698, 769345, 769528, 771190, 771289, 773749, 775467, 775734, 779838, 780628, 782456, 783887, 787476, 789436, 789970, 798156, 798449, 800124, 800163, 802505, 802579, 803290, 808369, 810254, 810536, 811953, 812162, 813570, 814438, 815328, 815679, 816004, 816213, 817264, 819639, 822107, 822635, 823075, 832066, 832612.

Vereinigte Staaten von Amerika: Nr. 778270, 865648, 868226, 880489, 880760, 881934, 900961, 908154, 931092, 935796, 944826, 1079079, 1190122, 1239178, 1258261, 1310449, 1310450, 1311378, 1311379, 1311380, 1323936, 1331688, 1359653, 1359654, 1359735, 1359736, 1379886, 1408141, 1408142, 1457225, 1486546, 1515185, 1519128, 1533911, 1534105, 1539955, 1567318, 1569606, 1584689, 1594344, 1594345, 1594346, 1594348, 1597231, 1631544, 1643610, 1650893, 1650894, 1749210, 1749211, 1756247, 1778659, 1800589, 1816972, 1818173, 1818174, 1820022, 1828004, 1833425, 1845266, 1851789, 1851817, 1855351, 1861798, 1863221, 1863385, 1866975, 1875760, 1884993, 1897308, 1900220, 1910017, 1910122, 1921376, 1921377, 1930877, 1941387, 1943601, 1943916, 1943920, 1951494, 1951836, 1955964, 1957283, 1957284, 1964747, 1964853, 1967550, 2003487, 2011288, 2018265, 2018266, 2022282, 2025740, 2029921, 2029998, 2031487, 2039483, 2045352, 2051913, 2055359, 2060070, 2065709, 2073631, 2088165, 2097689, 2099151, 2101904, 2103976, 2109841, 2111367, 2111661, 2116245, 2122435, 2123990, 2126825.

Norwegen: Nr. 34247, 44472, 46383, 46384, 46743, 46766, 47604, 54422, 56068, 56409, 56529, 57182, 57911, 58241, 58751, 59805, Patentanmeldung: 58783.

Patente der Gruppe III.

Deutschland: Nr. 361086, 385413, 387278, 392022, 397346, 431450, 519377, 531562, 613511.

Österreich: Nr. 98578, 121459, 135046, 138957, 142226, 143284, 149662.

Schweiz: Nr. 49777, 128512, 135760, 157389, 162516, 165213, 188081.

England: Nr. 6993/1909, 151400, 221873, 263755, 275985, 293359, 380669, 386929, 388515, 397427, 398760, 398761, 401244, 441797, 446200, 451229, 454468, 463224, 464030, 472771, 477721.

Frankreich: Nr. 401648, 544730, 568584, 624449, 639256, 642776, 657005, 686855, 725381, 728230, 730088, 730891, 744789, 760342, 771023, 780773, 782562, 806514, 809339, 810610, 820863.

Vereinigte Staaten von Amerika: Nr. 965485, 982022, 1322158, 1334193, 1341774, 1377374, 1553298, 1584688, 1592160, 1606752, 1649521, 1663963, 1680262, 1685653, 1688043, 1718642, 1721768, 1729339, 1743849, 1750700, 1788616, 1793023, 1813987, 1850612, 1850613, 1855436, 1880467, 1880614, 1885429, 1886251, 1905445, 1910431, 1910432, 1914588, 1914589, 1915932, 1918260, 1941039, 1942041, 1946069, 1957934, 1959913, 1960700, 1975120, 1975375, 1975376, 1979452, 1983975, 1984151, 1984152, 1985420, 1985421, 1992655, 1998168, 1998169, 1998170, 1998171, 2000115, 2006565, 2026589, 2026590, 2026591, 2026592, 2031486, 2031978, 2041865, 2041866, 2041867, 2045236, 2045237, 2045238, 2045239, 2045240, 2045241, 2045242, 2045243, 2045245, 2045246, 2045247, 2065170, 2073515, 2094332, 2095975, 2121292, 2124537, 2124552, 2124553, 2124554, 2124555, 2124556, 2124557, 2124558, 2124559, 2124560, 2124561, 2124562, 2124563, 2124571, 2124572.

Patente der Gruppe IV.

Deutschland: Nr. 112989, 122312, 125334, 228962, 232581, 237774, 237791, 241007, 250388, 273032, 350064, 360818, 368906, 376739, 384137, 387979, 403802, 479481, 504508, 521601, 531378, 543044, 546686, 554417, 567823, 604580, 607523, 614272, 623658.

Österreich: Nr. 111837, 119266, 120002, 123225, 123808, 125252, 125671, 126755, 127832, 128893, 138009, 138964, 139432, 140716, 141844, 141845, 142924, 142935, 149637, 152803, 153707.

Schweiz: Nr. 102580, 127457, 130844, 134417, 136096, 137267, 140782, 144359, 146618, 147205, 147862, 148822, 161099, 171435, 172427, 174711, 175403, 180464, 187748, 188084, 188666, 189197, 193129, 193401.

England: Nr. 23439/1909, 23440/1909, 23441/1909, 27132/1909, 22016/1910, 182948, 187943, 219287, 219753, 234074, 247149, 254159, 257221, 261528, 270060, 271088, 280530, 287164, 287360, 289693, 300164, 311998, 319272, 326820, 336498, 342586, 346271, 348470, 352199, 354744, 369580, 369581, 369582, 369583, 369584, 369585, 370675, 370919, 372973, 375743, 375979, 382420, 395633, 396645, 399124, 401672, 402311, 403891, 404518, 404563, 408153, 411324, 414577, 421904, 421945, 422546, 427316, 427557, 428942, 433859, 434744, 445849, 454335, 457826, 458093, 459912, 465277, 469347, 475541, 475543, 475544, 480718, 481637, 483747, 483813, 486069, 486613.

Frankreich: Nr. 27889, 29235, 30627, 33249, 34467, 40140, 44042, 543215, 552317, 600484, 600485, 600486, 613720, 618029, 618875, 641962, 648718, 656354, 660356, 662146, 680321, 686335, 686642, 687274, 692240, 693544, 699230, 705478, 705479, 723751, 723752, 727348, 732929, 742030, 748722, 751085, 759451, 759453, 759481, 761006, 761898, 762969, 766210, 766870, 766871, 770220, 771023, 778493, 780243, 781003, 781101, 781324, 801043, 805132, 807175, 807189, 807467, 807629, 809320, 815131, 815771, 816762, 818897, 823075, 824007, 825429.

Vereinigte Staaten von Amerika: Nr. Re 18652, 906820, 1363384, 1463609, 1476192, 1515082, 1519128, 1524470, 1533892, 1534105, 1540867, 1544710, 1552865, 1558066, 1584072, 1614820, 1661526, 1657693, 1663963, 1665844, 1685553, 1698647, 1704384, 1710398, 1720286, 1720436, 1739717, 1751038, 1754481, 1754788, 1755380, 1761498, 1772490, 1777658, 1782248, 1788185, 1802946, 1820141, 1825242, 1845694, 1849767, 1861592, 1868453, 1868454, 1868455, 1868456, 1868457, 1871315, 1871316, 1876073, 1886252, 1888441, 1895639, 1896045, 1898437, 1898969, 1899906, 1910790, 1912981, 1915932, 1917759, 1919939, 1932823, 1935284, 1935591, 1940618, 1940619, 1956971, 1959297, 1960711, 1960712, 1960713, 1968958, 1972317, 1989456, 2029898, 2045913, 2066564, 2066579, 2067275, 2070821, 2072864, 2073018, 2077990, 2088204, 2091639, 2101919, 2105342, 2106221, 2107282, 2112703, 2118973, 2124957.

Patente der Gruppe V.

Deutschland: Nr. 335030, 358598, 511460, 518164, 556649, 556945, 586512.

Österreich: Nr. 88171, 93454, 111825, 113157, 120375, 120361, 125161, 127754, 131413, 138009, 142530, 145695.

Schweiz: Nr. 130951, 131153, 145491, 147868, 147869, 156182, 158007, 171435, 175407.

England: Nr. 186253, 188846, 248720, 249483, 252121, 259901, 266928, 267412, 284313, 284317, 328890, 337706, 362834, 362837, 369881, 386518, 418504, 432828, 450226.

Frankreich: Nr. 546190, 611074, 642776, 647855, 647857, 682117, 690654, 719140, 719396, 728295, 773265, 780445.

Vereinigte Staaten von Amerika: Nr. 1374968, 1480870, 1570868, 1594347, 1647095, 1816983, 1823489, 1878240, 1883519, 1902905, 1909930, 1923591, 1923592, 1941608, 1946121, 2023366, 2023498, 2029728, 2046355, 2060071, 2064323.

Patente der Gruppe VI.

Deutschland: Nr. 526177, 526815, 540947, 556649, 556718, 567450, 567826, 626085, 642162.

Österreich: Nr. 123818, 129294, 132372, 134243, 144009, 147160, 150995.

Schweiz: Nr. 139551, 144069, 145491, 147522, 147523, 147868, 148551, 150378, 179172, 186889, 194974.

England: Nr. 254741, 336019, 355920, 359425, 405111, 448944, 452390, 474812, 477836.

Frankreich: Nr. 618425, 690654, 693204, 697747, 706849, 763869, 765404, 780938, 795881, 796727, 806402, 815988.

Vereinigte Staaten von Amerika: Nr. 1592302, 1689630, 1712988, 1712989, 1712990, 1802265, 1923591, 1923592, 1936550, 1953003, 1956971, 1961330, 1996379, 2030767, 2036563, 2087262.

Patente der Gruppe VII.

Deutschland: Nr. 347781, 354281, 366661, 386774, 394986, 412020, 435931, 458562, 480886, 493827, 494262, 517162, 529606, 530018, 539976, 542054, 547484, 557484, 569771, 579185, 594062, 601521, 632623, 636912, 639864, 654473, 660409, 661937.

Österreich: Nr. 106221, 126110, 150982, 150990, 151242.

Schweiz: Nr. 121358, 140438, 145466, 187697, 187704.

England: Nr. 173742, 218619, 245723, 249484, 252070, 254302, 259307, 287046, 287450, 305197, 305544, 316208, 328485, 331853, 342256, 353415, 357428, 370949, 378916, 380427, 381088, 392728, 397179, 412989, 440550, 443420, 449804, 450589, 450832, 453218, 453226, 459017, 462448, 463024, 463218, 482689, 483798.

Frankreich: Nr. 36601, 42134, 48581, 599974, 668868, 679011, 698699, 699706, 702266, 706849, 710042, 714321, 717775, 732230, 732927, 737082, 740600, 757702, 766685, 791961, 794904, 798962, 802421, 805551, 806142, 808289, 815155, 824750, 826224, 826600, 826843.

Vereinigte Staaten von Amerika: Nr. Re 16340, Re 17309, 1451755, 1477922, 1480869, 1574289, 1574290, 1677667, 1709894, 1747776, 1749713, 1765341, 1783770, 1795473, 1801629, 1811298, 1869121, 1876131, 1888457, 1923502, 1923539, 1926265, 1947122, 1949090, 1961030, 1968922, 1980282, 1992204, 1992205, 2011613, 2028343, 2041331, 2066842, 2100257, 2100258, 2114734.

Patente der Gruppe VIII.

Deutschland: Nr. 103162, 110178, 324703, 375482, 386967, 394824, 399455, 414226, 472750, 473390, 508352, 509024, 509025, 524143, 540453, 555351, 608613, 639002, 658755.

Österreich: Nr. 118257, 119497, 122474, 123796, 146842, 150604.

Schweiz: Nr. 134388, 141343, 146621, 148382, 186885.

England: Nr. 195064, 231816, 240594, 253031, 264238, 293834, 309338, 313487, 316207, 339923, 340894, 368649, 403888, 418141, 418417, 424468, 427075, 429862, 447321, 463434, 464774, 467155.

Frankreich: Nr. 47716, 568584, 657004, 657005, 671500, 671501, 694137, 721053, 739368, 758659, 776729, 796600, 812969.

Vereinigte Staaten von Amerika: Nr. 1351865, 1356780, 1486330, 1570837, 1749712, 1863002, 1918545, 1936083, 1967148, 1968984, 1975778, 2043481, 2054054, 2094578, 2123890, 2123891.

Namenverzeichnis.

Abel, E. 72, 96.
Ageew, N. W. 47.
Aitchison 135, 141.
Alphen, P. M. van 129.
Althof, F. K. 464.
Altwicker, H. 156, 174, 176, 383, 393.
Aluminium- und Magnesiumfabrik, Hemelingen 7, 314.
American Magnesium Corp. 146.
Andresen, M. 484.
Archer, R. S. 103, 471.
Arndt, K. 105.
Ashcroft 11.
Aufderhaar, C. 478.
Aulich 337.
Austin, J. B. 108.
Awbery, J. H. 116.

Baar, N. 57.
Bachmetew, E. F. 67, 279.
Bakken, H. E. 67.
Bastien, P. 37, 82, 141, 251.
Barlow, A. Ch. 305.
Bauer, A. V, 352.
Bautz, W. 217.
Beck, A. V, 135, 163, 170, 313.
Beck, R. P. 63, 130.
Becker, C. 70.
Beloserski, N. A. 119.
Bengough, G. D. 307.
Berg, R. 495.
Bergmann, A. 84.
Berzelius 1.
Biltz, W. 120.
Bleecker 17.
Blumenthal, A. 37.
Boas 18.
Böhme, E. 207.
Böhme, G. 35, 173.
Bohner, H. 204, 460, 467, 468, 469, 472, 473, 474, 475.
Bollenrath, F. 115, 119, 149, 163, 189, 223, 228, 234, 238, 245, 253, 464, 466.
Bonnot, M. 95.
Boone, W. D. 249.
Borchers 313.
Bornhak, R. 56, 73, 122, 123.
Boßhard, M. 468.
Bothmann, H. 33, 200, 207.
Botschwar, A. M. 78, 91, 104.
Boyer, J. A. 130, 281.
Brenner, P. 275, 473.
Bridgmann, P. W. 19, 20, 108, 128.
Brinell 486.
Broch, E. 72.
Brooks, M. E. 141, 327.
Brown, L. 297.
Bruni, G. 94.
Buchmann, W. 131, 202, 205, 207, 215, 217, 219.
Budgen, N. F. 470.
Bumm, H. 65, 123.
Bungardt, K. 103, 137, 238, 246, 384.
Bungardt, W. 49, 103, 110, 115, 119, 223, 384, 464.
Bunsen 2, 483.
Burkhardt, A. 78, 108, 123, 480.
Busch, H. 37, 38.
Buske, A. 195.
Bussy 1, 2.
Butchers, E. 47, 54.

Caglioti, V. 31, 33.
Calloy Ltd., London 16.
Cambi, L. 63.
Canneri, G. 65, 71.
Caron 2.
Chadwick, R. 77.
Chatelier, F. Le. 109.
Chaudron, G. 81.
Chesny 4.
Chimiques et Electrométallurgiques 485.
Cleff 440, 442.
Coleman, F. 116.
Compagnie de Produits 485.
Cook, W. T. 106, 141.
Cordiano, H. V. 66.

Dahl, O. 80, 96.
Daniltschenko, P. T. 63.
Dassetto 468.
Davy 1.
Dehlinger, U. 58.
Desch, C. H. 251.
Dietrich, A. 54.
Dolomieu 3.
Dow Chemical Comp., Midland 6, 9, 146.
Dreyer, K. L. 102, 472, 473.
Dullenkopf, W. 48, 81, 86, 141.
Dumas, A. 141.
Dusaugey, E. 468.

Ebert, H. 108.
Edwards, J. D. 105.
Egerton, A. 116.
Eisenreich, H. 136.
Elchardus, E. 74, 98, 109, 141.
Elektron S. A. 146.
Elektronmetall G. m. b. H. 353.
Elflein, M. 112.
Endo, H. 105.

Engelhardt, V. 105.
Erdmann, W. 305.
Etzold, H. 119.
Eucken, A. 116, 117, 118.
Evans, U. R. 297.

Faulhaber, R. 208.
Feldmann, J. 104, 383.
Fiedler, R. 374.
Fingberg 486.
Fischer, G. 194, 220.
Fischer, H. 307.
Fleury, R. de 105.
Föppl, O. 207, 232.
Förster, F. 158, 253.
Fogg, H. C. 496.
Fouquet 16.
Fraenkel, W. 473.
Freche, H. R. 119.
Fresno, C. 72.
Frevel, L. K. 108.
Fröhlich, K. W. 479.
Fuchs, A. 468.
Fuss, V. 82, 83, 84, 467, 471.

Gaidou, M. 105.
Galetti 495.
Gann, J. A. 37, 38, 111, 141, 209, 327.
Gayler, M. L. V. 48, 471.
Gaylor 468.
Gire 16.
Givov, V. G. 119.
Glauner, B. 80.
Gliwitzky, W. 122.
Gmachl-Pammer, J. 481.
Goebel, J. 481.
Goens, E. 19, 108.
Golowchinow, J. M. 67, 279.
Gossrau, G. 483.
Gough, H. J. 213, 238.
Grard, C. 111.
Grasshoff, H. 108.
Griesheim-Elektron, Chem. Fabrik 8, 9, 131, 314, 486, 487.
Griffiths, E. 116.
Grimme, G. 61.
Grosvenor 16.
Grothe, H. 105.
Grube, G. 7, 48, 54, 55, 56, 58, 65, 70, 72, 73, 74, 75, 78, 108, 123, 469.
Guertler, G. 228, 261.
Guertler, W. 84, 104, 382.

Haas, W. J. de 129.
Halstead, T. 48.
Hanawalt, J. D. 31, 108.
Hanemann, H. 83, 475.
Hansen, M. 54, 61, 71, 134, 467, 472, 474, 480.
Hansgirg 13, 14.
Hanson, D. 48, 468.
Hartmann, H. 118.
Hartnagel 13.
Harvey 7.
Haucke, W. 63, 64, 77.
Haughton, J. L. 46, 47, 54, 57, 58, 60, 69, 81, 135, 137, 141, 251, 288.
Heddernheimer Kupferwerke 232.
Henkel u. Co., G. m. b. H. 306.
Henning, F. 108.
Henry, O. H. 66.
Hérenguel, J. 117.
Herold, W. 207.
Herrmann, E. 464.
Heyn, E. 468.
Hibbard, H. D. 478.
Hidnert, P. 108.
Hiege, K. 309, 491.
Hille, J. 75.
Hinzmann, R. 195.
Hodman, C. D. 108.
Hofer, E. 119.
Hofmann, W. 67, 106, 107, 480.
Holborn, L. 108.
Holub, L. 136.
Honda, K. 128, 129.
Houben 482.
Hüser, F. 486.
Hulin 11.
Hume-Rothery, W. 47, 48, 49, 54, 58, 62, 63, 64, 74, 75, 77.
Hurst, J. E. 478.
Husemann, E. 45, 53, 56, 68, 70, 73.
I.G. Farbenindustrie A.-G., Bitterfeld III, 10, 12, 16, 17, 131, 132, 146, 148, 194, 286, 306, 485, 487, 488.
Imaki, A. 83.
Irmann, R. 198, 213.

Jaeger, F. M. 115.
Jänecke, E. 59, 81, 92, 93, 94.
James, C. 496.
Jeffries, Z. 103.
Jess, E. 54, 81, 288.
Jevins, A. 101.
Johnson, J. B. 246.
Jones, W. R. D. 61, 62, 95, 106, 141.
Jordan, L. H. 306.
Jubitz, W. 108.
Jung-König, W. 261.

Kästner, H. 470, 476.
Kaiser, H. 63, 71, 74.
Kam, K. 80, 100.
Kanolt, C. W. 70.
Karlsons, K. 101.
Kaufmann, W. 117.
Kawakami, M. 48.
Mc.Keehan, L. W. 78.
Keesom, W. H. 123.
Keinert, O. 409.
Kelley, K. K. 116.
Kickuchi, R. 111.
Kishino, S. 468.
Klinger, P. 496.
Knackstedt, W. 207.
Knöfler 14.
Koch, E. 191.
Kok, J. 123.
Korenew, N. J. 89.
Korniloff, J. J. 61.
Kortum 207.
Köster, W. 48, 80, 81, 85, 86, 93, 100, 141, 158, 253.
Kremann, R. 130, 481.
Kremer, D. 77, 120, 429.
Kröger, C. 68.
Kroenig, W. O. 130, 280.
Kroll, W. 54, 63, 288, 479, 481.

Krulla 486.
Krystof, H. 207.
Kügelgen 7.
Kuntze, W. 143.
Kunz, H. 68.
Kurnakow, N. S. 47, 48, 70, 74, 480, 481.
Kuznetzow, V. G. 47.

Lafitte, P. 98.
Landelli, A. 72.
Landis 14.
Laves, F. 48, 49, 80, 87.
Leemann, W. G. 83.
Ledderboge 14.
Ledermann, S. 479.
Lehr, E. 207.
Leiss, K. 235.
Leitgebel, W. 117.
Lenze 121.
Liebig 2.
Linicus, W. 238.
Lipp, T. 235.
Löhberg, K. 48, 87.
Loofs-Rassow, E. 84.
Lorenz, L. 111.
Losana, L. 85.
Ludwik, P. 207, 214, 239.
Lunew, F. A. 91.

Magnesium Elektron Ltd. 146.
Mathesius, H. 485.
Mathesius, W. 485.
Mahle, K.-G., Bad Cannstatt 353.
Mangelsdorff, C. 105.
Mann, K. E. 111, 115.
Mannchen, W. 74, 111.
Marshall, M. 492.
Masing, G. 80.
Mason, R. B. 122.
Masumoto, H. 111.
Mathewson, C. H. 22, 69.
Matignon 16.
Matthaes, K. 186, 202, 214, 246.
Maybrey, H. J. 111.
Meißner, K. L. 90, 97, 471, 477.
Meißner, W. 128.
Menking, H. 252.
Menzen, P. V, 34, 123, 161, 171, 398.
Merica 471.
Metz 121.
Mičič, O. D. 62.
Miheeva, V. J. 48.
Mladzeewskiy, A. B. 77.
Moeller, K. 49, 80.
Mohr, E. 260.
Mohr, L. 56, 108, 123.
Mondain-Monval, P. 91.
Morell, L. G. 31.
Morette, André 485.
Morioka, S. 283.
Morrison 16.
Morris-Jones, W. 61.
Moschel, W. 1.
Müller, H. 187.
Müller, J. 165.
Müller, R. 130.
Müller, W. 198.
Murakami, T. 283.

Nachtigall, E. IV, 305.
Natta, G. 53, 58.
Nemes, J. 245.
Neumann, B. 68.
Niccolai, G. 123.
Nishimura, H. 80.
Nix, F. C. 18.

Oberg, T. 246.
Oeckel 453.
Oersted 2.
Oesterheld, G. 54, 288.
Österr.-Amerik. Magnesit A.-G. 14, 17.
Oettel 8.
Ostwald, E. 464.
Otani, B. 79, 99.
Owen, E. A. 74.

Pâris, R. 57, 91.
Pascal, P. 105.
Passerini 53.
Paulus, R. 68.
Pawlow, S. E. 130, 280.
Payne, R. J. M. 46, 47, 54, 69, 81, 288.
Pelzel, E. 105.
Peredelski, K. W. 55.
Pereßlegin, W. A. 289, 327.
Phillips, A. J. 22.
Pistor, G. IV, 2, 314.
Plötz, G. 105.
Pogodin, S. A. 480, 481.
Pokorny, E. 485.
Polanyi, M. 24.
Pontin 1.
Poppema, T. J. 115.
Portevin, A. 37, 82, 95, 109, 141, 284.
Preston, G. D. 74.
Pretet, E. 284.
Preuß, E. 220.
Prytherch, W. E. 135, 137, 141, 251.
Pulsifer, H. B. 37.
Pušin, N. A. 62.

Quercigh, E. 94.

Rahlfs 48.
Rajakowics, E. v. 204.
Rauscher, E. 120.
Raynor, G. V. 49, 62, 63, 64, 75.
Redlich, O. 72, 96.
Reichsarbeitsministerium 417.
Reichsluftfahrtministerium, Technisches Amt IV, XV, 166, 168.
Reinbach, R. 80.
Reinecker, I. E. Chemnitz 412.
Reinglaß 478.
Reininger, H. 165.
Rice, A. C. 496.
Ridder, E. J. de 121, 197, 363, 430.
Riederer, K. 48, 58, 81.
Roberts, C. F. 297.
Rockaert, F. 141.
Rosenkranz, W. 474.
Rossi, A. 72.
Roth, W. A. 70.
Rounsefell, E. O. 77.
Rowell, S. W. 58.
Rubens 121.
Ruhe, H. 120, 429.
Ruhrmann, J. 33.

Sachs, G. 31, 33.
Sacklowski, A. 480.
Sager 471.

Sahmen, R. 61.
Sainte-Claire Deville 2.
Saldau, P. J. 49, 66, 89.
Sander, W. 97, 477.
Sandonnini, C. 94.
Sarau, W. 204, 214.
Satoh 478.
Sauerwald, F. 105, 136.
Sawamoto, H. 67, 74, 80, 85.
Schaitberger, G. 110, 115.
Schamray, F. 66.
Scheel, K. 108.
Scheil, E. 80, 90.
Scheu, R. 207.
Scheuer, E. 238, 477.
Schiebold, E. 18, 20, 22, 31, 32, 33, 70, 273.
Schiedt, E. 58, 103, 123, 163, 189, 384.
Schimpf, H. 116.
Schitzkowski 330.
Schleede, A. 72.
Schliephake, O. 73.
Schmid, E. 18, 19, 20, 22, 24, 26, 27, 28, 30, 31, 33, 49, 67, 78, 88, 102, 107, 108, 122, 160, 261, 465.
Schmid, G. 6.
Schmidt, F. 483, 484.
Schmidt, H. 483, 484.
Schmidt, W. 31, 33, 37, 73, 104, 136, 157, 207, 399.
Schmitt, H. 468.
Schneider, R. 118, 485.
Schofield, T. H. 60, 111.
Schreiber, G. 162.
Schröder 442.
Schrötter, R. 483.
Schübel, P. 116.
Schultze, W. 135, 245, 272.
Schulz, E. 477.
Schwan, W. 307.
Scott 471.
Seemann, E. A. 483.
Seliger, H. 1, 26, 49, 78, 107.
Seith, W. 119.
Sergeev, L. N. 49.
Seward 7, 89.
Shinoda, G. 108.
Shun-Ichi 478.
Siebel, E. 191.
Siebel, G. 18, 20, 22, 27, 31, 32, 33, 49, 67, 78, 88, 101, 102, 103, 107, 156, 160, 170, 171, 173, 178, 184, 199, 207, 234, 272, 273, 279, 296, 464, 465, 466, 491.
Siedler, P. 117.
Smirnow, W. J. 47.
Smits, A. 63.
Smith, D. P. 48, 65.
Smith, E. K. 478.
Soc. Gén. du Magnésium 146.
Söhnchen, E. 284.
Sokolow, V. S. 89.
Sonstadt 313.
Sopwith, D. G. 213, 238.
Spausta, F. 72, 96.
Speroni, G. 63.
Spitaler, P. 132, 134, 135, 163, 170, 313, 329, 330, 345.
Ssawitzki, E. M. 104.
Stackelberg, M. v. 68.
Staebler, J. 123.
Stenquist, D. 481.
Stepanow, N. J. 56, 61, 70, 71, 74, 78.
Stolberg, C. 497.
Straumannis, M. 101.
Strohauer, R. 194.
Suchy, R. 1.
Suhr, J. 468.
Sutton, H. 305, 306.
Sweeney, W. T. 108.

Tammann, G. 102.
Tarschisch, L. 78.
Taylor, C. S. 105, 122.
Templin, R. L. 203, 209.
Thum, A. 201, 205, 215, 217.
Tiede, E. 72.
Tinofeff 40.
Treadwell 13.

Urasow, G. G. 54, 61.

Valentin, J. 81.
Vaupel, F. 469.
Vegesack, A. v. 96.
Vidusova, T. A. 480, 481.
Villey, J. 111.
Vogel, R. 54, 59, 73, 82, 475.
Volhard 494.
Voss, G. 69.
Voßkühler, H. 37, 57, 71, 75, 101, 106, 108, 123, 132, 139, 200, 253, 255, 259, 262, 263, 266, 464, 465, 466, 480.

Wagner, E. 85, 93, 141.
Wagner, R. 205.
Wahl, A. M. 220.
Waldo 16.
Waltenberg 371.
Walters, H. E. 492.
Wassermann 20, 22, 31, 33.
Weckerle, K. 62, 76.
Welitschko, J. P. 78.
Westhoff, H. 203.
Wetherill, J. P. 60.
Wetzel, E. 468.
Whitby, L. 307.
Wiechell, H. 195.
Williams, H. M. 111.
Wilson, E. 468.
Winning, K. 479.
Winterhager, H. 63.
Wintershall, A. G. 8.
Wishart, H. B. 249.
Wilm, A. 470.
Witte, H. 57, 87.
Wöhler, L. 73.
Wolf, W. 86.
Wolfe, K. J. B. 95.
Wolff 494.
Wood, R. T. 114.
Wood, V. 67.
Wüst 330.

Zaharowa, M. J. 49, 77.
Zemczuzny, S. F. 46.
Zeppelin, H. v. 65, 123.
Ziegler, W. H. O. 487.
Zintl, E. 45, 53, 56, 63, 67, 68, 70, 71, 73, 74.

Sachverzeichnis.

Abdrehsteiger 350.
Abkürzungsverfahren 205f.
Abnahmewerte der Fliegwerkstoffe XV, 166, 168.
Abschrecken (s. a. Abschreckschalen) 469, 473.
Abschreckschalen 330, 332, 335, 339, 350.
Absitzverfahren (s. a. Raffinationsverfahren) 278, 280, 298.
Äther 302.
Ätzmittel 40f.
Ätzung, makroskopische 40.
—, mikroskopische 41.
Aldehyde 302.
Aldrey 469.
Aliphatische Verbindungen 301.
Alkalibeständigkeit (s. a. Alkalien) 460.
Alkalien 298, 301, 460, 464.
Alkohole 301, 303.
Almelec 469.
Altern 464, 470.
Altmetall 315.
Aluminium 16, 26, **47**, 79—90, 106, 107, 113, 118, 119, 124, 129, 130, **132**, 137, 138, 212, 219, 251, **256**, 265, 280, **281**, 296, 305, 331, 375, 385, 448, **460**f., 467, 476, 477, 485, 492, 493.
Aluminiumlegierungen (s. a. Aluminium) mit:
— Magnesium 448, 460.
— Magnesium-Mangan 448, 461.
— Magnesium-Silizium 467.
— Silizium-Magnesium 476.
— Zink-Magnesium 477.
Aluminiumzeilen 174, 214.
Aluminothermie 485.
Analyse, chemische, von:
— Aluminium 492, 494.
— Blei 493.
— Chloride 497.
— Eisen 492, 494.
— Kadmium 493.
Analyse, chemische von:
— Kalzium 497.
— Kupfer 491, 493.
— Magnesium 491f.
— Magnesiumlegierungen 493f.
— Mangan 492, 493.
— Nitride 497.
— Silber 496.
— Silizium 491, 493.
— Zer 496.
— Zinn 493.
— Zink 495.
— Zirkon 496.
Angießen 325.
Anisotropie des Mg-Kristalls 19, 383, 399.
Anlaßempfindlichkeit 461.
Anschmelzerscheinungen 163.
Anstriche (s. a. Lackierung) 277, 307f.
Antimon **72**, 84, 96, 118, 124, 135, 138, **288**, 461.
Anwendungsgebiete 454f., 489.
Anzug der Spritzgußteile 364.
Apparatebau 372.
Arsen 53.
Atomgewicht 101.
Atomgitter (s. a. Gitter) 20.
Atomvolumen 101.
Aufbereitung der Rohstoffe 4f.
Aufgießschweißen 342.
Ausblühungen 277, 314, 346.
Ausdehnung 19, 102, 108f.
Ausdehnungskoeffizienten 19.
Aushärtung 133, 140, 384, 471, 473.
Ausseigern (s. a. Seigerungen) 319.
Außenlunker (s. a. Lunker) 332.
Autogenschweißung 449.
Automatenbearbeitung 470.
Automatenwerkstoff 466, 470.
Automobilbau 367, 456.

Bänder (s. a. Magnesiumband) 171.
Bandlampen 483.
Barium **54**, 137, 139.

Basisorientierung **21** f., 31, 170, 172, 177, 296, 399, 407.
Bearbeitbarkeit 453.
Bedeutung, wirtschaftliche 487f.
Behandlungen, anodische 306.
Beizen 277, 306, 341, 450, 451.
Beizpolieren 39.
Beizverfahren (s. a. Beizen) 277, 306.
Belastungsgeschwindigkeit 142.
Bentonite 336.
Beryllium **54**, 80, 288.
Betriebsstoffe 303.
Betriebszahlen bei Sandguß 343.
Bewitterung (s. a. Bewitterungsversuch) 287, 289.
Bewitterungsversuch 275, 287, 289, 293.
Bichromatbeizungen (s. a. Beizen) 306f.
Biegedauerfestigkeit (s. a. Dauerfestigkeit) 224f., 236.
Biegefestigkeit:
— der Gußlegierungen 180.
— der Knetlegierungen 181.
Biegehalbmesser 197.
Biegewechselfestigkeit (s. a. Dauerschwingungsfestigkeit) 203, 207, 210. 213, 241, 243.
Biegewinkel 197.
Bildungswärme 119.
Blankbeizen 402.
Bleche (s. a. Walzgut) 171, 398f., 440f., 449, 452f.
Blei **70**, 92, 96, 109, 118, 119, 124, 137, 140, **287**, 470, 476, 480, 493.
Bleitetraäthyl 304.
Blitzlicht 484.
Bohrungen, einspritzbare 364.
Borsäure 327, 351.
Brandstellen 322, 326.
Brandversuche 121.
Brennbarkeit (s. a. Endzündbarkeit) 120f., 136, 417, 483.
Bruchbild 142, 175.
Bruchdehnung 143.
Brucit 3.
Büromaschinenindustrie 369.

Chloride (s. a. Chlormagnesium) 277, 313, 450, 497.
Chlormagnesium (s. a. Chloride) 5, 8f., 313, 488.
Chrom **288**, 466, 468, 485.
Chrysotilasbest 3.

Dämpfung 206, 253.
Dämpfungseigenschaften 206.
Dampfdruck 114f.
Dauerbruch 201.
Dauerfestigkeit 224f., 236.
— von Bauteilen 228f.
—, Biege- 224, 236.
—, Schaubilder 224f.
—, Zugdruck- 226.
Dauerfestigkeitsschaubilder 224f.
Dauerschwingungsfestigkeit 201f.
—, Abkürzungsverfahren 205f.
— von Bauteilen 228f.
—, Biegewechselfestigkeit 203, 207, 210, 213, 241, 243.
—, Dämpfungseigenschaften 206.
— bei erhöhten Temperaturen 267f.
— bei erhöhter Mittelspannung 224 f.
—, Kerbempfindlichkeit 214f., 220f.
—, Oberflächenwirkung 233.
—, Prüfbedingungen 209.
— bei tiefen Temperaturen 228f.
—, Verdrehwechselfestigkeit 203, 213, 220.
—, Zugdruckwechselfestigkeit 208, 213, 220.
Dauerstandfestigkeit 198f., 260f.
Dehngrenzen 152f.
Dehnung 131f.
— bei erhöhten Temperaturen 250.
— bei tiefen Temperaturen 245.
Desoxydationsmittel 486.
Desoxydieren 482, 486.
Destillation von Magnesium 10, 14.
Dichtungsmittel 303.
Dicksches Preßverfahren 274.
Diffusion 119.
Din-Bezeichnungen XV, 145f.
Dolomit 3, 4, 10, 16, 17, 488.
Doppelkammersystem 354.
Drillgrenzen 184.
Druckelastizität 175.
Druckfestigkeit 174f.
— der Gußlegierungen 175.
— der Knetlegierungen 176.
Druckschweißung 451.
Druckschwellfestigkeit 229.
Duralumineffekt 470.
Durchbiegung 179f.
Durchgießverfahren 334.

Edelmetalle 482.
Eigenschaften des Einkristalles 19f.
—, elektrische 122f.
—, elektrochemische 130.
—, gießtechnische 326.
—, magnetische 128f.
—, physikalische 101f.
— des Reinmagnesiums 101.
—, thermische 111f.
Einbrennlacke (s. a. Lackierung) 310.
Eingießverfahren 334.
Eingüsse 329.
Eingußtechnik 327, 329, 334, 346.
Einkammersystem 353.
Einkristall 18f.
—, Herstellung 19.
—, Kristallform 18f.
—, Legierungsbildung 26.
—, physikalische Eigenschaften 19f.
—, statische Beanspruchung 24.
—, Verfestigung 24f.
—, Verletzung 28.
—, Wechselbeanspruchung 25.
Einspannbedingungen 231.
Einspringende Winkel 330.
Einspritzteile 365.
Eisen **43**, **62**, 83, 129, 278, 285, 319, 472, 476, **478**, 486, 492, 497.
Elastizität 101, 152, 245, 253.
— bei erhöhten Temperaturen 253.
— bei tiefen Temperaturen 245.
Elastizitätsgrenze 152.
Elastizitätsmodul 19, 158, 434.
Elastizitätsmodulkörper 19.
Elektroindustrie (s. a. Funkindustrie) 370.
Elektrolyse von wässerigen bzw. organischen Magnesiumlösungen 6.
—, Energieaufwand 11.
— von geschmolzenem Magnesiumchlorid 11.
— von geschmolzenen Magnesiumsalzen 7f.
— von Karnallit 7.
— von Magnesiumoxyd 7.
—, Stromausbeute 11, 12.
Elektronlegierungen (s. a. unter allen anderen Eigenschaften):
—, Ausdehnungskoeffizient 110.
—, Biegefestigkeit 180f.
—, Biegeursprungsfestigkeit 226.
—, Biegewechselfestigkeit 210f., 240f.
Elektronlegierungen, Dauerfestigkeit 234f.
—, Dauerstandsfestigkeit 198f., 264, 268.
—, Dehngrenzen 154, 155.
—, Druckfestigkeit 175f., 241.
—, elektrische Leitfähigkeit 125.
—, Festigkeit bei erhöhten Temperaturen 254f.
—, Festigkeit bei tiefen Temperaturen 246f.
—, Festigkeitseigenschaften 150, 151, 240.
—, Gefügebilder 49f., 68, 74, 78, 89f.
—, Härte 190.
—, Kerbempfindlichkeit 218.
—, Kerbschlagzähigkeit 196, 240f.
—, Korrosion 297f.
—, Korrosionsermüdung 238.
—, Legierungsbezeichnung 146, 147, 240.
—, Rekristallisation 104.
—, Scherfestigkeit 240f.
—, Schubfestigkeit 183f.
—, spezifisches Gewicht 106.
—, Verdrehbeanspruchung 244.
—, Verschleißzahlen 193.
—, Verwendungszweck 240f.
—, Wärmeleitfähigkeit 115.
—, Zugelastizität 159, 240.
—, Zug- und Druckursprungsfestigkeit 227.
—, Zusammensetzung 146, 147, 240.
Eloxierbarkeit 464, 467, 476.
Endlauge 6.
Energieaufwand bei Elektrolyse 11.
Energieversorgung 487.
Entfettung 303, 306, 307.
Entfettungsmittel 303, 306.
Entwässerung des Magnesiumchlorids 7, 8f., 12.
Entwurf (s. a. Konstruktionsrichtlinien)
—, gießgerechter 335f.
—, werkstoffgerechter 430f.
Entzündbarkeit (s. a. Brennbarkeit) 483.
Entzündungstemperatur 122.
Ermüdung 201, 434, 436, 438, 452.
Ermüdungseigenschaften 201f., 434, 452.
Ermüdungsfestigkeit (s. a. Ermüdungseigenschaften) 452.

Erstarrungsbedingungen 349.
Erstarrungsbereich 332, 450.
Erstarrungsgeschwindigkeit 477.
Erzeugung von Magnesium (s. a. Herstellung) 487.
—, Patentübersicht 500.
Etagenanschnitt 333.
Eudiometerprobe 276, 284, 288, 289.

Fallhammer 396.
Faserausbildung 169, 174.
Feinlunker (s. a. Lunker) 163.
Festigkeitseigenschaften (s. a. unter allen speziellen Eigenschaften):
— der Al-Gußlegierungen 462, 476.
— der Al-Knetlegierungen 463, 469.
— der Elektronlegierungen 240f.
— bei erhöhten Temperaturen 250f, 254f.
— der Fliegwerkstoffe XVI, 166, 168.
— von Formelementen 186.
— bei gewöhnlicher Temperatur 131.
— bei tiefen Temperaturen 244f.
Fett 302.
Feuergefährlichkeit (s. a. Brennbarkeit) 120.
Feuerwerkskörper 484.
Filtration der Magnesiumschmelze 315.
Flammensätze 484.
Fliegwerkstoffe XV.
—, Festigkeitseigenschaften 166, 168.
—, Handbuch XV.
—, Kennzahlen XV, XVI, 146, 147.
—, Leistungsblätter XV, 166, 168.
—, Zusammensetzung XVI, 146, 147.
—, Zustandszahl XV.
Fließvorgänge 379f.
Flugzeugbau (s. a. Luftfahrtindustrie) XV, 368, 439, 443, 445, 450, 453, 454, 470.
Fluoride 300.
Fluoridschmelzen 7.
Formelemente, Festigkeit 186.
Formerei 326f., 336f.
Formfüllvermögen 329, 332.
Formsand 326, 336f.
—, Aufbereitung 337.
—, Eigenschaften 337.
—, Prüfung 338.
—, Schutzstoffe 337.
Funkindustrie (s. a. Elektroindustrie) 371.

Gallium 62.
Gefügezustand (s. a. Mikrogefüge) 41f., 265, 465, 466.
Geländebeleuchtung 483.
Germanium 63.
Geschichtliches 1.
Gesenke 396, 453.
Gestaltfestigkeit 185f., 214, 228f.
Gewicht, spezifisches 105.
Gewinde 364.
Gießbarkeit **326**f., 478.
Gießeigenschaften (s. a. Gießen) 326.
Gießen 313f., **326**f., 345f.
—, Patentübersicht 502.
Gießtemperatur 324, 350.
Gießverfahren 324, 346, 461.
Gitter 20, 101, 107.
Gleitebenen 21f.
Gleiteigenschaften 184, 193f.
Gleitflächen 21f., 383.
Gleitmodul 184.
Glühen beim Walzen 401.
Glühung 341, 401, 465, 466, 469.
Gold 53, 482.
Grenzlastspielzahl 202.
Grobkornbildung 164, 474.
Guß, steigender 328, 333.
Gußhaut 233.
Gußlegierungen, Biegewechselfestigkeit 210f.
—, Dauerfestigkeit 234.
—, Dehngrenzen 153.
—, Elastizität 158, 240f., 262.
—, Festigkeit bei erhöhten Temperaturen 254f.
—, Festigkeit bei tiefen Temperaturen 245.
—, Festigkeitseigenschaften (s. a. einzelne Eigenschaften) 148, 150, 161, 240f.
—, Kriechen 262.
—, Legierungsbezeichnung 146, 240f.
—, Schweißen 451.
—, Warmwechselfestigkeit 269.
—, Zerreißwerte 161, 240f.
—, Zusammensetzung 146, 240.
Gußputzen 341.
Gußstücke, Konstruktion 435.

Härte 131f., 189f.
— bei erhöhten Temperaturen 252.
Härteprüfverfahren 189.

Häufigkeitsverteilung 145, 148, 149, 162, 164, 173.
Halbzeug XV.
Halogenderivate 301.
Halogensalze 300.
Handelsbezeichnungen XV, 148.
Hauptfließwege 329.
Herstellung (s. a. Erzeugung) 1f.
— von Einkristallen 18.
—, elektrolytische 2, 6f.
— von Magnesium, zukünftige Entwicklung 17.
—, Patentübersicht 499.
—, thermische 5, 13f.
— von wasserfreiem Magnesiumchlorid 8.
Herstellungsgenauigkeit von Spritzguß 362.
Hinterschneidungen 363.
Hochfrequenzöfen 320.
Hohlstempelverfahren 374.
Homogenisierung 133, 392, 477.
Hydrasal 461.
Hydrate des Magnesiumchlorides 8, 10.

Indium 64.
Innenlunker (s. a. Lunker) 332.
Isolierung 311, 446, 448.
Isotopen 101.

Kadmium **58**, 80, 81, 92, 93, 94, 112, 118, 124, **136**, 137, 140, 219, **285**, 331, 470, 476, 480, 493.
Kalium 2, 65.
Kaltaushärtung 473.
Kaltbrüchigkeit 393.
Kaltrecken 178.
Kaltstauchung 160.
Kaltverformung (a. a. Kaltwalzgrad und Kaltverformungsgrad) 160, 178, 392, 406, 461, 474, 475.
Kaltverformungsgrad (s. a. Kaltverformung) 461, 464, 465, 469.
Kaltwalzen 404.
Kaltwalzgrad 34, 103, **404**, 406.
Kalzium 44, **57**, 91, 106, 124, **136**, 139, 141, **285**, 497.
Karnallit 3, 4, 8, 313.
Kerbempfindlichkeit 212, 214f., 220f., 228, 449.
— bei erhöhter Mittelspannung 228f.
— bei erhöhten Temperaturen 271.
— bei tiefen Temperaturen 249.
Kerbform 216.
Kerbschlagzähigkeit 195f.
— bei tiefen Temperaturen 246.
Kerbwirkung 185f.
Kernmacherei 336f.
Kernsande 336f.
—, Bindemittel 338, 339.
—, Prüfung 338.
Ketone 302.
Kieserit 3.
Knetlegierungen (s. a. bei den verschiedenen Eigenschaften und bei Preßgut):
—, Biegewechselfestigkeit 211f., 240f.
—, Dauerfestigkeit 235f.
—, Dehngrenzen 154.
—, Elastizität 159, 240f.
—, Festigkeit bei erhöhten Temperaturen 256f.
—, Festigkeit bei tiefen Temperaturen 245.
—, Festigkeitseigenschaften 149, 151, 167f., 240f.
—, Kriechen 266.
—, Legierungsbezeichnung 147, 240f.
—, Warmwechselfestigkeit 271.
—, Zusammensetzung 147, 240f.
Knetverarbeitung, Patentübersicht 503.
Knickfestigkeit 178.
Knicksteifigkeit 455.
Kobalt 60, 124, 137, 139, 251, 287.
Kohäsion 143.
Kohlehydrate 302.
Kokillenguß 165, 345.
—, Eingußtechnik 346.
—, Erstarrungsbedingungen 349.
—, Gießverfahren 346.
—, Legierungen 165.
—, Zerreißwerte 165, 166.
Kokillenkonstruktion 348.
Kokillenschlichte 349, 350.
Kokillentemperatur 351.
Kompressibilität 101.
Konstruktion, korrosionssichere 446f.
—, Baustoff 454.
—, ermüdungsfeste 434
—, von Kokillen 348.
Konstruktionsbaustoff 454.
Konstruktionsregeln bei Spritzguß 363f.
— bei Sandguß 334f.
Kontaktkorrosion 294, 446.
Kontaktofen 14.
Kornfeinung (s. a. Kornverfeinerung) 136, 408.

Korngrenzenausscheidungen 465, 466.
Korngröße 265, 408.
Krongrößenätzung 42.
Kornverfeinerung (s. a. Kornfeinung) 408.
Kornvergröberung 392, 403, 406.
Korrosion 272f., 449, 482.
— der Al-Mg-Legierungen 464.
—, Auswertung der Prüfmethoden 276.
—, Bewitterungs- 293, 298.
—, Einfluß der Legierungsmetalle 278f.
—, Einfluß von metallischen Verunreinigungen 278, 318.
—, Einfluß von nichtmetallischen Verunreinigungen 277, 313.
—, Erscheinungen 272, 292f.
—, interkristalline 272, 295, 480.
—, intrakristalline 294.
—, Kontakt- 294, 446.
—, kristallographisch orientierte 273.
—, Prüfmethoden 274.
— in Seewasser 273, 280, 282, 284, 285, 286, 464.
—, Spannungs- 272, 275, 293, 466, 478.
— in verschiedenen Agenzien 297f.
— in Wässern, Salzlösungen, sauren und alkalischen Elektrolyten 297.
Korrosionsbeständigkeit (s. a. Korrosion) 461, 464, 468, 472, 473, 476, 477, 478, 481.
—, Verbesserung der 277f., 303, 305f.
Korrosionsermüdung 237f.
—, Prüfbedingungen 237.
— technischer Legierungen 238.
Korrosionshemmende Stoffe 303.
Korrosionsschutz 277f., 303, 305f., 448.
— durch Anstriche 307, 448.
— durch metallische Überzüge 305.
— durch nichtmetallische Überzüge 305.
— Patentübersicht 504.
Korrosionssichere Konstruktion 446.
Kriechen 198, 250, 260, 267, 268.
Kriechgrenze 260.
Kriechverhalten (s. a. Kriechen) 260f.
Kristallerholung 25, 102, 394, 407.
Kristallform 18f., 101.
Kristallorientierung 156, 167, 169, 170, 171, 176, 182, 388, 407.
Kristallseigerung (s. a. Seigerung) 169.
Kristallstruktur des Magnesiums 18f.
Kristallverletzung 28.
Kühleisen (s. a. Abschreckschalen) 330.
Kunstfeuerwerkerei 484.
Kupfer **61**, 82, 90, 95, 96, 106, 109, 112, 137, 139, 251, **285**, 305, 331, 460, 469, 471, 472, 479, 486, 491, 493.
Kupferraffination 486.
Kurzbezeichnung XV, 145f.

Lackierung 307, 308, 310, 448.
Lanthan 65.
Laufeigenschaften 193.
Leitfähigkeit, elektrische 102, 122f., 469, 479.
Legierungen (s. u. Magnesiumlegierungen).
Legierungsbezeichnung XV, 145f.
Legierungsbildung 26.
Legierungselement, Magnesium als 460f.
Legierungszusätze (s. a. Magnesiumlegierungen bzw. unter besonderen Eigenschaften) 131f., 278f.
Leuchtkugeln 484.
Leuchtraketen 484.
Lichtbogenofen 13, 14.
Lichtbogenschweißung 451.
Lichteffekt 485.
Lichtquelle, künstliche 483.
Lithium **65**, 106, 107, 124, **137**, 140.
Lochfraß 272, 314.
Lokalelementbildung 305.
Luftfahrtindustrie (s. a. Flugzeugbau) XV, 487, 488.
Lunker 163, 332, 382.
Lunkerbildung 332.

Magnesia 1.
Magnesit 4, 10, 16, 488.
Magnesium in Al und Al-Legierungen 460f.
—, chemische Analyse 491f.
— als Desoxydationsmittel 486.
— als Legierungselement 460f..
— als Lichtquelle 483.
— für Reduktion 485.
— zu Schwermetallen 478f.
—, Verwendung in Pyrotechnik und Thermochemie 482f.
—, wirtschaftliche Bedeutung 487f.
Magnesiumband 171, 483.
Magnesiumbrand (s. Brennbarkeit).
Magnesiumbronzen 479.
Magnesiumflamme 483.
Magnesiumlegierungen (Schaubilder), binäre 46f.
—, chemische Analyse 493f.
—, Patentübersicht 501.

Magnesiumlegierungen, ternäre 79.
Magnesiumlegierungen (s. a. bei den einzelnen Metallen) mit:
— Ag **46**, 113, 124, 135, 138, 141, 289.
— Al 26, 43, **47**, 106, 107, 109, 113, 118, 124, 126, 130, **132**, 137, 138, 141, 212, 219, 251, **256**, 265, 281, 331.
— As 53.
— Au 53.
— Ba 54, 137, 139.
— Be 54, 288.
— Bi **55**, 110, 124, 135, 138, **288**.
— Ca **44**, **57**, 106, 124, **137**, 140, 141, **285**.
— Cd **58**, 112, 118, 124, **136**, 141, 219, 285, 331.
— Ce 59, 106, 112, 124, **135**, 139, 141, 251, **252**, 267, **285**.
— Co 60, 124, 137, 139, 287.
— Cr 288.
— Cs 60.
— Cu **61**, 106, 109, 112, 137, 139, 141, **285**, 331.
— Fe 43, **62**, 129, 278.
— Ga 62.
— Ge 63.
— H 63.
— Hg 63.
— In 64.
— K 65.
— La 65.
— Li **65**, 106, 107, 124, **137**, 140.
— Mn 39, 44, **67**, 106, 107, 112, 124, 135, 138, 141, 251, **278**, 331.
— N 68.
— Na 69.
— Ni **69**, 109, 113, 124, **137**, 139, 141, **287**, 331.
— O 45, 70.
— P 45, 70.
— Pb **70**, 109, 118, 124, 137, 140, **287**.
— Pr 71.
— S 72.
— Sb **72**, 118, 124, 135, 138, **288**.
— Si 45, **73**, 106, 109, 112, 124, **136**, 139, 141, **284**, 331.
— Sn **74**, 110, 113, 124, 135, 138, 141, **286**.
— Sr 75.
— Tl 75, 124.
— W 77.
— Zn 26, **77**, 106, 107, 109, 112, 118, 124, **134**, 137, 138, 141, **284**, 331.

Magnesiumlegierungen mit:
— Zr **78**, 136, 139, 289.
— Ag-Al 79, 141.
— Ag-Cd 80.
— Ag-Tl 80.
— Ag-Zn 80.
— Al-Be 80.
— Al-Bi 80.
— Al-Cd 81, 141.
— Al-Cu 82, 114, 141.
— Al-Fe 83.
— Al-Mn 83, 280.
— Al-Ni 84.
— Al-Sb 84.
— Al-Si 85, 112.
— Al-Tl 85.
— Al-Zn 27, 86, 113, 331.
— Bi-Cu 90.
— Bi-Zn 90.
— Ca-Ce 141.
— Ca-Si 91.
— Ca-Zn 91.
— Cd-Pb 92.
— Cd-Tl 93.
— Cd-Zn 94.
— Ce-Ni 141.
— Cu-Ni 95.
— Cu-Si 95, 112.
— Cu-Sn 96.
— Pb-Sb 96.
— Pb-Sn 96.
— Si-Zn 97, 141.
— Sn-Zn 99.
— Tl-Zn 100.
— Al-Cd-Sn 114.
— Al-Cu-Zn 114.
— Al-Cd-Sn-Zn 114.
Magnesiumproduktion 10, 489.
Magnesiumpulver 484.
Magnesiumspäne 121.
Magnesiumstaub 14, 15, 67, 83, 107, 112, 121, 124.
Magnesiumverbindungen (s. a. Magnesium mit) 467.
—, Bildungswärmen 119f.
—, intermetallische (s. Magnesiumlegierungen mit).
—, spezifische Wärmen 116.
Magnium 1.
Makrogefüge 41f.
Mangan 39, 44, **67**, 135, 138, 251, **278**, 284, 320, 331, 385, 461, 471, 476, 492, 493.

Manganaluminid 39, 67.
Manganzeilen (s. a. Seigerungen) 174, 214.
Markenbezeichnungen (s. Handelsbezeichnungen).
Maschinenbau, 358, 373.
Maßnahmen, konstruktive 311.
Metalleinsatz 322.
Metallographie 37f.
Mikrogefüge (s. a. Gefügezustand) 37f.
— von Al-Mg-Legierungen 465, 466.
— binärer Magnesiumlegierungen 46f.
— von Kokillenguß 52.
— des Magnesiums 43.
— von Pb-Mg-Legierungen 481.
— von Preßlegierungen 53, 78.
— von Sandguß 49f.
— von Schmiedelegierungen 53f.
— von Spritzguß 52f.
— ternärer Magnesiumlegierungen 89f.
Mischkristallbildung 107, 378.
Mittelspannungen, erhöhte 224f.
Motorradindustrie 367.

Natrium 2, 69.
Naturstreckgrenze 157.
Nickel **69**, 84, 95, 109, 113, 124, 137, 139, 141, 251, **287**, 305, 331, 472, 478, 486.
Niederfrequenzofen 320.
Nieten 454.
Nitrid 68, 277, 313, 497.
Normalpotential (s. a. Potential) 102, 130, 273.
Notlaufeigenschaften 194, 272.

Oberfläche bei Spritzguß 366.
Oberflächenschutz (s. a. Korrosion usw.) 272f., 305f.
Oberflächenspannung 119.
Oberflächenwirkung 233.
Öfen 320.
Öle 302.
Ölkochprobe 342.
Optische Industrie 369.
Oxyd 45, 122, 277, 313, 326, 486.
Oxydation 122.
—, anodische 277, 307.
—, interkristalline 326.

Patente, Übersicht 499.
Perlschnurgefüge 464.
Phosphor 45, 70, 482.
Pilgerschrittverfahren 389.
Platin 482.
Plattierung 277.
Poissonsche Zahl 102, 160, 184.
Polieren 38.
Polierfähigkeit 467.
Poliermittel 38.
Potential 102, 130, 273, 481.
Praseodym 71.
Pressen 374f.
Preßgußmaschinen 356.
Preßgut, Festigkeit 149, 151, 167f.
—, Legierungen 147, 167, 376.
—, Kerbempfindlichkeit 221.
—, Wechselfestigkeit 221, 235.
Preßhaut 233.
Preßlegierungen 147, 167, 376.
Preßtemperatur 374, 392.
Preßverfahren 374.
Primärkristallisation 319.
Produktion 489.
Profile 167.
Projektionsbeleuchtung 483.
Prüfbedingungen 142, 209.
Prüfung der Gußstücke 342.
Punktschweißung 452.
Pustlicht 484.
Pyrotechnik 483.

Quarzsand (s. a. Formsand) 336.
Quecksilber 63.
Querschnitte von Bauteilen 435.
Quetschgrenze 174.

Raffinationsverfahren (s. a. Absitzverfahren) 277, 313f.
Randspannung 179.
Raumbeleuchtung 483.
Reckgrad 385, 392.
Reduktion 318.
— mittels Aluminium 16.
— mittels Kalziumkarbid 15f.
— mittels Kohle 13f.
— von Magnesiumverbindungen 1, 2, 13.
— mittels Silizium 16.
—, thermochemische 485.
Reflexion 129.
Reibkorrosion 231.
Reinheitsgrad 313, 461, 491.
Reinigung der Schmelzen (s. a. Raffinationsverfahren) 313f., 323.
—, Patentübersicht 502.
Rekristallisation 34, 102f., 266, 341, 378, 383, 461, 464, 474, 475.

Rekristallisationsgefüge (s. a. Rekristallisation) 464.
Richten 341, 402.
Richtwalzen 173.
Röntgenaufnahmen 31, 32, 34, 35, 163, 342.
Röntgendurchleuchtung 342.
Rohre 167.
Rohstoffe 1f., 3, 487.
RR-Legierung 472.
Rührversuch 275.
Rüstungsindustrie 457.

Säuren 300, 302, 464.
Säurederivate 302.
Salzausblühungen 277, 314, 346.
Salzgemische (s. a. Salzschmelzen) 461.
Salzschmelzen, verdickte 278, 316, 318, 320, 322, 461.
Salzsole 4, 6.
Sandformen 326, 336.
—, grüne 326.
Sandgußteile (s. a. Gußlegierungen).
—, Beizen 341.
—, Dauerfestigkeit 234.
—, Formen 336.
—, gießgerechter Entwurf 334.
—, Gußputzen 341.
—, Kerbempfindlichkeit 220.
—, Legierungen 163.
—, Prüfung 342.
—, Spannungsfreiglühen 341.
—, Wärmebehandlung 342.
—, Wechselfestigkeit 220.
—, Zerreißwerte 163, 166.
Sandgußverfahren 326.
Sandstrahlbehandlung 233, 308.
Sauerstoff (s. a. Oxyd) 45, 70, 277, 313, 326, 486.
Schalenkonstruktion 455.
Schaumblasen 327.
Scherbrüche 392.
Scherfestigkeit 182, 449.
Schlagbeanspruchung 457.
Schlagzerreißversuche bei Kältetemperaturen 247.
Schlaufenprobe 275, 296.
Schleifen 37.
Schleifmittel 426.
Schlichte 339, 350.
Schlichten 416, 418.
Schliffherstellung 37f.
Schlitzanschnitt 333.
Schmelzen 313f., 320f., 322.
—, Patentübersicht 502.
Schmelzflußelektrolyse 11, 491.
Schmelzpunkt 102, 114f., 330.
Schmelzsalze (s. a. Salzschmelzen) 320, 322.
Schmelzwärme 102, 114f.
Schmieden 383f., 450, 451.
Schmiedestücke, Kerbempfindlichkeit 222.
—, Konstruktion 444.
—, Wechselfestigkeit 222.
—, Zerreißwerte 173.
Schmiedetemperatur 391, 392f.
Schneidewerkzeuge 410.
Schoopsches Metallspritzverfahren 305.
Schrauben in Hydronalium 449.
Schreckplatten (s. a. Abschreckschalen) 330, 437.
Schrumpfmaß 330.
Schruppen 416, 418.
Schubelastizitätsmaß 184.
Schubfestigkeit 182.
Schubspannungsgesetz 24.
Schutzbeizung (s. a. Beizen) 306, 402.
Schutzmaßnahmen 340.
— beim Gießen 318.
Schutzstoffe im Formsand 327.
Schwefel (s. a. Schwefelpulver) 72, 327.
Schwefelpulver (s. a. Schwefel).
—, Bestäuben mit 278, 318, 324, 340, 351.
Schwefelverbindungen 300.
Schweißbarkeit 450, 452.
Schweißdraht 450, 451.
Schweißmaschinen 452.
Schweißmittel 450, 451.
Schweißnaht 449f.
—, Anordnung 450.
—, Festigkeit 451.
Schweißrissigkeit 450.
Schweißung 449f., 454.
—, autogene 449.
—, Druck- 451.
—, Lichtbogen- 451.
—, Punkt- 452.
Schwindmaß 102.
Schwindungskoeffizient 330.
Seesalinen 3.
Seewasserkorrosion 273, 275, 280, 282, 284, 285, 286, 309, 464.
Seewassersprühversuche 275, 309.
Seigerungen 163, 169, 319.

Selbstentzündlichkeit (s. a. Brennbarkeit) 122.
Serpentin 3.
Sicherheitsmaßnahmen 325, 417, 426f.
Siedepunkt 102, 114f.
Silber **46**, 79, 80, 113, 124, 135, 138, 351, 289, 496.
Silizium 16, 45, **73**, 85, 91, 95, 97, 106, 109, 112, 124, **136**, 139, 278, **284**, 320, 331, 461, 467, 469, 476, 491, 493.
Späne, Lagerung 417.
Spänebrände 121.
Spanbrecher 467.
Spannungs-Dehnungs-Schaubilder 156.
Spannungsfreiglühen 341.
Spannungsgefälle 449.
Spannungskorrosion 272, 275, 293, 466, 478.
Spezifisches Gewicht 101.
Sprengstoff 302.
Sprengtechnik 485.
Spritzguß 352f.
—, Anzug 364.
—, Einlagen-Einspritzteile 365.
—, einspritzbare Bohrungen 364.
—, Entwicklung 352.
—, Festigkeit 165, 361.
—, Formen 359.
—, Gewinde 365.
—, Größe, Gewicht 361.
—, Herstellungsgenauigkeit 362.
—, Hinterschneidungen 363.
—, Konstruktionsregeln 363.
—, Legierungen 165, 361.
—, Maschinensysteme 353f.
—, Oberfläche 366.
—, Verwendungsgebiete 367f.
—, Wandstärken 362.
—, Wirtschaftlichkeit 358.
Stabilisatoren 466.
Standversuch 275.
Stangen 167, 378.
Stangenpreßverfahren 378.
Staubexplosion 121.
Staubsaugerindustrie 371.
Stauchung 22, 174, 387.
Steiger 329, 332, 335, 347, 437.
Steigkanal 334.
Stickstoff (s. a. Nitrid) 68.
Stickstoffverbindungen (s. a. Nitrid) 300, 302.
Stoßbeanspruchung 457.
Streckgrenze 152.
Streuungen 145.
Strontium 75.
Sublimationswärme 102, 116.
Sulfidschlauch 325.
Suszeptibilität 128.

Temperaturkoeffizienten 19.
Temperaturmeßgeräte 321, 329.
Thallium **75**, 80, 85, 93, 100, 124.
Thermochemie 483, 485.
Thermokraft 20, 128.
Tiefung 198.
Tiegel 321.
Tiegelkontrolle 325.
Tiegelöfen 320.
Tiegelreinigung 325.
Tinofeffs Reagens 40.
Titan 468.
Torsionsmodul 19, 101.
Translation 20f., 160.
Trennungsverfahren 5.
Trockenbearbeitung 427.

Überhitzung 319, 323.
Überzüge, metallische 305.
—, nichtmetallische 305f.
Umlaufbiegeversuch 207.
Umschmelzen von Magnesium 315.
Unterlegscheiben 449.
Ursprungsfestigkeit 224f.

Vanadin 468.
Verarbeitung, Patentübersicht 505.
Verbindungen, aromatische 302.
—, heterozyklische 302.
—, intermetallische 467.
Verbrennen 471.
Verbrennung 483, 485.
Verbrennungswärme 102.
Verdampfungstemperatur 485.
Verdrehfestigkeit 184.
Verdrehwechselfestigkeit 203, 213, 220.
Verdickungsmittel für Salzschmelzen 316.
Verfestigung des Vielkristalls 29.
Verfestigung von Mg-Kristallen 24.
Verformbarkeit 452.
Verformung, spanlose 452.
Verformungsgeschwindigkeit 374, 378, 385, 394.
Verformungsgrad 474.
Verformungskennwerte 189f.

Verformungsmechanismen 20f.
Verformungstemperatur 452.
Vergütung 133, 467, 477.
Vergütungseffekte 460.
Verpressungsgrad 167, 376.
Verschleißeigenschaften 191f.
Verschleißzahlen 193.
Verschraubungen 449.
Verunreinigungen, metallische 277, 318, 491.
—, nichtmetallische 277, 313.
Verwendung der Magnesiumlegierungen 367, 454f., 489.
— von Magnesium in Pyrotechnik und Thermochemie 483f.
—, Patentübersicht 505.
— von Spritzguß 367.
Vielkristall, Verfestigung 29f.
—, Verformungstexturen 29.
Vollstempelverfahren 374.
Vorkommen der Rohstoffe 3.

Wärme, spezifische 102, 114f.
Wärmeausdehnung 102, 108f.
Wärmebehandlung (s. a. Glühung).
—, Patentübersicht 504.
Wärmeinhalt 328.
Wärmeleitfähigkeit 102, 111f.
Walzballen 401.
Walzbarkeit 478.
Walzen 171, 398f., 478.
Walzgeschwindigkeit 406.
Walzgrad 171.
Walzgut, Biegedauerfestigkeit 236.
—, Biegehalbmesser 197.
—, Festigkeit 398.
—, Kerbempfindlichkeit 223.
—, Legierungen 147, 171.
—, Oberfläche 401.
—, Tiefung 198.
—, Wechselfestigkeit 223.
—, Zerreißwerte 171.
Walzhaut 234.
Walzmittel 400.
Walzrichtung 35, 399.
Walztemperatur 402, 407.
Walztexturen 33.
Walzwerk 401.
Wandstärken von Spritzguß 362.
— von Sandguß 335.
Wandstärkenempfindlichkeit 163.
Wandstärkenvergrößerung 455.
Warmbrüchigkeit 393.
Warmfestigkeit 250f., 472.
Warmhärte 252.
Warmstreckgrenze 252.
Warmverformung 453, 475, 479.
Warmformungsgrad 404.
Warmwalzen 402, 469.
Warmwechselfestigkeit 268.
Warmzugfestigkeit 252.
Wasser 300.
Wasserstoff 63, 314, 322, 326.
Wechselbeanspruchung 25.
Wechselfestigkeitsverhältnis 211, 212.
Wechseltauchversuch 275.
Weichglühen (s. a. Glühung) 469.
Weltmagnesiumindustrie 489.
Widerstände, elektrische 19, 102, 122.
Widerstandsöfen 320.
Widerstandsschweißung 452.
Wirtschaftlichkeit 358, 487.
Wismut **55**, 80, 90, 110, 124, 135, 138, **288**, 470, 476.
Wöhlerlinien 201f.
Wolfram 77.

Y-Legierung 472.

Zäsium 60.
Zeilenausbildung 169, 173, 214, 473.
Zellenkonstruktion 12.
Zer **59**, 106, 112, 124, **135**, 139, 141, 251, 252, 267, **285**, 320, 408, 496.
Zerreißgeschwindigkeit 142.
Ziehverfahren 453.
Zink 26. **77**, 86, 90, 91, 94, 98, 99, 100, 106, 107, 109, 112, 118, 124, 126, **134**, 137, 138, **284**, 296, 331, 375, 385, 466, 477, 479, 486, 495.
Zinkfolie 452.
Zinn **74**, 96, 99, 110, 113, 124, **135**, 138, **286**, 481, 482, 486, 493.
Zirkon **78**, **136**, 139, **289**, 320, 496.
Zugdruckdauerfestigkeit (s. a. Dauerfestigkeit) 226f.
Zugdruckwechselfestigkeit 208, 220.
— bei erhöhter Mittelspannung 226.
Zugelastizität 158f.
Zugfestigkeit 131f.
— bei erhöhten Temperaturen 250.
— bei tiefen Temperaturen 245.
Zwillingsbildung 20f., 32, 35, 160, 173, 177, 182, 296, 378, 407.

GPSR Compliance

The European Union's (EU) General Product Safety Regulation (GPSR) is a set of rules that requires consumer products to be safe and our obligations to ensure this.

If you have any concerns about our products, you can contact us on ProductSafety@springernature.com

In case Publisher is established outside the EU, the EU authorized representative is:

Springer Nature Customer Service Center GmbH
Europaplatz 3
69115 Heidelberg, Germany

Batch number: 10621591

Printed by Printforce, the Netherlands